2024年

中国油气田与长输管道无人场站建设技术交流会论文集

中国石油学会石油储运专业委员会◎编

中国石化出版社
·北 京·

图书在版编目(CIP)数据

2024年中国油气田与长输管道无人场站建设技术交流会论文集 / 中国石油学会石油储运专业委员会编. 北京：中国石化出版社，2024. 9. — ISBN 978-7-5114-7705-7

Ⅰ. TE973-53

中国国家版本馆CIP数据核字第20247L2Y25号

中国石化出版社出版发行

地址:北京市东城区安定门外大街58号
邮编:100011 电话:(010)57512500
发行部电话:(010)57512575
http://www.sinopec-press.com
E-mail:press@sinopec.com
北京艾普海德印刷有限公司印刷
全国各地新华书店经销

*

880毫米×1230毫米 16开本 29.75印张 884千字
2024年9月第1版 2024年9月第1次印刷
定价:368.00元

随着全球对环境保护与气候变化的日益关注，油气行业也面临着巨大的转型压力。无人场站建设技术作为提升能源利用效率、降低碳排放的重要手段之一，将在推动能源绿色转型与可持续发展中发挥重要作用。

论文集内容丰富且系统，注重多学科交叉，理论联系实际，内容丰富，图文并茂，汇聚了行业顶尖专家、学者的深邃思考与宝贵经验，通过多角度、多层次的探讨与分析，为我们呈现了一幅无人场站建设技术在油气行业中蓬勃发展的壮丽画卷。最后，我们期待与各位同仁一道继续深化交流与合作共同推动无人场站建设技术的创新与发展为中国油气田与长输管道行业的进步贡献更多智慧与力量。

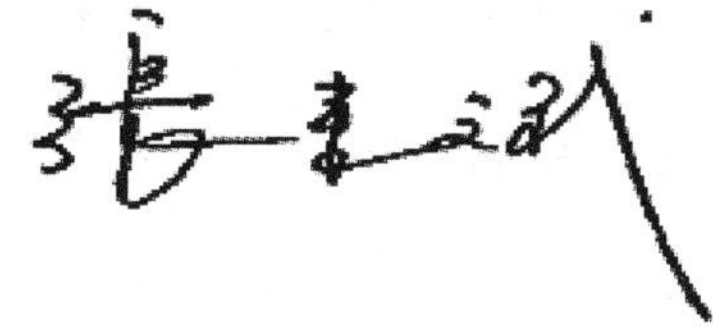

中国工程院院士

2024 年 9 月 15 日

序

中国油气田集输与长输管道行业不仅是国家经济发展的重要命脉，更是技术创新与产业升级的先锋阵地。随着全球能源格局的深刻变化以及信息技术的飞速发展，无人场站建设作为油气行业智能化转型的重要一环，正以前所未有的速度推动着行业的深刻变革与跨越式发展。

本论文集，作为2024年中国油气田与长输管道无人场站建设技术交流会的智慧结晶，不仅是对近年来行业技术创新与实践探索的一次全面梳理与总结，更是对未来发展趋势的一次深刻洞察与前瞻布局，深入剖析了无人场站建设技术的核心原理与关键技术。从智能感知与远程监控技术的最新进展来看，这些技术正逐步突破传统限制，实现了对油气田与长输管道运行状态的实时监测与精准控制。通过部署高精度传感器、无人机巡检、卫星遥感等先进设备，无人场站能够实现对生产现场的全方位、全天候覆盖，有效提升了数据采集的准确性与时效性。自动化控制与智能决策系统在无人场站建设中的应用与优化，不仅降低了人工干预的频率与风险，还显著提升了生产运营效率与安全性，为生产调度与应急响应提供科学依据。

此外，论文集还关注了油气田无人值守站点的安全运维策略与长输管道智能化巡检维护的创新实践。针对无人值守站点可能面临的安全风险与挑战，论文集中提出了一系列有效的安全运维策略与措施。通过加强安全防护设施建设、完善安全管理制度与应急预案、提升应急响应能力等手段，确保无人值守站点的安全稳定运行。同时，针对长输管道巡检维护的复杂性与艰巨性，论文集中也介绍了一系列智能化巡检维护的创新实践，引入无人机巡检、机器人巡检等先进技术手段，实现了对长输管道的高效、精准巡检与维护。

前　言

能源是国家发展的重要战略资源。我国油气资源丰富、分布广泛，随着数字化和工业化深度融合，油气行业纷纷加快自动化、智能化等技术研发和应用，坚定不移地走新型工业化、信息化道路，“无人化运营”也逐渐成为油气田与管道企业数字化转型、智能化发展、强化本质安全、提高系统效率、控降运营成本、实现高质量发展的关键支撑。因此，开展油气田与长输管道无人值守研究及应用具有重要意义。

无人化建设旨在实现油气田与长输管道场站的无人值守、远程监控和智能运维，拥有高科技、高效能、高质量三个典型的新质生产力主要特征，涵盖5G、物联网、云计算、大数据和人工智能等多种技术手段，即融合油气田与长输管道已有的自动化、智能化资源，又以创新为引领，打造数字化全生命周期管理体系，大力发展能源新质生产力。

为全面贯彻落实习近平总书记关于发展新质生产力重要指示精神和二十届三中全会关于推动经济高质量发展的部署，中国石油学会石油储运专业委员会联合国家管网、中国石油、中国石化、中国海油、延长石油等单位共同主办了“2024年中国油气田与长输管道无人场站建设技术交流会”，旨在落实党中央对新型工业化的部署要求、坚定绿色智能方向，坚定走好高质量发展之路，为行业搭建一个高水平的技术交流与共享平台。

大会共征集论文200余篇。经专家评审本次论文集择优收录87篇，涵盖了监测与感知技术、设备稳定性与可靠性、数据处理与分析能力、边缘计算与智能控制、标准体系建设、政策与法规等多个技术领域。《2024年中国油气田与长输管道无人场站建设技术交流会论文集》汇聚了行业内最前沿、最新的研究成果与探索实践，展示了当前学术研究的前沿动态，促进学术交流与合作，全方位、多角度地展示了中国油气田与长输管道无人场站建设的最新成果和发展趋势，为油气管道建设者、运维者以及广大学者们提供一个分享智慧、碰撞思想的平台。我们期待本论文集的出版能够为更多行业同仁提供启迪与帮助，共同为我国油气行业的高质量发展贡献力量。

最后，衷心感谢所有参与本论文集编写、审稿及出版的专家学者和工作人员。是你们的辛勤付出和无私奉献，才使得这本论文集得以顺利问世。我们相信，随着更多高质量研究成果的涌现和传播，能源的未来将更加美好和光明。

由于时间仓促，加上编者水平有限，若有疏漏，敬请谅解。

本书编委会

2024 年 9 月

目　录

第一篇　油气田与长输管道无人值守站发展战略

第二篇　油气田与长输管道无人值守站技术前沿

第一篇　油气田与长输管道无人值守站发展战略

油气田与长输管道场站作为石油工业一线生产设施，其安全、高效运行对于保障国家能源安全及推动经济发展具有不可替代的作用。近年来，油气行业通过管理创新与实践探索，以新发展理念为引领，以技术创新为驱动，以信息网络为基础，构建无人场站的数字转型、智能升级、融合创新等服务的基础设施体系，在标准体系建设、政策与法规等方面取得较大突破。本篇系统地介绍了无人值守站标准化平台开发，运维管理系统设计，事故应急能力等方面的成果，为无人值守站管理人员提供了成功范例和宝贵经验。

无人值守站场安全运行管理研究

夏　季　王爱玲　方迎潮　刘思铭

（国家管网集团西南管道有限责任公司）

摘　要　随着国民经济发展和工业水平的提升，工业自动化和智能化技术得到迅猛地发展，传统的人工操作逐步被自动化系统所取代，而无人值守站场将在天然气和石油输送行业中扮演更为重要的角色。无人值守模式通过减少人力资源投入、提高运行效率，为行业的现代化管理提供了新的路径。然而，这种新兴管理模式也带来了全新的安全风险挑战。无人值守意味着现场人员的减少，这使得对设备状态、环境变化等潜在风险的及时发现和处理变得更加困难。因此，如何在无人值守模式下有效地进行安全风险管理，成为了行业亟待解决的重要课题。本文系统分析了无人值守站场的安全运行管理问题，识别了关键的安全风险因素，并提出了完善设备维护、巡检与管理制度，加强自动化系统性能提升与优化，增强外部安全防护措施，提升员工技术素质与安全意识，完善应急预案与响应机制等5个针对性的风险管控策略，以期为无人值守站场的安全管理提供理论依据和实践指导，确保其在快速发展的同时能够保持高水平的安全性。并对智能化升级、综合应急管理、全生命周期管理等3个方面对无人值守站场未来的发展方向进行展望，为无人值守站场未来的发展探明方向。

关键词　无人值守；现代化管理；潜在风险；安全风险因素；风险管控策略

随着全球能源需求的增长和技术进步，油气站场管理正在经历深刻的转型。传统的油气站场管理模式逐渐暴露出效率低、成本高等问题。为此，无人值守站场模式应运而生，成为现代油气管道管理的方向之一。无人值守站场通过远程控制、自动化操作和智能监控等技术，实现了站场的无人化管理，极大地提升了运营效率和经济效益。然而，无人值守模式也带来了新的安全风险，对设备的自动化控制、数据传输的可靠性、应急响应的及时性等因素都对无人值守站场的安全运行提出了更高的要求，如何在紧急情况下及时响应和处理安全隐患成为一大挑战。因此，如何在确保效率的同时有效管理安全风险，成为无人值守站场建设和运营中的重要课题。本文将通过系统性对无人值守站场的安全风险因素进行梳理，并针对性的提出风险管控策略，以期为解决无人值守站场安全风险提供支撑。

1　无人值守站场国内外发展现状

无人值守站场指的是在日常运行中无需现场操作人员值守，依托远程监控系统、自动化控制系统和传感器技术，实现站场设备运行的自动化管理。这种管理模式通过集成SCADA系统、ESD系统、智能监控设备和远程数据传输系统，这些系统共同构建了一个高度集成化的管理平台，能够实时监测站场的运行状态，远程控制关键设备，并对异常情况进行自动处理。其中，SCADA系统负责数据采集和实时监控，ESD系统则用于在紧急情况下进行自动化的应急操作。此外，智能监控系统通过传感器和摄像头实时监控站场的运行状态，并将数据传输至远程控制中心，实现对站场的全面监控和管理。

无人值守站场具有以下几个主要特点：①高自动化程度：通过先进的控制系统，实现对站场设备的远程监控和自动控制；②减少人力成本：无人值守模式有效减少了现场操作人员的数量，从而降低了人力成本；③风险集中管理：通过区域化管理模式，将多个站场的风险集中在少数的控制中心进行管理；④应急响应复杂化：无人值守使得现场应急响应变得更加依赖自动化系统和远程指令，增加了风险管理的复杂性。

1.1　国外发展现状

在国外，尤其是欧美发达国家，无人值守站场的建设和管理已经相对成熟。早在21世纪初，国外就开始在油气管道和站场管理中引入自动化和无人化技术。以美国和加拿大为例，这些国家通过无人机巡线、卫星监控、智能传感器和自动化控制系统，逐步实现了输气管道和站场的无人化管理。国外无人值守站场的特点是高度的自动化和标准化，技术设备的可靠性极高，同时制定了完善的应急响应机制和操作规程。

1.2 国内发展现状

国内无人值守站场的发展起步较晚，但近年来随着国家管网公司和大型油气企业的推动，国内无人值守站场建设逐步加快。中石油、中石化等企业在西气东输、西部管道等项目中，逐步实施了区域化管理和无人值守模式。虽然国内的无人值守站场在技术水平和管理经验上与国外还有一定差距，但在设备自动化、远程监控和风险管理方面取得了显著进展。

尽管上述这些技术提高了站场的自动化水平，但新增了系统故障、网络攻击、外来人员入侵、复杂地质环境等风险，成为安全管理中的重要挑战。

2 无人值守站场的安全风险因素分析

无人值守站场的风险因素主要分为 5 大类：设备风险因素、系统风险因素、外部威胁风险因素、人为风险因素、应急响应滞后风险因素。其中既包含了传统油气站场的风险因素，又包含了无人值守站场所特有的风险因素。

2.1 设备风险因素

（1）设备故障

① 站内埋地管道内、外腐蚀缺陷；②地面压力设备故障；③运转设备故障；④站内阀门故障；⑤仪器仪表故障；⑥泄露监测设备故障；⑦安全与消防设备故障。

（2）设备维护与巡检不到位

无人值守模式下，设备的日常维护和巡检依赖远程监控和定期巡检，如果这些日常工作不到位，可能导致设备故障未被及时发现和处理。

2.2 系统风险因素

（1）自动化系统的故障

无人值守站场的设备高度依赖自动化系统，如 SCADA 系统、ESD 系统，其稳定性和可靠性是安全运行的关键。一旦系统出现故障，如数据传输中断、系统失效或通讯中断，可能导致站场无法正常运行，甚至引发严重事故。

（2）远程监控失效

远程监控是无人值守站场的核心管理手段。然而，由于通信系统的复杂性和外部环境的影响，远程监控系统可能出现信号中断或数据延迟等问题，影响站场的实时监控和应急响应能力。这类风险在恶劣天气或地理条件复杂的地区尤为突出。

（3）网络与通信安全

网络受到攻击或干扰可能导致无人值守站场的远程监控失效、自动化控制中断，增加设备故障和安全事故发生的风险，导致重要安全生产数据泄露，严重影响站场安全运行。

2.3 外部威胁风险因素

（1）气象、地质环境影响

如极端天气条件及地震、滑坡、水毁、崩塌、泥石流等自然灾害可能导致无人值守站场的远程监控失效、自动化控制中断，增加设备故障和安全事故发生的风险。

（2）外部人员入侵

无人值守站场容易成为外部入侵的目标，如破坏和盗窃行为，增加了公共安全风险。

2.4 人为风险因素

（1）技术素质与操作水平

虽然无人值守模式减少了现场操作人员，但对调度员和巡检人员的技术素质、操作水平和应急处理能力提出了更高要求。调度员的指令错误、巡检人员的疏忽大意等，可能导致重大安全事故的发生。

（2）培训不足

人员培训不足可能导致操作失误、应急反应迟缓，无法正确处理突发事件，增加设备故障、泄漏和火灾等安全事故风险。

2.5 应急响应滞后风险因素

无人值守模式下，站场发生紧急情况时，依赖于远程控制和少量现场人员的应急处理。一旦发生如火灾、泄漏等突发事件，现场人员无法及时应对，将导致事态扩大。因此，应急响应的及时性和有效性是无人值守站场安全管理中的一个重要考量因素。

风险因素体系如图 1 所示。

3 无人值守站场安全风险管控策略

3.1 完善设备维护、巡检与管理制度

（1）建立定期巡检制度

制定详细的巡检计划，确保所有设备都能在规定的时间内接受检查和维护。

（2）加强远程监控与现场巡检的结合

通过远程监控及时发现问题，结合定期的现

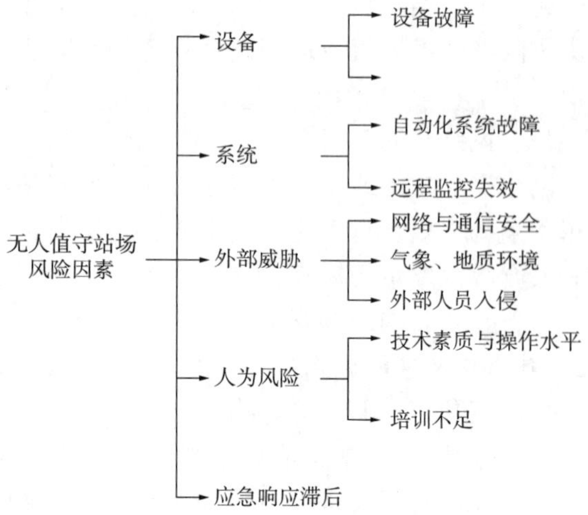

图1　风险因素体系

场巡检，确保设备始终处于良好的运行状态。

（3）引入先进的巡检技术

利用无人机巡检、自动巡检机器人等先进技术，提高巡检的效率和准确性。

（4）提高设备可靠性

引入冗余设计和备用系统，确保即使在单点故障情况下，站场仍能安全运行。

（5）加强设备维护

定期进行设备维护和系统升级，及时排除潜在的故障隐患。

3.2　加强自动化系统性能提升与优化

（1）加强SCADA系统的冗余设计

通过多重冗余设计，确保在系统故障时仍能维持基本的监控和控制功能，减少系统失效带来的风险。

（2）加强数据采集与实时监控

数据采集和实时监控是无人值守站场安全管理的重要组成部分。通过增加更多的传感器和数采卡，可以实时监测站场内各类设备的运行状态，及时发现并处理异常情况。特别是在易发生安全事故的关键区域，如压缩机、储罐、管道等，应加强实时监控和数据分析，确保数据的准确性和及时性。此外，还应建立完善的数据管理系统，将所有监控数据上传至中心管理站，并生成生产报表，以便于后续的分析和决策。

（3）完善网络与通信系统

为应对网络与通信中断的风险，首先，应在无人值守站场中部署多种通信手段，如有线通信与无线通信、卫星通信与地面通信结合的通信方式，并确保网络具备自我诊断和自动切换功能。其次，通过采用加密通信、冗余网络设计和自动切换技术，提高网络系统的安全性和稳定性。同时，优化信号传输路径，增强抗干扰能力，可以有效减少监控失效的风险。此外，建立应急通信预案，确保在通信中断时能够快速恢复与站场的联系。

3.3　增强外部安全防护措施

（1）极端气候、地质灾害防控多层次管控

对站场周边进行地质灾害隐患点进行排查，对隐患点进行必要的监测、治理；定期进行设备和管道的监测与维护；建立紧急响应和应急预案，定期进行演练；利用地质监测系统和气象预警系统，提前识别风险并及时采取预防措施。

（2）强化周界防护与入侵检测

无人值守站场通常位于偏远地区，容易成为不法分子或动物的目标。因此，必须加强站场的周界防护和入侵检测。在站场周围设置周界报警系统和高清摄像头，实现对站场周围环境的实时监控和轨迹跟踪。一旦发现入侵行为，系统应自动触发报警，并将信息传送至监控中心，及时采取应对措施。此外，还可以利用无人机巡逻和卫星监控等高科技手段，加强对站场周围环境的监控，进一步提升站场的安全性。

3.4　提升员工技术素质与安全意识

（1）完善培训工作

应制定完善的安全培训计划，包括岗前培训、安全演练、技术比武等，以提升员工的技术水平、应急反应速度和决策能力，确保其能够应对各种突发情况。

（2）实行职业资格认证

确保所有参与无人值守站场管理的人员都经过严格的职业资格认证，持证上岗。此外，还应开展员工职业资格鉴定和轮岗培训，进一步提高员工的技术素质，减少因人为因素导致的安全事故。

（3）强化安全教育

强化安全意识教育，建立健全的安全责任制，确保每个岗位的员工都清楚自己的职责和任务。同时，制定严格的考核和奖惩机制，激励员工认真履行职责，减少因人为因素导致的安全事故。

3.5　完善应急预案与响应机制

（1）制定全面的应急预案

应急预案应涵盖站场可能面临的各种突发事件，包括设备故障、自然灾害和人为破坏等。并明确各类事故的处理流程和责任人。在实际运行中，通过演练不断优化应急预案。

（2）建立快速响应机制

针对站场可能出现的安全风险，如地震、火灾、设备故障等，制定相应的应急处置措施，确保在发生事故时能够迅速、有效地进行处理，最大限度地减少事故损失。确保在事故发生时，能够迅速启动应急预案，调动资源进行处置，最大限度地减少事故损失。

（3）持续优化风险管理体系

根据实际运行情况，不断优化和完善风险管理体系，提升无人值守站场的整体安全水平。调控中心应配备专业的应急管理团队，确保在突发事件中能够迅速采取有效措施。

（4）组织模拟应急演练

定期进行应急预案的演练，模拟可能的事故情景，提高现场人员和远程控制中心的应急响应能力，确保在突发情况下能够迅速采取有效措施。

4　无人值守站场未来发展展望

4.1　智能化升级

随着人工智能技术的发展，无人值守站场将逐步实现智能化升级。通过引入机器学习和大数据分析，可以对站场的运行状态进行实时监测和预测预警，进一步提高安全管理水平。此外，智能巡检机器人和无人机的应用也将极大地增强站场的巡检效率和覆盖范围。

4.2　综合应急管理

应建立一体化的应急响应机制，涵盖地质灾害、气象变化、设备故障等多种突发事件。通过引入多源数据，如地质监测、气象预报、设备状态信息等，实时评估潜在风险。应定期进行应急演练，确保工作人员熟悉各类突发事件的处理流程。智能化应急平台可以通过大数据分析和人工智能，自动生成应急预案，并在灾害发生时提供决策支持，快速响应、及时处置，最大程度减少损失。此外，还应建立跨部门协作机制，确保在灾害来临时各相关方能够高效联动，共同保障站场的安全运行。

4.3　全生命周期管理

无人值守站场的安全管理应贯穿整个生命周期，从设计、建设到运行和维护各个阶段。全生命周期管理模式要求在站场的设计阶段就考虑安全风险因素，并在运行过程中通过数据分析和风险评估不断优化管理措施。这种管理模式有助于实现无人值守站场的长期安全运行。

5　结论

无人值守站场作为油气和天然气行业管理模式的创新发展方向，展现出了显著的经济和管理效益。然而，安全风险仍是制约其进一步发展的重要因素。本文系统性对无人值守站场的安全风险进行了梳理、分析，提出了多项针对性的风险管控策略，包括完善设备维护、巡检与管理制度，加强自动化系统性能提升与优化，增强外部安全防护措施，提升员工技术素质与安全意识，完善应急预案与响应机制等5个方面，这些策略为无人值守站场的安全管理提供了理论支持和实践指导，旨在帮助站场管理者在推动无人值守站场发展的同时，实现更高水平的安全运营。并对智能化升级、综合应急管理、全生命周期管理等3个方面对无人值守站场未来的发展方向进行展望。未来，随着技术的进一步发展和管理经验的积累，无人值守站场将在更大范围内得到应用，为能源行业的可持续发展提供有力支持。

参 考 文 献

[1] 徐一旻，李亚莉，范峰．输油站安全风险分析及事故防控对策研究［J］．工业安全与环保，2023，49（04）：39-44.

[2] 崔勋杰．天然气无人值守站场建设模式探索［J］．辽宁化工，2020，49（06）：732-733+746.

[3] 段崇伟．关于天然气站场实施无人管理模式的探索［J］．科学技术创新，2019，（20）：26-27.

[4] 赵雷亮，申芙蓉，陈小锋．长庆油田小型输油站场无人值守方式研究［J］．石油和化工设备，2013，16（05）：38-40+45.

[5] 李秉军，刘玉芳，刘贵强等．油田站场无人值守模式的推广应用［J］．石油石化节能，2023，13（01）：54-58.

[6] 张玉恒，范振业，林长波．油气田站场无人值守探索及展望［J］．仪器仪表用户，2020，27（02）：105-109.

[7] 牟文昌加，孟帅，张天航．天然气站场无人化技术发展现状及优化分析［J］．石化技术，2021，28（07）：82-83.

[8] 张文朋．天然气无人值守站场管理方式研究［J］．化工管理，2021，（23）：3-4.

[9] 高皋，唐晓雪．天然气无人值守站场管理方式研究

[J]. 化工管理，2017，(07)：152.

[10] 吴远银，周岳洪，李通. 天然气长输管道无人站及区域化管理[J]. 石化技术，2022，29(01)：242-243.

[11] 蔡玲超. 无人值守天然气场站的安全运行管理[J]. 上海煤气，2022，(05)：11-13.

[12] 康昌荣. 天然气无人值守场站发展现状与探索[J]. 石化技术，2022，29(08)：82-84.

[13] 高津汉. 天然气管道无人化站场的理念及设计要点[J]. 石化技术，2019，26(01)：169-170.

[14] 孙建军. 气田无人值守集气站的安全管理[J]. 石化技术，2016，23(10)：222.

[15] 刘晓宏，张志勇，胡靖平等. 气田无人值守集气站的安全管理[J]. 安全，2014，35(08)：42-44.

[16] 周波，余兆才. 数字化气田无人值守场站安全管理研究[J]. 化工管理，2019，(35)：102-103.

[17] 任欣. 输气站无人值守现状及探讨[J]. 石化技术，2023，30(02)：179-181.

成品油管道无人场站建设的探索

郑　琦

（国家管网集团西南管道有限责任公司兰成渝输油分公司）

摘　要　为建立符合新质生产力发展要求的无人场站管理体系，以构建实现场站“集中调控、智能监视、专业巡检、预防维护、无人操作、有人应急”的高效运维体系，增强安全生产风险防控能力，推动无人场站和集中监视中心的建设工作，加快推进运检维一体化管控模式变革和“四化”改革——市场化、专业化、区域化、共享化，促进油品管网场站智能化、数字化、绿色化转型升级，全力打造世界一流企业。

按照“统筹推进”、“分步实施”的原则，实现由“运检分离”变“集中监视、专业巡检、预防维护”的集中管理模式。将运行岗位向综合维修与应急处置转变，对管道运行过程、设备设施状态、场站安防等数据进行集中监视，发现异常事件第一时间通知作业区人员，由作业区应急人员负责确认、排查、处置故障。在原有场站软硬件设施基础上进行升级改造，完善自动化控制逻辑、周界报警、集中监视等智能化手段以提升场站本质安全水平。在优化劳动组织，提高人力资源配置效能，提升员工综合素质能力，促进全员劳动生产率和“运检维一体化”水平的全面提升，逐渐实现由少人场站到无人场站的目标。

综合考虑经济效益和社会效益最大化，尊重历史、地方政府管理部门的要求等因素；在生产运行状态、主要工艺参数由油气调控中心和各作业区中心站进行监视、关键工艺设备由油气调控中心进行操作控制的基础上，最终实现场站无人值守的目标。

关键词　智能；无人场站；安全

为全面贯彻落实习近平总书记关于以发展新质生产力为重要着力点推进高质量发展的重要部署，积极抢抓新一轮科技革命和产业变革机遇，在推进科技创新和科技成果转化上同时发力，因地制宜发展新质生产力，扎实推进企业高质量发展。作为油品运输企业，对成品油管道场站的智能升级改造，充分体现了高科技、高效能、高质量三个新质生产力主要特征；通过对其进行技术革命性突破、生产要素创新性配置、产业深度转型升级，必将快速形成油气行业新质生产力，为推进国家现代化产业体系建设和高质量发展做出贡献。

虽然长输管道在建成初期自动控制水平达到了当时国际先进水平，但经过几十年的运行，90%以上的设备设施还停留在原有的技术水平。随着技术的不断发展和迭代升级，以及设备国产化工作的开展，现役长输管道的技术水平已远远滞后于时代的发展；同时，国际上场站“少人化”、“无人化”的趋势越来越明显，技术水平的智能化升级和管理方式的变革迫在眉睫。目前，以国家管网、中石油为代表的国内场站在试点少人场站的建设中，无人场站的探索工作也在积极有序推进。本文重点对成品油长输管道非泵机组场站和无收发球筒场站，无人场站建设的探索与实践之路进行探讨。

1　少人场站的建设

1.1　传统模式

××成品油管道于1998年开始建设，2002年10月建成投产，是当时我国建成投产的第一条大口径、长距离、高压力、多分输点的成品油顺序输送管道。××成品油管道全长×× km，设计输量为×× t/a，后因增输需求进行增加输量改造。管道落差大、沿线地形变化复杂、压力高并且为变设计压力，管道为顺序输送、集中分输的工艺，且输油的计划根据实际的市场情况即时调整。

××分输站是一座分输站，向地方石油公司××油库供油。××分输站具有油品界面检测、分输调压计量、流量计标定等功能；站内设有调压分输计量系统、流量计标定系统。上站来油经过滤、调压、计量后输送到地方油库。

××分输站主要流程如下：

（1）来油越站流程。

（2）分输调压计量流程。

（3）流量计标定流程。

具体工艺流程如图1所示。

主要工艺保护参数如下：

（1）油罐报警参数见表1-1。

（2）压力变送器保护设定值见表1-2。

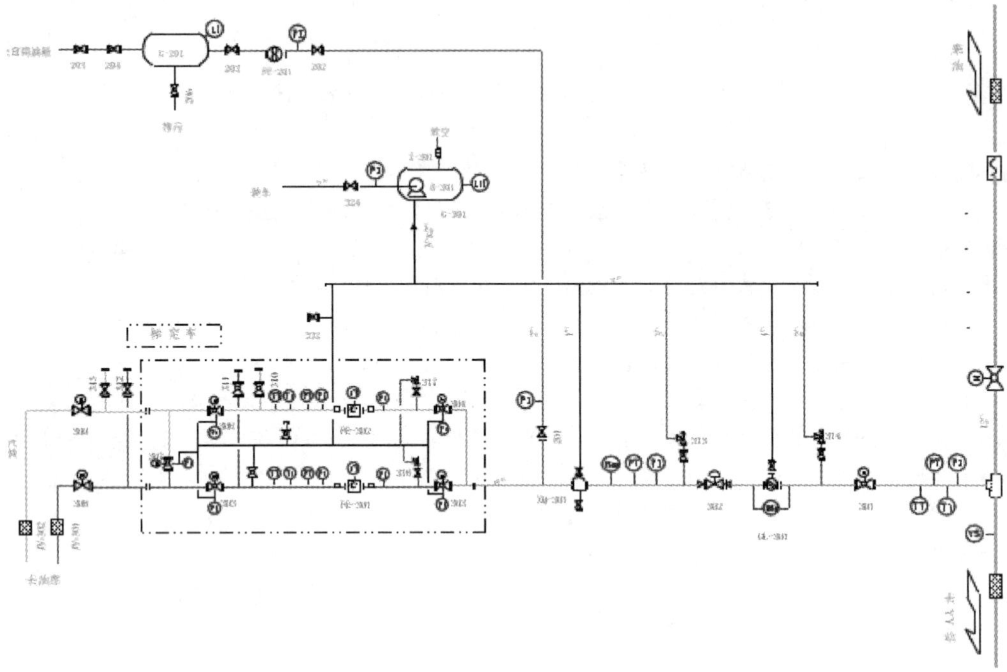

图1　×××成品油管道工艺流程图-××站

表1-1　油罐报警参数

油罐名称	低低液位报警设定值	低液位报警设定值	高液位报警设定值	高高液位报警设定值
污油罐G-××301	—	××m	××m	—

表1-2　压力变送器设定值

压力变送器名称	安装位置	设定值
高压保护压变PT××301A	分输调节阀后	××MPa

1.2　主要设备的联锁保护及控制

1.2.1　分输支线高压保护

在分输支线设有高压报警PT××302和高压保护压变PT××302或PT××301A，高压保护压变PT××302或PT××301A与分输阀门××301联锁。要求如下：

（1）当分输支线压力达到高压报警PT××302的设定值（设定值为××MPa）时报警。

（2）当分输支线压力达到高压保护压变PT××302或PT××301A的设定值（设定值为××MPa）时，高压保护压变PT××302或PT××301A报警，信号持续×秒，则关闭分输阀门××301；高压保护压变PT××302或PT××301A报警信号消失，延时×秒，程序结束。

1.2.2　其他保护

污油罐G-××301设有高、低液位报警LIT××301，根据污油罐实际液位情况启泵B-××301将油品装车外运。

传统的场站值班模式，仅站控室监屏人员就需要三人进行轮换，不仅员工工作内容和岗位技能单一，还造成运行效率和劳动生产率低下。在场站进行区域化改革后，虽然逐渐推行“运检维”一体化，但站控室值班人员数量仍维持原状。在“少人场站”的管理思路提上日程后，按照“整体设计、分步实施、稳妥推进”的工作思路，该站具备少人场站建设试点的先天优势。在对工控网络安全防护和监控系统升级改造、流量计数据上传后，××分公司在××站开展应急值班模式，逐渐由“少人场站”到“无人场站”。

1.3 应急值班模式

(1) 应急值班人员实行24小时在岗值班。

(2) 应急值班实行"两人轮换值班、作业区安排专人带班制"。

(3) 带班人职责范围包括场站安全生产管理、综合事务等。

(4) 为应急值班人员配备防爆智能手机，并报备油气调控中心、分控中心。

(5) 应急值班人员随身携带场站配备的防爆智能手机，且随时保持通信畅通。

(6) 应急值班人员应严格执行交接班管理制度，应急值班人员、带班人每天应按时参加中心站组织的早班会，对值班工作进行交接。

(7) 应急值班人员每天8：00参加一次联合巡检，中心站通过工业电视对非中心站巡检情况进行全程监督；应急值班人员每天20：00开展一次综合巡检，将巡检结果汇报至中心站。

(8) 应急值班人员应根据作业区安排按时完成相应系统内容的填报。

(9) 应急值班人员应严格执行调度令，接到需流程切换等现场操作调度指令，应严格执行操作票管理制度。

(10) 应急值班人员应按照作业区统筹安排完成场站设备设施定期维护保养、低老坏问题处理。

(11) 应急值班过程中发生设备、设施故障，应急值班人员应第一时间汇报中心站，并按程序处理；若不能处理，应逐级汇报跟踪处理，直至故障消除。

(12) 应急值班人员应完成上级安排的其他临时任务。

(13) 应急值班人员应妥善处置所在场站生产突发事故事件，按程序做好前期应急处置，第一时间将事故事件情况汇报给中心站。

(14) 如启动四级及以上应急响应，则自动退出应急值班模式，由中心站及时派员支援。

(15) 应急突发事件处置完成后，连续三天无异常情况、生产运行安全平稳情况下，恢复应急值班模式。

经过一年左右的实践，"少人场站"的运行模式效果良好：场站实现了安全生产"可控、受控、在控"，减少人员在危险环境内的活动风险；实现了管理优化、资源共享，优化了作业区岗位设置，提高了人力资源配置效能，增强了员工综合素质培训，促进了基层组织运行效率和劳动生产率的全面提升，符合员工自身职业发展和企业发展的客观要求。为少人场站的全面推广提供了现实依据，为下一步无人场站的探索奠定了基础。

2 无人场站的探索

无人场站建设和运行管理应遵循"目标控制、无人值守、专业维护"的原则，遵循管理要求及各业务系统的技术框架，适度考虑未来发展需求，根据功能的需求，选取先进、成熟、实用、可靠的技术，根据场站建设的经济性、重要程度、设备现状、运行环境等实际情况进行综合评估和考量，制定切实可行的改造方案。无人场站主要由基础工艺设施、智能仪表、控制系统、网络通信系统、供电系统、设备诊断及远程维护系统、安防系统及辅助设施等部分组成。

2.1 工艺方面

(1) 现场工艺设施应满足场站连续安全可靠运行、远程目标控制功能的需求。

(2) 按照运行本质化安全、风险有效防控的原则开展安全风险分析，优化工艺设计，减少密封泄漏点，降低运维风险。

(3) 站内工艺设备设施、管线布局应考虑智能巡检的需要，工艺流程管道宜进行地上化改造。

2.2 供配电方面

(1) 供配电系统应满足远程控制和集中监视的要求，应具备故障报警、蓄电池电压等重要参数远传至集中监视系统和报警功能。

(2) 单电源进线的场站，应配备柴油发电机组作为备用电源，并满足市电停电后自启的要求，其容量应满足场站内生产和生活负荷的需要。

(3) UPS不间断电源应能保证达到足够应急时间，且不低于监控系统正常运行2h。

2.3 自控方面

(1) 自动化仪表系统设置应满足以下要求：

① 过程控制系统应冗余设置，至少包括控制器、网络设备、电源模块。

② 场站应进行安全完整性等级(SIL)分析，并根据管道场站安全仪表功能回路的SIL评估结果，确定安全仪表系统设备的安全完整性等级。

③ 有建筑物的场站应设置独立火灾自动报

警系统。

④ 巡检关键点应设置远传仪表。

(2) 控制中心能实现远程目标控制，并根据不同场站的工艺情况合理选择自动控制逻辑。

(3) 场站自动控制逻辑应包含生产辅助系统控制。

(4) 应对站内工艺参数超限、设备故障、安防系统等报警信息进行分级，重要报警宜设置语音报警功能。

(5) 场站与控制中心之间SCADA系统之间的数据通信信道应冗余配器，宜采用两种不同传输方式。

(6) 应设置远程计量交接系统。

(7) 宜采用具备完善诊断和防雷击、防短路等自保护功能的智能仪表及控制系统。

(8) 火灾及可燃气体报警系统应满足如下要求：

机柜间、UPS间、变配电室、柴发机房、工艺区、污水处理系统应设置火灾/火焰探测器，报警信号直接上传至控制中心、集中监视中心。

2.4 设备自诊断方面

(1) 应设置远程维护单元，采集计量单元、控制单元、UPS电源等设备的运行状态数据。

(2) 可根据设备诊断需求配置智能仪表、网络设备、通信设备、执行机构、分析仪器等。

(3) 智能诊断系统的远程维护单元、与监视中心通信信道宜共用，远程诊断及维护系统宜设置在集中监视中心。

(4) 网络、通信系统的诊断宜基于网管软件实现。

2.5 安防措施方面

(1) 应包括物理环境的综合安防和工控网络的安全防护。

① 物理环境安防应包括如下：

Ⅰ场站主要出入口、围墙四周、工艺设施和设备区等重点部位应安装视频监控，监视范围应覆盖全部区域。

Ⅱ主要出入口应安装人员、车辆控制设备，设备区域出入口应安装相应控制设备。

Ⅲ围墙四周应安装周界入侵报警系统，并设置扩音提示系统。

Ⅳ设备间宜安装环境监测系统。

② 综合安防一体化功能应包括如下：

Ⅰ应具备数据融合功能。

Ⅱ应具备全站一屏监视功能。

Ⅲ应设置泄漏检测及火灾检测等报警，并具备与视频联动功能。

Ⅳ宜具备火灾、输油管道泄漏检测等视频智能识别功能。

Ⅴ宜具备周界安全防范、门禁、人员识别等子系统与视频联动及人型报警功能。

Ⅵ宜具备扩音系统与非法入侵、不安全行为等报警联动广播功能。

Ⅶ宜考虑与当地110联控的功能。

③ 工控网络应开展网络安全等级保护工作，并配置与安全保护等级相适应的网络安全设备和防护措施。

2.6 配套条件方面

(1) 集中监视与应急指挥中心，至少具备以下功能：

① 监视整体生产运行工况、主要运行参数、工艺和设备状态。

② 监视火气系统、控制系统、工艺系统、计量系统、电气系统、通信系统的报警信息。

③ 远程诊断计量系统、控制系统、UPS等设备的功能。

④ 监视泄漏监测系统、工业电视周界及安防报警。

⑤ 工控网络安全防护报警。

⑥ 事件记录和打印、统计报表的整理和打印，计量交接凭证的自动生成。

(2) 场站数据的远程查看、操作功能：

① 查看运行数据。

② 查看设备的智能诊断与远程维护数据。

③ 查看安全防护数据。

④ 操作实现"远信"、"远控"、"远测"、"远设"功能。

远信：实时对阀门开关运行状态进行监视，计算机实时显示和自动报警。

远控：计算机屏幕显示工艺流程中设备运行等信息，并在屏幕上将设备的运行、开关状态，实时记录操作时间、类型、工艺位号等。

远测：温度、压力、流量、超限报警、液位、电压、电流、阀门开度等参数进行不断地采集、分析、处理、记录、显示曲线，自动生成报表。

远设：远程设置、修改保护装置的定值、超限值、阀门开度值等；以及调整各种仪表的工作状态。

2.7 日常管理

(1) 控制中心能通过 SCADA 系统实现远程目标控制。

(2) 定期开展“无人场站”运行保障安全评估工作。

(3) 周期性的开展综合巡检、专业巡检、联合巡检，特殊时期应加密巡检，必要时安排人员驻守。

2.8 应急管理

(1) 针对常见突发事件，控制系统能够根据采集的信息进行综合判断，按照预设的保护逻辑，完成突发事件的自动处置。同时，将相关信息以报警形式传送到控制中心。

(2) 自动处置之外的现场异常事件应根据类型或报警分级，满足如下要求：

① 控制中心负责 SCADA 一级报警响应，通过 SCADA 确认后及时采取有效的处置措施，如需现场配合的响应，应第一时间派人进行处置。

② 集中监视与应急指挥中心负责集中监视系统中报警的响应，确认后，如需启动 ESD 或其他远程控制，则第一时间联系控制中心处置；否则应第一时间通知所属作业区负责现场处置，并告知控制中心。

③ 应急人员发现场站发生严重泄漏、火灾或爆炸时，应第一时间触发全站 ESD，并撤离警戒。

无人场站的建设点多面广、技术复杂、工作难度大：一是现有员工的思想认知、综合素质需要不断提升，配置具备相关专业的技术和技能人员也是面临的现实问题。二是现役设备设施批量更换对目前的生产运行影响较大、一次性资金投入也较大。三是设备设施的在线监测和诊断、维护手段需要加强，对技术人员的专业性也提出更高要求。四是，对日常设备设施的维护频次需要增加，检修质量也应提高。五是，管理模式的变化，也会带来系列配套的变革，改革的过程中需要确保安全这个第一要务。六是，各个场站的功能和面临的具体情况不同，应因地制宜，按照先易后难，成熟一个开展一个的方式逐渐推进各项工作。七是，由于管输行业的特殊性，应积极与地方主管部门、公安部门、应急部门进行密切沟通，只有争取到他们的支持和帮助，才能顺利实施场站的“无人化”。

综上所述，在借鉴国外先进成品油管道无人场站建设经验和技术的同时，探索出符合我国特色、具备自主知识产权、体现世界一流先进水平的发展模式显得更为重要。

参 考 文 献

[1] 彭浩平，高玉明，李晓平. 油气储运仪表及自动化(富媒体). 石油工业出版社.

[2] 寇杰. 油气储运安全工程. 中国石化出版社.

[3] 史宝成. 油气储运工程生产实习指导书. 石油工业出版社.

[4] Q/GGw020013《油气管道运行控制原则与要求》.

[5] Q/GGw02007《油气管网工业控制系统网络安全防护设计要求》.

[6] Q/GGw02009《油气管网工业控制系统网络安全防护技术规范》.

[7] GB/T30155—2013《智能变电站技术导则》.

[8] GB55036—2022《消防设施通用规范》.

成品油管道“少人站”改革实践–以A站为例

王泽宇

（国家管网集团西南管道有限责任公司）

摘　要　从格尔木–拉萨输油管道开工以来，再到兰成渝、兰郑长、西南成品油管道等管道工程相继开工并投产，我国的成品油管道建设运营实现了历史性的飞跃，据相关数据显示，目前我国服役的长输成品油管道总里程超过了30000公里，随着国家油气管网体制改革，这些长输成品油管道大多由国家管网集团负责运行，这些成品油管道的运维需要耗费大量的人力。随着科技水平的进步发展及数字化技术在油气管道行业的大规模运用，原来成品油管道输油站的运维模式已不再适用，成品油管道输油站的“少人化”改革变得不可避免，也逐渐成为成品油管道从业者的关注热点和研究方向。本文通过西南成品油管道A站的“少人站”改革实践，详细从运维人员的工作职责、工艺流程的优化调整两个大的方面对A站的经验做法进行了介绍，重点是将耗费大量人力的“监屏”工作从输油站职责中移除，并根据实际情况调整优化工艺流程，同步加强对运维人员的技能培训。本文还对A站“少人站”改革后所取得的成果进行了展示，说明在进行“少人站”改革后，安全生产和员工队伍稳定都得到了保障，其中减少运维人员用工62.5%，临时或长期停用设备15%，自主运维完成率提升到90%，实现了“用工总数有减少，员工技能有提升，安全生产有保障”的改革目标，也论证了成品油管道“少人站”改革的可行性。

关键词　成品油管道；油气管网；少人站

1　引言

改革开放以来，我国经济迅速发展，成品油消费量逐年攀升，自格尔木–拉萨输油管道开工建设后，我国的成品油管道建设也迎来高峰，兰成渝、兰郑长等成品油管道相继建成投产。2019年，国家石油天然气管网集团有限公司正式组建并于2020年正式接管原“三桶油”的各类管道，我国的油气管网建设及运营管理迈上了新台阶，据相关资料显示，目前我国已形成了“两纵两横”成品油管道骨干管网及西南、华南、华中、华北、华东五大区域型成品油管网。截至2023年底，我国在用的成品油管道总里程超过了30000公里，这些交织密布的管道将全国超过30家大型炼化企业与数百座油库相连，为国家能源安全、地方经济发展和居民生活便捷做出了巨大贡献。通常来说，成品油管道系统由输油站、油库、外管道组成，就人员分布来看，输油站的运维需要的人员较多，长期以来，输油站的一个运维班组通常由2~4人组成，一个输油站通常又有3~4个班组，承担了数据监视、现场巡检、日常维保等任务，随着科技的进步尤其是数字化技术的大规模应用，原来的运行模式人均劳效低、员工技能水平提升缓慢等弊病日益凸显，根据输油站的实际功能开展“少人化”改革运行已成为一种趋势。

A站是某成品油管道的一座中间分输站，具有接收上游来油，向两个方向分输(目前仅有一个方向正常分输)，向特定用户下载的功能，该站同步配套有清管器收发、水击泄压保护、调压计量等装置，该站原有运维人员8人，历经2次“少人站”改革后，现常驻运维人员3人，通过移交“监屏”业务，优化工艺流程，在高质量地完成安全生产工作任务的基础上，减少运维人员用工62.5%，员工技能相比以往也有极大提升，其运行模式对成品油管道的“少人站”建设有一定的参考价值。

2　A站“少人站”改革实践

需要特别说明的是，建设“少人站”的前提是符合国家地方的法律法规，遵循管道企业的内部制度，符合生产实际的需要，确保输油管道的安全运行，而不是单纯的减少运维人员。就“少人站”的建设运行而言，主要关注两个问题，一是运维人员的职责变化，二是工艺流程的合理优化，本文从这两个方面入手，对A站的做法进行详细介绍。

A站最初的运维人员上班模式是四班三倒，2人一班，其中1人负责在中控室监屏(包含工艺参数、视频监控、周界报警、泄漏报警等)并接受调度指令，另外1人负责每2小时在工艺区、配电房等处巡检，并根据实际需要开展储罐计量、作业监护，设备维保等。第一次"少人化"改革中，A站的监屏工作任务被区域调度中心承担，A站运维人员从8人减少到4人(调减的4人前往维抢修队及其他人员短缺的输油站)，其中3人负责倒班(上一休二)，倒班期间每天巡检3次，其余时候与1名长白班配合开展作业监护及设备维保，若夜间没有生产任务，倒班人员正常休息。在运行4年后，A站迎来了第二次"少人化"改革，这次改革是将A站与下游的B站组成作业区，因A站工艺流程相对简单，在第二次"少人化"改革后，A站运维人员从4人减少到3人(调减的1人参加技能培训，学成后参与作业区设备维保工作)，2人负责倒班(上二休二)，1人长白班，但倒班人员每天只需巡检1次，并根据实际情况降低了储罐(不动罐)计量频次，其余工作任务与第一次"少人化"改革后相比基本不变。两次"少人化"改革后运维人员上班模式如表1所示。需要特别说明的是，A站的运维人员属地化程度较高，可在2小时内返回住所。

表1 A站两次"少人化"改革运维人员上班模式简表

时间点	上班模式	用工数(人)	主要工作内容	备注
第一次改革前	四班三倒	8	监屏、巡检(2h一次)、监护、计量、维保、应急等	无长白班
第一次改革后	上一休二	4	巡检(8h一次)、监护、计量、维保、应急等	1人长白班
第二次改革后	上二休二	3	巡检(24h一次)、监护、计量(降低不动关计量频次)、维保、应急等	1人长白班

第一次"少人化"改革后，A站的工艺流程与前期相同，使得第一次"少人化"改革后单个员工承担的工作量相比改革前有一定提升，一定程度上也影响了运维员工对"少人化"改革的积极性。在第二次"少人化"改革前，相关部门组织人员对A站运维人员的上班情况进行了详细分析，提出根据工艺流程使用情况分类停用设备的想法。对于长期不用(使用频率低于或等于1年1次)的工艺流程，通过先排空油品后拆除阀门再安装盲板的方式进行了长期停用，对于使用较少(使用频率低于或等于1季度1次)的工艺流程，通过先排空油品再关闭阀门的方式进行临时停用，其余工艺流程仍按原来的模式进行运行。据统计，第二次"少人化"改革后，A站停用各类设备设施近100台，占比约45%，停用各类设备设施后，密封点泄漏、温升泄压的生产运行风险大幅降低，但所有设备的检定、校验、测试及维修工作仍按原来的标准执行。

3 A站"少人站"改革成果

自A站在第二次"少人化"改革后，通过对运维人员上班模式的优化及使用频次较低的工艺流程停用，实现了"少人站"的运行管理模式。通过做好设备的日常维护保养，确保设备处于良好的工作状态，从根本上保证安全生产。通过加强两级调度中心的监控工作，确保各项数据准确全面得到监控，强化运维人员与两级调度中心的沟通，确保调度指令的准确执行。通过落实运维人员的应急值守并强化日常应急演练，确保紧急情况下能在第一时间、第一现场进行精准处置。经过一年多的运行，A站各项生产工作均能正常开展，之前改革调减的运维人员前往其他站场或维抢修队进行技能培训，学成以后加以运用，可以高质量完成对包含A站在内的多个输油站的设备维保工作，通过定期驻站、专项帮扶等行动，进一步提升了A站的自主维保水平。据统计，在第二次"少人站"改革后，A站在以往需要委托维抢修队进行的作业中，90%可以自行完成，员工技能的提升也促进了员工信心的提升，在面对未来可能的改革时不会出现"技能恐慌"。A站通过两次"少人站"改革基本达到了"用工总数有减少，员工技能有提升，安全生产有保障"

的“少人站”运行管理目标。

4　结论

A站的实践案例充分说明，在提高设备可靠性的基础上，可以将原来站场的单一“监屏”工作任务转移至两级调度中心，进一步解放输油站固定在“监屏”工作上的劳动力。对于使用频次较低的流程，可以根据实际情况办理停用手续，减少可能的密封点泄漏等情况。对于从事运维工作的员工，要加强对其技能的培训，进一步提升输油站处理各类故障及突发事件的能力。对于基层输油站的员工，要在最大程度上给予人文关怀，确保员工在输油站安心上班。因本文所分析的成品油管道输油站因工艺流程、设备功能、生产任务等与其他成品油管道输油站具有一定的差异，且不同地区的管道行业主管部门对“少人站”的合规与否还存在不同的意见，不同的管道企业在推行“少人站”管理上的进度也有差别，A站的“少人站”改革实践案例的普适性存在一定的局限性。但我们有理由相信随着数字化技术的发展运用，“少人站”必将是今后时间里成品油管道输油站运维管理的大趋势，我们成品油管道行业从业者需要做的，就是立足岗位保安全，积极学习新知识，用实际行动确保输油站在“少人化”背景下的安全稳定运行。

FMEA 分析方法优化及其在输油气站关键设备可靠性提升中的应用

宋　颖[1]　张　彬[1]　贾彦杰[1]　高仕玉[1]　古　丽[1]　舒浩纹[1]　任虹宇[1]
杨传明[1]　李宏君[2]　李金炜[2]　张　璨[1]　朱志洪[1]　李　霞[1]

（1. 国家管网集团西南管道有限责任公司；2. 国家石油天然气管网集团有限公司广西分公司）

摘　要　针对新型国产化设备历史数据匮乏的问题，提出一种基于同类型设备历史数据的 FMEA 的综合可靠性分析方法。本文介绍了该 FMEA 分析方法的基本概念、方法论以及在提高设备可靠性和安全性方面的重要作用，并以案例研究具体介绍了如何使用 FMEA 来识别和评估压缩机运行过程中所有可能发生的失效模式，并提出了相应的改进措施。结果显示，通过运用该 FMEA 方法对国产压缩机组进行可靠性分析，基于 AP 措施优先级中重点考虑失效后果，更加符合生产管理实际，其结论与建议能够为无人站、少人站建设提供设备可靠性提升提供思路借鉴。

关键词　FMEA 分析；可靠性；电驱离心式压缩机组；失效模式；少人站；无人站

1　引言

以可靠性为中心的同类型设备评价可有效确定系统的薄弱环节，为新设备的设计、试验、运营、优化等提供支持。目前应用最广泛、业界认可度最高的分析方法有事故树分析（FTA）、危险与可操作性分析（HAZOP）、失效模式与影响分析（FMEA）等。其中，FMEA 从设备结构出发，并与现场维护数据紧密结合，更加适用于设备的可靠性评价。

在输油气管道站场无人站、少人站建设推进进程中，对核心关键设备的运行可靠性提出了更高要求。核心关键设备运行可靠是无人站、少人站建设的技术基础。对于设备可靠性工程中，失效模式与影响分析（FMEA）分析方法在设备设计阶段是一个世界范围内广泛使用的方法，近年来随着管网集团在推行该方法，实践证明了该方法在设备运维阶段也具有极高指导意义，提高了运维人员对设备结构掌握程度及其设备元部件级维保水平，进而提高设备运行可靠性。其核心思想是辨识中、高风险失效模式，采取相应措施降低失效模式发生的可能性或减轻后果影响程度，从而提高其运行可靠性。这个思路其实在无人站、少人站的工艺、仪控、设备整个系统的设计中，是可以借鉴使用的。

2　基于 FMEA 的分析方法

2.1　FMEA 的历史和发展

故障模式与影响分析（FMEA）分析方法的历史和发展　可以追溯到 20 世纪中叶，其发展历程经历了从军事、航空工业的应用，到汽车工业和医疗设备工业的采纳，再到微电子工业和制造过程的确认。FMEA 最初作为一种风险评估工具，旨在通过识别和评估产品或过程中潜在的失效模式及其对系统的影响，来提高产品和过程的设计质量，降低风险。

2.2　FMEA 的七步法基本步骤

（1）规划和准备。包括编制分析项目方案、分析边界，以甘特图方式呈现。

（2）结构分析。包括结构分析及层级划分、识别相互作用，以结构树形式可视化分析范围。

（3）功能分析。包括识别功能、要求及特性，可视化功能关系。

（4）失效分析。包括失效模式、失效影响、失效原因，建立失效链，可视化失效关系。

（5）风险分析。包括对失效模式的严重度（S）、发生度（O）、探测度（D）进行评分，按照行动优先级（AP）矩阵，辨识出低、中、高行动优先级（可理解为低、中、高风险）。

（6）优化。针对中、高行动优先级失效模

式，提出预防措施或探测措施降低风险。

(7) 结果文件化。包括形成FMEA分析报告，对结果进行外部沟通，推动和跟踪降险措施的落实。具体步骤如图1。

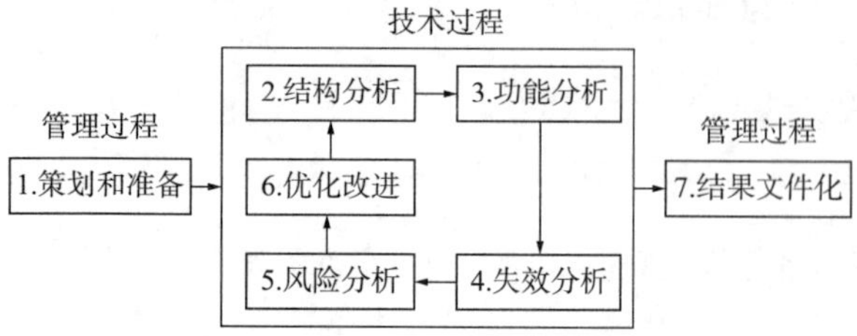

图1　FMEA步骤

技术过程的核心步骤具体开展如图2所示。

3　压缩机系统的FMEA分析案例

3.1　压缩机系统概述

江津站和河池站均采用国产化压缩机组配置，主体设备包括：荣信ZTS16000/10隔离变压器、SUPERHVC-S10-SM6.5/16-OT-W型变频器、哈电TBPY14000-2型同步电机、沈鼓公司PCL804型压缩机等，连同润滑油系统、干气密封系统，循环水系统，空冷器、工艺管线、控制系统等共同组成的电驱压缩机组。

3.2　FMEA分析前的准备工作

重点开展了国产压缩机组的结构分析及层级划分、研讨统一评价准则。如图3～图5所示。

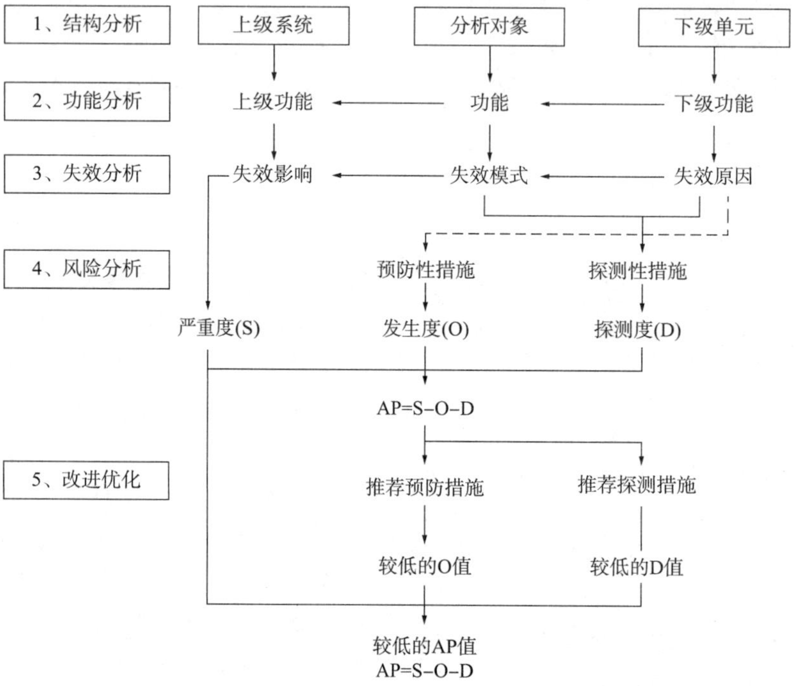

图2　FMEA核心逻辑

3.3　失效模式识别与风险分析

为保证分析和评估工作全面、准确，工作组采用现场勘察、工作组会议相结合的工作方式。具体如下：

(1) 现场勘察。在两个站场专业运维人员的引导下，现场查看压缩机组及其配套辅助系统的布置、安装情况；

(2) 工作组会议。基于江津河池国产压缩机组资料、维保规程等资料，以会议讨论的方式在FMEA分析工作表上开展分析，研讨项失效模式的严重度(S)、发生频度(O)、探测度(D)，并根据AP措施优先级矩阵表确定其措施优先级级别，见表1～表4。

3.4　根据分析结果提出改进措施

经分析207条失效链，发现行动优先级为高(H)的失效链6条，行动优先级为中(M)的失效链7条，行动优先级为低(L)的失效链194条。针对中高行动优先级失效链，讨论提出相关预防措施和探测性措施15条，以期降低失效风险，见表5、表6。

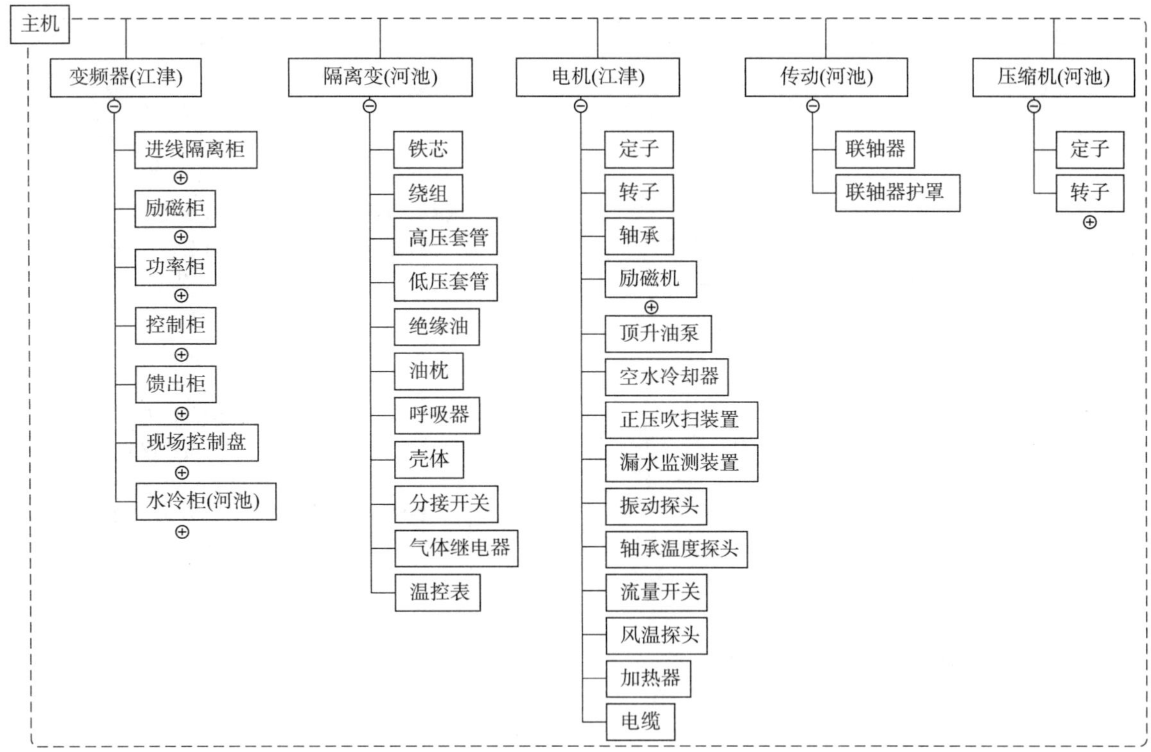

图 3　可视化结构树(一)

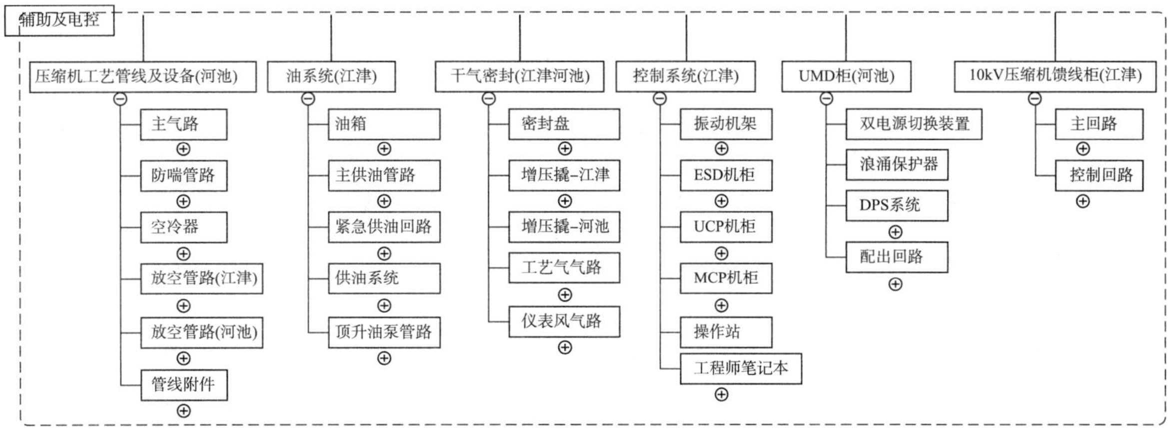

图 4　可视化结构树(二)

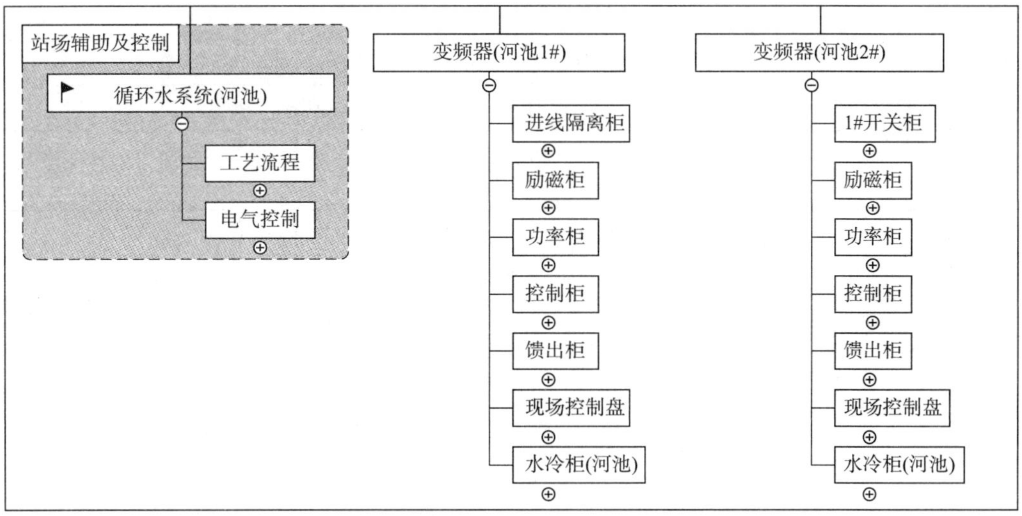

图 5　可视化结构树(三)

表 1　严重度(S)评价准则

评分	严重度等级	评价准则描述	
		压缩机组停机时长	设备维检修等级
1	轻微影响	失效不会导致压缩机组停机	(1)工沉调整(只调整工况)或无需维修 (2)在线维护调整(除工沉调整之外，还需对其他故障设备进行维护)或耗材(如过滤器)更换
2	较小影响	失效引发联锁停机，停机时长≤12h	零部件更换或现场小修：常规性的检查、试验、维修，包括少量零件更换、调整等
3	中等影响	失效引发联锁停机，停机时长 12h<H≤3 天	总成更换或现场中修：局部性的检修，主要组件、部件的解体检查、修理、更换及相关试验
4	较大影响	失效引发联锁停机，停机时长 3 天<H≤7 天	现场大修：压缩机本体或辅助系统的整体解体检查、维修、更换及相关试验
5	严重影响	(1)失效时发出停机指令，却无法正常停机(如：潜在的轴承烧瓦，引发故障扩大) (2)失效引发联锁停机，停机时长 7 天以上	压缩机主体设备返厂维修

表 2　发生度(O)评价准则

评分	发生度等级	评价准则描述
1	基本不存在	现有或类似压缩机未出现过此故障，或平均周期>10 年
2	鲜有	现有或类似压缩机出现过类似故障，但比较罕见，平均周期是 5 年~10 年
3	偶然	现有或类似压缩机出现过类似故障，但发生次数较少，平均周期是 1 年~5 年
4	时有	现有或类似压缩机出现过类似故障，发生次数较多，平均周期是 4 月~12 月
5	频繁	现有或类似压缩机经常出现此类故障，平均周期是≤4 月

表 3　探测度(D)评价准则

评分	探测度等级	评价准则描述
1	极易	现有探测手段能够极易发现该失效原因或失效模式
2	容易	现有探测手段能够较容易地发现该失效原因或失效模式
3	一般	现有探测手段发现该失效原因的能力一般或失效模式
4	困难	现有探测手段发现该失效原因比较困难或失效模式
5	极难	没有探测手段能够发现该失效原因或失效模式

表 4　AP 措施优先级矩阵表

严重度(S)		发生度(O)		探测度(D)		行动优先级 AP
等级	评分	等级	评分	等级	评分	
严重影响	5	极易	5	极难	5	H
	5		5	困难	4	H
	5		5	一般	3	H
	5		5	容易	2	H
	5		5	极易	1	H

续表

严重度(S)		发生度(O)		探测度(D)		行动优先级 AP
等级	评分	等级	评分	等级	评分	
严重影响	5	时有	4	极难	5	H
	5		4	困难	4	H
	5		4	一般	3	H
	5		4	容易	2	H
	5		4	极易	1	H
	5	偶然	3	极难	5	H
	5		3	困难	4	H
	5		3	一般	3	H
	5		3	容易	2	H
	5		3	极易	1	H
	5	鲜有	2	极难	5	H
	5		2	困难	4	H
	5		2	一般	3	H
	5		2	容易	2	H
	5		2	极易	1	H
	5	基本不可能	1	极难	5	H
	5		1	困难	4	H
	5		1	一般	3	M
	5		1	容易	2	L
	5		1	极易	1	L
较大影响	4	极易	5	极难	5	H
	4		5	困难	4	H
	4		5	一般	3	H
	4		5	容易	2	H
	4		5	极易	1	H
	4	时有	4	极难	5	H
	4		4	困难	4	H
	4		4	一般	3	H
	4		4	容易	2	H
	4		4	极易	1	M
	4	偶然	3	极难	5	H
	4		3	困难	4	H
	4		3	一般	3	H
	4		3	容易	2	H
	4		3	极易	1	M

续表

严重度(S)		发生度(O)		探测度(D)		行动优先级 AP
等级	评分	等级	评分	等级	评分	
较大影响	4	鲜有	2	极难	5	H
	4		2	困难	4	H
	4		2	一般	3	H
	4		2	容易	2	M
	4		2	极易	1	L
	4	基本不可能	1	极难	5	H
	4		1	困难	4	M
	4		1	一般	3	L
	4		1	容易	2	L
	4		1	极易	1	L
中等影响	3	极易	5	极难	5	H
	3		5	困难	4	H
	3		5	一般	3	H
	3		5	容易	2	H
	3		5	极易	1	H
	3	时有	4	极难	5	H
	3		4	困难	4	H
	3		4	一般	3	M
	3		4	容易	2	M
	3		4	极易	1	M
	3	偶然	3	极难	5	H
	3		3	困难	4	M
	3		3	一般	3	M
	3		3	容易	2	L
	3		3	极易	1	L
	3	鲜有	2	极难	5	H
	3		2	困难	4	M
	3		2	一般	3	L
	3		2	容易	2	L
	3		2	极易	1	L
	3	基本不可能	1	极难	5	M
	3		1	困难	4	L
	3		1	一般	3	L
	3		1	容易	2	L
	3		1	极易	1	L

续表

严重度(S)		发生度(O)		探测度(D)		行动优先级 AP
等级	评分	等级	评分	等级	评分	
较小影响	2	极易	5	极难	5	H
	2		5	困难	4	H
	2		5	一般	3	H
	2		5	容易	2	M
	2		5	极易	1	L
	2	时有	4	极难	5	H
	2		4	困难	4	H
	2		4	一般	3	M
	2		4	容易	2	L
	2		4	极易	1	L
	2	偶然	3	极难	5	L
	2		3	困难	4	L
	2		3	一般	3	L
	2		3	容易	2	L
	2		3	极易	1	L
	2	鲜有	2	极难	5	L
	2		2	困难	4	L
	2		2	一般	3	L
	2		2	容易	2	L
	2		2	极易	1	L
	2	基本不可能	1	极难	5	L
	2		1	困难	4	L
	2		1	一般	3	L
	2		1	容易	2	L
	2		1	极易	1	L
轻微影响	1	极易	5	极难	5	M
	1		5	困难	4	L
	1		5	一般	3	L
	1		5	容易	2	L
	1		5	极易	1	L
	1	时有	4	极难	5	M
	1		4	困难	4	L
	1		4	一般	3	L
	1		4	容易	2	L
	1		4	极易	1	L

续表

严重度(S)		发生度(O)		探测度(D)		行动优先级 AP
等级	评分	等级	评分	等级	评分	
轻微影响	1	偶然	3	极难	5	L
	1		3	困难	4	L
	1		3	一般	3	L
	1		3	容易	2	L
	1		3	极易	1	L
	1	鲜有	2	极难	5	L
	1		2	困难	4	L
	1		2	一般	3	L
	1		2	容易	2	L
	1		2	极易	1	L
	1	基本不可能	1	极难	5	L
	1		1	困难	4	L
	1		1	一般	3	L
	1		1	容易	2	L
	1		1	极易	1	L

表5　中优先级失效链的建议措施

所属子系统	结构元素	失效模式	预防性措施		探测性措施	
			现有预防性措施	建议新增预防性措施	现有探测性措施	建议新增探测性措施
10kV压缩机馈线柜	输出电缆	过电压电缆绝缘击穿，或电缆绝缘性能下降导致绝缘击穿	(1) 装设避雷器进行过电压保护；(2) 柜内安装电加热器达到防潮	无	春检时做绝缘测试	缩短绝缘测试周期或装设电缆状态监测仪
变频器	励磁变频器	过热、功率元件击穿、直流母线电容绝缘失效击穿、电路板故障	(1) 柜内散热风扇；(2) 输入输出电抗器抑制过流过压	无	无	订制测试工装，定期对功率元件检测
	功率单元	整流模块损坏，无法整流	(1) 内水冷却；(2) 柜顶风扇	无	无	4k保养时测试整流模块功能
	功率单元输入电缆	过电压电缆绝缘击穿，或电缆绝缘性能下降、外护套受外力破坏导致绝缘击穿	穿墙处加设防护垫	无		春检时增加对高压电缆的绝缘测试
变频器	1#开关柜主电缆	过电压电缆绝缘击穿，或电缆绝缘性能下降导致绝缘击穿	装设避雷器进行过电压保护	无	春检时做绝缘测试	缩短绝缘测试周期或装设电缆状态监测仪

续表

所属子系统	结构元素	失效模式	预防性措施		探测性措施	
			现有预防性措施	建议新增预防性措施	现有探测性措施	建议新增探测性措施
同步电机	励磁机定子绕组	绕组绝缘击穿	（1）变频器励磁柜输出电抗器；（2）停机时启动电加热器；（3）运行时内循环风冷	无	（1）变频器励磁柜输出电流电压监视；（2）4k 保养时绝缘测试	4k 保养时拆卸励磁机端盖检查绕组状态
	励磁机旋转整流器	二极管故障或压敏电阻故障	无	无	无	8k 时检测二极管和压敏电阻

表 6　高优先级失效链的建议措施

所属子系统	结构元素	失效模式	预防性措施		探测性措施	
			现有预防性措施	建议新增预防性措施	现有探测性措施	建议新增探测性措施
压缩机+传动	平衡盘密封	平衡盘密封损坏	大修期间进行密封件的更换	（1）工况调整应缓慢，避免工况突变，造成轴向力突变引起压缩机内部零部件损坏；（2）压缩机组宜在设计工况区间运行，避免超出设计工况运行，造成轴向力异常	大修期间进行检查	（1）正常运行期间，同工况下关注和对比压缩机出口压力、温度、流量等参数，压缩机出口压力、流量异常下降，温度异常上升时应引起关注；（2）正常运行期间，关注压缩机推力轴瓦温度，振动等参数，出现异常上升趋势应引起关注
	进口导叶	紧固件脱落	大修期间对紧固件进行检查，视情更换	无	大修期间，压缩机本体解体后进行检查。机组运行期间，关注机组振动参数，振动参数出现突变时，进行频谱分析	无
	叶轮	配重块脱落	保证工艺气气质，避免工艺气对配重紧固件的腐蚀导致脱落。	无	通过振动监测系统关注叶轮平衡情况。机组运行期间，关注机组振动参数，振动参数出现突变时，进行频谱分析。	无
压缩机+传动	叶轮	外来物击伤	（1）主要是保证工艺气气质，避免工艺气带来异物；（2）保持入口过滤器状态完好，8K 孔探检查入口过滤器状态	50K 期间拆解短节，对过滤器进行着色检查等无损检测，避免结构失效造成异物进入压缩机	通过振动监测系统关注叶轮平衡情况	无

续表

所属子系统	结构元素	失效模式	预防性措施		探测性措施	
			现有预防性措施	建议新增预防性措施	现有探测性措施	建议新增探测性措施
润滑油系统	风机	机械故障	（1）4k保养期间对风机轴承等进行维护； （2）温控阀后温度监视和报警	提高对油冷器风机的维护频次	（1）润滑油总管现场温度表； （2）润滑油总管温度变送器	巡检期间视情使用振动监测设备测量振动频谱，评估轴承状态
同步电机	励磁机转子绕组	无纬带脱落	无	无	大修时检查	4k保养时拆卸励磁机端盖检查绕组状态

3.5 总体建议

3.5.1 备品备件建议

本次分析中机组失效恢复时间基于有备品备件的情况下评的严重度等级，因此对于发生度为3严重度为3以上的失效，建议加强备件储备。

3.5.2 应急系统维保建议

类似润滑油站应急油泵、UMDS的蓄电池后备系统，均属于应急后备功能模块，其元部件失效不会对机组正常运行造成影响，但基于其后备功能的正常对于紧急情况下保障机组的安全极其重要，因此，针对此类应急系统，建议加强其维保工作，如缩短整体功能测试周期、缩短部分元部件的更换周期、增加部分元部件的检测手段等。

4 结果与讨论

（1）通过对国产压缩机组FMEA分析来看，基于AP措施优先级中重点考虑失效后果，符合生产管理实际，弱化了发生度等级不准确对评价结果的影响。辨识出相对中高优先级失效链，为运维管理指出了重点关注项，并为备件储备提出可信的建议。

（2）回顾分析过程，存在的失效模式描述不统一、故障库未建立影响发生度评价等问题，未来需开展故障库建立、分析过程数字化等工作，进一步提高分析的效率和准确度。

（3）在无人站、少人站建设推进工作中，在工艺、仪控、设备整体系统可靠性、单体设备可靠性分析方面，均可以借鉴应用上述FMEA核心思想，为实现无人站、少人站的运行可靠提供技术基础。

参 考 文 献

[1] ZHANG X, SUN L, SUN H, et al. Floating offshore wind turbine reliability analysis based on system grading anddynamic FTA[J]. Journal of Wind Engineering & Industrial Aerodynamics, 2016, 154: 21-33.

[2] GIARDINA M, MORALE M. Safety study of an LNG regasification plant using an FMECA and HAZOP integrated methodology[J]. Journal of Loss Prevention in the Process Industries, 2015, 35: 35-45.

[3] FEILI H R, AKAR N, LOTFIZADEH H, et al. Risk analysis of geothermal power plants using failure modes and effects analysis (FMEA) technique[J]. Energy Conversion and Management, 2013, 72: 69-76.

[4] LI Y, CHEN J, LIU J, et al. Estimation of the reliability of all-ceramic crowns using finite element models and the stressstrength interference theory [J]. Computers in Biology & Medicine, 2013, 43(9): 1214-1220.

[5] CHANG K H, WEN T C. A novel efficient approach for DFMEA combining 2-tuple and the OWA operator[J]. Expert Systems with Applications, 2010, 37(3): 2362-2370.

[6] SEYED-HOSSEINI S M, SAFAEI N, ASGHARPOUR M J. Reprioritization of failures in a system failure mode and effects analysis by decision making trial and evaluation laboratory technique[J]. Reliability Engineering & System Safety, 2006, 91(8): 872-881

设备物联感知及展示平台在无人站场的应用

舒浩纹　高仕玉　古　丽　贾彦杰　张　彬

（国家管网集团西南管道有限责任公司）

摘　要　随着我国社会经济的快速发展，石油管道场站的数量也随之增多，对站内关键设备的采用人工巡检的方法存在效率低、响应慢的问题，无法满足对现场设备的实时监测。为解决上述问题需要采用智能化的手段提升现场管理能力，通过通过运用设备物联感知及展示，将压缩机、泵、储罐、变频器、GIS等站场关键设备通过物联网连接到网络上，实现站场关键设备的联网。设备管理人员通过一个工业物联网平台来有效的管理每一个设备。通过物联网平台整合整个设备管理流程，可以大大减轻设备管理人员的负担和企业的成本。物联网解决方案可以提供有关设备性能和人员的实时信息，帮助简化和改进业务流程和工作流。通过捕获物联网数据并将其与其他内部和外部来源的数据集成，物联网平台可以促进预测性维护和基于跟踪的供应链可视性等领域的运营改进。通过通过运用设备物联感知及展示的应用，可以建立强大感知功能的智能化场站，为无人站场的推广和实施奠定基础。

关键词　物联网；感知；展示；智能

物联网被认为是继计算机、互联网与移动通信网之后的世界信息产业第三次浪潮，它与传统的产业相结合将带来新的技术创新点和经济增长点，因此成为当今信息技术研究关注的热点领域。目前输油气站场主要是采集站内站内SCADA系统采集温度、压力、流量等基础数据，对场站关键设备的运行状况及故障进行监测和预警。对于场站设备的巡检，现阶段主要是利用人工巡检抄表的方式进行记录巡查。为提高数据采集和检测效率，有必要采用物联网技术提高管理效率，满足无人站场管理要求。本文阐述了一种设备物联感知及展示方案，适用于无人站场管理。

1　实施方案

1.1　系统构架

将设备PLC、DCS、控制器、传感器、智能仪表、智能终端等设备进行联网，统一接入中设物联网网关；网关将生产设备运行数据、工艺数据、耗用数据、产出数据、质量数据、能耗数据等进行采集，并将采集到的数据通过多种通讯协议转发到物联网平台进行数据存储。存储后的数据为集中管控系统、设备管理系统、设备健康状态管理与预测性维护管理等应用系统提供数据服务。如图1、图2所示。

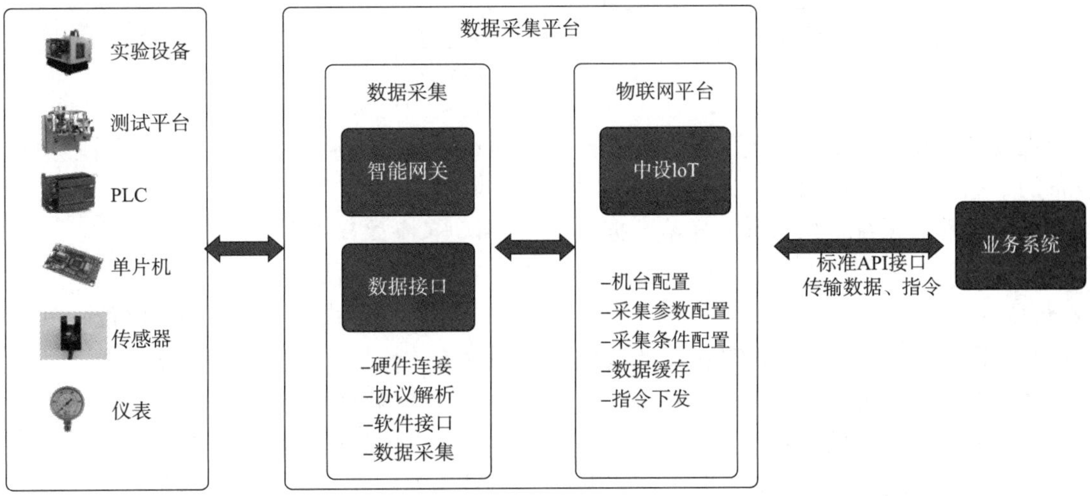

图1　系统总体架构

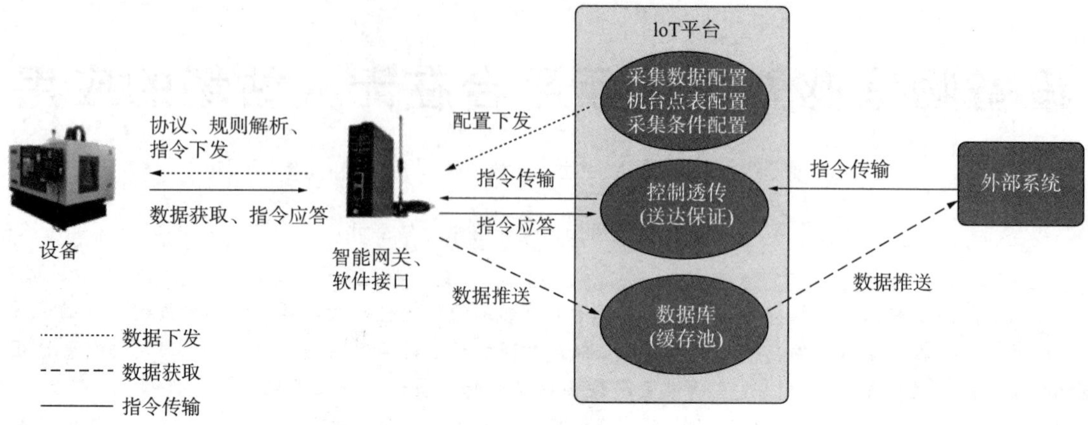

图2　系统数据逻辑图

1.2　数据采集

在工业互联网领域，数据是最重要的的资源，一切上层应用和大数据分析必须以实时采集、真实可靠的现场数据为基础。工业数据采集过程，包含多类工业设备接入、多种工业通信网络协议解析、多源工业数据格式转换、实时工业数据存储与预处理等多个环节。为实现多源设备、异构系统、运营环境、人等各种要素信息的实时高效采集，需要大量IT、OT与CT核心关键技术支撑。

工业数据采集常用工业通信网络技术主要有工业现场总线、工业以太网、工业光纤网络、TSN、NB-IoT、4G/5G等。采集方案框架如图3所示。

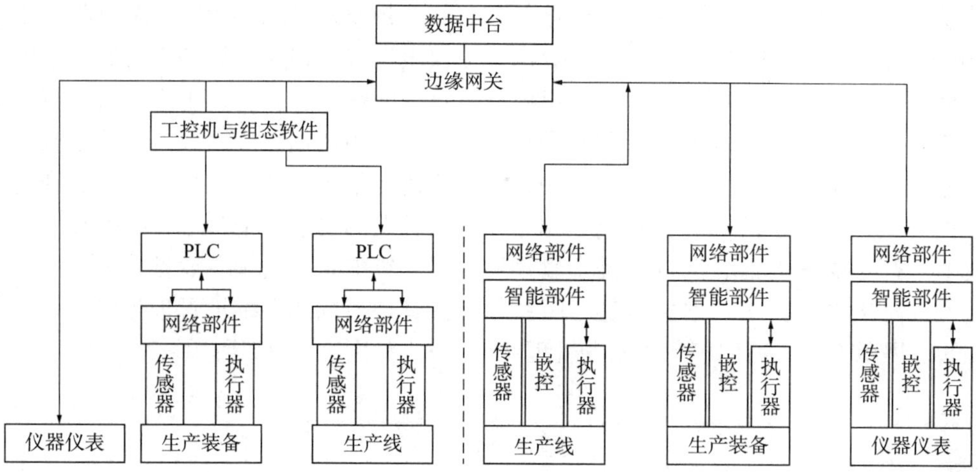

图3　采集方案框架

工业现场各种仪器仪表、传感器、PLC、嵌入式设备的数据汇总到工控机、组态软件中，再由边缘网关将这些数据统一采集并发送给数据中台系统。

1.3　数据储存

数据中台需要采集各种格式的数据，既有结构化的生产信息数据，又有非结构化的视频、日志等数据。既有更新很慢的用户信息数据，又有实时采集和更新的设备状态数据、生产信息数据。故存储系统必须分层设计，采用MySQL、mongoDB、redis、InfluxDB等各种数据库(图4)形成存储矩阵。

1.4　设备管理平台

1.4.1　设备管理

以卡片形式展示所有采集设备清单并可以不同分类的树形结构分类(图5)。

1.4.2　数据管理

详细记录设备采集数据清单，并把故障类数据单独进行分类展示，如图6、图7所示。

1.4.3　采集对象

一个设备需要采集的数据可能来自多个采集对象，如设备的 PLC、设备的温度控制器、设备的加装传感器等，此功能可定义所有采集对象（图 8），并给设备管理使用。

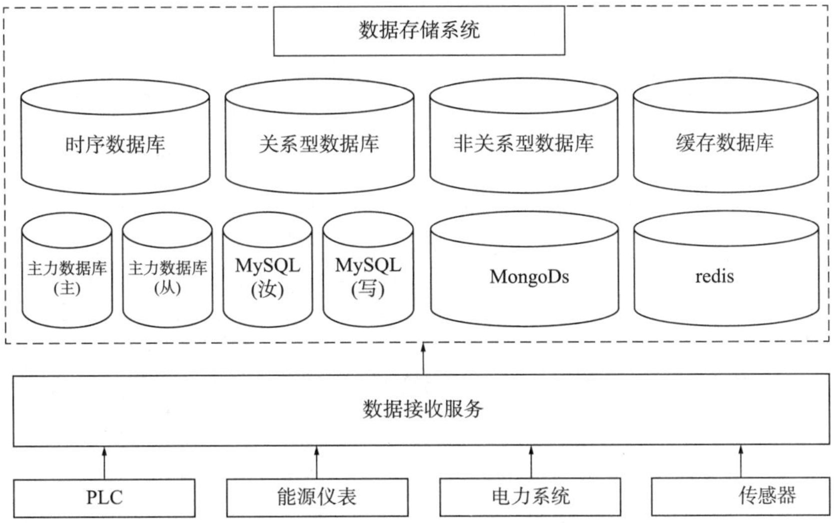

图 4　数据储运结构图

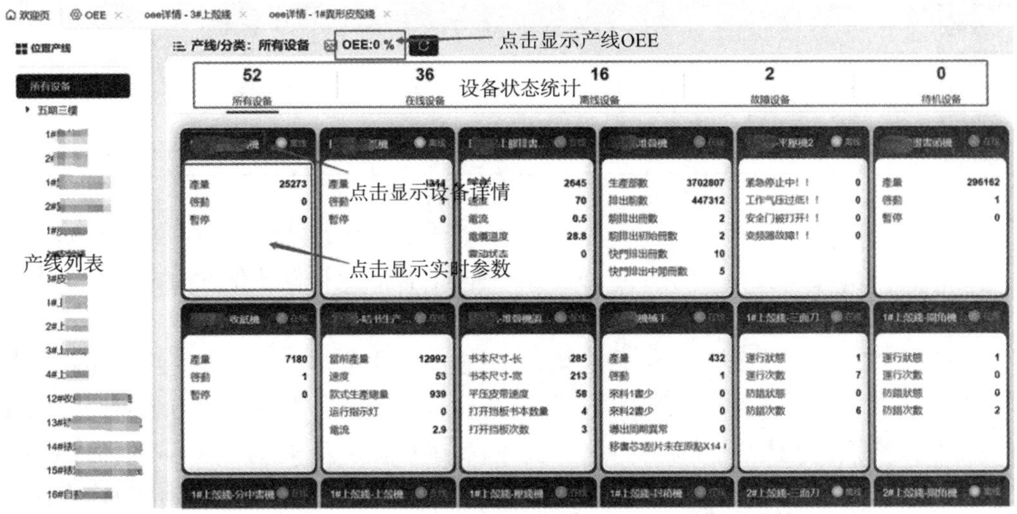

图 5　设备清单分类

上报时间	产量	速度	握手	1號線運行燈	2號線運行燈	3號線運行燈
2023-09-13 16:05:00	2710	70	4343	0	0	0
2023-09-13 16:04:00	2710	70	4343	0	0	0
2023-09-13 16:03:00	2710			0	0	0
2023-09-13 16:02:00	2710	70	4343	0	0	0
2023-09-13 16:01:30	2710	70	4343	0	0	0
2023-09-13 16:01:00	2710	70	4343	0	0	0
2023-09-13 16:00:00	2710	70	4343	0	0	0
2023-09-13 15:59:00	2710	70	4343	0	0	0
2023-09-13 15:58:00		00	4343	0	0	0
2023-09-13 15:57:00		70	4343	0	0	0

图 6　数据管理

图7　异常管理

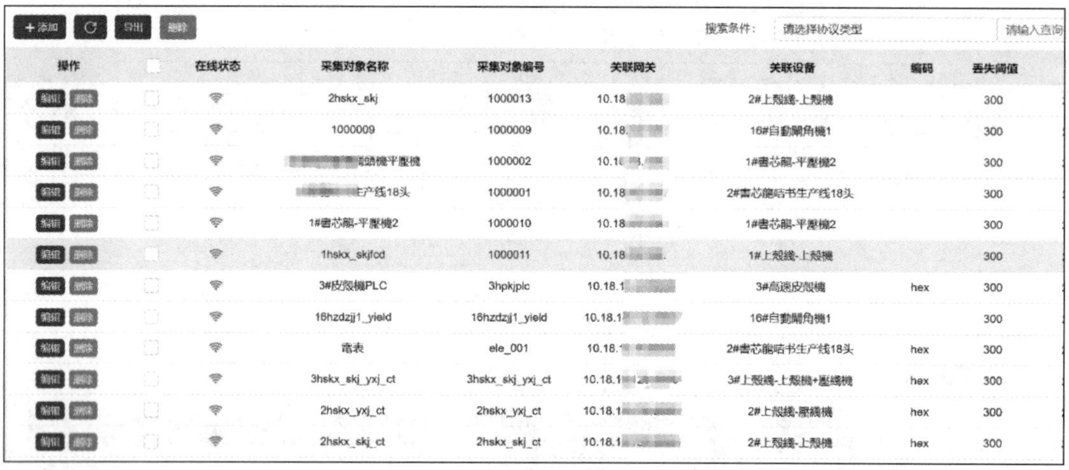

图8　采集对象管理

2　实施效果

2.1　提高生产效率

通过物联网技术，实现设备联网数据采集，对数据进行展示与分析，并针对分析结果进行优化，提高生产运行效率和安全性。

2.2　减少设备故障率

通过数据分析，企业能够更精确地对设备状态进行实时把控，减少设备故障，间接提高了生产效率。

2.3　实现节能减排

通过物联网技术的应用使企业可对产线产量与能源使用进行分析，并针对性的安排生产计划，实现能源消耗的优化达到节能减排目的。

2.4　提高生产管理水平

通过物联网技术的应用，实现对设备、运行状态、生产环境等实时监控，及时发现和解决生产中的问题，提高生产管理的智能化水平。

3　未来展望

随着物联网、大数据、人工智能等技术的不断发展，物联感知平台在输油气站场的应用将不断向智能化和自动化方向升级。未来，平台将能够更加精准地预测设备故障、优化运行参数、实现自主决策等，进一步提高站场的运行效率和安全性。同时，平台还将与更多的智能设备和系统相集成，形成更加完善的智能化输油气网络体系，为无人站场的实施和推广提供技术保障。

参 考 文 献

[1] ATZORIL, LERA A, MORABITO G. The Internet of things: asurvey[J]. Computer Networks, 2010, 54(15): 2287-2805.

[2] CHUIM, LÖFFLER M, ROBERTSR. The Internetofthings[J]. McKinsey Quarterly, 2010(2): 1-9.

[3] 蔡康健，周云奕，张玉媛，等. 石油管道场站关键设备物联网感知技术探讨[J]物联网技术，2023(10)：45-48.

油气管道智能阴保桩及监测网络平台技术应用现状浅析

吴志锋　邹　妍　梁　栋　张琬茹　刘宇婷　吴东容

（国家管网集团西南管道有限责任公司）

摘　要　智能阴保桩及其采集数据网络展示平台相结合的在线阴保状态监测技术在油气管道上的应用，能够实现对阴保参数自动采集、上传和网络平台远程监测的功能，为管道异常阴保状态的治理和常规阴保参数测试提供数据支撑。本文着重探讨了该项技术在现阶段生产实践中存在的问题，体现在供电的可靠性、建设标准的统一性、技术标准的完善性、数据采集的准确性、通信的稳定性和数据的保密性六个方面。期望在人工智能、大数据、大模型等创新科技的驱动下，将成熟、成体系的无人化智能阴保系统变为现实，实现对杂散电流干扰的智能排流、阴极保护电位的智能调控、常规性阴保数据的例行准确采集等功能。

关键词　自动采集；在线监测；生产实践；阴保

随着全球能源需求的不断攀升以及环境保护意识的增强，石油天然气行业的可持续发展受到广泛瞩目。传统油气管道阴保参数采集模式，即周期性（每月）的对管道通电电位测试点进数据测试记录，存在投入人力资源多，采集频次低、数据类型单一、工作耗时长和测量精度差等缺点，更受恶劣天气、险峻地理环境影响无法作业，高电压杂散电流干扰管段存在触电风险等因素制约，已无法满足当今日趋复杂干扰环境条件下，对管道阴保参数高频次、高精度、多模式、多类型采集的生产需求。

无人值守油气管道站场，它通过集成自动化、信息化和智能化技术，实现了对油气生产过程的高效、安全、环保的远程管理，其理念可应用于油气管道阴保参数的自动采集、监测上。为此，实现阴保参数自动采集的智能阴保桩搭配阴保数据网络展示平台的在线阴保状态监测技术（以下简称“该技术”）应运而生。

1　国内外发展现状

随着全球能源需求的持续增长，油气行业的现代化进程不断加快，无人化值守作为行业创新的前沿领域，其技术发展得到了国内外科研机构与企业的广泛关注。该技术作为管道阴保参数自动采集、阴保状态在线监测的实现手段，影响着整个阴保行业的无人化发展。

在国内，该技术的研究起步相对较晚，但发展迅速，研究主要集中在阴极保护理论、传感器技术、以及基于传统控制策略的智能阴保桩设计上。西南管道公司现阶段智能阴保桩主要应用在杂散电流干扰管段，对于无需排流的干扰管段进行日常数据监测，为实施排流的必要性提供数据基础；对于已经排流的管段，增加智能阴保桩对两个排流点之间管段的交直流杂散影响状态进行监测，辅助评价排流效果。

在国际上，该技术的研究则相对成熟。欧洲和北美的一些发达国家如英国、美国、加拿大等，由于油气管道管输业务起步较国内早，他们率先将智能控制技术如神经网络、遗传算法等应用到管道阴极保护中。此外，他们还注重系统集成和标准化，如国际电工委员会（IEC）制定了一系列关于该技术的国际标准，为全球范围内的技术交流与应用提供了规范。

2　存在问题

尽管该技术在管道阴保参数无人化采集和阴保状态在线监测中展现出巨大的潜力，但它仍然存在不足，需要进行妥善解决，否则将制约该技术的稳定应用和长久发展。

2.1　供电的可靠性

油气管道受其易燃易爆的危险性限制，常修建于人类聚集区之外，其供电难以采用市电，常采用电池进行供电。电池电量耗尽后更换电池，电池存在成本支出，长期使用经济性较差；另一种方式就是外置发电机给电池进行充电，电池可以持续使用直至损坏。外置发电机通常采用风光互补发电或风力、光伏单独发电，使用地区需满足相应的风力和日光强度要求。使用过程中常出现风机无法转动、光伏板发电效率低等问题，但总体来说外置发电机的供电方式较单独的电池供电更具备发展前景。

此外，受电池电量制约，智能阴保桩无法实现实时的数据远传，常设定在每天某一时刻统一将当天采集的所有数据进行一次性远传，导致在智能阴保桩监测平台查看数据存在滞后性，解决棘手问题时，还需到现场测量数据。

2.2 建设标准的统一性

智能阴保桩的建设标准和规范还不够完善，导致不同厂家之间的设备存在较大差异，造成业主单位需针对每一类产品定制相应的企业管理方案。

智能阴保桩通常包括供电和数据采集与传输两个模块，对于采用风光互补供电的智能阴保桩，供电模块中还可细分为太阳能充电控制(直接发出直流电)、风力发电充电控制(风机发出交流电，交流电通过该模块转化为直流电)和风光互补给电池供直流电的控制中心。此外，安装有腐蚀探头的智能阴保桩还带有腐蚀监测模块。

这三类功能模块，部分厂家将每个模块独立设置，彼此电线连接，可使用万用表对模块输出电压、电流进行检测或查看设备工作状态指示灯，从而判定该模块是否处于正常工作状态。若模块损坏，采购相应模块，管网员工自行更换即可使智能阴保桩重新上线。而另有部分厂家，将功能模块全部封装在难以打开的容器中，工作情况未知，一旦损坏只能寄回厂家维修。

相较于模块独立设置，模块整体封装的智能阴保桩无法实现管网员工的自主检测，更换设备耗时长、成本高，设备维修时间造成了管道阴保参数监测的真空期，不满足安全生产需求。

2.3 技术标准的完善性

智能阴保桩除设备的各类电气、传输要求外，基于阴保理论的试片布置方式、试片面积选择等对阴保参数采集有重大影响。智能阴保桩采用的试片有 6.5m^2 和 1.0m^2 两种面积，6.5m^2 用于测量通/断电位，1.0m^2 用于测量交直流电流密度，这是基于标准的业内共识。

此外，部分厂家在智能阴保桩中搭配 6.5m^2 的辅助试片，该试片独立存在不与管道连接。厂家目的是用该试片的电位代替管道的自然电位，但在实践中，该试片由于不断发生自腐蚀和钝化，导致电位逐渐正偏，无法正确表征管道的自腐蚀电位，其功能性有待商榷。

2.4 数据采集的准确性

保证数据准确采集是智能阴保桩的一大挑战，采集到的大量电位、电流类数据，需要高效、准确的处理算法进行解析。然而，现有的设备无法有效应对复杂环境下的变化(如土壤湿度的快速波动、高频变化的高强度交直流杂散干扰等)，导致管道阴保参数采集准确性下降，更新数据处理算法、增强设备采集灵敏度，以适应这些动态变化是亟待解决的问题。

2.5 通信的稳定性

4G 信号是智能阴保桩采用的数据传输方式，但在山涧河谷、偏远地区或极端天气条件下，无线通信可能受到电磁干扰、4G 信号强度、通讯信道堵塞等因素的影响，导致数据传输的延迟或丢失，进而影响到阴保参数的完整性和准确性。

2.6 数据的保密性

智能阴保桩涉及大量的数据收集和传输，当前的数据保护法规不足以完全覆盖这些数据的安全性、隐私保护和合规性要求。不可忽视的是，智能阴保桩还可能面临网络攻击的风险，包括数据篡改、系统瘫痪等。现有的网络安全法规可能不足以应对这些新型的安全风险。

3 未来发展展望

随着科技的飞速发展和全球对可持续能源需求的不断增长，该技术正向着更智能、自适应的方向演进。这一演变趋势不仅体现了油气行业对安全、环保和经济性的极致追求，也预示着无人化阴保参数采集中在未来会得到长足发展。

3.1 智能化

未来的智能阴保桩将采用先进的传感器技术和数据处理策略，以实时感知和分析管道的腐蚀状况，进而调整保护模式。深度学习算法和人工智能技术的深度融合将赋予智能阴保桩强大的自我学习和适应能力，使其能够自动适应不断变化的环境条件，如土壤湿度、电阻率以及腐蚀速率的波动。这将通过智能算法持续优化阴极保护策略，实现更为精确的电流调控。这种自适应性不仅体现在对环境变化的快速响应上，还体现在能够适应不同材质、长度和运行条件的管道，为油气企业带来更广泛的适应性解决方案。

3.2 标准化

未来的智能阴保桩可能遵循统一的技术标准，使得不同供应商的设备能无缝集成，同时，模块化设计将使得新功能的添加和维护变得更加便捷，从而降低全生命周期成本。同时，完善智能阴保桩法律法规对于促进技术发展、保障公共安全、维护市场秩序、促进可持续发展等方面都具有重要意义。

3.3 建立智能阴极保护系统

近年来，随着物联网、云计算等技术的引入，国内逐渐开始研究智能阴保系统，关注点聚焦数据采集与处理、远程监控和故障诊断等方面，如高桂飞等在2022年介绍了一种区域阴极保护智能控制技术，该技术依托智能控制算法，根据站内多个监测点断电电位实时动态调整恒电位仪输出，使所有监测点电位均满足阴极保护要求，实现站场区域阴极保护智能均衡控制。

后续智能阴保桩搭配智能排流器、智能抗干扰恒电位仪及网络监测平台，组成管道智能阴保系统，将自动监测、智能调控、远程通信等先进技术有机结合，使得阴保系统能够在复杂多变的环境下稳定运行，从而降低运营成本，提升整体效率。

4 结论

该技术在站场内外管道上对阴保参数自动、高效、准确采集的应用，将随着技术的革新而不断发展，从智能化、自适应性、绿色化、标准化到更深入的全面集成与自动化，为油气行业带来更高效、更安全、更环保的阴极保护管理模式变革。而这些变化，不仅将推动现阶段阴极保护管理模式的数字化转型，也将为全球能源行业的可持续发展奠定坚实的基础。

参考文献

[1] 任镇宇．我国石油天然气开发技术的现状及难点分析[J]．中国石油和化工标准与质量，2024，44(08)：141-143.

[2] 纪博睿．石油和天然气工业发展与能源转型的现代趋势[J]．中国石油和化工标准与质量，2024，44(05)：99-101.

[3] 肖建忠，魏思宇．天然气在中国能源转型中的桥接作用——基于UCRCD模型的研究[J]．煤炭经济研究，2024，44(01)：122-128.

[4] 王爱玲，刘玉展，余东亮，等．山区管道阴极保护智能采集监控管理系统应用[J]．油气田地面工程，2019，38(S1)：149-153.

[5] 和宏伟，门程，白冬军，等．智能阴极保护采集监控系统的应用与发展[J]．天然气与石油，2014，32(05)：80-83+12-13.

[6] 杨涛，崔伟，方卫林，等．阴极保护电位智能采集系统应用现状与展望[J]．油气储运，2021，40(02)：146-150.

[7] 高桂飞，吕晓波，王增元，等．站场区域阴极保护智能控制技术[J]．材料保护，2022，55(07)：212-217.

[8] 郑安升，黄留群，范安强，等．智能管道技术在长输管道防腐领域的应用[J]．焊管，2023，46(01)：24-30.

[9] 唐勇，丁帅．长输油气管道阴极保护电位智能监测技术[J]．天然气工业，2022，42(05)：46.

[10] 俞博洋．阴极防腐保护远传远控智能系统现场试验[J]．全面腐蚀控制，2022，36(03)：79-82.

浅谈十五万立方原油储罐底板焊接变形控制措施

陈兆坤[1]　宋满堂[2]　王建才[3]　张运来[1]　潘书杰[1]　徐祖臣[1]

（1. 中国石油工程建设有限公司七建公司；2. 中国石油天然气股份有限公司兰州石化分公司；3 中国石油管道局工程有限公司）

摘　要　随着我国经济的快速发展，石化产品的需要越来越旺盛，为了保证国家的能源安全，国家石油储备库陆续开工建设，大型油罐建设不断增多，在大型油罐的制作安装过程中，首先遇到的一个问题就是如何控制大型储罐底板焊接过程中出现的焊接变形。以下是对罐底板焊接过程中产生的变形及防止变形的技术措施进行讨论。

关键词　角变形；波浪变形；局部失稳；机械矫正

1　前言

随着石油化工行业的发展，我国大型油罐建设不断增多，在大型油罐的制作安装过程中，首先遇到的一个问题就是如何控制大型储罐底板焊接过程中出现的焊接变形。本文以公司承建的某国家原油储备库6台 $15\times10^4m^3$ 原油储罐底板焊接施工为例，对罐底板焊接过程中产生的变形及防止变形的技术措施进行讨论。

2　简介

2.1　油罐主要技术参数

表1

序号	名称	参数	备注
1	油罐容量	$150000m^3$	
2	油罐类型	双盘式浮顶油罐	SPV490Q、16MnR、Q235B
3	油罐内径	100000mm	
4	罐壁高度	21800mm	
5	油罐总质量	2867t	单台
6	最高液位	20200mm	
7	储存介质	原油	
8	设计温度	50℃	
9	设计压力	大气压力	
10	设计风压	450Pa	

2.2　油罐底板的结构

$15\times10^4m^3$ 原油储罐底板由边缘板和中幅板组成，边缘板由多块板组成外圆内多边形的环状结构，中幅板为由多块板拼成的多边形平板结构，边缘板和中幅板之间通过龟甲缝焊接在一起，构成整个底板。底板和罐壁通过大角焊缝相连，底板的结构见图1。

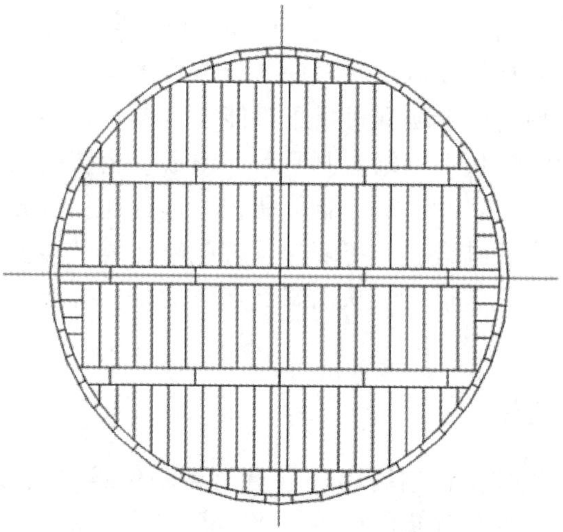

图1　油罐的排板结构图

2.3　底板的焊接型式

底板边缘板为带垫板的对接焊，中幅板之间的焊缝为带垫板的对接焊型式。其焊接坡口型式见图2。

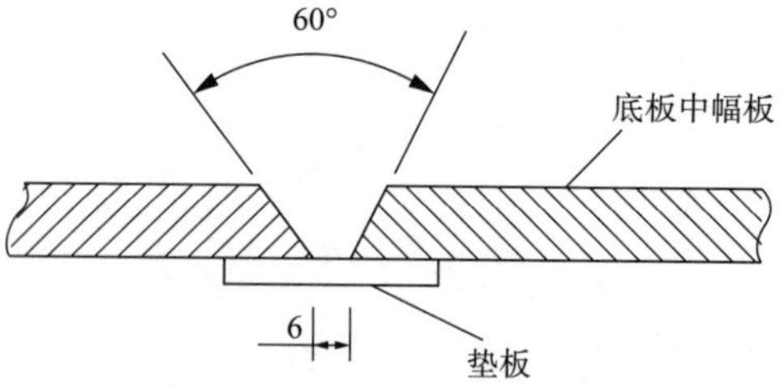

图2　底板焊接的坡口型式

2.4 底板焊缝数量

15 万 m^3 储罐底板焊缝共 3872m，焊缝总长度比十万立储罐多出近一倍。

3 底板焊后的主要变形

在储罐底板焊接施工中我们发现，储罐底板焊接完成以后，出现了不同情况的焊接变形，主要变形情况见下图：

（1）单块底板的焊接变形情况见图 3。

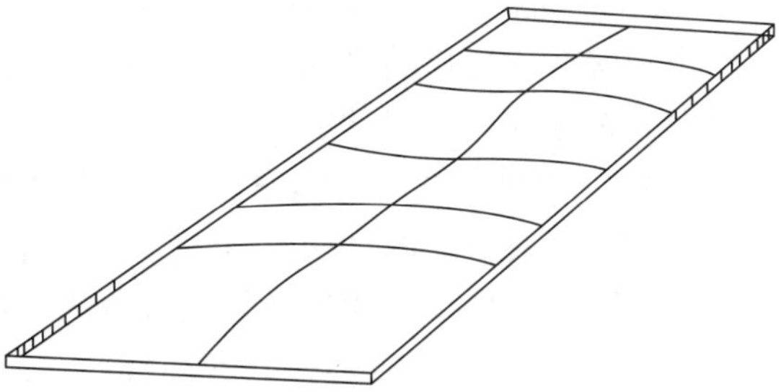

图 3　单块底板变形情况

（2）储罐底板整体变形情况见图 4。

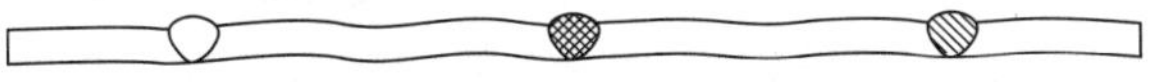

图 4　储罐底板整体变形情况示意图

通过分析这些变形的特征，我们可以判断储罐底板出现的焊接变形是一种比较典型的波浪变形。

4 储罐底板产生波浪变形的主要原因

我们在研究储罐底板产生的波浪变形时发现，这种波浪变形实质上是一种在焊接过程中焊接角变形引起的波浪变形，以及罐底板局部失稳产生的波浪变形共同作用产生的综合变形。

4.1 焊接角变形引起的波浪变形

4.1.1　焊接角变形的产生

研究表明，储罐底板产生的焊接角变形，主要是由焊缝金属横向收缩变形引起的。在储罐底板焊接过程中，在焊接电弧热作用下，焊缝区金属在高温下的自由伸长变形受到附近冷金属的阻碍，产生压缩塑性变形；当焊缝区金属冷却到室温以后，以前产生的那段压缩塑性变形不能够回复，使金属在焊接后出现缩短现象。我们把这种缩短根据其方向不同，分别称做：纵向收缩变形（沿焊缝方向）和横向收缩变形（垂直焊缝方向）。这两种缩短变形是不可避免的，是伴随焊接的开始而出现的。

我们在研究这两种焊接变形时发现，在焊接过程中，当焊缝中出现的横向收缩变形沿焊缝厚度方向上分布并不均匀时，就会出现比较明显的焊接角变形。简单的说，对一个对接焊缝来说，在焊接过程中焊缝正面的焊接热输入大，温度高，相对产生的压缩塑性变形量大，焊后焊缝金属在垂直焊缝方向上的缩短多，焊缝背面在焊接过程中相对正面焊缝来说其焊接热输入小，温度较低，产生的压缩塑性变形小，背面焊缝金属的焊后在垂直焊缝方向上的缩短量小，这样一来就造成了构件的平面偏转，也就出现了焊接角变形。

4.1.2　对接接头的坡口角度及焊缝截面形状对角变形的影响

我们在研究对接接头的角变形过程中发现，焊接过程中，焊件的坡口角度越大，焊接接头上部及下部需要填充焊缝金属的数量的差距就越大，造成焊接接头上部及下部横向收缩量差别就越大，最后焊件出现的焊接角变形就越大。另外，部分焊件在不开坡口的情况下，焊接接头在整个厚度方向上可以同时进行焊接，焊接宽度接头上部与下部差距不大，使焊接接头处的横向收缩变形几乎一致，此时的焊接角变形最小。

4.1.3　焊接的先后顺序对角变形的影响

一般情况下，焊接的先后顺序不同，焊接完成以后产生的角变形也不竟相同。这是因为先焊的焊缝的横向收缩变形对后焊的焊缝的横向收缩变形产生一个挤压作用，使后者产生更大的横向收缩变形；横向收缩变形越大，焊接接头由于上下部横向收缩量差别造成的角变形也就越大。

4.1.4　焊缝长度、焊接方法和焊缝层数对焊接角变形的影响

通常情况下，在其他条件相同的情况下，焊缝长度越长，焊后产生的角变形越大。一般情况下，和手工电弧焊相比，由于自动焊焊接热输入大，焊缝熔深深，在焊接相同厚度工件时，采用自动焊焊接可以减小坡口角度，使焊接角变形减小；同时，由于自动焊焊接线能量高，焊接中板的正背面的温差减小，板的正背两面的压缩塑性变形量接近，最后产生的角变形减小。同样，在相同的板厚和坡口型式下，多层焊比单层焊角变形大，焊接层数越多，角变形越大；多道焊比多层焊角变形大。

4.2　由于结构局部失稳产生的波浪变形

4.2.1　失稳

所谓失稳是指在构件承受压力时，当其中的压应力达到某一临界数值时，整个构件将出现丧失承载能力的现象。

构件产生失稳的先决条件就是：构件必须受到一定的压应力作用，并且压应力在数值上要大于等于某一临界数值。我们把使构件产生失稳的临界压应力叫做失稳临界应力。

4.2.2　储罐底板在焊接过程中的失稳

在储罐焊接中我们发现，储罐底板一般比较薄，宽度比较大，又是水平铺设，其稳定系数最小，根据构件的失稳临界应力计算公式计算得出的失稳临界应力数值一般比较低；同时，由于在焊接过程中的焊接残余应力在焊道附近极易集中，集中后的焊接残余应力虽然在数值上要小于材料的屈服点，但可能超过材料的失稳临界应力，所以在焊接过程中底板非常容易产生失稳现象。

5　储罐底板波浪变形的控制

在实际工作中我们主要从两方面入手，来控制储罐底板发生的波浪变形，即：一方面控制焊接角变形，减少由于角变形出现的波浪变形；另一方面，降低结构压应力提高材料失稳临界应力值，减少由于储罐底板局部失稳出现的波浪变形。具体措施包括：

5.1　采用不同焊接方法，控制焊接热输入，减少焊接次数和焊缝层数

在焊接过程中我们发现，一条焊缝焊接长度越短，焊后产生焊接变形的程度越小，焊接过程中加热次数越少，焊后产生焊接变形的程度越小。我们在施工中，基于减少焊缝加热次数，减少焊接变形，提高焊接速度的考虑，在中幅板焊缝的焊接过程中使用 CO_2 气体保护自动焊进行打底焊接，埋弧焊填充、盖面焊接的工艺。具体过程为：CO_2 气体保护自动焊，中间填充碎丝，填充、盖面焊接使用埋弧焊一次完成。由于焊接过程中焊缝加热次数的降低，我们发现中幅板焊缝焊接完成以后，焊接变形非常小，完全满足工艺要求。

5.2　采用合理的排板方式

5.2.1　采用带垫板的对接焊

在油罐的结构设计中，单从加大底板的厚度来提高底板的刚度来控制焊接变形是不可取的，这样不但会增加油罐的材料成本，而且收益效果不大，相对底板的直径来说，底板厚度远远小于底板直径，因此，即使厚度增加较大，对油罐底板的刚度影响也很小。现在使用比较多的是：采用带垫板的对接焊，对底板结构上说，相当于增加了加强筋，使油罐底板的整体结构刚性增加，罐底板的屈服点增加，在罐底板出现局部失稳的可能性降低，是控制焊接变形的有效方法。

5.2.2　使用合理的坡口角度和坡口间隙

底板中幅板的坡口角度对焊后罐底板变形的影响很大。在保证焊透工件的前提下，应该尽可能的减少坡口角度。因为中幅板的坡口角度越小，焊缝成型需要填充的金属数量少，焊接时需要的焊接热输入、焊接线能量低，也就意味着在相同焊缝长度下，其产生的焊后变形降低。实践经验表明：55~600 的坡口角度比较适合。

在便于施焊的前提下，适当增大底板中幅板的坡口间隙，将有利于减少焊后变形。在焊接过程中，在焊接热输入作用下的中幅板金属发生膨胀，发生膨胀的中幅板金属之间接触后，容易出现金属相互挤压而产生的变形。底板坡口间隙适当增大，在焊接过程中，底板中幅板之间就不会因为在焊接热输入下的金属膨胀而出现相互挤压，那么由于中幅板之间相互挤压而产生的变形就不会出现。同时，底板中幅板之间的坡口间隙适当增大，焊接完成以后，焊缝金属中出现的拉应力会增大，焊缝金属中残余的拉应力越大，出现波浪变形的可能就越低。实践经验表明：8~10mm 的坡口间隙，是比较合理的间隙范围。

5.2.3　采用合理的底板排板形式

油罐底板排板时，采用条带型排板结构(见排版图)，可以尽量减小长焊缝的数量；同时，设计时底板一般选用规格较大的板材，可以减少拼接焊缝的总量，由于焊缝的纵向收缩量的大小与焊缝总长成正比，罐底板拼接焊缝的总量减少了，必然可以有效的减少焊缝的纵向收缩量；焊缝的纵向收缩量降低了，产生的压应力的数值必然降低，不容易达到罐底板材料的屈服点，大大降低了波浪变形产生的可能。

5.3　采用合理的焊接顺序

5.3.1　大角焊缝的焊接顺序的控制

大角焊缝为双面角焊缝，焊脚尺寸较大，如果焊接大角焊缝时边缘板与中幅板相联，就会使

整个中幅板受周向压力，很容易使罐底中幅板产生失稳变形，产生很大的拱起变形，严重影响油罐的施工质量，为解决这个问题，采用如下组装焊接程序：先组装边缘板，再组装中幅板，中幅板边缘尺寸留 100mm 的余量，搭在边缘板上，焊接时先将中幅板焊在一起，焊接顺序是从中心向外将中幅板分成多个区块，焊接区块内焊缝，再将区块联成一个大块，再将通长焊缝焊接，将整个中幅板焊在一起，通长焊缝焊接时由于焊缝长，焊缝收缩力较大，这时，须保持焊缝能自由收缩，而且不影响整体结构，从而控制焊接变形，整个中幅板焊接中，焊接收缩量不受边缘板阻碍，焊接应力小。边缘板焊接时，先焊外部 350~400mm，内部不焊，预留到边缘板与壁板的大角焊缝焊接完成以后再焊，这条焊缝最后焊接时，焊缝收缩受到边缘板的强力阻碍，使整个中幅板受到拉伸作用，对整个中幅板来说起到降低焊接失稳波浪变形的作用。

5.3.2　中幅板焊缝的焊接顺序控制

中幅板焊缝由中幅板短焊缝和通长焊缝组成，为了在焊接过程中尽可能的减少中幅板产生的焊接应力，在罐底板中幅板焊缝焊接以前，先将罐底板中幅板以通长缝为界，分为若干个相对独立的区块，其焊接顺序为：(1)先焊相对独立的区块内所有的短焊缝，待短焊缝焊接完成以后，再进行中幅板通长缝的焊接，最后进行区块之间焊缝的焊接；(2)在进行独立的区块内焊缝焊接时，以两块板为一个单元，从中心向两端隔一条缝焊一条缝。(焊接顺序如图 5 所示)

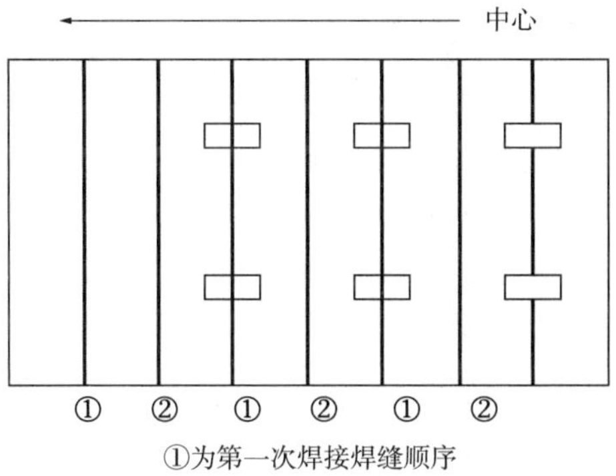

图 5　底板中幅板焊接顺序示意图

使用这种顺序进行焊接，可以使罐底板中幅板的焊接完全在自由状态下进行，焊接过程中产生的拘束应力很小，最终产生的焊接变形较小。独立区块内所有短焊缝焊接完成以后，再进行中幅板通长缝的焊接。在焊接通长焊缝时，我们以中幅板通长缝的中心为界，将通长缝分为两段对称进行焊接。以这种方式焊接，一方面可以减少一次性焊接长度，减少焊后变形；另一方面可以通过对称焊接抵消焊接过程中产生的焊接应力，来最终达到控制焊接变形的目的。最后进行各区块之间焊缝的焊接。在区块之间焊缝焊接过程中，可以适当加大区块之间焊缝的坡口间隙，增加焊缝金属的横向缩短量，使中幅板产生向外的拉应力，降低中幅板内部的压应力，减少波浪变形产生的可能性。

5.3.3　龟甲焊缝的焊接顺序控制

在储罐底板中幅板焊缝焊接全部完成以后，最后进行底板中幅板与底板边缘板之间龟甲焊缝的焊接。我们将龟甲焊缝均匀分成 8 等份，对称进行焊接。在焊接前，将龟甲焊缝的坡口间隙适当加大，大约 8~10mm，目的是增加焊缝金属的横向缩短量，使底板中幅板产生向外的拉应力，降低底板中幅板内部的压应力，减少波浪变形产生的可能性。

5.4　分段退焊方法的使用

分段退焊的焊接方法，是减小焊接变形的重要措施之一。我们在实际施工中，采用的手段为：8~10m 焊缝为一段，使用焊接变形小的 CO_2 气体保护自动焊进行打底焊接；打底焊接完成以后，10~12m 焊缝为一段，采用分段退焊的方式，使用埋弧焊进行填充、盖面焊接。

5.5　反变形法与机械矫正法的使用

由于焊接变形是伴随着焊接出现的，是不可避免的，在实际施工当中，我们只能尽可能的采用合理的工艺、冶金措施去减小焊后变形，不可能完全消除焊接变形。所以在焊接过程中，为了把焊接变形控制在一定范围内，我们在焊接前采用反变形法，即在底板的两端用垫铁将钢板垫高(如图 6 所示)，用变形抵消变形；另一方面，在采用反变形法的同时，为了降低罐底板的焊接变形，采用机械矫正变形的方法进行一定范围的变形矫正。采用的手段为：在中幅板焊缝焊接过程中，一边进行焊接，一边乘热使用铁锤在焊道两侧 200mm 范围内进行锤击。乘热锤击焊道，一方面热影响区金属受力，产生压缩塑性变形，释放部分焊接应力。另一方面，通过铁锤的大力锤击，让焊缝金属产生反方向机械变形，用变形抵消变形，如图 7 所示。

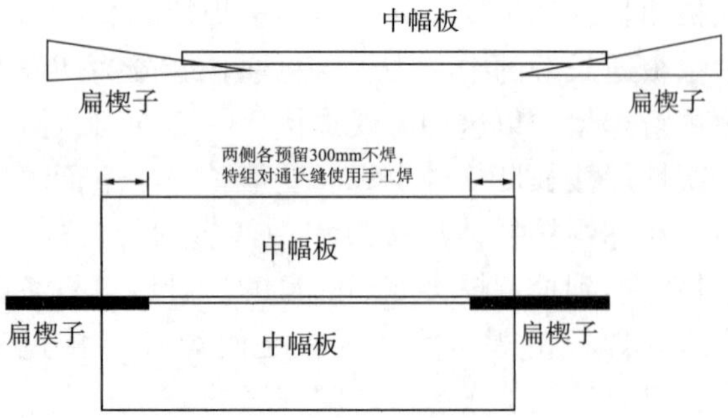

图6　中幅板的反变形法示意图

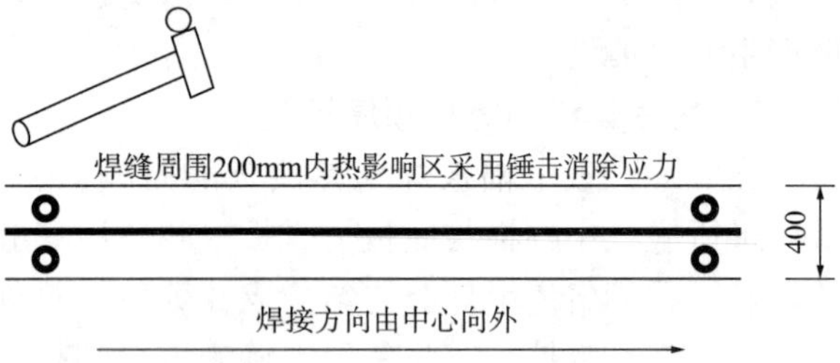

图7　机械矫正变形示意图

6　小结

近年来我公司先后承揽的多处国家战略石油储备库建设工程，在 $15\times10^4m^3$ 原油储罐采用以上的控制变形的技术措施，实行全过程的质量控制，使储罐底板变形均控制在规范的要求范围内，取得了良好的效果，圆满完成了施工任务，并得到了建设单位的考评。大型油罐底板焊接变形虽很容易发生，但只要采取合理的焊接程序及其他控制变形的技术措施，还是可以有效控制，保证底板的焊接质量的。

参　考　文　献

[1] 何利民，高祁. 油气储运工程施工. 石油工业出版社，2021.
[2] 陈祝年，陈茂爱. 焊接工程师手册. 机械工业出版社，2019.

关于萨北开发区转油站无人值守失电事故应急能力分析

王　鑫

（大庆油田有限责任公司）

摘　要　本文对我厂2座转油站场事故状态下的应急处置能力进行分析，探讨了其事故应急能力的构成要素，并提出了利用备用或闲置三合一作为事故处理缓存装置，延长应急响应时间，为巡检人员赶到现场处理争取必要时间，同时按照“站停，井不停”的处置原则，完善了转油站事故越站流程，降低了供电中断时所辖采油井不能及时停井，造成的系统压力升高导致的管道穿孔泄漏，从而引发的环保事故发生，并避免了因供电中断导致的大面积停井发生，降低的产量损失。通过本文分析，旨在为保障无人值守转油站的安全运行提供参考。

关键词　转油站；无人值守；优化简化；事故应急能力

无人值守模式在减少用工数量、降低员工劳动强度、提高生产效率的同时，也给事故应急管理带来了新的挑战，由于缺乏现场人员的实时监控和操作，一旦发生事故，可能会导致更严重的后果。因此，事故状态下的应急处置能力是制约转油站场实现无人值守的关系因素，本文对我厂2座转油站场事故状态下的应急处置能力进行分析，探讨了其事故应急能力的构成要素。首先对我厂2座转油站场的数字化建设历程及现状进行介绍；然后叙述了目前2座转无人值守油站在失电事故发生时的应急处置措施，并开展目前失电事故应急处置措施分析，提出了三个方面问题；其次以解决问题为导向，提出了应急处置措施的提升策略；最后，总结如何对无人值守转油站失电事故开展应急分析，以及根据转油站场不同的建设情况，采取相应的应急处置措施提升策略。

1　2号转油站无人值守建设历程及现状

1.1　1号转油站

萨北1号转油站（图1）建于1993年，采用“三合一”处理工艺，站内分为水、聚驱处理工艺，水驱设计处理能力12800t/d，聚驱设计处理能力12750t/d，负责16座计量间215口水、聚驱采油井的油气分离和转输任务。

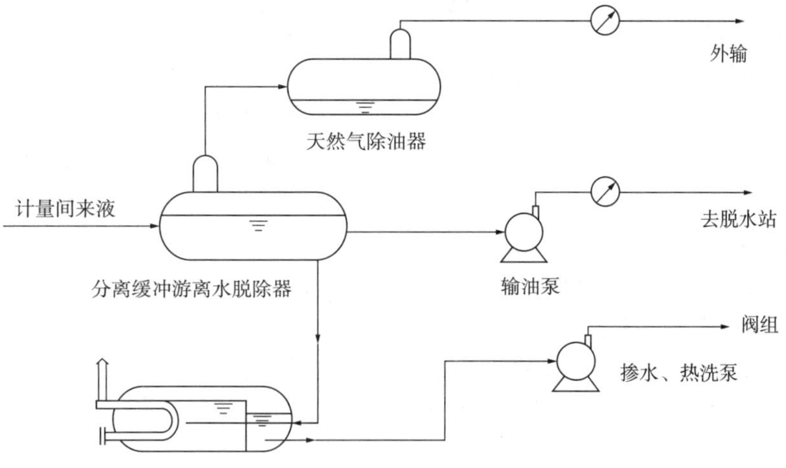

图1　转油站原理流程图

站内水聚驱处理系统分开运行，容器和泵房均为分开布置，给该站无人值守建设带来阻碍，本着先“优化简化，后数字化”的原则，首先对该站进行优化简化。取消该站聚驱部分，新建聚驱来液阀组至原水驱三合一来液连通管道，水聚驱来液统一由原水驱三合一处理，原水驱掺水泵承担站内所辖井掺水任务，加热炉统一处理，优化站内工艺流程。优化后如图2所示。

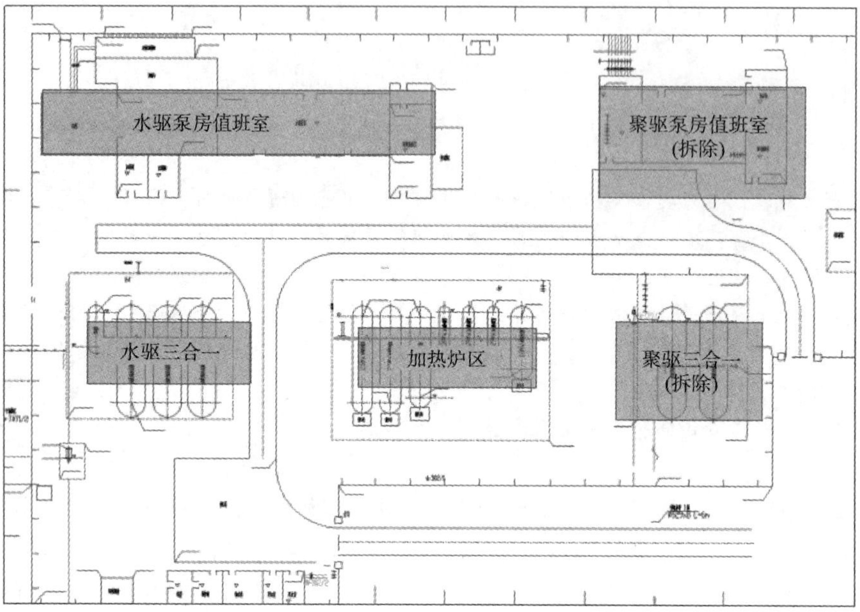

图2　改造后萨北1号站平面布局图

工艺优化简化后，将1号转油站分成4类系统10项工艺单元进行无人值守建设，主要工艺单元无人值守建设内容具体如下。

（1）集输系统

集输系统共分为进出站阀组工艺、气液分离设备工艺、外输油工艺。

1）进出站阀组工艺

数据采集。集油汇管的温度、压力，集油支管的温度，掺水汇管的温度、压力、流量，热洗汇管的温度、压力、流量。

视频监控。阀组间设施视频监控摄像头，对生产运行进行实时监控。

2）气液分离工艺

数据采集。三合一装置油室的液位，高低液位报警，天然气出口汇管压力。

联锁控制。油室液位与外输泵变频调节，油室液位高高报警联锁水出口汇管紧急泄放，并联锁关闭气出口支管阀；油室低低报警联锁停外输油泵；天然气出口汇管压力高报联锁放空阀泄压。

3）外输油工艺

数据采集。外输油泵进口支管压力，进出口汇管压力；外输油泵的状态、电流、电量；变频器状态、频率反馈、控制；进口汇管与支管压差报警；外输油压力、高压报警、温度、流量指示、累积，外输油压力与外输泵出口汇管压力压差报警。

异常控制。通过机泵电流、进口支管压力变化，判断闸板脱落、外输泵抽空、憋泵等异常情况，确定是否远程停泵。

（2）天然气系统

天然气系统共分为天然气处理外输工艺、天然气返输工艺。

1）天然气处理外输工艺

数据采集。除油器液位、高低液位报警，低低液位报警，出口压力，低压报警；外输气压力，高低报警、流量、累积。

联锁控制。除油器低低液位联锁停收油泵。

2）天然气返输工艺

数据采集。返输气压力、高低报警、自力式压力调节；燃料气压力、高低报警、流量累积。

联锁控制。返输气压力高报联锁切断燃料气开关阀。

（3）掺水及热洗系统

掺水及热洗系统共分为加热缓冲加热工艺、掺水工艺、热洗工艺。

1）加热缓冲加热工艺

数据采集。进口汇管、单台出口温度、高温报警、加热段温度、高低报警；缓冲段液位、高低报警；加热段、收油段低液位报警；气出口汇管压力、高低报警；燃烧器综合数据上传。

联锁控制。加热段温度高、低液位联锁停炉；气出口汇管压力联锁放气阀；二合一进口电动阀远程调节，控制二合一液位，出口电动阀远程控制，切换掺水、热洗流程。

2）掺水工艺

数据采集。掺水泵进口支管，进、出口汇管压力；泵的状态、电流、电量；进口汇管与支管压差报警；外输掺水温度、压力采集，流量的显示、累计。

异常控制。通过掺水泵电流、进口支管压力变化，判断闸板脱落、泵抽空、憋压等异常情况，确定是否远程停泵。

3）热洗工艺

数据采集。热洗泵进口支管，进、出口汇管压力；泵的状态、电流、电量；进口汇管与支管压差报警；外输热洗温度、压力采集，流量的显示、累计。

异常控制。通过机泵电流、进口支管压力变化，判断闸板脱落、热洗泵抽空、憋压等异常情况，确定是否远程停泵。

（4）辅助系统

辅助系统分为污油污水回收工艺、加药工艺。

1）污油污水回收工艺

数据采集。收油泵进口压力、状态；污油污水回收装置综合数据上传。

联锁控制。二合一收油阀远程开关控制，低液位联锁停收油泵；除油器收油阀远程开关控制、低低液位联锁停收油泵；污油污水回收装置自动回收机泵、污油回收油泵联锁停泵。

2）加药工艺

数据采集。加药装置液位，高低液位报警、清水流量累积。

1.2　萨北2转油站

2号转油站(图3)建于1997年，采用“三合一”处理工艺，站内分为水、聚驱处理工艺，水驱设计处理能力6400t/d，聚驱设计处理能力12750t/d，负责19座计量间297口水、聚驱采油井的油气分离和转输任务。

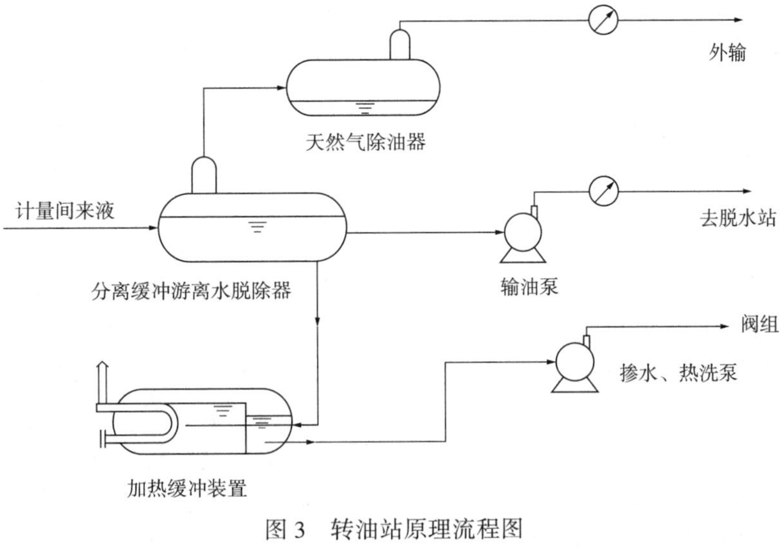

图3　转油站原理流程图

萨北2号转油站水驱和聚驱三合一和外输管道均存在连通，并且该站容器、加热炉、机泵等设施均为统一布置，因此该站不需要进行优化简化。本站无人值守建设内容与1号转油站内容一致。

2　萨北1、2转油站无人值守失电事故应急能力分析

由于自然灾害(如大风雪、雷击、暴雨)、供电事故以及其他原因，导致的全站失电事故，造成转油站设备停止运行，影响油气处理和输送，甚至造成安全事故。下面对失电情况发生时转油站的应急能力进行分析。

2.1　萨北1、2转油站目前工艺流程发生失电事故时的应急响应时间及处置措施

应急响应时间。(1)萨北1号转油站目前的实际处理液量为10477t/d，正产运行时3座三合

一装置的生产液位为2.1m，突然发生失电事故时，站内机泵设备停运，但站外采油井仍然正常工作，井上仍不断来液，三合一液位逐步升高，三合一液位达到高报2.7m，用时需要12.2min，三合一液位达到高高报3.04m，用时5.6min，累计达到高高报用时需要17.8min。(2)萨北2号转油站目前的实际处理液量为16530t/d，正产运行时4座三合一装置的生产液位为2.1m，突然发生失电事故时，站内机泵设备停运，但站外采油井仍然正常工作，井上仍不断来液，三合一液位逐步升高，三合一液位达到高报2.7m，用时需要11.5min，三合一液位达到高高报3.04m，用时4.9min，累计达到高高报用时需要16.4min。如图4、图5所示。

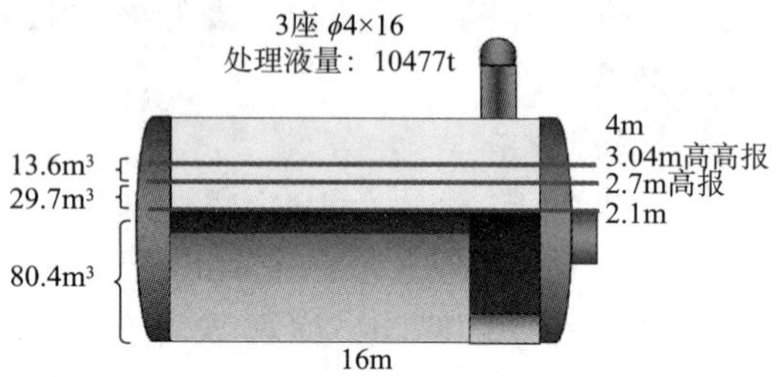

图4　萨北1号转油站“三合一”液位示意图

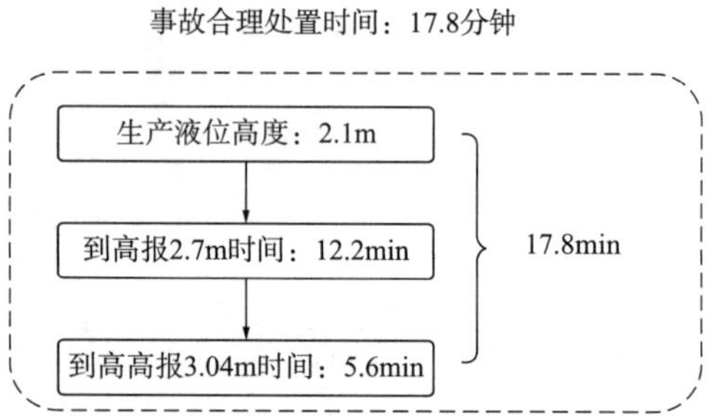

图5　萨北1号转油站事故应急处置时间

处置措施。根据目前1、2号转油站的工艺流程，应急处置方式为当三合一发生高报时，通知生产管理中心“一键停井”，当三合一液位即将达到高高报时，关闭“三合一”进口阀门，以防止“三合一”液位继续升高，发生冒罐事故。

2.2　针对1、2转油站目前工艺流程发生失电事故时的应急处置措施分析

首先，经现场试验，“一键停井”数量大于10口时，易出现部分单井未接受到停井指令现象，需要反复操作，在大风雪、雷击、暴雨等极端天气引发失电事故时，“一键停井”出现通信故障，停井成功率进一步受到影响，因此存在三合一进口阀门关闭后，采油井仍未停运情况，导致井口回压上升，从而引发井口盘根密封渗漏，抽油杆折断，井口组合阀、地面管道穿孔等情况，存在安全环保风险。

其次，“一键停井”会对产量造成一定影响。除失电阶段的产量影响外，若失电事故发生在冬季，“一键停井”造成大面积停井后，集输管道会发生冻堵现象，复产时需要大量人力、物理进行管道解堵，复产时间长，显著降低生产效率，影响了油气生产的连续性和经济性。

最后，无人值守转油站现场没有专业人员进行实时指挥，只能依靠远程指挥中心人员进行指挥和运作。事故发生时，远程指挥人员需要迅速将情况向上级人员汇报、通知巡检人员快速赶往现场了解事故状况、联络相关人员核实失电事故的具体原因，同时还要监控站内的生产运行情况，下达应急处置指令，而较短的应急响应时间，会增加远程指挥人员应对事故处置的压力，影响调度指挥能力，从而间接导致事故进一步扩大。

3　萨北1、2转油站无人值守失电事故应急能力提升策略

以上述问题为导向，并综合考虑一键停井影响及转油站容器空间制约导致的应急响应时间短，且尽可能降低事故状态下对产量及采油设备的影响，按照“延长应急处置时间+站停，井不停”的处置原则，提升策略确定的事故状态处理工艺为“备用事故三合一+越站流程”方式。

一是增设“备用三合一”，延长应急响应时间。适当延长应急响应时间，给予远程指挥人员更多时间沟通、反馈、观察和分析异常情况，有助于更准确地判断问题的性质、严重程度和影响范围，从而采取更有针对性和有效的应急措施，避免了远程指挥人员因过快响应而下达错误的指令，导致因过度反应对设备和系统造成的额外损害。同时，若在延长的应急响应时间内恢复供电，则减少不必要的应急行动，降低应急处理的成本。

二是增设“越站流程”，降低环保风险，减少产量影响。按照“站停，井不停”的处置原则，具有“越站流程”的无人值守转油站，在失电事故发生时，自控系统自动切换到“越站流程”，井上采出液通过越站流程直接输送至下游处理站场，避免了因供电中断导致的采出液输送中断，保障了生产的连续性，大大减少了因供电中断导

致设备停运造成的产量损失。但是，“越站流程”需要满足两个前提条件。一是下游站场具备油气分离器装置，避免越站后溶解气析出造成原油设备运行波动；二是越站流程发生时，要保障站外采出井的井口回压不能过高，避免采油井盘根密封渗漏，断脱漏失概率大幅增加，井口组合阀、地面管道穿孔现象发生，因此在建设越站流程前，要进行节点压力计算。具体分析、计算情况如下。

（1）若下游脱水站未设置事故处理工艺，需要建设油气分离器装置，避免越站后溶解气析出造成原油设备运行波动，保障脱水站所辖转油站产液事故越站真正可行。如图 6 所示。

（2）同时，针对越站流程需要提前开展计算越站应急流程启运时集输系统节点压力，保障越站流程可实施性。

以萨北 1 号转油站为例，通过 pipephase 软件进行越站集输系统节点压力计算。首先，转油站外输油管道随着运行时间的延长会出现缩径现象，首先通过 pipephase 软件计算缩径后的外输管道规格，然后经 pipephase 软件模拟计算，转油站至脱水站混输管道压降为 0.38MPa，推算各节点集输压力。如图 7 所示。

经计算，89.3%的采油井可以通过越站流程集至下游脱水站，发生事故时应立即关停回压≥1.0MPa 的 23 口采油井，同步启用越站流程，使剩余单井进行越站。通过理论计算的越站各节点压力与实际生产运行会存在偏差，因此，仍建议开展越站流程的现场模拟试验，为编制应急处置方案提供依据。如表 1 所示。

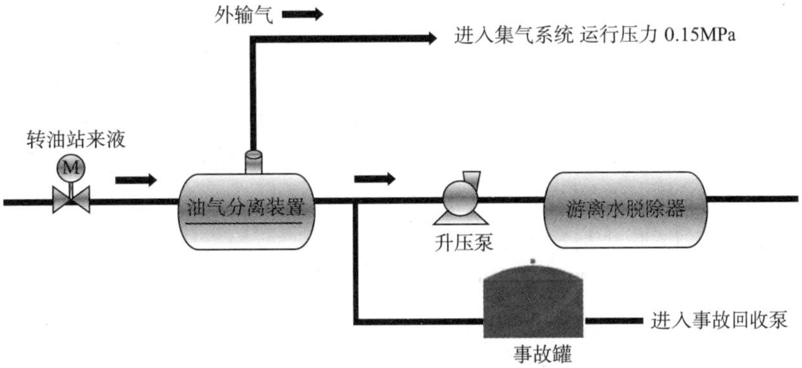

图 7　脱水站增设油气分离器流程示意图

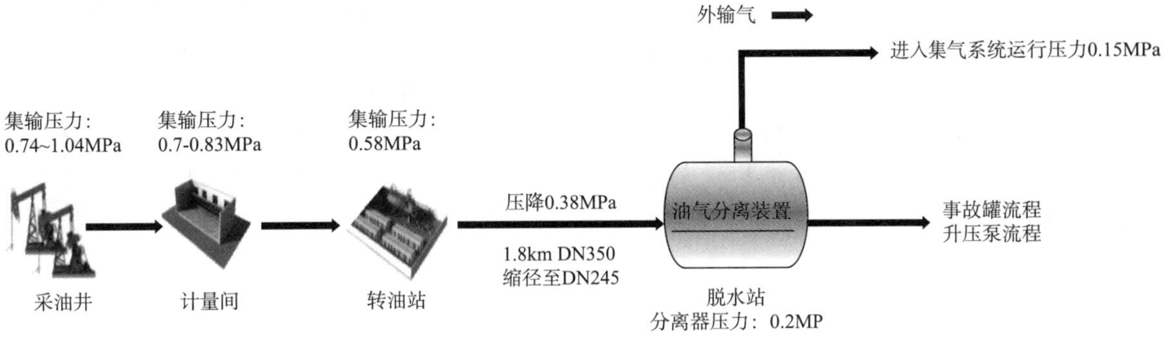

图 7　集输系统节点压力示意图

表 1　萨北 1 号转油站所辖单井井口回压统计表

井口回压范围/MPa	0.7～0.8	0.8～0.9	0.9～1.0	≥1.0	备注
采油井数量/口	55	71	66	23	井口回压超过 1MPa 采油井盘根密封渗漏，断脱漏失概率大幅增加；井口组合阀、地面管道穿孔风险增加
占比/%	25.6	33	30.7	10.7	

提升策略实施后的应急响应时间及处置措施。在转油站停电事故下，来液首先进入备用三合一，延长应急响应时间(1 号转油站可延长应急响应时间 16.9min，2 号转油站可延长应急响

应时间 10. 83min)，三合一高液位且停电事故仍为解除，应立即关停部分最远井，同步启用越站流程；在事故状态解除后，为了避免备用三合一清淤工作，需将备用三合一接入到已建系统中，使备用三合一除事故状态下使用外，还可在正常运行时作为湿气的二次分离。如图 8 所示。

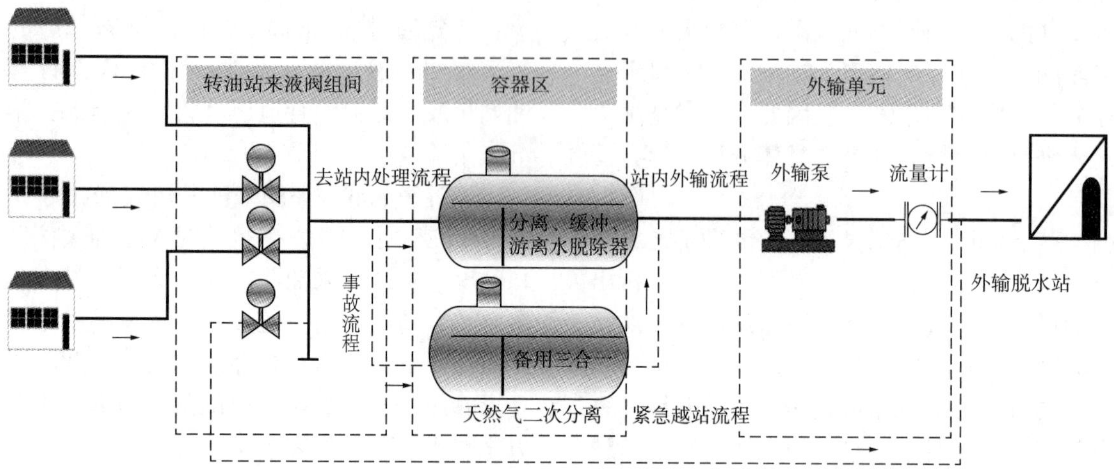

图 8　越站工艺流程示意图

4　结论

通过对我厂 2 座无人值守转油站场的分析，得出以下结论。

一是无人值守转油站分析失电事分析时，首先应计算应急响应时间，根据本站制定的应急预案，决定是否考虑增加“备用三合一”(事故状态下的缓存设备)，以延长应急响应时间；然后在应急响应时间快要结束时，是采用“一键停井”，还是采用“越站流程”方式，则需要根据复产难度、越站集输节点压力、下游站场建设情况(具备油气分离设备)从可实施性、经济性等方面综合考虑。

二是无人值守转油站要按照先“优化简化，后数字化”的建设原则，避免工艺流程复杂造成的不必要的增设自控点位，以节约工程投资。同时，工艺优化简化后，优化取消的设备可以作为事故状态下的缓存设备，延长了应急响应时间。对于优化简化后无优化取消设备的转油站场，可以利用其他站场的闲置设备作为事故状态下的缓存设备。

5　结语

转油站无人值守模式虽然带来了诸多优势，但同时也对事故应急能力提出了新的挑战，通过分析转油站无人值守建设内容，评估事故应急能力后，本文得出失电事故发生时应采用“备用事故三合一+越站流程”的研究结论，在失电事故发生时，该流程能够有效延长事故应急响应时间，降低恢复生产的难度，确保无人值守转油站的安全运营。通过本文论述，旨在为保障无人值守转油站的安全运行提供参考。

无人值守转油站二合一防偏流自动控制技术分析

邵俊豪

（大庆油田有限责任公司）

摘　要　受加热炉进出液方向限制，在生产运行过程中必定会发生偏流现象，同时随着转油站运行年限的增长，受长期高温运行影响，管道结垢问题凸显，导致液位在流动过程中阻力增加，部分管段呈现压损过大情况，出现流动不畅现象，进而形成二合一加热炉不出液，引发偏流现象。本文聚焦于转油站二合一防偏流自动调节技术，结合现场调研成果及技术理论分析，基于二合一加热炉内部结构及生产运行问题，将二合一加热炉偏流分为进口偏流、出口偏流，通过工艺优化、电动阀远程控制、超声波流量计三个方向解决二合一加热炉偏流问题，为无人值守转油站二合一加热炉防偏流控制提供技术参考。

关键词　转油站；无人值守；偏流；自动控制

1　偏流的定义

在油气田生产中汇管多应用于油气集输系统的生产过程中，掺水经汇管分配至各二合一加热炉(图1)，在加热炉内进行加热提温后，再经汇管进入机泵，由于受管道几何结构、管道生产情况、容器出口工况等因素影响必定会产生偏流现象。当偏流现象严重，岗位员工需频繁操作才能平稳运行甚至无法平稳运行，则引发了偏流问题。

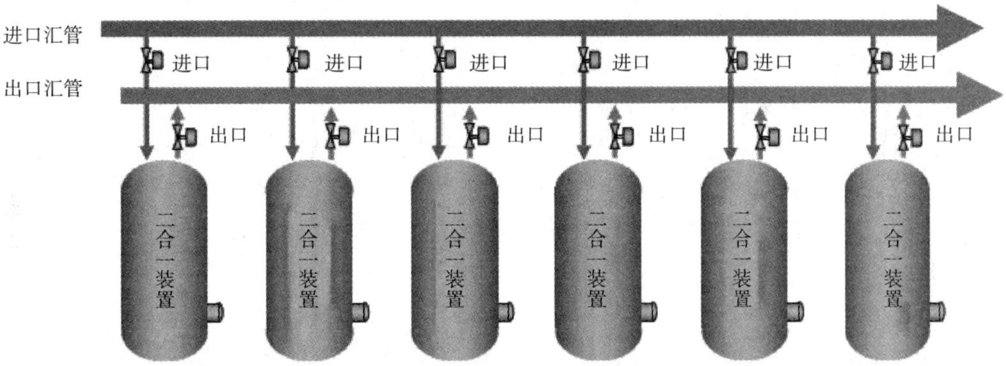

图1　二合一加热炉进出口流程示意图

2　偏流原因分析

随着装置运行时间的延长，二合一进、出液汇管、支管会出现管道结垢现象，其中出液汇管、支管由于介质温度高，结垢现象更为严重，基于进、出口汇管内部结构的生产实际情况，加上二合一装置距离远近的影响，导致了其出水条件不同，产生了偏流现象，现场表现为二合一液位变化、出口温度异常，该种表现发生时，岗位员工判断为二合一偏流，需频繁调节进出口阀门保证加热炉进出液稳定。

二合一加热炉(图2)内部由隔板分成进口端、出口端2套水力系统，由气平衡工艺构成整体压力系统，受部署远近及管路摩阻影响，加热炉存在不同程度的偏流现象。

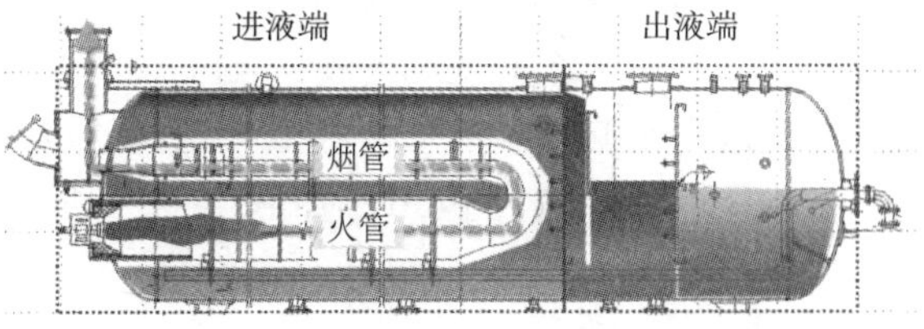

图2　二合一加热炉内部结构图

（1）进口偏流

二合一加热炉进口偏流产生的原因为加热炉部署位置远近，近的加热炉进液多，远的加热炉进液少，导致加热炉进液不均。同时由于转油站二合一加热炉前端无增压措施，含油污水在三合一运行压力作用下(0.2MPa左右)自压进入二合一加热炉，期间受管道结垢、加热炉部署远近、障碍物、焊口等方面影响，会出现各加热炉进液不均现象，因此偏流问题得以凸显。

（2）出口偏流

二合一加热炉出口管道与进口管道不同，受长期高温运行影响，出口端管道易发生结垢，且不同加热炉由于燃烧做功不同，呈现不同程度结垢现象，导致不同加热炉外输工况存在差距，各容器至机泵管路压力损失不同，需要通过调节出口阀门开度平衡压力损失。同时由于转油站二合一加热炉气平衡运行压力为0.02~0.05MPa，结垢严重情况下，需要更大的二合一气平衡压力使外输液顺利流至机泵进口，因此出现单台加热炉不出液情况。外输液量不同导致前端进口调节阀调控程度不同，最终结垢较为严重的加热炉进出液量下降，导致加热段高温报警、联锁停炉。

3　现场防偏流控制方法

现阶段老区转油站由于自控设备不完善，防偏流手段为：人工发现、人工判断、现场操作。

（1）人工发现、人工判断

1）人工巡检看液位

通过2小时1次的现场巡检，员工通过现场液位就地显示，与上一次巡检液位进行比较，指针变化超过1格则判断可能存在进口偏流现象，需要立即控制进口。

2）现场人耳听流量

通过2小时1次的现场巡检，岗位员工通过贴近阀门阀杆听流水声音大小，声音大则判断为出液正常，声音小或无法听见声音则判断为发生偏流现象，需要立即控制出口。

3）记录数据算温差

通过2小时1次的现场巡检，员工观察值班室二次表盘中加热段温度显示、出口温度显示，人工作差计算，差值大于6℃则需要对出口阀门进行控制。

（2）现场操作

1）进口优先控制法

巡检过程中发现二合一液位上升后，应优先控制该台二合一进口阀门，关小半圈该台加热炉进口阀门，观察液位变化情况，若仍然上升，再次关小半圈进口阀门，若液位仍无下降趋势，再开大半圈该台加热炉出口阀门，观察液位变化情况。

2）先单台控制，再联合控制

当单台加热炉调节仍然无法解决加热炉偏流时，进行多台加热炉控制联防。关小出水较好的二合一出口阀门，使偏流二合一被迫增加出液量。如图3所示。

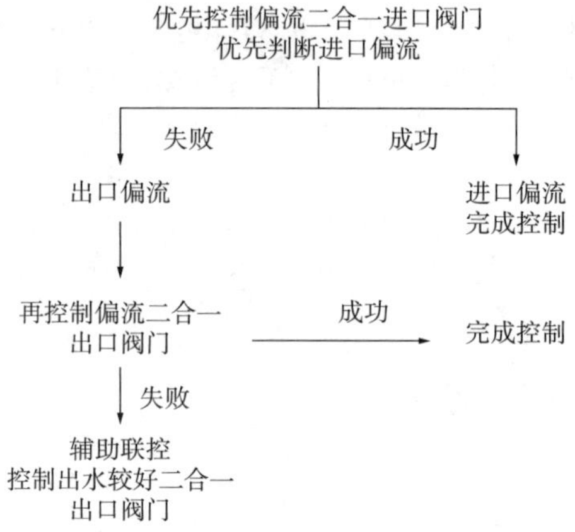

图3　二合一控制逻辑图

4　偏流现象引发的生产问题

（1）人工控制工作量大

我厂自2023年推进站场无人值守工作以来，工艺所技术人员与岗位员工一同，24小时跟踪站场生产情况，开展了为期半年的驻岗写实工作，结合驻岗写实成果，萨北22号转油站冬季调节二合一进出口平均30次/天，调节稳定时间2~3小时，是岗位员工最主要操作的点位，员工劳动强度高，在热洗开始及结束时，二合一系统平衡被打破，此时最易发生偏流，制约站场无人值守。

（2）人工发现及时性差

目前偏流问题的发现主要依靠2小时1次的现场巡检，岗位员工通过看现场液位就地显示、听阀杆流水声音、摸管道温度、算加热段温度与出口温度差，由于现场自控设备不完善、站控程序不完善，导致发现偏流及时性差、操作滞后，增加了偏流控制难度。

（3）无法满足供热需求

由于单台或多台二合一加热炉发生偏流，导致其进出液量变少、单台加热炉用功变少，部分加热炉进出液量变多，受加热炉功率限制，无法满足流量增多后温度提升要求，致使加热炉出口温度降低，无法满足掺水用热需求，影响正常生产。

5 防偏流治理对策

（1）优化进出水工艺

对加热炉数量≥3 台或加热炉相距较远的转油站，优化加热炉进口、出口汇管工艺，改为中心进水、中心出水，将轴向进入汇管优化为径向进入，使汇管压力分布更加平稳。如图 4 所示。

（2）“乐高”式炉前工艺

加热炉进出口管道结垢是导致偏流现象的主要因素，将加热炉进出口汇管两端采用法兰连接，在生产允许的情况下，将汇管两端法兰、与阀门连接法兰拆卸，利用空穴射流、声波震荡、酸洗等方式进行除垢，清洗干净后，再将管道恢复安装。将加热炉进出口支管与加热炉炉体连接方式由焊接改为法兰连接，便于拆卸后清洗除垢，并设置备用管段进行替换。如图 5、图 6 所示。

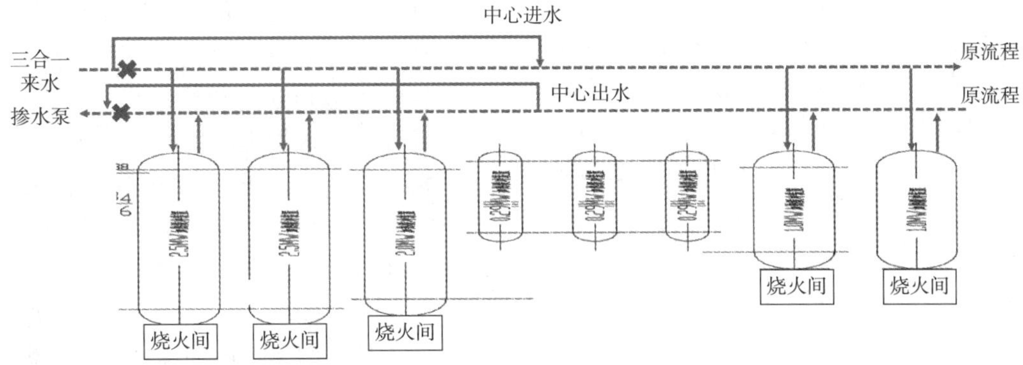

图 4　炉前工艺优化示意图

图 5　炉前汇管改造示意图

图 6　加热炉进出液支管改造示意图

（3）数字化改造

1）数字化控制点位

① 数据采集

进口汇管温度指示，单台出口温度指示、高温报警，加热段温度指示、高低报警；

缓冲段液位指示、高低报警，加热段、收油断低液位报警；

气出口汇管压力指示，高低报警；

燃烧器综合数据上传(加热炉完整性)。

② 联锁控制

加热段高温联锁停炉，加热段低液位联锁停炉；

气出口汇管压力联锁放气阀(电磁阀)；

二合一进口电动阀远程调节、控制二合一液位。如表 1 所示。

表 1　加热单元主要数字化点位统计表

序号	采集/控制参数名称	仪表类型
1	进口汇管温度指示	温度变送器
2	单炉出口温度指示、高温报警	温度变送器
3	加热段温度指示、高低报警	温度变送器
4	缓冲段液位指示	液位变送器
5	缓冲段高低液位报警	浮球液位开关

续表

序号	采集/控制参数名称	仪表类型
6	加热段低液位报警	浮球液位开关
7	收油段低液位报警	浮球液位开关
8	气出口汇管压力指示、高低报警	压力变送器
9	气出口联锁放气	电磁阀
10	进口支管远程调节	电动调节阀
11	燃烧器综合数据上传(9 炉式)	加热炉完整性

2）新增控制点位建议

将加热炉进出口阀门改为电动阀门，根据加热炉各节点参数，对加热炉进行远程操作，降低员工劳动强度。根据《大庆油田转油(放水)站无人值守技术规定》，已对二合一进口增加电动调节阀联锁缓冲段液位实现匀流控制。而由于加热炉出口管道结垢，导致各容器至机泵管路压力损失不同，需要通过调节出口阀门开度平衡压力损失。

现场试验：为验证安装出口调节阀的必要性，我厂开展加热炉偏流现场试验，试验基于萨北 21 号转油站 1#加热炉(出液不畅)和 4#加热炉(出液正常)。

试验开始，投运掺水工艺、启运燃烧器，2 台加热炉出口阀门全部开启，人工模拟进口阀门调控保障缓冲段液位稳定；随试验进行，30 分钟后 1#加热炉出现报警(出液温度 80℃)；调控开始，将 4#加热炉出口阀门开度逐步调小，缓冲段液位短暂出现上升，后续随进口阀门调控恢复正常；8 分钟后 1#加热炉报警消失，工况恢复正常，2 台加热炉缓冲段液位稳定；后续试验结束，恢复生产工艺。现场试验有效证明控制出口阀门是保障加热炉出液的有效手段，可被动增加出水不畅的二合一出口流速。

3）控制方法

加热炉控制主要有三大参数：温度、液位、压力。在正常生产过程中，通过在站控程序中对三大参数边界条件的设定，实现生产稳定运行。

温度控制。通过点击燃烧器控制单元，设定加热炉加热段温度，系统将通过远程自动调节燃烧器进气阀门开度，实现大小火全自动切换。

液位控制。通过点击加热炉液位控制模块，设置加热炉缓冲段液位控制的上、下边界，当大于或小于边界值时，系统将通过远程自动调节加热炉进口阀门开度，实现加热炉液位稳定。

压力控制。通过点击加热气平衡压力控制模块，对加热炉气平衡电磁阀起跳压力进行设定，当小于其设定值时阀门不动，当大于其设定值时会触发气平衡压力高报警，阀门自动起跳，将压力释放至排污池，压力降低后阀门自动关闭。

4）预警模块

针对三大参数进行智能化管理，根据参数变化趋势，应用控制逻辑对站控程序进行智能化升级。通过温差预警、流速预警、结垢预警 3 个方面实现异常工况提前预判，提前控制。控制方法参照现场操作方法，将人工控制转变为远程自动控制，将人脑判断转化为边界条件后电脑判断。为后续人工介入做提醒、准备工作，预警后，通过联锁控制仍无法将三大参数调整为正常范围内，触发液位高低报警、温度高低报警、压力高报警，此时需人工介入。

① 流速预警

在常规控制液位区间之外，设置橙色预警区间，系统测算液位变化速率，在高低报之前，系统将提前自动控制。系统提示：1 分钟内液位上涨 0. 1m，系统推算 4 分钟后将触发高报，7 分钟后将发生冒罐事故，系统将自动关小加热炉进口阀门，重新计算液位速率，若仍无下降趋势，则开大出口阀门。如图 7 所示。

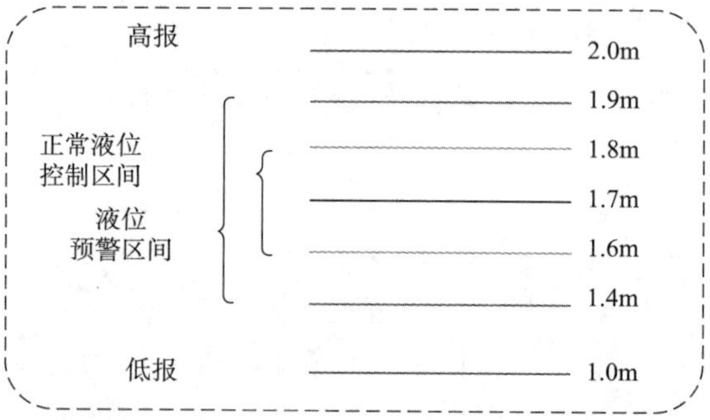

图 7　流速预警控制区间示意图

经计算，建议单次控制阀门开度比例为 5%。根据现场生产日报，全站掺水量为 $2700m^3/d$，现场运行三台加热炉，每台加热炉的平均掺水量为 $37m^3/h$；加热炉缓冲段的长度为 2. 15m，直径为 3m，液位每变化 0. 1m，液量变化体积约为 $0.6m^3$，占总流量的 2%，即在 20min 的观察时间阀门开度变化可占总开度的 6%，即 F＝(H 液－H0)·D·L/Q 掺/n 炉/24/($t_{液}-t_0$)/60，由上述理论总结公式如下：

$$F=\frac{(H_{液}-H_0)\times D\times L}{60\times Q_{掺}\times\eta_{炉}\times(t_{液}-t_0)}$$

式中，F 为阀门开度,%；$H_{液}$为液面变化后的液面高度，m；H_0为原液面高度，m；$Q_{掺}$为掺水量，m^3/h；$N_{炉}$为加热炉运行台数；$t_{液}$为液面变化后的液面高度，m；t_0为原液面高度，m；

② 温差预警

系统将加热段温度与出口温度做差，大于6℃时，触发温差预警，即将出现不出液现象，引发出口偏流，系统将提前自动控制。系统提示：加热段温度与加热炉出口温度温差在6℃，出口温度低，判断为出液缓慢，5min后将出现不出液现象，系统将自动开大出口阀门，同时根据液位变化情况自动控制进口阀门，保证加热炉液位稳定。如图8所示。

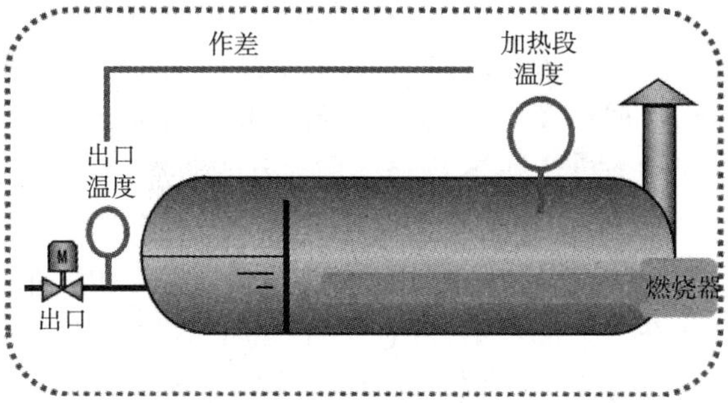

图8　温差预警示意图

③ 结垢预警

根据转油站掺水流量计算出单台加热炉理论耗气量，利用加热炉完整性平台记录单台加热炉实际耗气量，将两者进行对比，相差10%时则触发出口管道结垢预警，维护人员需对加热炉出口工艺进行清洗，避免偏流现象对正常生产的影响。

(4) 安装超声波流量计

在加热炉出口支管安装超声波流量计，测量单台加热炉流量，依据测量值调节加热炉进出口阀门，实现加热炉匀流控制。

① 安装要求

超声波流量计测量的管道中的液体必须是满管而且要有足够的直管段长度。越长越好，一般上游10倍管直径，下游5倍管直径。因此现场安装时若安装距离不足需要对炉前工艺进行改造。如图9所示。

传感器安装位置	与上游距离(D：管径)	与下游距离(D：管径)
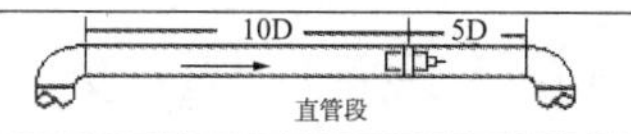 直管段	10D	5D
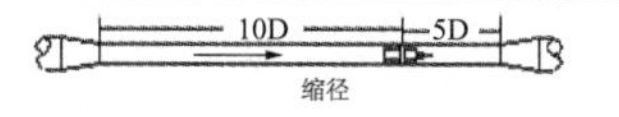 缩径	10D	5D
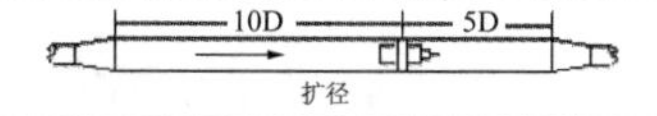 扩径	10D	5D
 弯头	12D	5D
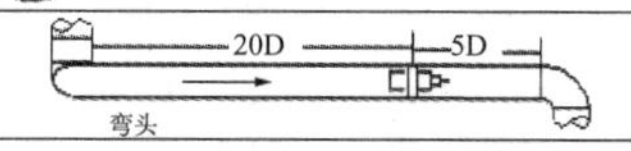 弯头	20D	5D
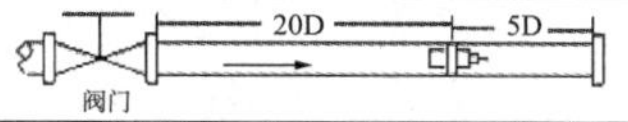 阀门	20D	5D
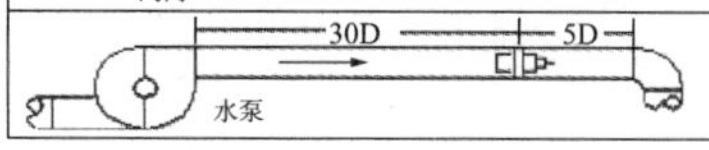 水泵	30D	5D

图9　流量计安装位置图

管道的锈蚀或结垢情况影响超声波流量计测量的准确性，原则上需要选择较新一点的管道测量，如果条件不具备需要把锈蚀从管壁厚度中减去或者将结垢当作衬里来考虑。因此超声波流量计安装后，需要定期单台校验，校验时需要关停其余二合一进出口阀门，调整设置壁厚，直至超声波流量计数据与掺水流量计数据一致。

② 控制方式

根据加热炉功率计算单台加热炉理论流量，并将实际掺水量按照比例进行分配，确定单台加热炉的额定掺水量。根据超声波流量计的测量结果与额定掺水量进行对比，大于额定掺水量则关小出口阀门，小于额定掺水量则开大出口阀门，由于出口阀门开度变化导致的液位变化，由进口阀门与液位联锁控制解决。

6　结语

(1) 二合一加热炉偏流原因主要是由于加热炉进出口管道多年运行日积月累而成的管道结垢，站场无人值守后，对设备工艺维护提出了更高的要求。在经历一定生产周期后，需要对加热炉进出口工艺利用物理、化学等方式进行除垢，避免偏流现象对正常生产的影响。

(2) 当加热炉数量≥3台时，采用中心进水、中心出水方式，使液体分布更均匀。

(3) 在加热炉进出口安装电动阀，将人工控制转变为远程自动控制，将人脑判断转化为边界条件后电脑判断，按照进口优先控制法及先单台控制在联合控制两种方法进行加热炉远程防偏流控制。

(4) 针对二合一加热炉进出口工艺具备条件的转油站，可在二合一出口管道安装外贴式超声波流量计，依据流量完成加热炉匀流控制。

超临界 CO_2 输送管道泄漏检测系统研究

祝令卿[1]　范　欣[2]　姚清勇[1]　吴凯骐[1]　张茂林[1]

（1. 中国石油工程建设有限公司西南分公司；2. 国家管网集团工程技术创新有限公司）

摘　要　为了减少超临界管道输送过程中 CO_2 泄漏产生的危害，有必要研究检测泄漏的方法。超临界 CO_2 管道输送是 CCUS（Carbon Capture，Utilization and Storage）全产业链中的关键一环，由于 CO_2 具有较高焦耳—汤姆逊系数，泄漏中温度大幅下降会使管线韧性下降，极可能造成长输管道脆性断裂扩展，造成管道断裂和介质泄漏扩散。通过对超临界管道 CO_2 泄漏特性的分析，提出了管线泄漏检测和站内泄漏检测的方法、相关仪表选型、报警点的设置及处理方案。研究的成果可为超临界 CO_2 输送管道泄漏检测设计提供参考。

关键词　超临界 CO_2；管道；泄漏检测；报警

1　前言

2020年9月22日，中国国家主席习近平在第75届联合国大会上提出：中国将提高国家自主贡献力度，采取更加有力的政策和措施，CO_2 排放力争于2030年前达到峰值，努力争取2060年前实现碳中和。“双碳”目标下，如何最大效率实现碳减排已成为全国乃至全世界共同关注的问题。碳捕集、利用和封存（Carbon Capture，Utilization and Storage，CCUS）技术将在向低碳经济过渡的过程中发挥重要作用，CCUS具有降低整体减排成本、增加减排灵活性的潜力，成为当前实现 CO_2 减排主要途径之一。超临界 CO_2 管道输送是CCUS全产业链中的关键一环，发展大规模 CO_2 管道输送技术，是CCUS低成本、规模化发展的有力支撑。国外已有成功采用管道输送超临界状态 CO_2 的先例，如美国的Canyon Reef管道、科特斯（Cortez）CO_2 管网、加拿大苏里斯山谷 CO_2 管道等，目前美国运营中的 CO_2 运输管道约8000km。中国多地正在开展 CO_2 输送管道设计与建设，且 CO_2 储运技术研究日趋丰富。大庆油田、吉林油田、胜利油田等建设了短距离气相 CO_2 运输管道，其目的是提高油气采收率。据IEA评估，CO_2 管道数量将逐年快速增长，预计到2050年全世界 CO_2 管道总长度可达到95000~550000km。

CO_2 临界温度31.05℃，临界压力7.38MPa，CO_2 输送管道采用超临界输送时，压力均高于临界压力，纯 CO_2 的相态图见图1。相比气态输送，CO_2 输送输送管道采用超临界管道输送经济性高。但由于 CO_2 具有较高焦耳—汤姆逊系数，泄漏中温度大幅下降会造成管线韧性下降，且超临界 CO_2 管道泄漏中的减压波速度异于其他介质，这极可能造成管道脆性断裂扩展，使管道断裂和介质泄漏扩散；CO_2 密度大于空气，易在低洼处形成高浓度区，造成人和动物窒息、昏迷甚至死亡。因此管线的泄漏检测及安全保护日益受到关注，值得深入研究。

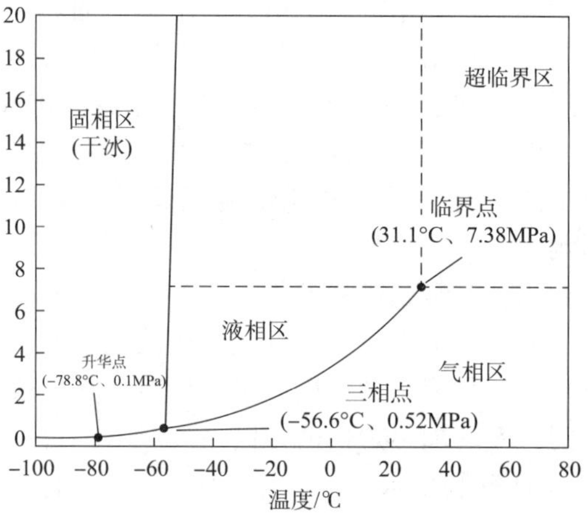

图1　纯 CO_2 相态图

2　CO_2 特性和管道泄漏特性

管道运输过程中最常见也是最难解决的问题是管道泄漏。由于管道机械损伤、材料缺陷、管道腐蚀等原因，可能造成管道断裂和 CO_2 泄漏。CO_2 泄漏不仅会对管道附近环境造成严重破坏，

还可能对处于 CO_2 浓度较高的地方的人和动物造成重大伤亡。

CO_2 泄漏(节流)为正向焦耳—汤姆逊效应，具有明显的冷效应，管道泄漏后产生剧烈的温降现象。采用 HYSYS 模拟纯 CO_2 可知，超临界状态的 CO_2(10MPa、35℃)绝热泄压至常压时，温度约-87℃。进一步对多组压力、温度下的超临界 CO_2 进行绝热泄压模拟，泄压至常压时，其温度基本一致。

高压 CO_2 泄漏开始后，管道内部迅速形成两相流，经过泄漏口后扩散到管道外；扩散到管外的 CO_2 向大气环境自由射流。随着泄漏进行，CO_2 扩散速度逐渐降低变成自由扩散；同时由于 CO_2 正向的焦耳—汤姆逊效应，产生剧烈的温降使 CO_2 发生相变形成干冰堆积，随着时间推移干冰升华。在泄漏远场扩散中，由近场射流携带的大量干冰、气相 CO_2 及卷吸的空气等介质进入远场区域持续扩散；同时干冰颗粒、低温气体及凝结水雾发生沉降，可形成可见云，当遇到低洼处形成高浓度区域。

高压 CO_2 泄漏后周边温度迅速降低，会造成扩散区域持续时间较长的低温效应，会严重破坏周围地质和引起生物冻伤。CO_2 不属于高毒气体，但少量摄入即可致命，而其无色无味的特性，使得泄漏扩散在远场不易发现，具有极大危害性。气流在运动至地势低洼区易堆积形成 CO_2 聚集块，严重危害周围的生命体。空气中 CO_2 的体积分数为 1%时，人会感到气闷、头昏、心悸；4%~5%时感到眩晕；6%以上时使人神志不清、呼吸逐渐停止以致死亡。因此必须对管线和站场设置泄漏检测系统，检测到泄漏报警后，采取相关的措施，减少 CO_2 泄漏带来的安全危害。

3 管线泄漏检测

基于 CO_2 在管道输送过程中的特殊性，为避免管道泄漏对环境造成严重破坏，对人体和动物造成重大伤亡，超临界 CO_2 输送管道设置管线泄漏监测系统是十分必要。

近几年国内应用的泄漏监测方法主要有音波检漏法(捕捉音波信号)、统计学法(建立统计模型)、负压波法(瞬态压力降波)、流量平衡法、流量平衡和负压波相结合法、光纤法(含光纤测温、光纤测振)等。检测方法对比见表 1。

表 1 泄漏监测方法比对表

序号	比较内容	流量平衡法	负压波法	音波法	光纤法
1	可靠性	高 误报警次数一般每年 2 次以内，可以检测缓慢发生的泄漏	低 误报警次数一般每周几次 无法检测缓慢发生的泄漏	较高 在泄漏瞬间检测，无法进行再次确认	高 根据周边环境不同，误报警次数较多，可以检测缓慢发生泄漏
2	灵敏性	较高，根据流量计的重复精度的不同，反应时间较长；反应时间根据泄漏量的不同从 1~40min 不等	高 根据压力传感器间距的不同，一般为 5min 左右	高 根据声波传感器间距的不同，一般为 5min 左右	取决于泄漏介质与光纤接触的时间，在光纤与泄漏介质接触时高；不接触时低
3	准确性	1km 左右	1km 左右	小于 100m	几米之内
4	稳健性	流量表错误，无法正常工作；通讯失败无法正常工作；压力表错误，可以正常工作；管道瞬态可以正常工作	压力变送器错误，无法正常工作；通讯失败无法正常工作；管道瞬态无法正常工作	声波传感器错误，无法正常工作；通讯失败无法正常工作；	压力表错误可以正常工作； 流量表错误可以正常工作； 通讯失败无法正常工作； 瞬态可以正常工作

续表

序号	比较内容	流量平衡法	负压波法	音波法	光纤法
5	传感器	流量表、压力变送器	压力变送器	声波传感器	光纤
6	传感器间距	无上限，传感器间距会影响泄漏检测时间	60km之内	30～50km为佳，最长不能超过150km	50km
7	适用管道	各种介质	液体介质，多批次多密度介质会存在较多误报警	各种介质	各种介质
8	误动作	较少	较多	较少	较少
9	投资	较少	稍高	较高	较高

在管道输送过程中流量不确定性随着时间的变化保持恒定，而管道占用率不确定性随着时间的推移而减少，这些不确定因素由管道沿线的压力和温度分布存在误差导致。因此在短期内，泄漏检测灵敏度主要依赖计量仪表的准确度及确定沿线温度和压力的准确程度。但从长远角度看，除光纤法外，其他泄漏监测方法检测系统的灵敏度取决于计量仪表的准确性。

管道光纤测温泄漏监测系统，利用通讯光缆作为探测工具，采用光纤的布里渊散射原理技术，通过测定脉冲光的背向布里渊散射光的频移就可实现温度、应变测量。管道泄漏监测基于焦耳—-汤姆逊效应，由于泄漏发生的压力变化导致漏点周围温度的变化，通过连续采集管道周围的温度，建立与时间有关的温度模型，进行综合分析，从而识别出泄漏事件的发生，目前可实现±1.5℃的测温精度。另外还可以设置管道光纤振动预警系统，利用光纤干涉原理与光时域反射技术实现对可能破坏管道的事件进行监测与定位，实现对管道第三方破坏的实时监测。

每种监测方法各有优缺点其适用的范围和使用成本各不相同，具体结合监测场景和要求做出合理技术选择。根据临界 CO_2 输送管道泄漏的特点，可优先考虑光纤测温泄漏检测系统。

当确认发生管线泄漏后，关断泄漏上下游线路阀，避免大面积泄漏，同时，启用全线水击保护系统，避免发生水击。

4　站内泄漏检测

根据规范SY/T 6503《石油天然气工程可燃气体和有毒气体检测报警系统安全规范》的要求：CO_2 泄漏可能对人员构成威胁的场所，应设置 CO_2 探测器；可能出现欠氧且无其他替代报警或保护措施的人员活动场所应设置氧气探测器；有人进入巡检操作且可能积聚比空气重的可燃气体和/或有毒气体的工艺阀井、管沟、隧道、正压通风建筑物新风人口处等场所，应设可燃气体和/或有毒气体探测器。探测器应根据测量介质、工艺需求、环境影响、安装需求、可维护性、性价比和探测器结构进行选型。

操作人员巡检时，应配置便携式气体探测器，可对 CO_2、氧气等气体的浓度进行检测。

4.1　非封闭场所

根据超临界 CO_2 泄漏出现可见云形貌特征和泄漏口附近大气环境出现温降的特性。在地势低洼、主要出入口或边界处、CO_2 气体易于积聚处应设置固定式 CO_2 气体探测器，宜选用电化学型或红外吸收型探测器，并设置区域报警器。探测器安装高度应距地面0.3m～0.6m；当探测器位于释放源的全年最小频率风向的上风侧时，探测器与释放源的距离不宜大于4m；当探测器位于释放源的全年最小频率风向的下风侧时，探测器与释放源的距离不宜大于2m；探测器信号接入可燃气体和有毒气体检测报警系统（Gas Detection System，GDS），当检测到 CO_2 气体的泄漏浓度达到或超过设定值时，GDS系统进行报警，提醒操作人员注意采取措施。

固定式 CO_2 气体探测器在大范围监测需求下有缺陷，为保护现场人员的安全，露天的工艺装置区可设置开路红外吸收式气体探测器或红外热成像型探测器，报警信号不自动触发紧急停车，仅作为报警信号。

根据 CO_2 超临界状态泄漏会使周边环境温度降低的特性，在露天工艺装置区可设置温度变送器用于检测环境温度，温度变送器信号接入GDS系统。当检测到相关区域出现低温报警时，提醒操作人员注意采取措施。

4.2 封闭场所

在封闭场所(一般为压缩机房或泵房)内，除设置固定式 CO_2 气体探测器外，还应设置氧气探测器及区域报警器，并与厂房内的通风装置联锁。

固定式 CO_2 气体探测器宜选用电化学型或红外吸收型探测器，并设置区域报警器，安装高度在人的呼吸高度1.3m以下，探测器与释放源的距离不宜大于2m；探测器信号接入GDS系统，当检测到 CO_2 气体的泄漏浓度达到或超过设定值时，GDS系统进行报警并联锁通风装置，提醒操作人员注意采取措施。

氧气探测器宜选用电化学型探测器，并设置区域报警器；为了保护巡检操作人员的安全，建议氧气探测器的安装高度处于人呼吸的区域内(1.3~1.8m)；探测器信号接入GDS系统，当检测到氧气的浓度低于设定值(欠氧)时，GDS系统进行报警并联锁通风装置，提醒操作人员注意采取措施。

4.3 探测器报警值设定

CO_2 不属于高毒气体，但空气中 CO_2 超过一定量时会影响人的呼吸，原因是血液中的碳酸浓度增大，酸性增强，产生酸中毒。根据GBZ 2.1—2019《工作场所有害因素职业接触限值 第1部分：化学有害因素》的规定，CO_2 的PCT-WA(Permissible Concentration Time Weighted Average)值是9000mg丨m^3(约4919ppm，近似为0.5%)，PCSTEL(Permissible Concentration-Short Term Exposure Limit)值是18000mg mg丨m^3(约9838ppm，近似为1%)。DEP 32.30.20.11 Gen 2018中7.1规定 CO_2 的一级报警值为5000ppm(VOL)、二级报警为30000ppm(VOL)。因 CO_2 属于有害气体，CO_2 一级报警设定值宜小于或等于0.5%VOL，二级报警设定值宜小于或等于1%VOL，CO_2 探测器的测量范围宜为0~5%VOL。

空气中的氧气含量一般为21%，当氧含量低于19.5%时，人的判断力会变差，呼吸脉搏加速，感觉疲劳，协调性变差。氧气一级欠氧报警设定值宜为19.5%VOL，二级欠氧报警设定值宜为18%VOL，氧气探测器的测量范围宜为0~25%VOL。

当检测到 CO_2 一级报警和氧气一级欠氧报警时，启动封闭场所的所有事故风机，进行强制通风。

5 结论与建议

CO_2 虽然不属于高毒气体，但空气中 CO_2 超过一定量时会引起人体窒息，危及生命，有必要设置 CO_2 泄漏检测系统。

上述研究的工作经验和取得的相应成果及结论，可以为后续超临界 CO_2 输送管道泄漏监测系统的完善(包括资料借鉴、监测方案、探测器设置、报警处理等方面)提供理论支持与实践经验参考，有着一定的积极价值。并为以后的工程建设提出以下建议：

(1)目前国内外研究现状表明，对于超临界 CO_2 管道泄漏特性及扩散规律的研究并不多，随着对泄漏特性及扩散规律研究的深入和在役管道经验的积累，需探索更加适用的 CO_2 泄漏检测系统。

(2)管道泄漏监测系统首先获取实地的测试和调试来调平温度场信号线和相应数据，根据获取的数据分析的结果设置泄漏识别算法，然后测试不同环境和泄漏事件下的温度场变动产生的报警识别，并进行完善和优化，完成泄漏监测系统的调试。

(3)为保护场站巡检人员，应考虑在场站增设泄漏检测和氧气检测、正压式呼吸器等设备。根据具体工程 CO_2 浓度扩散范围，为了周边居民，在项目周期中，应建立完备的应急措施，当发生泄漏事故时，及时疏散并撤离周边居民；沿线增加物料有害性质信息标识牌，降低公众可能靠近管线区域的概率。

(4)对项目进行定量风险评估QRA、HAZOP分析和SIL等级(LOPA分析)，评估风险和采取保护措施，减少 CO_2 管线泄漏的风险。

(5)“双碳”目标下，未来 CO_2 管道建设将迎来新的快速发展期。虽然 CO_2 无燃烧属性，但由于管道运行压力高、止裂要求高、泄漏后对地面人员影响较大，因此必须重视管道安全和运行风险控制，对 CO_2 泄漏检测系统选型、使用成本、设置位置、报警值等方面进一步开展有针对性的研究与实践，以保障中国“双碳”目标的高质量发展。

参　考　文　献

[1] 黄筱依."双碳"背景下我国数字经济发展现况分析[J]. 中国市场，2023(22)：1-4.

[2] 甘凤丽，江霞，常玉龙，等. 石化行业碳中和技术路径探索[J]. 化工进展，2022，41(3)：1364-1375.

[3] 张贤，李阳，马乔，等. 我国碳捕集利用与封存技术发展研究[J]. 中国工程科学，2021，23(6)：70-80.

[4] 严刚，郑逸璇，王雪松，等. 基于重点行业/领域的我国碳排放达峰路径研究[J]. 环境科学研究，2022，35(2)：309-319.

[5] DERRICK W. Reducing GHGs through CCUS [J]. Chemical Engineering Progress，2016，112(2)：43.

[6] 喻健良，刘长远，闫兴清，等. 高压超临界 CO_2 管道泄漏扩散灾害模拟[J]. 安全与环境学报，2022，22(3)：1495-1502.

[7] 刘少荣. 高压 CO_2 管道泄漏风险实验研究[D]. 大连：大连理工大学，2019.

[8] MARTYNOV S，BROWN S，MAHGEREFTEH H，et al. Modelling three-phase releases of carbon dioxide from high-pressure pipelines[J]. Process Safety and Environmental Protection，2014，92(1)：36-46.

[9] AURSAND E，DUMOULIN S，HAMMER M，et al. Fracture propagation control in CO_2 pipelines：validation of a coupled fluid-structure model[J]. Engineering Structures，2016，123：192-212.

[10] KOORNNEEF J，SPRUIJT M，MOLAG M，et al. Quantitative risk assessment of CO_2 transport by pipelines-A review of uncertainties and their impacts[J]. Journal of Hazardous Materials，2010，177(1-3)：12-27.

[11] ZHANG Shengzhu. Research on leak accident risk of typical heavy-caliber long-distance natural gas transportation pipeline [R]. Beijing：2nd International Symposium on Safety Science and Engineering，2014.

[12] 郭晓璐. CO_2 管道泄漏中介质压力响应，相态变化和扩散特性研究[D]. 大连：大连理工大学，2017.

[13] 陈俊文，汤晓勇，刘勇，等. 超临界 CO_2 管道破裂泄漏影响探讨[J]. 天然气与石油，2023，41(2)：1-8.

[14] 郭晓璐，喻健良，闫兴清，等. 超临界 CO_2 管道泄漏特性研究进展[J]. 化工学报，2020，71(12)：5430-5442.

[15] NAZARI A，MILANI AA，KHALAJ G. Modeling ductile to brittle transition temperature of functionally graded steels by ANFIS [J]. Applied Mathematical Modelling，2012，36(8)：3903-3915.

[16] 贺凯. CO_2 地址封存系统完整性演化及其泄漏研究[D]. 大庆：东北石油大学，2019.

[17] 中华人民共和国石油天然气行业标准. 石油天然气工程可燃气体和有毒气体检测报警系统安全规范：SY/T 6503—2022[S]. 国家能源局，2022.

[18] 刘长远. 管道内超临界和密相 CO_2 泄漏扩散规律研究[D]. 大连：大连理工大学，2021.

[19] 中华人民共和国国家卫生健康委员会. 工作场所有害因素职业接触限值 第一部分：化学有害因素：GBZ 2.1—2019[S]. 北京：中国标准出版社，2019.

[20] Fire，gas and smoke detection systems：DEP 32.30.20.11 Gen 2018[S]Holland：Shell，2018.

基于油气场站的智能电子巡检应用系统设计研究

沈修来

（昆仑数智科技有限责任公司）

摘　要　随着科技进步及自动化技术的广泛应用，无人/少人值守油气场站在油气领域逐渐推广，同时，油气场站存在巡检标准不统一，漏检、假巡检，巡检质量差，检查方法不明确，操作不得当的问题。油气场站存在一定的风险隐患，面临新的安全挑战，建立高效健全的巡检管理机制对于保障无人/少人值守油气场站的安全稳定运行至关重要。本文结合企业油气场站的管理现状、移动物联应用技术情况及国家智能巡检建设要求，深入探讨了智能电子巡检应用系统的设计研究技术思路和方法。本研究规划了智能电子巡检应用系统的巡检计划、巡检任务、巡检记录、统计分析四项主要业务功能，明确了PC端下发巡检任务、移动端现场巡检作业的主要作业操作流程，设计了基础信息管理、巡检任务管理、巡检记录、巡检统计分析等应用功能，并对巡检异常预警，实现了数据采集实时化、巡检任务流程化、监管动态化。本智能电子巡检应用系统规范了巡检流程、保证了巡检质量、提高了设备运转率、实现巡检记录电子化、巡检有效监管、巡检异常预警。经应用验证，通过该应用研究可规范油气场站的巡检作业流程，降低巡检成本、提高巡检效率，为油气企业提供更有效安全技术保障，为油气行业提供有益的参考，下一步将深入研究AI、无人机巡检等智能技术在无人/少人值守油气场站的应用。

关键词　智能电子巡检；油气场站；异常预警

1　引言

无人油气场站作为油气行业的新兴模式，在提高生产效率、降低人力成本等方面具有显著优势。然而，由于无人值守的特点，一旦发生突发事件，应急响应的及时性和有效性面临巨大挑战，所以需要加强油气场站的日常巡检管理，降低安全风险隐患，规避突发事件发生。目前，油气场站巡检存在，巡检质量差，检查标准理解不一致，存在结构偏差，易出现隐患；巡检过程中对路线不了解，存在安全隐患；存在漏检、假巡检的情况，巡检质量差；检查方法不明确，操作不得当，易引发安全隐患。

本研究旨在利用移动物联技术，结合油气生产企业的油气场站管理规范及国家智能巡检建设标准，探索、验证、提出一种适用于无人/少人油气场站的智能化电子巡检应用技术，提升巡检质量，统一巡检标准，提高巡检执行效率，提升巡检的效用。通过本研究的实施，将为油气产业的安全生产提供更加全面、准确和高效的分析支持，为油气企业决策提供科学依据，为相关学科领域的研究提供新的思路和方法。

2　智能电子巡检应用设计的技术思路和研究方法

无人/少人油气场站进行原油、天然气等易燃易爆介质的运输处理，且控制系统更加复杂、场站设备种类繁多、安全防护等级要求更高。根据企业对无人/少人油气场站的检查项、检查标准、检查频次等管理要求的梳理，开展智能电子巡检应用的标准化业务的设计研究。

本研究参照应急管理部2021年9月颁发的《工业互联网+危化安全生产智能巡检系统建设应用指南（试行）》要求，结合巡检棒、RFID、二维码、智能机器人、视频监控巡检等技术的应用现状，综合考虑应用成本，进行智能电子巡检应用功能设计研究，详细要求见表1。

本研究提出了一种智能电子巡检应用设计系统（图1），该系统采用工业级PDA设备，借助NFC、拍照、对讲技术保障巡检常规数据、视频数据、图片信息过程信息全面、及时有效的传递，降低企业的巡检成本、提高巡检效率，规范巡检作业流程。

智能电子巡检应用系统业务功能主要包含巡检计划的制定、巡检任务执行、巡检记录、巡检统计分析。

表1　安全生产智能巡检系统功能要求

模块	序号	功能要求
巡检计划管理	#01	任务配置：可配置任务的执行人、巡检打卡点、检查内容
	#02	任务实时修改：可实时修改任务内容，并且能够保证巡检时是最新的内容
	#03	巡检任务支持多种类型。
	#04	支持多种类型的隐患排查
	#05	巡检计划需包含检查对象，检查标准
	#06	巡检计划需支持设置不同频次检查，同时支持按照不同频次的周期性重复检查
	#07	巡检计划支持按之间区间和检查次数自定义方式检查
	#08	巡检计划需支持容错时间与补检时间设置。员工可以在容错时间段与补检时间段内进行巡检
	#09	巡检任务自动生成及自动下发
	#10	检查项目设置异常报警。报警方式为：App通知，短信或即时通信软件如微信等通知
巡检标准管理	#11	系统需具备检查项及检查标准库
	#12	针对不同检查对象设置不同检查标准
	#13	针对不同检查标准设置检查部位、检查类型、检查方式、是否需要拍照、是否需要填写数据、设置自定义数据框等功能
	#14	针对填写结果为具体数据的检查项，可设定上限与下限值。依据区间自动判定异常
	#15	可读取DCS数据，是实现一次仪表值与二次仪表值核对
巡检路线规划	#16	配置路线功能。同时支持维护和查看路线相关信息
	#17	路线停检功能
	#18	巡检点停检功能
	#19	批量添加巡检点组成巡检路线功能
	#20	巡检点检查项目配置功能
	#21	设置路线首个巡检点签到时间
	#22	设置巡检时长
	#23	巡检排班配置
巡检路径规划	#24	换岗及交接班规则设置
巡检过程管理	#25	巡检人员身份认证
	#26	巡检点支持蓝牙、NFC等数字标签打卡
	#27	通过数字标签确定巡检人员是否按照指定路线到达指定位置
	#28	人员必须到达现场任务巡检点位置，打卡才可录入。
	#29	漏检报警提醒
	#30	跨检报警提醒
	#31	可按楼层配置巡检点。
	#32	巡检检查表打卡签到后显示。检查表包括需要读取的参数，检查的位置，需要确认的操作记录等
	#33	引导式巡检录入方式，引导巡检人员完成任务
	#34	系统可展示巡检点的DCS数据、设备完整性管理数据等。用于参考
	#35	移动端需具备视频，AI识别能力，实现现场仪表自动填写
	#36	系统需具备历史、同类、高发故障隐患匹配功能，供巡检人员参考
	#37	系统可通过文字、语音、拍照、短视频方式快速上报异常

续表

模块	序号	功能要求
	#38	移动端与 PC 端支持异常结果查询
	#39	移动端与 PC 端支持异常关闭
	#40	支持巡检发现的异常同步至隐患管理模块，按照隐患流程处理的功能
	#41	支持非巡检过程中上报巡检项异常功能
问题跟踪处置	#42	支持巡检异常结果汇总及统计
	#43	巡检异常问题(隐患、故障、现场处理)进行闭环跟踪功能
	#44	巡检过程中发现的隐患，需按照文件要求，进入隐患流程处理。跟踪全流程动态
	#45	巡检过程中发现的故障，需进入设备完整性管理流程中(故障上报流程及维修流程)，进行问题分析、报修、交付检修、交付使用等完整性的在线维修处置管理及跟踪
统计分析	#46	系统支持按时间查询巡检任务状态与完成情况的统计分析
	#47	支持按日、周、月统计巡检完成度
	#48	支持按部门、方案、时间的巡检完成度统计
	#49	支持按部门、装置进行巡检执行率、到位率、漏检率与问题整改率统计分析

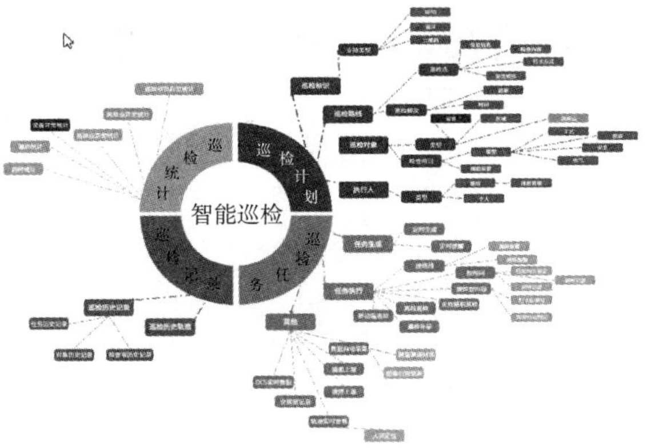

图 1　智能巡检功能规划设计

智能电子巡检应用系统的主要操作步骤包含 PC 端设定巡检任务、移动端接收执行巡检任务、现场定位打卡巡检、巡检内容上报、结束巡检等巡检作业的业务流程(图 2)设计如下。

3　应用设计研究结果和效果

3.1　应用设计研究效果

本研究设计了一套实现巡检计划制定、巡检任务执行、巡检结果应用的巡检闭环管理应用系统，该应用系统的核心功能包含基础信息管理(图 3)、巡检任务管理、巡检记录、巡检统计分析。具体应用设计效果如下：

1) 基础信息管理，巡检标识、巡检对象、巡检点、巡检路线等基础信息维护。

2) 巡检任务管理(图 4)，支持巡检任务创建、配置，可填写基本信息、制定巡检周期，配置巡检路线，巡检内容、指定巡检班组或具体人员等。

3) 巡检记录(图 5)，可根据特定条件查询不同状态的巡检记录，并查看巡检记录详情。

4) 巡检统计分析，巡检任务执行结果的可视化统计分析，辅助管理人员决策。

3.2　应用研究效果说明

本研究在巡检流程、巡检质量、设备运转率、巡检记录电子化、巡检监管等方面取得一定的研究效果，主要包含以下几方面：

1) 规范巡检流程：实现巡检任务的“四定”-定人、定时间、定路线、定内容，将巡检标准化、规范化。

2) 巡检质量保证：支持 RFID 与二维码两种打卡方式；温度、振动等巡检数据自动采集上传到系统，避免随意填报，强化巡检质量，提高巡检效率，实现对巡检数据和过程的实时管理。

3) 提高设备运转率：通过巡检及时掌握最佳的检修时机杜绝故障酿成重大设备事故的发生，提高设备运转率。

4) 实现巡检记录电子化：解决纸质巡检资料难以保存、不便于管理和数据分析、巡检工作检查不规范、巡检信息上报滞后、对于发现的巡检缺陷也不能及时反馈，难以形成现场安全生产的高效、闭环管理等问题，巡检记录实时可查和全程可追溯，便于管理者监督决策；

5）巡检有效监管：可避免巡检人员工作不及时、不到位、漏检等情况，进而大大降低事故的发生率；

6）巡检异常预警：巡检可与人员定位模块联动，对巡检路线偏离、巡检停留异常等巡检异常进行及时预警。

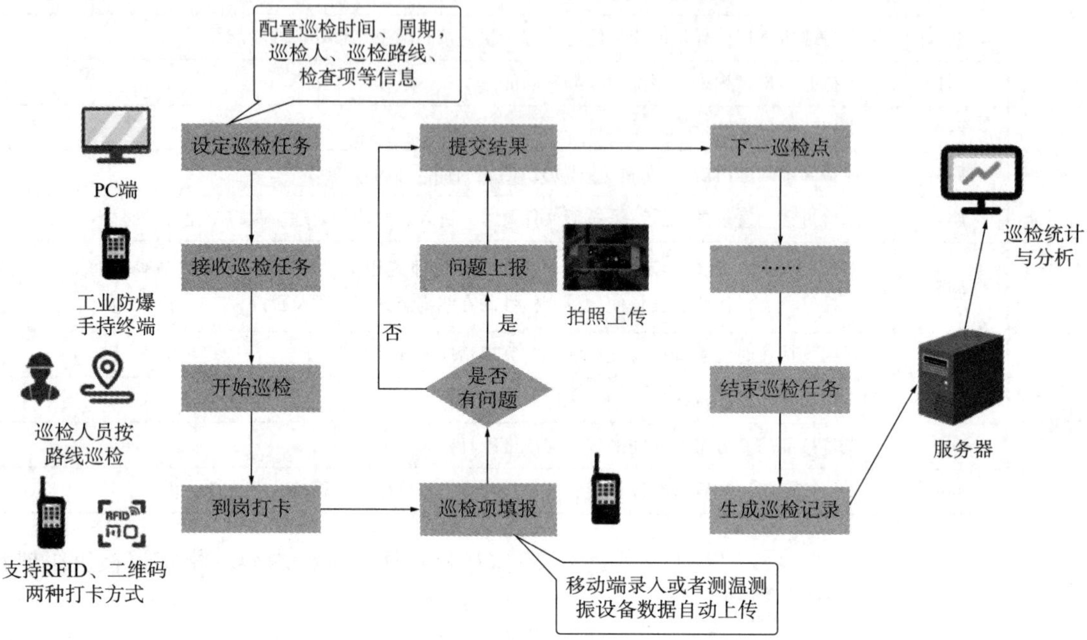

图2　智能巡检操作业务流程

图3　基础信息管理功能设计

图4　巡检任务功能设计

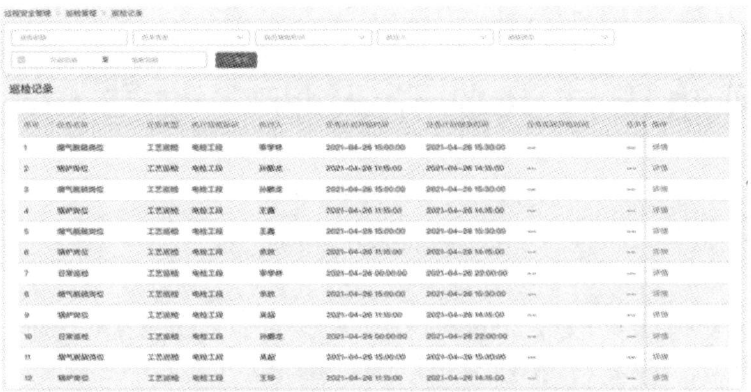

图 5　巡检记录功能设计

4　结语

本研究提出一种基于油气场站的智能电子巡检应用方法。通过对无人/少人油气场站的巡检现状背景分析研究，进一步说明进行智能电子巡检的必要性，提升了企业的安全生产管理及指挥决策水平。本研究采用了系统性的研究设计思路，借助 GPS 技术和智能巡检终端，结合前端视频监控，构建了一个数据采集实时化、巡检任务流程化、监管动态化的智能电子巡检应用方法，确保巡检人员按照设定的巡检路线、地点、时间、重点部位完成巡检作业，规范了巡检作业标准，弥补了巡检漏洞和盲点，实现了对油气场站中的风险隐患有效监管，为企业生产管理决策提供了有效的参考依据。本研究在实践中具有重要意义，期望本研究的成果能为相关领域的研究和实践提供借鉴和启示，为无人/少人油气场站的智能化分析应用贡献更多有价值的研究成果。

未来的研究方向除了上述涉及的现有应用方法的优化外，还可以在以下几个方面展开研究。一方面，可结合智能 AI 技术，进一步研究油气场站关键生产部位的自动巡检分析技术，以推动智能化分析应用的发展。另一方面，在地形地貌复杂多变、人工巡检很难到达区域，与无人机巡检结合，智能电子巡检满足更多应用场景。

参 考 文 献

[1] 董红军，马云宾．输油气站场智能巡检系统设计与实现[J]．油气储运，2020.

[2] 王亚春，艾斯卡尔，张东余．油气管道巡检智能化管理系统建设与实践[J]．管道保护，2022.

辽河油田注汽站无人值守改造与试验

高俊峰

（中油辽河油田特种油开发公司）

摘　要　随着辽河油田数字化建设，2020年特种油开发公司率先实现A11物联网的覆盖，实现油气田井区、计量间、集输站、热注站生产数据、设备状态信息在采油厂生产管理中心及生产控制中心的集中管理和控制，为生产流程自动化再升级实现无人值守创造了良好条件。基于此，特油公司热注系统开展注汽站无人值守改造试验，依托就近注汽站托管，实现注汽锅炉干度在线监测及自动控制，关键生产数据、监控画面的集中采集，摸索无人值守运行方式及管理办法，为后续无人值守班站的改造积累经验。

关键词　无人值守；热注锅炉；干度自动控制；物联网；巡检

1　注汽站通信技术现状

1.1　原有通信技术

辽河油田特种油开发公司管理两个热注作业区，共计66台注汽锅炉。各注汽站的注汽锅炉自带PLC，并可以在值班室实现集中监控热注锅炉的运行数据。各站PLC相互独立，没有上传至上级站场。其中小站锅炉自带PLC通过无线通信上传至值班室的数据存储通信控制器，控制器采用欧姆龙PLC，利用RS232通信协议连接触摸屏显示锅炉运行参数；大站锅炉自带PLC通过TCP/IP协议上传至值班室的上位机，实现集中显示和控制。固定注汽站均已有光缆办公网络接入。部分注汽站为移动站，未接入光缆办公网络。

1.2　A11物联网通信技术

A11物联网建设实现在每个注汽站值班室新增1台RS485串口服务器，将各注汽站(图1)每台注汽锅炉自带PLC系统的RS485信号通过通信电缆上传至RS485串口服务器上，然后由通信专业从串口服务器上取锅炉信号利用光缆上传至厂级生产调度中心。厂级生产调度中心设置OPC服务器，将注汽锅炉参数按照A11传输协议的数据上传厂级调度中心。

1.3　存在问题

A11物联网的覆盖虽然可以实时监控生产，提高运行时率，降低劳动强度。但只能实现少人值守并不能实现无人值守，随着近几年公司员工递减加快，无人员补充，因此亟需开展热注班站无人值守模式的试验研究。目前A11系统可以实现大部分参数、设备运行状态、报警显示与查询的集中采集。但仍需要员工定时巡检记录报表，部分设备参数只能需要员工定时化验巡检记录。如表1所示。

图1　注汽站PLC及通信控制器

表 1　注汽锅炉采集数据统计

	数据采集方式	序号	名称	单位
注汽锅炉报表及巡检需记录数据	已实现数据采集与显示	1	蒸汽排量	m^3/h
		2	蒸汽温度	℃
		3	蒸汽压力	MPa
		4	辐射段入口压力	MPa
		5	辐射段入口温度	℃
		6	对流段入口压力	MPa
		7	对流段入口温度	℃
		8	对流段出口压力	MPa
		9	对流段出口温度	℃
		10	给水泵入口压力	MPa
		11	给水泵出口压力	MPa
		12	炉管温度	℃
		13	排烟温度	℃
		14	火量	%
	人工化验或巡检记录	1	蒸汽干度	%
		2	给水泵入口温度	℃
		3	润滑油压力	MPa
		4	润滑油液位	-
		5	变频器频率	Hz
		6	天然气流量	m^3/h
		7	炉膛压力	mm/H_2O
		8	电压	V
		9	电流	A
		10	水罐液位	m
		11	柱塞泵电机温度	℃
		12	柱塞泵泵体温度	℃

2　试验站选取

大十三站隶属热注作业一区，位于杜 84 块，SAGD2#注汽站东南，距离 SAGD2#站 350m，步行需要 5min，建设 23T 注汽锅炉 3 台(炉号分别为 40#、41#、48#)，现有员工人数 25 人。自然条件具备无人值守改造优势，两站同属热注一区管辖，步行即可到达，方便巡检及应急情况处置。如图 2 所示、如表 2 所示。

表 2　注汽站自然情况

班站	隶属作业区	炉号	锅炉型号	员工人数	注汽方式	2018 年		2019 年	
						锅炉利用率/%	注汽量/万吨	锅炉利用率/%	注汽量/万吨
大十三站	热注作业一区	40#	23T	25	SAGD 吞吐	75. 68	10. 77	62. 73	8. 42
		41#	23T			76. 72	10. 72	69. 15	9. 28
		48#	23T			76. 56	10. 94	62. 94	9. 1

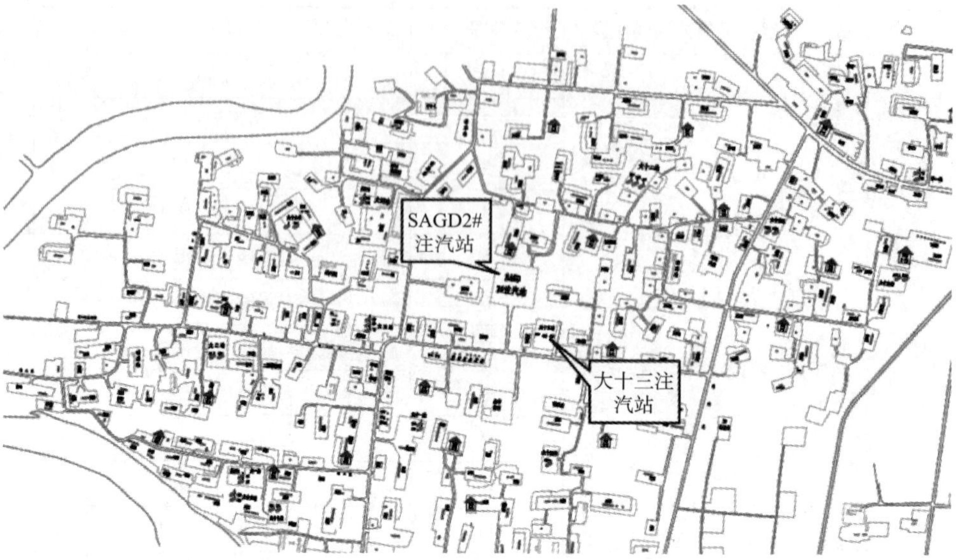

图2　改造注汽站位置

3　无人值守关键技术

3.1　干度在线监测

实现注汽锅炉无人值守技术的关键是蒸汽干度的在线测量。采用高温高压蒸汽喷嘴测量法，该测量系统由高压喷嘴作为一次测量元件，高精度压力传感器、智能型差压变送器转换并传输信号，标准4～20mADC信号进入控制系统。首先在工控机中根据压力信号调用标准汽、水性质模块计算饱和水、饱和蒸汽的密度及比焓，然后将差压信号输入数学模型计算出蒸汽干度值。蒸汽干度准确度可达±3%，完全满足蒸汽干度闭环控制需要。喷嘴耐高温、高压、腐蚀、精度高等优点为在线式蒸汽干度的测量提供了保障。

$$x=\{[(C^2\Delta p_w/W_h^2)-v_f]/(v_g-v_f)\}^{2/3} \quad (1)$$

式中，C 为修正系数；W_h 为锅炉给水流量，kg/h；v_g 为蒸汽比体积；v_f 为水的比体积。

3.2　干度自动控制

增加蒸汽干度测量装置、蒸汽喷嘴以、差压变送器、压力变送器。蒸汽干度的控制通过先进的模糊PID算法根据测量干度值和给定干度值的偏差差生输出信号，设立一个比例调节与两个串级的PID实现蒸汽质量的闭环控制。控制燃气电动执行器，从而控制火量，使锅炉出口湿饱和蒸汽的干度达到并稳定在给定值上。如图3、图4所示。

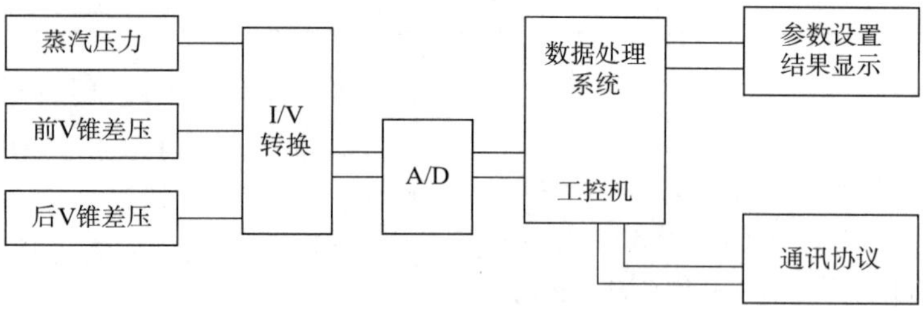

图3　干度测量原理系统图

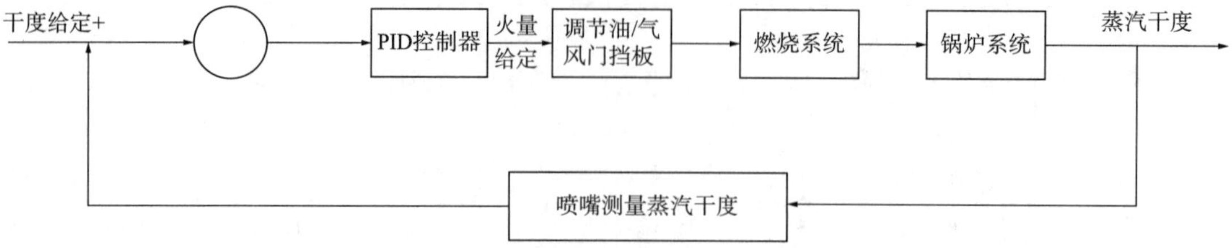

图4　干度控制火量调节系统框图

3.3 监控系统

图像监控是集控中心的重要组成部分，是无人值守后监控设备运行状态的重要辅助手段，同时通过监控系统实现运行机泵声音的传输功能。另外设置防盗监控，它不仅解决了无人值守班站内在安全保卫消防等问题，还可以实现中控人员向现场喊话的声音传输功能。

在锅炉控制盘柜、柱塞泵、SAGD 分配间新增 7 处监控球机，具备人脸识别及自动抓拍功能。在场站大院、门口利旧两处监控枪机。如表 3所示。

表 3　监控点位统计

序号	监控区域	摄像头类型	台数	备注
1	场站大院	固定摄像头	1	利旧
2	场站门口	固定摄像头	1	利旧
3	SAGD 控制间	旋转摄像头	1	新增
4	注汽锅炉控制盘与燃烧器	旋转摄像头	3	新增
5	柱塞泵润滑油液位	旋转摄像头	3	新增
合计			9	

3.4 站控系统

（1）搭设大十三站值班室及 SAGD2#注汽站监控室两处监控中心，实现所有参数及监控实现在监控中心的集中显示，两处功能及画面一致。

（2）在锅炉清水池及 SAGD 分离水箱新增液位计，与泵联锁控制，实现高启低停的自动控制。

（3）新增柱塞泵、鼓风机电机温度的参数采集。

（4）在每台锅炉上新增 ABPLC 一套，用于锅炉干度的监测及自动控制，同时采集新增关键生产参数。与原有欧姆龙 PLC 通讯，监控画面通过 1 台硬盘录像机采集。如图 5 所示。

4 现场试验情况

4.1 施工进度

大十三无人值守改造于 2020 年 9 月 14 日进厂，经过近两个月紧张施工，目前实现三台锅炉干度的在线监测与自动控制功能，新增锅炉辅助监测点位及监控摄像系统已完成，完成大十三站值班室及 SAGD2#注汽站两处监控中心的搭设，实现全部采集参数及监控画面在监控中心的集中显示，两处功能及画面一致；已组织软件工程师对两站员工进行中控系统操作的培训。基本具备无人值守运行条件。

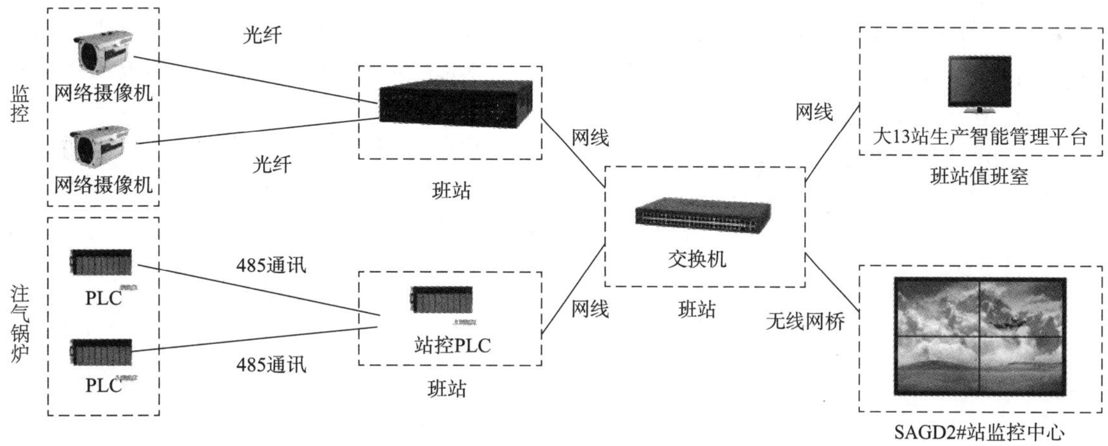

图 5　站控系统拓扑结构图

10 月 30 日始逐步减人，将大十三站与 SAGD2#注汽站合并为一个中心站，大十三站夜班员工由 3 人(两男一女)降为 2 人(两男)。

下一步大十三站白班、夜班各留守 1 人，其余人员合并至 SAGD2#站，大十三站日常锅炉启停炉操作、巡检维修、班站零维等由 SAGD2#站统筹安排，摸索无人值守运行模式。

4.2 存在问题

锅炉干度在线监测与自动控制已投产 40 天，41#炉出现两次干度偏差严重现象，误差达到 10%，通过更换喷嘴差压变送器及给水流量差压变送器后，恢复正常。操作系统曲线查询功能操作繁琐，待整改。

4.3 监控中心职责

（1）监控中心设置专人值守，每隔 1 小时浏览一遍关键工艺流程画面及参数表，并填写锅炉运行报表。每隔两小时将重要参数的曲线翻阅一遍，并做好记录；

（2）监控人员需对每天通讯情况、设备运行情况、数据异常情况、报警处理情况做好准确、详实的相关记录；

（3）负责与采油协调，所有指令由监控中心下达；

（4）严格监控数据在规定指标范围内，对出现的报警数据进行及时的确认并做好记录，对生产过程中出现的指标超标等异常情况要向现场运行人员或值班干部进行问题汇报；

4.4　巡检岗职责

注汽站经无人值守改造后，日常锅炉运行调控、启停炉操作、巡检维修等由巡检操作人员负责，如无异常情况，每4小时巡检一次，同时根据中控指令进行现场处置。

5　效益分析

5.1　经济效益

大十三站无人值守改造依托就近注汽站托管，通过监控岗、巡检岗的运行模式实现少人值守直至下一步无人值守。经济效益主要体现在节省人力、车辆费用等方面。改造前，大十三注汽站必须有人24小时常驻，每个夜班至少安排3人进行值守，共有员工25人，改造后监控中心每班定员1人，实行四班倒，共需要4人，锅炉维修及巡检由中心站安排操作人员负责，共需要10人。因此，可节约人工11人，人工费每年按15万元计算，共计可节余165万元/年。

另外由于班站无人值守，班车费，站内人员的采暖、制冷、饭费等均可节约，预计可节约5万元/年，因此大十三无人值守改造后预计每年可节约170万元/年。

5.2　社会效益

无人值守注汽站实现了生产连续平稳运行、远程监控，进一步减轻了员工劳动强度，消减了安全风险，降低了油田开发成本。同时在无人值守管理模式的摸索与实施过程中，研发出一套完整的新技术体系和新管理模式，对今后辽河油田注汽系统的发展与管理具有重要指导意义。

参　考　文　献

[1] 朱新立．过热蒸汽装置：提高稠油开发效果的效设备[J]．节能技术，2009，27(4)：347-374.

[2] 张广卿．油田专用微过热蒸汽发生器[J]．油气田地面工程，2012(5)：86-87.

[3] 曾玉强，刘蜀知，王琴，等．稠油蒸汽吞吐开采技术研究概述．特种油气藏，2006，13(6)：5-9.

[4] 陈月明．注蒸汽热力采油．第一版．东营：石油大学出版社，1996：10-12.

[5] 刘文章．热采稠油油藏开发模式[M]．北京：石油工业出版社，1998：45-46.

[6] 闵娜．过热蒸汽性质及应用[J]．电器工程设计，2005，33(1)：28-30.

[7] 许安著，吴向红，范子菲，等．肯基亚克盐上稠油油藏优选注过热蒸汽开发方式研究．中国石油勘探开发研究院，北京100083.

[8] 杨立强，林日亿．蒸汽辅助重力泄油中注过热蒸汽技术研究[J]．油气地质与采收率，2007，14(5)：62-65.

浅谈无人机在输油管道巡护中的应用

杨新镇　王兆钧　赵　鹏　马恒波　高　强

（中国石化胜利油田分公司油气集输总厂）

摘　要　管道输送是原油企业应用最为广泛的输送方式，长输管道输送距离长，沿途环境复杂，影响管道安全的因素多，管理难度大。长输管道的巡查是管道运营中非常重要的环节，及时排查管道存在的各种隐患和影响管道安全运行的因素，及时采取必要措施加以消除，对管道长周期安全运行具有重要意义。日常巡线中单纯的依托人工巡检，效率低，受各种条件的制约不能及时有效的发现问题隐患。无人机技术高度发展的时代，利用无人机高清摄像、红外摄像、远距离高空侦察等优势，完全可以用来对管道进行巡查，填补人员巡查留下的空白，因此采用无人机增加输油管道巡检频次，是行之有效的管道巡护方式。

关键词　无人机；管道巡护；高后果区；违章占压

1　人工巡线的制约因素

1.1　环境因素

长输管道输送距离远，沿途经过的地理环境复杂，常常穿越大量的沟渠、大型河流、面状水域、农田、林地等，甚至还有村落、建筑物占压等情况存在，人员巡查无法到达；对于被占压的管道、经过农田的管道还会受到当地居民的阻挠，有时还会遭到不法分子攻击，使得人工巡查工作难以完成。

1.2　天气因素

天气变化对人工管道巡查影响较大，雨雪天气，管道巡查路径上地面湿滑，车辆行驶困难，人员徒步艰难，管道巡查难度增大；夏天天气炎热，蚊虫叮咬等因素同时存在，对管道巡查人员造成极大不便；冬季天气寒冷，地面结冰，行走困难。严重制约了管道巡查工作的顺利进行。

1.3　管道巡查人员自身因素

人工进行管道巡查对从事管道巡查的人员来说就是对他们意志和体能的考验。管道人工巡查每组人员分管的管段长，一般不少于 8km，受管道经过的环境、天气等因素的影响，体能消耗大，尤其是夜间，视线受限，经常会导致管道巡查人员受伤。

综上所述，受各种不利因素影响，管道巡查工作难度和工作考核难度都很大，也使得管道巡查的到位率难以达到百分之百，会留下空白点，因此，采用无人机作为管道巡查的补充，能大幅提高管道巡查的质量，消除管道巡查的空白点。

2　无人机服务方式的选择

鉴于无人机应用操作技术难度较大，法规风险大，资质要求高，飞行管理严，需要专业化操作。建议以购买服务的方式对输油管道进行飞行巡检。

由专业的无人机公司进行所有日常业务运行与报备，并承担所有飞行风险。

3　无人机机型的选择

3.1　固定翼无人机

垂直起降固定翼无人机，飞行高度 150~200 米，飞行速度约 15~18m/s，可绕点盘旋，图像传输信号半径 50 公里。

优点：固定翼飞机巡航能力强（3 个小时），可一次性巡查很大范围，适合大面积巡查。

缺点：固定翼飞机巡航飞行高度高，速度快，受天气能见度影响较大，图像不是很清晰，遇到管线拐点等部位很快飞过，不能第一时间发现细小的问题，不太适合短距离巡查。

3.1　多旋翼无人机

多旋翼无人机飞行高度可视障碍物高度而定，图像传输信号 1.2km，可以随时随地悬停升高或者降低。飞行速度约在 4~8m/s，可悬停。

优点：多旋翼飞行高度低，图像清晰，遇到情况可以随时随地悬停升高或者降低。能更加清晰的判断问题。加装探照灯后甚至可以看清人脸的样子，可以很好的打击震慑罪犯和留取证据。

缺点：多旋翼无人机图像传输信号 1.2km，

传输信号距离短，需车辆跟随飞行器。

固定翼与多旋翼区别：固定翼能够完全达到以上所有要求；多旋翼由于机型小，无法挂载热成像设备，只能白天可见光应用。

4　日常巡检

利用无人机以天空视角实现高后果区日常巡护任务，对管道侵占、周围施工、阀组间内设备运转状况进行巡检。检测阀组间内设备运转完好性，地面平整性、有无油液渗漏等情况。可以操控无人机针对特定目标实现旋绕360°巡检。检测管道周边非法侵占、施工作业情况，并能锁定人员、车辆进行跟踪观察。对增压站之间输油管线沿线两侧50米地貌情况进行观测，是否存在渗透或管线破坏情况。搭载高清相机对管道进行巡检，遇非法施工可通过携带高音喇叭进行空中警告，制止非法施工，并进行取证。可对重点区域(油区内养殖场、窝棚、可疑厂区、频发打卡盗油点、储油窝点以及输油管道途径的树林、村庄、庄稼地等)进行巡护；当发现可疑目标时，无人机以直线距离第一时间飞至可疑区域上空盘旋飞行进行目标辨识和外观监测，可在安全距离外操控无人机进行确认侦查。必要时可多次旋绕飞行，查看可疑地点周边100~500m范围内是否存在隐患问题。

目前，我厂在管道巡护中主要是白天对管道周边进行疑点、院落排查，夜间对管道附近长时间驻留的人员、车辆进行巡查。固定翼飞机进行长时间巡查，多旋翼进行多架次排查。

5　夜间巡检

搭载热成像系统，挂载红外吊舱实现地下管道热成像巡检。也可对集输管线可疑区段出现的异常情况进行空中侦查。对管道及周边进行巡检，当发现管道上方有可疑人员活动或发现破坏管道的行为时，可以使用喇叭进行喊话，制止打孔盗油行为，对犯罪分子进行驱离、震慑和跟踪，同时可录像收集证据。

6　泄漏隐患排查

结合输油管道负压波泄漏报警系统，对输油管道出现的泄漏点进行定位，确定出管道泄漏点位置后，通过无人机快速机动的特性，对泄漏点区域进行快速排查，以便及时发现泄漏点，采取有效措施应对。

7　高后果区应急抢险

7.1　为现场指挥提供技术支持

利用无人机快速对事故现场周边环境进行勘察，掌握现场资料。将事故现场的影像资料及时发送到抢险指挥部，为指挥部提供现场实时高清资料，便于指挥决策。

7.2　协助人员疏散

通过无人机搭载的高音喇叭空中喊话，指导现场人员疏散，减少以及避免人员伤亡。

8　结论

无人机在管道的日常巡检、应急抢险、管道隐患排查等方面有着快速、高效、精准的特点，具有侦察范围大，图像清晰，资料便于存储，受地理环境、天气变化等因素影响较小等优点，因此加强无人机对管道进行巡检技术应用，是保障输油管道安全运行的重要方式之一。

参考文献

[1]《2021—2025年中国无人机行业深度调研及投资前景预测报告》(上下卷)　首次出版：2015年12月最新修订：2021年1月.

[2] 冯琦，周德云. 军用无人机发展趋势. 电光与控制，2003.

[3] 丁阿维. 我国军用无人机发展趋势及现状分析. 硅谷，2015.

[4] 董国忠，王省书，胡春生. 无人机的应用及发展趋势. 国防科技，2006.

[5] 周建民，康永，刘蔚. 无人机导航技术应用与发展趋势. 中国电子科学研究院学报，2015.

[6] 王光彦，姚坚，李登富. 低空无人机遥感在水利工程测绘中的应用研究，2016.

[7] 王文飞. 无人机技术发展趋势. 国际航空.

[8] 田育菡，杨森，贾旭臻. 低空无人机遥感在水利工程测绘中的应用研究. 科技经济导刊，2018.

[9] 曹煦，冯士恩. 无人机技术应用现状和发展趋势研究. 计算机产品与流通，2020.

[10] 王超. 现代无人机技术研究现状和发展趋势研究. 科技风，2020.

油田无人值守场站建设模式的探索研究

常季成　李晓东　张　玲

（中国石油化工股份有限公司东北油气分公司）

摘　要　目前国内油气行业正在经历由自动化向智能化方向发展的过程，智能油田是未来油田发展的必然趋势，"无人值守"正是油田迈向全面智能化时代的第一步。随着油田工业化与信息化的不断融合，"无人值守"在数字化油田的基础上，能够极大提高劳动生产效率、降低能耗成本，向着精益化管理不断迈进。文章详细介绍了无人值守场站的定义以及相关技术，探索无人值守场站的建设思路和管理模式，提出了"智能巡检+区域集中管控+指挥中心远程调度"的新型管理模式，并全面分析了无人值守模式带来的直接和间接效益，为无人值守系统的建设提供支撑。

关键词　油气行业；智能油田；无人值守；数字化油田；自动化；信息化

"无人值守"是以信息化平台为依托，数字化建设为基础，实现油气场站的无人化值守和远程控制。无人值守场站就是针对人工劳动强度大、极端恶劣天气、工作环境艰苦、安全风险等级高、环保压力大、生产效率低下等问题而建设。无人值守场站建成后，将减轻员工工作强度、降低人工操作中的风险隐患，可以远程掌握生产运行状况，实现对现场设备的远程控制、"一键停车"，提高了应急处置效率，达到缩减人工成本、提质增效的目的。

1　无人值守的概念

目前，绝大多数人仍然对无人值守概念的认识较为模糊，对无人值守的理解有所偏差，不能够深刻的领悟无人值守的核心精髓和运行模式。因此，有必要对无人值守的概念进行详细的介绍。

无人值守的概念可分为两种：一种是有人值守，无人操作。目前国内油田系统大多数采用的也是此模式，站内安排值班人员每天值班，但无需到现场亲自操作设备，可通过中控室远程控制，只有站内出现突发状况时，才需要值班人员到现场查看实际状况，进行简单的辅助操作。这种模式对站内值班人员的专业化技术水平要求较高，并具备一定的应急处置能力，但也让专业技术人员每天大多数时间处于闲置状态，造成人员浪费。这种无人值守模式利用现有技术手段能够较容易实现，在国内正逐渐普及应用。

第二种是无人值守，无人操作。场站中不需要人员值班，站内数据监测、开关控制、阀门调节等所有操作都通过远程操控实现，只有设备故障时，才需要专业人员到现场进行维修保养。这种运行模式，场站只需定期派技术人员到现场巡查一次，一周甚至一个月皆可。这是实现无人值守模式的最理想状态，也是打造全面智能油田的最终目标，现阶段实现起来较为困难，需要现代化技术的不断革新和管理模式转变的过程，任重道远。

2　无人值守技术在油田的应用

2.1　PLC控制子系统优化

PLC是实现无人值守模式的基础，用于现场数据的采集、存储、处理、编程，以达到场站想实现的功能。PLC具有逻辑简单、易于操作、稳定性强、处理速度快等优点。随着油气领域自动化程度越来越高，PLC发挥的作用越来越显著，例如注水站、联合站、中转站等，PLC可对生产数据进行实时采集，实现注水泵自动控制、阀门紧急切断、加热炉自动点火和自动上水、分离器自动排液等功能。不仅如此，为适应油田的生产需求，PLC还可对子系统程序进行不断优化升级，统筹规划数据管理，制订科学的措施方案，完善异常状态的应急处置功能。PLC为实现无人值守管理提供了数据服务和技术支持，是无人值守技术的精髓和核心。

2.2　智能机器人巡检

智能机器人利用自主定位导航技术，自动或半自动进行巡检区域路径规划，精准定位到达巡检点，结合多模态感知融合及三维信息感知与处理技术，监测场站内气体浓度、管道压力变化、设备缺陷等，发现异常可自动报警，并且可以自主提取数据信息、生成巡检报表，通过内网将实时数据和报表数据传至远程生产信息化平台，实现了无人值守的智能化巡检，解决了人工巡检效率低、效果差的问题，推动了油田无人值守模式的建设。

2.3 光纤管道振动技术

光线管道振动技术是一种分布式光纤传感系统，可以长距离连续实时获取和监测管道振动信号，通过处理和分析振动信号，并利用GIS、GPS及通信系统有效定位管道动土位置，及时向管道控制中心人员预警报警，以最快速度采取行动措施，避免安全事故的发生。此技术可很好地保障管道安全，为管道安全运行保驾护航。

2.4 场站内的智能识别与检测

智能识别与检测技术是以多项先进的传感器技术为基础，与计算机技术相结合，自主完成数据采集、计算、分析以及处理，取缔了人工检测。例如输气场站或集输处理站利用智能检测与识别技术对泄露的气体进行探测，第一时间发现有无气体泄漏，发现泄露立即报警，节省人工判断决策时间，保障了场站的利益；再比如付油场站可设置防溢流预警系统，提高对溢流发生判断的准确性，可减少溢流事件的发生。智能识别与检测技术大大减少了人为的主动干预，使检测结果更加准确客观，同时缓解了员工的工作压力。

2.5 视频监控的智能化应用

利用数字图像处理、计算机视觉以及模式识别三大核心技术，场站内的视频监控系统可以快速精准的捕捉到故障发生位置。智能视频监控系统可对监测目标进行智能分析，过滤掉画面中无用信息或干扰信号，自动识别目标类型，最后根据分析识别结果，判断是否发出报警信号。智能视频监控能够第一时间捕捉到有用信息并进行处理，提升了监控效率，降低了场站安全隐患。

2.6 设备的远程操作控制技术

依托物联网技术和PLC，监控人员可实现对场站设备的远程监测和启停操作。例如在注水间安装自动注水仪，通过液位传感器将液位信息传输至远程监控平台，监控人员在平台上可设置相关注水参数，根据设置值远程调配注水量，实现对注水全过程的监测和控制，确保注水间系统正常运行；同样对计量间也可实现对计量仪表的远程参数设置和预报警功能，通过设置压力、温度、流量上下限阈值，可实时获取仪表运行状态，一旦数值超限就会立刻报警，实现了对计量仪表的全方位全天候监测，保证了生产数据的准确可靠，同时减少现场值班人员巡检次数时间，使智能油田向无人值守方向更迈进一步。

3 无人值守场站建设模式的探索

近年来随着科学技术迅猛的发展，油田自动化、信息化覆盖范围越来越广，逐步实现了场站的无人值守，无人值守程度越来越高，形成了前端自动采集、中端集中管控、后端数据共享的一体化协同联动机制，推动了传统管理模式向新管理模式的快速转变，构建“智能巡检+区域集中管控+指挥中心远程调度”的新型无人值守运行系统。

3.1 数据集中监管与远程控制

不断完善场站智能仪表、PLC、网络通信等智能设备的质量和性能，确保数据采集和传输通畅，并与PLC系统、视频监控系统进行对接融合，实现生产数据自动采集、生产工艺流程可视化监控、生产过程自动联锁截断。

在自控方面，场站关键生产数据自动采集率、智能设备远程控制率和联锁可控率均达到100%；视频监控方面，以超清电子大屏为核心，对场站重点生产区域、高后果区，实现24小时连续目视化监控，集成场站所有摄像头、语音对讲、非法闯入弹窗报警、主动喊话驱赶等设备，实行空间立体化动态监控。最后利用网络通信设施将PLC、视频监控系统、DCS及智能监控设备集成到物联网管控系统内，由生产指挥中心统一调度，如图1所示。

3.2 无人值守巡检新模式

想全面构建“智能巡检+区域集中管控+指挥中心远程调度”的新型无人值守管理模式，关键在于如何高效地完成“智能巡检”。我们可以利用智能油田的建设成果，采用“机器人+无人机+振动光纤+电子巡检+专人定期维护”的联合巡检模式，如图2所示。

巡检机器人按照预定路线每4小时巡检1次，对关键设备、管线自动检测，读取仪表数据，自主判断数据是否异常并及时报警，巡检完成后可自动充电。

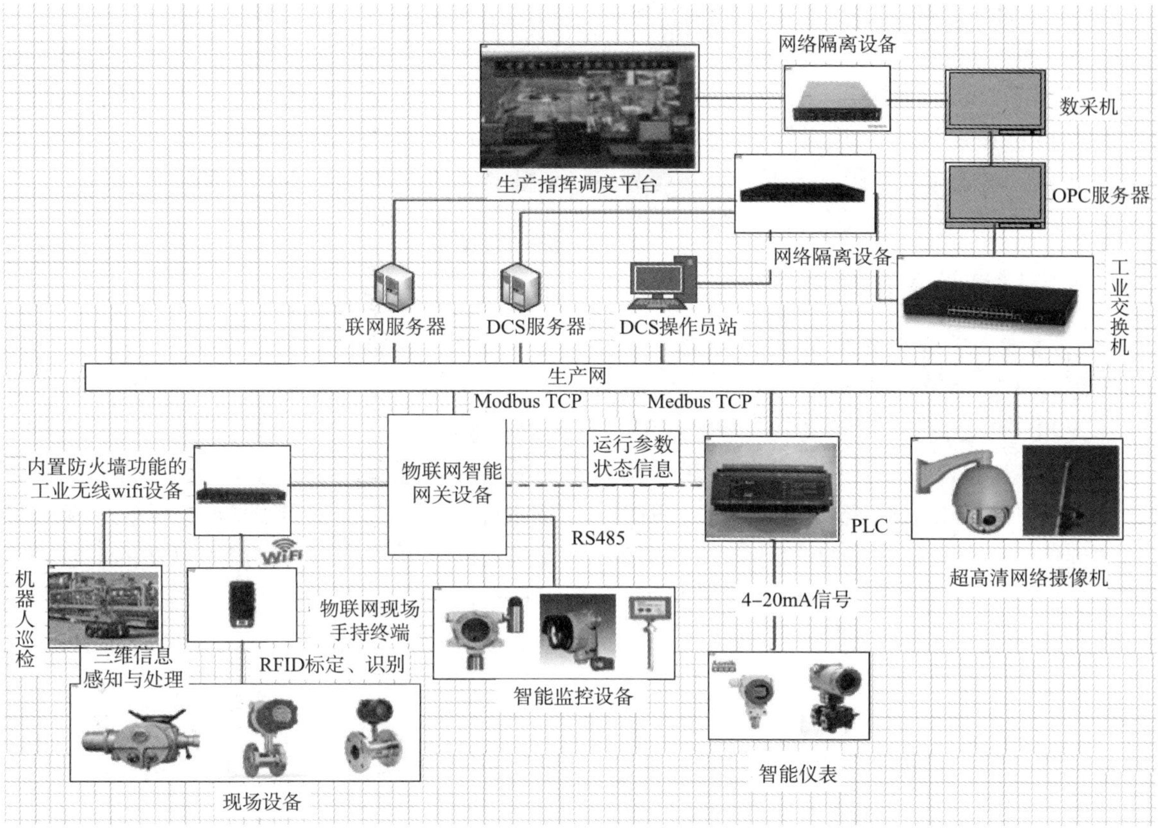

图1　无人值守运行管理模式

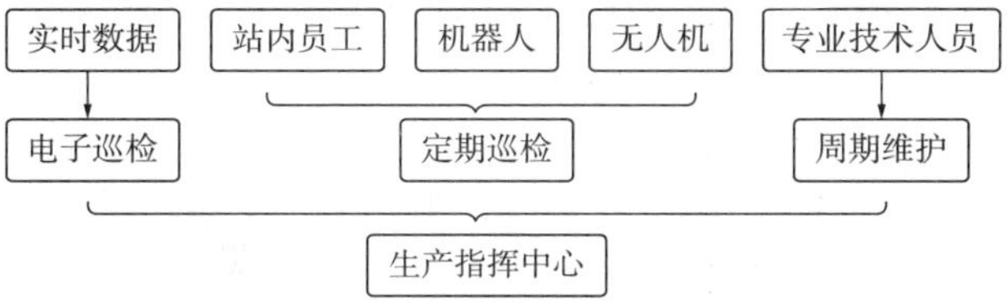

图2　联合巡检模式

无人机主要针对长输管道进行巡检，可减少人工巡检频次，减轻巡线工工作量，帮助识别管线周边可能存在的危险隐患，同样振动光纤技术能自动识别管线周围存在的不安全行为，并精准定位。

电子巡检是定期对生产系统采集的数据进行检查，包括关键点参数、设备运行状况等，确保生产系统的平稳运行，同时通过历史大数据比对分析，及时找出异常点方便第一时间处理，这也改变了值班人员原有的两小时一次逐点查看确认的巡检方式，大大减少了员工工作量。

为了保证无人值守系统长期的正常稳定运行，充分发挥生产指挥中心的管控调度作用，可定期派专业技术人员到现场对智能仪表设备、PLC、组态系统等进行维护保养。

3.3　无人值守模式的效益分析

3.3.1　助力企业降本节能，减人增效

无人值守可以起到降低人工成本的作用。以某油田采出水处理站为例，目前站内值班人员9人，通过无人值守新模式的运行，可以将人员缩减至2人，按照人工成本每人7.3万元/年计算，每年可节约人工成本51.1万元。

同时可以节约资源，降低能耗成本。例如，某采气管理区巡井班组每天巡井数在30口左右，由于井口无电动执行器，发生突发状况或需要控制产量时，都无法对单井进行远程调控，仍需要巡井工开车到现场处置，且每口井的距离远，因此油耗较大。按每天巡井30口，每天4次，行驶路程400公里计算，若运行无人值守新模式，每年将节省汽油20000升，加油费12万元左右。

3.3.2　优化业务流程，提高工作效率

根据“智能巡检+区域集中管控+指挥中心远程调度”的无人值守模式建设思路，生产指挥中心统一指挥调度现场工作，业务流程更加简单、清晰、高效。危险性、重复性、高强度工作全部通过自动化、智能化手段去完成，在减少员工工作量的同时，有效地提高了工作效率和生产运行

效率。

3.3.3　转变安全生产模式，提升安全管控水平

通过自动化、智能化、信息化技术，实现了自动采集、远程关断、智能巡检、全方位监控、统一指挥调度，在保证场站正常生产运行的同时，也让员工远离危险、高压、有毒、有害等高风险区域，做到“安全生产+身心健康”两不误。

4　对无人值守场站建设的建议

4.1　解放全员思想，革新管理体制

不断提升全员对无人值守转型的思想认识，智能化建设和应用要由“一把手工程”转变为“全员工程”，所有人都要参与其中，投身到无人值守的建设中来，积极建言献策，将无人值守思想深入贯彻到油田的各个层次，只有让全员深刻领悟无人值守思想，将其思想与各业务融会贯通，油田的无人值守模式转型才能全面实现。

4.2　明确建设运行标准，建设标准无人值守场站

每个企业应根据场站的实际情况，建立一套统一的、符合自己发展的无人值守建设运行标准，包括前端仪表选型、中端控制系统集成、后端生产指挥平台搭建。在无人值守场站设计、建设、运维保养等全生命周期所有阶段都必须遵守这套建设标准。

建设标准要本着“经济耐用、以人为本”的原则执行，标准实施后要到实践中去验证其适用性、可靠性，可根据实际情况进行调整，以保证无人值守模式的稳定运行。

4.3　加强专业复合型人才培养，做到无人值守运行有保障

无人值守运行模式建成后，按照“机器人+无人机+振动光纤+电子巡检+专人定期维护”的巡检模式，平时的巡检可正常进行，但为了无人值守场站的平稳运行，必须定期对场站智能设备设施、网络情况、控制系统等进行定期检查。由于场站涉及各专业领域较广，因此要打破专业工种分工，培养全方位复合型技术人员，给予优厚待遇，同时建立一套合理的考核奖惩机制，激励专业技术人员工作的主动性和积极性。

5　结语

无人值守是未来发展的必然趋势，对油田精益化管理、实现高质量发展具有极其深远的意义，在国内正在逐渐普及。本文提出了一种新的“智能巡检+区域集中管控+指挥中心远程调度”无人值守管理模式，具有一定前瞻性，但仍要不断完善优化，需要在实践检验。从长远来看，无人值守的是要持续向前发展不可逆的，它对于油田场站向更高标准、更高效工作、更先进管理方式迈进有着重要的作用。

参　考　文　献

[1] 崔勋杰．天然气无人值守站场建设模式探索[J]．辽宁化工，2020，49(6)：732-733.

[2] 刘冠辰．智慧油田下的无人值守技术[J]．技术应用，2020：63-64.

[3] 贾静，粟鹏，魏可萌，陈强．气田开发生产数字化管理转型探索与实践[J]．石油科技论坛，2020，39(5)：24-33.

[4] 付锁堂，石玉江，丑世龙，马建军．长庆油田数字化转型智能化发展成效与认识[J]．石油科技论坛，2020，39(5)：9-15.

[5] 李国海，董秀娟．天然气管道无人值守站建设和站场安全运行[J]．管道保护，2018(5).

[6] 张玉恒，范振业，林长波．油气田站场无人值守探索与展望[J]．仪器仪表用户，2020，27(2)：105-109.

智能监控平台在管道巡护中的应用研究

赵 鹏 石奇特

（中国石化胜利油田分公司油气集输总厂）

摘 要 随着能源需求的日益增长，管道运输的安全性与稳定性成为关注的焦点。然而，传统的管道巡护方式效率低下且成本高昂，无法满足现代能源运输的需求。因此，我们引入了智能监控平台，以提升管道巡护的效率、安全性、降低管道巡护成本。本研究首先分析了传统巡护方式的局限性，并探讨了智能监控技术的发展与应用。通过高清摄像机、传感器等硬件设备，结合大数据分析技术，智能监控平台能够实时监控管道状态，及时发现潜在的安全隐患。我们采用了实地考察、数据分析和模拟仿真等研究方法，对智能监控平台在管道巡护中的实际应用效果进行了评估。研究发现，智能监控平台显著提高了巡护效率，降低了安全事故的发生率，并优化了巡护路线与计划。具体而言，该平台能够实时监控管道的各项指标，如压力、温度等，从而及时发现异常情况并进行处理。此外，通过大数据分析，我们还可以预测管道可能出现的问题，提前采取措施进行预防。本研究的主要发现和结论表明，智能监控平台在管道巡护中具有显著的优势和广阔的应用前景。未来，我们将进一步研究并优化该平台，以期在能源运输领域发挥更大的作用，保障管道运输的安全与稳定。

关键词 管道巡护；智能监控平台

1 研究背景

随着全球能源需求的持续增长，石油和天然气作为重要的化石能源，在能源结构中占据核心地位。油田管线作为油气资源从开采地到加工地的重要通道，其安全、高效运行对于保障国家能源安全、促进经济发展具有至关重要的作用。然而，油田管线往往穿越复杂多变的地形地貌，如沙漠、山区、河流等，面临自然灾害(如地震、洪水、泥石流等)、人为破坏(如打孔盗油、施工破坏等)以及设备老化等多重风险。这些风险不仅可能导致油气泄漏、环境污染等严重后果，还可能对人民群众的生命财产安全构成威胁。

传统的油田管线巡护方式主要依赖于人工巡查和定期检测，这种方式存在诸多弊端。首先，人工巡查效率低下，难以全面覆盖管道沿线的每一个角落，容易形成监控盲区。其次，人工巡查成本高昂，需要大量的人力、物力和财力投入。再次，人工巡查受天气、地形等自然条件限制较大，难以在恶劣环境下进行。最后，人工巡查对潜在问题的发现和处理往往滞后于实际发生，难以及时采取有效措施防止事态扩大。

因此，探索一种高效、智能、全天候的油田管线巡护方式成为石油行业的重要课题。随着物联网、云计算、大数据及人工智能技术的快速发展，视频监控平台以其智能化、高效化、远程化的特点，在油田管线巡护中展现出巨大潜力。通过视频监控平台，可以实现对油田管线的全天候、无死角监控，及时发现并处理潜在问题，提高巡护效率和安全性。

2 研究目的

以智能监控平台在油田管线巡护中应用为主题的研究，旨在通过技术创新和应用实践，提升油田管线巡护效率、增强安全性、降低成本并推动智能化发展。通过研究智能监控平台实际应用，以提升油田管线巡护效率、增强油田管线安全、降低巡护成本、推动油田管线巡护智能化发展四方面为目的。

2.1 提升油田管线巡护效率

(1) 实时监控与全面覆盖

视频监控平台能够实现对油田管线的全天候、无死角监控，通过高清摄像头和红外热像仪等设备，确保管道沿线的每一个关键部位都能得到实时、清晰的图像信息。这种实时监控方式相比传统的人工巡查，能够大大提高巡护效率，减少监控盲区。

（2）自动化巡检与智能识别

结合智能分析技术，视频监控平台能够自动识别并处理异常事件，如人员入侵、设备故障、管道泄漏等。这种自动化巡检和智能识别功能，能够迅速响应并处理潜在问题，避免事态扩大，从而进一步提升巡护效率。

2.2 增强油田管线安全性

（1）提前预警与快速响应

视频监控平台通过智能分析技术，能够在异常事件发生时立即触发告警信息，并推送至管理人员。这种提前预警和快速响应机制，能够确保管理人员在第一时间掌握情况，并采取相应的应急措施，从而有效防止事故的发生或扩大。

（2）精准定位与高效处理

视频监控平台支持GPS北斗定位于一体的高性能测控装置，能够精准定位指定油气管道监控位置，并迅速准确展示出管道运行情况。当出现异常事件时，系统能够快速发出定位信息，协助监管人员锁定异常区域，有针对性地实施应急预案，提高处理效率。

2.3 降低巡护成本

（1）减少人力投入

传统的人工巡查方式需要大量的人力投入，而视频监控平台能够实现远程监控和自动化巡检，从而减少了对人员的依赖。这不仅降低了人力成本，还提高了巡护工作的可持续性。

（2）提高设备利用率

视频监控平台通过智能分析技术，能够自动识别并处理异常事件，减少了因人为疏忽或误判而导致的设备损坏或故障。同时，系统还能够对设备进行远程监控和管理，提高了设备的利用率和可靠性。

2.4 推动油田管线巡护智能化发展

（1）技术创新与应用

视频监控平台在油田管线巡护中的应用，是物联网、云计算、大数据及人工智能等技术在传统工业领域的创新应用。这种技术创新不仅推动了油田管线巡护的智能化发展，还为其他领域的智能化改造提供了有益借鉴。

（2）数据融合与共享

视频监控平台能够与其他安防系统（如门禁系统、报警系统等）进行数据融合和共享，形成更加完善的安防体系。同时，通过云计算和大数据技术，可以对海量视频数据进行存储、处理和分析，挖掘有价值的信息为决策提供支持。这种数据融合与共享机制，有助于推动油田管线巡护的智能化、信息化发展。

3 应用思路

3.1 智能监控平台在管道巡护中的应用场景和优势

智能监控平台通过集成高清摄像头、传感器、大数据分析等技术，为管道巡护提供了全新的解决方案。该平台能够实时监控管道状态，及时发现潜在的安全隐患，从而大大提高巡护效率和安全性。

在应用场景上，智能监控平台可以广泛应用于石油、天然气、水务等管道运输领域。通过安装在管道沿线的摄像头和传感器，平台能够实时收集并分析管道的运行数据，如压力、温度、流量等，确保管道的正常运行。

其优势主要体现在以下几个方面：一是提高了巡护效率，通过自动化监控和数据分析，减少了人工巡护的频率和强度；二是增强了安全性，通过实时监控和预警系统，能够及时发现并处理潜在的安全隐患；三是降低了运营成本，通过优化巡护路线和计划，减少了不必要的资源浪费。

3.2 AI识别技术在管道巡护中的关键技术

AI识别技术是智能监控平台的核心组成部分，其中图像识别和视频识别尤为关键。

图像识别：通过高清摄像头捕捉管道沿线的图像，利用AI算法对图像进行深度分析和处理。系统能够自动识别管道中的异物、腐蚀、裂纹等问题，为维修人员提供准确的故障定位和维修建议。

视频识别：通过实时监控视频，AI系统能够检测管道的动态变化，如泄漏、堵塞等异常情况。同时，结合大数据分析技术，可以对管道的运行状态进行预测和评估，为预防性维护提供有力支持。

3.3 AI识别技术在管道巡护中的实际应用效果及未来发展趋势

实际应用中，AI识别技术已展现出显著的效果。引入智能监控平台和AI识别技术后，该管道的故障发现率大幅提升，维修响应时间也大大缩短。这不仅提高了管道运输的安全性，也降低了运营成本。

展望未来，随着AI技术的不断进步和优化，智能监控平台将在管道巡护中发挥更加重要的作用。未来可能的发展趋势包括更高精度的识别算法、更智能化的预警系统以及更高效的能源管理策略等。

4　平台建设

4.1　平台架构设计

智能监控平台(图1)采用分布式架构设计，以确保平台的高可用性和可拓展性，平台架构主要包括：数据采集层、数据传输层、数据处理层、业务逻辑层、应用层五大部分。

数据采集层：目前智能监控平台数据来源主要集中在终端摄像头，分为摄像头和热成像摄像头，两类摄像头通过时间区分监控，白天以普通光感摄像头进行数据采集，夜晚以热成像摄像头进行数据采集。

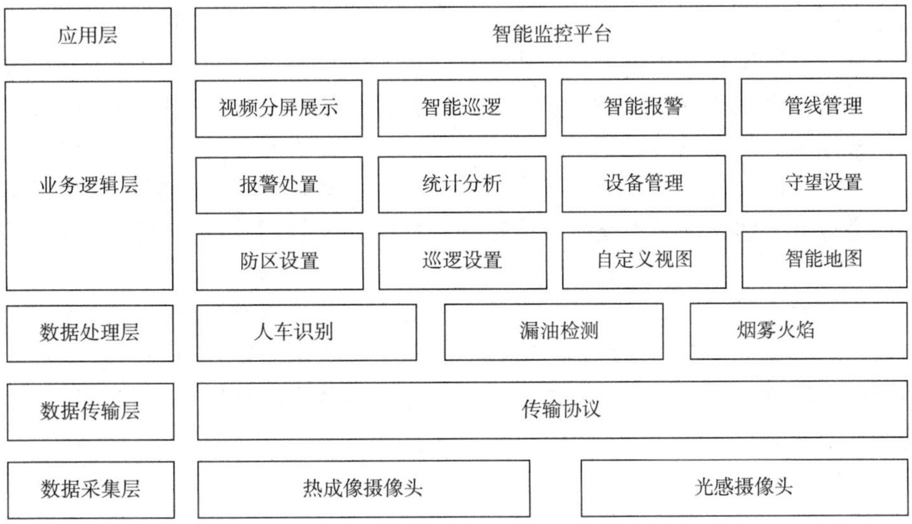

图1　智能监控平台架构图

数据传输层：平台通过终端摄像头的传输协议，接收采集数据，将采集的图像等数据储存至服务器中。

数据处理层：通过平台内智能AI算法，对终端摄像头采集的数据进行分析，通过人车、漏油、烟雾火焰等几方面，识别数据。

业务逻辑层：智能监控平台根据实际业务需要，针对性的进行功能模块开发，包括：实时视频的多屏展示、智能巡逻、智能报警、管线管理、报警处置、统计分析、设备管理、守望社会、防区设置、巡逻设置、自定义视图、智能地图等功能。

应用层：提供用户界面，展示实时监控数据、分析结果和预警信息等。

4.2　功能模块建设

（1）前端采集模块

前端采集模块是智能监控平台的数据入口，主要负责采集监控场景的视频、音频、图像及报警信息。

设备选型：选择高质量、高分辨率的监控摄像机，如网络摄像机，以确保采集到的视频图像清晰、准确。

部署配置：根据监控需求，合理配置摄像机的位置、角度和焦距，以最大化监控覆盖范围。

信息采集：除了视频图像外，前端采集模块还需采集音频、报警信号(如烟雾报警、入侵报警)等信息，为后续的智能分析和报警联动提供数据基础。

（2）智能分析模块

智能分析模块是智能监控平台的核心功能之一，它利用人工智能和机器学习技术对采集到的视频图像进行智能分析。

人车检测：实时检测视频图像中的目标对象(如人脸、车辆、行人等)，并提取其特征信息。

行为识别：分析目标对象的行为模式，识别异常行为，并触发报警。

烟雾火焰：分析管道是否出现烟雾、火焰等情况，识别异常情况，并触发报警。

漏油检测：分析管道是否出现漏油情况，识别异常情况，并触发报警。

（3）报警联动模块

报警联动模块负责在检测到异常事件时触发

报警并联动相关设备进行处理。

报警设置：根据监控需求设置报警规则和条件。

防区设置：根据现场情况设置防区，防区外不会触发报警。

报警触发：当检测到异常事件时自动触发报警信号。

联动处理：联动相关设备（如声光报警器、门禁系统、消防系统等）进行应急处理。

（4）智能巡逻模块

智能巡逻模块代替职工进行巡逻，按照用户设置的巡逻路线，摄像终端24小时不停巡逻。

巡逻设置：根据用户需要设置巡逻路线及摄像头的机位。

视频展示：通过分屏情况展示各路线摄像巡逻情况。

（5）设备管理模块

通过平台管理所有接入平台的摄像头，可以查看摄像头的当前在线情况、运行情况、位置信息、所属管线等基础情况。

（6）自定义视图

根据用户使用习惯，可自定查看视图，用户可将自己负责的线路摄像头加入带视图中，按照自己的查看习惯设置视图播放方式。

（7）用户交互模块

用户交互模块提供直观易用的用户界面，方便用户进行操作和监控。

操作界面：设计简洁明了的操作界面，提供丰富的操作功能和提示信息。

权限管理：根据用户角色和权限分配不同的操作权限，确保系统的安全性和稳定性。

数据统计与分析：提供数据统计和分析功能，帮助用户了解监控系统的运行情况和优化方向。

4.3　关键技术应用

（1）计算机视觉技术

计算机视觉技术是智能监控平台的核心，它使监控系统能够“看”并理解视频图像中的内容。具体涉及的技术包括：

图像采集与处理：通过高清摄像头等设备采集实时视频图像，并进行去噪、增强等预处理操作，以提高后续分析的准确性。

特征提取与识别：利用深度学习等算法对图像中的特征进行提取，如人脸、车牌、行为模式等，并通过模型训练实现对这些特征的准确识别。

智能分析与预警：将识别结果与预设的规则或阈值进行比对，一旦发现异常行为（如入侵、徘徊、遗留物等），立即触发预警机制，通知相关人员进行处理。

（2）物联网技术

物联网技术使得智能监控平台能够连接并管理大量的前端设备，包括摄像头、传感器等。这些设备通过无线网络或有线网络连接到监控平台，实现数据的实时传输和共享。物联网技术的应用使得智能监控平台能够覆盖更广泛的区域，并提供更加全面、实时的监控服务。

（3）大数据处理与分析技术

大数据处理与分析技术是智能监控平台实现智能化监控的关键。通过对海量视频图像数据进行深度挖掘和分析，可以发现潜在的规律和趋势，为监控决策提供更加科学、准确的依据。大数据技术的应用使得智能监控平台能够实现对监控场景的全面感知和智能预测，提高监控的准确性和效率。

5　应用结果和效果

通过实地考察和数据分析，我们发现智能监控平台在管道巡护中具有显著优势。首先，平台能够实时监控管道状态，及时发现并处理异常情况，提高了管道巡护的效率和准确性。其次，平台具有远程喊话功能，能够对可疑行为进行及时警告和驱离，进一步保障了管道的安全。最后，通过预警短信通知功能，管理人员能够及时获取报警信息，并迅速采取措施进行处理。

在具体应用中，智能监控平台已成功应用于多个地区的管道巡护工作。例如，在某地区的油气管道巡护中，智能监控平台及时发现并处理了一起潜在的泄漏事故，避免了可能的安全隐患。此外，平台还帮助管理人员优化巡护路线和计划，提高了工作效率。

6　结论

智能监控平台在管道巡护中具有显著的优势和应用效果。通过实时监控、大数据分析等技术手段，平台能够提高管道巡护的效率和准确性，降低安全事故的发生概率。未来，随着技术的不断进步和应用范围的扩大，智能监控平台将在管道巡护中发挥更加重要的作用。

智能安全帽在油气长输管道安全风险管控的应用

艾力群[1]　门立国[1]　张　鹏[2]　艾　威[1]　师海斌[1]　黄　宇[1]

（1. 国家管网集团西南管道有限责任公司；2. 国家石油天然气管网集团有限公司油气调控中心）

摘　要　在数字化转型背景下，基于智能安全帽的安全风险管控平台，通过各类检测感知模块，自动跟踪和核查确认人的不安全行为与物的不安全状态、快速找出各类安全隐患，实时提供安全预警报告。系统提供三种应用模式，实现了高风险作业智能管控、作业环境异常状态监控、站场线路智能巡检、智能现场管理、人员不安全行为管控与站场标准化管理等应用场景。安全管控人员快速识别、准确掌握、快速诊断出作业现场的不安全状态，解决了现场信息实时准确获取、实时纠偏、正确决策的难题，相关成果已在油气管道调度运行、操作巡检、维检抢修作业中得到充分应用。

关键词　油气管道；智能安全帽；风险作业；安全管控

由于管道输送介质易燃易爆、有毒有害，油气管网安全管控人员在操作巡检、作业监控、维修抢修和应急响应的调度指挥过程中，对管网的安全、高效运行负有重大的责任。随着无人值守站规划建设和智能化水平提升，油气管网运行维护的特性更加复杂，安全管控人员驾驭大型集中动火、联动应急抢修等高风险作业的难度急剧增加，必须提升安全生产风险感知评估、监测预警和响应处置能力，排查化解作业全过程潜在风险，通过信息物理融合系统，建立以远程过程监控为基础的抢维调度及安全预警中心，提升高风险作业调度指挥水平。

1　智能安全帽终端

目前，我国在役干线油气管网超过 10 万公里，通过信息物理融合系统采集约数万个数据点，具有分布地域广、安全管控点位多和业务风险高等特点。由于油气作业环境的风险不确定性、现场险情的复杂多样性，在实际运维操作、应急处置过程中，油气作业人员的人身安全面临较大的威胁。基于 2021 年三部委在国家管网集团公司联合召开油气管道行业“工业互联网+安全生产”试点启动会，选定贵阳输油气分公司为试点企业，中缅、中贵山地管道为试验管段。依据国家应急管理部办公厅印发的《“工业互联+危化安全生产”试点建设方案》（应急厅〔2021〕27号），贵阳输油气分公司汲取典型事故经验教训，发挥好油气管道行业龙头企业的示范引领作用，安全科学地规划风险作业受控管理，努力打造优秀山地管网铁军，实现山地管道安全高效运行。

1.1　安全帽现状

安全帽是油气管网运行维护常用的个人安全防护用品，在油气各类运维作业中广泛应用。而传统安全帽功能设计简单，只能起到有限防护作用。基于油气场所作业环境易燃易爆及有毒有害、作业风险复杂多样，必须基于“工业互联网+油气管道安全生产”系统总体架构与工业机理模型，集成各类先进传感器，适用于高风险作业人员佩戴的智能安全帽终端，将前端维修抢修等高风险作业与后端安全管控的实时联动，实现智能安全巡检、危险状态辨识、气体泄漏监测预警、危险作业“无人化”、风险分级管控和隐患排查治理管理。同时，研究油气管网危险感知层/边缘层建设，在实时确认高风险作业环境条件的同时，建立后台风险作业全过程数据库，实现对高风险作业全过程的追溯。一方面，可以实现高风险作业的全过程监管，有效保障作业人员的安全；另一方面，获取大量现场数据，为分析决策提供数据支撑，提供有效的证据保障，具有极大的实用价值，提升长输管道高风险作业的数字化、智能化水平。

1.2　软硬件配置

根据油气作业场所安全管控实际需要，智能安全帽终端不低于本安型 Exib IIB T4 GB 标准，全过程满足作业场所防爆性能要求。其结构示意如图 1 所示，其配置如图 2 所示，包括以下几个主要模块组成部件。

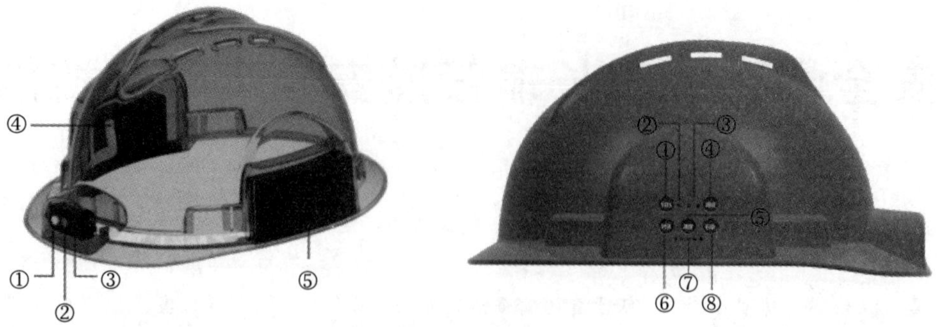

图1　智能安全帽结构示意图

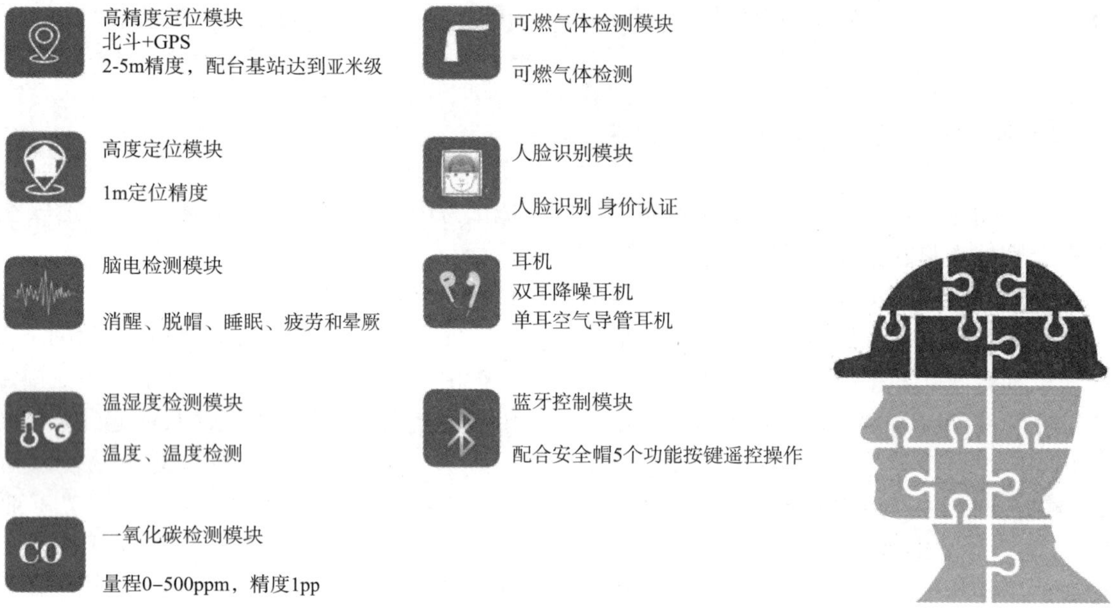

图2　智能安全帽终端配置

（1）高精度定位及高度定位模块。实现北斗、GPS、WIFI多重定位，达到2～5m精度级别，配合通信基站可达到亚米精度，满足站场巡检操作、管道线路巡检、大型抢修维修等作业需求。高度定位模块可实现1m精度高度定位，满足高空、动土挖掘等特殊作业安全管控需求。

（2）人脸识别模块。提供人员身份识别登记，配合油气站场门禁、易燃易爆与有毒有害作业场所人员进出入许可，识别特种作业人员及特殊作业人员有效性，规避冒名顶替等安全隐患。

（3）可燃与有毒气体检测模块。在油气作业场所，实时识别可燃气体泄漏，预警预报易燃易爆作业场所危险。在高风险作业场所，实时识别作业场所有毒有害气体，量程0～500ppm，精度1ppm，发出有毒危险报警。

（4）存储通信模块。根据特殊作业及特种作业要求，存储达到16GB，配置可扩展插槽SD卡，最大支持128G。实现4G/5G通信，增加eSIM卡实现智能安全帽与远程安全管控平台之间的无线通讯，采用定制化安卓系统，为整个智能安全帽功能提供平台支撑。内置2000mAh电池一块，支持连续使用4个小时。

（5）视频图像采集传输模块。满足站场、管道油气作业图像信息实施采集、传输需求，配置定焦广角摄像头，分辨率1080P，支持安全风险管控系统与现场拍照及录像等功能。

（6）语音交互模块。为满足调控指挥、现场协调需求，支持安全风险管控系统与现场语音交互及智能安全帽终端之间语音交互，配置1W喇叭和双降噪麦克风，实现语音双向通信，支持组呼、群呼功能。

（7）脑电检测模块。对脑电进行检测及分析，实现作业人员佩戴感知，实时识别佩戴人员睡眠、脱帽、疲劳等人的不安全行为状态信息，同时发出预警信息。

（8）蓝牙及按键操作模块。设置现场作业人员操作智能安全帽功能，包含开/关机、拍照、SOS 告警、通话对讲及照明等按键，蓝牙控制配合五个功能按键控制操作。

（9）温湿度检测模块。实时检测提供油气作业现场温湿度信息。

2　智能安全应用模式

随着移动通信、北斗定位、工业物联网、大数据等技术逐渐发展成熟，智能安全帽终端在油气管道高风险作业的应用优势日渐突出。基于智能安全帽终端，建立远程智能安全管控系统，构建“工业互联网+油气管道安全生产”技术体系和应用场景，主要应用于站场线路巡检、检测监测、风险管控及站场智能化，其应用模式分 PC 管理端、手机 APP 端和集成终端。如图 3 所示。

2.1　中控大屏及 PC 后台管理端

面向油气管道高风险作业，利用 4G/5G 通信技术，提供大屏幕及 PC 后台管理端，实现高风险作业过程的感知、分析、服务、监管与指挥，为作业人员、安全指挥人员提供实时沟通渠道，使安全管理由粗放向精细转变，危险报警由被动向主动转变，风险更可控、管理更高效、决策更精准，如图 4 所示。

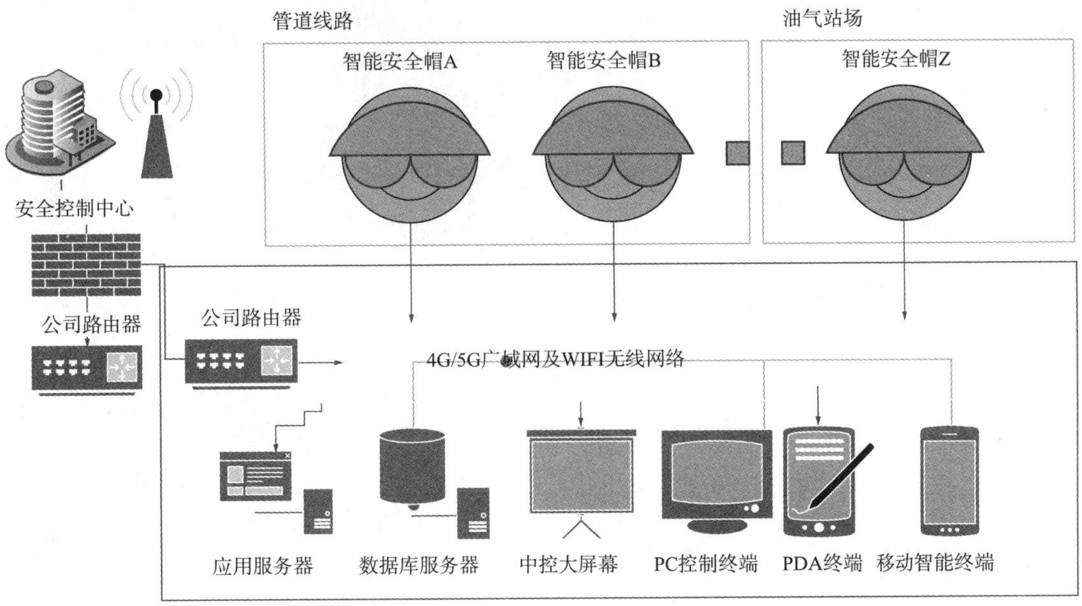

图 3　智能安全帽应用模式

图 4　中控大屏管理端

系统设置定义组织架构、人员岗位、支持分级管理，可实现从总公司–分公司–作业区–作业单元的分级管理，实现分级配置和区域共享。预测预警动态调取视频流，持续视频分析与报警，并对各类报警予以存储和联动功能。对智能安全帽、移动终端、佩戴人员、安全指挥者实施账号配置，并提供报警事件信息、录音等结构化数据。中控大屏及PC后台管理端定义多种报警类型。例如，脱帽报警、SOS报警，当警报被触发时，系统会第一时间联动通知现场人员和安全指挥者，并记录报警时间、人员姓名和报警原因。

2.2　手机APP端

通过手机APP端，实现作业计划派发、过程监管、执行反馈及双向通讯应用。作业规划实现1+3+X集中巡检内容、巡检线路计划、电子围栏、数据模板等功能。数据分析通过作业计划状态、运维作业班次、运维作业准点率、报警信息等多维信息掌控运维抢一体化作业执行情况，如图5所示。

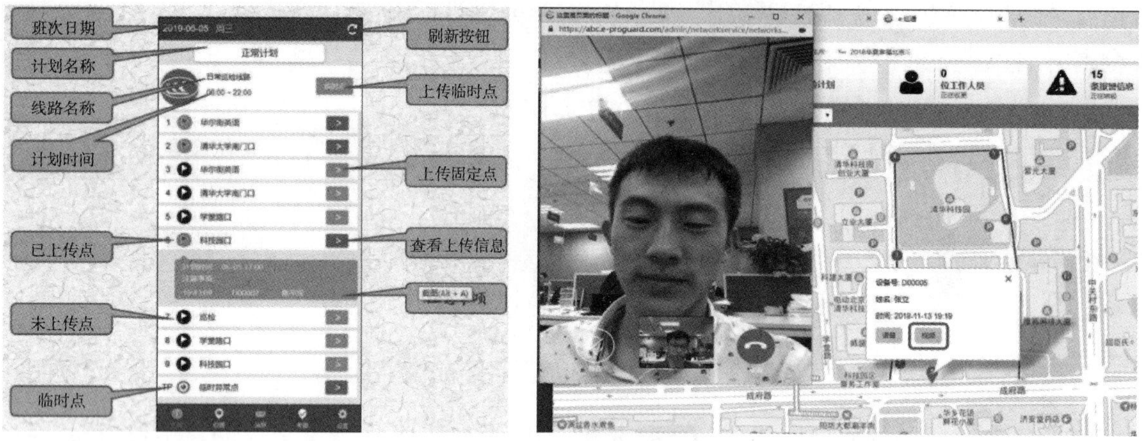

图5　手机管理端

2.3　检测与执行终端

为解决便携性、安全性，安全风险管控系统集成了各类先进传感器，实现物联感知，与管道生产系统的无缝集成。其主要功能实现实时定位及作业轨迹跟踪，实现与物联网设备信息交换，双向实时通讯及无声侦测。目前系统支持同时视频连线32顶智能安全帽(可拓展)，远程查看现场高风险作业情况，在安全管控系统可以任意组合要查看的现场画面，同时可将设备视频画面分发给多个其他终端。现场视频会通过无线传输自动发送到调度监控中心，供未来回放或分析使用。通过引入人工智能技术，利用人脸识别、设备识别等手段，结合实时视频，进一步提升作业现场安全管控智能化水平。

3　智能安全总体架构

安全管控系统为组织指挥作业安全的重要载体，对高风险作业实行统一调度指挥、远程监控操作、维检修作业及应急保供协调。平台架构衔接“工业互联网+油气管道安全生产”整体架构设计，包含4个层次，分别为感知数据层、基础服务层、业务应用层和终端展示层，强化管网企业快速感知、实时监测、超前预警、动态优化、智能决策、联动处置、系统评估、全局协同能力，实现提质增效，打造企业工业互联网新基础设施。

3.1　感知数据层

主要负责作业现场数据源的感知、对接、集成和存储，通过智能安全帽终端，以坐标定位、温度、湿度、可燃气体浓度、有毒气体浓度等重点监控参数以及视频智能分析信息，音视频文件存储，实时监控视频数据的存储与管理；存储设备信息、用户信息、轨迹数据、报警记录等业务相关数据。

3.2　基础服务层

建立有系统包括接口、消息、地理轨迹、文件系统、报表流程等在内的各类基础服务，提供信息数据管理，包括安全隐私、权限控制、用户管理、日志记录等公用组件，为业务应用提供基础支撑。

3.3　业务应用层

以油气场所重大安全生产风险监测预警为基

础，拓展对安全状态实时监控；实现实时定位、视频监控、群组通话、围栏管理、轨迹查询、报警记录和系统设置等。结合周边地理、气象环境条件、人口分布等建立重大安全风险预警模型，实现对安全风险全面监测并精准预警。

3.4 终端展示层

根据业务需求及安全管控经验提升数据可视化交互水平，建立 PC 端页面、大屏展示页面、移动手机页面，满足用户不同的使用和展示要求，提供 PC 端 web 界面和 PDA 端两种访问方式，方便安全管控指挥者进行业务操作。

4 智能安全应用场景

安全管控系统与相连的作业现场形成协调运行管控机制，确保高风险作业安全平稳，作业计划和保供方案顺利实施，推动操作控制智能化、风险预警精准化、危险作业无人化、安全管控远程化，提升安全生产管理的可预测、可管控水平。如图 6 所示。

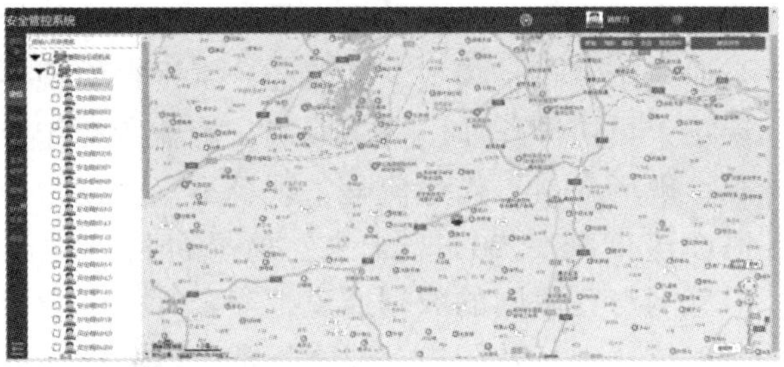

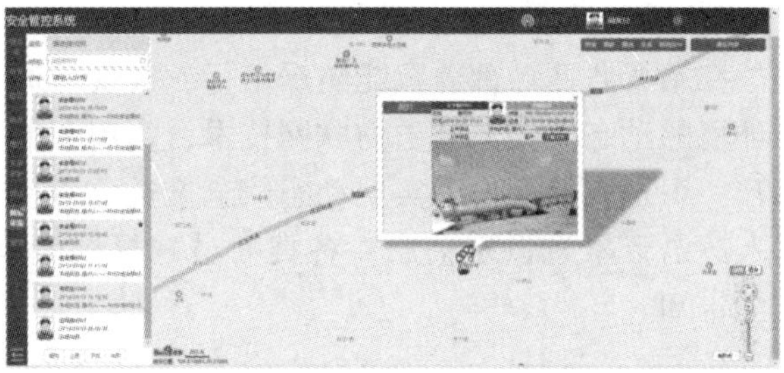

图 6　应用场景

4.1 高风险作业智能管控

通过将特殊作业审批许可条件电子化、流程化，用满足现场使用条件的电子锁将受限空间、临时配电箱上锁，只有满足作业许可前置条件后，才能下发开锁授权码开锁，从而避免“先作业、后审批”。许可审批人员现场对照条目核实，上传现场检测照片等附件，只有满足全部作业条件后，方可签发作业许可，并通过信息化手段对作业全程进行过程和痕迹管理，从而实现特殊作业申请、审查、许可、监护、验收全流程信息化、规范化、程序化管理。

4.2 作业环境异常状态监控

安全帽智能终端具有易燃易爆、有毒有害气体检测，重点覆盖烟雾、火焰、气体传感器盲区、装置周界、装置高点和巡检不易达等位置，实现对企业作业环境及异常状态的自动监控、智能分析和及时预警，并能在极端天气、事故灾害等特殊情况下运行，实现全景式、全天候的监控。当作业现场检测到可燃气体、有毒气体超标或氧含量不在标准范围，视频监控研判中断作业超过规定时限后、未再次上传气体分析数据等现象后，自动向作业、监护等人员发送报警信息，杜绝动火作业“中断作业超时、未检测”、“气体超标、继续作业”等不安全行为。当监测到受限空间连续作业超过规定时限，而未再次上传气体分析数据，自动向作业、监护等人员发送报警信息，避免“连续作业超时不检测”的不安全行为。

4.3 站场线路智能巡检

通过智能化巡检，构建风险分级管控和隐患排查治理的闭环管理系统，通过百度地图接口，实现全域管理，将安全巡检工作计划，通过系统落地到具体的时间、工作内容，下达到具体执行人或班组，建立执行情况的跟踪-反馈-检查机制，进行闭环管理。对线路作业，通过建立临时计划进行管理，整合 GPS 定位、4G/5G 及离线技术实现全域管理。

4.4 智能现场管理

安全管控系统语音调度支持单兵呼叫、群组呼叫、迟后接入、动态重组、地图圈选等功能，同时支持同群组和不同群组间优先级设置。目前基于北斗定位(为主)，以百度地图为背景，配备个人定位、群组定位、个人轨迹跟踪、电子围栏、圈选呼叫等功能。上报频率(s)可根据需求在 5~600s 范围内设置。在现场作业人员佩戴智能安全帽的前提下，智能安全帽及移动终端在地图上直观显示，直观展示高风险作业区域人员定位、实时视频监控和警报信息。自动记录佩戴智能安全帽人员的运动轨迹，提供轨迹回放功能，帮助安全管控指挥者制定更好的行动方案，使管理精细化。同时，安全管控人员可以根据管理要求，在地图上绘制电子围栏，实现进出围栏时报警，提高现场安全性。此外，还配备地图框选的呼叫功能，提高安全管控有效性。

4.5 人员不安全行为管控

通过智能安全帽等系统，实现对作业人员数量、人员身份资质等方面的认证及监管；对各类人员不安全行为(如脱岗、进入危险区域等)进行识别、监测及管控；结合生产工艺设备升级，对违规操作、误操作和未授权操作等进行防范；探索基于人员行为因素的标准操作规程智能设计与实施。

4.6 站场标准化管理

在站场各区域部署智能防爆信标，实现对周围环境的动态感知，基于物联网技术，实现智能感知，识别人员身份，实现动态信息推送。对参观人员语音推送设定信息，各类人员越界提醒、安全告知。

5 应用效果

目前贵阳输油气分公司站场配备了智能安全帽，并建立安全管控系统，主要用于高风险作业、抢险维修、巡检操作，并成功应用于应急演练。根据一年多的现场应用与调查反馈，智能安全帽与传统安全帽对比，应用价值与优势如下：

(1) 责任闭环，通过信息化、数字化实现各类风险管控制度有效落地，将高风险作业管理制度变成系统指令进行落地，建立执行的数据跟踪链路，实现责任追溯、避免制度“形式化”。

(2) 执行落地，第一时间掌握高风险作业现场人员的位置、作业环境条件、现场安全状况，为安全管控指挥决策提供及时有效的信息。

(3) 高效沟通，通过互联网技术，视频及语音交互功能，提高了安全管控指挥效率，提升了作业管控的准确性与及时性，实现管理端与业务端的高效沟通机制，实现了全过程动态安全管控。

(4) 本质安全。监督与纠正现场作业人员各类不安全行为，当作业人员出现各类危险状态，发出SOS按钮求助。

(5) 提质增效。不增加人员负担，让系统成为工作的助手，及时感知现场作业环境条件，及时叫停。

(6) 人工智能。通过视频+AI技术，开展人工智能分析研究，帮助进一步提升安全管控智能化水平。

6 结语

本文阐述了智能安全帽及安全管控系统的架构和功能，通过工业互联网赋能，实现对高风险作业全天候、全过程的安全管控，创新油气管输企业安全管理新模式、新路径。本平台实现各类现场人员协同作业、分工明确，涵盖所有作业资源、现场人员、作业流程，现场不安全行为、习惯性违章减少90%。未来，该平台将打通企业广域网与互联网的数据通道，安全管控中心与作业单位、现场及用户等建立日常运行和应急运行沟通协调机制，保障信息共享和调度协同，创新“工业互联网+安全生产”，有效落实高风险作业安全管控要求。

参考文献

[1] 艾力群，江玉友，门立国，等．管输行业甲烷排放现状与管控对策[J]．油气田环境保护，2022，32(4)：14-19.

[2] 曹旭，王如君，魏利军，等．“工业互联网+油气管道安全生产”系统架构研究[J]．中国安全生产科学技术，2021，17(12)：5-9.

[3] 蒋明轩，郭雅婷、陆军，等．智能安全帽的研发及应用[J]．铁道运营技术，2022，33(2)：41-43.

[4] 余子龙，沈亮，李佳鹏，等．基于北斗的智能安全帽系统设计[J]．物联网技术，2021，41(2)：63-65.

[5] 靳帅．基于安全风险管控的智能安全帽系统建设及应用[J]．水电与新能源，2021，35(3)：74-78.

[6] 周友武，刘明军，叶爱民，等．一种适用于电网中智能安全帽系统的研究与测试[J]．江西电力，2017，20(12)：21-28.

智能声波测漏系统在长输天然气管道上的实践

周　巍[1]　罗　润[1]　侯　丹[1]　何　波[1]　胡　勇[2]

(1. 中海广东天然气有限责任公司；2. 北京寰宇声望智能科技有限公司)

摘　要　本文介绍了智能声波测漏系统的机制、组成及功能，并详细介绍了该系统在珠海-中山天然气管道项目的安装、测试等应用情况。结果表明：智能声波测漏系统在长输天然气管道上测试准确、有效，系统鲁棒性高、响应快速，定位精确，具有现实意义。

关键词　智能声波；长输天然气管道；泄漏监测；试验；应用

管道流体运输具有高效、经济、安全等优点，因此成为天然气最主要的运输方式。为避免管道泄漏造成的危害，开发稳定可靠的泄漏检测系统，建立预警报警机制，具有重要意义。

此次中海广东天然气有限责任公司(以下简称“广东管道”)声波测漏系统项目在利旧基础上，提高原系统性能，促进技术国产化，现开展智能声波泄漏在线监测系统项目建设工作。

1　声波检漏系统介绍

1.1　管道泄漏声波产生机理

管道泄漏流体在达管道外部时形成涡流，产生不同频率的压力或声波，并在管道内部输送介质、管道周围介质(如土壤)等媒介中快速传播，通过分析管道内部的声波，可以判断出管道是否发生泄漏。

泄漏声波是压力状态下的流体和多种介质相互作用的结果，频域范围宽。泄漏声波通常会经历产生、稳定两个阶段，不同阶段其频率、幅度特性不同。由于产生阶段一般持续时间较短，对于本检测方案而言，关注泄漏声波稳定阶段的特征。由于泄漏声波的频率特性与管道输送介质的压力、流速、泄漏处孔径大小、形状等众多因素相关，实际中泄漏情况多种多样，因此泄漏频率特性各异。资料显示输水管道泄漏频率为16Hz~20kHz，泄漏点附近低频分量幅度更大，而输油管道泄漏的音频特性研究较少。

泄漏声波在泄漏点处声波功率最大，并且此处声波强度与压差变化、泄漏口形状、流速、泄漏率等因素相关。通常管道内部介质压力越大、泄漏口成扩张形状、流速快、泄漏率较大的泄漏点，声波强度越大。同一条管道中介质压力、管道材质等工况相同或相近，泄漏点的声功率与流速的n(n>1)次方近似正比关系。通过泄漏声音信号幅度强弱，可以大致判断出泄漏量的大小。

1.2　Dolphin 智能声波泄漏监测系统

Dolphin 智能声波泄漏监测系统主要由：安装在管道站场和阀室的分站和安装在调度中心的主站组成。分站包括次声波传感器、现场数据采集处理器、系统控制主机(运行系统监控软件)等。经过多年的积累建立了强大的比对数据库作为诸多不同现场信号参照系，同时产品更适应 TCP/IP 协议下的新一代网络和技术。

2　信号处理

泄漏信号在传播的过程中会受到各种噪声干扰，由于小波变换具有多分辨率特性，因此 Dolphin 智能声波泄漏监测系统采用小波去噪的方法对泄漏信号进行预处理。另外对于小泄漏引起的泄漏信号比较微弱，需要对微弱信号进行特征提取，提高泄漏识别和定位效果。

2.1　小波变换用于信号去噪

二进小波适合对数字信号进行处理，对其尺度 a 和平移 b 离散化后($a=2\hat{}j$，$b=a*k$)产生的：

$$\Psi_{j,k}(t)=2^{-\frac{j}{2}}\psi(2^{-j}t-k),\ j,\ k\in Z \tag{1}$$

$$WT(j,\ k)=\int_{-\infty}^{+\infty}x(t)\Psi_{j,\ k}(t)dt \tag{2}$$

式中，$WT(j,\ k)$为小波系数，本系统对泄漏信号进行 20 层分解，根据上述小波去噪调参方法对 2019 年 12 月 23 日的放气数据进行去噪，对于不同站点、不同工况，微小泄漏均表现较好效果，可以保持泄漏波形不失真，突出特征点，有效去除噪声毛刺干扰。图中蓝色为原始采集信号，红色为去噪后信号。

如图1所示南屏站点，图2所示坦洲站点：向上尖峰大幅值毛刺容易增加系统误报，去噪后信号更清晰，去除毛刺干扰，系统体现更高鲁棒性。

图3所示南屏站点的泄漏信号，去噪后信号可明显有别于去噪前泄漏信号，有利于泄漏信号的拐点确定。

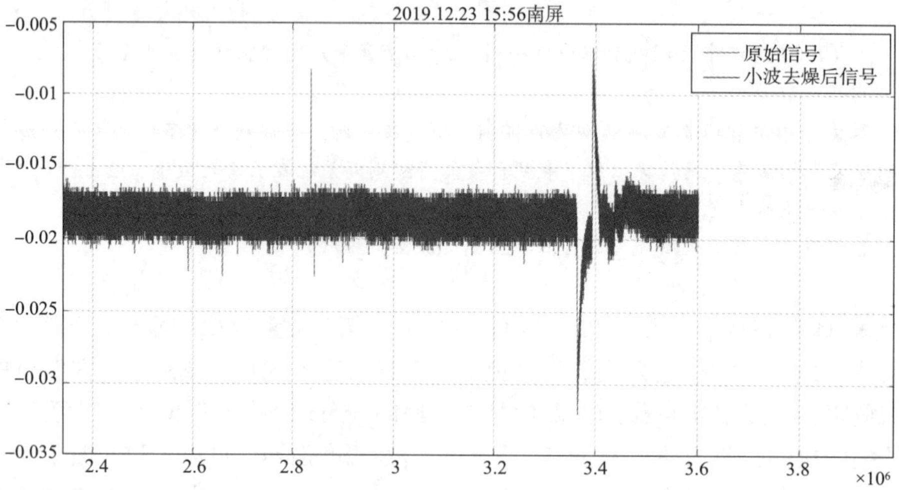

图1　2019. 12. 23 15：56南屏

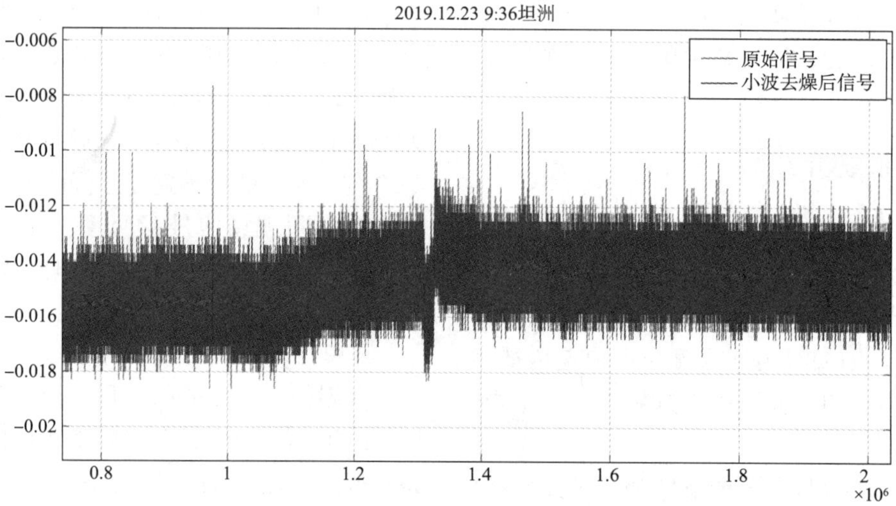

图2　2019. 12. 23 9：35坦洲

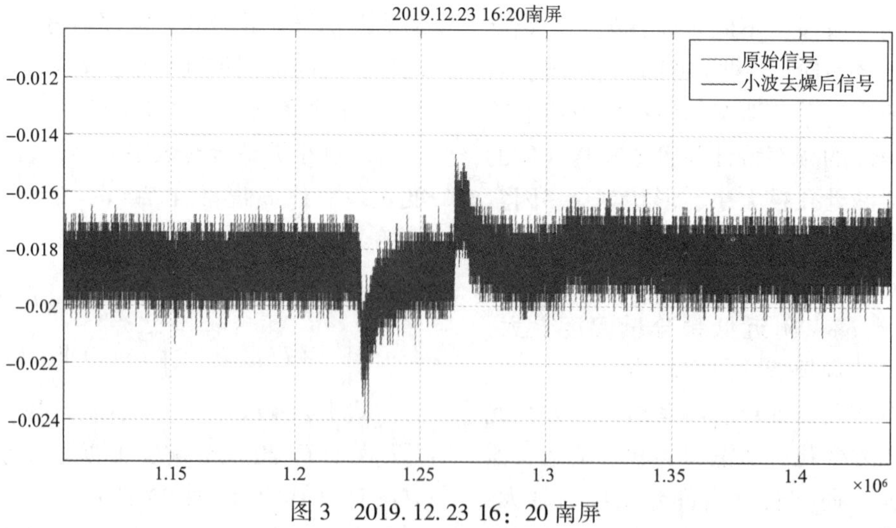

图3　2019. 12. 23 16：20南屏

2.2 微弱信号提取

微小泄漏会被噪声淹没，需要进行微弱信号提取。通过偏度、峰度等多个指标选择最优观测信号作为PCA的输入，提取其流形成分；最后，通过ICA分离出源泄漏信号。提取信号的流形成分作为盲源分离算法的输入，避免了直接将最优观测信号作为输入将会引起信号源时频域波形的畸变，可有效排除其他干扰信号。

主成分分析（Principal component analysis，PCA）基本思路是寻找高维数据在低维空间重构误差最小意义下最优的投影子空间，从而用较少数目的特征向量刻画样本的全局信息，最终达到降低原始空间维数的目的。设样本矩阵为 $X_{m\times n}$（m 个样本，n 个特征），首先对样本矩阵 X 均值中心化，PCA希望找到一个方向 w，使得样本投影到方向 w 上方差最大（主方向），优化目标为：

$$\hat{w}=\underset{\|w\|^2=1}{\operatorname{argmin}} w^T X^T X w \tag{3}$$

提取前 k 个主方向构成载荷矩阵 $W=(w_1,\ \cdots w_k)$，则对原始样本特征提取后的结果为：$X_{new}=XW$。如图4所示。

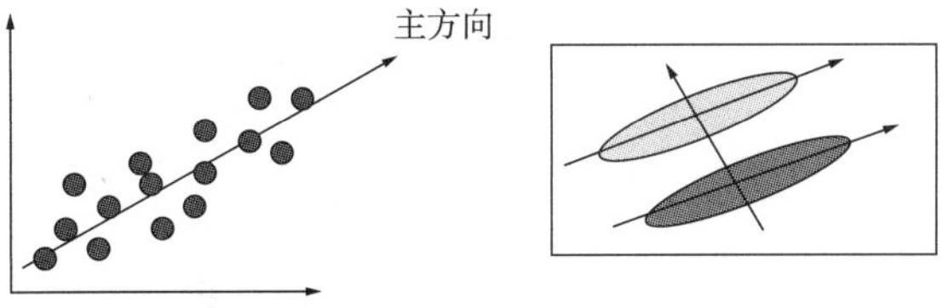

图4　PCA效果图

盲源分离（blind source separation，简称BSS）是一种无需源信号的特征及混合条件就能够从混合信号中通过逆变换分离出源信号的方法，要求待观测信号数应该大于或等于源信号数，其中独立成分分析（independent component analysis，简称ICA）方法最终分离出来的源信号是互相独立的。

设 $s(t)=[s_1(t),\ s_2(t),\ \cdots,\ s_M(t)]^T$ 为 M 个源信号，$x(t)=[x_1(t),\ x_2(t),\ \cdots,\ x_N(t)]^T$ 为 N 个观测信号。假设将 M 个 $s(t)$ 信号进行混合，形成 N 个 $x(t)$ 信号，其线性关系为

$$x(t)=As(t) \tag{4}$$

其中：A 为系数 $\{a_{ij}\}$ 未知混合矩阵。

ICA方法就是需要从 $x(t)$ 中分离出独立源信号 $x(t)$。设ICA方法还原出的信号为 $y(t)=[y_1(t),\ y_2(t),\ \cdots,\ y_N(t)]^T$，其过程可描述为

$$y(t)=Wx(t)=Ws(t) \tag{5}$$

其中：$y(t)$ 为 $s(t)$ 的近似估计；$y_1(t)$，$y_2(t)$，$\cdots$，$y_N(t)$ 间相互独立；W 为分离矩阵。

3　声波测漏系统放气实验

目前，广东管道声波测漏系统项目已经建成四期，共计121.74公里覆盖公司天然气输气管道干线。采用的是某声波测漏系统，该系统在使用初期，性能稳定且指标较好，但后续出现了以下问题：①因为设备老化、盐雾腐蚀，部分设备无法稳定运行；②由于管道新建增加分输，系统需要不断更新扩容；③设备为进口仪器，国内无维修网点，设备维护维修周期长；④维修人员需从国外派遣，技术服务不及时；⑤产品为全球性专利产品，由于技术垄断，系统维护费用成本高等难题。

为解决公司已建声波测漏系统存在的问题，现开展智能声波泄漏在线监测系统项目建设工作，主要工作为：软件开发、定制系统数据采集终端等硬件及安装调试等。本科研项目选取的试点应用段为珠中一期南屏分输站至南朗分输站段，该段管道全长41.75km，管径660mm，运行压力5~6MPa，中间设有坦洲、金鼎、翠亨，共计三个阀室，其中坦洲阀室具有分输功能。站场（阀室）系统建设如图5所示。

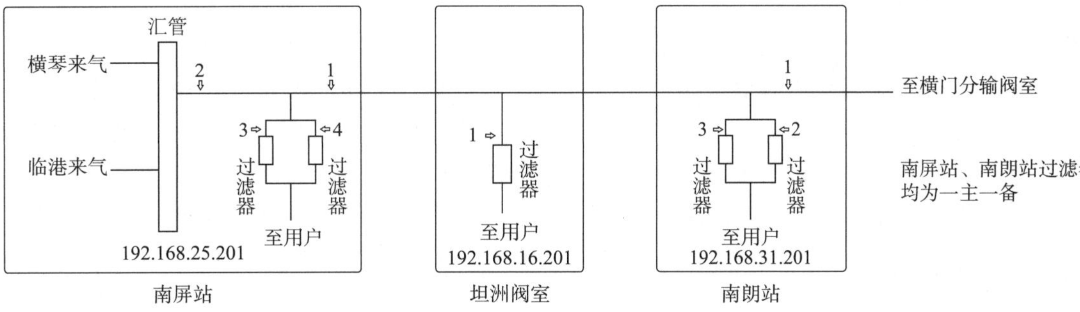

图5　站场（阀室）系统建设图

管道走向图如图6所示。

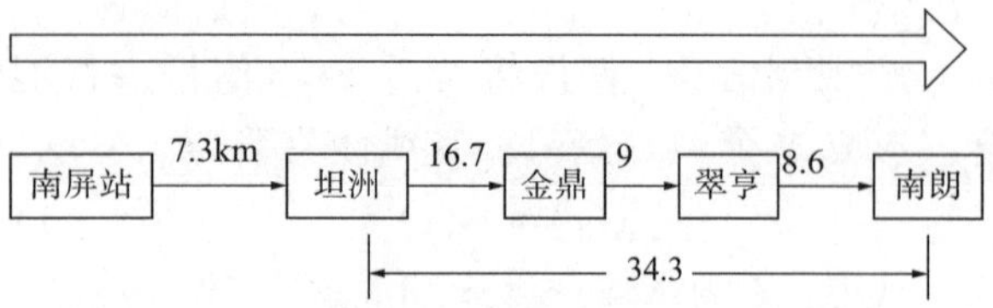

图6　管道走向图

Dolphin智能声波泄漏监测系统算法需要根据实际现场的数据信号进行调整识别来判断泄漏，然而不同的管道参数、运行环境不同，泄漏及其他操作产生的信号可能存在差异，因此需要模拟泄漏实验，为此提出选择该管道项目中的几条管道进行模拟放气泄漏实验，采集相应的信号波形，验证采集端对平稳工况的稳定性，对异常工况的敏感性。调整检测、定位算法参数，下面采用手轮转圈和孔板的两种模拟放气方式。

3.1　手轮转圈模拟泄漏操作

本次实验通过手轮转圈模拟泄漏在坦洲进行4次放气实验，南朗进行5次放气实验，金鼎进行3次放气实验，翠亨进行2次放气实验，南屏进行4次，放气实验记录(2019.12)如表1所示。

表1　手轮转圈放气实验记录

序号	放气地点	放气方式	手轮圈数(圈)	各站是否有泄漏波形
1	坦洲	快开快关	5.7	有
2	坦洲	快开快关	4.75	有
3	坦洲	快开快关	4.27	有
4	坦洲	快开快关	4.1	有
5	南朗	快开快关	仪表底阀	无
6	南朗	快开快关	仪表底阀	无
7	南朗	快开快关	4	南朗有，坦洲和南屏有
8	南朗	快开快关	50调节阀40%开度	南朗有，坦洲和南屏无
9	南朗	快开快关	50调节阀	南朗有，坦洲有，南屏有轻微浮动
10	金鼎	快开快关	4	无
11	金鼎	快开快关	4.5	有
12	金鼎	快开快关	5	有
13	翠亨	快开快关	4.5	无
14	翠亨	快开快关	5	南朗有、坦洲有，南屏有轻微波形
15	南屏	快开快关	压力表底阀调节	无
16	南屏	快开快关	5	有
17	南屏	快开快关	5	有
18	南屏	快开快关	4	有

在坦洲阀室进行4次放气实验，实验数据如图7所示：坦洲4次放气实验泄漏信号明显，都传递到了南屏和南朗站。

在南朗站入站汇管对空排放管上进行2次放气实验，数据如图8、图9所示：南朗站放气实验泄漏信号明显，但是该信号传递到坦洲阀室、南屏站时比较微弱。

3.2　泄漏孔板模拟泄漏操作

根据现场实际考察，选在南朗综合站进站汇管放空管处进行改造，增加一套孔板测试装置。如图10所示。

本次实验通过泄孔板模拟泄漏在南朗站进行放气实验，孔板如图11所示。

放气实验记录(2020.05)如表2所示：包含泄漏孔径、放气时长、定位误差等。

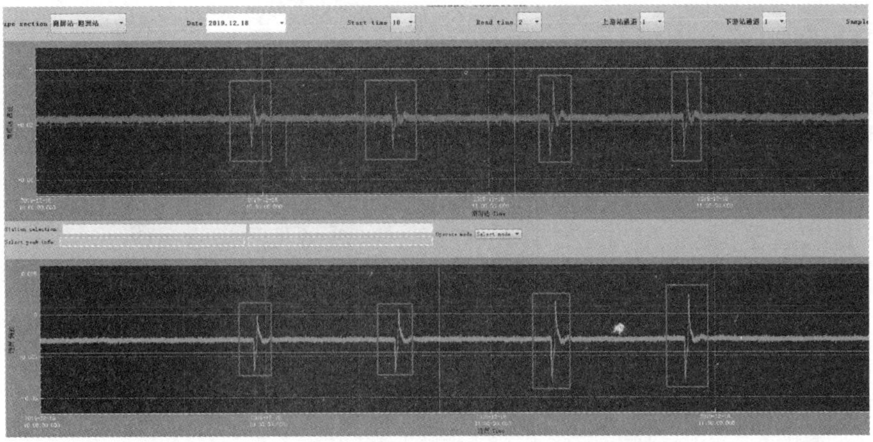

图7　12.18 坦洲放气实验(南屏-坦洲)数据

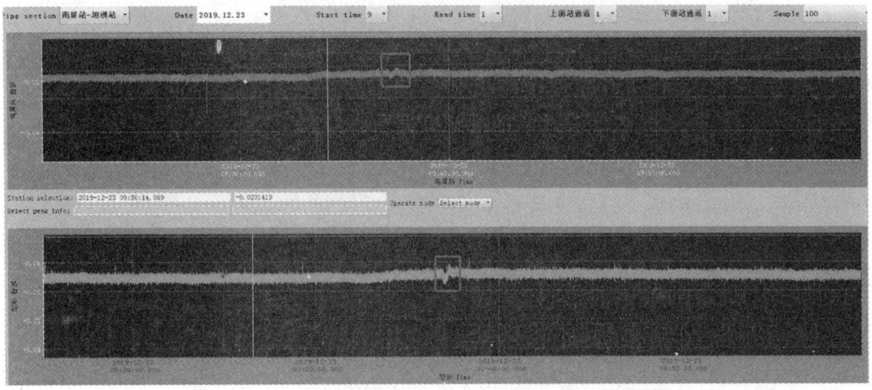

图8　12.23 南朗放气实验(南屏-坦洲)数据

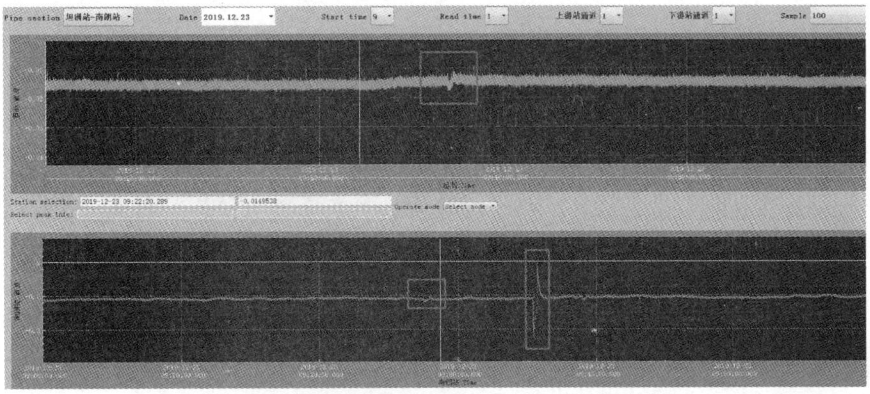

图9　12.23 南朗放气实验(坦洲-南朗)数据

图10　南朗站孔板装置安装位置如框中

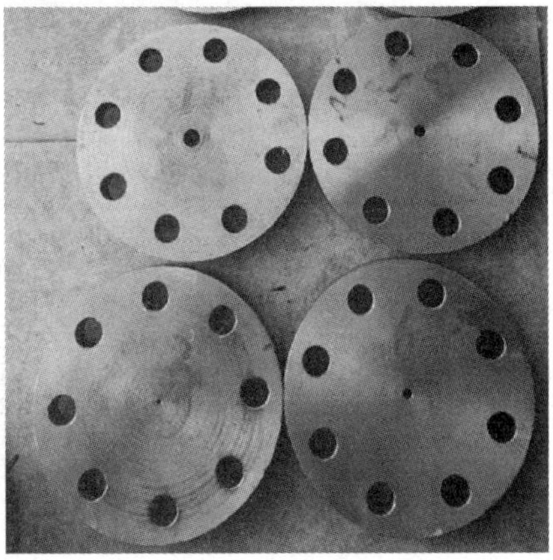

图11　泄漏孔板实物

表2　泄漏孔板放气实验记录

序号	时间	泄漏孔径/mm	放气时长	有无报警	定位误差/m
1	05. 13 11：34：00	50mm	30s	有	69
2	05. 13 15：25：00	30mm	60s	有	33
3	05. 13 16：22：00	12mm	60s	无	—
4	05. 13 16：45：00	12mm	60s	有	68
5	05. 14 11：11：00	10mm	60s	有	39
6	05. 14 11：27：00	10mm	90s	有	34
7	05. 14 13：40：10	8mm	90s	无	—
8	05. 14 14：04：10	8mm	90s	有	38
9	05. 14 14：16：00	8mm	90s	有	32
10	05. 14 15：10：30	6mm	120s	无	—
11	05. 14 15：26：30	6mm	120s	无	—
12	05. 14 15：47：10	6mm	120s	无	—
13	05. 14 17：03：00	8mm	120s	有	43
14	5. 19 10：14：30	7mm	100s	无报警，有波形	—
15	5. 19 10：31：30	7mm	90s	无	—
16	5. 19 14：06：30	7mm	90s	无	—
17	5. 19 14：25：00	7mm	90s	有	34
18	5. 19 14：36：00	7mm	90s	有	61
19	5. 19 15：30：25	6mm	90s	无	—

续表

序号	时间	泄漏孔径/mm	放气时长	有无报警	定位误差/m
20	5.19 15：47：00	6mm	90s	无	—
21	5.21 10：15：10	6mm	90s	有	49
22	5.21 10：27：00	6mm	90s	无	—
23	5.21 10：50：10	6mm	90s	无	—
24	5.21 11：06：10	6mm	90s	无	—
25	5.21 15：39：50	7mm	90s	有	49

15：25：00 放气 60s，孔径 30mm，实验数据如图 12 所示：南朗、坦洲泄漏信号均十分明显，有报警；

15：39：50 放气 90s，孔径 7mm，实验数据如图 13 所示：南朗泄漏信号明显，尽管坦洲信号微弱，但是通过微弱信号提取技术，可以有效提取信号特征，提高泄漏报警效果。

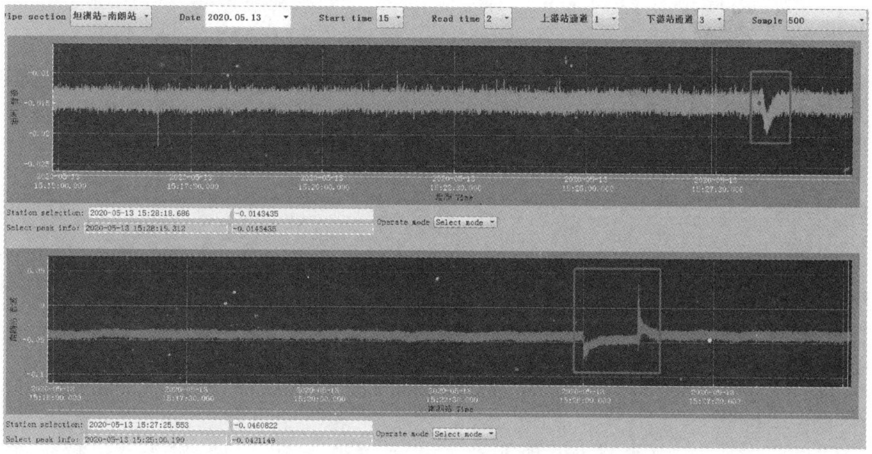

图 12　15：25：00 南朗放气实验数据及报警记录

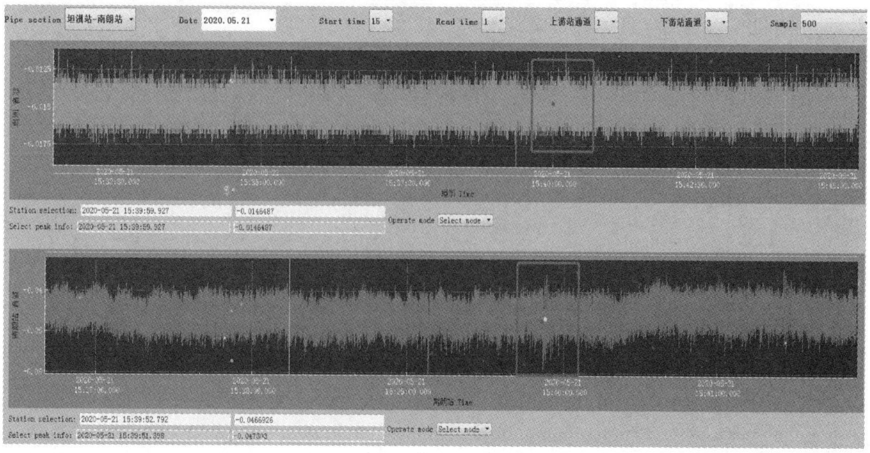

图 13　15：39：50 南朗放气实验数据及报警记录(7mm 测试)

3.3 实验分析

通过两次实验(手轮转圈、泄漏孔板)分析，对仪表底阀放气产生泄漏信号不明显。在手轮转圈放气实验中，在中间阀室(金鼎)转圈4.5圈以下(6mm泄漏孔径左右)信号不明显。在末站南朗，目前可以检测到的最低泄漏孔径为7mm，主要原因是该站压力低，在同样孔径下产生的泄漏信号微弱。在南朗综合站进站汇管放空管处加装孔板进行放气测试，传感器距离实际放气孔板至少5个弯头，放气产生的泄漏信号每经过一个弯头都会迅速衰减，极大影响泄漏信号的传输。

根据本项目的放气试验数据分析可得如下结论：

(1) 本次放气试验依据原同类产品测试方案进行测试，当时模拟放气是采用转圈方式，最小转圈数量为4圈，在五个测试点全部能检测到信号，从敏感性角度来说，与原同类产品结果类似；

(2) 公司依据孔板测试方案进行了不同孔径的放气测试：50mm、30mm、12mm、10mm、8mm、7mm、6mm。最小可检测孔径为7mm，在南朗放气点(低压、远离主管)7mm泄漏孔径下测得的定位误差不超过50米，从敏感性角度来说，与竞争公司系统结果类似；

(3) Dolphin智能声波泄漏监测系统可对微小泄漏信号检测、分析，通过泄漏实验校正，实现准确定位。

参考文献

[1] 国家统计局.2015年中国统计年鉴[M]. 北京：中国国家统计局，2015：8-11.

[2] 靳世久，孙家，姜弘彦，等.强环境噪声下地下管道泄漏检测[J]. 天津大学学报：自然科学与工程技术版，1994(6)：782-787.

[3] 王海伟.音波测漏系统在输气管道的应用[J]. 管道技术与设备，2014(2)：22-24.

[4] Yang G, Liu Y, Wang Y, et al. EMD interval thresholding denoising based on similarity measure to select relevant modes[J]. Signal Processing, 2015, 109: 95-109.

[5] Wade, W R, Rachford, H H. Detecting leaks in pipe lines in pipe lines using SCADA information. Pipe Line Industry. 1988, 68(1): 64-66.

[6] Wang Z, Chang J, Zhang S, et al. An Improved Denoising Method in RDTS Based on Wavelet Transform Modulus Maxima[J]. IEEE Sensors Journal, 2015, 15(2): 1061-1067.

[7] Li S, Wen Y, Li P, et al. Modal analysis of leakage-induced acoustic vibrations in different directions for leak detection and location in fluid-filled pipelines[C]//IEEE International Ultrasonics Symposium. 2014: 1412-1415.

[8] 郭静波，蔡雄，胡铁华，张志文，油气管道中智能机器人跟踪定位关键技术综述[J]. 仪器仪表学报，2015(36)：481-498.

[9] 魏明生，童敏明，訾斌，唐守锋，基于粒子群-拟牛顿混合算法的管道机器人定位[J]. 仪器仪表学报，2012(33)：2594-2600.

[10] 郭晨城，文玉梅，李平，等.采用EMD的管道泄漏声信号增强[J]. 仪器仪表学报，2015，36(6)：1397-1405.

[11] Demirci S, Yigit E, Eskidemir I H, et al. Ground penetrating radar imaging of water leaks from buried pipes based on back-projection method[J]. Ndt & E International, 2012, 47(2): 35-42.

[12] 孙洁娣，肖启阳，温江涛，等.局域均值分解分析的管道泄漏孔径识别及定位[J]. 仪器仪表学报，2014，35(12)：2835-2842.

[13] 曹欣雨.自我健康监护仪软件系统设计及实现[D]. 长春理工大学，2019.

可燃气体泄漏紧急连锁切断装置的应用和实践

黄　萍

（中国石化西南油气分公司）

摘　要　近年来，随着某气田的不断开发，气井生产情况也随之变化，川西气田首次出现生产伴随大量出砂的现象，已造成设备设施频繁损坏、管线破损和大量气体泄漏，极易引发现场安全事故。随着采气现场生产人员数量日趋减少，推进无人值守的管理制度的同时并保证出砂井安全平稳生产成为亟待解决的问题。可燃气体泄漏紧急连锁切断装置的建设成为一种有效的解决方法。经过现场改造和实地应用，在紧急情况下实现对气源的连锁切断，接回现场实时可燃气体浓度，实现了在井站无人情况下对设备的远程控制，为川西气田智能化提升提供了技术支持。

关键词　连锁切断；出砂；RTU；无人值守；信息化改造

1　前言

某气田从发现至今已经超过30年，已经进入开采的中后期，平均井口压力小于2.0MPa，单井产量小于0.2×10^{4}m^3/d。与此同时超大规模加砂压裂工艺让蓬莱镇组、沙溪庙组气藏局部调整井正在焕发新的蓬勃生机，一批产量超过5×10^{4}m^3/d的中高压气井相继投产。新的工艺、更大的加砂规模，气井采气生产阶段出砂的现象从无到有并持续延长，根据统计出砂气井时间已经延长到投产后180分钟，因出砂时间的延长，极易造成流程、设备的损坏，并形成较大的安全隐患。同时由于员工数量减少，井站无人值守已成趋势，利用现有仪器仪表提升采气生产现场的远程安全控制能力和降低气井出砂对设备的影响，已是一种迫切的需求。

2　工艺背景

2.1　员工人数减少，井站现场急需无人值守化

近三年来，一线员工数量由原先的234人，降至173人，与此同时，井站数量由89座涨至104座，现有人员数量无法保证所有井站均为有人值守，无人值守巡检制度的实施迫在眉睫；在应用无人值守管理制度的同时保证气井出砂时现场安全生产和设备运转稳定至关重要。

2.2　缺少设备远程异常监测和管控手段

生产信息化建成后，实现了对压力、温度、流量等数据的实时监控；已有的井安阀能在管道后端超压、爆管失压、站场火灾情况下实现自动关断；配套建设的水套炉自动熄火保护装置也能在炉膛温度骤减的情况下截断燃料来气。但由于缺少监测设备，无法确认在用设备的运行状态，且无法实现应急连锁关断，大大增加了出砂气井设备被刺坏的风险，极易形成火灾等异常状况。采气工艺流程见图1。

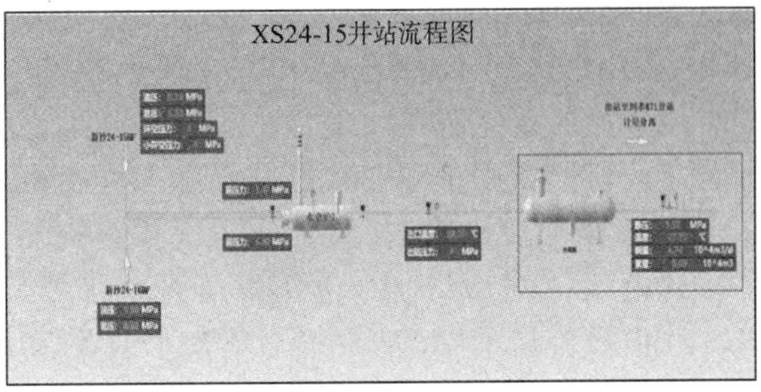

图1　采气工艺流程图

2.3　气井出砂严重，水套炉节流处易被刺漏

在采气现场，通常会通过水套炉节流油嘴来达到控压的目的。在采气工艺流程中节流油嘴前后端气流速度会急剧增加，通常由小于10m/s的流速提高到音速甚至超音速，此时会对现场设备造成短时间剧烈冲击，极易造成刺漏。设备被刺漏后需要耗费大量人力和时间核实刺漏位置。如气田XS24-15HF井，气井投产后在105天的时间里累计排查435次，共发现35个节流油嘴有破坏性的损伤，对后端阀门也造成破坏性刺漏，极易发生气体泄漏，形成极大的安全隐患。见图2。

2.4　优化思路与方向

为了降低刺漏后的气体泄漏引发的各类风

图2　XS24-15HF井油嘴刺漏

险，再结合已有的井安阀和水套炉熄火保护装置，引入固定式气体探测器，实现对场站甲烷浓度的实时监控，浓度超出设定值后可自动远程连锁关断电控井安阀和水套炉进气源，降低安全风险。

3　系统组成

可燃气体泄漏紧急连锁切断装置包含三个重要组成部分：环境监测装置、气源切断装置、RTU。气源关断装置和RTU为已建装置，新引进仪表可燃气体监测器作为环境监测装置的重要组成部分。

3.1　环境监测装置

主要由可燃气体探测器和配套通信线缆组成。该装置主要是对单一或多种可燃气体浓度进行响应，目前要用于甲烷监测。可燃气体探测器在运行过程中会出现三类状态，黄色故障指示灯、红色报警指示灯、绿色正常监视状态指示灯，红色报警指示灯亮起时会触发整个装置后续的连锁切断。

3.2　气源切断装置

气源关断装置由井安阀和水套炉熄火保护装置组成。在采气现场，经常使用的井安阀有液控井安阀和电控井安阀两种。

（1）液控井安阀

原始的液控井安阀具有机械式状态指示器，前期信息化改造后增加自动截断信号输入装置，目前已具备远程关井功能。本次改造与环境检测装置状态结合，新增一处逻辑截断功能。

（2）电控井安阀

原始电控井安阀已具备状态识别和远程截断的功能，仅需识别环境监测装置的信号状态做截断和开启的动作，新增一处逻辑截断功能。

（3）水套炉熄火保护装置

水套炉熄火保护装置主要由温度变送器、电磁阀和配套通信控制线缆组成。该装置已在水套炉膛温检测口安装温度变送器，远程实时读取炉膛温度数据，在水套炉燃气管线上加装电磁阀，电磁阀为常开式，正常时处于开启状态，当水套炉熄火时，RTU发送电平信号，触发电磁阀关闭，切断燃气。

3.3　RTU

RTU负责连接各终端的操作物理传感器，将相应终端物理信号转换为电信号，并对数据进行智能处理、反馈处置信号并传输至终端设备处以实现控制。RTU内置RS485通信模块，装置内通信采用Modbus TCP/IP协议。

4　联锁切断逻辑

气源切断装置已具备完善的控制逻辑和控制阈值，可燃气体泄漏紧急连锁切断装置可直接利用现有装置并补充逻辑控制功能即可。

气源切断逻辑控制点有井安阀出站压力、水套炉炉膛温度两个。当井安阀实际出站压力小于预设值，井安阀不动作，反之，井安阀自动截断；当水套炉炉膛温度小于预设值，水套炉电磁阀不动作，反之，电磁阀自动截断。井安阀和电磁阀两者独立动作，互不影响。

在气源切断装置的逻辑控制的基础上，可燃气体泄漏紧急联锁切断装置需在RTU内增加可燃气体探测器浓度逻辑控制点，设定上限值作为联锁关断的判断依据，当实时浓度值超过设定的上限值，将通过通信控制线缆将切断信号反馈至气源切断装置和水套炉熄火保护装置，实现井安阀和电磁阀的同步切断。

装置控制程序流程见图3。

5　装置选点和稳定性测验

正式投用前，需确定装置具体监测点和安装位置，由于气井投产初期水套炉遭受破坏最为严重，可燃气体探测仪将安装在该设备附近合适位置，安装情况见图4。

由于配套装置属于生产安全类设备，需先对设备设施进行预先测验，确保装置能正常截断，具体测试步骤如下。

（1）确保正常生产的情况下，设置气体探测器上线浓度阈值为10%，现使用气体浓度值为40%的标准天然气对气体探测器探头进行测试。若气体探测器显示数据在35%~45%内，则说明气体探测器正常，同时已超过气体阈值上限，仪表报警灯闪烁。

(2) 仪表报警灯闪烁的同时，井安阀自动截断，水套炉熄火。

(3) 当周围气体浓度降低至10%以下后，报警灯不再闪烁，井安阀和水套炉仍处于停止运行的状态

(4) 员工确保现场可恢复生产后，远程开启水套炉电磁阀，现场人员确认后点火，水套炉恢复正常工作。确认水套炉工作后，准备开井，井安阀此时已自动恢复为正常工作状态，人工打压到生产压力后气井恢复生产。

上述步骤均能完成时，代表可燃气体泄漏紧急联锁切断装置能成功运行，可投入正式使用。

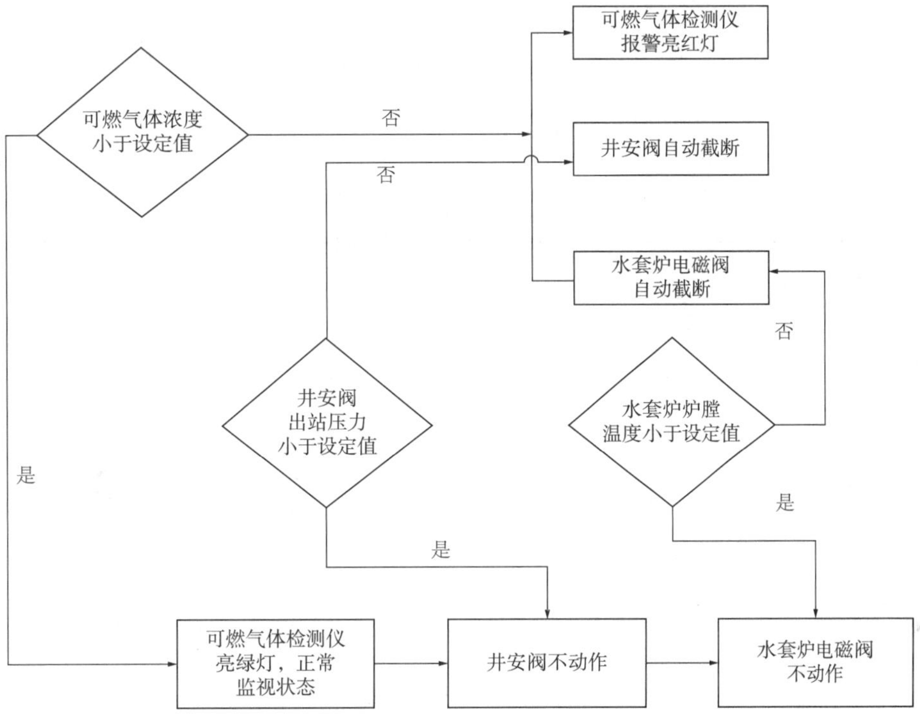

图3　可燃气体泄漏联动切断装置程序流程图

图4　可燃气体探测器安装位置

6　现场试验效果分析

6.1　试验结果

目前由于出砂井的泄露风险处范围较广，所有设备都有可能出现内部刺坏，因此为了更好的确定装置的使用范围和效果，以XS24-15HF井站为测试井站，选定5个易泄漏点进行测试。

XS24-15HF井站示意图见图5，其中红色圆点处为标定的测试点，绿色圆点为气体探测器位置所在。

实际测试过程与稳定性测验流程一致，但对于设备的响应时间等信息需进一步统计整理和汇总。

通过测试统计，可燃气体探测器察觉到周围可燃气体浓度值变化需要一段时间，识别浓度的

多少也会随着距离的增加而逐渐减少，当监测点离测试点距离较远时，紧急关断装置很难起到作用。在气体探测器响应之后，井安阀和水套炉能立即响应且响应时间基本同步。相较于紧急切断生产，恢复生产的过程会花费更多的时间，需确定设备均处于安全状态。

经过现场测试，可以得出：可燃气体泄漏紧急联锁切断装置在紧急情况下能基本保证场站设备和人员安全。气体探测器的测量范围大致在10m 以内，若扩大监控范围，则需增加多个气体监测点。

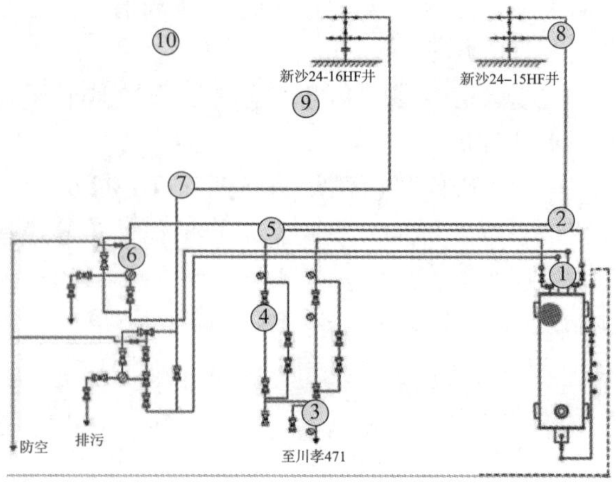

图 5　XS24-15HF 井站示意图

表 1　现场测试信息统计表

测试位置	各个阶段所需要的时间				气体浓度值	距检测点直线距离
	响应时间	井安阀关断	水套炉截断	现场恢复生产的时间		
1	1s	3s	3s	2min	35. 7%	1. 6m
2	2s	3s	2s	2. 5min	29. 9%	3. 1m
3	5s	3s	3s	5min	15. 2%	5. 2m
4	7s	3s	3s	4. 5min	11. 1%	6. 9m
5	7s	2s	3s	5. 5min	10. 0%	8. 3m
6	未响应	未响应	未响应	无	无	10. 2m
7	未响应	未响应	未响应	无	无	12. 3m
8	未响应	未响应	未响应	无	无	15. 1m
9	未响应	未响应	未响应	无	无	18. 2m
10	未响应	未响应	未响应	无	无	20. 7m

气体探测器浓度数据已上传至 PCS 系统，见图 6，可以远程实时查看场站浓度情况，后期将建立气体浓度生产提示模型，通过手机短信方式进行提示，提升监测效率，为站场无人值守提供支持。

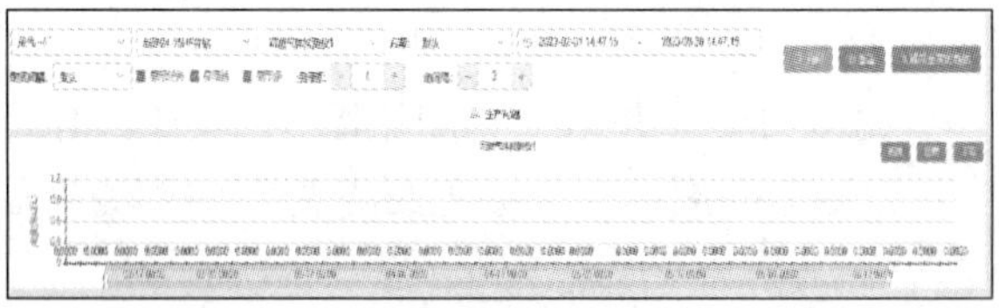

图 6　XS24-15HF 井站可燃气体浓度实时曲线

6.2　降本提效

（1）用工人数下降。已对 XC 气田内 2 座出砂泄漏风险较高的站场完成了优化改造，该装置应用后效果良好，使场站完全具备无人值守管理条件，预计优化用工 6 人。按照一名员工年投入成本 12 万元计算，装置投入和维修成本约为4. 12 万元，该装置的投用每年预计可节省成本为 67. 88 万元。

（2）非人工成本下降。基于前期信息化建设，可燃气体泄漏联动切断装置可有效辅助保障安全生产，撤站后无人值守，相应人员、站场运行管理费用明显下降，每日每站可少录纸质材料 8 次，水费电费均不再产生。

7　结论

（1）可燃气体泄漏紧急联锁切断装置可代替人工监控出砂井生产流程，减少进一步刺漏损坏流程和设备的概率，此装置建设成本较低，运行稳定，为出砂气井、深井等风险较高的生产井更加安全平稳生产提供有力的技术手段。

(2) 装置可以在泄漏加剧前立刻截断气源，为生产跟踪无人值守化提供有力保障，降本提效明显。

(3) 可燃气体泄漏紧急联锁切断装置采用边缘计算技术，采集、算法、控制下沉到在前端RTU中，仅传输关键点数据，无需依赖后端平台及网络传输，大大提高了整个联锁截断装置的敏捷性和安全可靠性，具有很高的可复制性，这种安全管理模式将会成为未来川西气田智能化建设的重要方向，为同类气田的管理提供技术支撑。

参 考 文 献

[1] 门虎，李国荣，陈宇．水套炉安全保护与控制的改进[J]．油气田地面工程，2011，30(05)：70-71.

[2] 叶康林，肖逸军，郑骏伟，范志弘，康璐．基于边缘计算的物网技术在智能油气田中的应用研究[J]．工业控制计算机，2022，35(02)：35-36+38.

[3] 王旭，王皓，袁剑，等．什邡气田信息化建设管理探索与实践[J]．中外能源，2020，25(2)27-33.

扁平化运行、信息化管理打造内外操一体化高效生产运行体系

李　峰　杨　哲　龚云洋　介　攀

（中国石化西南油气分公司）

摘　要　采气厂生产指挥中心以生产组织运行关键业务为重点，利用信息化手段，为推进"集中监控、无人值守、少人巡检、专业维修"管理模式落地，以扁平化组织架构为支撑明确内外操职能和工作界面，做强生产指挥中心"内操"职能，做实基层班组"外操"职能，内操通过信息化平台对生产现场实时管控，通过气田PCS系统一体化联动，外操对生产异常及时处置，大大提高了异常发现和管控的及时率，促使生产运行管理理念由管正常向管异常转变，采气厂无人值守场站比例由标准化建设前23%提升至49%，逐步形成"全面覆盖、无缝链接、精准高效"的立体管理体系，引领劳动组织方式和生产运行模式发生变革。

关键词　生产组织运行；信息化管理；扁平化运行；内外操一体化联动；异常管理

1　概况

采气厂2015年10月整体从"桂"转"川"，从"采油老兵"换身"采气新军"，2020年以来采气厂以油公司为方向、以扁平化为路径、以信息化为平台、以高效化为目标，通过信息化提升开启了厂管站改革。2021年以来以标准化示范区建设为契机，以"五项劳动竞赛"为抓手，持续深化"比贡献、比安全、比效益、比水平、比作风"竞赛体系，将"五比"贯穿生产经营全过程，全面促进厂生产运行扁平化，经营管理高效化。截至2022年底，天然气日产量三换字头，突破600万方/天，天然气产量15.92亿方，原油产量3.08万吨，油气产量均取得历史性突破。

采气厂生产指挥中心在厂管站改革中，以"五比五创"为目标，以信息化建设为支撑，以标准化示范区建设为契机，以"五项劳动竞赛"为抓手，聚焦安全生产，推进采气生产业务数字化转型，率先实现了运行模式变革，形成以生产指挥中心为核心、内外操一体化高效运行的管理模式，提升了劳动效率和管理效能。

2　高效生产运行体系主要做法

2.1　扁平化改革激活内在潜力

2.1.1　压扁管理层级，找准功能定位

传统的采油气厂按照厂–管理区–班站三个层级管理，层级多，运行效率不高效。采气厂经过"厂管站"改革后，构建了厂–巡检班的两级生产管理模式，生产指挥中心作为厂生产运行管理部门涵盖了生产运行管理、调度管理、设备管理、物资管理、井控管理、信息化管理、计量质量管理、采气业务外包管理等业务，同时设立内操班，负责生产调度、视频监控、异常管控、数据审核等工作。并直接对生产现场行使"监控、分析、组织、协调、指挥"五大功能，找准定位，即"生产组织核心、任务指挥核心、现场管理核心，保证油气产量任务的全面完成"（图1）。

2.1.2　做实指挥责任，创新运行模式

各职能部门生产信息统一由生产指挥中心协调发布，生产指挥中心在纵向和横向上收集信息、掌握进度，统筹全厂生产进度和安排，及时有效地处理各种问题，向巡检班组派发生产任务，在生产经营活动中进行有效交流，从而使各职能部门和班组按照生产目标协调配合，保证生产运行管理系统内部各个环节的畅通，保证所有生产运行组成部分同步运行。

通过现场管理和内操管理的结合，将生产指挥中心打造成了厂生产运行枢轴，横向统筹其他部门的生产业务，对下直接指挥巡检班和运维班，创新形成了厂（生产指挥中心）直管班站的扁平化管理模式（图2）。

2.1.3　建立内外保障，支撑采气班组

各巡检班组为现场操作执行主体，开展现场

采气工作、设备维护保养和异常处置等。为保障巡检班组工作重心留在生产现场，支撑班组运行，生产指挥中心做实运行维护班和内操岗的职能职责，作为在现场管理的延伸(图3)。

如果把生产现场比作战场，内操班好比是前线指挥部，运维班就是工程团。内操班是内外操结合的关键点，负责采气数据、措施维护、PCS报警、视频监控等各种生产信息的汇总和检查，24小时不停的接受、传递生产信息，是各项生产指令上传下达的枢纽。运行维护班为巡检班组做好供给和保障，主要在生产指挥中心从事专业化作业，包括车注泡排解堵、施工监护、仪表维护、库房管理以及重点作业现场指导等，是各项生产指令的重要落实者。通过做实这建立运维班现场保障和内操岗信息保障，实现了内外操的结合，为现场管理提供了坚实后盾。

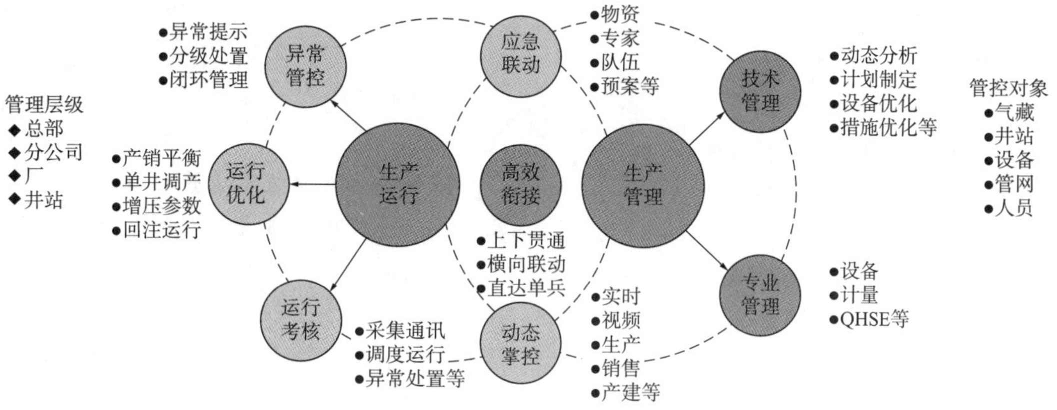

图1　数字化模式下采气厂生产运行体系

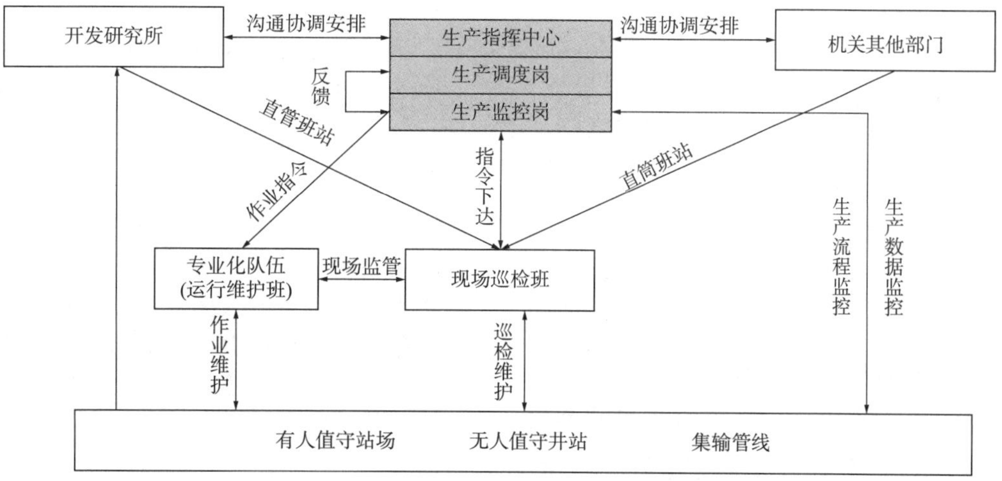

图2　生产指挥中心业务指令示意图

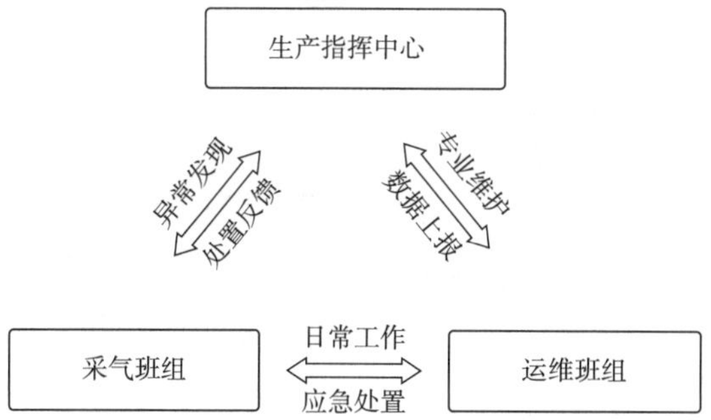

图3　数字化条件下生产运行组织机构

2.2　信息化建设助推现场管理

2.2.1　推进信息提升，保障现场管控

生产指挥中心开展了信息化条件下的软硬件建设。硬件方面增加数据采集终端、RTU、摄像头等设备，实现现场井口、流量计、水套炉等主要对象数据远传，形成气田生产信息化数据采集标准(表1)，自2015年开始建设视频监控平台至今通过5个阶段完成信息化建设提升，实现131座井站、279套视频监控、5400余个数据点

远传；软件方面通过PCS平台建设系统开展数据集成整合、技术架构升级、组件化开发等，生产监控通过生产基础数据看板、变化趋势预测和统计报表等方式，实现对业务总体流程到关键设备的全面监控，完成了生产数据自动采集、视频监控、数据分析等功能，将原来的人为主动发现异常转变为了异常主动提示值班人，保证现场监管无盲区。

表1　生产信息化选型与采集标准

对象	监控模块	采集参数	数据采集频率
外井	井口	油压	30min
		套压	
		环空压力	
井站	井口	油压	1min
		套压	
		环空压力	
	水套炉	进水套炉压力	
		出水套炉压力	
		膛温	
	分离器	本体压力	
		液位计高度	
	流量计量系统	流量、压力、差压、温度	1min
			30min
	污水罐	液位计高度	1min
	进出站阀组	进站压力	1min
		出站压力	
阀室	管网	压力	30min

2.2.2　重塑业务流程，强化标准示范

结合PCS系统建立以生产运行为核心的管控模式，将运营管理和信息数据有机融合，持续分析与优化，将生产管理规范细化落实，以生产组织运行关键业务为重点，以支撑内外操联动为目标，全面梳理了采气厂生产运行主要业务场景，总体划分为采气生产、油气销售、物资装备、安全管理、人员管理5大类25项(表2)。

针对以上业务场景，以生产精细化管理、生产运行指挥高效、安全监管能力提升为目标开展业务流程详细设计，纵向上按照“计划制定—任务派发—任务执行—处置反馈—分析评价”五大内容、横向按照涉及的岗位排列的结构进行标准化业务流程设计，重构了扁平化、信息化条件下的生产业务流程，并通过PCS系统实现了业务落地。

2.3　任务化管理提高生产效率

2.3.1　任务智能派发，提升运行效率

日常生产业务活动包括站场巡检、管道巡检、油水拉运、措施维护等，均由生产指挥中心通过PCS系统任务派发，外操岗通过手持终端执行任务，内操岗在系统内实时监控业务运行情况，包括任务执行人、任务开始时间、任务过程数据，系统自动汇总各巡检班任务完成情况，内操岗实时督查(图4)。

截止目前，计划制定、任务派发、效果跟踪几项节点全部实现线上管理，自动派发，任务完成后，施工人员APP端确认并完成业务数据更新即可，关联任务自动触发推动，全程无需人工干预，效率将大幅提升。同时系统自动生成业务台账报表，系统评估任务执行质量与效果，为业务管理优化提供了数据支撑。目前日均派发任务490余项，任务完成率超过99%，以任务模式驱动了生产业务高效运行。

表2　业务场景梳理明细表

序号	业务类型	业务场景名称
1	采气生产	产量计划、调度管理、产量劈分、动态分析、措施维护、增压管理、回注管理、井下作业、试井作业、油水拉运、气井制度、站场巡检、电子巡检、现场检查
2	油气销售	天然气销售、管网运行、高后果区管理、计量管理
3	物资装备	设备运行保养、特种设备管理、药剂管理
4	安全管理	作业监护、应急资源
5	人员管理	交接班管理、站场门禁管理

图4 “计划制定—任务派发—执行任务—处置反馈—评价评估”业务体系

2.3.2 强化内外联动，加强异常处置

通过井站视频监控、PCS数据报警模型建立、任务模式的执行，内外操结合程度愈发密切。生产参数发生异常自动推送至生产指挥中心内操岗和对应外操班组，内操通过系统监督、外操通过现场确认共同解除异常。当巡检站发生外来人员闯入或者环境异常时，视频监控系统电子围栏向内操岗推送报警，内操通过远程喊话进行驱离并通知班组立即前往现场处理。

目前生产指挥中心通过PCS系统设置了井口压力异常、储液罐液位异常等13项报警模型，通过视频监控系统设置储液罐区闯入报警、无人值守站闯入报警等电子围栏，内操日均处理预警信息约300条。借助信息化系统的监控和预警功能，实现了生产指挥中心集中指挥、集中管控，变单井站零散管理为片区集中管控、变事后处理为超前预警、变滞后研判为实时决策，形成了“全面覆盖、无缝链接、精准高效”的立体管理体系，现场管理由“管正常”转变为“管异常”。

3 认识与体会

3.1 管理链条更精简，反应更迅捷

信息化建设完成了生产数据自动采集、视频监控、数据分析等功能。管理层级由三级变为两级，精减了组织机构，形成了扁平化管理模式。

随着远程监控设备的规模化应用，生产任务直接派发到岗位执行，大量的人工操作被代替。提高了生产管理效率，降低了现场操作安全风险，降低了劳动强度。站场资料报表基本实现了无纸化，减少了纸质台账49份，无人值守井站比例提升至49%，优化了井站人员112人投入到了新建产能中，实现了增产增效不增人的目的。

3.2 业务指挥更集中，人员更精简

生产指挥中心集原管理区、生产运行科、生产技术科业务于一体，厂内生产指令统一由生产指挥中心汇总并下发，避免科室多头指挥导致巡检班组无效做功。原来需要人工派发任务，现在通过PCS系统自动派发、自动汇总执行情况，生产指挥更高效、人员管理更透明。

在新增PCS报警处置、任务下发及跟踪等多项业务的情况下，内操班6人完成以前管理区13人工作，仅报表统计一项工作就优化4人，劳动效率大幅提升。原巡检班组专职资料员通过PCS审核收集数据，8小时工作量目前2小时即可完成，有更多精力投入到现场维护和管理工作中。

3.3 内外联动更高效，现场更平稳

内外操通过在生产任务执行、异常排查与反馈等工作流程中，建立了联动模式，实现了内外操专业分工、互相补充，一体化运行；通过PCS系统和视频监控系统实时传输数据、自动派发任务等功能达到了信息的高效传递，实现了现场操作与生产管理的无缝沟通，保障了现场生产运行安全平稳高效。

参 考 文 献

[1] 雍硕. 数字油田井站无人值守管理模式的应用研究[J]. 中小企业管理与科技，2017(26).
[2] 田彬傧. 无人值守井站工艺流程配套优化研究[J]. 化工设计通讯，2017(4).
[3] 黄文科，薛媛竹，代恒，等. 数字化无人值守站气井管理及生产制度优化[C]//低碳经济促进石化产

业科技创新与发展——第九届宁夏青年科学家论坛石化专题论坛.
[4] 刘丹丹，杨玉林，牛双平，等．无人值守集气站气井管理探讨[J]．工业，2014，000(011)：P. 221-222.
[5] 姜连田．浅谈天然气无人值守场站发展及探索[J]．石油石化物资采购，2019(3)：46-47.
[6] 李健，任晓峰，冯博研．油田数字化无人值守站建设的探索及实践[J]．自动化应用，2018(05)：160-161.

关于 SCADA 的非一致性对天然气生产管理的探讨

严昀坤　鲁大勇　邹　祥　杨克龙　王　佳

（中国石油西南油气田公司川中油气矿）

摘　要　在目前现代化工业发展中，天然气及石油资源发挥着重要的主导作用，推动着当代我国各行各业的飞速发展。进入现代信息化工业时代后，建成数字化油气田成为天然气和石油开采中的重要目标之一。但由于个软件厂商对天然气场站的 SCADA 系统建设标准与协议不同，即造成“SCADA 系统的非一致性”。从而导致多种问题出现，如无法准确抓取另一平台内数据类型不同的数据、多个平台的联动使用造成工作效率缓慢等问题。本文主要探讨了 SCADA 系统的非一致性对天然气生产管理以及数据传输等带来的影响，同时，结合基层单位实际案例分析 SCADA 系统的非一致性在天然气生产管理的影响，以天然气生产管理为基础得出 SCADA 系统一致性的建设方向，突出 SCADA 系统的一致对建立数字化油气田的必要性。

关键词　SCADA 系统一致性；天然气生产管理；数字化油气田；SCADA 系统

数据采集和监控系统被称为 SCADA 系统，SCADA 系统运行于电脑内。目前，天然气信息化场站均基于 SCADA 系统远传控制工业现场，实时并且全面的监视采气及输气的工艺流程。目前石油化工行业逐步跨入信息化时代后，各场站内 SCADA 系统由不同的软件厂商建设，从而造成了信息化平台的非一致，降低了天然气信息化场站工作效率。

1　SCADA 系统概况

数据采集及监视系统（Supervisory Control and Data Acquisition，SCADA），它是作为天然气开采领域的重要工业控制系统，实现对现场的运行设备进行监视和控制，以实现数据采集、设备控制、计量、参数调节以及各类信号报警等。SCADA 系统对提高电网运行的可靠性、安全性与经济效益，实现天然气生产调度自动化与现代化，提高调度员的效率和水平方面有着不可替代的作用。

SCADA 是指监控整个场站的集中式系统，其 SCADA 系统架构如图 1 所示。场站内所有的数据传输与远程控制动作首先均需要由设备层中的变送器等终端设备参与，其次由远程终端单元（RTU）或可编程逻辑控制器（PLC）执行。当数据获取并需要发送时，其中主机中的数据库需满足接收与转发端的作用，数据完成采集后通过 Modbus tcp 或 RS－485 等通信协议完成数据传输。SCADA 系统架构上层中的应用层与展示层完成数据的人机交互功能，通过应用层中的各项功能将数据以不同形式呈现在展示层中。

SCADA 系统在天然气场站中也发挥着重要的作用。通过该系统可以达到安全可靠的开采天然气，以及高效调度管理天然气输配气等作用。

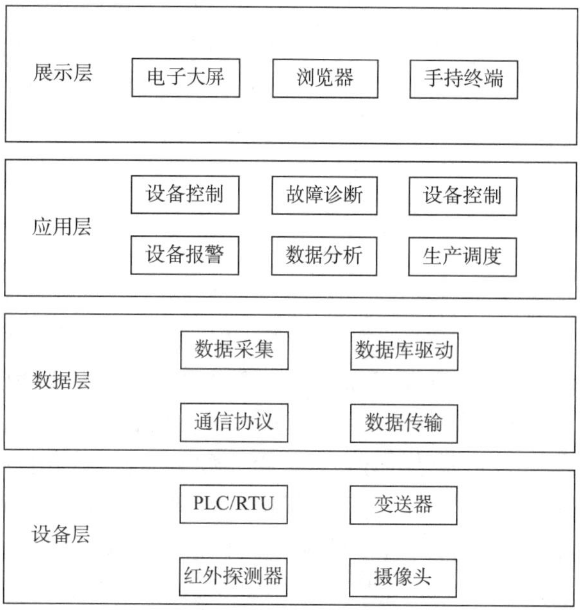

图 1　SCADA 系统架构

2　SCADA 系统的非一致性存在的主要问题及影响

2.1　数据应用存在中断风险

数据应用存在中断风险主要表现在以下三个方面：

（1）因生产系统某服务器崩溃，从而导致其他生产系统无法满足正常数据传输的功能。由于在整条数据链路上，各软件厂商所部署软件的服务器不同，造成数据传输需经过不同厂商的服务器。虽然油气矿对服务器维护有制定的标准，但厂商数量的增加也同时加大了对厂商的监管难度，从而增大了数据中断的风险。

（2）因每个厂商的软硬件传输数据的协议有所不同，例如西门子部分PLC传输数据的协议为PPI通讯协议，但部分厂商所设计的SCADA系统无法满足通过该协议传输数据信息。目前油气矿通过增设OPC（OLE for Process Control，用于过程控制的OLE）服务器，将由西门子PLC获取的数据封装成API接口，将数据装载如油气矿OPC服务器中，等待SCS（Stational Control System，站控系统）、RCC（Regional Coordinating Center，区域协调中心）、DCC（districtal control center，地区控制中心）中的OPC服务端进行请求后，再将数据进行分发（如图2OPC服务器数据传输结构）。通过增设OPC服务器，虽然避开了协议对数据传输的限制，但增大数据中断的可能性。当OPC服务器崩溃或故障时，所有通过OPC服务器传输的数据将无法进行传输，从而导致大面积的数据掉线情况出现。

（3）因各站使用不同的厂商的软件，不同的SCADA系统操作方式与组态画面都有所区别，造成员工学习成本大，培养一名合格的电子岗时间增长。同时，员工在同一中心井站下属的各个单井内存在频繁换班的情况，上述行为容易造成员工误操作，从而导致数据紊乱传输。

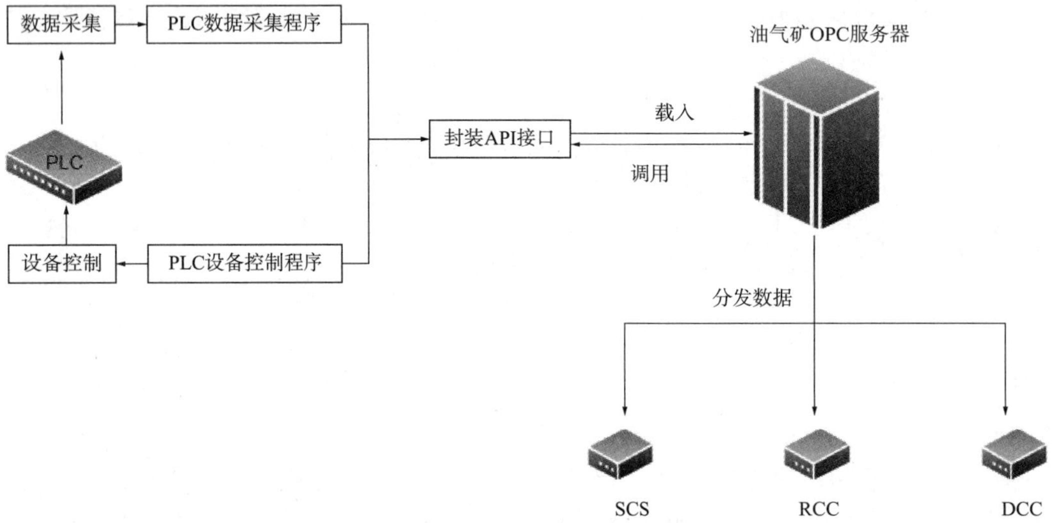

图2　OPC服务器数据传输结构

2.2　OPC服务器的不足对数据传输的风险影响

OPC服务器依托于OPC服务协议，并且这是一个专门旨在访问实时业务数据的软件应用管理程序，同时它也可用于提供不同软件应用厂商的多种功能，如事件处理，日志信息记录等功能。它也可以用来充当OPC客户端和本地通信所传输数据源之间的一个翻译器。同时，它还分别具备“写入”和“读取”传输数据的两种功能。为了避免各平台之间协议和数据的不兼容，OPC服务器确实解决了燃眉之急，相比较于早期信息化建设中的现场接口与接口直接交互，OPC服务器降低了数据以及设备之间的不兼容，但是OPC服务器在数据库与网络安全方面等方面仍然存在漏洞与不足：

（1）OPC协议（如图3OPC协议体系层级结构）中包含了OPC History标准，但是多数OPC服务器并未直接给予该标准的支持服务，因此难以为实时自动化的网络数据库管理服务架构提供数据库的实时缓存数据管理等功能，同理，OPC服务器无法直接传输历史数据。

（2）OPC服务器通常无法提供一些常用的实时计算功能，如数据累计和多个位置符号相加的综合计算功能，从而造成数据大量冗余的数据存储以及重复的数据计算，最后不仅增加了实时数据库的负荷，也影响了实时数据库的运行稳定性。

（3）由于OPC所采用体系是基于微软的COM/DCOM体系，尽管该体系能够在不同的网络应用程序与不同的编程语言之间共享二进制代码，但OPC服务器在分布式应用中所应用的RPC方式(Remote Procedure Call，远程过程调用)常常与企业级的底层防火墙发生冲突，无法受到防火墙的保护，从而导致OPC容易遭收到攻击。

(4) OPC服务器是基于Windows的操作系统所运行的，windows作为最常用的操作系统之一，常被检查出安全漏洞，故而OPC服务器很容易就遭受到针对于windows安全漏洞的恶意攻击。同时，微软公司已未维护部分Windows操作系统，如Windows XP等。因此，主机的安全问题也会影响到OPC服务器的稳定性与安全性。

(5) 目前OPC服务器普遍采用了弱安全认证的机制，即使启用了服务器本身自带的安全认证机制，依然存在弱口令的可能性，造成保密性降低，增大了数据泄露的风险。

(6) 部分OPC服务器默认开启了许多与SCADA系统无关的Windows服务，从而导致许多开放端口以及非必需的进程默认打开，从而增大了被攻击的风险。

封装层OPC API
应用层(COM/DCOM)
会话层(RPC)
传输层(TCP/UDP)
网络层(IP)
数据链接层(以太网框架)
物理层(以太网)

图3　OPC协议体系层级结构

2.3　数据获取值可能存在异常

软件厂商在对不同场站进行信息化建设时，需要在生产系统中的流程图，数据参数表，设备状态表，SIS因果图等进行组态；同时在软件后台，软件厂商将对每个场站进行数据库建模(图4)，以及完成每个点位的数据映射。点位映射需人工进行添加，需耗费后台程序员大量的精力进行人工比对。这样的方式极易造成某个点位配置错误，从而映射数据错误。在生产系统中可能造成数据获取值的异常。倘若数据映射值与真实值接近，那么井站员工在现行的数据核对的制度下，很难发现是由于数据库引起的错误。从而无法确保数据真实、有效的传输。

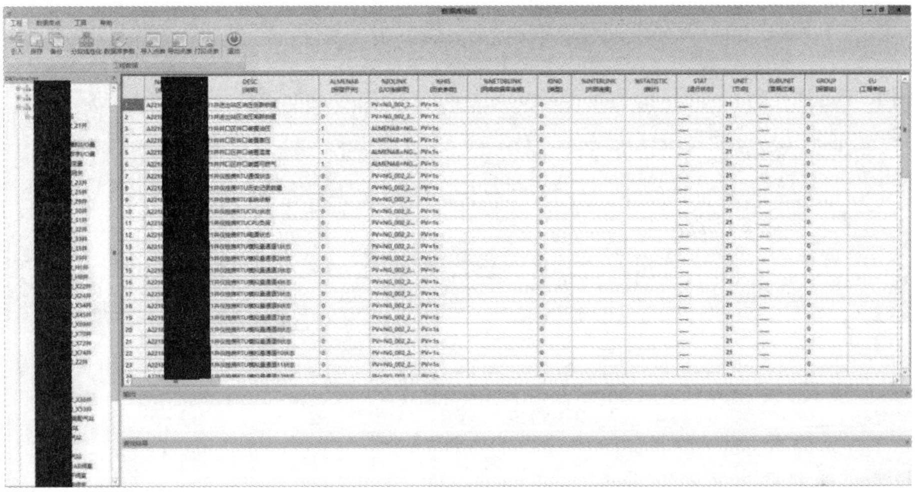

图4　场站数据库结构

3　SCADA系统非一致性案例分析

3.1　调控中心SCADA系统无法解析某井站数据

某基层单位调控中心(RCC)的SCADA系统名为OAsys，该系统满足使用OPC、Modbus等常见传输协议传输数据。但某井站使用的是品牌为西门子的RTU，西门子RTU为内部独立传输协议，而OAsys无法支持该数据协议的传输。为了解决数据传输问题，该单位新增了一种数据传输方式(图5)在中心站SCADA系统(SCS)内增设了OPC数据库，通过中心站SCADA系统将由该井站传输数据存储至OPC数据库中。同时在OAsys中增设一套OPC数据库，通过中心站OPC数据库和OAsys中OPC数据库进行数据关联，使得数据能通过OPC协议进行传输。

虽然数据能够通过这样的方式顺利传输，但本案例中的数据传输却多次出现中断情况。经过核实后发现，数据异常中断的原因是SCS内OPC数据库无法及时获取由该单井站所传输出的数据，从而影响了后续链路的数据传输，并且因这种长链路的数据传输中断增大运维单位工作的难度。

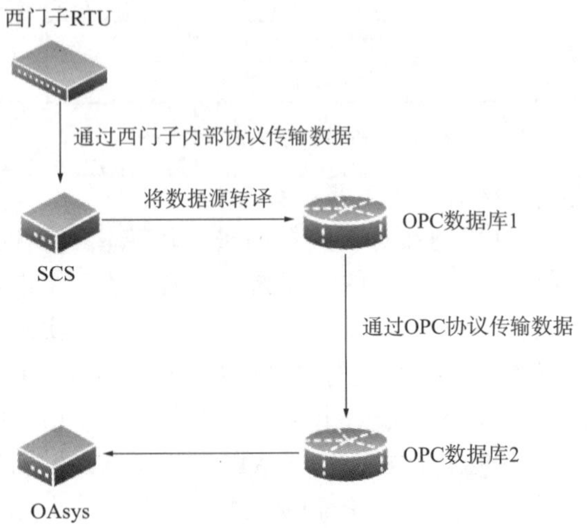

图5　调控中心SCADA系统无法解析某井站数据

3.2　SCADA系统无法读取其他生产系统内的自定义数据

某软件厂商在某井站搭设的SCADA系统A，既可读取场站数据，也可读取由其他软件厂商搭设的生产系统B传输而来的数据。井站员工每日通过SCADA系统可完成多项信息化任务。该SCADA系统中，阀门状态有时会显示为乱码（图6），极大的影响了井站的安全及可靠性。经过核实后，发现是因为软件厂商在系统B中对阀位状态状态码设定规则进行了修改和添加，例如B系统中原有规则下，状态码1为打开状态，2为关闭状态；但在经过更改规则后，A系统无法识别所传输来的状态码，故而出现了乱码。然而，如果确立生产系统的一致性后，在系统内更改某自定义参数后，可进行全局更改，则不存在数据传输异常的问题。从而可以从根本上避免这种情况的发生。

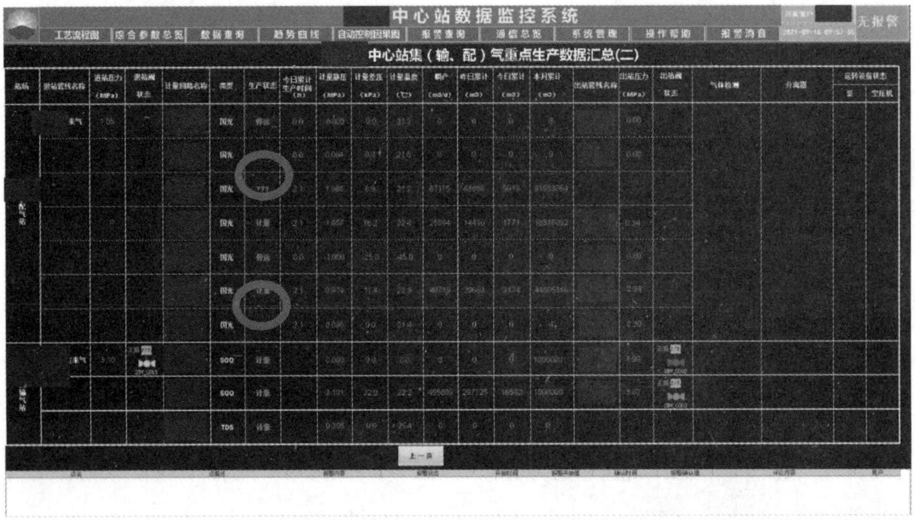

图6　跨系统数据传输的乱码

3.3　数据库点位配置错误造成数据紊乱

SCADA系统可以通过多种方式获取数据，但大部分数据需通过同步系统内与现场的点位配置，方可将数据存储至对应的数据库，从而保证数据链路的稳定。井站生产系统若由不同SCADA软件厂商制作，则数据库点位需要由不同厂商多次配置。因每个厂商所设置的数据库格式不同，不能将数据库配置进行拷贝使用，数据库点位配置是人工进行导入和设定。这样类似的导入和设定方法，极大的增大了数据点配置错乱的可能性，从而导致数据异常传输。

4　完善SCADA系统一致性的优势

4.1　降低运维成本

在同一区块油气田开采中，由不同软件厂商制作的SCADA系统所构成的信息化系

统架构普遍存在多个系统运维商的情况。运维费用会明显高于生产系统统一后运维商运维的费用，原因在于运维商对于不同的系统运维定价有所差异，很容易造成运维费用增加，并且提质增效、费用降低的可能性较小。但在统一生产系统的一致性后，所有系统维护标准为统一标准，

使得运维人员运维难度减小，可缩短整体的运维时间，大幅度的提高了问题整改的效率。并且运维商仅需提供可维护该系统的工作人员，不需要提供可维护多个系统的工作人员，从而可以大幅度降低人力成本，以达到降低整体成本的目标。

4.2　降低建设成本

现目前在同一区块油气田开采中，所使用的生产系统架构，基本为多个软件开发商

在各项目中建立而成。软件开发商在开发生产系统时，需要完成的比如有：井站画面的组态、数据库的建模，工作站的搭建等。但当同一油气中的生产系统架构由多家软件厂商开发时，处于生产系统架构中的上层应用，如 DCC 生产系统，该系统需将该油气田中所有信息化场站覆盖入其中。同理，该 DCC 生产系统在建设时，便已完成 DCC 辖区内信息化场站组态画面和数据库建模设计。若能达成生产系统的一致性，则能由同一家软件生产厂商从 DCC 的生产系统中将场站的数据库以及组态画面拷贝至该场站。通过上述方式，可以省去大量的前端画面组态（图 7、图 8）、后端数据库建模的时间成本以及费用成本。

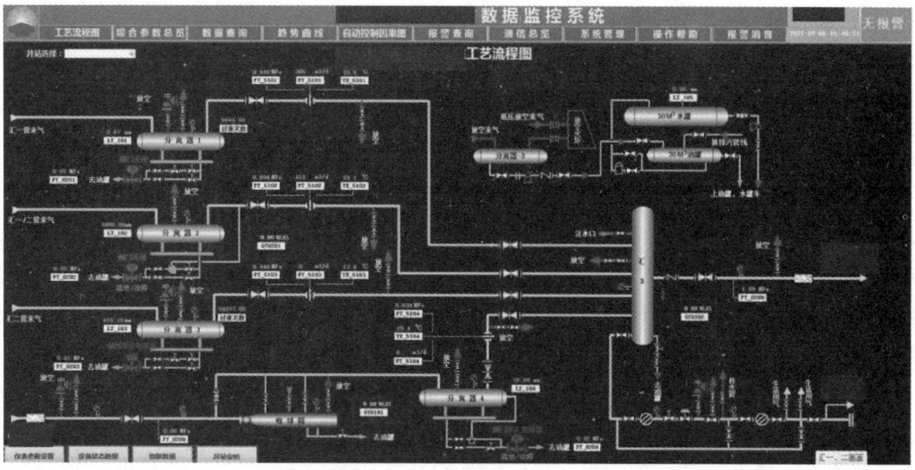

图 7　流程图组态画面

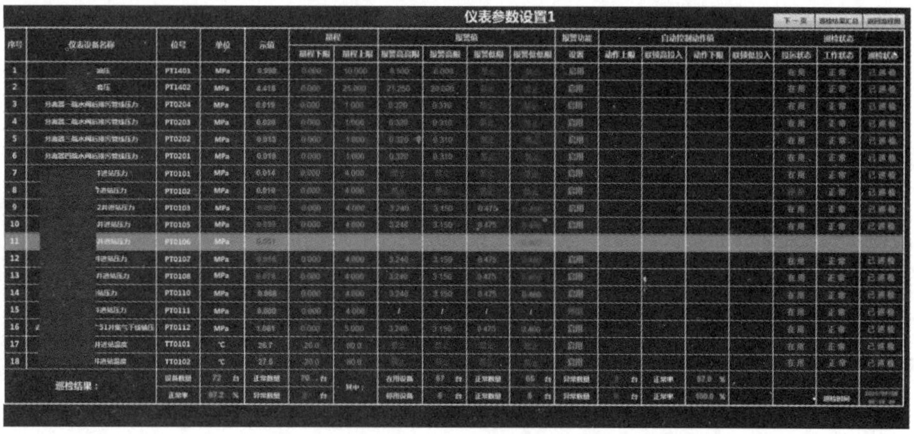

图 8　参数总览组态画面

4.3　提高数据传输准确性

在生产系统架构中完成对生产系统平台的统一后，可极大的提高数据传输的准确性。目前部分场站的建设初期为人工配置该站数据库点位，增大了数据库点位配置以及数据映射错乱的可能性，从而导致部分数据显示错乱的情况。但在生产系统平台统一之后，可在生产系统架构上层的 DCC 生产系统内完成数据库建模、点位配置以及测试后，拷贝某场站数据，无需人工二次配置数据库点位等工作，成功降低了因人为因素降低数据准确率的可能性。

4.4　加强网络安全保障

当生产系统平台非一致的情况时，数据在多个平台传输时，数据传输的安全性容易

降低。每个生产系统平台的传输协议不同，从而只能够通过外部协议，如：OPC、Modbus等传输数据，如OPC协议严重依赖DCOM，且与企业级防火墙冲突，有着一定的安全隐患。容易造成数据泄露。但当生产系统平台一致后，数据可通过该生产系统平台的内部协议进行传输。内部协议传输普遍比外部协议传输更安全，数据泄露的可能性得到大大的减小。

4.5　降低网络和硬件要求

若各层级生产系统平台未统一时，因各平台数据不方便互通，所以RCC与SCS都需各自对场站内RTU进行数据请求，这样使RTU的负荷大大增加，同时增大了RTU故障率。并且，不同IP地址的多次请求也对网络带宽等要求增加。当统一各层级生产系统平台后，只需SCS访问RTU，再通过SCS将数据传输至生产系统架构中的上层部分，从而减少了对各场站内RTU的负荷以及网络的要求。

4.6　员工培训难度降低

在生产系统平台未统一之前，生产系统架构中各场站所采用的生产系统普遍存在组

态画面非一致，功能不同等问题。这对员工学习新系统的难度增加，在同一油气田开发区块下，人事调动后，员工需要重新对系统操作进行学习。信息化管理人员也需多次对其进行培训。当生产系统平台统一后，不仅降低场站现场员工学习系统的难度，而且减少了信息化工作人员的冗余工作。

5　SCADA系统一致性的建设方向

基于油气田开发与生产需求，在同一区块油气田开采中，针对于SCADA系统的一致性建设需加快发展协同优化技术、统一建设标准、优化现有系统、全面感知。

（1）协同优化技术。油气田将数字化及信息化做好全面发展，功能上将现场设备、智能技术进行整合，深度融合油气田业务，使信息化为油气田生产提供辅助。从而构建安全绿色的无人油田。

（2）统一建设标准。油气田在信息化建设初期，完成对整体系统架构的设计。其中，应用层内的数据通信标准，数据存储格式均按照统一标准进行传输与存储，使得整个油气田都由同一数据类型，同一协议传输，从而整个油气田区块信息化数据将能够满足稳定，安全且持续的传输。

（3）优化现有系统。油气田在信息化建设中期，整体系统架构已经由前期建设完成，在此基础上，应对系统下层架构进行区域化统一。具体体现在RCC所管控范围内，对信息化系统的通信标准与数据传输类型进行统一，确保了RCC与SCS在数据传输上的层级关系，也降低了对RTU/PLC的访问负荷。

（4）全面感知。利用现有的油气田SCADA系统，实现油田无人值守，实时远传数据，实时远传操控，功能上也可利用SCADA系统及时发现与帮助分析业务过程中可能出现的各种问题，预警、报警，智能分析，将生产运行过程智能操控；效果上做好人、财、物智能化，降低成本，提高效益。

6　结论与建议

随着未来移动端和大数据、人工智能等新一代技术在我国企业内部信息化体系建设等各领域的广泛应用，各行各业对新的政企信息化管理体系架构建设朝着更加高度智能整合、高度智能协同、高度智能综合的发展方向快速发展，针对快速健康发展的国家信息化建设进程，天然气场站信息化建设要进行创新变革，亦需要规范标准。完善信息化平台一致性建设有利于对网络和信息安全，运行维护成本降低，数据采集管理规范有据等。从而达到通过信息化系统对天然气站场做到高效监控。

参考文献

[1] 郭建军. 长输天然气管道SCADA系统信息安全现状分析及优化措施[J]. 电子世界，2020，No. 602(20)：74-75.

[2] 赵增辉，冯旭. 基于OPCUA的自动化立体仓库监控系统设计[J]. 山西电子技术，2021，No. 216(03)：35-37.

[3] 杜小红. 基于OPC客户端的实时监控及缺失数据处理[D]. 燕山大学，2012.

[4] 陈波. 基于信息流分析的安全系统验证[D]. 中国科学技术大学，2007.

[5] 郭骅祥，杨延超. 基于OPC协议的数据采集实际应用分析[J]. 工业控制计机，2019，32(09)：40-41+43.

[6] 李东旭. 智能油田的技术与实施探讨[J]. 中国设备工程，2019，416(05)：194-195.

油田数字化转型对企业高质量发展的影响

马文韬 杜秀铎 王 燕 郑元黎 何东良

（胜利油田石油开发中心有限公司）

摘 要 在如今的环境下，数字化转型工作面临着艰巨的挑战和新的机遇。油田企业的数字化转型工作部门应该顺应时代的潮流，进行更加数字化的转型，从而节约人力和有限的资源，减轻数字化转型工作业务负责人员的负担。本文将油田企业数字化转型工作和“数字化”紧密结合，阐述“数字化”对油田企业数字化转型工作可能产生的影响，并对其未来进行探讨，从当前的实际情况出发，结合如今的现场生产运行实际情况，给出合理的建议和有关方向。

关键词 数字化；数字化转型工作；油田企业；行业转型；企业发展

1 当前情况下的油田统计分析工作

1.1 概论

大数据时代下，如今的油田行业数字化转型工作转型已经开始从“数据收集”向“数据分析”转变。在胜利油田，近年来信息化工作逐渐开始有了新的成效，很多井已经可以做到自动收集当时的井口有关信息，并传输到相关的服务器，不再需要人力进行相关数据的采集，一定程度上解决了部分难题，减少了工作量和人力的使用。但是在数据分析中，绝大多数的工作依然由人类承担，很多重复性很高、技巧性很低的工作仍由统计分析部门的员工来完成，而这一部分工作实际上绝大多数都可以由计算机自动生成。同时最重要的是，随着企业规模和新开井数的不断扩大和增多，每日上报收集的数据也在迅速的增长，统计分析人员面临巨大的工作量和工作压力。而作为每日工作必不可少的统计分析工作对企业的管理决策和日常生产状况起着决定性的作用，这为油田行业的统计分析工作提出了更大的挑战。其主要问题主要存在于以下四个方面：

（1）如何更好的完成统计分析从“数据收集”向“数据分析”的转变。

（2）随着数据量的不断增加，如何利用数字化模式减少人员的工作量。

（3）数据化统计分析工作在企业高质量发展中的地位、优势及实践。

（4）目前的数字化转型工作大多数情况下是各个部门各自为阵，各部门的数据链很难融合在一起。

而目前想要解决这四个方面的问题，需要改善统计分析人员的综合素质，充分挖掘有效数据，帮助企业在数字化转型的浪潮中优化转型措施。

1.2 当前国内外数字化形势

国外一些大的石油企业已经建立有统一数据管理中心，能够实现信息集成、共享以及勘探等方面工作的协调，广泛应用高性能知识管理系统以及计算等，在勘探开发协同工作和决策方面应用有虚拟现实中心。

20世纪80年代，国外跨国油田企业已经开始应用ERP，当前ERP系统的应用已经覆盖约90%石油企业，部分企业已经实现了全球范围整合。网络化、模型化也就是集成化和科学化，这是当前国外石化工业信息化和计算机化的主要特征。例如著名的沙特阿美国家石油公司、挪威国家石油公司等，其信息化起步早，发展速度快，目前的信息化水准高，很多统计分析工作也都已经进入全面数字化阶段，节约出大量的人力物力。并且，从上世纪九十年代以来，全球范围内的大型油田企业都开始大力实施MES，并开始尝试将MES系统与REP系统集成在一起。相比较于这些信息化技术起步较早的世界知名跨国油田企业，我国的石油化工行业数字化程度不强，但是在近几年，以胜利油田为例，其信息化近几年来虽然有所成效，例如EPBP系统、PCS系统以及SCADA，但是仍与国外有较大差距。目前而言，在统计分析领域，其差距更为巨大。

2 数据化转型分析

随着各项互联网技术的不断发展和成熟，各

项技术在石油油田行业的运用也越来越多。云技术、物联网、人工智能等技术都能运用到其中来减少人员的参与从而减少人员投入，提高容错率。

2.1 人工智能(AI)技术

对于人工智能的定义，从这个学科诞生以来，就备受争议。著名的尼尔逊教授对人工只能是这样定义的：“人工智能是关于知识的学科——怎样表示知识以及怎样获得知识并使用知识的科学。”但实际上，这种定义过于局限，没有与日常的生产生活相结合，相比较而言我比较喜欢美国麻省理工学院的温斯顿教授的说法：“人工智能就是研究如何使计算机去做过去只有人才能做的智能工作。”这反映了人工智能基本的思想和实践作用，就是利用AI去完成原本由人类完成的，需要人类的智力的，可能需要复杂的思考方式的工作。而对于石油油田行业而言，能够首先由AI胜任的工作必须具有以下几种特点：重复性、简易性、并用性。

而所谓重复性，顾名思义，每天都要做的、工作内容差不多的、反复的工作内容，这种工作往往不需要复杂的思考和健全的AI神经网络，能够迅速的训练简易的AI就可以胜任工作，同时不需要长时间的持久的训练。简易性是指这类工作往往工作内容多，从事相关的工作人员累，工作难度低，非常适合AI进行定岗试验。而并用性则是指完成AI训练之后，AI只经过小幅度的修改就可以投入新的业务工作中，减少了经济消耗。AI在生产实际中的提升主要体现在以下四个方面：

（1）运用AI能提高风险感知能力的全面性

运用AI统计分析和巡检等业务方面，通过摄像头、传感器、提前的数据约束等来实现对类型的风险及隐患的检测与排查，并能够快速的将结果数字化显示出来。员工只需要处理出现的问题或隐患即可，大大节约了人力。在统计分析方面，对于每天都需要收集的数据、报表等，通过提前训练AI和提前做好有关数据约束，在当天的报表数据出现异常情况时，AI可以迅速的进行分析，并将分析结果反馈给工作人员，从而大大减少工作量，解放生产力。

（2）运用AI提高决策效率

通过知识图谱，AI可以对报表数据等信息进行迅速的快速的处理，并且错误率远远低于相关从业人员的评估。

（3）减少对人员的依存度

通过对新员工的少量培训，让其掌握控制AI的方法就可以替代过去若干熟练的工人。而传统的统计分析模式需要依靠老员工大量的经验来通过异常数据分析油井可能出现的问题，培养新人需要投入大量的精力和时间。同时AI可以提高自动化程度，减少对人员的依存度。

（4）降低运营成本

在可以通过AI对事故进行预防，从而降低事故发生的概率，进而减少停工停产时间，减少运营成本，提高运营效率。

2.2 当前数字化转型工作数字化中的问题

数字时代来临，业务不断扩展，促使油田统计在企业运营中发挥着越来越大的作用，但是目前而言，油田数字化转型工作依然存在问题，以至于数字化转型工作存在问题。想改善这种情况，必须探讨目前数字化转型工作转型中出现的问题。

2.2.1 数据挖掘和分析水平不足

在我们不断努力之下，当前的胜利油田信息化建设已经初具规模，但是总体而言还是处于初级阶段，信息化内容仍然处于信息数据的筛选收集和简单的分析。企业每天所需要的关键信息数据依然来自统计部门。而数据的分析和预测结果由人类完成，影响因素很多，例如业务人员的业务水平高低、对数据的认知水平、甚至是当日的工作状态等。所以由人工来完成相关工作效率较低、主观性高、质量参差不齐。特别是目前数据规模的不断扩大，无法对数据进行有效的数据挖掘，不能实现准确的预测，从而对企业产生影响。

2.2.2 传统统计分析不能适应现在时代背景的要求

应集团公司减少成本，增加效益的要求，现在油田企业普遍开展减员增效的工作。这使得很多企业的数字化转型工作开始向辅助职能转变，专职统计人员越来越少，需要统计分析的数据却越来越多，这就使得整个统计部门的专业性开始下降。而统计人员仍在使用传统的方式来对付日新月异的生产数据和预测需求，使得效率无法得到有效的提升。

2.2.3 作业统计报表中的不足

目前在胜利油田，每日的作业统计报表需要

分析处理大量的数据，并根据数据是否异常总结可能出现的有关问题。统计报表中，很多数据都不能直接通过井口的各种传感器直接获得，必须通过人工计算分析处理后才能得出，这就产生了大量的工作量。而这些工作每天都是重复的、相同计算方法的，可以快速的通过计算公式数字化完成的。表 1 是某日生产运行作业报表的一部分，可以看出很多数据都是可以通过信息化、数字化自动生成的。通过一个例子可以变相说明，目前胜利油田还是有很多方面可以使用信息数字化方式来节约人力物力。

表 1　生产运行作业报表截取部分

1	主体作业队	油气井下	17	小修设备	13	6	3	5	4	3	6
2	局工程公司	井下作业		大修设备	2						1
3	社会队伍	承包商	35	试油设备							
合计			52	合计	15	6	3	5	4	3	7

2.3　AI 技术在生产中的应用

当前生产中 AI 技术目前主要应用在以下三个方面：

（1）利用 AI 智能化，不仅可以在每日的生产数据的生成、统计和分析中扮演重要角色，在油田行业安全生产方向也有很大的舞台。在绝大多数单位的生产指挥中心中，指挥安全生产的工作还是由人来做，工作压力大，容错率低，尽管现在很多监控系统都融合了 AI 模式，但是还是没有真正做到 AI 独立完成，很多情况下必须由人类辅助。而利用 AI 不断的学习可能出现的违规情况，就可以自动识别出井场上的特殊情况，速度更快，虽然准确率可能不及人类，但是可以更早的发现问题。如图 1 所示，为当前的主流监控系统部分截图。框内为 AI 自动检测出的问题，比如井场出现人物活动报警、检测到未佩戴安全帽等违规行为。

图 1　监控系统

（2）当前在胜利油田中应用互联网技术的还有智能安全帽（图 2）。智能安全帽主要利用物联网，空间定位，移动通信、云计算、大数据、AR 和 AI 等技术，同时能实现 16 大功能，且能真正落地解决各行业施工中的一系列安全和管理问题，137°超广角前置摄像头，让拍摄呈现更广视野，1080P+1300 万像素，更是让图像画质无损，细节不失真。应用范围广泛，例如电力、工程、码头、矿业、铁塔，制造业，能源等领域。

图 2　智能安全帽功能大全

（3）横向上整合视频会议、可视电话、视频监控、固定电话、华为 WeLink 等系统，满足便捷沟通需要；纵向上向基层延伸，实现油田、二级单位、生产现场之间联通，为生产调度、突发事件、应急会商等业务提供高效的通信支撑，形成符合油田特色的“智慧指挥调度”示范工程。如图 3 所示。

3　企业数字化转型的具体措施

传统的数字化转型工作在企业中大多以报表

和分析报告的形势展现结果，并且都是事后统计分析，具有滞后性，不利于油田企业及时应对瞬息万变的市场环境。随着互联网技术的高速发展，统计分析人员可以随时读取企业的相关数据信息。为了适应企业的高质量发展，帮助管理决策者可以及时掌握一线的生产数据，即使做出管理部署或改变运作方式，当前的油田企业应该整理内外所有的数字资源，然后在电脑或手机端上显示生产数据，才能符合与时俱进的企业高质量发展道路。

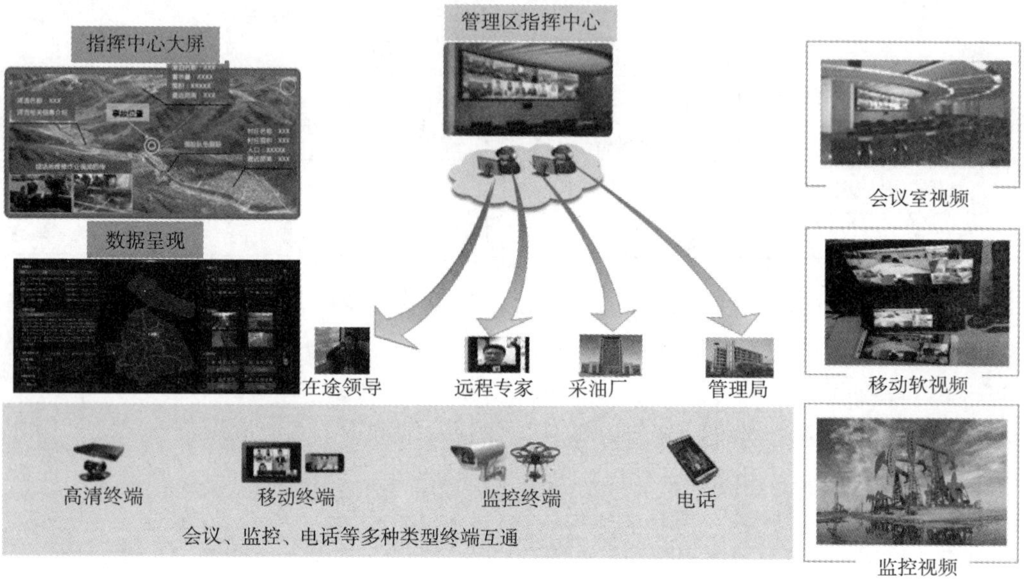

图 3　统合通信架构

3.1　企业数字化转型工作转变的方式

3.1.1　改变数据分析统计理念

为了进一步增产，减少成本，企业不能进一步保持传统的统计分析流程，而统计分析是石油油田行业不可缺少的一部分，它已经成为了管理层决策的基础。如今的石油油田企业应该正视这种改变，加强对统计分析工作的重视程度，建立企业大数据时代背景下的统计分析发展策略，使得统计分析工作能够有效地与企业健康发展相结合，帮助企业提升有关管理能力，改变管理方式。越来越多的信息开始进入生产运行的日常工作中，统计分析工作也开始向数据挖掘和预测转变。

为了能在越来越多的信息中找到企业发展的关键信息，日常生产的重要信息，一定要时刻总结市场竞争中的规律，以此来判断改善企业发展中的变化和趋势，找到企业可能存在的问题并及时改正，帮助企业不断发展提高。目前可以进行的具体举措有以下三点：

① 完成从描述性统计到预测性分析的转变工作。目前而言，传统的数据分析通常侧重于描述数据的现状和趋势，然后通过工人的经验来完成进一步的预测。而现状可以通过 AI 等技术进行预测性分析。

② 进一步推广并完成从静态分析到实时分析的转变工作。传统的数据收集和分析是依靠静态的数据集进行，而数字化技术可以实现对实时数据的分析与监控。通过实时数据分析，可以及时发现问题和机会并采取行动。如图 4 所示，通过实时检测油井生产数据，即使调整操作策略，提高产量和效率。

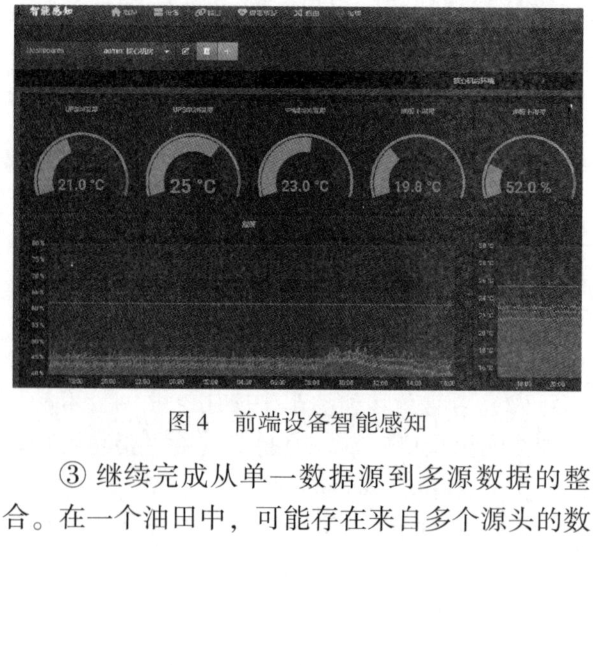

图 4　前端设备智能感知

③ 继续完成从单一数据源到多源数据的整合。在一个油田中，可能存在来自多个源头的数

据，我们要对这些多源数据进行有效整合和分析，以获得更全面的视角和深入的理解。例如，建立数据湖或数据仓库，并且采用数据集成和数据挖掘来实现。

3.1.2　不断完善数据共享平台

在企业数字化转型的过程中，由于石油油田行业的特点：生产规模大、工艺流程复杂、生产所需的原材料或基础设施多、产品类型复杂等，油田企业所涉及的各项数据类型更加繁杂，各种各样的数据有各种各样的约束条件，使得数字化进程十分困难。所以要对企业生产运行中的各个阶段的数据都有监控，动态数据的提供会严重影响企业的生产经营和发展。如果数据能够实时的反应在生产中相关的数据，通过这些数据来调整企业的生产经营，保证企业在多变的市场环境下的经济效益。因此，油田企业应当建立数据共享平台。

这种数据共享平台会根据访问者的权限为访问者提供不同的访问页面，页面上的数据也会有所不同。这些数据来源于企业各个生产环节中传感器或其他数据货期装置所获取的实时数据，同时这些数据也反应了生产生活中的实时状态，依靠这些实时数据，可以对生产状态进行时刻的调整，以符合当前的生产需要。同时对某些重要的生产数据设定警戒值，一旦出现不符合设定的警戒值的情况，离开就会报警，然后提供一个可能的改进措施，这对于企业日常工作和平衡结算都有着非常重大的意义。

完善数据共享平台：制定明确的数据共享政策和准则，确保数据的攫取合法、合规和安全。在确保访问安全的同时，建立适应数据共享需求的架构，确保数据本身的安全。同时对上传到平台的数据进行标准化控制，以确保数据的一致性和可互操作性。

3.1.3　提升统计分析人才水平

为了能够完美的完成统计分析数字化转型工作，企业应该建立一个专业的数字化团队，或者寻找合适的数字化团队与其进行长期的合作。同时也不能忘记加强对统计分析人员的相关培养和培训，因为有很多核心的数据是企业的机密信息，尤其是石油油田行业，这些机密不能被外人所触及，所以起码应该保持一个能够随时运营维护相关数字化产业的团队，以保证数据的安全性。

加强统计人员的日常数据处理水平还能够更好地贴合数字化系统，使其对各个系统的业务流程有一个清晰的掌握。加强信息统计人员使用新工具的能力，提升数据挖掘、收集、统计的综合能力。只有做到专业知识和企业的具体情况进行有机地融合才能够将信息分析和预测工作的效果发挥出来，帮助企业做出正确的临时决策。

提升统计分析人才水平：开展专门的培训和教育计划，以提高统计分析人才的专业知识和技能。可以包括内部培训课程、外部的培训机构合作、在线学习平台等。提供实践机会，在学习中实践，增加对实际情况的理解和洞察。最后增加激励和奖励机制，鼓励统计分析人才不断的自己提升技能素养。

3.2　建立企业数据链

对于一个企业内部的数据链，很多时候，一个部门的数据难以与其他部门实时共享，各个部门使用各个部门的系统，各个系统直接没有关联，在实际生产中经常出现问题。应该建立一个共用或互有访问接口的系统或系统链，使得单位各部门各系统之间有所关联，每个系统都可以通过权限判断等措施，来判断用户是否有访问其他系统的权限，以此来获取其他系统中的信息。这样，数字化转型工作就可以融合在一起，形成数据链，减少工作量。

合理的企业数据链目标是在企业内部构建和管理完整的数据价值链，从而实现数据的高效获取、整合、存储、分析和应用，从而支持企业决策和业务运营。以胜利油田为例，当前胜利油田很多部门很多科室使用单独的系统，各个系统之间没有接口，相互独立，我们首先应该建立数据采集和整合机制，收集来自不同业务系统和数据源的数据，并进行数据清洗、转换和整合，以此提高数据质量。目前，胜利油田已经开始有关业务系统的整合和回迁工作，同时搭配数据湖和云存储，可以更好的管理企业的数据资产，并完成有关企业数据链的完整建设工作。

4　总结

在油田企业运行的过程中，数字化转型工作就是不断收集信息、分析信息、得出结论，汇集各方的数据，并作为企业决策的重要参考依据。因此如果能够保证统计分析结果的正确性和科学性，那么对于企业发展和决策的重大作用绝对不能忽视。但是在数字化背景下，油田行业数字化转型工作方面的不足会对工作的展开产生制约，所以应该推进一系列改革政策，推动其数字化转型。首先数字化转型提供了更准确、全面和实时的数据基础。其次，数字化转型促进了数据驱动和决策测的优化。此外，数字化转型加强了数据共享和合作。通过数字化转型，企业可以实现高质量发展，提高决策效率、优化生产效果，并在竞争激烈的市场中取得持续的竞争优势。

参 考 文 献

[1] 王玲．信息化引领石化行业能效未来研究[J]．中国石油和化工标准与质量，2018，38(05)：84-85.

[2] 周云霞，宋育贤．国外石化信息技术应用特点及趋势[J]．国外油田工程，2001(02)：29-31.

[3] 薛晓燕．大数据背景下石化企业统计分析工作研究[J]．石化技术，2019，26(12)：238-239+231. 陈建东．移动视频采集在煤炭企业安全生产中的应用探索[J]．中国信息化，2014，239(15)：55-57.

浅析无人/少人值守输气站规划与设计

许　兰　杨兴飞　邹得风

（中国石化西南油气分公司油气销售中心）

摘　要　本文探究了无人/少人值守输气站的规划与设计，介绍了无人/少人值守输气站定义、基础资源、应用系统、配套信息技术及配套资源设计。通过技术结合、优化管理为手段去提高建设站场的实用性和安全性，实现低成本、数字化精益管理。

关键词　无人/少人值守；实用性；数字化

1　无人/少人值守输气站的定义

无人或少人值守输气站通常指的是利用现代化技术实现输气过程中各类问题的自动检测和报警，进而实现输气过程的自动化和无人化，或者达到少人值守的状态。其功能组成主要分为：数据采集与分析系统、远程监控与控制系统、视频监控系统、无人/少人巡检系统、报警与故障管理系统、安全防护系统、运维管理系统。

2　无人/少人值守输气站国内外研究现状

在国外，发达国家如欧美等已经有相当多的研究成果和实践经验。1974 年，Stastny，F J 就指出无人值守压气站的监控装置包括检测未经授权人员侵入的装置以及保护主要运行设备免受损坏和/或自毁的装置。MinatsevichS. P、sharonovA. A. * 、BorisovS. S. 等人员也描述了油气管道无人值守技术通信点安全控制系统中定量安全评估的数学模型，并显示了研究结果在运行中的安全系统中的实施结果。

目前随着自动化通讯技术及工艺设计水平的提升，国内长输管线的设计正在逐步往无人值守站管理方式过度。臧振胜借鉴物联网技术的普及应用成果，在保证天然气输气站安全运行的前提下，分析输气站转无人值守的可行性。同时结合城镇燃气无人值守场站的成功经验，对有人值守场站输气工艺流程、监控系统结构、通信系统进行优化，以适应站场无人值守管理要求。

3　无人/少人值守输气站规划与设计

输气站在设计时就应按照无人/少人的管理模式考虑，在站场设置数据采集与分析系统、远程监控与控制系统、视频监控系统、输气流程巡检系统、报警与故障管理系统、安全防护系统等。一旦站场发生异常，相应的管理系统自动发出报警信息，远程值班人员根据报警提示能及时处理报警故障，恢复正常生产。

3.1　基础资源设计

为实现无人/少人输配气站场管理，在输气站的土地使用、建筑物修建、供电、供水等基础配套工程上可进行优化，以提高资源利用的最大化。

土地使用方面：无人/少人输配气站场只需考虑输气工艺流程、自控仪表间、电力供应间的土地使用，无需再考虑值守人员住宿、洗漱等场所，减少了土地的使用。

建筑物的修建方面：建筑物中只需设置自控仪表间、电力供应间等，保障站场各类自控系统地正常运行。建筑结构应设计为坚固耐用、抗震抗灾的形式，以确保输气站的安全性和可靠性。建筑材料应选用高强度、防火性能优良、耐腐蚀的材料，以提高站点的抗灾能力和耐久性，抵御输气过程中可能出现的气体腐蚀和化学反应。

供电和备用电源方面：主供电系统应使用市电供电或接入主要电网，并配备适当的电力变压器、开关设备和电缆敷设；应急备用电源应配置适当容量的应急备用电源系统，两者之间应配备自动切换装置，在主供电中断时，能够迅速将负载切换到备用电源。配电间还应具备监控和报警系统，能够对备用电源状态进行实时监测和故障报警，发现问题时能够及时采取措施进行维修和修复。

3.2 工艺流程设备设施设计

自动化阀门和调节装置：自动化阀门和调节装置需具备高精度控制、快速响应、可靠稳定性和长寿命并支持远程控制，能够根据设定的参数自动调整开关状态或流量，实现对输气系统的稳定控制。支持与现有系统继承，并具备二次扩展能力。

智能传感器和设备选用要求：传感器应能准确采集各设备运行数据，并支持多种传输方式。设备应稳定可靠，在各环境条件下正常工作并具备高精度的测量能力。二者应具备兼容性与可扩展性能与现有系统无缝集成，以实现后续扩展，具备的自诊断功能和故障预测有助于减少维护成本和时间。

3.3 应用系统设计

安全管理系统要求：构建完整的安全管理体系，一是安装先进的安全监测技术，加强访问控制措施，配备火灾报警系统及自动灭火设备、火灾报警器和可远程监控的阀门控制系统等，以应对火灾和紧急情况。二是安装视频监控及边界监测管理系统，实时视频监控现场情况。三是安装固定式可燃气体报警器、硫化氢气体报警器等气体监测设备及配套报警系统。四是安装远程红外线测漏系统，定期开展站场泄漏检测。

生产计量监控要求：构建完整的生产计量监控系统，将现场关键设备、设施的运行参数(如压力、温度、流量、液位等)进行监测并实时上传至生产计量监控系统中，并在生产计量监控系统中设置相应参数的预警值。一旦运行参数达到预警值后，系统发出预警信号以提醒管理人员及时处理。

站场自动化控制：设备包括PLC和SCADA等，用于实现对输气站设备的自动化控制和监控。将现场压力、温度、流量等传感器与控制设备相连接，实现自动调节和控制，并且还可以通过振动传感器、声音传感器等监测设备的运行状态和异常情况，及时进行故障诊断和维修。

3.4 配套信息技术设计

网络通信管理：采用可靠的通信技术，如无线通信或光纤通信等，以确保输气站与监控中心之间的数据传输稳定可靠。此外，还应建立强大的网络架构保障数据的安全性和完整性。通过网络架构的优化，可以实现数据的快速传输和远程访问，方便运维人员对输气站进行远程监控和控制。同时，应建立备份和冗余机制，以防止单点故障的影响，并及时处理网络故障，保障系统的连续和稳定。最后，还应注意通信设备的维护和更新，以适应技术发展的需求，并及时应用安全补丁，防止网络安全漏洞的利用，主要包含自动化控制设备与传感器以及数据存储与处理两个方面。

数据的存储与处理：首先需要建立强大的数据存储系统，包括数据库、云存储等，以存储输气站的运行数据、安全监测数据和传感器采集的实时数据等。其次，应建立数据处理和分析系统，对存储的数据进行实时处理和分析。通过数据分析，可以快速检测异常情况、预测设备故障，并进行相应的预防措施。此外，还可以对历史数据进行深入挖掘，形成有价值的统计分析和业务报告，为输气站的运维决策提供科学依据。

3.5 配套资源设计

建设“无人/少人输气站+中心站+中心监控室+应急处置队”管理体系，确保站场生产有人监控管理，站场设备有人维护保养，故障问题有人应急处置。

中心站：建设中心站，对周边区域无人输气站进行实时监控，并统一上传至中心监控室。发现异常情况时，在自己处理范围之内进行及时处理，并接受中心监控室的统一指令。

中心监控室：建设中心监控室，实行24小时生产值班制，可同时监控多个无人/少人输气站，实时监控站场的安全生产情况，实时查看关键设备运行状况和参数，同时可远程操作现场阀门，调整工艺参数等，在所监视场站发生异常情况时，可第一时间收到报警信号。通过生产数据进行分析，优化调度，提供气源分配、工艺流程工序优化改进措施。

生产支持中心(应急处置中心)：建设生产支持中心(应急处置中心)，制定相应运行规范规定生产操作流程和设备维护要求，负责设备日常维护管理、自控仪表管理、电力运行管理、气防器具管理、网络通信管理等工作，做好各类设备设施的日常维护、检测和故障处理，保障现场设备设施正常生产。

在此层级管理体系下，还需设立专业的管理机构统筹协调所有片区的无人值守输气站管理，负责制定和执行策略；专业人员的培养不可忽视，定期开展专业知识和技能培训班，提高人员

专业知识储备和技能操作水平，并将人员队伍分配在中心站和中心监控室监控输气站运行，

4 结论

在输气站场生产应用系统、配套信息技术和配套资源上规划和设计，通过技术结合、优化管理为手段去提高建设站场的实用性和安全性，切实降低用工总量，实现低成本、数字化精益管理，无人/少人值守输气站运营模式会不断地得以推广。

随着自动化技术的不断发展和成熟，其将提高站场自动化运行效率和可靠性，高效的远程监控使得普及无人值守成为可能，智能化与预测维护降低维护成本和风险，安全防护加强保障输气站的安全稳定，能源效率和环境友好注重节能减排。这些趋势推动输气站向智能、安全、高效、环保发展。

参考文献

[1] S., P. M., A. S. A. and S. B. S., The Design of Safety Control Systems for Unattended Points of Technological Communication on Oil and Gas Pipelines. Procedia Engineering, 2015. 129.

[2] Stastny, F J. Surveillance for unattended gas compressor stations. United States: N. p., 1974. Web.

[3] 张文朋，天然气无人值守站场管理方式研究．化工管理，2021(23)：3-4.

[4] 臧振胜，无人值守输气站工艺流程优化及自控系统设计．中国仪器仪表，2020(07)：86-89.

天府气田金秋区块致密气绿色低碳智能化发展实践

李　静　古纯勇　骆敏珠　杨　立　殷建成　黄俊莉　李　萍　田心宁

（中国石油西南油气田公司川中油气矿）

摘　要　近年来，随着气候持续变暖，绿色低碳已成为全球能源发展必然趋势，加快推进致密气等非常规油气规模化开发，持续强化生产站场信息化、数字化、智能化建设，应用大数据、人工智能等新技术，对于保障国家能源安全、实现双碳目标以及油气企业绿色低碳智能化转型等具有积极意义。2018年以来，随着双碳、打造中国“气大庆”等目标的提出，西南油气田公司加大致密气勘探开发力度，目前金秋区块致密气年产量已超10亿方。面对新形势、新任务，金秋区块致密气在快速上产的同时也积极探索绿色、低碳、智能化技术并应用，包括设备智能预警、井下节流、试采放空气回收、闪蒸气回收、压裂返排液回用与达标外排、光伏发电、地源热泵、余压发电等，持续提升气田绿色低碳智能化水平。

关键词　双碳目标；绿色低碳智能化；金秋区块；致密气；积极探索

2020年9月，双碳目标的提出推动我国绿色低碳转型进入新阶段，也进一步突显了天然气清洁低碳属性和可持续稳定发展的优势，作为天然气生产企业，应厘清自身资源，以绿色低碳可持续发展为目标，将新能源业务发展与天然气智能化发展有效融合。目前，我国天然气常非并举，随着常规天然气开发进程的深入，致密气等非常规气成为其重要的接替资源之一，相关文件明确提出加快推进页岩气、致密油气等非常规油气资源规模化开发，同时，随着中国“气大庆”建设的提出，四川盆地将加快致密气勘探开发步伐，使其成为天然气生产建设的主力军，2018年，西南油气田公司加大致密气勘探开发力度，在加快建产步伐、扎实推进平台无人值守的同时，金秋区块致密气结合自身实际，全力谋划，结合信息化、数字化等技术，瞄准智能预警、节能减碳和绿色转型，进行了大量有益的探索和实践，加快推进规划编制、项目落地等重点工作，绿色低碳智能化发展初见成效。

1　金秋区块致密气开发现状

金秋区块致密气地跨绵阳三台、南充南部、遂宁射洪等四市十区县，面积约0.77万平方千米，丘陵地貌，气候温和，交通便利，自然地理条件和市场潜力相对较好，是典型的致密气藏，具有低孔、特低渗、较高束缚水饱和度等特点，所产气甲烷含量90%以上，不含H_2S，CO_2含量极低，微含凝析油，产出水主要以压裂返排液为主。2018年，金秋区块致密气集中评价、勘探开发取得重要新进展，2021年开发迈入快车道，截至目前已投产气井100余口，集气站5座，日产气约800万方，采用平台井气液混输、集气站集中脱水脱烃处理的集输模式。

2　金秋区块绿色低碳智能化发展实践

2018年开始，金秋区块致密气加快投产步伐，也同步加强信息化、数字化等建设力度，实现了站场生产实时数据的自动采集、传输、存储与报警：现场压力等设备信号接入自控系统并转换成实时生产数据，再依托通信链路传至生产数据平台，通过数据接口将数据在生产运行管理平台等进行汇集及可视化展示，发现异常数据时自动报警并提醒专业工程师对异常进行分析解决；通过视频监控技术实现对站场重点区域、重点设备的远程监控；通过井安系统、出站执行机构等实现气井特殊情况的紧急关停以保证安全，基本实现了平台井无人值守，中心井站统一管理、定期巡检。并以数据库为基础、各种算法为支撑、模型搭建为抓手，积极探索大数据、人工智能等技术在生产管理中的应用，目前实现了重点设备的智能预警，为处理故障赢得时间，减少损失。

同时，结合金秋区块致密气CO_2和CH_4主要排放源分析结果，确定绿色低碳发展攻关方向，主要包括节能减碳和绿色转型，节能减碳：强化节能减排成熟技术的推广，做好增压等重点用能系统适应性改造；加强天然气损耗控制，扩大回收利用试采放空气，多举措降低输送能耗等。绿色转型：推进清洁能源替代，因地制宜开发使用太阳能、地热、压力能等新能源。

2.1 设备智能预警

2.1.1 压缩机智能监测诊断

压缩机是天然气生产的核心动设备，具有转速及压缩比高，易损件多的特点，在建设时，考虑到其他气田先期投运压缩机的不足：故障监测及处理严重依赖于人工巡检及经验，机组监控参数仅能监测部分热工参数，缺乏对压缩机气缸等关键部件的监测手段，机组整体故障在线监测与检维修管理水平较低。以现场需求为导向，完善压缩机监测诊断功能，通过在装置重要点位设置数据传感器，监测、获取、传输、存储运行数据以实现数据实时调取分析，通过故障注入等方式模拟典型故障，获得理想状态下的动力学、热力学响应，设计形成针对性的压缩机典型故障及诊断知识库，掌握典型故障特征、实现压缩机故障智能诊断及预警。目前金秋区块致密气已投运压缩机运行情况较好，成功诊断出故障 20 余次，基本实现了预防性维修和预知性维修，夯实了气田高质量发展基础。

2.1.2 管线光纤振动预警

管线运输油气是最安全高效的方式，金秋区块致密气管线多铺设于远离城镇的偏远地区，如农田、山林等，一般横跨区域较大，周边环境复杂，且当今地方经济迅速发展，管线周边第三方施工频繁，年平均处理第三方施工影响事件超百余起，若第三方影响发现不及时，极有可能威胁管线安全平稳运行并造成严重的经济损失，传统的人工巡护管线无法实现全天监控，通过对比目前常用管线事前预警方式的优缺点，最终在金秋区块致密气重要管线采用定位精度高、监测管线距离远、安装方便、维护要求低的光纤预警系统，依托管线同沟敷设的光纤，利用光纤传感技术，建立本管线的振动安全预警模型，并对管线附近的振动信号进行实时采集和统计分析，识别出各种第三方破坏事件并及时制止，实现了管线由事后报警向事前预警的转变，截至目前已成功预警第三方施工破坏 30 余次，有效起到减少温室气体排放、避免安全风险等作用。

2.2 节能减碳

2.2.1 井下节流

初期投产，金秋区块致密气采用传统的“井口-除砂-加热节流-分离计量-气液混输至下游集气站处理”地面流程。尽管该流程可以有效防治水合物，实现气井平稳生产，但在安全生产、绿色开发方面存在较大问题：地面节流主要采用加热的方式进行水合物防治，由于水套炉有明火存在，需严格保证站场易燃易爆炸范围内无可燃气体存在，同时不利于无人值守，水套炉采购成本约 50 万元，单台年耗气量 8.5 万方、年用电量 0.73 万千瓦时、单台年运行成本达 13 万元、因燃烧产生的碳排放量高达 183 吨/年。

为进一步实现流程优化简化、践行绿色低碳发展理念，金秋气田致密气大力推进井下节流工艺试验：针对产凝析油和水，投产初期出砂等特点，设计优化新型活动式井下节流器，针对性制定试验井选择原则等，并取得较好效果，随即推广应用，逐步形成了一套行之有效的地面不加热的集输简化新模式，预计单井综合投资从 520 万元降至 300 万元左右，减少约 220 万元投资费用，同时有效降低了生产过程中的碳排放量，绿色低碳开发取得实质性进展。

2.2.2 试采放空气回收

金秋区块致密气采用加砂压裂工艺进行开发，气井投产前需进行一段时间的放喷排液，在此期间会无效放空燃烧大量天然气，不仅浪费资源，而且增加了 CO_2 排放，初期投产时采取常规放喷工艺：通过节流管汇和地面管线将放喷气接至放喷池内，直接点火燃烧。随着双碳目标的提出，对国内外相关工艺进行广泛调研，以回收无效放空的天然气为目标，并结合生产现场实际，最终确定了行之有效的工艺：在放喷排液前提前建设平台井至下游站场外输管线，并在井口安装旋流式除砂器、分离器、加热炉、脱水脱烃撬、自用气发电机等装置，将放喷的天然气进行两级处理达到外输气标准后进入外输管网。第一级采用油嘴管汇、旋流式除砂器、气液分离器清除天然气中的固液相；第二级经过加热炉、脱水脱烃撬进一步处理以实现气质达到外输标准。

截至目前已在 40 余口井实现试采放空气回收约 7000 万方，增效约 9700 万元，并减少 CO_2 排放约 15 万吨。

2.2.3 闪蒸气回收

初期投产时金秋区块致密气各平台井气液混输至集气站进行集中增压、脱水脱烃处理，处理过程中的烃液加热闪蒸气、凝析油罐不稳定闪蒸气等连接至站内放空分液罐后端放空管线进入放空火炬进行点火燃烧处理，因含有重质组分，导致燃烧后大量黑烟释放，存在较高的安全环保管理风险。广泛调研分析后，决定通过压缩机对闪蒸气进行回收，回收的闪蒸气返输至脱水脱烃装置净化气出口管线，回收后，正常运行过程中无放空气进行燃烧，因此火炬由之前的长明火调整为间歇点火，当紧急放空时，可通过流量开关实现自动点火，目前可减少 CO_2 排放约 4000 吨/年。

2.2.4　压裂返排液回用与达标外排

加砂压裂时需大量的入井液，由此也产生了大量的压裂返排液，各类添加剂的加入使压裂返排液成分复杂，如何无害化处置是一个难题。目前压裂返排液无害化处置的方式主要包括回注、回用和达标外排 3 种。回注时水中残留化学物质对地层环境仍有一定伤害，且生产井区无专用回注井，需要通过水车运输至距离约 150～230 公里的的回注站，处理成本和拉运风险较高。为了减少水资源的压力并降低配液成本，通过工艺技术去除压裂返排液中的悬浮物、重金属离子及细菌等污染物，处理后用于压裂液的重新配制，截至目前已在 60 余口井实现压裂返排液回用约 13 万方。同时，考虑到随着开发的持续进行、生产中将有更多的返排液产出以及日益减少的回注空间，为保证生产的正常进行并进一步减少压裂返排液回注过程中产生的碳排放，通过调研最终确定将生产过程中产生的压裂返排液由回注转变为交由第三方进行处理，通过“曝气+絮凝沉降+微电解氧化+生化处理+高级氧化+过滤”处理达标后外排，目前日处理压裂返排液约 300 方、已累计处理压裂返排液 4 万方。

2.3　绿色转型

2021 年以来，金秋区块致密气将绿色转型大力融入自身发展战略及规划，全力摸清自身新能源发展基础，大力谋划光伏发电、地热能、压力能等实施项目，多措并举加快项目落地及应用。

2.3.1　光伏发电

金秋区块致密气地处四川绵阳、遂宁等，通过 Meteonorm 气象数据资料得到所处区域年平均总辐射量 960MJ/m^2，是太阳能资源较弱区，结合发展现状，在不额外扩建场地情况下，在综合公寓就地消纳光伏发电，采用并网不上网模式，所产生的电能全部馈入倒班公寓供电系统直接供其负荷应用。目前，应用广泛的太阳能电池主要有单晶硅、多晶硅、薄膜，其中，晶体硅电池应用占比达 80%以上，单晶硅光伏组件与多晶硅光伏组件市场份额占比基本相同，且有逐渐上升的趋势，由于单晶硅光伏组件发电效率高，且与多晶硅相比价格差距日趋减小，故决定在倒班公寓屋顶选用单晶硅光伏组件。

光伏组件安装方式包括固定式和跟踪式，跟踪式包括单轴跟踪（水平/倾斜）和双轴跟踪。一般而言，双轴跟踪发电量最大，倾斜单轴次之，但倾斜单轴和双轴式跟踪支架成本较高，运营维护成本较高，性价较低，且同等容量装机占地面积大幅提高，分布式光伏发电系统中几乎没有应用，水平单轴光伏组件沿东西向旋转，在南北向保持水平，对场地平整度要求较高，因光伏组件均布置在屋顶，相较固定支架光伏发电系统，水平单轴支架成本高，综合性价比较低。综合考虑后采用固定倾角安装方式，以倾斜面接收太阳辐射。

综合公寓屋顶面积（约 3000m^2），安装容量约为 210 千瓦，按 1000 小时/年日照时数计算，发电量约 16.8 万千瓦时/年，可节约标煤 55.1 吨/年，减少 CO_2 排放约 143.3 吨/年。

2.3.2　地源热泵

地热能是目前国内外广泛关注的可再生清洁能源之一。金秋区块致密气所在地区地热资源较为丰富，现已在区内发现地热温泉一处，具有较大的开发利用价值，按照地热资源类型划分为浅层地热资源，决定采用地源热泵系统满足公寓综合楼夏季空调供冷、冬季空调供热以及四季生活热水供热需求。

地源热泵系统在地下土壤中安装多组 U 型管换热器，通过埋入土壤的 U 型管实现热交换：在冬季收集土壤中低品位的能量，通过热泵机组将低品位能量转化为高品位能量；在夏季通过热泵机组将室内热量转移至地下土壤中，蓄存能量供冬季使用。该系统由室外地埋管系统+地源热泵主机+循环系统+闭式空冷器+储热水箱+空调末端风机盘管+控制系统组成。配带智能微电脑中央控制器对整个系统进行运行管理，能实现回水温度比例控制、定时双温度设定、水泵控制及远程控制等功能。

通过理论计算各季地下换热量，得出结论：

热泵系统对地层的释放热大于吸取热，即 Q 夏 >（Q 冬 + Q 春秋），其冷、热不平衡率为 34.3%，将根据实际运行时预留测温井所得数据，按需再增设冷却塔。

2.3.3　余压能发电

目前，国内天然气压差发电技术仍处于初步阶段，主要针对于净化气输送压力能的开发利用，而资源潜力更加巨大的井口压力能仍等待攻关，制约其发展的瓶颈主要为：CO_2 等酸性气体带来的腐蚀；高压需要可靠的密封技术；液体干扰等。若攻克这些瓶颈，金秋区块致密气井口压差发电前景广阔。

金秋区块致密气集气站工艺为：分离-增压-JT 阀脱水脱烃-外输，结合生产实际（JT 阀前后压差约 2～3MPa），决定在集气站进行余压发电，压差发电装置从 JT 阀管线前取气，进入装置膨胀做功发电，膨胀后的天然气进入 JT 阀后管道。发电装置干气密封系统工艺密封采用天然气，取气点位于脱水脱烃装置内原料气预冷器进气管线上，密封氮气由制氮机提供，装置主要由膨胀机、发电机、齿轮箱、润滑油系统、干气密封系统、检测仪表、控制阀门、控制柜等，目前 1 座集气站年发电量约为 86 万千瓦时，可节约标煤 280 吨/年，减少 CO_2 排放约 728 吨/年。

3　结语

绿色低碳智能化发展是新时代油气企业高质量发展的必然选择，大数据、人工智能等技术在今后较长的一段时间内，仍有较大的发展空间，天然气生产企业要积极响应新时代的新要求，立足自身发展特点，应用智能化技术，持续完善生产站场智能电子巡检、趋势预警等功能，不断强化站场无人值守根基，并通过严格控制生产系统天然气损耗、降低站场工艺能耗、优化企业用能结构、调整产业结构、培育新能源产业等措施，科学制定绿色低碳智能化路径并有序推进相关项目实施落地，持续提升气田绿色低碳智能化水平，实现高质量可持续发展。

参 考 文 献

[1] 汪艳勇，彭会君，庞志庆，等．大庆油田新能源产业发展对策探讨[J]．油气与新能源，2022，34(02)：82-87.

[2] 孙海萍，张胜军，徐立昊，等．“双碳”目标下中国油气行业低碳发展措施与路径探讨[J]．油气与新能源，2021，33(6)：27-31.

[3] 邹才能，熊波，薛华庆，等．新能源在碳中和中的地位与作用[J]．石油勘探与开发，2021，48(2)：411-420.

[4] 刘璟，吕春雷，郭亚妮等．浅析天然气压裂放喷气回收应用[C]．第十七届宁夏青年科学家论坛石油石化专题论坛论文集．宁夏：第十七届宁夏青年科学家论坛石油石化专题论坛，2021：354-356.

西南山地管网调度控制实时安全预警系统研究与应用

门立国[1]　艾力群[1]　张　鹏[2]　师海斌[1]　艾　威[1]

（1. 国家管网集团西南管道有限责任公司；2. 国家管网集团油气调控中心）

摘　要　针对西南山地天然气管网80%以上位于西南山区，沿线山高谷深、地形地貌复杂，地震地灾、水工水保等问题突出，社会依托资源少，安全环保难度大、风险高，需要可持续的投入关注。连续多发的天然气管网安全事故引起了人们对调度控制实时安全预警的重视，随之提出了天然气管网智能调控安全运行预警的需求，调控中心从初期的系统监控和数据采集发展为实时安全预警系统，在天然气管网遭到外部入侵、损坏引发泄漏燃爆之前进行报警和定位，实现山区管道及安全生产风险管控强度有效提升。本系统基于西南山地天然气管网自身业务特点，提出了实时安全预警系统的可行方案，给出了基本原理和主要特征，设计了功能框架和体系结构。该系统在数字孪生的基础上，加强管道对各类风险隐患的感知预警能力，通过提高管道核心控制系统的自动化操作水平，利用并行和分布式计算技术，从多个侧面对西南山地天然气管网实施"分诊"，自动跟踪和确定实时安全级别，快速找出各类安全隐患，然后通过"会诊"，实时给出综合安全预警报告，展示给调度员，创新实施集中监视、集中巡检、集中维修的远程运维智能新模式。基于标准化技术，设计了系统的实时性指标，可方便地实现与不同调度控制中心现有系统的集成。通过该系统的研发和实施，探索实现全智能化运营，可以大幅度提高天然气管网实时安全预警能力，带动管道运营管理水平与运行综合效益的全面提升。

关键词　天然气管网；调度控制；安全预警实时性；并行计算

管道输送介质易燃易爆，途经人员密集场所高后果区一旦发生泄漏处置不当不及时，极易造成周边人员伤亡，产生恶劣社会影响。尤其是2016年湖北省恩施市"7·20"中石化川气东送天然气管道燃烧爆炸及两次中缅滚到晴隆燃烧爆炸事件，更为西南山地天然气管网的安全运行敲响了警钟。国家发展改革委等五部门下发了《关于贯彻落实国务院安委会工作要求全面推行油气输送管道完整性管理的通知》（发改能源〔2016〕2197号），要求加快建立完善管道保护体系，加强管段本体和周边安全风险评价，定期检测监测，严控外来侵害，及时消除安全风险隐患。

随着国家管网集团成立，并国网、建新网、融省网，我国天然气管网运行布局基本形成，逐步由"公司一张网"向"全国一张网"转变，迈进了互联互通、大管网运行的新时代，提出了"1+6+1"一体化调控模式。同时，不断攀升的天然气需求、储气库建设相对薄弱与管网调峰能力不足，导致"气荒"局面和天然气管网高负荷率在短期内无法得到有效解决，我国天然气管网的安全运行面临严峻考验，冬季保供责任异常繁重。

如图1所示，如何从中汲取教训，准确掌握恶劣天气、地质灾害及雨情水情的预测预报，全面组织排查西南山地天然气管网途经容易发生滑坡、塌陷、泥石流、洪水严重侵蚀等地质灾害地段的风险和隐患，采取地质灾害识别评价、科学有效防护等综合措施，超前采取安全防范措施，及时降低风险、消除隐患，最大限度地减少避免地质灾害对天然气管网运行的破坏，保障天然气管网运行的安全性，防止管道燃爆失效事故的发生是一个非常迫切的研究课题。

1　管道控制系统现状

当前，调度控制中心功能从"经验型"调度提高到"分析型"或"研究型"调度，如图2所示，已经提供了关键机泵在线故障诊断安全分析、能耗在线监测等高级应用，少数调度控制中心还开发了全管网在线模拟仿真安全分析应用，具备了部分安全预警功能，尚未提出和形成天然气管网安全预警技术体系的整体框架，安全预警的深度和广度还十分有限。至少存在以下几个问题：

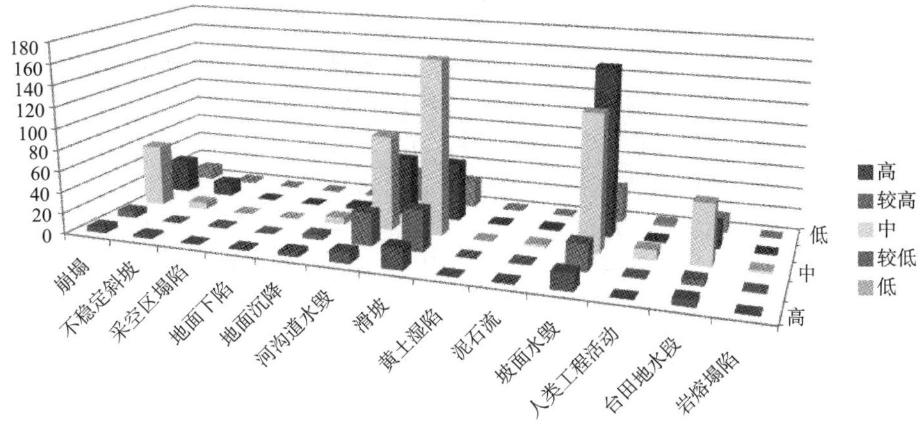

图 1　西南山地天然气管网风险矩阵

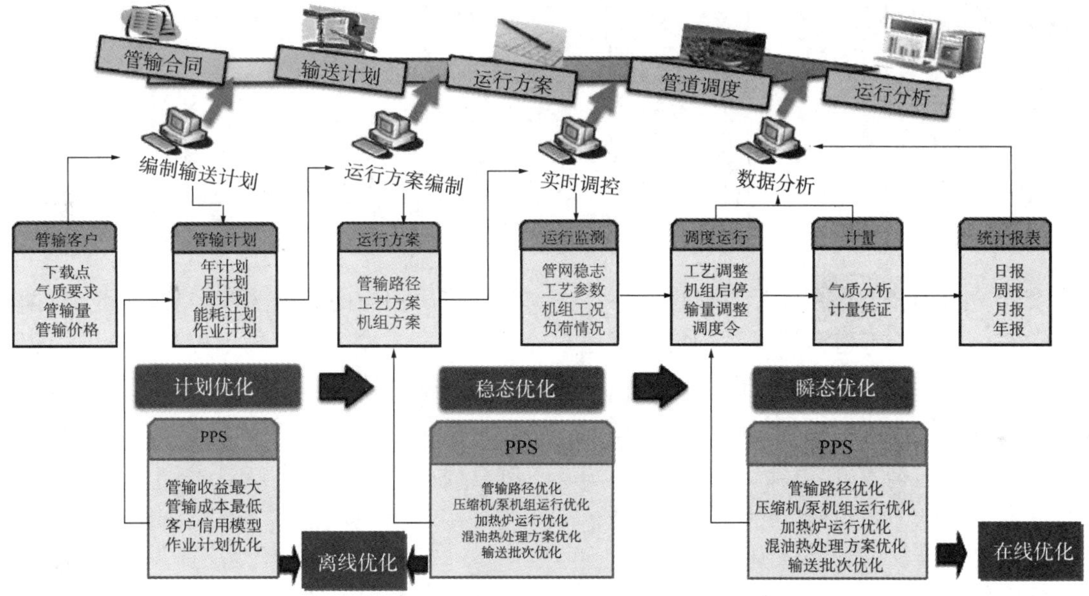

图 2　“分析型”或“研究型”调度

（1）在实际运行调度中，调度员仍然需要对大量数据进行人工分析和处理，特别在异常或故障失效情况下，大量报警信息涌入调度控制中心，调度员被大量数据“淹没”，很难决策，错失第一时间处理事故的良机。

（2）管网压力稳定操控和管网物理\商务平衡分析、维检修作业影响与运行工况调整等繁重的研究任务主要通过离线分析完成，由于西南山地天然气管网规模庞大、存在联锁失效问题，预先设定的运行方式和事故预想集不可能完备，因此，在某些特殊运行方式下，或者异常故障模式下，可能存在严重的安全性隐患。

（3）区域性大规模复杂天然气管网形成了环套环，安全性需求较多，传统设计模式下的 SCADA 风险感知、计算能力有限，无法对区域性大规模复杂天然气管网的安全性实施全面而综合的实时预警。

（4）随着以“管线为主、结合区域”的方式划分调度台逐步转变为区域调度台，在事故逐步恶化过程中，调度运行人员面对不断出现的陌生运行方式，由于无法胜任繁重的分析和研究任务，各种“分析型”和“研究型”应用软件形同虚设。

连续多发的天然气管网燃爆事故后，人们普遍认为西南山地天然气管网需要一个更加智能的实时安全预警系统，随时跟踪、分析评价天然气管网的运行状态，一旦遇到紧急事件或安全隐患立即分级分类报警，以便调度及抢修人员把事故处理在萌芽之中，避免后续的连锁故障发生，这需要对现有的调度控制中心功能进行实质性的变革，将“分析型”进一步发展为“预警型”为主的调度新模式。

2　总体框架

本文提出了西南山地天然气管网实时安全预警系统的可行方案，在天然气管网数字孪生的基础上，通过“分诊”，从各个侧面自动跟踪和确定天然气管网的安全级别；通过“会诊”，对安全隐患进行综合性的预警。目标是将安全和灾变问题解决在孕育阶段，进而防止管网燃爆事故的发生。

2.1　功能框架

实时安全预警系统的功能框架如图3所示，可以看出这是一个高度自动化和智能化的系统，涉及全天候全域多维度天然气管输风险采集，包括雷暴恶劣天气、管道地灾、管道高后果区全域风险、管道本体腐蚀泄漏监测、人类工程活动侵害、可燃气体泄漏、暴力恐怖侵害等的风险预警等。

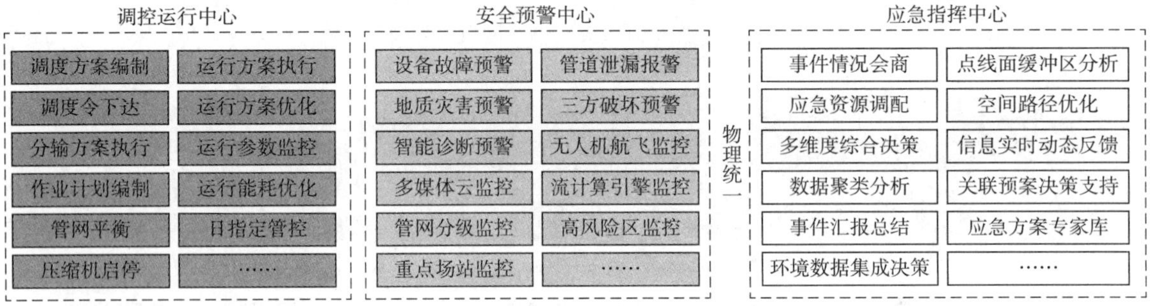

图3　实时安全预警系统的功能框架

该系统建立在现有的SCADA、关键机泵在线故障诊断安全分析、管道光纤风险预警和管道地灾安全预警基础上，从中获取实时数据，通过实时智能报警系统，快速识别和排除实时数据中的错误，提高实时信息的可靠性，得到符合西南山地天然气管网实际的完整可靠的天然气管网实时模型，为安全预警提供基础保障。

该系统就像是对天然气管网进行实时“健康诊断”的“医院”，首先由各“科室”子系统并行地从各侧面对天然气管网安全性进行“分诊”。“分诊”子系统包括异常故障智能报警、雷暴恶劣天气监测预警、光纤保护智能预警、管道地灾应力监测预警、管道高后果区全域风险识别预警、智能人类工程行为安全报警、站场可燃气体监测报警、站场周界安防报警。

通过综合预警子系统的“会诊”，对预警结果进行综合和关联分析，进一步确定潜在的连锁事件影响，并根据天然气管网所处的安全级别，分轻重缓急，给出综合性预警报告，展示在调度员的面前。

2.2　硬件体系结构

显而易见，本系统需集中实时获取多方面天然气管输风险点数据分析决策，以便于获得更科学、更及时的天然气管网运行调度和风险预警，包括依次相连的数据监测采集单元、数据存储处理单元、监控主机、显示控制服务器、智慧显示平台、报警单元。对大型复杂天然气管网，这是一个海量计算系统。为了保证预警的实时性，系统宜采用分布式并行计算体系结构，如图4所示。

在局域网内(LAN)，各预警子系统采用独立的服务器单元实现并行计算，构成独立功能模块，然后将各预警子系统互联，组成综合预警网络。

2.3　软件体系结构

为了让调度中心能够专注于关键的预警报警，综合预警子系统首先对各子系统的预警结论进行汇总和综合，尤其是当管网发生故障时，需要将各子系统的预警结论进行关联分析，进一步确定连锁事件的可能性。在标准统一和数字化管道的基础上，以数据全面统一、感知交互可视、系统融合互联、供应精准匹配、运行智能高效、预测预警可控为目标，通过“端+云+大数据”体系架构集成管道全生命周期数据，提供智能分析和决策支持，用信息化手段实现安全预警系统的可视化、网络化、智能化管理，最终形成具有全方位感知、综合性预判、一体化管控、自适应优化的能力，且气流、数据流、信息流互联互通的安全高效运行。如图 5 所示。

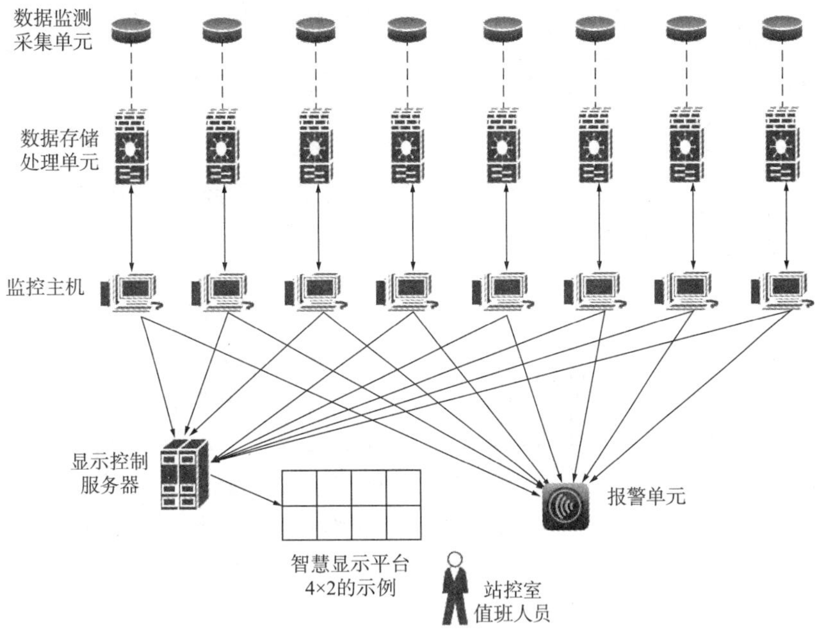

图 4　天然气管网实时安全预系统硬件体系结构

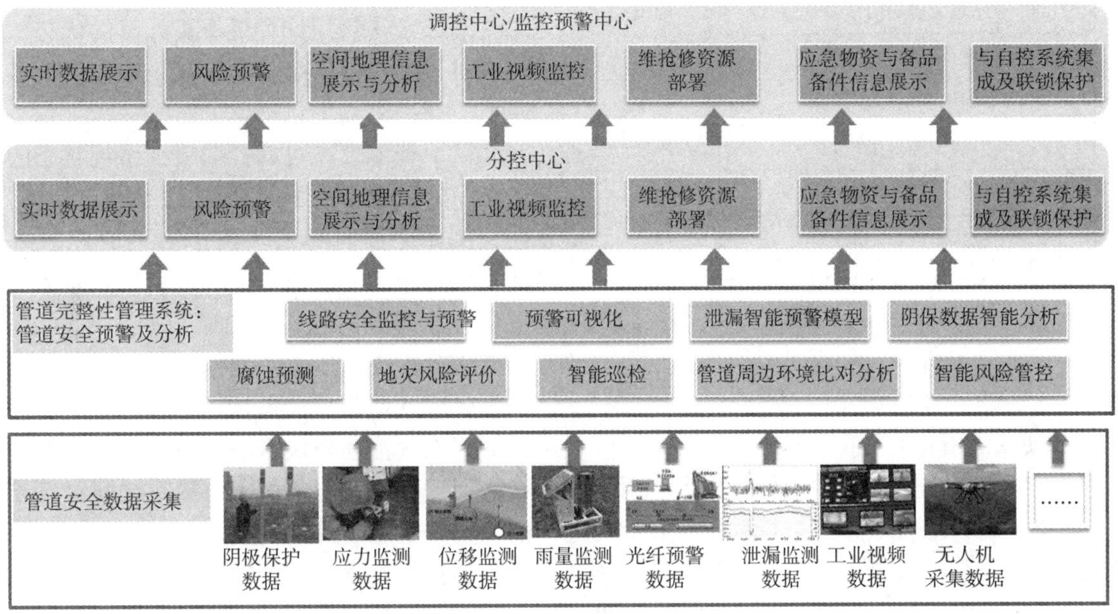

图 5　系统软件架构

2.4　报警数据划分原则

频繁出现的低级别报警对于调度而言意义不大，调度控制中心大量的报警信息采用分级分类设置。分级分类的总体原则是当故障发生时，立即给出发生故障的设备设施组合和故障引起的异常报警，接着是可能产生的连锁故障报警，最后才是潜在的安全预警。

分预警的优先级别进行报警，每个上一级综合报警由基础报警即下一级报警触发。基础报警的选取要具有代表性，比如可燃气体及火焰检测报警包括任意可燃气体探测器浓度高报、高高报，压缩机厂房任意火焰探测器报警；ESD 触发条件报警包括任意 ESD 按钮按下、控制中心 ESD 命令。

安全风险预警系统将报警分类，即恶劣天气预警、地震报警、管道地灾风险预警、管道本体腐蚀预警、火气消防系统报警、周界安防报警、管道泄漏报警、站场关键设备设施报警等。每个一级系统报警下设置不同级别报警，以便监视终端能进一步确定报警类别及区域，分类见表1。

表1　综合报警点设置

序号	综合报警分类	报警分级
1	恶劣天气预警	四级
2	地震报警	一级
3	管道地灾风险预警	三级
4	管道本体腐蚀预警	三级
5	可燃气体检测报警	两级
6	站场火灾报警	三级
7	周界系统综合报警	两级
8	阴极保护报警	两级
9	管道线路泄漏检测	两级
10	ESD 触发条件报警	两级
11	压缩机组综合报警	两级
12	压缩机组故障停机	一级
13	加热系统综合报警	两级
14	站场关键阀门报警	两级
15	流量计综合报警	两级
16	变配电系统综合报警	两级
17	UPS 综合报警	两级
18	PLC 系统报警	两级
19	ESD 系统动作报警	两级
20	通信系统综合报警	两级
21	阀室系统报警	两级
22	线路截断阀关断报警	一级

2.5　人机交互设计

在调度中心监视工作站中添加数据点，对各系统、管线、站场综合报警点进行采集，在综合报警点组成一级系统报警点。各基础报警点分别单独触发声光报警，当声光报警触发时，在调度中心监视工作站中设置的画面有天然气管网总览图、管网系统图、各子系统总览图，其具体功能如图6所示。

（1）在天然气管网总览图中每条管线对应1个按钮，当一类报警触发时，对应的按钮会发出声光提示，点击即可进入该条管线系统图。

（2）各子系统图以管线为单位，显示该管线的分类报警，报警均设置了屏蔽功能。

（3）系统总览图以各子系统为单位，每个系统有1个单独的界面，用于屏蔽同一系统报警。另外，在调度中心还设置了报警统计记录功能，每日8时能自动生成报警统计记录表，也可手动生成报警记录表，用于报警记录的导出和查看。

3　系统主要特征

系统对现有的调度控制中心功能进行了扩展，与传统的管道控制系统 Pipeline Control System 相比，该系统有以下几个主要特征。

（1）预警性：天然气管网泄漏燃爆的暂态过程十分短暂，要对暂态稳定进行全局性实时控制，目前的技术水平还达不到，也不是短时间可以达到的，因此，实时安全预警系统以预防为主，主要针对天然气管网泄漏燃爆前较长的恶化阶段，提出综合预警，目标是把管道泄漏燃爆问题解决在孕育阶段。通过采用全面的天然气管网安全状态识别技术，实时、自动地找出天然气管网的各类安全隐患，并给出消除隐患的控制措施，是一套“预警型”系统。

（2）高度自动化：传统 PCS 自动化程度有限，而该系统利用计算机海量计算的优势，代替调度员过滤轻微事故，自动发现严重事故和安全隐患，是一套高度自动化的系统。

（3）智能性：自动提取表征系统状态的特征信息，对天然气管网运行的安全性进行定量描述，例如地灾监测模块包括河道流速、河道下降、管道压力、管道应变、地表位移监测、抗滑桩位移、抗滑桩倾斜、隧道裂缝、降雨量监测、土壤水分、土壤压力、地面倾斜、地表微震；雷暴恶劣天气监测模块包括风力、降雨量、雷云分布；天然气泄漏模块泄漏定位、泄漏量等。上述参数稳定裕度和稳定极限值等，继而对各子系统的“分诊”结果进行综合和关联，智能地发现潜在的连锁事件。

（4）海量计算的实时性：为了实时跟踪天然气管网的安全级别，需要进行的计算是海量的。

提高实时性的主要措施有各预警子系统分布在不同服务器上并行计算；子系统内大粒度的计算任务也分布到系统内的各服务器上并行计算；改进算法和优化程序，在保证精度前提下提高速度。

（5）实用性：现有调度控制中心报告给调度员的事故信号是大量的和表象的，调度员被数据“淹没”。本系统预警报告内容是综合的“全、精、少、深”。从各侧面“分诊”各类安全隐患，保证预警报告的“全”面性；通过综合预警子系统的“会诊”，保证报告内容“少”而“精”；直接指出潜在的安全隐患，给出安全裕度和控制预案，反映了西南山地天然气管网“深”层次机理。针对天然气管网泄漏燃爆前的长过程，实时跟踪，大大降低事故预想集的规模和复杂性，避免了联锁事件问题。

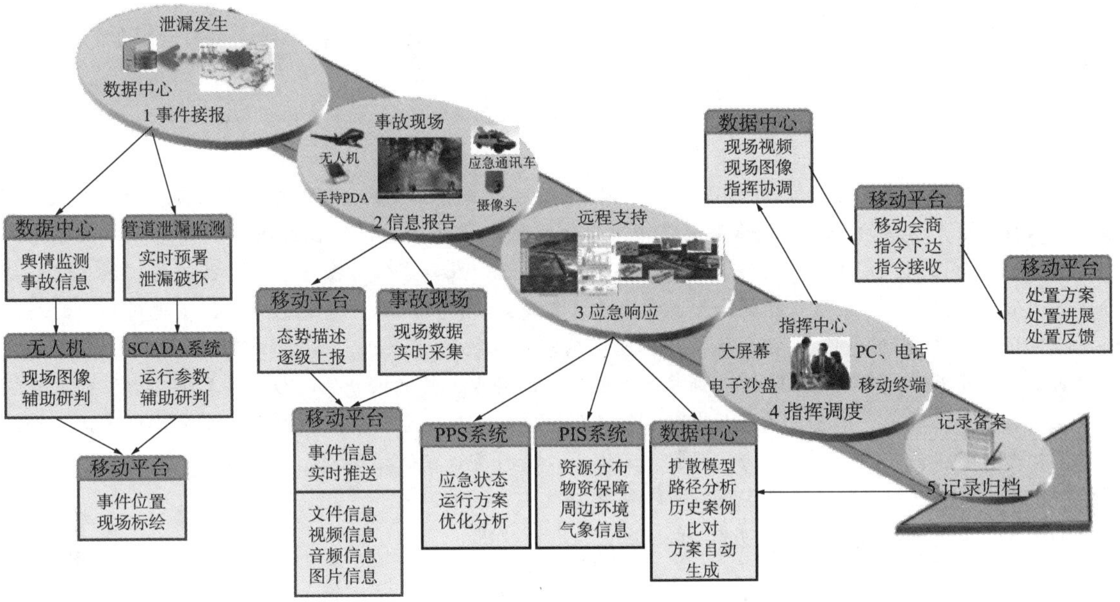

图 6　系统人机界面设计

（6）可靠性：实时安全预警系统对西南山地天然气管网模型的依赖性更高，模型可靠性是预警结论可信性的重要前提。在建模方面，一些低精度的简化模型只能用于保守的事故筛选，最终结论需要基于实测参数的详细模型。在实时信息方面，除了加强硬件设施外，如何从软件角度，利用数字孪生技术重建子系统，也是该系统研发的一个挑战。

（7）可扩展性：采用了开放分布式和跨平台的体系结构、基于 Windows 操作系统的高性能 PC、高可靠性的 UNIX 服务器，从而获得高性价比。各子系统相对独立，未来增加硬件或扩展预警功能都十分方便。已有的图库模，可直接被该系统使用，避免了二次维护。

4　结语

本文在汲取近期频发的西南山地管网泄漏燃爆事故教训的基础上，提出了调度控制中心功能发展为实时安全预警系统的方向，实时精准地控制现场感知数据，具有全面可靠的标准化控制逻辑和稳定精准自动化控制手段，智能地进行调度批次及运行方案决策、全局分析诊断与优化调整和深度融合数字流程管理体系等，能够实现“资源市场自匹配，调度运行自优化”，以便大幅度提高天然气管网的实时安全预警能力。本文给出了其基本原理和主要特征，设计了其功能框架和体系结构。目前，该系统的研发已经成熟。

基于“全国一张网”的天然气一体化调控研究与应用

张　鹏[1]　艾力群[2]　孙晓波[1]　艾　威[2]　师海斌[2]

（1. 国家管网集团油气调控中心；2. 国家管网集团西南管道有限责任公司）

摘　要　随着天然气管网规模的不断扩大，已形成“全国一张网”格局，相关运行数据量十分庞大，调控管理人员对生产信息的全面掌握难度越来越大。传统的以管线为主、结合区域的调控运维方法效率不高，难以适应全国级、大规模、复杂管网系统运行维护要求。在数字化转型背景下，有必要将调度集控划分为若干管理责任区，实现责任区权限管理以及分区告警，使得庞大的信息能够分流，实现对站场运行设备进行区域远程监视和控制，让调度集控员快速准确掌握系统运行状态、快速诊断出油气系统故障状态、正确决策。基于天然气“全国一张网”，新系统通过区域调度台、集中报警调度台、仿真调度台，开发责任区管理功能界面，解决了信息分流及人为划分责任区的难题，为规范实施调控体系一体化建设及运行管理工作，构建科学、高效、标准化的油气调控管理体系，使调度台在规划建设、管理体系、运行标准、队伍建设、技术支撑及运维保障上逐步实现统一的要求。

关键词　天然气管网；调度自动化；责任区；角色；权限

天然气管网调度员是管网运行调整、监控操作、作业计划和应急响应的指挥者，对管网的安全、高效运行负有重大的责任。天然气管网集中调控已经发展十多年，单条主干管道及相关支线的运行优化、责任分区十分成熟，管网运行优化仿真模型也基本成熟。国家管网集团成立后，我国天然气管网运行布局基本形成，已由“公司一张网”向“全国一张网”转变，形成了环套环的大型复杂天然气管网，迈进了互联互通、大管网运行的新时代。随着天然气管网运行的特性更加复杂、无人值守站规划建设和智能化水平提升，管网调度驾驭大管网的难度急剧增加，对管网调度系统提出了更高的要求。

1　天然气“全国一张网”

随着天然气管网的互联互通、日益发展和扩大，我国天然气站场的空间布局、天然气管网结构也悄然发生了变化。在此基础上，需要安全、经济、科学地规划管网调控，实行管网安全高效运行。

1.1　天然气“全国一张网”基础设施

目前，我国在役干线天然气管网超过5万公里、站场阀室2500余座，连接近50个气源上载点和上千个用户供气，通过信息物理融合系统采集约3万个数据点，具有分布地域广、监控设备多和业务流程复杂等特点，实时产生大量的静态和动态数据。静态数据主要包括管道管径、压力等级、管道里程、站场位置、进气点位置、分输点位置等，也包括通过仿真软件计算出来的目标管存、输量计划等数据；动态数据主要包括管道的压力、流量、温度、管存、能耗、用户销售的计划值、日指定、分输量、管道负荷率、剩余能力等。

未来，将加快管道运输网络化体系建设，积极布局国网、省网、联络线和储气调峰设施建设，天然气管网的里程将增加至7~10万公里，将形成“X+1+X”资源多元开放、互联互通、调运灵活、市场公平竞争的全国性天然气管网系统。

1.2　天然气“全国一张网”调控范围

（1）天然气管网设施纳入统一调控

原“三大油”划入的天然气管网应全部实现互联互通，经过2~3年的升级改造，纳入油气调控中心统一调度控制。在建及规划的天然气管道，从投产开始就由油气调控中心统一调度控制。

（2）LNG接收站的调控方式

LNG接收站经营与运行统一由油气调控中

心调度指挥，其气化外输计划必须同与其相连的干线管道运行计划协调一致，纳入区域管网统一运营调控管理。

（3）储气库的调控方式

重点储气设施接受统一调控管理，注采气计划统一接受油气调控中心调度指令。其余储气库作为管网的用户，预定与其相连管道的管输容量服务，执行月计划和日指定相关管理规定。

（4）省级管网的调控方式

重点省级管网统一纳入油气调控中心调度指挥；其他省级管网本着自愿纳入统一调控的原则。省级管网在升级改造后，逐步由省级调控室转入油气调控中心调度控制。

1.3　天然气“全国一张网”调控现状

天然气“全国一张网”建设与运行管理虽然初具雏形，管网规模庞大、管输业务涉及面广，与上下游各环节联系紧密，调控难度大，发展提升空间大，当前阶段主要表现为：

（1）全国各地区日益增长的天然气诉求和天然气供应不平衡不充分之间的矛盾仍然十分突出，具体表现为基础设施建设不平衡、区域供需不平衡、季节性调峰不平衡、管道输送负荷不平衡、管道建设管理水平不平衡等现象。

（2）整个管网作为统一的水力系统，区域管网之间互联点偏少、失效后引发系统性风险；干线管网与省级管网之间互联点偏少，调控运行上衔接力度不足、联合运行能力不足，后续重点加强这部分管道的互联互通工程建设。

（3）随着天然气管网规模扩大、日趋复杂，相关运行数据量十分庞大，调控管理人员对生产信息的全面掌握难度越来越大，日常运行中的流向调整、区域调配、储气调峰、机组匹配等生产业务愈加复杂，调控运营管理面临巨大挑战。

（4）高负荷管道瞬态特性更加明显，较大保供量叠加允许供气压力波动范围较小，管道进出气处于紧平衡状态，用于保供或应急处置的调控操作更加频繁；集中动火等大型作业操作可能会对整个管网运行状态产生联锁影响，要求系统的调控手段。后续应提升重点管道灵活调控能力，逐步完善网络化调配和系统间互保功能，实现更加灵活调运。

（5）调度业务对技术支持系统的依赖程度进一步提高，智能管网调度技术支持系统已经逐步投入实际运行，提升调度人员驾驭大管网的能力。管网调度自动化监视控制与数据采集系统（pipeline control systems，PCS）实现全线数据采集、设备控制、运行参数调节以及信号报警等各项功能，有着信息完整、安全高效、快速掌握系统运行状态、快速诊断系统故障状态、辅助决策等优势，已成为天然气管网调度集控不可缺少的“国之大者”工具。

（6）随着“无人值守站”持续建设，现场站控室实行“无人值班、有人应急”，尤其是自动分输、压气站“一键启停”后，油气调控中心的任务责任较传统模式大得多、更为突出。目前调度运行管理普遍采用中控—站控—就地管理方式，油气调控中心（分控中心）调度集控员负责集中调度监控，作业区负责运维抢/运检维一体化，站场应急值守人员负责现场实施。这种模式保证人员职责分工明确，大大减轻基层一线当值人员的监屏、操作压力，避免不必要的干扰，能够更好地集中精力做好资产完整性运维工作，有利于管网安全、经济运行。

2　天然气“全国一张网”建设与运行目标要求

如图1所示，为实现天然气“全国一张网”的建设目标要求，需要继续优化“集中调控为主，区域分控为辅；统一调度指挥，分级管控负责”的调控运行模式，以实现设施公平开放、资源保障有序、运行效益最优，充分发挥好“X+1+X”油气市场体系中“1”的作用。

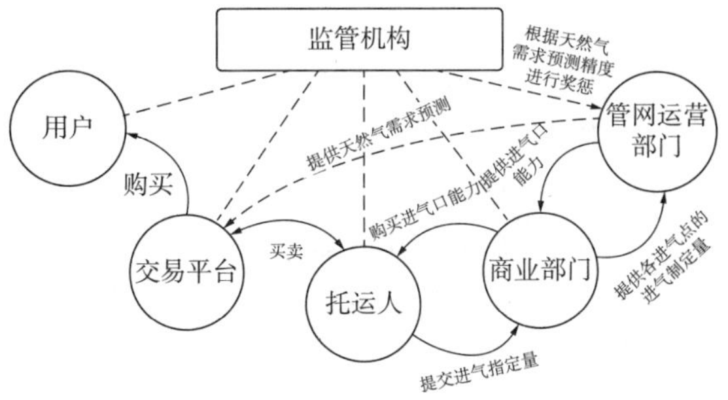

图1　“X+1+X”油气市场体系

2.1　天然气“全国一张网”调度系统服务范围

如图2所示，油气调控中心作为组织指挥国网设施生产运行的主要执行机构，对国网设施实行统一调度指挥、远程监控操作、维检修作业及应急保供协调。

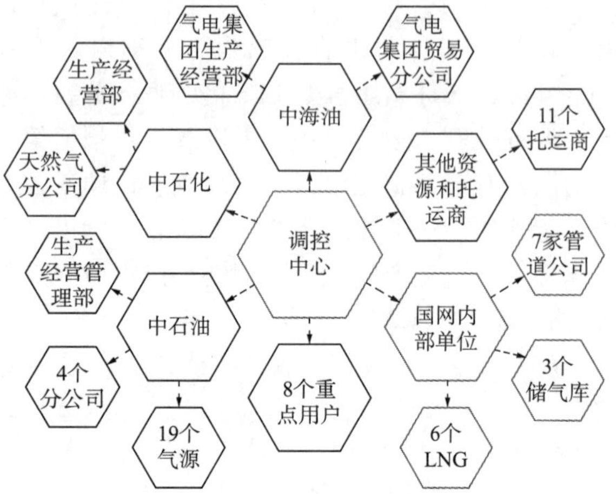

图2　油气基础设施调控运营参与主体

2.2　天然气"全国一张网"调度运行目标

如图3所示，在"X+1+X"模式下，国网设施应与相连的其他输气管网和配气管网形成协调运行机制，确保天然气输送安全平稳，输气计划和运行方案顺利实施。管网作为中间重要环节的重要职能，建立统一管网调度运行中心、建立基于管网平衡点的交易枢纽；油气调控中心与托运商、供气方及用户的生产调度等部门建立日常运行和应急运行沟通协调机制，保障信息共享和调度协同，从而实现上游气源市场和下游终端销售市场多家主体自由竞争，中游输配管网实施第三方气源无歧视公平接入。

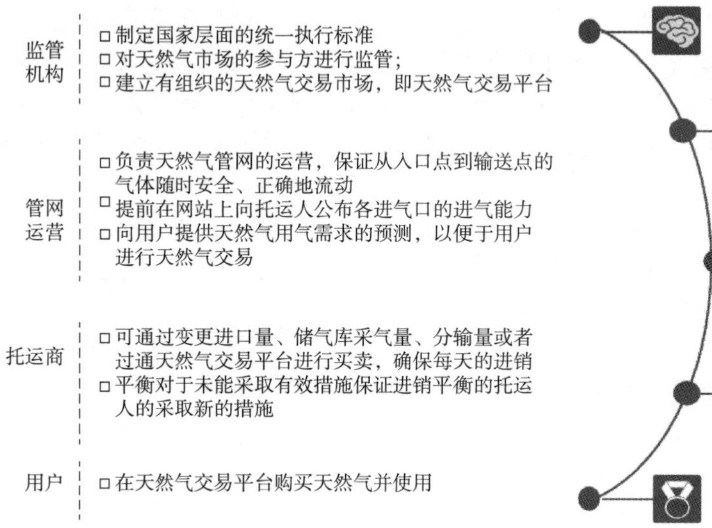

图3　油气基础设施调控运营职责

3　天然气一体化调控的优化需求

天然气管网运行的管理模式要求各类调控人员协同作业、分工明确，涵盖所有管道、资源、用户、流程，不可遗漏，这是一体化调控系统责任区域和权限管理的主线。

3.1　责任区域的设置与管理

天然气管网系统中，调控PCS、PPS等系统中用户权限通过逐点设置"节点+角色+用户"的方式来实现责任区、角色、用户、权限关系匹配。责任区域作为天然气管网对象管理功能，实现站场、阀室、设备、用户等均可以定义其所属责任区。

根据天然气管网调控运行管理要求，应将所有接入的管道按照管道等级、所属区域及远程控制水平，设置与管理调控责任区域，实现实时数据信息的分区告警和相应的信息分层处理。这些责任区可以是某条管道所有站场，可以是某条管道部分站场集合，也可以是管道和不同地区公司的各种组合关系。集中调控运行以来，先后设置西气东输、陕京、忠武、中贵中缅等以管道为主的调度台，造成责任区交叉比较多：

（1）多条管线同时保供同一个重点区域，调控沟通繁琐；尤其是同一保供区域属于多个调度台管理的情况下，就必须将这部分用户定义为单独的共享责任区，如果这样的交叉责任区比较多，则沟通协调就会很复杂。

（2）多条管线同时接入一个资源上载点，造成为了管道平衡争抢资源量，导致管网不平衡情况。

（3）调度员可通过报警和事件信息，了解当前的管网的状态，处理重大问题。同时某个大型枢纽站场（例如中卫、安平、榆林、贵阳）归属不同调度台，造成"令出多门"。这种现状会造成责任不清，无法及时准确做到报警信息的确认和删除，不符合管网系统的实际需求。

这样，随着天然气管网系统规模的扩大和交叉责任区数量的增加，维护管理代价大大提高。因此，有必要探索更友好的方式进行责任区域分工。

3.2 调度台优化整合

天然气"全国一张网"后，需分析当前天然气管网运行调度现状的基础上，发挥管网"站在全局角度、集中力量办大事"的优势，通过研究功能定位、结构模型、应用服务等要素，明确调度系统优化需求，统一规划建设管网调度运行数字化平台，减少调控系统的层次、减少交叉复杂程度、提高调控效率和效果、增强管网的运行稳定性和一致性，快速响应管网业务应用需求。

在2019年开始酝酿和初设，2020年的优化落地，通过相似企业调研、调度员调查分析、多轮次专家论证，整合调度台设置，优化劳动组织模式，先后提出6种不同方案。经过"整合试运行——过渡期运行——正式运行"，将以"管线为主、结合区域"的方式划分调度台运营管理范围调整为区域调度台，最终完成了天然气调度业务五大调度台的整合。对具体的某个大型枢纽站场(例如中卫、安平、贵阳)设置其责任区域归属，从业务、时间和空间等多个层面对天然气管网运行进行有效管理。在时间维度上落实月周日三级优化管理：深入细化天然气管网调控运行优化时间维度，构建"月方案优化、周预测控制、日平衡调整"三级优化管理模式。空间维度上把控六大优化控制点：总结影响日常调控运行的关键因素，实现天然气供需精准匹配、实现"气源优化、销售优化、流向优化、管存优化、压力优化、机组优化"六大优化控制点，全面覆盖天然气管网调控运行优化空间维度。

3.3 数据信息分层处理与分区报警确认

报警信息是指天然气管网系统中发生的任何状态变化，相当于整个系统的记录器，其重点在于其时间顺序和事项内容，最大的用途是便于过程中查询。调度员登录后，根据其所在的责任区，确定是否在该节点上显示和报警，不属于该责任区的报警信息则屏蔽显示。当报警确认时，根据责任区域在报警信息上设置相应的确认标志，而对应其他责任区域的标志则不设置。采用这种方式，既能够保证灵活性，又能提高可维护性。

(1) 信息的分流和过滤应按照所属的责任区域进行管理，PCS系统应采用信息分流技术，PCS系统应能按调度台责任区域进行事项报警信息的确认和删除，从而起到信息分层和安全有效隔离的作用。

(2) 报警确认按照责任区域进行。各责任区域分别进行确认，在某一工作站节点上进行事项的报警确认、删除以及画面上设备的启停操作，只能在其所属调度台责任区内有效，其他责任区不受影响；避免多个区域共同管理的对象报警时，某个区域确认后其他区域不再提示报警。

(3) 分区停闪。报警对象如开关闪烁时，实现每个调度台监控工作站只处理该责任区域内需要处理的信息报警，即对于报警信息的确认、删除及停闪；不同的责任区域分别进行各自的停闪。

(4) 告警信息窗也只显示和该责任区域相关的告警信息，远控、调节转速、一键启停、自动分输、阀门开关等调度员操作也只对责任区域内的设备有效，而无关的画面、报表、历史数据等都不会出现在该调度台监控站内。

3.4 优化前后对比

对标意大利Snam公司调度管理模式，调度台整合优化后，调度人员配置如表1所示。调度人员人均监控里程超过300km，今后调度人员按照调控管网长度设置一个调度台座位，原则上天然气管道按不低于3000km设置一个，达到国际先进水平。

表1　调度台优化前后对比

	Snam	基准-优化前	优化后
主要岗位	调度长+助理+管网调度	调度长+8大区域调度	调度长+副调度长+5大区域调度
横班数	6	4	4
调度总数	44	75	73
调度台	2	8	5

续表

	Snam	基准-优化前	优化后
人均监控里程/km	2400	2675	3761
人均监控机组/台(套)	18	20	28
人均里程变化值/km			1086

4　天然气一体化调控的优化成效

今后，天然气管网将以 PCS 软件、自动化控制技术、通信传输技术、工控网络安全技术及智能调控技术为主要方向，逐步研发、培育新的技术服务和产品，逐步面向社会提供服务，创造新的业务增长点。

（1）天然气“全国一张网”运行平稳有序的根本基础。天然气管网目前仍然存在调峰能力弱、安全风险高、运行瓶颈多、不平衡矛盾大等诸多问题。实现区域调度台整合优化，才能在统一的调度指挥下，平衡协调资源供应和市场销售、调节不同地区季节性消费需求差异、减轻管道运行风险、提高应急处置能力、优化管道运行方式，才能在“X+1+X”模式下提高天然气管网整体运营水平。

（2）天然气“全国一张网”运行节能降耗的最优选择。天然气管道由线成网后，资源接入点众多、输送路由丰富、流向复杂多变、目标市场用气特点不一，影响管网运行的因素众多。其中任何一个因素的变化都可能会影响整个管网运行。只考虑单管道优化，会出现个别管道处于优化状态，而其他相关管道运行情况不佳的现象。实现区域调度台整合优化，从管网整体的利益出发，对全管网运行进行统计分析、优化管理，才能达到全管网运行能耗最低、运行成本最少、经济效益最优的目标。

（3）天然气“全国一张网”资源高效配置的最优选择。实现区域调度台整合优化，才能实现标准统一条件下的天然气资源高效配置、市场消费全面覆盖、能源结构优化调整、管道输送互通互保，才能实现天然气资源的安全稳定供应，才能及时准确地向社会公开管道信息、公平公正地为客户提供服务、科学合理地安排建设运行、创新灵活地吸纳各类资本，才能在行业层面上带动整个天然气产业链活力提高。

5　结论

在天然气“全国一张网”系统规模越来越大的现实发展趋势下，以往以管道为主调控模式实现的功能反而变得越来越复杂，必须优化整合，才能提高调控的效率和准确度。同时，随着省网融合不断扩大和调度运行的分级管理，按照责任区域进行分区报警、确认，大大减轻了调度员的工作强度，能够更好地集中精力做好本管理区域的调度工作，有利于天然气管网安全高效运行。

华北油田安眼系统建设现状及展望

石利新　王宇蒙　刘春海　刘书军　齐根成　杨　超　刘贵强　刘玉芳　李自远

（中国石油华北油田公司）

摘　要　油田作为国家重要的能源生产单位，必须保证石油安全生产，加强石油工业生产管控，这不仅是保证油田工业生产的安全，也是保证国家资产的安全。随着大数据、人工智能的发展，视频监控技术有了快速的发展，突破了传统视频监控技术需要人为进行判断的局限，大幅提高监督成效。为此，结合华北油田视频监控系统具体情况，对现有的油田视频监控系统进行升级改造，重点对油田安眼系统建设过程中的视频监控、数据传输与智能监控平台关键技术进行了研究和探讨。

关键词　安眼工程；视频监控；安全生产；数据传输

保证油田安全生产是企业的头等大事，迫切需要强有力的安全监管作为保障。然而仅依靠人员能力与主观经验进行决策监管，存在诸多缺点与不足，监管工作针对性不强、不系统，对生产作业重大风险感知灵敏度低，重要环节难以实现全面管控，监管薄弱环节与盲点多，监管效果不明显。针对以上问题需要加强地面工程视频监控建设，升级监管平台，建立健全管理体系逐步达到智慧巡检、智慧监督，实现“管住现场、管住承包商、管住三违”的既定目标，保障工程质量及本质安全。

本文对华北油田安眼系统建设的现状和发展方向进行分析，并从安眼工程的视频监控、数据传输、监管平台的应用现状进行介绍，从井场、拉油点、管道、站场、重大危险源等生产现场与井下作业、地面工程建设、高风险作业等施工作业现场进行分析讨论。

1　华北油田视频监控系统现状

华北油田自建设以来，已建设近5000余路视频（模拟信号以及数字信号），但其中720P及以下分辨率占据相当数量。各厂级平台皆为各厂自建，存在诸多问题，如一是视频监控平台建设标准不统一，不便于视频的集中汇聚与管理，无法实现各监控平台间的信息共享，降低了监控系统的高效性，增加了监控系统的管理成本。二是视频监督场景少，视频监督主要集中在常规油气生产场景，缺少对各类施工作业场景进行视频监督视频监控功能少。三是视频监控平台功能少，目前视频监控系统的主要功能为集中展示各路监控视频，缺少对视频场景进行智能分析，仍然利用人工经验识别各类监控风险，无法实现对人的不安全行为、物的不安全状态、环境因素和管理缺陷等风险的智能识别与主动预警。四是视频监控设备技术指标落后，视频监控设备大多处于“模拟-高清”过渡期，缺少高清智能化的视频监控设备，不能满足对各类场景风险智能识别及预警的需求。与“安眼工程”建设的需求相比仍有很大差距。

2　华北油田安眼工程建设思路

2.1　安眼工程的定义

“安眼工程”全称为“安全生产智慧眼可视化智能化识别工程”，是一种创新的安全生产监管模式，主要是利用视频监控、物联网、移动互联网等技术手段实现对施工作业现场及生产场所的全员、全过程、全方位、全天候的监控，并结合大数据、人工智能技术实现对人的不安全行为、物的不安全状态、环境因素和管理缺陷等风险的智能识别与主动预警，辅助管理人员实现便捷的远程监管与快速的违章处置，从而减少人员现场监督工作量，提高监督成效，实现企业降本增效、提质增效。

2.2　安眼工程视频监控

安眼工程中常见的视频监控手段有固定式红外摄像机、高空全景智能球机、移动布控球、移动单兵、无人机巡检等。通过视频监控模块，将传统的“到场监督、上门监督”模式转变为“线上监督+现场巡检”方式，实现施工现场的全方位、全时段、全过程动态监控和快速感知，可远程识别违章行为和风险隐患，形成“远程监管、智能互联、上下联动、专业协同”的监管体系。

2.2.1　井场视频监控

每口单井配备一套固定摄像机监控，丛式井组根据现场实际情况增加监控点位在监控上位机界面设定虚拟周界，对周界范围内的异常入侵、跑冒滴漏、作业异常等现象进行监测和告警。如图1、图2所示。

图1　单井井场风险管控示意图

图2　平台井井场风险管控示意图

设备布设及安装要求：井场安装一体化摄像机、辅助照明灯及扬声器等设备，实现井场视频图像的实时采集与传送，以及语音示警等功能。设备在井场的水泥杆上挂装，面向场地内侧。当井场的油井数小于等于8口井时，设置1套视频监控设备；当井场的油井数大于8口井时，设置2套视频监控设备对射。

2.2.2　拉油点视频监控

各油气生产单位拉油点位置比较偏远，数量多、距离远、周边环境复杂，采用驻站看守的方式，管理难度与治安风险较大，为了进一步提升拉油点智能化管控水平，对拉油点技防系统进行升级改造，达到拉油点在无人值守的情况下稳定运转。每个拉油点按照两枪一球的模式对抽油机、罐区和全景进行监控。如图3所示。

图3　拉油点视频监控示意图

2.2.3　管道视频监控

参照Q/SY 05102—2019《油气管道工业电视监控系统技术规范》对管线穿跨越河流、冲沟高后果区及人口密集区高后果区实施视频监控，管线穿跨越河流、冲沟高后果区时，每处部署1台摄像机；管线穿跨越人口密集区高后果区时，管道沿线每间隔200m部署1台摄像机。在重点跨河管道使用分布式光纤测温技术，当泄漏发生时，感温光纤测得的某点的温度突然升高或降低5℃以上，会立即报警，并准确定位管线位置。

运用红外热成像技术和视频监控技术，在重点区域进行实时监控，对重点报警区域的视野图像进行抓拍分析、取证，同时第一时间传回中控系统平台，实时分析预警信息，确认预警结果，进行分级报警管理。在此期间，同步发送报警信息给相关人员，进行预警信息的及时处理。如图4所示。

图4　监控画面覆盖整体管道情况及收油池等装置

2.2.4　站场视频监控

在站场围墙四角设置监控点，每个监控点设置2台枪机沿围墙向两边照射，实现场区周界全覆盖，在站内主要工艺区及主要出入口补充室外立杆摄像机，实现场区监控，同时对重要设备附近补充红外摄像机，对周界范围内的异常入侵等现象进行监测和语音告警。如图 5 所示。

图 5　站场视频监控示意图

2.2.5　重大危险源视频监控

重大危险源部分除了视频监控信号还需要接入 A11 的生产参数、重大危险源平台的风险管控数据。按照安眼工程数据及视频采集标准，目前计划第一采油厂任一联需增加全景摄像机，华港山西 LNG 工厂增加红外光谱气云成像监测预警系统，实时扫描监测覆盖区域内的甲烷、乙烷等气体，当浓度超过设定阈值后，自动报警，可视化显示泄漏位置。如图 6、图 7 所示。

图 6　任一联站库图

图 7　华港山西 LNG 工厂

2.2.6　井下作业视频监控

井下作业视频监控配置固定式摄像机、移动式摄像机和手持移动单兵。压裂队、大修队、带压作业队等应根据实际需要考虑增加摄像机数量。

固定式摄像机用于井场监控，建议安装在值班房顶部；移动式摄像机用于井口作业面监控，与井口安全距离应符合有关标准要求，避开作业施工道路，选择上风口位置安装；摄像机支架高度不低于 2 米，移动、固定摄像机安装应考虑防雷措施。

图 8　值班房顶安装固定式摄像机

2.2.7　地面工程建设视频监控

地面建设视频监控设备按照使用需求分为人脸/车辆闸机、作业现场高空全景智能球机、安防周界摄像机、重点区域监控摄像机及移动布控球组成。在施工现场边界、公共区域、重点施工区域、周界或较空旷的防护区域，根据需重点监控的局部位置部署摄像机。在施工现场人员出入口设置人脸识别闸机实现相应人员识别功能，强化现场封闭化管理，在车辆进出口集成车辆闸机，禁止不符合要求的车辆入场，实时掌控车辆在场情况以及进出场情况。通过部署移动式布控球，弥补在站内高风险作业区域和重点工程部位的视频监控盲区，解决在无电源支持的站外工程现场实现监督管理的问题，通过远程操控监控视角并录像，实现全过程远程监督。如表 1 所示。

2.2.8　移动式作业视频监控

油气田建设、检维修施工等涉及动火作业、高处作业、吊装作业、挖掘(动土)作业的风险作业的施工现场，移动施工作业的主要监控对象主要为人的不安全行为和物体的不安全状态，不同作业的视频监控内容不同，重点监控内容如表 2所示。

表1　地面施工作业视频监控布设配置

监控位置	配置要求	安装要求	硬件参数
人员/车辆闸机	场站出入口设置	配套门禁控制器、读卡器等	
作业现场高空全景智能球机	实际需求建议安装1套	现场较空旷中心区域，部署高度不宜低于15米	全景球机日间监控距离不小于250米，红外监控距离不小于150米
安防周界摄像机	间隔50~100m安装1套	施工现场边角位置	高清网络红外枪机
重点区域监控摄像机	间隔100~200m安装1套	重点施工区域周界或较空旷区域	高清网络红外智能球机
移动布控球	建议配置1~2套，根据实际需求确定	根据实际需求灵活使用	

表2　施工作业视频监督重点内容

作业类型	视频监督重点内容
吊装作业	吊物转动半径内是否站人 吊车支腿是否深处 吊装作业现场指挥、司索是否在场
高处作业	高处作业安全带佩戴，是否存在高挂底用 现场监护人员是否到位 是否存在高空抛物
动火作业	消防设施(灭火器、灭火箱) 气瓶状态，气瓶是否卧放，气瓶与动火点间距是否大于10m，氧气瓶与乙炔瓶间距是否大于5m 焊接人员是否佩戴护目镜、防护面罩等劳保措施 现场监护人员是否到位
高处作业	高处作业安全带佩戴，是否存在高挂底用 现场监护人员是否到位 是否存在高空抛物
受限空间	监护人员是否到位 进入时间人员是否超标

根据风险作业过程的特点，将高风险作业主要分为：点作业(图9)和面作业(图10)。点作业包含动火作业、高处作业；面作业包括吊装作业和挖掘作业。点作业布设2个移动摄像头对射，由于安全防护的要求，建议移动监控设备布设位置应离作业点10m以上。面作业施工现场应部署至少2台无线移动摄像机，必要时，可增设摄像机的方式实现监控画面能够覆盖施工作业的主要区域。摄像机应布设于作业区域警戒线外，移动摄像机布设位置应距离作业点在10~26m之间，摄像机距离作业区域警戒线可保持15~20m的距离。对于特定的作业场景还需要配备防爆移动单兵、移动式四合一气体报警器、手持式热成像仪等设备，形成移动式视频监控系统。

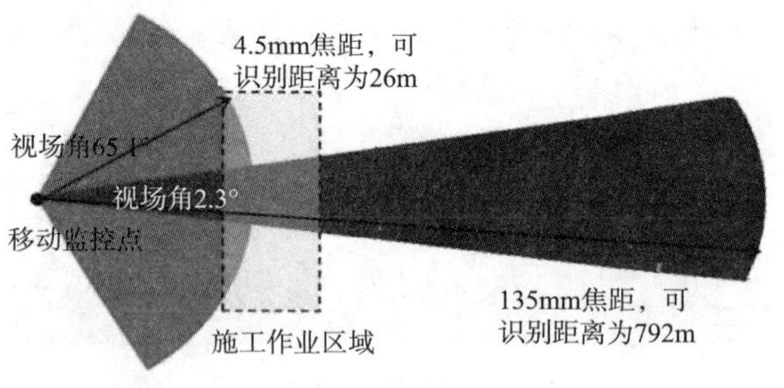

图9　点作业移动摄像机布控位置示意图

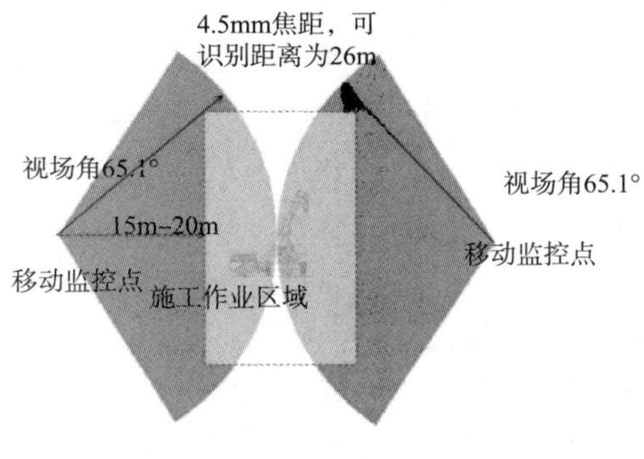

图 10　面作业移动摄像机布控位置示意图

2.3　安眼工程数据传输

安眼工程数据传输方式主要是光缆传输、无线网桥、4G 通信，按照管理级别将网络结构划分为三级：第一级：油田公司级。建设光纤专用生产网链路连接油气生产单位；第二级：区域中心级。建设光纤专用生产网链路连接作业区；第三级：作业区级(站场级)。建设有线、无线并存的专用网络。采用层次化、区域化的设计模式进行设计与规划，将生产网按照不同层级划分多个功能区域：生产接入网、数据中心和边远井数据采集区，如图所示。

在 A11 建设的基础上，规模应用 SDN 技术和 IPv6 技术，建成低延时、高可靠、有效覆盖的生产网络基础设施，为华北油田生产业务提供庞大的网络地址空间和数据传输通道，改变生产网络零散、标准不统一，支持实时、安全、远程的生产指挥调度和生产数据传输，满足业务发展需要。采用分期建设方式，结合华北油田生产网建设实际情况，分别完成油田公司生产骨干网的建设，以及各生产单位两网分离工作，在符合条件后逐步接入生产骨干网(图 11)，最终建成华北油田生产专网。

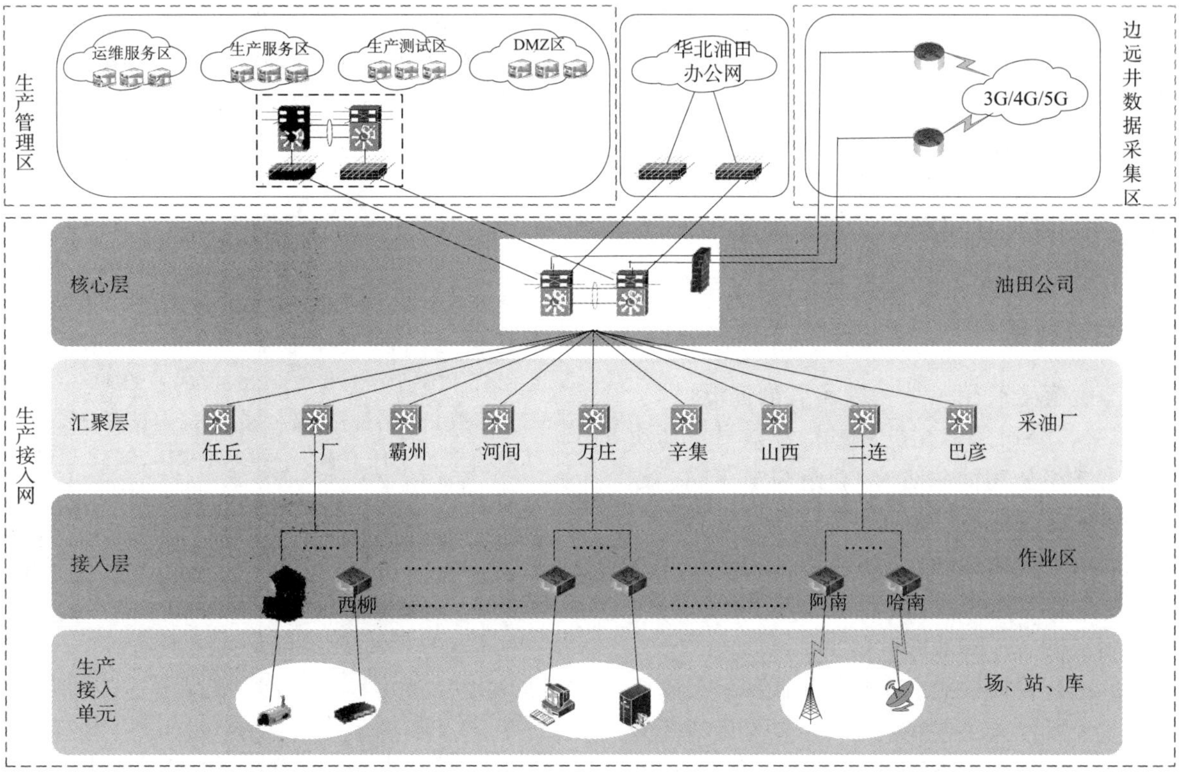

图 11　骨干网络示意图

2.4　安眼工程监管平台

华北油田地面工程建设视频监控系统拟构建了三级监管平台，实现不同层级、不同部门、不同岗位对施工现场的管控要求；各层级管理人员根据权限均可通过指挥中心监控大屏+PC 端+移动端 APP，实现对施工现场智能管控的全覆盖。

华北油田分公司级监管平台：将视频监控信号接入油田公司已建的生产指挥中心，为油田公司工程质量监督站和工程建设 HSE 监督室设置 4 个专职监督坐席，为公司级监督部门提供远程在线巡检服务。在公司主管领导、机关相关业务部门及工程质量监督站和工程建设 HSE 监督室主要人员 PC 端配置监督权限，完成辅助管理。在相关业务人员手机安装移动端 APP，实时掌握查询施工现场关键信息。

厂(分公司)级监管平台：厂(分公司)级单位利用已建的监控大屏完成监管平台部署；在主管安全和基建领导、监督管理中心、业务部门相关人员 PC 端和移动端安装系统，配置查询、维护权限，实时对项目的质量、安全、进度、承包商等进行管控。

区域监控中心：在现场监控指挥室为参建各方设置机位，配置应用权限，负责完善项目基础数据，审核承包商实名信息、完成安全能力准入评估、调整进度及资源配置计划。在参建各方项目管理人员手机安装 APP，开展日常质量安全巡检、查询。明确施工单位项目质量检查员、安全员及监理承包商人员工作地点在现场和监控室，确保施工现场实时受控。

3　预期效果

通过“安眼工程”的建设，编织一张覆盖钻修井、压裂、地面工程建设等施工作业场景和场站检维修、高风险装置等固定场所生产运行场景的智能化视频监控网和安全风险监测预警网，防止因人的不安全行为、物的不安全状态带来的安全事故。以技防协助人防，为未来建设远程智能监督中心打下基础，落实无人值守、少人值守。

4　结论与展望

(1) 缓解生产用工结构性矛盾的需要：“十三五”以来，公司总体冗员和结构性缺员矛盾突出，未来 5 年公司面临近 8000 余名员工离、退岗，同时，新型业务、新区开发及局外业务发展的用工需求也日益增长，迫切需要通过安眼工程建设，减少监督人员投入，促进工艺模式、管控模式、用工模式，降低劳动强度。

(2) 提升管控效能、实现管理决策：针对现有视频监控系统人工巡检效率低、问题发现不及时、智能分析能力覆盖面不足等问题，需加速视频智能分析能力在公司视频监控场景下的落地。通过对现有视频监控系统、网络、终端的现状，以及智能分析场景的需求进行收集和梳理，指导项目整体技术方案的设计。

(3) 适应安全、环保、综治的需要：公司生产区域主要分布于河北、山西、内蒙，毗邻京津，大多数位于人口密集区、农业生产区、生态脆弱区、环境敏感区、综治复杂区，有 248 口油水井、23 座阀组，3 座转油站和 1 座联合站位于雄安新区的白洋淀淀区，安全环保压力大、综合治理难度大，需要通过油气生产物联网系统建设，实现生产现场的感知和预警，实现油气生产清洁、环保，及时化解矛盾、有效防控风险，保障生态环境与油气生产协调统一，推进协调、绿色发展。

(4) 推动油田可持续发展的需要：通过安眼工程建设和应用，充分发挥视频分析与信息技术在生产要素配置中的优化集成作用，促进劳动组织重塑和管控能力提升，充分打通视频与各业务模型、管控平台、专家系统的壁垒，对生产和决策提供智能辅助，建立一体化协同研究及工作环境，实现全面的过程自控、生产监控、风险预警、降本增效，助力“油公司”改革及新型管控模式建设。

参　考　文　献

[1] 隋鑫．智能视频监控在数字油田的应用研究[J]．中国设备工程，2023(13)：33-35.

[2] 赵丹．油井视频监控技术在油田生产管理中的应用[J]．化学工程与装备，2023(06)：92-93.

[3] 刘忠波．智能视频监控及分析技术在综合安防系统中的应用[J]．无线互联科技，2023，20(04)：13-15.

[4] 杨欣欣，王美，张文沛等．油田作业现场风险智能识别模式研究[J]．劳动保护，2023(02)：86-88.

[5] 耿关庆．大庆油田智能化储运系统建设展望[J]．油气田地面工程，2022，41(11)：12-17.

[6] 石计划，王炜．智能 AI 视频分析技术在输油站的应用[J]．信息系统工程，2022(11)：60-63.

[7] 沈竺霖．油田智能视频监控系统研究[J]．电视技术，2022，46(03)：18-20+37.

[8] 张蕾，靳泽园，李婷玉等．油田作业现场云端智能监控系统[J]．计算机系统应用，2022，31(01)：105-110.

华北油田无人值守站场模式构建与展望

刘玉芳 刘书军 刘贵强 石利新 杨 超 赵启昌 李自远 马伟娜

（中国石油华北油田公司工程技术研究院）

摘 要 基于华北油田数字化覆盖率大幅提高及企业高质量发展的需要，站场管理逐步向着无人值守方向发展。本文以 JJ 站为例，从工艺流程参数、DCS 控制系统、可视化操作系统、智能电源系统、仪表设备全生命周期管理系统、智能虚拟布防监控平台等方面展开论述，探索一种适用于华北油田生产实际的无人值守管理模式，达到提质增效、优化用工的目的。

关键词 无人值守；优化；远程监控；智能；增效

华北油田总部位于河北省任丘市，勘探区域集中在冀中、二连、山西，横跨京津冀蒙晋五省市，有石油资源量 3.73×10^{9} t、天然气资源量 3.982×10^{11} m^3、煤层气资源量 1.08×10^{12} m^3。随着华北油田减员人数的逐年增多，新入职员工的人员较少，使得人员需求增大。伴随油田开发技术的日趋完善，数字化水平的不断提高和低成本开发的需要，油田站场快速向无人值守方向发展。目前，华北油田各个采油厂已基本实现了数字化改造，通过数字化管理，优化劳动模式，可大幅提升油田的管理与运行效率，华北油田目前正积极推进减员增效，严格控制人工成本，努力提高公司的经济效益，逐步开展油田的无人值守建设工作。

1 JJ 站现状

JJ 站是华北油田高家堡油田唯一一座转油站，经过多次改造，站内设备设施状态较新，配套完整，生产运行状态良好。JJ 站站外共有 59 口油井，目前开井 47 口，采用单管集油进 JJ 站。JJ 站外输油流程：JJ 站输往 C25-1 计阀组，与 C15-8 计来油汇合后，再输往 C 南联合站。目前 JJ 站每日外输量 290 方。JJ 站站内包括集油系统、原油处理系统、外输系统、供热系统、天然气系统以及注水系统，包含的设备有井口加热器 1 台，井口加热炉 1 座，分离缓冲罐 2 座，高架储油罐 4 座，外输泵 2 台，常压热水锅炉 2 座，热水泵 2 台，外输加热炉 2 座，水源井(电潜泵)1 台，储水罐 1 座，注水泵 1 台，注水撬 1 座，水箱 1 座。主要运行参数如表 1 所示。工艺流程图如图 1 所示。

JJ 站与无人值守状态相比目前仍存在着许多不足之处，有待进一步优化与改进。人员不足问题逐渐突出；站内设备可视化程度低，必须现场人工操作；电力消耗严重且意外断电容易造成安全生产事故；仪表设备种类较多，维护复杂困难；同时缺乏智能安防系统，依靠人员辨别时间较长，容易将较小事情酿成重大事故。本次将 JJ 站作为无人值守建设试点站场。

表 1 JJ 站站内设备主要运行参数

工艺	设备	参数	数值
集油系统	J2 井组进站集油线	进油温度/压力	30℃/0.25MPa
	J3 井组进站集油线	进油温度/压力	30℃/0.25MPa
	J3-30 井组进站集油线	进油温度/压力	30℃/0.25MPa
	J3-2 来油	进油温度/压力	30℃/0.25MPa
	南部井组进站集油	进油温度/压力	31℃/0.27MPa
	南部新井组进站集油	进油温度/压力	30℃/0.27MPa

续表

工艺	设备	参数	数值
原油处理系统	分离缓冲罐	压力	0.2~0.3MPa
		液位	1/2~2/3 罐高
	加药	缓释剂	100kg/月
		降粘剂	50kg/月
外输系统	外输泵	外输压力	0.8MPa
		外输油温(冬/夏)	60/55℃
		外输液量	$280m^3/d$
供热系统	热水炉	进-出炉温度(冬/夏)	50~80/45~50℃
	原油加热炉	进-出炉温度(冬/夏)	33~60/31~55℃
	加热炉	燃气压力	0.2MPa
	热水泵	压力	0.4MPa
注水系统	水源井(电潜泵)	扬程/排量	$140m/20m^3/h$
	储水罐	容积	$15m^3$
	注水泵	排量/压力	$1.5m^3/h$，25MPa
	注水撬	排量/压力	$8m^3/h$，35MPa
	水箱	容积	$35m^3$

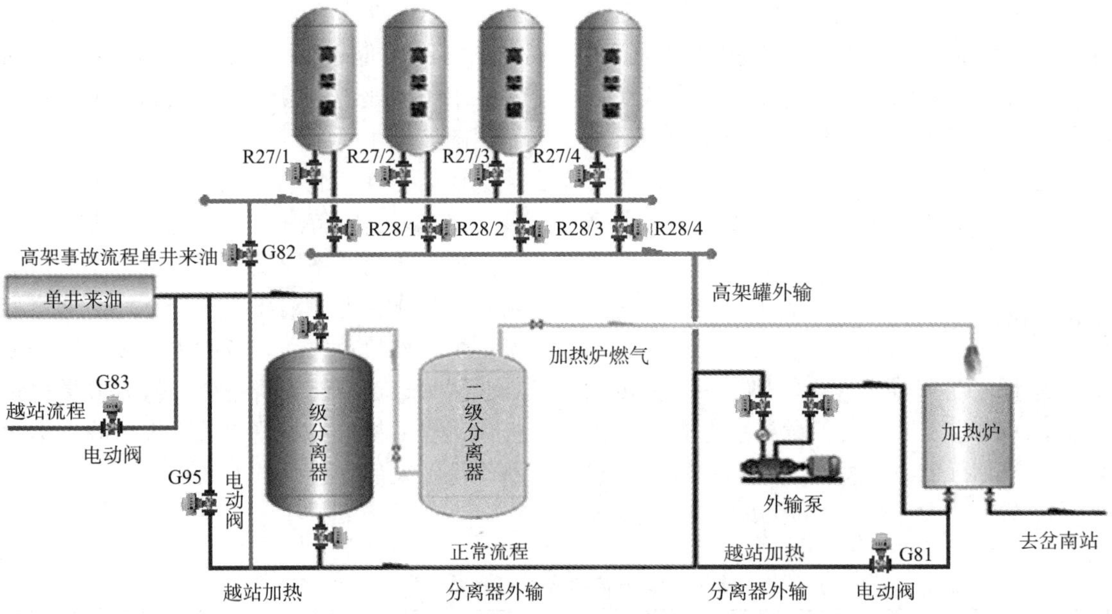

图1　JJ站工艺流程图

2　无人值守设计

2.1　无人值守的概念

无人值守是通过对站场运行、岗位设置、操作频次等的调查，对需人工频繁操作的环节实施自动控制改造，减少操作频次，达到现场少人操作甚至无人操作的状态。无人值守站场系统包括视频监控、数据采集、报警、门禁、存储管理、网络等。这套系统不仅需要对站场主要仪器设备的运行状况进行实时监测以及防御外来入侵者的破坏，同时需要配合相关技术人员的定期巡检，形成物防、技防、人防的完整安防监控状态，实现无人值守的效果。

2.2　无人值守站场的技术要求

无人值守站场应配置数据采集控制系统，负责采集站场内的远控阀门、压力、温度、液位、流量、电参、加热系统等仪器仪表的数据，各仪表设备应具有就地显示及信息远传双重功能。

无人值守站场应配置相应的视频系统和安防系统，实现运行情况监视、入侵探测、防盗报警、出入口控制、安全检查等主要功能。视频和安防系统信号应能够传至监控中心，并具备远程控制、布防、撤防等功能。防区划分应做到避免盲区和死角，有利于报警时准确定位，视频监视和安防系统宜紧密集成。条件许可时可考虑视频与报警的联动。

2.3　JJ站无人值守改造方案

为实现JJ站无人值守，实现对各个分系统的统一管理，对突发事件实现统一指挥，一键实现流程安全切换。从DCS控制系统、可视化操作系统、智能电源系统、仪表设备全生命周期管理系统、智能虚拟布防监控平台五个方面进行整改与优化。

2.3.1　DCS控制系统：冗余控制、高速通讯、在线插拔

无人值守对控制的安全性要求较高，拟采用DCS控制系统。DCS系统具有很好的冗余功能，可以实现多通道热备功能，可以热插拨模块实现不停机系统维护。DCS系统通常采用的国际标准协议TCP/IP。它是安全可靠双冗余的高速通讯网络，系统的拓展性与开放性更好，而PLC因为基本上都为单个小系统工作，在与别的PLC或上位机进行通讯时，所采用的网络形式基本都是单网结构，网络协议也经常与国际标准不符。DCS系统所有I/O模块都带有CPU，可以实现对采集及输出信号品质判断与标量变换，故障带电拔，随机更换。依据JJ站月平均人工操作频率，划分远程自控范围与现场操作工作界面，非自控范围内的工作内容，仍然采用现场操作。

2.3.2　可视化操作：视频融合控制系统、操作安全便捷

通过可视化视频、AI机器视觉分析、数据视频融合、信息化，在控制室实现犹如身临其境的远程操作(看着现场视频图像，用鼠标点击图像上的虚拟按钮，实现设备的启停)，它的操作方式是以视频为导向，桥接贯通各个系统，在视频图像上实现现场操作工作，即远程“就地”操控，操作安全便捷。

2.3.3　智能电源管理系统：故障预警、自动转换

现阶段JJ站依旧采用传统用电系统，还处于无网络化，无智能化的用电设备分散独立运行状态，后台无法实现对前端用电系统进行远程实时预警监测。实行JJ站用电智能化管理，可以保证规范配电、安全用电、节能用电，保障生产用电安全运营，提出以下要求：

(1) 智能管理、监测JJ站用电负荷的变化，及预防和控制由于超负荷运行引起的火灾隐患。

(2) 当系统电断电时，0秒切换至UPS供电，确保事故中，流程切换电动阀门畅通。同时切换至发电机组供电，恢复生产。

(3) 确保有效的监、管、控站内用电不合理现象。

(4) 通过对各用电回路及设备进行系统化管理，建立高效的预防、报警、跳闸保护机制，减少人身伤亡，财产损失。

平台软件充分利用设备运行数据，采用先进的软件开发技术，为用电场所提供强弱电集中管理、分析决策、数据安全的有力支撑，真正实现了安全用电、规范用电、节能用电、智慧用电的目标。

2.3.4　仪表、设备全生命周期管理系统：MS仪表管理系统

MS仪表管理系统的优势：多种仪表设备统一管理，操作简单方便；远程管理快速、便捷；在线监测与诊断提高设备可靠性；预测性维护降低维护费用、提高设备利用率；文档管理全面提升管理水平；使用先进技术保护原有投资；将维修时间降低到最短：MS可以准确定位事故发生的原因，可以准确确定设备是否需要维护及进行时间。MS的诊断功能可以在故障发生之前监测到问题的所在，提示工作人员在故障造成重大事故前，及时采取措施。无缝集成DCS系统；管理平台为决策者提供依据。将去现场处理问题的次数降到最少：MS提供必要的信息，使工作人员无需抵达现场，从PC机上就可以检查设备状态、组态设备参数、调整量程能及执行诊断等。MS提供设备状态数据，从而使维护人员可以进行有目的的维护。

2.3.5　智能虚拟布防监控平台：闯入、火灾、泄漏报警

智能虚拟布防监控平台根据机器视觉监控闯

入、火灾、泄漏等情况，在联合站、库房等场站的围墙、大门和站内区域进行布防预警；实现联合站、储气库、油库、库房、罐区等区域实现火灾报警；同时对生产设备、管网泄露，高温炉壁击穿前，发出预警以及对场站内吸烟，劳保穿戴不全，危化品区域闯入等发出报警。

3　预期效果

JJ站经过无人值守设计改造，能够实现优化岗位用工数人，节约用工成本，会产生巨大的经济效益。同时JJ站实现真正意义上的无人值守，能够满足环境敏感区与综治复杂区安全环保要求，为同类型无人值守站建设提供借鉴，带来了可观的社会效益。

4　结论与展望

本文通过对JJ站DCS控制系统、可视化操作系统、智能电源系统、仪表设备全生命周期管理系统、智能虚拟布防监控平台进行设计改造，可以得出如下结论：

（1）有效提高生产运行效率。转变了原有生产组织方式，工作直接由中心站协调，减少了中间环节，组织机构更加精简，资源配置更加合理，生产组织效率大大提升。

（2）降低劳动强度。规模配套自动化设备，大大缩减员工每天现场工作量并将员工从资料填报、现场巡检等日常烦琐的工作中解放出来。

（3）降低安全隐患。将频繁人工操作改为自动控制，降低员工进入危险区域的频次，物的不安全状态和人的不安全行为使潜在安全隐患得到控制，有效降低了员工的安全风险。

（4）盘活了劳动用工。面对巨大的人员运行压力，通过积极推行无人值守站运行，盘活站内操作员工，将带来巨大的经济效益。

（5）重要参考价值。对其他场站的无人值守改造工作以及将来实现智慧油田中无人值守具有重要的指导意义。

参考文献

[1] 王玲．天然气无人值守站设计缺陷及对策探析[J]．中国石油和化工标准与质量，2021，41(05)：119-120+124.
[2] 王博，李顺雨，王欢欢，等．自动开关井无人值守站的HAZOP分析[J]．云南化工，2021，48(03)：129-130.
[3] 姜丽娜，姜志刚．延安气田集气站的无人值守改造[J]．化工管理，2021(07)：171-172.
[4] 顾翔，呼军，解海龙，等．苏东下古无人值守集气站建设[J]．内蒙古石油化工，2021，47(02)：32-34.
[5] 王晨．LNG瓶组气化站无人值守自动供气技术[J]．煤气与热力，2020，40(12)：17-20+45.
[6] 臧振胜．无人值守输气站工艺流程优化及自控系统设计[J]．中国仪器仪表，2020(07)：86-89.
[7] 崔勋杰．天然气无人值守站场建设模式探索[J]．辽宁化工，2020，49(06)：732-733+746.
[8] 王静．高含硫气田站场无人值守自控通信技术[J]．仪器仪表用户，2020，27(03)：11-13+88.
[9] 张玉恒，范振业，林长波．油气田站场无人值守探索及展望[J]．仪器仪表用户，2020，27(02)：105-109.
[10] 姚彬．塔河油田无人值守SCADA系统[J]．通用机械，2020(Z1)：20-22+26.
[11] 牟思文．无人值守站远程监控终端的设计与实现[J]．化工管理，2020(03)：205-206.
[12] 周波，余兆才．数字化气田无人值守场站安全管理研究[J]．化工管理，2019(35)：102-103.
[13] 史刚刚．基于智能视频分析技术的油田无人值守站点系统的设计和实现[D]．西安电子科技大学，2019.
[14] 巩延，刘延辉．基于数字化视角的无人值守站的推广与应用[J]．化工管理，2019(12)：213-214.
[15] 刘小辰．热力站无人值守监测监控系统的开发与应用[D]．北京工业大学，2019.
[16] 刁海胜．基于物联网技术的油田无人值站的建立[J]．中国管理信息化，2018，21(15)：84-85.
[17] 李健，任晓峰，冯博研．油田数字化无人值守站建设的探索及实践[J]．自动化应用，2018(05)：157-158.

基于超融合平台的油田数据湖构建

唐　玮　曾　超　翟红翠　赵立宁　刘姗娜

（华北油田数智技术公司中国石油华北油田公司科技信息部）

摘　要　随着油田勘探开发经营管理数据的不断积累，传统的数据存储和分析方案已无法满足油田数据管理的需求。本文提出了基于超融合平台的油田区域数据湖建设方案，旨在实现油田数据的集中管理、高效存储、深度分析和安全共享。具体方案包括数据湖架构设计、超融合平台部署、数据管理、分析与可视化。在实践中，该方案能够提高油田数据处理的效率和完整性，为油田地质研究、开发方案编制、安全环保等方面提供有力的数据支持。

关键词　数据湖；数据治理；超融合；数据分析

1　前言

随着勘探技术的不断更新，油田开发需要采集、处理、分析越来越多的数据。然而，传统的数据存储和处理方式已逐渐无法满足油田数据管理的需求，如何高效地存储、管理和分析海量数据成为当前油田开发面临的挑战之一。数据湖是一种大数据存储和管理方案，具有高度的灵活性和可扩展性，逐渐被应用于各行各业。

油田数据湖的建设是基于油田主数据库，为各应用提供数据服务，便于数据管理和提高各业务系统数据提取效率；同时又从各专业系统调用结果数据，为油田生产管理提供快速有效帮助，实现数据的标准统一，存储统一、互联共享，解决以往人工多重录入，时间紧，任务重，易出错等难题。

2　现状及发展趋势

目前，壳牌石油公司、英国石油公司等国际石油公司和哈里伯顿、斯伦贝谢等服务公司都已建成了一体化的协同研究解决方案，不但覆盖数据库本身，还对归档信息、应用信息、流程、文档以及人员信息进行了有效管理，实现了研究成果数据跨部门、跨地域、跨专业的高度共享，并且实现了数据源和数据状态透明化、资产生命周期的数据管理和数据可视化，极大促进了科研水平和效率。

面对高难度的勘探开发目标，依托先进的IT技术，国内部分油气田分公司建成了勘探协同工作环境，实现了面向目标的跨专业、跨学科的协同互动，从一定程度上提高了科研成果的质量和决策部署的科学性。基于多年来大量信息系统沉淀的孤岛现状，中石化正在谋求建立企业开放服务平台，开发通用业务组件，建立积木式开发模式，以可视化、集成化为手段，提供完整的覆盖软件全生命周期的开发、集成、运行、服务管理于一体的企业开放服务平台。

3　总体功能需求

根据各专业提出的业务需求，结合数字油田、智能油田、智慧油田的建设方向，需要加强油田主数据管理，加强站库、区块、层位等主数据建设和统一管理。

在数据集成方面，需要建立中心数据库，集成钻井、录井、测井、试油、分析化验、动态监测、单井地质、勘探生产、单井设计、井下作业、油气生产、采油与地面工程等数据并提供数据服务，需要合适的数据治理工具对数据湖从数据源头到数据应用进行合理地监控和管理。

建立统一的共享、运维协调机制，避免系统间数据流转或应用的沟通不畅。建立基于主数据的数据资源目录，研发结构化、非结构化数据查询的搜索引擎，满足各种数据应用服务需求。加强统建系统模型培训，提升统建系统数据回迁效果，加强与油田自研应用系统的对接，充分发挥数据价值；基于统建系统的应用功能与油田管理需要相结合，提升灵活性和便捷性，满足管理分析需要。

建设统一的数据共享应用标准。避免数据矛盾及冗余的优点，相对存在数据表多、逻辑关系复杂的特点，不适用于复杂应用所需的数据快速组织或转换需求。需要建立一套面向应用的数据共享应用标准，把各专业、各系统的数据进行整合，按照实体关系、业务主题对数据进行集成，以数据仓库模式对应用系统开发和应用提供多角度、多层次的数据支持。

设计统一、适用的测井解释、岩心图片类等非结构化数据存储、管理与共享方案与技术，配置高性能计算业务软件，以及大块数据存储空间，实现此类成果数据的安全、高效管理与应用。

4　数据湖框架设计

数据湖是一种面向数据存储和管理的新型架构，其基本特点是高扩展性、松散结构、高容错性、较低成本和易操作性。为了适应油田数据的存储、管理和分析需求，本文提出了一种三层数据湖架构设计方案。

4.1　第一层：采集层

油田数据的采集是一项关键的任务，它涵盖了现场设备数据采集、监测系统数据采集和人工数据采集等多个方面。超融合平台提供了多种灵活的方式来实现数据的采集，以满足不同的需求和场景。

在现场设备数据采集方面，通过超融合平台与各种监控仪器和传感器的连接，能够实时采集油田现场各种参数和指标的数据，确保将现场设备生成的数据及时采集，并存储到数据湖中，为后续的分析和应用提供数据支持。

在监测系统数据采集方面，超融合平台可以与各类监测系统进行集成。这样的集成能够保证数据的准确性和及时性，将监测系统的数据存储到数据湖中，为进一步的数据分析和应用提供基础。

此外，人工数据采集也是油田数据采集的重要环节。超融合平台支持与各种人工数据采集工具和应用的集成，确保人工采集的数据能够与其他数据源进行整合和统一存储，为综合分析和综合应用提供全面的数据基础。

4.2　第二层：处理层

在数据湖中存储的数据可以通过多种方式进行处理，以满足不同的需求和场景。这些方式包括实时处理、离线批处理和交互式查询处理等。

实时处理是指对数据进行即时处理和分析，以获取实时的结果和洞察。通过实时处理，可以对数据流进行实时监测和分析，及时发现异常情况或触发相应的行动。超融合平台支持使用开源的大数据处理框架如 Hadoop 和 Spark，同时也提供了数据处理服务，以满足实时处理的需求。

离线批处理是指对大量数据进行批量处理和分析。通过离线批处理，可以对存储在数据湖中的大规模数据集进行全面的分析和计算，以发现数据中的模式、趋势和关联规则。在数据处理中，可以借助开源的 Hadoop 生态系统或者利用超融合云平台数据处理服务，对离线批处理任务进行高效的处理。

交互式查询处理是指通过查询语言和工具，对数据湖中的数据进行灵活的查询和探索。用户可以根据需要提取特定的数据集或进行数据分析，以满足不同的业务需求。超融合平台提供了适合的查询工具和接口，以支持用户对数据湖中的数据进行交互式查询处理。

此外，超融合平台充分利用虚拟资源池的特性，为数据处理提供更大的计算和存储资源。通过灵活调配虚拟资源，用户可以根据数据处理任务的需求，提供足够的计算能力和存储容量，以提高数据处理的效率和质量。超融合平台的资源优化和管理功能确保企业能够灵活配置资源，满足不同规模和复杂度的数据处理需求，从而提升整体的数据处理能力。

4.3　第三层：分析层

数据湖中的数据可以进行复杂的分析模型建立、数据挖掘和大数据处理等。可以进行复杂的分析模型建立、数据挖掘和大数据处理等操作。在数据湖中进行数据分析，通过数据治理中心，可支持复杂的数据分析需求。通过这些工具，可以构建灵活、可扩展的数据分析环境，并利用强大的计算和存储能力进行高效的数据挖掘和分析。

统一数据管理是整个数据湖的核心，它负责对所有的数据进行统一管理。因此，在三层架构的基础上，构建统一数据管理平台（图一），以此实现数据的存储、管控、服务等能力。其中，数据存储是数据管理的主要能力之一，油田中的数据类型繁多，包括生产数据、钻井数据、地质数据等，因此需要在数据存储的选择上进行科学的分析和选择。对数据进行处理，使其符合统一的数据规范和格式，以便于进行后续的应用和分析。对于重要的数据，需要进行管控，以确保在数据安全，同时支持上层服务。

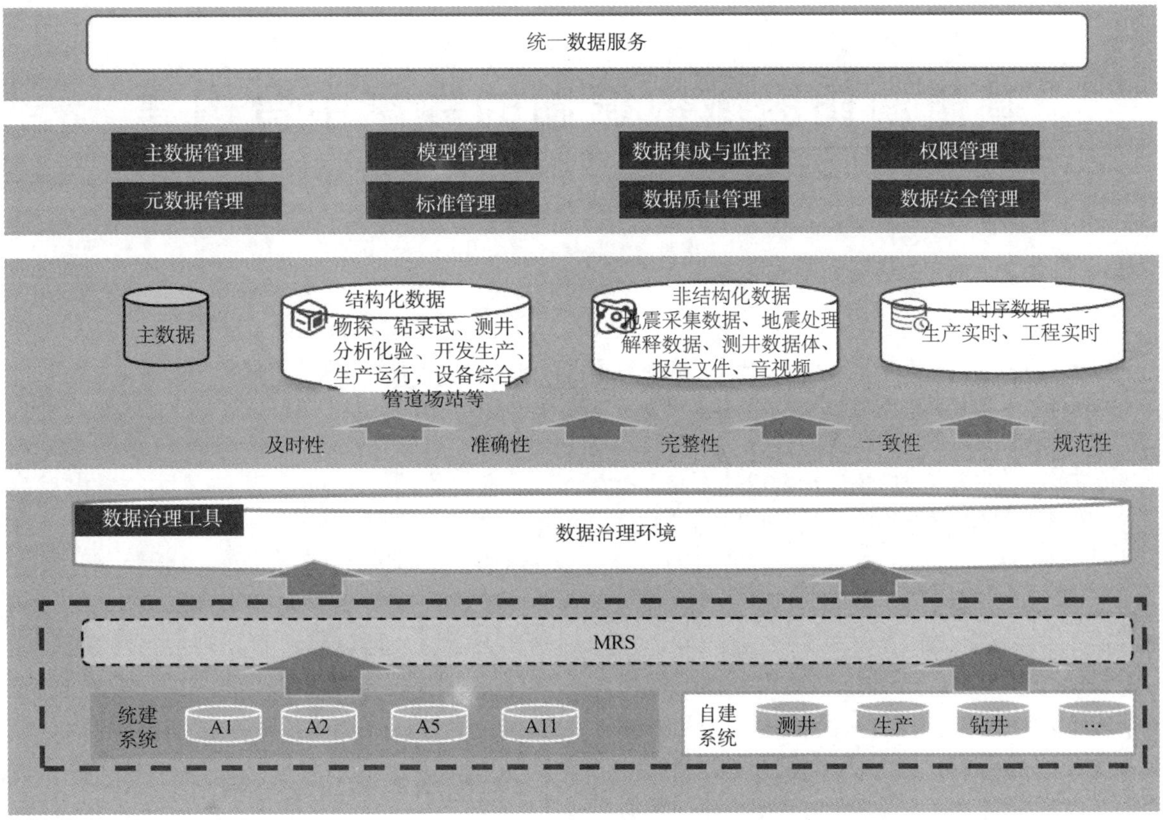

图 1　统一数据管理平台架构

5　场景应用

基于超融合架构的区域数据湖环境完成初步构建，数据湖架构能够整合不同类型、不同来源的数据，提高数据的可访问性和可操作性，同时提供了一系列强大的数据处理和分析工具，从而可以帮助油气企业更好地理解和优化业务。

在油气场景下，数据架构体系尚未形成，数据治理实施过程缺少流程规范指引与约束，工具平台的管理和提效作用未得到充分发挥，建设的数据资产规模和质量不足，数据资产服务体验度不高，获得感不强。因此，基于数据湖平台汇聚油田勘探开发生产数据相关资源，按照数据湖规范对入湖数据进行规范治理，有必要通过具体场景的实现，验证基于 DGC 工具的数据治理流程有效性、实现效果及发现数据质量问题，指导后续数据治理工作范围的确定和规范化实施。

针对各应用系统的数据需求，从已经建立的数据宽表拉取数据，建立相应的 API 接口，提供统一标准的数据接口服务，消除传统应用系统需独立建设项目数据库的问题，提升数据安全性。依托数据湖向安防系统提供油水井生产数据服务、对接生产指挥大屏数据等，支撑 18 个应用系统，提供数据接口 450 余个，为油田各业务系统提供应用支撑。

6　结束语

本文提出了基于超融合平台的油田区域数据湖建设方案，涵盖了数据湖架构设计、数据管理、数据分析与应用等方面。通过超融合平台的应用，可以对油田数据湖中的数据进行规范化、标准化和元数据管理等操作，确保数据的质量和可靠性。从而有效提高数据处理的准确性和可信度，为油田业务的决策和分析提供快速、可靠的数据支撑。在实践中，该方案不仅提高了油田数据处理的效率，也为油田地质研究、开发方案编制、安全环保等方面提供了有力的支持。

参　考　文　献

[1] 雷克，王伟，任胜利．数据治理在石油企业中的应用实践[J]．科学管理，2021(6)．

[2] 黄海燕，智能油田的数据治理工程及应用技术研究[J]．中国管理信息化，2020(3)23：68-69．

[3] 孙少波，油气田勘探开发中的数据治理方法与技术研究[D]．西安：长安大学，2018：16-17．

基于油田区域数据湖的数据中台构建

曾　超　唐　玮　赵立宁　翟红翠　吴　凌

（华北油田数智技术公司）

摘　要　数据湖是近年来出现的一种数据存储模式，具有高度的灵活性和可扩展性，在许多领域得到了广泛应用。本文以油田开发为例，提出了在油田区域范围内建立基于数据湖的数据中台的构想。通过对油田开发的数据需求进行分析，确定了数据中台的需求和构建指导思想。针对不同类型的油田数据，提出了数据湖的结构设计和数据管理模式。最后，通过实例分析，验证了基于数据湖的数据中台对油田数据管理的有效性，为未来油田数据中台的构建提供了参考和指导。

关键词　数据湖；数据中台；油田开发；数据管理

1　前言

随着油田开发工作的推进，油田数据的规模和复杂程度不断增加，需要一个集中管理和处理油田各类数据的平台，以实现数据的高效利用和共享。在这样的背景下，数据中台成为了一种有效的数据管理模式，被广泛应用于大型企业的数字转型。

数据中台是指通过构建中央化的数据管理平台，实现数据的中心化存储、业务的中台化管理、应用的开放化和生态的共享化。它的核心思想是将企业内部的各类数据资源进行整合和统一管理，通过数据湖技术来构建一个灵活、可扩展的数据基础设施，为企业内部的业务和应用提供可靠的数据支持。

在油田开发领域，数据中台的应用具有重要的意义。油田开发过程中涉及的数据类型多样，包括勘探数据、生产数据、地质数据、工程数据等等，这些数据需要进行统一的管理和整合。通过构建基于数据湖技术的数据中台，可以将这些数据资源进行集中存储和管理，避免了数据的孤岛问题，提高了数据的可访问性和利用率。

数据中台可以实现油田业务的中台化管理。通过数据中台平台，可以对油田开发过程中的各项业务进行统一管理和监控，实现业务流程的优化和协同。例如，可以建立油田数据的标准化规范，确保数据的质量和一致性；可以建立数据集成和数据交换的机制，实现不同系统之间的数据共享和交流；可以通过数据分析和挖掘，提取有价值的信息，为决策提供支持。数据中台的开放性和生态共享特点也为油田开发提供了更多的机遇和可能性。通过打通数据中台与区域数据湖和第三方应用系统的接口，可以实现数据的开放共享和交流，促进油田生态系统的发展和创新。

2　数据中台的需求分析

2.1　数据整合需求

油田开发过程中需要整合多种类型的数据，包括地震数据、测井数据、岩心数据、生产数据等。这些数据来源于不同部门，以不同的格式和存储方式进行保存。数据整合是将这些分散的数据源进行整合和统一，以便从中提取有用的信息。

首先，地震数据是通过地震勘探技术获取的，用于识别潜在的油气资源。这些数据通常以地震道集或体素的形式存在，包含了地下岩层的物理属性信息。测井数据则是通过在油井中进行测量和记录获得的，包含了井筒内岩石、地层和流体等的物理参数。岩心数据则是通过钻井过程中取得的岩心样本进行实验室分析得到的，包含了岩石的物理和化学性质。生产数据是通过油田生产过程中采集的，包括井口产量、注水量、压力、温度等指标，用于评估油田的生产状况。

为了提取有用的信息和洞察，需要进行数据整合和集成。数据整合的过程涉及数据的收集、清洗、转换和加载等步骤。首先，需要从不同的数据源中收集和提取相应的数据，可能需要进行数据清洗和质量控制，确保数据的准确性和一致性。然后，将这些数据进行转换和标准化，以便在统一的数据存储或数据湖中进行统一管理和查询。最后，将经过整合和处理的数据加载到目标系统中，供进一步的分析和应用使用。

数据整合的目标是实现不同数据类型和来源之间的关联和融合，从而提供一个全面和综合的数据视图。通过数据整合，油田开发团队可以综合利用地震、测井、岩心和生产数据，进行地质建模、储层评价、油藏开发规划等工作。同时，数据整合也有助于发现数据之间的关联性和潜在的模式，为决策提供更准确的依据。

因此，数据整合在油田开发中具有重要的意义，它不仅可以提高数据的利用效率和共享性，还可以为油田开发决策和优化提供更准确的数据支持。通过采用适当的数据整合技术和工具，油田开发团队能够更好地管理和利用多种类型的数据资源，实现油田开发过程的高效与智能化。

2.2　数据共享和分析需求

在油田开发中，实现多部门之间的数据共享对于促进资源共享和协作至关重要。为了实现数据共享和提高工作效率，应该提供一个统一的数据服务平台，为不同部门提供便捷的数据查询和使用。

该数据服务平台应该具备以下特点和功能：

（1）统一数据存储和管理：数据服务平台应该提供统一的数据存储和管理机制，将油田开发所涉及的各类数据集中存储，并建立合理的数据分类和组织结构。通过统一的数据存储和管理，不同部门可以方便地共享数据，并避免数据冗余和重复采集。

（2）数据查询和访问：数据服务平台应该提供统一的数据查询和访问入口，为不同部门提供便捷的数据获取渠道。通过简洁易用的查询入口，用户可以根据需求快速检索和获取所需的数据，无需繁琐的数据申请和等待过程。

（3）数据权限和安全控制：数据服务平台应该具备灵活的数据权限和安全控制机制，以确保数据的安全性和合规性。通过细粒度的权限管理，可以控制不同用户或部门对数据的访问权限，保护敏感数据的机密性。

（4）数据交互功能：数据服务平台应该支持数据交互功能，以便各部门可以将自己的数据与其他部门的数据进行交互和融合分析。通过数据交互，不同部门可以获取不同的数据并将各自的数据汇总为更全面的数据集，从而获取更全面的视角和洞察。

（5）数据分析和建模能力：为了提取有价值的信息并为决策提供科学依据，数据服务平台应该具备数据分析和建模的能力。它可以提供数据挖掘、统计分析、机器学习等功能，帮助用户发现数据中的模式和趋势，并进行预测和优化分析。

通过建立一个统一的数据服务平台，油田开发可以实现多部门之间的数据共享和协作，提高工作效率和决策质量。这将促进资源的合理利用，优化油田开发策略，推动油田行业的可持续发展。

3　基于数据湖的数据中台构建

3.1　数据中台结构设计

在设计数据中台的结构时，根据油田数据的类型和使用需求进行细致的考虑是至关重要的。为了实现数据的便捷管理和使用，需要遵循以下设计原则：

（1）分层管理：数据湖的结构应该根据数据类型进行分层管理。每个数据类型可以作为一个独立的层次，例如，可以设置地震数据层、测井数据层、岩心数据层和生产数据层。通过这种分层管理，不同数据类型的数据可以被组织和管理在各自的层中，使得数据的访问更加便捷。

（2）元数据关联：不同层次的数据之间应建立元数据关联，以便更好地理解和使用数据。元数据可以包含数据的描述信息、来源、结构和关系等，通过元数据的关联，可以建立起不同数据类型之间的联系，实现数据的一致性和可理解性。

（3）统一数据格式：为了实现各类数据的共用和互操作性，数据湖应采用统一的数据格式存储。常用的数据格式包括 Parquet、ORC、Avro 等，选择适合的数据格式可以提高数据的压缩率、查询性能和存储效率。

（4）高可扩展性：数据湖应具备高度可扩展性，以便能够方便地添加新的数据类型和数据源。随着油田开发的进展，可能会涉及到新的数据类型或新增的数据源，因此，数据湖的架构应该具备灵活性和扩展性，以适应未来的需求变化。

除了以上的原则和建议，还应根据具体情况考虑数据湖的安全性、数据质量控制、数据访问权限管理等方面的设计。通过合理的数据湖结构设计，可以更好地满足油田数据管理和使用的需求，提高数据的可用性和价值，为油田开发提供强有力的支持。

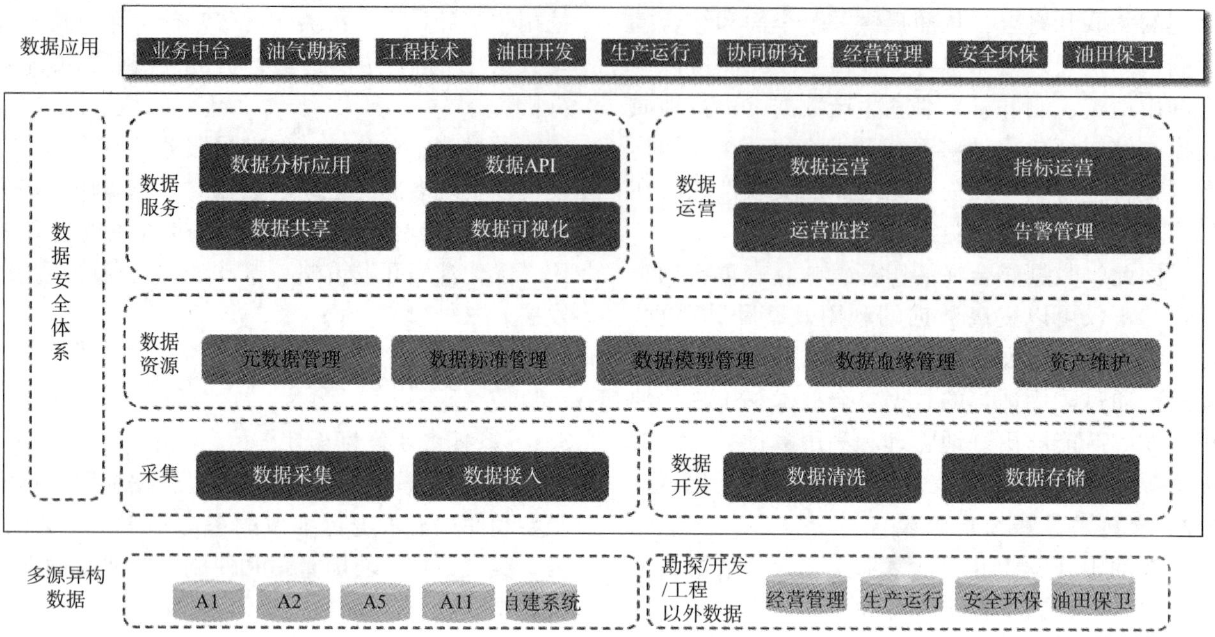

图 1　数据中台架构图

3.2　数据管理模式

数据湖的数据管理模式在考虑油田数据特点和数据使用需求时应该非常关注，数据管理模式主要包括以下几个方面：

（1）数据分类管理：数据湖应该建立数据分类的机制，将不同类型的数据进行分层管理。根据油田数据的特点，可以将数据分为地震数据、测井数据、岩心数据和生产数据等不同类别。通过这种分类管理，可以更好地组织和管理数据，便于后续的数据查询和使用。

（2）数据建模：数据湖应该采用数据建模技术，建立数据描述元数据，以实现数据的查找和使用。通过定义和管理元数据，可以描述数据的结构、语义、关系等信息，帮助用户理解数据含义和上下文。数据建模还可以支持数据的索引和检索，提高数据的查询效率和准确性。

（3）ETL 技术：数据湖应该采用数据抽取、转换和加载(ETL)技术，实现数据的动态更新和版本控制。由于油田数据在不同时间点可能会有更新和变化，采用 ETL 技术可以将新数据从源系统抽取到数据湖中，并进行必要的数据转换和加载操作。同时，通过版本控制机制，可以追踪和管理数据的变更历史，确保数据的完整性和可追溯性。

4　实例分析

以某区域油田为例，建立了基于数据湖的数据中台，通过对实际使用情况的分析，发现数据中台具有以下优点：

快速数据采集和整合：数据湖作为数据中台的核心，具有高度可扩展性和灵活性，能够快速采集和整合各类油田数据。无论是地震数据、测井数据、岩心数据还是生产数据，数据湖能够高效地将它们集成到一个统一的数据存储中，为后续的数据分析和决策提供基础。

多部门数据共享：数据中台实现了多部门之间的数据共享，打破了各部门数据孤岛的局面。不同部门可以通过数据中台访问和共享数据，避免了数据重复采集和冗余存储的问题。这种数据共享机制促进了部门之间的协作和资源共享，提高了工作效率和数据利用率。

数据查询和分析平台：数据中台提供了一个统一的数据查询和分析平台，为油田决策提供了有力的支持。通过数据中台，用户可以方便地进行数据查询、数据挖掘和数据分析，从海量的油田数据中提取有价值的信息和洞察。这种可视化和交互式的数据分析平台使决策者能够更加深入地了解油田的状况，做出科学合理的决策。

通过建立基于数据湖的数据中台，某区域油田获得了快速的数据采集和整合能力，实现了多部门之间的数据共享，并提供了一个强大的数据查询和分析平台，为油田决策提供了支持。这种数据中台的建设为油田开发带来了显著的优势，提高了工作效率和决策的科学性，进一步推动了油田开发的发展。

5　结论

本文在油田开发背景下，提出了基于数据湖的数据中台构建方案，旨在解决油田数据处理和管理面临的挑战，并为油田开发提供一种新的思路和方法。通过对实际案例的分析和验证，证明了该数据中台构建方案在实践中的有效性和可行性，为油田数据管理和开发带来了许多优势和价值。

通过实际案例的分析和验证，该数据中台构建方案在油田开发中取得了显著的成果。它不仅提高了数据处理和管理的效率，也为油田开发的决策提供了更科学、准确的依据。该方案为油田行业提供了一种创新的数据管理和处理模式，为油田开发的数字化转型和智能化发展提供了重要支持。

参考文献

[1] 张宏远．数据中台的通用体系架构研究[J]．通信技术，2021(06)．

[2] 苏萌，贾喜顺，杜晓梦，高体伟．数据中台技术相关进展及发展趋势[J]．数据与计算发展前沿，2019(10)：116-125.

[3] 邓中华．大数据大创新：阿里巴巴云上数据中台之道[M]．北京：电子工业出版社，2018：4-33.

采油厂生产运行管理标准化平台开发与实践

何远山　孔　政　谷　朋

（中国石化江苏油田分公司）

摘　要　随着信息技术的进步、数字化自动化改造的不断延伸，中国石化在部分油田企业实施了“厂直管班组”新的生产组织模式，采油厂压缩管理层级，撤销管理区，实现厂直接管理到班组，新的厂级生产指挥中心也应运而生。其作为厂生产运行的大脑，能实时“看得到”各个生产现场的画面，“感受到”所有设备的健康情况、运行参数，为采油厂精准指挥现场运行提供了直接的帮助。与此同时，旧的采油厂-管理区-班组三级管理体系与运行模式还存在一定惯性与残留思维，无业务流程或流程冗长等问题，仍在很大程度上困扰着厂生产指挥中心效能进一步提升。

围绕“业务流程化、流程标准化、标准信息化”的整体思路，厂生产指挥中心在业务流程、数据结构方面开展研究并尝试使用标准化管理思路与方法来解决问题，由此开发了生产运行管理标准化平台（以下简称平台）。平台使用模块化开发思路，每个模块对应一个或多个报表或业务流程。运用了前端和后端分离的思想，将数据录入与输出、数据采集与计算汇总等进行分离，保证了岗位数据只需采集或录入一次，即可在全厂共享使用，有效解决了数据多头采集、重复收集、基层岗位疲于填报表的难题。

通过采油厂生产运行管理标准化平台的研究开发，实现了全厂各部门、各岗位人员，数据、业务流程的高度协同，实现了厂生产运行指挥全面的标准化、自动化，甚至智能化，优化了人力资源配置，提升了厂油气生产运行管理效率。

关键词　信息技术；生产指挥；自动化；标准化；数字化

随着信息技术的进步、数字化自动化改造的不断延伸，中国石化在部分油田企业实施了“厂直管班组”新的生产组织模式，采油厂压缩管理层级，撤销管理区，实现厂直接管理到班组，新的厂级生产指挥中心也应运而生。其作为厂生产运行的大脑，能实时“看得到”各个生产现场的画面，“感受到”所有设备的健康情况、运行参数，为采油厂精准指挥现场运行提供了直接的帮助。

与此同时，旧的采油厂-部门（室）-管理区三级管理体系与运行模式还存在一定惯性与残留思维，无业务流程或流程冗长等问题，仍在很大程度上困扰着厂生产指挥中心效能进一步提升。为解决“厂直管班组”模式落地后的这些问题，江苏油田采油二厂使用软件工程技术开发并部署了生产运行管理标准化平台，取得了较好的效果。

平台自2019年部署以来，完成了原油外输与计量、产存销、生产运行与管理、能耗与设备管理等326个事务的标准化与数据结构化工作，解决了470项纸质资料的数字化与标准化问题。平台覆盖了全厂、全员与生产运行管理全过程，累计响应标准化服务请求十亿余次，标准化存储数据逾百亿条，存储标准化文档型数据逾2TB。

1　传统生产运行管理存在的问题

传统采油厂生产运行管理在问题，主要是大部分业务无固定流程或流程冗长，人员多、沟通效率低，流程中环节无标准规范或数据随意性较大，或存在的标准未执行或执行不够彻底，导致采油厂生产指挥管理效率提升阻力较大。

1.1　流程标准化不足

生产指挥从产能管理、能耗管理到现场管理等事务性工作中，有已有的约定俗成的流程，也有应急型流程。这导致同一件事务处理，下达生产指令后，基层执行人员可能存在不同的处理流程或无合适的处理流程，这不仅导致了基层工作量急剧增长，也加大了厂级指挥协调的难度。

业务流转主要靠人工管理，沟通基本靠“微信”、电话、“钉钉群”，不仅存在数据保密安全隐患，这种碎片化沟通也增加了工作进度和质量管理的难度。

1.2　数据结构化不够

传统生产数据格式“五花八门”，载体主要是Excel等表格类软件，数据质量基本靠资料员把控。

采油厂信息化大规模部署后，采集数据量呈海量增长态势，通过表格类软件、人工制作来处理数据，不仅工作量大、格式难以统一规范，也由于改革后专职资料员被大量裁撤，获得结果的时滞过长让生产管理效率大幅降低。

1.3　标准实施性不强

针对工作流程与数据管理，采油厂历年、历次制定了若干标准。但由于原标准只停留在制度层面、纸质阶段，覆盖的深度与广度不够。

实际实施过程中，标准缺失或“非标”现象比较常见，“拍脑袋”、“瞎指挥”、“旧瓶装新酒”等乱象屡禁不止。管理人员或上级部门按某种格式“要资料”时，基层人员突击“搞资料”、“编数据”的场景时有发生。各层级检查、督促成效维持困难。

2　标准化管理平台的开发与应用

采油厂管理标准化的目标是通过固化生产运行最优流程与环节数据结构与格式，进而提高事务与数据处理的标准性与规范性。最终实现“事务处理工单化”、“数据处理表单化”，应用信息化技术与平台来达到运行管理工作的标准化。

2.1　管理流程标准化

管理流程标准化是将流程各个要素和环节进行分解，指定格式或标准，进而进行信息化处理与固化的过程。

2.1.1　建立标准化平台

“标准管理信息化”是平台的最终环节。由此采油厂自行开发软件，架设多台数据、网站与表单服务器，以承载数据存储、运算、展示与分发的功能。平台以中石化统一身份账号验证进行身份验证，标定并分配个人在系统中可访问资源。

2.1.2　建立标准化流程

按照一件或一类事务一个流程指导思想，先将流程分解为各个环节，再对各个环节设定格式或标准。设定完成后，使用软件开发一个对应的工单或表单模块，挂载到平台上，即完成一件工作流程的标准化工作。

厂生产指挥中心从平台根据不同事务下达不同生产指令工单到个人，相关人员根据流程环节，将工作内容提交给标准化平台。人员无需关心整体流程运行情况，只需将自己负责流程的分段完成并提交即可，类似于流水线每个具体操作员工的角色。

2.1.3　执行标准化指令与反馈

每种事务设定一种或多种标准化指令或格式，执行人员根据指令，按标准化流程表单开展工作，并根据工作进度予以进行中、已完成、需协调等标准化反馈。厂生产指挥中心根据反馈，及时协调或调整生产，类似流水线的生产运行状态。事务发起→处置→反馈→质量评价→再次发起，形成了一个管理闭环。

2.1.4　执行标准化考核

表单以下达日期、处置完成日期、事务核销日期三个日期时间进行处理流程考核或检查，类似流水线的生产质检环节，见图1。

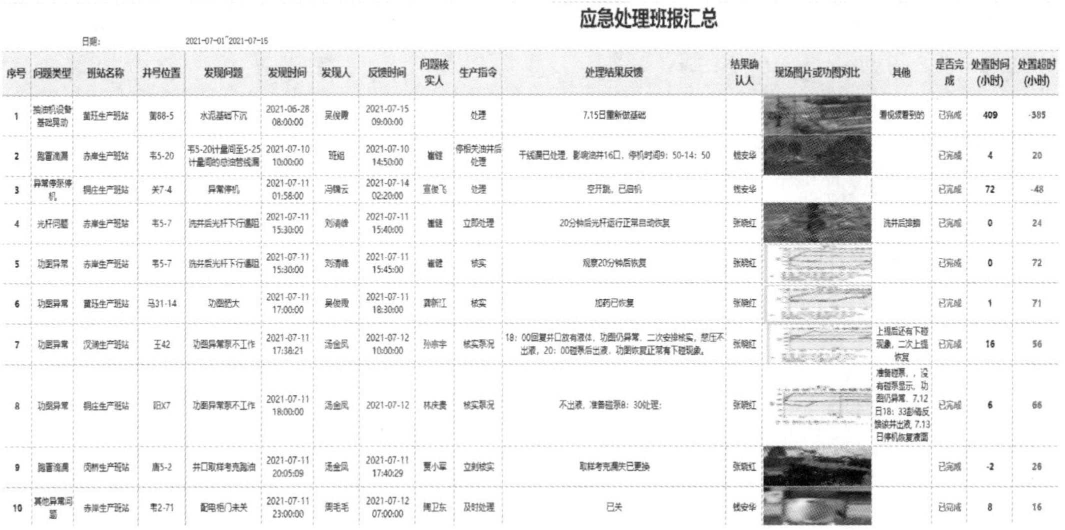

应急处理班报汇总

日期：　2021-07-01~2021-07-15

序号	问题类型	班站名称	井号位置	发现问题	发现时间	发现人	反馈时间	问题核实人	生产指令	处理结果反馈	结果确认人	现场图片或功图对比	其他	是否完成	处置时间(小时)	处置超时(小时)
1	抽油机设备基础晃动	黄珏生产班站	黄88-5	水泥基础下沉	2021-06-28 08:00:00	吴俊霞	2021-07-15 09:00:00		处理	7.15日重新做基础			看视频看到的	已完成	409	-385
2	跑冒滴漏	赤岸生产班站	韦5-20	韦5-20计量间至5-25计量间的总油管线漏	2021-07-10 10:00:00	班组	2021-07-10 14:50:00	崔健	停相关油井后处理	干线漏已处理，影响油井16口，停机时间9：50-14：50	钱安华			已完成	4	20
3	异常停泵停机	铜庄生产班站	关7-4	异常停机	2021-07-11 01:58:00	冯魏云	2021-07-14 02:20:00	宣俊飞	处理	空开跳，已启机	钱安华			已完成	72	-48
4	光杆问题	赤岸生产班站	韦5-7	洗井后光杆下行遇阻	2021-07-11 15:30:00	刘清峰	2021-07-11 15:40:00	崔健	立即处理	20分钟后光杆运行正常自动恢复	张晓红		洗井后排蜡	已完成	0	24
5	功图异常	赤岸生产班站	韦5-7	洗井后光杆下行遇阻	2021-07-11 15:30:00	刘清峰	2021-07-11 15:45:00	崔健	核实	观察20分钟后恢复	张晓红			已完成	0	72
6	功图异常	黄珏生产班站	马31-14	功图肥大	2021-07-11 17:00:00	吴俊霞	2021-07-11 18:30:00	龚新江	核实	加药已恢复	张晓红			已完成	1	71
7	功图异常	汉涧生产班站	王42	功图异常泵不工作	2021-07-11 17:38:21	汤金凤	2021-07-12 10:00:00	孙亦宇	核实泵况	18：00回复井口放有液体，功图仍异常，二次安排核实，憋压不出液，20：00碰泵后出液，功图恢复正常有下碰现象。	张晓红		上提后还有下碰现象，二次上提恢复	已完成	16	56
8	功图异常	铜庄生产班站	阳X7	功图异常泵不工作	2021-07-11 18:00:00	汤金凤	2021-07-12	林庆贵	核实泵况	不出液，准备碰泵8：30处理：	张晓红		准备碰泵，，没有碰泵显示，功图仍异常，7.12日18：33彭倩反馈该井出液，7.13日停机恢复液面	已完成	6	66
9	跑冒滴漏	闵桥生产班站	唐5-2	井口取样考克跑油	2021-07-11 20:05:09	汤金凤	2021-07-11 17:40:29	贾小军	立刻核实	取样考克漏失已更换	张晓红			已完成	-2	26
10	其他异常问题	赤岸生产班站	韦2-71	配电柜门未关	2021-07-11 23:00:00	周毛毛	2021-07-12 07:00:00	陶卫东	及时处理	已关	钱安华			已完成	8	16

图1　表单式工单展示-应急处理班报

将处置完成日期减去下达日期的小时差为处置合格率计算，以考核或检查生产指挥或调度人员处置能力。

将每种或类事务处理的规定了标准处理时长，若事务核销日期减去下达日期超过标准处理时长，则计算超时时间，并显示为流程处理超时。月度或季度考核时，计算流程超时率与响应速度，即可对生产任务的人员或单位的进行量化考核，超时工单或事务进行适当惩戒、响应速度快的进行一定物质奖励。

2.2　数据资料结构化

纸质数据或表单数据需要结构化工作，设计成一定的数据结构存储入数据库或磁盘等数字化媒介中，为数据运用打下基础。

2.2.1　标准化表格

平台将基层470余个生产相关纸质或电子表格进行梳理、整改。经过几十次基层调研与厂部各个职能部门开会、探讨，逐步拟合各个部门需求，整合、统一为标准数据格式，以标准电子档或表单形式，让基层输入或填报。

用户登入系统后，可以根据自己的身份，选择上传、输入或下载数据，也可以接收工单数据，处理需要自己处理的工单。

2.2.2　结构化数据

“结构化数据”是软件工程术语，是指使用严格的数据格式与长度规范存储与表达数据，一般是指存储在关系数据库中的数据。

平台根据数据分类、类型等信息，将采集到的数据或信息，设定合理的存储长度，永久化保存在厂部数据中心的数据库中。后期可以通过软件或数据库SQL查询语句、数据表格等工具，读取结构化的数据。

2.2.3　数据输入与输出解耦

“解耦”是软件工程术语，引用到此处主要是说明输入人员和使用(输出)不再存在互相影响与干扰，也指数据产生质量与输入者无关。即平台本身可以看做是无数条流水线组成的超级工厂，工厂中产品质量只与流水线设计或检验标准有关。

输入人员只需按时、按要求提供数据给系统即可，无需关心最终数据由谁使用、怎么使用等问题。

输出端由日报、周报、季报、年报等报表与工单、表格、曲线、可视化流程图等。系统数据源有的采集自基层提报，有的来做自流程工单数据，也有的采集自中国石化油气生产信息化平台(PCS)中的传感设备，或是来自中国石化油田勘探开发业务协同平台(EBPP)的数据，甚至还有从智能电表公司、含水分析仪公司等第三方合作厂商获取的数据…通过系统进行数据抓取、清洗、转换、汇总、计算，共同组成了一个复杂的运行管理数据系统。见图2就是由PCS、EPBP数据源绘制近3个月的油井产液含水变化图。

日期	产液量(t)	产油量(t)	综合含水%
2021-05-01	21.5	2.6	87.90
2021-05-02	22.1	2.7	87.60
2021-05-03	22.6	2.8	87.60
2021-05-04	22.8	2.8	87.60
2021-05-05	22.9	2.8	87.60
2021-05-06	22.9	3	86.90
2021-05-07	22.5	2.9	86.90
2021-05-08	22.5	2.9	86.90
2021-05-09	23	3	86.90
2021-05-10	23.5	2.7	88.40
2021-05-11	23.2	2.7	88.40
2021-05-12	23.1	2.7	88.40
2021-05-13	23.3	2.7	88.40
2021-05-14	23.7	3	87.30
2021-05-15	23.4	3	87.30
2021-05-16	14.3	1.8	87.30
2021-05-17	21	2.7	87.30
2021-05-18	23.8	3.5	85.30
2021-05-19	22.8	3.4	85.30
2021-05-20	23	3.4	85.30
2021-05-21	21.9	3.2	85.30
2021-05-22	22.9	4.1	82.10

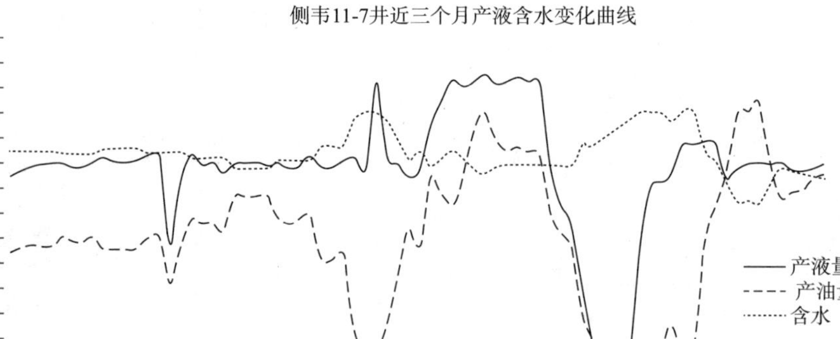

图2　油井产液含水变化曲线图

传统的强耦合协作模式导致人在整体数据处理中作用无限扩大，人的因素对数据质量影响至关重要，导致人员的熟悉程度和契合度关系着合作质量，强耦合类似与以前的手工作坊或手工业时代的协作模式。

使用信息化平台解耦后，使用者既用不关心数据由谁提供，也不用关心数据如何提供。这样就可以由熟人协作模式进化到以陌生人可以高效协作的现代化大规模工作通用的协作模式。

平台稳定高质量输出标准化格式的文档，使用者只需与系统交互即可。可使用网页浏览，也可导出为 excel 等文档按自己要求加工。

2.3 标准实施全覆盖

标准制定或设计完成后，实施能否全覆盖是关系到标准是否能贯彻到位的重要措施。

2.3.1 标准实施全员化

依托采油厂信息化工程建设打下的基础，目前网络与设备已经覆盖到 99% 以上的单井、100%站库，为全员登陆、使用标准化管理平台已经扫清障碍。目前平台访问量日均稳定的 1 万 PV 左右，基本涉及全部基层生产、操作人员。标准实施已经实现了全员的参与。

2.3.2 标准实施全过程化

平台将标准融入到实际工单或数据表的填报、使用全过程中。如图 3 所示。将注水泵点检制度、检查标准与要求融入到点检表填报过程中，填报人只需点击对应的检查点，即可弹出相应的巡检标准。

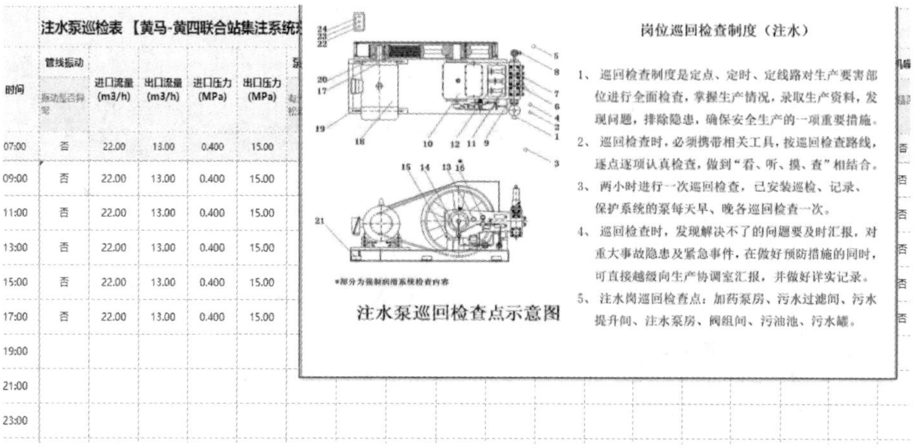

图 3　注水泵点检表(截取部分)

工单类设计将根据流程实际情况，保证对环节划分的粒度与尺度既不粗放，也不过于琐碎，全过程都可以工作进度追踪与效果计算。

2.3.3 标准实施全方位化

从原油的开采到油井作业管控，从外输进库到外销出库，依托平台，实施一事一模块、一物一模块的软件开发思路，将一个个、一层层事务进行逻辑抽象、再现。保证了工作流程横向可以覆盖到采油厂生产运行的方方面面，纵向可以覆盖事务的整个处置流程中，保证了标准的全方位无死角的实施。

2.3.4 标准实施全天候化

依托网络技术与计算机软件技术，系统已经 7×24 小时无间断工作四年多，未发生一起宕机故障，错误率也保持在百万分之一以内，为平台全天候运行提供了有力保障。

2.3.5 标准实施全面化

平台不仅电脑端可以访问，手机端也逐步开始接入，以方便全面覆盖各类使用人员。

平台为事务管理提供了良好的示范效果，除了为生产指挥服务外，平台也开始为工艺研究所、地质研究所、工程技术室、科技装备室、能耗管理项目组、油水井管理目组、创新创效项目组等多个专项攻关项目组提供数据服务。

目前财务计划室、安全环保室等多个单位或部门也正或计划接入标准化平台系统，来管理具体业务部门事务或数据。

随着一个个软件模块陆续搭建，平台将接纳更多事务与数据，进而形成一个数字化、标准化协作平台，全面覆盖整个采油厂事务与数据管理。

3　运行管理标准化平台成效

生产运行管理标准化平台实施以来，处理了大量标准化数据，取得了较好的效果。

3.1　管理效率“高”

平台将使用者与数据录入人员或设备分离，不仅降低了无效的沟通成本，也大幅压缩了人力资源使用数量，真正从文档级、字段级实现了“一次输入”、“无限复用”的能力，大幅提高了事务与数据管理效率。

2021年5月底，中石化股份公司发布的一季度国内上游油气生产管理效能对标结果显示采油二厂位列第四名，同比上升了7名。

3.2　处理问题“快”

生产指挥精确到个人，压缩了管理层级与环节，杜绝了一件事从多层级、多人员口头、手里路过的冗长链条，实现了“单兵作战指挥”模式的可靠落地。平台的数据以“秒”级速度反馈生产动态，基层或现场的“单兵”可以很快收到生产指令或工单，快速处理并反馈结果。

根据估算，平台一次产生一张报表，只有传统制作一张报表耗时的千分之一。并且随着使用人员增多，平台的累加省时效益还会继续增加。使用平台后，人员负担大幅得到降低，以前配备的28名专职资料员也转岗进行其他生产活动。

2019年年底，中国石化报一版对我们为利用数字化技术为基层大幅减负的事迹予以采访、报道(图4)。

中国石化报

以更加有效的措施和扎实的作风
大力推进第二批主题教育走深走实

江苏油田为基层减负激发发展活力

检索

围绕整治形式主义、官僚主义，找问题、列清单，建立整改落实的监督机制和长效机制，有效减轻了基层负担、提振了干部员工的精气神

江苏油田为基层减负激发发展活力

2019年11月12日 来源：中国石化报 作者：刘继宝

本报讯 记者刘继宝报道：“以前各种资料整理不完，需要几个人一起工作，现在一个人就可以了。资料整理好后，上传到信息系统，厂机关各个部门共享，不像以前那样一个一个部门上交了。这样解放了劳动力，让我可以腾出更多的精力做其他工作。”江苏油田采油二厂天长区铜城采输班资料员汪防说。

今年以来，江苏油田扎实深入开展“不忘初心、牢记使命”主题教育，在认真学习贯彻习近平新时代中国特色社会主义思想和总书记重要指示批示精神的基础上，坚持问题导向，聚焦整治形式主义、官僚主义，明确责任人及整改完成时间，并跟踪督

图4　2019年11月12日中国石化报一版

3.3　数据生成“准”

结构化数据存储的优势的存储安全可靠，便于从字段级进行权限的划分。以前计算难点的时间、井号检索与运算变的更为简易与准确。大幅杜绝了人工、手工计算存在的错漏问题。

如油井健康档案(图5)，一次计算需要从作业记录、注水记录、采油记录等多系统、多数据源中进行，一个采油厂计算量约5000余万条。以前使用人工方式，只能使用简化版计算方法，导致油井健康诊断计算误差较大，不能准确反应油井状态。工程与地质技术人员根据油水井管理经验与实践，制作了大量数据模型，交给计算处理后，每天只需20分钟，即可将一个厂准确的日度与月度生产态势和健康情况“计算”出来。油井的健康、亚健康与不健康状态一目了然。

3.4　标准实施“易”

平台将分散在各个职能部门的标准、规范融入到日常运行管理平台中，一旦标准或规范变化，平台只需修改软件或表格格式即可快速适配标准。标准易用性得到大幅提高。

如图6所示，外输管线冬季运行参数，由于近期管线施工，工艺所需要修改部分油温、干压标准。只需在后台修改参数，运行参数“秒”完成下发任务。每个值班点数据若符合规范，都以红字显示出来，管理人员很容易判断标准执行情况。

油井生产情况					健康指标评价											
序号	井号	产液量(t)	产油量(t)	含水(%)	平衡度		产液变化率		回压		最大载荷变化率		含水变化值			
					计算值(%)	评价结论	计算值(%)	评价结论	EPBP值(MPa)	评价结论	计算值(%)	评价结论	计算值(%)	评价结论		
指标说明:					80%-110%为健康，70%-80%、110%-120%为亚健康，其他为不健康		当月与上月地质月报数据 详情点击		综合日报数据 详情点击		最大载荷变化率≤8%为健康，8%-12%为亚健康，其他为不健康		含水上升数值≤5%为健康，5%-8%为亚健康，≥8%为不健康			
1	侧崖10	13.7	0.8	93.9	105.0	健康	-0.7	健康	0.7	健康	1.8	健康	0.0	健康		
2	侧崖10-2	26.0	0.5	98.0	115.8	亚健康	0.0	健康	0.8	健康	-8.9	亚健康	0.0	健康		
3	侧崖6-12A	19.5	0.6	97.0	112.5	亚健康	1.6	健康	0.7	健康	-1.5	健康	0.0	健康		
4	侧崖6-19	1.3	1.0	24.0	86.7	健康	18.2	亚健康	0.6	健康	无数据	/	0.0	健康		
5	侧崖6-30	13.0	0.7	94.5	免检井	健康	4.0	健康	0.7	健康	2.6	健康	0.0	健康		
6	侧崖6-8	10.9	0.5	95.0	130.0	不健康	0.0	健康	0.7	健康	-6.2	健康	0.0	健康		
7	侧崖7-2	7.1	0.0	100.0	免检井	健康	无数据	/	0.9	健康	无数据	/	无数据	/		
8	侧崖9-9	6.1	3.0	50.2	96.7	健康	0.0	健康	0.2	健康	无数据	/	5.0	健康		
9	侧范6	15.7	0.3	98.0	129.2	不健康	-7.1	健康	0.7	健康	4.1	健康	0.0	健康		
10	侧南10	20.0	1.1	94.3	96.6	健康	0.5	健康	0.7	健康	4.0	健康	0.0	健康		
11	侧南1A	21.4	0.6	97.0	111.8	亚健康	-0.9	健康	1.2	健康	-1.1	健康	0.0	健康		
12	侧南3	10.8	0.8	92.9	107.1	健康	1.9	健康	0.7	健康	2.8	健康	0.0	健康		
13	侧南4	13.8	1.1	92.1	181.8	不健康	2.2	健康	1.2	健康	10.5	亚健康	0.0	健康		
14	侧南7	4.8	0.6	87.4	60.0	不健康	0.0	健康	1.2	健康	-1.3	健康	0.0	健康		

图 5　油井健康档案准确诊断油井状态

时间	码头庄中转站						
	外输干压 Mpa	外输油温℃	瞬时排量 t/h	参考油量 t/2h	油量t/2h	参考液量 t/2h	液量t/2h
参数范围(冬季)	0.8-1.4	50-55	≥8				16-22
07:00	0.98	60	8.4	5.10	5.9	17.55	16.8
09:00	0.97	61	9.0	5.6	4.5	18.5	17.8
11:00	0.95	59	9.0	4.0	2.4	18.4	17.9
13:00	0.94	58	9.4	1.9	1.4	19.1	18.6
15:00	0.92	56	9.8	3.0	1.1	18.3	19.6
17:00	0.90	57	9.5	2.6	1.1	18.5	18.5
19:00	0.96	58	9.0	3.4	4.3	17.9	18.9

图 6　厂外输冬季运行参数规范下发(截取部分)

4　认识与结论

企业标准化工作是为在企业的生产、经营、技术、管理范围内获得最佳秩序，促进共同利益，对实际问题或潜在问题制定共同使用和重复使用的条款以及编制、发布和应用文件的活动。实践过程中，厂生产指挥中心对生产运行探索使用标准化思路与信息化、数智化技术结合进行管理，能够把采油厂生产运行各要素与环节有效组织起来，使生产指挥与协调达到科学、规范、高效的目标。

“采油厂运行管理标准化”平台的实施与应用，为油田企业管理提供了有力抓手，未来只要持续对平台进行改进，就能继续保持管理效率与效益持续提升。平台的使用有效压缩了人员配置，提高了管理效率，为石油行业从劳动密集型提升为技术、数据密集型的数字化油田提供了很好的解决思路。

参 考 文 献

[1] 企业标准化工作指南：GB/T 35778—2017[S].

油田物探数据管理探索与实践

张寒松 郭 赟

（中国石化江苏油田分公司）

摘 要 随着技术的进步，油田企业在向“数字油田”和“智慧油田”发展过程中，需要更加频繁利用已积累的海量数据开展科研、生产和经营管理活动。数据在油田企业转型发展中发挥着越来越大的作用，被赋予更加重要、特殊意义。

物探数据是油田数据的重要组成部分，是油田发展不可或缺的重要战略资料，包括原始数据、表格、文本、图件、报告、多媒体、中间数据、成果数据等多种类型，具有“体量大、分布散、种类多、个性化强”的特点。目前多数油田企业的物探数据使用和管理相互独立，存放分散，用户在资料收集、查阅、整理和使用过程中，需要跨系统、跨单位进行，沟通成本高，耗时费力。如何对物探数据进行整合、统一集中管理和共享使用成为现阶段各油田面临的难题之一。

江苏油田经过多年的探索和实践，现已形成一套较成熟的物探数据管理方式。一是实现物探数据集中统一管理，确保齐全性。通过以年度+项目形式管理物探数据，实现从班报、档案、磁带数据到磁盘文件等物探资料全生命周期线上管理；二是提升数据安全性，降低运维成本。建立异地灾备系统，数据每日更新。实现磁带自动校验，解决数据人工质检工作量大、成本高的问题；三是提升数据应用的灵活性和调用效率。通过将磁带数据自动转成通用型格式磁盘文件存放，方便数据使用和共享，并大大缩短处理项目资料准备时间，有效减少人力物力投入。

关键词 物探数据管理；异地灾备；自动校验

1 引言

数据是企业的“核心资产”，是企业数字化转型的基础。物探数据作为油田企业采集最早、体量最大、价值最高的数据，其管理和应用水平是衡量油田信息化程度的重要指标。

江苏油田经过多年探索和实践，通过中国石化油田勘探开发业务协同平台（以下简称EPBP）、云带库和专业软件等3个载体，分别管理物探项目数据、成果数据和数据应用，载体间数据标准一致、无缝衔接，形成一处上传、全局共享、存储有法、流转有序的物探数据管理模式。在此基础上，开展数据异地容灾建设和自动质检功能研发，确保数据的完整性、安全性和可用性。

2 油田物探数据管理历程

江苏油田物探数据管理分为三个阶段，以EPBP和江苏油田云的建成作为时间节点。物探数据管理涉及单位有地球物理公司、物探院、研究院、勘探部、科技与信息管理部和档案馆，地球物理公司负责采集项目实施，物探院负责处理项目和解释项目实施，研究院负责解释项目实施，勘探部负责项目管理和审批，科技与信息管理部负责EPBP和江苏油田云上资料管理，档案馆负责资料归档。

第一阶段：EPBP建设之前，地球物理公司以文件形式管理采集项目施工数据，如生产日报、测量数据等，SPS文件和原始资料等成果数据以光盘和磁带形式转交物探院。物探院以文件形式管理处理项目中间成果，偏移数据体和速度文件等成果数据以硬盘形式转交项目提出方。物探院和研究院依托专业软件管理各自解释成果，档案馆委托物探院负责原始资料归档。

第二阶段：2012年EPBP建成后，地球物理公司依托EPBP管理施工数据，以及部分成果数据。原始资料因为体量大，仍以磁带形式转交物探院。物探院于2015年完成云带库建设，2017年完成原始资料、处理中间成果和最终成果的云带库管理。解释成果管理方式同上。

第三阶段：2019年江苏油田云建成后，在原有基础上，实现了成果数据的云内流转，省去资料拷带步骤，节约人力物力，提高时效和安全性。2023年，科技与信息管理部研发EPBP和云带库数据接口，补全 EPBP 中原始资料管理缺失项，建成原始资料的异地容灾，解决单点风险，实现了物探数据统一管理和安全防护。

3 管理难点与对策

3.1 管理难点

物探数据管理和油田其他专业相比，既有共性，又有特性。共性是都需要制定数据标准、梳理数据元素。特性是数据体量大，对信息技术选型要求高。具体表现在数据管理与存储的复杂性、数据质量与可用性问题、数据安全要求。

（1）数据管理与存储的复杂性

物探数据涉及多个单位和部门，管理方式不尽相同：比如物探采集和处理是以项目化形式运行，物探解释却没有；地球物理公司按照项目管理数据，物探院按照工区管理数据。这些都给数据标准制定带来难题。

另外，物探数据的存储也是技术难题。一是体量大，江苏油田虽是小油田，但成立以来，共有 439 个采集项目，积累了 294TB 的原始资料，加上历年部分处理成果，总量超过 352TB。二是数据条目和格式多，单个项目都有几十万条记录，以及结构化、半结构化和非结构化等多种资料需要保存。

（2）数据质量与可用性问题

物探采集、处理和解释各个环节都有监督，生成数据的质量和准确性得到保证。问题是存储数据的质量和准确性，特别是原始成果以磁带形式保存，为避免磁带故障带来的数据丢失，物探院组织人员定期转录和抽查，一方面磁带数量庞大，仅 3480、3490、3592 三个型号的磁带约有 13000 盘，人工操作存在失误风险；另一方面磁带机行业已是夕阳产业，面临逐步淘汰，将来会造成磁带无法读取局面。

（3）数据安全要求

物探数据是油田的重要数据之一。一是要保证数据在需要时能够被授权用户正常访问和使用。二是要建立完善的数据备份和恢复机制，以防止数据丢失或意外情况发生。

3.2 方案对策

（1）针对管理复杂性，确定数据标准和存储方式。

首先采用以年度+项目形式管理物探数据，工区作为项目的属性之一。这种管理方式一是确定数据管理的唯一性和周期性，因为同一工区存在不同年度不同方法多次施工的现象，此方法可避免人为命名工区带来的数据混乱问题，二是保持数据的关联性，通过工区关联新老资料，方便区域研究时快速检索。此方法是江苏油田建设 EPBP 时率先提出和使用的，得到专家广泛认可，并推广到中石化各油田企业。

其次采用数据库，磁盘阵列和虚拟带库等形式存储物探数据，其中数据库存储结构化数据，包括项目信息，生产日报，过程数据等；磁盘阵列存储电子文档、测量成果和 Seg-Y 数据，通过数据库目录链接与项目关联。虚拟带库将物理磁带模拟成虚拟磁带，解决物理磁带老化、损坏等问题，开发虚拟带库与 EPBP 系统接口，实现虚拟带库与 EPBP 系统互联互通。

（2）针对数据质量和可用性问题，研发自动校验功能。

将物探数据校验程序 GDCS 集成至后台，并与数据库连接。按照实际需求制定策略，定期发送任务对磁带和磁盘上的地震数据全面扫描和质检，实现数据质检工作由前台人工检验切换至后台自动执行，改变了以往数据抽检的工作方式，解决了由于工作量大导致的人手不足、耗时费力和数据抽检覆盖面不足等问题，大幅节约人力物力成本，提高工作效率，保障数据质量。

（3）针对数据安全要求，建立权限管理、异地灾备和加密传输。

权限管理分为角色管理、机器管理两部分，通过角色管理，实现不同人员看到的数据不同，对数据的操作不同；通过机器管理，实现数据防护的精准化，便于出现问题的预警报警和快速定位。

异地灾备需要考虑数据一致性问题、传输速率和安全性问题。为解决上述问题，一是在主备两地分别部署服务，通过选择源磁带存储路径，手动或自动筛选出需要传输的数据项，配置目标备份存储路径，根据业务需要制定传输策略，自动按照策略设定周期进行数据同步传输。二是通过断点续传和错误重传功能，确保数据传输的稳定性和可靠性。传输过程中通过边传输边校验的方式保证数据的完整性和可用性，避免出现数据遗漏缺失情况。三是考虑到地震数据体量较大，在数据同步过程中，会占用大量的带宽，影响正常生产工作。因此，主备两地通过专网专线连接，在晚上或周末带宽较为空闲时，定期对数据进行同步。

加密传输采用 AES 加密算法，传输服务启动时，主备两地自动交换安全证书，若两地安全证书不一致，系统自动终止服务，通过一传一密，确保数据传输过程的安全性和数据流向可控。内置特定的高性能网络传输协议，提高带宽利用率(带宽利用率可达 80%以上)，提升业务时效性。

4 应用效果

目前江苏油田的物探数据管理方式，逻辑上按照年度+项目划分、物理上依托数据库、磁盘阵列和虚拟带库存储，加上异地灾备和数据自动校验功能，实现数据一体化管理，得到物探专业人员和资料人员的普遍认可，如图 1 所示。

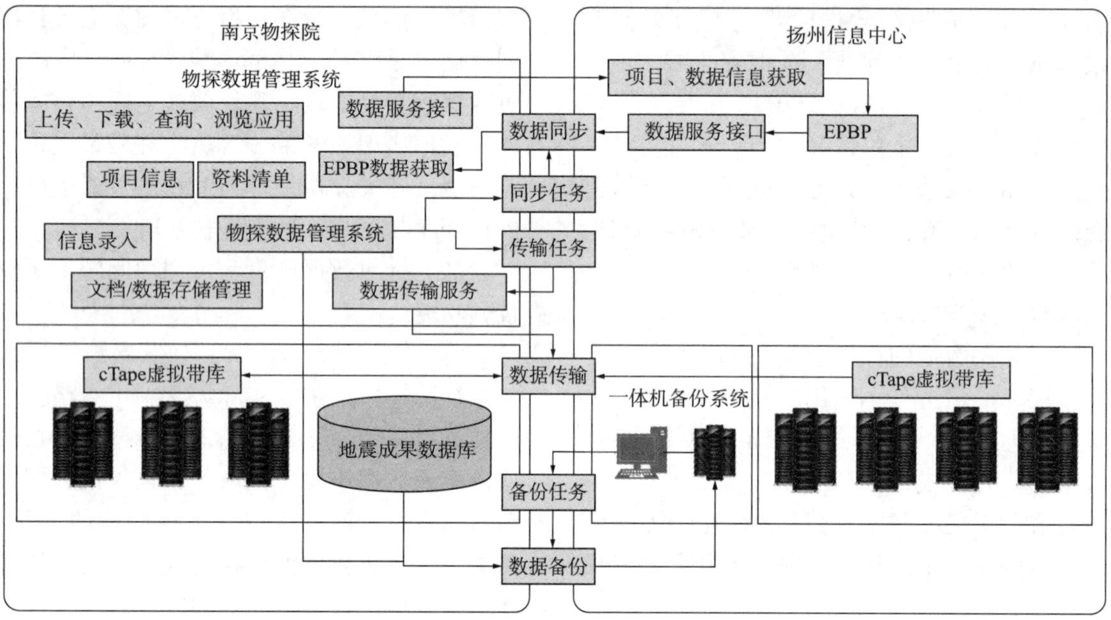

图 1　江苏油田物探数据管理架构图

(1) 物探数据实现统一管理，确保齐全性

通过以年度+项目形式管理物探数据，给油田物探数据编制目录，也给物探数据的整理、校正和补录找到抓手。通过数据库、磁盘阵列和虚拟带库结合，补全 EPBP 地震原始资料管理缺失项，实现从班报、档案、磁带数据到磁盘文件等物探资料全生命周期线上管理。现已将 439 个物探采集项目资料全部入库。

(2) 物探数据安全得到提升，运维成本降低

通过建立异地灾备，磁带自动校验，提升数据安全性和可靠性，解决了数据人工质检时工作量大、工作繁复且人力物力成本高的问题，实现磁带全部校验的时间从原来的 5 年缩减为 1 年。主备两地传输速度在网络高峰期稳定在 80M/S，实现异地灾备数据每日更新。

(3) 物探数据应用灵活性加强

通过电子化管理归档资料，定制数据格式转换任务，通过后台将磁带数据自动转成通用型格式磁盘文件存放，方便数据使用和共享，缩短后期大连片处理项目资料准备时间，提高资料使用效率，减少人力物力投入。目前已完成 1975 年至今，共 5021 盘磁带数据格式转换工作。

5 结论与展望

江苏油田结合自身特点，摸索出一套满足业务需求的物探数据管理方式，并在实际应用中得到认可。随着技术的不断发展，未来物探数据管理将更加注重数据的集成化，通过整合不同来源、不同类型的数据，形成更全面、更准确的数据集，配合大数据、人工智能等前沿技术，为勘探决策提供更可靠的支持。

参 考 文 献

[1] 李剑锋，肖波，肖丽，等．智能油田．中国石化出版，2020：224.

[2] 高志亮，付国民，等．数字油田在中国-油田数据学．科学出版，2017：2-3.

浅谈山区管道全自动焊接工艺研究

吴　迪　张　亮　谭永亮　王汉石　杨　琦

（中国石油辽河油田建设有限公司）

摘　要　天然气管线在山区等复杂地段施工时，由于受地形限制，导致无法使用内焊机根焊+双焊炬下向填盖的全自动焊接工艺(下文简称“全自动焊接工艺”)。本文阐述了如何通过改进焊接设备、辅助施工设备和优化焊接工艺的方式，梳理了如何优化全自动焊接工艺和配套设备的流程，总结了焊接工艺参数的调试及施工时的注意事项，确保全自动技术在山区施工中的应用，从而提升了施工效率，缩短工期，加速了天然气管道的建设。

关键词　全自动；大口径管线；山区施工；焊接工艺

中国政府在第75届联合国大会上提出“双碳”目标，争取在2030年将二氧化碳的排放量控制在峰值，力争在2060年前实现“碳中和”。对比国家目前所拥有的化石能源和所具备的降碳技术，研究发现天然气是碳排放值最低的化石能源之一，仅为煤炭的45%。但目前国内的天然气储量不足支撑“碳达峰”所需的气量，为此由中俄两国元首联合推动了中俄东线天然气管道工程。该工程是继中亚管道、中缅管道之后，向中国供气的第三条跨国境天然气长输管道，同时也是国内首次采用最大口径、最高钢级、最大压力等级的天然气管道。中俄天然气管道建成后，我国的天然气的储气量会得到明显的提升，能够进一步实现“双碳”目标。

1　研究意义

2016年在中俄东线天然气管道工程中，全自动焊接技术首次在管道施工中得到应用，其施工效率快、施工成本低的优势随着工程的不断建设逐渐凸显出来，随即在大口径管道线路施工中得到迅速推广，但只局限于平原段的焊接，在施工组织设计时，为满足自动焊施工都会选择绕行，以满足其平原段焊接的要求。随着国家为了能够气化更多的地区和降低管道铺设成本，在施工组织设计时逐渐选择在山区地段施工。

而目前所采用的全自动焊接工艺仍局限于平原段或坡度小于11°的地段，对于丘陵、山区、陡坡等特殊地段焊接仍采用手工焊、半自动焊焊接工艺。而山区地段纵向坡度大，熔池在焊接过程中受重力影响易偏向低侧坡口，对焊接造成较大的难度。焊接过程中若电弧摆动不到位，高侧产生咬边、低侧产生夹渣和未熔合等焊接缺陷，受焊工技能水平和体力影响较大，导致其具有焊焊接质量不易控制、施工效率低、劳动强度大等劣势，与自动焊熔池易控制、焊接参数可实时采集与传输、焊接质量高、人工成本低和劳动强度小等优势形成鲜明的对比。因此，非常有必要将全自动焊接工艺应用在山段大口径管道施工中，进一步填补公司在全自动焊接领域的施工空白。

2　焊接设备及工艺优化

由于山区地段具有坡度变化频繁的特点，全自动焊接工艺及设备受地形的限制而无法应用，通过优化焊接设备、研发焊接工艺等方式，将全自动焊接工艺成功应用于山区管线的施工中，同时还解决了山区地势陡峭导致施工空间受限，布管、运管功效缓慢，施工设备运行受阻等一系列施工问题。

2.1　设备优化

（1）内焊机优化。通过优化内焊设备，提升了内焊机的爬坡能力和制动能力，将全自动内焊机的爬坡能力由11°提升至12~25°。将内焊机的连接部位由刚性连接改进为柔性连接，使通过曲率半径提升至40D，提升了弯管的通过曲率半径，通过的冷煨弯管由3~5°提升至8~10°，减少削坡降方的工作量，同时由于可以通过的弯管度数增加，可实现沟下自动焊的连续施工，减少了连头的数量，降低了施工成本，增加了自动焊在山区地段应用的连续性。

（2）辅助施工设备优化。对于所采用的山区布管机，通过增加其自身重量、履带宽度以及对辅助履带助推装置，增强了山区布管机在12~25°坡度的施工性能的稳定性，降低了山区地形对运管、布管、对口等施工工序带来的施工难度；配备的移动电站经过优化改进后，爬坡能力不小于25°，当附加牵引时，爬坡能力不小于35°。带有不同档位的发电功率、频率稳压装置，能够更加稳定输送焊接时所需的电流、电压。同时移动电站的折叠吊臂能够达到360°全回转，适应山段施工时带来的不便，减少土方开挖的工作量以及降低对施工作业面宽度的要求。

2.2 焊接工艺优化

依据平原段的全自动焊接工艺及已优化的焊接设备、辅助施工设备，进行焊接工艺的优化措施，制定相应的焊接工艺，实现了坡口形式、焊道层数和道数、焊接参数的可调试性，通过焊接位置和焊接角度的转换，探索出适用于山段施工的主线路全自动焊接工艺，从根本上解决坡度因素导致熔池在焊接过程中下坠的问题，能够在坡度焊接条件有效控制焊接熔池，解决了熔池在6G位不受控制导致焊缝上侧易产生咬边，下侧易产生夹渣和未熔合等技术难题，确保熔池能够与坡口两侧的熔合，提高了焊接合格率，保证了焊口质量，实现了山区地段能够采用全自动焊接工艺施工的作业方式。当坡度大于25°时，采用氩弧打底+单焊炬向上填盖的焊接工艺。

3 焊接工艺

山段焊接所采用的的坡口形式、保护气体、焊接材料均未发生改变，不同之处主要体现在焊接参数的调试，在保证焊口合格的前提下，只需保证每层的焊接厚度即可，而山段全自动焊接工艺参数的调整需要根据坡度以及焊接角度的变化而变化，不易选择较大焊接参数，防止熔池冷却过慢，导致在焊接的过程中高侧易咬边、低侧易产生夹角的焊接缺陷，所以其焊接参数的规范范围明显要略微大一些。本文所列举的焊接工艺以21.4壁厚、内焊机打底+双焊炬向下填盖的焊接工艺为例。

3.1 坡口形式

坡口型式：双V型复合型，见图1。

坡口面角度：$\beta=4.5°\pm1.5°$，$\alpha=45°\pm1.5°$，$\gamma=37.5°\pm1.5°$

钝边(P)：1.2±0.5mm

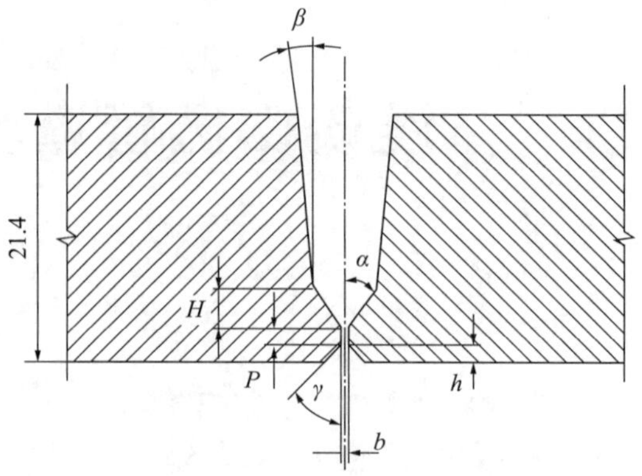

图1　双V型复合坡口

钝边至变坡口拐点高度(H)：2.1±0.5mm

内坡口高度(h)1.5±0.5mm

对口间隙(b)0~0.5mm

错边：≤2.0mm

余高：宜为0~2.0mm，局部不大于3.0mm的长度≤50mm

盖面焊缝宽：坡口上口每侧增宽0.5mm~2.0mm

焊接层数：根焊1层、热焊1层、双枪填充焊2层、单枪填充五层、盖面焊1层

3.2 根焊焊接

根焊采用具备12~25°爬坡能力内焊机施焊，由于根焊焊接参数无法调整左右停留时间，为防止根焊熔池下坠，在保证根焊焊透的前提下，采用的较小的焊接工艺参数。根焊焊工再确认各项组对指标及预热温度符合焊接工艺规程的要求后实施焊接。由于山段施工时，根部焊道承受敷设应力比正常情况高，且有可能发生裂纹，因此应在热焊焊接完成前保持内焊机处于涨紧状态。

3.3 外焊焊接

外焊焊接参数根据不同的角度范围内，通过调整相对应的上下两侧的停留时间、送丝速度、行走速度。随着角度增大，高侧边缘停留时间增长、低侧停留时间缩短，以保证熔池在焊接过程中处于水平状态。送丝速度和行走速度也会相应的调小，防止在焊接过程中焊接参数过大，熔池热量过高冷却慢，出现熔池不受控的现象。同时由于作业空间的限制、山地坡度频繁变化，导致焊接方向不固定、坡度的变化不固定，因此在每个中控箱内存储多种角度范围的焊接参数，以应用到不同的角度和不同的焊接方向。

焊接参数的调试主要分为12~19°和20~25°两个坡度，主要区别在于两侧边缘停留时间的不同，当坡度越大时，坡口较高一侧的边缘停留越长；坡度越小时，两侧边缘停留时间越接近。

坡度为12~19°所调试的具体焊接参数如表1所示：

表1 坡度12~19°所调试的具体焊接系数

焊道	焊接方法	焊接方向	极性	电流/A	电压/V	摆动宽度/mm	边缘停留（低侧）/s	边缘停留（高侧）/s	送丝速度/（m/min）	焊接速度/（mm/min）
热焊(单焊炬)	GMAW	下向	DCEP	140~285	18~25	1~3	0.01~0.03	0.04~0.06	10~10.5	490~550
填充(双焊炬)	GMAW	下向	DCEP	120~260	18~26	1.5~4	0.02~0.04	0.05~0.07	8.0~10.3	330~470
填充(单焊炬)	GMAW	下向	DCEP	130~260	18~26	3~6	0.03~0.06	0.05~0.10	7.5~8.5	310~510
盖面(双焊炬)	GMAW	下向	DCEP	90~185	18~26	3~6	0.01~0.04	0.01~0.08	5.0~6.5	330~650

坡度为20~25°所调试的具体焊接参数如表2所示：

表2 坡度20~25°所调式的具体焊接参数

焊道	焊接方法	焊接方向	极性	电流/A	电压/V	摆动宽度/mm	边缘停留（低侧）/s	边缘停留（高侧）/s	送丝速度/（m/min）	焊接速度/（mm/min）
热焊(单焊炬)	GMAW	下向	DCEP	135~270	18~24	1~3	0.01~0.03	0.05~0.07	9.8~10.3	490~550
填充(双焊炬)	GMAW	下向	DCEP	115~245	18~25	1.5~4	0.02~0.04	0.06~0.09	8.0~10.1	330~470
填充(单焊炬)	GMAW	下向	DCEP	110~235	18~25	3~5.8	0.03~0.06	0.06~0.12	7.5~8.3	310~510
盖面(双焊炬)	GMAW	下向	DCEP	90~170	18~25	3~6	0.01~0.04	0.01~0.10	4.9~6.3	330~650

4 焊接力学性能评定

连续焊接的3道焊口经射线和AUT检测合格后，任意挑选2道焊口分别进行了室温拉伸试验、弯曲试验、刻槽锤断试验、金相检验、硬度试验、-20℃夏比冲击试验、CTOD实验，检测结果均符合焊接接头及焊缝的性能指标因此设计要求，经过经过优化、改进的焊接工艺能够确保在山区的焊接质量。

4.1 拉伸实验

评判拉伸试验的依据为：焊缝拉伸试样的抗拉强度强度必须要大于或等于母材规定的最小抗拉强度（Rm≥625Mpa），但允许小于或等于管材的实际抗拉强度。检拉伸试验结果见表3，拉伸试验断后试样照片见图2：

表3 拉伸实验

试验项目	焊接接头拉伸试验		试验标准	GB/T 228.1—2021	
试样编号	试验温度/℃	取样位置	试样规格/mm	抗拉强度/MPa	断裂位置
T1	26	1：00-2：00	19×21.4	692	母材
T2	26	4：00-5：00	19×21.4	685	母材
T3	26	7：00-8：00	19×21.4	687	母材
T4	26	10：00-11：00	19×21.4	695	母材

图2 拉伸试验断后照片

4.2 弯曲试验

评判弯曲试验的依据为：在焊缝和热影响区的弯曲实验表面上，所发现的任何方向上的任一裂纹或其它焊接缺陷尺寸不应大于管材公称壁厚的1/2、且不大于3mm，由试样边缘产生的裂纹长度在任何方向不应大于6mm。弯曲试验结果见表4，弯曲试验后试样照片见图3

表4　弯曲试验结果

试验项目	弯曲试验	试验标准	GB/T 2653—2008
弯辊直径	90mm	弯曲角度	180°
试样编号	弯曲类型	取样位置	试验结果
S1	侧弯	1：00~2：00	未见缺欠
S2	侧弯	1：00~2：00	未见缺欠
S3	侧弯	4：00~5：00	焊缝0.25mm裂纹一处
S4	侧弯	4：00~5：00	未见缺欠
S5	侧弯	7：00~8：00	未见缺欠
S6	侧弯	7：00~8：00	未见缺欠
S7	侧弯	10：00~11：00	未见缺欠
S8	侧弯	10：00~11：00	未见缺欠
R1	背弯	2：00~3：00	未见缺欠
R2	背弯	4：00~5：00	未见缺欠
R3	背弯	7：00~8：00	焊缝0.80mm裂纹一处
R4	背弯	10：00~11：00	未见缺欠

图3

4.3　刻槽锤断试验

评判刻槽锤断试验的依据为：每个刻槽锤断试样的断裂面必须完全焊透、熔合；若有气孔，尺寸不应大于1.6mm，所有气孔的累计面积不大于断裂面积的2%；夹渣缺陷高度不超过0.8mm，长度不超过管材公称壁厚的1/2，且小于3mm，相邻夹渣之间至少应有13mm无缺陷的焊缝金属。刻槽锤断试验见表5，刻槽锤断试验后试样照片见图4。

表5

试验项目	刻槽锤断试验	试验标准	GB/T 31032—20145.6.3
试样编号	试验类型	取样位置	试验结果
N1	刻槽锤断	2：00~3：00	未见缺欠
N2	刻槽锤断	4：00~5：00	未见缺欠
N3	刻槽锤断	7：00~8：00	未见缺欠
N4	刻槽锤断	10：00~11：00	未见缺欠

图4

4.4　金相检验

金相试验评判依据为：试样的焊缝截面不得有裂纹和未熔合等焊接缺陷，需满足“刻槽锤断试验”的要求，实际焊接层数和道数必须遵循焊接工艺规程。金相试验结果如表6所示。

表6

试验项目	宏观金相	试验标准	GB/T 226—2015
试样编号	取样位置	结果	层数及道数
M1	平焊位	未见缺欠	10层11道
M2	立焊位	未见缺欠	10层11道
M3	仰焊位	未见缺欠	10层11道

4.5　硬度试验

硬度试验评判依据为：硬度值≤300。硬度试验结果见表7。

表7

试验项目	维氏硬度试验						试验温度/℃				25					
试验标准	GB/T 4340.1—2009															
试样编号	硬度值(HV10)															
	1	2	3	4	5	6	7	8	9	10	11	12	13	14	15	16
H1(M2)	236	242	210	236	244	228	222	234	241	222	219	225	237	219	225	232

4.6　夏比冲击试验

评判夏比冲击试验的依据为：吸收能量KV2(单值)≥38，吸收能量KV2(平均值)≥50。夏比冲击试验结果见表8，冲击试验断后试样照片见图5。

4.7　CTOD实验

CTOD试验评判依据为：GB/T 21143—2014、BS EN ISO 15653—2018标准。CTOD试验结果见表9。

表 8

试验项目	低温冲击试验		试验标准	GB/T 229—2020	
试样编号	试验温度/℃	缺口位置	取样位置	冲击值 KV_2/J	均值 KV_2/J
C1-1	-10	焊缝中心	平焊位内表面	122.0	127.0
C1-2	-10			121.5	
C1-3	-10			137.5	
C2-1	-10	熔合线		252.0	236.0
C2-2	-10			216.5	
C2-3	-10			239.0	
C3-1	-10	焊缝中心	立焊位内表面	122.5	134.5
C3-2	-10			133.5	
C3-3	-10			147.0	
C4-1	-10	熔合线		286.5	243.5
C4-2	-10			253.5	
C4-3	-10			190.0	
C5-1	-10	焊缝中心	仰焊位内表面	134.5	135.0
C5-2	-10			138.5	
C5-3	-10			132.5	
C6-1	-10	熔合线		272.0	267.5
C6-2	-10			262.5	
C6-3	-10			267.5	

图 5

表 9

试验项目	CTOD 试验		试验标准		GB/T 21143—2014 BS EN ISO 15653—2018	
取样位置	焊缝和热影响区		试验温度		-5℃	
焊接 PQR	缺口位置	试样编号	厚度 B(mm)	宽度 W(mm)	跨距 S(mm)	初始裂纹长度 a_0(mm)
POR-XQD4T 01-LH-2204-3	焊缝	W1	23.04	46.06	184	24.58
		W2	23.06	46.09		23.25
		W3	23.04	46.09		23.03
	热影响区	H1	23.06	46.09		23.85
		H2	23.07	46.07		23.75
		H3	23.04	46.08		24.87
缺口位置	试样编号	CTOD/mm			有效性判定	
焊缝	W1	1.023			有效	
	W2	1.086			有效	
	W3	1.117			有效	
热影响区	H1	1.034			有效	
	H2	1.066			有效	
	H3	1.025			有效	

5 焊接质量控制措施

（1）管材椭圆度不均匀导致的组对错边，对管口椭圆度的长短轴进行测量形成记录，对于超标严重的及时调换。错边在要求范围内时，在焊接之前将错边较高的一侧进行打磨处理，同时提高热焊焊接参数以增加熔深，防止出现钝边或者根部未熔合焊接缺陷。

（2）新进场的混合气体需测量气体配比，确保混合气的比例符合焊接工艺规程。每焊接一道口之前要进行气体流量确认，瓶内的压力低于0.98MPa时及时更换，保证气体流量能够对熔池进行有效的保护，以防产生气孔等焊接缺陷。

（3）焊接时为避免出现未熔合焊接缺陷，在焊接时电弧停留在焊道边侧的焊缝夹角处利用电弧弧柱的热量熔化上一层的焊道夹角，也能够有效保证每层的填充量。

（4）打磨接头要圆滑过渡，坡口两侧不能有夹沟，防止产生未熔合、夹渣焊接缺陷。

（5）在焊接过程中出现层（道）间缺陷时，应将缺陷完全去除，使用同种焊接工艺进行修补，并保证层（道）间温度符合焊接工艺规程要求。

（6）内焊出现气孔时，检查保护气阀门是否未打开或保护气流量不足、保护气体流量是否过大，保护防护罩是否松动。

（7）当根焊焊缝过宽或过窄时，检查送丝机送丝是否正常，焊接电压是否在规定范围内，内焊机大盘旋在焊接过程中是否匀速转动；

（8）内焊道产出现烧穿、塌陷等现象时，检查焊接电压是否过高、焊接电流是否过大、坡口钝边尺寸较小及组对有间隙。

6 结语

大口径自动焊在山区地段施工具有工艺创新、节约成本、提升焊接合格率和施工效率的工艺特点，分别通过对全自动内焊机爬坡能力的优化，提高施工能力，确保山地施工中多弯管安装连续性和成功率，实现国产设备应用比例提高到60%以上。并针对6G位调试出全自动焊接参数，使焊缝全自动焊一次合格率≥96%，相较于手工焊、半自动焊，施工效率提高2~3倍。同时所采用的施工方法能够减少削坡开挖的土方量，从而能够降低施工成本。

参 考 文 献

[1] 许强，张亮，吴迪．中俄天然气东线工程全自动焊接工艺技术研究．天然气技术与经济，2017.

[2] 张亮，许强．中俄天然气管道工程全自动不等壁厚焊接工研究．石油工程建设，2019.

[3] 王震，孔盈皓，李伟．碳中和背景下中国天然气产业发展综述．天然气工业，2021.

油气田生产物联网运维综合管理系统设计与应用

孙　佳

（中国石油辽河油田公司信息工程分公司）

摘　要　随着油气田生产物联网覆盖范围的增加，设备越来越多，集中管理、控制和运维难度逐年增加，保持稳定的数据采集率和准确率，需要对这些采集、传感、网络设备进行统一运维，以增强应对日益复杂的物联网运维挑战的能力。油气田生产物联网运维综合管理系统作为运维工作的核心，能够整合各类物联网设备的信息，实现标准化管理，能够实现对各类物联网运维项目的实时管控，及时发现潜在问题，降低设备故障率，提高整个系统的稳定性和可靠性，为物联网的长期运行奠定坚实基础。

关键词　物联网；运维；工单管理；设备管理

1　前言

中国石油上游领域油气田企业生产物联网从“十二五”开始规划建设，目前已经逐步完成，随着建设水平的提升，油气田井区、计量间、集输站、联合站、处理厂生产数据、设备状态信息的采集量越来越大，设备越来越多，分期建设导致的设备参数、型号有所不同，为集中管理、控制和运维造成了一定难度，为了保证系统的稳定运行，保持稳定的数据采集率和准确率，需要对这些采集、传感、网络设备进行统一运维。

通过信息化与工业化的融合，油气生产物联网运维综合管理系统提高了运维过程中每个流程的自动化程度，增强了物联网设备运维管理的效率，保证了生产的持续、稳定、高效运行。

2　现存问题分析

在当前的物联网运维管理中，存在一些明显的问题，这些问题不仅影响了运维效率，还可能对企业的运营带来不良影响。

（1）物联网设备种类多、数量多：随着物联网技术的广泛应用，系统连接的设备种类和数量日益增长。由于冬季影响施工进度，物联网的建设周期延长，每一周期的设备型号均有所不同，这导致了设备故障的多样性和复杂性。每种设备都有其独特的故障模式和解决方法，使得故障诊断和处理的难度加大。同时，大量的设备使得逐一检查和监控变得非常耗时和低效。处理时间的延长导致设备故障持续，影响生产时长，由于缺乏高效的故障诊断工具，导致故障的误判或遗漏，进一步影响设备的稳定性和安全性，形成恶性循环。

（2）现有流程过于复杂：由于不同采油厂原有的通讯方式不同，现有的故障处理流程涉及了多种通讯工具，如电话、微信、内部即时通讯和邮件等。这不仅增加了故障处理的复杂度，还可能导致信息的不一致和遗漏。复杂的流程可能导致故障处理时间的延长，多工具之间的信息交互可能出现误差，不同部门和人员之间的沟通可能存在障碍，影响故障的准确判断和处理，增加了运营风险。

（3）记录不完整：在现有的故障处理过程中，通讯方式多样，存在记录不完整或缺失的情况，无法对故障进行深入的分析，这使得对于故障的分析和预防措施的实施变得困难。不完整的记录使得企业无法形成有效的故障知识库，增加了故障的重复发生概率，影响了故障处理经验的传承，新员工需要重新学习已有的故障处理知识，降低了工作效率。

（4）缺少深入分析：现有的故障处理方式往往只关注当前问题的解决，而忽视了问题的深入分析和预防措施的制定。导致相同或类似故障频繁发生，无法从根本上避免问题的再次发生，增加了企业的维护成本和运营风险。

（5）运维效率低：复杂的流程、不完整的记录和缺少分析都导致了处理时间的延长和效率的降低，影响了整体的生产效率，长期的低效率故障处理甚至影响到了公司长期发展目标和竞争力。为了解决这些问题，开发一个集中化、高效的物联网运维管理平台变得尤为重要。通过该平台，可以整合资源、优化流程、完整记录并深入分析故障，从而提高处理效率，降低运营风险。

3　系统模块设计

系统设计 4 个主要模块，分别是：个性化交互模块、业务模块、支持模块、数据库模块，如图 1 所示。

3.1　个性化交互模块：平台与最终用户进行交互的界面，用户可以自定义模块配置、输入请求、查看报表待办、配置告警等。界面简洁、友好，并支持多终端访问，如 PC、手机等。

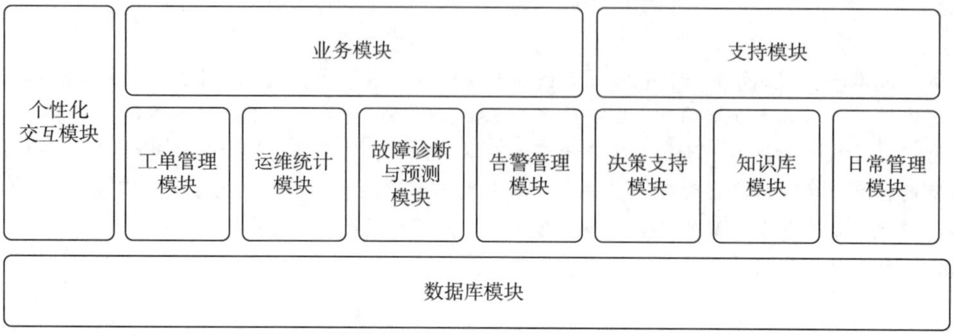

图 1　系统模块设计

3.2　业务模块：

（1）工单管理模块：负责工单的创建、分配、处理和关闭。支持根据设备类型、故障描述等信息自动派发工单，并跟踪工单状态，确保故障得到及时处理。根据前期资料进行基本故障分类、描述、处置的选项定义，将工单模块调整为选项，无填报信息，降低基层人员填报难度，以及后续数据分析难度。不断的根据故障发生情况进行选项调整更新，提高系统可用性。任务过程中记录物联网仪表设备巡检维时间、故障原因、处理方法、更换部件品牌型号，外委技术服务单位等信息，运用大数据分析挖掘，评估仪表设备性能和运行环境适应性，评价外委厂商响应效率和服务质量，为选择备品备件型号和数量、下年外委服务厂商提供数据支撑和建议。

（2）运维统计模块：收集设备运行数据，进行统计分析，生成报表和图表，按照生产工区、设备类型、品牌型号、设备年份分别统计设备运行与故障情况，帮助生产部门了解设备运行状况、故障率、维修成本等信息，对不同类型、不同品牌型号的设备进行故障率分析，指导后续应用。

（3）故障诊断与预测模块：通过分析设备的历史数据和实时数据，及时发现潜在故障，并对故障进行诊断和预测。采用机器学习算法，提高故障发现和处理的效率。尤其是类似于电池缺电、设备保养等周期性故障能够进行比较精准的预测和提示，提前预警提高生产时律。

（4）告警管理模块：根据设备类型和故障类型等条件，设置告警阈值和通知方式，在设备出现故障时，按照工区和责任人对应关系，自动发送告警信息给相关人员，确保故障得到及时处理。

3.3　支持模块：

（1）决策支持模块：提供决策分析功能，为企业决策提供数据支持。通过对设备运行数据和故障信息的深入分析，为企业决策提供有力依据，例如针对品牌型号故障率的分析，为后续采购、设备更替提供有意义的指导意见。

（2）知识库模块：集中存储和管理大量的故障以及维修相关知识，包括文本、图片、视频、音频等多种形式的知识，并确保一致性和完整性。提供强大的检索和查询功能，能够根据故障问题快速找到所需的解决故障方法，并进行提示，并且通过日常维护的积累和共享，不断提升知识库内容的准确性。

（3）日常管理模块：负责对平台进行日常维护和管理，包括业务流程配置、用户角色配置、权限管理、监控系统状态、配置管理、日志管理等。采用自动化工具和智能告警机制，提高运维效率和质量。提供友好的管理界面，方便业务人员进行配置和管理。

3.4　数据库：负责存储和处理来自物联网设备、用户输入、其他系统调用的数据，包括设备运行数据、故障信息、用户配置等。为了满足这些数据的存储于处理，数据层采用了关系型数据库和非关系型数据库相结合的方式。关系型数据库提供严格的ACID事务特性，保证数据的完整性和一致性，适用于需要复杂查询和高度结构化数据的场景，如设备运行数据。非关系型数据库适合于存储大量的非结构化或半结构化数据，如日志文件、图片、视频等，包括现场的故障照片、故障处理视频，提供了高可用性和可伸缩性，非常适合处理物联网故障处置数据。通过结合这两种类型的数据库，数据库可以确保数据的存储和查询效率，同时满足各种复杂的数据处理需求。无论是需要精确匹配的查询，还是需要实时分析的大数据流，都能得到高效的处理。这种混合数据库架构，为物联网运维管理系统提供了强大的数据支持。

4　系统测试与场景应用

在系统开发完成后，我们进行了全面的测试，以确保系统的稳定性和功能性。测试包括单元测试、集成测试和系统测试等多个阶段。通过测试，我们发现系统能够有效地解决物联网运维中的问题，提高处理效率。

4.1　以工单管理为例进行功能性测试

（1）测试目标：确保工单管理模块能够正确、高效地处理工单的创建、分配、处理和关闭，并根据设备类型、故障描述等信息自动派发工单。同时，确保系统的选项定义与前期资料一致，并能够根据故障发生情况进行调整更新。

（2）测试范围：包括工单创建、工单分配、工单处理、工单关闭、自动派发工单功能、工单状态跟踪、故障分类、描述、处置选项定义、系统选项的调整与更新等。

（3）功能测试

工单创建：能够正确创建工单，包括填写设备类型、故障描述等信息，能够顺利填写。

工单分配：工单能够根据预设规则正确分配给相关人员，按照流程自动流转。

工单处理：处理工单的功能正常，包括更新工单状态、填写处理结果、形成待办事项等功能均正常。

工单关闭：工单关闭功能正常，工单状态能够正确更新。

自动派发工单：系统能够根据设备类型、故障描述等信息自动分派工单。

工单状态跟踪：能够实时跟踪工单状态，确保故障得到及时处理，能够针对用户形成个人待办事项。

（4）测试用例(图2、图3)

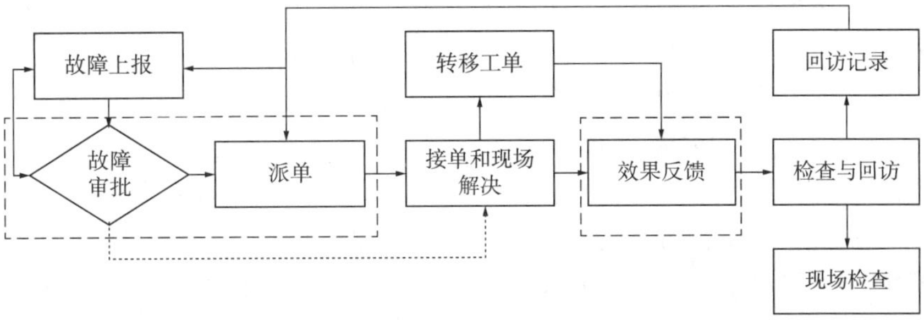

图2　工单管理流程

图3　系统测试流程

4.2　以运维统计为例进行统计表单测试

（1）测试目标：确保运维统计模块能够正确、高效地收集设备运行数据，进行统计分析，生成准确的报表和图表。同时，确保统计结果能够按照生产工区、设备类型、品牌型号、设备年份进行分类，帮助生产部门了解设备运行状况、故障率、维修成本等信息，并为后续应用提供指导。

（2）测试范围：数据收集功能、统计分析功能、报表和图表生成功能、数据分类功能、故障率分析功能

（3）功能测试

数据收集：能够正确收集设备运行数据，包

括生产工区、设备类型、品牌型号、设备年份等信息。

统计分析：统计分析功能正常，包括故障率、维修成本等统计指标的计算是否准确。

报表和图表生成：能够根据统计结果生成准确、易读的报表和图表。

数据分类：能够按照生产工区、设备类型、品牌型号、设备年份等分类条件对运行数据进行分类统计。

故障率分析：能够根据不同类型、不同品牌型号的设备进行故障率分析，并生成相应的报告。

数据准确性测试：使用已知准确的数据集测试系统的数据收集和处理功能，确保统计结果准确无误。验证故障率分析结果的准确性，确保能够为后续应用提供可靠的指导。

实验结果：根据工单管理的功能性测试和运维统计测试结果，系统的4个主要模块运行正常，结果有效。

4.3 应用场景

目前，该系统已经在多家采油厂中进行测试，并取得了良好的效果。系统能够自动调取运维工单任务数据，自动根据作业区进行任务分配，实现现场运维相关操作信息查询和数据录入采集，完成运维任务；运维质量标准嵌入工单流程关键节点，让标准、规范、操作视频随时可看可查，保障现场运维作业安全。工单上报应用适应现场工作环境，全部采用下拉菜单选择方式，能够减轻基层用户系统操作负担，提高工作效率。故障处理信息在系统中以事件方式记录，能够采用多种方式筛选查询检维修信息。用户反馈显示，系统不仅提高了故障处理的速度和准确性，还为企业提供了更全面的设备运行数据分析和预测功能。此外，系统的集成能力和可扩展性也得到了用户的认可。

5 下一步需求设计

5.1 多平台数据集成

通过与现有系统(包括第三方监控系统，如传输网管系统、机房动环系统、无线接入系统等)或平台应集成和数据整合，实现集数据采集、数据处理、统一监控、统一运维调度管理功能于一体，对IT资源运行集中监控，办公网、生产网、传输网内设备可用性和基础状态进行管理，基于监控指标状态及时告警，实现精准定位故障源、快速运维；按业务流程生成相应电子工单，运维调度和分级运维实施管理，细化运维理念、流程、工具、人员，提高运维工作效率和管理水平。生产物联网运维综合管理系统可新建或依托现有平台功能扩充，与相关系统建立开放接口实现信息共享，如目前作业区生产指挥系统、物联网数据监控系统、网络链路监控系统、无线传感设备监控系统、物联网服务器监控系统等，通过整合已有平台功能，减少类似功能重复建设，将物联网整体故障信息纳入统一平台管理和运维，实现巡检和维修任务电子化流转、办公即时通讯工具提示运维事件和告警，形成一体化管理平台。

5.2 多终端工单发布与管理

通过VPN解决手持机、手机、平板电脑、笔记本电脑等移动终端接入问题，能够实现现场运维故障多终端申报。运维人员以及外部委托维修人员通过手持机、手机随时接收信息，及时进行维修。管理人员能够及时查看故障信息，对重要设备设施进行监控，及时提醒维修时限。

5.3 电子标签集成应用

充分利用二维码、RFID技术，对现场设备进行识别与故障定位，在线关联调用仪表设备基础信息、历史巡检维修信息，运维人员通过手持机与现场RFID识别认证确认并上传维修信息，形成工单闭环。

5.4 设备生命周期数字化管理

利用相关系统数据资源，对设备全生命周期管理主要环节建立数字化应用，完成重点设备工艺安全信息的标准化、数据化，“一码”式管理，设备数据完整性采集与管理，可以分为基础管理、设备前期管理、设备后期管理、设备技术评价、设备安全环保与节能管理以及综合管理等业务，如设备资产、技术资料、设备运行技术档案、现场环境、使用培训、规章制度，新增计划、选购、监造、验收、安装调试，维护、状态监测、润滑、维修、备件、技改、更新、闲置、报废，设备类型的技术评价和设备使用的技术评价，重点设备风险识别与控制、特种设备合规管理、设备事故管理以及设备能耗管理。

5.5 生产决策辅助

大数据分析可以对油气生产过程中的大量数据进行深入分析，包括但不限于实时生产数据、设备运行状况数据、油气藏特性数据等，以发现数据背后的规律和趋势，优化生产过程，提高生产效率。基于大数据分析，油气生产企业可以预测未来的生产情况，如产量、需求等，从而做出更加科学合理的决策。例如，大数据分析可以预测油田的储量、采收率、剩余油分布等，为油田的可持续开发提供决策支持。

6　结语

物联网运维涉及的各类设备数量庞大，近五万台的规模对运维管理能力提出了极高的要求。因此建立一套统一的标准化运维平台，以增强应对日益复杂的物联网运维挑战的能力。油气田生产物联网运维综合管理系统作为运维工作的核心，不仅能够整合各类物联网设备的信息，还能够实现标准化管理，确保各项运维流程得到高效执行。系统能够实现对各类物联网运维项目的实时管控，通过实时监控设备的运行状态、性能数据等信息，能够及时发现潜在问题，并采取相应措施进行处理，这不仅能够降低设备故障率，还能够提高整个系统的稳定性和可靠性。通过统一系统，能够大大提升信息的准确性、及时性和有效性，收集、整理和分析各种运维数据，了解系统的运行状态、预测潜在风险，并据此制定相应的策略和措施，为领导提供科学决策的数据支撑。通过自动化和智能化的管理手段，系统能够提高运维效，减少人工干预和人为错误，降低运维成本，优化资源配置，确保各项运维任务得到及时有效的执行。

综上所述，建立统一系统对于统筹物联网运维工作具有重要意义，有助于提升运维管理水平，提高系统的稳定性和可靠性，为物联网的长期运行奠定坚实基础。

参　考　文　献

[1] 谢光华，任静思，王滔，等．油气田生产物联网运维分析与系统研究[J]．信息系统工程，2021，9：96-102.

[2] 谢光华，王滔，张亮，等．油气田生产物联网统一运维平台功能设计研究[J]．中国管理信息化，2022，7：109-112.

油田集输站库无人值守研究及应用

刘建华　蔡丽琴　文小明　杨　媚

（中国石油化工股份有限公司江汉油田分公司江汉采油厂）

摘　要　本文以江汉采油厂WC采油管理区王南站为例，介绍了该站通过站内生产数据采集、监控、设备保护功能完善、站场光纤光栅安防系统部署。将站场生产数据、视频及周界报警安防系统信息通过光纤网络传回管理区中控室。中控室监控人员通过人机界面将采集到的生产参数设置报警阀值，相关数据形成生产报表，安防系统的布防设置等。初步实现了油田集输站无人值守，切实降低一线劳动用工数量，改善了一线员工工作、生活环境，降低了员工劳动强度，减少了企业人工成本。

关键词　集输站；生产数据；安防；中控室；人机界面；无人值守

1　绪论

1.1　现状

油田集输站主要实现原油增压外输、注水管控等功能，一般建设在地理位置偏远、交通不太便利的地方，值守人员24小时连续监控管理。由于连续生产，员工工作强度大，工作、生活条件艰苦，企业人工成本高。随着油田生产信息化不断深入开展，实现集输站无人值守显得势在必行。

所谓无人值守，严格来说应该叫少人值守。即站内不设置固定运行维护值班岗位，站场内的设备运行、巡视、站场安全都通过自动化的监控手段来代替人工的重复劳动。只有在设备出现故障时才安排专门的维护人员进行现场维护工作。

1.2　基本思路

1.2.1　生产数据可视化

江汉采油厂WC采油管理区王南联合站为满足生产，站内设有运行设备包括加热炉、原油缓冲罐、输油泵、注水泵、配电室等。日常生产中，岗位员工需要每2小时记录生产数据，手工形成生产报表。实现生产数据自动采集，需要将各设备的运行数据由智能仪表采集、网络传输到管理区中控室，通过人机界面展示，实现生产数据可视化。

1.2.2　视频可视化

运行的关键设备由网络视频设备采集，通过光纤传输到管理区中控室，通过流媒体服务器转发，中控人员实时查看设备运行情况。

1.2.3　站场周界安全

集输站场地处偏远，站场的安全通过周界安防系统实现远程监控。

1.2.4　人机界面

人机界面实现所看即所得，即：显示屏上展示的工艺流程图对应现场流程，显示的生产数据即为现场设备运行数据。

1.2.5　重要设备保护

主要、关键生产设备、部位出现异常后可能发生安全事故的，应该具备生产流程紧急切断、一键停泵等功能。

1.2.6　生产组织体系

实现无人值守，将改变原有生产组织体系。即采油管理区中控室为指挥生产的核心。

1.3　实现目标

生产流程连续、安全、稳定运行。关键生产节点能本地、远程控制。降低了员工劳动强度，减少了企业人工成本。

2　具体实施

油田集输站点，属于危险、易燃易爆场所。集输站无人值守的实现，要充分结合站场现有设备设施运行和工艺流程情况。数据采集必须全面，关键部位必须满足远程、本地双重保护；视频监控点位根据生产区域的重要程度进行设置。视频监控具有高清的监控画面、画面实时录制、具备远程控制功能。为确保站内安全生产，对站场的自动化仪器、仪表、监控、安防、自动化监控软件等系统提出了更高的要求。在监控中心管辖范围内的各站场，应具备向监控中心上传相关设备及其运行情况的遥测、遥信、遥视等信息，同时具备接收并执行监控中心下发的遥控、遥调指令等功能。

2.1　生产数据可视化

生产数据不仅可以实时查看，还可以实现每2小时形成运行报表，自动生成运行班报、日报、月报。生产数据可以长期保存，便于后期大数据分析油田生产情况。

2.1.1　加热炉数据采集

通过已有的自动运行火嘴，加装远传模块，实现加热炉运行状态、进出加热炉液体温度采集。中控人员可以实时查看加热炉运行状态和相关数据。

2.1.2　原油缓冲罐

原有磁翻板液位计加装带远传功能液位计，原指针式温度表更换为温度变送器，实现液位、温度远传。

2.1.3　输油泵与注水泵

通过已有的压力变送器，加装流量计、智能电表，采集压力、流量、电耗等生产数据；对该设备变频器运行参数进行采集，掌握设备运行频率，同时可以远程调整输油泵输油排量、远程调整设备注水压力和排量。

2.1.4　配电室

加装智能电表，远程监测站内用电设备负荷变化情况。

2.2　视频可视化

2.2.1　重要设备可视化

站场视频监控点位应根据生产区域的重要程度进行设置。对应的加热炉、原油缓冲罐、输油泵、注水泵、配电室等都独立安装高清红外线枪机，焦距可调。对准设备关键部位。如：注水泵对准柱塞；输油泵对准旋转部位；加热炉对准火嘴部位。根据生产、安全需要，视频可以保持30天以上。

2.2.2　站场可视化

要实现无人值守，站场情况实现可视化也必不可少。主要采用高清红外线球机对场内进行自动巡视，主要起到室外管网和异常情况的监视。监控范围做到全覆盖，室外管网是重点的原则。

2.3　站场周界安全

油田集输站点地处偏远，人为破坏和周边异常环境都会导致严重安全事故。为满足场站周界安全监控，满足无人值守需要，站场部署了一体化智能安防系统，由以下几部分组成：

2.3.1　周界入侵报警(图1)

报警系统防区采用光纤光栅作为传感器。在设防状态下，当布防区有入侵(攀爬围栏、破坏围栏、攀爬大门、破坏大门等入侵行为)发生时，管理区中控室自动弹出人机交换界面，显示出报警发生的区域。通过人工手动确定是误报或确实有入侵，可采取远程喊话驱离侵入者或人员现场处置。

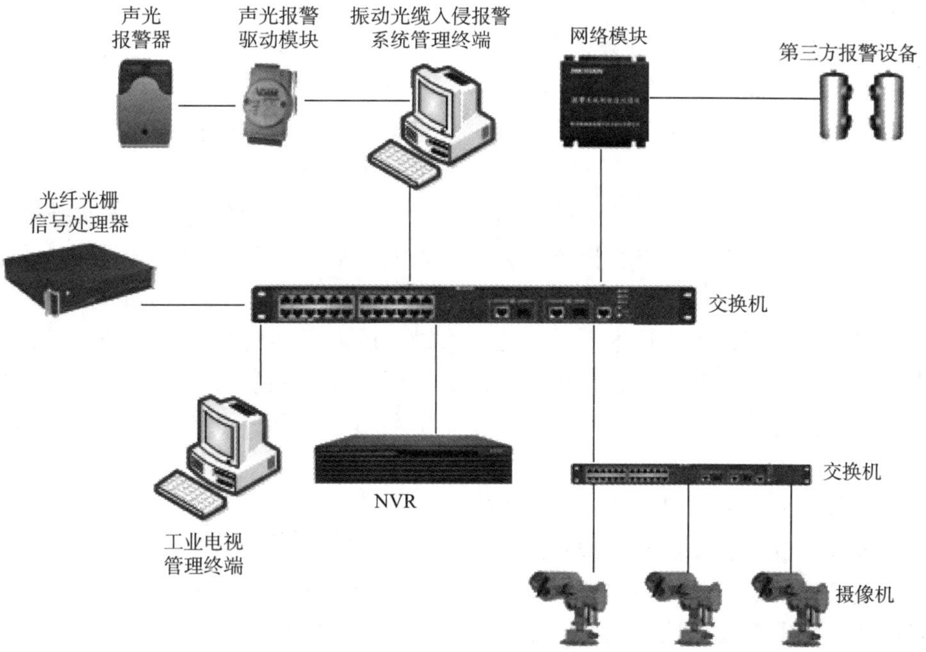

图1　一体化智能安防系统架构图

2.3.2 周界视频监控

视频监控主要监控站场周边，配合周界入侵报警使用，当发生入侵报警，对应的防区视频监控弹出界面，智能球机联动到报警区域，协助人工判断站场周边情况。

2.3.3 可视对讲门禁系统。

主要实现人员正常井场远程管控。

2.4 人机界面

站场无人值守主要是将原有的重复性劳动，通过先进的智能仪表、稳定的光纤网络将站场生产数据，远程传输到采油管理区中控室。通过SCADA监控终端、视频工作站实现集中监控。为使中控室操作人员运行更加快捷高效，生产系统更加安全可靠。需要人机界面满足以下几个方面：

（1）流程监控：需要按照生产流程图对数据进行组态，实现所看即所得，界面显示生产数据准确、直观。

（2）生产曲线、数据报表：根据现场仪表采集的相关生产数据，自动形成数据变化曲线，预知变化趋势。自动生成班报、日报、月报生产报表。

（3）单元报警：通过该界面设置各生产数据的报警阀值，当生产数据异常，超出所设阀值时，发出预警、报警信息，提示中控人员处置。处置信息形成历史档案备查。该界面具备对相关设备生产状态监控、生产流程紧急切断、一键停泵等功能，并具备防误操作功能。

（4）需要现场维护人员去现场处置的情况，中控人员以电子工单的形式派发工作任务，维护人员工作完成后，以工单形式反馈到中控室，并形成历史记录。

（5）交换登录：为保证安全生产，中控室员工根据各自的岗位职责分配不同的操作权限。一般只有当班员工具备对设备远程操作功能，其它人员无权进行远程操作功能；生产技术人员只能进行报警阀值的设置和修改；其它各级管理人员根据生产需要，设置相应的权限。

2.5 重要设备保护

加热炉具备远程切断气源和本地熄火保护；缓冲罐具备漫灌远程紧急切断来油阀门和本地快速切断阀门；输油泵具备输出压力高本地自动停泵和远程停泵功能；注水泵具备输出压力高本地自动停泵和远程停泵功能。中控室报警信息优先于现场联锁停机保护。

2.6 生产组织体系

在已经实现油水井全面实现生产信息化，集输站具备无人值守的软件、硬件条件后。将原有的“管理区-采油班站-油水井、集输站”三级生产管理架构压缩为“管理区中控室-油水井、集输站”两级。形成了“管理区中控室全面监控、日常运行集中巡检、信息双向反馈、工作指令快速下达”的一体化运行方式。从而缩短了生产指挥链条，提高了管理效率，使生产指挥运行更加快捷高效。为保障生产安全平稳运行，需要完善生产运行相应制度。

（1）结合生产实际制定无人值守条件下场站运行管理实施细则，优化原有纸质报表为电子报表；要求中控人员、现场操作人员严格按要求执行，在实践中不断摸索、完善无人值守条件下各项管理制度。

（2）完善无人值守条件下设备操作与保养规程，在相关规程中明确常见故障判断与处理方法、风险因素识别及消减措施，中控人员对生产设备的远程操作、控制及现场操作人员有章可循，确保在无人值守生产条件下不发生任何安全事故。

（3）制定安全风险识别、防控措施。针对无人值守运行特点，从潜在人的因素、物的因素、环境因素、管理因素等方面的危害因素进行风险识别，确定无人值守站风险防控重点，明确防控措施。

（4）制定相应的应急处置方案。应急处置方案要落实到人，要求每名员工在紧急状态下，知道怎样避免和减少损失。并定期组织开展应急演练培训和演习。

（5）提升中控室操作人员技能水平。实现无人值守后，管理区中控室操作人员技能水平高，责任心强是保证生产安全、设备平稳运行的关键。因此需要选派责任心强，勤学肯问的员工，加强专业技能学习，通过考核后，持证上岗。并定期组织培训，不断提高员工处置各种问题的能力。

3 效果评价

油田集输站无人值守的建设是通过自动化仪器仪表（带数据远传功能的流量计、压力变送器、温度变送器、电动调节阀、电磁阀等）、

PLC、摄像监视、安防系统等通过管理区中控室软件、硬件设备的组合，代替员工在偏远的站场监视生产情况，降低了油田职工的劳动强度，极大地提高了生产管理水平，降低了企业用工成本。具体表现在以下几个方面。

（1）转变原有生产组织方式，提升了生产运行效率。生产指挥实现了一体化运行方式；现场设备实现远程监控、应急联动；生产现场实现无人（少人）工作。

（2）资源配置更加合理，生产组织效率大大提升。管理区中控室根据生产数据直接对生产进行指挥协调，组织机构更加精简，减少了中间环节，工作效率极大提高。

（3）提高生产管理效率，降低员工劳动强度。员工每 2 小时的定时巡检，记录生产数据，由自动化设备实现每分钟数据采集并形成报表。将员工从现场巡检、资料填报等日常烦琐、重复的工作中解放出来，有效降低了劳动强度。

（4）降低安全隐患。无人集输站的建设，将频繁人工操作改为自动控制，降低员工进入危险区域的频次，有效降低了员工的安全风险。

（5）减少企业人工成本。集输站场 24 小时连续生产，需要配置倒班人员 8 人以上。实现无人值守后，中控室人员可以对多个站场、油井实现集中管控，极大减少企业人工成本。

（6）生产全过程痕迹化管理。生产数据自动采集，自动生成报表，中控室操作人员权限管理，工作任务实现电子工单。整个生产过程实现痕迹化管理。历史事件可进行追溯。

4　结论

江汉采油厂充分利用现有设备，按总部《油气生产信息化指导性意见》要求，结合自身实际情况，对隶属 WC 采油管理的 WN 集输站进行了信息化改造、升级，初步实现集输站无人值守。但在实际使用中受到多方面因素的影响，存在一些不足。如：网络稳定性，现场仪表校验，人员思维模式转变等。

随着油田生产信息化不断深入开展，当前计算机技术、信息技术、网络技术、传感器技术的飞速发展。油田总部提出油气生产将逐步实现“信息化、自动化、智能化”。油田也必将须适应新的形势需要，充分利用当前的科技技术，将油气生产管理发展成为一个集计算机、控制、通信、网络、管理为一体的综合应用系统，最终建成智慧油田。

参　考　文　献

［1］王达．深入理解计算机网络．中国水利电出版社，2018(5).

［2］李正军，李潇然．现场总线及其应用技术．机械工业出版社，2019(6).

基于标准的压缩机选型、使用、维护的完整性管理研究

温纪宏　贾殿宇　张　波　马传孟　王广巍

（国家石油天然气管网集团有限公司山东分公司）

摘　要　压气站在天然气网络中发挥着至关重要的作用，用于保持输送天然气所需的压力水平。作为压气站关键设备，压缩机系统的高效稳定运行是提高管网性能的必要条件。国内外如API标准、ASME标准、ISO标准及国标，均对压缩机设计制造、主辅系统性能要求、使用维护相关的内容有所涉及。目前虽有学者针对压缩机标准体系的建设发展或某一方面的标准进行了初步介绍，但没有系统对压缩机的完整性管理给出标准的相关要求。本文通过回顾分析现有天然气压缩机标准体系及现状，分析与压缩机相关的国家标准、企业标准及国外标准，主要综述了压缩机选型与性能测试、密封系统、振动系统、监测系统等的API标准，ASME标准，国标等要求，对压缩机选型、使用与维护给出完整性管理意见：①压缩机合同需满足标准至少20年的使用寿命和至少3年的不间断运行要求；②跟踪压缩机系统出厂前测试试验机试验结果(ASME-PTC-10)，并形成原始记录参考；③使用过程对标准要求重点参数(振动、位移、温度等)进行实时关注并设置预警提醒、自动调整；④现场进行大修升级/维保后，依据标准开展现场测试，确保压缩机性能完整性。综述为一线压气站提供标准的同时，也为数据库建设提供支持，可为压气站压缩机管理实现智能化、数字化奠定基础，为智能站、无人站建设提供参考。

关键词　压缩机；标准；完整性管理

天然气的大量输送最经济、最高效的方法是在压力下通过管道完成。当高压天然气沿管道向下游流动时，由于沿途分输、摩阻等多种因素造成压力不断下降，因此需要在管道沿线设置增压设备，对管输天然气进行增压以便增加输送距离及输送量。压缩机组在石油工业中发挥着至关重要作用，目前压气站常用压缩机为离心式压缩机，离心压缩机是石油工业中使用的最复杂的机械之一，其可用性对持续生产至关重要；若发生意外停机，一天的损失甚至超过机器的资本价值，因此，确保压缩机可靠性显得尤为重要。

目前有学者针对压缩机标准体系的建设发展或某一方面的标准内容及应用进行了介绍，或者对不同版本的标准内容进行了对比，也有学者厂家针对某一压缩机性能依照标准进行测试，对“双碳”目标下压缩机标准体系建设发展提出相关建议。未发现有文献系统对压缩机的完整性管理给出标准的相关要求。

本文通过回顾分析现有天然气压缩机标准体系及标准现状，分析与压缩机相关的国家标准、企业标准及国外标准，主要综述了密封系统、振动系统、监测系统等的API标准，ASME标准，ISO标准等要求，对压缩机选型、使用与维护给出完整性管理意见，旨在为一线压气站提供标准的同时，也为数据库建设提供支持，进一步为压气站压缩机管理实现智能化、数字化奠定基础，为智能站、无人站建设提供参考。

1　压缩机标准

1.1　压缩机标准

标准是一系列用于石油天然气行业的技术标准和规范，旨在确保产品质量、安全性和可靠性。采用标准，可促进行业内产品和服务的一致性和互操作性，提高产品质量和生产效率，降低生产成本和风险，促进技术创新和发展。如标准API 617的每一次更新升级，都将性能边界推向更快的速度，更轻的组件，更高的效率，提高可用性意味着提高机器的灵活性，以适应不同的操作条件和环境，消除或缩短维修间隔，延长其使用寿命。

通过调研API(American Petroleum Institute)美国石油协会，ASME(American Society of Mechanical Engineers)美国机械工程师学会，ISO(International Organization for Standardization)国际

标准化组织与压缩机相关的标准，如图 1 所示，详细名称如附表 1~3 所示。

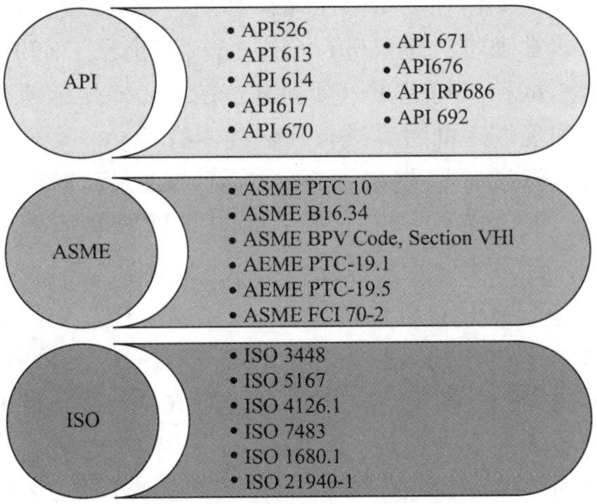

图 1　压缩机相关国际标准

在上述标准中，对现场压缩机选型、使用与维护相关的国际公认的标准包括：

（1）API 617 涵盖石油、化工和天然气服务行业的离心式压缩机，其主要内容框架如表 1 所示。

（2）API 692 主要对机械密封进行描述，轴封防止工艺气体从气体压缩机外壳失控地逸出。在轴封失效期间，除了造成生产损失外，由于失去对危险和有毒工艺流体的控制而造成的后果可能会造成多人死亡和重大资产损失。由于这种高风险，操作团队高度关注提高压缩机密封的可靠性。干气密封系统是专门为密封离心压缩机过程气体而设计的。密封气体从同一压缩机的排气中提取，并根据密封腔内的要求进行必要的控制（压力或流量）过滤后供应给干气密封。外来物质进入密封件的运行间隙会导致密封性能下降，最终导致密封件失效。API 692 将干气密封系统分成了 6 大部分，38 个小类，根据不同情况，选用不同的小类组合成干气密封系统。

表 1　API 617 离心压缩机内容结构

基本设计	配件	检查、测试和装运准备	供应商数据
• 总论 • 材料 • 外壳 • 压力连接 • 固定部件 • 旋转元件 • 轴承和轴承座 • 动态 • 其他标准专用组件	• 润滑和密封系统 • 安装装置 • 控制与仪表 • 特殊工具 • 联轴器和防护装置 • 驱动程序和传动装置 • 外壳和隔热材料 • 其他标准专用系统	• 总论 • 检查 • 测试 • 装运准备	• 剩余不平衡核查程序 • 横向和稳定性分析报告要求 • 扭转分析报告要求 • 磁悬浮轴承 • 防浪涌控制系统指南 • 部件的典型材料 • 满载/满压/全速测试 • 动态模拟研究的基本要求

（3）ASME PTC-10 提供了离心式压缩机热力学评估所需的性能测试程序和允许偏差、测量仪器、计算与成果及实验报告格式等。参考 ASME PTC-10 有两种不同类型的性能测试。Ⅰ型性能试验实际上是在预期的现场条件下进行的车间性能试验。Ⅱ型性能测试则完全不同。它允许使用替代测试气体，并接受测试和规定操作条件之间的广泛偏差。Ⅰ型实验条件与指定动转条件之间允许偏差如表 2 所示。

表 2　Ⅰ型实验条件与指定动转条件之间允许偏差

序号	变量	符号	偏差/%
a	进口压力	Pi	5
b	进口温度	Ti	8
c	气体比重	G	2
d	转速	N	2
e	流量	qi	4
f	冷却温度差	~	5
g	冷却水流量	~	5

1.2　压缩机选型购置要求

压气站一般为天然气管道联络线，定位为联络线功能，其压缩机配置首先满足某天然气管道联络线基本负荷功率需求。压缩机主要分为活塞压缩机、离心压缩机和螺杆压缩机三种，目前使用最多的是离心压缩机，离心式压缩机是一种应用成熟的机器，几乎可以压缩任何气体，主要是用于中等压力、大流量的工况。压缩机的可用性对持续生产至关重要，若发生意外停机，计划外的调试时间和可能的停机风险会造成巨大的经济损失，因此，合理制定压缩机选型标准，确保所制造的机器符合订购所需的工艺参数显得尤为重要。

（1）购置合同要求

离心压缩机系统及其相关设备按照规范、标准和购置方的要求设计、制造和测试，其优先顺序在合同阶段商定。离心式压缩机的性能通常在投标阶段由供应商根据买方所述的“工艺设计参数”并按照API 617的规定进行确认。购置方应考虑测试费用，确认供应商建议的测试内容，并具体说明是否应进行其中某一项测试。此外，测试范围、类型和文件要求应在合同中确定。为防止发生任何争议，必须在合同阶段就购置方要求的附加情况达成一致。

（2）设备参数制定

根据压比、流量及工况要求，选用压缩机增压与流量级别。干气密封用于压缩机的驱动端和非驱动端，在压缩机壳体与轴之间对工艺气体进行密封，其失效会导致机组故障，对工艺条件和工厂生产造成严重影响。API 692的发布使得干气密封的设计和制造有了详细依据，以最常用的带级间迷宫密封的串联密封作为例子，详细列出了干气密封的系统配置方案，该规范是较新发布的规范，现阶段很多工程项目还没有完全遵照执行，未来如严格执行此规范，需各方详尽研读，逐步适应。

（3）验收要求

API 617强调的离心压缩机的可选测试中，性能测试需要高度关注，对一台离心压缩机进行性能测试，证实该机器的热力学性能符合规格要求，确定设备是否符合设计或预期的性能标准，并作为确定制造商保证履行合同的主要参数。在接受离心压缩机交付之前，购置人员需具有压缩机标准相关的专业知识，压缩机经开展更严格的测试可以暴露如效率低、所需功率大、流量不足等性能缺陷。

（4）初始设备运行要求

API 617作为设计准则，强调了至少20年的使用寿命和至少3年的不间断运行。然而，一些购买者认为，设计良好的离心式压缩机应该运行不少于五年没有重大的维护干预。实现这一目标需要良好的规范，完善的测试程序以及在制造和制造后阶段严格的检查和测试。

1.3　压缩机测试

（1）性能测试

在工作现场维修压缩机和纠正设计或制造错误非常困难，建议进行全面的车间测试。车间性能测试和车间机械运行测试是在离心式压缩机交付到现场之前对其进行评估的专有机会。车间机械运行试验应包括油系统性能、轴承和密封性能、振动条件、转子不平衡响应试验和控制修正，记录实时振动数据(从启动到停机)。

离心压缩机性能测试在ASME PTC－10和API 617有所描述。参考ASME PTC-10，有两种不同类型的性能测试。Ⅰ型性能试验是在预期的现场条件下进行的车间性能试验，使用与现场相同的气体(相同的气体，分子量偏差小于2%)，通常压力、温度、压缩机转速和容量允许偏差在4~8%以下。Ⅱ型性能测试则完全不同，允许使用替代测试气体(如空气、氮气、二氧化碳(CO_2)、二氧化碳/氮气混合物、燃料气体等)，并接受测试和规定操作条件之间的广泛偏差，测试条件的基本气体动态参数(与规定的操作条件相比)只有少数限制。在Ⅱ型性能测试中，安全运行速度、临界转速、最大允许转速在选择试验条件时，应考虑压力、允许温度和其他机器极限。当然，Ⅱ型性能测试允许在测试条件下有相当大的偏差。例如，与指定的操作条件相比，天然气(分子量＝16)离心式压缩机可以使用CO_2(分子量＝44)进行性能测试，其进口流量约为一半，质量流量约为20%，速度约为50%，气体功率约为6%，吸入和排出压力小于10%。因此，ASME PTC－10 Ⅰ型测试总是首选。如果Ⅰ型性能试验无法开战，则有必要计划Ⅱ型试验，其试验条件(试验气体、速度、容量、功率、压力等)尽可能接近规定的操作条件。

（2）关键部件测试

轴承是实现涡轮机械转子良好动力学性能的关键因素。转子动态分析方面，API标准对离心压缩机、感应电动机和齿轮箱的转子动态分析的要求。其中制造商在设计阶段根据这些标准进行的动态分析确定了与购买有关的关键方面。API 617用于轴向和离心式压缩机和膨胀机。API标准列出了潜在的周期性激励，如果与系统固有频率之一重合，将迫使系统进入共振。这些激励的例子有：转子不平衡，油膜不稳定，异步旋转，齿轮啮合频率，耦合错位，电气线路频率。值得注意的是，标准都要求设计师在系统设计期间考虑所有可能的激励。API 617 只要求考虑放大系数大于 2.5 的模态的共振条件。

转子动力学中的第一部分-无阻尼临界转速分析是相关 API 标准都要求的步骤。第二部分是进行阻尼不平衡响应分析，该分析的目的是确定临界速度和低于行程速度的振动响应(振幅和相位角)。API 617 要求在行程速度的 0～125% 速度范围内，对每个临界速度进行阻尼不平衡响应分析。在从零到行程速度的任何速度下，预测的长轴峰值对峰值不平衡响应不超过整个变速箱最小设计直径运行间隙的 75%。

(3) 出厂前测试

按照 API 617 标准制造的单轴多级离心压缩机在装运前都要进行机械运行试验。试验时，压缩机连续运行 4 小时，确定轴承温度、轴振等均在允许范围内。大多数情况下，由于功率限制，机械运行试验在真空条件下进行，不使用试验气体。由于转子在真空中不受流体力的影响，横向振动主要是由不平衡力引起的。产生不平衡力的因素包括零件制造不精确引起的残余不平衡、叶轮收缩接头引起的轴弯曲和莫顿效应。其中，莫顿效应不能在低速平衡操作中得到证实，但可以在机械运行试验或在实际运行速度下进行运行-速度平衡以纠正不平衡时得到证实。

2　压缩机使用与维护

2.1　压缩机联轴器

联轴器组由连接驱动端和从动端的两组盘组组成。如下图 2 所示，在任何耦合连接中通常都可以识别出两种类型的偏差：平行偏差和角度偏差。平行偏差，两个轴的中心线是平行的偏移。由于角度不对中，轴彼此成一定角度。

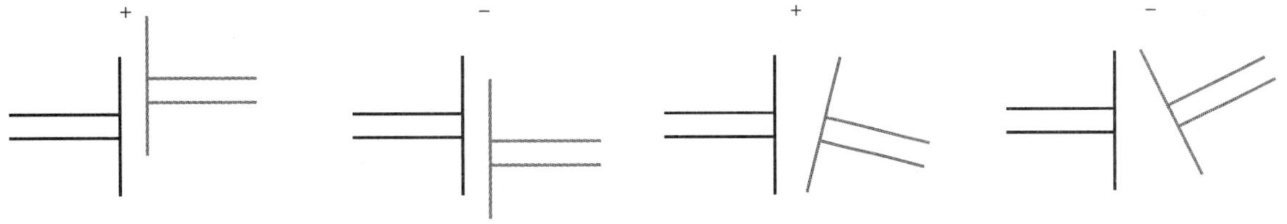

(a)高度方向平行偏移　(b)水平/垂直方向角度偏移

图 2　对中俯视图与侧视图

API 671 标准规定了对在石油、石化及天然气工业的特殊用途应用场合中，用于在两台设备的旋转轴之间传递功率的联轴器要求，包含联轴器设计成能补偿轴与轴之间径向偏移，角度不对中和轴向位移，用于抵消施加禁止的机械负荷。在压缩机 4k 或 8k 维保及需拆卸联轴器的作业场合中，安装联轴器前后需进行对中。API 标准要求(1)同心度：在平衡测试前，部件的各个安装表面应进行对中，使部件的几何中心与平衡的旋转中心同心，其不同轴度不超过安装配合直径的 0.00004mm/mm，或 6.4um，两者之中取大者。(2)紧固件：进行联轴器拆卸的每一颗螺栓，每一个螺母及其他类似零件应单独称重，总的重量容许偏差为该零件重量的 0.05%或 0.1g，两者之中取大者。安装前后需要进行对中测试。如图所示，Simens 压缩机安装，变速箱与驱动电机联轴器连接前对中定位公差为角度偏差 0.0325mm，平行偏差 0.77mm，变速箱与压缩机联轴器连接前对中定位公差为角度偏差 0.0325mm，平行偏差 0.19mm。

2.2　压缩机维修后调试程序

高效的旋转机械，在恶劣的压力和流量条件下工作，需要连续监测和控制振动水平。在与平衡转子组装的机器的机械运行试验中，以其最大连续速度或在规定的运行速度范围内的任何其他速度运行时，在相邻的轴上和相对于每个径向轴承测量的任何平面上未过滤振动的峰峰幅值不得超过以下值或 25um，以较小者为准：

$$A = 25.4\sqrt{\frac{12000}{N}} \tag{1}$$

式中，A 为幅值，um；N 为最大连续转速，rpm。

在工作转速范围内，任意探头测得的振幅不得超过式 1 中的 A 值或 25.4um(取两者最小值)，因此，在日常设备状态参数监视过程中，对位移参数(如图 3 所示)进行高值/高高值报警，在智能站建设过程中，也是重点关注的参数。同时，在任何大于最大连续速度的速度下，振动水平的增加不得超过在最大连续速度下记录的最大值12.7μm。此外，径向/轴向探头观察到的感应区域的最终表面光洁度不应大于0.8um，在拆卸过程中，需对感应区域进行保护。

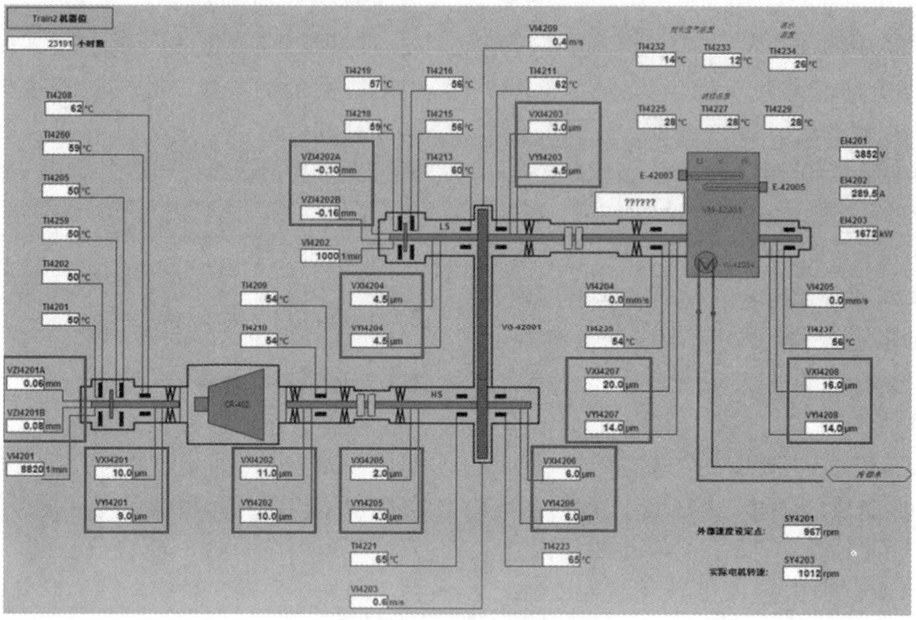

图3　压缩机监视数据图

3　结论与展望

本文通过分析现有天然气压缩机标准体系及现状，主要综述了压缩机选型与性能测试、密封系统、振动系统、监测系统等的API标准，ASME标准要求，对压缩机选型、使用与维护给出完整性管理意见，结合应用场景，对智能化数字化建设提供参考意见。

（1）压缩机合同需满足标准至少20年的使用寿命和至少3年的不间断运行要求；

（2）跟踪压缩机系统出厂前测试试验机试验结果(ASME-PTC-10)，并形成原始记录参考；

（3）使用过程对标准要求重点参数(振动、位移、温度等)进行实时关注并设置预警提醒、自动调整；

（4）现场进行大修升级/维保后，依据标准开展现场测试，确保压缩机性能完整性。

参考文献

[1] 油气田及管道建设设计专业标准化委员会．输气管道工程设计规范：GB 50251—2003[M]．输气管道工程设计规范：GB 50251—2003，2003.

[2] TAHERIMOGHADDAM M. Performance Testing of Centrifugal Compressors Within the Petroleum Industry: A User's View[C]. ASME International Mechanical Engineering Congress and Exposition, Orlando, Florida, USA. 2005, IMECE2005-79046.

[3] 梁华，陈超．浅谈API 692中干气密封系统配置方案[J]．石油化工设备技术，2022，43(2)：1-6.

[4] 谢小青．API 682美国石油学会离心和回转泵用轴封标准在工程实践中的灵活运用[J]．水泵技术，2016，(1)：1-7.

[5] 蔡仁良，陈伟．API682标准的新进展-第4版的主要变化[J]．化工设备与管道，2014，51(4)：1-10.

[6] 孙奇，邓德伟，张林，等．API617标准2014年版与2009年版材料要求方面的主要差异[J]．风机技术，2016，(1)：72-79.

[7] 李艳宏．API 682第三版和第四版差异综述和解析[J]．化工设备与管道，2018，55(6)：44-49.

[8] 王彬，马朋，程旼．第四版API 682标准的发布对工程设计的影响[J]．化工设备与管道，2018，55(5)：54-57.

[9] 杨明．透平压缩机和离心泵技术标准的比较与选用[J]．石油化工设备技术，2019，40(6)：56-60.

[10] 张小龙，谢永慧．基于API617的离心压缩机转子系统动力学特性研究[J]．风机技术，2017，59(1)：32-37.

[11] 温广瑞，马再超，吴广辉，等．离心压缩机转子早期异常判别准则[J]．振动．测试与诊断，2021，41(3)：421-428.

[12] 田旭东，任芳，王乐，等．“双碳”目标下压缩机标准体系的建设与发展[J]．压缩机技术，2023，(4)：54-57.

[13] INSTITUTE A P. API Standard 617 Axial and Centrifu-

gal Compressors and Expander compressors [S]. Washington D. C.; API Publishing Service. 2014.

[14] INSTITUTE A P. API STD 692 Dry Gas Sealing Systems for Axial, Centrifugal, and Rotary Screw Compressors and Expanders [S]. Washington D. C.; API Publishing Service. 2018.

[15] SAHADEVAN R, AL MENHALI B. Enhancement of Dry Gas Seal Reliability[C]. Abu Dhabi International Petroleum Exhibition and Conference, Abu Dhabi, UAE. 2018, SPE-192804-MS.

[16] MANIKANDAN A, MOORTHY S. Case Study on Performance Impact in Compressor Dry Gas Seals During Transient Condition[C]. Abu Dhabi International Petroleum Exhibition & Conference, Abu Dhabi, UAE. 2017, SPE-188754-MS.

[17] ENGINEERS A S O M. ASME PTC 10 Performance Test Code on Compressor and Exhausters [S]. ASME. 2022.

[18] MANIKANDAN A, MOORTHY S. Case Study on Frequent Failure of Dry Gas Seals[C]. Abu Dhabi International Petroleum Exhibition and Conference, Abu Dhabi, UAE. 2016, SPE-183528-MS.

[19] ALMASI A. Advanced methods for shop performance tests of process centrifugal compressors[J]. Australian Journal of Mechanical Engineering, 2012, 9(2): 161-170.

[20] AL-JUGHAIMAN B K. Rotor Dynamic Analysis Requirements in API Standards With Case Studies[C]. ASME Turbo Expo 2010: Power for Land, Sea, and Air, Glasgow, UK. 2010, 44014.

[21] TAKAHASHI N, MAGARA Y, HEMMI M, SATO M. Morton Effect Calculation Method for Single-Shaft, Multi-Stage Centrifugal Compressors and Analysis of Shop Test Results [J]. The Proceedings of the Dynamics & Design Conference, 2021: 606.

[22] HAMDI E, DIRGANTARA T, SETIAWAN H. Finite Element Method Modelling and Analysis on Compressor Coupling Integrity Review[C]. ASME 2014 12th Biennial Conference on Engineering Systems Design and Analysis, Copenhagen, Denmark. 2014, ESDA2014-20347.

附录：

附表1　API标准编号名称及关联压缩机部位

标准编号	标准名称	相关压缩机系统
API 526	Flanged Steel Pressure Relief Valves	法兰钢制泄压阀
API 613	Special Purpose Gear Units for Petroleum，Chemical，and Gas Industry Services	齿轮变速箱
API 614	Lubrication，Shaft Sealing，and Oil Control Systems and Auxiliaries	润滑系统
API 617	Axial and Centrifugal Compressors and Expander-compressors	压缩机
API 670	Machinery Protection Systems	机械保护系统
API 671	Special-Purpose Couplings for Petroleum，Chemical，and Gas Industry Services	专用联轴器
API 676	Positive Displacement Pumps-Rotary	正排量泵
API RP686	Recommended Practice for Machinery Installation and Installation Design	机械安装和安装设计推荐做法
API 692	Dry Gas Sealing Systems for Axial，Centrifugal，Rotary Screw Compressors and Expanders	干气密封系统

附表2　ASME标准编号名称及关联压缩机部位

标准编号	标准名称	相关压缩机系统
ASME PTC 10	Performance Test Code on Compressor and Exhausters	压缩机和排气装置性能测试规范
ASME B16. 34	Valves-Flanged，Threaded and Welding End	阀门-法兰、螺纹和焊接
ASME BPV Code，Section VIII	Rules for Construction of Pressure Vessels	压力容器建造
AEME PTC-19. 1	Test Uncertainty	测试不确定性
AEME PTC-19. 5	Flow Measurement	流量测量
ASME FCI 70-2	Control Valve Seat Leakage	控制阀阀座泄漏

附表3　ISO标准编号名称及关联压缩机部位

标准编号	标准名称	相关压缩机系统
ISO 3448	Industrial Liquid Lubricants- ISO Viscosity Classification	工业液体润滑剂
ISO 5167	Measurement of fliud flow by means of pressure differential devices inserted in circular cross section conduits running full	压差测量流体流量
ISO 4126. 1	Safety Devices for Protection Against Excessive Pressure-Part 1：Safety Valves	安全阀
ISO 7483	Dimensions of Gaskets for Use with Flanges to ISO 7005	法兰配合使用的垫片
ISO 1680. 1	Acoustics-Test Code for Measurement of Airborne Noise Rotating Electrical Machinery	噪声测量测试规范
ISO 21940-11	Mechanical Vibration-Rotor Balancing-Part 11：Procedures and Tolerances for Rotors with Rigid Behaviour	机械振动-转子平衡

数字化转型实践对天然气场站运维管理的影响研究
——以泰安压气站为例

程中海　温纪宏　刘秀重　贾殿宇　张学锋

（国家石油天然气管网集团有限公司山东分公司）

摘　要　随着工业4.0进程的开展，企业数字化转型是一种必然，石油和天然气行业正在发展一系列数字化技术，旨在提高其作业的生产率、效率和安全性。与数字原生企业相比，油气行业实施数字化转型具有数据基础薄弱、技术路线适应性差、保障能力不足的特点。本文通过调研数字化技术在油气行业内的应用，分析天然气行业基层场站数字化转型所面临的挑战，制定可复制的数字化转型技术路线，并以天然气管道枢纽(中俄东线、冀宁线、泰青威、平泰线联络站)泰安压气站为例，从场站设备控制系统改造升级，高效协同数字化办公，场站数据湖与关键设备状态实时预警管理，数字孪生与大数据分析技术助推智能运维四个方面，制定基层场站数字化转型技术路线与实施方案，数字规划与业务规划紧密结合，围绕全业务域进行数字化布局，强化变革管理，最大限度获取数字技术的价值，打造数字化时代运营优势。从组织架构、管理模式、设备运维三个方面分析数字化转型对天然气场站运维带来的影响，组织架构更灵活，人员能力稳步提升，基层员工幸福感加强；管理模式更智能，分级阶梯优化，实现精益管理；设备运维有依有据，可靠性、智能化同步实现。本文所计划制定实施的相关方案举措可为同类型基层场站数字化转型提供参考。

关键词　数字化；运维管理；组织架构；管理模式

数字经济，在国家政府工作报告中，从2017年的“促进数字经济加快成长”到2019年的“壮大数字经济”，到2020年的“全面推进‘互联网+’”，到2021年的“加快数字化发展，打造数字经济新优势”，到2022年的“完善数字经济治理，释放数据要素潜力”，再到2023年的“大力发展数字经济，提升常态化监管水平，支持平台经济发展”，“数字经济”已连续6年在政府工作报告中被提及，足以见其重要性。国家《中国制造2025》宏伟战略的推出，加速了智能化工厂的不断发展，越来越多的石油化工企业开始向数字化转型。石油石化行业与数字技术融合发展是新时代推动我国能源产业基础高级化、产业链现代化的重要引擎，是落实“四个革命、一个合作”能源安全新战略和建设新型能源体系的有效措施。

目前，国内外油气行业已通过各种举措，在推进数字化转型，俞进提出安全管理数字化转型的核心是以通信环境和传感系统为基础的各业务领域功能需求的实现过程，在这个设计思路指引下，海上作业安全管理数字化转型可以通过综合业务需求与安全生产责任制的双领域驱动，构架实施方案。黄元和对高含硫气田集输管道数字化安全管控技术探讨与研究，针对腐蚀问题，提出了综合防腐工艺技术和腐蚀监测技术；针对泄漏问题，建立了分布式光纤安全预警系统；针对地质灾害问题，建立了地质灾害评价体系和监测系统；同时，还借助无人机技术实现了应急联动和巡检。通过这些技术，实现了泄漏和突发事件的及时管控和预警，提升管道安全稳定运行能力。姜昌亮以油气管道建设期质量提升为基础，聚焦管道全生命周期质量管控，梳理了中国油气管道质量管理发展历程和技术变革。以综合“工业互联网+”和数字化技术应用，展望了油气管道质量控制与安全管理的技术方向。

本文通过调研数字化技术在油气行业内的应用，分析天然气行业基层场站数字化转型所面临的挑战，设计基层场站数字化转型架构，以天然气管道枢纽泰安压气站为例，从场站设备控制系统改造升级，高效协同数字化办公，场站数据湖与关键设备状态实时预警管理，数字孪生与大数据分析技术助推智能运维等方面，制定基层场站数字化转型技术路线与实施方案，旨在为同类型基层场站数字化转型提供参考。

1　数字化转型架构设计

天然气管道行业数字化转型的目标是通过利用数字技术，提高其效率和运维保障能力，降低成本，加强安全和环境保护，为企业提供更好的决策支持。具体来说，天然气管道行业数字化转型的目标包括以下几个方面：(1)生产效率的提高：通过数字化技术，提高生产设备的效率和可靠性，减少停机时间和生产线的维护成本，实现更高的生产效率和更快的生产周期。(2)成本降低：通过数字化技术，优化供应链、采购和物流管理，降低原材料和能源的成本，提高物资配件保障供应。(3)安全和环境保护：通过数字化技术，实现更加智能化和自动化的设备状态监测，智能管控，降低安全事故和环境污染的风险。(4)决策支持的提高：通过数字化技术，实现更加精准和实时的数据采集和分析，提高管理层的决策效率和准确性，从而优化战略和运维管理。为实现上述目标，搭建基层数字化转型框架如图1所示。其中包括设备层、控制层、设备管理层、综合管理层五个层级，数字化智能设备、数字化智能控制及数字化智能管理三个方面。

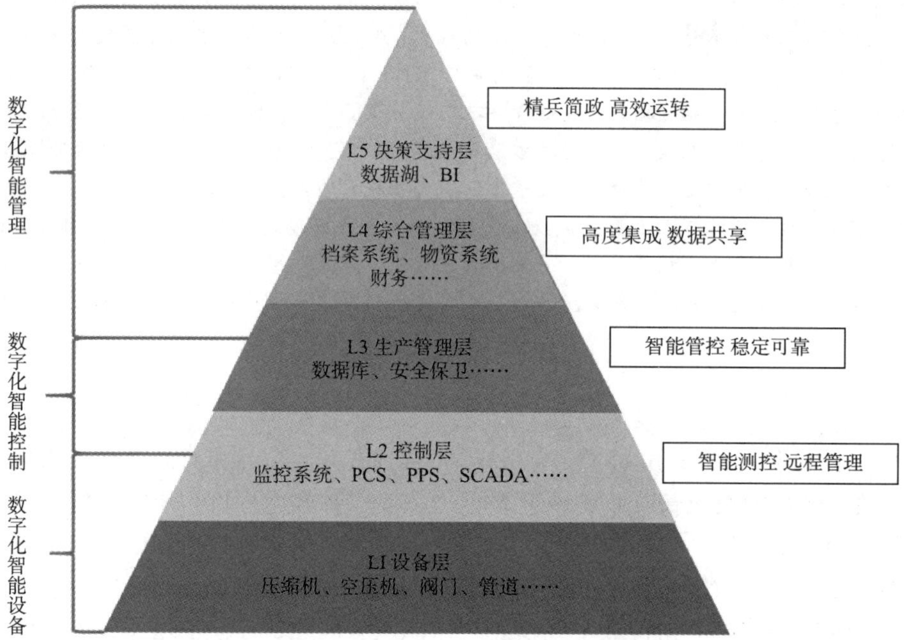

图1　基层场站数字化转型层级架构

2　基层场站数字化转型实施方案

数字化转型实施方案应从现场需求出发，锚定基层场站数字化转型的功能需求，解决现场急需急用的核心功能。首先统计基层场站人员岗位责任及其工作清单分析，确认需花费大量时间去完成或效率较低、存在信息孤岛的作业。以泰安作业区筹备组(泰安压气站为中心场站)为例，分析其数字化转型痛点。

(1) 数据基础薄弱。关键设备部分参数未实现直采，无法实时观察其参数变化规律；关键设备维保历史数据匮乏；集团公司统建系统利用不足，自建系统与统建系统脱钩现象严重；技术采用速度缓慢，与现有系统集成障碍；纸质化办公消耗人员大量精力。

(2) 保障能力不足。基层场站无中台数据湖管理权限，无法实现定制管理；数字化人员数量有限；数字化数据安全无法完全保障。

(3) 数据价值未利用，未实现数据指导作业。对集采数据利用率低，单纯的利用直采数据作为展示或报警，数据的价值并未真正体现。未通过数字孪生，大数据分析等技术，为设备维保、工艺运行等提供智能引导。

针对以上痛点问题，分别从设备管理，数字化办公，现场数据实时看板，数据管理为智能运维提供支持、无人站智能站建设等方面，制定基层场站数字化转型实施方案。

2.1　设备控制系统改造升级，数据管理分析技术为智能运维提供智能支持

推进“数字化、智能化、智慧化”进程，需要广泛应用新产品、新技术，打破传统管理模式束缚。通过梳理天然气场站设备，调查并分析场

站设备相关工作清单，从智能运维的场景出发，明确设备数字化运维技术路线，如图2所示。对关键设备通过线上个人终端、可穿戴检测设备、智能传感器(温度、压力、流量、液位)、监控设备等对生产和操作过程中的各种参数进行实时监控和数据采集；所采集到的数据存储于本地存储器及线上数据中心，形成数据湖；利用云计算、大数据、人工智能等技术对数据湖中的数据进行分析和处理，实现数据挖掘和预测，为生产和操作提供决策支持；根据云计算原理，关联设备风险管控点与基层场站管理流程，设计可有效提升设备运维管理的云计算与边缘计算相协同的网络通信架构，通过可视变量(报警信息、分析趋势、图像)等进行可视化展示；最后，利用机器学习和深度学习等技术对运维过程进行数据驱动建模和预测，实现智能化决策和优化控制，从领域驱动原理出发提出微服务设计与智能设备运维相结合的方式，为动力设备、阀门等提供智能指令，确保设备安全运行的同时，让现场人员能够根据现场实际调整信息化流程，进而提升数字化的柔性。

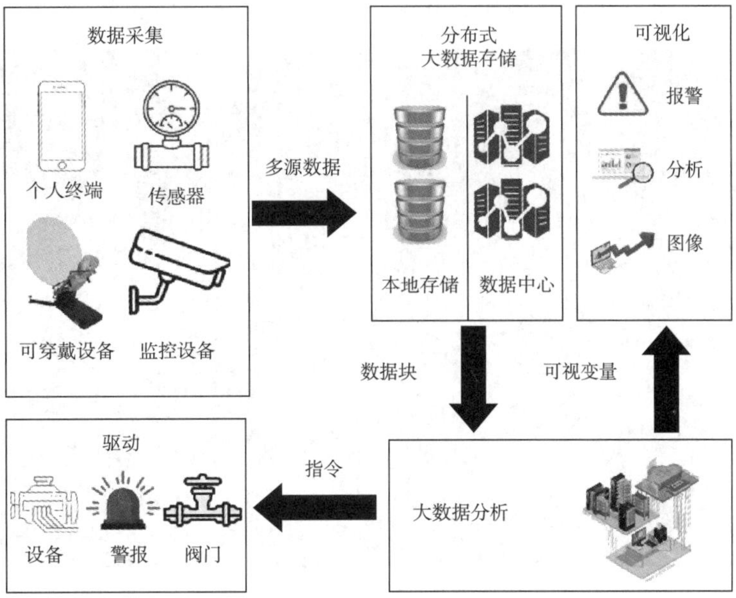

图2　设备数字化运维技术路线

2.2　统建系统+自建个性系统，高效协同办公数字化

泰安作业区将坚决贯彻落实集团党组数字化转型决策部署，持续推进统建系统的实施与应用，加速自建系统想统建系统融合，为集团公司从立企到强企贡献力量。泰安作业区成立数字化小组，以流程之道，积极推进数字化建设，统建系统外，通过Weact云文档与多维表格联动，自建个性系统，编制“泰安作业区生产智慧管理档案”，如图3所示，涵盖七大模块，18个多维表格应用，通过在线文档编辑及联动功能，提升办公效率，通过提升站场运维精益管理。

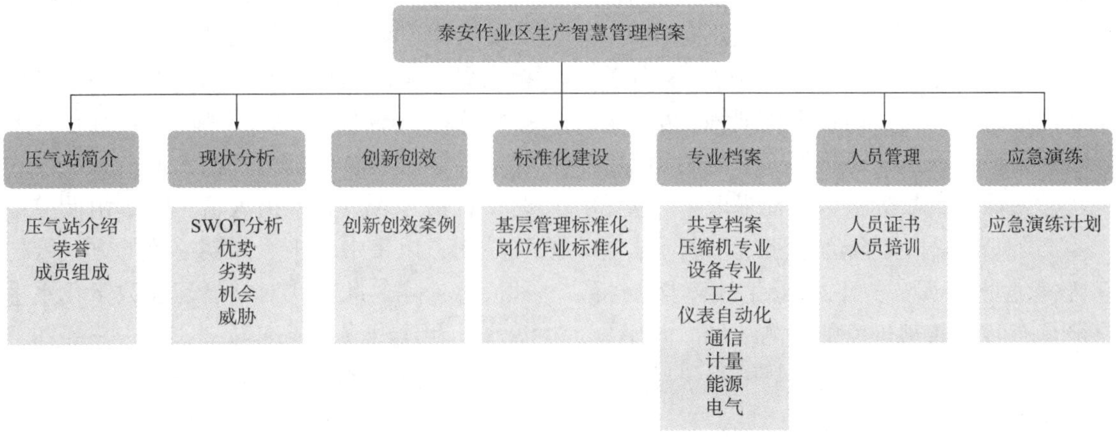

图3　泰安作业区生产智慧管理档案架构

2.3　数据湖+BI看板，场站状态实时掌控

大数据分析、数字孪生技术是油气行业数字化的关键组成部分之一。它的重点是管理和处理大量数据，以提高运营效率，增强决策能力，降低工作场所的风险。

（1）完善数据湖，实现数据直采。设备关键运行参数实现直采，与PCS系统，SCADA系统一并入集团公司数据湖、设置高低位提醒，值班实现智能报警；人员动态信息依托统建系统实现小时精度的更新与跟踪，并入数据湖管理；管道经纬度，导入电子导航系统，实现管道精就位。通过BI展示数据湖关键数据，用于分析设备状态及作业管理，如图4所示。

（2）数据治理。基层作业区须获得数据湖作业区级数据的管理授权，在工作目标和工作思路上与集团公司达成共识，确保工作不走样、不变形；建立信息与业务联合的数据管理组织，数据本质代表业务，服务于业务管理，业务部门是数据管理的责任主体；尊重科学，采用成熟的方法论和工具，运用相应的数字孪生、大数据分析技术，管理数据；建立绩效考核体系，通过量化考核结果提高治理效率，最终实现数据治理的目标。

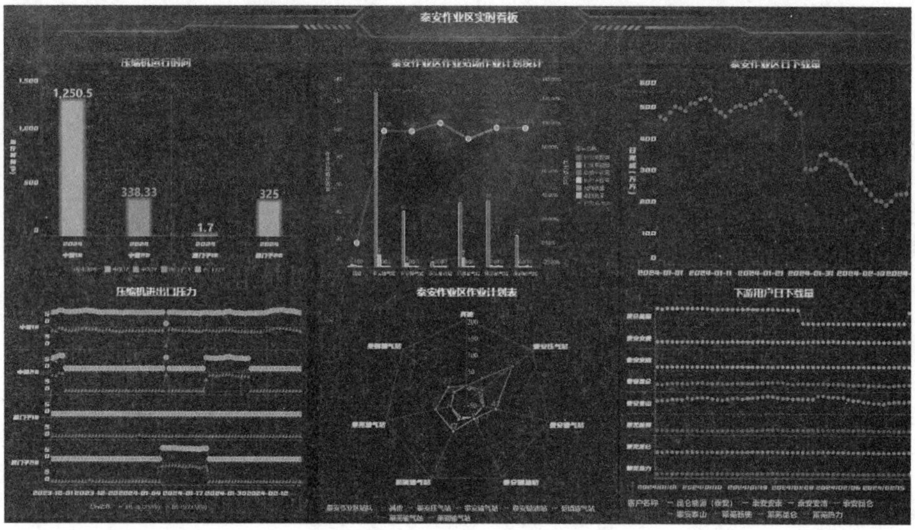

图4　泰安作业区实时看板

2.4　智能站，无人站建设

（1）智能巡检。基于深度学习的设备故障问题智能巡检，通过智能机器人采集巡检点动画图像，根据深度学习算法自动识别检测目标区域故障警报。(1)智能机器人检测路线图像采集，基于机器人巡检点位置进行路线规划，利用自适应调整相机采集目标点位数据、扫描目标对象。(2)智能机器人采集影像特征提取，分割机器人采集影像，进行像素选择、标记警报数据。(3)样本数据训练以及测试，通过强化训练更精准地检测与识别采样帧，从而对机器人采集的设备设施仪表视频图像进行故障报警特征提取、分类和量化。(4)设备故障报警自动检测结果展示，通过计算机视觉分析算法提取和量化故障报警特征，获得具有实际管理价值的检测结果，同比分析不同周期的检测结果，得到各故障报警异常变化趋势，为设备运维管理提供准确数据。

（2）随着油田数字化进程不断推进，建设无人值守站能够极大改善人员结构、调整运行模式、降低运营成本。借鉴国内外无人值守站建设模式及管理理念，针对可能存在的主要风险进行系统性分析，针对泰安作业区中心站场(泰安压气站)运维采用“有人值守、无人操作”模式，此类站场通常配备专门的值班人员，其工作职责主要为站场岗位巡检，发现异常情况上报调控中心，再由专业维护人员到站操作，正常运行时主要由调控中心远程控制。对于距离中心站场一定距离内的分输站、阀室采用“无人值守、无人操作”模式，此类站场采用全站无人值守模式，平时不设值守人员和维护人员，全部由调控中心远程控制，以集中待班、周期巡检的方式维护保养和应急处理。此模式对站场建设数字化水平要求较高，新建及改造成本高。

2.5　建立数字化转型保障体系

复杂的国内外形势，给独立成网的公司网络安全带来巨大挑战，实现网络安全任务艰巨，作

为基础场站，需持续开展常态化网络安全运营，筑牢网络安全防线，投入更多力量和精力，保护数据安全。加快网络安全态势感知布设在各个关键节点布设网络安全设备，接入公司网络态势感知系统、天眼系统，建立起完善的网络安全预警体系。

3　数字化转型对基层场站运维影响分析

作为国家管网山东省公司两级管理首推试点，泰安作业区以泰安压气站为中心站场，经过数字化转型运维，组织架构日趋合理，管理模式更加智能，设备运维更加高效。

（1）组织架构

组织架构更灵活，人员能力稳步提升。天然气行业要实现数字化转型升级，必须重视技能人才队伍建设，以满足数字经济时代的发展需求。自数字化转型以来，泰安作业区人才培训体制逐渐完善，员工数字素养稳步提升，人才队伍建设日趋完善。

（2）管理模式

管理模式更智能，分级阶梯优化，实现精益管理。结合 IT、物联网、大数据等新技术和智能化设备的应用，搭建一体化管控平台，实现了各类生产信息资源的整合和共享、智能化分析和科学管控，提升站场智能化水平，实现安全、智能、降本增效总体目标。

（3）设备运维

设备运维有依有据，可靠性、智能化同步实现。以统一平台、多系统融合、数据共享、协同操作为目标，实现生产设备的远程监控，海量数据的有效利用，多部门的业务协同，从多角度、多维度、多目标对全流程进行协调优化和控制，能够实现场站设备智能运维。

4　结论与展望

天然气管道行业数字化转型是一种必然，通过调研数字化技术在油气行业内的应用，分析天然气行业基层场站数字化转型所面临的挑战，从5个层级（设备层、控制层、设备管理层、综合管理层）设计基层场站数字化转型架构。以泰安压气站为例，从场站设备控制系统改造升级，高效协同数字化办公，场站数据湖与关键设备状态实时预警管理，数字孪生与大数据分析技术助推智能运维等方面，制定基层场站数字化转型技术路线与实施方案，当然，数字化转型随着技术的进步逐步迭代更新，建议应用新产品、新技术，打破传统管理模式束缚，实现基层站场真正意义上的数字化转型，打造世界数字化战场样板。

参　考　文　献

［1］张恒硕，李绍萍．数字基础设施与能源产业高级化：效应与机制［J］．产业经济研究，2022，（05）：15-27.

［2］吴卫红，杨帆，张爱美，等．数字化技术转型，数字化治理能力与制造业企业绿色转型升级-基于数字化赋能理论的作用机制研究［J］．科技进步与对策，40(12)：32-41.

［3］杨剑锋，杜金虎，杨勇，等．油气行业数字化转型研究与实践［J］．石油学报，2021，42(2)：248-258.

［4］俞进．海上作业安全管理数字化实施方案［J］．中国安全科学学报，2023，33(12)：16-22.

［5］黄元和，张爱鸿，张小龙．高含硫气田集输管道数字化安全管控技术探讨与研究［J］．石油化工自动化，2023，59(S1)：11-13.

［6］姜昌亮．油气管道全生命周期质量管控与安全管理探讨［J］．油气储运，2022，42(10)：1081-1091.

［7］郑成明，刘向阳，石咏衡，等．某海上气田智能化建设探索［J］．油气田地面工程，2022，41(4)：59-62.

［8］孙文剑，张莹，孙伟伟，等．数字油田仪表运维与检测工作探讨［J］．油气田地面工程，2021，40(11)：71-76.

无人机智能监控中基于索引调制和正交时频空间调制的多维度调制传输方案设计

杨颖超

（国家石油天然气管网集团有限公司山东分公司）

摘　要　对输油气管道进行实时监控，可有效评估输油气管道的状态和功能，是保障石油天然气安全生产的必要措施。随着无人机技术的不断发展，无人机以其高效便捷、灵活机动及易部署等特点，在管道智能视频监控中引起广泛关注，具有较大的应用潜力。高清视频监控对无人机无线通信的有效性和可靠性有很高的要求。然而，无人机在高速飞行过程，其与基站之间的无线通信会受到多普勒频移影响，进而造成载波间干扰，使通信可靠性下降。其次，考虑到传统通信技术传输信息维度的单一性，无人机高清视频监控的通信有效性要求也逐渐无法满足。为实现通过无人机对输油气管道进行高效可靠智能视频监控的目的，本文设计提出了一种基于索引调制（IM）和正交时频空间（OTFS）调制的多维度调制传输方案。所提方案通过 OTFS 调制技术将信息在时延－多普勒域中进行调制传输，可以获得全部时间、频率分集，从而提升通信可靠性。同时，所提方案基于 IM 将信息传输维度扩展到空间域和时延－多普勒域，通过空间域中的发射天线索引和时延－多普勒域中的时延索引与多普勒索引来传输额外信息，以实现通信有效性提升的目的。本文首先介绍了用于无人机智能视频管道监控的基于 IM 和 OTFS 调制的多维度调制传输方案的系统模型，并对其信号处理过程进行了描述。其次，本文对所提方案的平均误比特率（ABER）和分集性能进行了分析，基于时延－多普勒域输入输出关系，推导了所提方案的 ABER 上限闭合表达式，并计算了所提方案的可实现分集阶数。最后，本文通过仿真实验结果显示了在高速移动条件下所提方案相比其他传统方案的有效性，同时也证明了对所提方案性能分析和理论推导的准确性。

关键词　无人机智能监控；IM；OTFS 调制；方案设计；性能分析

为保障石油天然气日常安全生产，需要对输油气管道执行有效巡检和监控，以有效评估输油气管道的实时状态，对预防相关生产安全事故的发生具有重要意义。由于输油气管道一般敷设在野外，对其实施巡检和监控的方式主要是以传统的人力巡检和定点视频监控方式。以上传统巡检和监控方法在实际应用过程中会面临野外地形地貌复杂、气候因素不可控等问题，恶劣的工作环境会耗费大量资源，同时导致巡检和监控效率较低。

随着当前无人机等物联网技术的迅猛发展，无人机凭借其高效便捷、灵活机动和易部署等特点，在输油气管道视频监控领域逐渐崭露头角，引起广泛关注。利用无人机对输油气管道进行智能视频监控，能够有效避免地形限制，节约人力物力成本，提高监控效率，同时，可以顺应当前“智慧管道”的发展需求，实现石油天然气生产的可持续发展，保证石油天然气的生产安全。

通过无人机对输油气管道进行智能视频监控需要高效可靠的无线通信技术作为支撑。无人机在高速飞行过程中的无线通信会受到多普勒频移的影响，多普勒频移会在传统正交频分复用（OFDM）技术中引入子载波间干扰，使无人机与基站之间的传输可靠性降低。同时，无人机在高速移动时，无人机和基站之间的信道会经历频率和时间选择性衰落，导致信道表现出时间、频率双弥散特性，同样会对通信可靠性产生不利影响。作为第四代和第五代无线通信的核心技术，多输入多输出（MIMO）方案能够通过获得发送分集增益和空间分集增益，从而实现通信可靠性的提升。新兴的正交时频空间（OTFS）调制技术可以把调制符号在时延－多普勒域上进行复用，获得全部时间、频率分集。OTFS 调制还能够把时域上的时变信道转化为时延－多普勒域中的恒定、可分离且正交的信道交互，消除时域信道快速时变特性，同时削弱时域信道频率和时间双选择性衰落，提升无线通信在高移动性条件下的可靠性。索引调制（IM）作为高频谱效率且原理简单的数字调制技术，可以利用不同域中的无线通信系统构成要素的索引来传输额外的信息，对提升无线通信有效性具有重要意义。比如：空间域中的 IM 技术又被称为空间调制，其通过激活发射天线的索引来传输额外信息，同时能够避免传统 MIMO 中固有的天线间同步和信道间干扰问题，提升无线通信的有效性和可靠性。凭借以上优势，IM 和 OTFS 技术均可应用于无人机监控中，来实现对输油气管道进行高效可靠智能监控的目的。

本文基于 IM 和 OTFS 调制技术，在物理层中设计了一种多维度调制传输方案，以实现无人机智能高清实时管道监控。该方案通过 OTFS 调制来获取全部时间、频率分集，并通过 IM 利用空间域中的发射天线索引和时延-多普勒域中的时延索引与多普勒索引来传输额外信息，来提升通信可靠性和有效性。本文首先对基于 IM 和 OTFS 调制的多维度调制传输方案系统模型及其信号处理过程进行介绍。随后，对所提方案的主要系统性能进行分析研究。基于时延-多普勒域输入输出关系，对所提方案的平均误比特率（ABER）上限闭合表达式进行推导，并计算了所提方案的可实现分集阶数。最后，本文通过仿真实验结果来显示所提方案相比其他传统方案在无人机视频监控场景下的有效性，同时证明所提方案在性能分析和理论推导方面的准确性。

系统模型：

本文提出的用于无人机智能视频管道监控的基于 IM 和 OTFS 调制的多维度调制传输系统主要由一个无人机和一个视频监控基站组成，其系统模型如图 1 所示。在该无线通信系统中，无人机作为信号发射端配备 N_t 根发射天线，其中：N_t 的取值需要满足 2 的正整数次幂的要求。同时，无人机还具有发射天线选择单元、调制符号选择单元、时延索引选择单元和多普勒索引选择单元，以上模块主要完成视频监控信息由比特到符号的调制映射过程。此外，无人机的每根发射天线上还独立配备由 ISFFT 单元和 OFDM 调制器组成的 OTFS 调制器，完成发射信号由时延-多普勒域到时域的转换。作为信号接收端的视频监控基站配备 N_r 根接收天线，N_r 可以为任意正整数。基站中的每根接收天线中也配备能够将信号由时域转换为时延-多普勒域的 OTFS 解调器。OTFS 解调器由 OFDM 解调器和 SFFT 单元组成。另外，视频监控基站中同样具有最大似然（ML）检测器和解映射器，来完成接收信号到信息比特的检测和解调功能。

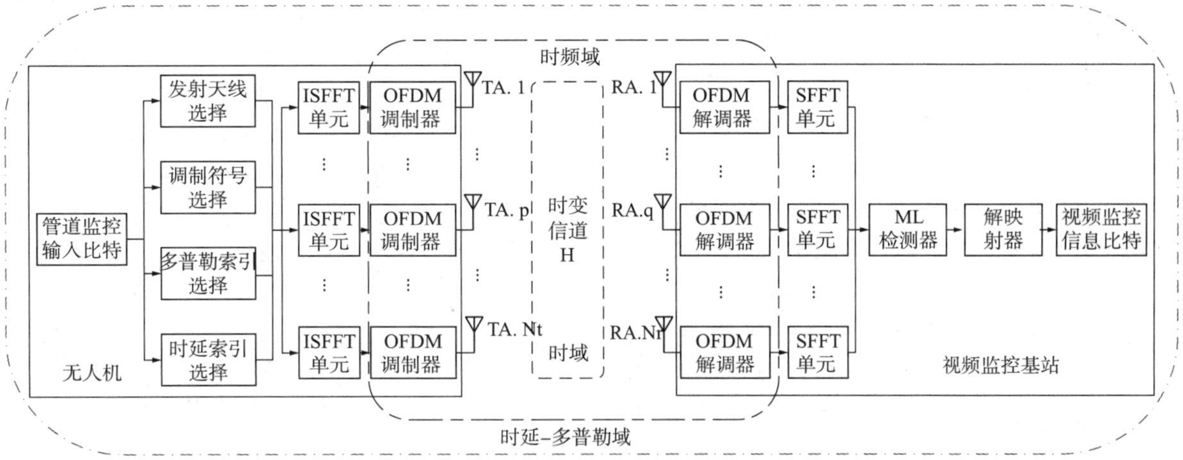

图 1　基于 IM 和 OTFS 调制的多维度调制传输系统模型

接下来，我们对所提基于 IM 和 OTFS 调制的多维度调制传输方案的信号处理具体过程进行介绍。针对所提方案的一个信号发送帧，无人机将发送一个 b 位的时延-多普勒域比特序列，该比特序列由无人机获取的视频图像信息转换而来，且 $b=\log_2(N_tMNM_{mod})$，其中：M 和 N 分别表示时延-多普勒域中时延索引和多普勒索引的数量。这里，假设 M 和 N 的取值同样满足 2 的正整数次幂的限制。而 M_{mod} 则代表系统所采用的调制阶数。

无人机首先将该比特序列划分为四部分。第一部分的子序列包括 $\log_2N_t$ 个比特，用于选择信号发送帧中激活的发射天线。这里，我们假设激活的发射天线为无人机的第 p 根天线，且 $p\in$

$\{1, \cdots, N_t\}$。第二部的分子序列包含 $\log_2 M$ 个比特，第三部分的子序列包含 $\log_2 N$ 个比特，以上两个子序列共同确定调制符号在激活发射天线上的时延-多普勒域中的时延索引 l 和多普勒索引 k，且 l 和 k 分别满足 $l \in \{0, \cdots, M-1\}$ 与 $k \in \{0, \cdots, N-1\}$。最后一个部分的子序列包括剩余的 $\log_2 M_{\text{mod}}$ 个比特，主要完成从相移键控(PSK)或正交幅度调制(QAM)符号集中确定发送的调制符号的功能。综上，基于IM和OTFS调制的多维度调制传输方案所能达到的系统传输速率为 $R = \log_2(N_t MNM_{\text{mod}})$，其计量单位是每通道比特数(bpcu)。

在一个信号发送帧中，无人机传输的时延-多普勒域发送信号矩阵能够表示成

$$X = \left[\underbrace{0^T \quad \cdots \quad X_{\text{p}}^T \quad \cdots \quad 0^T}_{N_t}\right]^T \tag{1}$$

其维度为 $N_t M \times N$，$[\cdot]^T$ 表示转置操作，X_p 表示第 p 根发射天线上 $M\times N$ 维的时延-多普勒域发送信号矩阵，0表示维度是 $M\times N$ 的零矩阵。同时，X_p 的具体表达式为

$$X_p = \begin{bmatrix} 0 & \cdots & 0 & \cdots & 0 \\ \vdots & \ddots & \vdots & \ddots & \vdots \\ 0 & \cdots & X_{k,\text{p}}^l & \cdots & 0 \\ \vdots & \ddots & \vdots & \ddots & \vdots \\ 0 & \cdots & 0 & \cdots & 0 \end{bmatrix} \tag{2}$$

其中：$X_{k,\text{p}}^l$ 为在第 p 发射天线上时延-多普勒域中第 k 个多普勒索引和第 l 个延时索引上的调制符号，且其在 X_p 的第 $(k+1)$ 行和第 $(l+1)$ 列上。经过OTFS调制器处理，在无人机的第 p 根发射天线上的时域信号向量表示为

$$s_{\text{p}} = vec[F_{\text{M}}^H(F_{\text{M}} X_{\text{P}} F_{\text{N}}^H)] = (F_{\text{N}}^H \otimes I_{\text{M}}) x_{\text{p}} \tag{3}$$

其中：s_{p} 为第 p 根发射天线上维度为 $MN\times 1$ 的列向量，$vec(\cdot)$ 表示按列向量化算子，F_{M} 表示 M 点离散傅里叶变换矩阵，F_{N}^H 表示 N 点逆离散傅里叶变换矩阵，$\otimes$ 代表克罗内克乘积，I_{M} 表示维度为的单位矩阵，$x_{\text{p}} = vec(X_{\text{p}})$。

然后，无人机将 s_{p} 通过无线信道发送给视频监控基站。假设该无线信道服从多径信道模型。在视频监控基站的第 q 根天线上，接收到的来自无人机第 p 根发射天线上的时域信号可以表示为

$$r_{\text{q}} = H_{\text{qp}} s_{\text{p}} + n_{\text{q}} \tag{4}$$

其中：H_{qp} 是无人机中第 p 根天线和视频监控基站第 q 根天线之间具有 P 个可分辨多径的无线信道矩阵，其维度为 $MN\times MN$。n_{q} 表示 $MN\times 1$ 维的加性高斯白噪声向量，其元素均服从均值为0和方差为 N_0 的复高斯分布。同时，H_{qp} 在矩形脉冲条件下可以进一步表示为

$$H_{\text{qp}} = \sum_{i=1}^{P} h_{\text{qp}}^i \Pi^{l_i} \Delta^{k_i} \tag{5}$$

其中：h_{qp}^i 表示第 p 根发射天线和第 q 根接收天线之间第 i 个可分辨多径的信道系数，其服从均值为0和方差为 $1/P$ 的复高斯分布。$\Pi = \begin{bmatrix} 0 & \cdots & 0 & 1 \\ 1 & \cdots & 0 & 0 \\ \vdots & \ddots & \vdots & \vdots \\ 0 & \cdots & 1 & 0 \end{bmatrix}$ 是前向循环位移置换矩阵，其维度为 $MN\times MN$。$\Delta = diag[z^0 \quad z^1 \quad \cdots \quad z^{MN-1}]$ 是 $MN\times MN$ 维的对角矩阵，同时，$z = e^{\frac{2\pi j}{MN}}$。$l_i = \tau_i M\Delta f$ 和 $k_i = \nu_i NT$ 分别表示和第 i 个可分辨多径有关的时延索引与多普勒索引，其中 τ_i 和 ν_i 分别代表第 i 个可分辨多径的时延和多普勒频移，$M\Delta f$ 为无人机视频监控系统的总带宽，NT 表示一个方案发送帧的持续时间。

视频监控基站的接收天线通过配备的OTFS解调器将接收到的时域信号转换为时延-多普勒与信号。则在视频监控基站的第 q 根接收天线上接收到的时延-多普勒域信号表示为

$$y_{\text{q}} = H_{\text{q1}}^{eff} x_1 + \cdots + H_{\text{qp}}^{eff} x_{\text{p}} + \cdots + H_{\text{qN}_t}^{eff} x_{\text{N}_t} + n_{\text{q}}^{eff} \tag{6}$$

其中：$H_{\text{qp}}^{eff} = (F_{\text{N}} \otimes I_{\text{M}}) H_{\text{qp}} (F_{\text{N}}^H \otimes I_{\text{M}})$ 且 $n_{\text{q}}^{eff} = (F_{\text{N}} \otimes I_{\text{M}}) n_{\text{q}}$。综合考虑无人机及视频监控基站的所有天线，该基于IM和OTFS调制的多维度调制传输方案的时延-多普勒域总体接收信号表示为

$$Y_{\text{MIMO}} = H_{\text{MIMO}}^{eff} X_{\text{MIMO}} + N_{\text{MIMO}}^{eff} \tag{7}$$

其中：$Y_{\text{MIMO}} = [y_1^T \cdots y_{\text{N}_r}^T]^T \in \mathbb{C}^{N_r MN\times 1}$，$X_{MIMO} = [x_1^T \cdots x_{\text{N}_t}^T]^T \in \mathbb{C}^{N_t MN\times 1}$，$N_{\text{MIMO}}^{eff} = [(n_1^{eff})^T \cdots (n_{\text{N}_r}^{eff})^T]^T \in \mathbb{C}^{N_r MN\times 1}$，$H_{\text{MIMO}}^{eff} = \begin{bmatrix} H_{11}^{eff} & \cdots & H_{1N_t}^{eff} \\ \vdots & \ddots & \vdots \\ H_{N_r 1}^{eff} & \cdots & H_{N_r N_t}^{eff} \end{bmatrix} \in \mathbb{C}^{N_r MN\times N_t MN}$。

视频监控基站通过ML检测器单元对发射天线索引、时延索引、多普勒索引和调制符号进行联合检测。根据(7)，ML检测具体过程可以表示为

$$(\hat{p}, \hat{k}, \hat{l}, \hat{x}) = \text{argmin} \| Y_{\text{MIMO}} - H_{\text{MIMO}}^{eff} X_{\text{MIMO}} \|_{\text{F}}^2 \tag{8}$$

其中：$\hat{p}$，$\hat{k}$ 与 $\hat{l}$ 分别表示发射天线、多普勒

和时延的估计索引，$\hat{x}$ 表示估计的调制符号，此外，$\|\cdot\|_F$ 表示 Frobenius 范数算子。

随后，视频监控基站在解映射器的帮助能够根据估计出的激活发射天线索引、时延索引、多普勒索引及调制符号恢复出时延-多普勒域中的信息比特，最终获得有无人机获取的输油气管道监控视频图像。以上即为整个基于 IM 和 OTFS 调制的多维度调制传输方案的信号处理过程。

性能分析：

在本节中，我们对基于 IM 和 OTFS 调制的多维度调制传输方案的主要系统性能进行了分析，包括：ABER 和分集。本文基于联合边界理论对所提方案的 ABER 上限进行了推导。同时，本文也对所提方案能够达到的可实现分集阶数进行了研究。

基于联合边界理论，基于 IM 和 OTFS 调制的多维度调制传输方案的 ABER 上限表达式可以写为

$$ABER \leqslant \frac{1}{b2^b}\sum_{g=1}^{2^b}\sum_{j=1,\ j\neq g}^{2^b} P(X_{\mathrm{MIMO}}^g \to X_{\mathrm{MIMO}}^j)\, d(X_{\mathrm{MIMO}}^g,\ X_{\mathrm{MIMO}}^j) \tag{9}$$

其中：b 定义为所提方案的系统传输速率，$P(X_{\mathrm{MIMO}}^g \to X_{\mathrm{MIMO}}^j)$ 表示当时延-多普勒域中发送信号矩阵X_{MIMO}^g被错误检测为X_{MIMO}^j时所提方案的成对错误概率（PEP），是X_{MIMO}^g和X_{MIMO}^j之间的汉明距离。

通过观察(9)，我们可以知道获得所提方案 ABER 上限的关键就是对方案 PEP 进行推导。因此，为了给推导方案 PEP 提供便利，我们为所提方案提供了一种时延-多普勒域总体接收信号的替代形式。

当方案考虑矩形脉冲时，视频监控基站第 q 根天线上获取的来自无人机第 p 根天线的时延-多普勒域接收信号可以表示为

$$y_{\mathrm{q}} = H_{\mathrm{qp}}^{eff} x_{\mathrm{p}} + n_{\mathrm{q}}^{eff} \tag{10}$$

其中：$H_{\mathrm{qp}}^{eff} = (F_{\mathrm{N}} \otimes I_{\mathrm{M}}) H_{\mathrm{qp}} (F_{\mathrm{N}}^H \otimes I_{\mathrm{M}})$。进一步，将(5)代入，我们可以将表示成

$$y_{\mathrm{q}} = \Phi_{\mathrm{qp}}(x_{\mathrm{p}}) h_{\mathrm{qp}} + n_{\mathrm{q}}^{eff} \tag{11}$$

其中：$\Phi_{\mathrm{qp}}(x_{\mathrm{p}}) = [\Phi_{\mathrm{qp}}^1(x_{\mathrm{p}}) \ \cdots \ \Phi_{\mathrm{qp}}^i(x_{\mathrm{p}}) \ \cdots \ \Phi_{\mathrm{qp}}^P(x_{\mathrm{p}})]$ 表示级联矩阵，其维度是 $MN\times P$，且 $\Phi_{\mathrm{qp}}^i(x_{\mathrm{p}}) = (F_{\mathrm{N}} \otimes I_{\mathrm{M}}) \Pi^{l_i} \Delta^{k_i} (F_{\mathrm{N}}^H \otimes I_{\mathrm{M}}) x_{\mathrm{p}}$。同时，$h_{\mathrm{qp}}$是 $P\times 1$ 维的列向量，其第 i 个元素记为 h_{qp}^i。

基于上述分析和推导，我们可以给出所提方案时延-多普勒域总体接收信号的替代形式为

$$Y_{\mathrm{MIMO}} = \Phi_{\mathrm{MIMO}}(X_{\mathrm{MIMO}}) h_{\mathrm{MIMO}} + N_{\mathrm{MIMO}}^{eff} \tag{12}$$

其中：$h_{\mathrm{MIMO}} = [h_1^T \cdots h_{\mathrm{q}}^T \cdots h_{\mathrm{N_r}}^T]^T \in \mathbb{C}^{N_rN_tP\times 1}$，$h_{\mathrm{q}} = [h_{\mathrm{q1}}^T \cdots h_{\mathrm{qp}}^T \cdots h_{\mathrm{qN_t}}^T]^T$。同时，$\Phi_{\mathrm{MIMO}}(X_{\mathrm{MIMO}})$ 是 $N_rMN\times N_rN_tP$ 维的级联矩阵，其可以具体表示为

$$\Phi_{\mathrm{MIMO}}(X_{\mathrm{MIMO}}) = \begin{bmatrix} \Phi_1 & 0 & \cdots & 0 & \cdots & 0 \\ 0 & \Phi_2 & \cdots & 0 & \cdots & 0 \\ \vdots & \vdots & \ddots & \vdots & \ddots & \vdots \\ 0 & 0 & \cdots & \Phi_q & \cdots & 0 \\ \vdots & \vdots & \ddots & \vdots & \ddots & \vdots \\ 0 & 0 & \cdots & 0 & \cdots & \Phi_{N_r} \end{bmatrix} \tag{13}$$

其中：$\Phi_{\mathrm{q}} = [\Phi_{\mathrm{q1}}(x_1) \ \cdots \ \Phi_{\mathrm{qp}}(x_{\mathrm{p}}) \ \cdots \ \Phi_{\mathrm{qN_t}}(x_{\mathrm{N_t}})]$，且 0 表示维度是 $MN\times N_tP$ 的零矩阵。

根据(12)，我们可以将所提方案的 PEP 计算为

$$P(X_{\mathrm{MIMO}}^g \to X_{\mathrm{MIMO}}^j) = E\left[Q\left(\sqrt{\frac{\|(\Phi_{\mathrm{MIMO}}(X_{\mathrm{MIMO}}^g) - \Phi_{\mathrm{MIMO}}(X_{\mathrm{MIMO}}^j)) h_{\mathrm{MIMO}}\|_{\mathrm{F}}^2}{2N_0}}\right)\right] \tag{14}$$

其中：$E[\ \cdot\ ]$ 表示期望算子，且 $Q(w) = \int_{\mathrm{w}}^{+\infty} \frac{1}{\sqrt{2\pi}} e^{-\frac{t^2}{2}} dt$ 表示变量 w 的 Q 函数。

进一步，基于矩生成函数（MGF）相关定义，所提方案 PEP 可以表示为

$$P(X_{\mathrm{MIMO}}^g \to X_{\mathrm{MIMO}}^j) = \frac{1}{\pi}\int_0^{\frac{\pi}{2}} \phi\left(-\frac{1}{4N_0 \sin^2\theta}\right) d\theta \tag{15}$$

其中：$\phi(w)$ 定义为$\|(\Phi_{\mathrm{MIMO}}(X_{\mathrm{MIMO}}^g) - \Phi_{\mathrm{MIMO}}(X_{\mathrm{MIMO}}^j)) h_{\mathrm{MIMO}}\|_{\mathrm{F}}^2$ 的 MGF。同时，我们将$\|(\Phi_{\mathrm{MIMO}}(X_{\mathrm{MIMO}}^g) - \Phi_{\mathrm{MIMO}}(X_{\mathrm{MIMO}}^j)) h_{\mathrm{MIMO}}\|_F^2$ 化简为

$$\|(\Phi_{\mathrm{MIMO}}(X_{\mathrm{MIMO}}^g) - \Phi_{\mathrm{MIMO}}(X_{\mathrm{MIMO}}^j)) h_{\mathrm{MIMO}}\|_F^2 = h_{\mathrm{MIMO}}^H \Theta h_{\mathrm{MIMO}} \tag{16}$$

其中：$\Theta = (\Phi_{\mathrm{MIMO}}(X_{\mathrm{MIMO}}^g) - \Phi_{\mathrm{MIMO}}(X_{\mathrm{MIMO}}^j))^H (\Phi_{\mathrm{MIMO}}(X_{\mathrm{MIMO}}^g) - \Phi_{\mathrm{MIMO}}(X_{\mathrm{MIMO}}^j))$ 为差异矩阵，且 $(\ \cdot\ )^H$ 表示共轭转置。

由于 h_{MIMO} 中的元素为服从均值为 0 和方差为 $1/P$ 的复高斯分布的独立同分布随机变量，且 Θ 是 $N_rN_tP\times N_rN_tP$ 维的厄米特矩阵，在此基础上，可将 $\left\|(\Phi_{\mathrm{MIMO}}(X_{\mathrm{MIMO}}^g) - \Phi_{\mathrm{MIMO}}(X_{\mathrm{MIMO}}^j)) h_{\mathrm{MIMO}}\right\|_F^2$ 的 MGF 进一步推导为

$$\phi(w) = \left| I_{N_r N_t P} - w\Theta \right|^{-1} = \prod_{t=1}^{r} \left(1 - w\frac{\kappa_t}{P}\right)^{-1} \tag{17}$$

其中：$|\cdot|$表示矩阵行列式计算算子，r 定义为矩阵 Θ 的秩，κ_t 表示矩阵 Θ 的第 t 个特征值。

随后，将(17)代入(15)，并对(15)进行进一步的代数运算和化简，能够获得 $P(X^g_{\mathrm{MIMO}} \to X^j_{\mathrm{MIMO}})$ 的闭合表达式为

$$P(X^g_{\mathrm{MIMO}} \to X^j_{\mathrm{MIMO}}) = \left(\prod_{t=1}^{r} \kappa_t\right)^{-1} \left(\frac{1}{4N_0 P}\right)^{-r} \tag{18}$$

最后，将(18)代入(9)后，即可获得所提方案的 ABER 上限闭合表达式为

$$ABER \leqslant \frac{1}{b2^b} \sum_{g=1}^{2^b} \sum_{j=1,\, j\neq g}^{2^b} \left(\prod_{t=1}^{r} \kappa_t\right)^{-1} \left(\frac{1}{4N_0 P}\right)^{-r} d(X^g_{\mathrm{MIMO}}, X^j_{\mathrm{MIMO}}) \tag{19}$$

接下来，我们对基于 IM 和 OTFS 调制的多维度调制传输方案的分集性能进行研究。在矩形脉冲条件下，基于分集的定义，所提方案的可实现分集增益可以表示为

$$Diversity = \min_{g,j,g\neq j} rank(\Theta) \tag{20}$$

我们知道，Θ 由级联矩阵 $\Phi_{\mathrm{MIMO}}(X^g_{\mathrm{MIMO}})$ 和 $\Phi_{\mathrm{MIMO}}(X^j_{\mathrm{MIMO}})$ 确定，$\Phi_{\mathrm{MIMO}}(X^g_{\mathrm{MIMO}})$ 和 $\Phi_{\mathrm{MIMO}}(X^j_{\mathrm{MIMO}})$ 分别包括不同的发送信号矩阵 X^g_{MIMO} 和 X^j_{MIMO} 及其对应的时延–多普勒域有效信道信息。同时，由于所提方案中无人机在进行信号发送时只随机激活一根发射天线，并且基于时延–多普勒域有效信道矩阵的稀疏特性，H^{eff}_{MIMO} 的每一行和每一列中分别只有 $N_t P$ 和 $N_r P$ 个非零元素，所以，Θ 为秩不足矩阵，且 Θ 秩的最小值为 $N_r P$。在矩形脉冲条件下，所提方案的可实现分集与系统接收天线数和信道可分辨多径数有关，其可实现分集阶数为 $N_r P$。

仿真与分析：

本节给出了用于无人机智能监控的基于 IM 和 OTFS 调制的多维度调制传输方案的相关实验仿真和分析。首先，给出了所提方案 ABER 仿真结果和理论结果的对比。同时，比较了所提基于 IM 和 OTFS 调制的所提方案与基于 MIMO 和 OTFS 调制的传统方案在 ABER 性能方面的差异。我们还对比了所提基于 IM 和 OTFS 调制的所提方案与基于 IM 和 OFDM 的传统方案的关键性能，如系统传输速率、高移动性条件下的 ABER。此外，对所提方案的分集性能进行了进一步验证。表 1 展示了基于 IM 和 OTFS 调制的多维度调制传输方案性能仿真所采用的主要系统参数。

表 1　基于 IM 和 OTFS 调制的多维度调制传输方案主要系统参数

物理意义	数值
子载波间隔/kHz	1.5
载波频率/GHz	4
MIMO 设置($N_r \times N_t$)	2×2，4×2，2×4，4×4
可分辨多径数量 P	1，2，4
$P=1$ 时时延与多普勒索引(l_i，k_i)	(0，0)
$P=2$ 时时延与多普勒索引(l_i，k_i)	(0，0)，(1，1)
$P=4$ 时时延与多普勒索引(l_i，k_i)	(0，0)，(1，1)，(2，2)，(3，3)
多普勒数量 N	2，4
时延数量 M	2，4
调制方式	BPSK，4QAM，8QAM，16QAM
无人机最大飞行速度/Kmph	120

图 2 展示了基于 IM 和 OTFS 调制的所提方案在单个可分辨多径无线信道下 ABER 的仿真结果和理论结果。可以看到在低信噪比(SNR)区间，所提方案 ABER 的仿真值和理论值之间存在较小的性能差距，这是因为(14)中 Q 函数的上限在低 SNR 区间是比较松散的，而在中、高 SNR 区间，Q 函数的上限则是非常紧致的。从图 2 中还可以注意到，随着 SNR 的不断增加，所提方案 ABER 的理论值和仿真值逐渐吻合，并在中、高 SNR 区间保持一致，这同样验证了我们对于所提方案的 ABER 性能分析和推导的正确性。

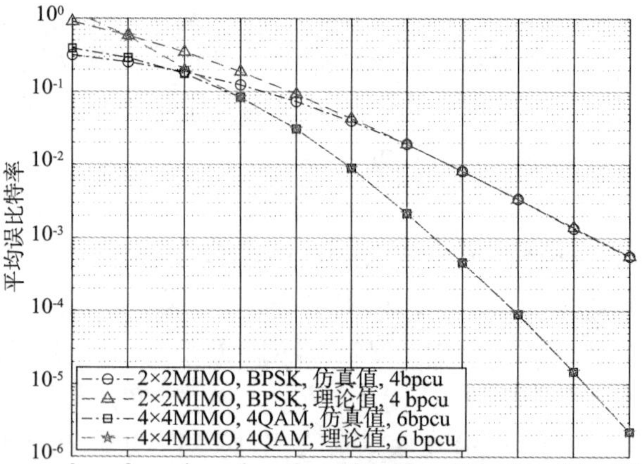

图 2　基于 IM 和 OTFS 调制的所提方案 ABER 仿真结果和理论结果对比

基于 IM 和 OTFS 调制的所提方案和基于 MIMO 和 OTFS 调制的传统方案在单个可分辨多径无线信道条件下的 ABER 性能对比如图 3 所示。在相同系统传输速率下，传统方案的 ABER 性能在低、中 SNR 区间里面要优于所提方案。这是由于传统方案不进行发射天线检测相关操作，并能够获得发射分集增益，可以降低错误检测的概率，使方案的 ABER 性能获得提升。然而，在 SNR 比较高的区间，所提方案可以实现比传统方案更好的 ABER 性能，因为所提方案在 SNR 较高的条件下几乎不会发生天线检测错误。同时，在相同系统传输速率下，与传统方案相比，所提方案检测的调制符号数量更少，调制符号检测数量的降低能够明显减少错误检测的发生，从而使所提方案获得更好的 ABER 性能。

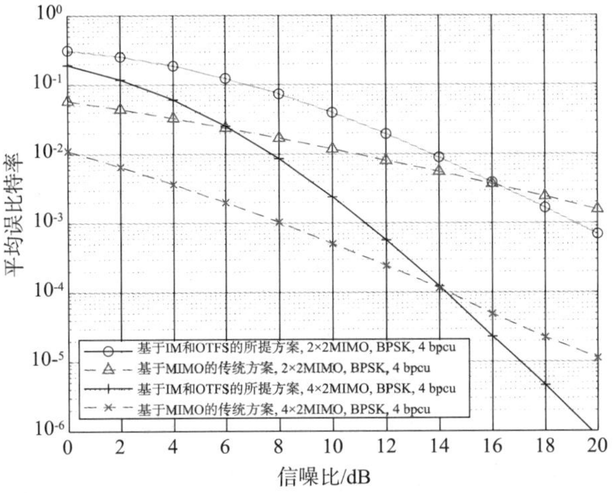

图 3　基于 IM 和 OTFS 调制的所提方案与基于 MIMO 和 OTFS 调制的传统方案 ABER 性能对比

图 4 描述了在相同系统配置下，随着时延索引数量的增加，基于 IM 和 OTFS 调制的所提方案和基于 IM 和 OFDM 的传统方案的系统传输速率的对比。从图中可以观察到，所提方案可以获得比传统方案更高的系统传输速率。此外，还可以注意到，随着时延索引数量的增加，所提方案系统传输速率的提升要优于传统方案系统传输速率的提升。因为所提方案可以同时使用时延索引和多普勒索引资源来进行额外信息传输，而传统方案只能使用时延索引资源，所以导致了在相同系统配置下，所提方案比传统方案具有更高的系统传输速率。

图 5 中给出了基于 IM 和 OTFS 调制的所提方案和基于 IM 和 OFDM 的传统方案在单个可分辨多径无线信道条件下的 ABER 性能。图 5 所示

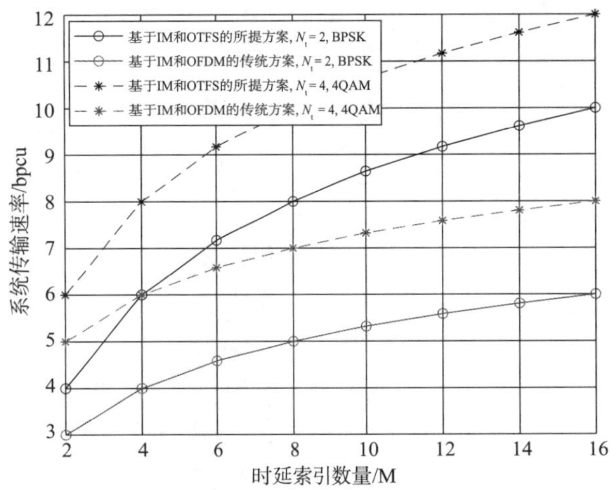

图 4　基于 IM 和 OTFS 调制的所提方案和基于 IM 和 OFDM 的传统方案系统传输速率对比

结果表明，无论系统传输速率是多少，所提方案在 ABER 性能方面均比传统方案表现优异。所提方案在 ABER 性能方面比传统方案表现好的原因是所提方案工作在时延-多普勒域，其可获得全部时间、频率分集，从而使所提方案获得比传统方案更低的 ABER。

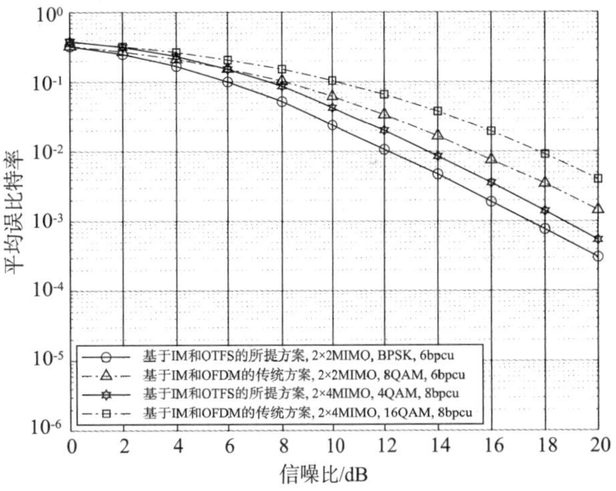

图 5　基于 IM 和 OTFS 调制的所提方案和基于 IM 和 OFDM 的传统方案 ABER 性能

图 6 给出了不同系统天线设置和可分辨多径数的无线信道条件下的所提方案的可实现分集阶数。从图 6 中观察到，天线设置为 2×2 的所提方案在信道可分辨多径数量 $P=4$ 的条件下，其可实现分集阶数为 8。同时，所提方案在天线设置为 4×2 和信道可分辨多径数量 $P=2$ 时，也能够达到 8 的可实现分集阶数。由于所提方案在进行信号传输时只激活一根发射天线，且能够获取全部时延-多普勒分集，因此，所提方案的分集性能主要由系统中配备的接收天线数量和信道中

可分辨多径的数量决定。图6同样证明了本文对所提方案分集性能分析的正确性。

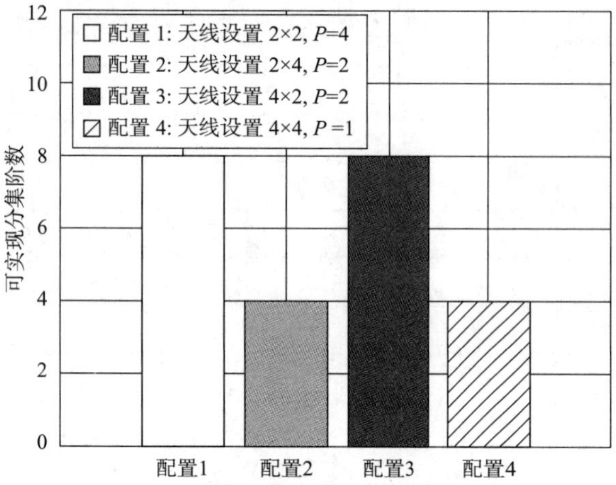

图6　不同天线设置和信道可分辨多径数量条件下所提方案的可实现分集阶数

结论：

为实现对输油气管道的无人机智能视频监控，保障输油气管道的生产安全，本文基于IM和OTFS调制技术，提出了一种多维度调制传输方案，以实现无人机智能视频监控无线通信的有效性和可靠性。本文设计了基于IM和OTFS调制的多维度调制传输系统模型，并叙述了相应的信号处理过程，推导了所提方案的ABER上限闭合表达式，并分析了所提方案的可实现分集阶数。本文中给出的实验仿真结果验证了对所提方案性能理论分析和推导的准确性，也表明了无人机智能视频监控场景中基于IM和OTFS调制的所提方案相比于其他传统方案的优越性。

参考文献

[1] 顾诚. 基于长输油气管道巡检作业中无人机系统应用及发展[J]. 现代工业经济和信息化，2023，13(02)：137-139.

[2] 李晶晶. 无人机遥感技术在长输油气管道管理中的主要应用[J]. 化工管理，2018，(18)：129.

[3] Wu J, Fan P. A survey on high mobility wireless communications: Challenges, opportunities and solutions [J]. IEEE Access, 2016, 4: 450-476.

[4] Hwang T, Yang C, Wu G, et al. OFDM and its wireless applications: A survey[J]. IEEE Transactions on Vehicular Technology, 2008, 58(4): 1673-1694.

[5] Larsson E G, Edfors O, Tufvesson F, et al. Massive MIMO for next generation wireless systems[J]. IEEE Communications Magazine, 2014, 52(2): 186-195.

[6] Hadani R, Rakib S, Tsatsanis M, et al. Orthogonal time frequency space modulation [C]//2017 IEEE Wireless Communications and Networking Conference (WCNC). IEEE, 2017: 1-6.

[7] Hadani R, Monk A. OTFS: A new generation of modulation addressing the challenges of 5G[J]. arXiv preprint arXiv: 1802.02623, 2018.

[8] Basar E. Index modulation techniques for 5G wireless networks[J]. IEEE Communications Magazine, 2016, 54(7): 168-175.

[9] Basar E, Wen M, Mesleh R, et al. Index modulation techniques for next - generation wireless networks [J]. IEEE Access, 2017, 5: 16693-16746.

[10] Simon M K, Alouini M S. Digital communication over fading channels[M]. New York: Wiley, 2001.

油田集输干线应急处置的智能化研究与应用

焦亚龙　章　浩

（中国石化中原油田分公司）

摘　要　本文以油气田地面集输系统应急处置的智能化自动化为方向，介绍了中原油田在地面集输系统应急处置智能化过程中采取的主要做法。通过对埋地原油管道稳态泄漏数值模拟进行充分认识，从如何智能化实现泄露源隔断，有效降低泄露带来影响为出发点，建设智能无人值守泄压站，有效降低管道失效情况下带来的经济及环保损失。

关键词　多相流；应急处置；集输系统

1　研究背景

随着油田地面集输系统优化简化，串撤并分简的持续实施，管输原油中含水率、含气率上升，管道内流态较以前单相流转变为多相流，加剧了管道内腐蚀情况，同时管道服役年限逐渐增长，达到使用寿命，腐蚀穿孔逐年频发，对管道的安全生产运行造成了较大隐患。

特别是各采油厂至中心处理站的原油集输干线，管线较长，路由地势差较大，原油中融有轻组分，在管线穿孔泄漏或其他施工等原因要求停输时，需30~60分钟连续泄压后，才能对泄漏点抢险或其他工艺操作，影响了管道抢险时效性和工作效率，增加了环境污染和潜在的风险隐患，见表1。

表1　油田老区原油集输干线统计表

序号	原油集输干线名称	总长度/km	运行时间大于15年管线	
			长度/km	占比
1	文一中转站至文二中转站	11.5	1.2	10%
2	文一中转站至柳屯中心处理站	12.2	8.2	67%
3	濮三中转站至柳屯中心处理站	15.5	3.5	23%
4	明一中转站至柳屯中心处理站	17.6	3.4	19%
5	马寨中转站至柳屯中心处理站	3.5	2.8	80%
6	胡状中转站至柳屯中心处理站	17.5	15.6	89%
合计		77.8	34.7	45%

2　研究思路

2.1　埋地原油管道稳态泄漏数值模拟

将埋地原油管道泄漏情况作为研究对象，利用计算流体力学方法，建立埋地原油管道稳态泄漏三维物理模型和数学模型。并利用FLUENT软件模拟了输送压力为0.4、0.8和1.2MPa下原油在土壤中的泄漏扩散分布范围和速度场。模拟结果表明：三种压力条件下，原油在土壤中的运移趋势相同，泄漏初期为苹果状，逐步发展为灯泡状，最后呈现花瓶状；扩散范围随着输送压力的增大而增大，但泄漏扩散范围的增速逐渐放缓，如图1~3所示。

2.2　泄漏源隔断研究思路

2.2.1　无人值守泄压泵站

对管线全线路由、地势、管线并行等情况进行梳理，选择地势低，泄压效果明显，管线并行满足管网相互泄压的地段，模拟内腐蚀泄漏人工钻一泄漏点，利用移动式撬装泄压泵在泄压孔处启泵泄压，研究其泄压效果。效果良好情况下，建设无人值守泄压泵站。

2.2.2　利用原稳负压工艺泄压

当管线停输泄压时，原油中的轻组分易逸散出，造成管线静态压力升高。设计利用中心处理站原稳压缩机负压工艺使管线中逸散轻组分及时回收。

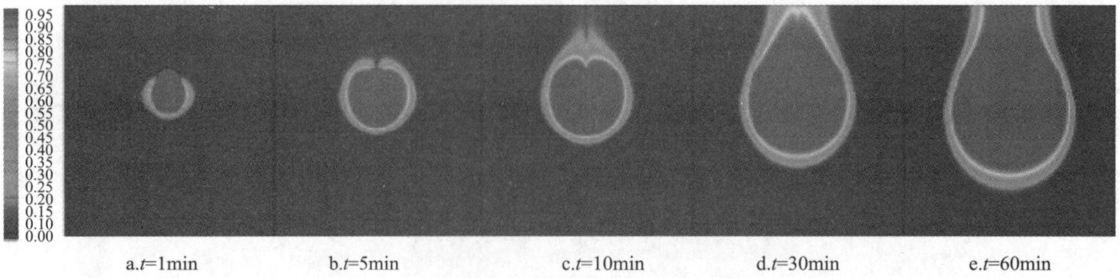

图1　管道压力为0.4MPa时不同时刻土壤中的径向原油分布

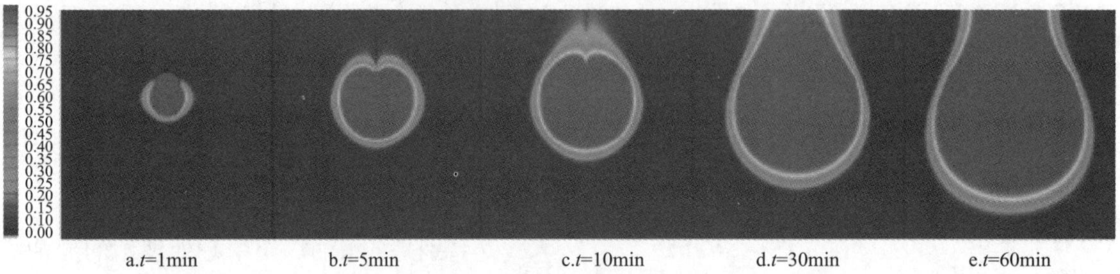

图2　管道压力为0.8MPa时不同时刻土壤中的径向原油分布

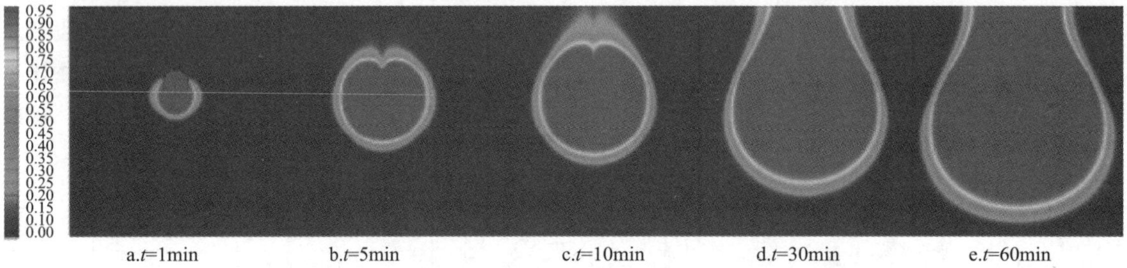

图3　管道压力为1.2MPa时不同时刻土壤中的径向原油分布

工艺改进思路为：在原稳东大计量间空地处新建一座分离器，进口管线去原稳进口分离器。经HYSYS工艺模拟软件模拟计算，此方案技术上效果明显，但对原稳系统工艺运行稳定造成一定影响。

2.2.3　新建切断阀井

在集输管网中每隔约4km处新建一处阀门井，当管线泄露时，可选择性的关闭就近阀门井，最大限度的减少安全隐患。但是每隔约4km建一阀井，工程量较大，投资大。

通过三个方案的优缺点和资金预算及风险对比，最终选择无人值守泄压泵站作为解决方案。

3　研究应用

3.1　移动式撬装泄压泵试验效果

2022年1月17日，选取濮城濮三联柳濮公路东300m处，在管线上下方人工模拟开两处模拟泄漏点，在柳濮拱跨南濮三联管线的正下方带压开一泄压孔，加装短节后，连接耐压软管至泄压泵，泄压泵出口用橡胶软管连接至油罐车(停在柳濮公路)。经数据统计，管线上下模拟泄漏点从大量原油喷出至呈滴水状泄漏过程只有14分钟，对比之前柳屯中心处理站和采油厂联合站正常泄压的35分钟，减少了21分钟的泄压时间，效果明显。泄压流程及现场如图4～6所示。

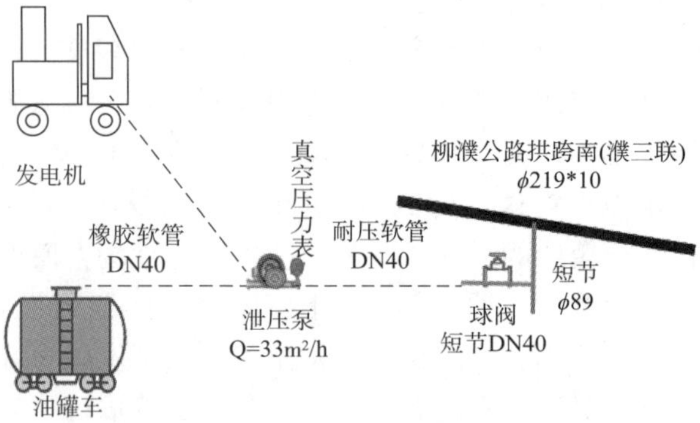

图4　临时泄压流程图

图 5 移动泄压泵处现场图

图 6 模拟穿孔处现场图

3.2 移动式撬装泄压技术优化

由于需停输泄压次数较多，特别是近年内腐蚀穿孔频繁，若每次利用移动式泄压费用较高（约 0.8 万元），且从出发到就位用时较长（约 1.5h），达不到快速应急目的。经对原油集输管网路由实地调研分析，选取在柳濮公路拱跨南新建一座固定式无人值守泄压泵池（可避开柳濮拱跨 4.1 米高的地势差）。同时，此处有 3 条并排管线，满足文留文一联、濮城濮三联、濮东胡状联 3 条管线的互相泄压，下图为 3 条并排管线现场图及绘制的互相泄压工艺流程图，如图 7 所示。

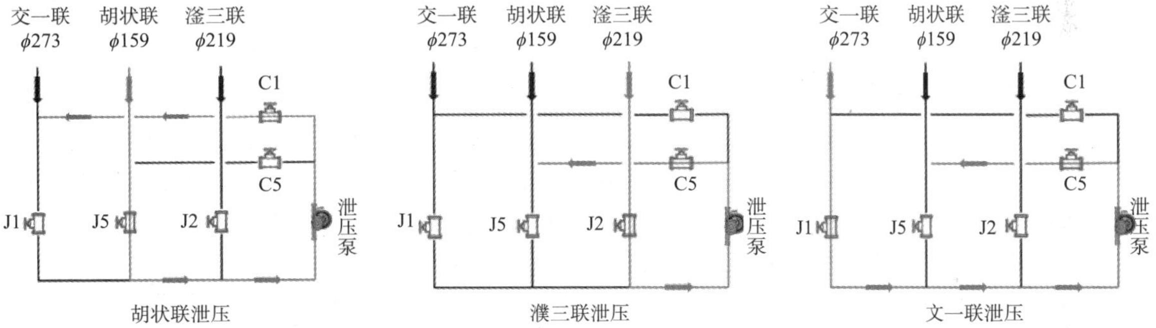

图 7 互相泄压工艺流程图

3.3 无人值守泄压泵池建设

2022 年 3 月开工建设，引入附近管网视频光纤信号，选取油气储运中心中控室为泄压远程控制中心，实现中心调度对泄压泵站的视频监控和远程自动启停。同时，选用西门子 S7－1200 系列作为现场控制单元，利用其扩展性强、灵活度高（CPU 最多可连接八个信号模块）及兼容性强的优势特征（支持其它数字量和模拟量 I/O）。现场建设如图 8、9 所示。

图 8 施工现场外部竣工图

图 9 现场内部工艺流程图

3.4 模块化编程操作

以自动化控制、无人值守“一键泄压”管理为目标。此控制系统设计理念与操作编程完全为油田技术人员自行完成，同时与储运中心现生产运行系统组态界面、监控平台集成兼容，无需额外购置计算机硬件和系统开发软件。系统既可以实现对泵、阀单独远程操控，也可以对单条管线进行“一键泄压”。如单击“文留线泄压”按键时，系统将按顺序自动打开J1、C5阀，启泵泄压，同时为了人为减少操作失误，系统设置了自动保护功能，如图10、11所示为中控控制操作界面和自动保护功能逻辑图。

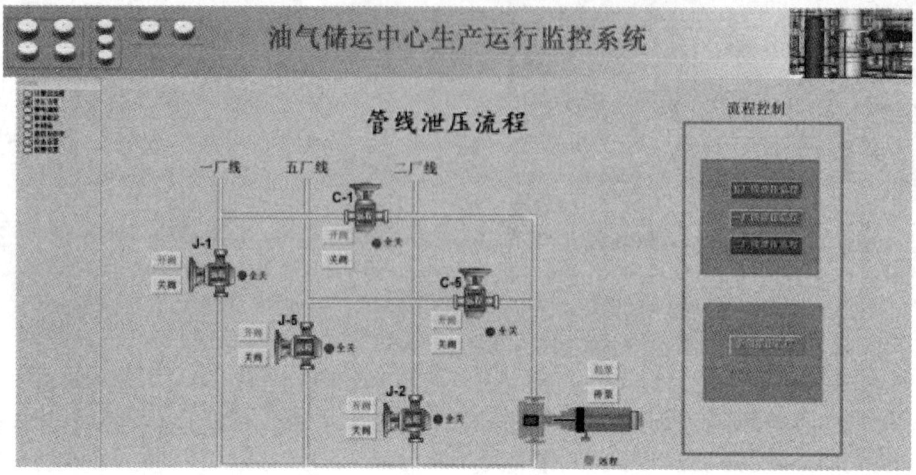

图10　控制操作界面

图11　自动保护功能逻辑图

4　结语

按照平均每年穿孔约40次，每次节约泄漏抢险时间约21分钟，经统计每次可为油田减少污油泥处置及青苗赔偿等费用约2.3万元，每年可为油田节约92万元。同时减少泄露原油对环境污染。

随着油田开发逐渐进入高含水时期，地面集输系统面临腐蚀情况愈加严峻，管道服役年限逐渐加长，管道内腐蚀情况加剧，必然面临管道失效穿孔频发的情况。结合智能化油田的发展趋势，泄露位置的精准判断、应急处置的快速响应成为失效情况发生时的关键手段，本文主要从如何提升应急处置的速度，降低失效情况带来的经济、环保损失角度出发，提出了智能无人值守泄压泵站的解决思路，有效的降低了管道失效情况下的损失。同时与智能油气田的发展趋势相匹配，有利于实现地面集输系统与应急处置的联动，提升地面集输系统整体抗风险能力。同时持续推进管线应急处置的智能化、自动化，推进管网异常发现、应急自动处置的集成化，不断推进管线应急处置自动化智能化走深走实。

某油田智能化建设方案与实践

李晨曦

（中国石化中原油田分公司油气储运中心）

摘　要　随着人工智能化、网络化和数字化的浪潮席卷全球，石油行业也面临着如何顺应科技发展趋势，实现更加智能、安全开发的新挑战。在这一背景下，某油田开发建设积极响应号召，全面推动智能化建设，通过信息化、智能化手段，在操控中心实现实时监测预警、远程监控控制、海陆协同作业，以此转变生产方式和管理模式，最终达到提质增效、安全管控的目的。本文将简要介绍该油田在智能化建设的情况，以期为同行业开展类似智能化建设提供参考。

关键词　智能化建设；海陆协同；远程操控；数据采集；提质增效

1　项目概况

本项目包含 A、B、C 三座海上平台，陆上终端处理、原油外输单点，油田群采用集中注水方式，水源来自终端处理合格污水，平台采用终端处供电。A 平台和 B 平台均配备钻机、生活楼、流量计、注水及公用设施，生产物流经 C 平台输送至陆上终端，进行处理、储存和外输。陆上终端则负责油、气、水处理，并提供公用设施及原油、LGP 和 LNG 的储运。海洋油气田的智能化建设包括勘探开发、生产、管理和决策，实现智能化的关键是实现全面感知、协调发展、科学决策以及各环节自主优化。油田示意图如图 1 所示。

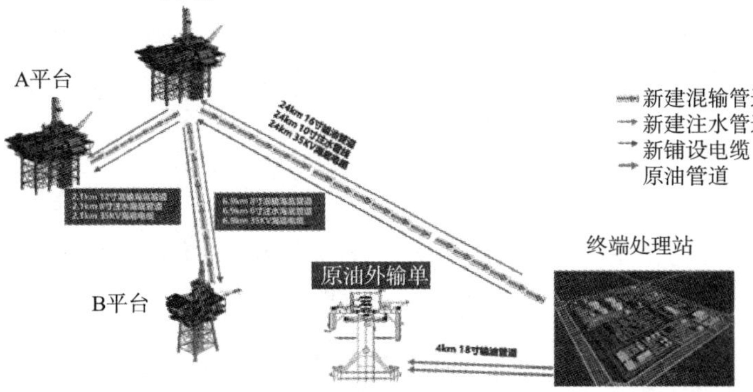

图 1　油田示意图

2　智能化建设方案

智能油田建设项目需要实现生产管理智能化、设备管理智能化、安全管理智能化、陆地远程操控指挥的四大目标。智能化设计的总体原则和思路是在现有常规设计的基础上通过自动化、智能化提升，充分利用已有数据库和应用系统进行油田生产管理，最终实现海上油气生产的全面感知、远程操控、管控一体化和科学决策。

本项目智能化建设内容包括：采油管理系统、流程自动化提升、设备管理系统、电气监测系统、仪控系统智能化、智能安防系统、溢油监测、智能巡检和生产操控中心等方面。智能化建设系统框图如图 2 所示。

3　智能化建设实践

3.1　采油管理智能化

油田群油井采用电潜泵进行采油和注水。通过对这些井口进行电潜泵的数据采集、传输、在线监测、预警、故障诊断和生产优化研究，实现精细化管理，延长电潜泵寿命，提升经济效益。

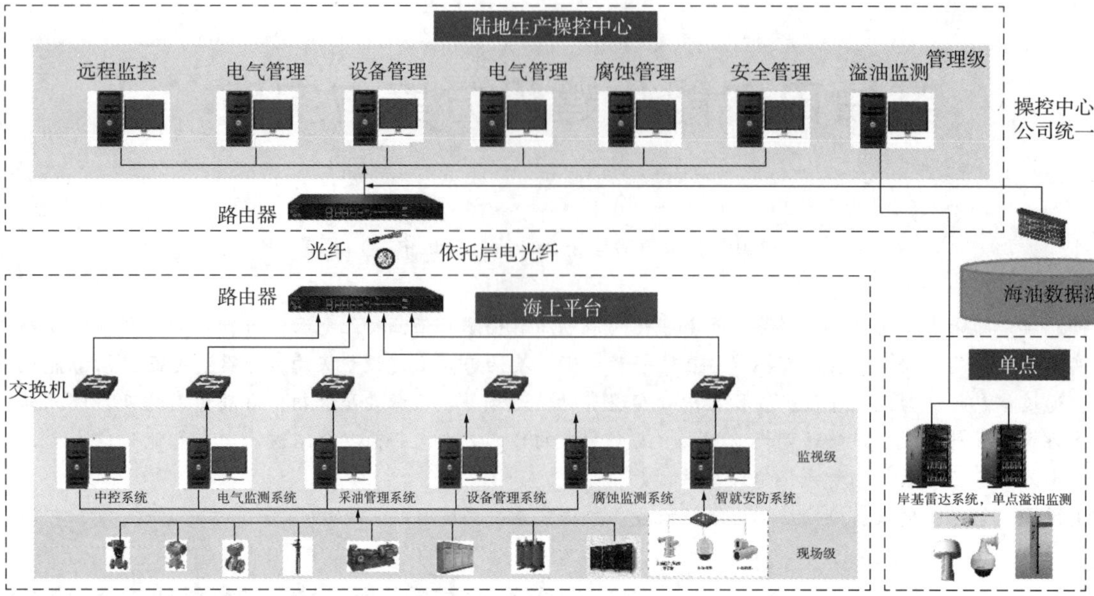

图2　智能化建设系统框图

（1）数据需求分析

根据电潜泵智能管理需求，对采油智能化的数据需求进行需求分析。数据需求分静态数据、动态数据、井下作业数据3部分，数据来源通过数据采集设备、开发生产数据库、Wellview数据库、人工录入获得。

图3中静态数据通过Wellview数据库或人工录入获得；动态数据主要通过数据采集设备或开发生产数据库获得；井下作业数据需通过人工录入获得。

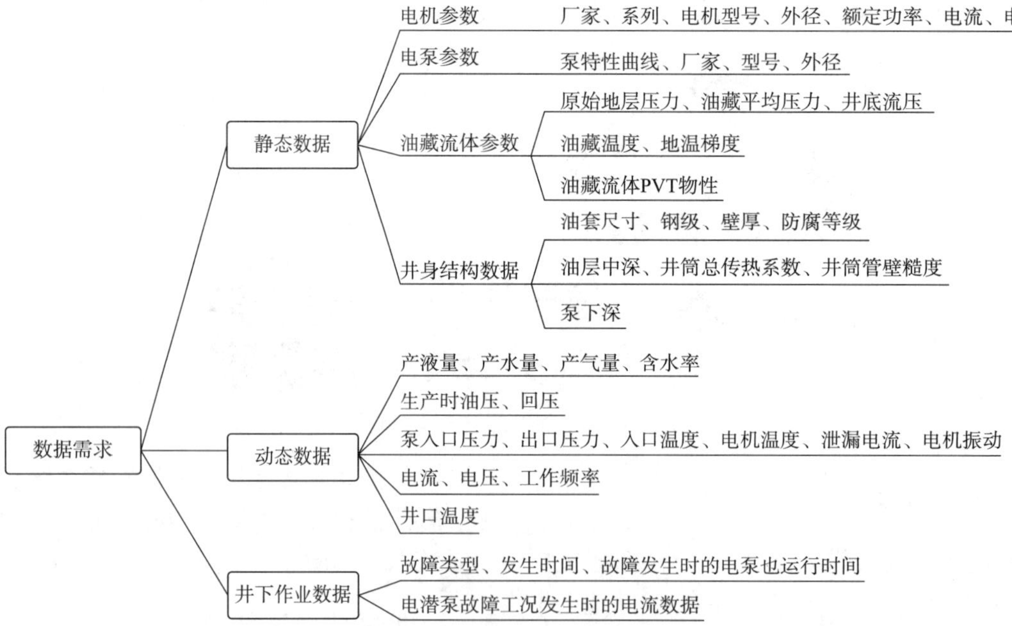

图3　采油智能化数据需求

（2）数据采集及控制设备需求

数据采集及控制设备根据动态数据采集需求需求进行配置。

图4中所列数据采集及设备在基础方案中进行配备，包括为所有油井增加套压远传变送器等，并且数据全部可以传送到中控。

3.2　机械设备智能化

针对关键机械设备（离心泵、离心压缩机）在线监测数据以及运行数据为基础，整合关键机械设备设备参数信息、巡检数据等信息资料，实现对关键机械设备的在线监测和故障预警，降低设备突发事故频率、减少非计划停工、缩短故障停机时间、降低维修费用。

在C平台设置注水泵在线监测系统，在终端处理站设置冷剂压缩机在线监测系统。并用设备管理系统软件，实现对平台/终端机械设备的一体化监测管理。以注水泵、注水增压泵、原油外输泵和冷剂压缩机在线监测数据及工艺数据为基础，整合设备参数信息、巡检数据等信息资料，对注水泵、注水增压泵、原油外输泵和冷剂压缩机进行在线监测、预警、诊断，控制中心通过人机结合对关键设备运维策略进行控制，全面掌握设备的状态信息。从而全面实现智能设备的数字化、智能化管理，实现设备全生命周期内的预测性维护和维修数字化。

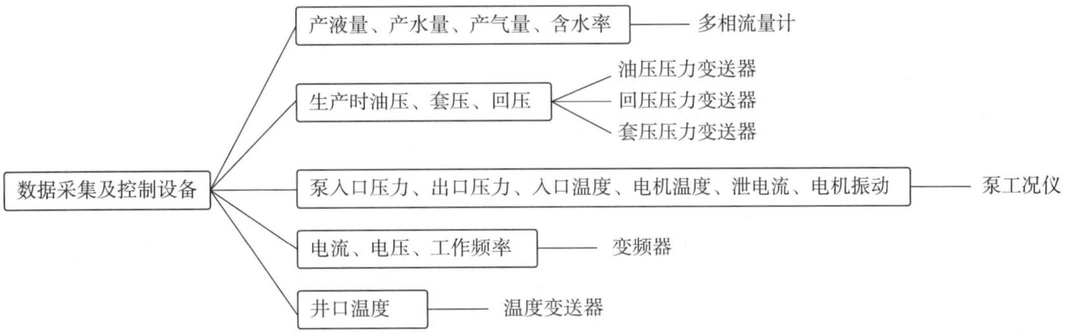

图4　数据采集设备需求

3.3　电气监测智能化

电气智能化以开关柜、变压器、蓄电池在线监测数据以及PMS部分电气设备运行数据为基础，整合电气设备参数信息、巡检数据等信息资料，实现对电气设备的故障诊断、状态评估、预知性维护的一体化监管，全面掌握关键电力设备的状态信息。

主要包括以下内容：变压器故障诊断、状态评估；中压开关柜温度监测、故障预警；低压开关柜温度监测、故障预警；UPS状态远程监视；海缆状态监测评估、故障诊断。

（1）软件配置，配置一套电气监测管理系统软件。

（2）硬件配置，电气设备智能化管理系统数据采集硬件配置如表1所示。

表1　硬件配置

名称	设备	硬件配置
A、B、C海上平台	变压器	主变压器加装局放传感器、并取出绕组温度
	中压开关柜	中压开关柜配置温度传感器，监测开关柜母排和盘柜出线接头温度。
	低压开关柜	1. 低压开关柜配置温度传感器，监测开关柜母排和盘柜出线接头温度。 2. 22kW以上设备配置绝缘在线监测系统，实现绝缘接地选线功能。
	UPS	电压、电流、功率、频率、绝缘等参数及报警具备远程传送功能(绝缘参数包括直流母排绝缘、110V/220V母排绝缘)
	就地控制盘	实现数据采集和发送功能
终端处理站	变压器	给变压器加装振动、局放和铁芯接地电流监测，并取出终端所有变压器绕组温度
	海底电缆	C平台至终端海缆配置在线监测系统。
	中压开关柜	中压开关柜配置温度传感器，监测开关柜母排和盘柜出线接头温度。
	低压开关柜	低压开关柜配置温度传感器，监测开关柜母排和盘柜出线接头温度。
	UPS	电压、电流、功率、频率、绝缘等参数及报警具备远程传送功能(绝缘参数包括直流母排绝缘、110V/220V母排绝缘)

此外，还需配置电气监测管理系统软件相应网络硬件，包括实时数据服务器、历史数据服务器、Web服务器、交换机、服务器屏柜、工作站等。

3.4 仪控管理智能化

实现台风后复产远程预热海管功能，减少台风后复产时间，提高生产时率；实现油田自动化水平和全面感知，实现智能仪表管理、减少人员干预过程，为后续阶段实现智能油田生产运营协同化、战略决策科学化提供数据基础，最终在油田生产的整个寿命周期内提高经济效益和控制水平。

（1）实现海管远程预热功能

为平台水源井增加远程开井功能，实现台风后复产提前远程预热海管功能。减少台风后的复产时间，提高生产时率。

① 电潜泵远程启动

建立电潜泵控制盘与中控系统的通信，实现电潜泵的远程启停控制。

② 水源井远程开井

在井口控制盘中为水源井配置可远程开井的单井模块，实现在远程操控中心对水源井单井模块的远程开启功能。

③ 关断阀远程复位

为实现海管远程预热功能，需实现海管入口关断阀的远程复位。为关断阀选用带远程复位功能的电磁阀。

（2）智能仪表管理系统

增加功能全面的智能仪表管理系统软件，实现对带有Hart协议的智能现场设备进行智能化管理。智能仪表管理系统具备以下功能：

① 系统组态：在线进行智能仪表组态修改，并记录相关事件；

② 在线状态监测与报警：在线监测与系统相连的智能仪表健康状态(如HART协议仪表，阀门定位器等)；在线诊断仪表故障信息(如仪表无反应、传感器老化故障、导压管堵塞等)；智能仪表报警检测组态，提供声光报警并在数据库中自动记录报警事件。

③ 数据库管理：数据库自动记录所有与智能仪表相关的事件，如：报警、组态修改、仪表故障等；

④ 校验管理：快速完成回路测试，连锁调试，并自动生成仪表状态报告，自动进行校验管理；

⑤ 阀门管理：对阀门定位器实现专家诊断分析功能，如：摩擦力以及死区变化分析，是否卡涩、阀门跟随特性、弹簧预紧力，阀杆行程、填料状况、阀座状况、阀门流通特性力等。

智能仪表管理系统的软、硬件配置如表2所示。

表2　软、硬件配置表

软硬件	设备	配置
硬件	现场仪表	选择带HART协议的现场仪表，如变送器、流量计等。
	操作站	在各平台中控室配置智能仪表管理系统操作站
软件	智能仪表管理系统软件(每平台配置一套)	

（3）火气探测系统与CCTV联动

中控火气探测系统与CCTV联动，实现现场火灾与可燃气泄露智能化探测与报警。能够自动对火灾位置进行定位，而无需人员进行逐个查找，提高应急响应速度。快速确认报警区域位置，第一时间通过视频监控得到报警区域的实际情况，极大降低现场确认的风险。

（4）设置OPC服务器

中控系统设置OPC服务器，为未来智能化应用预留数据接口。

3.5 腐蚀监测智能化

重点监测腐蚀的对象涵盖导管架、上部设施、设备、管线以及海底管道。腐蚀监测的目标是了解设备状态，掌握物流腐蚀情况，指导防腐措施。通过了解物流腐蚀特性，提前采取干预措施，预防事故发生；并指导并优化药剂添加，提高设备生命周期和整体性能。

（1）导管架的腐蚀监测

导管架浸入海水部分主要通过阴极保护进行防腐，防腐的效果可以通过监测导管架的保护点位进行评估。因此在导管架设置在线阴极保护监测系统。导管架阴极保护监测系统，可以实时监测导管架保护电位及牺牲阳极输出电流，并将电位和电流数值传回中控室腐蚀监测工作站，掌握导管架的保护情况。导管架阴极保护监测系统示意图及软件输出结果如图5所示。

（2）上部设施的腐蚀监测

上部设施的设备及管道的腐蚀监测可以通过设置腐蚀探针和挂片来了解物流的腐蚀速率。探针数据可以实时传输至中控室或陆上；腐蚀挂片需要定期进行拆装和实验室分析。上部设施设置的腐蚀探针数据代表了物流的腐蚀速率，可以实时上传到中控室腐蚀监测工作站，掌握到物流的腐蚀及设备和管线的腐蚀情况；挂片数据需要分析后上传，反应管线和设备的腐蚀情况，指导相应防腐措施。腐蚀挂片和探针的安装示意图如图 6所示。

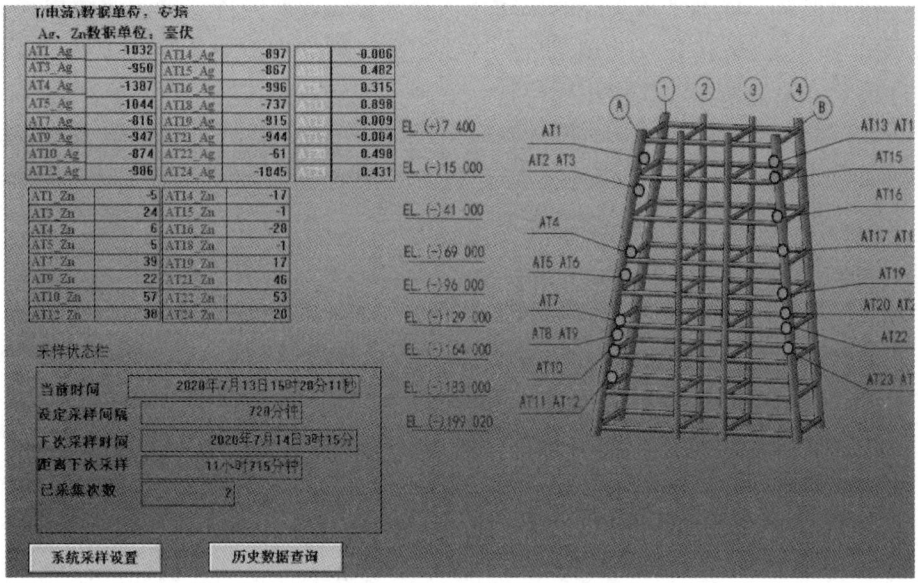

图 5　导管架阴极保护监测系统

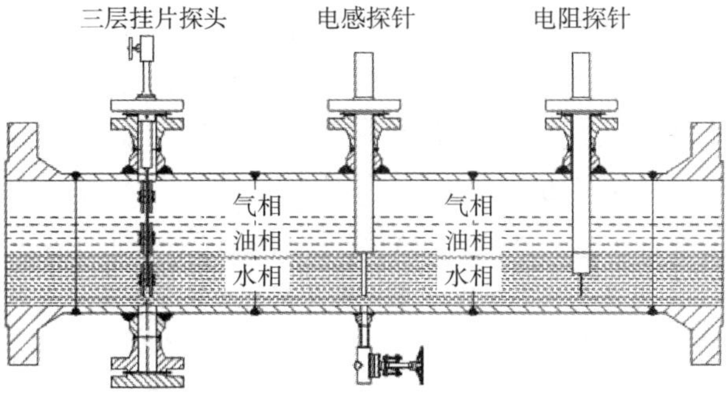

图 6　腐蚀挂片和探针示意图

（3）海底管道的腐蚀监测

海底管道在油气田生产中有重要的作用和影响。对海底管道腐蚀情况的监测目前采用在海底管道出、入口设置旁路式内腐蚀监测系统。旁路式内腐蚀监测系统的示意图如图 7 所示。

旁路式内腐蚀监测系统是在海底管道出、入口增加一段旁通段，在旁通段设置腐蚀挂片和探针等腐蚀监测装置，来实时监测海底管道物流的腐蚀情况。并可以方便定期拆开来观测管道内部的整体腐蚀情况，用来指导海底管道的防腐措施。

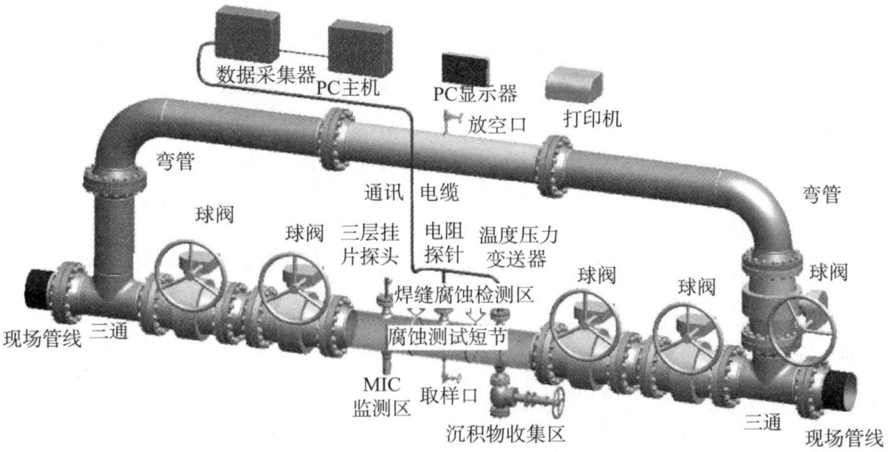

图 7　旁路式内腐蚀监测系统示意图

3.6　智能安防与溢油监测智能化

建立可靠有效的通信传输链路，并采用视频监控一体化集成技术，实现防非法侵入、溢油监测等场景的监视、报警及联动机制，做到事前预警/处理、事后追踪/取证，保证生产设施的安全生产。

（1）平台安防与溢油监测方案

在平台上设置 IP-CCTV 系统，对平台上的生产和安全情况进行监视，以及实现防溢油、防入侵报警等功能。IP-CCTV 进行一体化设计，将生产安全视频监视、溢油监测、入侵识别等智能软件嵌入 CCTV 主系统中，由中控室值守人员统一监控。

利用智能分析软件，如行为分析、溢油监测分析、人脸识别等软件进行监测、记录、分析及报警；并与火气系统联动，提高智能化监视能力。

视频信号可通过网络传输到陆上生产操作中心，信号传输采用视频压缩技术，在保证视频图像质量的前提下进行实时编码压缩，减少传输带宽占用。平台智能安防系统软硬件配置如表 3 所示。

表 3　平台智能安防系统软硬件配置表

软硬件	配置	
软件配置	多功能视频监控软件(具备行为识别、溢油监测、火气联动、人脸识别功能)	
硬件	平台防入侵监视	导管架登陆处附近设置红外夜视摄像头及扬声器
	平台溢油监测	海上平台四个方向增加溢油监测摄像头
	现场摄像头、服务器、监控大屏幕等	

（2）单点智能监测及溢油监测

设置单点位移和震动智能监测系统，智能阀门管理、多功能视频监控及压力监测系统，保证单点安全及操作便利。

设置岸基溢油雷达测量系统：在岸边安装溢油雷达监测系统，通过雷达不断扫描监测海区，可有效监测单点至岸边、单点至保护区的海面溢油情况，能克服夜间及恶劣天气，全天候监测海区溢油状况，发现并测算溢油面积及时预警；在岸边无遮挡区域架设一台溢油雷达，配置 2 套视频跟踪，摄像头和溢油雷达配合，当溢油雷达发现溢油目标时，摄像头自动进行跟踪监视。溢油雷达接入 GPS、风速风向仪的数据，可以进行溢油扩散的预测。系统供电采用岸电，溢油监测数据通过网络回传陆地终端。

单点溢油监测系统：在转台甲板上安装一套海面溢油监测传感器。可自动探测出水面上是否含油。溢油监测传感器连接数据采集器，监测数据通过网络回传陆地终端。单点溢油监测系统软硬件配置如表 4 所示。

表 4　单点溢油监测系统软硬件配置表

软硬件	配置	
软件配置	溢油监测系统 1 套	
硬件	岸基雷达溢油监测	溢油雷达 1 套、水上摄像头 2 套、风速传感器 1 台，风向传感器 1 台
	单点溢油监测	溢油监测传感器、数据采集器

3.7　智能巡检

采用智能巡检、移动巡检等方式，提高海上平台与终端的巡检质量与效率，减少操作人员工作量，保证生产设施的安全生产。为海上平台与陆地终端的无人化及少人化打下基础。

在平台设置智能巡检系统，利用摄像头及智能视频分析软件，实现平台一键巡检功能。在单点设置无人机巡检，实现对单点及单点附近海管溢油监测。在终端设置智能巡检系统，利用摄像头及视频分析软件，实现终端一键自动巡检功能；设置移动防爆巡检终端以及移动巡检系统，提高巡检效率；设置云抄表系统，实现其现场仪表数据的自动识别及上传。

3.8　边缘数据中心

设置边缘数据中心，分别实现三个平台以及终端的数据采集、边缘计算以及存储。数据采集及流向如图 8 所示：

3.9　生产操控中心

操作中心中集成中控系统、采油管理、设备管理、电气监测、仪表管理、腐蚀监测、智能安防等功能。

在陆地生产操控中心配置海上平台的远程操作站及数据服务器，通过光纤通信，可以在陆地实时监视油田生产、安全信息。为防止误操作，为远程操作站设置权限，正常情况下操作站只能看不能控。群陆地生产操控中心架构及数据流如图 9 所示：

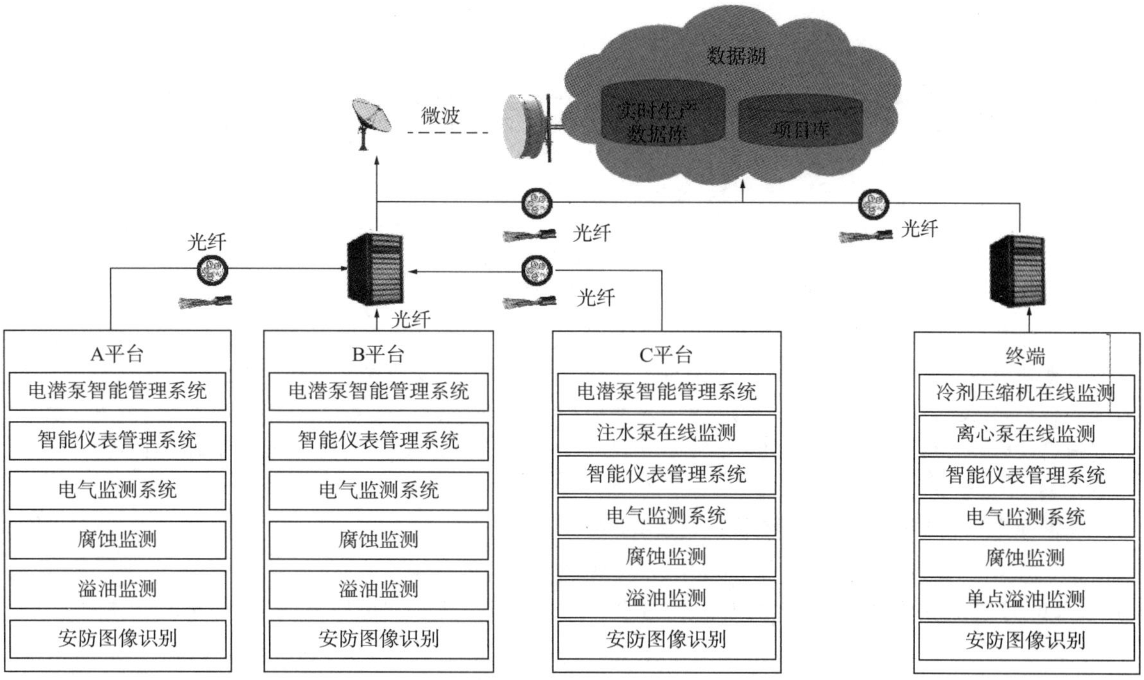

图 8　数据采集及流向

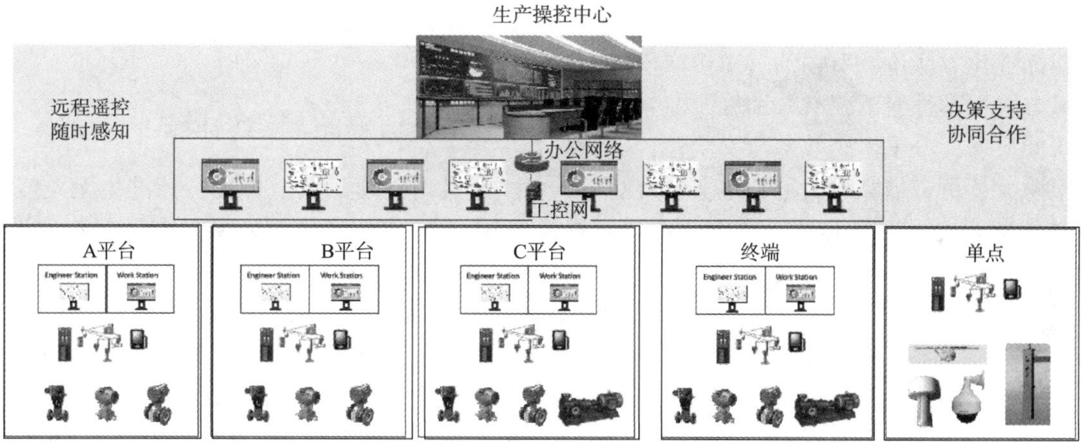

图 9　陆地生产操控中心架构图

4　总结

数字化转型是新建油田项目的必然趋势，本项目在建设同步统筹考虑智能化方案，具有示范意义。智能化建设带来的经济效益主要体现在提高安全可靠性和生产时率、降低维护和管理成本，以及方便操作管理、提高工作效率。通过智能化手段，可以分析可靠性和风险，提高设备与系统的可靠性，减少非计划停机时间和安全事故，降低生产运营风险，保证生产安全平稳。同时，智能化手段还能监测现场生产与设备状态，合理安排检维修计划，降低事故损失和管理成本。此外，智能化还能改善人员工作条件，降低作业危险，提高信息采集和报送效率，减少巡检工作量，实现精细化操作。

参　考　文　献

[1] 刘烨．海上油气田仪控系统智能化方案[J]．化工设计通讯，2023，49(2)，38-44.

[2] 高健祎，安鹏，曲晓慧，等．海上油气业务智能化发展趋势分析[J]．海洋工程装备与技术，2019，6(S1)：442-445.

[3] 陈雨强．海上平台配电柜智能数据采集技术研究与应用[J]．石化技术，2020，27(02)：40+27.

[4] 黄珂，提浩，刘雨露，等．海上无人驻守平台智能巡检机器人的应用[J]．化工管理，2021(34)：86-88.

塔里木油田无人值守建设实践与认识

王　辉　杨　洋　魏仲瑞　刘　伟　安　璐

（中国石油塔里木油田公司）

摘　要　在油气田数字化转型和智能化发展的新业态下，无人值守已成为行业趋势，本文系统地总结了塔里木油田在实施无人值守理念和实践经验，介绍了无人值守站场的建设模式，包括标准化设计、施工验收的标准化流程，以及针对新建站场和老旧站场的无人值守改造方法，探讨了无人值守运行模式，说明了如何通过远程监控、巡检和应急值守，逐步实现从有人到无人的转变，对整个油气行业具有示范作用和借鉴意义。

关键词　无人值守；数字化；巡检；智能化转型

在无人值守理念引领下，塔里木油田历经多年的不懈探索与实践，大力推进单井数据采集完善和中小场站向无人值守模式的转型与改造，，初步探索大型天然气处理站站和联合站的无人值守改造和运行，形成了一套可复用的无人值守全生命周期标准化方法论，引领油气田生产模式变革和组织方式根本性变革，有效助推企业管理和技术创新，显著提升了生产效率与安全性，还为整个行业树立了可资借鉴的典范，本文系统总结无人值守的建设模式、关键技术和改造标准方法，对行业具有一定的借鉴意义。

1　背景

塔里木油田油田身处沙漠戈壁，工作区域点多、线长、面广，自然环境恶劣，依托条件差，有人值守场站制约安全效益生产的矛盾日益凸显，有人值守场站主要存在以下不足：

（1）工作效率低。有人值守场站自动化程度低，依靠人员手动操作，员工劳动强度大，同时站场、单井无法统一监控，生产协调依靠人工沟通，工作效率低，协调协同性差。

（2）生活保障差。无人值守点条件差，员工就餐休息得不到保障，生产质量不高，员工幸福指数低

（3）运行成本高。值守点分散，交通不便，后期保障费用高，所需现场人员多，操作运行维护费用高，与现代化大油气田的要求不匹配

（4）运行风险高，油气生产现场人员多，安全风险较大，人工定时巡检难以保证故障及时发现，同时夜间值守存在安保维稳风险。

塔里木油田统筹整个无人值守生命周期，兼顾产能建设与旧装置改造，归纳一套无人值守设计建设模式和运行管理模式，提炼老旧站场无人值守改造法，总结九大关键技术，探索无人值守设计标准，沉淀出一套实践做法系统解决无人值守难题。

2　无人值守站场建设模式

针对新建站场通过推行标准化无人值守设计和施工验收标准化，确保无人值守站建设既“标准”又“优化”。

2.1　标准化无人值守设计

塔里木油田推行标准化设计、模块化建设、动态化管理，固化工艺技术路线，总结典型经验，形成具有塔里木特色、代表塔里木水平的工程设计规范，在标准化设计中融入无人值守设计理念，固化油田无人值守建设经验形成企业标准做为设计必选标准，推行单井、中小站场标准化设计，以工艺、自控、电力、通信等各专业为抓手做出具体要求，解决无人值守制约关键点，杜绝无人值守运行隐患，确保新建单井和中小型站场满足无人值守。

无人值守站场应当以远程调控运行、无人值守、有人巡检的模式运行，应当具有完善的数据收集监控、全面的自动控制系统、较强的自控逻辑、完备的故障检测和预警系统、较高的工艺安全保障体系，满足逻辑控制和保护控制需求。因此在工艺方面要设计有完善的工艺流程和事故处置流程，确保提升装置本质安全，自控方面要有完善的数据采集上传、合理的自动控制逻辑、可

靠的联锁保护，为实现无人值守提供先决条件，通信方面要有可靠的远程数据传输链路、通讯对讲系统，为远程控制保障通讯基础，电力方面要有足够的UPS电源后备时间，保障停电后有足够的应急处置时间，为提高安全性，还配套足够的火焰/可燃气体监测、视频监控、周界告警、自动消防系统提升运行安全系数。

2.2 施工验收标准化

以《油气田地面建设标准化管理手册》为遵循，充分发挥标准化监理作用，推行《地面建设标准化施工技术手册》，确保每一项施工操作都有标准可依、每一项每一个环节都有章可循，同时针对施工制定了工艺、设备、自控、电气设备验收及施工质量把控清单，从入厂验收、施工安装全面对照把控，确保按图施工、按标准施工，保证无人值守站场建设高质量完成。

3 无人值守改造工作法

根据“新建产能区块不欠新账、已建产能区块不断完善”的建设原则，通过无人值守改造六步工作法对已建站场进行无人值守改造，全面实现中小站场无人值守。在这过程中，要全面考虑无人值守改造要点，确保无人值守改造的技术条件、安全要求、安防要求均得到满足，技术条件方面要从数据实时准确、关键动设备远程启停、常规操作自动化方面着手，通过增加关键数据远传、机泵远程启停建设方案、远程控制等方式实现，从而夯实无人值守的基础功能；安全要求方面要关键设备、场所增加视频监控实现监控全覆盖，增加自控阀门和参数联锁保障可靠的紧急判断，通过保障电源(如UPS扩容、双电源)和气源(增加仪表风储罐、空压机)等增强配套设施可靠性，通过分析是否需要增加紧急放空流程来减少事故损失，通过以上几点保障无人值守的安全；在安防要求方面，要考虑利用周界报警、周界视频监控、远程喊话、智能门禁等功能对进入现场人员进行管控，防止无关人员、动物、物体侵入无人值守场所不能及时发现。

3.1 精准分析现状，找准制约因素

全面梳理有人值守现场站场情况，找到无人值守风险点及制约点。首先是要梳理有人值守现场站场“硬件情况”，如控制系统、通讯传输、工艺流程、设备设施的配置和应用存在的问题情况，从而针对性开展改造，夯实无人值守改造硬件支撑。其次梳理有人值守场站“软件情况”，探寻改造工作点，例如日常运行和维护具体工作量，对站场运行、岗位设置、操作频次等的调查，将人工频繁操作和高压、危险区域工作改为自动控制完成，实现远程管理和自动操作，助力无人值守。

3.2 开展工艺优化简化，精简实施对象

坚持先优化简化再无人值守。开展无人值守站场改造也是一个数字化油田建设的过程，首先需进行地面系统优化调整，精简改造的实施对象，避免站场的后续关停并转造成改造的浪费。通过工艺简化减少地面设备，降低地面系统运行能耗、提高地面系统运行负荷率，为建设高效益、低能耗数字化油田创造条件。

3.3 精准分析现状，找准制约因素

开展工艺安全分析作为工艺自控设计的基础。在实施无人值守改造之前要开展工艺安全分析，查找隐患风险，确定降低风险的要求和措施等内容，探讨改造工艺过程的合理性、自动化仪表及系统设置的科学性、其他配套设施的完备性。对于设置SIS系统的场站，根据工艺安全分析结果级进行安全完整性等级评估，确定控制系统及检测仪表的设置方案，从而为无人值守改造提供相对完备的方案。

3.4 提前谋划方案，实施工艺设备改造

通过工艺改造确保生产安全运行实施工艺设备改造，确保无人值守本质安全，主要应当做好以下措施：

(1) 在工艺安全分析后，对工艺流程、阀门、管道、设备、容器等不符合无人值守安全要求的设备设施制定相应的处置方案，例如更换、提高安全等级等，确保装置本质安全。

(2) 分析生产工艺出现故障时应该具有的事故流程，并确定改造措施，从而设置合理的超压放空和紧急泄放等手段。

(3) 根据控制中心与无人值守站场的距离，合理计算确定应急处置所需时间，采取增加事故罐增加仪表风储量、增加UPS续航时间、切断流程、紧急放空等方式，为事故状态下争取更多的应急时间

3.5 完善数据传输、优化数据采集

完善数据传输、优化数据采集，确保无人值守站场具有完善的数据收集监控、全面的自动控制系统、较强的自控逻辑、完备的故障检测和预

警系统，主要从以下几方面着手：

（1）根据需要增加检测点和控制回路，通过增加数据远传、远程控制、自动控制等方式提高现场自控水平

（2）强化联锁保护措施，根据SIL分析和工艺分析设置安全联锁，采取升级仪表回路等级、冗余设置仪表、冗余设置控制系统、增加联锁保护等方式，确保自控系统的高安全性和高可用性，为油田中小型站场的无人值守操作模式打下坚实的基础。

（3）完善改造数据传输通信系统，搭建数据传输高速公路，确保无人值守场站数据能够稳定传输到控制中心集中监控。

3.6 强化辅助保障措施

通过强化辅助保障措施，让无人值守站场能够安全运行，可以从以下几点开展工作：

（1）优化视频监控系统，实现生产装置“可视化”。实现主要装置区、关键动设备、关键节点监控覆盖，消除监控盲区，实现站场状态远程“可视”。

（2）通过在站场周边设置周界入侵报警系统、语音广播系统、智能门禁系统，解决无人值守站场非法入侵问题，为站场无人值守提供更深层面的防护。

（3）完善无人值守管理配套，从制度、人员、组织机构等方面进行转型，在软件上达到无人值守要求。

（4）在有条件的情况下可以采取智能化手段进一步提升安全水平，如云台激光可燃气体检测、红外可燃气体检测、声波分析报警、自动消防系统、巡检机器人等。

（5）井站场软硬件达到无人值守条件后，分阶段组织有人值守向无人值守模式转变，推动提升人员能力适应新需求。

4 无人值守运行模式

随着着之人值守建设的推进，现有运行模式也必须与时俱进，在无人值守运行中要管理打破传统运行思维，在保障安全生产的前提下允许有紧急停车的容错机制，根据适应期、发展期和稳定期的不同要求，有序转变运行模式，分阶段逐步实现有人值守向无人值守转变。

4.1 适应期

该阶段运行模式主要是远程监控+全天现场巡检+全天应急值守，此阶段除了集中监控点进行监控、调节，保留现场操作、巡检值守人员，生活配套设施及安保人员暂时不进行调整，现场办公及生活设施保留，为应急值守人员提供后勤保障，逐步适应远程操控。

4.2 发展期

该阶段运行模式主要是远程监控+白天巡检+夜间应急值守，主要做法是在提升设备本质安全前提下，较第一阶段取消全天现场值守，改为白天巡检、夜间值守，逐步取消现场生活设施。

4.3 稳定期

该阶段运行模式最终转变为远程监控+走动巡检操作，遇特殊情况组织维护力量现场抢修，现场不再具有后勤保障。各专业工程师组织开展一体化专业巡检，站队长及工程师轮流带领巡检班组开展操作、巡检工作，现场协调解决生产问题，其余在K站办公；自动化、电力运维人员与K站合并使用，参与走动巡检工作；主岗在K主控室监屏、调整；副岗分为三个班组，一组负责Z站操作巡检，二组负责单井操作巡检，三组负责维护，三个班组轮流开展相关工作，夯实井站内外技能，初步具备综合运行能力；

该阶段实现井站一体化高效运行、新型采油气作业区初具雏形，在第二阶段的基础上，作业区集采输处注多项任务功能为一体，井站智能化水平进一步提高，各岗位人员融合掌握采输处注知识，综合能力得到提升，人员需求、劳动强度降低，打造少人高效的新型采油气作业区模式。

在此阶段，主控室监屏操作逐步交由K站进行，Z站运维人员取得采气工、天然气净化工等职业技能证件，。合理调配巡检人员及周期，将巡检组优化为一组，由各专业工程师组织开展一体化专业巡检，引进无人机、巡检机器人对矿权、输水管道、处理站现场进行巡检，降低巡检强度、提升巡检质量。同时人员综合能力提升的情况下，优化人员数量，配套相应岗位定级，提升人员薪酬待遇。

5 结论

2020年以来，塔里木油田应用无人值守设计建设模式和运行管理模式，全面实施中小站场无人值守改造，数字化率和无人值守率等先进指标稳步提升，形成宏观、微观两大变化，驱动地

面数字化建设新变革、生产管控模式新变革、组织管理模式新变革，实现“三减三降三提”，从宏观指标看，油田指标不断提升，为建成世界一流现代化大油气田奠定基础，从员工微观感受而言，工作环境改善明显，员工从野外到集中监控室，从“蓝领”变“白领”，提升员工幸福指数，具有较好的推广意义和价值。

参 考 文 献

[1] 王辉，塔里木油田某天然气处理站智能化无人值守建设实践[C]//2022 中国油气田与长输管道无人值守站建设技术交流会论文集，成都：2022：93-96.

[2] 安璐．油田无人值守转型的全过程标准化管理[C]//2022 中国油气田与长输管道无人值守站建设技术交流会论文集，成都：2022：305-308.

[3] 马倩倩，董常龙，李光让．数字化无人值守天然气场站建设探讨及实践[J]．油气田地面工程，2024，43(04)：63-67.

[4] 姚刚，杨午阳，吴海莉．油气生产物联网技术标准研究与应用[J]．中国标准化，2024(04)：132-136.

[5] 李秉军，刘玉芳，刘贵强，等．油田站场无人值守模式的推广应用[J]．石油石化节能，2023，13(01)：54-58.

浅议 EIT 小屋在油气无人场站中的应用

徐志斌　焦亚龙　张伟峰　范　明　李　猛

（中国石化中原油田分公司油气储运中心）

摘　要　油气行业中，无人站和少人站正逐渐得到广泛的推广与应用。场站中的设备多以撬装形式呈现。其中一些场站更是具备快速搬迁、流动生产的特点。在此类场站中，电气、仪表自动化以及通讯的保障是至关重要的内容。采用集成设计的 EIT 小屋，能够更好满足无人化、少人化小型场站的需求，特别在一些处于偏远的沙漠、戈壁等地区，以及需要经常搬迁的场站更适合采用 EIT 小屋提供电仪讯功能，本文深入探讨了 EIT 小屋的集成思路，并以案例的形式展现了 EIT 小屋在现场的实际应用，对其今后在油气行业无人站、少人站中的推广应用进行了分析，为相关场站的改造与新建提供了借鉴。

关键词　EIT 小屋；无人值守场站

1　油气场站电仪讯设备的传统搭建方式

1.1　常规场站的设计

在未采用 EIT 小屋设计模式的场站中，通常会依据电仪讯设备的功能与作用，将其分别安置于不同的房间。以一个天然气输气场站为例（图 1），从右至左依次为门岗、控制室、自动化机房、通讯机柜机房、UPS 机柜间、UPS 电池间、低压配电室以及阴极保护间。这种传统的设计方式具有一些优势。

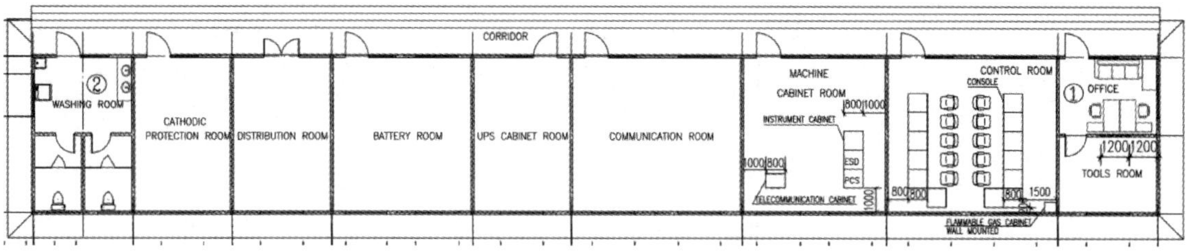

图 1　未采用 EIT 小屋设计模式的天然气场站

不同功能的设备分置于不同房间，使得各设备的布局更加清晰有序。例如，控制室作为核心操作区域，与其他设备房间合理分隔，为操作人员提供了相对独立且安静的工作环境，便于他们集中精力进行输气过程的监控与调度。

功能性极强。每个房间都针对特定设备的需求进行设计，能够充分满足设备的运行条件。自动化机房为自动化控制系统提供了稳定的运行环境，确保对输气工艺的精确控制；通讯机柜机房则专门用于安置通讯设备，保障场站内外的信息传输畅通无阻。

设备之间受干扰小。通过分房间设计，不同类型的设备之间的电磁干扰等影响得以有效降低。例如，将 UPS 机柜间与 UPS 电池间分开设置，可以避免电池产生的磁场对 UPS 设备的正常运行造成干扰。同时，对于涉及高压电供电的部分，专门设计变压器室，进一步确保了电力供应的稳定性和安全性，同时也减少了高压电对其他设备的潜在影响。

1.2　EIT 小屋的设计方式

采用 EIT 小屋的设计方式，将电气、仪表自动化、通讯、暖通等高度集成在一个可吊装的小屋内，EIT 小屋通常集成了以下设备，各自发挥着重要作用：

1.2.1　电气设备

1.2.1.1　开关柜

对电源进行分配和控制，将上级电源引入后，根据不同设备的用电需求进行合理分配。可以实现对电路的通断控制、过载保护、短路保护等功能，确保电气系统的安全稳定运行。例如，在油田场站中，开关柜可以为各类生产设备、照明系统等提供可靠的电力供应，当出现过电流等异常情况时，及时切断电路，防止设备损坏和事故发生。

1.2.1.2　变压器

改变电压等级。将输入的高电压转换为适合场站内部设备使用的低电压，或者将低电压升压后进行远距离传输。在油田场站中，变压器可以将来自电网的高压电转换为适合仪表、通信设备以及其他低电压设备使用的电源，保证设备正常工作。同时，也可以将场站内部产生的电能进行升压后传输到其他区域，实现电力的高效利用。

1.2.1.3　不间断电源(UPS)

在主电源出现故障或波动时，为关键设备提供不间断的电力供应。在油田场站中，一些重要的仪表和通信设备需要持续稳定的电源，UPS 可以确保在电网停电、电压波动等情况下，这些设备仍能正常运行，避免数据丢失和通信中断，保障场站的生产监控和调度系统不受影响。

1.2.2　自动化机柜

1.2.2.1　PCS 系统

PCS 系统具有高度的精确性和稳定性。它能够实时监测和控制生产过程中的各种参数，如温度、压力、流量等，确保生产过程始终在最优状态下进行。通过先进的传感器和控制器，PCS 系统可以精确地采集数据，并根据预设的控制策略迅速做出调整，从而保证产品质量的稳定性和一致性。

1.2.2.2　SCADA 系统

SCADA 系统具备强大的数据采集能力。它能够实时采集场站中各种设备的运行数据，如压力、温度、流量、液位等，以及电气参数、仪表自动化数据等。通过高效的数据采集网络，这些数据被迅速传输到中央控制室，为操作人员提供全面、准确的现场信息。

1.2.2.3　火气系统

火气系统具备强大的监测功能。它能够实时监测火灾和可燃、有毒气体的泄漏情况。通过先进的传感器网络，火气系统可以迅速感知温度、烟雾、火焰以及各种气体浓度的变化。在油气场站等危险区域，任何一点异常都可能引发严重的安全事故，而火气系统就如同一位警惕的守护者，时刻保持着敏锐的洞察力。

1.2.3　通信设备

1.2.3.1　工业以太网交换机

构建场站内部的通信网络，实现设备之间的数据交换和通信。工业以太网交换机具有高可靠性、抗干扰性强等特点，能够适应油田场站恶劣的工作环境。在 EIT 小屋中，以太网交换机将电气设备、仪表设备以及其他自动化设备连接起来，形成一个统一的网络系统，实现数据的快速传输和共享。例如，仪表采集到的生产数据可以通过以太网交换机传输到监控系统，供操作人员实时查看和分析；控制指令也可以通过网络快速下达给执行设备，实现远程控制。

1.2.3.2　无线通信模块

实现与外部系统的无线通信，如与远程监控中心进行数据传输。在一些油田场站中，由于地理位置偏远或布线困难，采用无线通信模块可以方便地实现数据的远程传输。例如，通过 GPRS、4G 或 5G 等无线通信技术，将场站的生产数据实时传输到总部的监控中心，以便管理人员及时掌握生产情况，做出决策。同时，无线通信模块也可以接收远程控制指令，实现对场站设备的远程操作和管理。

1.2.3.3　通信服务器

对通信数据进行管理和处理，实现数据的存储、转发和协议转换等功能。通信服务器作为通信系统的核心设备，负责接收来自各个设备的通信数据，并进行分类存储和处理。它可以将不同协议的通信数据转换为统一的格式，方便其他系统进行读取和分析。例如，将仪表设备采用的 Modbus 协议数据转换为 OPC 协议，以便与监控系统进行集成。通信服务器还可以实现数据的转发功能，将重要数据发送到远程监控中心或其他相关系统，实现信息共享和协同工作。

1.2.4　其他设备

1.2.4.1　暖通设备

在油气行业的场站中，暖通设备也起着重要的作用。在控制室、自动化机房等关键区域，合适的温度和湿度对于设备的正常运行至关重要。暖通设备可以确保这些区域的环境条件始终处于设备要求的范围内，提高设备的可靠性和稳定性。

1.2.4.2　安防设备

门禁控制系统则为特定区域的安全提供了更精准的管理。通过刷卡、指纹识别、人脸识别等方式，门禁系统可以严格控制人员的进出。在油气场站的控制室、重要设备间等关键区域，门禁控制系统可以确保只有授权人员才能进入，从而提高了安全性和保密性。

2　EIT小屋的优缺点

2.1　EIT小屋的优点

2.1.1　集成化设计

把电气、仪表、通讯的设备及相关系统整合在一个小屋内，实现了空间上的集中布局，方便管理与维护，减少了设备分散布置所需的占地面积。例如，在一些油田场站中，原本电气设备、仪表装置和通讯设施可能分布在不同区域，现在统一集成在EIT小屋中，使场站的布局更加紧凑合理。

2.1.2　工厂预制与调试

在工厂内完成设备的集成安装和相互之间的连接线作业，同时进行联合调试，这样可以提前发现和解决可能出现的问题，确保系统的稳定性和可靠性。相比在现场进行安装和调试，工厂环境更有利于保证质量和提高效率，减少现场施工的不确定性和复杂性。

2.1.3　整体运输与吊装

集成调试好后的EIT小屋整体运输到施工现场，采用吊装方式安装于提前预制的设备基础上，完成现场安装。这种方式大大缩短了现场安装的时间和工作量，降低了现场施工的难度和风险，尤其对于一些偏远或环境恶劣的油田场站，优势更为明显。

2.2　EIT小屋的缺点

2.2.1　散热问题

EIT小屋集成了较多电气设备，这些设备在运行过程中会产生大量热量。如果小屋的散热设计不合理或散热措施不足，可能导致内部温度过高。高温会影响电气设备的性能、可靠性和使用寿命，增加设备故障率，甚至可能引发设备损坏或安全事故。

2.2.2　空间限制

小屋的空间通常相对有限，这可能对设备的布局和安装造成一定限制。过于紧凑的布局可能会影响设备的维护和检修操作空间，增加维护难度和时间成本。并且在有限空间内集成多种设备，可能存在电磁兼容性问题，即不同设备之间的电磁信号相互干扰，影响设备的正常运行。

2.2.3　维护复杂性

由于集成了电气、仪表、通讯等多种不同类型的设备，维护人员需要具备多方面的专业知识和技能，才能对小屋内的所有设备进行有效的维护和故障排除。这对维护人员的素质和能力要求较高，企业可能需要投入更多的培训成本来确保维护人员具备相应的能力，同时也增加了维护工作的复杂性和难度。

2.2.4　成本较高

EIT小屋的建设和设备集成需要较高的成本投入。包括小屋本身的建设费用、各类电气、仪表和通讯设备的采购费用、以及设备安装和调试等费用。而且，为了确保小屋的正常运行和设备的可靠性，可能还需要配备备用设备或冗余系统，这进一步增加了成本。

2.2.5　升级改造难度大

随着技术的不断发展和更新，电气、仪表、通讯设备可能需要进行升级或改造。然而，由于EIT小屋的集成性和复杂性，对其中部分设备进行升级改造可能会涉及到整个系统的兼容性和协调性问题，导致升级改造的难度较大，甚至可能需要对整个小屋的系统进行重新设计和改造，增加了升级改造的成本和工作量。

3　EIT小屋的的应用案例

3.1　某国外油田的EIT小屋设计

某国外油田在开发设计阶段就确定了所有井场按照无人场站进行设计，该油田开发共有33个井场，每个井场的电气、自动化控制间采取了可移动的集装箱小屋，该小屋长度为25米，宽度为5米，内部分为了高压控制区域、低压配电区域、仪表和通信区域、UPS区域、暖通区域，(图2)该EIT小屋变压器在小屋外设立，采用遮阳棚进行保护，但是高压的控制柜都在EIT小屋内，小屋内部设有独立的火气系统，以保证内部的安全，EIT小屋的UPS电池组采取了外部悬挂设计，节约了空间。中间过道将小屋分为两个半区，上半区为低压配电柜，可以控制整个井场的电气设备，下半区为自动化控制柜和2个通信柜，所有的信号均可以通过远传至调控中心，该EIT小屋内不设置值班人员，也不设置操作员站或者液晶显示屏，日常运行完全依靠自动化对整个井场进行生产指挥，(图3、4)。

3.2　中原油田调剖调堵作业

中原油田油气储运中心承担着油田油水井措施调剖调堵的重要生产任务。油水井措施调剖调堵工艺需按照特定要求，将各类不同的药剂借助配药装置进行熟化工艺处理(调配)，再通过注入装置依照一定剂量要求注入至井下，从而达到调整吸水剖面、增强驱油能力并实现增产的目的。

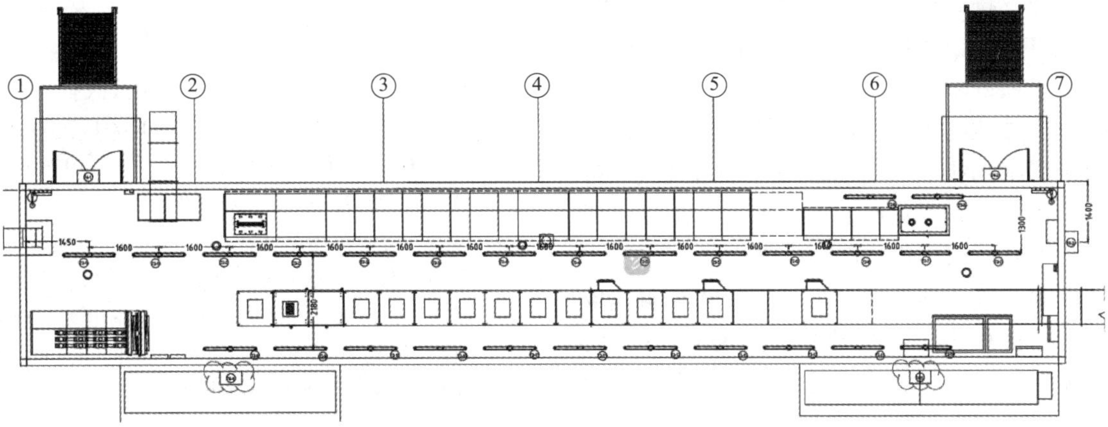

图 2　EIT 小屋平面布置图

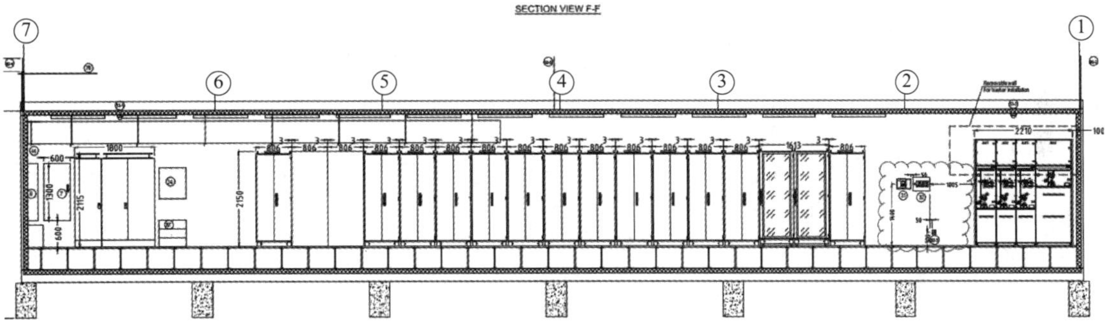

图 3　EIT 自动化和通信机柜布置图

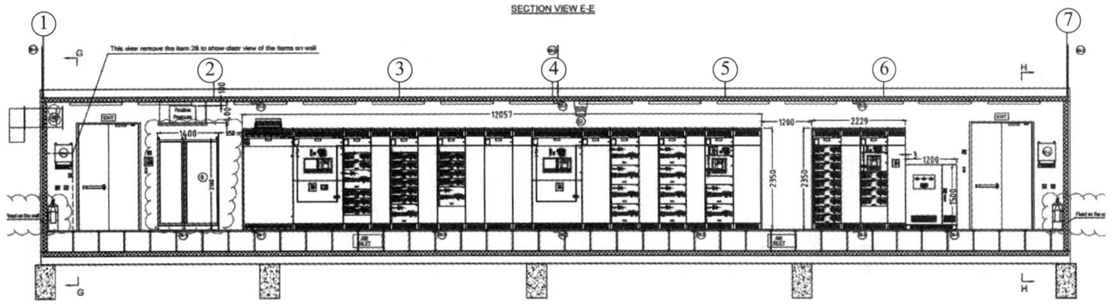

图 4　EIT 小屋低压配电柜布置图

该生产工艺呈现出点多、线长、面广的显著特点。随着生产工艺的持续变化，作业设备需要频繁进行井场搬迁。在以往的生产模式中，主要依赖机械生产以及人员值守。近些年来，油气储运中心完成了大多数装置的自动化改造(图 5)，正朝着区域化管理和无人值守场站的方向迈进。在这一变革进程中，EIT 小屋无疑成为关键所在。目前场站已实现了电、仪、讯以及工业监控电视的集成，实现了场站信息的远程监控以及注入泵组的自动控制功能。下一步，将对上料装置以及药剂的熟化过程进行高度自动化改造。随着EIT 小屋功能的不断强大，无人值守的场站必将逐渐普及开来。

图 5　油水井措施调剖调堵生产装置

4　结论

传统油气场站设计中，采用了土建的方式建设场站，将电仪讯按照功能不同布置在不同的房间，降低设备干扰，提高了设备的安全稳定运行，保证了员工的工作环境的优越，随着无人场站、少人场站的推行，有些场站呈现出搬家多，临时性的特点，高度集成的 EIT 小屋，在一个房间内设计了电、仪、讯的所有功能，具有便于移动、建设期断等方面表现出色，为天然气输气场站的稳定运行提供了坚实的基础。集成化设计，工厂化预制，易于吊装移动的优点，该方式更适合无人站、少人站的油气行业使用，可在油田内推广使用。

参　考　文　献

[1] 杨艳峰，宋丽梅，刘磊，等．集成式自动控制小屋[J]．仪器仪表用户，2013，000(004)：60-61.

[2] 陈泽标．一种分析仪表小屋：CN201720734843.3[P]. CN206917327U[2024-08-28].

[3] 张宪．防爆控制小屋在天然气长输管线阀室中的应用[J]．仪器仪表用户，2023，30(12)：33-37.

[4] 任晓峰，谭滨，李小川．油气站场电控一体化装置[J]．石油科技论坛，2016(S1)：4. DOI：CNKI：SUN：SYKT.0.2016-S1-049.

极端天气下海上平台的无人化建设和应用

张伟峰　焦亚龙　徐志斌　娄　政

（中国石化中原油田分公司油气储运中心）

摘　要　台风是产生于热带洋面上的一种灾害性天气，其途径的海域都会伴随狂风、暴雨、巨浪（涌）等极端恶劣气象海况，给海上平台设施安全带来危害。我国海上油气田每年都要遭遇多次台风天气，特别是在台风比较频繁的南海区域。人员避台撤离时往往要关停平台，待台风过后再登台恢复生产，因此会引发生产停滞和产量缩减。为降低避台停产带来的产量损失，需设法延续台风工况下平台无人值守期间的生产，缩减停产时间。随着自动化、数字化、智能化技术的发展，台风工况下无人化运行方案逐渐在海上设施中得到应用。本文从海上平台防台的应用背景出发，对智能化建设、工况设计进行概述，分析了平台防台应对措施，对无人平台发展进行展望，为海上设施平台防台无人化建设提供借鉴。

关键词　台风工况；无人化平台；智能化建设；边缘计算

1　引言

海上钻采平台是实施海底油气勘探和开采的工作基地。1911年，世界上第一座海上钻井平台诞生以来，历经从近海到远海、从浅海到深海的发展历程，海底油气勘探和开发技术水平取得一次次的突破。改革开放以来，我国逐渐加大对海洋石油资源的开发力度。随着陆上油田产量衰退，海洋石油资源已成为未来原油产量增长的重要来源。

南海是全球台风活动的主要区域之一，一年四季台风频发。虽然海上平台在建造之初就有抗风浪能力设计，但台风来袭时，平台仍需及时启动防台应急预案，关停生产，全员撤至陆地避台。避台产生的停产动辄3天以上，台风工况就是平台在无人值守情况下，最大程度减小避台对产量影响的一种措施。近年来，随着新建海上设施智能化程度不断提升，已逐渐具备远程监视、控制、关停等技术手段。当台风中心尚未到达平台或台风中心不途径平台时，若风浪海况条件尚在可接受范围，即可采用陆地远程遥控生产的非常规生产模式；在气象危害加剧、突发异常情况，达到预设的临界条件后，可实现远程遥控关停或自动关停。

2　技术思路和研究方法

2.1　通讯链路建设

在井口平台、中心平台等距离较近的海上设施间，部署光纤和微波通信；在距离较远的陆地和海上设施间部署卫星通信；通信链路需考虑主备原则，且生产网与工控网独立。按照这样的原则，陆地操控中心与FPSO、中心平台、井口平台等各个海上“信息孤岛”直接或间接建立起数据通道，为其对海上设施的集中监测和遥控操作提供网络基础，如图1所示。

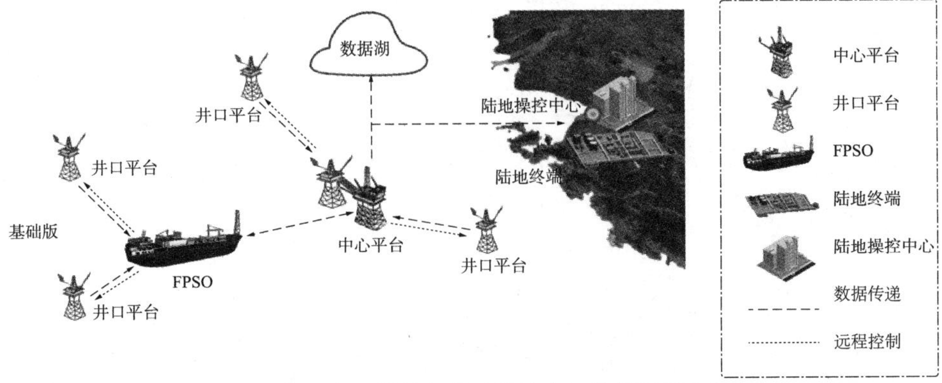

图1　典型海上设施与陆地操控中心数据链路示例

2.2　智能化建设

遵循“操作无人化、研究协同化、管理一体化、决策科学化”的智能化油田顶层建设原则，在现有常规设计的基础上通过自动化、智能化提升，逐步实现远程全面感知和控制。

PCS、F&G、ESD系统：平台现场自动监控、火气检测、紧急关断系统。增加重点的设备的远程启停功能；增加工艺系统远程参数监测点位；增加控制阀等远程控制阀门的数量，关键部位调节阀增加阀位反馈功能。

智能仪表管理系统：统一配置具备HART协议的现场设备，便于对下位仪表的状态监测、故障预警与诊断维护。全方位掌握生产工艺流程状态，远程控制工艺流程和设备。

振动监测系统：在外输泵、伴生气压缩机上部署振动监测系统，实时动设备的健康监测和故障诊断。

电气设备监测管理系统：实现对开关柜、海缆、变压器、UPS等平台电气设备的一体化监测管理。

暖通系统自动化：在主开关间、应急开关间、中控设备间、电池间设置温/湿度、压差传感器。对生活楼冷水机组状态参数监测。空调、风机、防火风闸均设置远程启/停控制、远程状态监测。

智能安防系统：对火区、重点设备区域设置网络高清防爆摄像头，并设置火气联动；在导管架登临处及直升机甲板附近设置红外摄像头及扬声器监测入侵；在平台周边设置带紫外光源摄像头，实时监测溢油状态；设置AIS船舶识别系统，用于识别和监测周围船舶。能自动、实时地将平台安全状态、入侵异常以及溢油情况视频及探测数据进行采集、本地存储及上传。

腐蚀监测系统：包含旁路检测和ICCP系统：实时监测导管架、管线设施阴极保护状态和腐蚀情况。

智能油气藏管理和智能采油管理系统：以现场实时数据和静态数据数据为基础，进行电泵井智能化管理，实现电泵状态自动监测。通过对采油树油嘴、井口控制盘做相关功能调整，即可实现遥控开井、关井和远程产量调节及生产，见表1。

表1　井口控制盘改造要点

改造内容	技术要点
井上安全阀	实现单个井上安全阀远程开关及井口控制盘就地开/关井功能； 实现生产关断后远程打开井上安全阀功能；井上安全阀的开关速度与改造前保持一致
开关井逻辑回路	现场手动关井后，远程开井功能失效； 远程关井后，需远程复位，现场才能执行手动开井。

2.3　边缘数据中心

在各平台设置边缘数据中心，将各智能化监测系统的数据统一在该边缘一体机进行运算处理、存储和集中显示。实现多数据源、多数据结构、多传输协议的分布数据管控，实现资源优化配置，支持应用虚拟化和容器化部署，解决窄带宽传输问题，提高设备使用效率。该系统的数据湖和边缘算力，进一步提升了海上油气田自动化和数字化水平，为后期无人平台建设、大数据及人工智能的应用奠定了基础，如图2所示。

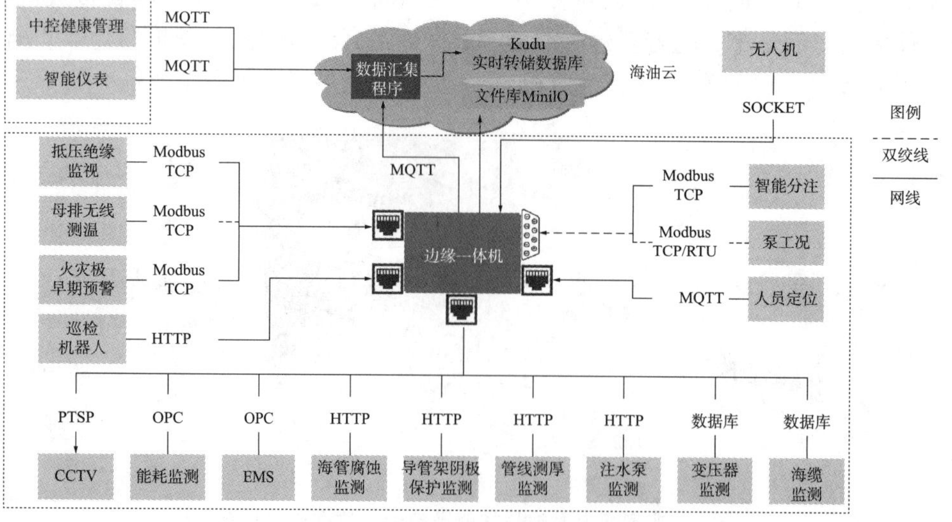

图2　某平台边缘一体机系统框图

2.4 台风工况原则

人员撤离条件：气象公司预报强热带风暴、台风中心或者台风前沿进入红色警戒圈(250 海里)；现场实测环境条件超过原操作工况设计环境条件(Hs≤7.0m；风速 10 级)；FPSO 的单边摇摆度超过 5°(根据现场操作经验)，或达到操作手册要求的装载临界限制条件；平台关键设备异常、工艺参数超限、溢油、火情、可燃气泄漏等。

应急盘设置台风工况切换按钮，当人员撤台时，将按钮切至台风模式，授予陆上操作权限。

在陆地操控中心设置对应的台风模式远程操作站，实现对平台的远程监测和遥控。

涉及高凝原油特性的井口，在台风来临之前需全部关闭，并完成置换流程工作。防止油品温度低于凝点或压降过大引起温度降低时，油品凝固，管线超压损坏。

2.5 台风工况关停逻辑

临界关停工况：

(1) 海陆失联工况：卫星通讯中断 10 分钟后(依据各油田应急处置要求)，自动触发 ESD-3 级生产关停，透平停机，电力系统由并网转为孤岛模式，平台透平后润滑开始，待后润滑结束，反馈信号至中控系统后，中控系统触发 ESD-1 级关停(执行平台 1 级关断时，仅断开平台电力系统，不能触发 2 级关断信号)。

(2) 现场异常工况：如关键设备故障、工艺参数超限、溢油、火情、可燃气泄漏等，可远程直接关断或按照已有控制逻辑自行触发关断。

(3) 气象超载工况：气象公司预报 11 级及以上风圈 12h 内登临平台；现场实测风速超过 11 级。具体关停逻辑可参考如图 3 所示。

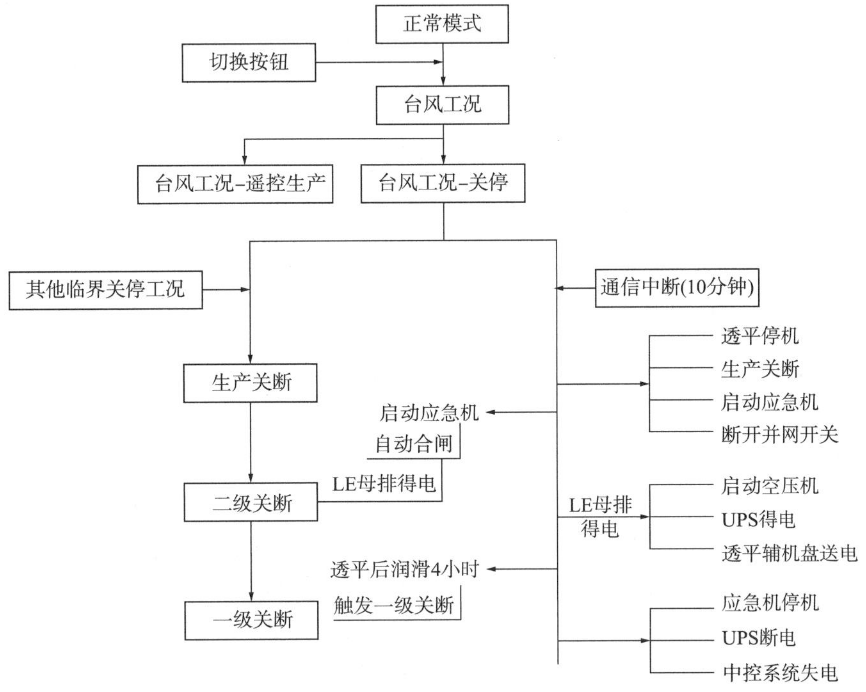

图 3　台风工况下的典型关停逻辑

部分实践方案中，还会远程启动灭火系统，包括远程启动柴油消防泵、远程启动喷淋系统、远程启动 FM200/CO2，保障台风模式下产生异常情况时能有效灭火。

对于存在物流关系、连锁关系的上下游串联平台，彼此间的动作逻辑需根据实际情况进行调整，以确保互不干扰、无不影响。应充分识别可能发生的风险，制定应对措施，并充分进行专家论和证桌面演练，积累完善台风工况下多平台协作的无人值守运行机制。

2.6 生产恢复

部分实践方案中，还设置有台风过后的远程遥控复产功能，这对平台无人化运行水平要求更高。当台风模式生产期间触发关停，若第一次远程重启失败，不建议进行第二次。

当平台触发台风模式临界条件时，海上设施应主动关停生产，不建议采取远程重启生产方案。在实现台风工况生产常态化后，应加强对平台设施的全面排查，检查仪器设备状态，整改问题隐患。同时加强海上设施全生命周期完整性管理，确保各类动静设备、在线和备用设备完整可用，加大各种生产作业和管理程序的审批力度。

3　结论

目前，各新建海上设施已陆续部署台风工况相关功能，南海东部部分油田群已开始对老平台大批量改造。平台无人化建设将最大限度地减少现场作业人员数量，简化配套设备配置，实现作业人员从海上向陆地的转移，改善员工工作环境，大幅度提升运营效率，降低油气田操作成本。随着海洋石油与数字化、智能化技术的结合日渐深入，非极端天气下的常态化无人海上平台方案已经成为未来主流趋势，无人化平台建造、运维相关的规范标准也逐渐成型。

上世纪90年代中国海油在渤海海域建立了我国首座海上无人平台——渤中34-4WP平台。目前，国内已建成多座符合无人驻守技术标准的井口平台。2018年以来，以锦州20-2N/W等为代表的一批新建无人井口平台，已经取得了显著的降本增效成果+[4]。相信智能化技术的不断进步，会为海上油气行业带来更多新的发展动能。

参 考 文 献

［1］梁杰，朱伟．南海东部某海上设施台风模式下自控建设方案研究［J］．石油石化物资采购，2024(6)：244-246.

［2］何耀国，尤英萃，柯兰茜，等．浮式生产储油装置台风模式建设工艺系统改造研究［J］．装备制造技术，2023(1)：107-109137.

［3］向富明，孙进．海上生产设施的台风模式建设实践［J］．现代制造技术与装备，2022，58(9)：143-145151.

［4］郑成明，刘向阳，石咏衡，等．某海上气田智能化建设探索［J］．油气田地面工程，2022，41(4)：59-62.

调剖调驱场站无人值守发展探索与优化研究

赵淑娇

（中国石化中原油田分公司油气储运中心）

摘　要　随着油田开发的深入和技术的不断进步，调剖调驱技术在提高原油采收率方面扮演着重要角色，是油气田开发中重要的增产措施。然而，传统的场站管理模式依赖于大量人力进行现场值守，不仅增加了运营成本，还难以保证24小时不间断的监控和管理，无法满足现代油田对高效、安全、经济运营的需求。因此，研究调剖调驱场站的无人值守技术，实现远程监控、智能控制、自主运维，具有重要的现实意义和广阔的应用前景。

本文首先结合调剖调驱场站无人值守的发展背景和现状，进行了深入的分析，指出当前存在的技术瓶颈和管理难题，如设备自动化水平不高、监控系统稳定性不足、远程控制难度大等。随后，针对无人值守站的建设提出了技术思路和具体实现方案，包括提升设备自动控制能力、完善远程监控与通讯系统、加强智能化运维管理等。在具体实现方面，本文强调了现有技术融合应用的重要性，并提出了通过采用可靠的数据传输技术、采取多重安防保障、构建一体化管控平台等措施，提升无人值守场站的运行效率和可靠性。同时，本文还探讨了无人值守场站的管理模式创新，提出了“无人值守、远程监控、分区巡检”的新型管理模式，以适应无人值守场站的实际需求。调剖调驱场站无人值守的发展具有重要意义，其对于推动行业技术进步、提高经济效益、保障安全生产等方面具有积极作用。

关键词　无人值守；管理模式；智能化；信息化；调剖调驱

1　引言

随着油田开发的不断深入，调剖调驱技术已成为提高原油采收率的重要手段，在油田生产中得到了广泛应用，其场站的运行管理日益受到重视。传统的场站管理模式依赖于大量的人工值守，已难以满足现代油田高效、安全、经济的需求，因此，调剖调驱场站的无人值守模式逐渐成为油田管理的新趋势。同时，随着物联网、大数据、人工智能、5G等现代信息技术的快速发展，为调剖调驱场站的自动化、智能化管理提供了可能。

1.1　调剖调驱场站无人值守发展背景

由于原油开采产量低、难度大，为了提高原油采收率，油田企业需要不断引入新技术和新方法，调剖调驱技术作为其中的重要手段之一，其应用日益广泛。中原油田分公司油气储运中心现管辖的调剖调驱施工点有30个，其中文留采油厂14个、濮城采油厂2个、文卫采油厂2个、濮东采油厂12个。目前调剖调驱场站大部分现有设备设施存在操作复杂、智能化程度相对较低等问题，不具备现场数据集中采集功能，大部分设备进出口阀门均为手动阀门，现场使用的电动阀门数量有限，联锁装置较少，无法实现各项运行参数连锁、远程启停设备操作和参数调整的功能，且视频监控系统远传稳定性不足。现有注入设备的运行状态监测功能只是少数设备实现，仍需人工操作，并未实现自动控制和集中管理功能。油气储运中心目前所管辖30个调剖调驱施工点需要投入现场操作工人90人，投入的人力物力成本较大，生产运行管理效率不高，无法满足现代油田高效、环保的开发需求。

因此，需要对新型一体化调驱设备进行自动化、智能化升级改造，将数字化、智能化技术应用于调剖调驱注入设备，以生产运行自动化、数据参数信息化为目标，实现调剖调驱过程的数智化管理。同时，探索调驱调剖区域化管理模式，建设调驱调剖生产新型巡检班组，不断提高信息化条件下的生产运行效率，降低人工成本，不断提升调驱调剖的业务生产管理水平和经济效益。

1.2　调剖调驱场站无人值守发展现状

目前，国内外部分油田已经开始尝试将无人值守技术应用于调剖调驱场站的管理中。通过安装智能传感器、远程监控系统、自动化操作平台等，实现对设备运行状态的实时监测和远程控制。同时，结合大数据分析技术，对生产数据进行深入挖掘和分析，为生产决策提供有力支持。这些技术的应用，为场站无人值守提供了技术基础，使得在减少人力投入的同时，不仅提高了生产效率，还降低了安全风险，能够实现对生产过程的自动化控制和远程监控。

尽管自动化和智能化技术在调剖调驱场站中得到了广泛应用，但部分技术仍处于研究和试验阶段，技术成熟度不足，这可能导致在实际应用中出现问题或故障，影响场站无人值守的实现效果；且无人值守的场站需要高水平的技术人才进行支撑和保障，人才短缺问题可能导致在无人值守实施过程中出现技术难题无法解决或运维效率下降等状况。未来，随着技术的不断进步和管理的不断完善，调剖调驱场站无人值守有望实现更广泛的应用和发展。

2　无人值守站建设

2.1　技术思路

针对调驱调剖注入设备数智化控制功能不全的需求，开展注入设备数智化设计和研究，实现设备的自动化和智能化操作，提高设备的运行效率和安全性。通过搭建具有自主产权的一体化数智管控平台集中存储和管理各个分散的撬装设备，重点突破关键设备智能化运行技术、数据无线传输技术、智能监控与预警、安全视频监控及报警等关键技术，实现关键工艺流程的远程控制，逐步推进现场区域化运检合一的管理模式，减少信息传递环节和等待时间，提高故障处理的及时性和准确性。

2.2　具体实现

（1）优化运行管理模式

目前无人化场站的建设要按照智能化、信息化的原则来执行，从“有人值守、有人操作”逐步向“无人值守、远程监控、分区巡检”场站管理模式发展，从试点到全面推广方向发展。在“无人值守、远程监控、分区巡检”场站管理模式下，需要中心调度室24小时监视现场，其主要工作为监护主要设备的远程启停操作，现场出现异常情况时，及时启动应急处置程序，这一套程序必须经过严格的测试后才可进行实施。与此同时，采用区域化巡检方式，即在单个区域内配置巡检车辆1台和巡检人员1名，巡检人员综合考虑区域内施工井的加药体系、注入速度、来水压力等因素，合理制定巡检、加药路线和顺序，确保正常生产、发现潜在问题并及时进行维护。出现复杂问题难以解决的，由中心调度室负责安排生产保障班或设备维保单位的专业技术人员进行处理，巡检人员负责切换流程，保证区域化生产平稳运行。

（2）采用可靠的数据传输技术

调剖调驱的场站需要根据地层特性和油藏压力分布的变化，灵活调整场站位置，这种调整是开发过程中不可或缺的重要环节之一，场站分布位置偏僻，环境恶劣，且离中心较远，场站搭设光纤网络费用昂贵且不适用现有作业。采用“4G物联网卡+5G LAN”的无线传输技术，搭建与中心调控的无线双冗余数据连接，实时采集场站的各种生产数据，包括在线压力变送器、温度变送器、流量计、液位计、摄像头等终端设备的状态和运行数据，通过高速、低延迟的网络传输到数据中心进行分析处理。这种技术为数据传输的安全性和隐私性提供保障，并且可以与现有的企业数据网络无缝集成，实现即插即用，有利于场站位置的随时调整。4G物联网卡与5G LAN技术的结合，可以在正常运行时，5G LAN提供高速、低延迟的通信服务，而4G物联网卡则作为备份，确保在5G网络出现问题时，关键数据和监控信息仍能持续传输，增强信息传输的可靠性。

（3）构建一体化管控平台

现场设备、仪表等接入西门子SMART 200系列PLC进行组态编程后，通过现场触摸屏或工作站进行现场监视和控制，目前现场数据通过4G单网络传回工控室，只能监视，不能远程控制。为了提高工作效率、实现远程自动化、远程控制等功能，需要重新进行SCADA组态。结合现场，在工艺流程改造的基础上，完善监控点设置，保证数据采集全覆盖，同时涵盖注入设备的维护和诊断数据，补充采集安防系统、环境温湿度等数据，提高场站的监控水平。利用自控逻辑和信息技术手段结合场站自动化设备全面替代人工操作，设计及时有效的故障处理措施，发生异常情况时自控系统可及时介入，确保现场关键设备安全停车，减小对生产运行的影响，全面实现场站控制自动化。

（4）采取多重安防保障

调剖调驱无人值守场站一般在采油井附近，

地理位置较为偏僻且交通不便，周边环境因素较为复杂，若场站想要实现无人值守必须搭建可靠的安防体系，防止人员和动物闯入危险区域造成伤害。具体包括：①搭建视频监控、语音对讲、周界入侵、火灾及可燃气体报警等多个数字化安防系统，对人员、车辆、动物等非法闯入现场的，可通过报警弹窗及时发现异常情况，利用远程语音对讲实时警告。②通过场站的智能化设备及时识别危险源，当发生火灾、可燃液体气体泄漏等情况时，及时与片区消防、公安等部门联系，遵守中石化的"135"应急处置原则，及时进行消气防联动响应，使危险得到及时有效的处置，最大限度减少事故损失，保障场站周边环境和人员的安全。③严格落实巡检制度，及时有效的发现场站周边危险源，一旦发现应急抢险通道被占用的情况应立即处置，同时加强宣传力度，让周边群众意识到保护场站安全的重要性，将危险扼杀在摇篮里。

（5）培养专业人才

无人值守场站对于专业技术人才和管理人才的能力都是一个巨大的考验，提高专业技术人员的技能水平，降低生产安全事故发生的概率，是实现无人值守场站安全运行的最基本条件。企业需要打破传统场站的专业工种分工，着重培养复合型人才，通过培训，弱化岗位的不可替代性，让所有专业技术人员都有能力处理场站的异常情况。

3　结果和效果

调剖调驱无人值守场站通过改造工艺流程，实现一键上水、自动加药配液、一键停水、一键倒罐等功能，其中自主研制了柱塞泵低频机油循环泵、开式叶轮喂液泵和耐高温低阻力型阀芯，改进了流量可调式调剖药剂分散装置和清罐装置、配液罐，在油田已得到规模化应用；针对可能出现安全隐患的部位安装联锁保护装置，提高现场设备的本质安全和使用寿命，有效减少人工操作时间，提高工作效率，形成具有自主知识产权的注入设备数智化运行和故障诊断分析技术；利用视频联动、无线数据传输、一体化管控平台等技术，极大地提升油田的信息化管理水平，为场站的安全提供更加全面的保障，为实现高水平的无人值守打下坚实的基础。

4　结论及建议

调剖调驱场站无人值守模式是油田生产领域的一个重要发展方向。对于现有的场站设备，建议在有条件的情况下，均采取"无人值守、无人操作"的方式进行场站管理，后续在保障安全运行的前提下，通过加强技术研发与创新、完善管理机制、提升人员技能水平和加强数据处理与分析能力等方面的研究和实践，可以进一步推动无人值守技术在调剖调驱场站中的广泛应用。未来随着技术的不断进步和应用场景的不断拓展，调剖调驱场站无人值守模式将在油田生产中发挥更加重要的作用。

参考文献

[1] 崔勋杰．天然气无人值守场站建设模式探索[J]．辽宁化工，2020，49(06)：733.

[2] 周巍，缪全诚．关于长输天然气管道数字化无人值守场站建设的探索[J]．管理科学与工程，2021，10(02)：5.

[3] 高皋，唐晓雪．天然气无人值守场站管理方式研究[J]．化工管理，2017(7)：152.

高含硫集气站场无人值守模式探索

耿洪涛　蒙玉平

（中国石化中原油田分公司）

摘　要　无人值守场站是现代工业和科技发展的一个重要趋势，针对气田场站及管道点多、线长、面广以及含硫特点，利用人工智能、物联网、智能巡检等智能化技术，完成“集中控制中心+无人值守站点”模式的数字化无人值守天然气场站建设实践，实现自动采集生产数据、自动监控生产过程、紧急状态下的安全防护以及生产区域的智能防护，降低了人员成本，提高了生产效率，保障了人员安全。

关键词　无人值守；场站；智能化；人员成本；生产效率

1　引言

中原油田普光气田场站及管道具有工作区域点多、线长、面广，地处复杂山区，自然环境艰苦等特点，而且气田属于高含硫气田，气田含硫的危害涉及生产安全、人员健康以及环境保护。场站一线员工经常被繁重的重复性检查任务和屏幕监控值班工作所占据。这种工作模式不仅限制了他们技能的多元化发展，阻碍了他们综合素质的提高，而且还面临着人员身体健康、生命安全的危险，人工巡检也会存在着设备潜在故障难以及时发现、效率低下的问题。具体来说，这种传统的方式很难满足现代场站自动化、智能化管理的迫切需求。

为了实现更高效、精准的管理与控制，我们需要转变策略，减少对人工巡检的过度依赖。通过人工智能、物联网、自动化监控等技术，可以实现对场站设备的全天候、无死角监控，及时发现并预警潜在故障，从而大大提高故障响应速度和处理效率。而无人值守的运营模式，则进一步降低了人力成本，提升了应急响应速度，使得天然气场站的管理更加灵活、智能、安全。

2　无人值守关键技术

无人值守模式通过集成自动化、物联网、机器视觉等技术，自动收集并监测井场与站场内各类生产设备与设施的运行参数，实时追踪生产环境的细微变化及设备的工作状态。在生产流程中，这一系统能够自主进行过程监控，并在遇到紧急情况时迅速启动报警机制与联锁保护措施，彻底革新了传统的驻守与巡检方式，实现了井场与站场的无人化、智能化管理。

2.1　自动化控制技术

自动化控制利用传感器技术、控制算法、执行机构等关键技术来实现对各种设备、系统过程的自动化控制，可在控制室远程对站场主要设备参数、数据值进行采集监控，可对现场设备进行远程控制，并可以对采集到的数据进行处理、分析和存储。

2.2　物联网技术

利用物联网技术，站场内的各种传感器、仪表等设备能够实时采集生产环境、设备状态、运行参数等关键数据。这些数据是后续监控、分析和决策的基础。高效数据传输：通过高速、稳定的网络连接，如5G、光纤等，将采集到的数据快速、准确地传输到远程监控中心或云平台。这种实时、可靠的数据传输机制是无人值守站场正常运行的重要保障。

2.3　泄漏监测技术

利用工业视频（可见光）、红外热成像、红外光谱成像、激光测漏等图像识别技术，可实现非接触、远距离、实时查看气体泄漏情况，能够自动识别泄漏情况并及时提示和报警，能够在不同场景下高效、准确地发现泄漏问题，快速进行泄漏处置，防止安全事故发生。

2.4　图像识别技术

利用机器学习和深度学习技术，系统能够对摄取的图像进行高效且精确的智能解析，从而迅速识别出图像中的目标物体及其所处的状态。借助覆盖场站各处的视频监控系统，并通过图像识别技术，该系统能够实时监测并捕捉到场站内潜在高风险区域的情况，如火灾征兆或油气泄漏等异常事件。同时，它还能辨识出人员的不当操作和危险行为。在潜在风险演变成实际危害之前，系统能够及时发出预警，为企业确保安全生产和环境安全提供了强有力的技术保障。

2.5　智能巡检机器人

智能巡检机器人融合了人工智能、大数据处理、图像和声音识别等前沿技术，在天然气场站中能够执行多项监测任务。它能够自动读取并分析压力、温度等关键数据，检测是否有泄漏发生，识别潜在的火灾风险并发出警报，同时还能辨识设备的工作状态。这样的机器人能够在一定程度上取代人工进行巡检工作。

2.6　智能巡检无人机

智能巡检无人机可利用搭载的高清摄像头和其他传感器，设定特定场景的 AI 识别算法，来有效鉴别管线附近第三方施工、管线裸露等隐患，可搭载激光甲烷检测仪，对站场、管线进行天然气泄漏检测，及时发现险情，自动报警，通过无线通信技术，将采集到的数据实时传输到地面控制中心。

3　总体思路

基于感知技术、网络互联和数据融合，构建一种新型的气田业务模式，该模式能够对生产流程进行“即时监控、智能诊断、自动处理和智能优化”。这种模式推动了“集中控制中心+无人值守站点”的管理变革，旨在促使中小型场站全面自动化，大型场站的减员操作，新建场站的全面无人化，以及现有站点的逐步无人化改造。通过实践探索，建设数字化和智能化的无人值守天然气场站应当具备以下功能：自动采集生产数据、自动监控生产过程、紧急状态下的安全防护以及生产区域的智能防护，如图 1 所示。

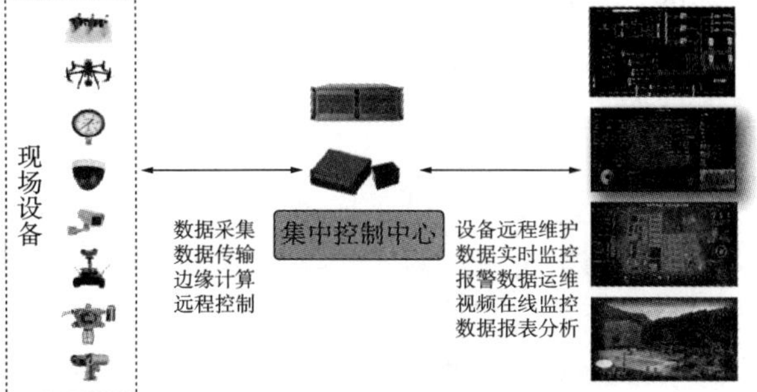

图 1　集中控制中心+无人值守站点模式图

无人值守场站的建设思路主要是用机器代替人力，减少对场站人员的需求，并大幅减轻危险区域和频繁人工操作的负担。通过对现有场站现场操作、智能巡检、出入管理、紧急应急无人化的设计，全面提高场站的运营水平，不仅提升效率和安全性，还有助于环保和质量管理。

3.1　现场操作无人化

自动化控制系统：

依托场站原有 SCADA 系统在无人值守场站中，集成阀门状态检测系统，阀门回讯器能够实时监测阀门的开关状态，确保阀门的正常运行。一旦阀门状态发生变化，阀门回讯器会立即将这一信息反馈给控制系统。管理人员可以在控制室或远程终端上直接对阀门进行开关操作，无需亲自到场。这大大提高了管理效率，降低了人力成本。

3.2　智能巡检无人化

（1）视频融合及智能识别

通过 AR 高点全景摄像机获取监控点全景视频，与视场内站场低点摄像机联动，能够以画中画展示低点摄像机视频，实现既关注整体又兼顾局部的大范围立体监控与视频联动，在全景画面中融合厂、站内各摄影头位置、视频、关键设备位置及参数信息。主要功能包括 AR 场景画中画，信息订阅，识别信息联动，报警信息实时可视化等功能。

视频监控集成机器视觉识别算法对场站内设备、仪表进行巡检，提高巡检频次，提升巡检质量，从部分到完全取代人工现场巡检。

（2）机器人巡检

智能巡检机器人被用来执行周期性或不定期的现场检查任务，它们集成了先进传感技术，包括高分辨率摄像头、红外热成像、可燃或有毒气体检测以及音频异常识别等，实现了对场站设备运行状态与环境参数的全面而精细的监控。这些机器人既能遵循预设的巡检路线高效作业，也具备自主导航能力，能在必要时灵活调整路线以适应实际巡检需求。

在执行巡检任务过程中，机器人实时捕捉并记录设备细节、仪表数值、有害气体浓度及设备运行中可能的异常声响等信息，随后通过可靠的数据传输渠道，无缝对接至中央监控管理平台。能识别分析异常情况，产生各类型报警事件。

（3）无人机巡检

在复杂多变的山区气田环境中，面对陡峭的

地势、茂密的植被以及恶劣的气候条件，传统的人工巡检方式显得尤为低效且充满挑战。人工巡检不仅受限于体力与视野，还容易受主观判断影响，难以全面捕捉管道周边的安全隐患。引入无人机巡检技术来完成管线的巡检成为了一种高效且安全的解决方案。无人机巡检的灵活性与广覆盖性，以及搭载的高清摄像头、红外热成像仪及气体检测器等先进设备，实现了对管线及其周边环境的无死角、高精度监测。这种高效、精准的巡检方式，不仅大幅提升了巡检效率与质量，还有效降低了巡检人员的安全风险，特别是在灾害高发区域，无人机巡检更是成为了不可或缺的巡检手段。

3.3 出入管理无人化

（1）进场自动出入

在场站门口安装无人值守门禁闸机，通过安装在出入口的高清摄像头、人脸识别算法和车牌识别算法，系统能够自动识别进出场站的人员、进出车辆的车牌信息，无需人工干预，即可实现车辆人员的自动出入

（2）作业监控

集成多种安全生产算法模型对明烟明火、接打电话、非法入侵、未穿工作服、未戴安全帽和抽烟等不安全行为进行感知、分析、判断与记录，可查看到实时的图像捕捉和告警提示信息，后台管理人员可以及时发现和处理违规行为。

（3）人员定位

在场站内利用“5G+蓝牙”定位技术，借助蓝牙定位胸卡、蓝牙定位信标、蓝牙定位5G基站等设备，实现基于GIS地图的人员精准实时定位，人员定位技术可以实时监控人员的位置和移动轨迹，确保人员在安全区域内活动。一旦发现人员进入危险区域或发生异常情况，系统可以立即发出警报并通知相关人员。实现日常生产、应急处置、区域滞留人数计算、人员串岗、离岗、超员等违规现象的监控，提升企业现场人员监控自动化水平。

3.4 紧急应急无人化

（1）事故检测识别与报警

利用部署的部署密集的传感器网络，包括温度、烟雾、气体、振动等传感器，以及高清摄像头和图像识别技术，对场站进行24小时监控，自动识别异常情况，用于实时监测潜在的安全隐患。当传感器检测到异常或摄像头识别到事故时，系统自动触发报警，并通过应急指挥系统通知相关人员。

（2）紧急处置无人化

通过预设的逻辑或人工智能决策，自动控制消防设备，如启动灭火系统、关闭气体阀门等。部署的消防机器人，具备自主移动、视觉协同、活动跟踪和声纳通信等自动化能力，可以在危险环境中代替人员执行灭火、疏散等任务，降低人员伤亡风险，它还可以将现场图像和数据实时传输给指挥中心，帮助指挥人员做出决策。

4 有益效果

数字化无人值守场站建设策略，形成“集中控制中心+无人值守站点”的管理模式，利用传感器技术、智能识别技术、巡检机器人等先进技术手段实现了数据高效准确采集，减少了人员重复性、繁琐性任务，保障了人员的安全，使得运行管理过程变得更为流畅与高效。

具体而言，远程设备操控、实时数据采集、视频监控、机器人巡检、无人机巡检等功能的实现，不仅大幅减轻了员工的劳动强度，还显著提升了采集精确度，降低失误操作，利用机器人、无人机代替人员在危险复杂环境执行任务，有效提升了任务执行效率并减少了人员风险。对场站出入的无人化建设具有节省人力成本、提高通行效率、实现精准管理、增强安全性、提升用户体验以及实现远程监控和维护等方面的优点。紧急应急无人化在快速响应、提高救援效率、降低人员风险、辅助决策支持以及提升协同作战能力等方面都展现出了显著的有益效果。

综上所述，数字化无人值守场站的建设不仅是一场技术革新，更是一次管理模式的深刻变革。它为我们带来了更高的运营效率、更强的安全保障、更优的人力资源配置以及更显著的管理提升效果。

5 总结

无人值守技术通过集成智能化数据采集、高清视频监控、自主巡检的机器人与无人机，以及无人值守门禁与闸机技术，为场站构筑起一套全天候、无死角的自动化监管体系，实现了对场站生产运营状态的即时感知与动态追踪，显著提升了生产作业的效率与灵活性，有效减轻人工负担，降低人为错误的风险，还能在极端或危险环

境下持续稳定运行，确保气田的安全生产与高效运营。

参 考 文 献

[1] 马倩倩，董常龙，李光让．数字化无人值守天然气场站建设探讨及实践[J]．数字油田，2024，43(4) 63-67.

[2] 臧振胜. 无人值守输气站工艺流程优化及自控系统设计[J]．中国仪器仪表，2020(7)：86-89.

[3] 刁海胜. 基于物联网技术的油田无人值站的建立[J]．中国管理信息化，2018，21(15)：84-85.

[4] 史刚刚. 基于智能视频分析技术的油田无人值守站点系统的设计和实现[D]．西安：西安电子科技大学，2019.

[5] 黄凯奇，陈晓棠，康运锋，等．智能视频监控技术综述[J]．计算机学报，2015，38(6)：1093-1118.

[6] 王嘉欣，雷志春．一种基于特征融合的卷积神经网络人脸识别算法[J]．激光与光电子学进展，2019，23(11)：11-13.

无人值守天然气输气站场安全和稳定运行

杨　乾　徐志斌　刘伟刚　肖庆福　柴熠东　范　明

（中国石化中原油田分公司油气储运中心）

摘　要　随着网络信息技术和安全生产信息技术的迅猛发展，经过多年的持续探索与完善，天然气运营公司逐步实现了对无人值守天然气场站的安全运行管理。本文针对无人值守天然气场站的管理现状进行深入分析，详细论述了无人值守天然气输气场站的运维管理状况，并在结论部分提出了未来的发展方向，旨在为天然气运营公司推广无人值守天然气场站的安全运行管理提供参考依据。

具体而言，随着互联网技术的普及和应用，天然气运营公司开始利用先进的信息技术手段，对天然气场站进行远程监控和管理。通过安装各种传感器和监控设备，公司能够实时获取场站的运行数据和环境信息，从而实现对场站的全面监控。此外，通过大数据分析和人工智能技术的应用，公司能够对场站的运行状况进行预测和预警，及时发现潜在的安全隐患，从而提高场站的安全运行水平。

然而，尽管无人值守天然气场站的管理已经取得了一定的进展，但仍存在一些问题和挑战。例如，如何确保远程监控系统的稳定性和可靠性，如何提高运维人员的专业技能和应急处理能力，以及如何应对复杂多变的环境因素等。这些问题都需要天然气运营公司在未来的发展中加以解决。

在结论部分，本文提出了未来无人值守天然气场站的发展方向。首先，天然气运营公司应继续加强信息技术的应用，提高远程监控系统的稳定性和可靠性。其次，公司应加强运维人员的培训和考核，提高他们的专业技能和应急处理能力。此外，公司还应加强与政府、科研机构和相关企业的合作，共同推动无人值守天然气场站的安全运行管理技术的发展。

总之，随着网络信息技术和安全生产信息技术的不断发展，天然气运营公司应不断探索和创新，努力提高无人值守天然气场站的安全运行管理水平，为天然气行业的可持续发展做出贡献。

关键词　天然气；无人值守；运维

1　引言

在无人值守的天然气输气场站中，实施了集中调控、集中监视、集中巡检和集中维修的策略，从而取消了现场24小时人员值守的安排。此举在提升人员安全性、降低运营成本等方面展现出明显优势，同时确保了无人值守天然气输气场站的安全运维管理变得格外关键和重要。本文依据无人值守天然气输气场站的运行现状，详细探讨了有效的运维管理模式，旨在为天然气经营企业提供关于无人值守天然气场站安全运行管理的参考依据。

2　无人值守天然气输气场站组织机构及实施要求

2.1　无人值守天然气输气场站组织机构

在现代企业管理实践中，众多公司采纳了集中调度监控与区域化运维管理相结合的双层管理模式。具体而言，调控中心负责对无人值守站场的运行工艺实施统一调控，并对站内各类设备的运行状况及报警信息进行集中监控。调度指令则直接传达至巡检班组。巡检班组则负责其管辖范围内无人值守站场的区域化管理，定期执行集中巡检和维修工作。在站场运维过程中，巡检班组提供技术支持和人员协助，同时负责外委承包商的协调工作以及备品备件的配置和后勤保障，这些均由上级主管部门统一协调和确保。

2.2　无人值守天然气输气场站实施要求

在输气站场投入运营的初期阶段，巡检班组依据纳入调控中心的集中监控状况以及站内设备的运行状况，安排工作人员对所负责的站场执行24小时的值班制度。一旦输气站场满足了无人值守的实施条件，便开始执行无人值守工作流程。这些条件涵盖了集中调控、集中监视、集中巡检以及集中维修等多个方面。

3 无人值守天然气输气场站运维管理

3.1 调度指令管理

调度令作为生产运行管理活动中的强制性执行指令，在生产调度指挥系统内由上级向下级传递，通过约定的方式(无论是书面还是口头)传达至相关部门和巡检班组。巡检班组一旦接获调度令，必须严格遵守并执行。若巡检班组对执行调度令持有异议，应立即向上级提出申诉。若上级坚持原调度令，巡检班组则需遵照执行，并且要迅速反馈关于调度令的接收与执行情况。

3.2 作业管理

主管部门负责规划巡检班对输气站场内进行的作业，并对可能影响管网运行安全或需要管网工艺调整的作业进行详细审查。所有作业计划必须依照规定提前提交，并在获得批准后方可执行。当第三方单位进入站场进行施工或维保作业时，巡检班需根据主管部门的指示进行全程监督，并严格遵守相关规章制度记录作业情况。

3.3 工艺设备操作管理

对于实行集中控制的站场，站场的控制权归属于调控中心。在非紧急情况下，站场控制权的转移必须得到调控中心的批准。调控中心负责远程控制操作，这些操作包括但不限于调整计量调压支路的开关气、调节工作调压阀的开度、切换计量调压支路以及过滤分离支路。至于就地放空阀门、就地排污阀门以及主工艺流程的手动阀门操作，则由巡检班组负责现场执行。

在日常检修和设备维护过程中，如果需要操作现场工艺阀门，巡检班组必须向调控中心提出申请，并在获得批准后方可执行。当调控中心需要远程操作并要求现场协助时，会通知相关部门或巡检班组前往现场提供支持。站场内各类辅助生产设备和设施的操作由主管部门负责组织巡检班组执行。ESD(紧急停车系统)功能独立于站控权限之外，无论控制权是在调控中心还是站场，一旦发生需要紧急处理的事件，调控中心和站场的工作人员都有权启动站场或单体设备的 ESD 操作。

3.4 集中巡检管理

巡检班负责执行日常巡检任务，而主管部门则负责安排月度巡检。在特殊运行条件、恶劣天气或现场施工等情况下，应根据实际情况增加巡检频次。

日常巡检由巡检班班长领导在岗员工，依据既定的巡检标准对所属站场的生产运行、工艺状态以及设备设施进行全面检查，并现场进行必要的维护和修理，通常每天进行一次。月度巡检则由主管部门的负责人协调安全、设备、计量、自控、通信、电力等领域的专业技术人员，对站场的安全、设备、计量、自控、通信、电力系统进行综合检查。月度巡检由主管部门负责人安排，确保每个月至少进行一次。对于自控系统和通信系统，主管部门会组织技术维保承包商进行专业的定期巡检，频率为每两周一次。所有巡检记录均保存在输气站，并将巡检过程中发现的问题汇总报告给主管部门。

3.5 设备维保管理

站场设备在使用过程中必须定期接受维护和保养。维护和保养的周期应依据标准规范、使用频率、技术资料以及过往周期性维护的分析和总结来确定。站场设备的维护保养内容和周期应遵循主管部门的要求，并据此进行实施。

日常的设备巡检由巡检班组负责，依据《设备操作规程指导书》的规定，执行设备外观的清洁、除锈补漆、外露点处理以及发电机的定期试运行等任务。同时，根据设备的运行状况，按照既定要求，配合进行仪器仪表的拆检、过滤分离器的开仓检查、色谱气瓶的更换等维护工作。

对于关键设备的专业维护保养，公司应协调维抢修中心和外委承包商进行。为了确保关键设备和主要设备的周期性维护保养效果，通常将这些工作与春秋检一同组织和实施。在维抢修中心和外委承包商对站场设备进行专业维护保养期间，主管部门应指导巡检班组做好现场的监护和配合工作。

每年的春秋检由主管部门牵头组织，负责编制本单位的春检或秋检实施方案以及检修作业表。巡检班组将配合主管部门和维抢修中心对站场的设备和设施进行全面的周期性检查。春检通常安排在每年的 3 月至 5 月进行，而秋检则安排在 8 月至 10 月进行。

3.6 生产安全异常管理

生产安全异常指的是正在发生的波动、报警、故障等现象，若不及时且有效地处理，这些现象可能会恶化或导致事故的发生。这些异常主要分为工艺异常、设备设施异常以及其他类型的异常情况。

在日常的集中巡检中，巡检班组若发现工艺设备或设施出现异常状态，必须立即向相关部门和调控中心报告，并按照既定要求进行处理。一旦出现异常情况，应迅速评估风险。若异常情况失控，并显示出明显的事故发展趋势，应立即启动相应级别的应急预案，并按照应急程序进行处理和上报。

在生产安全异常得到妥善处理后，调控中心和主管部门需负责记录这些异常情况，并运用“五个回归”原则进行根源分析，确保对异常情况实施闭环管理。

3.7　生产数据采集及计量签认管理

在智能化管道管理系统中，生产运行数据的自动采集功能已经实现。主管部门负责组织数据核对和错误数据的修正，同时，对于缺失的数据，将按照既定程序进行补录。巡检班组则配合主管部门进行数据核对和贸易数据的确认工作。

3.8　安保防恐管理

无人值守的天然气输气场站的治安与反恐防范措施，必须符合《石油石化系统治安反恐防范要求第6部分：石油天然气管道企业》(GA 1551.6—2021)中规定的三级重点目标标准，确保防范能力与之相匹配。同时，结合公司的无人值守管理模式，相关部门需负责组织并实施具体的防范措施。

4　结论

本文详细探讨了无人值守天然气输气场站的运维管理，涵盖了调度指令管理、作业管理、工艺设备操作管理、集中巡检管理、设备维保管理、生产安全异常管理、生产数据采集及计量签认管理、安保防恐管理等九个关键领域。尽管无人值守天然气输气场站的运维管理已日趋成熟，但鉴于其体系的复杂性，仍需根据具体情况进行进一步的强化与完善，以确保其安全运行得到更有力的保障。

参　考　文　献

[1] 蔡玲超．无人值守天然气场站的安全运行管理[J]．上海煤气，2022，(05)：11-13.
[2] 康昌荣．天然气无人值守场站发展现状与探索[J]．石化技术，2022，29(08)：82-84.
[3] 卢恩苍，高海涛．关于无人值守燃气场站技术研究总结[J]．城市燃气，2021，(06)：4-10.
[4] 臧振胜．无人值守输气站工艺流程优化及自控系统设计[J]．中国仪器仪表，2020，(07)：86-89.

基于机器视觉的油气站库智能巡检系统探索分析

王 燕 郑元黎 何鹏飞 徐志强 张勇强

(中国石化胜利油田分公司)

摘 要 近年来，全国各大油田均逐渐提出智能油田建设新理念，"无人值守"概念搬上油气生产舞台。但在实际生产运行中，容易受到安保、机械维护等多方面不确定因素的影响，油气站库实现"无人值守"面临较多痛点、难点、堵点。随着智能化技术的不断提升发展，机器视觉与大数据技术趋于成熟。本文聚焦"油藏经营价值最大化"，将智能化技术与生产经营深度融合，基于机器视觉、大数据、远程监控等技术，以站库、人员等为对象，以图像识别、目标检测等算法为手段，探索分析以"智能巡检、智能识别、智能分析、智能关卡"为一体的油田站库智能巡检系统技术方案，助力油田生产实现用智能管理、靠数据决策，加速释放数智化转型红利，实现油藏经营数字化转型、智能化提升。

关键词 机器视觉；智能巡检；油气站库；无人值守；图像识别；目标检测

近年来，各大油田逐步开始建设智能油田，开展集中监控、无人值守站库的建设工作。油气站库是石油化工行业重要的组成部分，其安全生产和环保问题一直广受关注。国内大型油田如胜利油田、大庆油田等均由于年限较长，站库设施繁多，数智化水平仍处于较低层次。以胜利油田为例，油田发展进入中后期，开采成本增大，退休人数逐年增多，企业发展面临新形势新挑战，通过智能化手段实现扁平化管理，减少人员非必要工作量已成为必然。为保证油气生产长期稳定运行，油气站库必须做好巡检工作。目前油气站库巡检主要以人工主导+信息化系统辅助为主，智能化覆盖不全，并且容易受到人工经验、设备、环境等因素影响，巡检效率较低，劳动强度较大，经常出现巡检不到位、预警不及时等问题。在互联网、数字化技术的大力支撑下，智能巡检技术成为当前的研究热点。机器视觉技术作为新兴智能检测技术，正在不断取得新突破，被广泛应用于工业自动化、智能交通、医疗诊断、安防监控等领域。在油气站库的巡检工作中，利用机器视觉技术，可以对设施设备、人员等进行图像处理、目标检测等操作，实现对站库的智能巡检和智能分析。2013 年，肖广荣等提出基于 WiFi 网络及多种通信技术将巡检设备及人员上传控制中心服务器，实现数据时效性，为工作质量提供技术保障。2015 年，张栋等提出基于北斗卫星的油田管网巡检系统，通过对巡检路线的规划和导航，大大提高了巡检效率。2020 年李平等采用分层设计，基于机器视觉技术提出应用于油气田的智能巡检作业系统。即便如此，智能巡检仍面临严峻挑战，存在诸多问题，需要根据实际应用进行持续优化。

1 智能巡检系统技术方案探索分析

智能化是科技创新制高点，只有抓实数智赋能，才能快速实现"减人/少人/无人值守"目标，大幅度改善员工工作环境，降低劳动强度，提升工作效率。本文针对油气站库实际应用需求与面临难点，提出一套基于机器视觉的智能巡检技术方案，致力于打造数智赋能的利器，实现对油气站库的一体化管控，推动油田开发和生产向现代化、智能化方向快速发展。

1.1 系统基本模块

系统主要包含二维码管理与安防巡检两大模块，整体功能架构如图 1 所示：

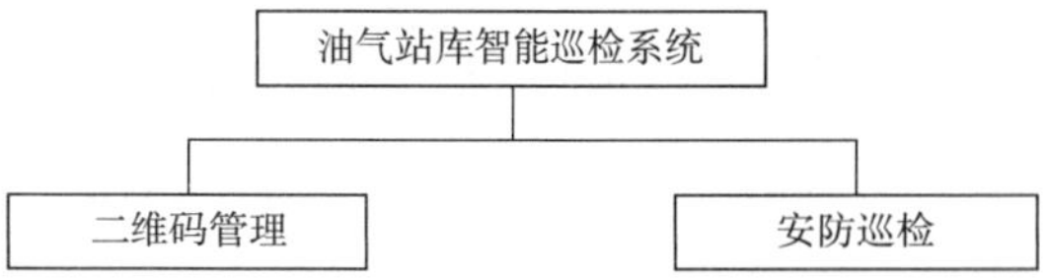

图 1 智能巡检系统架构示意图

1.1.1 二维码管理

二维码管理模块主要为将工业解析协议技术和计算机管理技术引入油气站库智能巡检系统中，将二维码作为巡检内容的定位技术，对巡检地点及全部设施设备进行整体编码并设置所属编号，相关工作人员及时对设备使用、维护等信息进行录入，将其存于服务器中。利用计算机系统生成定时巡检任务，每次巡检前系统将对服务器中储存的设备信息进行详细分析，优化生成巡检路线规划。巡检结束后，巡检结果自动存入后台服务器中并形成分析报告。通过对巡检结果与巡检历史进行综合分析，掌握设备运行状态，规范巡检操作，提高工作效率，并为设备检修提供参考数据。

1.1.2　安防巡检

安防巡检模块主要分为安防智能监控+无人机智能巡检两大部分。如今的视频监控系统覆盖面不够广泛、存在“信息孤岛”，制约了业务应用共享视频的需求，维护难度大。安防巡检模块基于机器视觉的静态视频监控+动态智能无人机巡检，运用机器视觉和大数据技术，嵌入目标检测、图像识别等算法，以集成式手段、联动式控制，实现大数据分析与数据联动共享。该模块主要由图像采集、图像处理、视频监控、目标检测、智能分析、远程控制、报警管理等组成，具备实时监控与展示、巡检数据实时处理、目标检测、预警报警等功能。依赖于监控采集和无人机巡检收集到的信息，实现对数据的采集、存储、分析、传输等功能，并可以根据实际应用场景，对摄像头的部署、无人机的巡检方案进行按需调整。安防巡检模块功能示意图如图2所示：

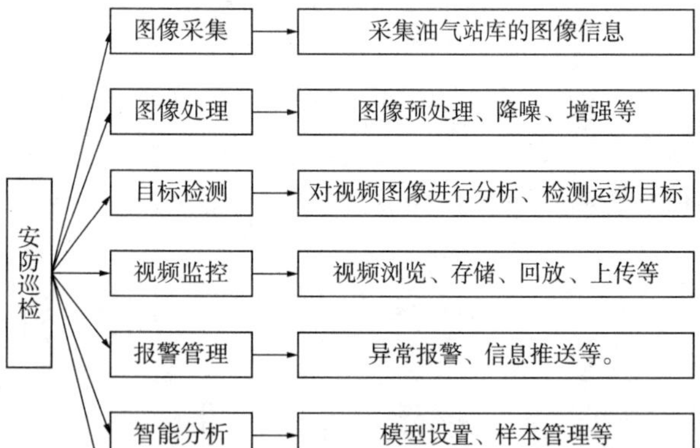

图2　安防巡检模块功能示意图

无人机配备仪器仪表数据读取、设备指示灯识别、阀门状态检测、井口漏油检测、机泵震动检测、有毒有害气体检测、自主巡航、自动起降、实时图传、远程控制、视频监控、智能识别等功能，可以实现对油田站库的日常巡检操作，减少人工巡检的时间及作业强度，实现油区站库全覆盖，起到高效巡检作用。搭载智能传感器，对巡检路线、目标能够自主识别和定位，并能利用边缘检测算法对位置、设备、仪器仪表等进行识别，根据识别结果进行实时报警。针对盘根漏油、工装检测、皮带打滑、悬绳器脱、光杆松脱、柱塞泵漏水等内容进行监测，在摆脱人工巡检的同时，提高了风险管控精准度。静态视频监控摄像头配备图像识别、目标检测等功能，能够精准识别油气站库中人的不安全行为，如未穿工鞋、未带工帽、违规接打电话等。安防智能监控巡检系统采取“动·静”结合的方式，对油气站库人和物的不安全行为及生产异常情况进行实时监控，及时预警。无人机智能巡检功能架构图如图3、4所示：

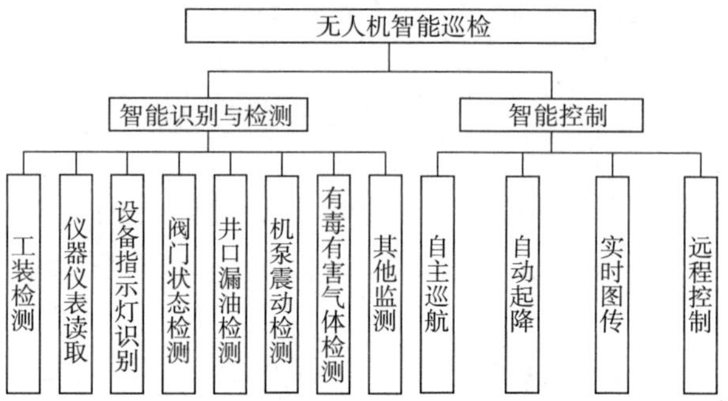

图3　无人机智能巡检功能架构图

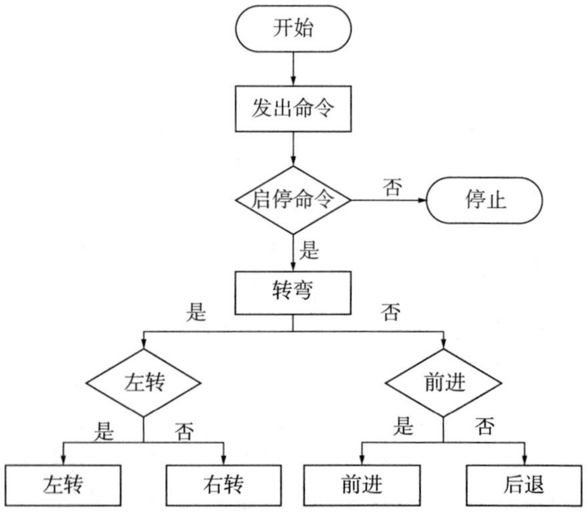

图4　无人机远程控制流程图

1.2　系统软件架构

系统软件架构采取标准化封装、模块化设计、分布式架构，移植性高，可靠性强。总体分为数据采集模块、图像处理模块、数据存储模块、数据分析模块、用户界面模块、通信模块。

数据采集模块：负责实时采集油气站库内部的图像和视频数据，并将其传输到后台处理模块。采集设备应具有高清晰度、高帧率和低延迟等特点，以保证数据的质量和实时性。

图像处理模块：负责对采集到的图像数据进行处理和分析，提取出关键特征信息，如仪器仪表异常、油罐液位、管道渗漏等。采用深度学习等技术可以提高处理效率和准确性。

数据存储模块：负责将采集到的数据和图像处理模块提取的特征信息进行存储和管理，方便后续的数据分析和处理。

数据分析模块：负责对存储的数据进行分析和处理，通过数据挖掘和机器学习等技术，识别出异常情况和潜在风险，并提供预警和预测功能。

用户界面模块：用户界面模块应该能够与用户进行交互，提供可视化的界面和操作界面，方便用户对系统进行监控和管理。

通信模块：负责系统内部各个模块之间的通信和数据传输，保证系统的正常运行和数据的可靠传输。可采用 TCP、UDP 等高效可靠的通信协议，如图 5 所示。

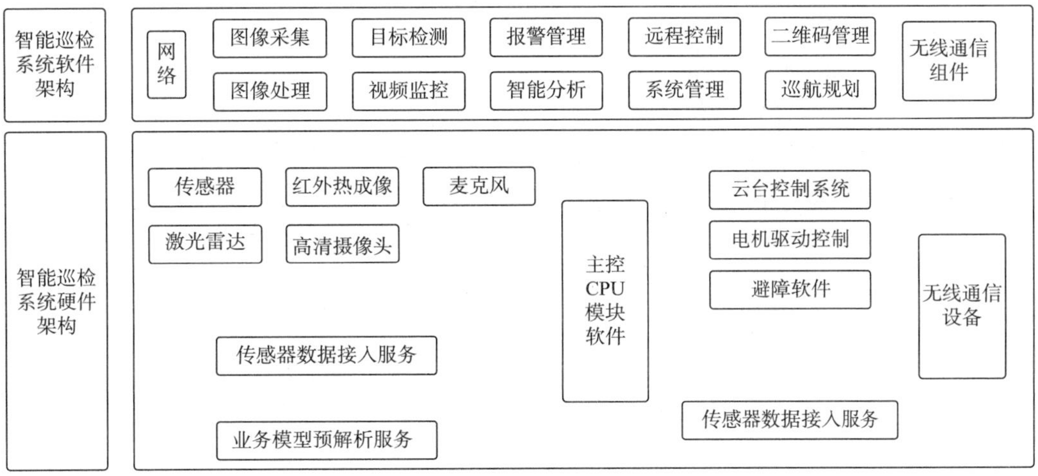

图 5　系统架构图

2　主要算法分析

本文所探索的智能巡检系统技术方案中，图像识别和目标检测是技术重点。结合当下时兴的目标检测算法以及各类算法的适用场景及优缺点，本文将 ViBe 算法与 yolov5 算法相结合，优化 vibe 算法，减少噪声和鬼影，利用 yolov5s 网络对前景区域进行二次筛选，实现目标的精准锁定。

2.1　改进的 ViBe 算法

ViBe 算法于 2009 年由 Olivier Barnich 等人首次提出，是一种通用的前景检测算法，具有模型初始化快速简单、且又能满足实时性和鲁棒性较高等特点。核心思想是通过对背景建模来检测前景，该算法将每个像素点看作一个独立的背景模型，并根据像素点的邻域像素来更新背景模型。当像素点与其背景模型的差异超过一定阈值时，就将该像素点标记为前景。但对于复杂场景下的前景检测及形态变化较大的运动物体检测效果不佳，需根据实际应用进行优化。

2.1.1　初始化背景模型

该算法首先为视频序列中的每个像素都创建一个独特的背景样本集，用此样本集作为背景模型。通过将当前像素与背景模型中同一位置的像素作比较来确定当前像素是属于前景还是背景。鉴于该算法局限于采用第一帧来构建模型容易产生鬼影的弊端，本文采用基于 Otsu 自适应阈值的 Surendra 算法通过不断迭代得到初始背景，并将此背景用于背景模型初始化中。背景模型初始化如下：

（1）选取监控视频序列中的第一帧图像 I_0 作为背景图像 B_0，假设图像灰度级为 L，在此通过 Otsu 方法计算当前帧 I_t 的阈值 T。帧 I_t 的像素之和为 N。对应于灰度级 i 的像素之和是 $n_i(i=1,\ 2,\ 3,\ \cdots)$，则第 i 级灰度出现的概率为：$p(i)=\frac{n_i}{N}$。其中 $i=1,\ 2,\ 3\cdots L-1$，$\sum_{i=0}^{L-1}p(i)=1$。通过求当前帧 I_t 的平均值和方差，得到最优阈值 R。

（2）求当前帧 I_t 的差分图像 D_t：

$$D_t=\begin{cases}1\,|\,I_t-I_{t-1}\,|>T\\0\,|\,I_t-I_{t-1}\,|\leqslant T\end{cases}\tag{1}$$

（3）更新背景图像 B_t：

$$B_t(x,\ y)=\begin{cases}B_{t-1}(x,\ y)D_t=1\\\varphi I_t(x,\ y)+(1-\varphi)\varphi I_{t-1}(x,\ y)D_t=0\end{cases}\tag{2}$$

符号 φ 表示更新速度。此时 $B_t(x,\ y)$ 即为初始背景。

（4）为每一个像素 x 都建立一个背景模型：$M(x)=\{v_1,\ v_2,\ v_3,\ \cdots,\ v_{i-1},\ v_i\}$。其中 v_i 表示像素 8/邻域随机背景样本值，$v(x)$ 为待判定的像素点的像素值，$i=1,\ 2,\ 3,\ \cdots,\ n$。

随机选取每个像素对应的 8 个邻域像素作为背景样本。初始化背景模型：

$$N_t(x)=\{y\,|\,y\in N(m)\}\tag{3}$$

t 代表初始时间点，$N(m)$ 为邻域的像素值，y 为当前点的像素值。

2.1.2　前景分割

通过 ViBe 算法得到前景：

对新的一帧图像计算当前像素点与其所对应的样本集中的像素点之间的欧氏距离，并统计距离小于阈值 R 的像素点数，然后与提前设定的匹配阈值#min 进行比较，若是结果小于该阈值，则判定该像素点为前景像素点。

$$f(x,\ y)=\begin{cases}1,\ \{S_R[v(x)]\cap\{v_1,\ v_2,\ v_3,\ \cdots,\ v_{n-1},\ v_n\}\}<\#min\\0,\ \{S_R[v(x)]\cap\{v_1,\ v_2,\ v_3,\ \cdots,\ v_{n-1},\ v_n\}\}\geqslant\#min\end{cases}\tag{4}$$

其中“1”和“0”分别表示前景点和背景点，$f(x,\ y)$ 表示检测结果。

通过五帧差分法得到前景：

设 $f_{t-2}(x,\ y)$、$f_{t-1}(x,\ y)$、$f_t(x,\ y)$、$f_{t+1}(x,\ y)$ 与 $f_{t+2}(x,\ y)$ 分别为预处理后的五帧图像，其中，$f_t(x,\ y)$ 为中间帧，让中间帧和前后两帧分别做差分运算：

$$\begin{aligned}D_{13}(x,\ y)&=|f_t(x,\ y)-f_{t-2}(x,\ y)|\\D_{23}(x,\ y)&=|f_t(x,\ y)-f_{t-1}(x,\ y)|\\D_{34}(x,\ y)&=|f_t(x,\ y)-f_{t+1}(x,\ y)|\\D_{35}(x,\ y)&=|f_t(x,\ y)-f_{t+1}(x,\ y)|\end{aligned}\tag{5}$$

此外，让差分结果 $D_{13}(x,\ y)$ 和 $D_{35}(x,\ y)$、$D_{23}(x,\ y)$ 和 $D_{34}(x,\ y)$ 分别做“与”运算，得到 D_1 和 D_2，最后让 D_1 和 D_2 进行“或”运算得到最终目标结果 $D(x,\ y)$。在做“或”运算之前先对其进行二值化和中值滤波处理，以避免“空洞”现象的发生。

“与”运算和后处理

通过将 ViBe 算法所得出的前景与五帧差分法得出的前景采用“与”运算的方式获得目标分割结果。

2.1.3　背景模型更新

采取动则更新的策略，在监控视频中，对于始终静止不动的像素点在被判定为背景之后，利用隔时更新的方式，对于长时间静止的像素点，隔一段时间更新一次，只更新运动着的像素点。

2.2　Yolv5 算法

Yolov5 算法是一种高效、准确的目标检测算法，具有很大的应用前景。该算法采用 CSP 网络结构和 Self-training 训练策略，不但可以保证模型精度和速度，还可以提高模型泛化能力。不仅可以检测出图像中的物体，还可以对物体进行分类和定位，同时还支持多物体检测和跟踪。在实时视频监控领域具有较好的应用前景。yolov5 主要分为输入端，backbone，Neck，和 head（prediction）。Yolov5 网络结构图如图 6 所示：

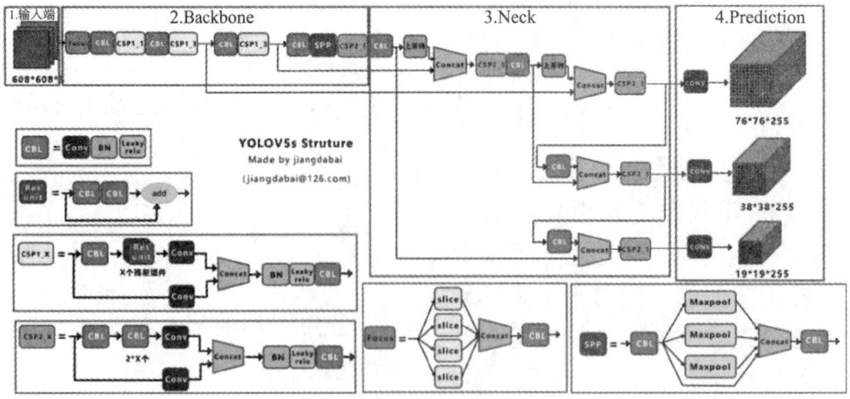

图 6　Yolov5 网络结构图

2.2.1　输入端

采用了 Mosaic 数据增强，四张图像进行拼接，并对图像进行随机缩放，随机裁剪和随机排列。极大改善了数据集小、中、大目标数据不均衡的问题，有助于被遮挡物体的检测，从而提升了模型的检测能力。

2.2.2　backbone

骨干网路部分主要采用的是：Focus 结构、CSP 结构。将 Focus 结构引入了 YOLOv5，用于直接处理输入的图片。Focus 对图片进行切片操作后进行卷积操作，最终得到二倍下采样特征图。如图 7 所示，4x4x3 的图像切片后变成 2x2x12 的特征图。CSPNet 主要是将 feature map 拆成两个部分，一部分进行卷积操作，另一部分和上一部分卷积操作的结果进行 concate，计算量得到有效降低。

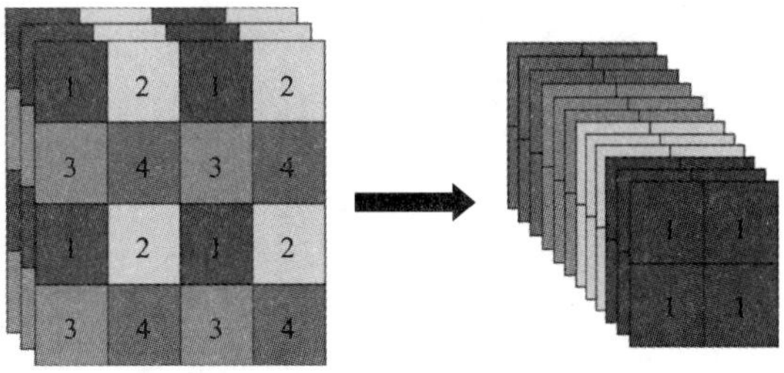

图 7　卷积操作结果图

2.2.3　Neck

采用 FPN+PAN 结构进行丰富的特征融合，如图 8 所示。FPN 层自顶向下传达强语义特征，而 PAN 塔自底向上传达定位特征。

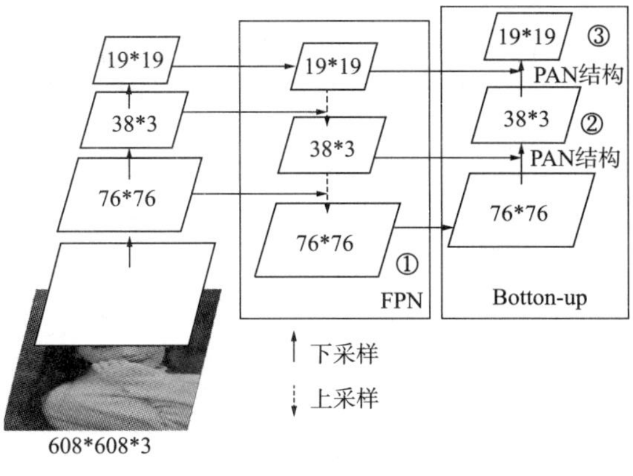

图 8　FPN 与 PAN 结构图

2.2.4　Head

对图像特征进行预测，生成边界框并预测类别。

3　应用场景分析

基于机器视觉的油气站库智能巡检系统采用分布式架构部署，能够满足油气站库不同应用场景的各类需求。主要应用场景包括以下几个方面：

3.1　井场生产实时情况监督

将智能巡检系统应用于井场，实现对井场的全覆盖监控，及时发现井场漏油、抽油机生产异常、人的不安全行为等，做到对井场的全方面管控、全智能处理。

3.2　集输站(接转站)等站库运行情况监督

将智能巡检系统应用于集输站等站库，实现对站库的日常巡检、安防保卫、智能门禁等。通过定期巡检，及时发现站库内的管线、大罐、阀门、仪器仪表等的异常情况，做到有问题及时发现、及时处理，提高设备维护效率和管理水平。

3.3　安防入侵实时检测

安防入侵是油气生产企业面临的严重问题，防盗油、防破坏是油田企业安防的重中之重。采用智能巡检系统，能够准确识别进入站库的人员及其他物体，并能根据目标检测算法及时识别疑是入侵人员，发现反复徘徊、未穿工装、形迹可疑者，并及时报警，有效提高了站库的安防能力。

3.4　油气站库安全检查

将智能巡检系统应用于油气站库的安全检查，对安全设施、消防设备、电气设备等进行自动化巡检，利用热成像技术对站库内泵的运行情况进行监测，对于异常生产情况及时预警，提前发现潜在的安全隐患，避免设备运行异常引发风险事故，提高安全管理水平。

3.5　油气站库环保检查

将智能巡检系统应用于站库的环保检查中，自动检查站库内的漏油、地面污染等情况，提高环保意识，打造三标站库。

3.6　日常巡检及生产值守

利用二维码技术及安防巡检技术，规划巡航路线，完成日常巡检，并将巡检情况做好记录，便于下次巡检分析。

4　结语

在国家数字经济战略引领下，机器视觉技术日益成熟，智能视频监控系统、工业视觉检测系统、智能安防系统等都得到了长足的发展。随着智能油田的建设开展，油田站库逐渐走向无人值守，实现了巡检工作的标准化、规范化、可回溯化。机器视觉在油田站库智能化建设中发挥着越来越重要的作用。本文所述方案以油藏经营价值最大化为出发点，针对油田多年来进行无人值守站库设计及建设运行的经验和常见问题，导致可能改造不彻底、运行效果差、应急处理不及时等问题，提出一套完整的智能巡检系统技术方案，实现了对油藏安全生产的精细化管理和智能化升级。

参 考 文 献

[1] 肖广荣，马海潮，刘志富．基于移动智能终端的油田巡检系统[J]．西安石油大学学报(自然科学版)，2013，28(03)：104-107+12.

[2] 张栋，陈圣波，李健．基于北斗卫星的油田管网巡检系统的设计与实现[J]．吉林大学学报(信息科学版)，2015，33(06)：694-699.

[3] 李平，马亮，梁潇，等．机器视觉在油气田巡检中的应用[J]．自动化博览，2020(03)：87-89.

[4] 黄鲲．智能巡检系统在广州蓄能水电厂的运用与探索[J]．水电自动化与大坝监测，2009，33(01)：38-40.

[5] 徐英卓，张帆．海洋油气田智能巡检系统研究[J]．天然气勘探与开发，2015，38(04)：65-67+14-15.

[6] 韩光，赵春雪，兰明菊，等．油气田智能巡检系统研究[J]．中国管理信息化，2022，25(20)：104-106.

[7] 陈世毅．基于机器视觉的巡检机器人[D]．中原工学院，2022. DOI：10.27774/d.cnki.gzygx.2022.000063.

浅谈输油泵站无人值守改造方法

杨　磊

（中国石油新疆油田公司）

摘　要　输油泵站无人值守改造是落实中央关于“转方式、调结构、促发展”要求的重要举措，同时近几年来物联网概念的兴起，促使泵站进行一定程度的人力精简，朝向无人值守的方向迈进，通过提高自控水平等方式，实现远程集中操控、现场综合巡检、大型油库少人值守、小型站点无人值守的运行模式，按照目前国内一流、国际先进智能管网标准，最终实现生产过程物联化。不仅降低用工需求，减少用工成本，而且提高生产效率，确保生产设备设施安全运行，切实提高企业管理水平、管理效率。

关键词　无人值守；自动控制；数字化；调控中心；运行模式

1　背景

油气储运公司作为新疆油田公司油气业务链的一个重要环节，担负着保证油气销售渠道畅通和新疆油田后路畅通的任务，是新疆油田公司数字化改造、智能化运行的重要组成部分。结合新疆油田公司信息智能化建设的整体部署及油气储运公司151发展战略，传统的“定岗值守、按时巡检、人工录取资料”的运行模式已不能满足精细化管理和高效智能运行的要求，为提升公司管理水平，必须大力推进信息智能化建设。从2020年开始，公司结合物联网建设要求，开展北三台油库及其附属6个站点（北十六、沙南站、火烧山站、彩南站、页岩油站、吉祥站）的自动化系统改造工作，实现以上站点生产工艺设备集中操控，同时公司调控中心增设二级调度，集中调度运行和监视控制各站点，通过前端采集、控制功能完善，视频监控升级改造，人机界面优化，中心调度搭建，运行体系转变等方式，实现大型油库少人值守、小型站点无人值守，推动劳动组织架构改革和扁平化管理，切实降低一线劳动用工数量，促使人力达到高效利用。

2　无人值守的总体思路

无人值守站场建设以减少岗位编制、提升工作效率为目标，依托站场BPCS系统及调控中心SCADA系统，通过完善基础网络保障，提升仪表可靠性、稳定性，完善监控体系，确保站内安全生产，促进劳动组织架构优化配套，实现输油泵站无人值守、远程管理的运行模式。

3　无人值守站的技术与要求

输油泵站无人值守改造方案的实施，要充分结合各个站场现有设备设施和自控现状，查缺补漏，完善工艺流程和监控体系，确保站内安全生产，实现站场的无人值守，远程管理。

北三台油库站控制室包含一套过程控制系统，消防自动化系统、生产区域视频监控系统及周界防范系统。按照总体要求对各系统进行升级改造。

3.1　完善生产数据采集

完善设备的生产动态参数采集（外输泵轴承温度、轴承振动、变频器频率、电压电流等；相变炉筒体液位、筒体压力、炉膛温度等），使生产参数监控覆盖率达100%。全面、实时地监测设备运行状态，为设备的连锁保护提供了基础数据，同时重点部位参数添加报警功能，提高自控系统预警效果。

3.2　新增设备控制功能

本次改造实现了57台电动阀、21台外输泵、8台变频器的远程控制功能，同时进行整合提升，实现外输泵的一键启停，使操作人员从繁琐的操作中解放出来，降低了主观错误判断和误操作等导致的风险。除此之外，调控中心可进行罐区流程切换及远程停炉操作。

3.3　提高连锁保护的灵敏性与可靠性

本次改造实现了外输泵在管道压力过高、轴承温度过高等异常状况下的预警和保护停机功能；页岩油站、吉祥站ESD系统的投用，能在火灾等意外情况下紧急停输并关闭进、出站ESD

阀，以保证管道及沿线站场安全；页岩油站、吉祥站回流调压、氮气泄压系统等水击保护功能的投用，避免了管道系统产生超安全压力，保证管道干线和站内重要设施的安全；北三台罐区液位连锁保护的投用，提高了罐区设备设施本质化安全水平；加热炉具备自动调节热负荷及连锁保护停炉等功能，进一步提高加热炉燃烧效率，减少热量损失，并保证了加热炉的安全生产。浮顶罐光纤光栅系统，与消防自动化系统连锁，可在储罐着火时连锁启动消防泵，执行灭火措施，如图1所示。

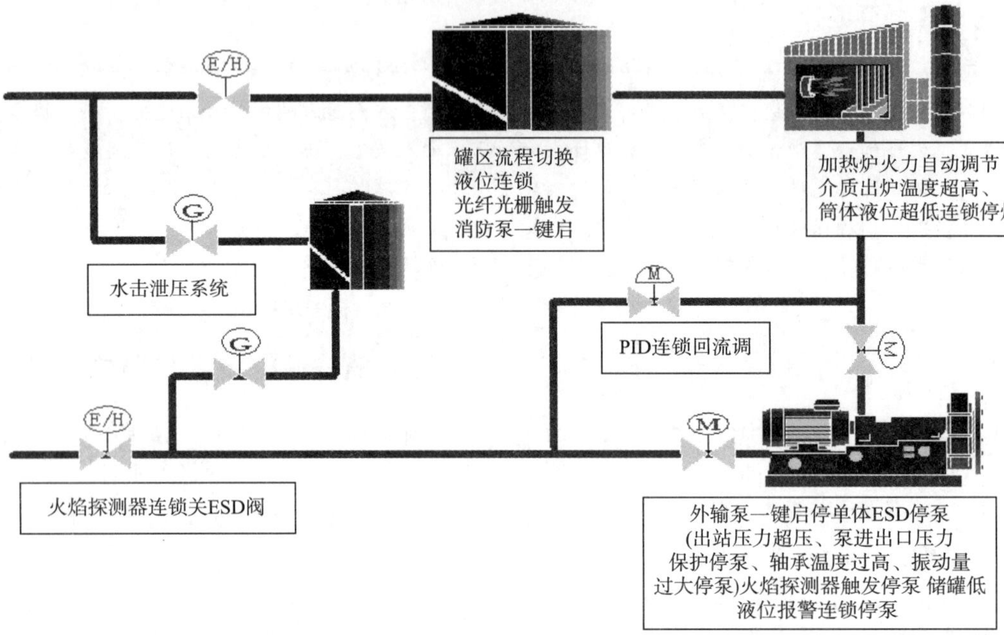

图1　改造连锁保护功能

3.4　实现生产数据自动录入功能

通过调用数据库，定时将生产数据导入报表系统内，实现生产数据自动录入。该功能实现后替代了大量人工劳动，确保数据准确性的同时也提高了生产效率。

3.5　完善基础网络保障

对北三台片区的网络链路进行改造，实现自动化网、视频网、办公网三者分离，牢筑网络安全屏障。

3.6　优化周界防范系统

视频监视与安防系统紧密集成，优化了盲区划分，避免了盲区与死角，对北三台油库内及周边进行全天候、全面的视频监视，实现对监视范围人员的轨迹跟踪，对非法入侵进行现场声音告警。人脸识别系统的投用，增添了身份识别功能，方便本单位员工进站。

3.7　生产区域视频监控升级

泵房、管汇间、配电室、罐顶新增高清摄像机进行监控，实时监控外输泵、储罐等重要设备设施，出现跑冒滴漏现象时能及时发现。同时利用泵房内摄像机，调控中心在启停泵操作时实时查看视频监控画面，切实保障现场人员及设备安全。

4　实现无人值守后的运行模式转变

站场实现无人值守后，打破原有生产组织模式，组建综合巡检队伍，制定定期巡检规程；挑选站内经验丰富的调度工，作为调控中心的二级调度，加大对二级调度员自控操作水平和运行分析能力的培训力度。对北三台站现有岗位和业务流程进行梳理，分析各个岗位的减员和无人值守可行性，北三台油库、彩南站、火烧山站、页岩油站改造后形成以二级调度为中枢的“远程操控、少人值守、综合巡检”的运行模式；北十六站、沙南站、吉祥站形成“远程操控、无人值守、综合巡检”的运行模式。对岗位结构调整内容，正常运行时二级调度在调控中心集中操作，综合巡检工以集中待班、周期巡检的方式进行启停泵操作、维护保养和应急处理。

通过人员优化配置和数字化泵站生产管理，利用好自动化系统的预警手段，提高突发事件应急处置的时效性，持续提升无人值守站场的安全管理水平。

5 实现无人值守后的效果评价

5.1 提升了生产运行效率

无人值守站通过数字化升级，实现远程监控、定期巡检、应急联动，转变了原有生产组织方式。改革后将七个班组整合为四个班组，实行区域管理：北十六、沙南班与北三台合并，以北三台为中心站；吉祥班组与页岩油班组合并，以页岩油为中心站。工作直接由中心站协调，减少了中间环节，组织机构更加精简，资源配置更加合理，生产组织效率大大提升。

5.2 降低了劳动强度

在无人值守站建设过程中，规模配套自动化设备，员工由每日 6 次日常规巡检模式变为 4 次，并将员工从资料填报、启停泵、开关阀门等日常烦琐的工作中解放出来，有效提高了员工的幸福指数。

5.3 盘活了劳动用工

面对巨大的人员运行压力，通过积极推行无人值守站运行，盘活站内操作员工，促使人力达到高效利用。

6 结语

北三台站实施无人值守改造后，提升了全站自动化水平，通过远程监控和联锁保护，提高反应速度，降低生产事故发生频率，优化劳动用工（人员由 104 人减少到 86 人），降低人工成本，提高了油气管理水平和生产效益。

参 考 文 献

[1] 孙洪程．过程控制工程设计[M]．化学工业出版社，2009.
[2] 赵雷亮，申芙蓉，陈小锋．长庆油田小型输油站场无人值守方式研究[J]．石油和化工设备，2013(16)：38-40.

“少(无)人值守”模式下 SHB 联合站安全运行

杨凌鹏[1]　段光毅[1]　位小顺[1]　刘开兴[1]　许大林[2]

(1. 中国石化西北油田分公司；2. 山东胜软科技股份有限公司)

摘　要　为有序、高效实现 SHB 联合站安全生产运行，从 QRA、现场操作和运行成本角度说明联合站在少(无)人值守”模式的实际需求；由需求角度，从“人”的因素、安全事件预防、异常事件应急响应和巡检管理四个方面阐述数字化应用对于少(无)人值守模式下联合站安全运行的有利条件。最后基于运行经验提出集成式数字孪生工厂建设等 3 项优化建议，这有助于 SHB 联合站在“少(无)人值守”模式下打造安全站库。

关键词　少(无)人值守；数字化应用；孪生工厂；安全运行

集中监控，少(无)人值守油气田站库运行模式国内外已有部分研究和探讨经验，这类数字油田市场的增长很可能受到投资成本高、实施时间长、原油价格波动等因素的制约。Srikanth Mashetty 等人研究了智能人工举升系统的应用，该方式有利于油田数字化作业；Amos Stern 等人研究了数字油田，认为其主要风险是在面对不断增加的脆弱性和威胁时保持其网络安全态势的能力；Wang Yingying 等人针对无人值守海上平台的智能无人机巡逻，建立规划出有效、准确的三维飞行路径，对于海上平台的智能风险监测具有重要意义。张伟等人着重研究了基于物联网的油田无人值守井站技术及实际应用，节约长庆油田的管理、运行成本；张隆国等人从无人值守站的建设需求设计了无人值守井站方案，并进行先导性试验；杨耀辉等人探讨摸索了西北油田顺北油气田井站无人值守模式的实际应用并提出了优化改进建议。

虽然国内外学者对油气田井站运行少(无)人值守模式进行了部分研究，一般只是针对单个应用的着重研究，且国内学者通常偏向于小型井站的基础性研讨和基础性说辞，缺少对大型油气处理联合站该模式下安全运行的研究工作。因此，以 SHB 联合站为例，由“少(无)人值守”模式需求角度研究大型联合站安全生产及运行方式，并基于此提出优化建议。这对油气田联合站安全运行具有一定的借鉴意义。

1　联合站“少(无)人值守“模式的必要性

1.1　QRA 角度

联合站站内生产介质包括原油、天然气和硫磺等，均属高危品。其中天然气分布范围最广，因此以干气(88%甲烷含量，以甲烷替代)为例，研究其泄漏后蒸气云易燃区的风险范围。情景模拟泄漏点位于干燥塔后端的粉尘过滤器，主要计算参数见表 1。甲烷爆炸下限为 50000ppm，本次主要定量模拟其 60%LEL 和 10%LEL。计算结果如图 1 和图 2 所示。

表 1　模拟参数表

泄漏点	粉尘过滤器	压力	2.2MPa
尺寸	Φ600×3070mm	泄漏孔径	1、2cm
温度	25℃	泄漏持续时间	1min
大气稳定度	B	风速	0.9~1.9m/s

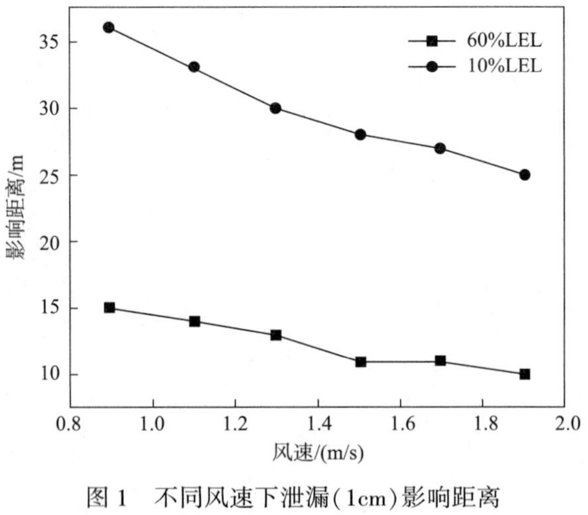

图 1　不同风速下泄漏(1cm)影响距离

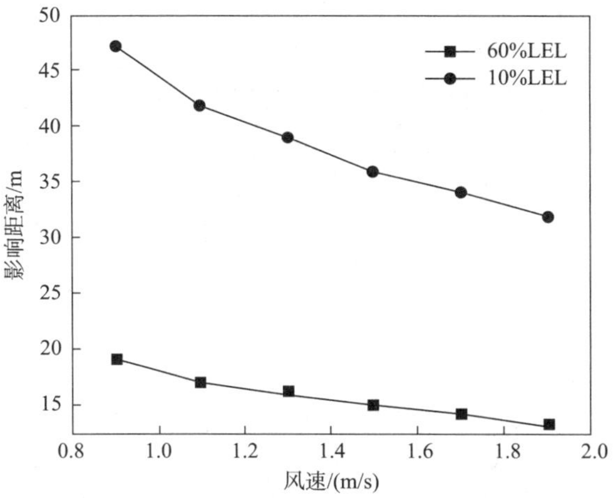

图 2 不同风速下泄漏(2cm)影响距离

由上图可知，在风速 0.9~1.9m/s 下，粉尘过滤器泄漏后下风向 47m 范围内属于 10%LEL 区域，19m 内属于 60%LEL。当泄漏孔径为 2cm，风速为 0.9m/s 时 LEL 范围为下风向 15m，因此可看出风向对泄漏危险范围影响很大。若为东风，则下游精馏塔将会受到燃烧或者爆炸威胁，增加多米诺事件发生概率(方位图如图 3 所示)。

图 3 泄漏方位示意图

1.2 操作和成本角度

(1) SHB 位于沙漠腹地，每年 3~11 月份平均 3 天一次风沙天气，7 天一次沙尘暴。风沙具有持续时间长、能见度低等特定，操作人员在室外易出现呼吸困难等症状，无法有效进行操作工作。

(2) 操作人员平均成本为 8~13 万元，且人员不易招聘或无法长期工作，重复培训等成本较高。

综上所述，从 QRA 角度、操作和成本角度来看，联合站少(无)人值守均为迫切需求。

2 SHB 联合站安全生产

针对联合站“少(无)人值守”模式需求，由“人”的因素、安全事件预防、异常事件应急响应和巡检管理四个方面研究该模式下的安全生产和运行方式。

2.1 “人”的因素

Amine Dakkoune 等学者通过在法国数据库 ARIA 中选择并收集了发生于 1974~2014 年的 169 起安全事件，强永康等学者通过贝叶斯网格研究国内交通事故，结果均表明人为因素是导致事故发生的主要因素。因此对于联合站，要有效实现“少(无)人值守”模式下安全生产运行，须主要加强把控“人”的因素。

2.1.1 人员配置

SHB 联合站体系中主要人员配置为三“五”架构，按生产序列即 5 名 10~20 年站库管理经验的管理序列人员，5 名 10~30 年操作经验的高技能水平操作序列人员和 5 名 1~3 年经验的青年员工；按年龄(截止联合站原油装置投产)即 40 岁及以上人员 5 名，30~40 岁 5 名，20~30 岁 5 名。人员配置合理，结构清晰，有利于联合站管理和运行的高效和稳定。合理、稳定的人员架构配置是联合站安全平稳运行的基础保障。

2.1.2 人员培训

(1) 新工培训

出于本质安全角度，由于联合站存在多级风险管控区域，人员无法在站内随意行动，因此线上培训模式是有效手段。人员线上培训采取三级培训模式。第一级学习设计参数，包括 PID 学习等；第二级利用三维数字化联合站实现与 DCS 数据实时共享，人员可在三维应用中梳理流程和管线，查看设计与实时参数，快速掌握基本工艺流程；第三级佩戴 VR 眼镜身临其境地感受站内工艺流程和方位感，深入学习。

(2) 现场操作培训

由于联合站现场生产连续进行，无法实时进行流程切改和参数调整等，因此人员培训和考评受到时间和地点上严格限制。利用 OTS 平台，员工可进行线上操作培训，操作内容包括开、停工站场大型操作、流程切换操作、应急事件处置演练等，在三维数字化工厂内实现虚拟与现实相结合的模式，并实现评分模式，将其纳入员工考核体系之中，不断提升现场人员操作水平。

(3) 中控人员培训

为实现安全运行，高效集中监控作用凸显。在完成工艺流程的学习之后，需要对中控人员的操作水平进行培训，联合站利用仿真模拟客户端，与真实DCS的HMI画面及数据共享，实现人员离线DCS模拟操作和培训，根据前后端自变量和因变量(参数)变化，提高中控人员对工艺远离吧的理解水平和在应急处置过程中的响应能力。

2.2 安全事件预防(生产运行优化)

联合站安全运行，避免安全事故的发生重点在于预防。为有效预防事故发生，需要不断调整、优化生产工艺参数，纠正偏离参数。

(1) PID参数整定优化

联合站实现少(无)人值守的基础在于高程度自动化，高自动化水平的实现重点在于PID参数的整定，这对于生产参数的精确控制，偏离参数的纠正极为重要。SHB联合站目前拥有160个控制回路，且生产中进料介质组分变化较大，易出现短时间内的大幅变化，PID调整任务繁重。采用PID调整软件，全天候监控评测控制回路性能和状态，技术人员可以通过异常诊断结果对问题进行快速地、有明确目的和方向的核实和验证，在传感器和控制阀开始出现故障特征时就能及时的进行预防性的维护，降低故障停车概率。

(2) 工艺参数模拟

生产过程中，由于来油(气)组分变化和设备运行状态变化等工况变化原因，部分设计参数不再适用，利用工艺流程仿真软件模拟工艺参数，定期或不定期纠偏、调整和优化生产参数，提前预防异常事件的发生，降低安全未遂事件发生概率。

(3) 辅助决策系统

联合站安全生产运行需要有管理运行人员的正确决策，而正确决策需要有数据支撑，联合站实现能耗数据和各类生产参数的实时报表生成，形成以数据为主的辅助决策系统，有利于相关人员的正确判断和决策。

2.3 应急响应

油气田安全事件属于低概率、高风险事件，一旦发生需要正确和快速的应急响应处置。

(1) 报警管理

多工况报警可在异常紧急事件发生时，及时进行自动识别，合并关联报警，降低同装置或事件的报警数量并于看板进行多维度集中展示，协助应急处置人员及时掌握源头报警信息，快速判断事件根本原因，从而正确、及时调整和处置。

(2) 应急处置

人员定位系统可实时展现站内不同工作类型人员信息、数量和各自位置，包括管理人员、操作人员、施工人员和参观人员。根据不同类型人员越界报警或静止报警迅速组织力量进行现场确认和抢救，亦有利于站内应急事件发生时，实现高效人员撤离和清点。

在大型应急处置现场，需要及时调配资源，线上应急管理系统可供管理人员在应急指挥中心大屏集中掌握应急资源信息，包括第一时间调用专家库资源、医疗资源、消防救援资源和物资设备资源，并实时查看各类资源的地点和预计到达剩余时间，帮助应急指挥负责人员综合判断，最快处理事件，将其影响程度降至最低。

2.4 巡检管理

(1) 虚拟巡检

根据设定情景，虚拟人物或操作人员使用VR眼镜在三维数字工厂内实现实时参数查看和监控调阅，有助于人员对于重点、特定参数的全面掌握。

(2) 实际巡检

根据巡检任务，巡检人员持有人员定位卡和通讯终端进行现场巡检，巡检期间人员和路线以虚拟人物形象实时在三维数字工厂内展示，在巡检期间附近有可燃、有毒气体报警可及时通知巡检人员撤离该区域，有利于保证巡检人员的人身安全；在巡检结束后可形成巡检路线，可进行回放查阅，这样也有利于联合站、制度的落实和安全管理的规范化。

2.5 SHB联合站现场“少(无)人值守”结果对比

与相同功能的THE联合站和THS联合站相比，以气处理装置为例人员配置情况见表2。其中折合人员数量为$400\times10^4 m^3/d$处理量下人员数量。

表2 联合站人员配置

联合站	设计处理量	实际人员	折合人员数量	节约人员数量
THE联合站	$40\times10^4 m^3/d$	6人	60人	—
THS联合站	$50\times10^4 m^3/d$	10人	80人	—
SHB联合站	$410\times10^4 m^3/d$	4人	4人	56~76人

由表2可知，目前阶段，SHB联合站节约

了大量现场操作人员使用数量，有效实现了少(无)人值守站库运行目标。后期随着改扩建和站库运行时间增长，设备老化、可靠性下降，有可能会增加人员数量以增加异常事件和异常事件的应急处置效率，但与其它联合站相比现场操作人员运行成本仍拥有巨大优势。

3　优化建议

(1) 以往工艺流程模拟均以产品质量为导向和目标进行，适合于学术研究但不完全适合于工程应用，工程应用中的工艺流程模拟应注重在安全生产前提下的以经济效益为导向，在产品质量合格的前提下，建立工厂级模型，减少输入参数，以经济效益最大化为目标进行实时工艺仿真优化，实现联合站安全、经济运行。

(2) 将上述数字化应用全部成熟开发后，将其集成在一个应用里包里，形成一体化、集成式 SHB 联合站数字化孪生工厂，在其中可以进行各式功能的统一整合和有机联接，实现二三维的随意转化和数据共享，这样有利于人员集成式培训和考评管理。

(3) 以机器学习(程序)为双向接口连接实际运行 DCS 和离线模拟操作 DCS，利用机器学习方法不断学习实际 DCS 运行规律并实时补充至虚拟操作中，这样方便员工在模拟操作时更快地掌握油、气、水和硫磺工艺处理和生产运行的规律及逻辑关系，提升中控人员素质，从而提升联合站生产运行管理水平和应急处置能力。

4　结论

(1) SHB 联合站由于生产介质高危性，泄漏等事件影响范围大、风沙天气多不利于操作的特点和降本增效需求，少(无)人值守模式成为迫切需求。

(2)“人”的因素是联合站安全运行的首要因素，联合站人员配置及各类数字化应用有助于实现常态化、高效率人员培训与考核，而不受现场生产方面时间和地点的限制。

(3) 将安全运行分为零事故运行和应急处置两方面，数字化应用将方便各级管理和运行人员进行工艺参数优化、事故预防、异常事件分析和应急处置。虚拟巡检和实际巡检相结合是 SHB 联合站安全巡检工作的重要载体。

基于安全运行角度考虑，提出了以经济效益为导向的工艺模拟、集成式数字化孪生工厂应用和利用机器学习优化 DCS 离线仿真等三条优化建议，数字化应用将在 SHB 联合站与实际需求和工作紧密结合，实现“落地”应用，帮助 SHB 联合站安全、高效、平稳生产。

参　考　文　献

[1] Global Digital Oilfield Market: Trends Analysis & Forecasts up to 2022 - By Services, Processes & Region [J]. M2 Presswire, 2017.

[2] Srikanth Mashetty. Intelligent artificial lift systems improve digital oilfield operations[J]. World Oil, 2017.

[3] Amos Stern. Staying Secure While Migrating to the Digital Oil Field[J]. Pipeline & Gas Journal, 2019, 246(2).

[4] Wang Yingying, Li Yuqi, Yin Feng, et al. An intelligent UAV path planning optimization method for monitoring the risk of unattended offshore oil platforms [J]. Process Safety and Environmental Protection, 2022, 160.

[5] 张伟，张煜，王军锋，等. 基于物联网的无人值守井站技术研究与应用[J]. 石油化工应用，2017，36(10)：107-110+118.

[6] 张隆国. 无人值守井站系统的研究与应用[D]. 西南石油大学，2018.

[7] 杨耀辉. 西北油田分公司采油四厂无人值守巡检模式探索[J]. 石化技术，2021，28(12)：158-159.

[8] Amine Dakkoune, Lamiae Vernières-Hassimi, Sébastien Leveneur, Dimitri Lefebvre, Lionel Estel. Risk analysis of French chemical industry[J]. Safety Science, 2018, 105.

[9] 强永康. 基于故障树贝叶斯网络的道路交通事故致因分析[D]. 扬州大学，2021.

[10] 韩颖，秦运巧，毕文婷. 预防为主标本兼治——记第八届中国国际安全生产论坛[J]. 劳动保护，2016(11)：31-35.

油气储运无人值守站场智能化建设探讨

田晓龙[1]　张金源[1]　秦晶晶[2]　孙钟阳[1]

[1. 中国石油天然气销售公司(昆仑能源有限公司); 2. 中咨工程有限公司]

摘　要　随着科技的不断发展，人工智能和自动化技术逐渐在各个行业应用。油气储运行业是一个关键和复杂的领域，其在能源供应链中起着至关重要的作用。本文将探讨油气储运行业中无人站场智能化建设的必要性和可行性，以及该技术的潜在优势和挑战。国家从“十二五”到“十四五”数字经济政策逐步深化，企业进行数字化转型和智能化发展是所有大型企业面临的一道必做题。本文旨在探讨油气储运行业无人站场的智能化建设，通过实地调研和案例分析，研究了无人站场的现状和发展趋势。研究表明，智能化建设可以提高无人站场的运行效率和管理水平，降低安全风险和环境污染。本文提出了无人站场智能化建设的关键技术和实施策略，为油气储运行业的可持续发展提供了参考。

关键词　油气储运；天然气；无人值守站场；智能化

随着科技的不断进步，智能化建设在各行各业中得到了广泛应用。油气储运行业作为国家重要的能源领域，其运行安全和管理水平直接影响到国家的经济和民生。无人站场是油气储运行业中的重要组成部分，其运行效率和管理水平直接影响到整个油气储运系统的性能。因此，无人站场的智能化建设具有重要的意义。

1　国内外技术现状分析

1.1　国内技术现状与发展趋势

随着国内社会经济发展，管道设计标准逐步提高，近年来新建管道在设计和配置上比较先进，主要设备和系统已接近或达到国际先进水平。为进一步优化管理模式，国家管网几大运行企业(如西部管道公司、北方管道公司、西气东输公司等)均在全面探索无人站及区域化管理模式，旨在提高管道运行效率，践行优化运行、以人为本的核心理念，并通过技术改进和运维制度调整，来保证管道在“区域化管理”运行模式下的运行安全。

西部管道公司自2009年开始开展“无人站”建设，以典型站场HAZOP分析为切入点开展适应性改造的方式，形成了站场区域化建设“五步法”，搭建了集中监视系统，实施了作业区模式下的集中监视。将所辖管道及站场划分了28个作业区，9座中心站，已基本实现区域化管理。每个作业区将管辖2-5座中间站场，除作业区所在站场外其它站场均实行“无人值守”，作业区对所辖站场实行集中管理，集中监视、集中巡检、集中维护。其中压气站、油库、泵站实现了少人值守模式，分输站场基本实现了无人值守管理模式。目前西部管道公司正在开展进一步无人站建设规划，寻求依托智能化手段，继续推进无人值守站建设。

北方管道公司目前全面推进站场“区域化管理”建设。已有9个分公司完成了区域化改造。作业区负责管辖站场和阀室的工艺设施设备的定期集中巡检和维护保养。各站场达到“无人操作，无人值守，有人看护”的自动化水平，同时，搭建集中监视系统、实现了“集中调控，集中监视，集中巡检”的管理水平。首次在盖州压气站实现了压气站远程一键启停控制功能试验，并在中俄东线工程各压气站场进行推广，为压气站的无人值守奠定了基础。

西气东输管道公司于2010年开始按照“集中监视、集中巡检、远程控制”的管理思路，逐步推行“运检维一体化、大专业综合管理”的区域化管理模式。搭建了集中监视系统，实现了所辖437座阀室和141座站场的集中监视，站场用工数量大面积缩减，全公司50%以上的场站实现了无人值守，科级机构从70个减至30个，人员减少600余人，截至2019年西气东输用工水平已实现0.2人/公里。

天然气销售公司自2016年以来，逐步开展了支线管道项目无人值守场站的建设工作，已经在湖南的6条支线(岳阳-巴陵-长岭-临湘支线、汨罗-平江支线、汨罗-湘阴-屈原支线、长沙-益阳支线、涟-新支线、衡阳-炎陵)、广东的2条支线(揭阳支线、潮州支线)、辽宁的大连瓦长支线、贵州的都匀凯里项目等项目推行。

港华燃气集团也在无人站建设上进行了一些探索，2023年3月8日，港华智慧运行平台试点上线，以准确完备的管网、设备设施数据库为基础，依托地理信息系统(GIS)和物联网(IoT)、视联平台为能力底座，构建涵盖GIS、设备物联、设施管理、视频聚合的一体化业务平台，并通过运维业务的移动化、图形图标可视化、数字化，实现数据融合、风险评估分析、隐患管理、综合研判决策、预警应急响应与高效联动处置等功能，提供强大的数据、模型分析展现能力，为深度数据挖掘和指导决策构建智慧运维及安全管理长效机制。为实现站场无人值守及智能运维奠定了基础。

1.2　国外技术现状与发展趋势

上世纪90年代以来，以北美为代表的发达国家油气管道企业大范围实施站场无人化管理模式。

北美Alliance输气管道全线运行维护人员120人，管线管道全长3836公里。包括21座压气站、35座计量站、90座远控线路截断阀室和1座液化处理场。管道实行统一集中调控指挥，调控中心实现对站场进行监控和管理。站场主要设备的维修由供货商承包，所有站场均实现了无人值守，无人站场一周巡检两至三次，查看站场内设备的运转情况及相关的运行参数。作业人员根据维修计划分时间段完成常规维检修。

北美Kern River输气管道，共有职员170人，管辖管道约2688公里，包括11座压气站、15座输入计量站，57座输出计量站。所有站场均为无人值守站。实行统一集中调控指挥，调控中心负责对公司所属管道进行运行操作、监控、计量交接、维修计划协调和应急事故处理等。公司大部分技术支持和管线、设备维护业务采取外委的方式，由外部专业队伍进行专业化服务公司进行管理。

1.3　国内外差异对比分析

通过研究，国内外在无人站建设和运行上存在的内在和外在的差异如下：

规模方面：国外的大多数站场实现了无人值守，但站场的规模都属于小型站场，大多以泵站、计量站或小型压气站(2~3台10~15MW压缩机)为主，中型压气站(3~4台20~30MW压缩机组)基本还留有一定数量的运行人员，目前调研了解的暂无大型合建压气站(6~8台20~30MW压缩机组)无人值守的案例。

人员素质方面：北美劳动力市场发达，具有大量专业和技术人员，站场周边就地就可以招聘到相关技术人员，员工居住地离站场能保证在30分钟车程以内。国外的运行维护人员工作经验丰富、专业技术能力过硬，通常具有几十年的岗位经验，技术全面，能独自处理各类问题。与之相比，国内的人员在培训、资历、经验、能力等方面还存在很大差距。

施工质量方面：国外管道建设周期普遍较长，能有效全包建设质量，管道建成投运后，数年内基本不需要改造和大型维修，例如北美的Alliance管道建设周期为10年，其它管道的建设周期也都是5年以上。而我国的管道建设受项目工期、设计文件质量、施工人员素质、施工工序规范性、施工监理等因素影响，造成很多工程遗留问题，投产之日往往也是改造开始之时，导致运营期增加很大一部分维护工作量。

设备设施可靠性：我国管道早期建设基本全采用进口设备，设备维护维修受制于国外厂家。近年来，我国大力推进主要生产设备国产化项目，逐步实现了压缩机组、PLC、流量计、阀门等主要生产设备及散材的国产化替代，实现了自主制造，避免被西方卡脖子，降低了采购及维护、维修成本，但同时，也存在各类设备设施的可靠性参差不齐的情况，还有很长一段路要走，也导致运营期设备设施存在大量的维护维修工作量。

运营环境方面：国外管网比较发达，美国管网总长达到了400万公里，其中干线管道81万公里，管道干线分布在几条管廊里，经常6/7管道并行，同介质的管道之间可以互相注入，整个管网系统具有多气源、多通道的特点，保障输送的可靠性和灵活性，单一站场关断对整体输送能力影响不大。国内的西气东输等几条重要管线是我国的能源输送命脉，特别是冬季保供期间，一旦任何一条管道干线截断阀出现误关断或站场触发ESD，20分钟内临近压气站将因运行压力超高导致停机，干线截断阀达到高压关断值而保护关阀，进而引发全线各站超压保护停机，短时间内对上游进气或下游用气造成严重影响，一旦发生将严重影响管线安全平稳运行，后果将无法接受。在新疆部分地区，防恐维稳形势严峻，站场需投入大量人力进行安全保卫。

设备维护维修方面：国外管道行业实行完全市场化模式，管道及设备维护依托当地的专业公司，由第三方专业工程公司或设备厂家定期负责该设备的维护与维修。设备出现的异常情况，第三方或设备生产厂家能够快速赶赴现场进行处理和维修。对于压缩机组、泵机组等大型设备，还可交由设备场景的全球诊断中心进行24小时实时监测诊断，及时进行预警、发现故障隐患，保障设备可靠性。另外，国外制造业非常发达，油气管道业发达的北美，管道设备基本为本地生产，出现故障后，即使管道公司无法解决，当地厂家也会帮助解决。

社会依托方面：欧美发达国家将油气长输管道作为国家的第五大交通运输方式，并上升到国家经济和能源战略高度进行管理。多起油气管道的重大事故，促成了部门分工明确、权责明晰、政企沟通协调的管理体制和机制。例如美国联邦政府由交通部(DOT)的油气管道安全室(OPS)、能源部下属的联邦能源监管委员会(FERC)、国家运输安全委员会(NTSB)、国土安全部下属的重要基础设施保障办公室和国家基础设施保护中心、内务部矿物管理部、环境保护局、司法部7个部门负责油气管道安全事务，大部分州政府也设立了能源管理部门和油气管道监管机构，彼此分工明确，形成了较为健全的监管体系。美国还建立了国家统一管道地图系统(NPMS)，作为国家制定管道检测计划、安全管理和应急响应的重要决策支持工具。该系统包括州际或州内天然气和危险液体管道输送、LNG装置及危险液体接卸储罐等的相关地理空间数据及其属性。设立了国家管道统一呼叫中心(“811”电话)，要求施工方拨打“811”电话，并与管道运营商进行沟通，共同制定管道的安全保护措施，以避免施工引起管道意外事故。

法律法规方面：美国与管道安全相关的法律包括《管道安全法》、《管道监测、保护、执法安全法令》、《联邦规章典》中有专门的管道设计、安装、运行、维护、应急等内容；加拿大相关法律包括《能源管理法》、《石油天然气操作法》、《环境评估法》、《陆上石油天然气管道条例》、《管道穿跨越调理》、《管道信息保护条例》等，法律体系比较完善。而我国虽然发布了《石油天然气管道保护法》，但与其它相关法律之间存在一些冲突，同时缺乏专业的监管机构，政府只负责审批，基本不承担为管道企业服务的职能，《管道保护法》条文得不到有效落实。

综上所述，相比较发展了上百年的国外油气管道行业，我国的油气管道还处于发展阶段，各种原因制约了无人站建设的推进，束缚了国内管道企业的手脚。随着近年来数字化、智能化技术快速发展，为无人站的建设提供了一个新的思路，就是依托大数据、5G、人工智能等新兴技术，实现站场的各项业务的智能化管理，在站场无人模式下，实现对站场的智能化调度运行、综合智能巡检、设备智能化诊断及健康管理、管道风险全面监测、安保一体化管控、突发风险的及时发现和快速处置。

2　无人站场智能化建设的优势

2.1　提高安全性

引入人工智能和自动化技术可以降低人为因素对安全的影响。无人站场可以通过传感器和监控设备实时监测油气储运过程中的温度、压力等变化，及时发现和处理潜在的安全隐患。

2.2　提高工作效率

无人站场智能化建设可以自动化执行一些例行工作，如油气运输、储存和装卸等操作。这样可以减少人力资源的浪费，提高工作效率和生产能力。

2.3　降低运营成本

无人站场智能化建设可以减少人工投入量，从而降低运营成本。自动化设备和系统的维护和升级成本也相对较低。

3　需要解决的关键技术问题

对于新建项目无人值守站场，从工艺流程、监控及自动化系统、自控逻辑、站场总体布置、供配电、通信等方面如何进行建设，如何保证各工程建设的一致性和符合性。什么样的站场可执行无人值守管理，针对无人值守管理标准，所对应适应性分析的标准要求有哪些。站场无人值守模式下，如果实施应急管理，当发生突发情况时，如何开展应急指挥，如何了解现场实际情况，合理、高效的调配各种应急资源，需建立怎样的应急管理体系等关键技术问题都是无人值守站场建设过程中面临的关键技术问题，如图1所示。

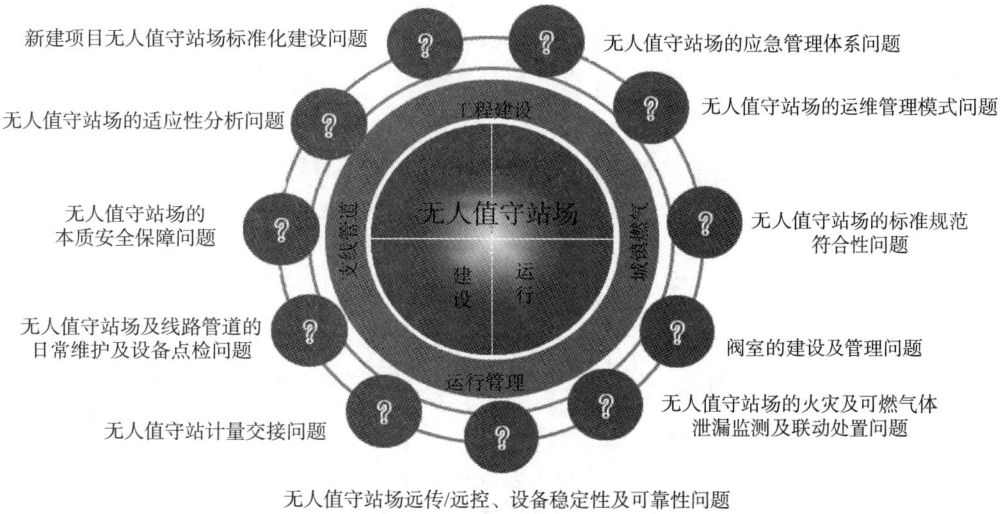

图1　关键技术问题

4　技术创新点

（1）通过站场全面自动化、设备远程诊断、站场巡检等技术，实现城镇燃气门站及调压站的无人值守管理。

（2）通过梳理无人值守管理模式下工艺、自控、消防、建筑、总图、给排水、供配电、通信等各系统功能需求，提出针对性提升方案，实现支线管道及城镇燃气管道无人值守站场的标准化设计。

（3）针对支线管道站场、城镇燃气站场特点，通过对过程控制系统、安全仪表系统、流量计算机、安防监控系统及工控网络进行集成，实现无人值守站场监控系统的最优化设计。

（4）通过全面采集支线管道、城镇燃气站场主要生产设备诊断管理数据，依托诊断管理平台，实现支线管道、城镇燃气站场主要生产设备的健康状态实时监测、远程诊断、维护及管理。

（5）采用可燃气体扩散模拟技术，对站场速扫式探测器运行轨迹进行优化，实现无人值守站场气体泄漏风险的可靠检测。

（6）针对支线管道站场、城镇燃气站场特点，研究、形成支线管道及城镇燃气无人值守站的适应性及运维管理、应急管理体系研究成果。

5　无人站场智能化实施

5.1　传感技术的应用

传感技术在无人站场智能化建设中起着关键作用。温度、压力、流量等传感器可以即时获取关键数据，并通过通信网络传输到数据中心进行实时监控和分析。

5.2　数据分析和决策支持系统

通过对实时数据进行分析，可以帮助运营人员了解系统状态并快速做出决策。决策支持系统可以利用大数据分析技术，提供预测性维护、优化生产计划和资源分配等功能。

5.3　自动化设备的应用

自动化设备如机器人、自动控制系统等可以自动执行制定的工作任务，如油气输送、储存和装卸等。这些设备可以根据预设的参数和算法，实现高效、安全的运行。

5.4　业务支撑体系

业务支撑体系是将一切业务数字化，通过将各环节采集数据与建设、运营各管理要素深度融合，分解构建智能化建设管理指标，建立数据支撑的业务管理标准化体系，形成数据分析结果反哺业务，驱动业务流程的管理模式，让生产经营过程变得可度量、可追溯、可预测，如图2所示。

5.5　场景智能化服务支撑体系

场景智能化服务支撑体系聚焦于智能化业务场景“怎么切入”和“怎么建设”的问题。参考国家和行业智能化标准规范，评估分析自身当前智能化应用成熟度和当前智能化建设的薄弱环节和重点方向，形成智能化成熟度评估模型和智能化建设体系文件。针对无人站场管控场景如何与人工智能、大数据、图像分析等技术结合和应用给出指导建议，已建、在建或新建项目可依据智能化服务体系文件，结合站场特点、资金投入等因素实现各业务场景的智能化、模块化应用建设，如图3所示。

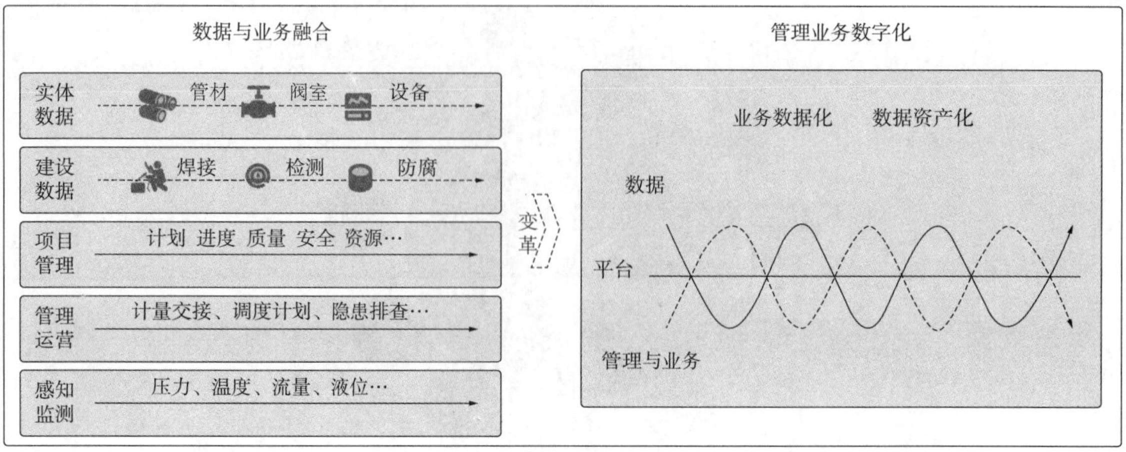

图2　业务支撑体系

图3　场景智能化服务支撑体系

6　结语

油气储运行业无人站场智能化建设是一个具有广阔前景的发展方向。该技术可以提高安全性、工作效率和经济效益。尽管智能化建设面临一些挑战，但通过合理规划和有效管理，可以充分发挥其优势，推动油气储运行业的发展。紧密结合站场无人值守模式下的各项业务需求，针对支线管道、城镇燃气管道所必需的各项关键技术开展深化研究。实现站场（支线管道分输站，城镇燃气门站、储配站、天然气供应站、天然气气化站、调压站）及阀室建设阶段的标准化设计、模块化建设、信息化管理，实现运行阶段站场无人值守、运检维一体化管理，最终达到提升站场本质安全、优化管理模式、提高运行管理效率、提升企业运营效益的目标。

参　考　文　献

[1] 杨军元，代兴，赵福来，等．探讨我国管道区域化运行维护的实现路径[J]．国际石油经济，2015，(1)：88-94.

[2] 曹闯明．油气长输管道巡检中的智能视频监控技术[J]．油气储运，2018，37(10)：1192-1200.

[3] 李毅，王磊，周代军，等．输油气站场区域化创新管理模式探讨[J]，油气田地面工程；2019，38(11)：85-89.

[4] 梁怿，彭太翀，李明耀．输气站场无人化自动分输技术在西气东输工程的实现[J]．天然气工业，2019，39(11)：112-116.

[5] 曹永乐，姚红亮．基于西气东输中卫压气站集中监视模式的实现与分析[J]．石油规划设计，2017，28(4)：38-40.

[6] 张世梅，张永兴．天然气长输管道无人站及区域化管理模式[J]．石油天然气学报，2019，41(6)：139-144.

[7] 赵光志，蔡亮，苏彦杰．美国长输管道安全法规标准体系研究[J]．全面腐蚀研究，2019，33(2)：1-4.

探讨新疆油田推广无人值守站的优势、难点及应对措施

粟　刘　王梓丞　李建平

（中国石油新疆油田公司工程技术研究院）

摘　要　新疆油田目前正在积极推进数字化转型发展，全面提升生产自动化、信息化、智能化管理水平，在十四五末实现生产全面感知、流程自动管控、决策智能优化的新型油田宏伟目标。无人值守站是制约新疆油田智能化实现的一个关键节点。本文客观阐述了新疆油田无人值守站技术发展现状，论述了实现无人值守站的关键制约因素，重点分析新疆油田推广无人值守站的优势及难点并提出应对措施，对新疆油田的数字化转型发展及智能化油田的建设，具有一定参考价值。

关键词　无人值守；自动化；关键因素；优势与难点；应对措施；智能化

1　油气田“无人值守站”目标含义及技术要求

1.1　油气田无人值守站的目标含义

油气田无人值守站，就是油气生产站场没有人在现场进行劳动操作，全站流程实现了生产自动化，包括生产流程监控和安全防护预警监控实现了远程监测与控制。

无人值守站的特点就是集中监控、无人值守。通过智能化、集成化、可视化的设备应用等技术措施，全站生产信息全面实现数字化采集和远程操控。

1.2　无人值守的技术要求

通过对站场运行、岗位设置、操作频次等方面调查分析，对需人工频繁操作的地方实施自动化控制设计改造，达到现场无人操作或操作频次少，实现无人值守。

无人值守站场应配置数据采集控制系统，负责采集控制站场内生产流程节点的远控阀门、压力、温度、液位、流量、电参、加热系统等仪器仪表的参数，各仪表设备应具有就地显示及信息远传双重功能。

无人值守站场应配置相应的视频系统和安防系统，实现运行情况监视、入侵探测、防盗报警、出入口控制、安全检查等主要功能。视频和安防系统信号应能够传至监控中心，并具备远程控制、布防、撤防等功能。防区划分应做到避免盲区和死角，有利于报警时准确定位，视频监视和安防系统宜紧密集成。条件许可则考虑视频与报警的联动。

无人值守站场在保留必要的基本生活设施前提下，可适当简化原常规站场内的为人服务设施。

2　制约油气田无人值守站实现的关键因素

制约站场能否实现无人值守的关键因素主要有站场类型、站场的生产规模、自动化技术水平、地理位置四个方面。

2.1　站场生产规模及类型

油气田站场按生产规模和工艺复杂程度一般分为中小型站场和大型站库。对于规模较小、工艺流程简单装置设备数量较少的站场称为中小型站场，常见中小站场如计量站、混输泵站、注水站、扬水泵站等，中小型站场可实施无人值守生产管理模式；相对而言，生产规模较大、流程较复杂、生产单元装置较多、安全等级较高的大型站库如集中处理站、联合站、天然气处理站等目前尚依然保持少人值守、故障巡查的生产管理模式，而一般不做无人值守的生产管理要求。中小型站场的无人值守生产模式的推荐意情况见表1。

表1　中小型站场的无人值守生产模式的推荐意情况一览表

序号	中小型站场	无人值守推荐意见	备注
1	计量站	推荐	
2	混输泵站	推荐	

续表

序号	中小型站场	无人值守推荐意见	备注
3	转油站	推荐	
4	计量站接转站	推荐	
5	集气站	推荐	
6	天然气增压站	推荐	
7	注聚站	推荐	
8	供热站	推荐	
9	注水站	推荐	
10	掺水站	推荐	

2.2 自动化技术水平

站场的生产工艺流程及安防两个方面自动化水平高低，是实现无人值守管理的两个必要前提条件。一是全站生产流程的自动控制、重要生产参数实现自动采集及监控，二是必须具备应对生产系统安全、平稳、可靠运行的安防预警监控自动化系统，二者必须“三同时”即同时设计、同时建设、同时运行，缺一不可，是实施无人值守站的必要条件。

2.3 地理位置

生产站场若在地理位置较偏远，人口流动稀少，则可考虑无人值守生产管理模式；生产站场若地处人口流动较为密集区域，考虑危险不可控因素及对高后果对社会人员的影响程度，则不宜实施无人值守生产管理模式。

3 新疆油田无人值守站建设发展现状

新疆油田无人值守的发展历史，也是伴随着油田自动化技术发展和应用的结果。从1978年百口泉水源井自动化开始，48口水源井实现远程监控，水源井实现了真正意义上的无人值守运行模式。油井、计量站自动化是在1991年准东采油厂的北三台油田实施了油井、计量站自动化进行远程监测生产，开启了新疆油田实现油井和计量站无人值守的时代。计量站在1991年前以及已建未自动化改造过的老式砖混式建筑计量站，基本都采用人工倒井计量的有人值守生产模式。新疆油田转油站实现无人值守的时间稍微晚一些，在百口泉采油厂玛湖2转油站于2020年开启了首个实现无人值守生产管理模式的转油站。新疆油田实现无人值守生产模式时序图如图1所示。

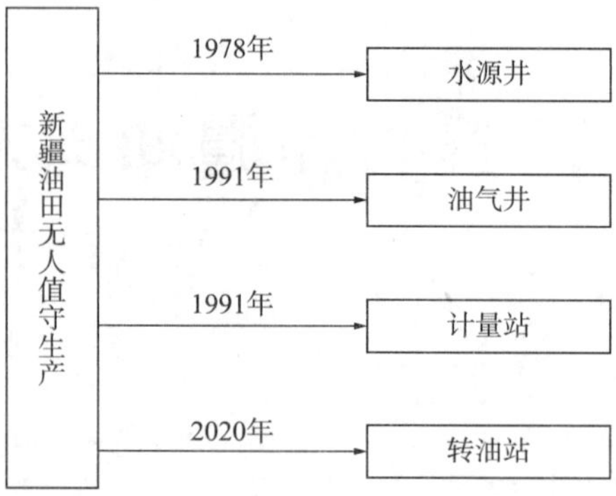

图1　新疆油田实现无人值守生产模式时序图

目前新疆油田油井、气井、水源井、注入井等井场基本已实现了无人值守生产管理模式；中小型站场如计量站、集气站、混输站也实现了无人值守生产管理模式；中小型站场只有少数几座新近建设的转油站如玛湖2转油站、艾湖2转油站实现了无人值守站，大多数转油站如2018年以前建设转油站保持“集中监控、少人值守”生产模式；大型站场如集中处理站、联合站保持“少人值守”的生产管理模式。

4 新疆油田推广无人值守站的优势

新疆油田推广无人值守站，论其优势方面，归纳起来主要有油田地理区域、站场标准化率较高、油田信息自动化水平较高三个方面的优势。

4.1 地理区域优势

新疆油田地处准噶尔盆地，是新中国开发建设的第一个大油田，1957年投入开发，累计产油4亿多吨。2002年原油产量一举跨越千万吨，成为中国西部第一个千万吨大油田。截至2020年底，新疆油田已探明33个油气田，主要分布在西北缘油区、东部油区、腹部油区和南缘油区。

新疆油田现已建成了规模庞大、构成复杂、功能完善的地面生产系统，包括油、气、水等集输与处理，满足油气开发各阶段的生产需求。总的来说，新疆油田生产区域呈现“油田地域广、油区管理点多较分散、社会人口密度较小”，因此，对新疆油田来说，油气生产自动化、无人值守站推广与实现具备了优厚的自然条件。

4.2 站场标准化优势

经过近十五年地面工程标准橇装化技术的推广应用，新疆油田地面工程设计推行“三化”（标准化、模块化、系列化）模式，小型站场标准化设计覆盖率达到100%、中型站场达到90%、大型站场达到60%的目标，规模实现了标准化、橇装化，橇装装置标准配置自动化仪表，为油气生产数字化、智能化奠定了坚实基础。

4.3　油田信息自动化水平优势

生产全过程实现自动化水平是实现无人值守的前提条件。油气田自动化系统主要应用在采油、采气及其集输生产工艺过程的测控。主要包括井场RTU及SCADA监测系统、站场PLC/DCS自动化系统。其中，RTU及SCADA系统主要应用于井口、计量站等井场数据的自动采集、传输及远程监控，实现分散控制、集中管理的生产模式。PLC/DCS系统主要应用在转油站、集中处理站或联合站等大中型站场的自动化系统。新疆油田自动化系统主要涵盖东部、腹部、西北缘、南缘等四大区域的油气田，并且与工艺流程生产规模相匹配的自动化系统如SCADA系统、DCS/PLC系统。围绕准噶尔盆地建成了“地面光缆、空中无线、天上卫星”立体通信网络体系，实现油田生产区域全覆盖。

无人值守及人工智能离不开离不开信息大数据。在大数据及数智化管理平台方面，新疆油田2008年在中石油率先实现数字化油田开始，现在已建成了12大板块共59个生产信息管理平台，同时在生产实践过程中不断深化应用，有力支撑新疆油田数智化生产运行与发展。生产物联网系统与各信息管理平台间的关系架构如图2所示。

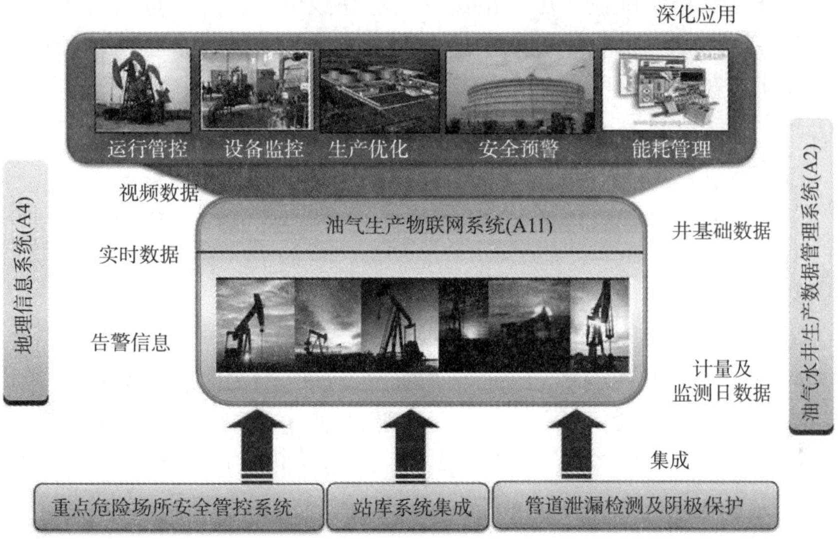

图2　生产物联网系统与各信息管理平台间的关系架构

5　新疆油田推广无人值守站的难点及应对措施

5.1　新疆油田推广无人值守站难点

新疆油田推广无人值守站建设固然存在便利条件和优势，但是也存在一些难点，表现在老站如计量站、转油站工艺改造难度大、自动化改造技术较难两个方面。

（1）老站工艺改造难度大

部分中型老站场如转油站由于建设年代久远，工艺设备及管线年限呈超期工作运行状态，工艺改造难度大，投入成本高，如新疆油田采油二厂的82号转油站、71号转油站生产运行30~40年了，百口泉采油厂的检188转油站也投运40多年，工艺设备及管线出现老化现象，流程自动化建设程度较低，数据采集仍依靠人工抄录，数据采集不全面、有些生产流程依然靠人工操作维持运行，未实现站场流程自动化生产，用工指标超过同级数值。

（2）自动化改造技术难点

老的中小站场除了工艺改造难度大这一因素之外，关键是自动化技术改造难度较大，主要表现以下两个方面：

① 生产监控技术难题。无人值守站场要求配置数据采集控制系统，负责采集控制站场内生产流程节点的远控阀门、压力、温度、液位、流量、电参、加热系统等仪器仪表的参数，各仪表设备应具有就地显示及信息远传双重功能。而老的转油站由于使用年限久远，生产流程多为就地显示仪表和人工手动操作机构，缺乏现场监测信号远传及控制仪表设备包括站控系统。需实施一站一策的原则，设计选择与之对应的流程参数匹

配的监测仪表、联锁报警、过程控制等生产监控技术方案。

② 重建视频系统和安防系统技术难题。无人值守站场应配置相应的视频系统和安防系统，实现运行情况监视、入侵探测、防盗报警、出入口控制、安全检查等主要功能。视频和安防系统信号应能够传至监控中心。老的转油站需增补设计视频系统和安防系统各1套，涉及技术包括视频布设采集技术、远程传输技术、实现智能识别、监控预警以及智能视频和安防联动技术。

5.2 解决新疆油田推广无人值守站难点的应对措施

新疆油田现有已建老的中型站场数量较多，有必要提前谋划应对难点的相应措施，提升站场自动化管理水平，促进新疆油田智能化整体水平提升工作。针对新疆油田新疆油田推广无人值守站的难点，现提出如下老的站场与新的站场建设两个方面的相应应对措施以供参考：

（1）老的站场实施改造工程项目论证和评估工作。

按照生产规模及必要性程度大小，做好充分评估论证工作进行技术方案选择。针对中型乃至大型站场分以下两种情况进行改造：

1）“工艺改造+自动化改造”方式。

对老的中型站场实施工艺改造工程，建议同时实施站场全流程自动化改造，同步建设站场自动化系统PLC/DCS和安全预警FGS系统，实现“无人值守”自动化生产管理模式。

2）单纯自动化改造，应对老的站场实施差别对待。

老的中型站场工艺流程自动化情况一般存在以下两种情况及相应建议：

① 若具备主要工艺流程自动化监控，建议完善新增个别缺乏现场仪表监控的节点，升级改造自动化系统或增补安全预警FGS系统即可。

② 主要工艺流程依靠人工切换，缺乏自动化监控，若工艺改造论证暂无必要性，从投资效益考虑，则建议不作自动化改造。

（2）新建中型站场无人值守站技术和管理经验已经成熟，可按照相应标准进行建设。

（3）尝试大型站场无人值守技术及运行管理试验。大型站场如集中处理站、联合站、天然气处理站等具有生产规模较大、流程较复杂、生产单元装置较多、安全等级较高等特点，想要一下改变当前的“少人值守、故障巡查”生产管理模式是不太现实。随着科技的发展，人工智能和大数据、云平台及通信技术的进步与应用推广，采用“智能机器人+数智物联网系统”模式，助推大型站场实现无人值守生产管理目标亦然成为一种趋势。目前，智能巡检机器人具备图像识别、红外热成像、声音识别、气体状态检测等功能，能够在工业环境下实现生产运行监控、数据读取、安全防护功能，并通过制图定位、导航和避障功能完成生产值守、巡检等工作。运用智能巡检机器人进行安防、设备监护及巡检值守可以降低大型站场的安全运行风险，为大型站场实现无人值守提供了技术保障。

国内油田尚未建立和出台无人值守站的建设标准规范，新疆油田公司将加快推进无人值守站的标准和相关制度的研究和制订工作。

6 结束语

新疆油田勘探开发建设67年，地面工程建设不管在技术上还是在管理上取得了长足的进步，新疆油田2008年已经在国内油田率先实现数字化油田，现今正朝着智能化油田的建设目标进行大步推进。无人值守的自动化技术也在不断发展进步，物联网、大数据、人工智能化技术日新月异，新疆油田无人值守站的推广建设工作必将迎来的崭新局面。

参 考 文 献

[1] 戎昊，胡之映．浅谈数字油田下的油气生产物联网与云计算[J]．黑龙江科技信息，2014，(12).

[2] 彭巍，肖青．物联网业务体系架构演进研究[J]．移动通信，2010，(15)：15-20.

[3] 张万里．浅析老油田企业油气生产物联网改造方案[D]大庆油田有限责任公司信息中心．

[4] 樊跃江．关于改进SCADA报警系统的几点探讨[J]．新疆石油天然气，2011，7(2)：83-85.

老油田小型场站无人值守建设探索

孙 旭[1] 唐 敏[2] 段文豪[1] 杜利兵[1] 郝宝林[1] 张 静[1]

（1. 中国石油玉门油田公司工程技术研究院；2. 中国石油玉门油田公司生产服务保障中心）

摘 要 无人值守是利用自动化、物联网等技术，对井场、站场内生产设备、设施运行参数采集，生产环境与设备状态监测，生产过程监控，紧急状态报警与联锁保护，实现井场、站场无人驻守、周期巡检的一种生产运行管理方式。针对采油厂转油点工艺流程复杂、安全隐患突出、站场自动化数字化水平低、用工紧张等问题，应用“停(应用数字化橇，停运站场设备)、转(常规站点转数字化站点)、减(减少设备设施，减少能耗)”的思路，优化简化站场层级及工艺流程，自动化升级，实现小型站场无人值守，满足小型站场全面感知、自动操控、预测预警等要求。按照低成本物联网建设原则，提升站场数字化水平，减少用工以及劳动成本。

关键词 小型场站；优化简化；无人值守；低成本；数字化

1 站场运行现状

目前，采油厂现有的小型站场各种重要生产设施的工作状态和主要参数(主要有温度、压力、流量等)大多由人工每日定时检查设备运行情况并测量、统计数据。由于油水井、重要设施数量多且分布范围广，在人员紧缺的情况下，这种方式必然使工人劳动强度加重，并且影响了设备监控与采油数据的实时性、准确性。另外，由于资金限制，前期的监控设备均采用模拟信号，分散、分片安装，信号模糊，无法集中并实施远传功能，不能及时真实反映生产现状，并对突发事件快速决策造成一定影响，所以数据采集、实时监控的数字化、信息化就极为突出。

2 建设必要性

（1）适应管理模式变化的需求：油田公司新型采油厂改革，用工总量的减少、为提升管控效率，需要推进以油气生产物联网系统为核心的生产管理新模式的建立。

（2）满足安全综治的要求：通过增加设备状态监测、生产参数监控以及实时报警功能，来提升安全、综治管控能力，来保障油田生产安全、平稳运行，满足油区综治稳定的要求。

（3）满足环保要求：需要实时跟踪场站的泄漏、排放等环境影响状态并采取提前处置、应急处理措施，保护生态环境，达到环境和谐，确保油气生产清洁环保运行。

（4）满足节能降耗的要求：通过加强生产过程监控，及时掌握生产变化规律、优化运行模式及参数，实现节能降耗。

3 改造思路

依托采油厂 SCADA 系统，通过关键核心设备更换(应用一体化集成装置)、完善数据实时监测、设备联锁控制、事故流程远程切换等方式，保证生产连续运行、在线诊断、远程操控，实现站场无人值守、远程监控、定期巡检、应急联动，保障安全生产，促进劳动组织架构优化。

3.1 工艺流程优化完善

站场核心设备更换、工艺流程优化简化。

3.2 站场信息全面采集

采集全面感知所需数据：生产数据、设备数据、环境数据、能耗数据、消防安全数据等。

3.3 站场流程控制可靠

（1）联锁、控制回路全自动；

（2）泵机、自控阀均可远程操控；

（3）紧急情况时，自动、可靠地切换至事故流程，保障事故时的安全可靠。

3.4 生产安全监控有效

站场重点工艺装置实时视频监控：发生紧急情况下，通过工业电视监控进行现场情况复核，确保工艺装置的安全运行。

3.5 技防措施全面监控

智能视频周界入侵报警系统和广播扩音系统：自动识别监控区域内的运动目标及不法行

为，发现非法入侵行为时，视频锁定并声光报警，警告现场入侵的不法分子。

3.6　数据传输安全可靠

安全可靠的生产和视频传输网：实现生产数据和视频图像安全、实时、稳定地传输，数据可靠存储。

4　改造实例

28#转油站建设于1993年，站场内储罐6具，库容：3400m³，四级站场。主要用于老君庙石油沟油田汽车卸油和集输管网增压，如图1所示。

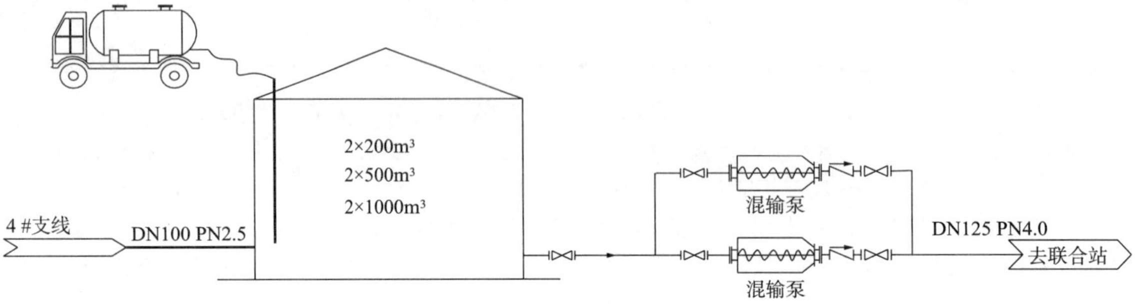

图1　现有站场工艺流程

4.1　28#转油站现状

（1）站场内增压泵故障率高、维修费用高，泵信号等数据无法采集；

（2）集输来液、汽车卸油先通过大罐进行沉降除砂，然后经泵输送至联合站，开式流程存在VOCs逸散，环保风险较大；且储罐冬季加热为电锅炉加热，电锅炉近年来由于热水锅炉结垢严重，锅炉热效率只有58%～64%，站场内储罐较多，消耗大量的电能，造成生产系统能耗高；

（3）场站功能单一，但因储罐多，场站为四级站场，消防等基础设施配备不齐全，安全风险高；

（4）站场内压力、温度等监测仪表均为现场，站场内关键阀门为手动，需要人工现场读取数据及切换流程，自动化程度较低；

（5）视频监控点少：仅对泵房内设备进行监控，覆盖面不全；

（6）站场有人值守，与油田公司新型采油厂改革，用工总量的减少现状矛盾。

4.2　改造内容

针对现场运行现状，通过与站场操作人员深入交流讨论，结合无人值守改造方向，应用“停（应用数字化橇，停运站场设备）、转（常规站点转数字化站点）、减（减少设备设施，减少能耗）”的思路，对工艺系统进行优化、自控系统进行完善，优化简化站场层级，将28#转油站改造成无人值守增压站。

（1）工艺流程优化完善

取消卸油单元，合并至联合站；增加一体化分离除砂橇代替储罐除砂功能；增加电磁加热橇代替储罐加热功能，停用站场内3具储罐，仅保留1具500m³储罐作为事故罐，增加事故流程设计，正常流程与事故流程配套电动阀；增加混输增压泵橇代替故障率高、自动化水平低的泵。工艺流程优化后储罐数量减少，将开式流程改造成闭式流程，减少储罐VOCs排放；将站场等级降至五级，安全风险大大降低；站内介质加热采用热效率高的电磁加热橇，停用热效率低电锅炉设备，降低能耗；无人值守下流程切换，事故流程增加两相分离器保证本质安全。采用集成化、撬装化设备，大大提升了场站自动化水平。

（2）站场信息采集

收集并统计站场内关键参数，补充增加了进出口汇管压力、温度、过滤器压差等远传数据，对可燃气体报警信号、撬装设备数据（电磁加热橇温度、分离除砂装置压力、混输增压泵的信号、定子温度、变频、停泵等信号）进行了完善，电动阀配备UPS供电，满足无人值守站全面感知的要求。

（3）站场流程控制可靠

混输增压泵采用一托一变频，泵进口设置恒压。混输增压泵与进出口压力、定子温度联锁，电动阀实现正常流程与事故流程远程切换，电磁加热器采用出口温度控制加热功率，根据输送液量变化自动无级调节电加热功率，加热温度的达到上限时，自动关闭加热。保证站场流程安全可靠。

（4）生产安全监控有效

对分离除砂橇、电磁加热橇、混输增压泵橇

等关键设备进行视频监控。有异常或事故时，通过工业电视监控系统对现场异常情况进行复核。

增加入侵报警系统，采用视频界防范，划定视频周界，对入侵者进行探测、报警及喊话。

（5）数据传输安全可靠

数据可靠存储，办公网、生产网逻辑隔离；仅允许生产网向办公网单向推送生产数据，保证数据安全；视频图像安全、实时、稳定地传输，便于操作人员对站场内情况了如指掌，能够快速及时有效的处理各种应急情况。

（6）中心站的优化完善

依托作业区/联合站建成远程集中监控点—中心站，完善中心站 SCADA 监控界面、优化视频终端及 UPS 配置，如图 2 所示。

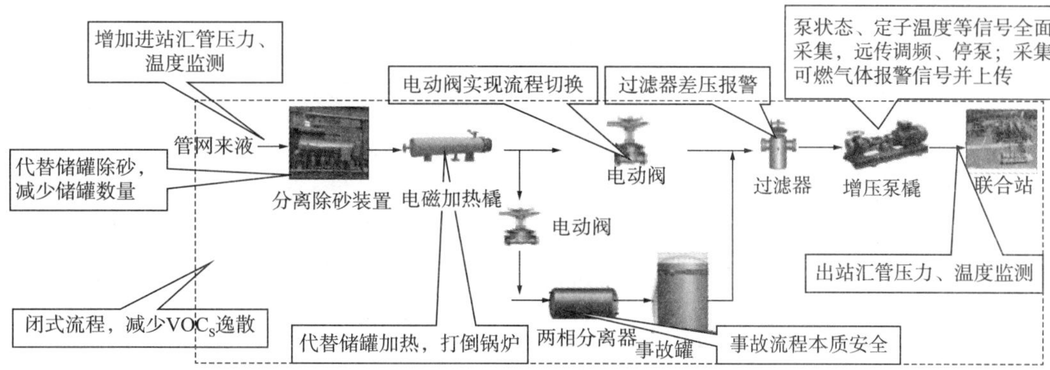

图 2　流程中各节点改造示意图

通过应用一体化集成化橇装设备、站场数据实时监测、关键设备流程联锁控制、增加事故流程设计等方式，满足生产连续运行、故障在线诊断、事故流程远程切换的要求，最终实现站场的无人值守。

参考 28#转油站的改造方式，通过增加集成化、橇装化核心设备，利用工艺系统优化完善及自控升级，将 4#转油站、鸭西站、8-2 站改造成无人值守增压站。

5　效果

无人值守站场采用“集中监测、无人值守、故障巡检、应急保障”的运行模式，可以有效降低员工劳动强度、提高安全性及工作效率，达到“增效、减排、减人”的目标。

5.1　构建新型组织架构，生产组织更加高效

从全面感知、自动操控两个方面进行入手，实现小型站场“无人值守、集中监控、定期巡检、应急保障”的目标，建立“采油厂-作业区（中心站）”两级劳动组织模式。管理层级由三级压缩至二级，机构进一步精简，管理流程更加高效顺畅，见表 1。

5.2　降低劳动强度，提升劳动效率

新型模式下，利用智能化技术，将分散主站转变为集中巡护，降低各类繁琐、重复性工作，运行管理过程更加便捷高效。

表 1　无人值守改造前后人员优化表

所属管理机构	无人值守实施前		无人值守实施后		优化班组及人员	
	班组	人员	班组	人员	班组	人员
A 作业区	3	17	0	2	3	15
B 作业区	2	12	0	2	2	10

5.3　人员远离风险区域，安全环保受控

场站现场无人驻守，由作业区（中心站）集中监控，流程远程切换、设备自动运行、生产数据实时监控、趋势自动分析、超限预警报警，操作人员更安全。对人员操作、管线监控、环保巡查、设备状态、安全教育实时监控，安全环保风险全面受控。

5.4　构建维保人员体系，满足油公司新型采油厂改革需求

随着油田数字化技术应用范围不断扩大，应用数量不断增多，应用种类不断更新，立足自主维护，全力打造“油公司”模式下的系统维护队

伍、数字化产品维修队伍、数字化操作队伍，为场站无人值守保驾护航。

参 考 文 献

[1] 油气田中小型站场无人值守建设规定，中国石油天然气股份有限公司油气和新能源分公司.

[2] 赵雷亮，申芙蓉，陈小锋. 长庆油田小型输油站场无人值守方式研究[J]. 石油和化工设备，2013(5)：38-40.

[3] 陈杰. 关于油田无人值守站场自动化运行的研究[J]. 电子技术，2015(11)：5-7.

油田场站无人值守升级改造应用研究

安　然　段金奎　吴　瑶

（中国石油长庆油田公司数字和智能化事业部）

摘　要　当前，信息技术引领的新一轮科技革命正以前所未有的方式对社会变革的方向起着决定性作用。要坚持以用促建、经济可靠理念，推行可视化、自动化、数字化、智能化管理，要求积极应用物联网技术，加大“无人化、少人化”建设和运营，大力推进低成本油气生产物联系统建设工作，形成“集中监测、无(少)人值守、组织运维”的新型生产模式，逐步实现经营决策分析智能化、生产组织扁平化和运行实时优化，大幅度提高劳动生产率。本文介绍了长庆油田通过进行无人值守站升级改造，实现减少岗位设置，降低生产运行成本和员工劳动强度，提高数字化水平和生产安全性、可靠性，成功地实现了“井场、中小型站场无人值守，大型站场少人集中监控”的新模式，推动油田持续稳产，长远、高质量发展。

关键词　无人值守；数字化；智能化管理；升级改造；新模式

1　引言

中国石油集团公司在2019年信息化工作视频会上明确提出要在2020年实现“共享中国石油”的目标。目前长庆油田各单位正在积极开展数字化转型、智能化建设发展建设。对现有机构和业务进行整合，建立起新的组织机构模式和新的油田管理及运行模式。生产运行方式由“劳动密集、驻点值守、定时巡检”转变为“少人或无人值守、集中监控、定时巡检、按需巡检”的新模式；制定“油公司”模式改革方案，以“四优化”作为改革驱动，大力推广“中心站-无人值守站”扁平模式劳动架构，持续优化生产组织方式和劳动组织模式为改革驱动，有序推进“油公司”改革。劳动组织结构实现高度减量化、扁平化，深度盘活一线人力资源，提升本质安全与管理效率。在无人值守的新理念下，有效助推企业管理和技术创新，实现油田精细化管理。

2　无人值守改造思路

2.1　联合站(脱水站)

联合站(脱水站)是对油田生产的原油、采出水进行集中处理的大型站场。功能包括：气液分离、原油处理、原油储存及外输、油田采出水处理与利用，以及供热、给排水、消防、供配电、通信、自动控制等生产辅助功能。联合站类型主要为三相+沉降罐脱水开式输油模式的联合站。

改造思路：缓冲罐出口安装电动三通阀，实现事故状态下流程切换；加药装置液位监测、远传；污油回收装置实现液位高限报警；沉降罐、净化罐液位监测，高低限报警；外输泵出口安装电动阀，实现紧急截断；加热炉、循环泵及热网改进；伴生气分液器排污管线配套智能排液疏水装置；三相分离器进口安装流量计和电动调节阀，以流量来控制三相分离器进口开度；实现三相分离器进液均衡；三相分离器出口安装含水分析仪，在两路出口分别安装1个电动球阀(合格油直接去缓冲罐外输，不合格油切换至沉降罐进行二级脱水，净化罐外输)。

事故状态下用于流程切换电动三通阀的设置位置：缓冲罐出口增加三通阀，站场事故状态时，来液经过缓冲罐后，可减轻油气直接去事故罐的压力冲击及油气积聚的风险。

新增自动化控制药品提升加注系统1套，由DBY-25电动隔膜泵、控制柜、电动阀、站控部分组成；加药罐新增防爆电热液位计，实现液位远传并报警；加药数字化流程：加药开始时，控制PLC对电磁阀发出信号，打开电磁阀1，给药泵开始运转，当给药箱液位到达预定液位，PLC停止给药泵并关闭电磁阀，当破乳灌液位低于预定高度，PLC控制电磁阀2打开，给破乳灌加药。加药完成后电磁阀2关闭，电磁阀1打开，开始新一轮加药，周而复始的运作。

智能排液疏水装置出口管线插输位置：伴生气分液器排污管线出口经过智能排液疏水装置后

若重回流程轻烃类物质就会一直在站内循环，因此考虑插输至外输泵后，输往下游站处理。

伴生气分液器设置远传液位计：将原机械液位计改成可远传液位计，该装置采用磁敏原理，将机械运动转换为电子信号，通过液位远传装置实现就地显示当前数值与数据远传。数据远传采取 RS485 数字信号传输。也可实现无线传输。

三相分离器 PID 智能控制：针对三相分离器进液不平稳导致一次脱水不合格的现状，攻关研究 PID 智能控制技术，实现三相分离器流量自动调节。

外输泵在线状态监控：对外输泵加装状态监测系统，主要由传感器(安装电池)、信号接收器、无线通讯控制器组成。通过对电机和动力端皮带轮端垂直、水平共 4 个传感器的振动和温度数据进行监测，实现对设备运行状态的实时、准确监测。

供注系统、采出水回注系统：脱水站及联合站内采出水回注系统规模有 $100m^3/d \sim 1000m^3/d$。站内采出水回注系统主要设备包括喂水泵、注水泵、高压配水阀组。根据注水站数字化建设规定以及现场调研情况，本方案升级措施主要包括：在注水泵房高压区域加装摄像头，降低泵房巡检频次，同时降低安全风险；针对部分注水站未实现分水器压力与注水泵变频装置联动控制，升级 PLC 软件实现恒压注水。

清、污分注系统：脱水站及联合站内清、污分注系统规模有 $1000m^3/d$、$1500m^3/d$、$2000m^3/d$、$2500m^3/d$。站内注水系统主要设备包括：清水罐、喂水泵、注水泵、高压配水阀组。根据注水站数字化建设规定以及现场调研情况，本次方案升级措施主要包括：注水泵房高压区域加装摄像头，降低泵房巡检频次，同时降低安全风险；针对部分注水站未实现分水器压力与注水泵变频装置联动控制，升级 PLC 软件实现恒压注水；清水罐高液位远程停加压泵，低液位泵远程停注水泵、喂水泵。

注水泵在线状态监控：对注水泵加装状态监测系统，主要由传感器(安装电池)、信号接收器、无线通讯控制器组成。通过对电机和动力端皮带轮端垂直、水平共 4 个传感器的振动和温度数据进行监测，实现对设备运行状态的实时、准确监测。

自控流程改造。沉降除油罐：排泥管线进、出口设置电动阀，巡检人员进行人员排泥，减少劳动强度；过滤装置：根据进出口压差或时间，与反洗泵连锁，进行自动反洗；污泥池：污泥泵出口设置电动阀，巡检人员进行污泥提升或污泥减量化；污油回收装置：实现液位高限报警；缓冲水罐、净化水罐：高低液位与进水泵、喂水泵连锁，实现自动启停。

加热炉、循环泵及热网：改造后加热炉及循环水系统均实现远程监控及操作，加热炉实现启炉后全自动运行，循环水系统远程监控、远程操作。

自动控制改造：配备具有检漏功能的全自动燃烧器，燃气阀组由操作阀、安全阀、最小压力开关、过滤器、调压器组及双电磁阀成。可实现自动点火、熄火保护、水温自动控制、运行参数上传、报警和远程紧急停炉等功能。目前燃烧器及加热炉参数上传至站控系统，控制室可实现远程监控及远程停炉。增加一路硬接线后，所有配置全自动燃烧器的加热炉均可实现远程启停。

2.2 常规增压点

常规增压点具有集油、收球、加药、加热、增压、计量等功能，站内设备包括总机关、收球装置、加热炉、缓冲罐、输油泵、事故油箱、伴生气分液器、加药装置、污油回收装置等。增压点包括 $120m^3/d$、$240m^3/d$、$360m^3/d$ 三种规模。目前常规增压点站内收球装置、加药装置、加热炉、伴生气排污、外输泵等主要设备均采用手动操作，重点设备缺少数据采集录取。

(1) 改造思路

工艺自控：主流程连续运行、远程操控，事故状态在线诊断、站内外安全保障。

收球筒：超压报警、温度控制；密闭分离装置：伴生气出口压力远传；外输泵：压力远传、超限报警停泵、2 台泵远程切换，紧急关断；事故油箱：液位监测上传、超限报警；气液分离器：增加疏水阀，实现自动排液；水套加热炉：自动熄火保护、负荷自动调节(温控)、液位远传，低限报警；污油回收装置：液位远传、高低限报警、远程启停；加药装置：液位连续监测、远程启停；根据需要新增 1-2 台高清视频监控，实现区域和泵房的实时监控。

管理模式：场站无人值守，上传中心站统一管理，应急班听从中心站指令实行应急操作、排除故障、定期巡检。

2.3 橇装增压点

橇装增压点为一体化高度集成的增压装置，主要分为 120m³/d、240m³/d、360m³/d 三种规模，与常规增压点无人值守改造思路对比，增压橇本体已实现无人值守功能，仅需增加进事故油箱流程切换三通阀即可。

改造思路：在增压橇和事故油箱进口增加电动三通阀，实现主流程和事故流程切换；外输阀组出口安装电动阀，实现出站总截断；新增 1 台高清视频监控，实现设备区监控。

2.4 注水站

目前清水注水站规模有 1500m³/d、2000m³/d、2500m³/d。站内主要设备包括原水罐、清水罐、反冲洗水罐、喂水泵、注水泵、高压配水阀组、加压泵、反洗泵、纤维球过滤器、烧结管过滤器、空压机、再生机。

改造思路：根据注水站数字化建设规定升级改造思路主要包括：在过滤器进、出口设置压差计，报警提示巡检人员及时进行过滤器反洗。水处理间、注水泵房高压区域加装摄像头，降低泵房巡检频次，同时降低安全风险。针对部分注水站未实现分水器压力与注水泵变频装置联动控制，升级 PLC 软件实现恒压注水。

2.5 供水站

目前供水站规模有 1000m³/d、2000m³/d、3000m³/d，站内主要设备包括清水罐、供水泵、低压配电室、值班室、休息室等。从水源井、原水罐到供水系统，主要设备均采用手动切换。

改造思路：按照供水站、水源井数字化管理建设要求，配套完善已建数字化水平；供水泵房加装高清摄像头，替代员工日常巡检；解决水源井不能实现远程启停的软硬件问题。优化供水站、水源井、注水站的监控数据的协同作用。供水泵进、出口设置压力远传、出口设置电动阀门，实现高低限停泵，2 台泵远程切换。

2.6 中心站建设方案

按照无人值守站"远程监控、定期巡检、应急联动"的思路，无人值守站的运行采用中心站集中管理的模式。中心站负责管理本站和区域内油水井、归属无人值守站点的集中监控，应急班负责油水井及站点设备维护、应急抢险(图 1)。

中心站按照办公需求配套桌椅、UPS、电脑等硬件设备，部署已开发的 SCADA 系统，便于所辖井站的数据采集和监控。

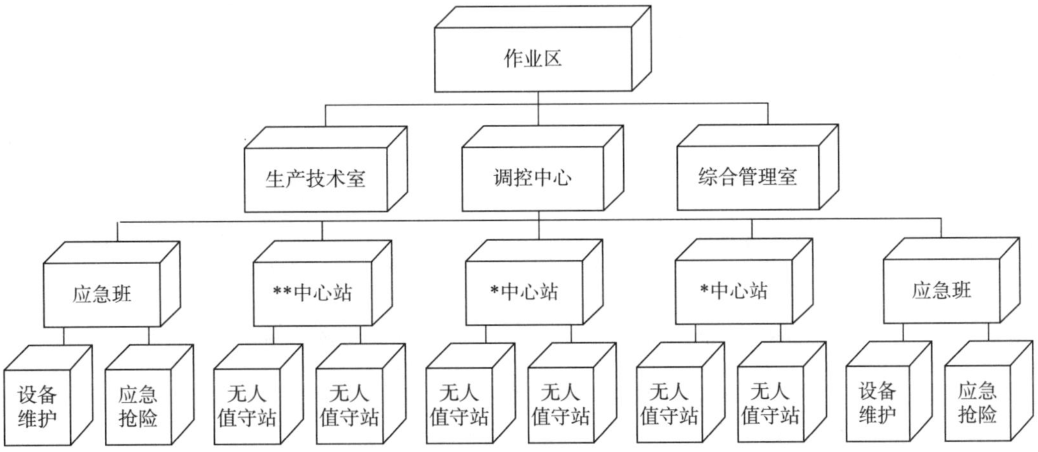

图 1　中心站组织架构

建设内容：作业区 SCADA 系统架构作适当调整。取消原设置在无人值守站控制值班室的 SCADA 监控终端、视频工作站。将流程界面、报表、声光报警及视频监控移至中心站进行集中监控、操作；同时完善中心站控制室的操作台、UPS 电源配置。

无人值守站网络优化。中心站配置各项业务对口接入的交换机，实现各类数据的汇聚。中心站办公与生产网：采用"光缆(新建、附挂)+光纤收发器+交换机"或"交换机+波分复用"的方式扩容链路，在中心站新增办公交换设备连至作业区办公核心，实现中心层面生产网与办公网的优化升级。

视频监控。作业区新增网络视频数据服务器，对口接收、存储各无人值守站新增的高清监控信号；中心站新装高清视频操作站，经网络调用作业区网络视频服务器监控信号；在中心站值班室新装液晶显示单元，实现数据、视频的集中显示；中心站原模拟视频操作站继续使用，对口接收井站模拟视频监控信号。

2.7 井场数字化完善

按照井场数字化建设标准，对作业区井场进行升级完善。

（1）视频升级：对重点井场的普通摄像机升级为高清摄像机，提高视频监控质量。

（2）井场数字化配套设备改造升级：油田主RTU、配水间RTU使用年限超过8年，部分RTU柜门脱落，柜体腐蚀严重，日常采集传输容易出现电器元件故障、上线不稳定等问题，因此对部分井场损坏严重的RTU进行升级更换；

（3）水源井数字化建设：对水源井配套远程控制柜，完善水源井远程控制保护功能。

3 无人值守场站的应用效果

3.1 优化人员效益

3.1.1 劳动组织架构扁平化，盘活劳动用工，降低生产一线用工成本

依据集团公司“三项制度”改革要求，无人值守改造完成后，配套对生产组织架构及劳动用工方式进行调整优化。组织架构由“作业区—应急班—场站”三级变为“作业区—中心站”两级，其中采油作业区中心站与作业区调控中心合并，实现作业区直管场站，生产组织更加高效。

某站点定员有过去的2454人减少为1319人，各岗位调减人员共计1151人，这些人员将调配到新建产能岗位或新增岗位。

按照油田公司一线员工人均年费用15万元/人测算，生产一线组织机构调整后减少人员支出费用17265万元/年。

3.1.2 降低劳动强度，提升劳动效率

中心站运行模式下，将分散驻站转变为集中巡护，利用智能化技术降低各类繁琐、重复性工作，运行管理过程更加便捷、高效。液位计代替人工2小时上罐量油、设备远程启停代替人工操作、流程远程切换代替人工开关阀门、生产数据、视频实时采集代替人工2小时巡检(图2)。

3.1.3 人员远离风险区域，安全环保受控

无人值守站1人看护，由中心站集中监控，流程远程切换、设备自动运行、运行状态实时监控、趋势自动分析、超限预警报警，操作人员更安全。视频全面覆盖，对人员操作、管线监控、环保巡查、设备状态、安全教育实时监控，安全、环保风险全面受控(图3)。

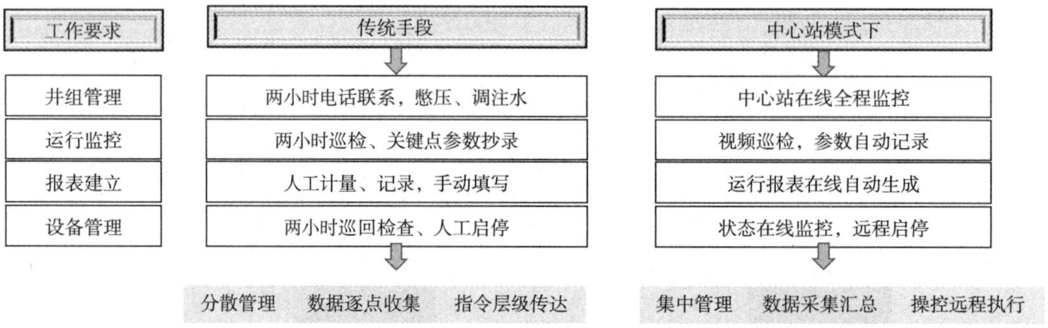

图2　中心站与传统手段运行模式对比图

图3　井站无人值守改造前后运行情况对比示意图

3.1.4　报表自动生成，消除重复录入

通过对全区各类资料摸排梳理，消减、整合、生产数据自动生成等措施，重新优化各项资料报表，并将部分资料收归上移至机关组室，同时使用资料共享平台实现资源共享，为员工日常工作“减负”(图4)。

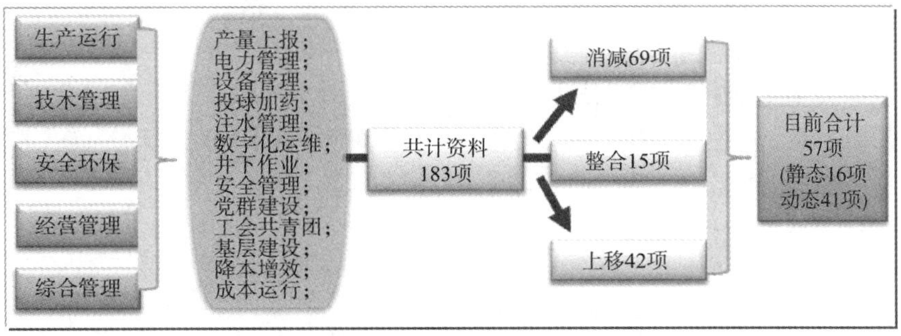

图4　报表自动生成及消减整合情况

3.1.5　优化资源配置，管理提升更显著

运行监控岗由“操作层”升级为“白领”，工作更专一，现场受控程度提升；运维大班由“单兵作战”转变为“群体合作”，人员集中，工作更主动，现场管理标准提升(图5)。

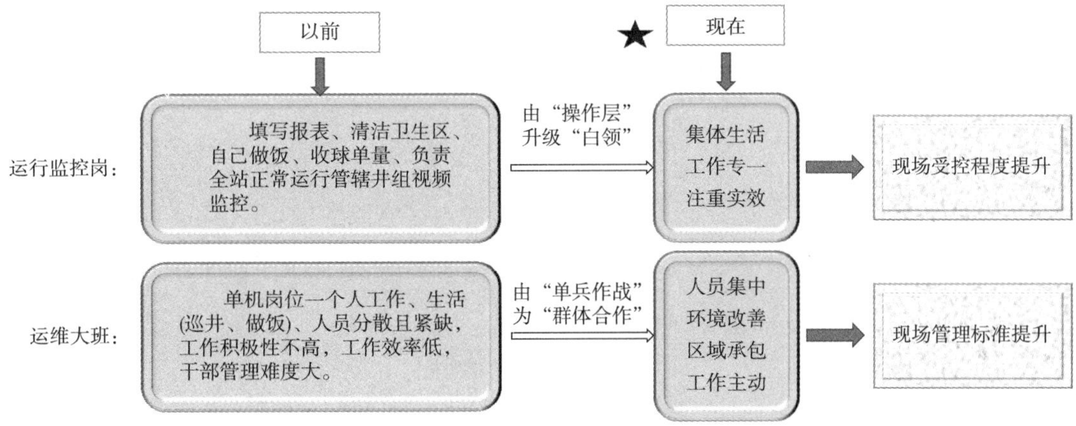

图5　改造前后管理情况对比

3.1.6　增强团队凝聚力，提升员工幸福指数

分散驻站员工集中后，依托中心站配套生活设施，改善了工作生活条件，增加了基层员工得到正常轮休，丰富了集体生活，增强了团队凝聚力。

提升团队凝聚力：员工与干部在一起“同吃、同住、同劳动”，各自困难大家都能做到心中有数，牢骚少了，关心多了，互相理解、相互信任，进一步增进了干群关系，队伍凝聚力、向心力显著提升。

生产生活人性化：员工回归集体生活，在岗期间生活有了保障和便利，工作期间生活质量得到提高，轮休时间得到保障。

业余生活更加丰富：节假日开展集体活动，过生日送上美好祝福，有人谈心、交流，有人排忧、解惑，集体生活让大家找到了家的感觉。

3.2　减少维护作业和日常巡查费用

有效延长检泵周期，无人值守所辖区域油井检泵周期由120天提升为752天，采油某厂的所辖区域建成中心站56座，辖井2800口，减少维护性作业费用(365/120~365/752)×2800口油井天×0.05万/井次=357.88万/年。

无人值守改造前，所辖区域油井低压测试为每个月测试每口井1次，测试费用(测试、车辆燃油费用等)0.03万元/(井次)。无人值守改造实施后，年节约费用=所辖井数×单次费用×12=2800口×0.03×12=1008万元/年。

4　结论

数字化转型是“以价值创新为目标，用数字技术驱动业务变革的企业发展战略”。以“提质增效、风险防控”为核心，打通全流程、全生命周期、全产业链的数据采集、传输、共享和利用，实现生产、运营、管理、营销和服务全面数字化，推动业务模式重构、管理模式变革、商业模式创新、核心能力提升。

解放思想、实事求是，在实践中不断创新是数字化转型成功的关键。数字化、智能化是新生事物，首先思想观念要跟上时代和技术发展的步伐。因循守旧、固步自封、惯性思维、路径依赖是信息化发展的主要障碍，坚持“一把手工程”，才能有力推动数字化转型智能化发展。

综上所述，无人值守改造在长庆油田的应用，持续推进劳动组织架构和生产管理方式变革，注重过程控制，有效解决了用工紧张和生产任务提升的矛盾，提升了劳动效率，降低了现场生产的安全风险，优化了劳动架构和生产组织模式，是长庆油田建设和管理向数字化迈进的重要一步。

参　考　文　献

[1] 王辉，何宇颉，张予杰，等．塔里木油田某天然气处理站智能化无人值守建设实．践无人值守站建设技术交流会论文集．2022，93.

[2] 杨志彤，刘海鹏．浅析有人值守站场技术改造实现无人值守的应用．践无人值守站建设技术交流会论文集 2022，106.

关于长输天然气管道数字化无人值守站场建设的探索

周 巍 缪全诚

（中海广东天然气有限责任公司）

摘 要 随着国内天然气管线建设的快速发展及管网的形成、工业自动化水平的逐步提升，通过技术与管理手段提高管道系统安全运行效率的需求也越发迫切。目前国内绝大多数的天然气输气站场为24小时有人值守，随着自动化技术和设备可靠性的提升，可降低操作人员安全风险和运营成本的无人值守站场成为未来主流趋势。文中借鉴国内外长输天然气管道公司无人值守站场建设案例，结合某长输天然气管道公司以“无人值守、远程监护、区域管理、运检维一体化”为目标的数字化无人值守试点建设，对数字化无人值守场站建设成功的做法及良好的实践进行研究，具有借鉴意义。

关键词 长输天然气管道；无人值守站场；自动化控制；HAZOP分析；SIL定级

1 公司概况

中国海油某长输天然气管道公司地处于珠三角地区，现有在编员工279人，管理运营351公里天然气管道、30座输气站(含计量站)、14座阀室和16座阀井，有四个气源，供应链辐射广州、珠海、澳门、中山、江门等粤港澳大湾区城市，为珠江西岸民生及工业用气、燃气发电提供的有力保障。到目前累计向粤港澳大湾区输气320亿方，安全供气十五年。

2 开展数字化无人值守场站建设的背景

为了进一步优化管道运行管理体制，建立国际先进水平管输公司，该公司根据公司发展规划，统筹考虑，开展长输天然气管道数字化无人值守站场探索研究及建设工作，采用“由点带面”的方式推动整体数字化转型，促进公司管理变革，实现降本增效，为企业高质量发展提供重要支撑。

3 无人值守站场建设调研情况

目前，国内无人值守场站正处于起步阶段，由于缺少相应的国家标准、行业标准作为无人站建设的依据，无人站的设计及建设成为了巨大的挑战，为了解行业内已建设无人值守站场公司的建设情况、运维模式、设计原则、管道制度等内容，2019年4月该公司相关人员组成调研小组。赴中中石油某输气公司、北京天然气某管道公司进行无人化站场建设现场调研并查阅国外数字化无人值守场站建设相关资料。

中石油某输气公司目前共计管辖178座站场，其中实施数字化无人站场22座。其数字化站场为阀室改扩建而成。由于受限于征地困难等因素，无法按照标准分输站进行设计、改造，通过使用橇装化设备，在原有阀室征地的基础上将阀室改造成数字化站场，实施无人值守，有人看护，区域化巡检。

北京天然气某管道公司目前总里程5307公里，站场80座，阀室220座，实施无人化站场20座。其无人化站场输气工艺流程一般较为简单，且进行了相应优化，多数均为进出站、越站、过滤、计量，而调压流程及装置多数由下游用户自行建设。无人值守站场建设位置，一般与下游用户接气站场之间存在一定距离。若站场系统故障中断供气，从分输站到用户站场管线储气可进行一定时间的保供。

国外天然气行业自动化及区域化管理起步较早，在站场设计之初，便引入无人值守站场的概念。国外石油和天然气公司大多采用集中调控管理，自动化水平高，管道公司配置的机构及人员比较精简，人员素质高。由于国外劳动力价格普遍较高，管道巡线工数量较少，一般采用无人机巡线、直升机巡线、卫星扫描等方法加强管道安全监控，也在一定程度上推动高科技手段的广泛应用。

4　长输天然气管道数字化无人值守试点站建设实践

该公司结合国内外无人值守站建设调研及自身场站建设实际情况，以“无人值守、远程监控、区域化管理、运检维一体化”为建设目标，采用先易后难，逐步推进的建设方式，完成了数字化无人值守试点站建设工作，并开展试点运行工作。

4.1　试点站概况

该试点站于2005年建成并投产使用，建有SCADA数据采集与监视控制系统及ESD紧急停车系统，场站所有生产数据已上传SCADA系统，并通过生产专用网络将生产数据传输至调度中心，当发生事故、火灾或爆炸等其他紧急情况时，站场及调度中心均能实现快速停站操作，可避免对人员及设备造成更大的伤害。另外，场站还建设有视频监控、火灾报警、门禁控制及周界报警等安防控制系统，除火灾报警系统外，其他安防系统均已实现调度中心远程控制功能。

场站原设计为“有人值守、无人操作”，目前运维管理为有人值守、有人操作、区域化管理，设备检修及维护工作由公司专业维修组组织开展并负责具体实施工作。

4.2　工作流程

结合试点站无人值守的建设要求、结合场站已有设备设施、控制系统及生产运营等实际情况，制定了数字化无人值守试点站工作流程，如图1所示：

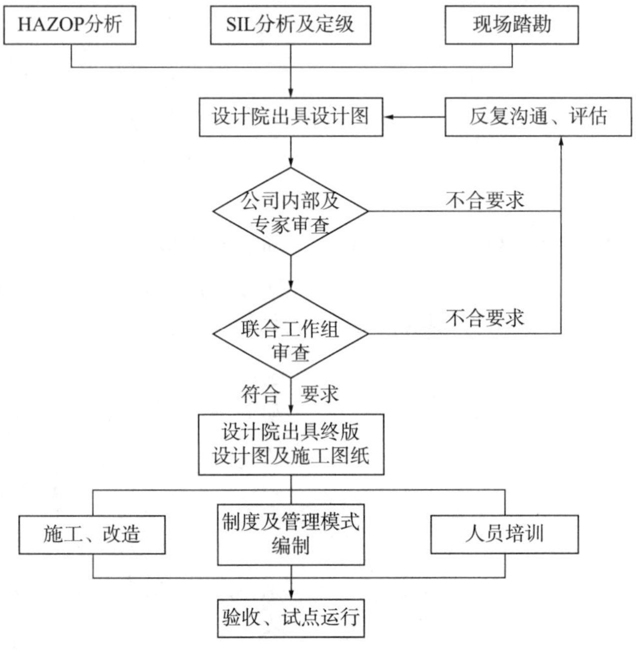

图1　建设工作流程图

4.3　HAZOP分析、SIL分析及定级

4.3.1　HAZOP分析及建议

数字化无人值守试点站HAZOP分析主要覆盖试点场站，针对相关气量分输流程进行了简单梳理，并给出建议，本次HAZOP分析是在该公司提供的HAZOP节点描述及分析资料的基础上，经HAZOP小组讨论分析汇总而成，HAZOP建议如下：

（1）核实确认现场探测器覆盖范围，提高现场可燃气体探测系统可靠性；

（2）考虑增加电气系统辅助设施系统状态及报警信号并上传中控；

（3）建议工艺专业设计改为放空阀可远程控制，但不设置连锁；增加安全阀设备状态数据上传；

（4）核实监控设施位置，数量，明确监控设施的维护及冗余备份需求，考虑对部分监控信息进行智能化处理；

（5）考虑增加暖通辅助设施系统状态及报警信号并上传中控；

（6）自控系统扩容，增加设备状态数据上传，优化站场报警分级设置。

4.3.2　SIL分析及定级

SIL定级分析是根据IEC61511：3的附件F

中 LOPA 方法进行，是一种简化的风险评估方法，LOPA 提供了场景风险的近似数量级，是一种处于定性与定量之间的方法[1]。本次无人值守试点站 SIL 分析及定级结合数字化无人值守试点站 HAZOP 分析报告、试点站工艺流程 PID 图、试点站站场控制系统配置框图及 ESD 连锁因果图/逻辑图，对数字化无人值守场站建设试点站识别出来的 SIF 回路进行了逐项分析和讨论，通过 SIL 分析会议，通过对数字化无人值守建设试点站识别出来的 SIF 回路进行逐项分析和讨论，得出站场 ESD、站场放空 SIF 功能回路所需的 SIL 等级为 SIL1。

4.3.3　分析定级结论

经过 HAZOP 分析及 SIL 分析及定级确认：

（1）试点站上游连接为海气终端，下流连接为天然气输送主管道，无大型电厂及其他大气量用户；工艺生产流程较为简单，场站设置两路计量、两路过滤分离，无调压设备，现有安全仪表系统满足数字化无人值守场站建设要求。

（2）通过 HAZOP 分析得出，开展数字化无人值守建设，需对场站原有的通讯、仪表、安防及工艺设备进行升级改造，扩大气体检测的范围，提升调控中心对现场的感知能力，实现数据的智能处理，降低风险，同时需进一步提升设备运行的可靠性。

4.4　主要建设成果

为提高调控中心对现场的感知能力、提升站场自动化控制水平，实现场站的无人值守运行，结合现场实际改造需求，邀请有资质设计院完成数字化无人值守试点站相关设计工作，，根据设计图共计开展 7 个专业改造并开展无人值守运维模式及制度体系建设工作，计划将逐步推行长输天然气管道数字化无人值守场站建设工作。

4.4.1　仪表改造

增设激光云台可燃气体检测仪、红外火焰探测器，设定自动检测轨迹，实现全区域 PPM 级可燃气体的实时监测功能，监测数据实时上传至调度中心。

4.4.2　电气改造

对配电系统进行改造，UPS 双机冗余配置，增设 UPS 动环主机监控系统、远程通风控制系统、电力远程控制系统，增强配电系统的可靠性及稳定性，实现电力系统实时监测及远程控制能力。

4.4.3　工艺改造

结合现场工艺情况，增设安全阀起跳监视系统，增设放空系统的远程控制功能，并接入自控系统内并远传至调度中心，实现安全阀起跳的远程监视及站场的远程放空。

4.4.4　通讯专业

全站新增超清全景摄像机、红外监控视频系统、网络广播系统，实现全区域、全天候视频监控及远程控制喊话功能。

4.4.5　暖通改造

控制室、机房增设基站式精密空调、温湿度变送器，实现空调远程开关及温度控制功能，为设备的安全稳定运行提供适宜的环境。

4.4.6　自控系统扩容

将上述各专业新增系统的远控信号接入自控系统，实现远程集中监视及控制功能，提升站场的整体感知和控制能力。

4.4.7　总图改造

拆除原铁艺围栏，增设实体围墙、增设刺丝缠绕防护网及振动光纤，新增工艺区逃生门，提升现场安全防护能力。

4.5　无人值守场站试点运行

4.5.1　运检维一体化

打破传统的天然气场站有人值守的传统运行、维修各自分离、独立的模式，充分利用鲜有人力资源，优化场站运行、维检管理模式，将维修及运行人员进行再培训并重组成为运检维人员，在完成辖区内站场巡检工作的同时，承担所辖区域内场站内设备的的日常维护及检修工作，实现区域内运检维一体化作业方式，提升作业效率。

4.5.2　集中监视

通过将场站工艺设备及生产辅助设备数据采集上传至调度中心，将原由场站负责本站的数据监视、设备操作转变为由调度中心负责全线站场生产数据的集中监视及设备操作，原场站人员集中至中心场站，负责所辖区域内场站的集中巡检、集中维护、异常确认及应急处置。

4.5.3　区域化管理

在运检维一体化、集中监视的基础上，对车程在 30 分钟以内的相邻的场站按照作业区域进行人员及业务的整合，按照“运检维”一体化的作业方式，对生产运行，设备维护、管道管理等实行统一的集中管理。

5 数字化无人值守场站建设的经验总结

5.1 无人值守站场的先进性

无人值守站场运行模式由分散巡检模式改变为“运检维”一体化巡检模式，集中调控、集中监视、集中巡检可以减少人员在危险区域(输气站场)的停留时间和活动人数，降低人员安全风险；有效提高巡检广度、深度和频次，提早发现系统运行隐患，提高设备本安性；减少因人员培训不到位或操作人员业务不熟练等人为因素导致误操作，提高人行为的本安性；减少站场办公和生活相关的建筑设施、场站辅助人和运行操作人员数量，在一定程度上减少投资和运行成本；升级改造原有系统存在品牌多和老旧的问题，提升系统运行稳定度。

5.2 无人值守站场的局限性

无人值守站场也存在一定的局限性，其对设备自动化、信息化要求较高，对设备的可靠性要求较高，前期改造的成本加大。控制逻辑难度大，存在联调联试不充分，遗留隐患的风险。系统容错性要求高，且缺少实际运行经验，风险考虑不全面。大多数无人值守站场都是将已建成的天然气输气站场改造成为无人值守站场，原站场为设计有人员编制的情况下开展的安全条件审查、设施设计审查及验收，均需征得原审批部门的同意，存在审批风险。

6 无人值守站场建设的意义

建设无人值守站场是输气站场智能化、数字化的重要举措，无人值守站场的出现是天然气行业生产自动化、科学管理发展的重要标志。试点运行后，场站的运维模式由“有人值守、有人操作”逐步向“无人值守、远程操作、区域化管理、运检维一体化”转变，实现了建成已投产长输天然气管道由有人模式向无人模式的转变，为中国海油长输天然气管道无人值守建设迈出坚实的一步，同时也为国内其他建成已投产长输天然气管道无人值守建设提供经验借鉴。

参 考 文 献

[1] 曹聪．SIL 定级在 LNG 接收站的应用[J]．化学工程与装备，2018(11)：238-240.

[2] 李毅，王磊，周代军，等．输油气站场区域化创新管理模式探讨[J]．油气田地面工程，2019，38(11)：85-89.

[3] 张世梅，张永兴．天然气长输管道无人站及区域化管理模式[J]．石油天然气学报，20419，41(6)：139-144.

海上无人平台高压输变电设备与油气处理设施共建布置方案影响分析

姜智斌 王越淇 刘春雨 万宇飞 李国豪

[中海石油(中国)有限公司天津分公司]

摘 要 本文以渤海首个高压输变电设备与油气处理设施共建平台为例，通过运用FLACS软件对共建平台生产过程中可能产生的安全隐患进行模拟计算，为确保海洋高压输变电设备与油气处理设施共建平台的安全低碳生产，在平台布置紧凑化的前提下，根据数值模拟结果明确两个区块的推荐安全间距、防火墙设计要求及房间抗爆能力要求等内容，最大限度降低不同事故工况下对共建平台的影响，达到降本增效和安全生产的双重目的为能源行业绿色发展提供新的设计思路。

关键词 海上共建平台；高压输变电设备；防火墙；数值模拟；安全生产

在能源行业绿色低碳、高效开发的背景下，渤海某油田以岸电技术为依托，通过创新采用高压输变电设备与海上油气处理设备共建布置方式，替代传统燃气透平及原油发电机设计，保障平台生产操作的同时，为平台提供清洁电力能源。

由于该设计方案在国内尚属首次，暂无参考案例，高压输变电设备与油气处理设施共建安全性分析并无可借鉴经验。与此同时，国外尚未建立较全面的高压输变电设备与海上平台油气处理设施共建标准体系，共建方案的安全性有待进一步评估。

本文通过FLACS软件定量模拟计算组块上层甲板油气处理区的油气扩散及爆炸对高压设备区影响，同时评估油浸式变压器发生火灾爆炸事故的频率，分析爆炸工况下对油气处理区的影响。明确高压区与油气区的安全距离，同时根据FLACS软件模拟事故后果，对防火墙的性能及高压变压器间的抗爆能力下限值提出具体要求，为平台后期正常生产提供安全规划和保障。

1 高压区和油气处理区布置分析

本项目高压输变电设备设施布置于组块上层甲板2轴西侧，其东侧主要为油气处理设备区及井口区，布置有热介质锅炉、化学药剂撬及修井作业配套设备设施，如图1所示。

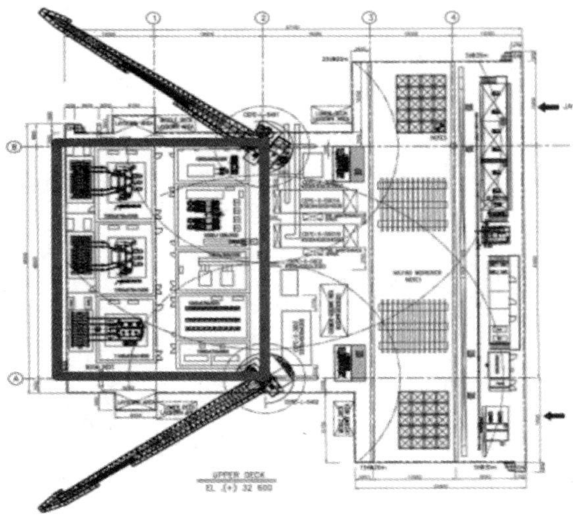

图1 组块上层甲板平面布置图

由于国内外尚未有针对高压设备设施区与油气处理区布置间距的具体要求，本项目初步根据国际标准IEC50110-1中推荐的72.5kV至800kV之间电压等级带电作业最小接近距离进行评估，对于本项目共建平台的110kV高压系统部分，采用防火防爆墙与油气处理区进行隔离，并在墙体左右各保留2m间距。同时该标准中建议针对高压主变压器设备，可根据其高压一次侧绕组位置，适当增加安全间距至2~3倍。

考虑到海上平台空间有限，本项目优先以2m间距作为设计基础，同时结合平台上部组块具体布置方案，通过多工况下理论模拟计算，进而评估设计方案的合理性，同时针对防护薄弱部分提出相应解决措施。

2　共建方案安全性分析

本项目高压区和油气处理区设备共建在海上平台上层甲板，设备空间较为紧凑，存在可燃气体泄漏扩散至高压设备区风险，极易引发火灾爆炸事故，造成经济损失、环境污染等恶劣后果。

本文通过对共建平台布置方案进行危险源辨识，该共建平台可能存在油气区域发生油气泄露扩散、火灾爆炸等事故影响高压用电区域，通过对油气区域工艺设备及流程进行分析，钻修井过程中地层油气发生井喷和热介质锅炉燃料气发生泄漏有可能造成可燃气体泄漏扩散，发生火灾爆炸事故；油浸式变压器出现短路、电弧放电等故障也易引起爆炸事故影响油气处理区域的安全。通过定量模拟不同危险工况事故后果，综合评估现有布置方案下的安全间距、防火墙高度、等级及高压区房间抗爆能力的具体要求。

下文结合实际情况综合分析，基于计算流体动力学方法，采用FLACS模拟软件重点对工况下易发生的井喷事故和热介质锅炉事故展开事故模拟计算，进一步分析模拟结果，提高绿色生产平台的安全精度，从而减少安全事故的损失。

3　井喷事故后果模拟

结合危险源辨识结果分析，在上层甲板的燃料气管线的阀门和法兰等连接部位最易发生泄漏扩散引发爆炸事故；因此，本文针对井管口和喇叭口这一特定位置的可燃气体喷射扩散分别进行模拟分析，基于可燃气体喷射扩散云图和扩散体积变化曲线，判断可燃气体扩散与高压设备区域的影响。

3.1　井管口可燃气体喷射扩散

井管口可燃气体喷射扩散云图及体积变化曲线图分别如图2、3所示。

图2　井管口可燃气体喷射扩散云图

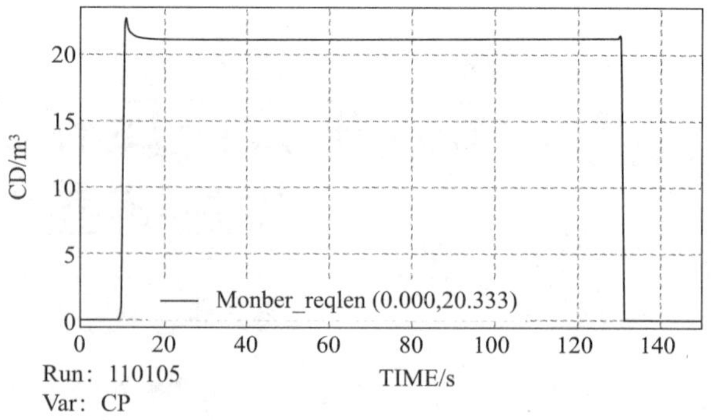

图3　井管口可燃气体喷射扩散体积变化曲线

由结果可知，在主导风向：风速6.6m/s，北偏东22°条件下井管口可燃气体喷射扩散不会影响到高压设备区域。

3.2　喇叭口可燃气体喷射扩散

喇叭口可燃气体喷射扩散云图及体积变化曲线图分别如图4、5所示。

图4　喇叭口可燃气体喷射扩散云图

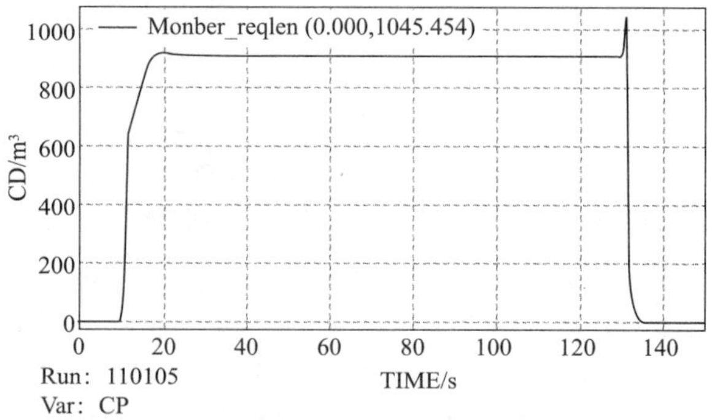

图5　喇叭口可燃气体喷射扩散体积变化曲线

由结果可知，在主导风向：风速6.6m/s，北偏东22°条件下喇叭口可燃气体喷射扩散气云主要聚集在上空，不会影响到高压设备区域。

通过井管口、套管喇叭口喷射扩散模拟结果综合分析：从套管喇叭口喷射扩散时的可燃气体气云最大体积远大于从井管口喷射的可燃气体气云最大体积，因此从套管喇叭口喷射的可燃气体爆炸事故后果更严重，需进一步进行爆炸评估。

3.3 爆炸模拟

鉴于套管喇叭口喷射的可燃气体爆炸事故后果更严重，故井喷泄漏爆炸事故模拟考虑从套管喇叭口喷射的可燃气体爆炸事故后果模拟，工况选择发生频率较高的主导风向(6.6m/s)，根据可燃气体爆炸压力云图如图 6 所示以及防火墙、GIS 间、变压器间爆炸超压变化曲线图分别如图 7、8、9 所示。

图 6　可燃气体爆炸压力云图

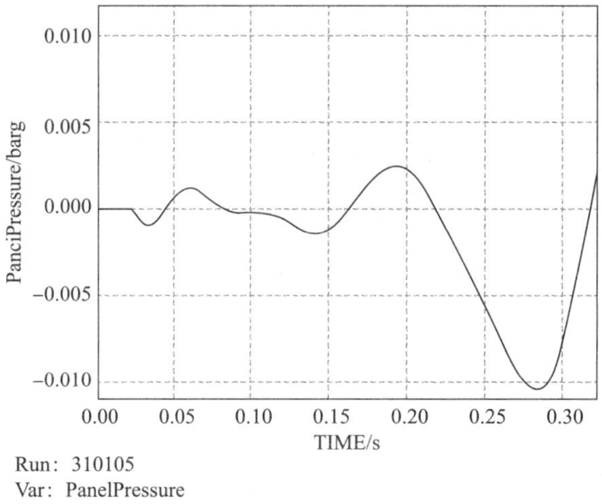

图 7　防火墙爆炸超压变化曲线

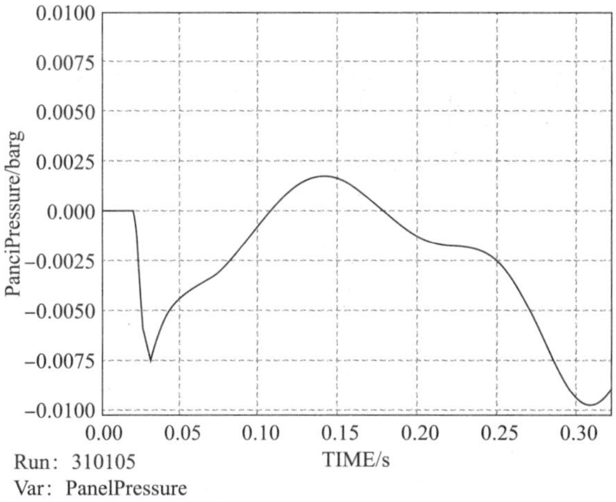

图 8　GIS 间顶部爆炸超压变化曲线

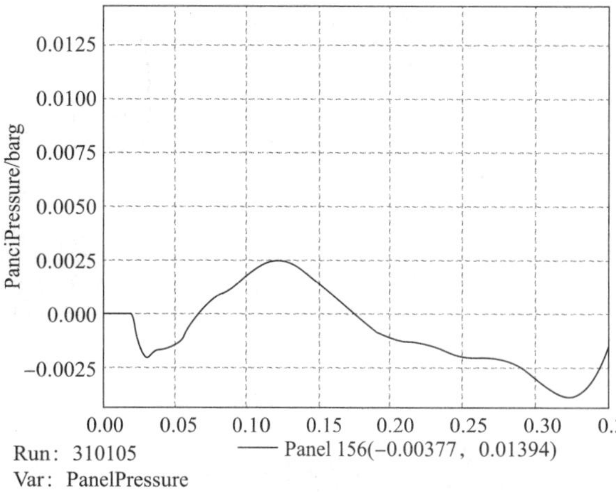

图 9　变压器间顶部爆炸超压变化曲线

由模拟结果可知：在主导风向：风速 6.6m/s，北偏东 22°工况下防火墙处的最大爆炸超压和高压设备区域房间爆炸超压均小于防火墙的设计要求，因此可燃气体发生井喷泄漏爆炸不会对防火墙和高压电气设备区域房间造成严重损坏。

4　热介质锅炉事故后果模拟

基于上文所采用的模拟方法，针对上层甲板的阀门、法兰等连接部件这一特定位置分别对锅炉燃气管线水平和垂直方向泄漏扩散进行模拟分析。综合可燃气体水平、垂直方向泄漏扩散结果，判断可燃气体扩散与高压设备区域的影响。

4.1 锅炉燃气管线水平方向泄漏扩散

可燃气体水平方向扩散云图及体积变化曲线图分别如图 10、11 所示。

图 10　可燃气体水平扩散云图

由结果可知，可燃气体水平扩散时的爆炸极限浓度下的气云高度满足防火墙设计要求，不会扩散到高压电气设备区域。

4.2 锅炉燃气管线垂直方向泄漏扩散

可燃气体垂直方向扩散云图及体积变化曲线图分别如图 12、13 所示。

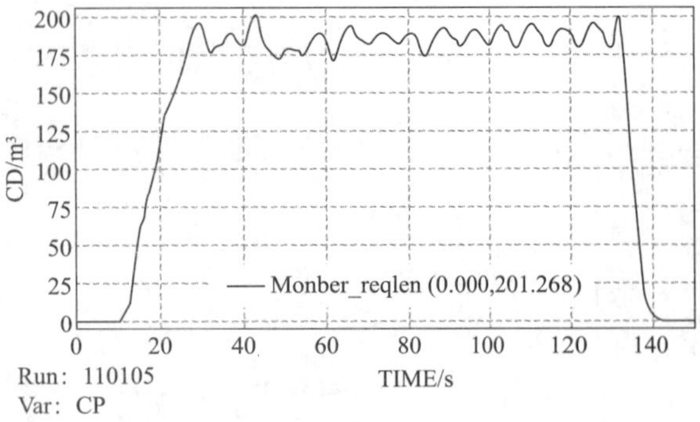

图 11　可燃气体水平扩散体积变化曲线

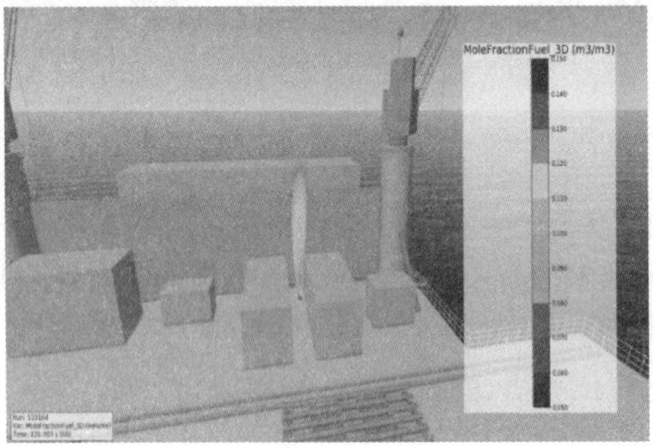

图 12　可燃气体垂直扩散云图

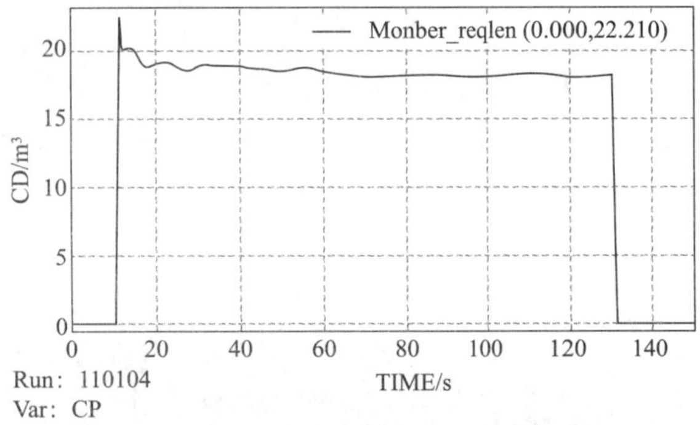

图 13　可燃气体垂直扩散体积变化曲线

由结果可知，在主导风向的影响下，这部分可燃气体朝着背离高压电气设备区域一侧扩散，不会扩散至高压电气设备区域一侧。

通过热介质锅炉燃气管线水平、垂直泄漏扩散模拟结果综合分析：在主导风向的影响下，防火墙的设计要求符合共建平台的安全要求，可燃气体不会扩散至高压电气设备区域一侧引发危险事故。但是水平泄漏时由于防火墙和锅炉的阻挡，能够造成可燃气体聚集，可燃气体体积大于垂直方向泄漏的可燃气体，因此水平方向泄漏的可燃气体爆炸事故后果更严重，需进一步进行爆炸评估。

4.3　爆炸模拟

由上文扩散模拟结果可知，水平方向上泄漏更易造成气体聚集引发爆炸，为进一步明确该防火墙设计要求，同时也考虑到其真实性，本次模拟在锅炉附近设置一些杂散管线，增加阻塞程度，进而开展爆炸后果模拟，模拟带压设备水平泄漏时发生爆炸所造成的超压影响。

可燃气体爆炸压力云图如图 14 所示，防火墙、GIS 间、变压器间爆炸超压变化曲线图分别如图 15、16、17 所示。

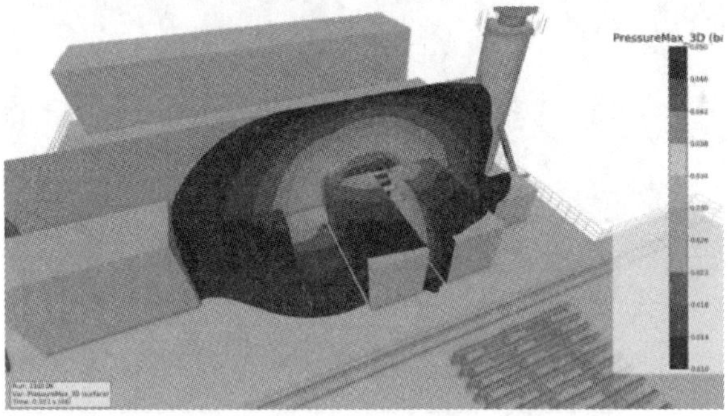

图 14　可燃气体爆炸压力云图

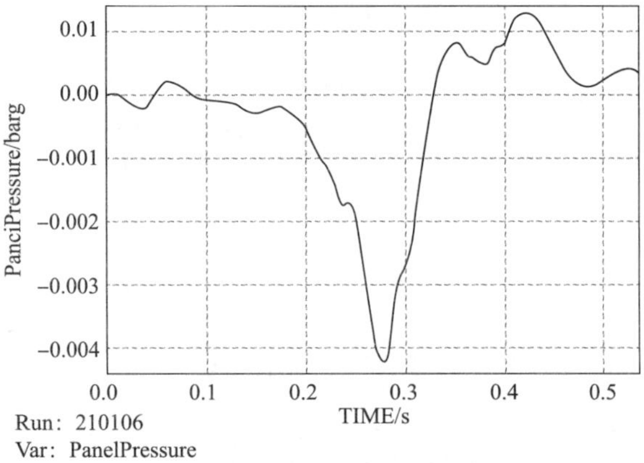

图 15　防火墙爆炸超压变化曲线

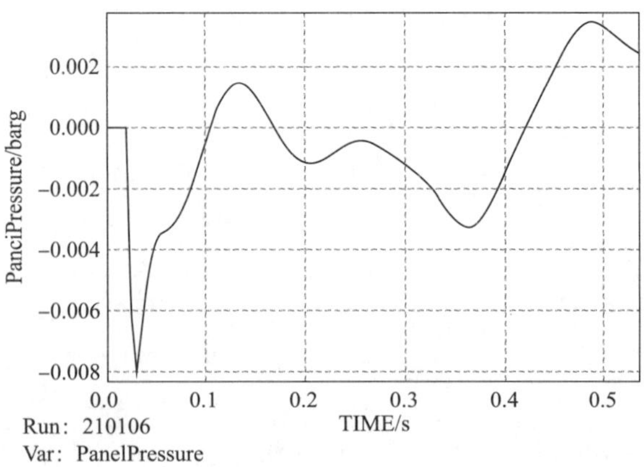

图 16　GIS 间顶部爆炸超压变化曲线

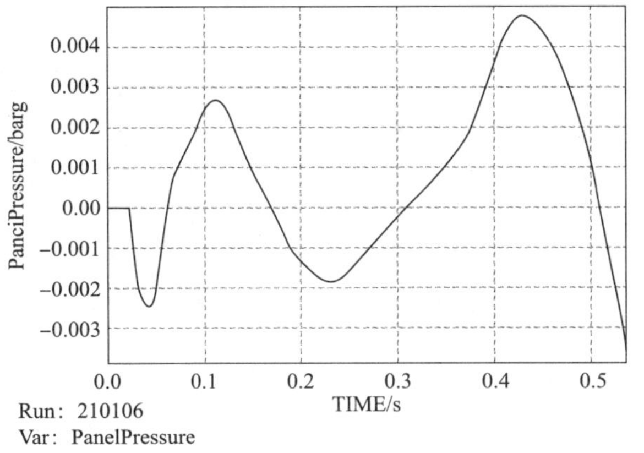

图 17　变压器间顶部爆炸超压变化曲线

由结果可知，在主导风向：风速 6.6m/s，北偏东 22°工况下防火墙所受爆炸影响较小，GIS 间、变压器间所受爆炸影响远小于防火墙设计要求，可以确保油气生产区域事故不会过于影响高压设备区域。

5　变压器爆炸影响分析

本文重点考虑变压器第二次爆炸事故对变压器房间和门的影响程度，通过对影响程度的综合分析评估变压器爆炸事故对油气处理区的不利影响，采用上述模拟方法判断变压器室抗爆能力要求。根据电弧能量分类等级，本次模拟主要考虑最大可信事故后果为油雾等级 3 级，同时为更好的观测油浸式变压器爆炸对变压器房间的影响，针对爆炸场景在变压器房间内部墙壁上共设置 79 个观测板，变压器室内门上设置 2 个观测板，以便记录这些平面在整个爆炸过程中的压力随着时间的变化曲线及数值。

从上述爆炸分析结果如图 18 至图 21 所示，变压器爆炸对变压器室内墙壁 26 号观测板爆炸超压影响最大，为 0.73barg，对变压器室门 65 号和 66 号观测板爆炸超压影响一样，为 0.71barg。

图 18　变压器爆炸场景三维模拟图

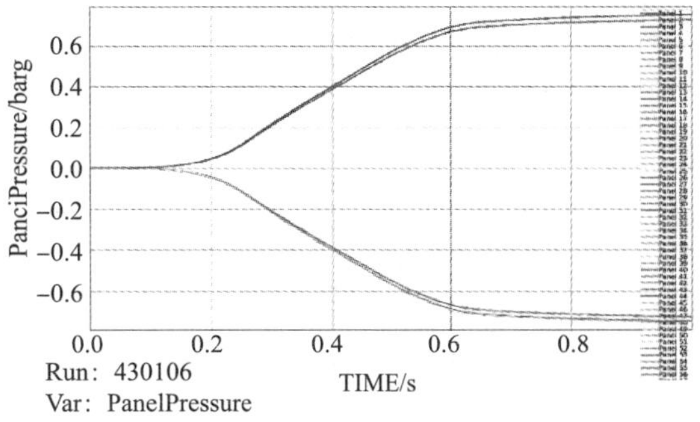

图 19　室内墙壁爆炸超压随时间变化曲线图

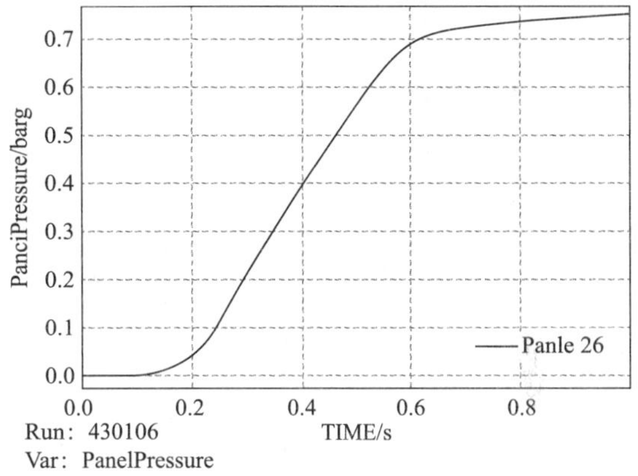

图 20　室内墙壁爆炸最大超压曲线图

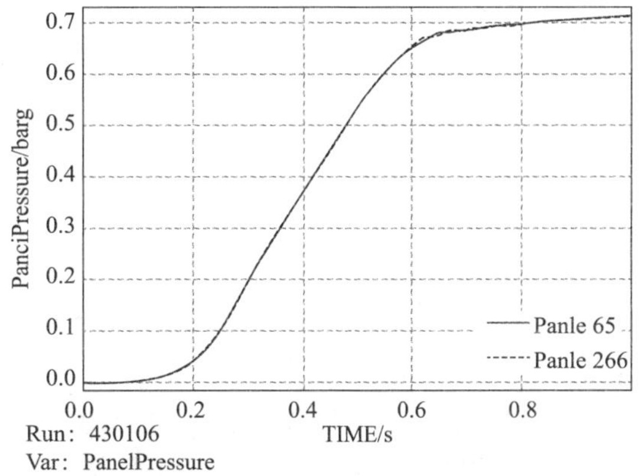

图 21　室门爆炸超压随时间变化曲线图

根据爆炸后对建筑物的影响见表 1，当爆炸超压达到 0.71bar 时，建筑物可能全部遭到破坏，即变压器房间有可能全部遭到破坏，因此为了避免变压器爆炸事故状态下房间发生倒塌影响油气处理区的正常生产，变压器室设置为抗爆能力不小于 0.73bar 的抗爆间。

表 1　爆炸超压对建筑物的影响后果表

压力/bar	影响
0.482	装载货物的火车车厢倾翻
0.482～0.551	未加固的 203.2～304.8mm 厚的砖板因剪切或弯曲导致失效

续表

压力/bar	影响
0.62	装载货物的火车货车车厢完全破坏
0.689	建筑物可能全部遭到破坏；重型机械工具(3178kg)移位并严重损坏，非常重的机械工具(5448kg)幸免

6 结论

本文以某海上油田开发项目为例，通过对共建平台布置方案进行危险源辨识，并针对总体布置设计方案的安全性开展数值模拟评估，根据上部组块布置间距研究及FLACS软件模拟结果，可以得到以下结论：

（1）经研究分析，在平台紧凑化的前提下，共建平台高压设备区和油气处理区之间的防火墙两侧各保持2米间距符合共建生产安全要求。如若空间允许，推荐其间距可加长为2倍甚至3倍的距离。

（2）通过对井喷事故后果和热介质锅炉事故后果综合分析，在主导风向：风速6.6m/s，北偏东22°条件的影响下，10m高的H60防火墙能够阻挡可燃气体扩散爆炸危及高压电气设备区域一侧引发危险事故。

（3）变压器爆炸最大可信事故后果为油雾等级3级，发生爆炸后，室内墙面最大超压为0.73bar，变压器门的最大超压为0.71bar，为了避免变压器爆炸事故状态下房间发生倒塌影响油气处理区的正常生产，变压器室设置为抗爆能力不小于0.73bar的抗爆间。

目前陆上高压输变电设备具有成熟的技术并已获得广泛的应用，但将高压输变电设施与油气处理设施共建在国内尚属首次。本文通过采用定性判定结合定量模拟计算的方式，明确两个区块的推荐安全间距、防火墙设计要求及房间抗爆能力要求等内容，为共建的安全性提供必要保障的同时，为海上油田类似项目提供借鉴经验。

参考文献

[1] 施长春．对石油石化企业绿色高质量发展的思考[J]．当代石油石化，2022，30(09)：36-40.

[2] 曹肖．海上油气田岸电替代海电工程经济评价体系构建[J]．化工管理，2023，No.655(04)：1-3.

[3] 郄鑫，张哲，胡君慧，等．海上风电场升压变电站电气布置研究[J]．供用电，2015，No.170(01)：64-67.

[4] 罗振敏，胡腾，李俊，等．基于FLACS的天然气泄漏扩散数值模拟研究[J]．工业安全与环保，2022，48(12)：14-18+41.

[5] 何荣福．碳氢化合物火灾事件下圆筒型FPSO的定量风险分析[D]．江苏科技大学，2020.

[6] 吴岩，凌晓东，滕潇，等．基于风险的控制室抗爆评估及工程应用[J]．安全、健康和环境，2022，22(04)：33-39.

[7] 张远建，王琴，康坦，等．输电线路带电作业人体在临界安全距离作业下的电场研究[J]．能源与环保，2022，44(12)：80-85.

[8] 蔡涛，刘培林，霍有利，等．海洋平台火灾爆炸危险源识别与评价的研究[C]//中国科学技术协会，天津市人民政府．第十三届中国科协年会第13分会场-海洋工程装备发展论坛论文集．[出版者不详]，2011：7.

[9] 孟祥坤，陈国明，郑纯亮，等．基于风险熵和复杂网络的深水钻井井喷事故风险演化评估[J]．化工学报，2019，70(01)：388-397.

[10] 董海杰．海上油田热介质锅炉常见故障浅析[J]．设备管理与维修，2011，No.327(12)：32-33.

[11] 郑梦笛，吴细秀，闫格．基于新型故障电弧模型的电弧能量特性分析[J]．中国电力，2015，48(11)：49-53.

[12] 万朝梅．石化工程建筑物抗爆设计方案分析与选择[J]．炼油技术与工程，2016，46(12)：50-54.

[13] 王建楹，张育超，武雪林，等．300MW/220kV海上升压站总体结构布置[J]．船舶工程，2020，42(S1)：526-529+533.DOI：10.13788/j.cnki.cbgc.2020.S1.121.

标准化中型无人值守井口平台结构设计与应用研究

庞洪林　梁　鹏　吴景健　张梦玥　蒋　烜

[中海石油(中国)有限公司天津分公司]

摘　要　无人值守平台在海洋油气开发中普遍应用，采用无人值守平台能够大幅降低海洋油气田开发成本，提高经济效益。随着渤海油田开发的逐步深入和无人值守平台的推广使用，如今中型无人井口平台在渤海油田开发中的应用需求越来越广。本文利用标准化平台设计成果，以渤海辽东湾某油田开发项目为例，选取适用的标准化组块、导管架型号，开展中型四腿无人值守井口平台结构设计。对该类型平台进行静力校核和地震校核，各项结构指标均满足规范要求。该类型无人值守平台可在渤海油气田开发项目中推广使用。

关键词　无人值守；标准化；结构设计；结构校核

无人值守井口平台是指正常生产时无人值守，通过远程监控实现无人操作，在巡检检修、钻修井、应急处置、访问调查等情况下允许人员登临的海上油气生产井口平台。无人值守平台主要优势为可减少生活区模块设计制造，降低平台整体建造成本投资；无须人员长期驻守，降低运营维护成本，提高人身安全。采用无人平台设计方案，能够大幅降低油田开发成本，提高经济效益。无人值守平台在世界海洋油气开发中普遍应用，据统计，全世界有超过7000座在产海上平台，其中约1600座是无人值守平台，占比约23%。国内从1993年开始建造第一座无人值守井口平台。随着自动化和智能化的飞速发展，无人值守井口平台的设计日趋成熟。

随着渤海油田开发的逐步深入，已建成50余个在生产油气田、190余座生产设施，其中新建平台中无人值守平台的占比越来越大。与此同时，为缩短平台设计、采办、建造周期，加快油田建设速度，提高油田开发效率，渤海油田正全力推进工程建设标准化工作。目前，已形成系列标准化平台设计成果，包括5大类共计9个系列的标准化组块、6个系列的标准化导管架。基于标准化成果，本文对中型无人值守井口平台进行标准化结构设计，并以渤海某油田开发项目为例，开展应用研究。

1　平台标准化设计概述

当前渤海固定式平台标准化设计策略为，基于“装配式设计、产品化制造、集成式安装”的理念，采用“系列化、简化、模块化、组合化”综合标准化工作方法，研究渤海油气田共性和差异性，共性配置形成相对固定的基准部分，特异性配置作为扩展部分，通过“基准+扩展”组合满足不同项目的实际需求，最终实现渤海油气田开发由定制化向标准化转变。

基于油藏、钻采、工程的交互协同，确定5大类共计9个系列的标准化组块、6个系列的标准化导管架，详见表1和表2。

表1　标准化组块分类

序号	平台类型	组块定型(编号)	工作点间距(m×m)	井槽排列	钻修井方案	备注
1	小型无人井口平台	①小型无人井口平台组块(BH20-TS-OU12)	12×12	4×3	钻井船	
2	中型无人井口平台	②中型无人井口平台组块(BH30-TS-OU20)	16×16	4×6	钻井船	
3	中型有人井口平台	③气田无人井口平台组块(BH50-TS-GU24)	20×20	4×7	钻井船	
		④中型有人井口平台组块(BH70-TS-OW28)	20×20	4×7	模块化修井机+钻井船	

续表

序号	平台类型	组块定型(编号)	工作点间距(m×m)	井槽排列	钻修井方案	备注
4	大型有人井口平台	⑤大型有人井口平台组块(BH150-TS-OW50)	(14+16+14)×40	5×9	模块化钻机	
5	中心平台	⑥Ⅰ型中心平台组块(BH220-TS-OC40-1)	(16+16+12)×20	4×5+4×5	模块化修井机+钻井船	适应水处理12000方油田
		⑦Ⅱ型中心平台组块(BH220-TS-OC40-2)	(16+16+12)×20	4×5+4×5	模块化修井机+钻井船	适应水处理24000方油田
		⑧Ⅲ型中心平台组块(BH220-TS-OC40-3)	(16+16+12)×20	4×5+4×5	模块化修井机+钻井船	适应水处理48000方油田
		⑨Ⅳ型中心平台组块(BH220-TS-GC40)	(16+16+12)×20	4×5+4×5	模块化修井机+钻井船	潜山气田

表2　标准化导管架分类

序号	平台类型	组块定型(编号)	工作点间距(m×m)	井槽数/井槽排列	腿数	桩径/mm
1	小型无人井口平台	①小型无人井口平台导管架(BH20-JK)	12×12	12 4×3	4	1829
2	中型无人井口平台	②中型无人井口平台导管架(BH30-JK)	16×16	24 4×6	4	1829
3	中型有人井口平台	③中型有人井口平台导管架(BH50-JK)	20×20	28 4×7	4	1829
		④中型有人井口平台导管架(BH80-JK)	20×20	28 4×7	4	2438
4	大型有人井口平台	(5)大型有人井口平台导管架(BH160-JK)	(14+16+14)×40	45 5×9	8	2438
5	中心平台	(6)带井口中心平台导管架(BH250-JK)	(16+16+12)×20	40 4×5+4×5	8	2438

为提高标准化率，并便于建造和安装，导管架设计采用统一节点设计思路，分为T型节点、Y型节点、K型节点。标准化节点如图1所示，节点尺寸和样式见表3。

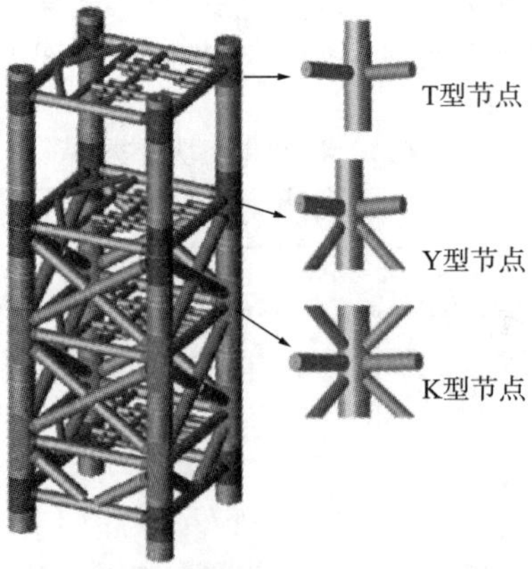

图1　导管架标准化节点示意

表 3 标准化节点尺寸和样式

节点类型	T 型节点	Y 型节点	K 型节点
标定尺寸(mm)	弦杆：2025×65 撑杆 1：914×25	弦杆：2025×65 撑杆(水平)：914×25 撑杆(斜)：1067×22	弦杆：2025×65 撑杆(水平)：914×25 撑杆(斜)：1067×22
样式	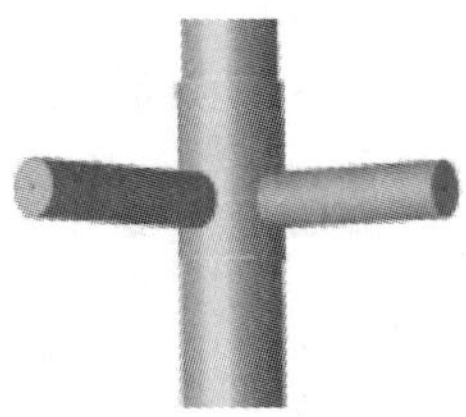	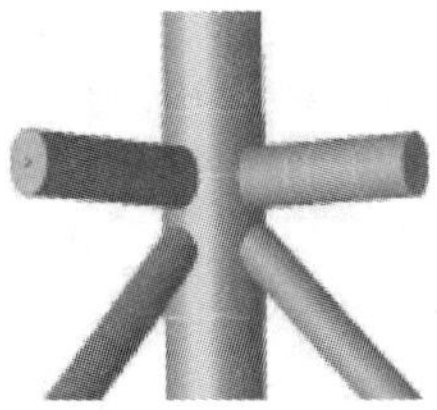	

2 标准化中型无人值守平台结构设计

随着无人值守井口平台推广使用，根据项目开发需求，无人平台的规模越来越大，如今中型无人井口平台在渤海油田开发中的应用需求越来越大。在平台标准化成果中，中型无人井口平台适用于 28 口井以内，钻井船打井、简易流程的油田开发。

本文以渤海辽东湾某油田开发项目为例，基于标准化现有成果，开展中型无人值守平台结构设计。辽东湾某油田开发项目共 24 口生产井，水深 32m，需新建 1 座 4 腿中型无人值守井口平台，设置 4×5 井槽(含 4 单筒双井)。

2.1 组块结构设计

应用标准化成果，选用 BH30-TS-OU20 型号标准化组块，组块结构主要设计参数见表 4 所示，组块所用型材和管材主要规格见表 5。结构模型如图 2 所示。

表 4 标准化中型无人值守平台组块主要设计参数

工作点间距	16m×16m
工作点标高	EL.(+)9.0m
甲板标高	上层甲板：EL.(+)23.5m 中层甲板：EL.(+)17.5m 下层甲板：EL.(+)11.5m
结构用钢量	1520t
操作重量	3825t
吊装重量	3128t
安装方式	吊装
运输驳船	15000t 级驳船
施工船舶	5000t 级或同等级别

表 5 组块所用钢材规格

项\位置	上层甲板	中层甲板	下层甲板
主梁	PG1200/900/H700	PG900/H700	PG900/H700
次梁	H440	H440	H440
小梁	H300	H300	H300
主立柱	Φ1829×60/Φ1219×38/Φ1219×28mm		
立柱	Φ508×16/Φ406×13mm		
斜撑	Φ762×25/Φ610×19mm		

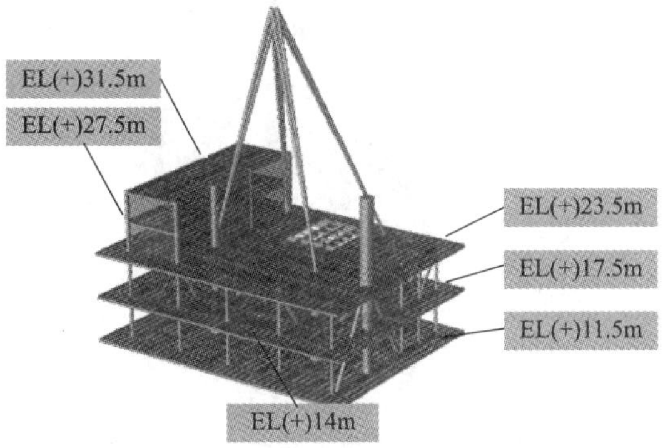

图 2 标准化中型无人值守平台组块结构示意图

2.2 导管架结构设计

应用标准化成果，选用 BH30-JK 型号标准化导管架，结构主要设计参数见表 6，结构模型如图 3 所示。主腿采用 Φ1955×25mm/Φ2025×60mm 管材，水平层主撑杆采用 Φ762×19/32mm 管材，水平层次撑杆采用 Φ610×19/28mm 管材，底水平层加强段采用 Φ1067×38mm 管材，X 撑/V 撑采用 Φ762×18/38mm 管材。

3 标准化中型无人值守平台结构校核

利用有限元分析软件 SACS 对该无人值守平台进行结构校核，完成静力分析、地震分析。装船分析、拖航分析、吊装分析、座底稳性分析、打桩和自由站立等安装工况校核结果在此不再赘述。

表6　标准化中型无人值守平台导管架主要设计参数

工作点间距	16m×16m
桩径	1829mm
各水平层标高	第一水平层：EL.(+)6.5m 第二水平层：EL.(-)5.0m 第三水平层：EL.(-)21.013m 底水平层：EL.(-)28.976m 底标高：EL.(-)-32m
立面形式	1个V型+1个X型
节点	标准化节点(T/Y/K型节点)
导管架用钢量	1025t
安装方式	吊装
运输驳船	HYSY222或同等级别
施工船舶	1700t级(德瀛)或同等级别

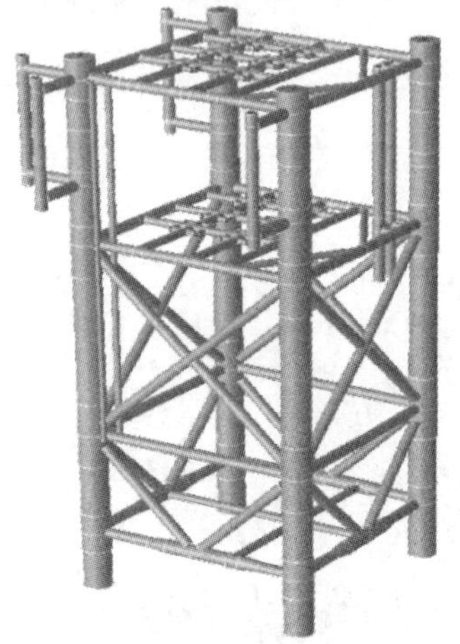

图3　标准化中型无人值守平台导管架结构示意图

3.1　静力分析

静力分析主要对整体结构进行分析，在操作工况、极端风暴工况、极端冰工况下对整体结构强度及平台基础进行校核。该平台所承受的载荷可分为固定载荷、活载荷、海洋环境载荷。固定载荷中的结构自重、浮力等由SACS软件自动计算得出，固定载荷中的设备载荷与平台活载荷载以节点力或单元力的形式施加在有限元模型上。环境载荷主要包括风、波浪、流、海冰等作用在平台上的载荷。风、波浪、流载荷的计算采用API RP 2A的推荐算法，通过seainp文件输入，由SACS软件自动完成计算。冰载荷的计算采用《中国海海冰条件及应用规定》推荐算法。环境载荷考虑了8个作用方向：0°、45°、90°、135°、180°、225°、270°、315°。通过PSI文件模拟桩-土非线性相互作用，主要由T-Z，Q-Z，P-Y曲线组成。组块操作重为5053t，重心为(-2.58m，-2.59m，21.75m)，组块极端重为4693t，重心为(-2.60m，-2.61m，21.76m)，

静力分析结果为：

(1) 杆件UC：主腿最大UC为0.52，水平撑杆最大UC为0.88，立面斜撑最大UC为0.82，平台所有杆件UC值均小于1.0，满足规范要求，如图4所示。

(2) 节点最大Load UC为0.61，最大Strength UC为0.93，平台所有节点UC值均小于1.0，满足规范要求。

(3) 钢桩最大UC为0.73，出现在泥面下10.3m位置处，UC值均小于1.0。操作工况下桩基承载力安全系数最小为2.33，大于2.0；极端工况下桩基承载力安全系数最小为1.81，大于1.5，满足规范要求。

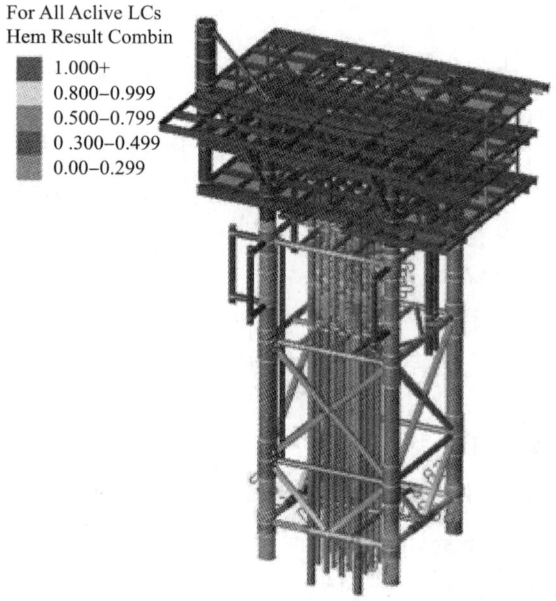

图4　静力分析

通过静力分析发现，该平台杆件强度、节点冲剪强度、桩基强度以及承载力安全系数均满足规范要求。

3.2　地震分析

地震分析采用响应谱法进行设计，强度水平地震和韧性水平地震分别取200年和1000年的地震水平加速度和地震谱参数进行设计。

地震分析结果为：

(1) 强度水平地震下，杆件最大UC为0.23，韧性水平地震下，门型框架内杆件最大

UC 为 0.92，均小于 1.0，如图 5 所示。

（2）节点冲剪强度分析分别进行了强度分析和韧性分析，分析结果显示节点最大 Load UC 为 0.51，最大 Strength UC 为 0.98，均小于 1.0。对于地震中的节点，除按照 API 规范进行管节点冲剪校核外，还要进行 100%极限强度校核，即 EQK 校核，分析结果显示平台腿部节点最大 EQK UC 为 0.51，小于 1.0，满足规范要求。

（3）韧性水平地震下，钢桩最大 UC 为 0.61，UC 值均小于 1.0。韧性水平地震下桩基承载力安全系数最小为 1.7，大于 1.0。

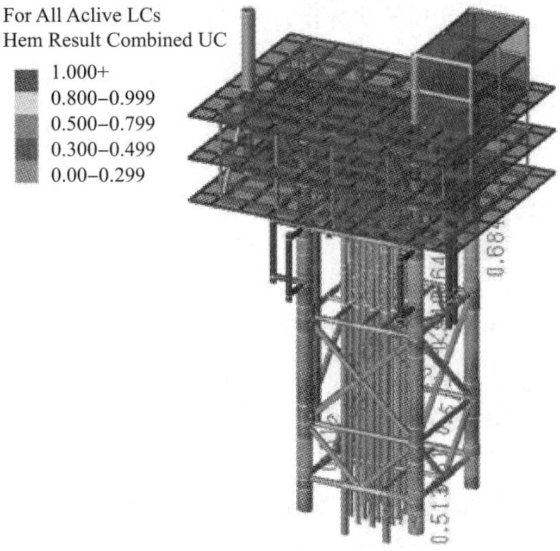

图 5　地震分析

通过地震分析发现，该平台杆件强度、节点冲剪强度、桩基强度以及承载力安全系数均满足规范要求。

4　结论

本文利用标准化平台设计成果，以渤海辽东湾某油田开发项目为例，开展标准化中型四腿无人值守井口平台的结构设计。

（1）组块选用 BH30-TS-OU20 型号标准化组块，三层甲板，工作点间距 16m×16m，井槽采用 4×5 排布，采用钻井船钻修井。

（2）导管架选用 BH30-JK 型号标准化导管架，采用 1829mm 钢桩，设置 4 个水平层，立面采用 V 型+X 型型式。

（3）为提高标准化率，并便于建造和安装，导管架设计采用统一节点，分为 T 型节点、Y 型节点、K 型节点。

利用有限元分析软件 SACS 对该无人值守平台进行结构校核，完成静力分析、地震分析。校核结果显示该类型平台杆件强度、节点冲剪强度、桩基强度以及承载力安全系数均满足规范要求。

参考文献

［1］张艳春，惠宁，沈志恒．海洋平台上噪声分析方法［J］．噪声与振动控制，2012，32(2)：4.

［2］夏如君．5G 赋能海上无人值守平台［J］．电信科学，2021(007)：037.

［3］张磊．基于船舶应急抛锚的海底管道埋深及保护研究［D］．武汉理工大学，2013.

［4］罗彭．“海上无人井口平台工艺系统设计方案研究．”石油和化工设备 23.3(2020)：4.

［5］API RP 2A，Recommended Practice for Planning，Designing and Constructing Fixed Offshore Platform－Working Stress Design［S］.

［6］Q/HS 3003—2013 渤海海域钢质固定平台结构设计规则．

威远页岩气场站无人值守生产安全管理实践

吕卓伦　补成中　征琪珂　高　杨　彭吉庆　范刘洋　陈　浩

（中国石油川庆钻探工程有限公司页岩气勘探开发项目经理部）

摘　要　川庆威远页岩气田积极利用物联网、数字化等相关技术，从标准化设计、自动化控制、数字化管理、规范化操作四个方面建设川庆威远页岩气智能化生产安全管理系统。通过集成门禁人脸识别、周界报警系统、视频监控系统、语音通话系统等技术完善了场站属地安全管理；另一方面，通过将页岩气生产工艺流程中各系统按使用特性和优先级，建成了多级联锁控制的工艺安全自动控制系统。将属地和工艺安全管理高度集成，形成了完备的场站无人值守模式，为页岩气规模效益开发提供强有力的信息技术支撑。

关键词　页岩气平台；数字化平台；无人值守；多级联锁；自动控制

页岩气作为非常规天然气，与常规气开发相比，具有较大开发难度，最突出的特点是水平钻井和水力压裂加砂技术的使用，因此平台页岩气生产期间始终存在着出砂和出水严重的问题，长此以往，平台管线设备极易产生腐蚀，甚至导致管线设备腐蚀穿孔、天然气泄露的发生；此外，由于川南页岩气平台周围有居民生活，存在非工作人员进入平台导致事故发生的可能，从而威胁到平台的安全生产。

因此，对页岩气平台现场的安全管理、设备的防护等级等安全管控提出了较高的要求，针对属地安全和工艺安全的管理难点，川庆威远页岩气从实际出发，围绕“数字化、信息化、智能化页岩气田”，依托川庆公司一体化信息平台，利用自动感知实时采集油气产业链运行数据，利用全面互联广泛获取内外部数据，运用数字化技术持续优化业务执行和运营效率，以感知、互联、数据融合为基础，实现生产过程“实时监控、智能诊断、自动处置、智能优化”，率先建成了“一个平台、两个中心、三个系统、八个功能”的页岩气智慧气田，实现数据资源共享、可视化地质导向、精益生产管控、风险复杂预警、远程智能支持、智能分析决策以及应急管理指挥，遵循“合理性、先进性、实用性、可靠性、稳定性和可扩展性”，为采输平台提供高质量、高可靠和高稳定的服务，大大减少了场站人员的操作难度，提高了工作效率，为页岩气规模效益开发提供强有力的信息技术支撑。

1　属地安全管理

场站无人值守期间，属地和外来作业人员的违规操作以及场站周边无关人员的闯入，是无人值守生产过程中可能出现的较大安全隐患。为保证无人值守场站的安全生产运行，川庆威远页岩气实践应用了包含准入管理系统、入场提示系统、周界报警系统、语音通话系统和视频监控系统在内的一套完整的场站无人值守属地管理体系，避免由人的不安全行为造成的事故。

1.1　属地安全管理流程

川庆威远页岩气场站围墙四周布设有红外周界报警系统，可以实时监测外来人员闯入情况，并向集气总站中控值班人员提供入侵报警。当人员需要前往川庆威远页岩气204集气站进行现场操作时，首先需要经过门禁系统的审核，在确认为工作人员或具备准入证的外来人员后，门禁系统才会对其放行。随后，在经过入场提示系统的培训后，周界系统会撤下该人员的防御，以保证现场人员的工作可以顺利进行。在现场操作期间，站内的语音对讲系统和视频监控系统持续运行，以方便现场人员与中控平台的交流，并且在监测到现场人员出现不安全的行为时通过语音喊话系统对其进行安全提示。当现场人员完成作业后，周界系统恢复运行，以对场站重新布控，保证其安全、稳定的运行，如图1所示。

1.2　准入管理系统

入场人员复杂是平台准入管理的主要问题，以往线下人工登记的方式管控覆盖面小、效率低、处理突发情况能力弱。面对这类问题，川庆威远页岩气建立了场站准入和作业许可管理制度，并结合门禁控制系统，实现场站的人员和作业准入的管理。

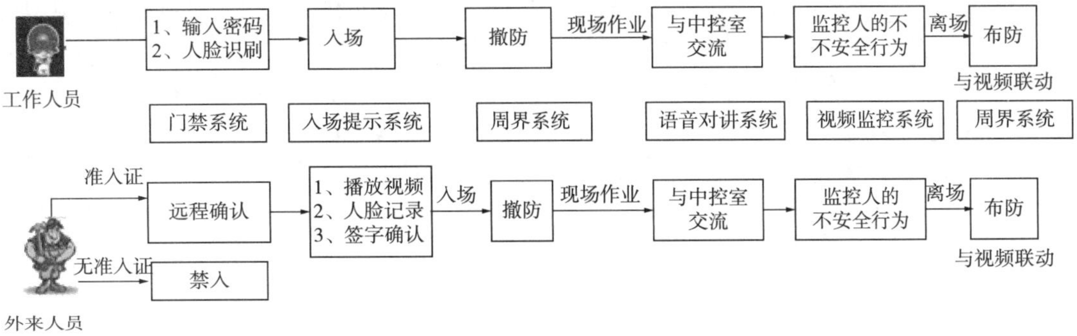

图 1　川庆威远页岩气平台人员管理流程

入场人员在准入系统进行申请，业务人员远程审核通过后便可放行。同时，为规范作业许可和监督认可管理，有效控制作业风险，防止发生各类事故事件，融合作业许可证、作业批准书、施工方案审批书(单)和 HSE 作业计划书(表)等内容，利用手持终端可实现票证远程申请、签批及监护，方案在线审核、防控措施的制定与落实效率成倍提高，如图 2 所示。

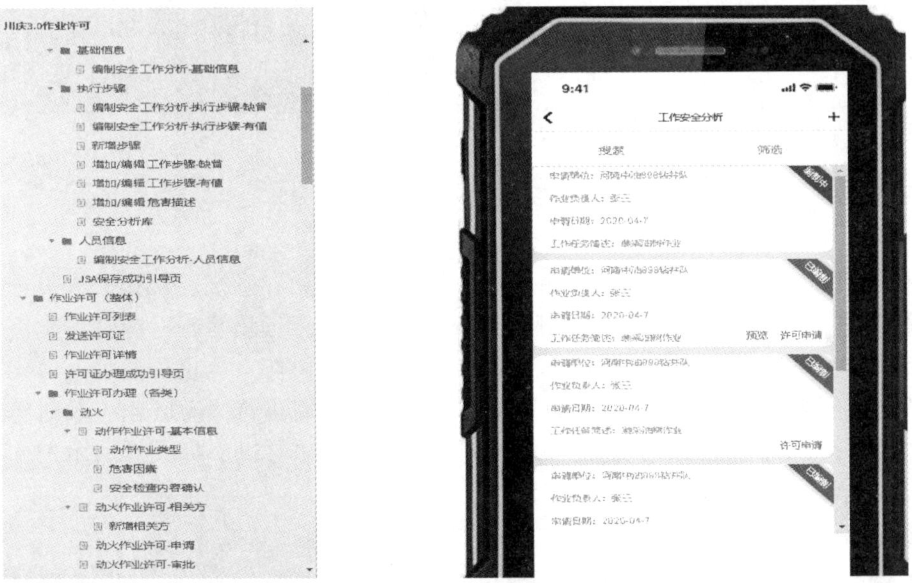

图 2　川庆威远页岩气平台现场审批流程

1.3　入场提示系统

无人值守主要通过摄像机内置的智能芯片实现采集视频信号的智能分析，从而识别外来人员或可疑目标的入侵。场站通过支持人脸识别，现场呼叫信息和识别信息实时传输的入场提示系统进行无人值守第二道把关。

入场提示系统将信息实时传输到监控平台，与现有门禁系统联动，经系统信息对比确认后系统自动开门或总站人工判断通过后远程开门。当人员到达现场时，对需要进站人员进行人脸识别，并播放入场安全提示音频，在人工判断是否符合进站条件后，再进行远程开门控制，如图 3 所示。

图 3　入场安全提示系统

1.4　周界报警系统

红外周界报警系统主要由前端探测系统、现场报警系统、传输系统、中心控制系统、联动系统以及电源系统组成，通过使用红外对射对目标进行监测，当目标入侵时阻挡红外光时，红外感应器接收到的红光减少或消失，由此判断入侵并联动报警。红外周界报警系统具有抗干扰能力强、定位准确、扩展性强、可联动报警的功能。场站的四周均建设2.2米高的围墙和防攀爬网，防止外来人员随意进出。同时，在围墙四周设置红外周界报警系统，实时监测外来人员闯入情况，并向集气总站中控值班人员提供入侵报警，同时联动视频监控摄像头自动转向进行实事监控，如图4所示。

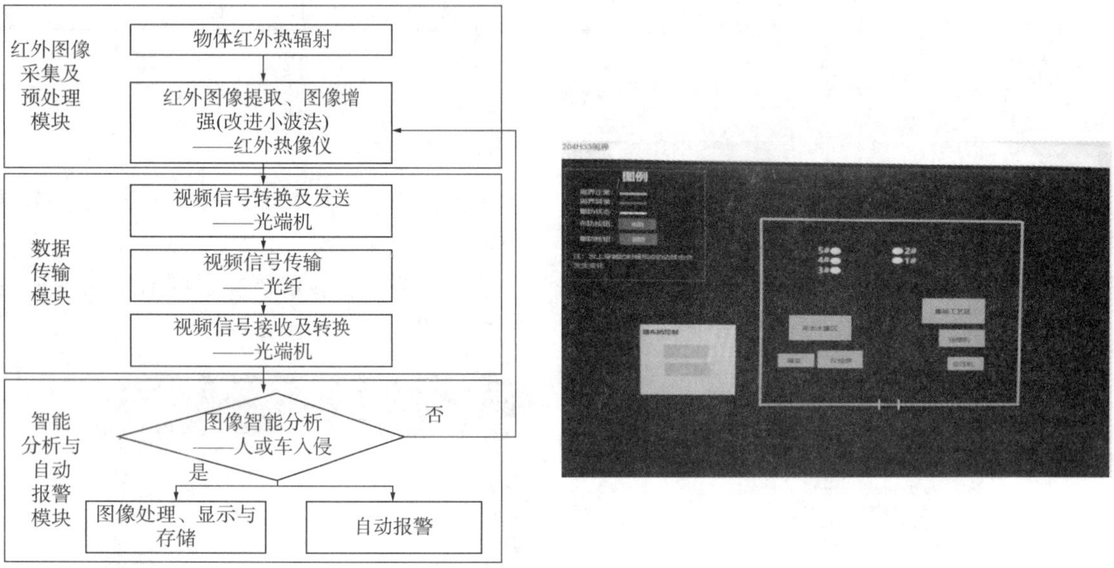

图4　红外周界系统工作原理

1.5　视频监控系统

根据场站的实际大小及增压机分布情况，设置4至8台带云台摄像头，提供全方位、无死角的图像监控，当夜间光线不好的时候设备自动切换为红外模式，保障视频监控24小时正常运行监控。同时设置视频录像机，视频监控回放保存1个月，如图5所示。

图5　场站视频监控

1.6　语音通话系统

场站设置语音通话系统，采用全数字音频处理技术，具有广播、报警、对讲等功能。分控无设备，无需布线，采取多任务预设管理模式，实现全天候无人值守。当场站中控人员通过视频监控系统和周界系统发现无关人员进入场站时，可以通过语音远程警告。当现场施工作业出现紧急情况时，工作人员也可通过一体化安防主站与集气站中控室进行紧急呼叫，及时将现场情况进行反馈及寻求帮助，如图6所示。

图6　语音通话系统

2　工艺安全管理

工艺安全的一个基本出发点就是预防工艺物料(或能量)的泄露，威远页岩气场站以计算机技术为核心，采用通信技术、可靠性与容错技术，以及“故障-安全模式”技术实现站内主要设备及相关安全装置的自动化联锁控制，通在监测到出现生产隐患时及时控制并自动调节，确保危险有害物质的隔离和阻断。

平台均按标准模块化建设，按工艺流程分为5大模块，每个模块均实现自动、远程控制，相互之间具有连锁保护功能。依托信息化功能，实现无人值守。

2.1 自动控制联锁流程

平台安全自动控制作业流程按优先级从高到低的顺序将联锁分为三个等级，依次是一级联锁(包含火灾报警按钮和紧急停车按钮)，二级联锁(主要以出站压力为判断依据)，三级联锁(包含阀后压力、分离器液位、增压机和进站压力)，如图7所示。

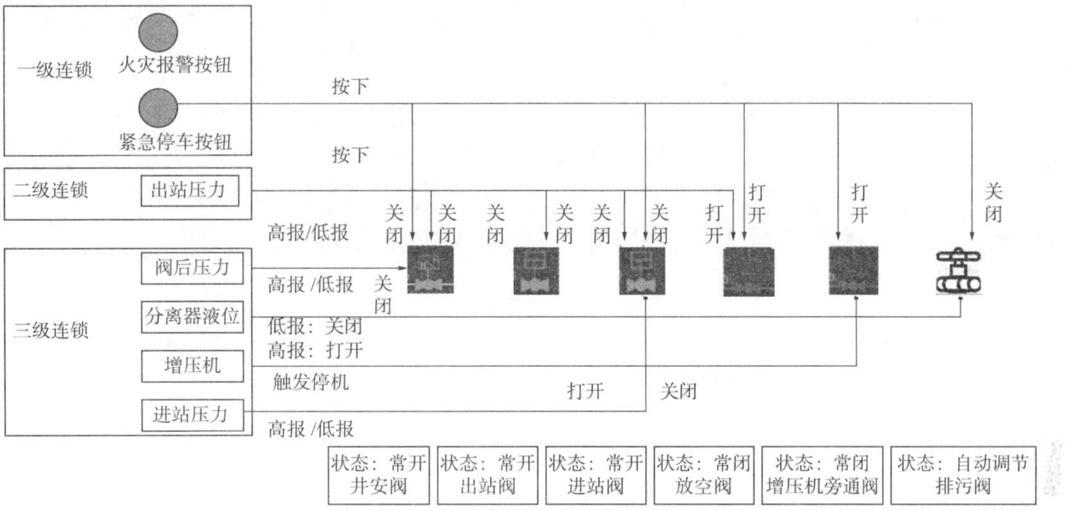

图7　川庆威远页岩气204集气站安全自动控制作业流程

在进行安全管理时，集气站通过将每个模块覆盖在SCADA系统上自动采集现场数据并进行远程实时传输，通过分析处理收集到的阀后压力、分离器液位、进站压力、出站压力等运行参数，判断页岩气的生产状态，当上述数据偏离额定范围时，则自动控制对应井安阀、出站阀、进站阀、放空阀、增压机旁通阀、排污阀等的开关状态，以对生产状态进行自动控制。

同时，视频监控系统除可对人员现场作业进行管理外，激光式云台可燃气监测系统及火焰探测器还可对现场可能出现的燃气泄漏、火灾等事故进行监控预警，当出现泄漏等情况时联锁消防系统进行自动应急处置。在视频监控人员发现类似问题发生时，可通过一级连锁远程控制204集气站的作业，以保证页岩气生产安全平稳运行。

2.2 井口智能控制系统

通过在采气树井口安装气井口智能一体化远程控制装置实现单井产量的自动调整、远程调整、远程开关等功能；在井口安装井安阀，在压力出现异常时自动进行紧急关断，在保证安全的情况下达到无人值守的效果。

2.2.1 井口智能一体化远程控制装置

装置由智能节流调节阀门、智能控制器、太阳能供电系统、通讯、程序软件以及远程控制管理平台等组成，在无充电情况下可以保证至少9天的正常工作，根据井口压力通过RTU进行自动调节开度，保障页岩气安全平稳生产，同时传至中控室进行远程监控及开关控制，如图8所示。

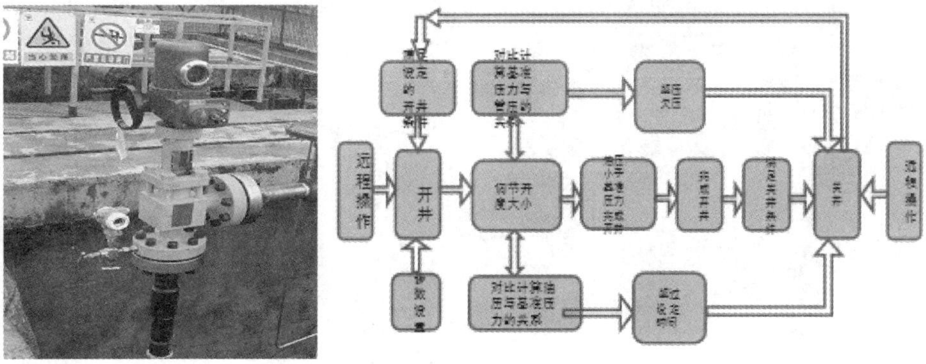

图8　井口智能一体化远程控制装置

2.2.2　井口安全阀

利用仪表风压力提供动力气源，根据压力变送器采集的节流后压力以及机械导阀采集的外输压力，当节流后及外输压力出现异常时，紧急关断，保障生产安全，如图9所示。

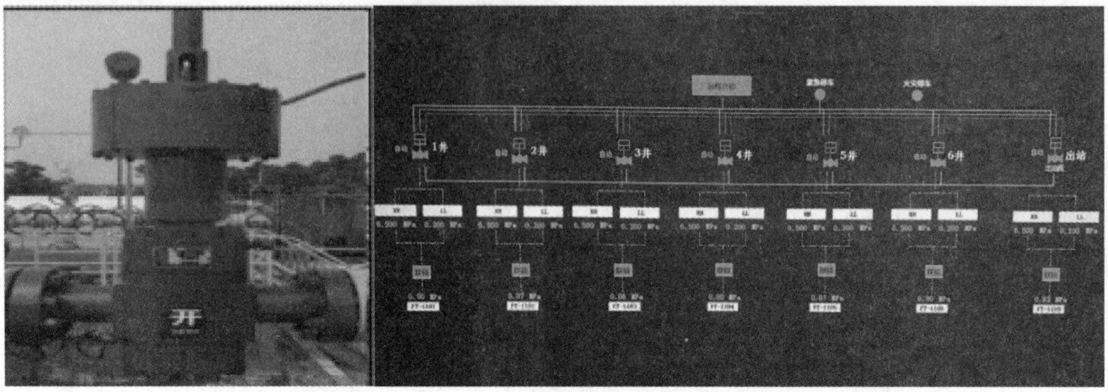

图9　井安阀自动控制系统

2.3　分离计量升级换代

针对前期页岩气场站地面建设标准针对性不强、投资高、与生产动态变化不匹配等问题，结合实际优化工艺，川庆威远页岩气率先从第一代水套炉加热+轮换计量发展到目前第三代气液两相计量+集中分离，兼顾了精细化管理与降本增效，已成为川南页岩气标杆性工程模板，如图10所示。

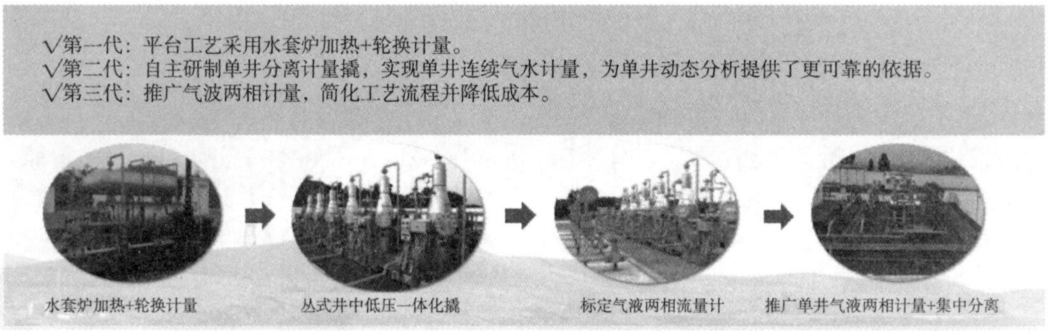

图10　分离计量优化

气液砂分离器采用双分离通道，有效分离页岩气、液、砂，而且在高液量下能有效分离。电动+气动阀结合，根据分离器液位计的读数，分离器液位调节阀构成闭环反馈控制，实现自动排液。分离器设置弹簧式安全阀，当出现超压情况时，安全阀起跳自动放空，通过放散管对场站进行泄压，如图11所示。

图11　气液砂分离器

腐蚀问题常是引发天然气泄漏导致安全生产事故的主要原因，计量撬作为燃气计量装置，主要由阀门、过滤器、调压器、流量计等集中安装在钢制平台上组合而成。由于计量撬上游接收气体直接来自于井口，未经处理的页岩气含水严重，在流经计量撬上的直管、弯管、整流器等位置时，极易对上述设备和管段产生严重腐蚀。

为避免腐蚀对生产的影响和破坏，保证计量流程的安全运行，川庆威远页岩气在使用杀菌剂+缓蚀剂的同时，利用远程腐蚀在线监测技术对管道和设备的壁厚进行实时监测。高分辨率的远程腐蚀在线监测仪可利用超声波检测腐蚀，实时远程监控现场管道出现的腐蚀缺陷，可快速响应管道的壁厚变化，提供快速准确的壁厚测量值，实现远程实时监测管道的壁厚，从而能够快速有效地管理工艺失效，如图 12 所示。

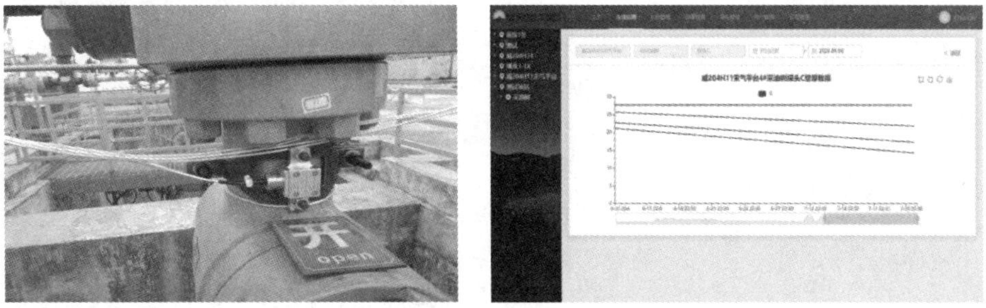

图 12　腐蚀在线监测

2.4　多类机型组合增压

结合区域地质条件差异形成网格化多级增压系统，形成平台一级增压+集气站集中增压的模式，根据不同产量、不同集气半径、不同动态特征匹配不同功率压缩机 50 台以上，形成动态选项模板，在保障页岩气稳产增产的同时，在压缩机操作系统中设置报警、停机参数值。当压缩机出现异常情况，压缩机可实现自动预警及停机动作。在紧急情况下，可在中控室实现远程紧急停机操作。当压缩机停机时，压缩机旁通气动阀自动打开，生产流程自动导入直通流程，保障现场生产安全，如图 13 所示。

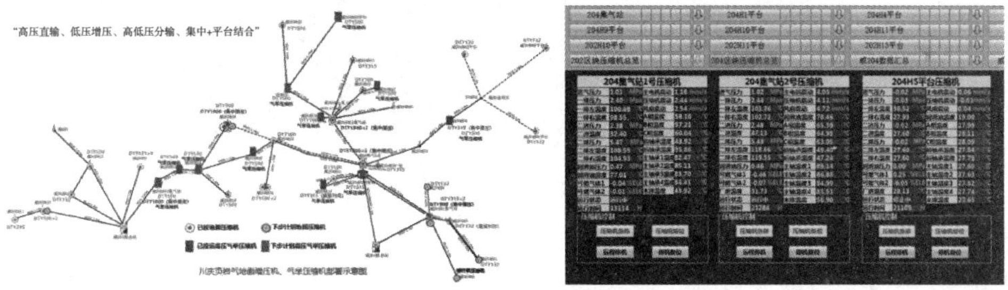

图 13　压缩机运行示意图

2.5　一体化外输截断

清管发球、气流倒换、紧急截断，与井口实现连锁，实现高压及低压超压保护。

在出现气体泄漏情况下，可联合井口保护装置，紧急截断上下游，站内紧急放空，点火器自动点火处置。采用气液联动球阀，就地取气，避免了异常情况下仪表风气压低导致的异常关断，如图 14 所示。

2.6　消防智能控制系统

2.6.1　系统组成

川庆威远页岩气场站内消防系统由激光式云台可燃气监测平台和自动消防灭火系统组成。激光气体检测技术采用光谱吸收原理，具有灵敏度高、抗干扰性强等特点，可以实现场站内微小泄露的检测，如图 15 所示。

图 14　一体化外输截断装置

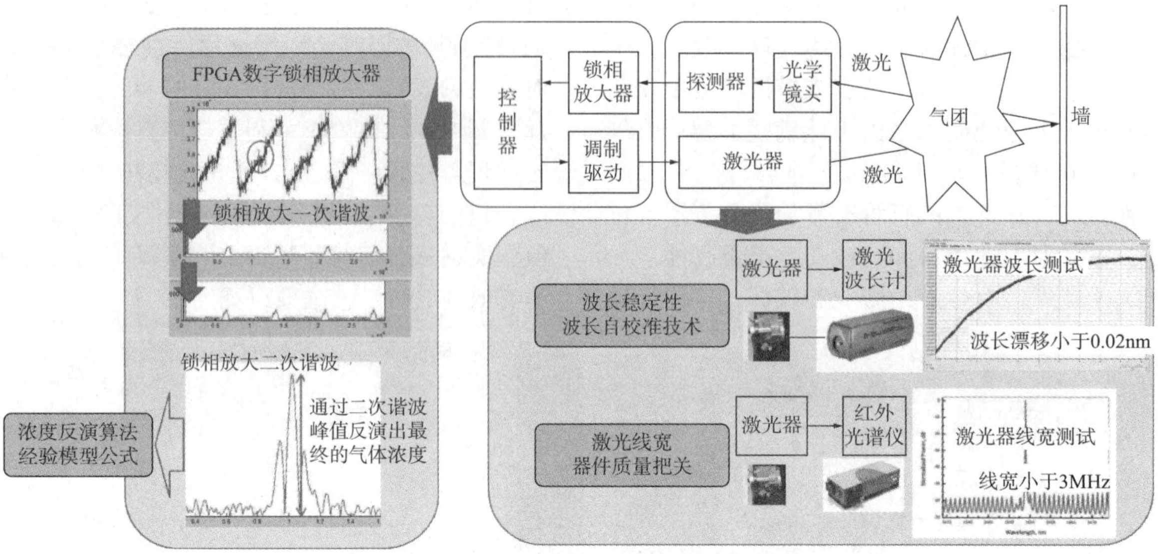

图15　激光式云台工作原理

激光式云台可燃气监测平台由激光式云台、数据传输系统和预警监控终端组成。

（1）激光式云台

激光式云台即云台式激光气体监测仪，可设置预置位、转动速度、俯仰角度、并实现分级监控，按照预设模式进行大面积、重复扫描监测。适用于天然气、页岩气的集输管道、场站工艺区、调压间等泄漏监测，如图16所示。

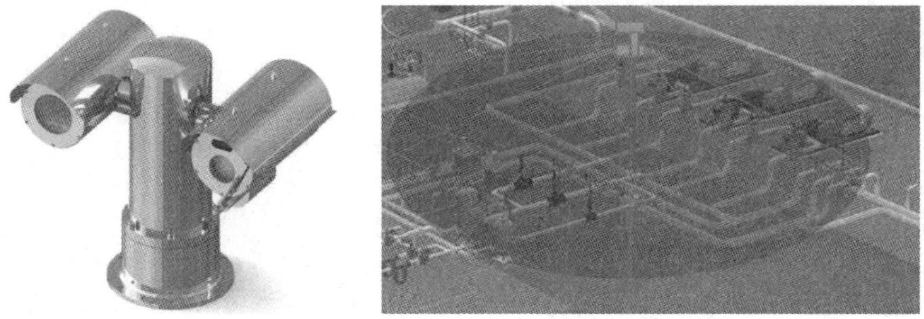

图16　激光式云台及现场布置覆盖示意图

（2）预警监控终端

可燃气监测软件指燃气泄露监控系统综合管理平台，可设置告警阈值、巡航任务，显示趋势曲线、云台姿势、云台地理位置以及进行告警确认、记录、统计和快速检索，如图17所示。

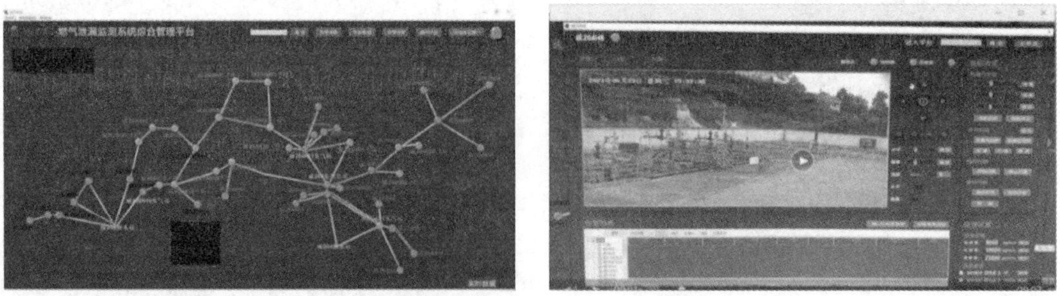

图17　燃气泄露监控系统综合管理平台

预警监控终端由力控软件和SCADA组态平台组成，通过独立设立软件、报警器进行监控的同时，将报警信号通过PLC传输到现有软件进行控制联动。

（3）主动灭火系统

利用激光云台对场站进行24小时360度全方位旋转检测可燃气体泄漏，当系统确认气体泄漏，水雾炮自动转向至泄漏处进行喷洒，降低气体浓度防止闪爆。布置火焰探测器、烟感探测器在箱变及压缩机房内，一旦监测到险情，房内自动喷洒低压二氧化碳，同时联动压缩机停机。同时在紧急情况下也可人员在机房及现场进行手动喷洒，保障页岩气生产现场安全，如图 18 所示。

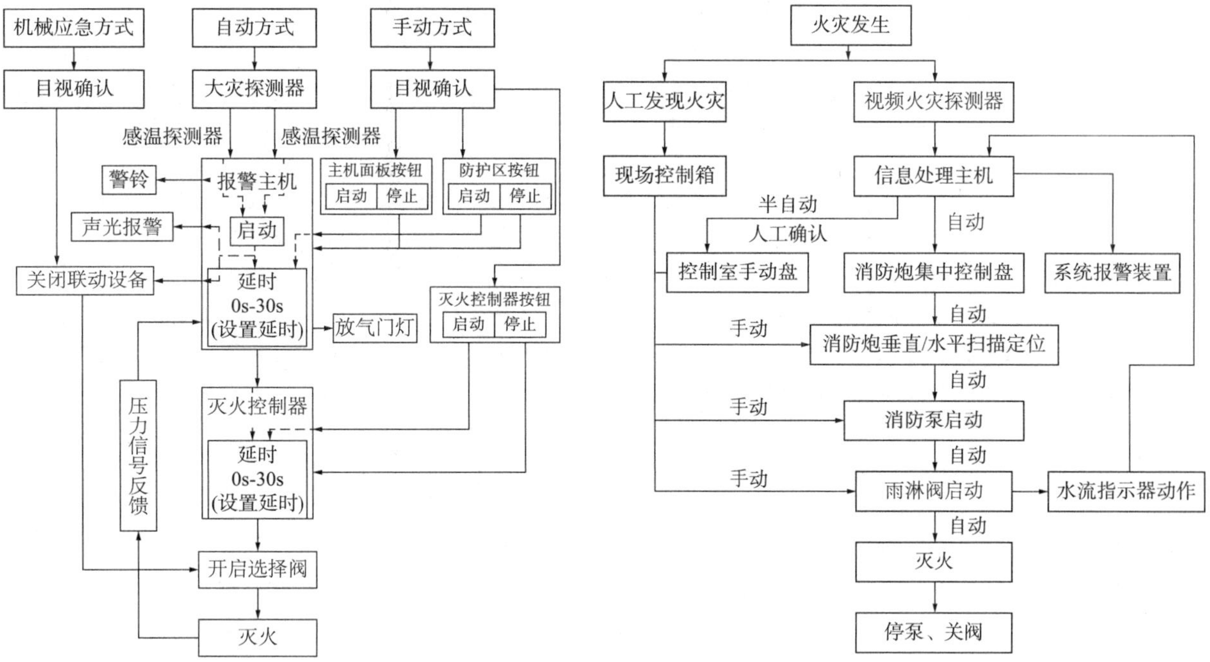

图 18　低压二氧化碳及智能消防灭火系统逻辑示意图

2.6.2　作业原理

平台内最易出现泄露的位置是静密封点处，川庆威远页岩气在进行平台地面设计时，在集气站的井口、分离器、压缩机等关键区域设计安装了固定式可燃气探头。在出现页岩气泄露时，激光式云台通过内置的光学镜头和激光器收集站内出现异常燃气信号，通过数据传输系统传输至预警监控终端，经软件分析后，将判断结果传回集气站的自动消防灭火系统，完成页岩气泄露或火灾的安全应急闭环控制。

3　无人值守总体效果

要实现场站无人化，应对平台进行全面信号采集和远程控制；其次，要提高系统可靠性，在进行系统设计时应采用冗余配置，同时需要考虑工控系统信息安全合规性要求；最后，要实现自控系统与其他系统的高度集成和联动，辅以场站运维技术手段和管理制度，实现安全可靠的无人化监控。

川庆威远页岩气场站将人员和设备的数字化管理手段高度集成，通过多级联锁实现了远程监控与自动控制的联动，以智慧化管理取代了繁琐的分层管理，以自动化控制代替了人员操作，有效提升了无人值守平台的本质安全，为威远页岩气的安全生产提供了可靠保障。

4　结论

无人值守场站的建设与运行是一项兼具技术性和长期性的工作，随着川庆威远页岩气风险合作区块生产规模逐步扩大，传统的烟囱式、补丁式信息化发展模式已经无法满足业务快速发展变化的安全需求，必须在统一的平台环境下，才能形成智能化技术的不断积累和共享，通过实践应用和不断完善，打造出安全可靠的智慧化页岩气气田。

参　考　文　献

［1］乔亚捷．探讨智慧油田下的无人值守技术［J］．信息系统工程，2019(05)：34.

［2］蒋林华，柯育华．基于物联网技术的物流实验室远程监控系统［J］．物流技术，2020，v.39；No.406(07)：142-146.

［3］高畅．油田站场周界安全防护技术应用［J］．油气田地面工程，2021，40(8)：4.

［4］崔栋．计算机联锁系统关键技术研究［J］．流体测量与控制，2021，v.2；No.4(03)：9-14.

［5］时国明，周智，苏晔华，等．天然气站场扫描式激光气体监测系统的研制［J］．油气储运，2021，v.40；No.389(05)：554-560.

无人机技术在油田生产领域的应用研究

郭　静　郭邵忠　鲁世君

（中国石油长庆油田公司第十采油厂）

摘　要　随着油田的大规模开发，地面产能建设规模持续扩大，为了减员增效，数字化油田建设已成为油田地面工程高质量发展的关键因素。无人机巡检技术具有巡检区域大、快捷、风险低等特点，为数字化油田建设与生产维护提供了远程诊断和优化管理的有效途径，长距离精细化无人机技术在油田生产领域得到了广泛的应用，它可根据油田生产需求进行地形勘测与选址优化、配电线路巡检、管道巡检、应急抢险及综治排查等作业，替代了工作效率低、成本高、效果差的人工巡检模式，可实时获得大量有效数据的采集。无人机术的应用缩短油田建设周期，降低了员工的劳动强度和油田地面的安全生产经营风险，为油田智能化的生产管理开辟了新的技术路线。

关键词　无人机技术；管线巡护；智能化油田

随着油田生产开发区域的不断扩大，数字化、信息化技术也随着油田发展持续深入应用，部分井站已实现了“无人值守、有人看护”的新的管理模式，但是在油田生产开发过程中还存在一些需要耗费大量人力物力来完成的工作，如管线巡护，井位踏勘，外协事件调查、突发事件应急处理等。探索研究无人机在油田特殊环境下辅助油田生产方面的适应性，替代传统的人工作业模式，达到降低人工劳动强度和作业风险，提高生产管理效率的目的，从而解决油田生产建设中的诸多难题。

1　无人机在油田生产领域的应用背景

采油十厂生产建设区域地处甘肃省华池县，油区面积4597.9平方公里，涉及柔远、五蛟、乔河等11个乡镇，开发管理华庆、元城、华池、南梁等4个油田33个开发单元，各类站点127座(联合站6座、轻烃厂9座、增压站68座、接转站15座、注水站19座、卸油台6座、其它站点4座)，主要集输干线191公里。整个油田生产区域分布广、自然环境恶劣，所在复杂地貌多，在生产管理工作中，往往会面临以下难题：

(1) 管线巡护。采油十厂现有输油管线13条，集油管线100条，单井管线1126条，总长度2553公里。管线巡护巡护间隔周期短、任务重，传统的管线巡护管理制度主要依赖于员工的自觉性，同时受不同地形限制有的地域人员和测量仪器无法到达，使得管线巡护经常出现盲区，难以保质保量完成任务。

(2) 应急抢险。在发生突发事件时如何及时定位，第一时间快速准确到达现场，为应急抢险提供一手信息，缩短事故处理时间，减小次生事故发生，一直是应急抢险面临的难题。

(3) 综治排查。由于油田生产设备多在野外，部分偏远井站缺乏必要的监控，管线、井场盗油、破坏生产设施的现象频繁发生。并且有不少收油点跻身在油田周边，给综治调查取证增加了难度。

(4) 地形勘测。在产能建设过程中，产建部门需要根据井位坐标，进行实地勘测确定井场及井口位置，由于油区地形复杂，沟壑纵横，因此为地形勘察工作带来了极大的困难，严重影响勘测效率。

以上问题，目前在油田生产中还主要依靠传统人工作业模式解决，不仅成本高，效率底，危险大，而且部分隐患也难以快速发现并进行处理，在此形势下，如何积极探索有效的生产运行方式，提高生产管理效率和减轻员工劳动强度和作业风险，就需要进一步利用一套可行的技术手段来解决。

2　无人机系统概述

无人机主要分为多旋翼无人机和固定翼无人机。多旋翼是依靠多个旋翼产生的升力来平衡飞行器的重力，通过改变每个旋翼的转速来控制飞行器的平稳和姿态；固定翼无人机靠螺旋桨或者涡轮发动机产生的推力作为飞机向前飞行的动力，主要的升力来自机翼与空气的相对运动。

固定翼无人机尺寸相对较大，操控距离较远，飞行高度较高(几千米到上万米)，负载相对较大(几百公斤)。具有飞行数度快，滞空时间长，监测范围广等特点，适合在大的范围内进行监测，如综治排查、地形勘测。

多旋翼一般尺寸较小，操控距离较近，飞行高度较低负载较小(几公斤到几十公斤，多旋翼有效负载大多在10公斤以内)。多旋翼的特点是它可以悬停，垂直升降对起飞场地要求低，但速度比较慢，续航时间短，所以在很多环境复杂，范围不大的区域比较适合，如管线巡护，应急抢险现场。

无人机系统由无人机平台系统、地面控制操作系统和信息采集系统三部分组成，其中飞机平台系统包括无人机动力系统、遥感传感器、信号处理、GPS接收、控制系统；地面控制系统包括计算机，数据处理系统、gps导航、无线电控制。信息采集系统包括云台、相机、传感器、无线电控制。

在现有无人机系统发展的基础上，选择合适的无人机平台，通过搭载不同的信息采集平台，可满足油田生产的管线巡护、应急抢险、地形勘测等业务工作需求。

3　无人机在油田生产中的应用

(1)无人机在管线巡护中的应用。前期对管线进行GPS坐标采集，无人机自动驾驶仪根据采集到的GPS坐标控制无人机在待巡查的石油管道上空沿线飞行。飞机上搭载的摄像云台在自动驾驶仪的控制下，使CCD摄像头始终指向待巡查的石油管道，将管道情况采集并通过飞机上安装的无线图像传输电台实时传回地面控制站。

元曲输油管线全程79.8千米，巡线分为第一段47.8千米和第二段32千米，传统的管线巡护第一段需要每天巡护人员14人，一次4个小时，每天巡护4次，白天两次，晚上两次进行核查；第二段需要每天巡护人员11个，一次5个小时，每天巡护4次，白天两次，晚上两次进行核查。现配备2台无人机巡线，单机飞行最大作业设计半径可为10千米，飞行往返距离40公里。无人机飞行速度50千米/时，单次无人机巡线时间40分钟。有效的提高了员工的工作效率，如图1所示。

图1　裸露并悬空的管线

（2）无人机系统在综治排查中的应用。涉油犯罪团伙经常利用夜色掩护进行涉油违法犯罪活动，而且在作案过程中，犯罪分子使用对讲机、手机等现代化通讯设备进行联络，给油区巡护工作和公安机关破案带来了困难。使用无人机搭载夜视吊舱设备对油区井站、道路进行夜间巡查，能够更准确的定位盗油车辆并且防控部署的手段也变得更加灵活，通过在夜查过程中锁定可疑车辆，无人机能够对可疑车辆进行跟踪并全程录像，收集犯罪证据更加充分，同时能够根据可疑车辆的行驶轨迹，在油区主要道路出口进行精准布控，提升盗油案件侦破效率和打击的准确性。

采集井场坐标，通过地面站软件绘制航线，夜间模拟涉油违法犯罪活动，无人机在10分钟内抵达目标地点，并对拉油罐车在300米高度进行跟踪拍摄。对附近收油点进行夜间热成像巡查，发现热源后，记录下GPS坐标，白天使用无人机搭载高清摄像机进行拍摄，确定热源为收油点收油池，如图2所示。

图2　无人机热成像技术

（3）无人机在地形地貌3d建模中的应用。将管线情况拍摄成高清数码相片。飞机降落后，将照片导入专用的软件对航拍照片进行校正、拼接等处理。绘制出管线完整的航测图，配合专用的配套软件可以对管线进行更细致的检查。

4　研究结论

（1）巡检频次提升。本技术方案使用的大疆机场2控制Matrice3D/3TD无人机在满电状态下续航时间达50分钟，可在机场10公里半径内执行测绘调查或巡检任务，且机场能够为无人机快速充电，32分钟就能从20%电量至90%，巡检周期间隔短，相比于传统人工巡检，使用无人机机场进行巡检的频次大大提升。

（2）减少安全风险。对于环境复杂、人员无法到达的场站或管线，巡检难度大且存在盲区及死角。通过无人机可进行多频次、多角度作业，将全面提高隐患发现的效率，也提高隐患识别的准确性。避免隐患发现时效性差造成更大的安全问题。

（3）提升应急指挥能力。如遇特殊突发事件以及极端天气，控制中心可临时规划巡检航线并给现场附近的无人机自动机场下达临时任务，指控中心可通过自动机场控制无人机进行实况勘察，能够到达人员无法到达的区域上空，指控中心及相关工作人员能够实时观看现场的情况，指控中心根据现场情况能快速制定应急方案。

（4）实现无人化自主巡检。无人机机场部署完成后完全实现了无人值守自主化巡检，可提前按照管线走向进行巡检航线规划，或者根据用户巡检任务需求进行任务规划、预设周期进行巡检，也可根据临时需要随时执行应急巡检，完全不需要专业无人机飞手进行对应控制作业。

（5）实现降本增效。基于无人机机场进行无人化自主巡检技术在采油行业应用可大大提升巡检效率和质量，节约人力，降低巡检成本，见表1。

表1　人巡、机巡效率对比

巡检方式	巡检距离/公里	平均速度/(千米/时)	用时/分钟	频次/天	巡检人员/人
无人机巡检	20~30(空中距离)	30	25~30	4~6	—
人工巡检	20~30(地面距离)	10	120~180	2	2

通过人工巡检和无人机机场巡检效率对比，不仅仅使用机场自动化巡检的效率是人工巡检效率的6倍，更重要的是通过无人机巡检发现隐患更加全面，避免更大的安全隐患造成经济损失。

4.1　无人机智能巡检系统的优化方向

（1）提高无人机续航能力。无人机在续航问题上存在很大的应用挑战，目前无人机巡检半径为10公里，在当前应用场景虽然可以进行部分区域的覆盖，但是在超过巡检半径以外的区域如果覆盖需要多台机场部署，成本会增加，因此需要对无人机的续航巡检能力进行进一步的研究。

（2）提升系统联动智能化处置能力。厂区地面生产运行安全监管系统建设较为成熟，无人机智能巡检系统目前还是独立运行，为了提升站点整个安全运行监测打造空地一体联动监测机制，需要进行地面监测预警联动无人机巡检应用，如管钱震动预警之后，将预警信息自动传给无人机系统，无人机系统即可自动进行目标区域的巡检，提高全自主，智能化应用。

4.2　无人机应用存在的技术问题

（1）自适应高程飞行：由于采油十厂生产区域沟壑纵横，在超视距飞行时，试验无人机只能在一定海拔高度进行飞行勘测，缺乏对地面状况尤其是相对地面高度有效的感知手段。尤其是在无人机进行管线巡查低空飞行作业时，不具备自适应高程飞行会由于地面障碍物造成的各种影响引发坠机的严重后果，造成飞行器坠毁，及地面设施设备损坏，导致经济财产损失，因此能够对无人飞行器距地高度进行测量便显得尤为重要。不能针对地形自动改变飞行高度，致使在管线巡查过程中不能清晰的对山沟的输油管线近距离的监测，使部分隐患也难以发现并进行处理。

（2）图传信号传输影响：无人机图传信号传输距离能达到10公里，取得的这种传输效果是在传输信号全程无遮挡的情况下，但在实际飞行过程中，图传信号容易受到地形影响，造成图传信号中断。导致不能及时准确的收到无人机图传信息。

4.3　下步发展规划

（1）定高巡航。地形跟踪是保持飞机飞行航向不变，在飞行过程中能够跟随地形欺负改变飞行高度，飞越山峰等障碍的飞行技术。绘制管理区域等高程飞行高度与地形相匹配，环境影响。

（2）通讯技术。考虑到油田生产区域的环境特点，以及数字化网络站点全覆盖的有利条件，在油田生产区域内增加地面接收站及视频服务器。形成由网络节点控制器、测控基站和已辐射好的通讯网组成的无人机网络测控通讯系统，实现对无人机的网络接力测控任务。功能一、通过控制中心对无人机的控制指令通过已建成的测控网络传给测控基站，测控基站通过无线信道把控制指令发给无人机，完成无人机的远程遥控控制。功能二：测控基站通过接受无人机下行无线信道，完成图像和视频信息的接受，测控站把信息转换成网络协议把图像、图形数据传送到控制中心的大屏幕上进行实时显示，如图3所示。

（3）加快遥感影像数据处理软件的开发。目前，由于遥感图像的数据量大，使得图像后期处理所用时间长。因此，应加大力度研发用于大数据量、高分辨率影像快速拼接的专业软件。

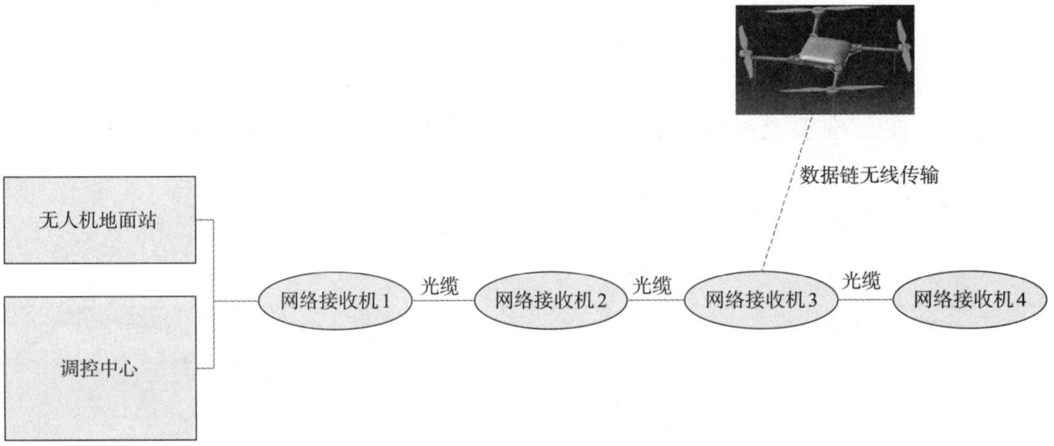

图 3　通讯技术传送

5　无人机系统应用前景

石油企业面临多种挑战，其中包括保障生产安全、提高生产效率、降低管理成本等问题。传统的人工巡检方式不仅巡检效率低下，容易受到环境和天气等因素的影响，而且因为巡检要求的范围和时间过大过长，难以保证巡检质量和及时发现隐患。无人机机场在替代人工进行巡检工作方面具有较为明显的优势，包括能够 24 小时不间断巡检，避免了人工巡检的疲劳和疏忽；无人机充电速度快，一天能够实现多次巡检，能够提高巡检的周期；对于环境复杂、人员无法到达的场站或管线，通过无人机可进行多频次、多角度作业，提高了隐患发现的效率；此外，基于无人机机场进行无人化自主巡检技术在采油行业应用可大大提升巡检效率和质量，节约人力，降低巡检成本。随着科学技术的持续，人工智能、云计算、大数据等技术的广泛应用，为无人机提供了强大的技术支持，使其能不断优化自身性能。通过不断的技术创新和应用拓展，无人机将能够更好地适应复杂环境和任务，提高巡检工作的质量。无人机机场在石油化工领域将迎来广阔的发展前景，为石油企业的安全生产提供强有力的支持。

参　考　文　献

[1] 江炳衫，罗勇，于忠卫，等．无人机、智能机器人巡检系统应用与发展前景[C]//《施工技术(中英文)》杂志社，亚太建设科技信息研究院有限公司．2023 年全国工程建设行业施工技术交流会论文集(下册)．中国建筑第二工程局有限公司，2023(3).

[2] 任龙跃．数字化测绘技术在大型机场工程中的应用研究[D]．山东建筑大学，2023.

[3] 张玲艳．无人机自动机场在油水井站巡检中的应用[J]．上海电气技术，2022，15(04)：38-40.

[4] 任新惠，王柳，王佳雪．基于分区优化的无人机全自动机场选址研究[J]．运筹与管理，2023，32(06)：20-26.

[5] 宋晨晖，程子啸．行业应用场景下无人机无人值守自动起降机场的设计[J]．机电工程技术，2022，51(09)：208-211.

第二篇　油气田与长输管道无人值守站技术前沿篇

油气田与长输管道场站是油气工业系统的重要组成部分，承担着安全生产与高效运行的重要作用。近年来，油气行业深入推进技术创新与成果转化，在人工智能感知、大数据、云计算等新一代信息技术应用方面成效显著。本篇系统地介绍了无人值守站建设与应用中所面临的技术瓶颈，全面阐述构建了符合新质生产力发展要求的无人场站建设与运营技术体系，推动油气行业无人场站智能化与绿色化转型升级，为无人值守站建设的科研和工程技术人员提供了宝贵参考和实践指导。

光缆自动化风险预警系统应用探索

强富平　董　海

（国家管网西部管道有限责任公司）

摘　要　目的：针对油气长输管道光缆监测中存在的人工现场测试分析效率低、故障处理延迟等问题，构建一套新型西部管道光缆自动化风险预警系统。该系统旨在实现光缆网络的实时监测与智能管理，提高故障响应速度，降低维护成本，确保油气管道通信系统的稳定运行和安全。

方法：系统基于光时域反射(OTDR)技术原理，由监测平台和硬件设备两大部分组成。监测平台作为系统控制中心，负责接收报警信息、发送测试指令、分析测试结果、判断故障位置等核心功能；硬件设备主要包括光开关和OTDR元件，负责选择测试光路和进行光缆实时监控。系统部署于作业区输节点，采用备用光纤监测方式，可实现对多条光缆多个芯数的同时监测。在系统设计中，特别注重了配置和安装的注意事项，确保网络参数设置正确，避免IP冲突等问题。在塔里木输油气分公司的孔雀河压气站和独山子分公司的精河压气站进行了试点应用，分别监测多根光缆的多条纤芯。

结果：系统成功部署于孔雀河压气站和精河压气站，分别监测9根光缆82芯和3根光缆31芯。经过一个月的试运行，系统展现了优秀的性能：

(1) 准确识别并排除了多条中断纤芯，将中断纤芯数量从9芯降至4芯，显著提高了光缆故障诊断和处理效率。

(2) 实现了光缆网络的全方位监控、维护和管理，具备实时监测、快速精确故障定位、智能预警等功能。

(3) 系统集成了地理信息平台和强大的资源管理功能，将光缆监测、告警、故障分析、定位、故障管理、线路维护及线路管理等功能模块有机整合。

(4) 智能预警功能利用机器学习算法为每条测试纤芯制定个性化的测试计划，周期单位可从分钟到年灵活调整，极大提升了通信网络的稳定性。

(5) 系统的应用大幅提升了光缆运维管理水平，减少了人工巡检的工作量和成本。

结论：光缆自动化风险预警系统的应用显著改善了通信环境，实现了从人工维护到智能维护的重要转变。系统能够及早发现光缆线路隐患，压缩工作时间，提高维护效率和规范化管理水平。它不仅可以实时保护光缆线路，还能动态了解光缆线路传输性能的好坏，及时发现和预报光缆隐患，从而增强工作的可靠性，更好地发挥出其作用，保证系统的稳定运行。该系统的成功试点为公司通信网络的高水平建设和自主运维迈出了重要一步，标志着公司在通信自主运维方面实现了以技术手段减少人工运维工作量的目标。未来，西部管道公司将根据试点情况对该成果进行推广，在公司范围内全面实现光缆维护从人工维护到智能维护的智能转变，为油气长输管道的安全稳定运行提供更加可靠的通信保障。

关键词　光缆监测；自动化风险预警；光时域反射；实时监测；故障定位；智能预警；油气管道；通信安全

1　引言

油气长输管道是我国油气资源的主要运输方式，对于国家的经济发展以及安全都十分重要。但是，我国油气管道所经地环境复杂，人工难以实现长距离实时监测，这给油气资源运输安全带来了极大的挑战。现有的光缆故障监视和定位的主要手段仍处于一个人工现场测试分析为主的低水平的阶段，线路维护人员离场站机房距离较远，当光缆线路发生衰减或者阻断等突发事件时，维护人员不能及时赶到相应场站机房进行线路故障定位，造成故障处理和线路恢复时间的延迟，在故障未恢复的时间范围内发生其他问题的概率大大增加，尤其线路发生双断的风险加大，给业务安全传输带来隐患，严重影响企业通信以及管道企业的安全运行。因此，管道伴行光纤状态监测以及断点精确定位对于管道企业安全运行也十分重要。

为了全面贯彻落实习近平总书记关于发展新质生产力重要指示精神和二十届三中全会关于推动经济高质量发展的部署，结合新疆地广人稀的特点，因地制宜的找到了光缆故障监测定位场景，采用完善的智能光缆健康诊断系统为光缆资源的管理提供了一套基于资源、性能、故障、维护一体化的全新管理模式。通过该系统，可实现对光缆网络的实时监测与管理。在通信网发生故障时，可以快速定位故障点，并及时通知运维人员进行处理，大大缩短故障的处理时间，提高检修及故障处理的工作效率，从而可有效的提高国家管网光缆网络的“无人场站”运维管理水平。为保障线路安全和传输网健康稳定运行，应尽快实现光缆性能数字化转型，通过大数据分析方法，快速分析出所有光缆纤芯的质量详情，并通过图形化的方式清晰展示给管理人员，实现光缆线路自动化、IT 化、无人化、智能化管理，为光缆线路全生命周期管理提供可靠管理手段，并形成一套基于资源、性能、故障、维护一体化的全新管理模式。

2　技术思路和研究方法

2.1　系统技术原理

光信号在光纤中传播时遇到任何形式的故障或不连续性时会产生反射或散射，当光纤链路中有非常规能量损失点时，后向瑞利散射光特性会发生明显变化产生菲涅尔反射，通过光时域反射仪（Optical Time-Domain Reflectometer，OTDR）接收并分析这些反射或散射信号，光时域反射仪通过发射脉冲光信号进入光纤并分析反射回来的信号分析反射回来的光信号时间和强度，来评估光纤链路的特性，对故障点的距离进行计算，从而实现定位与检测，是目前最常用的光纤链路故障检测技术。此外，通过分析反射信号的强度，OTDR 还可以提供有关故障点特性的信息，如光纤断裂、弯曲过度或连接器损耗等，如图 1 所示。

2.2　系统组成部分

光缆自动化风险预警系统主要包括两部分，监测平台与硬件设备，以下对其进行具体描述。

监测平台——其作为系统的控制中心，主要作用是接收发来的报警信息，同时向光开关发送测试指令，然后分析测试所得结果，据此判断出故障或功能位置，其重要功能为测试功能的开启、设置测试参数、对光曲线进行采集和分析，

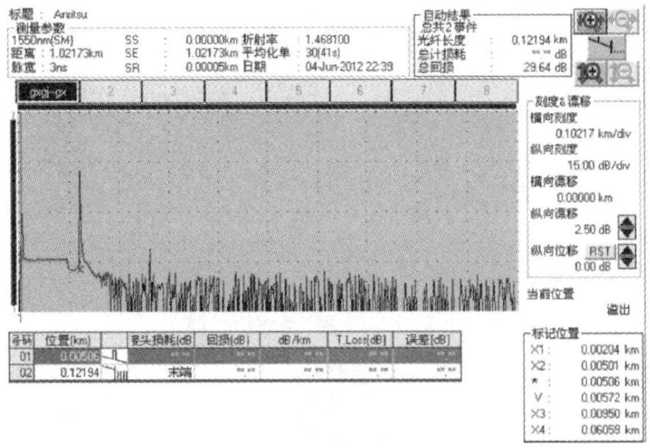

图 1　通过传统 OTDR 仪表分析 Sor 曲线故障点位置

然后得出分析结果和其他系统进行结果交互。用户可以利用系统软件来进行全部操作，包含 GIS 软件，可以方便地管理维护各项系统资源。

硬件设备——主要包含光开关和 OTDR 元件等，其可以分为监控和测试两部分，前者主要是切换测试光纤状态，后者主要负责对光缆进行实时监控。

光开关：作用主要是选择需要测试的光路，统可以利用串口控制来选择需要测试的光纤序号，为测试做好准备。

OTDR：其也被称作为光时域反射装置，此装置在测试过程中作用很重要，其主要用于对监测光路进行测试并同时判断故障信息确定故障位置。利用此装置可以获得所测光路的散射曲线，以及与接头、熔接点等相关的信息。

2.3　部署及监测方式

2.3.1　部署方式

在光缆维护过程中，应将监测站设置于中心机房传输节点一端，端口可以满足不同光纤业务需求，并在每个端口配备监控通道，利用网络回传至网管中心进行监控，如图 2 所示。

2.3.2　备用光纤监测

系统通过对空闲纤芯的实时监测，有效反映整条光缆的实时状态。当遇到光纤衰耗异常增大或光纤阻断等情况时，系统能够迅速检测出显著的反射点。借助内部独特的算法模块，系统不仅能精确定位故障点，还能通过网管界面直观展示各线路段的具体损耗值。

采用备用纤芯监测方法具有多重优势：首先，无需使用分波器和合波器，大幅降低了系统的复杂度、成本和维护工作量。其次，与在线监测相比，备纤监测的信号衰耗更小，确保了监测数据的准确性。更重要的是，由于采用离线监测

模式，系统可以充分利用1550nm波长的光信号，这一波长在光纤中传输损耗较小，从而显著延长了有效监测距离，扩大了系统的应用范围。这种方法不仅提高了监测效率，还为光缆网络的全面管理提供了更可靠的技术支持，如图3所示。

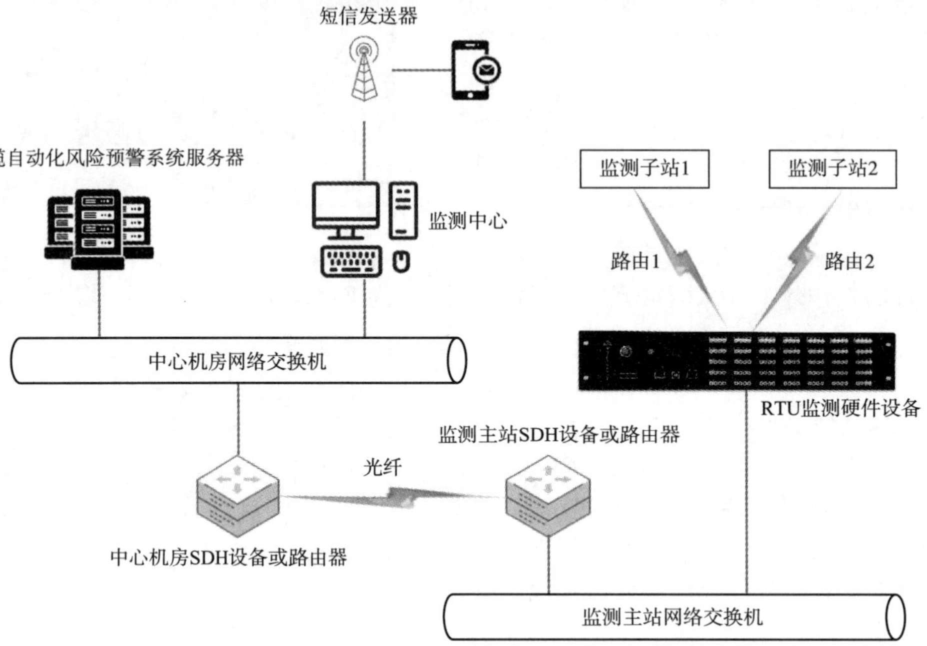

图2　光缆自动化风险预警系统网络拓扑图

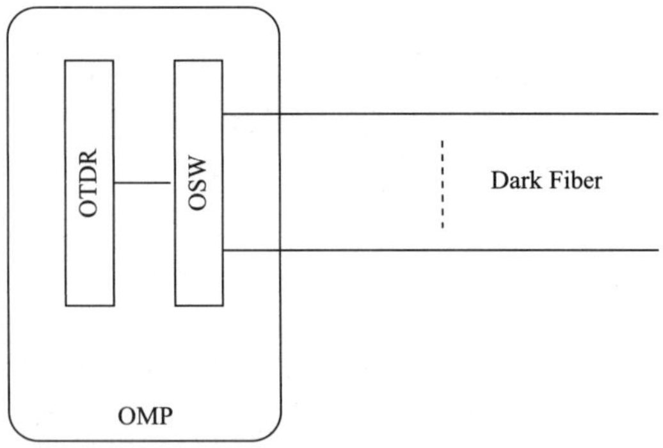

图3　OTDR与光开关连接方式示意

2.4　系统功能

（1）远程实时监测：系统能够实时在线监测光缆线路，有效预防潜在隐患。

（2）定期OTDR扫描：按照预设周期，系统自动对光缆线路进行OTDR扫描，并上传运行数据文件供进一步分析。

（3）快速故障定位：当监测到光纤出现障碍时，系统能迅速准确定位故障点，并即时通知监测平台。

（4）智能故障管理：配备完善的故障管理功能，协助光缆线路故障抢修，显著缩短修复时间。

（5）性能管理与评估：对光缆网络进行全面性能监视，采集并分析相关数据，评估通信网络的有效性。

（6）灵活测试模式：支持按照预设参数进行定期测试、故障自动触发测试，以及响应人工指令的实时点名测试。

（7）智能故障响应：当被监测光纤发生故障时，系统立即触发测试，大幅提高故障智能响应速度。故障告警测试信号主要来源包括：

① 光传输设备网管系统的告警信息

② 光传输设备的误码告警信号

③ 光功率监测模块的光功率告警信号

（8）实时数据上传：具备高效的数据上传功能，能够及时将测试数据曲线上传至监测平台，确保管理人员可以实时掌握网络状况。

3　结果和效果

3.1　监测站点规划

通过对实际业务进行分析，对塔里木输油气分公司孔雀河压气站上游备用光纤16芯96公里、下游备用光纤56芯143公里和独山子输油气分公司精河压气站上游备用光纤11芯133公里、下游备用光纤16芯153公里开展光缆在线监测。

3.2　安装站点拓扑结构

硬件设备安装站点拓扑结构，如图4所示。

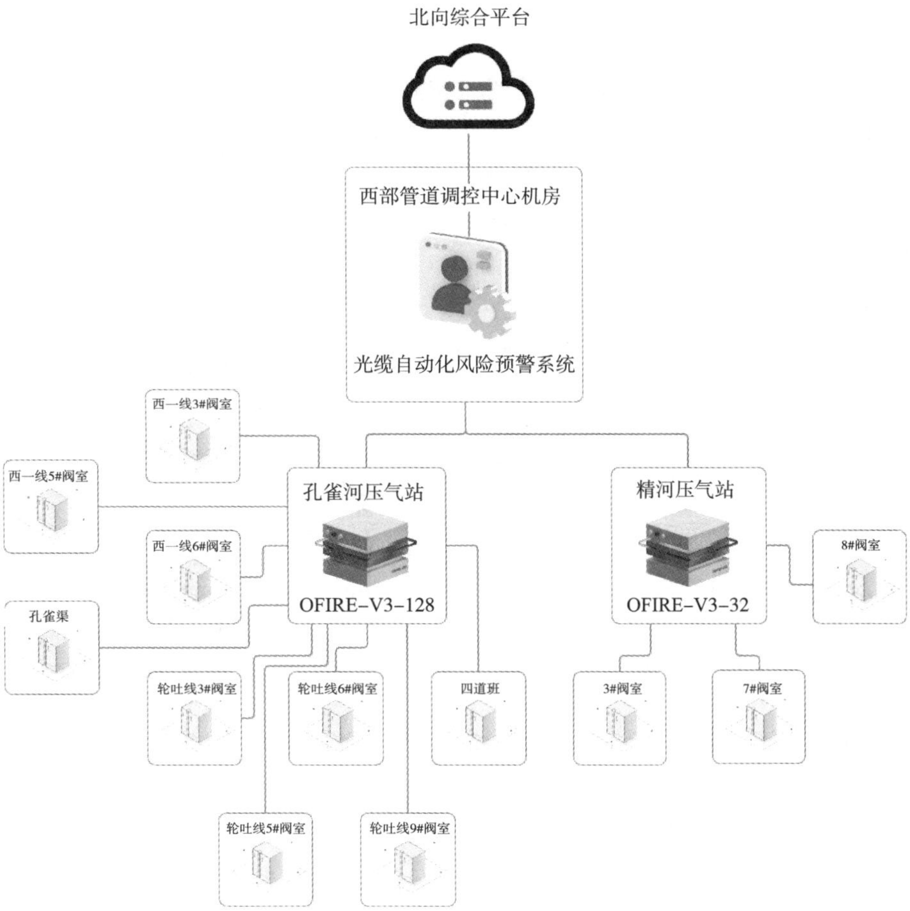

图 4 硬件设备安装站点拓扑结构

3.3 实际应用效果

（1）技术突破，精准守护通信命脉

技术的突破为光缆自动化风险预警系统带来显著优势，该系统融合了地理信息平台和强大的资源管理功能，将光缆监测、告警、故障分析、定位、故障管理、线路维护及线路管理等功能模块巧妙整合，为通信光缆的安全和高效运行提供了强有力保障，不仅实现了对光纤网络的全方位监控、维护和管理，还能对通信光缆进行实时监测与管理，以及快速精确的故障定位，显著缩短故障处理时间，提高检修和故障处理效率，大幅提升通信光缆的运维管理水平，如图 5 所示。

（2）智能预警，提升应急响应效率

智能预警功能是该系统的一大亮点，它不仅可以实时反馈监测数据，还能利用机器学习算法为每条测试纤芯制定个性化的测试计划，其周期单位可从分钟到日、月、年灵活调整，智能监测终端会自动比对实测曲线与参考曲线。智能化的告警和监测机制能够及时反馈潜在光纤质量问题，极大地提升通信网络的稳定性，减少意外事故导致的通信中断风险，如图 6 所示。

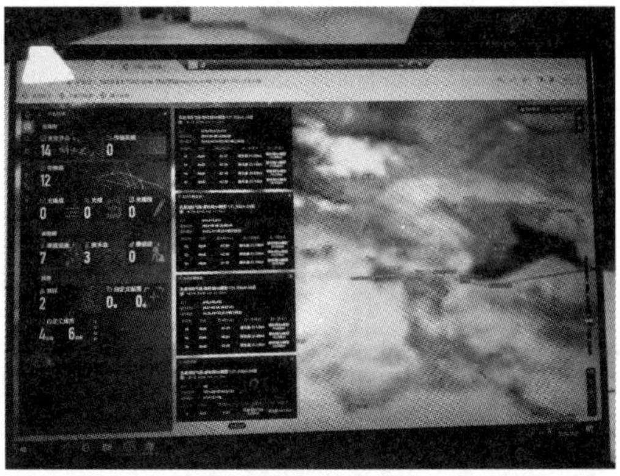

图 5 资源管理界面

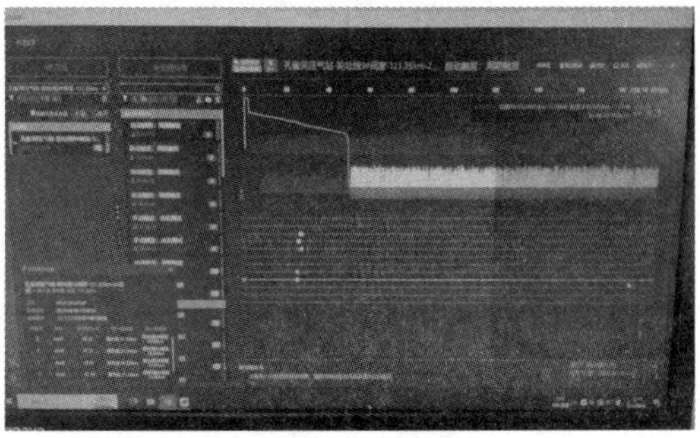

图 6 模拟测试

4 结论

光缆自动化风险预警系统的应用使得当前的通信环境有较大的改善，同时还可以早早发现光缆线路隐患，压缩所需要的工作时间，使光缆的维护方式上升为受控式维护；可以更好地对各种工作情况进行集中控制和有效的维护，有力地实现规范化管理。在光缆发生故障时实时保护光缆线路，并实时监测与管理、动态地了解光缆线路传输性能的好坏，及时发现和预报光缆隐患，以增强工作的可靠性，更好地发挥出其作用，保证系统的稳定运行，使各项工作可以更好地得到开展。

随着光缆自动化风险预警系统在孔雀河压气站和精河压气站正式投入使用，开启了公司通信光缆智能健康诊断管理的新篇章，不仅向集团公司通信网络的高水平建设的目标迈出了重要的一步，而且在通信自主运维方面实现了以技术手段减少人工运维工作量的目标。下一步，西部管道公司将根据试点情况对该成果进行推广，在公司范围内实现光缆维护从人工维护到智能维护的智能转变。

参考文献

[1] 王炜，程国建．光缆监测系统建设与分析——以某油田采气厂为例[J]．电脑知识与技术，2015，11(27)：28-30.
[2] 赵宏振，戴承奇，祖正宁，等．基于OTDR的油气管道监测及定位方案应用[J]．光通信技术，2015，39(05)：60-62.
[3] 刘桂志，孙志勇，吴双，等．基于多通路的光缆监控系统在油气管道中的应用[J]．油气田地面工程，2016，35(06)：67-68.
[4] 常飞，朱宇琛．光缆监测系统在石油管道通信传输中的应用[J]．电信技术，2014(07)：84-87.
[5] 李莉．光缆自动监测系统在油田光缆网络应用中相关问题探讨[J]．通信管理与技术，2018(04)：48-50.

机械采油井功图结合标定装置计量技术研究

李　杰[1]　史　静[2]　李　鹤[1]　刘立虎[2]　鲍　文[1]

[1. 陕西延长石油(集团)有限责任公司研究院；2. 延长油田股份有限公司吴起采油厂]

摘　要　单井计量是油田集输系统非常重要的部分，探索高精度、高可靠性、低成本、易维护的单井计量技术是该领域不断追求的目标，但目前没有成熟产品得到广泛认可，本研究通过一种油井功图算法结合标定计量给出油井最终单井日产计量值。在油井井场功图实时计量每日液量，标定装置周期性计量确定标定系数与含水率，标定后对功图计量液量进行修正。通过修正后的功图液量计量误差在10%以内，满足油田单井计量误差要求。功图结合标定装置计量方法简单，工程投资小，维护成本低，误差满足要求，将是各油田单井计量的主要方法。

关键词　油井；计量；功图；标定

机械采油过程中油井单井计量由于受含气、含蜡、含砂、含水波动大、结垢、间歇生产等因素影响，计量问题一直是油田生产的一大难题，计量设备不仅要成本低，而且要误差小，耐用可靠，计量方案随着技术的进步在不断更迭探索。延长油田地处鄂尔多斯盆地，主力油区以机械采油丛式井为主，为低渗透、低产油田，油井数量多，分布广，以往地面工程集输工艺为丛式井双管流程，即井场至计量增压站通过生产汇管和计量管线两条管线集输，计量站内单井计量从玻璃管量油、翻斗量油、双容积、油气水分离计量、功图计量等不断发展，随着地面工程优化简化的发展，单井计量环节最好在井场解决，一座井场通过一条管线至下游增压站成为主流工艺，为此，通过不断探索，提出应用“功图+多相计量装置标定计量”的方法实现单井计量，实践表明在目前技术条件下这样的方法不仅工程投资低，而且计量准确性能够满足生产要求，在油田实现大规模推广应用潜力大。

1　计量工艺确定

油田单井计量的特点是应用范围广，数量多，精度相对不高，油气水多相计量，伴随油田开发全部周期，从传统开发到智慧油田开发，单井计量技术与手段也在不断尝试与迭代，各种工艺都有自身的优缺点，见表1。

表1　目前主要油井单井液量计量工艺对比

方法/特点	容积式流量计	差压式流量计	质量流量计	功图软件流量计
优点	稳定可靠，测量范围宽	结构简单、性能稳定，应用范围广	可直接测量通过流量计介质质量，测量准确度高，适用于多种介质	能够连续计量，便于数据采集分析，投资少
缺点	体积庞大，测量精度受被测介质种类、气体影响大，价格高	长期测量精度难以保证，范围窄，安装条件要求高，压损大，价格高	压损大；易堵塞，测量精度受外界振动影响大，价格高	计量结果受油井状况，原油物性影响大，准确度低

低渗透油田以多井式丛式井为主，一般在5~10口，丛式井传统计量集输工艺为双管三级布站工艺，一座井场通过两条集输管线至下游计量站，一条为计量管线，一条为生产汇管，多年的生产实践表明这样的工艺主要存在两方面问题，一是敷设双管工程造价高，二是产量低时液量不能满足计量管线起输量，导致计量管线停运。通过优化提出采用“单井液量功图计量+多相计量装置标定计量”的计量工艺，单井计量环节实现在井场完成，一座井场通过一条汇管至下游增压站，省去了以往计量管线。技术得以应用的关键就是得到认可的功图计量值和可行可靠的标定值。

2　功图计量及标定修正

功图计量技术是利用抽油机载荷、位移得到的泵功图数据，通过数学方法计算油井产液的方法，它投资低，能够连续自动计量油井产量，根据延长油田试验区误差统计情况得到，产量较低时功图误差较大，修正后误差很难得到较小的误差值，不适宜应用功图进行计量，液量大于0.8m³/d时修正后误差能够满足单井计量的要求，因此在液量大于0.8m³/d的油井应用功图进行计量，具体原油物性及计量误差统计见表2、3。

表2　试验区不同层系油井原油物性

井号	层位	密度/(g/cm³)	气油比/(m³/t)	凝固点/℃	粘度50℃(mPa·s)	含蜡/%
XC-5	Y9	0.854	15	13	4.49	15.4
XT-3	C2	0.846	23	12	4.85	13.3
ZGM-3	C6	0.849	60	28	3.95	15.2
MG-8	C8	0.842	62	18	5.80	17.7

表3　不同产量油井应用功图计量误差统计表

液量/(m³/d)	油井数/口	最大误差	平均误差	是否应用功图计量
≤0.8	113	400%	120%	不应用
0.8<Q≤2.5	304	170%	60%	修正后应用
2.5<Q≤8	158	140%	45%	修正后应用
8<Q	87	130%	30%	修正后应用

适宜与功图计量的油井，计算过程为首先计算理论排量：

$$Q_L = 1440(L-r)\pi\left(\frac{d}{2}\right)^2 n \tag{1}$$

式中，Q_L 为理论排量，m³/d；L 为冲程，m；d 为泵径，m；n 为冲次，次/min；r 为油杆变形量，m。

其次，计算理论最大排量下地面功图面积，计算油杆和液体的自重 $G_{油杆}$ 和 $G_{液体}$，判断若：$w_{max} \geqslant G_{油杆}+G_{液体}$

则理论排量地面功图面积由下式计算：

$$S_{理} = L\times(W_{max}-W_{min}) \tag{3}$$

式中，L 为冲程，m；W_{max} 为上冲程最大载荷，N；W_{min} 为上冲程最小载荷，N。

判断若：$W_{max}<G_{光杆}+G_{液体}$

则理论排量地面功图面积由下式计算：

$$S_{理} = \left(L-\frac{r-r'}{2}\right)\times(G_{液体}+G_{油杆}—G'_{油杆}) \tag{4}$$

式中，L 为冲程，m；r 为油杆伸长量，m；r' 为油杆缩小量，m；$G_{液体}$ 为管柱内液体载荷，N；$G_{油杆}$ 为油杆自重，N；$G'_{油杆}$ 为油杆在液体中的浮重(由下式计算)，N。

再次，计算实际排量下地面功图面积，实际排量下地面功图面积用微分法计算：

$$S_{实际} = \int[W_u(x) - W_d(x)] + W_u(x-1) - W_d(x-1)/2dx \tag{7}$$

式中，dx 为第 x 个冲程变化量，m；$W_u(x)-W_d(x)$ 为对应冲程记录点上冲程和下冲程载荷之差，m。

最后，计算功图产液量：

$$Q_{功图} = (S_{实际}/S_{理论})\cdot Q_{理论} \tag{8}$$

在计算功图产量时，首先对 $S_{功图}/S_{理论}$ 的值进行判断，如果计算值大于1，则默认为1，否则按实际计算值参与计算。

为提供功图计量准确性，利用多相计量装置计量结果作为标定值，对功图计量值进行标定修正。标定过程首先确定标定周期，正常生产井5天标定一次，特殊井根据情况确定标定周期；连续两次标定值超出误差范围进行预警，然后确定标定系数A：

$$A_1 = Q_{标}\div Q_{功图1} \tag{9}$$

$$A_i = Q_{标}\div Q_{功图i} \tag{10}$$

$$A_{综合} = (A_1+A_2+\cdots\cdots+A_i)\div i \tag{11}$$

式中，$Q_{标}$ 为标定产液液量，m³/d；A_1 为第一天标定系数；$A_{综合}$ 为第 i 天综合标定系数。

最后确定功图测产当天实际产量 $Q_{实际}$，见表4。

$$Q_{实际} = A_{综合}\cdot Q_{功图} \tag{12}$$

表 4　利用功图计量与标定结合计量结果实例

时间	功图产液量/(m^3/d)	标定产液量/(m^3/d)	标定系数	实际产量/(m^3/d)	备注
2024/6/1	5.6	6.8	1.21	6.80	当日标定
2024/6/2	6.2	6.8	1.16	7.16	
2024/6/3	6.5	6.8	1.14	7.40	
2024/6/4	5.2	6.8	1.20	6.26	
2024/6/5	5.3	6.8	1.20	6.36	
2024/6/6	7.4	7.5	1.01	7.50	当日标定
2024/6/7	6.2	7.5	1.11	6.89	
2024/6/8	6.7	7.5	1.08	7.25	
2024/6/9	7.8	7.5	1.04	8.13	
2024/6/10	9.1	7.5	1.01	9.23	

3　多相计量装置

上文使用的多相计量装置能够实现油、气、水三相计量，液量计量不受来气量波动的影响，计量准确性、稳定性可靠，故障率低，作为功图计量的标定计量装置。

3.1　工艺结构

计量装置包括气液分离罐、进液 U 型管，进液三通阀、计量罐 1、计量罐 2、排液三通阀、含水分析仪、加热罐、增压泵以及他们之间的管线，如图 1 所示。

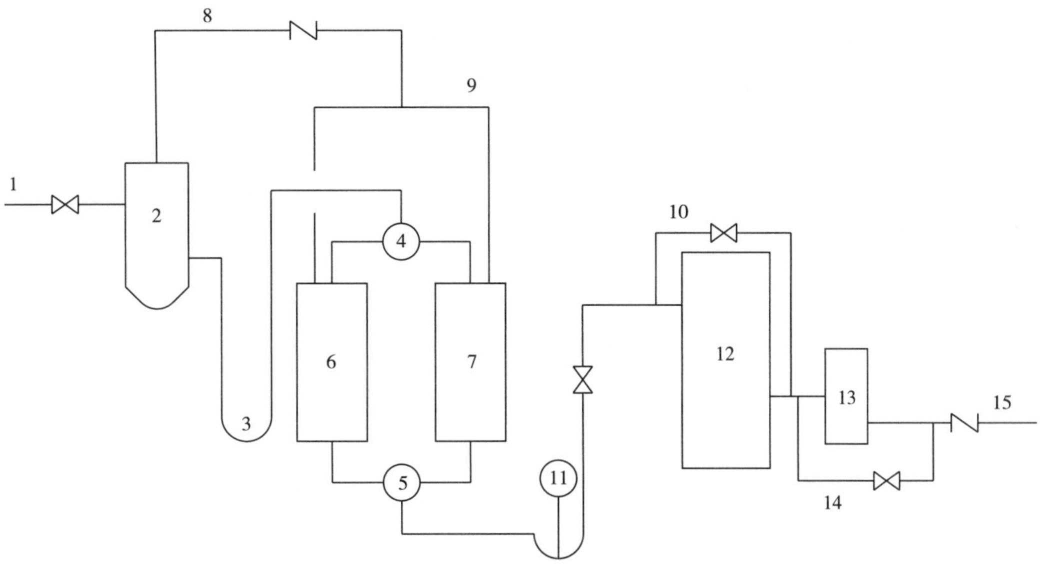

图 1　油井多相计量装置工艺结构示意图

1—来液管线；2—气液分离罐；3—进液 U 型管；4—进液三通阀；5—排液三通阀；6—计量罐 1；7—计量罐 2；8—伴生气管线；9—气体连通管线；10—加热罐旁通；11—含水分析仪；12—加热罐；13—混输泵；14—混输泵旁通；15—集输管线

计量过程油井产液从单井计量管线进入气液分离罐将大部分气体分出，然后通过进液 U 型管，U 型管的设置可避免气体通过 U 型管进入计量罐，在 U 型管至计量罐的管路上设置一电磁三通阀，用来控制汇管来液是进入计量罐 1 还是计量罐 2；计量罐 1、计量罐 2 出口管路上连接三通阀，用来控制计量罐 1 和计量罐 2 的排液，储罐 1 和储罐 2 安装有液位传感器，通过测量液位来计算进液的质量。计量罐顶部与气液分离罐气体管线相联合，并且相连通便于气体不断排入下游管道，如图 2 所示。

当来液进入计量罐 1 时，计量罐 1 出口三通阀成关闭状态为储液计量过程，计量罐 2 出口三通阀成开启状态为排液过程。此过程中实时采集

图2　计量装置在井场实物图

罐底压力传感器数据，当罐内液体最大量时量油高度为H，计量过程中，只要其中一个罐的液位达到最大即切换进液排液，将进液罐切换为排液罐，排液罐切换为进液罐，排液罐内液体在伴生气压力推动下排走。

计量后的液体经过含水分析仪测量含水率，含水分析仪通过对比选择电容法测量，基于多频率复阻抗测量原理，可有效减小矿化度及油水乳化造成的含水率测量误差，物理模型如图所示，算法上结合探头部位介质对高低频率的分别响应数据，首先判断含水区间，再选择高低含水不同的数学模型计算含水率，最后结合温度补偿算法，消除温度偏移，推算出原油含水率结果。同时来液通过U型管，在U型管底部测量含水率，避免气体对测量结果的影响，见表5。

表5　主要原油含水率测量工艺对比

方法/特点	电导法	密度法	射频法	射线法	电容法
优点	结构简单，成本较低	结构简单，适用性强，价格低	测量精度高，范围宽	非接触式测量，测量精度高、测量范围宽	响应速度快，灵敏度高，可靠性强
缺点	仅适用于测量含水率较低且杂质较少的原油	测量含水比例较高的原油检测误差大	受气体影响大，不满管流动时误差大	易造成辐射污染，价格高	受温度影响造成温度偏移

3.2　多相计量装置误差分析

为了验证标定计量装置的准确性与结果可靠性，通过对设备计量结果与人工计量结果进行串联计量对比，对比结果如图3所示，通过日产液量对比结果分析，设备计量与人工计量误差在0.5%至2%，最大误差为1.93%，精度能够满足设备计量作为日常标定的要求。

通过对设备计量含水率与人工化验结果对比，如图4所示，含水仪计量与人工化验误差在3%以内，最大误差2.9%，能够满足单井含水率计量要求。

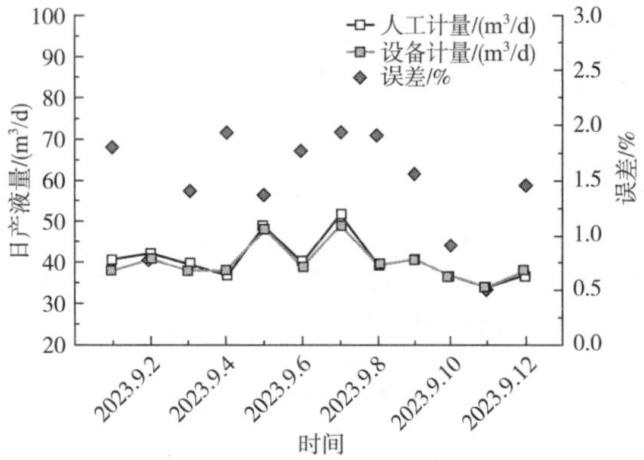

图3　计量装置与人工计量日产液量误差对比

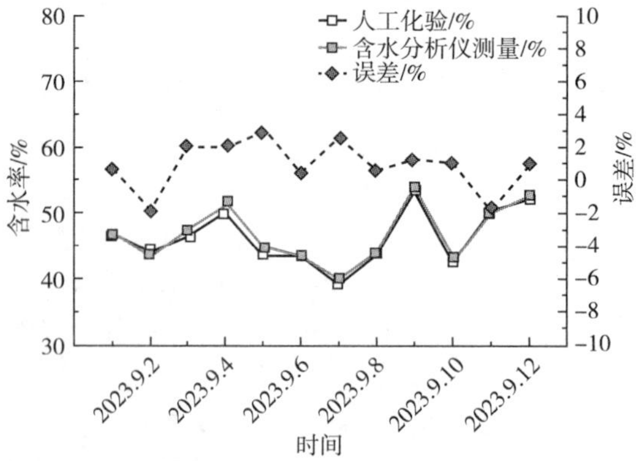

图4　含水分析仪测量与人工化验误差对比

4　现场应用及效果评价

“单井液量功图计量+多相计量装置标定计量”的计量工艺在延长油田试点油区进行应用，应用过程油井标定周期为5天，试验过程每日进行标定，但功图计量过程使用的标定值为每五日第一天的标定值。计算结果见表6。

表 6　利用功图计量与标定结合计量结果实例

时间	功图产液量/(m^3/d)	标定产液量/(m^3/d)	标定系数	修正后功图产液量/(m^3/d)	备注
2024/6/1	5.6	6.8	1.21	6.80	标定日
2024/6/2	6.2	6.8	1.16	7.16	
2024/6/3	6.5	6.8	1.14	7.40	
2024/6/4	5.2	6.8	1.20	6.26	
2024/6/5	5.3	6.8	1.20	6.36	
2024/6/6	7.4	7.5	1.01	7.50	标定日
2024/6/7	6.2	7.5	1.11	6.89	
2024/6/8	6.7	7.5	1.08	7.25	
2024/6/9	7.8	7.5	1.04	8.13	
2024/9/10	9.1	7.5	1.01	9.23	

通过以上实例数据可知，未进行修正前，功图计量直接得得到的产液误差在30%，而通过标定修正后的功图产液量误差范围在10%以内，能够满足油井单井计量精度要求，如图5所示。

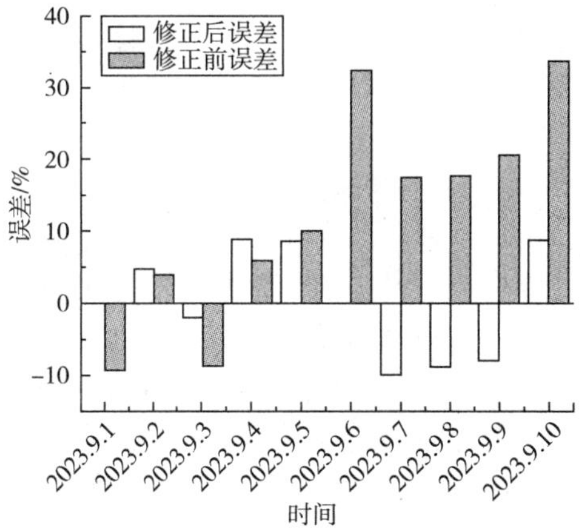

图5　功图计量结果标定前后误差对比

利用功图与标定结合的方式实现单井计量，一是可以大幅降低地面工程投资，二是实现单井计量环节在井场完成，一座井场通过一条出油管线集输至下游站场。

5　结论与认识

（1）功图计量对于产液量低于0.8m^3/d的机械采油油井误差较大，修正后仍然不能满足误差要求，这类井不适宜与功图计量，可利用标定计量装置进行计量；

（2）产液量大于0.8m^3/d的机械采油油井利用“功图计量+多相计量装置标定计量”的方法，对功图计量值修正后能够满足10%的最大允许误差要求，且这种技术组合工程投资小，维护成本低，适宜于油井数量多，工程量庞大的油田单井计量，将是各油田单井计量的主要方法；

参　考　文　献

[1] 李杰训，贾贺坤，宋扬，等. 油井产量计量技术现状与发展趋势[J]. 石油学报，2017，38(12)：1435-1439.
[2] 翟中波，狄国银，漆世伟，等. 井丛自动选井及气液两相流量计量装置的研发和应用[J]. 石油与天然气化工，2021，50(5)：87-93.
[3] 栗丹丹，杨乾隆，等. 多功能油井在线计量装置的研制及应用效果评价[J]. 应用化工，2019，48(增刊1)：192-199.
[4] 鲍文，杨朝锋，张春威，等. 油田CO_2驱受益单井计量装置研究与应用[J]. 石油与天然气化工，2022，51(3)：125-131.
[5] 刘婷婷，何鹏，杨朝锋，等. 油田井口称重计量微波加热技术研究[J]. 石油与天然气化工，2021，50(1)：108-113.
[6] 鄢雨，石彦，冯小刚，等. 油井液量含水自动测量新技术的应用[J]. 石油与天然气化工，2020，49(4)：90-94.
[7] 陈劲松，郭莉，年静波，等. 一种提高早期页岩油气单井产量预测合理性的方法[J]. 非常规油气，2017，4(6)：53-58.
[8] 王维波，汤瑞佳，江绍静，等. 延长石油煤化工CO_2捕集、利用与封存(CCUS)工程实践[J]. 非常规油气，2021，8(2)：1-7.
[9] 马德文，顾永强，等. 油井功图量油误差分析及校正案例探讨[J]. 非常规油气，2021，8(2)：74-79.
[10] 姜兴伟. 功图量油计量误差关键影响因素研究[J]. 计量技术，2018(11)：7-10.
[11] 张栋. 关于功图量产应用提高技术分析的探索[J]. 江汉石油大学学报，2023，36(3)：47-48.
[12] 周文丽. 油井计量技术的现状及发展[J]. 化学工程与装备，2022(9)：103-105.

分布式拉曼光纤管道温度效应及信号降噪方法

马　赟

[中国石油新疆油田公司采油工艺研究院(监理公司)]

摘　要　分布式拉曼光纤温度传感是一种近年来发展相对快速的新型测温技术，能够实时监测光纤沿线各点所处环境温度的变化，也被广泛应用于诸多领域。本文主要阐述了拉曼散射的原理及温度效应，并计算出拉曼散射光中的反斯托克斯(Anti-Stokes)光对温度更为敏感，并采用基于反斯托克斯(Anti-Stokes)光和斯托克斯(Stokes)光的比值进行温度解调；此外，对累加平均去噪法与小波变换去噪法进行了原理分析，得出采用累加平均去噪法M次后，能使采集的信噪比(SNR)提升$\sqrt{M}$倍，而小波变换去噪法可更加有效提高温度测量精度。文中最后以XJ油田某区块输油管道为例，基于管道与光纤同沟敷设，由光源激光器、波分复用器、探测器、信号采集及控制电路、传感光纤及应用软件组成拉曼散射光纤传感系统，采用用拉曼分布式光纤传感技术实现管道泄露监测，对输油管道周边温度场变化采集的信号应用累加平均+小波变换相互结合方法进行降噪处理。经过数据分析得出：当对光纤距离为20km的的管道温度场信号进行20次以上累加平均后，若不采用小波变换法，温度测量精度仅提高70%；若采用与小波变换法相结合，温度测量精度则提高86.7%。因此，采用累加平均+小波变换法进行信号降噪可缩短系统的测量时间，提高了温度测量精度，实现管道泄露点实时报警、精准定位，提升管道输送安全。

关键词　分布式光纤；拉曼；管道泄露；信号降噪；累加平均；小波变换

1　引言

随着石油及天然气工业的发展，管道输送已成为第五大运输工具(前四位为公路、铁路、航空、水路)，用以输送原油、天然气等产品。由于管道周边环境、地理位置及人为破坏等原因，会出现管道泄露事故，造成经济损失、安全及环境污染等问题。国内外常用管道泄露监测技术主要分为基于硬件方法与基于软件方法。基于硬件的方法是利用硬件装置(如超声波/声波传感器、电缆、光纤、遥感等)安装或敷设管道进行泄露定位；基于软件的方法是根据远程数据采集系统(SCADA)实时采集管道温度、压力、流量等数据的变化(如负压波)结合计算进行泄露检测及定位。目前，分布式光纤传感技术是国内外公认、有较好应用前景的管道泄露监测解决方案。

光纤传感技术(DOFS)是指信息载体(光波)在光纤中进行传输，当光纤所处环境(如压力、温度等因素)发生变化时，会引起光信号的强度、相位、偏振态等特征参量发生改变，通过测量特征参量变化实现光纤沿线的信息传感。由于光纤主要成分为SiO_2，具有耐腐蚀、抗辐射、抗电磁干扰等特性，与传统电学式传感器相比，光纤传感技术更适合应用于恶劣环境。我们常说的分布式光纤传感(DOFS)，是指整个光纤既能做为传感介质监测外界环境物理量，又能作为传输介质传输传感信号。光纤中的散射光主要包括拉曼(Raman)散射、布里渊(Brillouin)散射、瑞利(Rayleigh)散射三种。其中，拉曼(Raman)散射属于非弹性散射，介质之间发生能量交换。

分布式光纤温度传感是通过光时域反射技术(OTDR)技术定位光纤，在光纤中散射光的温度效应的基础上对温度进行测量，实现对光纤沿线温度信息变化及空间分布状态的连续测量。本文阐述了拉曼散射产生的原理及温室效应，分析了累加平均去噪法、小波变换去噪法；并以XJ油田某区块输油管道为例，基于管道与光纤同沟敷设，采用用拉曼分布式光纤传感技术实现管道泄露监测，并提出对输油管道周边温度场变化采集的信号应用累加平均+小波变换相互结合方法进行降噪处理，该方法缩短了系统的测量时间，提高了温度测量精度，实现管道泄露点实时报警、精准定位，提升管道输送安全。

2 技术思路

2.1 管道温度效应研究内容

拉曼散射是光纤中不规则的微观粒子与光在光纤传播过程中发生非弹性碰撞而产生的光散射现象(图1)。在散射过程中，散射光频率发生变化，粒子能级发生跃迁现象。当从下能级跃迁到上能级，频率变大(正移动)，对应的散射称为反斯托克斯(Anti-Stokes)散射；当从上能级跃迁到下能级，频率变小(负移动)，对应的散射称为斯托克斯(Stokes)散射。

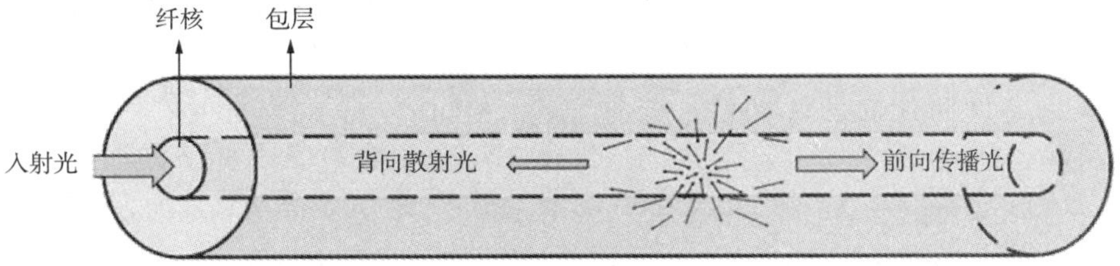

图1　光纤传输背向散射示意图

从量子理论观点分析，拉曼散射光子与光纤分子的相互作用可用能级图来表示(图2)。

当光纤分子吸收光子能量时，从能级 E_1 跃迁能级 E_3(虚拟)，然后跃迁到能级 E_2 并释放出光子(低频率)和声子，产生斯托克斯光(Stokes)[图2(a)]。可表述为以下公式：

$$hw_s = hw_0 - \Delta E \tag{1}$$

当光纤分子吸收光子能量时，从能级 E_2 跃迁能级 E_4(虚拟)，然后吸收声子的同时跃迁到能级 E_1 并释放出光子(高频率)，产生反斯托克斯光(Anti-Stokes)[图2(b)]。可表述为以下公式：

$$hw_{as} = hw_0 + \Delta E \tag{2}$$

式中，w_0、w_s、w_{as} 分别为入射光、斯托克斯光、反斯托克斯光的频率；$\Delta E = h\times\Delta v$；$h$ 为普朗克常数，Δv 为拉曼频移量(在石英光纤中为 1.32×10^{13} Hz)。

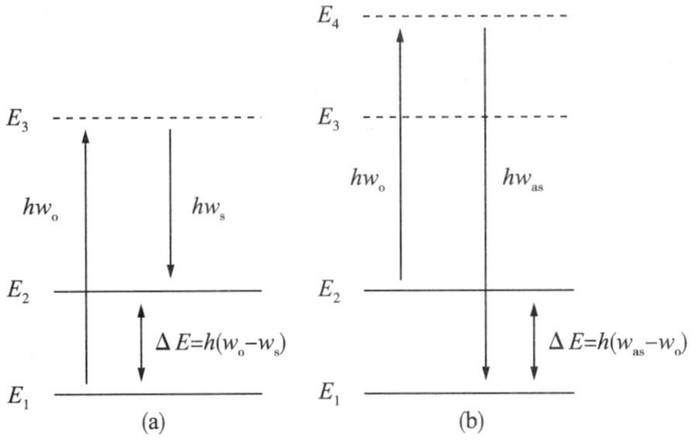

图2　拉曼散射效应能级示意图

从当激光脉冲在光纤中传播时，光探测器探测到的拉曼散射光的功率(PRM)为：

$$P_{RM}(L) = (v/2)E_0k_R\phi_R\exp[-(\alpha_0+\alpha_R)L] \tag{3}$$

如前所述，拉曼散射光分斯托克斯光(Stokes)与反斯托克斯光(Anti-Stokes)，则两者的功率(P_s)、(P_{as})分别为：

$$P_s(L) = (v/2)E_0k_s\phi_s\exp[-(\alpha_0+\alpha_s)L] \tag{4}$$

$$P_{as}(L) = (v/2)E_0k_{as}\phi_{as}\exp[-(\alpha_0+\alpha_{as})L] \tag{5}$$

上式中，E_0 为入射光能量；k_R、k_s、k_{as} 为拉曼散射光、斯托克斯光、反斯托克斯光后向散射因子；Φ_R、Φ_s、Φ_{as} 为拉曼散射光、斯托克斯光、反斯托克斯光在光纤中单位长度上的后向散射系数；α_0、α_R、α_s、α_{as} 为入射光、拉曼散射光、斯托克斯光、反斯托克斯光在光纤中单位长度上的损耗系数。

其中，斯托克斯光、反斯托克斯光后向散射因子 k_s、k_{as} 分别可表示为：

$$k_s = \frac{1}{1-\exp(-\Delta E/cT)} \tag{6}$$

$$k_{as} = \frac{\exp(-\Delta E/cT)}{1-\exp(-\Delta E/cT)} \tag{7}$$

上式中，$\Delta E = E_2 - E_1$ 为分子上下能级差；c 为玻尔兹曼常数；T 为探测位置绝对温度。从上式可看出，反斯托克斯光(Anti-Stokes)比温斯托克斯光(Stokes)的温度灵敏度有较好的温度灵敏度，因此，通常选择反斯托克斯光(Anti-Stokes)作为温度解调主要信号，并且采用基于反斯托克斯光和斯托克斯光的双路进行温度信号解调。

假设参考温度为 T_0，反斯托克斯光和斯托克斯光功率曲线 $P_{as}(T_0)$、$P_s(T_0)$ 分别为：

$$P_{as}(T_0) = \frac{v}{2}E_0\frac{\exp(-h\Delta v/cT_0)}{1-\exp(h\Delta v/cT_0)}\Phi_{as}\exp[-(\alpha_0+\alpha_{as})L] \tag{8}$$

$$P_s(T_0)=\frac{v}{2}E_0\frac{\exp(-h\Delta v/cT_0)}{1-\exp(h\Delta v/cT_0)}\Phi_s\exp[-(\alpha_0+\alpha_s)L] \quad (9)$$

将两条曲线作比较，可得出：

$$F(T_0)=\frac{P_{as}(T_0)}{P_s(T_0)}=\exp(-h\Delta v/cT_0)\frac{c_{as}}{c_s}\exp[(\alpha_s-\alpha_{as})L] \quad (10)$$

当温度为 T 时，反斯托克斯光和斯托克斯光功率曲线 $P_{as}(T)$、$P_s(T)$ 分别为：

$$P_{as}(T)=\frac{v}{2}E_0\frac{\exp(-h\Delta v/cT)}{1-\exp(h\Delta v/cT)}\Phi_{as}\exp[-(\alpha_0+\alpha_{as})L] \quad (11)$$

$$P_s(T)=\frac{v}{2}E_0\frac{\exp(-h\Delta v/cT)}{1-\exp(h\Delta v/cT)}\Phi_s\exp[-(\alpha_0+\alpha_{as})L] \quad (12)$$

将两条曲线作比较，可得出：

$$F(T)=\frac{P_{as}(T)}{P_s(T)}=\exp(-h\Delta v/cT)\frac{c_{as}}{c_s}\exp[(\alpha_s-\alpha_{as})L] \quad (13)$$

将(1.10)与(1.13)相比较得出：

$$\frac{F(T)}{F(T_0)}=\frac{\exp(-h\Delta v/cT)}{\exp(-h\Delta v/cT_0)} \quad (14)$$

从而由(1.14)可反算得到温度分布曲线：

$$T=\frac{h\Delta vT_0}{h\Delta v-cT_0\ln[F(T)/F(T_0)]} \quad (15)$$

从(1.15)可看出，该调节方法是通过反斯托克斯散射光与斯托克斯散射光作比较，可消除光源的不稳定性以及光传输中的各类损耗(如接头损耗、弯曲损耗、传输损耗等)带来的影响。

2.2　信号降噪研究内容

在光纤中携有温度信号的背向拉曼散射光是很微弱的。若产生温度变化则引起的拉曼散射光会更加微弱。因此，提高信噪比是拉曼散射光纤温度信号处理的关键。温度信号中主要噪声来源于光探测器(如激光器的源噪声、二极管的散粒噪声/源电阻热噪声、前置放大器噪声等)、主放大电路噪声。

(1) 累加平均去噪法

由于光纤所携带的温度信号经过多次累加平均处理后信号的幅值不变，而随机噪声会使其均值显著降低。因此，可利用累加平均算法可以有效地消除噪声，并得到所需要的温度信息。

假设有用信号为 $S(T)$，噪声信号为 $N(T)$，采集的信号为 $F(T)$，则：

$$F(T)=S(T)+N(T) \quad (16)$$

若有用信号采集周期为 Φ，则第 n 次采集信号为：

$$F(T+n\Phi)=S(T+n\Phi)+N(T+n\Phi) \quad (17)$$

又 $S(T)$ 为周期信号，温度变化较为缓慢，同一位置不同采集周期的采集信号值可保持不变，则：

$$S(T+n\Phi)=S(T) \quad (18)$$

由于噪声信号 $N(T)$ 经分析后属于零均值白噪声，均方根值(RMS)为 σ，则未累加平均处理的信噪比(SNR_0)为：

$$SNR_0=S(T)/\sigma \quad (19)$$

若进行 M 次累加处理，则有用信号变为原来的 M 倍，则：

$$\sum_{n=0}^{M-1}S(T+n\Phi)=MS(T) \quad (20)$$

噪声信号经过 M 次累加后，

$$\sum_{n=0}^{M-1}N(T+n\Phi)=\sqrt{M}\sigma \quad (21)$$

则累加 M 次后的信噪比(SNR_M)为：

$$SNR_M=MS(T)/\sqrt{M}\sigma=\sqrt{M}SNR_0 \quad (22)$$

由式(2.7)可得出，采用累加平均去噪法 M 次后，能使采集的信噪比(SNR)提升 $\sqrt{M}$ 倍。

(2) 小波变换降噪法

小波连续变换定义为：

$$WT_x(a,\ b)=\frac{1}{\sqrt{|a|}}\int_{-\infty}^{\infty}f(x)\Psi^*\left(\frac{x-b}{a}\right)dx$$

$$=\{f(x),\ \Psi a,\ b(x)\} \quad (23)$$

式(2.8)中，$\Psi^* a$，$b(x)$ 表示的 Ψa，$b(x)$ 共轭函数；a，b 分别为伸缩因子和平移因子；$WT_x(a,\ b)$ 对应于 $f(x)$ 在函数 Ψa，$b(x)$ 族上的分解；$\Psi(x)$ 为小波母函数。

通常伸缩因子 a 按幂级数离散，平移因子 b 按均匀级数离散，实现整个时间轴覆盖，则 $f(x)$ 可表示为：

$$f(x)=\sum_{j,\ k}C_{j,\ k}\Psi_i,\ k(x) \quad (24)$$

式(2.9)中，是由基本小波函数经过伸缩和平移得到。

小波降噪原理如下：

假设含有噪声的信号 $F(i)$ 模型可表示为：

$$F(i)=S(i)+N(i),\ i=0,\ 1,\ 2\cdots N-1 \quad (25)$$

式中，$F(i)$ 为含有噪声信号，$S(i)$ 为真实信号(平稳且低频信号)，$N(i)$为噪声信号(高频信号)。

如图3所示为三层小波分解数，F表示原始信号(含有噪声)，A_1、A_2、A_3表示低频信号，D_1、D_2、D_3表示高频信号。小波变换分解是在每一间隔下降信号分解成低频信号和高频信号。在更高一级小波分解中，降上一级低频信号分解成频率更低的分量低频信号和高频信号。对高频部分进行有效处理，从而达到去噪的目的。

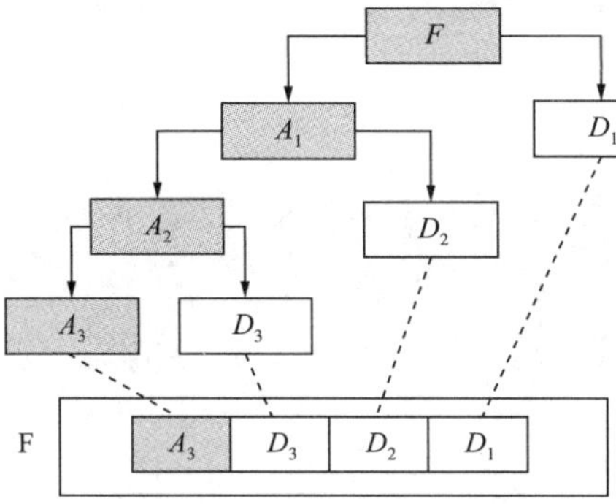

图3　三层小波分解示意图

常用的小波变换降噪有多种算法，本文主要采用阈值法与模极大值法相互结合算法进行信号降噪。

3　应用效果

3.1　XJ油田管道泄露监测应用背景介绍

XJ油田某区块位置呈高度分散、点多、线长、面广等特点。油区紧邻重点胡泊、铁路等敏感区域，油区地面集输系统输油、输气管线深理地下、纵横交错、线路长，常规管道泄漏监测技术误报率高、定位不精准，难以满足"生产安全、绿色环保"的要求。该区块共建有中型站库4座，大型站库1座，管输线路8条。管道规格为DN250，设计压力6.0MPa；管输介质为混输液，起输温度40~50℃，运行压力1.0~5.0MPa；采用聚氨酯泡沫塑料保温埋地敷设(埋地深度约为2米)，伴行光纤与管道同沟敷设。管道沿线有河流、道路、铁路等多处穿越，并建有阀室。

当管道发生泄露后，管道泄露点周围温度场会发生影响(原油管道温度升高；天然气管道温度降低)。通过监测管道光纤的温度变化识别泄露点。

3.2　拉曼散射光纤传感系统应用方案

拉曼散射光纤传感系统主要由光源激光器、波分复用器、探测器、信号采集及控制电路、传感光纤及应用软件组成。在监控中心设置1套管道动态泄漏监测管理平台，系统配置数据服务器、监控客户端以及监控管理平台软件；在中型站库及大型站库各配置1套管道泄漏监测系统主机，可采集上下游站管道的光纤温度分布，该系统主要由光纤温度解析主机、传感兼传输光缆、数据处理系统以及报警显示终端等组成。

光源发出激光脉冲送入波分复用器中，并连接光纤将脉冲光耦合到传感光纤。当传感光纤置于在温度场中，光脉冲会在光纤的各点发生散射，波分复用器过滤瑞利及布里渊散射光，剩余拉曼散射光(分离为斯托克斯光和反斯托克斯光)，分离出的两束光采用基于反斯托克斯光和斯托克斯光的双路解调实现对温度解调并分别进行光电转换，电信号传输到数据采集卡中进行模数转换，数字信号经过解调算法和降噪处理后会在应用软件上显示光纤沿线的温度信息(图4)。

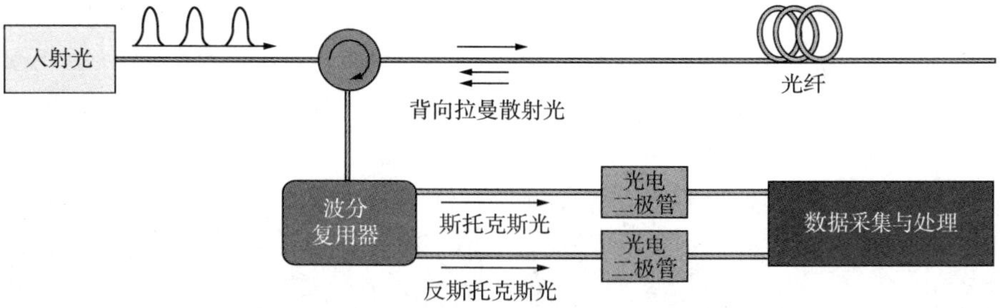

图4　拉曼散射光纤传感系统原理结构示意图

3.3　基于累加平均+小波变换除噪结果与分析

将分布式光纤温度传感监测系统接入20km、9/125μm单模裸纤，固定脉冲宽度6ns，重复频率4kHz，输出功率约1mW。将数据采集卡累加次数设置为20次进行拉曼散射光的原始信号采集。

[图5(a)]为叠加次数为1后，5km、10km、20km不同距离内拉曼散射信号中反斯托克斯光与斯托克斯光的变化曲线图，[图5(b)]为相应的解调温度变化曲线图；[图6(a)]为叠加次数为20后，5km、10km、20km不同距离内拉曼散

射信号中反斯托克斯光与斯托克斯光的变化曲线图，[图6(b)]为相应的解调温度变化曲线图；与叠加1次相比，我们可以看到，信号经多次累加平均处理后可以有效改善信噪比(提升约4.5倍)，不同距离内的温度测量精度提升60%~70%(表1)。

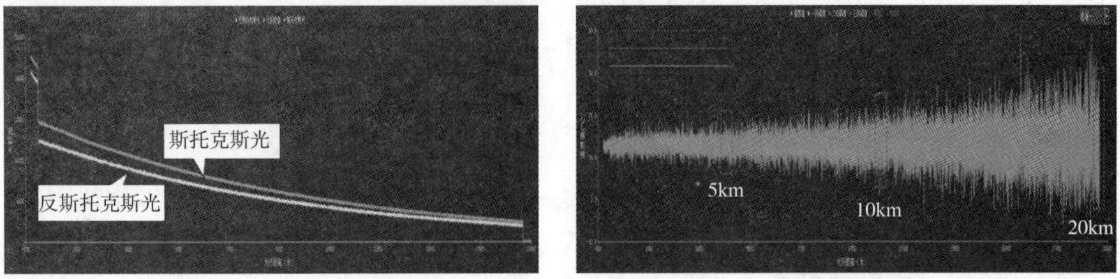

(a)光波变化曲线图　　(b)温度变化曲线图

图5　叠加次数为1的变化曲线图

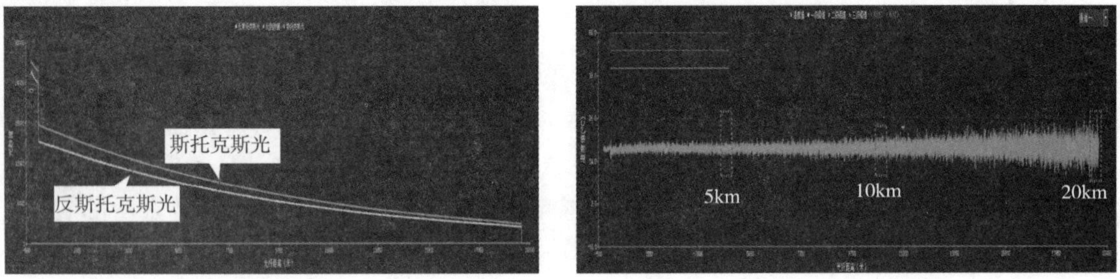

(a)光波变化曲线图　　(b)温度变化曲线图

图6　叠加次数为20的变化曲线图

表1　不同光纤距离温度变化范围表

光纤距离	5km	10km	20km
叠加次数1	±6.4℃	±10.7℃	±25℃
叠加次数20	±2.5℃	±3.5℃	±7.5℃
温度测量精度提升	60.9%	67.3%	70.0%

随着增大累加次数，信噪比会逐渐提高，但信噪比与累加次数不属于线性关系；当累加次数达到一定值后，也会相应的增加测量时间，信噪比的改善也不是很明显；高频噪声仍然会存在于处理后的信号内，也会对测温精度造成影响；此外，在测量时间内，无法保证信号一致性，可重复性无法满足。

针对以上问题，我们引入了小波变换分析的方法，与累加平均算法相结合，提高系统性能指标。将20次累加平均处理后的信号进行多尺度小波分解，选用db5小波函数，分别利用小波变换阈值法与小波变换模极大值法对信号进行处理(图6)。完成信号温度解调，其结果如图7所示。通过计算(表2)，我们发现，通过增加小波变换去噪处理，20次累加后温度测量精度提升86.7%，达到很好的降噪效果。

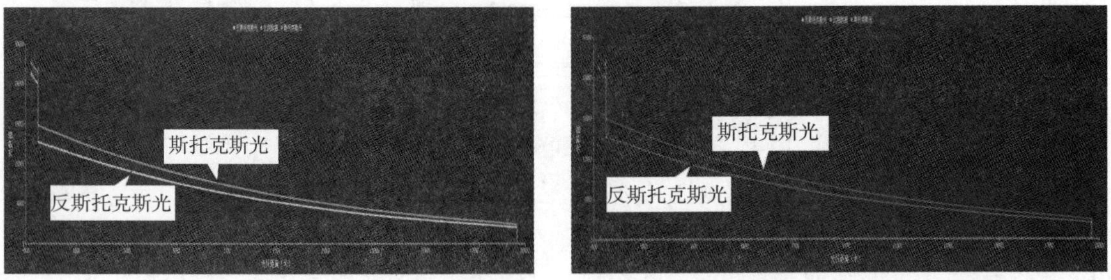

(a)20次累加后的光波信号　　(b)小波变换法去噪后的光波信号

图7　不同方法降噪光波变化曲线图

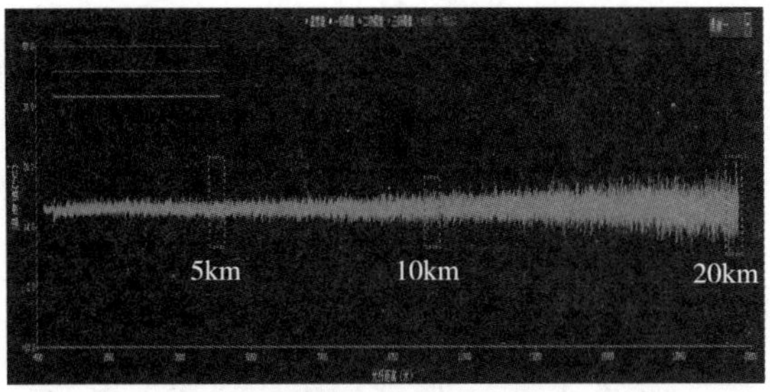

(a)20次累加后的温度信号

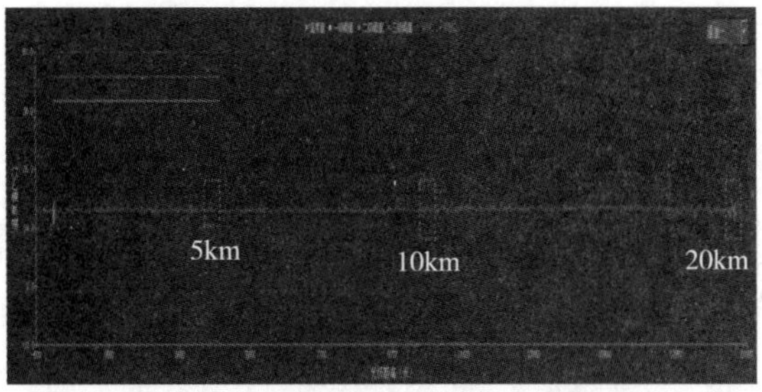

(b)小波变换法去噪后的温度信号

图 8

表 2　累加平均+小波变换去噪温度变化范围表

光纤距离	5km	10km	20km
叠加次数 20	±6.4℃	±10.7℃	±25℃
叠加次数 20、小波阶数 5	±2.5℃	±3.5℃	±7.5℃
温度测量精度提升	60.9%	67.3%	70.0%

4　结论

（1）从量子理论观点阐述了拉曼散射产生的原理，并重点分析了光在传感光纤中的拉曼散射的温室效应，计算了反斯托克斯（Anti-Stokes）光和斯托克斯（Stokes）光分别对温度的灵敏性，证明了反斯托克斯（Anti-Stokes）光对温度更灵敏，选择反斯托克斯（Anti-Stokes）光作为温度解调主要信号。

（2）基于反斯托克斯（Anti-Stokes）光和斯托克斯（Stokes）光的双路解调，将两种光进行作比较可消除光源的不稳定性以及光传输中的各类损耗（如接头损耗、弯曲损耗、传输损耗等）带来的影响。

（3）根据光纤中携有温度变化信号的背向拉曼散射光微弱性的特点，对提高信噪比的方法分别从累加平均去噪法与小波变换去噪法分别进行了原理分析，得出采用累加平均去噪法 M 次后，能使采集的信噪比（SNR）提升$\sqrt{M}$倍；而小波变换去噪法可更加有效提高温度测量精度。

（4）以 XJ 油田某区块输油管道为例，基于管道与光纤同沟敷设，采用用拉曼分布式光纤传感技术实现管道泄露监测，对输油管道周边温度场变化采集的信号应用累加平均+小波变换相互结合方法进行降噪处理，在 20 次累加平均后，采用小波变换法与不采用小波变换法，对于 20km 的光纤距离温度测量精度分别提高 70%和 86.7%。因此，采用累加平均+小波变换相互结合方法，可缩短系统的测量时间，提高温度测量精度，并实现油田管道泄露点实时报警、精准定位，提升管道输送安全。

参　考　文　献

[1] 别沁，郑云萍，付敏，等．国内外油气输送管道泄露检测技术及发展趋势[J]．石油工程建设，2007，33(3)：19-23.

[2] 王江伟，王红义，崔恺，等．光纤温度传感器在气体管道泄露监测上的应用[J]．光通信技术，2021，45(7)：19-22.

[3] Bao X，Ravet F，Zou L. Distributed Brillouin sensor based on Brillouin scattering for structural health monitoring [C]//Optical Fiber Communication Conference. Optica Publishing Group，2006：OTuL7.

[4] Cho Y T，Alahbabi M N，Gunning M J，etal. Enhanced performance of long range Brillouin intensity based temperature sensors using remote Raman amplification[J]. Measurement Science and Technology，2004，15(8)：1548.

[5] 张泽．分布式光纤拉曼散射温度传感关键技术研究[D]．西安：西安石油大学，2023.

[6] Bhatia P，Gupta B D. Surface-plasmon-resonance-based fiber-optic refractive index sensor：sensitivity enhancement [J]. Applied Optics，2011，50(14)：2032-2036.

[7] 唐文娟．分布式光纤温度传感系统的研究与实现[D]．北京：北京工业大学，2018.

[8] Aoyama K I，Nakagawa K，Itoh T. Optical time domain reflectometry in a single-mode fiber[J]. IEEE Journal of Quantum Electronics，1981，17(6)：862-868.

[9] 何建平，周智，吴源华，等．小波滤噪在布里源光纤传感技术中的应用[J]．光电工程，2009，36(4)：75-80.

[10] 简燕红．拉曼型光纤温度传感系统信号处理的研究与实现[D]．保定：华北电力大学，2010.

[11] 张旭平，张宜昕，王亮，等．分布式光纤传感技术研究和应用现状及未来[J]．光学学报，2024，44(1)：1-63.

[12] Shu Namiki, Yoshihiro Emori. Ultrabroad-Band Raman Amplifiers Pumped and Gain - Equalized by Wavelength-Division-Multiplexed High-Power Laser Diodes. J of Quantum EleCtroniCs, 2001, 7 (1): 3~16.

[13] 范琦康，吴存恺，毛少卿．非线性光学[M]．北京：电子工业出版社，1989.

[14] 黄松．拉曼分布式光纤温度传感器及其空间分辨率研究[D]．北京：电子科技大学，2004.

[15] 张在宣，王剑锋，余向东，等．Raman散射型分布式光纤温度测量方法的研究[J]．光电子，2001，12(6)：596-600.

[16] 刘建胜，李铮，张其善．基于拉曼散射的光纤分布式温度测量系统的空间分辨率[J]．光学学报，1999，19(12)：1673-1677.

[17] 张在宣，吴孝彪，郭宁，等．分布型光纤拉曼光子温度传感器系统的测温精度[J]．光学学报，1999，19(1)：100-105.

[18] 张在宣，刘天夫，张步新，等．激光拉曼型分布式光纤温度传感器系统[J]．光学学报，1995，15(11)：1585-1589.

[19] 张硕．外差检测布里渊分布型光纤温度和应变传感及信号处理技术[D]．保定，华北电力大学，2008.

[20] 彭玉华．小波变换与工程应用[M]．北京：科学出版社，1999.

[21] 飞思科技产品研发中心．小波分析理论与MATLAB7实现[M]．北京：电子工业出版社，2005：31-59.

[22] 袁华，张卫宁，路峻，等．一种改进的小波去噪中模极大值处理的方法[J]．系统仿真学报，2005，17(4)：838-843.

[23] 刘扬．基于拉曼散射的分布式光纤测温系统研究-数据采集与处理[D]．保定，华北电力大学，2008.

[24] 只伟，祁子娟．光纤温度传感技术在管道泄露监测中的应用[J]．管道技术与设备，2015，5：20-26.

[25] 熊小琴，杨君，程猛猛，等．原油输配系统优化及应用[J]．新疆石油天然气，2021，17(3)：74-78.

[26] 冯小刚，黄大勇，鄢雨，等．李晓华站完整性管理与智慧管网建设及应用[J]．新疆石油天然气，2020，16(2)：88-92.

[27] 祝守丽，祁明业，黄波，等．克—独反输管线运行优化研究[J]．新疆石油天然气，2021，17(2)：82-87.

[28] 李宏波，罗平亚，白杨，等．机器学习算法概述及其在钻井工程中的应用[J]．新疆石油天然气，2022，18(1)：1-13.

[29] 祝守丽，祁明业，黄波，等．克—独反输管线运行优化研究[J]．新疆石油天然气，2021，17(2)：82-87.

基于中心线测量的长输管道全线弯曲应变计算方法

方迎潮[1] 王爱玲[1] 刘 凯[2] 胡 博[1] 轩 恒[1] 陈文乐[1] 马林杰[3] 王 琳[3]

（1. 国家管网集团西南管道有限责任公司；2. 军需能源质量监督总站北京质量监督站；3. 西南石油大学）

摘 要 山地长输管道敷设的地形复杂，在地质灾害、土体沉降等因素作用下管道的局部易发生弯曲变形造成应力集中，且管道深埋地下难以全线开挖检测。搭载惯性导航的管道内检测方式可以在不影响管道输送的情况下实现管道全线中心线地理位置及姿态信息的测量，采用三次样条插值对采集到的姿态信息进行降噪，通过间隔里程的姿态信息变化识别出管道的弯管，对直管段和弯管段分别进行弯曲应变分析，及时发现管道中弯曲应变过高的管段。结合弯曲应变计算结果及其它内检测信息、管道建设信息实现管道的完整性管理，保证管道的安全运输。

关键词 山地管道；惯性导航；中心线；三次样条插值；弯曲应变

1 引言

我国西南地区地形复杂、地质活跃，致使油气长输管道易于发生位移变形，威胁管道结构安全。因此，针对管道本体的应力变形监测是十分必要的。对于山区管道，应对其进行定期的应变检测，及时发现管道弯曲应变较大的点，从而采取相应的措施，避免管道失效。对于全线管道的弯曲评价多采用内检测的方式，通过搭载惯性导航单元 IMU（Inertia Measurement Unit）的管道内检测方法可以在不影响管道运输的情况下解算管道全线的曲率及弯曲应变。

目前国内外对 IMU 数据的分析方法都进行了相关研究，Jaroslaw A. Czyz 等对基于 IMU 检测结果的弯曲应变计算方法进行了分析，李睿、王富祥等对多轮次 IMU 的应变计算结果比较及应变计算误差进行了详细的介绍，孙鹏、杨贺等介绍了多轮次内检测数据的对齐方法。诸多学者对 IMU 数据的分析及 IMU 数据与其它内检测数据的对比进行了研究，但对于弯管频繁敷设的长输管道，如何通过单次 IMU 数据对其全线进行准确的弯曲变形评价未给出明确的方法。因此，本文开展通过单次 IMU 检测数据进行全线管道弯曲变形评价方法的研究，利用中心线测量结果识别管道弯曲特征，再进行真实弯曲应变计算，并对本文所提方法进行了验证。

2 数据分析方法

为得到管道比较准确的真实弯曲应变，先对 IMU 测量的姿态数据进行降噪处理，将全线的弯管段识别出来，分别对弯管和直管的弯曲应变进行计算。

2.1 曲率及弯曲应变计算

弯曲应变能够反映出管道受外力作用下的变形，把管道的中心线视为一条三维空间的曲线，中心线上一点的俯仰角 P 是该点中心线切线与水平面夹角，航向角 A 是中心线切线水平面投影与正北方向夹角。中心线上任意一点的曲率为这点的切线角度对弧长的转动率，通过微分来定义。如图 1 所示，中心线上 K 点处的曲率由相邻 $K-1$ 和 $K+1$ 两点的角度变化值 θ 和弧长 S 计算得到，弯曲应变计算采用曲率法，为管道半径 r 与管道曲率半径 R 的比值。

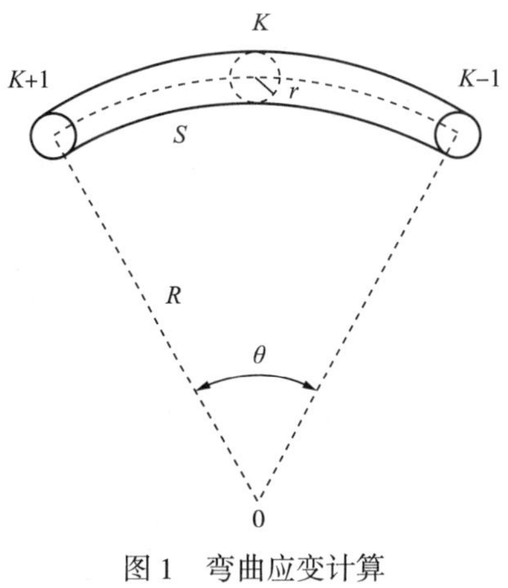

图 1 弯曲应变计算

基于中心线测量的管道弯曲应变计算公式：

$$K_v = \frac{\Delta P}{\Delta S} \tag{1}$$

$$K_h = -\frac{\Delta A}{\Delta S}\cos P \tag{2}$$

$$K = \sqrt{K_v^2 + K_h^2} \tag{3}$$

式中，K_v为垂直曲率，K_h为水平曲率，K为管道的总曲率。

$$\varepsilon_v = \frac{D}{2} \cdot K_v \tag{4}$$

$$\varepsilon_h = \frac{D}{2} \cdot K_h \tag{5}$$

$$\varepsilon = \frac{D}{2} \cdot K \tag{6}$$

式中，ε_v为管道的垂直弯曲应变，ε_h为管道水平弯曲应变，ε为管道总的弯曲应变，D为管道内径。

从(1)-(6)的公式可知：

(1) 对于管道的弯曲应变计算，采用过小的里程间隔会放大检测器的数据噪声，检测器通过焊缝或检测器运行时本身的振动导致的检测器姿态信息误差被放大，而弯曲应变计算里程选择过大计算数据又不能真实的反应管道的弯曲应变，因此在计算管道的弯曲应变时需选用合理的里程间隔，一般选取里程间隔3D较为合适，能够在排除部分数据噪声的情况下真实的反应管道的弯曲应变。

(2) 弯曲应变的计算结果只受俯仰角P和航向角A的影响，这两值均通过IMU的传感器测量得出，检测结果的数据波动对弯曲应变计算影响大，需对采集到的信号进行降噪处理。

(3) 弯曲应变的计算公式是角度的变化值与弧长的比值，未考虑管道自身的曲率，需要对弯管和直管进行区分处理。

2.2 姿态信息降噪

中心线的姿态信息均由传感器采集得到，采集数据波动较大，用三次样条插值对采集到的姿态信息进行降噪处理，降低因测量误差对弯曲应变计算结果的影响。与分段低次插值函数相比，三次样条插值的光滑性更好，更符合管道连续敷设的实际情况。若函数$S(x) \in C^2[a, b]$，且在每个小区间$[x_j, x_{j+1}]$上是三次多项式，其中$a = x_0 < x_1 < \cdots < x_n = b$是给定节点，则称$S(x)$是节点$x_0, x_1, \cdots x_n$上的三次样条函数，若在节点$x_j$上给定函数值$y_j = f(x_j)$ $(j=0, 1, \cdots, n)$且(7)式成立，曾称$S(x)$为三次样条插值函数。

$$S(x_j) = y_j,\ j=0, 1, \cdots, n \tag{7}$$

如图2所示为IMU采集到的某段管道俯仰角原始数据及经过三次样条插值降噪后的数据对比，降噪之后的数据无论是局部值的凸起和平滑性都有改善。

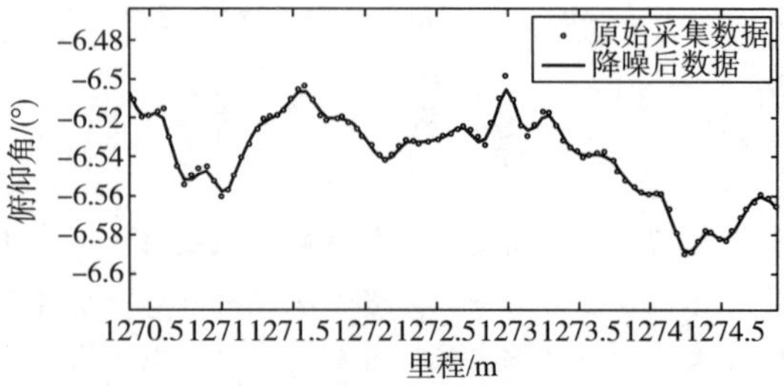

图2　降噪前后姿态数据对比

2.3 弯管识别方法

式(4)-(6)的弯曲应变计算公式未能考虑到管道弯头自身在加工时的曲率，因此，对于长输管道的弯曲应变计算，应首先对IMU数据中的弯管和直管数据进行区分。常用的区分方法是做数据对齐，同IMU一同搭载在检测器中的漏磁检测和变形检测能够有效的识别弯管特征，但由于里程轮在通过环焊缝时和经过弯头时的打滑或漂移，里程会存在误差，且误差随时间的累积不断增大，给不同检测数据的对齐造成困难。

本文提出一种仅通过IMU检测数据的弯管识别方法，能够在弯曲应变评价时有效的区分弯管和直管的数据，此方法能够通过程序实现，大大降低了对齐数据的难度。弯管和直管在IMU检测数据上本质的区别是姿态信息的区别，通过IMU检测数据的弯管识别步骤如下：

(1) 选取合适的里程间隔S，计算里程间隔S两点之间俯仰角和航向角的角度变化值；

(2) 选取适当的角度变化阈值，识别步骤(1)中差值大于变化阈值的所有点，如图3所示，这些点中包含了弯管处的数据及部分非弯管信号。角度变化阈值和里程间隔S选取越小，能识别到的弯管数据越精细，同时包含的噪声越多。

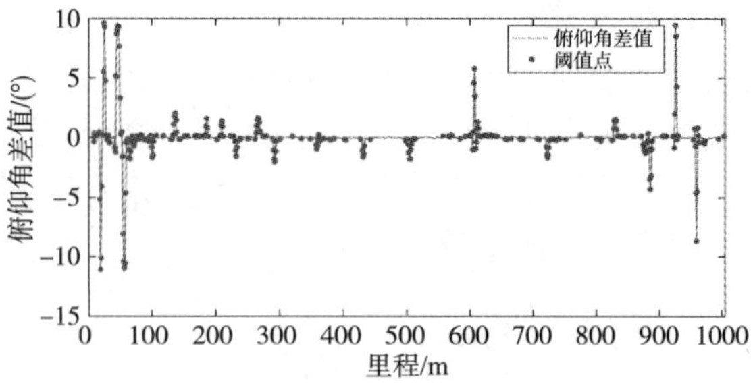

图3　俯仰角差值阈值点

(3) 通过连续里程对步骤(2)中阈值点进行分段，每一段连续的阈值点为一个值得关注的管段L，对每个管段L进行单独的分析；

(4) 以每个管段俯仰角或航向角中角度变化大的角作为弯管识别角，计算识别角的正负值，寻找每个管段里与识别角正负值相同的最大连续管段L1；

(5) 拟定弯管的最小识别参数，包括最小长度及角度，如L1满足弯管的最小识别参数及为弯管。

3 应用与讨论

3.1 弯管识别

把2.3节中的弯管识别方法(阈值法)用于西部某管道，该段管道全长共计50km，敷设地形复杂，建设时的资料显示冷弯的最大使用角度为10°，热弯的最小使用角度为11°，弯管的弯曲段长度>=3m，管道内径D为1.016m。

如图4所示为3km管道识别出的弯管处的姿态信息，通过此方法共识别出61处弯管，其中包含热弯13处，冷弯48处。需注意的是，通过角度变换阈值识别出的弯管长度与弯管的实际长度存在误差，角度阈值和里程间隔选取的越小，误差越小，但选取的值过小会导致弯管的误识别，且选取远小于管道直径D的里程间隔对长输管道的弯曲分析并无意义，一般采用1D的里程间隔较为合适。

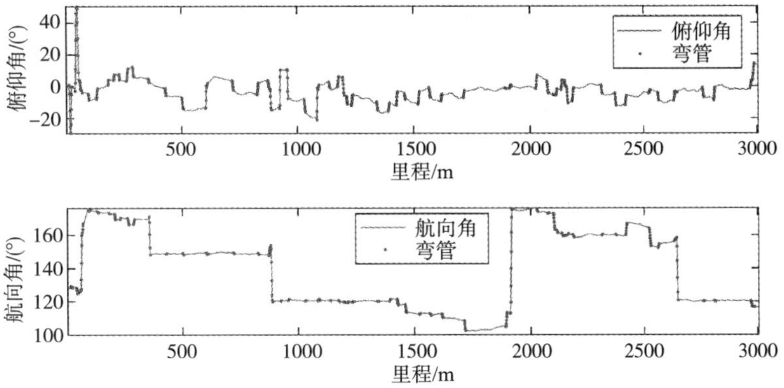

图4　角度阈值识别弯管的姿态信息

阈值法识别的61处弯管对比同批次搭载环焊缝检测结果完全匹配，部分焊缝检测结果与计算结果的对比见表1，通过IMU数据只能对弯管的弯曲段进行识别，不能检测出焊缝的位置，弯管加工时弯曲段的两端都必须保留足够长的直管段，因此，对比里程差时为两组数据的里程中点差。计算结果显示两组传感器解算里程存在误差，且随时间的累积里程误差不断增大(50km时里程误差达300m)，环焊缝检测全50公里的弯管数量为1056处，通过阈值法计算得到1058处，其中有3处的遗漏与5处的多识别，误差为0.2%。通过对比环焊缝的检测结果验证了此方法的正确性，且仅用IMU数据对弯管进行区分能够避免对齐两组里程误差随时间不断变化的检测结果，提升效率的同时也提高了对全线长输管道弯曲评价的准确性。

表1　焊缝检测及阈值法识别弯管比对

焊缝里程/m	计算里程/m	里程差/m	角度/°	类型
350.2~353.6	356.6~360.6	6.7	25.3	热弯
419.3~431.2	428.6~432.6	5.3	5.8	冷弯
492.1~504.2	500.6~506.6	5.4	7.9	冷弯
599.1~601.6	603.6~607.6	5.2	15.1	热弯
2644.6~2650.1	2638.6~2643.6	-6.1	37.8	热弯
2757.8~2769.8	2753.6~2758.6	-7.6	6.2	冷弯
2805.6~2817.6	2802.6~2808.6	-5.9	8.2	冷弯
2973.6~2985.7	2969.6~2974.6	-7.5	8.1	冷弯

3.2 弯曲应变计算

GB 32167—2015《油气输送管道完整性管理规范》中指出，弯曲应变大于0.125%的点应为着重关注点，考虑到检测器在通过焊缝时及检测器自身振动引起的数据噪声，也可适当提升报告阈值到0.2%。通过IMU数据只能得到管道受外力作用下的弯曲情况，不能解算管道的轴向应变，且检测器在通过弯管、焊缝、变壁厚等处时自身的振动都会影响弯曲应变的计算值，具体对管道安全进行评价时还需引入其它内检测数据综合分析。

3.2.1　弯管段弯曲应变

有效的识别弯管是便于对管道的弯曲变形进行评价，避免弯管和直管段的数据混用，造成对因外力作用引起的变形和管道固有曲率的误判。该段管道建设时的热弯和冷弯曲率半径分别为>=6D(对应弯曲应变8.5%)和40D(对应弯曲应变1.25%)，61处弯管的应变计算值如图5所示，弯管的实际弯曲应变值等于弯管的弯曲应变计算值减去固有曲率的应变值。由计算结果可知，冷弯的应变计算值分布在1.25%左右，而热弯的计算值分布在6%附近，符合管道的真实曲率情况。弯管处的真实应变值有30处超过了报告阈值0.2%，热弯由于敷设角度较大导致弯曲应变计算值波动大。本次管道内检测内检测器的长度为3.8米，长度甚至超过部分弯管的长度，在检测器经过弯管处的自身振动会导致姿态信息测量的误差较大。因此，对于弯管处的弯曲变形采用0.2%的报告阈值不适用，对比平均值后真实应变值较大的弯管应为关注段。

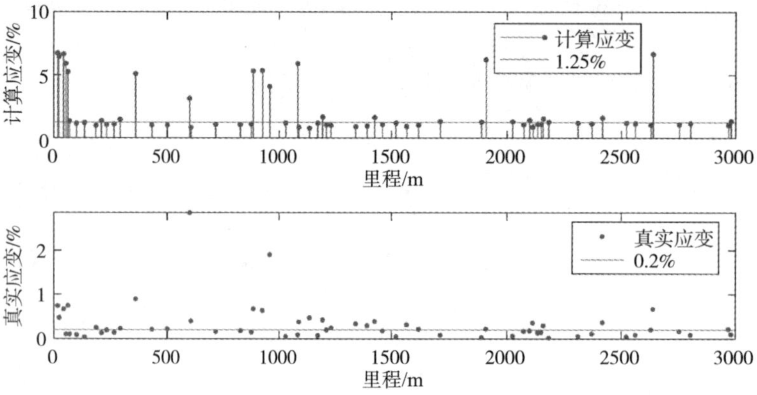

图5　弯管段的弯曲应变

3.2.2　直管段弯曲应变

直管段的弯曲应变计算里程划分原则为：两处弯管间的直管按3D(取3m)里程均匀划分，长度不足3D的取最大里程。所选3km管段直管共被划分为902段，弯曲应变的计算结果如图6所示，其中有74段的弯曲应变值超过了0.125%，13段的弯曲应变值超过了报告阈值0.2%，这13段管道中有11处为靠近弯管段，而有2处为连续直管段，分别为里程1047.6m~1050.6m处及里程1669.6m~1672.6m处，对应的弯曲应变值为0.20%与0.21%。高于0.125%应变值的直管段多为弯管附近的管道，在具体分析直管段的弯曲变形时，超过报告阈值的非弯管处的直管段应为着重关注点。同样，对全线管道具体分析时应取所有的阈值点从大到小进行排序，选取其中的连续直管段数据对比其它检测结果综合给出修复建议。

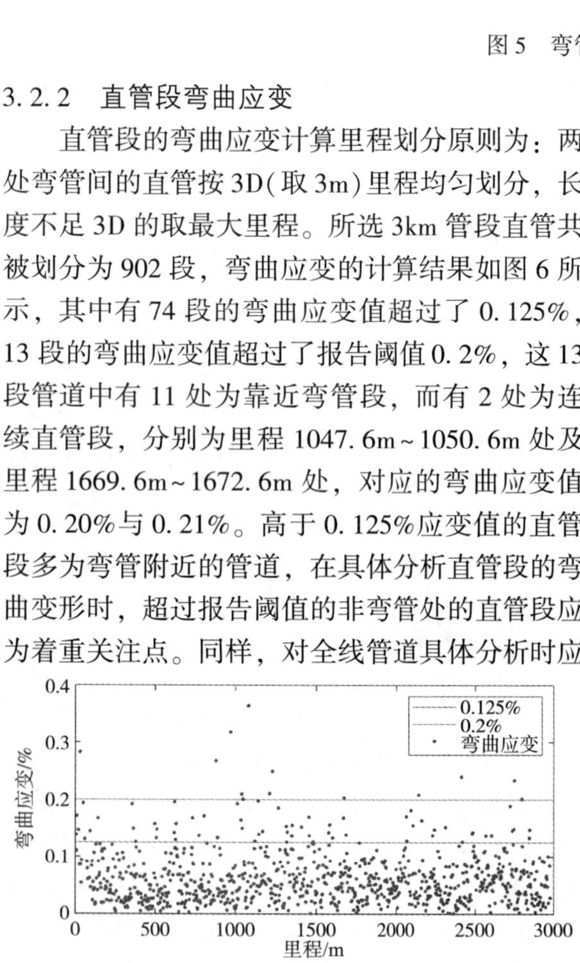

图6　直管段弯曲应变

4　结论

提出了一种基于中心线测量信息的山地长输管道全线弯曲变形评价方法：采用三次样条插值对采集到的姿态信息进行降噪处理，降低姿态数据波动对计算结果的影响；弯曲变形通过弯曲应变来进行评价，介绍了基于曲率的弯曲应变计算公式；通过等间隔里程的姿态信息区分管道的直管和弯管，对其进行单独的弯曲变形分析，对比环焊缝检测结果，验证了此方法的正确性。长输管道由于敷设地形条件的复杂多样给管道完整性管理造成困难，定期重复的中心线检测再结合管道的建设信息及其它检测信息能够实现长期的管道安全评价，根据实际情况开挖修复，保证管道的安全运输。

参　考　文　献

[1] 戚爱华．我国油气管道运输发展现状及问题分析[J]．国际石油经济，2009，17(12)：57-59.

[2] 王良军，李强，梁菁嬿．长输管道内检测数据比对

国内外现状及发展趋势[J]. 油气储运，2015，34(03)：233-236.

[3] 管练武. MEMS 捷联惯性导航系统辅助的管道检测定位技术研究[D]. 哈尔滨工程大学，2016.

[4] Lianwu Guan，Cong Xiaodan，Zhang Qing，et al. A Comprehensive Review of Micro-Inertial Measurement Unit Based Intelligent PIG Multi-Sensor Fusion Technologies for Small-Diameter Pipeline Surveying[J]. Micromachines，2020，11(9)：840.

[5] Jaroslaw A Czyz，Constantino Fraccaroli，Alan P Sergeant. Measuring pipeline movement in geotechnically unstable areas using an inertial geometry pipeline inspection pig[C]. ASME 1st International Pipeline Conference，Calgary，Alberta，Canada，1996，June 9-14.

[6] 李睿，张琳，赵晓利，等. 油气长输管道长期应变及位移监测[J]. 石油机械，2016，44(06)：118-122.

[7] 王富祥，冯庆善，杨建新，等. 油气管道惯性测绘内检测及其应用[J]. 油气储运，2012(05)：372-375.

[8] 孙鹏，谢裕喜，张勇，等. 管道内检测数据对齐方法与应用[J]. 油气储运，40(2)：6.

[9] 杨贺，刘新凌，李强，等. 油气管道多轮内检测数据对齐算法研究及应用[J]. 管道技术与设备，2020，No. 161(01)：25-28+32.

[10] Li Rui，Zhensheng Wang，Pengchao Chen. Development the method of pipeline bending strain measurement based on microelectromechanical systems inertial measurement unit. [J]. Science progress，2020，103(2).

[11] Jaejong Yu，Lee Jang-Gyu，Park Chan-Gook，et al. An off-line navigation of a geometry PIG using a modified nonlinear fixed-interval smoothing filter [J]. Control Engineering Practice，2004，13(11).

[12] Hart J D，Zulfiqar N，Erickson T H. 3rd Party Review of Geometry Pig Inertial Survey Data at the Colville River HDD [C]//International Pipeline Conference. American Society of Mechanical Engineers，2008.

[13] Shucong Liu，Zheng Dezhi，Wang Tianhao，et al. A novel algorithm for pipeline displacement and bending strain of in-line inspection based on inertia measurement technology [J]. Advances in Mechanical Engineering，2018，10(12).

[14] 孙浩，帅健. 长输管道内检测数据比对方法[J]. 油气储运，2017(7).

[15] 赵晓明，李睿，陈朋超，等. 中俄东线天然气管道弯曲变形识别与评价[J]. 油气储运，39(7)：6.

“天-空-地”一体化管道地质灾害识别技术体系研究

蒋　毅[1]　王小松[2]　王垒超[1]　杨　川[1]　方迎潮[1]　冯文凯[3]

[1. 国家管网集团西南管道有限责任公司科技数字中心；2. 中铁华铁工程设计集团有限公司；
3. 地质灾害防治与地质环境保护国家重点实验室(成都理工大学)]

摘　要　我国多山，地质灾害较为突出，近年来备受党和国家重视。长输油气管道作为覆盖全国的民生、战略工程，沿线地质灾害点多幅宽、需要监测区域大，其识别还停留在人工巡线发现、周期性人工专项勘评、少量点式地面装置监测的水平。利用卫星、无人机可以大范围发现地质灾害，在国土水利应急等部门已得到了广泛应用。但由于一味追求最高精度、没有体系化分级使用规则，在管道上应用的费用高启，造成单一技术短周期小规模反复试用的局面，无法推广。本文利用前期系统化基础研究成果，运用“现场试验+同步研究”方法，对黄土高原、秦巴山区、云贵高原、横断山脉等地区的管道典型区域，开展光学和SAR卫星、摄影和LiDAR无人机的地质灾害监测识别和技术研究，从监测频率、技术指标、组合方案等影响推广的关键技术方向，构建形成“天-空-地”一体化管道地质灾害识别技术体系。规范了识别频率、组合方案，显著减少费用成本，提升推广性；规定了技术指标，有效提高监测能效，强化应用性。综合应用表明地质灾害识别准确率超过80%，效果明显。该技术推广后，可以综合提高管道沿线地质灾害的自动化识别能力，降低人工勘评频率和劳动强度，为管道线路无人/少人管理打下基础。

关键词　管道；地质灾害；卫星；无人机；识别

1　引言

我国幅员辽阔，其中山地、高原和丘陵约占陆地面积的67%，地质灾害较为突出；近年来也备受党、国家和国土应急等部门高度重视。到2025年，我国油气管网规模将达24万公里，全国省区市成品油、天然气主干管网将全部连通，覆盖我国大部分地区，管道沿线地质灾害作为重要环境风险也较为突出。目前，绝大部分管道地质灾害的监测识别还停留在传统的人工巡线发现、周期性人工专项勘评、少量点式地面装置监测的水平；由于线长幅宽区域大、现场识别人员技术要求高等特点，传统的方法做不到即时、及时发现管道地质灾害。近年来，在国土、水利、农业普查等行业，基于卫星、无人机的地物变化监测识别技术越来越成熟，应用越来越广泛。管道行业也出现了部分试用和技术研究，各种监测方式的勘测、数据解译技术已较为成熟；但由于各监测公司推销自有最高精度方案、单一技术不分季节短周期短管道小规模反复试用等“各自为政”做法，造成单价费用较高，推广性较低；同时针对地势起伏、降雨、云雾、植被情况的卫星和无人机选择、监测频率设置没有规范规定，“无从选择”的管道管理企业只能“事事依从”监测公司，进一步降低了应用性。

本研究首先建立了卫星、无人机、地面调查(天-空-地)“三查”(普查、详查、核查)的监测设备和技术、数据解译方法、识别标志、工作流程等基础技术体系。进一步研究了“天-空”监测频率、技术指标、组合方案，形成“天-空-地”一体化管道地质灾害识别技术体系，通过规范监测频率、组合方案减少费用成本，提升推广性，通过规范技术指标提高监测能效，强化应用性。从而综合提高管道沿线地质灾害的自动化识别能力，降低人工勘评频率和劳动强度。本文即对其中的“天-空-地”一体化管道地质灾害识别技术体系进行论述。如图1所示。

2　研究方法和内容

本文运用“现场试验+同步研究”方法，以黄土高原天水市中贵天然气管道、秦巴山区康县兰成渝成品油管道、云贵高原晴隆县中缅天然气管道、横断山脉永平县中缅原油管道等技术条件最苛刻的4段典型山地管道为研究对象，如图2所示。开展光学和SAR(合成孔径雷达；其技术为InSAR，即合成孔径雷达干涉测量技术)卫星的全域筛查、摄影和LiDAR(激光雷达)无人机的重点探查、结合装置监测地面的现场核查，分析、研究得出了光学和SAR卫星、摄影和LiDAR无人机的监测频率、技术指标、组合方案，构建形成"天-空-地"一体化管道地质灾害识别技术体系，见表1。

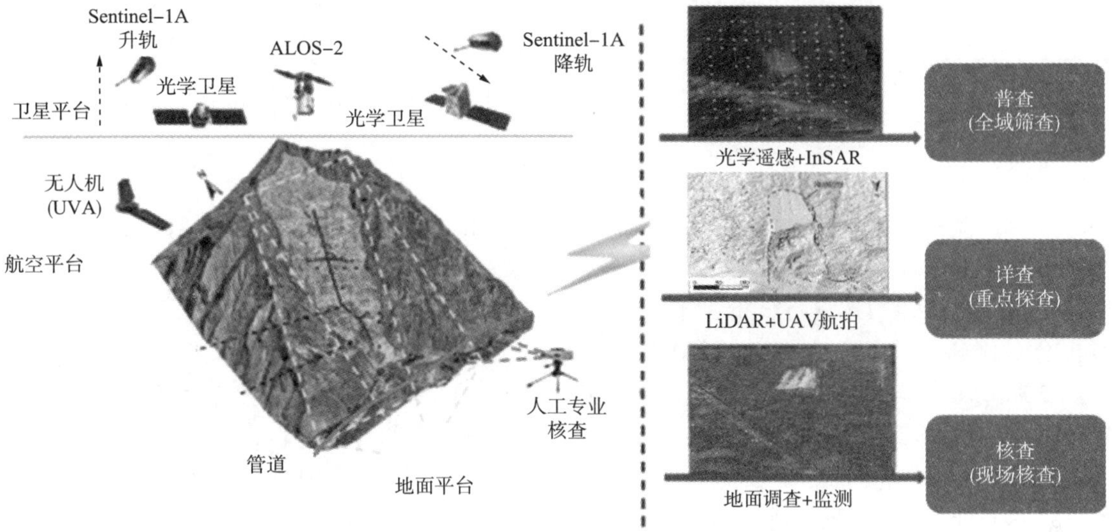

图1 "天-空-地""三查"技术体系

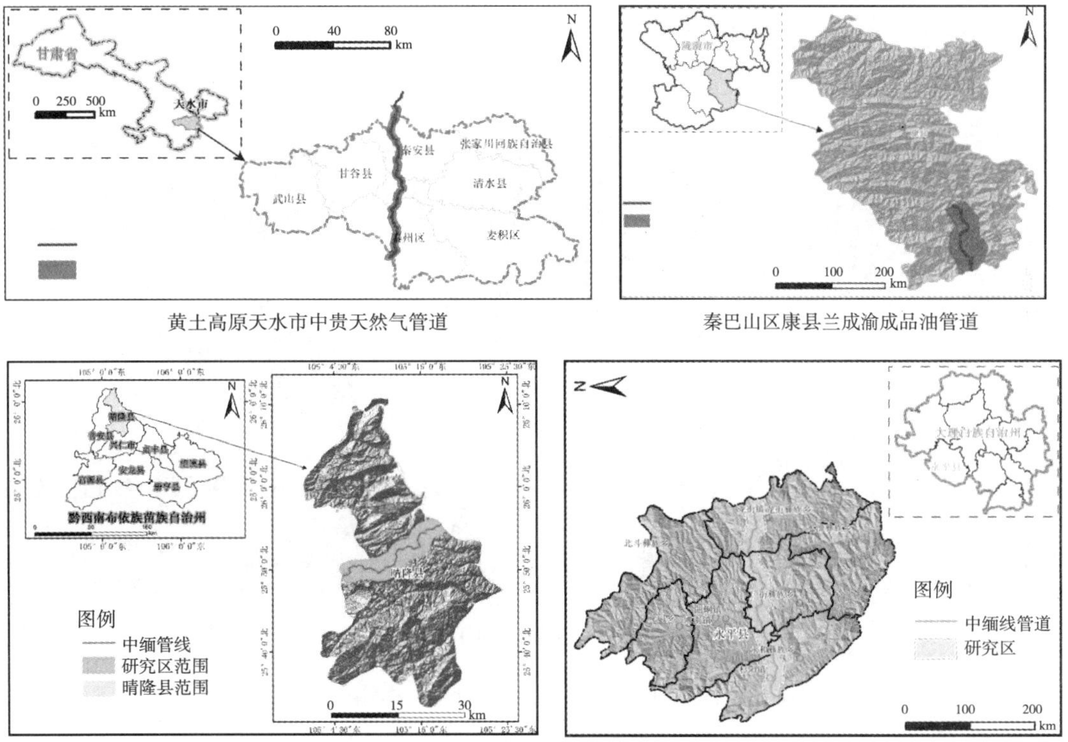

黄土高原天水市中贵天然气管道　秦巴山区康县兰成渝成品油管道

云贵高原晴隆县中缅天然气管道　横断山脉永平县中缅原油管道

图2 4段典型山地管道研究区域

表1 监测研究工作量

研究区域 / 工作内容	黄土高原	秦巴山区	云贵高原	横断山脉
InSAR技术研究	179景数据	77景数据	76景数据	83景数据
光学卫星技术研究	18幅光学影像	16幅光学影像	16幅光学影像	18幅光学影像

续表

工作内容 \ 研究区域	黄土高原	秦巴山区	云贵高原	横断山脉
摄影无人机技术研究	25处灾害点	17处灾害点	27处灾害点	21处灾害点
LiDAR无人机技术研究识别面积(km^2)	0.51	0.07	0.52	0.758
地面核查	22处灾害点	14处灾害点	22处灾害点	17处灾害点

3　研究过程示例及成果

3.1　监测频率研究

(1) InSAR监测频率

采用SBAS-InSAR(短基线集时序分析)技术对4个研究区域的卫星数据进行分析，结合历史降雨量拟合对比分析时序面状形变与降雨响应关系，如图2所示，得出基于地区干旱(降雨)情况的监测频率，见表2。

(2) 光学卫星监测频率

本文认为黄土高原、横断山脉等类似区域为非云雾遮挡区域。黄土高原雨季云雾天较少，且云雾遮盖区域较少，一般呈零星块状分布。横断山脉雨季云雾天较多，但云雾遮挡区域分布范围不广，对管道地带(管道多延山间平原带敷设)没有太大影响。

秦巴山区、云贵高原等类似区域为云雾遮挡区域，如图3所示。雨季云雾天较多，且云雾遮盖区域分布较广，灾害在雨季时难以全面观察，见表3。

(3) 摄影和LiDAR无人机监测频率

无人机(航空)摄影分辨率较高，可用于发现的重点地质形变点勘测。LiDAR无人机能剥离植被，可以发现植被下裂缝、坡度等地质特征。本文通过对滑坡、崩塌、泥石流、坡面水毁等灾种的通用分级评价规则和前期研究的摄影和LiDAR无人机识别特征分级成果对比，分析形成了无人机监测频率，见表4。

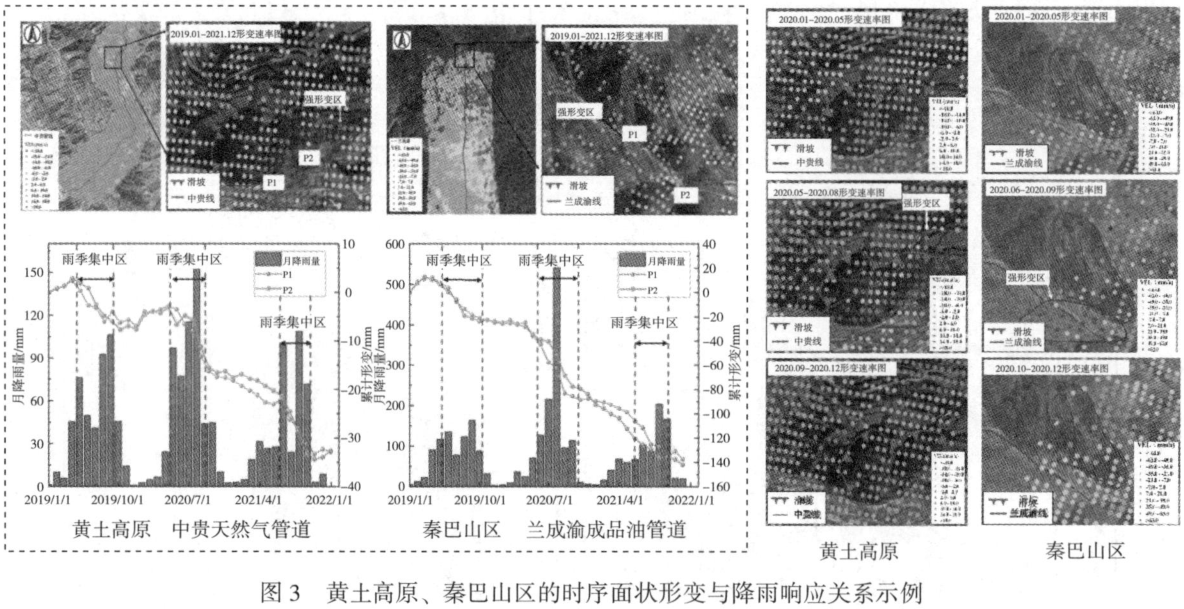

图3　黄土高原、秦巴山区的时序面状形变与降雨响应关系示例

表2　InSAR监测频率

干旱情况	降雨情况	InSAR监测频率
干旱区域 (年降雨量小于200mm)	—	1年开展1次InSAR监测
非干旱区域 (年降雨量大于或等于200mm)	雨季前	开展1次InSAR监测，标记出在雨季前发生的形变区
	雨季	开展至少1次InSAR监测，同上次结果进行对比，筛查出威胁管道的形变区
	雨季后	开展1次InSAR监测，分析雨季后的潜在隐患形变点

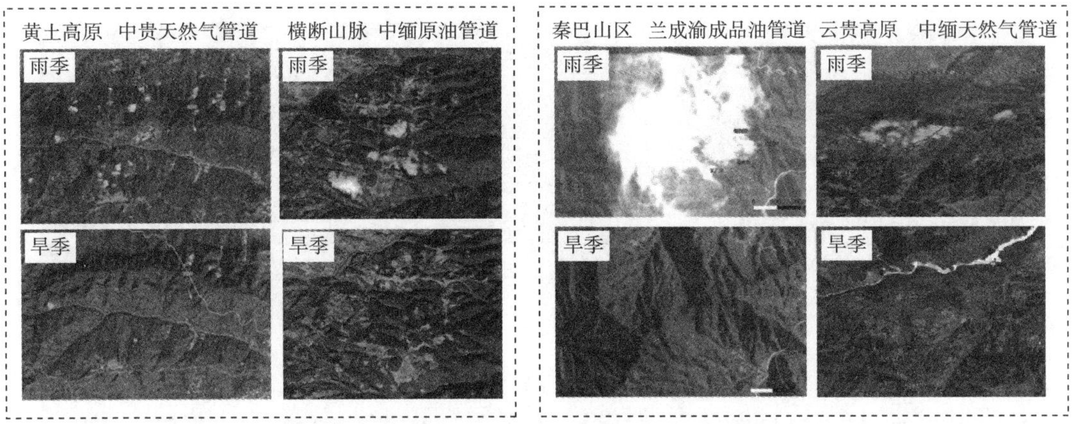

图 4　不同季节光学卫星云雾遮盖情况对比示例

表 3　光学卫星监测频率

降雨情况	雨季前	雨季中	雨季后	备注
非云雾遮挡区域	开展1次监测，标记出在雨季前发生的形变区，并开展现场复核	开展至少1次监测，同上次结果进行对比，筛查出威胁管道的形变区	开展1次监测，分析雨季后的潜在隐患形变区	在云雾密集区域，若管道穿越区域无云雾遮挡，即可视为云雾非密集区
云雾遮挡区域	开展1次监测，标记出在雨季前发生的形变区，并开展现场复核	—	开展1次监测，同上次结果进行对比，筛查出威胁管道的形变区	

表 4　摄影和 LiDAR 无人机监测频率

地区分类	无人机分类	识别特征	预警等级	危险等级	监测频率
植被稀疏(黄土高原等类似地区)	摄影	坡表变形迹象一般较明显，识别特征主要为：局部变形、坡表流水、坡表特征等	预测（中长期预报）	低	雨季前1次，雨季至少1次，雨季后1次(常态识别频率)
			预报（短期预报）	中	每月1次
植被茂密(秦巴山区、云贵高原、横断山脉等类似地区)	摄影	难以发现坡表变形迹象，识别特征主要为：灾害边界、冲沟流水、后缘裂缝、堆积体等	预警（临灾预报）	高	根据地灾的进一步发育情况，短至1天，长至1月
	LiDAR	能呈现去除植被的真实地形，识别特征主要为：裂缝、坡度等	预测（中长期预报）	低	雨季前1次，雨季至少1次，雨季后1次(常态识别频率)
			预报（短期预报）	中	三月1次
			预警（临灾预报）	高	根据地灾的进一步发育情况，短至1天，长至1月

注：a. 针对不同灾种的危险等级划规则见本研究《融合多维数据突发山地灾害精准识别技术研究报告》；
b. 植被稀疏地区使用摄影无人机就能够发现地变真实特征，不需要采用费用较高的 LiDAR 无人机(机载设备功率大、较重，无人机较大)。

3.2　技术指标研究

根据前期基础研究成果，针对卫星的多视比和分辨率、无人机的点云密度等影响勘测质量的主要参数，通过多维度效果对比，如图 5～图 8 所示。建立选择规则，见表 5。

表 5　重要技术指标汇总

植被覆盖程度	InSAR 技术	光学卫星	摄影无人机	LiDAR 无人机
植被茂密	采用多倍多视比	分辨率应达到分米级	倾斜摄影飞行高度设置为 200m，仿地飞行设置为 90～100m，运用仿地飞行为主	常态 LiDAR 获取点云密度应达到 600point/m^2
植被稀疏	采用单倍多视比		倾斜摄影飞行高度为 300m，仿地飞行设置为 150～160m	常态 LiDAR 获取点云密度应达到 350point/m^2

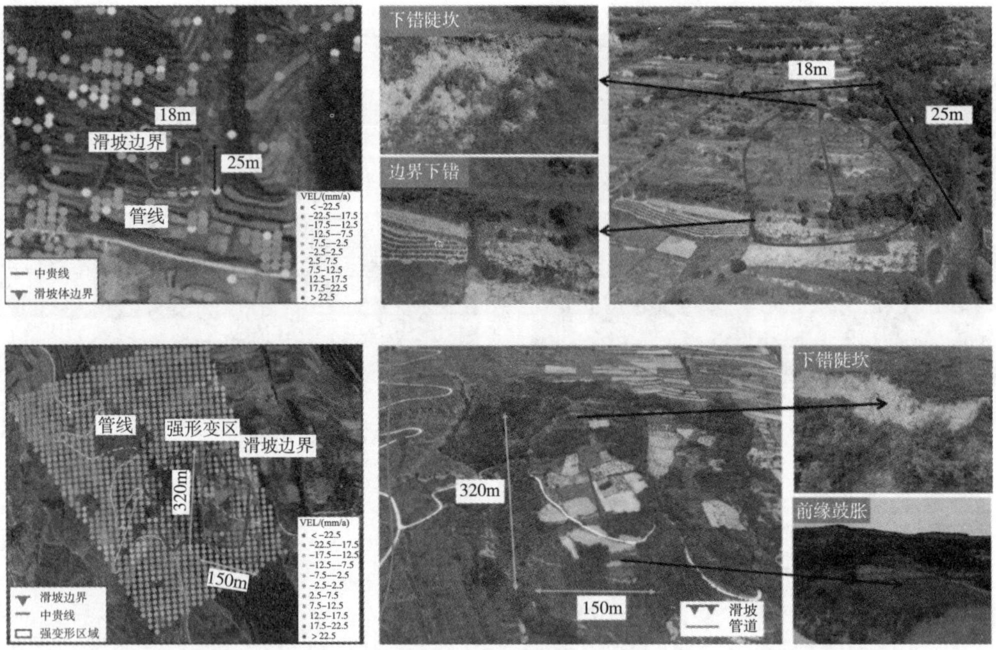

图5　InSAR技术“植被稀疏-单倍”/“植被稠密-多倍”多视比效果对比示例

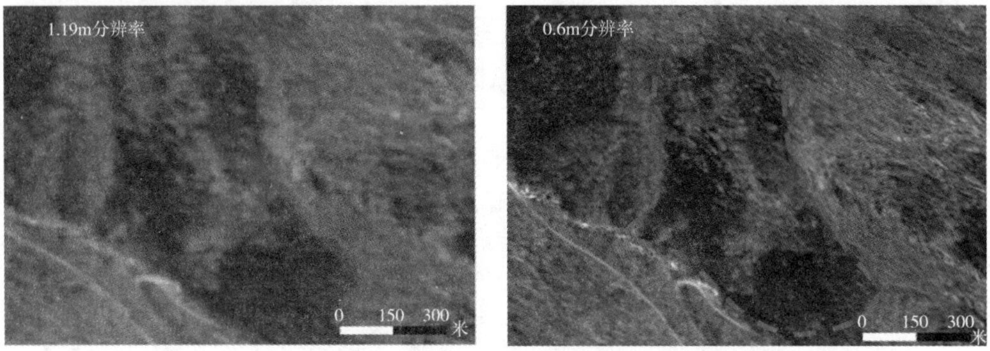

图6　光学卫星米/分米级效果对比示例

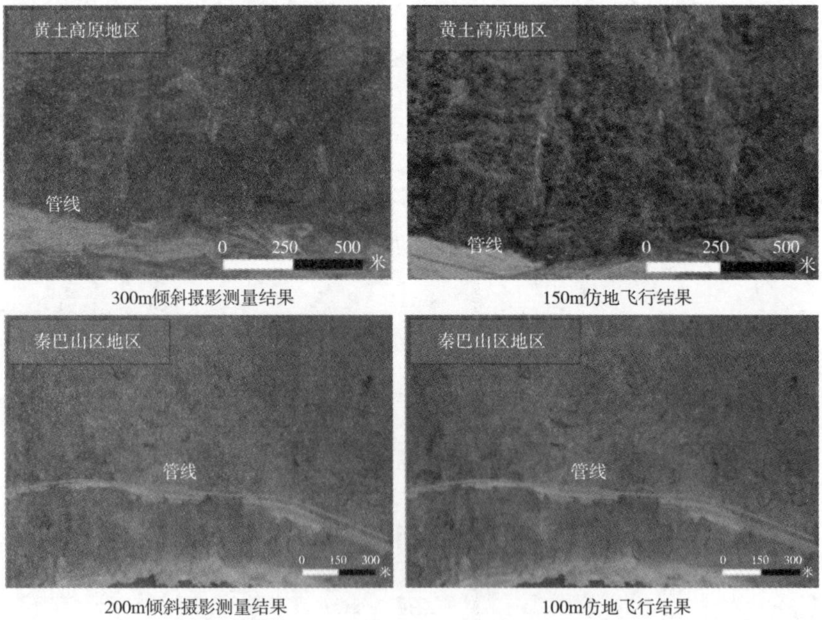

图7　摄影无人机不同飞行策略效果对比示例

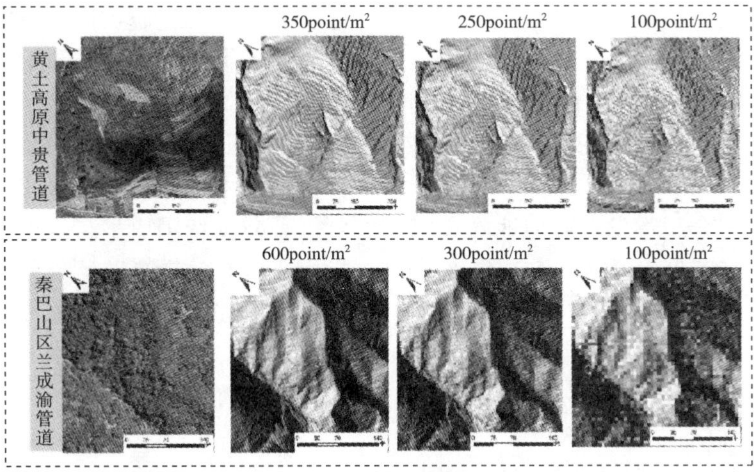

图 8　LiDAR 无人机不同点云密度效果对比示例

3.3　组合方案研究

通过对 4 个研究区域开展 SAR 和光学卫星、摄影和 LiDAR 无人机、专业地面调查，如图 9 所示，同点效果对比，构建针对植被、地形影响下的组合方案，见表 6、表 7。

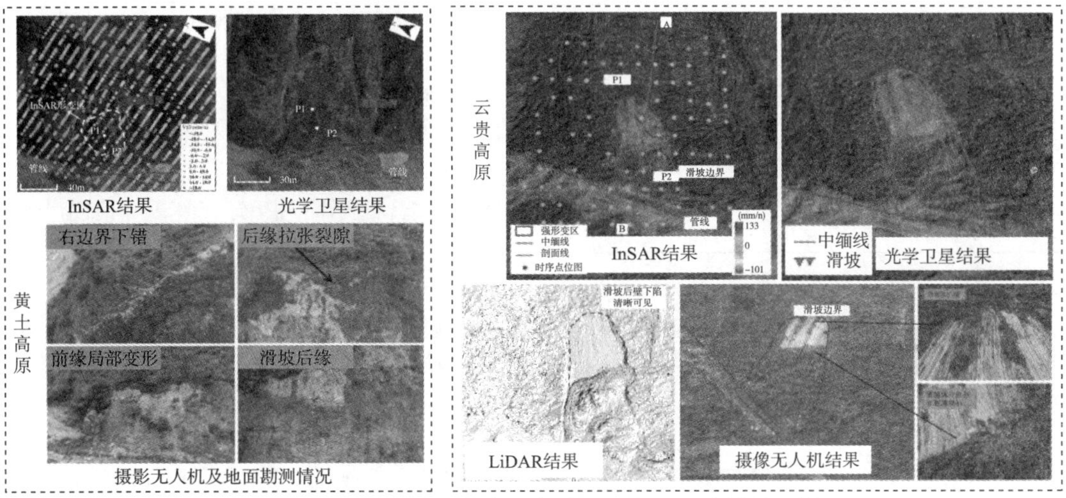

图 9　黄土高原和云贵高原各种监测方法组合效果示例

表 6　植被影响为主的组合方案

影响因素	组合方案
植被稀疏	①首先运用 InSAR 技术； ②随后运用光学卫星技术； ③最后运用摄影无人机技术
植被茂密	①首先运用高分辨率光学卫星技术为主，InSAR 技术为辅； ②随后运用 LiDAR 无人机技术； ③最后运用摄影无人机技术

表 7　地形影响为主的组合方案

影响因素	管道地质灾害识别方法组合	备注
地形崎岖	①运用光学卫星技术为主，InSAR 技术为辅； ②重点区域可结合运用摄影无人机技术； ③需进一步勘测的可运用 LiDAR 无人机技术	管道两侧各 250m 范围内地势起伏较小即视为地形平坦区域，例如横断山脉永平县的 55 公里宽山谷底地带应为地形平坦区域
地形平坦	①优先使用 InSAR 技术，可结合光学卫星技术； ②重点区域运用摄影无人机技术	

4　成果应用

运用“天-空-地”一体化管道地质灾害识别技术体系，在4段研究区域开展应用，结果如下：

（1）黄土高原，综合遥感发现疑似地质灾害点27处，现场复核22处为真实点，准确率达81.48%。

（2）秦巴山区，综合遥感发现疑似地质灾害点17处，现场复核14处为真实点，准确率达82.35%。

（3）云贵高原，综合遥感发现疑似地质灾害点27处，现场复核22处为真实点，准确率达81.48%。

（4）横断山脉，综合遥感发现疑似地质灾害点21处，现场复核17处为真实点，准确率达80.95%，如图10所示。

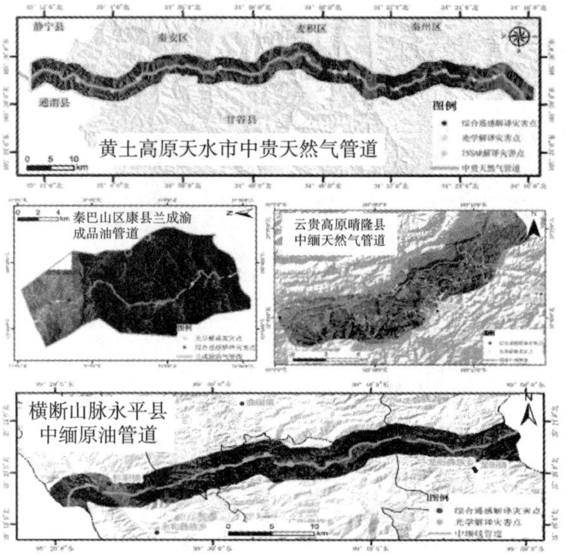

图10　4个研究区域的地质灾害点分布图

5　结论及展望

（1）根据前期研究基础，运用“现场试验+同步研究”方法，对黄土高原、秦巴山区、云贵高原、横断山脉等地区的管道典型区域，开展光学和SAR卫星、摄影和LiDAR无人机地质灾害监测、研究，从监测频率、技术指标、组合方案等需求方向，构建形成了“天-空-地”一体化管道地质灾害识别技术体系。

（2）运用“天-空-地”一体化管道地质灾害识别技术体系，在4段研究区域开展应用，综合遥感发现疑似地质灾害点92处，核实72处为明显地质灾害，单地区和综合准确率都超过80%，效果显著。

（3）研制的“天-空-地”一体化管道地质灾害识别技术体系，规范了识别频率、组合方案，可显著减少费用成本，提升推广性；规定了技术指标，可有效提高监测能效，强化应用性。推广后，可以综合提高管道沿线地质灾害的自动化识别能力，降低人工劳动强度，为管道线路无人/少人管理打下基础。

参　考　文　献

[1] 中国地理概况．中国政府网，2024.08.23.

[2] 中长期油气管网规划．中国国家发改委和国家能源局，2017.05.17.

[3] 刘国祥，陈强，丁晓利．基于雷达干涉永久散射体网络探测地表形变的算法与实验结果[J]．测绘学报，2007(01)：13-18.

[4] 刘智学，薛东剑．基于Sentinel-1A数据的地表形变监测[J]．地理空间信息，2021，19(11)：92-95+8.

[5] 苗朝，石胜伟，张勇，等．基于时间序列InSAR技术的川东红层滑坡识别及变形规律[J]．科学技术与工程，2019，19(18)：245-252.

[6] 石菊松，吴树仁，石玲．遥感在滑坡灾害研究中的应用进展[J]．地质论评，2008(04)：505-514+579.

[7] 曾德耀，周富春，蒋海涛，等．基于无人机航测技术的三峡库区地质灾害调查监测方法研究[J]．绿色科技，2015(01)：209-211.

[8] 张路，廖明生，董杰，等．基于时间序列InSAR分析的西部山区滑坡灾害隐患识别——以四川丹巴为例[J]．武汉大学学报(信息科学版)，2018，43(12)：2039-2049.

[9] 张琼，沈民奋，常春起．一种新的SAR图像斑点噪声自适应抑制方法[J]．系统工程与电子技术，2011，33(06)：1420-1424.

[10] 张威，吴仍武，刘勇．D-InSAR技术在地面变形监测中的应用[J]．科技信息，2014(01)：79+109.

[11] Darren Turner，Arko Lucieer，Steven M. de Jong. Time Series Analysis of Landslide Dynamics Using an Unmanned Aerial Vehicle（UAV）[J]. Remote Sensing，2015，7(2).

[12] D. Di Martire，M. Paci，P. Confuorto，et al. A nation-wide system for landslide mapping and risk management in Italy：The second Not-ordinary Plan of Environmental Remote Sensing [J]. International Journal of Applied

Earth Observation and Geoinformation, 2017, 63.

[13] F. Fiorucci, M. Cardinali, R. Carlà, et al. Seasonal landslide mapping and estimation of landslide mobilization rates using aerial and satellite images[J]. Geomorphology, 2011, 129(1).

[14] George E. Hilley, Roland Bürgmann, Alessandro Ferretti, et al. Dynamics of Slow-Moving Landslides from Permanent Scatterer Analysis[J]. Science, 2004, 304(5679).

[15] Hui Dai, Lan Du, Yan Wang, Zhaocheng Wang 0002. A Modified CFAR Algorithm Based on Object Proposals for Ship Target Detection in SAR Images. [J]. IEEE Geosci. Remote Sensing Lett., 2016, 13(12).

[16] Janusz Wasowski, Fabio Bovenga. Investigating landslides and unstable slopes with satellite Multi Temporal Interferometry: Current issues and future perspectives [J]. Engineering Geology, 2014, 174.

[17] Juan Carlos García - Davalillo, Gerardo Herrera, Davide Notti, et al. DInSAR analysis of ALOS PALSAR images for the assessment of very slow landslides: the Tena Valley case study[J]. Landslides, 2014, 11(2).

连续收油技术在 A 转油站中的可行性研究

李晓慧

（大庆油田有限责任公司）

摘　要　截止到 2023 年底全厂站场员工总数为 1386 人，预计未来五年自然减员 578 人，新建产能井不断增多，未来 3 年，将新增油水井约 259 口，单井综合用工比不断增加，面对人力资源紧张与生产规模逐步扩大的矛盾，减少人力成本，提高生产效率，通过数字化手段对站场进行升级改造势在必行。转油站作为石油生产过程中的重要环节，承担着油气分离、脱水、计量、供热等关键任务，随着无人值守转油站在石油行业中的应用越来越广泛，未来我厂的转油站将逐步按照无人值守标准进行数字化改造，A 转油站已进行无人值守数字化改造，目前加热炉、除油器收油工艺在大庆油田转油站无人值守技术规定中没有相关规定，加热炉、除油器收油均需员工在加热炉区、容器区、泵房来回频繁操作，因此，加热炉、除油器收油工艺是制约转油站场实现无人值守的重要因素，本文对 A 转油站加热炉、除油器收油工艺进行了分析，探讨了加热炉、除油器收油流程，并提出更换小排量收油泵、将加热炉、除油器收油阀改成电动阀实现加热炉 24 小时连续自动收油、除油器间歇半自动收油的生产模式，通过本文分析，旨在为转油站收油工艺无人值守提供参考。

关键词　转油站；无人值守；连续收油；加热炉；除油器；

1　概述

A 转油站建于 1993 年，负责 16 座计量间的 215 口水、聚驱采油井的油气分离和转输任务，站内采用“三合一”处理工艺，主要将计量间来液进入三合一装置进行油、气、水分离，分离后含水油经输油泵外输至脱水站进行脱水处理；含油污水自压输至掺水热洗炉加热后输送至计量间并回掺井口；天然气经除油器、干燥器外输至集气站。

三合一的水出口的含油污水进入二合一加热炉后，受重力分离影响水中少量污油会聚集到加热炉收油段，该部分污油需定期回收，长期不收会影响加热炉水质，具体情况如图 1 所示。

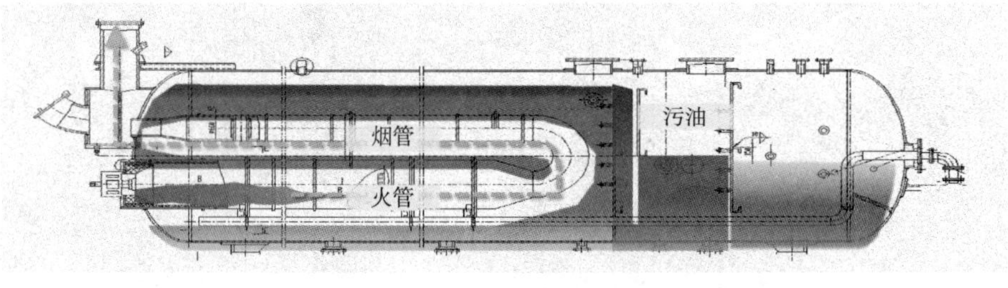

图 1　加热炉内部结构图

三合一气出口的天然气经除油器捕雾分离出来的污油、污水会沉降到除油器罐底，该部分污油污水积攒到除油器高液位时需回收，具体情况如图 2 所示。

2　目前 A 转油站收油存在问题

岗位员工需根据实际生产情况每周对 6 台二合一进行两次收油，每次二合一收油操作流程为：岗位员工需先在加热炉区开打二合一收油阀门，然后去泵房启收油泵进行收油，一台二合一收油完毕后，再去加热炉区打开下一台二合一收油阀门，再关闭上一台二合一收油阀门，每台二合一收油约 1 小时，6 台加热炉收油完毕后岗位员工去泵房停收油泵，再去加热炉区关闭收油阀。全过程需要岗位员工现场开关收油阀门 12 次，岗位操作频繁。除油器收油流程为：当除油器液位到达 1m 时，岗位员工到容器区打开除油器收油阀门，然后去泵房启收油泵进行收油，当除油器液位下降至 0.5m 时，去泵房停收油泵，再去容器区关闭除油器收油阀门。除油器收油时需岗位员工同时监控容器区及泵房运行工况。在该站进行无人值守标准数字化改造中，加热炉、除油器收油工艺是制约转油站场实现无人值守的重要因素。

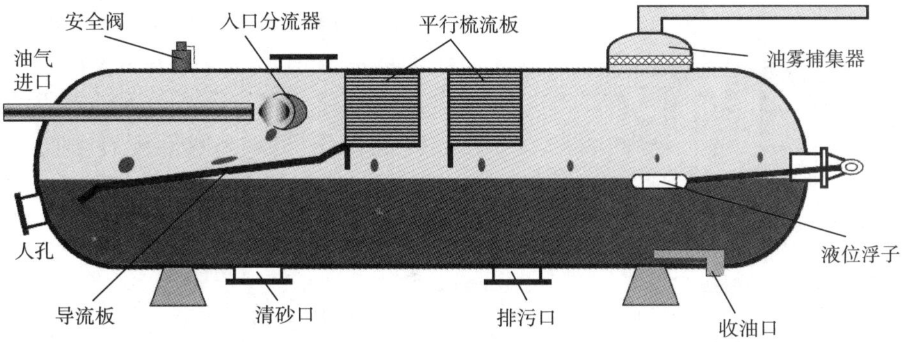

图 2　除油器内部结构图

目前 A 转油站已建二合一加热炉 6 台，除油器 1 台。具体设备明细见表 1。

表 1　萨北 22 转油站主要设备统计表

序号	设备类型	设备规格	单位	数量	编号	单台能力	建设时间	备注
1	二合一掺水热洗炉	φ3×13m	台	1	1	2MW	1993	水驱
2	二合一掺水热洗炉	φ3×15m	台	1	2	2.5MW	1993	水驱
3	二合一掺水热洗炉	φ3×15m	台	1	3	2.5MW	1993	水驱
4	二合一掺水热洗炉	φ3×15m	台	1	4	2.5MW	2013	水驱
5	二合一掺水热洗炉	φ3×15m	台	1	5	2.5MW	2013	聚驱
6	二合一掺水热洗炉	φ3×10.6m	台	1	6	1MW	1993	聚驱
7	除油器	Φ2.2×7m	台	1	1	40~50m^3/d	1993	

3　连续收油技术研究

A 转油站已进行无人值守数字化改造，为实现收油工艺无人值守，将收油泵改为小排量泵（3m^3/h），将二合一收油阀门改为电动阀，同时根据加热炉内部结构图，计算收油段总体积为 8.478m^3，可收油体积为 2.07m^3，确定每台二合一收油时间为 1 小时，通过站内控制系统自动判断二合一收油液位是否高于收油低液位，高于收油低液位自动打开二合一收油阀，对二合一进行收油，低于收油低液位则不予收油，6 台二合一连续 24 小时自动收油。加热炉内部结构、收油段局部结构具体如图 3、图 4 所示。

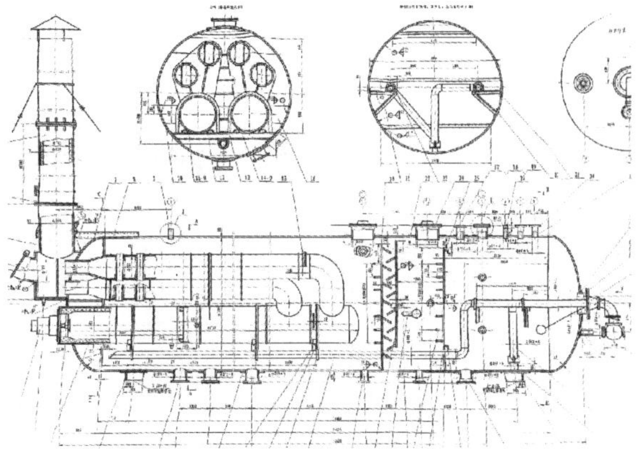

图 3　萨北 22 号站加热炉内部结构图

由于除油器收油频次相对较低，夏季 2 个月 1 次，冬季 1 个月 1 次，当除油器液位达到 1m 时，站内控制系统报警，岗位员工通过监控系统收油界面从二合一连续自动收油切换至手动，在界面手动停收油泵、关闭二合一收油阀门后，打开除油器收油阀门，通知巡检人员启泵为除油器收油，液位收至 0.5m 时，岗位员工在收油界面停收油泵，关闭除油器收油阀门，打开二合一收油阀门，通知巡检人员启泵，再切换至二合一连续自动收油。

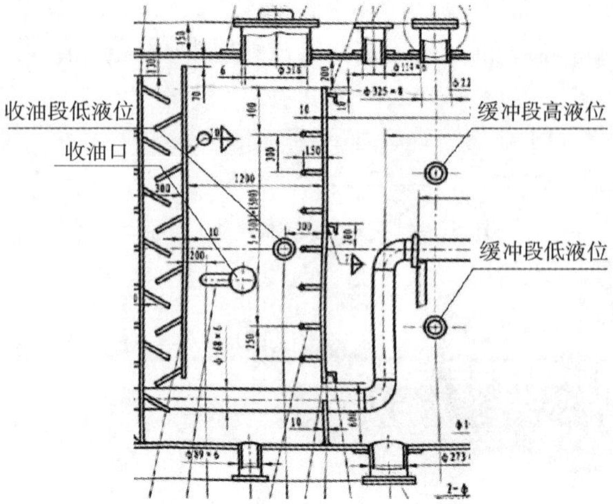

图4　萨北22号加热炉收油段局部结构图

4　总结

目前转油站生产中，二合一、除油器收油工艺岗位员工操作频繁，随着站场数字化建设不断推进，员工数量将不断精简，收油工艺是制约转油站场实现无人值守的重要因素。通过更换小排量收油泵、将二合一、除油器收油阀改成电动阀实现二合一24小时连续自动收油、除油器间歇半自动收油的生产模式，通过本文论述，旨在为保障无人值守模式下收油系统操作提供参考，未来收油工艺运行中，减少岗位员工现场操作频次，提高站场智能化水平，具有较好的社会效益。

浅析油气站场"无人值守"优化设计与数字化技术应用实践

郭嘉骏

（大庆油田有限责任公司）

摘　要　在生产规模逐步扩大，人力资源日趋紧张的矛盾下，传统油气站场的生产管理已不适应未来数字化油田的管理体系，通过对油气站场重点工艺流程以及联锁控制方式进行应用分析，依托油田物联网建设及数字化转型模式，通过对顶层规划、设计方案的优化提升，运用数字化、智能化等关键技术，合理制定整体技术方案，针对重点站场开展运行试验及效果分析，在提高站场整体运行效率，满足各项生产指标的前提下，最大程度的减少人工参与度，实现油气生产站场的"无人值守"生产运行，并探索与之相匹配的管理运维模式，促进生产站场的管理方式变革，提升站场本质安全，推动油田数智化转型发展。

关键词　无人值守；数字化；智能化；优化提升；关键技术

在油田数字化转型的形势下，为实现老油田油气生产站场的"无人值守"生产运行，通过对生产工艺流程进行梳理，分析事故状态下的应急处置时间和联锁控制逻辑，设置满足 SIL1 的事故应急处理流程，保障在无人值守的状态下实现站场的安全平稳生产，同时结合实际生产管理需求通过运用数字化技术，将"加药""热洗""收油""匀流控制"等现场操作进行数字化替代，将岗位员工现场操作的方式转变为远程监控的数字化运行方式，结合站场事故应急处置时间，合理布置巡检单元。最终实现油气生产站场的"无人值守"生产运行。验证了通过顶层规划、设计的优化提升，配套自控系统升级完善，配合运用数字化关键技术及物联网模式下的"无人值守"站场巡检运维体系，实现了老油田"三合一"处理工艺转油站"无人值守"生产运行的可行性。

1　引言

当前，发展数字经济已经上升为国家战略，成为"第四次工业革命"的制胜关键。为有效应对新一轮的行业竞争挑战，集团党组制定并下发了《关于数字化转型、智能化发展的指导意见》，要求各油气田企业以建设"数智中国石油"为目标，深化推进数字化转型、智能化发展，为加速抢占能源转型新高地。科技创新是第一动力，数字化转型、智能化发展是必由之路，能够推动全领域业务结构与管理模式变革，加快构建新型生产组织模式及新质生产力，以"数智油田"为战略引领，在智能感知、智能控制、智能预警、智能协同、智能分析、智能决策六个方面加速推进新型油气田建设。

目前油田已完成整体物联网转型建设，基本实现了以各作业区生产管理中心为核心的数字化生产运行，单井及小型站场已实现数字化赋能，由传统人工日常巡检转变为远程监控按需巡检，并通过数字化技术实现了产量计量、油藏分析、泵况诊断、结蜡热洗分析、能耗统计、智能调参等应用功能，但针对各类生产站场的数字化转型仍不完善，目前仅针对注入站、注水站等"水处理"站场的"无人值守"建设相对完善，对于安全风险较高，事故应急处置时间较短的"油气处理"站场"无人值守"技术方案仍不完善。

为进一步提升站场工艺协同联动能力，优化劳动用工，深入挖掘数字化"减员、增效"潜力，构建油气生产站场"无人值守"的数智化运行模式，通过完善采集、控制点位、转变控制方式、升级站控系统、改造工艺流程等措施，形成"中心集控+区域运维"的数智化运行模式，实现中型站场无人值守、大型联合站少人值守，缓解"井站规模持续扩大、员工总数逐年减少，生产用工不足"的矛盾。最终实现生产参数自动采集、生产设备状态自动监测、生产过程自动控制、超限自动报警及安全联锁保护等功能，构建形成场站"无人值守、集中监控、定期巡检、应急联动”的智能化生产组织方式，促进生产管理方式变革，提升站场本质安全，有力推动油田提质增效。

2　技术思路和研究方法

选取试验油气生产站场，通过工艺优化改造，对照集中监控数字化建设标准，针对远程监控需求、事故应急处置等增设远程或联锁控制仪表，并通过数字化关键技术，对部分生产工艺进行数字化替代，并同步进行站控系统升级，按照A11油气生产物联网的整体架构要求，依托已建SDH光传输环网或新建工业以太网交换机环网，将生产数据实时上传至作业区生产管理子系统，实现对无人值守转油站的远程监控，紧急情况“一键处置”，确保站内安全平稳运行，并对整体技术方案进行HAZOP分析和现场辅助试验以论证其可行性，最终形成相关“无人值守”建设标准，实现对后续油气站场的数字化建设及生产管理起到指导意义。

2.1　试验站场

试验站场始建设于1993年，目前所辖水驱计量间7座，油井88口，负荷率46%，聚驱计量间7座，油井115口，负荷率70%，站内采用“三合一”处理工艺，处理后的水驱高含水油外输至下游脱水站，聚驱高含水油外输至下游转油放水站，见表1。

表1　试验转油站主要设备统计表

序号	设备名称	规格型号	单位	数量	总能力	单台能力	负荷率/%	建设年限	备注
1	三合一	Φ4×16m	台	2	12800t/d	6400t/d	46	1993	水驱
2		Φ4×16m	台	1		6400t/d		1993	互备
3		Φ4×16m	台	2	8500t/d	4250t/d	70	1997	聚驱
4	外输油泵	8SH-9	台	3	726m³/h	288m³/h	14	2000	水驱
5		8SH-9A	台	1		270m³/h		1999	
6		DYGA250-40×3	台	2	370m³/h	250m³/h	47	2007	聚驱
7		DYGA120-30×4	台	1		120m³/h		2007	
8	掺水泵	YDJ100-25×9	台	1	180m³/h	100m³/h	55	2005	水驱
9		125D-25×9	台	1		101m³/h		2005	
10		80D-50×5	台	1		80m³/h		2005	
11		125D-25×9	台	2	100m³/h	100m³/h	74	2208	聚驱
12	热洗泵	DGKG30-45×12	台	2	60m³/h	30m³/h	100	2016	
13	二合一加热炉	1.0MW	台	1	3.5MW	1.0MW	89	1997	热洗
14		2.5MW	台	1		2.5MW		1993	
15		2.5MW	台	2	5MW	2.5MW	80	1993	水驱掺水
16		2.5MW	台	1	4.5MW	2.5MW	66	1997	聚驱掺水
17		2MW	台	1		2MW		1997	

2.2　生产流程及难点

转油站接收计量间或单井来液，通过“三合一”(分离缓冲游离水脱除器)进行气液分离，气相通过除油器外输；液相中的油水混合物通过外输泵输送至联合站；液相中的分离出来的游离水进入二合一加热缓冲装置加热后，通过掺水泵或热洗泵输送至计量间，最终到井口实现掺水集输或洗井。

老油田“三合一”流程转油站无人值守实施难点分析：一是来液控制难，站场无事故罐，来液不稳定时需人为干预；二是匀流控制难，设备数量多，多台“二合一”加热装置并联运行，存在偏流、过载和烧损可能，管理中安全风险大，人为干预环节多，应急处理难度大；三是加热炉及机泵控制风险高，加热炉及机泵的操作运行均有较严格的操作规程，加热炉通常需要就地启动、输油泵在长时间停运时，需要手动盘泵后，就地启动、加热炉和机泵的运行参数需要实时上传到中控室，出现故障时，需要及时停，甚至远程启动备用设备。

2.3 生产工艺优化完善

（1）生产工艺优化简化

目前站内为水、聚驱独立运行，容器和泵房为分开布置，设备能力得不到综合利用。取消聚驱部分，新建水聚驱来液阀组连通管道，水聚驱来液统一由原水驱三合一处理，原水驱掺水泵承担所辖井掺水任务，原聚驱容器、设备利旧为事故流程，如图 1 所示。

（2）事故应急时间及流程分析

分析最极端情况，由于自然灾害（如大风雪、雷击、暴雨）、供电事故以及其他原因，导致的全站失电事故（站停井不停），在运三合一可缓冲时间为 34.8 分钟，如图 2 所示。

事故全站停电时，在运三合一液位持续升高，到达高液位时，高液位报警；到达高高液位时报警联锁打开备用三合一进口电动开关阀及出气支管电动开关阀，联锁关闭在运三合一进液支管电动开关阀和出气支管电动开关阀，利用备用三合一做事故缓冲容器，备用三合一容量约为 138.6m³，可增加事故缓存时间 33.1 分钟，如图 3 所示。

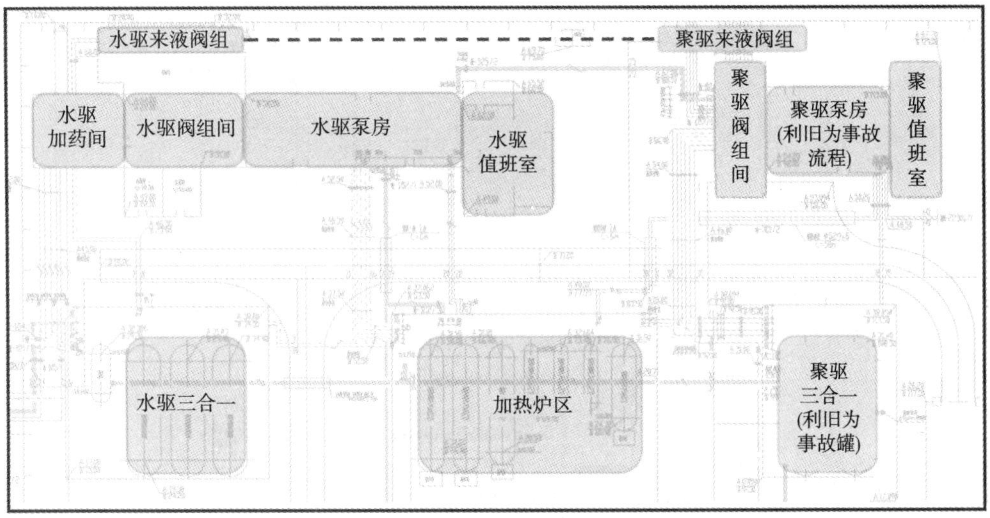

图 1　工艺流程优化示意图

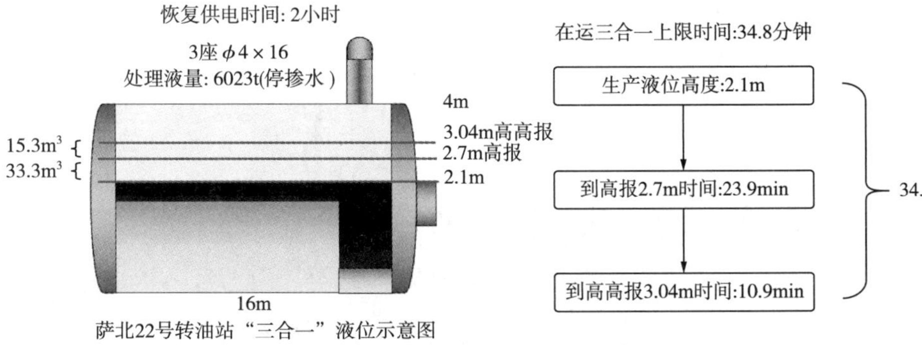

图 2　萨北 22 号转油站"三合一"液位示意图

关闭备用三合一进口阀门及气出口阀门，以防止备用三合一液位继续升高，如仍有来液，开启越站流程，失电事故一般发生在大风雪、雷击、暴雨等极端天气，"一键停井"功能易出现通信故障，且"一键停井"功能，经过试验，10 口井以下成功率高，但多于 10 口大面积停井时，会出现部分井未接受到停井指令，需要反复操作，建议："一键停井"功能仍需进一步调试，保证成功率，减少人员现场停井，提高时效。

当备用三合一高高报，井未全部停下来，仍有来液量，为防止冒罐事故发生，应切断所有三合一进液阀，开启越站流程，通知下游脱水站打开事故分离器流程，接收井上来液，如图 4 所示。

转油站外输油管道随着运行时间的延长会出现缩径现象，首先通过 pipephase 软件计算缩径后的外输管道规格，经 pipephase 软件模拟计算，转油站至脱水站混输管道压降为 0.38MPa，推算各节点集输压力，如图 5、表 2 所示。

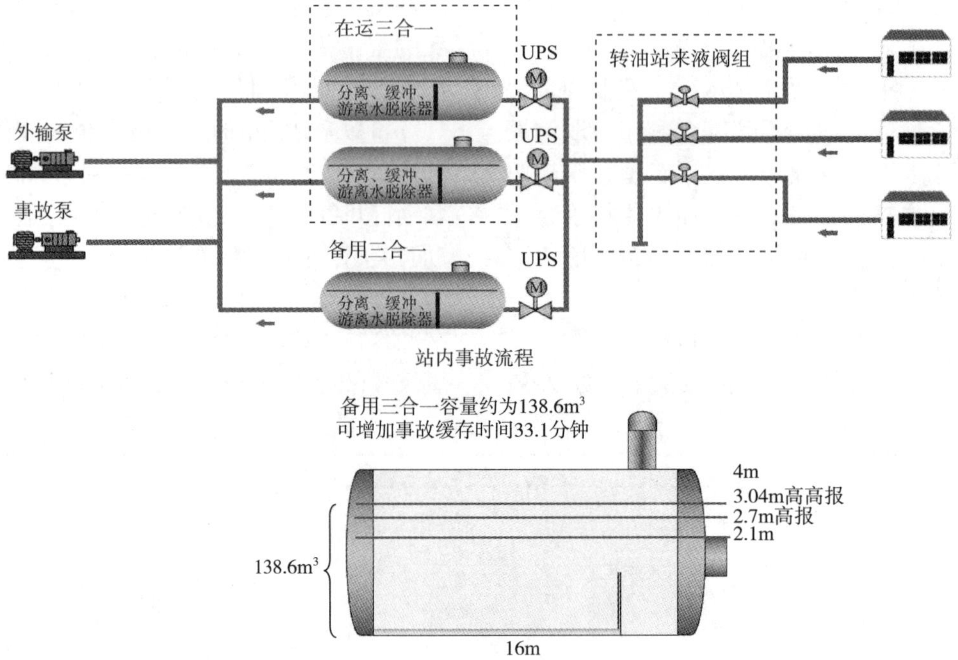

图3　备用三合一

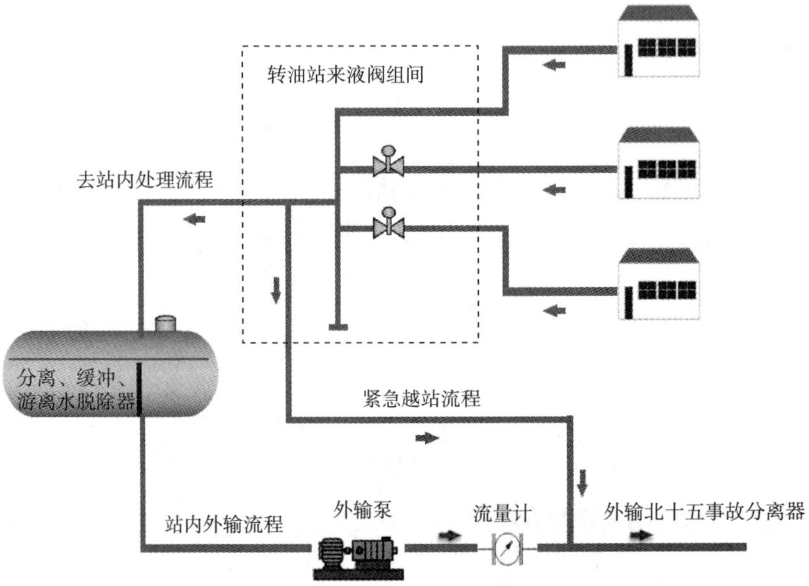

图4　紧急越站流程

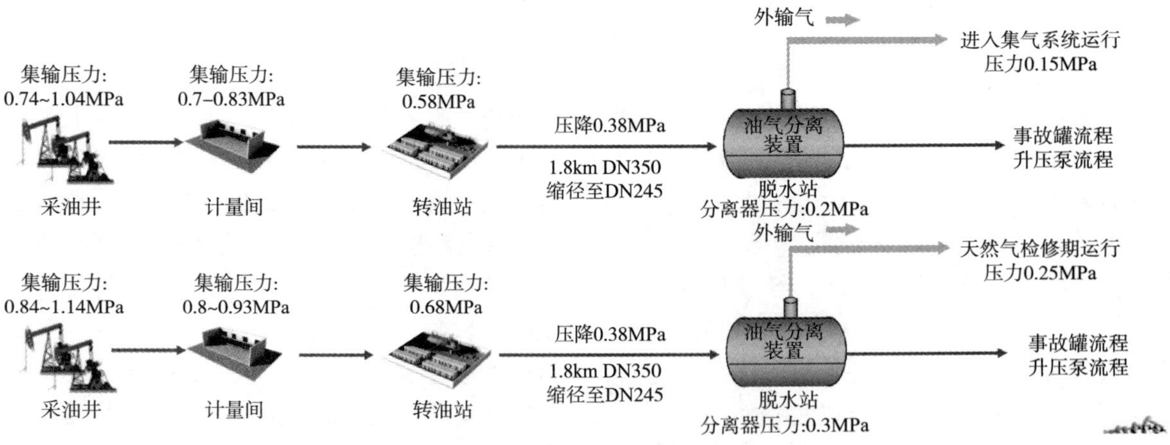

图5　推算各节点集输压力

表 2　试验转油站所辖单井井口回压统计表

井口回压范围/MPa	0.7~0.8	0.8~0.9	0.9~1.0	≥1.0	备　注
采油井数量/口	55	71	66	23	井口回压超过 1MPa 采油井盘根密封渗漏，断脱漏失概率大幅增加；井口组合阀、地面管道穿孔风险增加
占比/%	25.6	33	30.7	10.7	

经计算，89.3%的采油井可以通过越站流程集至下游脱水站，发生事故时应立即关停回压≥1.0MPa 的 23 口采油井，同步启用越站流程，使剩余单井越站，综上，通过完善试验转油站越站流程、增加三合一进口电动阀并采用 UPS 供电以及下游脱水站事故分离器，从而防止事故状态下计量间来液继续进入三合一，造成冒罐事故发生，原则上尽量不用站外排污池，但转油站备用三合一液位持续升高，为了防止冒罐风险，可以泄放至转油站已建排污池，备用三合一到达高液位时，联锁打开备用三合一出水口电动阀，联锁打开水出口汇管电动阀，紧急泄放至排污池，排污池容积为 200m^3，可增加事故缓存时间 47.8 分钟，紧急处置上限时间为 62.1 分钟，如图 6 所示。

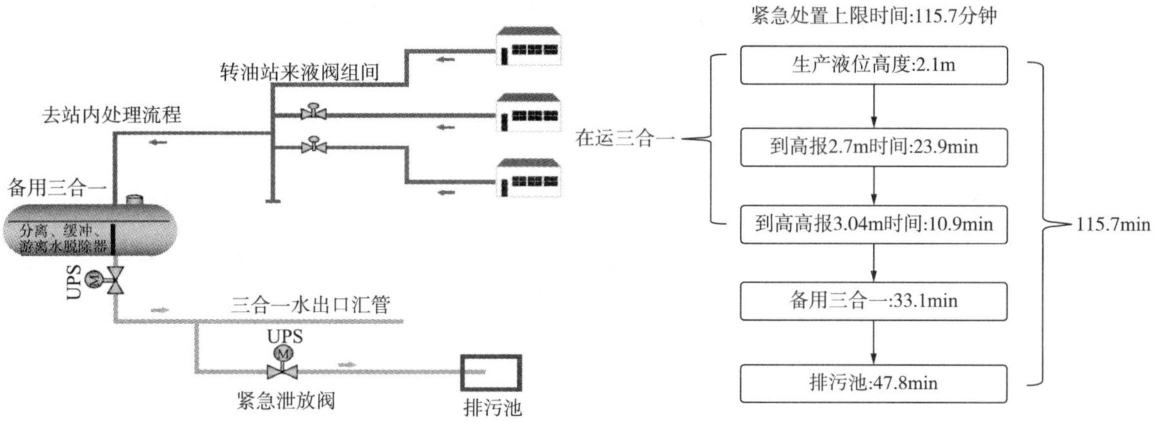

图 6　紧急处理

由于环保等压力，原则上尽量不越站，不排污，但当出现全站停电(站停井不停)的极端事故时，生产指挥中心应及时报备，果断处理，指派紧急队伍现场处置，同时判断是否可以短时间内恢复供电，如在运及备用三合一缓冲时间(应急时间 67.9 分钟)，可以恢复，无需停井、越站及排污。如短时间无法恢复，优先考虑“一键停井”，必要时采用越站或排污，二选一。如考虑影响产量等因素，建议优先考虑越站流程。

2.4　数字化提升

在工艺优化的基础上，按照“无人值守”建设模式，进行数字化提升，将转油站划分为 11 个工艺单元，分单元对工艺流程的数据采集、远程控制、自动联锁控制、紧急工况控制措施等进行分析，对重要生产单元的数据采集报警联锁控制进行完善。其中对常规生产工艺参数的数字化采集本文不再列出，仅对“无人值守”转型建议增补内容进行统计，具体详见表 3。

2.5　异常工况梳理

根据各工艺节点分析，主要存在 6 大类 24 种异常或事故情况，并按风险等级进行分类，见表 4。

表 3　转油站无人值守增设内容统计表

序号	单元/模块	测控对象	无人值守站场增设				备　注
			显示	报警	控制	联锁	
1	进站单元	事故越站			√		具备越站条件时设置，设电动阀，可远程开关，UPS 供电

续表

序号	单元/模块	测控对象	无人值守站场增设				备　注
			显示	报警	控制	联锁	
2	分离、缓冲游离水脱除器	进液支管				√	设电动阀门，可远程开关，用于高高液位时流程切换以及阻断站场来液，UPS供电
		水出口汇管紧急泄放					和油室缓冲段高高液位报警开关联锁，设电动阀可远程开关，UPS供电
		气出口支管	√	√	√		高、低压力报警，设具有调节功能的电动阀(不设前后截断阀和旁通阀，阀前定压)，可远程开关
		气出口汇管			√		高报警，超压联锁放空(具备调节功能)，设电动阀可远程开关，UPS供电
		备用“三合一”出水口支管				√	设电动阀可远程开关，UPS供电
3	加热单元	加热缓冲装置收油段低液位				√	设电动开关阀，可远程开关
		加热缓冲装置进、出口支管			△		加热缓冲置台数≥3台时，进口支管设具有调节功能的电动阀(不设前后截断阀和旁通阀)，出口支管宜设远程开关电动阀
4	天然气除油器	液位			√	√	高、低液位报警设电动开关阀，可远程开关低低液位联锁停收油泵
5	机泵单元	泵进口支管压力	√	√			设在过滤器与泵进口之间，与进口汇管压力做差压报警
		机泵变频设置			√		外输油、掺水泵应配置变频调速系统
6	外输单元	外输油压力		√			高、低报
							流量计后取压和外输油泵出口汇管压力做差压报警
7	燃料气单元	燃料气汇管紧急关断					可远程开关电动开关阀、UPS供电
8	回收单元	污油缸液位	√	√		√	高、低液位报警、低液位联锁停污油泵、高高液位启污油泵
		污油泵状态	√				远程启、停泵

表4　异常情况、事故情况统计表

序号	单元/模块	风险情况	风险等级			
			低风险(L)	中风险(M)	高风险(H)	极高风险(E)
1	进站单元	站间管线大面积穿孔		√		
2		站间管线小范围沙眼	√			
3		阀组间内管线泄漏			√	
4		大范围停井		√		
5	二合一加热炉单元	二合一气平衡阀失效	√			
6		烧火间燃料气泄漏			√	
7		加热炉漏液等异常情况		√		
8	机泵单元	机泵过滤器堵塞	√			
9		机泵抽空、憋压		√		
10		在运机泵突发事故停机			√	

续表

序号	单元/模块	风险情况	风险等级			
			低风险(L)	中风险(M)	高风险(H)	极高风险(E)
11	外输单元	外输油流量计过滤器堵塞		√		
12		外输油管道穿孔泄露		√		
13		下游站场出现事故，无法接收本站外输液			√	
14		外输气外输管线冻堵或外输气管线泄漏			√	
15		计量阀组气管线穿孔发生气体泄漏			√	
16		返干气管泄漏				
17	加药单元	加药泵失效及加药管道及罐体渗漏	√			
18	其他情况	阀门闸板脱落		√		
19		现场仪表失灵	√			
20		控制系统故障			√	
21		通信系统故障		√		
22		单侧停电			√	
23		全站停电				√
24		火灾事故				√

2.6 重点工艺数字化替代

① 加热炉自动托管

通过对加热单元进行数字化替代，配置加热炉集控装置，实现加热炉智能托管，在保证加热炉安全的前提下，智能稳定运行，生产温度精准控制，一方面提高整个加热炉系统的智能化、自动化程度的同时也提高系统稳定性和可靠性。另一方面不再依赖于操作人员的经验，降低人力成本的同时提高了生产效率，如图7所示。

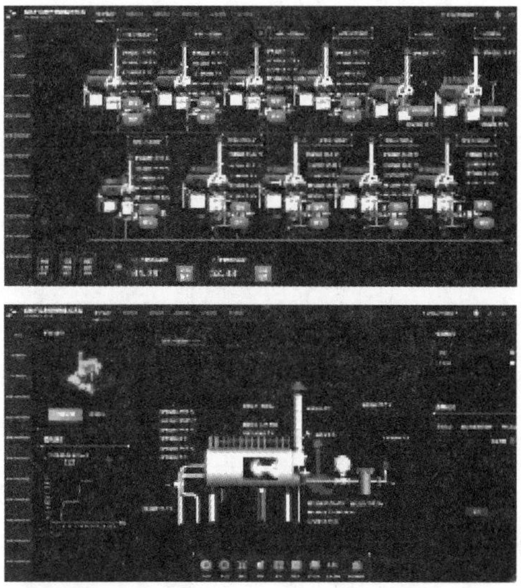

图7 加热炉完整性管理系统集中监控显示画面

② 远程连续加药

新建5m³储药箱1座，用于储存7天药剂，加药罐进口增设电动开关阀，与液位联锁实现自动加药，最终实现投加药剂自动化、生成报表自动化、异常工况预警自动化，将每日完成的加药操作减少至每7天/次。

③ 加热单元匀流控制

运行中将加热炉液量异常的情况称为偏流现象，岗位员工需频繁调节阀门控制加热炉液位，调节过程中主要采用进口阀、出口阀联合调控的方式，才能保证加热炉稳定液位运行。

通过将加热炉通过进出口阀门，进行联合远程调控可以实现加热炉稳定运行，保障加热液量，如图8所示。

④ 远程连续收油

站内主要涉及收油的设备为二合一、除油器、收油泵，新建3m³收油泵1台，二合一、除油器收油阀门设电动开关阀，实现二合一24小时连续自动收油、除油器间歇收油，最终实现减少员工供现场操作频次，在中控室即可实现对二合一、除油器收油的全面监控管理，同时二合一24小时连续收油可有效改善掺水水质，提高加热炉使用寿命。

2.7 站控系统升级完善

拆除已建二次仪表盘，新建1套控制系统，控制系统由冗余控制器(CPU)、冗余电源模块、冗余通讯模块、I/O模块及必要的软件构成等。本地设置操作员站1台用于临时及事故下的生产过程监视，完成对本站所有生产数据的采集、控制、联锁保护等任务，同时新建加热炉集控装置，更新加热炉燃烧器需自带控制系统，采集的数据需满足加热炉信息化要求，完成加热炉信息化管理。

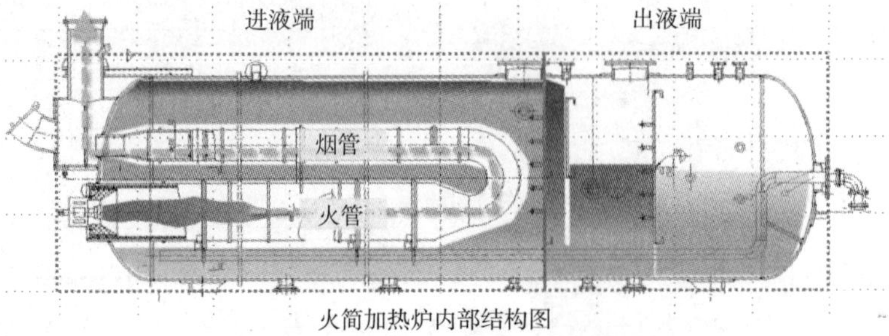

图8　火箭加热炉内部结构图

2.8　视频监控及通信系统完善

新建视频监控系统对试验转油站重要生产点位实现了视频监控全覆盖，并传输至作业区生产指挥中心进行统一存储管理，在事故预警、日常监控方面与站场数字化建设共同实施，有效提升站场生产管理及安全能力，相关视频及生产数据通过新建环网通信网络，上传作业区生产管理中心。

2.9　先导测试分析

考虑到设备及流程可靠性未知，为确保现场安全可控，测试共分三阶段进行。分别为：停泵不停井测试、一键停井测试、停井停泵后液位上涨情况测试。

（1）降低泵排量不停井测试

测试目的：一是在不影响产量的前提下，能够测试出失电后程序逻辑、流程安排是否合理，设备是否可靠。二是测试出无法停井情况下的最低事故响应时间。三是能够发现流程中的未知隐患，如三个阀同时动作时是否会跳闸、通信是否会受到影响等。

测试说明及流程：全程不停井，因停电采集未施工，采用上位机按钮给定。切断UPS上端电源，转油站停掺水泵，停加热炉。外输油泵排量控制在50～60m^3/h间，根据情况判断是否停泵。重点观察两台三合一液位上涨速度，UPS拖动电动阀掉电速度，见表5。

表5　测试数据总结表

时间	事　　件	备　　注	外输气压力/MPa	2#三合一压力/MPa
8：58	开始测试，按下停电按钮		0.17	0.18
8：59	UPS上端电源拉断	UPS日常负荷放电电流1.644A	0.17	0.18
		阀门动作时放电电流1.68A		
		恢复充电时电流6.95A		
9：00	停掺水泵	停泵后掺水瞬时流量0m^3/h，掺水压力0.4MPa左右	0.17	0.18
9：00	调小外输油泵频率至30Hz	调小后外输油瞬时流量约为59m^3/h，掺水压力0.55MPa左右	0.17	0.18
9：02	1#二合一液位涨到2.4m高报，进口电动阀联锁关闭	电动调节阀从30%关闭至0%时间约为28s	0.18	0.18
9：10	2#三合一液位涨到2.4m高报，2#三合一气出口联锁关闭，1#三合一进口联锁打开，燃料气截断联锁关闭	1#三合一进口阀开到一半，过程中发现电动阀故障，远程控制信号给过去但不动作，反馈值不对。阀门定位失效，倒到本地开时一直动作导致阀体破裂	0.18	0.19
		2#三合一气出口从100%关闭至0%时间约为2min20s		
		燃料气截断从从100%关闭至0%时间约为1min30s		

续表

时间	事　件	备　注	外输气压力/MPa	2#三合一压力/MPa
9：25	启掺水泵		0.19	0.18
9：27	停外输油泵		0.19	0.18
9：28	1#三合一进口全开		0.19	0.19
9：40	1#三合一缓冲段液位从0.7m开始迅速上涨		0.2	0.19
9：45	1#三合一液位五分钟内涨至2.12m，为防止冒罐，立刻启动1#外输油泵，频率打至40Hz，逐渐恢复正常生产	远程启泵操作时间1min	0.2	0.19

初步结论认识：

① 备用三合一将近清空情况下，不停井，能够坚持30min左右。

② 三合一沉降段体积大，建议增加液位检测仪表，否则液位在缓冲段将会突然快速上涨。

③ 阀门等设备有可能突然故障，备用三合一进口、在用三合一进口，在用三合一气出口等关键阀门应定期进行开关试验，并留存手轮，当电动阀故障时安装。

④ UPS放电足够带动电动阀，40min后电量依然为100%。

⑤ 失电后，液位上涨最快的是二合一，因此二合一进出口阀门十分有必要接入UPS。如不进行动作，液体自二合一冒进站外污油池，可能造成环保事故。

（2）一键停井测试

测试前提及目的：在生产管控平台增加了批量停井功能，测试一键停井功能，为快速读取单井启停情况，提前编写直读网关数据软件，用于显示启停状态：

测试流程：

7：56　按下一键停井按钮。

7：593座计量间都停下了，1座计量间大部分停下了。

8：032座计量间大部分停下了，剩余55口油井未停。

8：08　剩余38口油井未停，但通过雷达抽查部分油井，发现已停下，可能是平台未反馈信号。

说明：由于当日要求8：30前完成一键停井，未安装设备的电泵井、部分网关掉线计量间所辖井、通信故障井由工人手动停井，数量约36口。由于目前平台与网管采集的启停状态不准，数据仅能用来参考，自动及现场反馈手、自动停井情况见表6。

表6　停井情况总结表

序号	自动停井情况	手动停井数量
1	7：59全部停下	
2	7：59全部停下	
3	7：59大部分停下	
4	8：03大部分停下	
5	8：03大部分停下	1
6	7：59反馈全停	7
7		6
8	网关显示掉线，部分手动停	8
9	网关显示掉线，部分手动停	2
10	网关显示掉线，全部手动停	12
合计		36

初步结论认识：

① 电泵井产液量较高，建议一定进行数字化改造，实现远程停井。

② 如通信顺畅，一键停井后响应时间约为2~3min，距离较远的井响应时间约为7min，如无掉线网关，预计10min内能够全部停下。

（3）停井后液位上涨情况测试

测试流程：

8：30彻底停井后，没有关闭任何生产阀门，余压带着余液继续输至转油站。当天在运2#三合一缓冲段连续液位故障，下降到2.07左右就不继续下降了，转缓冲段已抽干。

8：29停外输油泵。

9：08停掺水泵。

9：10关闭二合一进口阀门，以及三合一水出口阀门。

16：30启外输油泵。

17：06 启掺水泵。

关键数据变化情况：

8：29~16：30 在运三合一缓冲段液位由 0 上涨至 3.39m，备用三合一由于进口阀门故障拆走维修，未进液。

8：27~10：13 计量间来油汇管压力由 0.22 上涨至 0.27MPa，10：13~11：49 由 0.27MPa 下降致 0.13MPa 直至 16：37。

9：24~10：12 在运三合一气出口压力由 0.17MPa 上涨至 0.25MPa，10：12~12：17 由 0.25MPa 下降至 0.10MPa。

详细趋势如图 9 所示：

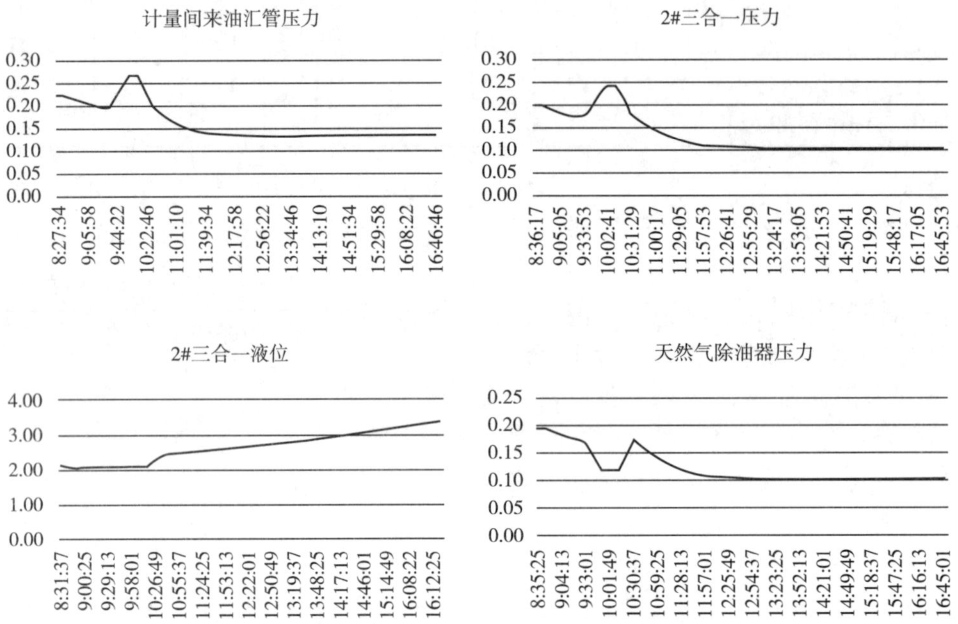

图 9　停井后转油站内关键参数变化趋势

初步结论认识：

① 停井后，计量间来油汇管压力先上升，后下降，上升时间约为 46min，下降时间约为 1h36min。

② 在运三合一压力趋势受到来油汇管压力影响，趋势曲线与之相同。

③ 在运三合一液位由卡住的 2.07 左右持续上升，上升时间约为 6h30min（自掺水泵停泵起计算）。

测试总结

停电后不停井的情况下，采取目前的方案，通过自动程序预计能坚持 35min 左右，但以上数据比较依赖备用三合一清空的情况。如能在前 10min 内及时停井，至少能够坚持 6h 以上。

3　结果和效果

通过对试验油气站场生产工艺的梳理分析，针对重点工艺单元，高频次操作点位进行数字化改造，通过检测仪表和电动阀、变频器的联锁控制，实现站场无固定人员值守、区域周期巡检、集中管理、远程监控的管理模式，投产初期，采用少人值守，巡检、维修保养 2 名，每 2 小时巡检 1 次，班长 1 名，在中控室，中控室 4 班倒，每班 2 人，设备磨合和人员熟悉流程，投产半年左右后，转入无人值守模式，定时巡检，巡检操作人员由生产管理中心统筹管理。

根据试验站场所属作业区地面站场分布特点，并结合作业区意见，确定所辖站场的监控中心位置、管辖站场岗位、巡检及维护人员负责站场及驻地，制定了数字化管理模式，巡检驻地距试验转油站 240m，步行时间均不超过 5 分钟，因此设置了转油站由作业区生产管理中心监控，巡检班组负责巡检运维及应急的管理模式。

实施转油站“无人值守”建设，提高数据的共享程度和利用效率，提升生产现场自动化管理水平，降低岗位员工的劳动强度，积累站场“无人值守”建设和运行经验，推动生产方式、管理模式变革，由全过程的人工处理模式转变为依靠系统智能监控、预警、分析，辅助决策的管理模式，对采集的数据进行深度挖掘，建立“能效优化平台”可由计量、监测级提升到分析、优化级。建立转油站事故工况模型，研发高效预警系统，整合当前数据采集与监控系统，提升转油站运行管理的智能化水平，进一步实现智能管理，降低转油站无人值守运行风险，由系统自动进行监控、调节、分析，节省了人工监控查询和统计分析工作量，提升了管理效率。

通过对试验站场的运行跟踪，总结出进行油气生产站场的“无人值守”数字化建设，通过创新数据采集模式、自动控制方式、优化简化工艺，通过建标立规、合岗优化等管理模式辅助，在提升整体运行效率，实现各项指标平稳运行的同时，实现减员比例 40%，实现了老油田油气生产站场“无人值守”数字化建设雏形，为站场所属作业区的智能型作业区建设奠定了基础。

4　结论

油田内已建转油(放水)站数量庞大，自动化程度普遍不高，需要操作工人频繁记录数据及手动操作，且油气场所发生事故后果较为严重，因此需要利用自动化、物联网等技术，对站场内生产设备、设施运行参数采集，生产过程实时监控，紧急状态报警与联锁保护，在无人值守的条件下保证平稳生产和本质安全，一是在无人干预情况下平稳生产，对关键生产单元的数据采集、报警和联锁控制；二是事故紧急工况下的及时应对措施；随着无人值守站场的陆续实施，应充分借鉴试验站场的运行情况，深入结合生产实际需求以及新技术应用情况，进一步完善各类无人值守站场数据采集标准，并补充智能化方面的建设标准，如站内巡检机器人的设置等，使其满足数字化转型，智能化发展需求。在油田数字化建设的基础上，积极探索智能化设备在油田的应用，进一步替代生产中的人工操作，降低重复性劳动，提高生产效率。以物联网建设为基础，集成生产实时数据和设备维保记录等信息，打造全感知、全可视的站场数智化管理模式，实现站场完整性管理、工艺流程模拟、生产实时报警、设备故障诊断、智能虚拟巡检、事故应急响应、能耗综合分析等智能应用生产体系。

数智化技术在油气田安防系统的应用研究

杨东岳

（中国石油工程建设有限公司北京设计分公司）

摘　要　通过综合比较不同的监控模式及其发展历程，指出了传统视频监控系统尤其在智能化方面存在的局限性。面对企业数字化转型的需求，提出了一系列基于信息化、智能化技术的安防系统建设措施。通过推进油气田安防系统统一平台建设，统一平台管理，实现了安防系统的集约共享和高效协同，有效提升了油气田安防系统的综合治理能力。数字孪生技术和AI开放平台赋能传统安防系统，为油气田安防系统的智能化转型提供了重要的技术支撑。

关键词　信息化；智能化；油气田；安防系统

石油石化企业在数字化转型的背景下，安全生产和安防系统建设越发凸显其重要性。传统的油气田安防系统主要依靠人工值守和简单的监控设备，存在着信息不及时、反应不灵敏等问题，无法满足复杂多变的安全需求。随着信息技术和智能化技术的快速发展，数智化在油气田安防系统中的应用已成为必然趋势。如何借助先进技术提升安防系统的智能化水平，实现全方位、高效、智能的监控和管理，成为当前研究的重要课题。本研究旨在探讨数智化技术在油气田安防系统中的应用现状和发展趋势，为安防系统的智能化升级提供理论支持和实践指导。

本研究采用了文献综述法和案例分析法。通过文献综述的方式，系统梳理了油气田安防系统数字化和智能化领域的相关研究成果和发展趋势，理清了当前研究的热点和难点；通过案例分析的方法，结合油气田安防系统建设的经验和实践，深入分析了数智化技术在安防系统中的应用效果和现状，为后续提出的建设措施和创新方法提供了实践参考。

1　油气田安防系统现状及数字化转型的影响分析

1.1　传统视频监控系统局限性分析

在油气田安全系统中，视频监控系统为其重要组成部分。传统视频监控系统在油气田安防系统中存在着一些局限性，主要表现在以下几个方面：

首先，传统视频监控系统对异常情况的识别能力有限。传统系统依靠人工监控，存在漏检漏报的情况。对于复杂的异常情况，传统系统往往无法准确辨别，也无法进行及时预警和处理。

其次，传统的视频监控系统数据处理能力不足。传统系统仅能够实时监控视频画面，对于视频数据的存储、检索和分析能力相对较弱。这使得监控数据无法有效利用，无法进行大数据分析和挖掘，限制了系统的智能化水平和安全性能。

再次，传统视频监控系统联动依赖周界报警系统，门禁系统等安防系统支撑，多系统之间界面接口多，集成难度大，难以维护。

1.2　数字化转型对油气田安防工作的影响

综合来看，数字化转型对油气田安防工作的影响是全方位的，不仅提升了安全性和可靠性，还提高了系统的智能化程度和管理水平。首先，数字化技术的应用使得监控设备能够实现远程监控和智能化管理，有效提高了安防系统的响应速度和警报能力。其次，数字化转型还带来了数据的积累和分析，通过对监控数据的挖掘和分析，可以发现潜在的风险和问题，及时采取措施进行预防和处理。此外，数字化转型还促进了油气田安防系统与其他管理系统的集成，实现了信息共享和资源优化配置，提升了整体安防系统的效率和管理水平。

2　智能视频监控系统设计与实现

2.1　运动检测算法提出与实现

运动检测算法在智能视频监控系统中占有重要地位。在数智化油气田安防系统中，为了更好地实现对油气田区域的实时监控和安全防护，运动检测算法需要被充分考虑。具体步骤和方法为：

1）通过对视频帧的处理和分析，对视频中的动态目标进行识别。这一步骤通常涉及到背景建模、前景提取和目标分割等技术，以准确地提取出视频中的动态信息。

2）根据目标的运动轨迹和特征，采用相关算法对目标进行跟踪。通过跟踪目标的运动轨迹，可以实现对目标行为的实时监测和分析，以便及时发现异常情况并采取相应措施。

3）在运动检测算法的实现过程中，需要考虑到系统的实时性和准确性。同时，结合数字孪生技术和AI开放平台，可以进一步优化运动检测算法的性能，实现智能化监控和分析。

通过设计与实现运动检测算法，可以有效提升油气田安防系统的监控效率和安全性，为数智化油气田安防系统的建设提供重要支撑。

2.2 视频数据远程访问和参数设置

在智能视频监控系统设计与实现中，为了实现视频数据的远程访问和参数设置功能，需要重点考虑以下内容：

1）需要确保系统具有远程网络连接功能，可以通过网络实现视频数据的传输和访问。可以选择合适的网络通信协议，如TCP/IP或HTTP，确保数据的稳定传输。

2）需要设计一个用户友好的远程访问界面，使用户可以方便地查看视频数据，调整监控参数等。可以采用Web界面或专门的客户端应用程序，保证用户体验的便利性。

3）需要实现参数设置功能，包括视频画面质量调节、录像模式设置等。通过远程访问界面，用户可以更改系统的监控参数，以适应不同场景下的监控需求。

4）在系统设计中考虑数据安全性和隐私保护，确保远程访问和参数设置功能的同时，用户数据不受到非法侵入和泄露。可以采用加密传输技术和访问控制策略，保护用户数据的安全性。

3 智能视频分析技术研究

3.1 智能视频算法理论分析

在油气田安防系统中，智能视频分析技术是实现数智化的关键。智能视频算法理论的研究是该技术的基础，包括目标检测、目标跟踪、行为分析等。

目标检测是智能视频分析的基础，通过对视频图像进行处理和分析，实现对目标的自动检测和识别常用的目标检测算法包括YOLO、SSD、Faster R-CNN等，它们基于深度学习和卷积神经网络，在目标检测精度和速度上取得了显著进展。

目标跟踪是在视频序列中跟踪目标位置和运动轨迹的技术，能够实时监测目标的动态变化。常见的目标跟踪算法有KCF、SORT、DeepSORT等，它们结合了视觉信息和运动模型，提高了目标跟踪的准确性和稳定性。

行为分析作为智能视频分析的高级功能，旨在识别和分析视频中的特定行为模式，如异常行为检测、人员聚集分析等。基于深度学习的行为分析算法，如LSTM、CNN等，在行为识别和分类方面取得了显著的成就。

随着智能视频算法理论的不断研究和创新，将为油气田安防系统的数智化提供技术支持和保障，实现系统的智能监控和预警，提升安全防范能力和应急响应效率。

3.2 基于智能视频分析的安防监控系统构建

在油气田安防系统中，智能视频分析技术扮演着关键的角色。基于智能视频分析的安防监控系统构建是提升安防系统智能化水平的重要手段之一。通过对视频数据进行实时分析和处理，系统可以实现对异常事件的自动检测和警报，可有效提升监控系统的实时性和准确性。

在构建基于智能视频分析的安防监控系统时，首先需要选择适合油气田安防需求的视频分析算法和技术。例如，可以利用深度学习技术构建人脸识别、车辆识别等功能模块，提高系统对目标的自动识别能力。其次，需要设计合理的监控布局和摄像头配置方案，确保视频数据的全面覆盖和高效采集。同时，还需要建立健全的数据处理和存储系统，确保系统能够处理大量视频数据并实现对历史数据的检索和分析。

3.3 智能视频算法实际应用测试

我们将所研究的智能视频算法应用于伊拉克某油气田安防系统设计，并进行了实际测试。具体做法是：对站区周围沿围墙的已有摄像机追加了边缘模块，中心端设置智能分析服务器，服务器内设置了学习模型。

本项目的目标是利用边缘计算模块和中心智能分析服务器将原有的IP数字摄像机升级为能够完成周界电子围栏，防区设置，闯入报警等功能的智能摄像机，替代原有的震动光缆和微波周界系统。主要出入口的摄像机增加车辆识别功能的边缘计算模块和测速雷达，能够识别车牌，通过车辆行驶速度预判车辆情况，对异常情况及时做出预警。运用使用基于深度学习的目标检测算法进行实时分析，以识别和跟踪异常行为和可疑物体。

实验结果显示，本项目应用的智能视频算法在油气田安防系统中具有较高的准确率和实时性，能够有效地提升安防系统对异常事件的监测和响应能力。此外，我们还结合数字孪生技术实现了安防电子地图，对实验数据进行了分析和模拟，进一步验证了智能视频算法的有效性和可靠性。如表1所示，智能视频算法在同时识别多画面，24小时不间断工作方面相比传统人工监视有明显的优势。通过辅助提示，弹窗的方式就能提醒监控人员关注重要信息，大幅降低了监控人员需求数量和劳动强度。类似的其他油气田安防系统中具有很大的应用潜力，可以为安防系统的数智化升级提供重要支持。

表1　伊拉克某油田安防摄像机增加智能分析模块对比情况

	增加智能分析模块之前	增加智能分析模块之后
单画面识别内容	3个	60个
目标类型	人体	车辆，人体
检测距离	最大15米	最大40米
识别精度	640×360像素	1280×736像素
静止目标去除	不支持，频繁误报	支持模型训练，可以通过不断的训练，提高识别效率，降低误报和漏报率，支持算法迭代升级
目标大小	不可配置	可配置
设备投入	更换新系统需要考虑更换已有中心设备和AI摄像机。需要人工拆旧，换新，组态调试。预计总投入超过50万美元	可以利用已有摄像机设备和网络，仅购买边缘计算模块和中心服务器。相比购买新的AI摄像机，设备每台可节约1800美元，本项目共115台安防摄像机，可以节约20.7万美元新购硬件成本
人员成本	人员需要3班倒满足24小时监控，1个人最多同时只能监控16个画面。根据项目要求，监控摄像机数量为115个。需要每班8个人，3班共计24人	AI技术可以24小时同时监控识别3000个目标，发现潜在的非安全生产隐患，大大减少监控室人员的工作强度。监控班次从3班倒变成2班倒，每班仅需要2人，共计4人。人员成本仅为之前的1/6
总结	监控数据缺少智能提示和实时监管，面对海量的监控视频数据。事故后智能回放检索，事发无预警无追踪，效率低。油田人工监控区域面积广，画面多，人员复杂，难以有效掌握全局。视频监控人员一般为1~2人，主要依赖人力监控，人员监管难，工作量大，响应速度慢	基于AI视觉分析技术，支持对已有摄像头改造升级，通过部署AI视觉算法，对人、车、物、环境等不安全行为或状态进行24小时智能化监控，可联动多系统与硬件设备，统一集中管理，主动识别预警，并能沟联动门禁系统实现自动化跟拍，防患于未然。极大降低了监控人员的工作强度，提高了相应速度

4　油气田安防系统智能化升级策略

4.1　安防系统智能化升级主要措施

油气田已建的传统安防系统在智能化升级建设上可考虑以下主要措施：

1）建设统一安防平台：平台包括安防视频监控，周界报警，门禁系统，广播报警系统。推进安防系统的集约共享和高效协同，提升油气田安防系统的综合治理能力。

2）推广数字孪生技术应用：利用数字孪生技术实时模拟油气田安防系统运行状态，实现智慧安防和大型活动安保。

3）引入AI开放平台：利用AI开放平台提升安防系统的智能化水平，实现自动化监控和预警功能。

4）将传统监控技术与新型智能技术相结合：将传统监控技术与新型智能技术相结合，进行安全系统升级和智能化改造。

5）制定数智化安防系统建设规划：制定详细的数智化安防系统建设规划，包括技术选型、系统集成和运营维护等方面，确保系统升级顺利进行并取得有效成果。

4.2 推进统一安防平台建设

推进统一安防平台建设是实现油气田安防系统智能化升级的关键举措，旨在通过整合各类安防设备和系统，构建统一的网络结构、数据平台和指挥中心，从而实现安防信息的集约共享和高效协同。

在网络结构方面，应建设统一的数据传输网络，将各类安防设备连接在一起，实现信息的快速传输和共享。通过使用高速、稳定的网络技术，可以有效提升安防系统对信息的采集、传输和处理速度，提高系统的响应能力和故障处理效率。

在数据平台方面，可以借助信息化技术搭建统一的数据管理平台，实现各类安防数据的汇聚、存储和分析。通过对数据进行智能化处理和挖掘，可以为安防系统提供更多的决策支持和预警服务，提升系统的智能化水平和应用效果。

在指挥中心方面，应建设一个集中的指挥调度中心，实现对安防系统的统一监控和指挥。通过整合各类监控设备和应用系统，指挥中心可以实时监测和管理安防信息，有效应对各类突发事件和安全风险，提高系统的应急响应能力和效率。

以伊拉克某油田营地安防项目为例，原有平台具备多端存储、多品牌、难管理、难查看的现状，通过统一安防平台的建设，将多个品牌的摄像机、网络设备、存储设备等都接入到统一平台管理，大大减低了维护难度和人力成本，提高了响应速度。

4.3 数字孪生技术和AI开放平台在安防系统中的应用探讨

数字孪生技术和AI开放平台是当前数智化发展的热点领域，对于油气田安防系统的升级具有重要意义。数字孪生技术是一种通过数字化建模、仿真和预测，实现实物系统的虚拟化和智能化管理的技术手段。在油气田安防系统中，数字孪生技术可以实现对设备状态、生产过程的实时监测和分析，提前预警和故障诊断，提高系统的可靠性和安全性。

AI开放平台则是以人工智能技术为核心，通过多方应用和数据共享，实现多样化智能服务的开放式平台。在油气田安防系统中，AI开放平台可以实现对监控数据的智能分析和处理，例如通过人脸识别技术实现进出人员的身份验证，通过视频图像识别技术实现异常事件的实时监测等，提高系统的智能化程度和反应速度。

综合应用数字孪生技术和AI开放平台，可以实现油气田安防系统的智能化升级。通过建立数字孪生模型，实现对油气田设备、管道等实物系统的虚拟化，结合AI开放平台，实现对虚拟系统的智能分析和预测，进一步提高系统的安全性和效率。因此，在油气田安防系统的智能化升级过程中，应充分发挥数字孪生技术和AI开放平台的优势，助力系统的数字化转型和智能化发展。

5 油气田发展趋势展望

未来，随着数字化和智能化技术的不断发展和成熟，油气田安防系统将迎来更加广阔的应用前景。

1）数字孪生技术和AI开放平台将更加普及和深入应用于油气田安防系统中，提升系统的智能化水平和应用效果。

2）随着物联网、大数据和云计算等技术的逐步成熟，油气田安防系统将实现更加高效的数据处理和信息共享，从而进一步提升系统的综合治理能力。此外，随着5G网络的商用和普及，油气田安防系统将迎来更加高速和稳定的通信网络，为系统的远程监控和实时响应提供更强的支持。

3）随着人工智能技术的不断突破和应用，油气田安防系统已实现一定程度的自动化、智能化，减少了劳动强度，提高了监视效率。随着人工智能技术不断发展，数字化和智能化技术将更加深入和专业化：

例如利用AI识别与智能分析技术，在视频监控系统中融入AI识别技术，对油田生产作业场景中的安全隐患、违规操作等进行智能化监管与预警反馈。通过AI算法对重点区域内的视频监控进行智能分析，实时监测作业人员是否存在违规行为、生产过程中是否有安全隐患等，实现实时感知、实时告警。

利用大数据分析技术，对油田安防系统的各类数据进行深度挖掘和分析，发现潜在的安全风险和管理漏洞，为油田的安全决策提供科学依据。

将安防系统与油田的生产管理系统、应急指

挥系统等进行集成，实现信息共享和协同作战。例如，智能防控可以联动门禁、语音对讲等多个子系统，实现预警多系统的感知和出警多系统联动，也是未来的发展方向。

参 考 文 献

[1] 杨晓东．视频监控核心技术的发展现状与展望[J]．中国公共安全(综合版)，2009(01)：168-175.

[2] 林露．智能安防的感知和识别关键技术研究[D]．浙江大学，2019.

[3] 杜倩．安防监控中的视频分析技术研究[D]．华北电力大学，2012.

[4] 李泽鹏．煤矿视频监控系统智能化升级及应用[J]．自动化应用，2024，65(03)：226-228.

[5] 汪杰，李晓华，万一帆，等．面向煤矿集团的一体化综合管控平台研究[J]．煤炭工程，2024，56(01)：26-31.

[6] 贺斌，闫莹，郝志莲，等．基于物联网的油田低碳智能井场监控系统[J]．物联网技术，2024，14(02)：8-10.

[7] 张钰哲，张伟东，高伟，等．基于边缘计算的智能油田物联网油井监控系统[J]．物联网技术，2023，13(10)：133-137.

[8] 余丹，兰雨晴，武晓文，等．基于物联网平台的智能油田视频分析装置、方法和系统[P]．北京市：cn116778401a，2023-09-19.

[9] 刘建忠，马德忠，张一凡，等．油田视频监控智能预警系统设计分析[J]．信息系统工程，2023(07)：28-31.

[10] 隋鑫．智能视频监控在数字油田的应用研究[J]．中国设备工程，2023(13)：33-35.

[11] 陈东勇，陈俞廷，张子源．一种用于油田作业的智能注水监控设备[P]．黑龙江省：cn216517942u，2022-05-13.

[12] 沈竺霖．油田智能视频监控系统研究[J]．电视技术，2022，46(03)：18-20+37.

[13] 刘新伟．一种基于物联网的智能安防视频监控系统[P]．广东省：cn117315594a，2023-12-29.

[14] 田忠民．智能视频监控及分析技术在综合安防系统中的应用[J]．Viser Technology Pte Ltd，2023.

[15] 贺子珊，王海龙．“数字孪生技术”在油田的应用现状及发展前景[J]．石油化工自动化，2023，59(S1)：1-3.

[16] 胡耀义，杨洪浩，宋凌燕，等．一种面向油气田地面工程的智能建造系统模型及应用[J]．天然气与石油，2023，41(4)：119-124.

[17] 顾晓东，梁琰，李静叶，等．浅析 Python 在油气勘探开发中的应用与发展[J]．天然气与石油，2023，41(4)：131-137.

[18] 徐威，阎继宏，邢通．油气行业数字化转型路径探索[J]．天然气与石油，2022，40(3)：124-129.

[19] 李懿，黄婕．油气田地面建设工程数字化管理创新与实践[J]．天然气与石油，2021，39(4)：102-109.

[20] 汤林，班兴安，徐英俊，等．数字化油气田精益生产研究[J]．天然气与石油，2020，38(1)：1-6.

滩海输气管道非均匀沉降应力智能预测研究

赖乐年[1] 林 涛[1] 马小明[2]

（1. 中海广东天然气有限责任公司；2. 华南理工大学）

摘 要 沿海滩涂地区极易发生非均匀沉降，由此可能导致埋地输气管道发生受力及变形，甚至拉裂等严重后果，如何确定非均匀沉降对管道的影响严重程度、剔除干扰因素和进行智能预测、预警是行业内重点关注的难题。通过对管道进行长期应力监测试验，对监测数据进行分析；使用Matlab软件建立相关影响因素的多元线性回归方程，建立应力预测模型，模型精度在3.6%内(表4)；分析管道参数及土体参数对管道应力应变的影响程度，通过有限元分析法验证预测模型准确性，两者误差在5%内(表5)；使用C++配合Qtdesinger软件进行风险管控智能预测平台开发，为管道沉降治理工作提供智能预测和预判功能，使治理工作更具计划性和经济性，并提出了管道防沉降风险管控措施。上述非均匀沉降的管道应力智能预测方法，可为同地质条件输气管道的安全管理工作提供借鉴。

关键词 非均匀沉降；应力；有限元分析；智能预测；风险管控；

天然气是我国能源战略发展重点资源，预计2035年我国天然气需求量达到6000亿立方米，其约48%国内自产，52%需要依赖进口。从海上进口液化天然气和通过海上平台钻取天然气是大势所趋，因此配套的输气管道、LNG接收站、输气站及阀室等需建设在沿海滩涂地区。滩海地区的软土地基极易产生非均匀沉降，威胁着输气管道安全，沉降量达到一定程度后，没有及时治理可能发生天然气泄漏及爆炸事故。因此，对滩海地区输气管道进行应力分析和风险管控研究具有重要意义。

马小明等研究了不均匀沉降的管道应力测量值与有限元分析的比较，分析了土体参数对管道不均匀沉降的影响；沙晓东等使用CAESAR Ⅱ研究输气管道应力与温度、工作压力和管径的变量关系；赵欢等采用非线性接触模型研究确定应力集中的区域；孙颖等、张一楠等、吴昊等分别基于有限元法研究了管道热应力与温度、壁厚等的影响关系，研究了土体沉降对跨越结构应力场的影响及对跨越水平段应力场的变化规律；Iimura通过监测沉降数据和建立弹性地基梁模型，推导了沉降地区埋地管道的应力公式，并对管道应力值进行了评估；Kouretzis等通过分析土壤沉降变形特征，建立埋地管道的应力应变分析模型等。以上学者对管道应力应变的影响因素及敏感性分析的研究较多，对管道非均匀沉降应力智能预测的研究较少。一般情况下管道应力监测系统，仅对管材应力应变值进行采集、分析和警报，常因无法有效剔除环境和土体参数等因素变化的干扰，导致设置的预警值和触发应急处置的条件相对保守，由此会产生误报情况，且易因误报导致管道运营公司产生非必要的检查和治理费用。据此，本文旨在研究滩海输气管道非均匀沉降应力预测模型，提供智能预测和预警功能，使不均匀沉降治理工作更具计划性和经济性。

1 综合评估流程

以广东某阀室天然气管段为例，该管段的主管道从外部滩海软土地进入阀室局部混凝土硬化地基，随后在阀室内连接放空管，出阀室后进入外部滩海软土地基(图1)。主管道为ϕ914×22.2mm L450，埋深1500mm，放空管为ϕ750×15mm L450直缝埋弧焊钢管，部分安装在地上，管材均为直缝埋弧焊钢管。

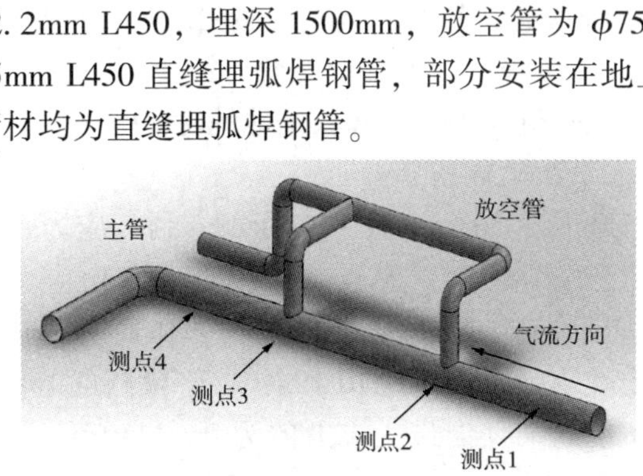

图1 输气管道建模图

依据该输气管道的安装方式、地质条件、管道埋深等特殊工况，结合国内外做法，制定了非均匀沉降管道应力智能预测和风险管控的评估流程(图2)。

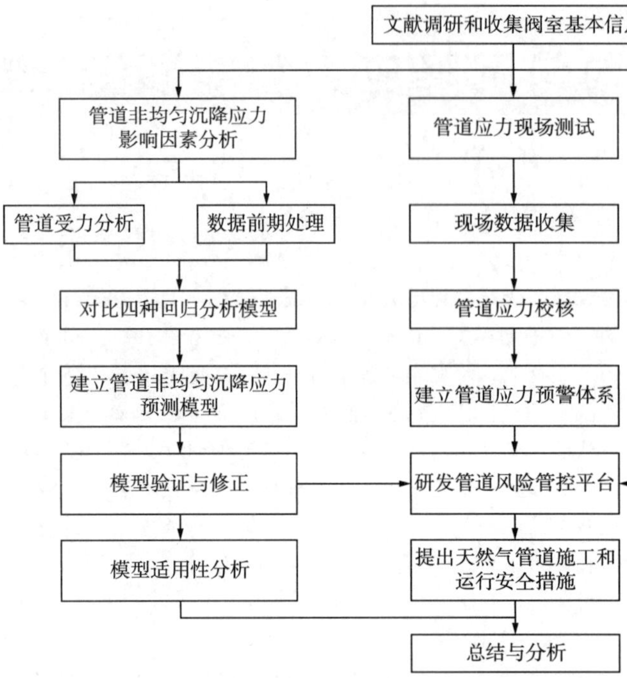

图2　评估流程图

2　试验方法与研究内容

首先进行管道应力监测试验和数据分析，二是建立管道非均匀沉降应力预测模型，三是有限元分析法进行预测模型验证，四是研发管道风险管控平台和研究管道安全措施。

2.1　潍海输气管道应力监测试验

2.1.1　试验方案

采用电阻应变片，通过静态应变仪对埋地和地上管道关键部位开展试验。自2014年至2020年长期记录测点应变值，进行应力校核。测点1为外部潍海软土地进入阀室混凝土硬化地基，测点2~3在阀室内连接放空管，测点4从阀室混凝土地基进入外部潍海软土地基(图1)。

2.1.2　试验数据分析

选取2020年1月~12月4个测点应力数据进行分析(图3)。测点1和测点4环向应力较大，月均达80MPa以上；测点2和测点3轴向应力较小，月均约为10MPa；该管段测点1和测点4的附加环向最大应力值为95.43MPa，轴向最大应力值为95.07MPa，此两处水泥地基和填埋土壤的非均匀沉降作用明显。

2.1.3　管道应力校核

(1) 管道的许用应力

依据《输气管道工程设计规范》(GB 50251—2015)，管道许用应力计算如公式(1)所示。综合考虑本次计算用的强度设计系数选0.8，管材为L450，依据式(1)计算管道许用应力为360MPa。

$$[\sigma]=K\cdot\sigma_s \tag{1}$$

式中，$[\sigma]$为管道许用应力，MPa，K为强度设计系数无量纲；σ_s为管材屈服强度，MPa。

(2) 管道的Von-Mises应力

依据冯·米塞斯准则式，管道Von-Mises应力计算如公式(2)所示，计算结果见表1。应力平均值为198.32MPa，最大值为236.26MPa，管道各测点均符合强度校核要求，管道处于安全状态。

$$\sigma_{MISES}=\frac{1}{\sqrt{2}}\sqrt{(\sigma_Z-\sigma_\theta)^2+(\sigma_\theta-\sigma_J)^2+(\sigma_J-\sigma_Z)^2} \tag{2}$$

式中，σ_{MISES}为冯·米塞斯应力，MPa；σ_Z为第一主应力，MPa；σ_θ为第二主应力，MPa；σ_J为第三主应力，MPa。

表1　测点综合应力最大值　　MPa

测点号	1	2	3	4
最大Von-Mises应力	236.26	168.31	154.68	234.01

2.2　管道非均匀沉降应力预测模型

2.2.1　管道非均匀沉降应力影响因素分析

对沉降应力因素分析：①管道工作压力和工

作温度、土体载荷等作用都可能使管道产生应力应变；②大量降雨时管道周边土体的孔隙水压力增加，导致管道受到四周回填土的压力载荷作用变大；③外部温度升降会导致土体固结或松弛，进而改变管道受到四周回填土的束缚作用；④该管段敷设在填海地区，地下水丰富。主要影响因素归纳为：管道工作压力、降雨量、外部环境温度和潮汐水位等。

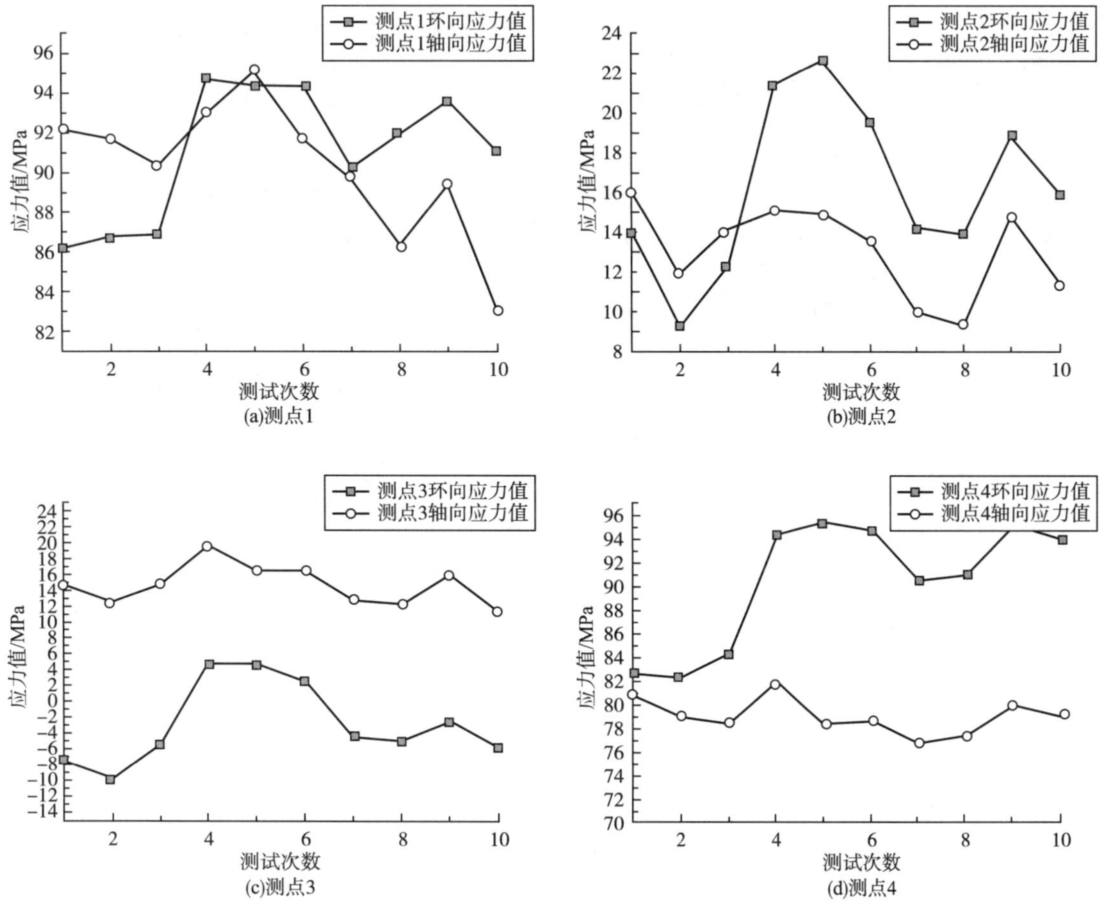

图 3　应力数据分析

2.2.2　应力测试数据采集

经现场测试采集和查阅当地气象数据，预测模型数据选择的时间总维度为 2014 年 5 月～2019 年 12 月共 50 组数据。数据集按管道工作压力、降雨量、测试外部环境温度、潮汐水位、沉降应力值、总沉降量、管道工作温度等 7 要素划分。每月测试时记录环境数据(图 4)：管道工作压力范围在 6.62～8.63MPa；降雨量范围为 35mm～735mm；外部环境温度范围 18.5℃－36.7℃；潮汐水位范围 0.75～2.75m。

2.2.3　应力影响因素数据处理

对管道工作压力低于 0MPa、温度低于 0℃等异常数据进行预先处理，使用数据插值法对个别数据缺失异常进行修复，在 MATLAB 数学软件上对上述数据集进行数据分析，通过函数计算得出自变量和因变量的相关系数矩阵，关系越显著则颜色越靠近黄色(图 5)。

2.2.4　管道非均匀沉降应力预测模型

预测模型为理论公式推导和预测部分，依据静力平衡方程推导理论公式，分为内外压力差产生的应力和试验前后温度差产生的应力，公式中的 σ_A、σ_B 使用回归方程表示，使用管内工作压力、潮汐水位、降雨量、外部环境温度等特征值进行计算得出。

(1) 环向应力预测模型计算如公式(3)所示：

$$\sigma_h=\sigma_{ph}+\sigma_T+\sigma_A \tag{3}$$

(2) 轴向应力预测模型计算如公式(4)所示：

$$\sigma_Z=\sigma_{pz}+\sigma_B \tag{4}$$

(3) 内外压力差产生的应力：

管道在持续运行状态下，由持续荷载即内

压、自重以及其他外载荷产生的轴向应力、环向应力计算如公式(5)、公式(6)所示：

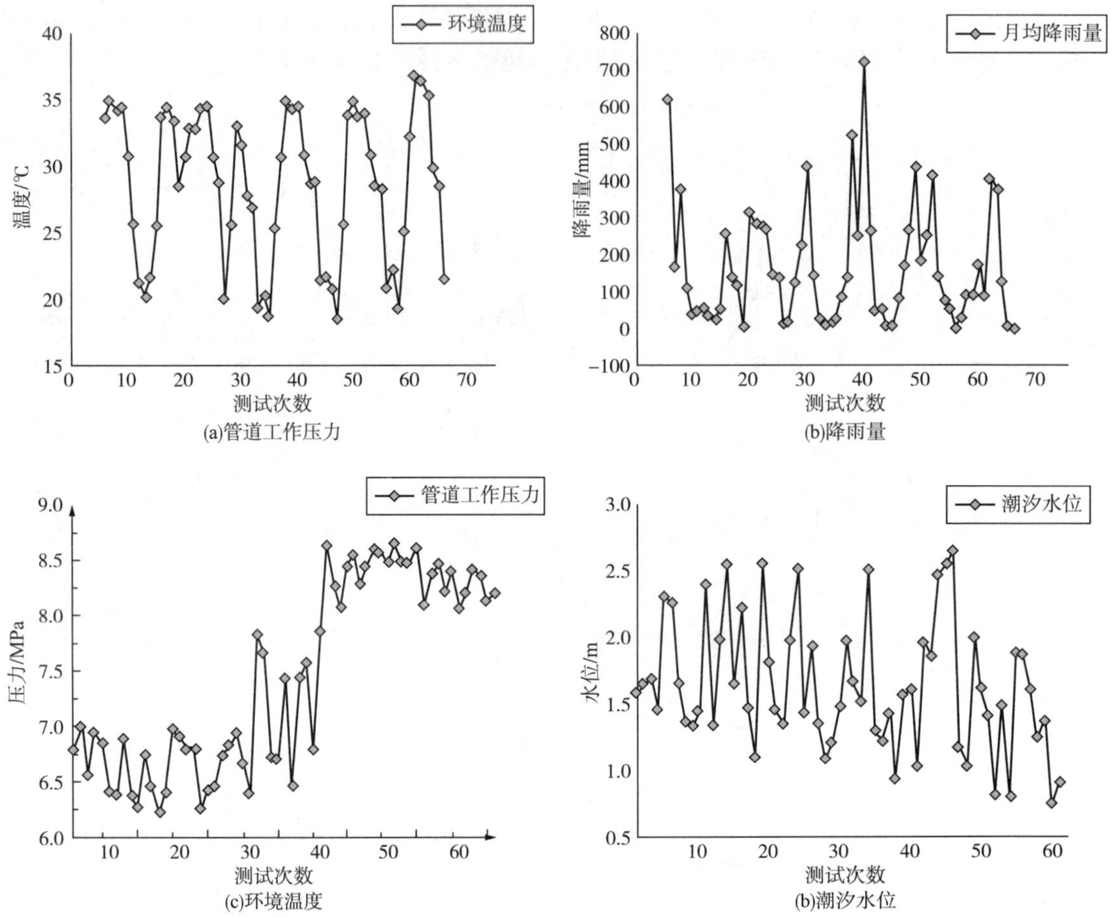

(a)管道工作压力　(b)降雨量　(c)环境温度　(b)潮汐水位

图4　数据分析图

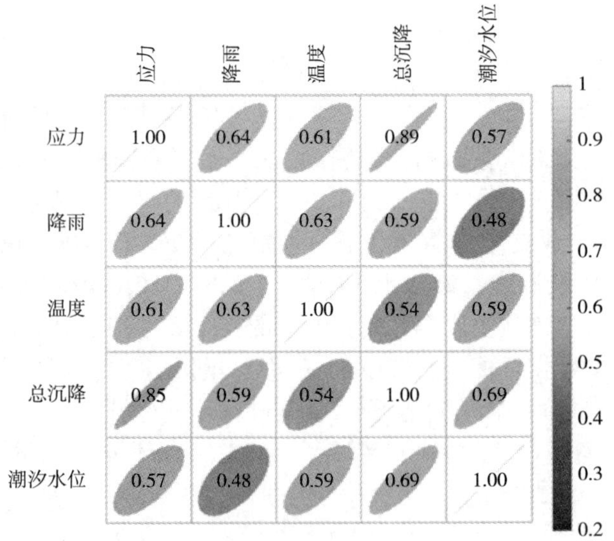

图5　自变量与因变量系数矩阵

$$\sigma_{pz}=\frac{\left|\frac{1+K_0}{2}\gamma_t H_p \pi D_0+\gamma_g \pi D\delta+\frac{\pi D_1{}^2\gamma_i}{4}-P\right|\cdot D}{4\delta} \tag{5}$$

$$\sigma_{ph}=\frac{\left|\frac{1+K_0}{2}\gamma_t H_p \pi D_0+\gamma_g \pi D\delta+\frac{\pi D_1{}^2\gamma_i}{4}-P\right|\cdot D}{2\delta} \tag{6}$$

（4）试验前后温度差产生的应力：

与管道材质的弹性模量、线性膨胀或收缩系数及温差相关，依据线膨胀定律、虎克定律及拉压应力表达式，推导出试验前后温度差产生的应力计算如公式(7)所示：

$$\sigma_T = E\alpha(T_1 - T_0) \tag{7}$$

式中，σ_h 为管道环向应力，MPa；σ_{ph} 为管道内外压力差产生的环向应力，MPa；σ_T 为试验前后温度差产生的应力，MPa；σ_A 为其他特征值的管道环向应力附加值，MPa；σ_z 为管道轴向应力，MPa；σ_{pz} 为管道内外压力差产生的轴向应力，MPa；σ_B 为其他特征值的管道轴向应力附加值，MPa；K_0 为静止侧压力系数；γ_t 为土体容重，N/m³；H_p 为管顶覆盖土厚度，mm；D_0 为管道外径，mm；γ_g 为管道容重，N/m³；γ_i 为管道容重介质容重，N/m³；D 为管道平均直径，mm；D_1 为管道内径，mm；δ 为管壁厚，mm；P 为管道工作压力，MPa；E 为管材弹性模量，MPa；α 为线性膨胀、收缩系数；T_1 为试验后温度，K；T_0 为实验前温度，K。

（5）回归模型统计检验

对部分模型进行筛选，因数据量限制选择多元线性回归、支持向量机回归、回归树和高斯过程回归进行对比。经对比分析(见表2)，多元线性回归模型的平均绝对误差、平均相对误差和均方根误差最小，拟合程度较好，因此最终选取多元线性回归模型。

表2 四种回归模型统计数据

回归模型类别	平均绝对误差		平均相对误差		均方根误差		相关系数	
方向	环向	轴向	环向	轴向	环向	轴向	环向	轴向
多元线性	3.65	3.04	7.13	6.24	3.96	3.65	0.812	0.793
支持向量机	3.89	3.58	7.89	7.10	4.17	3.94	0.71	0.72
回归树	4.23	3.42	8.23	6.88	4.59	3.75	0.73	0.68
高斯过程回归	4.14	3.25	7.76	6.37	4.44	3.80	0.64	0.70

（6）构建管道非均匀沉降应力预测模型

在Matlab中运用多元线性回归获得环向应力和轴向应力的预测模型(式8、式9)。预测模型中自变量多重线性检验(VIF)和显著性检验符合要求，见表3，多重线性检验是为了防止自变量间存在线性关系，当VIF小于5，认为不存在共线性。两个模型的检验值均小于0.05，回归方程效果较好。

环向应力预测模型计算如公式(8)所示：

$$\sigma_{Ph} = 27.307 + \frac{|P_i - 0.9|D}{2\delta} - 0.014x_1 + 1.002x_2 + 0.313x_3 - 5.707x_4 \tag{8}$$

轴向应力预测模型计算如公式(9)所示：

$$\sigma_{Pz} = 45.895 + \frac{|P_i - 0.9|D}{4\delta} + 2.4(T_1 - 22.5) - 0.015x_1 + 0.372x_2 + 0.118x_3 + 0.293x_4 \tag{9}$$

式中，σ_{ph} 为管道环向应力，MPa；P_i 为管道工作压力，MPa；D 为管道直径，mm；δ 为管壁厚，mm；X_1 为管内运行压力，MPa；X_2 为潮汐水位，mm；X_3 为降雨量，mm；X_4 为外部环境温度，K；σ_{pz} 为管道轴向应力，MPa；T_1 为试验后温度，K。

表3 自变量多重线性和显著性检验

	$VIF_{降雨量}$	$VIF_{环境温度}$	$VIF_{总沉降量}$	$VIF_{潮汐水位}$	显著性检验值P
环向A模型	1.74	1.98	1.04	1.16	2.49×10^{-5}
轴向B模型					5.34×10^{-9}

（7）验证和修正应力预测模型

根据管道工作压力添加修正系数，按降雨量、环境温度、潮汐水位等因素划分级别，对比预测值与实测值的相对误差见表4，研究模型适用性。添加修正系数后，相对误差减少，预测模型具有一定实用性，当降雨量达500～650mm和潮汐水位位于2.0～2.5m时模型预测效果最佳。

表4　自变量多重线性和显著性检验

管道工作压力/MPa	6.71	6.47	7.86	7.62	8.2	8.36
环向应力预测模型相对误差/%	−7.2	−7.82	3.57	+2.44	+9.06	9.35
轴向应力预测模型相对误差/%	−6.34	−6.89	3.12	+2.89	5.4	6.22
修正后环向预测模型相对误差/%	−1.97	−1.47	3.57	2.44	1.95	−1.58
修正后轴向预测模型相对误差/%	−1.74	−2.72	3.12	2.89	2.98	3.22

2.3　管道应力有限元分析及预测模型验证

2.3.1　阀室输气管道有限元模型

选择Drucker-Prager系列屈服准则作为土壤本构模型，对阀室的管道土壤尺寸为30×5×5m^3，将埋土划分为A、B、C三部分，A和C为软土地基，B为混凝土地基。给A、C添加沉降位移。

2.3.2　阀室输气管道应力有限元分析

（1）管道初始应力有限元分析

经建模分析管道初始应力，管道Von-Mises等效应力最大值120.21MPa，位于测点1附近；最大轴向应力值119.07MPa，位于测点2附近，该条件下初始应力值测试结果误差为4%。

（2）非均匀沉降管道应力有限元分析

经加载非均匀沉降载荷作用后分析（图6），管道较大应力集中在测点1和测点4附近，最大Von-Mises等效应力值228.76MPa，小于管道许用应力，处于安全状态。该条件下应力模拟值相对误差不超过6%。

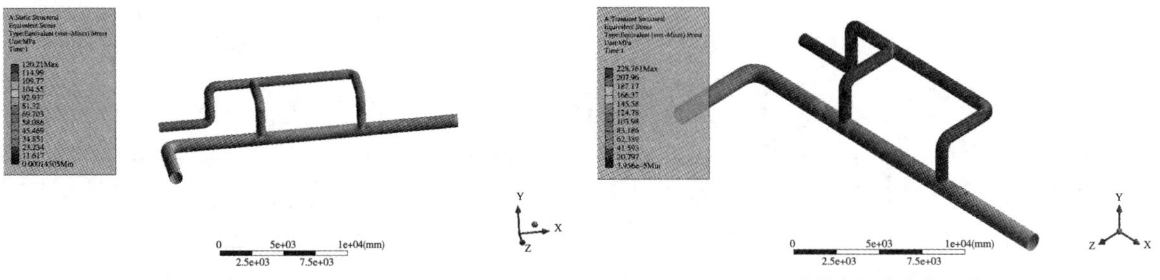

(a)初始应力云图　　(b)非均匀沉降应力云图

图6　应力云图

（3）管道参数对管道应力影响分析

考虑土体沉降量为100~180mm时，针对管道不同的埋深、管径及壁厚等参数，进行对应的管道最大Von-Mises应力值分析（图7），结论为：①沉降量较小时，管道埋深对其应力应变影响较小；②沉降量增加，管道直径增大则其应力应变明显增加；③管道壁厚越大则其应力应变越小。

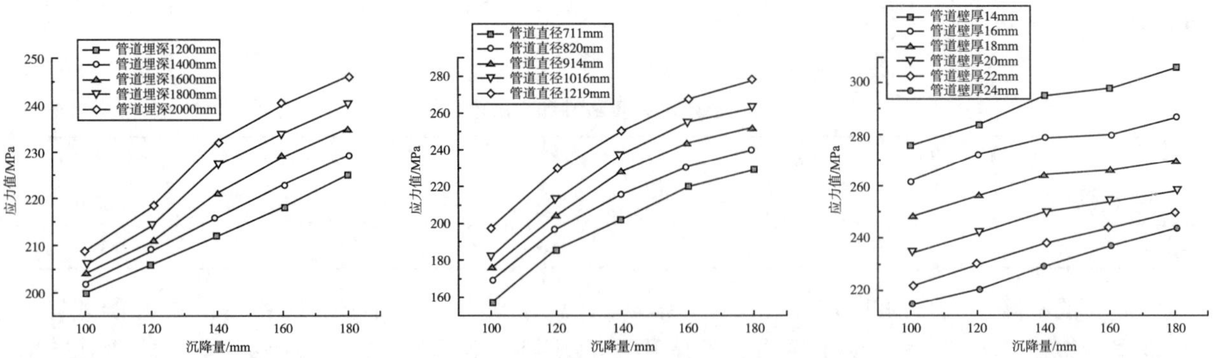

(a)管道埋深　　(b)管道管径　　(c)管道壁厚

图7　管道参数对应力值影响

（4）土体参数对管道应力影响分析

针对土体不同的弹性模量（2～20MPa）、粘聚力（10～70KPa）及内摩擦角（15°～35°）等参数，进行对应的管道最大 Von-Mises 应力值分析，结论为：①在沉降量较小时，土体弹性模量对管道应力应变影响较小；②随着沉降量增加，土体内摩擦角和土体粘聚力的增大则管道应力应变明显增加。

（5）应力预测模型验证和修正

依据变量关系，通过 Workbench 有限元模拟，月均沉降量为 2.35mm，以此基础构建误差不大于 5%的总沉降量等差数列；选取相邻 Z 市降雨量、Y 市 2019-2020 年月均温度和站场另一埋地管道温度与总沉降量共同组成 20 个数据的验证集，有限元模拟结果和应力预测模型计算结果误差均在 5%内，见表 5。

表 5　数据验证集相对误差

	环向最大相对误差/%	环向平均相对误差/%	轴向最大相对误差/%	轴向平均相对误差/%
验证集	4.98	4.16	4.78	4.08

2.4　基于预测模型建立风险管控智能平台

2.4.1　管道应力监测预警准则和分级标准

按许用应力 20%为一个等级，制定管道应力监测预警分级为五个等级；制定预警准则：管道本体监测为主，坚持长周期监测，重视管道智能化、数字化技术发展需要；安全预警优于事故处理；合理考虑成本。

2.4.2　管道应力预测和风险管控智能平台

基于本文的预测模型，并依据上述预警准则和分级标准，使用 C++配合 Qtdesinger 进行管道风险管控平台开发（图 8），逐步实现非均匀沉降应力预测的智能化。该平台目前主要具备如下功能：①可根据应力监测实时数据和历史数据，智能判别和预警；②查询管道测点分布、监测管道应力情况、管道应力相应风险预警分级，历史报警次数和记录；③查询以往的管道应力数据和管道运行数据及其他影响因素数据集；④输入现场监测得到管道应变和工况等数据，计算出管道应力，与历史监测数据进行对比；⑤输入影响因素的测试数据和现场工况，对管道测点应力进行预测仿真。

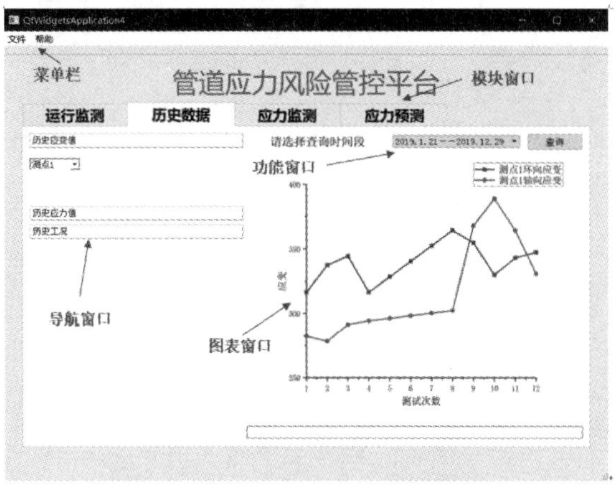

图 8　平台初始界面示意图

2.4.3　制定管道安全防护措施

结合潍海地区输气管道工程建设经验，基于项目全生命周期，提出全方位的防止非均匀沉降安全措施：

（1）勘察设计阶段，依据地质条件确定最优的地基处理方案；设置天然气泄漏智能预警装置、紧急关断系统等安全设施；管道采用内防腐涂层和 3PE 外防腐层保护，并设阴极保护措施；合理设计管道金属件接地方案和防爆型电气设备选型等。

（2）地基处理阶段，站场/阀室工程采用换填法、真空预压法和桩基法，防止发生非均匀沉降。

（3）设备安装阶段，对关键设备设施生产过程进行监检，提高管道焊接与阀门安装过程的质量控制和安全管理水平。

（4）管道运维阶段，加强天然气管道的运行参数监测、管道本体安全监测及气质组份监控等。

3　结论

（1）通过电阻应变片监测管道应力并校核管道强度，得出管道最大环向及轴向应力的位置均位于不同的地基交接处附近，在管道项目的设计、建设及运行过程中应对此制定相关防止非均匀沉降方案。

（2）使用 Matlab 建立基于管道应力影响因素的多元线性回归方程，得出管道应力预测模型，使用修正系数后，模型精度在 3.6%内。通过有限元建模加载非均匀沉降载荷，管道最大 Von-Mises 应力与现场检测结果相符。随着土壤沉降量增加，管道的直径增加或管道壁厚减小，或土体的内摩擦角和土体粘聚力增加，管道应力应变均有明显增加。有限元模拟、应力预测模型计算的结果与历史数据验证集对比，两者误差均在5%内。本文管道非均匀沉降应力预测模型具有较好的实用性。

（3）基于C语言和QTdesinger进行管道应力智能预测和风险管控平台开发，并从项目不同阶段分析，提出软土地质条件下的管道沉降具体应对措施，为潍海输气管道工程安全管理工作提供参考。

参 考 文 献

[1] 徐博，金浩，向悦，等．中国“十四五”天然气消费趋势分析[J]．世界石油工业，2021，28(1)：10-17.

[2] 冯毅，周志豪，马小明．沿海地区非均匀沉降下阀室管道安全运行研究[J]．机械制造，2020，58(12)：41-44.

[3] 马小明，周启超．非均匀沉降下高压天然气管道失效概率分析[J]．化工机械，2020，45(1)：41-44.

[4] 马小明，康逊．埋地管道不均匀沉降的应力及影响因素分析[J]．重庆大学学报，2017，40(8)：45-52.

[5] 沙晓东，陈晓辉，黄坤，等．输气管道应力影响因素分析[J]．天然气与石油，2013，31(1)：1-4.

[6] 赵欢，邓荣贵，高阳．回填土不均匀沉降引起管道力学性状变化的分析[J]．路基工程，2014，172(1)：69-72.

[7] 孙颖，吕超．基于有限元的输气管道热应力及影响因素分析[J]．西华大学学报(自然科学版)，2018，37(2)：19-22.

[8] 张一楠，马贵阳，周玮，等．沉降土体对管道跨越结构应力影响的分析[J]．中国安全生产科学技术，2015，11(8)：106-110.

[9] 吴昊，马贵阳，项楠，等．土体沉降对管道跨越结构水平管段应力场的影响分析[J]．辽宁石油化工大学学报，2017，37(5)：22-25.

[10] Iimura S. Simplified mechanical model for evaluating stress in pipeline subject to settlement [J]. Construction &Building Materials，2004，18(6)：469-479.

[11] Kouretzis G P，Karamitros D K，Sloan S W. Analysis of buried pipelines subjected to ground surface settlement and heave[J]. Canadian Geotechnical Journal，2015，52(8)：1058-1071.

[12] 冷建成，钱万东，周临风．基于应力监测的油气管道安全预警试验研究[J]．石油机械，2021，49(6)：139-144.

[13] 陈严飞，马尚，董绍华，等．地基不均匀沉降下大型储罐变形规律和预测方法研究[J]．油气田地面工程，2021，40(3)：50-55.

[14] 汪仕旭．基于归一化的公路软土路基不均匀沉降预测[J]．岩土力学，2021，36(3)：51-55.

[15] 输气管道工程设计规范：GB 50251—2015[S].

[16] 康逊．天然气管道在非均匀沉降状态下的应力测试与分析[D]．广州：华南理工大学，2017.

[17] 赖乐年，吴凯，张勇，等．南方沿海地区淤泥地质条件的天然气站场防沉降设计和实践[J]．当代化工研究，2021，92(15)：161-163.

计算机视觉技术在无人值守站场地面管道泄露检测中的应用

向　伟　严小勇　卜　淘　王　腾　张　伟　阴丽诗　王　坤　王林坪　张　云　严　曦

（中国石化西南油气分公司采气四厂）

摘　要　随着WR气田的不断开采，地面集输管道泄露事件频繁发生，对正常生产造成严重影响。目前WR气田无人值守站场采用人工定期巡检和固定式可燃气体探测仪监测管道泄露，但人工巡检泄露管道发现不及时、固定式可燃气体探测仪灵敏度易受站场环境影响预警能力低。为此，提出一种基于计算机视觉技术的无人值守站场地面管道泄露检测方法。在分析现有管道泄露检测方法和计算机视觉技术上，以能应用在无人值守站场视频监控上实时检测为目标，建立了基于计算机视觉Tiny-yolo v4目标检测模型的WR气田无人值守站场地面管道泄露检测模型，通过增加Tiny-yolo v4模型特征提取网络层数和调整特征提取层卷积核数量，增强Tiny-yolo v4目标检测模型对管道泄露图像的检测能力。结果表明：①采用迁移学习训练的改进后Tiny-yolo v4目标检测模型能最大限度地避免站场复杂环境对模型检测结果的影响，对站场地面天然气管道泄露、污水管道泄露的检测精度均值达到95.86%，模型实时检测速度达到49.7fps，模型训练时间缩短86.3%。结论认为：改进后的Tiny-yolo v4目标检测模型有更好的管道泄露图像检测能力，结合站场视频监控将对无人值守站场地面管道重点部位提供更好的泄露检测预警能力。

关键词　天然气管道泄露；污水管道泄露；泄露检测；无人值守；深度学习；目标检测

截止2020年4月，WR气田已探明储量超千亿方，全面建成后年产能达到30亿立方米，满足1600万家庭年用气，具有重大发展潜力。由于WR气田地层存在SRB（硫酸盐还原菌）、气井压裂液重复使用、气井投产初期出砂严重等问题，随着开采深入，地面集输管道腐蚀穿孔事件频频发生，对正常生产造成严重影响。目前WR气田无人值守站场管道泄露的发现主要依靠人工定期巡检，人工巡检存在以下问题：（1）无人值守采气井站每6h巡检1次，无人值守单井站每3天巡检1次，管道泄露发现周期较长；（2）夜晚和雨雪天气下人工巡检工作强度大、管道泄露发现难度大。所以，WR气田无人值守站场管道泄露检测的及时性、准确性是一个值得注意的问题。

1　采气站场可燃气体检测和管道损伤检测技术

1.1　固定式可燃气体探测仪

目前WR气田采用固定式可燃气体探测仪监测气体泄露，流程区可燃气体探测仪如图1所示，6井式无人值守站场至少安装有6个固定式可燃气体探测仪，井口4个、流程区2个。

图1　流程区可燃气体探测仪

固定式可燃气体探测仪在使用过程中主要存在以下问题：

（1）由于位置固定，可燃气体泄漏并不能覆盖整个场站。

（2）灵敏度不高，只对高浓度气体泄漏才能起到作用，对轻微的渗漏无反应；更由于场站处于空旷地带，场站气体泄漏时无法聚集，气体泄漏时探测器也无响应，管道泄露检测灵敏度普遍不高。

（3）气体泄漏时无法精确的判断泄漏位置，

只能人工查看检测泄漏点。

(4) 目前使用探头维护保养成本高，探头两年需更换一次。

(5) 泄露检测信号是通过电缆传输到值班房机柜，无法远传到值班人员手机或者总站中控室。

1.2　防爆云台甲烷检测摄像机

防爆云台甲烷检测摄像机使用可调谐半导体激光吸收光谱技术检测甲烷浓度，具有远距离，高灵敏度，响应快，覆盖广，抗干扰能力强等优点，防爆云台甲烷检测摄像机及实时监控画面如图2、图3所示。

图2　防爆云台甲烷检测摄像机

图3　防爆云台甲烷检测摄像机管道泄露实时监控画面

无人值守单井站只需配备1台防爆云台甲烷检测摄像机对井口和流程区实行轮番巡检，建设价格约20万；6-8井式无人值守站场需要配备2-3台防爆云台甲烷检测摄像机对井口和流程区实行轮番巡检，建设价格约40~60万，价格昂贵，无人值守站场实际应用起来难度较大。

1.3　管道泄露漏测技术

在天然气生产井站、天然气集气总站管道检测领域，常用超声波检测、涡流检测、负压力波检测、光纤传感检测等检测方法，但此类方法受到管道类型限制。近年来，Bin Liu等人通过弱磁法对油气管道损伤进行检测，Chen Wang等人通过IA-SVM模型对海底油气管道的腐蚀情况进行预测，孙宝财等人运用改进的GA-BP算法对油气管道腐蚀剩余强度进行预测，黄玉龙运用基于边缘检测的数学形态学分割算法对石油管道缺陷进行检测，刘晓等人采用扫描电镜-能谱(SEM-EDS)、X射线衍射(XRD)和红外光谱(IR)等射线检测技术对油气田管道破损情况进行检测，何健安等人利用BP神经网络和SVM分类器对集油气站管道泄漏区域进行检测，但机器学习和图像处理的管道缺陷检测方法，缺陷检测准确率不高，易受到现场复杂环境的影响，运用弱磁法仅对平行状态的管道有一定的检测效果，在现场实际环境下对管道进行检测不适用。

1.4　基于深度学习的管道表面缺陷检测技术

随着深度学习的发展，深度卷积神经网络模型具有强大的特征提取能力，在目标检测和损伤检测上有较好的效果，王立中、蔡超鹏、汤踊等人利用基于候选框的Faster R-CNN目标检测模型分别对带钢表面缺陷、金属轴表面缺陷、输电线路部件缺陷进行检测，毛欣翔等人利用基于回归的YOLO V3(You Only Look Once V3)目标检测模型对连铸板坯表面缺陷进行检测，Faster R-CNN和YOLO V3目标检测模型有较高的检测准确率，但Faster R-CNN和YOLO V3目标检测模型模型体积较大，实时性检测所需硬件条件高，无法应用在站场摄像头上进行实时检测。

YOLO V4(You Only Look Once)是2020年提出的一种基于回归的深度学习目标检测模型，Tiny-yolo v4模型源于YOLO V4，是YOLO V4的简化版本，Tiny-yolo v4模型结构如图4所示。

Tiny-yolo v4目标检测模型主要有2部分创新点：

(1) Tiny-yolo v4目标检测模型采用CSP-Darknet53-Tiny作为特征提取网络，如图4所示，网络首先输入416×416大小图像特征，接着网络进行第一层卷积操作，然后进行BN批量归一化操作，为了加快模型检测速度，并没有采用YOLO V4所采用的Mish函数进行激活，而是采用LeakyReLU函数进行激活并输出，第二层卷积操作和第一层卷积操作相同。第三、四、五层网络均采用具有残差结构连接Resblock_ body模块进行特征提取，第六层网络卷积操作同第一层相同。Tiny-yolo v4网络结构仅有600万参数，比 YOLO V4 减少约 10 倍参数量，大幅降低 Tiny-yolo v4 模型大小，并且使 Tiny-yolo v4 模型的检测速度大幅提升。

（2）Tiny-yolo v4 模型在目标检测部分增加了 FPN 结构，将深层 13×13 大小特征通过上采样后向 26×26 大小特征传递，增加网络特征的多样性，提升网络目标检测效果。

Tiny-yolo v4 模型与典型目标检测模型对 COCO 数据集检测结果对比如表 1 所示。

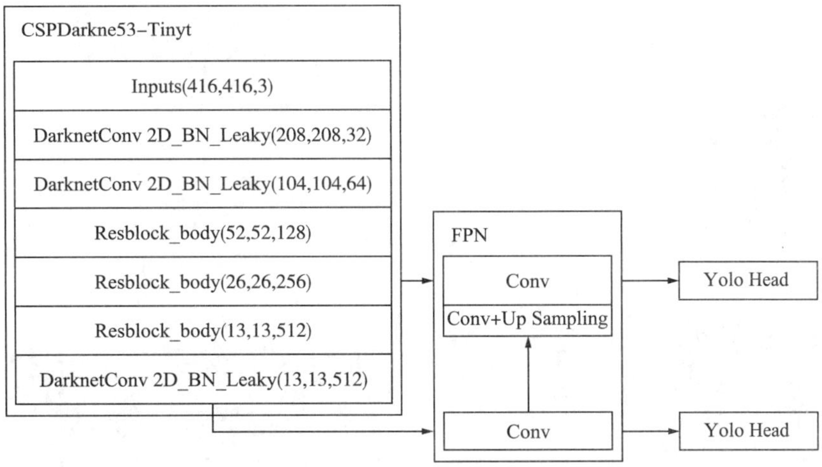

图 4　Tiny-yolo v4 模型结构图

表 1　Tiny-yolo v4 模型与典型目标检测模型性能比较

模型	mAP/%	检测速度/fps
Tiny-yolo v4	40.2	11
YOLO V4	57.3	3.5
Tiny-yolo v3	29	14
SSD	43.1	4.2

Tiny-yolo v4、YOLO V4、Tiny-yolo v3、SSD 等 4 种典型目标检测模型对公开 COCO 数据检测结果表明：

YOLO V4 模型的检测效果最好，目标检测精度均值达到 57.3%，但其检测速度仅为 3.5fps，检测速度较慢；SSD 模型目标检测精度均值达到 43.1%，有较好的检测效果，但其检测速度仅为 4.2fps，检测速度较慢；Tiny-yolo v4 模型目标检测精度均值达到 40.2%，检测速度达到 11fps，有较好的检测效果和较快的检测速度；Tiny-yolo v3 模型目标检测精度均值为 29%，检测速度达到 14fps，有较快的检测速度，但检测效果一般。

从 Tiny-yolo v4 与 3 种典型目标检测模型对比结果可知，Tiny-yolo v4 目标检测模型对公开 COCO 数据集的检测性能和检测速度均比较突出，现将 Tiny-yolo v4 目标检测模型在对站场地面天然气管道泄露图像和污水管道泄露图像进行检测实验。

2　实验过程和结果分析

2.1　地面管道泄露位置和泄露部件分析

2021 年 WR 气田共发生各类泄漏事件 128 起，从泄露位置分布来看，井口高压管线占比 27%、井口节流阀组撬占比 26%、轮换计量撬占比 17%、分离器占比 11%、两相流量计占比 3%、其他泄露占比 16%，如图 5 所示，井口高压管线、井口节流阀组撬、轮换计量撬、分离器是巡检人员和泄露检测装置重点关注的位置。从泄露部件分布来看，弯头占比 34%、焊缝占比 24%、三通占比 17%、阀门占比 11%、直管线占比 10%、其他泄露占比 3%，如图 6 所示。因此，无人值守站场地面流程中的弯头、焊缝、三通、阀门、直管线是巡检人员和泄露检测装置重点关注的部件。

2.2　管道泄露图像数据集收集和制作

本文收集到的管道泄露图像覆盖了春、夏、秋、冬、白天、黑夜、晴天、雨天，收集到天然气管道泄露图像和污水管道泄露图像共 384 张，如图 7、图 8 所示。将收集到的管道泄露图像采用图像处理算法进行数据增强，将管道泄露图像进行不同程度的亮度变化和 90°、180°、270°的旋转角度变化处理，将 1 张问题图像增强为 8 张亮度不同、旋转角度不同的问题图像，增强巡检问题图像数据集的数量和多样性，提高模型的泛化性能和检测精度，数据增强后的天然气管道泄露图像和污水管道泄露图像共3100张。

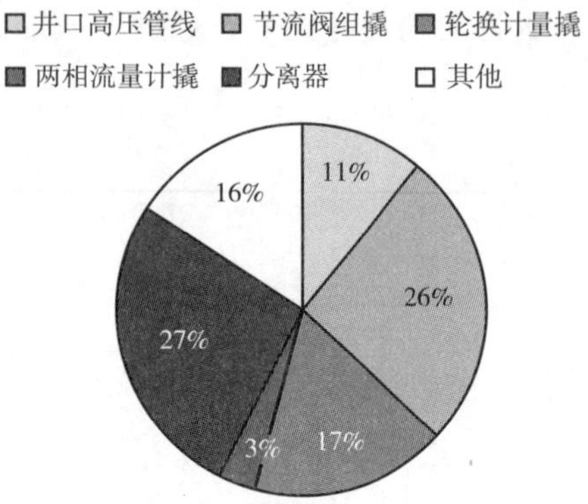

图5　泄露位置分布

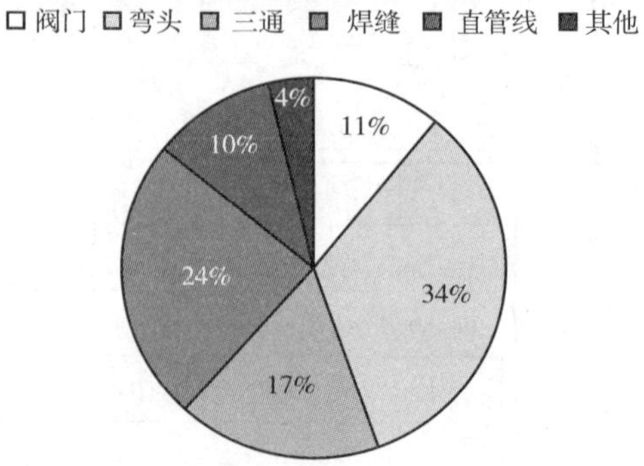

图6　泄露部件分布

图7　天然气管道泄露图

图8　污水管道泄露图

为了提高模型对远距离、目标小的管道泄露图像检测能力，将人工近距离拍摄的大目标图像增强为远距离拍摄的小目标图像。为了提高模型对不同背景下管道泄露图像的检测能力，将管道泄露图像缩小后放在不同背景里进行组合，收集到组合天然气管道泄露图像和污水管道泄露图像共500张，如图9所示。

(a)背景图　(b)然气管道泄露图　(c)组合后天然气管道泄露图

图9　组合后的天然气管道泄露图

对收集到天然气管道泄露图像和污水管道泄露图像进行图像增强和图像组合，最终得到不同背景、不同大小、不同距离、不同位置下的管道泄露图像3600张。

2.3　模型训练

Tiny-yolo v4模型在显卡为1660Ti显卡电脑上进行实验，采用tensorflow框架在python3.7环境下进行训练，随机选用3300张作为训练集，剩余 300 张作为测试集，基础学习率 0.001，动量大小为 0.9，训练批次大小为 8，权重衰减系数为 0.0005，第一次采用正常训练，训练 20000 次得到权重文件。由于模型训练图像数据集较少，第二次采用迁移学习训练方法对模型进行训练，通过迁移学习训练提升模型检测效果。

采用平均精度均值 mAP(mean Average Precision)和交并比 IOU(Intersection Over Union)作为评价准则，模型的 mAP 值越高，代表模型的检测效果越好。将 IOU 阈值设为 0.5，2 次模型训练的检测精度均值 mAP、实时检测速度、训练完成时间见表 2，模型迁移学习训练后的检测精度均值 mAP 如图 10 所示。

表 2　Tiny-yolo v4 模型训练结果

Tiny-yolo v4 模型训练	mAP/%	检测速度/fps	训练完成时间
第一次训练，正常训练	87.62	52.4	18h
第二次训练，迁移学习训练	89.98	52.4	2.5h

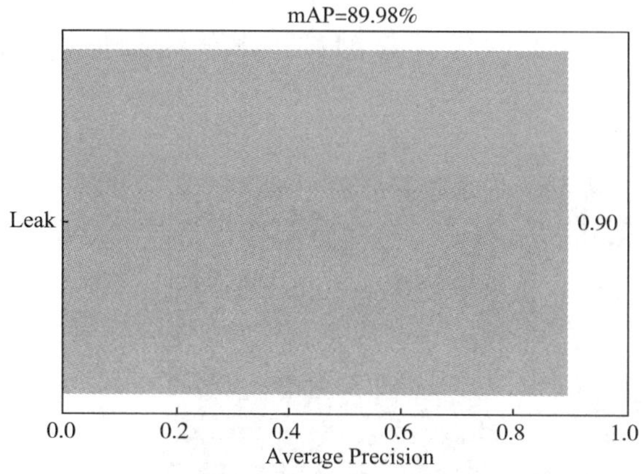

图 10　Tiny-yolo v4 模型迁移学习训练结果图

第一次正常训练，Tiny-yolo v4 模型对天然气管道泄露图像和污水管道泄露图像检测的平均精度均值为 87.62%，模型管道泄露检测效果一般；实时检测速度为 52.4fps，模型实时检测速度较快；模型训练完成需要 18h，模型训练速度较慢。

第二次采用迁移学习方法训练，迁移学习训练后的 Tiny-yolo v4 模型对天然气管道泄露图像和污水管道泄露图像检测的平均精度均值为 89.98%，模型检测平均精度均值较模型正常训练提高 2.36%，模型管道泄露检测效果一般；实时检测速度为 52.4fps，模型实时检测速度较快；模型训练完成仅需要 2.5h，迁移学习训练模型所需时间较模型正常训练所需时间缩短 86.1%，模型训练速度较快。

3　模型改进

为了提升 Tiny-yolo v4 模型管线泄露图像的检测能力，本文对 Tiny-yolo v4 模型特征提取网络进行改进，在 Tiny-yolo v4 模型特征提取网络的第 6 层残差结构连接层后增加了 1 层残差结构连接层，并将该层的卷积核数量调整为 1024，如图 11 所示。

通过对 Tiny-yolo v4 模型特征提取网络增加 1 层特征层，来提升特征提取网络的特征提取能力，从而提升模型检测能力；接着将特征提取层的卷积核个数调整到 1024，提升模型的学习能力和信息处理能力。

改进后的 Tiny-yolo v4 模型正常训练 1 次、迁移学习训练 1 次，得到模型的平均检测精度均值 mAP、实时检测速度、训练完成时间见表 3，模型改进后迁移学习训练的检测精度均值 mAP 如图 12 所示。

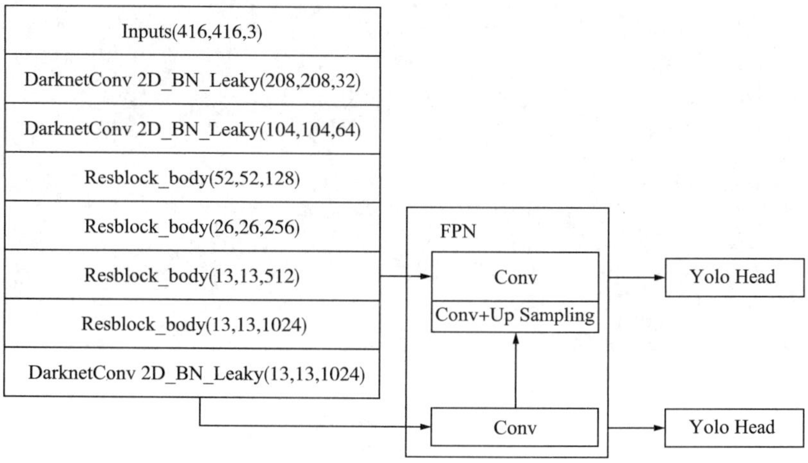

图 11　改进后的 Tiny-yolo v4 模型网络结构

表3　改进后的 Tiny-yolo v4 模型训练结果

Tiny-yolo v4 模型训练	mAP/%	检测速度/fps	训练完成时间
第一次训练，正常训练	87.62	52.4	18h
第二次训练，迁移学习训练	89.98	52.4	2.5h
第三次训练，模型改进后正常训练	94.24	49.7	18.3
第四次训练，模型改进后迁移学习训练	95.86	49.7	2.5

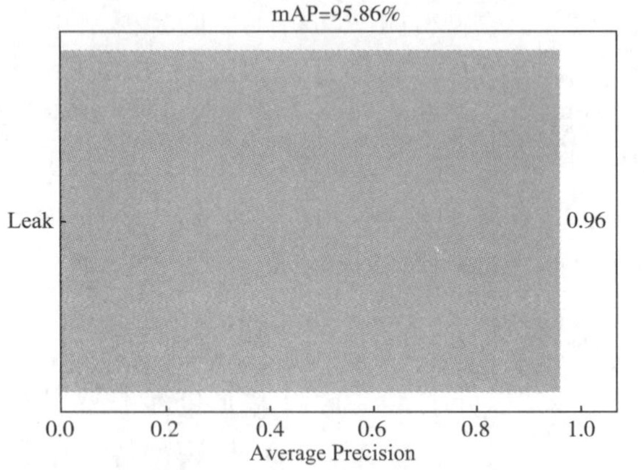

图12　改进后的 Tiny-yolo v4 模型迁移学习训练结果图

第三次训练是改进后的模型正常训练，改进后的 Tiny-yolo v4 模型对天然气管道泄露图像和污水管道泄露图像检测的平均精度均值为 94.24%，模型的管道泄露检测效果较好；实时检测速度为 49.7fps，模型实时检测速度较快；模型训练完成需要 18.3h，模型训练速度较慢。

第四次训练是改进后的模型采用迁移学习方法训练，迁移学习训练的改进后的 Tiny-yolo v4 模型对天然气管道泄露图像和污水管道泄露图像检测的平均精度均值为 95.86%，模型检测平均精度均值较模型正常训练提高 1.62%，模型的管道泄露检测效果较好；实时检测速度为 49.7fps，模型实时检测速度较快；模型训练完成仅需要 2.5h，迁移学习模型训练所需时间较模型正常训练所需时间缩短 86.3%，模型训练速度较快。

迁移学习训练的改进后 Tiny-yolo v4 模型对管道泄露图像进行测试，测试结果如图 13、图 14所示。

(a)弯头刺漏检测图　(b)法兰刺漏检测图　(c)节流后直管刺漏检测图

(d)节流后直管刺漏检测图　(e)节流后直管刺漏检测图

图13　天然气管道泄露检测图

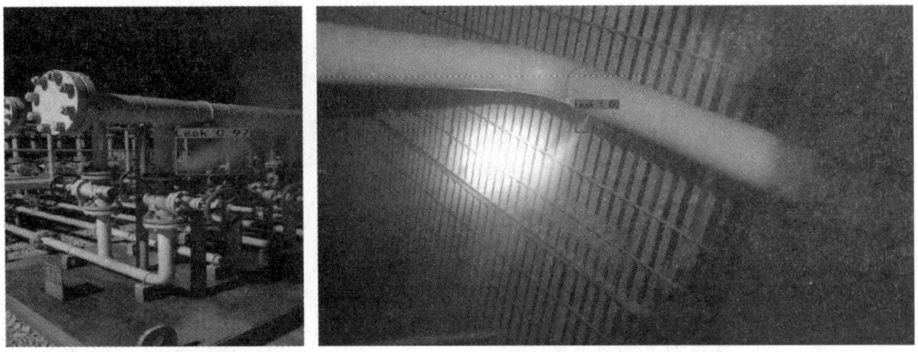

(f)管汇台法兰刺漏检测图 (g)弯头后直管段刺漏检测图

图 13 天然气管道泄露检测图(续)

(a)直管段刺漏检测图

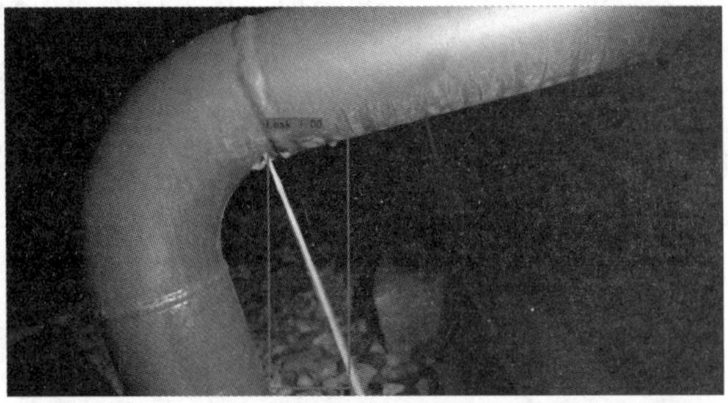

(b)弯头刺漏检测图

(c)直管段刺漏检测图

(d)弯头刺漏检测图

(e)直管段刺漏检测图

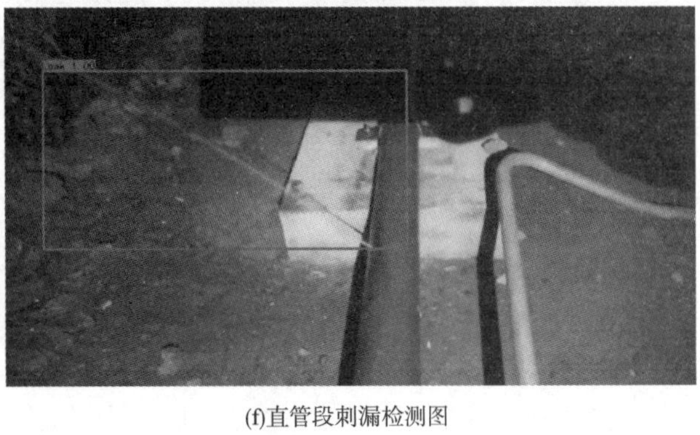

(f)直管段刺漏检测图

图 14 污水管道泄露检测图

迁移学习训练的改进后 Tiny-yolo v4 模型能准确检测出天然气管道泄露位置和污水管道泄露位置，对天然气管道弯头、直管段、法兰泄露等图像的检测得分值为 1.0、1.0、1.0、0.97、0.86、0.97、1.0，检测得分值较高，模型检测框选位置准确，对天然气管道泄露位置具有较好的检测效果。对污水管道弯头、直管段图像的检测得分值为 1.0、1.0、1.0、1.0、1.0、1.0、1.0，检测得分值均为 1，模型检测框选位置准确，对污水管道泄露位置具有更好的检测效果。

4　结论

针对WR气田无人值守站场地面管道人工巡检泄露管道发现不及时、固定式可燃气体探测仪灵敏度易受站场环境影响预警能力低。本文采用Tiny-yolo v4模型对管道泄露图像进行检测，对天然气管道泄露图像和污水管道泄露图像的检测精度均值达到89.89%。

为了提升Tiny-yolo v4模型对天然气管道泄露图像和污水管道泄露图像的检测能力，增加Tiny-yolo v4模型的特征提取层数，并调整了特征提取层数的卷积核数量，采用迁移学习训练的改进后Tiny-yolo v4模型对天然气管道泄露图像和污水管道泄露图像的检测精度均值达到95.86%，模型检测速度为49.7fps，有较好的管道泄露位置的检测能力，配合站场视频监控将对WR气田无人值守站场地面管道重点部位提供更好的泄露检测预警能力。

参 考 文 献

[1] 王璞，等．油气管道安全与环境风险监控预警法规研究[J]．西南石油大学学报(社会科学版)，2018，20(01)：19-28.

[2] Bin Liu，Luyao He，Zeyu Ma，et al. Study on internal stress damage detection in long-distance oil and gas pipelines via weak magnetic method[J]. ISA Transactions，2019，89.

[3] Chen Wang，Gang Ma，Junfei Li，et al. Prediction of Corrosion Rate of Submarine Oil and Gas Pipelines Based on IA-SVM Model[J]. IOP Conference Series：Earth and Environmental Science，2019，242(2).

[4] 孙宝财，武建文，李雷，等．改进GA-BP算法的油气管道蚀剩余强度预测[J]．西南石油大学学报(自然科学版)，2013，35(03)：160-167.

[5] 黄玉龙．基于视频图像的管道裂纹缺陷检测方法研究[D]．西安：西安理工大学，2018.

[6] 刘晓，陈艳华，钟卉元，等．油田埋地碳钢管道外腐蚀行为研究[J]．西南石油大学学报(自然科学版)，2018，40(04)：169-176.

[7] 何健安．井场—集油气站管道泄漏检测方法研究[D]．西安：西安石油大学，2019.

[8] 王立中．基于深度学习的带钢表面缺陷检测[D]．西安：西安工程大学，2018.

[9] 蔡超鹏．基于深度学习的金属轴表面缺陷检测与分类研究[D]．杭州：浙江工业大学，2019.

[10] 汤踊，韩军，魏文力，等．深度学习在输电线路中部件识别与缺陷检测的研究[J]．电子测量技术，2018，41(06)：60-65.

[11] Girshick R，Donahue J，Darrelland T，et al. Rich feature hierarchies for object detection and semantic segmentation[C]. 2014 IEEE Conference on Computer Vision and Pattern Recognition. IEEE，2014.

[12] Ren S，He K，Girshick R，et al. Faster R-CNN：Towards Real-Time Object Detection with Region Proposal Networks[J]. IEEE Transactions on Pattern Analysis & Machine Intelligence，2015，39(6)：1137-1149.

[13] Girshick R. Fast R-CNN[C]. Proc of IEEE International Conference on Computer Vision. 2015：1440-1448.

[14] 毛欣翔，刘志，任静茹，等．基于深度学习的连铸板坯表面缺陷检测系统[J]．工业控制计算机，2019，32(03)，66-68.

[15] Redmon J，Farhadi A. YOLO V3：An Incremental Improvement[J]. arXiv preprint arXiv：1804.02767，2018.

[16] HAN H D，XU Y R，SUN B. Using active thermography for defect detection of aerospace electronic solder joint base on the improved Tiny-YOLOv3 network[J]. Chinese Journal of Scientific Instrument，2020，41(11)：42-49.

无人值守技术在铁山坡气田的应用

王海森　曾　超　黄　丽　王平祥　唐自强　潘淮滨　邹　亮

（中国石油西南油气田公司川东北气矿）

摘　要　铁山坡气田硫化氢最高含量达 16.59%，是目前国内已投产硫化氢含量最高的整装气田，也是中国石油首个自主开发的特高含硫气田。面对特高含硫气田的开发现状，西南油气田公司按照“安全规格等级最高、工业自控水平最高、智能化水平最高、技术经济水平最高”的标准，首次大规模使用耐蚀合金双金属复合材料，从材质本身解决了管道内腐蚀问题。气田采用“无人值守、远程监控”的管理模式，综合运用先进的过程控制和紧急关断技术、多层次的冗余检测和巡检技术，结合物联网、数字孪生、数据可视化、无人机等信息化技术，全面建成以“生产数据自动采集、生产过程联锁控制、生产区域自动布防、生产异常智能联动”为特征的铁山坡智能化气田，在国内首次实现特高含硫气田开发站场无人值守，形成了配套无人值守技术。

关键词　铁山坡气田；特高含硫；无人值守；无人机巡检；智能气田

随着材料技术、监控控制技术、智能化油气田技术的进步，无人值守模式被更多油气田选用。铁山坡气田硫化氢最高含量达 16.59%，是我国硫化氢含量最高的海相整装气田，地面集输系统包括 1 座脱水站、2 座井站、6 个阀室、1 座清管站及 21.95km 集输管线，分布在大巴山区 2 个县级行政区、4 个乡镇，海拔高度相差近 800m，从初站脱水站到末站清管站驾车需用时 1 小时。高含硫站场存在超压、气体泄露、着火、爆炸。人员中毒等安全风险，应尽量简化集输流程，采用自控设备以降低人员进入高含硫场所的需求。传统有人值守模式，存在人工巡检困难，应急响应速度慢等问题。根据开发实际，无人值守模式成为较为适合铁山坡气田的选择。通过优选材质实现本质安全，综合采用过程数据监控、远程操控、安全联锁关断、气体泄漏检测、无人机巡检、安防辅助系统、数据智能化应用等技术，显著减小人员劳动强度、降低了人员在硫化氢环境暴露几率，实现了快速可靠的应急处置、降低人工误操作几率、提升工作效率，

1　材质本质安全

特高含硫气田开发，安全是重中之重，采用无人值守模式，必须实现管道设备的本质安全。铁山坡气田集输管线采用镍基合金复合管，是陆上天然气整装气田首次大规模使用，涉硫容器内壁涂镍基涂层，从材质本身解决了内腐蚀问题。采用最高标准的双金属焊接技术和焊缝检测技术，实现抗硫碳钢和双金属复合管无缝焊接。

2　气田网络架构

铁山坡气田网络带宽达 1000M，为气田数据传输提供了网络保障。采用 1+1 备份方式，36 芯主光缆与集输管道同沟敷设，24 芯 ADSS 备用光缆为架空光缆，形成物理上的天网和地网双网冗余环网。气田网络包括办公网、生产网、安防专网；SCADA、SIS、GDS 等自控和物联网数据通过生产网传输；视频监控、周界报警等安防设施，生产智能巡检管理、生产运行诊断分析等数据部署于安防专网。

中控室、站场、阀室设 2 套 PTN 数字通信设备，中控室、站场、阀室各设置 2 台 1000M 三层工业以太网交换机、1 台 1000M 三层以太网交换机，依托光纤环网实现与各站场阀室的通信，并将自控数据、视频图像、门禁等数据传输至中控室，如图 1 所示。

3　气田控制系统

铁山坡气田采用中心站场控制模式，以脱水站为中心站场，气田中控室设置在脱水站控制室，建立全气田 SCADA 系统，配置 PCS、SIS、GDS、OPC 服务器和 SCADA 工程师站、操作员站。各站场、阀室不配备服务器和操作站，站场配置相互独立的 PCS、SIS、GDS 系统，阀室配

置1套SIS系统。通过天地双网的冗余生产网，站场、阀室本地数据传至中控室SCADA系统，实现气田生产的动态监控、远程操作及安全联锁保护，达到“一个气田、一个中控室”、各井站/阀室“无人值守、远程监控”的控制水平。

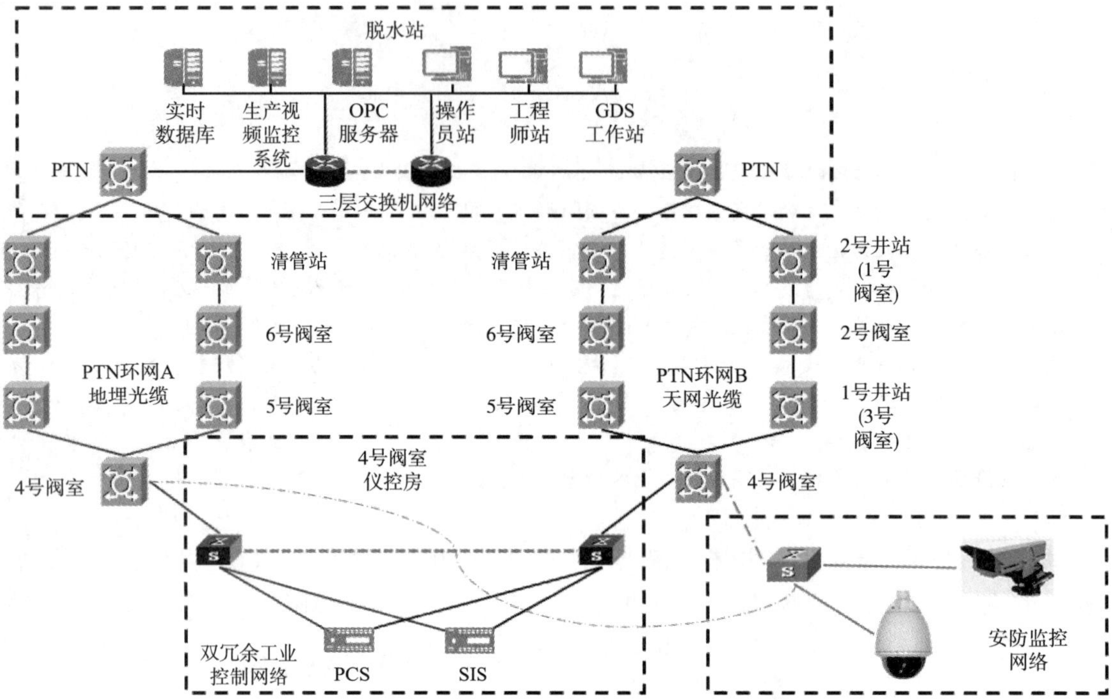

图1　铁山坡气田网络拓扑图

3.1　控制层级

根据气田井站物理位置分布，集气管道走向以及生产调度管理的需要，控制系统采用三层控制层级：

第一级为川东北气矿调度管理中心（DCC—Dispatching Control Center），是铁山坡气田SCADA系统的应急管理中心，具备紧急情况下关井的权限。

第二级为气田中央控制室（LCC—Local Control Center），设置在脱水站。中央控制室配置一套SCADA控制系统，对脱水站及各井站、阀室的生产运行数据进行集中监控和调度管理，满足自动控制、有人操作的作业方式。采集的数据通过生产网上传至川东北气矿调度管理中心。在气田调度中控室生产网中配置工控安全防护设备，完成下属站场的工控安全防护。

第三级为站场控制级，满足无人值守、远程监控的作业方式。井站设置SIS、GDS、PCS系统，阀室配置1套SIS系统，实现数据采集、自动控制、安全联锁、火气监测、干线截断阀上下游压力监控、截断阀控制及阀位检测报警功能；清管站设置控制SIS、GDS及计量、气质检测系统，实现交接计量、介质成分分析、计量切换、数据采集、站内有毒气体泄漏监测报警功能，如图2所示。

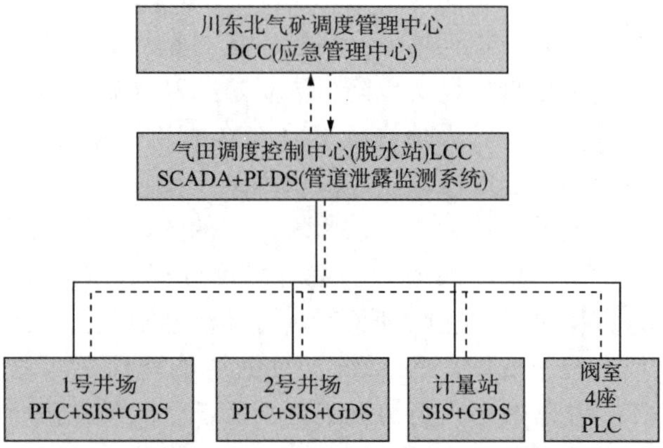

图2　铁山坡气田控制架构图

3.2　PKS系统

铁山坡气田选用霍尼韦尔Experion PKS（简称PKS）系统作为SCADA软件，具有较强的功能和拓展性，也是SCADA系统网络通讯平台、数据库管理平台、应用集成平台。主要功能有：全局数据库，基于HTML的HMI显示界面，实时数据库，报警、事件管理，报表，历史数据采集归档、账号安全性配置以及多类型标准趋势等；具有良好的开放性，支持包括 ODBC、AdvanceDDE、Visual Basic、OPC 等在内的多种开放技术和标准。PCS、SIS、GDS 数据统一采用 Modbus TCP 协议传输至中控室对应服务器，第三方设备数据采用 Modbus RTU 协议，通过 RS485 线缆传送至串口服务器，使用 PKS 数据组态软件 Configuration Studio 整合进 PKS 全局数据库。系统硬件主要由服务器、操作站、控制器、FTE/Safenet 网络构成。

3.3 PCS 过程控制系统

铁山坡气田采用 4 套 PCS 系统，硬件采用霍尼韦尔 C300 控制器及 IOTA 卡件，每通道信号均配备隔离器或安全栅。现场仪表 4-20ma 标准 AI 信号，自控阀门阀位、设备状态等开关量 DI 信号经容错以太网 FTE 传输至中控室 PCS 服务器，由 Configuration Studio 软件内建 PCS 组态软件 Control Builder 程序进行处理。Control Builder 具有带有标准功能块的库，具有模拟量监视回路、PID 串级回路、设备控制回路等多种功能块，选择相应的功能块进行编程，通过修改不同功能块中的参数来实现相应操作。

3.3.1 过程自动控制

井场设置井口节流阀，一级节流阀采用远程控制，二级节流阀控制其上游原料气压力，其开度随上游压力高低正向变化。设置水套炉对节流降压后的原料气进行加热，对水套加热炉火焰状态进行监视、报警、熄火自动联锁。

脱水装置设置装置出口压力调节和超压保护系统，以控制脱水装置压力。设置高级阀式孔板流量计和温度压力补偿，对出装置天然气流量进行测量。设置在线水分分析仪对出装置干气的含水量进行分析，当干气水含量超过规定指标时，及时报警并可根据需要联锁切断有关阀门，确保干线输气质量。

清管站设置 2 用 1 备计量流路，每路串联式设置 1 台高级阀室孔板流量计和 1 台外夹超声波流量计，孔板流量计作为主流量计，超声流量计作为核查计量。设置在线色谱、硫化氢、总硫及水露点分析仪各 2 台，一用一备。设置分析小屋 1 座，用于放置分析仪及流量计仪表设备，向中控室传送计量数据。

3.3.2 远程启停控制

尽量减少人工人员进入现场手动操作的频次，球阀、调节阀、截断阀、放空阀、排液阀均采用远程控制。井口节流阀采用远程控制，实现远程调产及开关井。脱水站重沸器、污水处理装置，井站加热炉、放空火炬等设备具备自启停及远程启停功能。

3.3.3 全数据监控

对所有无人值守站场、阀室设备数据进行远程监控与记录，解决以往单体设备数据封闭、无法远程故障判断等痛点。脱水站、清管站配置在线水露点分析仪、PH 分析仪、色谱仪等分析仪器，降低了气液取样分析作业频次。重沸器、污水处理装置、加热炉、放空火炬、闪蒸气压缩机、UPS 等自带控制系统的设备参数，通过 Modbus RTU 协议传输至 PCS 服务器，实现远程监控设备详细运行参数、诊断设备运行状态，设备运行与油水润滑时间统计、预防性开展设备保养及维修。

3.3.4 回路监测及诊断

可对每个信号回路进行监测，出现开路时发出警报。系统控制器、IO 卡件、电源、通信设备具备自诊断功能，可对机柜电源、风扇、温度，控制器、IO 卡件通道进行监测及报警，方便远程对无人值守站进行回路监测及故障查找。

3.4 SIS 安全仪表系统

SIS 系统称为安全仪表系统，旨在通过在违反预定条件时将过程置于安全状态来预防或减轻危险事件。正常情况下，安全仪表联锁控制系统是处于静态的，不需要人为干预。作为安全保护系统，凌驾于生产过程控制之上。作为特高含硫气田，铁山坡气田采用最高等级、最严苛标准的软硬件、最全面的关断逻辑保证 SIS 系统的安全、可靠。

3.4.1 安全完整性等级 SIL3

SIS 软硬件均通过 SIL3 认证，包括压力/温度变送器、液位计等传感器、截断阀、放空阀、气液联动球阀等执行元件，气田整体安全完整性等级评估达到了 SIL3 级。

3.4.2 多层级紧急关断 ESD

形成了全气田到生产单元的 5 大层级 136 条联锁逻辑，达到触发条件后程序自动触发联锁无需人工操作，紧急情况可实现气田一键关断。

设置井口地面安全截断系统(WHCP)、线路紧急切断阀、在各站场设置紧急泄压放空系统，采用限流孔板加故障开泄放阀(BDV)。当生产过程出现紧急情况，压力、温度、液位等变量达到关断值时，安全仪表系统联锁控制自动启动，及时关闭地面、井下安全阀，开启放空阀、关闭出站截断阀及干线气液联动球阀，起到隔绝能量源，保护现场设备的作用，避免超压、超温等造成巨大损失。

当发生火灾时，中央控制室操作人员可根据紧急预案，触发设置在控制室的手动按钮，切断装置进出口切断阀，开启泄放阀，对装置内余气按压力等级分段泄压。

3.4.3　高可靠性硬件

铁山坡气田采用8套S300控制器及Safety Builder控制系统作为独立的SIS系统。为保障可靠性，控制器、IO卡件、电源、通讯网卡等按冗余配置。其处理器为容错型处理器，所有控制回路、保护停车控制回路在正常状态下按励磁方式设计，异常状态下进入非励磁状态。阀室因火气探头较少，数据进入SIS系统，未单独设置GDS系统，如图3所示。

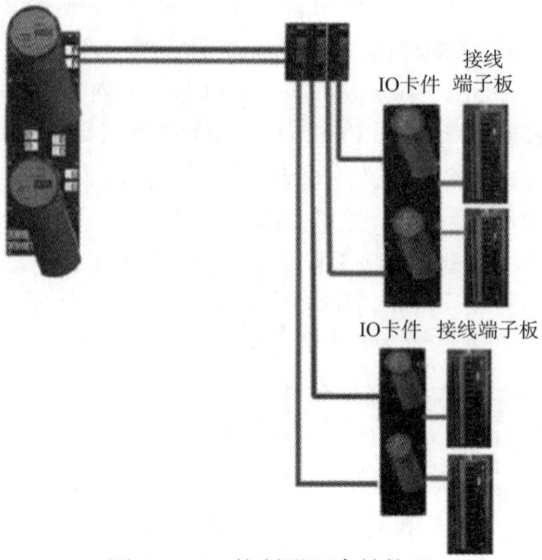

图3　S300控制器冗余结构图

3.4.4　SIS专网

SIS系统使用独立的接口和交换机，在SCADA网络中划分vlan，组成SIS专用Safenet网络，实现逻辑隔离，避免通讯不佳导致SIS功能失效，甚至误关断的风险，如图4所示。

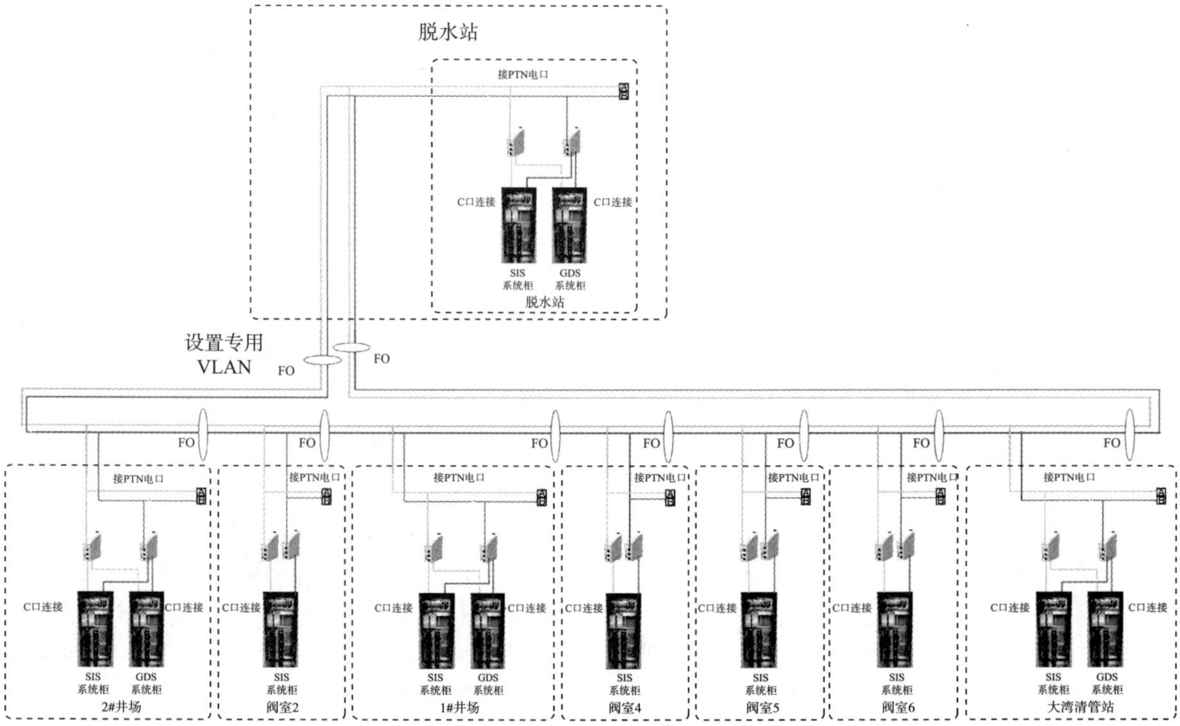

图4　Safenet网络拓扑图

3.5　GDS火气监测系统

3.5.1　立体检测网络

GDS系统在装置区内部以点式可燃气体、硫化氢气体检测仪为主，装置边界以开路式检测仪为主，同时辅以激光云台式可燃气体检测仪，在装置边界设置手动报警按钮及区域声光报警器，井口及装置区设置火焰报警检测仪，形成多种测量方式与精度的立体监测网络。激光云台式可燃气体检测仪可对整个站场范围实时监控，可实现PPM级的泄漏检测，对点式检测仪难以第一时间发现的微泄露能早发现早处理，避免发生大泄漏；同时与摄像头集成，含高倍变焦镜头，可对泄露部位进行高倍放大后人工视频查找精确漏点，实现对无人值守站场气体泄露点的精确定位。

3.5.2　高可靠性硬件

铁山坡气田 4 座站场采用 4 套具有 SIL3 安全完整性等级的 S300 控制器作为独立的 GDS 系统，软件作为独立的工程集成在对应的 Safety-builder 软件中，控制器、IO 卡件、电源、通讯网卡等按冗余配置。其处理器为容错型处理器，所有控制回路、保护停车控制回路在正常状态下按励磁方式设计，异常状态下进入非励磁状态。

3.6　容错以太网 FTE

铁山坡气田运用容错以太网 FTE，构建了一个高效的、完全冗余的以太网络，连接服务器、操作站、站场/阀室 PCS/SIS/GDS 控制器。当主路径故障或冗余交换机中的任何一台故障时，FTE 驱动程序及相关设备会自动无缝切换网络路径或冗余交换机。

如下图，FTE 节点 1 的 A 及 FTE 节点 2 的 B 同时故障，两个节点仍然能通过 FTE 节点 1 的 B 与 FTE 节点 2 的 A 之间的通路进行通讯，如图 5 所示。

Sending Channel	Receiving Channel	Channel Path	Path Status
Channel A	Channel A	1	0
Channel B	Channel B	2	0
Channel B	Channel A	3	1
Channel A	Channel B	4	0

1==Channel is healthy
0==Channel is broken

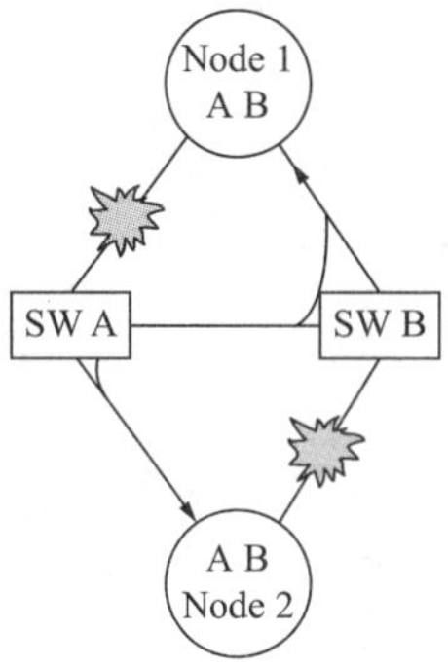

图 5　容错以太网 FTE 示意图

在中控室配置 1 对冗余的 L2 层交换机，作为 SCADA 系统的核心交换机，连接中控室 SCADA 服务器及各操作站和各站场、阀室 L1 层 PCS、SIS、GDS 控制器，如图 6 所示。

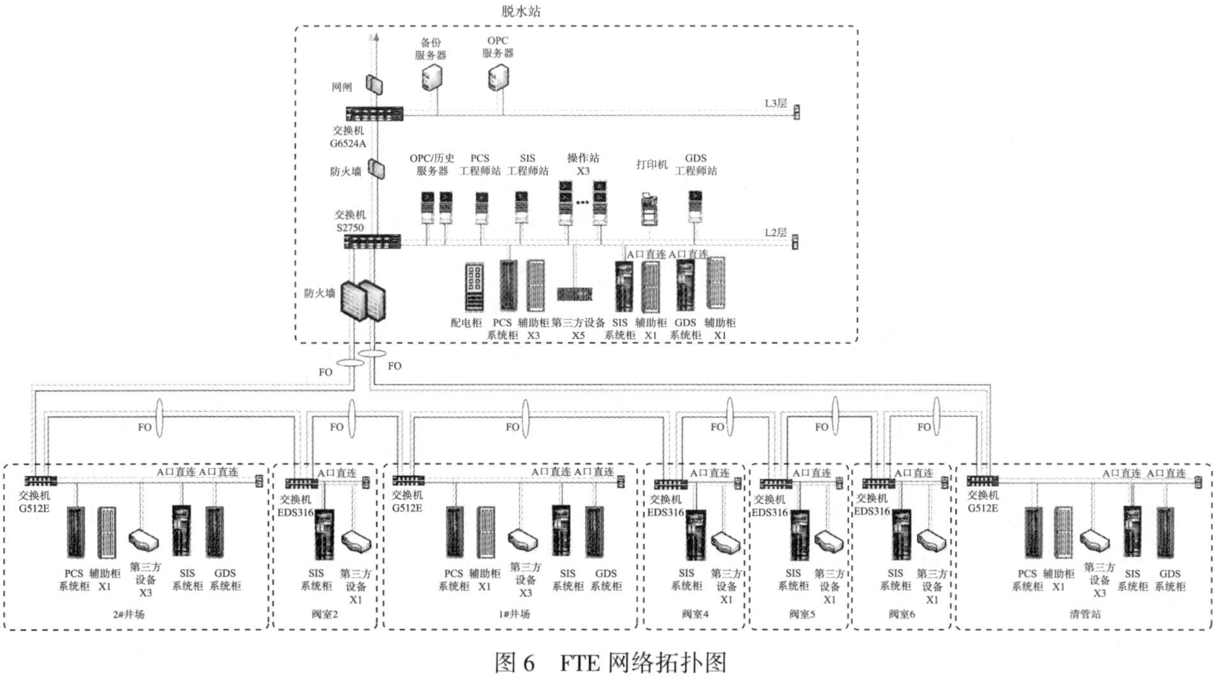

图 6　FTE 网络拓扑图

3.7　冗余系统

铁山坡气田 SIS、GDS 控制器、IO 卡件、开关电源、IO 通讯网卡、网络交换机、光传输网络、系统服务器均由一对配置相同的硬件构成冗余，可实现两台冗余硬件之间的无缝切换，构成一个高可靠性系统。PCS/SIS/GDS系统、服务器等采用市电与UPS双路供电，UPS、市电、应急柴油发动机形成了电源冗余系统，市电切断后自动启动柴油发电机，瞬间完成双电源转换，保障控制系统稳定供电。

4　管道泄漏监测系统

管线原料气一旦发生泄漏不但会造成经济损失和环境污染，还会威胁管道附近群众的生命安全。对于铁山坡特高含硫气田及管道沿线地势复杂的特点，能否对管道天然气泄漏进行精准检测、并尽可能快的定位泄漏源并采取措施至关重要。

为监测管道泄露，铁山坡气田采用3种管道泄漏监测手段：分布式声学感应系统(DAS)、分布式温度传感系统(DTS)及次声波泄露检测系统。

4.1　分布式声学感应系统DAS

借助沿管线同沟敷设的通信光纤及中控室的监控终端，监测管线沿途上任何一点的发声活动。从光纤传递过来的声学数据被分为多个光学通道，据此确定出警示事件位置。警示事件分为六种：过往人员、过往车辆、挖掘、机械挖掘、作业活动和泄漏，其中挖掘、机械挖掘、作业活动和泄漏这四种警示事件被归类为高级警示。

4.2　分布式温度感应系统DTS

沿管道同沟敷设的通信光纤，中控室设置监控终端。管道泄漏时，周围土壤的温度发生变化，光纤温度传感器及时捕获这些变化，并将信息传输至监测终端，通过图形化的分析，提取出泄漏点的位置及温度偏差。

4.3　次声波泄露监测系统

在站场集输管道出入口处各设置1个次声波传感器，信号通过RS485方式传送至中控室服务主机。当管道发生泄漏时，产生的次声波向管道两端传播，管道两端的次声波传感器捕获该信号，通过计算泄漏信号到达相邻两个分站的时间差，计算出泄漏位置。

5　辅助系统

5.1　安防监控

无人值守井站、阀室，需要配置智能化的安防监控系统，实现入侵快速感知、联动报警、智能追踪。

5.1.1　工业电视系统

站场、阀室设置工业电视系统，安装高速球型、高清固定、防爆旋转摄像机，中控室设置工业电视操作员站、流媒体服务器、管理服务器、网络存储管理服务器和视频智能分析服务器。管道沿线安装高后果区工业电视系统60套，对管道沿线地质状况进行监控。摄像机均具有AI智能移动侦测及语音喊话功能。工业电视系统和入侵报警系统实现报警联动，自动对入侵区域进行智能联动跟踪拍摄。

5.1.2　张力围栏入侵报警系统

站场设置1套张力围栏入侵报警系统，在站场围墙或围栏的顶端设置张力电子围栏式探测器，按照直线围墙每防区不超过40m，弧线围墙每防区长度不超过30m划分防区，每个防区设置张力围栏主机1个，信号传输至中控室张力围栏报警服务器进行统一管理。当有人非法翻越或破坏围栏时，触发张力电子围栏系统发出报警，同时联动工业电视系统进行智能拍摄。

5.1.3　远程门禁系统

门禁终端设备及磁力锁安装在站场大门处，授权人员凭门禁卡开启大门；未授权人员需申请门禁，经中控室人工确认面部视频图像后才可进入大门。

5.1.4　社区报警系统

铁山坡气田集输管道周边人口稠密，发生高含硫气体泄漏时应及时通知周边人员撤离。中控室设社区报警系统1套，集气支线和集气主线沿线共设室外报警站34个，伴随设置硫化氢气体检测仪，覆盖管道两侧3410m范围。在中控室控制台可以选择34个报警点中的任意一个或多个，通过人工语音广播和灯光提醒，实现硫化氢泄漏疏散报警，管道破坏行为驱离报警，日常功能测试。可与控制系统或气体检测系统报警联动，自动触发对应区域的报警喇叭和闪光灯。中控室可对每个报警站的网络连接、供电电压、电池电压、扬声器状态、放大器状态、电池寿命提示状态等数据进行监控。

5.2　无人机应用

铁山坡气田地质条件复杂、夏季降水集中、存在地质灾害风险，人工巡检管道劳动强度大、效率低，亟需利用无人机“视野范围广、巡检效率高、信息反馈及时，几乎不受地形限制”等优势辅助人工开展日常巡检及应急处置工作。

5.2.1　飞控模式

在气田周边21.95km范围内架设2座微波通讯基站，提升信号质量和飞行稳定性。选用多旋翼无人机，承重达5kg；配备4G、微波通讯模块，可实现两种组网模式的无缝切换。通过机组精细管理+预设飞行轨迹+制定飞行任务实现无人机自主飞行，开展常规巡检；应急情况下运用手动接管模块实现人工介入接管无人机飞行。

5.2.2　巡检功能

记录管道、站场、阀室GIS信息，科学规划巡检路径，制定日常巡检计划，实现日常巡检。

5.2.2.1　站场巡检

通过自动/手动巡检系统，对铁山坡气田4座站场、6个阀室进行巡检。利用双光云台监测站场地质状况，对地质灾害进行预防和观察；监控场站及安防设施、人员行为识别；观察无人值守站场内部及放空区主要设施设备外观、运行状态及异常情况。

5.2.2.2　管线巡检

通过自动/手动巡检系统，对铁山坡气田21.95km范围内的管道进行巡检。开展管道占压巡逻、水保设施检查、地质情况分析、地质灾害预防、管道破坏巡查、管道地貌历史信息留存、管道位置信息标注等作业。

5.2.2.3　气体泄露检测

通过携带的激光甲烷探头对站场设备设施、集输管道周边进行气体泄漏检测，并将实时浓度值上传至大数据平台进行分析。

6　智能气田系统

以区域湖为基础，整合铁山坡气田物探数据、钻录试数据、测井数据、分析化验数据、油气开发数据、生产运行数据、生产实时数据等全链条业务数据，利用数据集成与治理工具形成高含硫智能气田标准数据统一模型标准，整合结构化、非结构化、实时数据等全类型数据，构建统一数据存储层，为上层智能应用场景提供业务数据支撑及数据共享环境。

以一体化模型及智能工作流为核心，采用微服务、模块化方式，建成了由13个一级模块，43个二级模块组成的智能化平台，具备了气井自动优化配产、气田智能诊断跟踪、开停井工况模拟以及水合物和硫沉积趋势预测等功能，实现了气藏、井筒、地面的全局一体化综合诊断，弥补了实时监控系统中无法识别的流动保障问题、累积性系统工况问题，做到了基于动态分析的过程管控和基于趋势分析的智能决策。

7　无人值守关键技术

7.1　安全管控技术

采用镍基合金管线和含镍基内衬层的涉硫容器，从本质上消除了管道、设备内壁腐蚀风险，实现了本质安全，双金属焊接技术达到国际领先水平，为无人值守提供了基础物质保障。形成了从全气田到生产单元的5大层级136条ESD联锁逻辑，达到触发条件后自动触发联锁无需人工操作，紧急情况可实现气田一键关断和放空。气田全范围覆盖社区报警系统，安全防护距离为行业内最大。

7.2　全面的过程控制系统

通过FTE容错以太网强大的容错能力、回路监测及故障诊断技术、PID控制，对气田进行全面的过程控制，包括远程开关井及调产、生产过程全数据采集与监控、动设备远程启停、设备实时运行参数全面上传SACDA、容器自动排污、水露点/气质在线分析等。

7.3　可靠的安全仪表系统

采用安全评定等级到达SIL3等级的软硬件；SIS软硬件独立设置，独立运行；建立了SIS专用的Safenet专网，实现了SIS网络的逻辑隔离，极大地提高了网络稳定性与可靠性；控制器、IO卡件、电源、通讯网卡、交换机、网络、服务器等冗余配置，实现了铁山坡气田SIS系统的高可靠性。

7.4　气体泄漏立体检测网络

站场、阀室、管道沿线点式硫化氢/可燃气体检测仪、对射式可燃气体检测仪、云台激光可燃气体检测仪、无人机携带的激光甲烷气体检测仪等，通过综合采用多种检测类型、检测方式的气体检测技术，形成地面到天空、固定与移动、点式与对射式/激光式相结合的立体检测网络。加密探头设置密度，保证站场、阀室、管道全覆盖。管道泄露检测采用分布式声学感应系统（DAS）、分布式温度传感系统（DTS）及次声波系统等方式相结合，实现无人值守下的管道泄露精准检测。

7.5 数据融合与智能气田

实现全气田自控、视频等系统智能联动，达到实时联动、智能响应、精准锁定的效果。整合多类型、建设全过程、从井筒到地面的全部数据，形成了多级模块的智能化平台，实现了气藏、井筒、地面的全局一体化综合诊断，做到了基于动态分析的过程管控和基于趋势分析的智能决策。

7.6 无人机巡检系统

通过架设基站、先进飞控算法和多手段复合控制等方式，实现复杂山区和气候条件下的安全飞行。规划"管道+站场"巡检任务，利用"人机结合"的模式，合理规划人工与无人机的巡检频次，开启无人值守巡检新模式。

8 结语

铁山坡气田综合运用SCADA、信息化技术，在国内首次实现特高含硫气田开发站场无人值守，创造了多个"最高"，全面建成以"生产数据自动采集、生产过程联锁控制、生产区域自动布防、生产异常智能联动"为特征的智能化气田，形成了可复制的特高含硫气田开发无人值守技术。在渡口河-七里北气田的开发中，可在借鉴铁山坡气田无人值守开发模式的基础上取长补短，把特高含硫无人值守技术提升到更高水平。

参 考 文 献

[1] 张玉恒. 油气田站场无人值守探索及展望[J]. 仪器仪表用户，2020，(2)：105-109.

[2] 李健. 油田数字化无人值守站建设的探索及实践[J]. 自动化应用，2018，(5)：157-158.

[3] 郑轶群. 浅谈智慧油田行业解决方案[J]. 仪器仪表用户，2017，24(1)：84-86.

高含硫气田集输管道数字化安全管控技术探索与研究

黄元和[1] 张爱鸿[1] 张小龙[2]

(1. 中国石化西南油气分公司采气二厂；2. 中国石化西南油气分公司HSE督察大队)

摘 要 本论文旨在探索和研究高含硫气田集输管道的数字化安全管控技术。随着我国经济的快速发展和天然气需求的增加，对高含硫气田的开发利用具有重要意义。然而，高含硫气田开采过程中存在诸多安全风险，如自然灾害、腐蚀、设备故障和第三方破坏等。为了有效管控这些风险，本研究通过多年的实践和探索，构建了高含硫气田集输管道的“三位一体”智能管控技术体系，包括地下管控、地面管控和空中管控。其中，针对腐蚀问题，提出了综合防腐工艺技术和腐蚀监测技术；针对泄漏问题，建立了分布式光纤安全预警系统；针对地质灾害问题，建立了地质灾害评价体系和监测系统；同时，还借助无人机技术实现了应急联动和巡检。通过这些技术手段，能够实现泄漏和突发事件的及时管控和预警，提升管道安全稳定运行能力，降低损失。本研究对于高含硫气田的数字化安全管控具有重要的参考价值和实际意义。

关键词 高含硫气田；集输管道；管线测漏；地质灾害；无人机；智能管控

随着全球经济的快速发展和能源结构的转型，天然气作为一种清洁、高效的能源资源正日益受到全球范围内的关注和重视。天然气行业作为能源行业中的重要组成部分，在能源供应、经济增长和环境保护方面发挥着重要的作用。因此，研究天然气行业的发展前景具有重要的理论和实践价值。全球能源需求的增长趋势对天然气行业的发展提供了巨大的机遇。随着全球人口的增加和工业化进程的加速，能源需求不断增长，尤其是在新兴经济体和发展中国家。天然气作为一种清洁、高效的能源资源，具有丰富的储量和广泛的应用领域，能够满足不同行业和部门的需求。因此，天然气行业将继续受益于全球能源需求的增长。

能源结构的转型和环境保护要求的提高也为天然气行业带来了新的发展机遇。随着全球对气候变化和环境污染的关注度不断提高，各国纷纷制定了减少碳排放和促进清洁能源发展的政策目标。相对于传统的化石能源，天然气燃烧产生的二氧化碳和其他污染物更少，具有较低的环境影响。因此，天然气作为过渡能源和清洁能源的替代品，将在能源结构调整和碳减排方面发挥重要作用。天然气行业的国际市场也呈现出广阔的发展前景。随着跨国天然气管道和液化天然气(LNG)终端的建设和扩张，天然气贸易的国际化程度不断提高。各国之间的天然气供应合作和贸易往来日益频繁，形成了一个全球范围内的天然气市场。这为天然气行业的国际化发展和市场竞争提供了良好的机遇。

天然气行业作为全球能源供应和清洁能源转型的重要组成部分，具有广阔的发展前景。然而，天然气行业也面临着一系列的挑战和风险。首先，天然气资源的可持续供应和开发成本是天然气行业发展的重要考虑因素。尽管全球天然气储量相对较为丰富，但部分地区的储量分布不均，导致资源供应的不稳定性。另外，天然气的开采、运输和储存技术要求高，并且需要投入大量的资金和人力资源。伴随着我国经济高速发展，天然气作为清洁优质能源紧缺的压力日益突出，对外依存度已超过40%，国家能源安全形势严峻。我国海相领域天然气资源十分丰富，大部分含硫，安全高效开发利用此类资源对保障国家能源安全、促进国民经济发展具有十分重要的意义。“十一五”以来，中国石化在四川盆地东北部相继发现并开发了普光、元坝等海相深层高含硫气田。这些发现和开发的海相深层高含硫气田，为中国石化以及整个天然气行业带来了巨大的机遇和挑战。通过有效的开发利用和技术创新，可以为我国提供更多的清洁能源资源，推动国家能源安全和经济发展。然而，开发过程中也需要面对腐蚀、安全风险等问题，需要采取有效的管控措施和技术手段。因此，进一步研究和探索高含硫气田的开发与安全管控技术，对于推动天然气行业的可持续发展具有重要意义。

1　高含硫化氢气田开发面临问题

目前高含硫化氢气田是国内开发的重要天然气田。主要位于四川盆地的海相地区，地理位置优越，地质条件丰富，拥有大量的含硫天然气资源。该类气田的开发主要针对海相深层地层，其中包含高含硫化氢的天然气储层。高含硫化氢是一种有毒气体，对人体和环境有严重危害，因此对于高含硫气田的开采和处理过程需要高度的安全措施和技术支持。

高含硫化氢气田的开发面临着诸多挑战和难题。首先，由于气田地处海相地区，面临自然灾害的风险较高，如地质灾害和水灾等。这对气田的设备和管道安全提出了严峻要求。其次，高含硫化氢天然气具有较强的腐蚀性，对管道和设备的损害较大，需要采取有效的腐蚀防护措施。此外，管道的布设路径穿越山区、农田、道路等复杂地形，容易受到第三方破坏和人为损坏的影响。高含硫气田集输系统含硫天然气泄漏影响因素多，主要存在自然灾害、腐蚀、设备故障、第三方破坏等潜在风险，潜在问题点多面广，每年6~9月是高含硫气田发生地质灾害的高风险期，酸气管道途径山地、农田、道路、河流、村庄，地域范围广，面临着第三方施工破坏，农民耕作损坏、安全距离内违章占压和根深植物损坏防腐层等风险。

高含硫气田一般具有高压、高含硫化氢、高含二氧化碳等因素，具有较强的腐蚀性，同时高含硫化氢也使高含硫气田开采具有极高的危险性。目前，高含硫气田集输管道大都埋于地下，致使它的腐蚀检测手段极其有限，监测成本也极高。

因此，针对高含硫化氢气田开发所面临的问题，有必要研究和探索有效的解决方案。为有效管控泄漏、自然灾害、第三方破坏等突发事件，通过多年探索实践，逐步形成以腐蚀控制、泄漏报警为主的地下管控、以自然灾害预防为主的地面管控、以无人机应急联动为主的空中管控，构建起高含硫气田集输管道“三位一体”智能管控技术体系，保障气田安全稳定运行。

2　研究目的及意义

本论文旨在研究高含硫气田的开发与管理，以解决该气田面临的问题和挑战，提出有效的解决方案和技术手段，以确保气田的安全、高效开发和可持续运营。目的是深入分析高含硫气田的特殊情况和存在的问题。该气田所面临的挑战包括自然灾害、腐蚀、设备故障和第三方破坏等多种因素。通过对这些问题的深入研究和分析，可以全面了解高含硫气田开发中的风险和安全隐患。

其次，本论文旨在探索适用于高含硫气田的安全开发技术和管理策略。针对高含硫气田的特点，本研究将研究腐蚀防护、泄漏预警、安全监测等关键技术，提出适用于高含硫气田的解决方案。这些技术和策略将为气田的安全开发提供科学依据和技术支持，有助于降低事故风险，保障人员、设备和环境的安全。本论文还将提出高含硫气田的集输管道管理方案。由于大多数管道埋设于地下，腐蚀检测手段有限，监测成本高昂。因此，研究将侧重于探索适用于高含硫气田集输管道的巡检、维护和应急处理等方面的管理措施。这将有助于确保管道系统的安全稳定运行，提高管道的运行效率和可靠性。

本论文意在研究高含硫气田的开发与管理将为其他类似气田的开发和管理提供借鉴和参考。通过总结和归纳适用于高含硫气田的最佳实践经验，可以提供对类似气田的指导和参考，推动天然气行业的可持续发展。研究成果可以为保障能源安全提供支撑。高含硫气田作为国内丰富的天然气资源之一，其安全高效的开发与管理对保障国家能源安全具有重要意义。通过研究高含硫气田的问题和挑战，提出解决方案和技术手段，能够更好地利用这些资源，减少对外依存度，提升国家能源安全性。且高含硫化氢气田的开发可能对环境产生负面影响，如气体泄漏和水体污染。通过研究高含硫气田的安全开发技术和管理策略，可以降低对环境的影响，保护生态环境，推动绿色可持续发展。

本论文为实现构建起高含硫气田集输管道“三位一体”智能管控技术体系，保障气田安全稳定运行，运用包括周期批处理、阴极保护、管道杂散电流排流的综合防腐工艺技术以及超声波检测仪（UT）、电指纹（FSM）、漏磁检测等管道腐蚀监测技术，DAS 分布式光纤安全预警系统泄漏报警为主的地下管控；管道地质灾害评价以及管道地质灾害监测系统为主的地面管控；以无人机应急联动以及管道应急疏散广播为主的空中管控，构建起高含硫气田集输管道“三位一体”智能管控技术体系来实现以高含硫气田集输管道数字化安全管控技术的实际开展。

3　管控技术应用现状及效果分析

3.1　地下管控技术

3.1.1　建立管道腐蚀防护技术

高含硫气田形成以缓蚀剂加注与周期批处理、阴极保护、管道杂散电流排流的综合防腐工艺技术，确保了高含硫气田集输系统腐蚀整体受控，年平均腐蚀速率控制在 0.023mm/年以内，远远低于标准 0.076mm/年的要求，如图 1 所示。

3.1.2　建立管道腐蚀监测技术

在腐蚀监测上，高含硫气田主要采用超声波检测仪(UT)、电指纹(FSM)、漏磁检测、涡流检测等技术，构建管道腐蚀监测体系，为腐蚀防护技术措施研究与制定提供有力支撑，能够及时有效的发现管道内部和外部的腐蚀缺陷、施工缺陷以及制造缺陷，如图 2 所示。

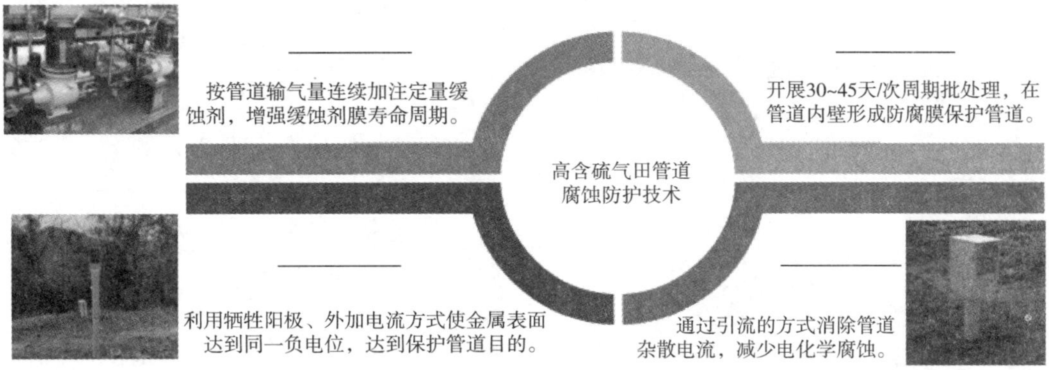

图 1　高含硫气田管道腐蚀防护技

图 2　管道腐蚀监测技术

3.1.3　建设分布式光纤安全预警系统

为了防止人工挖掘、机械挖掘、山体滑坡、管道腐蚀等原因对输气管道造成破坏，达到对破坏事件提前预警、管道状态进行实时监测，结合高含硫气田油气管道现场实际情况，利用光纤分布式声波检测系统(DAS)设备，实现管道泄露、外力入侵的实时监测，预警，报警。通过网站、短信等多种形式将报警信息推送至相关人员。

如图 3 所示，DAS 预警系统利用光反射与干涉原理，脉冲光信号经过脉冲光放大器放大滤波后经环形器注入光纤，当光纤某部位受到扰动时，该处光波相位会改变。由于干涉作用，光相位变化引起光强度改变，通过对携带扰动信息的光信号进行分析处理，实现对泄漏和入侵精确探测，如图 4 所示，进行实时监测声波频率、相位和振幅，实现管道泄漏、第三方入侵事件精确定位(定位精度 5m)并及时预警。

例如某气田，2019 年以来，通过 4 年时间开展 DAS(分布式光纤声波振动监测系统)连续监测，建立气田管网监测信号特征数据库，智能识别不同扰动行为，形成管道泄漏、机械挖掘、人工作业、暗流冲击四种预警模式。定位精度小于 3m，事件识别准确率大于 95%，如图 5、图 6。

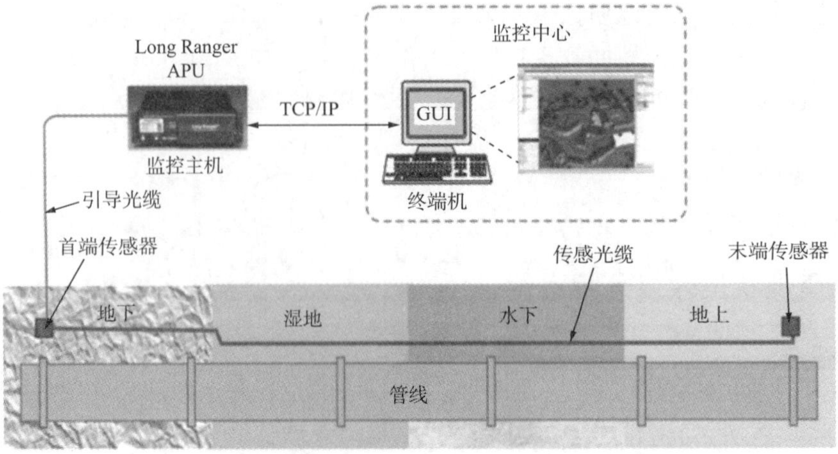

图3　分布式光纤预警系统架构图

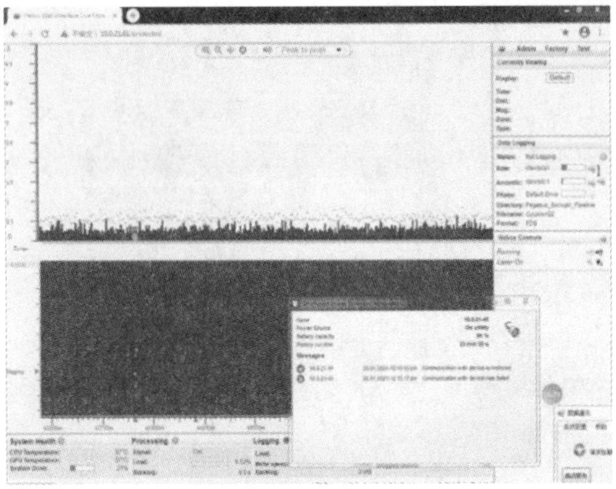

图4　分布式光纤预警系统现场预警

图5　现场报警模式数据采集

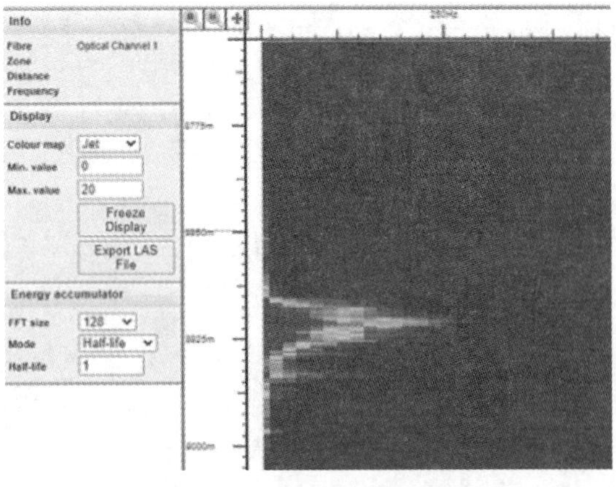

图6　现场报警模式模式识别

3.2　地面管控技术

3.2.1　建立管道地质灾害评价体系

借助气田地质灾害特征调查，通过管道地质灾害半定量评价方法，制定了高含硫气田地质灾害风险概率评价指数计算方法，明确4种风险概率参数类型(滑坡、崩塌、水毁)，61个独立因素值(a、b、c等)，282个取分值(权重)，指导地质灾害预防工作，如图7所示。提前准确的预判滑坡、管道位移、地质失稳等风险，有效的采取工程治理措施或者防范措施，避免了地灾事故的发生。

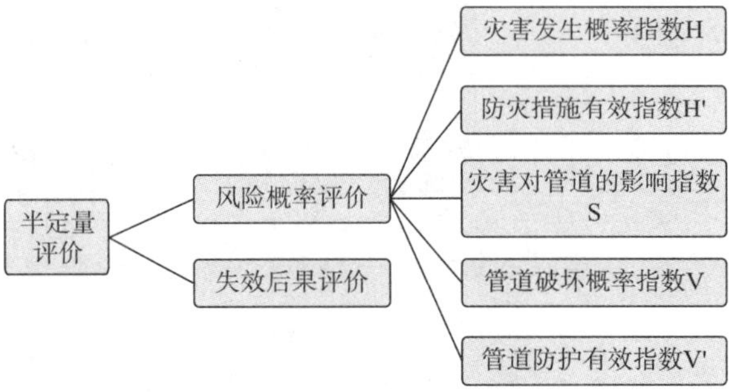

图7　元坝管道地质灾害评价体系

3.2.2　建设管道地质灾害监测系统

管道地质灾害监测系统分为监测预警平台和现场监测硬件两部分。监测预警平台主要包含监测数据解码软件SMOS、WEB平台、数据库和短信系统等。如图8所示，其中的SMOS(South Monitoring System)是集北斗多星监测接收机技术、测量机器人、深层位移传感器、倾斜传感器、裂缝传感器、土压力传感器、渗压传感器、气象传感器等十几种主要传感器的一套高精度监测软件平台。SMOS平台具有地质灾害“一张图”

展示功能，可对平台接入的所有监测项目进行统计分析及综合展示，且视频监控数据展示、三维展示功能等使用户可实时了解监测异常情况。如图 9 所示，地质灾害“一张图”基于现有各类地质灾害相关数据资源，依托时空一体化管理服务技术，结合具体业务数据实现地质灾害信息三维空间服务。

某气田在 11 处投用了地灾监测设备，利用北斗卫星、拉线式位移计、深部位移计、雨量监测、地下水位监测 5 种手段，对高风险点实施连续监测和预警，信息实时推送，运行 4 年来，为应对地质灾害提供了及时预警信息。

3.3　空中管控技术

3.3.1　建设无人机应急联动系统

通过无人机系统软件开发、通信链路搭建、空中泄漏搜索定位、远程投弹点火等技术集成，建立以无人机为核心的巡检与应急联动安全管控平台，如图 10 所示。通过该项技术曾多次发现管线周边第三方作业、通信铁塔、高压电力铁塔、火炬塔架螺栓松动、附件缺失的问题，防止了风险事件的发生。

3.3.2　形成管道应急疏散广播运行体系

建立覆盖管道及场站 1300m 的范围内的所有住户、医院、学校等地域的应急疏散广播系统，实现小广播、大功率号角和防空警报器的多重防护，保障应急情况下及时通知周边人员疏散撤离，如图 11 所示。该广播系统能够实现终端和系统的双向通讯，可以 24h 连续监控广播终端的工作状态、电源状态，以及终端具有一键求救按钮，可实现广播的精准维护和管理，并且在应激状态下及时发现需要帮助的人员，实现精准定位，快速营救的目的。

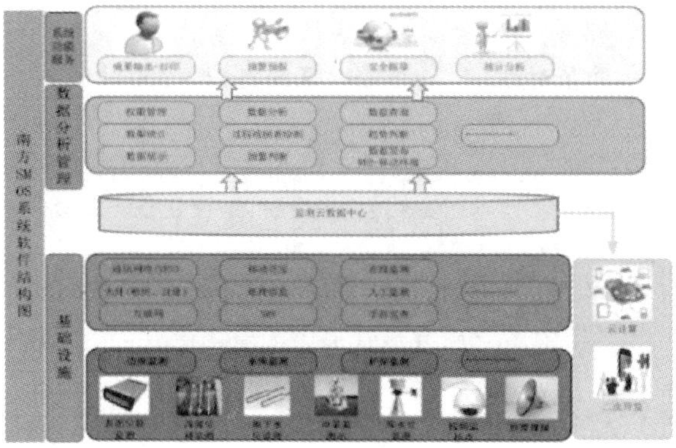

图 8　SMOS 设计功能示意图

图 9　地质灾害“一张图”示例

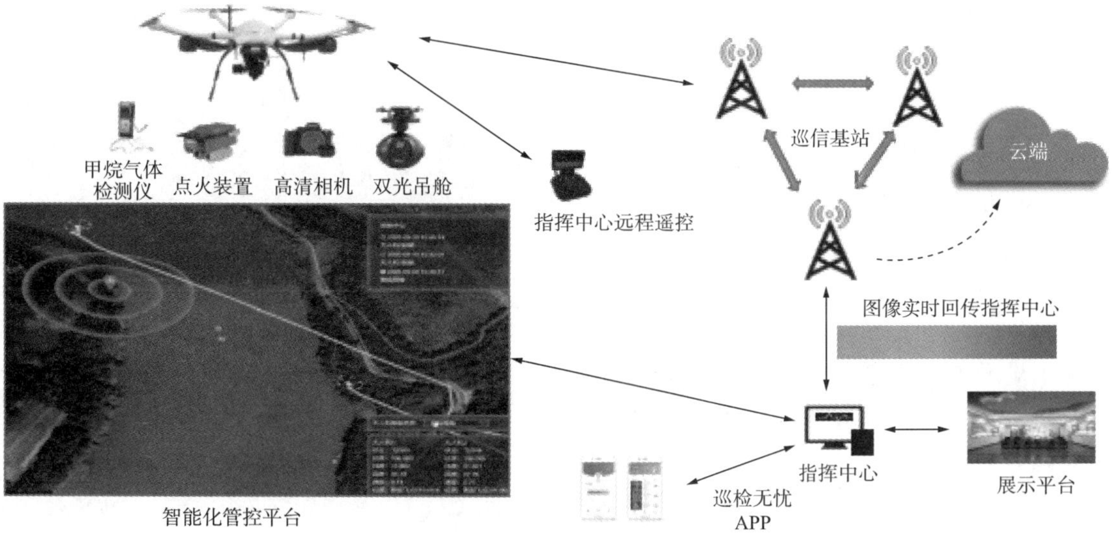

图 10　无人机系统架构图

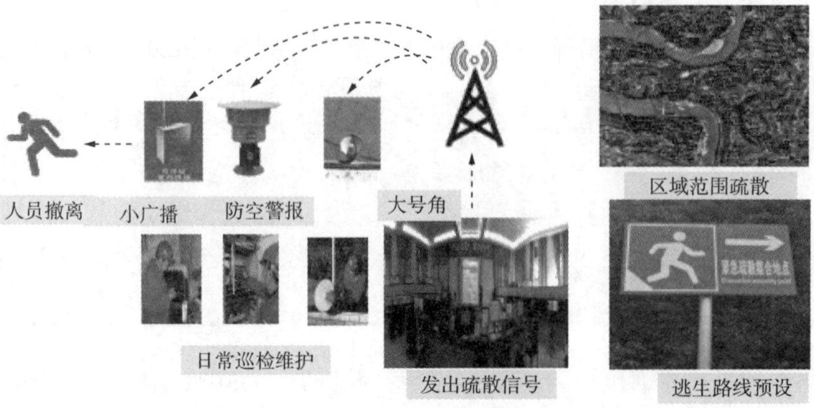

图11　应急广播系统架构图

4　结论

（1）在高含硫气田集输管道数字化安全管控技术的探索与研究中，通过构建以腐蚀控制、泄漏报警、自然灾害预防和无人机应急联动为主要内容的“三位一体”智能管控技术体系，成功实现了对高含硫气田集输管道的安全管控和保护，为保障国家能源安全和促进经济发展提供了重要支持。这些技术的应用使得对管道的监测和管理变得更加全面和智能化，有效应对了高含硫气田开采过程中的风险和挑战。总之，高含硫气田集输管道数字化安全管控技术的研究和应用，有效地提升了管道安全防护和运行管理水平。这些技术的推广和应用不仅对保障国家能源安全具有重要意义，也为促进经济发展提供了可靠支持。未来，我们还需不断完善和创新这些技术，以应对不断变化的能源安全挑战，为可持续发展提供更可靠、高效的能源供应保障。

（2）目前系统数据还比较分散，综合利用率不高，下步可通过构建酸气管线“三位一体”智能管控平台，实现数据共享和应急联动。当有异常事件发生时，平台将第一时间推送报警信息，并将精确报警位置发送给无人机及应急广播疏散系统，实现“先期预防、实时监测、智能预警、快速处置”，提升管道安全管控与防护能力，降低泄漏与破坏带来的损失。

（3）随着无人机技术的飞速发展，可通过对无人机设备升级更换及配套控制地面站系统功能优化升级，更精准的实现无人机正射影像处理及智能算法辅助地表异常判断、无人机可燃气体管道泄漏监测、无人机远程高空点火投弹、疏散人员异常搜救等功能，助力高含硫气田酸气管道无人机巡检深度应用，进一步保障酸气管线运行安全。

（4）随着地灾设备技术的更新，将原监测系统的成套监测软件重新开发升级成新的地质灾害监测软件平台，使升级后的软件具备先进性、适用性和扩展性。

参　考　文　献

[1] 邱奎，范忠．高含硫天然气泄漏的危害范围估计与防范对策[J]，石油勘探与开发，2004(03)：55-58+78-79.

[2] 朱国，冯宴，姚华弟．元坝高含硫气田地面集输工程工艺技术研究[J]，化学工程与装备，2015(11)：70-72.

[3] 赵果，叶斯哈纳提·叶尔哈力，吴敏．无人机巡线系统在高含硫集输管道中的应用研究[J]，油气田地面工程，2018，37(02)：20-23.

[4] 李器宇，张拯宁，柳建斌，等．无人机遥感在油气管道巡检中的应用[J]，红外，2014，35(03)：37-42.

[5] 蒋徐标，洪毅，郑伟，等．双系统广播报警系统在海上平台的应用介绍[J]，自动化博览，2013，30(05)：56-58.

[6] 肖丁铭，刘学勤，李锐．可寻址的调频广播在普光气田中的应用[J]，硅谷，2013，6(06)87-88.

[7] 白路遥，施宁，伞博泓，等．基于卫星遥感的管道地质灾害识别与监测技术现状[J]，油气储运，2019，38(04)：368-372+378.

[8] 荆宏远，郝建斌，陈英杰，等．管道地质灾害风险半定量评价方法与应用[J]，油气储运，2011，30(07)：497-500+474.

[9] 钟威，高剑锋．油气管道典型地质灾害危险性评价[J]，油气储运，2015，34(09)：934-938.

[10] 肖丁铭，刘学勤，李锐．数字气田建设总体规划及实施[J]，天然气与石油，2010，28(03)：10-14+65.

[11] 马海骄，陈勇智，田炜，等．油气田数字化的规划、建设、运行维护与应用[J]，油气田地面工程，2013，32(04)：10-11.

华北油田超深井地面控制智能分层注水技术研究

李雪英[1]　罗洪林[1]　司启凡[2]　张　旭[1]　韩新德[1]

(1. 中国石油华北油田公司工程技术研究院；2. 中国石油华北油田公司质量安全环保部)

摘　要　华北油田油藏以低渗透砂岩储层为主要特点，新区块巴彦油田油藏埋藏深、矿化度高及受井斜等多种因素影响，普通投捞测试分层注水技术成功率低。针对上述情况和开发生产需求，攻关了地面控制智能分层注水技术，将分注调配操作由井下转移到地面。与普通的投捞配水嘴工艺相比，井下无运动机械，工艺简单，在地面即可实现数据的智能采集、在线调配注水量，有效解决了超深井分注测调困难，井筒易结垢的问题，同时提高了技术配套水平，助力油藏动态开发。

关键词　超深井；分层注水；地面控制；在线调配

1　前言

油田分布范围广、油藏差异大，部分油田注水井储层埋藏深、注入压力高、井况条件差，用普通分层注水工艺投捞测试成功率低，不能完全满足细分层注水开发的需求。

目前分层注水存在的主要问题及技术短板：

油田经过多年注水，井筒腐蚀结垢严重，套变井多，测试遇阻频率高。小修作业量大，修井成功率低；

集约建井模式下，油水井井身结构复杂。井下分注工艺对大斜度井适应性差，导致井下投捞测试困难；

以桥式同心、桥式偏心配套电缆高效测试的分注井，测试工作量大、效率低、测试时间短、精度低；

华北油田以低渗透砂岩油藏为主要特点，部分注水井井深程度大、井温高。巴彦油田油藏埋深超 6500m，井温达到 160℃，大斜度井(30°)多，地层水矿化度高($12\sim19\times10^4$mg/L)，储层中具有等偏强水敏、强速敏和极强盐敏等特点，故对分注工艺提出了更高要求。结合以上特点，攻关了适应于超深井的地面控制智能分层注水技术，在可钻桥塞分注工艺的基础上，研发了可取式封隔器分注工艺，避免了管柱取出时大量钻塞磨削过程，且工具具备耐高温、高压、耐老化的特点，更加适用于超深井的智能分注技术。同时配合地面智能控制装置，实现了对注入量的数据在线采集、在线调配、验封。

2　工艺原理

地面控制智能分层注水技术由地面智能控制装置及井下注水同心多管(双管)注水工艺管柱组成。地面控制装置(智能配水器)的不同开关分别控制不同层段的注入量，同时通过流量表测得每层注入量，通过压力表与闸板阀相配合检验井下封隔器的密封情况。通过地面传感器和控制仪实现对注水参数的实时监测与调整。在由不同级别尺寸油管组成的分注井筒中，同一个压力源下，各小层自成一个相对独立的注水系统，流量恒定，井口可调。如图 1 所示：

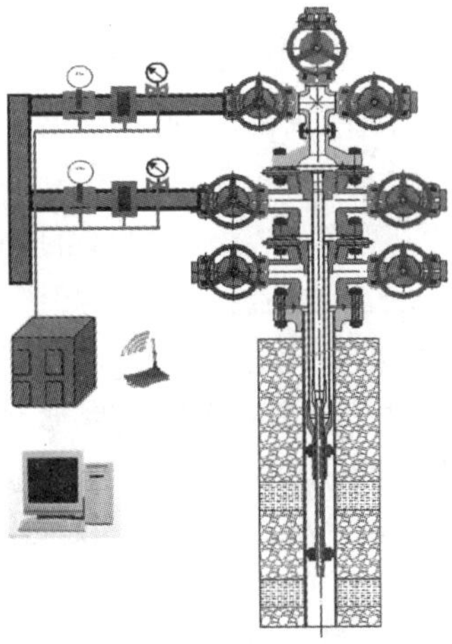

图 1　地面控制多管(双管)智能分层注水工艺

3　分注工艺管柱设计

3.1　工艺类型

地面控制智能分注工艺管柱可分为两种：一是采用可钻桥塞(封隔器)封隔油层，用不同规格的油管连接插管与桥塞插接密封形成独立注水通道。起出时，通过套铣或磨铣方法将封隔器取出，如图2所示；二是采用可取式封隔器封隔油层，用不同规格油管连接插管与隔器插接密封形成独立注水通道。起出时只需直接上提管柱，封隔器即可解封。

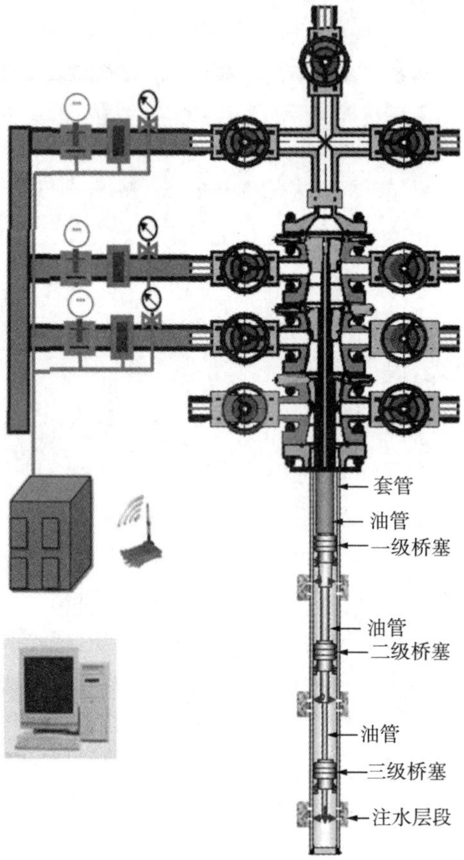

图2　可钻桥塞多管分注及智能化工艺示意图

由于巴彦油田为高温高压的超深井，具有井身斜度大，地层水矿化度高等特点，深井钻塞存在较大的施工风险，故采取的为可取式封隔器的地面控制智能分注技术，实现对超深井的分层注水，支撑动态开发方案调整。。

3.2　可取式封隔器智能分注管柱设计

该工艺管柱同样采用不同规格的油管与封隔器插接密封形成注水通道。不同之处在于所用封隔器为可取式，避免了管柱取出时大量磨铣钻削的过程，上提管柱即可解封。通过控制井口闸门，实现油管至空心抽油杆的反循环洗井作业。通过智能化井口实时监测与控制注水参数，实现地面二、三段分层注水。

3.2.1　井筒结构与管柱组配方式

井筒结构一般由：1-外层油管；2--一级桥带；3-内层油管；4--二级桥塞；5-筛管；6-丝堵组成。如图3所示：

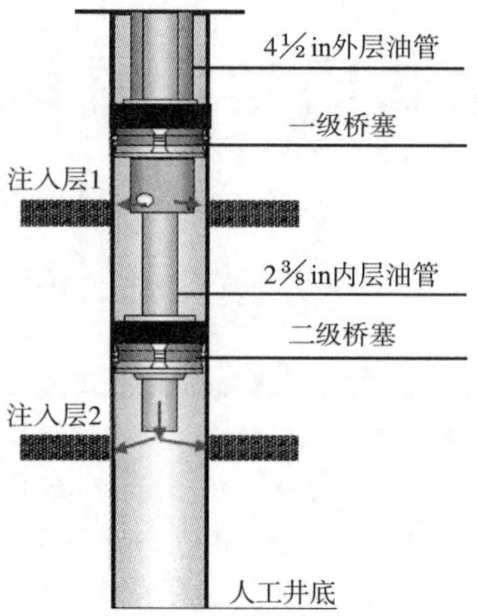

图3　地面双管分注井筒结构

自下而上为：筛管+底部开关+油管+密封接头+可取式封隔器+特制滑套开关+可取式封隔器+水力锚+油管至井口。相应的所需用的井下配套工具包括：

安全接头：3½″UPTBG或梯型扣

桥塞或封隔器，满足耐压35MPa、耐温150°、封隔器外径145mm、内径76mm

封隔器连接方式：4½″UPTBG(3½″UPTBG)

封隔器带上平衡机构、不能反洗井

锚定器：外径145mm、内径76mm

锚定器为机械锚定

锚定器连接方式：4½″UPTBG(3½″UPTBG)

3.2.2　可取式封隔器优化设计

以具有自主知识产权的高温大斜度分注工具系列为基础，研发了可取式封隔器。为适应超深井高温、高压和大斜度的特点，从封隔器材料、结构入手，通过优化设计，提升工具性能。

(1) 密封件耐高温筛选。

对常用的ACM、HNBR和NBR橡胶密封圈放置于试验工装内，模拟井下高温高压环境连续测试3个月，试验结果显示：氟橡胶密封圈具有良好的物理机械性能及耐高温性能，压缩永久形变率小于5%(表1)，故将其作为封隔器密封元件，确保工具在高温高压环境下密封可靠性。

(2) 油管锚定器和自锁式大斜度球座设计

① 防卡油管锚定器

针对超深井分注管柱缺少有效的锚定，停注、压力波动或验封测调时容易造成管柱上下蠕动，使得封隔器过早失效的问题，研发了防卡油管锚定器如图4所示。

表 1　不同材质橡胶密封圈高温高压试验

序号	密封件材质	规格型号/mm	试验温度/℃	试验压力/MPa	测试时间/d	压缩形变率/%
1	氢化丁腈	90×5.35	150	80	90	7.51
2	氢化丁腈	76×5.35	150	80	90	6.35
3	氢化丁腈	50×3.53	150	80	90	5.26
4	氟橡胶	90×5.35	150	80	90	4.95
5	氟橡胶	76×5.35	150	80	90	3.83
6	氟橡胶	50×3.53	150	80	90	3.76
7	丁腈橡胶	90×5.35	150	80	90	8.18
8	丁腈橡胶	76×5.35	150	80	90	7.39
9	丁腈橡胶	50×3.53	150	80	90	6.94

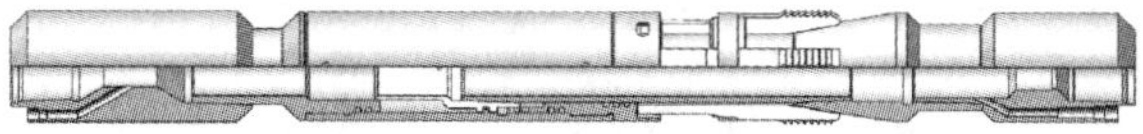

图 4　油管锚定设计

锁块保护机构：解决了锚定管柱下入时卡瓦易撑开导致中途遇阻的问题

卡簧锁紧机构：在解封时实现了卡瓦的锁紧，可上下活动管柱，提高了锚定管柱解封安全性能如图 5 所示。

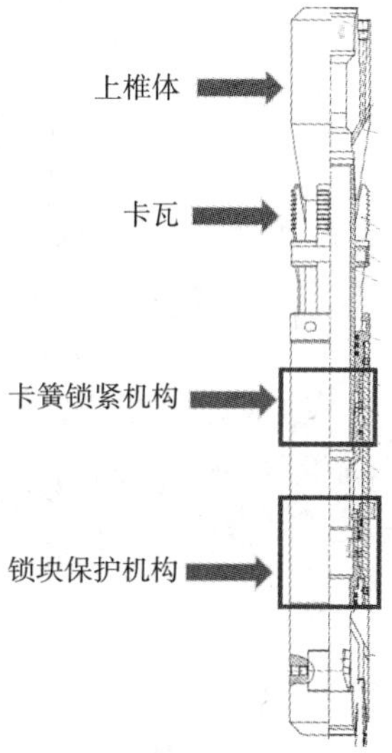

图 5　油管锚定设计图

② 自锁式大斜度井球座设计

为解决常规球座在大斜度井应用中密封不严的问题，设计了自锁式大斜度井球座。其采用大倾角设计，保证管柱在大斜度(≤60°)情况下正常密封(图 6)。

图 6　大斜度球座设计图

③ 可取式封隔器结构及坐封解封过程

封隔器下井过程中，下轨道螺钉挂在下卡瓦座的 J 型钩上，中心管的 4 个平衡通道畅通，可避免中途坐封。封隔器下入井内预定位置后，上提管柱，右旋并下放管柱，下轨道螺钉从下卡瓦座的 J 型钩中滑出。通过摩擦力的作用，中心管与下卡瓦发生相对位移，下锥体将下卡瓦撑开咬在套管内壁上。中心管继续向下位移，上卡瓦接触上锥体后被撑开咬在套管内壁上，同时轨道销钉进入上 J 型钩，压帽压在上卡瓦座上，中心管上的密封面与密封总成接触并密封。继续下放管柱，压缩胶筒，完成坐封。直接上提解封，如图 7所示。

图 7　可取式封隔器

3.2.3　可取式封隔器分注管柱特点

(1) 插管密封，减小管柱蠕动对桥塞的伤害，同时降低了起管柱负荷；

(2) 管柱下入深度不受封隔器磨铣、套铣深度限制，更适用于深井、超深井的地面控制多管智能分注技术井；

(3) 封隔器承压能力高，耐压60MPa，耐压差35MPa；

(4) 封隔器解封工艺简单，上提即可解封；

适用于深井、超深井(≥5000m)，井斜≥30°，井筒条件良好，5½in套管无变形、无损坏，无管外窜的井况；

4　油管强度计算

油管作为地面控制智能分注的注入通道，对分注技术起到了关键作用。通过采用不用直径尺寸的油管组合成形成多级注入通道。但受地层压力和注入通道尺寸限制，目前油田所采用的注入油管必须经过精确计算组合才能保障在不同深度的井中顺利完成下入。

不同规格油管内径、单位重量及抗拉强度见表2：

从管柱强度校核、注入通道优化和内部油管通过性三个方面进行分析，优化油管组合方式，提高管柱安全性能。

表2　不同规格油管内径、单位重量及抗拉强度

管柱组合	规格	外径/mm	内径/mm	钢级	接箍直径/mm	单位重量(水)/kg/m	抗拉强度/kN	下入深度/m	油管上端自重载荷/kN	附加解封载荷/kN	附加摩阻/kN	最上端载荷/kN	油管上端抗拉安全系数
外管组合	4½″EUE	114.3	100.5	N80	141.3	18.2	1307	1300	708.54	100	50	858.54	1.52
	3½″EUE	88.9	75.9	N80	114.3	12.8	940	3800	476.672	100	40	616.672	1.52
内管组合	2⅜″EUE	60.3	50.3	N80	77.8	5.89	473	1400	192.85	0	50	242.85	1.95
	1.90″NUE	48.3	40.9	N80	55.9	3.09	173	3700	112.04	—	—	—	1.54

根据现场施工参数和经验，确定管柱的安全系数按以1.3三倍计算。由上表参数可知，4½″UPTBG油管最大下入深度为4977m，2⅜″UPTBG油管最大下入深度为6303m。同时，还考虑到封隔器解封载荷为120KN和管柱摩阻为50KN，如果对于井深5000m左右的井来说，外管全部选用4½″UPTBG油管，管柱解封安全性会较低。因此，对于超5000m的超深井，内管选用4½″UPTBG+3½″UPTBG的组合方式，如果井深按5500m计算的话，井口管柱最大上提载荷为961KN，管柱解封安全系数可达1.36，管柱解封安全性符合要求。

相应的，为了保证足够的内外管间隙，内管采用2⅜″UPTBG+1.90″UPTBG的油管组合方式，5500m井深井口最大上提管柱载荷为249KN，管柱安全系数达到1.90，双管上部最小间隙为11.35mm，下部最小间隙为10mm，可满足上层注水层段需求。

5　地面智能控制装置

地面智能控制装置为该工艺的地面技术部分，为模块化智能分注设备，测试精度高、运行成本低。集成了流量、压力一体的在线采集，实现对井下水量的自动调配、自动反馈、自动调整。嘴前、嘴后压力、流量的实时监测与流量自动控制。

该装置由电磁流量计、压力计、电动水量调节器、智能调配系统和通讯组件等几部分组成。优选的为具有温度、压力和注入量等多种传感器和电动控制阀的地面智能配水装置，实现层段注入参数实时监测和流量调控。与注入井口连接，可根据设定配注量自动调节层段注入量，如图8所示。

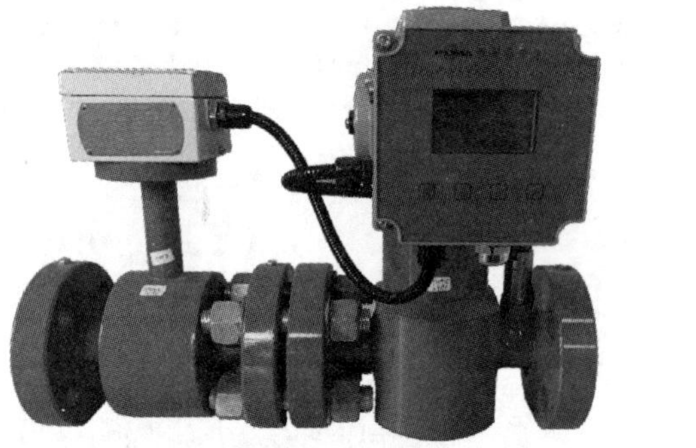

图8　地面控制装置

安装时需在采油树小四通下面加装一件特制的双法兰连接件，在独立通道的入口各配装自力式流量调节阀(流量计)，可分别控制各自的注水量。如图9所示：

特点：

(1) 在地面即可实现对井下水量的自动调控；在线监测嘴前、嘴后、层段的注入压力，进行小层压降测试和井口调剖作业。在线采集瞬时流量和累计流量；

(2) 调控方式具备两种方式：一是设定水量系统的自动调整，二是设定水嘴开度的人工调整水量；

(3) 流量计与控制仪法兰连接，方便后期仪器的周期标定，在地面操作即可实现检测装置的维护更换，见表3。

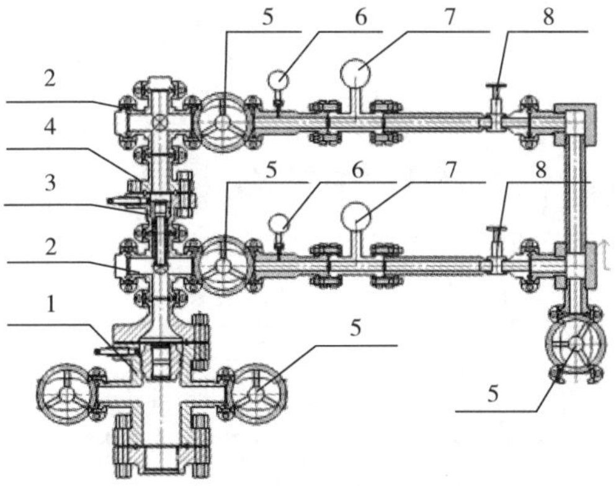

图9　地面配水器安装示意图

1—大四通；2—小四通；3—小油管挂；4—小油管挂上法兰；5—闸板阀；6—压力表；7—流量计；8—流量阀

表3　地面智能配水器生产参数

参数	流量/(m^3/d)	压力/MPa	管道直径/mm	连接方式
值	7~150	35	50	法兰

6　物联网数据智能监测传输系统

6.1　系统平台

该智能系统平台搭建基于物联网技术，初步完成了远程监控平台1.0版本的开发，实现了测试数据实时监测、流量自动调整、嘴后压力吸水指示曲线生成、封隔器失效预判、自动报警和全数据的存储导出功能。

油田数据传输网络分为办公网络和生产网络两部分，如图10、11所示。井口地面控制装置是生产网络操作的执行终端，办公网络数据分析系统设置于油田数据中心，其数据为生产网络镜像数据，具备曲线展示、数据统计分析功能，为油藏地质分析及生产管理提供数据支持，如图12所示。

图10　地面监测调配装置实物安装图

6.2　油藏动态开发调整

(1) 智能监测传输系统通过与物联网结合，实现了对分注水井的在线自动验封与数据测调。可提前预判封隔器失效，避免油层水淹，如图13所示；

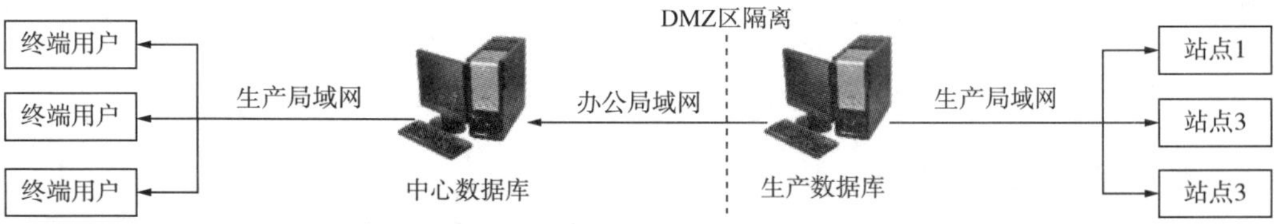

图11　数据分析及控制系统

(2) 根据实时监测的生产数据，可以深度挖掘数据潜力，反向分析、评价、优化油藏开发方案。

(3) 通过动态分析实时监测的生产数据及对应油井生产曲线，帮助地质人员分析分注井见效情况，在线测试层段注水指示曲线和动态调整层段配注量，如图14、图15所示。

7　现场应用方案

华北油田在巴彦油田兴华区1块选井兴华××井进行现场试验应用，前期进行了大量技术调研和方案设计。根据兴华1区块开发方案的部署，直井井组采用笼统注水开发，水平井井组先期采用两级两端分层注水开发，后期实施三级三段分注。

兴华××井井深5045m，实施两级两段分注方案，采用的为可取封隔器工艺管柱。通过初步核算，设计方案如下：该井外层油管采用4½″+3½″的油管组合方式来降低管柱自重，提高油管安全系数。相应的，内管采用2⅜″+1.90″组合油管，可以确保双管环空间隙足够大，满足大排量注水需求。连接扣型均选用UPTBG。

(1) 油管组合设计：外管4½″EU+3½″EU，内管2⅜″EU+1.90″NU油管(N80)，管柱最小安

全系数可达到 1.52，考虑井斜等因素影响，推荐选用 P110 钢级油管。

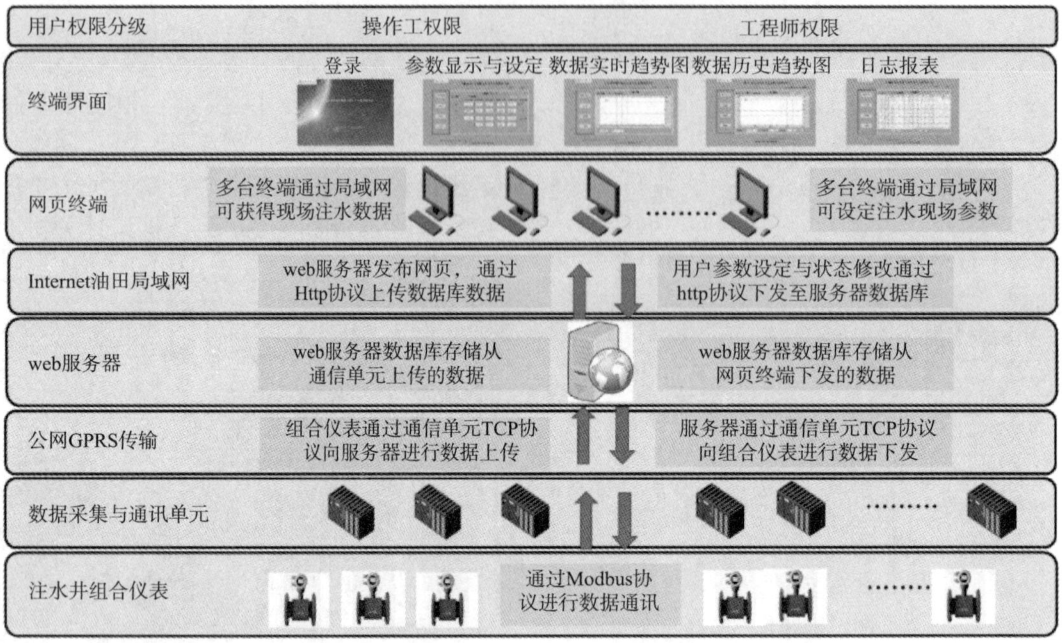

图 12　物联网远程监控架构

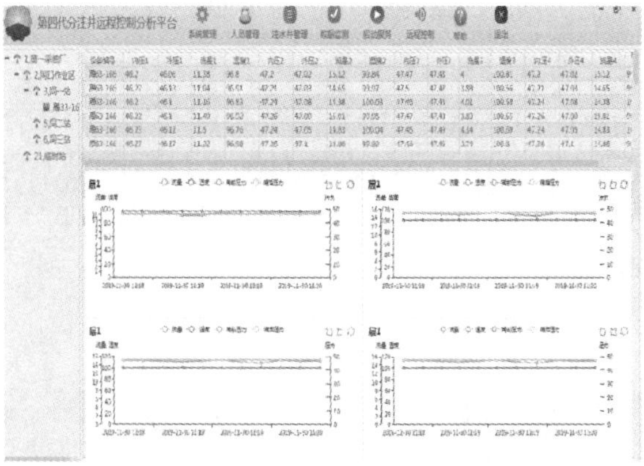

图 13　实时监控管理界面

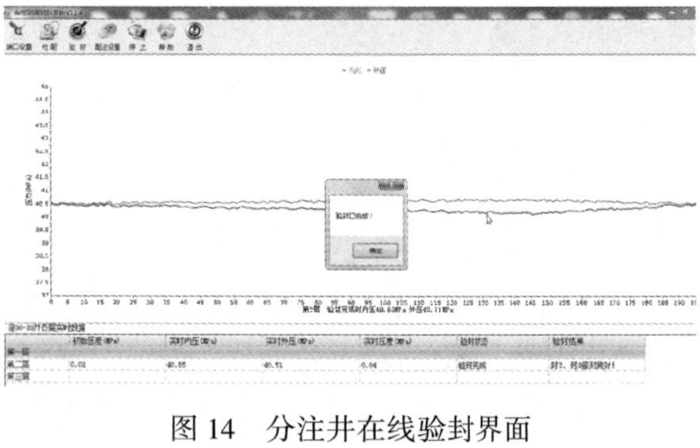

图 14　分注井在线验封界面

（2）注入通道校核：双管最小间隙>10mm（等效管径 62mm），内管最小通径 40.9mm，最大经济注水量分别为 360/160m^3/d。完全满足分层注水需求。

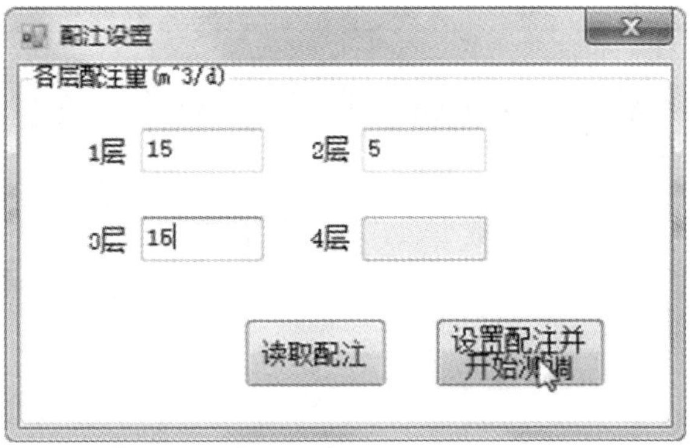

图 15　在线调整配注量

封隔器坐封及各级油管密封插配均一次性成功，地面安装流量在线监测装置，各层管柱验封合格。试注水一周后返回井下注入数据情况，测试验封均在地面操作，注水状态平稳，层段水量测试至合格仅需 0.5 天，测试效率得到大幅度提高。

8　地面控制智能分注工艺整体特征

（1）超深井耐高压性能强，抗层间压差大

超深井地面智能分注工艺承压性能强，主要体现在可取式封隔器自身承受上、下压差大，防止管柱蠕动能力强。其中的单项卡瓦锚定机构设计可以有效防止封隔器失效解封。高压注水过程中即便突然停注，管柱仍然处于良好的密封状态。

（2）管柱密封性能强，延长井下服役周期

各层油管下入时靠限位接头限位，到位后再上提一定高度，防止注水时油管伸缩对封隔器造成冲击。密封插管与封隔器采用一级泵间隙配合（0.025~0.088mm）及橡胶密封复合方式，以减少高压注水状态下的压力频繁波动造成的冲击，保障封隔器的密封性能和使用寿命，延长注水工艺管柱使用寿命。

（3）利用物联网技术实现地面智能分注调配

该分注工艺管柱的验封、调配、测试工作改变了传统的井下测试方式，均改在地面完成，简化了工艺，提升了质量与效率。同时，注水井井口配套电磁流量计与电动水量调节器，与物联网技术相结合后可通过地面控制器实现压力、流量实时监测与控制，实测各层累计注水量，及时发现欠注或超注层段，保障了油藏注水方案调整的准确率和注水方案的有效落实。

（4）节省分注井维护成本

地面智能控制分注技术的测试由井下转移到地面，不存在测试不成功的问题，延长了检管周期和注水井生命周期，保证了注水井网的完整性，年减少小修工作量同时避免了大修井次。

参考文献

［1］夏健，杨春林，谭福俊，等．华北油田分层注水技术现状与展望［J］．石油钻采工艺，2015，（2）：74-78.

［2］异型管地面智能分注工艺技术的研究与应用［J］．中国石油吉林油田公司油气工程研究院 138000.

［3］夏健，王忠秀，杨春林，等．底部支撑锚定分注管柱的研究与应用［J］．石油钻采工艺，2015，（5）：89-91.

［4］智能化多管分层注水技术研究与应用［J］．东北石油大学石油工程学院．石油机械 2021.49（6）：82-87.

［5］宋显民，张立民，张宇辉，等．分层定量注水分层测压一体技术［J］．石油钻采工艺，2016，38（4）：526-530.

［6］杨玲智，巨亚锋，申晓莉，等．数字式分层注水流动特性研究与分析［J］．石油机械，2014，42（10）：52-55.

［7］杨满平，赵晓晶，邓爱居，等．多层砂岩油藏分注效果评价方法及应用［J］．内蒙古石油化工，2015，（20）：106-109.

基于物联网的地热井管控技术研究与应用

王天宇[1] 王进修[1] 陈西西[1] 吴 强[1] 高忠献[1] 李仁杰[1] 夏敬亮[2]

(1. 中国石油华北油田公司工程技术研究院；2. 中国石油华北油田公司江苏储气库)

摘 要 冀中地区潜山地热资源丰富，出水量大，蓟县系迷雾山组和长城系高于山组是地区内两套主要的含水热储层。针对地热资源的开发，急需从油田开发的思路中转变出来，探索地热井物联网技术，实施地热系统地面管控，实现地热新能源科学开采与利用。为此，在地热系统建设中，对该系统的计量设备、站控终端、智慧供热中心与用户信息终端(服务器)一一进行了介绍，分析了系统架构模式和功能设计，同时运用无线通信技术、大数据分析技术等，建立了一套从生产运行到用户管理的物联网地热管控系统，实现了地热数据的实时监控、数据管理与分析。

关键词 地热新能源；物联网技术；地面监测与管控技术；大数据分析技术；4G通讯

冀中坳陷有效地热资源丰富，品质优良，其中迷雾山资源量3万亿吉焦(折标煤1024亿吨)，馆陶组资源量2.3万亿吉焦(折标煤785亿吨)。华北油田响应国家号召，大力发展地热新能源产业，积极探索地热井开采技术，实现地热分区利用，燃气调峰，多能互补，智能管控，应用物联网技术，建立完善的地热管控系统，同时借鉴油气田开发经验，实现地热资源低成本科学开采与利用，促进地热产业合理快速发展。

1 系统结构设计

地热管控技术实现了地热系统全面感知、自动操控、预测趋势、优化决策，推进以物联网系统为核心的生产管理新模式全面深化应用。优化生产管理模式，降低一线用工总量，推进以物联网系统为核心的生产管理新模式。加强生产过程监控，掌握生产变化规律，实现节能降耗。辅助生产科学决策，降低生产运行成本，提高油田综合效益。结合各油田开发阶段和采集需求，建立低成本运作模式，保证建设效益最大化。地热井的地面监测与管控系统如图1所示，分为计量设备、站控终端、智慧供热中心与用户信息终端四部分组成。

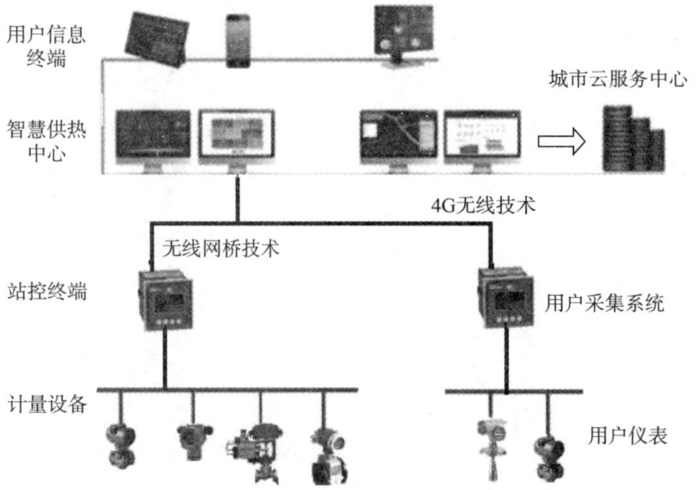

图1 地热井的地面监测与管控系统

(1)计量设备主要分为两个部分：现场仪表和用户仪表。现场仪表主要进行采集地热井基础数据，例如井口压力计、井口流量计、井口温度计以及测量动液面设备等，实现压力、流量、温度和液位等参数的数据采集；用户仪表进行用户热能消耗以及电量消耗记录，主要是地热热量表和电表。这些计量设备精确的提供了地热基础数据，为地热管控系统提供实时的数据支持。

(2) 站控终端主要包括生产站控系统和用户数据采集系统，其主要作用是对现场数据进行处理，包括数据解析、数据矫正、数据打印与现场数据本地存储。同时，站控终端设备通过4G无线通讯技术和无线网桥技术实现生产数据和用户数据的实时上传。

(3) 设智慧供热中心一座，纳入智慧城市的统一智能监测，包括智能生产管控系统和用户信息管理系统，向上与城市云数据中心通讯，向下发布生产调度指令。生产数据和用户数据由智慧供热中心实现精准分析调节，集中存储。数据交互移动化、实时化，实现信息远程发送，故障诊断预(报)警第一时间提醒。

(4) 用户信息终端包括PC端、移动端等设备，用户可通过电脑和手机实时查询用户用热信息，实现在线缴费，便捷管理。

2　系统功能设计

2.1　智能生产管控系统

掌握地热井实时生产运行状态，需要对地热井温度、压力、流量等生产数据连续监测。如图2所示，智能生产管控系统通过地热井动态监测站监测地热井基础数据，实现开采井、回灌井参数动态实时监测，动态分析及评价以及报警功能等，主要包括控水及控热构造、地热井及热储几何参数、热储物理及流体性质、热储渗透性和存储流体能力的参数和回灌试验测定等地热井基础数据，掌握热储全生命周期动态变化趋势，指导制定采灌策略。

如图3所示，智能生产管控系统实时统计分析末端用户耗热情况，实现供热负荷调节、多井智能协同工作，通过实时生产数据与用户数据相结合，应用数据源大数据分析技术，合理分配生产井数量和单井开采量，实现潜水泵调频，使每口地热井处于最佳负荷率，降低采水能耗。

2.2　用户管理信息系统

用户管理信息系统实现用户耗热数据实时上传智慧供热中心，并通过GPRS和4G等通信方式实现数据上传至城市云数据中心，从而进行大数据分析。互联网和手机APP可实时查询个人用热信息，如图4所示，分别为热量月度消耗曲线图和热量日消耗曲线图，同时可以通过用户管理信息系统实时在线缴费。

2.3　故障诊断预(报)警系统

报警预警功能是地热井管控系统的一个相当重要的功能，也是地热井智能管理的重要支撑。当某一个地热站点出现数据错误和将要出现恶意数据的时候，应立即向生产管控系统和智慧供热中心逐级上报，实现地热井系统报警预警。此时，地热生产管控平台会将报警的站点添加到报警站点进行备案，同时采用报警鸣笛和红灯闪烁的方式提醒现场管理人员，管理人员通过视频监控和数据分析及时了解问题出现的原因和地理位置，管理人员能通过地理信息系统GIS实现地图精准定位，实行对下位机监控报警系统的控制。

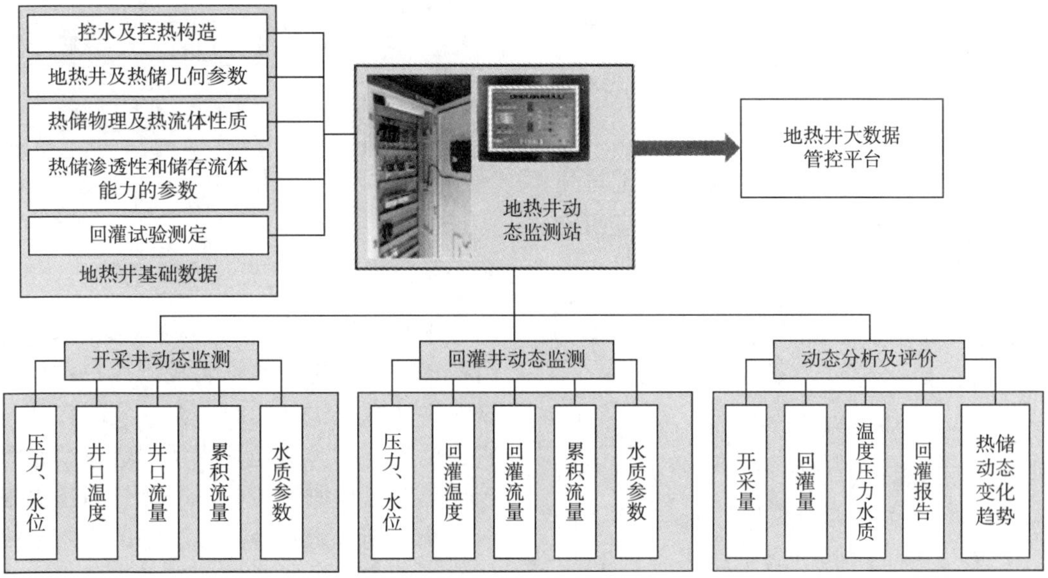

图2　智能生产管控系统结构图

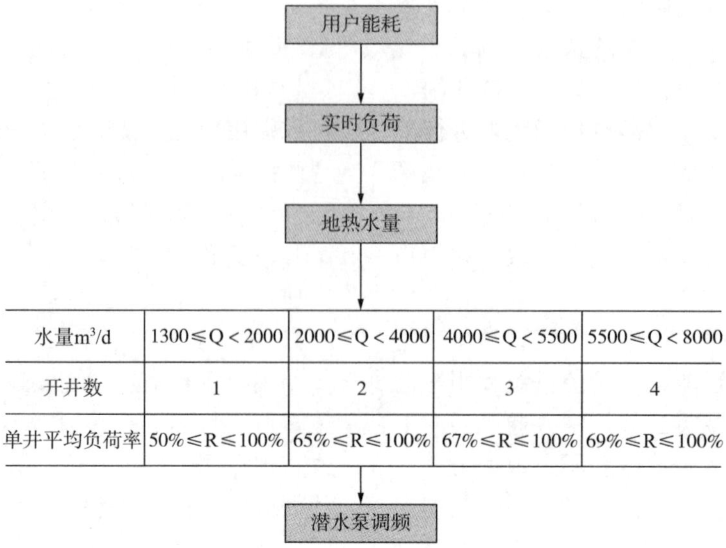

水量m^3/d	1300≤Q＜2000	2000≤Q＜4000	4000≤Q＜5500	5500≤Q＜8000
开井数	1	2	3	4
单井平均负荷率	50%≤R≤100%	65%≤R≤100%	67%≤R≤100%	69%≤R≤100%

图3　系统末端用户耗热情况分析图

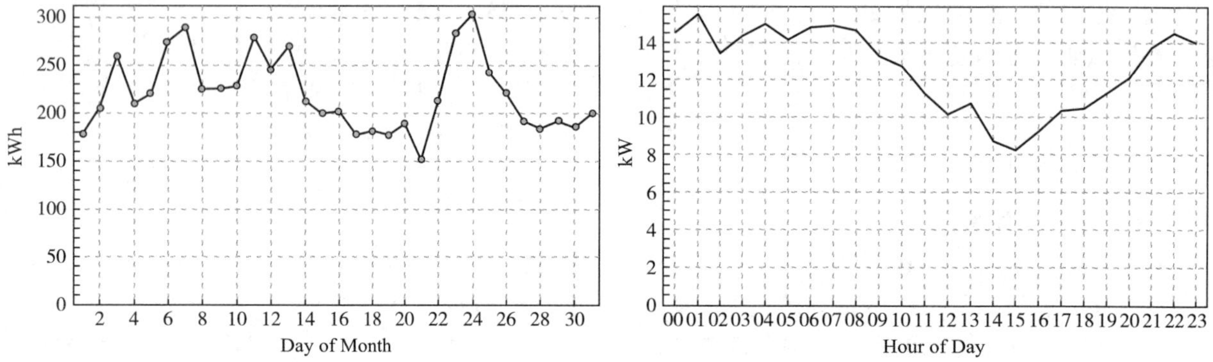

图4　热量月度消耗曲线图和热量日消耗曲线图

在报警处理菜单中设置忽略、警告和停泵三种处理方式。管理者根据某站点出现故障问题的情节进行相应处理与判断。管理人员通过上位机对下位机发送命令，实现报警控制与处理，体现了地热井系统管理数字化与信息化、智能化，真正实现地热井故障诊断与(预)报警。

3　系统应用

目前，华北油田初步建成地热资源评价与开发利用体系，潜山地热开发进入全面推广应用阶段，累计新建地热供暖四项(石油新城一期、渤海职院、华隆矿区、华苑矿区)，供暖面积120万平米。正建地热供暖两项(万锦新城和蠡县北部)，供暖面积100万平米。

如图5所示，地热管控系统实现开采井、回灌井、阀组、热泵机组、中间循环泵、板换器等井站平台的生产数据采集、故障诊断与(预)报警、应急处置以及部分生产流程的远程控制功能，实现对涉及的生产对象基础数据和历史数据查询和实时监测功能，并实现智慧供热中心的数据分析与应用。

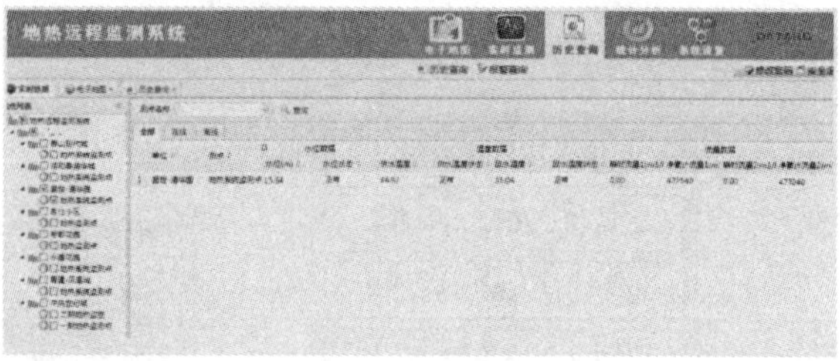

图5　地热远程监控平台系统

4　总结

地热井管控技术结合物联网技术和大数据分析技术，通过生产数据管控、用户数据管控，实现对现场数据进行实时监测、实时存储与实时分析、处理，同时对地热系统的进行精密管控，实现地热井远程监测控制，故障诊断预警报警。目前，物联网技术在地热能源中的应用亟待进一步挖掘与应用，地热井智能管控系统是地热数字化建设过程中所迈出的重要一步。

参 考 文 献

[1] 苗青壮，王贵玲，邢林啸．综合物化探方法在冀中坳陷深部热储探测中的应用[J]．地质学报．2020，94(07)：15-17.

[2] 鹿清华，张晓熙，何祚云．国内外地热发展现状及趋势分析[J]．石油石化节能与减排．2012，2(01)：39-42.

[3] 范晴，邓全伟，吕艳芳．河南油田开发地热资源的探讨[J]．河南石油．2000(03)：10-12.

[4] 胡斌，王莉丽．物联网环境下的企业组织结构变革[J]．管理世界．2020，36(08)：25-28.

[5] 光新军，王敏生．高温地热高效开发钻井关键技术[J]．地质与勘探．2016，52(04)：718-722.

[6] 毕玉荣．地热资源开发应用现状及前景综述[J]．石油石化节能．2011，1(10)：7-10.

[7] 郑人瑞，周平，唐金荣．欧洲地热资源开发利用现状及启示[J]．中国矿业．2017，26(05)：13-17.

[8] 高小淇．油气田开发的可再生能源利用方式[J]．油气田地面工程．2020，39(10)：59-62.

[9] 马强．辽河油田地热重大项目通过中检[J]．油气田地面工程．2015，34(09)：28-30.

[10] 王转转，欧成华，王红印．国内地热资源类型特征及其开发利用进展[J]．水利水电技术．2019，50(06)：23-25.

油田站场机泵故障智能诊断方法研究

贾俊杰　孙　炀　刘玉芳　刘春海　杨　超　刘书军　李自远　赵启昌

（中国石油华北油田公司工程技术研究院）

摘　要　针对机泵设备工作环境的强噪声影响轴承故障振动信号分析、轴承振动信号传递路径长，故障特征微弱而导致传统机器学习方法难以进行故障诊断的问题，提出了一种改进的小波阈值降噪法和融合自注意力机制的多尺度一维卷积神经网络结合的诊断模型，用来对滚动轴承进行故障诊断。首先，通过多个传感器采集机泵轴承振动信号；然后，通过一种改进的小波阈值降噪法对振动信号进行降噪处理；最后，将降噪后的信号输入融合了注意力机制的多尺度一维宽度卷积神经网络(SA-MS1D-CNN)进行自动特征提取和故障诊断。实验结果表明，使用改进的小波阈值降噪法与SA-MS1D-CNN相结合的模型，获得较好的诊断性能，故障诊断准确率达到96.5%。

关键词　滚动轴承；卷积神经网络；故障诊断；多尺度卷积，深度学习

在石油化工行业中，油田站场机泵装置是至关重要的组件，它可以视作整个地面系统的“心脏”。机泵设备负责为介质输送提供动力，而所处理的介质通常具有高温、高压、腐蚀性、有毒性、易燃易爆等特点。一旦机泵设备在运行过程中遇到问题，将引发一系列严重后果，可能导致经济损失、环境污染，甚至人身伤亡等灾难性结果。因此，实施电动机和离心泵的在线监测和故障诊断是非常必要的措施。

传统的故障诊断技术主要依赖经验和预设的规则，无法全面处理数据故障分析，诊断依据单一，从而无法充分了解故障的真实情况，因此诊断结果准确性难以保证。然而，近年来，随着数字信号处理、优化算法和机器学习等技术的迅速发展，基于振动信号分析的智能诊断技术得到了广泛应用，它具有快速、有效和在线等优势。然而随着机泵结构的不断改进，故障工况变得越来越复杂，传统的振动信号处理方法难以精确检测故障诊断信号，难以满足实际需求。近年来，研究人员引入深度学习算法，取得了重要进展，将其运用于故障诊断领域。

故障智能诊断系统代表着故障诊断未来的发展方向，神经网络、支持向量机、专家系统、粒子群优化算法等方法在故障诊断中得到广泛应用。这些新兴技术为故障诊断提供了更准确、更高效的解决方案。Norazwan 等人提出了一种利用小波分析、Fisher 判别和支持向量机分类的故障监测诊断系统，通过多尺度 KFDA-SVM 框架，成功提高了分类准确率。DOU 等人通过实验比较 PSO-SVM、RBM、KNN、PNN 四种分类模型在轴承故障诊断方面的性能，发现 RBM 具有较短的运行时间、易于维护，而 PSO-SVM 表现出最佳的诊断性能。周叶等提出了一种基于支持向量机的故障诊断策略，该方法利用了振动信号的频谱能量作为训练数据，在水电机组轴系故障检测中构建了相应的分类模型，实现了对故障的准确识别。Janssens 等应用卷积神经网络来进行滚动轴承故障诊断，实验结果显示，相比于人工特征提取和随机森林分类器的方法，该方法具有更好的性能。Wen 等提出了利用稀疏自编码器进行原始数据特征提取的方法，并使用最大平均差异项对训练数据和测试数据进行差异惩罚的最小化处理。Ince 等提出了一种将电机状态检测的特征提取和分类阶段融合到单个学习模型中的方法，该方法基于一维卷积神经网络。Xu 等提出了一种综合利用深度卷积神经网络和随机森林的集成学习方法，用于轴承故障诊断。该方法将振动信号转换为二维时频图，并将其作为 LeNet-5 模型的输入，在最后阶段通过多分类器集成方法进行故障诊断。

基于深度学习的方法可以通过自主学习来提取机泵滚动轴承故障诊断任务中的深层次特征，充分挖掘有用的信息。在处理轴承振动信号时，需要进行信号的预处理和模式识别两个过程。预

处理过程使用改进的阈值降噪法对振动信号进行降噪，针对传统的硬阈值和软阈值方法的不足进行改进。模式识别过程则对降噪后的振动信号提取特征，并使用特定的模式识别方法来判断滚动轴承的工作状态，可有效提升轴承故障诊断的准确性和可靠性。

1 改进小波阈值函数

1.1 小波阈值降噪法

在机泵工作环境中，通常存在很多噪声干扰，导致滚动轴承的早期故障信号被掩盖而容易被忽视。为了更好地进行机泵滚动轴承的故障诊断，有必要去除振动信号中夹杂的工作噪声。小波阈值降噪法是一种简单且有效的降噪方法，已被广泛应用于大型机械故障诊断中。针对传统的硬阈值和软阈值小波降噪方法存在的问题，提出了一种改进的小波阈值函数，旨在尽可能地去除滚动轴承振动信号中的噪声。这种改进方法可以提高故障诊断的准确性和可靠性。

小波变化定义为：对 $\forall \Psi(t) \in L^2(R)$，其傅里叶变换是 $\widehat{\Psi}(w)$，如果满足：

$$C_\Psi = \int_R \frac{|\Psi(t)|^2}{|w|} dw < +\infty$$

这里 $\Psi(t)$ 就被叫做小波母函数，此时连续小波为：

$$\Psi_{(a,b)}(t) = \frac{1}{\sqrt{a}} \Psi\left(\frac{t-b}{a}\right) \quad a>0,\ b \in R$$

式中，a 为尺度因子；b 为平移因子，且都为实数。

如果有 $\forall f \in L^2(R)$，函数 $f(t)$ 的连续小波变换为：

$$W_f(a,\ b) \leqslant f,\ \Psi_{a,\ b} \geqslant \frac{1}{\sqrt{|a|}} \int_{-\infty}^{+\infty} f(t) \Psi\left(\frac{t-b}{a}\right) \mathrm{d}t$$

信号 $f(t)$ 重构信号的过程也叫逆变换，此过程表达式为：

$$f(t) = \frac{1}{C_\Psi} \int_{-\infty}^{+\infty} \int_{-\infty}^{+\infty} \frac{1}{a^2} W_f(a,\ b) \Psi\left(\frac{t-b}{a}\right) \mathrm{d}a\mathrm{d}b$$

在小波变换过程中，小波系数是 $C_{j,k} = W_f(2^{-j},\ 2^{-j}k)$，公式中的系数 a 和 b 可以控制小波系数的大小。小波变换要有降噪效果，则要对系数 $C_{j,k}$ 进行适当的处理。

1.2 改进的小波阈值降噪法

为解决硬、软阈值存在的问题，对阈值函数进行改进，提出一种新的阈值降噪法，用来滤除滚动轴承振动信号中夹杂的噪声。

$$\widehat{w}_{j,k} = \begin{cases} sgn(w_{j,k})\left[|w_{j,k}| - \dfrac{(1-\alpha)T}{e^{(|w_{j,k}|-T)}} - \dfrac{\alpha T}{e^{\beta(|w_{j,k}|-T)}}\right], & |w_{j,k}| \geqslant T \\ 0, & |w_{j,k}| < T \end{cases}$$

式中，$\alpha \in [0,\ 1]$，$\beta \geqslant 0$。当 $|w_{j,k}| = T$ 时，$\widehat{w}_{j,k}=0$；当 $|w_{j,k}| \to T$ 时，$\widehat{w}_{j,k} \to 0$，即函数在 $|w_{j,k}| = T$ 处连续，信号重构过程中不产生振荡，避开了硬阈值函数的缺陷。当 $|w_{j,k}| > T$ 时，$\dfrac{(1-\alpha)T}{e^{(|w_{j,k}|-T)}}$ 与 $\dfrac{\alpha T}{e^{\beta(|w_{j,k}|-T)}}$ 随着 $|w_{j,k}|$ 的增大而变小，避开了软阈值函数的缺陷。

显然，当 $\alpha=1$，$\beta=0$ 时，上述函数变成软阈值函数。当 $\alpha=1$，$\beta>0$ 时，上述函数与硬阈值函数比较接近。通过改变 α、β 的大小，上述函数可以在这两个函数间互相转换。而且，该阈值函数连续性良好，兼具两种阈值函数的优点，降噪性能明显。

1.3 注意力机制

注意力机制（Attention Mechanism，ATT）是一种将可用计算资源的分配，偏向于输入数据中信息量最大部分的工具。不仅可以自适应增强关注重要特征，还可以抑制不必要的特征，从而提高模型的特征表征能力。

注意力机制的计算过程主要分为 3 个步骤，首先是对网络生成的特征进行聚合，将每个特征变成一个特征向量。接着生成聚合的特征注意力权重，反映特征的重要程度。最后，进行权重分配，将得到的注意力权重与原始的特征像匹配相乘，获得新的特征序列，其表达式为：

$$w_i = \frac{1}{N_i} \sum_i H_i$$

$$S = Softmax(\alpha^T w_i) = [s_1,\ s_2,\ \cdots,\ s_N]$$

$$\overline{H} = H_i S^T$$

式中，N_i 为特征的个数；S 为权重系数合集；$\overline{H}$ 为生成新特征。

2　改进的 1DCNN 模型

2.1　一维卷积神经网络

卷积神经网络(CNN)是一种典型的前馈多层神经网络模型，具有局部连接和权值共享的特点，不仅可以减少模型参数的计算量，还可以降低对输入数据的依赖。CNN 模型主要由卷积层、池化层和全连接层所组成，如图 1 所示。

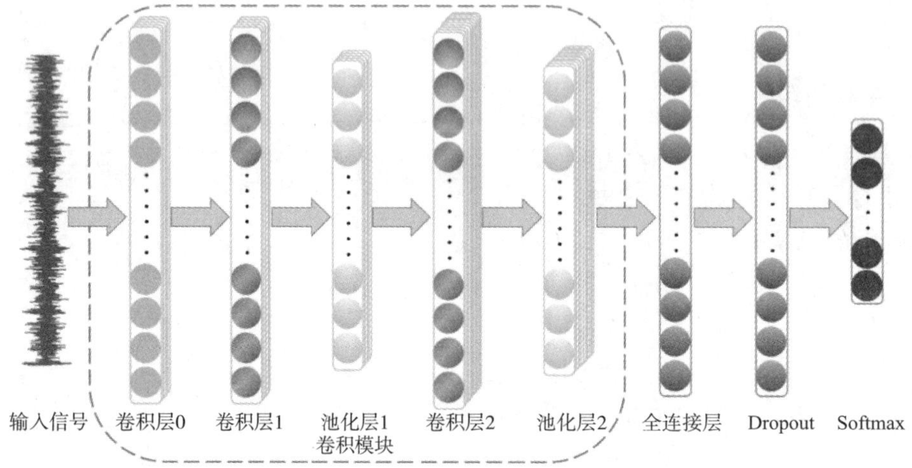

图 1　1D-CNN 结构图

卷积层由多个卷积核构成，通过窗口滑动的方式实现对上一层输出进行特征映射。其表达式为：

$$X_j^l = \sum_{i \in M_j} X_i^{l-1} \times w_{ij}^l + _j^l$$

式中，“×”为卷积运算；X_i^l 为第 l 层第 i 个卷积核的卷积区域；M_j 为第 l 层一组输入特征；X_i^{l-1} 为第 l-1 层网络的第 i 个特征；$w_{i,j}^l$ 为第 l 层第 i 个卷积核的第 j 个权重值；b_j^l 为第 l 层的第 j 个偏置值；

激活函数对上一层的输出值执行非线性映射，将卷积层提取到的多维特征映射到另一个空间，以增加数据的线性可分解性，增强神经网络的非线性。卷积神经网络大多采用 ReLU 作为激活函数，即

$$f(x) = \max(0,\ x)$$

式中，x 为输入值，$f(x)$ 为激活值。当输入值大于 0，神经网络一直处于激活状态。

池化层旨在对特征图进行降采样操作，逐次简化特征图，以减少网络中的参数量，防止发生过拟合现象，并提升计算速度，通常使用最大池化层。

全连接层不在提取特征，而是对前一层网络的输出进行整合和联结，实现从特征映射至样本标记空间，再结合 Softmax 函数实现分类结果的输出，分类器表达式为：

$$y_j = softmax(z_j) = \frac{e^{z_j}}{\sum_{k=1}^{M} e^{z_j}}$$

2.2　多尺度卷积神经网络

本文基于卷积神经网络(CNN)的理论，针对传统方法可能遗漏局部重要特征、准确度低且泛化性能差的问题，为了更好地捕获一维信号中的故障特征，提出了一种融合注意力机制的多尺度一维卷积神经网络模型(SA-MS1D-CNN)，模型结构如图 2 所示。将加速度传感器采集到的不同工况下的振动信号进行预处理后，划分为训练集和测试集，并将训练集输入到故障诊断模型中。第一层卷积层采用较大的卷积核，以获取较大感受野的特征域。这相当于一个低通滤波器，可以最大限度抑制高频噪声，从而捕获低频特征，提取信号不同时间尺度的信息。

接下来，使用多尺度分支并行提取特征。将信号以并行的方式送入三个分支，每个分支使用不同尺寸的卷积核进行卷积操作，学习不同时间尺度的故障信息，表 1 所示。不同核大小的滤波器可捕获不同频段的故障特征，从而提高模型特征学习能力。每个分支都包含三个卷积层和三个池化层。

在多尺度 CNN 提取完特征后，紧接着送入自注意力模块，赋予不同的权重系数，然后再输入全连接层进行分类。通过这种多尺度的特征提取方法，可以有效地提高故障诊断模型的准确性。

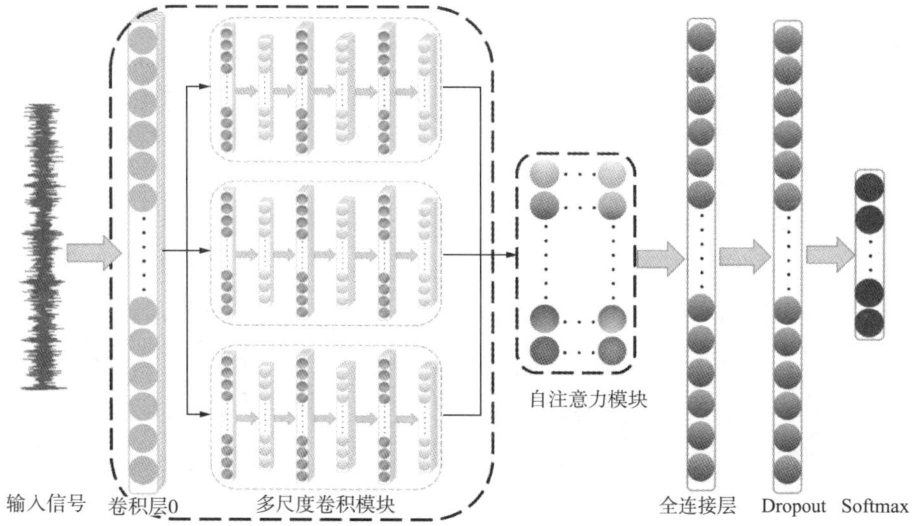

图 2　SA-MS1D-CNN 模型结构图

表 1　SA-MS1D-CNN 模型参数

层名称	尺度 1	尺度 2	尺度 3
卷积	64×1@ 16	128×1@ 16	192×1@ 16
最大池化	2×1	2×1	2×1
卷积	8×1@ 32	8×1@ 32	8×1@ 32
最大池化	2×1	2×1	2×1
卷积	3×1@ 64	3×1@ 64	3×1@ 64
最大池化	2×1	2×1	2×1
注意力	核数：64，Dropout：0. 5		
全连接层	(64，10)		
Softmax	10×1		

3　试验验证

3. 1　试验数据说明

实验数据采集自美国凯斯西储大学(CWRU)公开的滚动轴承故障诊断数据集。该数据集由三相电机、扭矩传感器和负载测力计组成，如图 3 所示。测试所使用的滚动轴承是斯凯孚(SKF)公司生产的 SKF6205 轴承。为了模拟故障情况，使用电火花加工方法在滚动轴承的内圈、滚动体和外圈上各加工了一个直径分别为 0. 1778 毫米、0. 3556 毫米和 0. 5334 毫米的单点故障。这些数据被用于滚动轴承故障诊断的研究和算法验证。

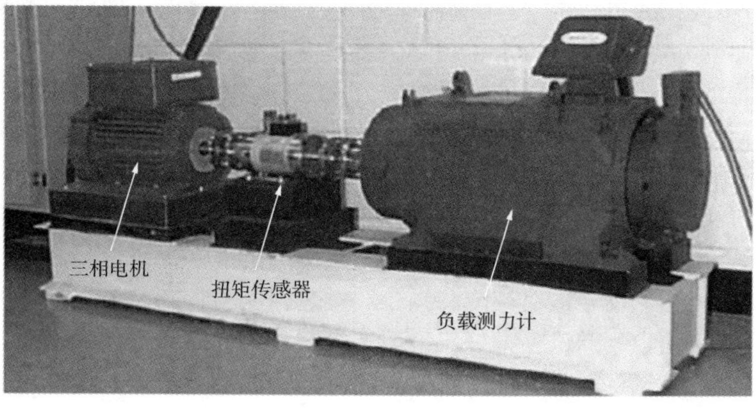

图 3　滚动轴承故障试验台结构

滚动轴承的时序信号是通过数据记录仪进行采集的，采样频率为12kHz。实验过程中，使用了四种不同的工况，分别编号为0、1、2、3，如图4所示。每种工况下，电机的负载分别为0kW、0.746kW、1.492kW和2.238kW，电机转速分别为1797r/min、1772r/min、1750r/min和1730r/min。为了构建振动信号的样本集，采用重叠采样的方法。同时，为每个样本添加了对应的类别标签，以进行故障分类的训练和测试，如表2所示。这样的实验设计可以获得不同负载和转速下的滚动轴承故障振动信号，用于进行故障诊断算法的开发和验证。

图4　滚动轴承常见故障

表2　滚动轴承故障类型及数据集

标签	损伤位置	损伤直径/mm	样本长度	训练集数量	验证集数量	测试集数量
0	滚动体故障	0.1778	484	480	160	160
1	滚动体故障	0.3556	484	480	160	160
2	滚动体故障	0.5334	484	480	160	160
3	内圈故障	0.1778	484	480	160	160
4	内圈故障	0.3556	484	480	160	160
5	内圈故障	0.5334	484	480	160	160
6	外圈故障	0.1778	484	480	160	160
7	外圈故障	0.3556	484	480	160	160
8	外圈故障	0.5334	484	480	160	160
9	无	0	484	480	160	160

3.2　改进的小波阈值降噪实验分析

本实验使用美国西储大学的实验数据，研究对象是型号为6205的轴承振动信号。在这些信号中，包含了需要进行降噪处理的四种故障信号类型以及一种正常信号类型，共计五种信号类型。由于这些信号类型在降噪处理上比较相似，因此选择其中的一种故障信号进行进一步分析。

所选故障信号为外圈故障信号，其采样频率为12kHz。为了便于对滚动轴承振动信号的降噪效果进行分析，我们采集了0.3秒的轴承诊断信号进行研究。这样的信号分析能够帮助我们评估降噪处理对故障信号的影响，并进一步改善滚动轴承的故障诊断效果。

根据降噪后外圈故障振动信号的时域图和频域图的对比分析，可以得出以下结论：

（1）硬阈值降噪：降噪后的信号与原信号之间差别不大，说明硬阈值降噪的效果并不明显。这可能是因为硬阈值降噪方法过于严格，对信号中的噪声和故障信号都进行了削弱，导致降噪效果不佳，如图5所示。

（2）软阈值降噪：降噪后的信号与原信号之间存在较大差距，表明软阈值降噪方法可能存在一定的问题。可能是对信号的削弱过于明显，导致了有效信号的丢失，降噪效果不理想，如图6所示。

（3）改进的小波阈值降噪法：该方法对外圈故障信号进行降噪的效果明显，降噪后的信号与原信号之间差别较小。这表明改进的小波阈值降噪法具有一定的实用性，能够有效去除噪声，保留故障特征，提高信号质量，如图7所示。

由实验可知，改进的小波阈值降噪法在外圈故障信号的降噪方面显示出良好的效果，并具备一定的实用性。这一研究结果为滚动轴承故障诊断提供了可行的降噪方法。

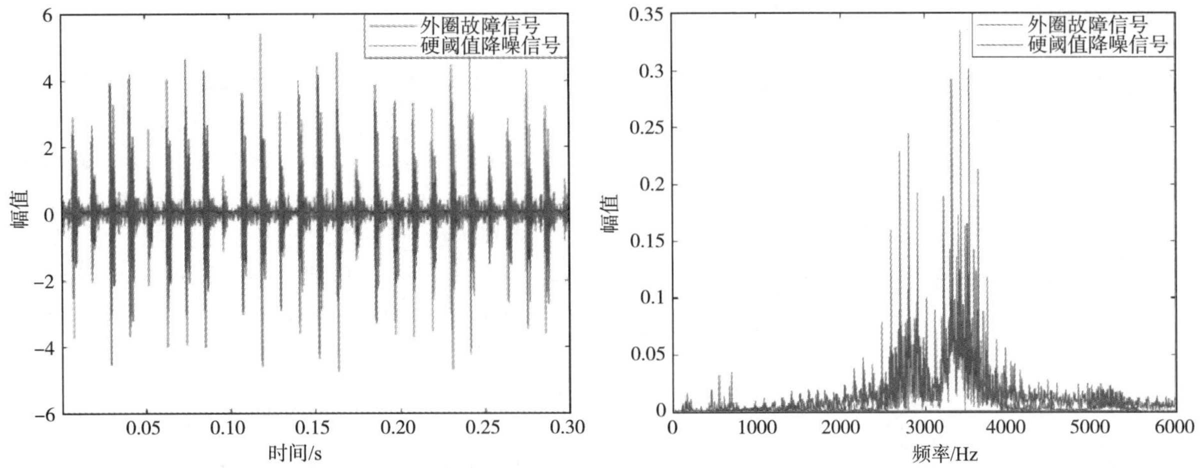

图 5　硬阈值降噪信号时频图

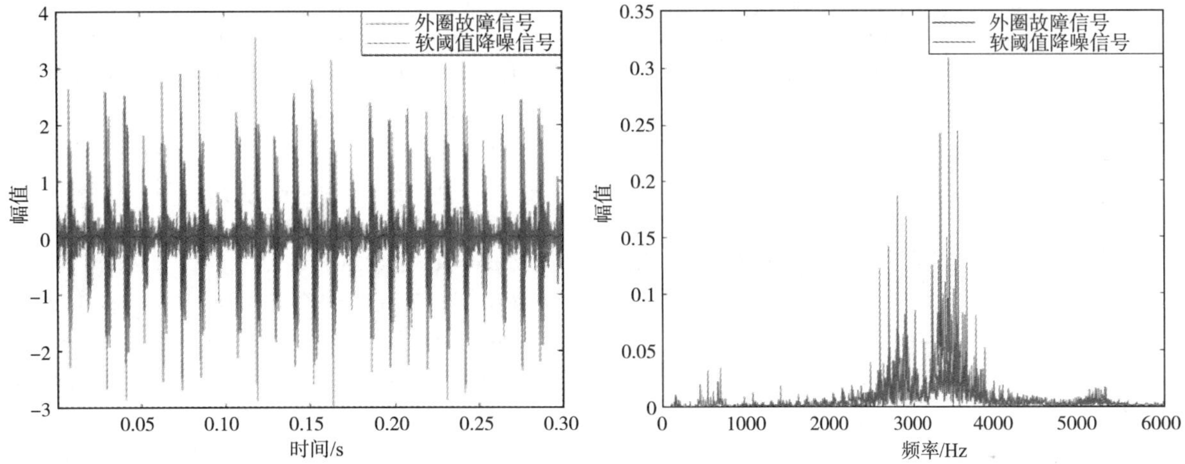

图 6　软阈值降噪信号时频图

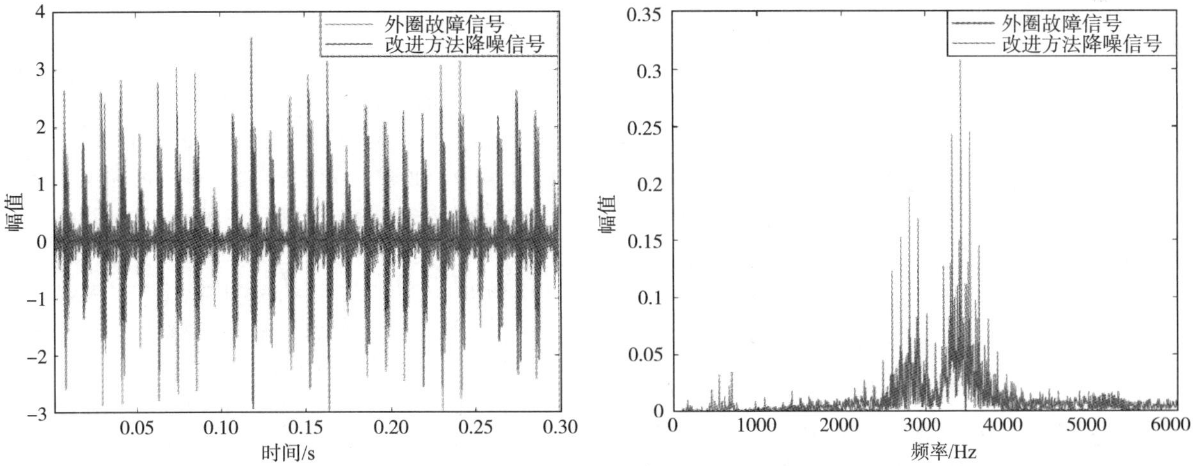

图 7　改进阈值降噪信号时频图

3.3　机泵故障诊断结果

模型的训练过程展示了在训练集和测试集上的损失值和准确率的变化情况。当模型进行多次迭代后，可观察到以下情况：模型在训练集和测试集上的准确率逐渐提升，而损失值逐渐降低。这反映出模型在学习过程中逐渐改善了对数据的拟合能力。经过多轮迭代，模型在训练集上的损失值接近于零，准确率接近于 100%。这意味着模型对于训练数据的预测能力相当准确。

模型在测试集上的损失值逐渐减小，并保持一定的波动。在开始阶段，模型的准确率只有40%，但随着迭代次数的增加，准确率迅速提升，并在大约75次迭代后逐渐稳定下来。在整个训练过程中，模型的最高准确率达到了96.5%，如图8所示。

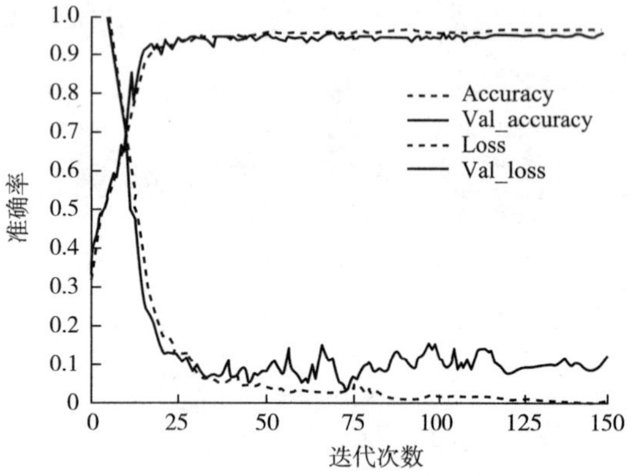

图8　机泵故障诊断结果

通过训练过程中的损失值和准确率曲线，可以看出模型在经过150次左右的迭代训练后，性能显著提升。模型在训练集上拟合效果良好，准确率达到了98.2%。在测试集上，模型也表现出较高的准确率，并且稳定在96.5%左右。这证明模型具有很好的泛化能力，能够准确地进行分类和识别任务。

4　结论

针对机泵轴承振动信号故障特征微弱而难易诊断的问题，提出一种基于改进小波阈值函数与多尺度1D-CNN相结合的机泵故障诊断模型，主要结论如下：

（1）提出一种改进的小波阈值降噪法，可有效地滤除机泵滚动轴承振动信号中夹杂的噪声，降噪效果明显，降噪后的信号光滑且无毛刺。

（2）提出一种融合注意力机制的多尺度一维卷积神经网络SA-MS1D-CNN，实现不同大小的卷积核对故障信号进行多尺度特征提取，不同的滤波器捕获信号不同频段的故障特征；引入注意力机制对多尺度卷积学习的特征自适应分配不同权重参数，将注意力聚焦重要特征，忽视干扰影响，可进一步丰富诊断信息与提升模型的特征学习能力。

参考文献

[1] Nor N M, Hussain M A, Hassan C R C. Fault diagnosis and classification framework using multi - scale classification based on kernel Fisher discriminant analysis for chemical process system[J]. Applied Soft Computing, 2017(61): 959-972.

[2] DOU D, Zhou S. Comparison of four direct classification methods for intelligent fault diagnosis of rotating machinery[J]. Applied Soft Computing, 2016(46): 459-468.

[3] 周叶，唐澍，潘罗平，等．基于支持向量机的水电机组轴系运行故障诊断及预测研究[J]．水利学报，2013，44(增刊1)：111-115.

[4] JANSSENS O, SLAVKOVIKJ V, VERVISCH B, et a1. ConvolutionaI neural netwm´k based fault detection for rotating machinery[J]. Journal of Sound and Vibration, 2016, 377: 331-345.

[5] WEN L, GAO L, LI X Y. A new deep transfer learning based on sparse auto - encoder for fault diagnosis [J]. IEEE Transactions on Systems Man and Cybernetics: Systems, 2019, 49(1): 136-144.

[6] INCE T, KIRANYAZ S, EREN L, et a1. Real—time motor fault detection by 1-D convolutional neural networks [J]. IEEETransactions on Industrial Electronics, 2016, 63(11): 7067-7075.

[7] XU G, LIU M, JIANG Z, et al. Bearing fault diagnosismethod based on deep eonvolutional neural network andrandoul forest ensemble learning [J]. Sensors, 2019, 19(5): 1088.

[8] 黄雅静，廖爱华，丁亚琦，等．多尺度CNN结合自注意力特征融合机制的轴承故障诊断方法[J]．智能计算机与应用，2022，12(9)：37-44.

[9] 石昌友，孙强，卢建平，等．多尺度卷积神经网络的图像边缘检测[J]．电子测量技术，2022，45(8)：121-128.

[10] 杨永灿，谭庆慧，秦宇翔．基于注意力机制的多尺度卷积神经网络电机轴承故障诊断[J]．云南水力发电，2023，39(6)：51-56.

[11] 张善文，邵彧，齐国红，等．基于多尺度注意力卷积网络的作物害虫检测[J]．江苏农业学报，2021，37(3)：579-588.

[12] 霍纬纲，侯振环．基于多尺度卷积自注意力的多维时间序列预测[J]．计算机工程与设计，2023，44(4)：1250-1258.

基于精细复合多尺度 q 复杂度和自适应鲸鱼优化算法改进极限学习机的滚动轴承智能故障诊断

董　伟[1]　冯　斌[2]

(1. 潍坊学院机械与自动化学院；2. 国家石油天然气管网集团有限公司山东分公司)

摘　要　为更准确地对滚动轴承进行故障诊断，提出一种基于精细复合多尺度q复杂度和自适应鲸鱼优化算法改进极限学习机(Refined Composite Multi-Scale q-Complexity and Adaptive Whale Optimization Algorithm-Extreme Learning Machine，RCMSQC&AWOA-ELM)的智能故障诊断方法。在特征提取方面，提出精细复合多尺度q复杂度(RCMSQC)的非线性动力分析方法用于滚动轴承的故障特征提取，具有较强的特征提取能力和稳定性。在状态识别方面，为进一步提高极限学习机(ELM)算法的整体性能，采用自适应鲸鱼优化算法(AWOA)辅助选择ELM的输入权重和隐性层偏置，优化后的ELM表现出更好的识别能力。采用帕德博恩大学的实验滚动轴承数据进一步评估了所提方法的性能，实验结果表明，所提故障诊断方法能够识别滚动轴承故障的类型和严重程度，准确率达99.1%。

关键词　智能故障诊断；滚动轴承；精细复合多尺度q复杂度；自适应鲸鱼优化算法；极限学习机；特征提取

1　滚动轴承的机械故障诊断

在石化行业中，旋转机械设备的状态监测是非常重要的，可以确保设备的可靠运行并预防潜在的故障。滚动轴承是旋转机械设备的关键部件，随着设备的长期运行，腐蚀、摩擦或过载往往会造成滚动轴承的部分损坏甚至完全失效，一旦发生故障，将直接影响工业过程，造成不必要的经济损失。因此，通过实时识别轴承状态，可以有效避免此类事故的发生。在滚动轴承的故障诊断中，特征提取和状态识别是最重要的两项任务。

对于特征提取而言，在时频域中执行的传统线性分析方法在处理此类振动信号时具有局限性。为了克服这些缺点，人们提出了许多基于熵的偏线性动力学方法用于滚动轴承诊断，如模糊熵、置换熵和样本熵等。然而，上述方法都是基于时间串行的单尺度分析方法，而单尺度熵算法无法有效量化时间串行的复杂度。为了克服单尺度方法的缺点，学者们提出了复合多尺度熵：通过细化时间串行，可以获得更加准确、客观的熵值。复合多尺度熵提高了多尺度熵估计的准确性，但并没有完全消除熵的不确定性。由于这一限制，业界提出了细化复合多尺度熵的概念，旨在提高熵估计的准确性并降低引入熵不确定性的概率。然而，上述算法仅基于熵特征来扩展时间尺度，并没有提取除熵之外的其他特征。结果，提取的特征不够全面，并且丢失了一些信息。因此，有必要重新开发基于熵的算法来提取多维特征。Yeh等提出了q复杂度熵曲线理论，可以从一维时间串行中提取二维特征曲线，更好地表征时间串行中包含的信息。本文首先结合模糊色散熵(Fuzzy dispersion entropy，FDE)和q复杂度熵曲线方法提取两个一维特征。然后，应用精细复合多尺度粗粒度算法将这两个特征扩展到多个时间尺度。

对于状态识别而言，高斯算法、贝叶斯算法、支持向量机、人工神经网络等是常用的故障特征智能识别算法。极限学习机(Extreme Learning Machine，ELM)是一种新型的快速学习算法，它是一种单隐层前馈神经网络，通过随机初始化输入权重和偏置并获得相应的输出权重。ELM的主要优点是分类精度高和计算时间效率高，缺点是算法需要添加足够的隐藏层节点来保证较高的预测精度，并且初始权重和偏置也会影响预测性能。初始权重和偏置可以通过智能优化算法来优化，而鲸鱼优化算法(Whale Optimization Algorithm，WOA)是一种全局收敛性强、参数调整量少的新型群体智能算法，近年来在工程中得到广泛应用。然而，WOA在搜索范围缩小时无法自适应地改变位置，导致全局搜索能力下降并陷入局部极小值。因此，本文将自适应位置更新权重的思想与WOA算法相结合，提出了自适应鲸鱼优化算法(AWOA)，不仅缩短了搜索时间，而且提高了搜索精度。

综上所述，本文提出了一种基于精细复合多尺度q复杂度(RCMSQC)和AWOA-ELM的轴承故障诊断新方法：利用精细复合多尺度模糊色散熵(RCMSFDE)和q复杂度熵曲线方法，可以在多尺度上提取旋转机械振动信号的故障特征；随后，将选定的特征作为AWOA-ELM的输入，以识别旋转机械的不同故障类型。

2 基于RCMSQC和AWOA-ELM的求解方法

2.1 精细复合多尺度q-复杂性(RCMSQC)

本文在故障特征提取方面提出一种将精细复合多尺度模糊色散熵理论与q复杂度熵曲线相结合的新方法，称为精细复合多尺度q复杂度(RCMSQC)。换言之，本研究利用精细复合多尺度模糊色散熵理论生成具有$k(k \leqslant c^m)$类的色散模式，与经典的熵算法相比，可以从原始时间串行中提取更多的信息。然后基于精细复合多尺度模糊色散熵理论计算了时间序列的q复杂度。具体算法如下：

Step 1：根据精细复合多尺度理论，将原始时间序列$\{x_j\}$分解为s个离散时间序列$x_s(t)$。

Step 2：通过使用模糊色散熵将离散时间序列$x_s(t)$转换为K个有限模式序列π_s^k。

Step 3：根据精细的复合多尺度理论计算离散时间序列$x_s(t)$中有限模式序列π_s^k的平均概率P_s^k。

Step 4：利用q-复杂度熵曲线的过程，得到了H_q、C_q、H_q^*和C_q^*。

Step5：将H_q^*和C_q^*的值作为特征数据集并用于随后的特征识别。使用H_q和C_q构造一个二维平面，其中色散q-复杂度C_q作为纵坐标，H_q作为横坐标。复杂度熵平面(H_q，C_q)可用来解释序列，称为RCMSQC曲线。从RCMSQC曲线中，可以得到H_q^*和C_q^*。

2.2 自适应鲸鱼优化算法改进极限学习机(AWOA-ELM)

极限学习机(ELM)是一种先进的算法，其快速学习结构基于单个隐层神经网络，具有较强的非线性拟合能力。与反向传播等其他前馈神经网络相比，ELM具有训练速度快、精度高、泛化性能好等优点。然而，ELM的输入权重和偏置是随机产生的，可能导致复杂的共线性问题。这表现为条件不良的隐藏输出矩阵，以及求解输出权重时的随机波动。上述因素将导致预测结果的不稳定，预测值与实际值差异较大。不仅单个预测的可靠性降低，而且模型的预测准确性也受到影响。为了解决上述问题，本文引入了自适应鲸鱼优化算法(AWOA)以找到ELM网络的最佳输入权重和偏置。

鲸鱼优化算法(WOA)是一种新型的元启发式优化算法，它模拟了座头鲸泡网捕食方法，利用大量的搜索代理来解决全局优化问题。其优点是操作简单，参数调整少，避免局部最优的能力强。此外，该算法中的搜索过程包括合作猎物搜索、联合目标围捕和冒泡网攻击。然而，当鲸鱼根据最佳位置调整其位置时，搜索范围是固定的，导致在搜索接近最优值时无法执行有效的精细局部搜索。因此，本文提出一种改进的自适应加权方案，其中权重越大，搜索范围越宽。另一方面，当权重较小时，搜索可以限制在局部区域。当鲸鱼接近目标时，使用较小的重量来改变最佳鲸鱼的位置，从而提高局部优化能力，有利于快速的全局搜索和精细的局部搜索。

本文在状态识别方面提出的AWAO-ELM方法的架构如图1所示。

2.3 基于RCMSQC和AWOA-ELM的滚动轴承故障诊断方法

本节采用RCMSQC方法从振动信号中提取多维非线性故障特征。在获得并用于滚动轴承后，构建智能分类器诊断系统。为了克服ELM运行过程中随机输入权重和偏置的缺点，本文引入AWOA算法来优化ELM中权重和偏置的选择过程。因此，使用AWOA-ELM方法构建多故障分类器。基于以上分析，本文提出的滚动轴承故障诊断方法的详细流程如下：

(1) 原始轴承振动信号是从安装在轴承周围的加速度传感器获得的。

(2) 假设存在K个滚动轴承状态，每个状态分为L个样本。以这种方式获得的样本集的数据结构为$K \times L$，该数据集用作RCMSQC特征提取的输入。

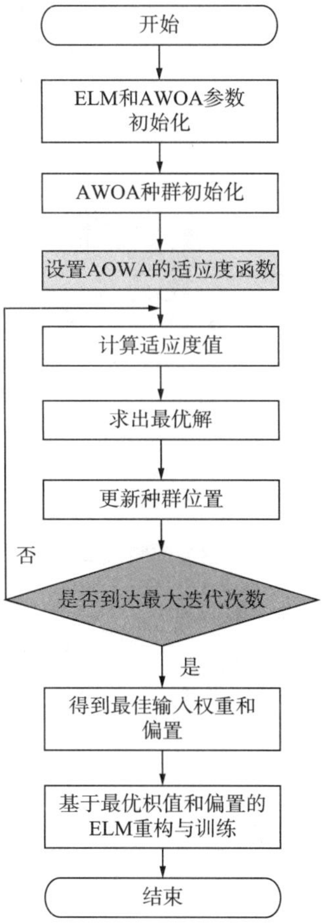

图 1　AWAO-ELM 方法的流程图

(3) 计算 $K×L$ 样本的 H_q^* 和 C_q^* 值，选取一定数量的多尺度特征($s=20$)作为故障特征进行分析。详细计算流程如下：

a. 为了提取数据集的 H_q^* 和 C_q^*，需要确定四个参数，即嵌入维数 m、类别参数 c、数据长度 N、比例因子 s 和时滞 λ。

b. 参数 m、c、N、s 和 λ 的值是通过对得到的原始轴承振动信号数据集 $K×L$ 进行详细的实验分析来确定的。下一节将介绍分析过程。

c. 在确定参数 m、c、N、s 和 λ 后，可以通过 RCMSQC 获得特征集 $K×(L/N×s)$。在原始数据长度 L 的基础上，计算每个数据间隔 N 的 H_q^* 和 C_q^* 的值，数据集的长度变为 L/N。

(3) 采用十折交叉验证法对特征集 $K×(L/N×s)$ 进行处理，然后将特征集分成 10 个部分。

a. 10 个特征集中的 9 个用作训练数据集，其余 1 个用作测试数据集。每个特征集将产生相应的识别准确率。这 10 个结果的平均准确率用作算法精度的估计。

b. 每个训练数据集都输入到 AWOA-ELM 智能分类器中进行训练。将测试数据集作为识别精度的验证，并通过 AWOA 迭代自适应搜索最优输入权重和偏置。

(4) 通过 AWOA 算法找到最优权重和偏置并分配给 ELM，然后使用测试数据集验证 AWOA-ELM 分类器的准确性。最后，将 10 次运行计算出的分类精度的平均值作为算法精度的估计值。

(5) AWOA-ELM 智能分类器可以有效判断滚动轴承失效的类型和程度。

如图 2 所示智能故障诊断方法的流程图。

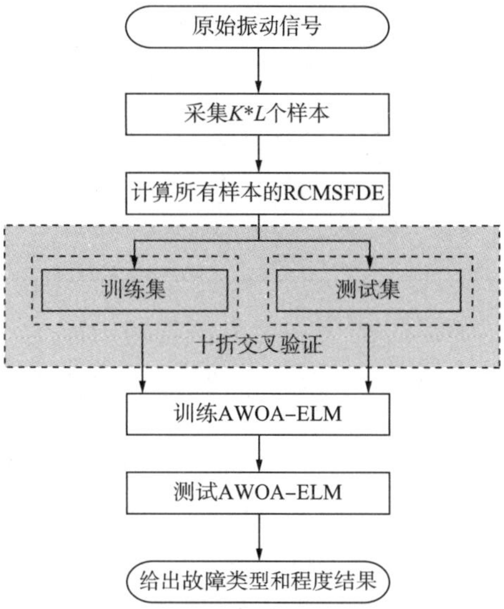

图 2　智能故障诊断方法的流程图

3　实验测试与对比分析

3.1　实验数据采集

为验证所提出的智能诊断方法的有效性和鲁棒性，使用了德国帕德博恩大学机械工程构造与驱动技术研究数据中心的实验轴承数据集。该试验台如图 3(a)所示，包含五个测试模块：(1)电动机、(2)扭矩测量轴、(3)滚动轴承测试模块、(4)飞轮和(5)负载电机。被测滚动轴承为 6203 FAG、MTK、IBU/IBB 单列向心球轴承，有 8 个滚动体，几何尺寸几乎相同，因此特征运动频率相差不超过 1%~2%。该数据集中的轴承可以根据其健康状态分为四组：健康轴承、有内圈故障的轴承、有外圈故障的轴承和有多重损坏的轴承。通过改变转速、负载扭矩和径向力创建了四种不同的操作条件，如表 1 所示。轴承损坏包含实际损坏情况和人为损坏情况。人为损坏包括由放电加工、钻孔和手工电雕刻造成的内圈或外圈故障。另一方面，实际损坏包括点蚀或塑性变形。使用加速寿命测试设备引入了实际故障如图3(b)所示。以64kHz的采样率测量每个轴承承受一定载荷的振动信号约4s，总共得到约256000个数据点。

(a)滚动轴承试验台　　(b)加速寿命实验装置

图3　帕德博恩大学轴承测试平台

表1　操作条件

序号	转速/rpm	转矩负载/Nm	径向力/N
1	1500	0.7	1000
2	900	0.7	1000
3	1500	0.1	1000
4	1500	0.7	400

文献[12]详细描述了该数据集，并研究了驱动电机的电流信号和滚动轴承的振动信号。结果表明，虽然电流信号易于获取，但根据电流信号识别轴承状态的准确率较低。在识别三类故障时，最高准确率仅为93.3%。另一方面，当利用振动信号识别三类故障时，最高准确率达到98.5%。然而，该研究没有考虑轴承的混合失效。可以预见，当混合故障和单一故障一起研究时，它们的识别更加困难。因此，本文将研究各种损伤类型和严重程度的单一和混合故障。本研究采用的数据集为表1中的第二组，轴承转速为900rpm，扭矩载荷0.7Nm，径向力1000N。轴承的内外圈及混合故障全部为点蚀损伤。根据损伤表面的长度，将损伤严重程度分为1级至3级。本次试验研究了1级和2级损伤。实验振动信号分为正常(Norm)、内环(IR)故障、外环(OR)故障以及内环和外环(IR+OR)混合故障。然后又将它们分为$K=6$种滚动轴承状态：(a)正常轴承(Norm)，(b)严重程度为1级的内圈点腐蚀，(c)严重程度为2级的内圈点腐蚀，(d)外圈点蚀，严重程度为1级，(e)外圈点蚀，严重程度为2级，(f)内外圈点蚀，严重程度为2级。每个状态包含$L=1024000$个样本。通过以上分析，可以得到一个完整的函数集，如表2所示，共有6个滚动轴承状态，从长度为1024000的每个状态信号中取409600个连续样本点，然后每2048个采样点计算一次，因此每个尺度下得到的样本数为200个。如图4所示了特征提取的过程。

表2　完整的特性集定义

标签	特征集中的元素	q_H^*	q_C^*
		提取后的特征集	
Norm	409600×1	200×20	200×20
OR1	409600×1	200×20	200×20
OR2	409600×1	200×20	200×20
IR1	409600×1	200×20	200×20
IR2	409600×1	200×20	200×20
IR2+OR2	409600×1	200×20	200×20
总计	2457600×1	1200×20	1200×20

3.2　算法性能测试与对比分析

首先，根据表2中的数据集，计算了6个轴承状态的参数值，然后用200个样本计算了平均值。如图5所示了六种轴承状态的RCMSQC曲线。可以看出，所有RCMSQC曲线都有自己的特征，例如范围和运动轨迹。图5(b)-(f)中的RCMSQC曲线均为闭合曲线，表明当轴承失效时，信号中不再包含混沌模式。

如图5(b)-(f)所示的曲线可以看出，当故障发生时，曲线环的范围明显变小。此外，故障越严重，曲线范围越小，分别比较图5(b)和(c)以及图5(d)和(e)可以看出这一点。这与传统的研究结果相同，即当故障发生时，信号的复杂度会降低。图5(f)中曲线的特征更为明显。它与图5(e)中曲线轨道的循环范围相似，但在所有尺度上都更密集。

为了进行比较分析，将本文RCMSQC方法与CMSWPE和CMSPE特征提取进行性能对比。计算轴承实验数据的CMSWPE和CMSPE，如图6(a)和(b)所示了CMSWPE和CMSPE的平均值及其标准差。首先，从图6可以得出结论，实验中所有故障类别的CMSWPE和CMSPE曲线的趋势是相同的。同时，不同故障类别的CMSWPE和CMSPE值存在显着重叠，难以区分不同的故障类别。例如，图6(a)中信号IR2和Norm的CMSPPE值大多重叠，图6(b)中信号IR1、IR2和Norm的CMSPE曲线几乎相同。这表明仅靠熵获得的辨别特征信息并不明显。因此可以得出结论，本文的RCMSQC方法具有较强的故障特征提取能力，对后续的轴承状态识别非常有利。

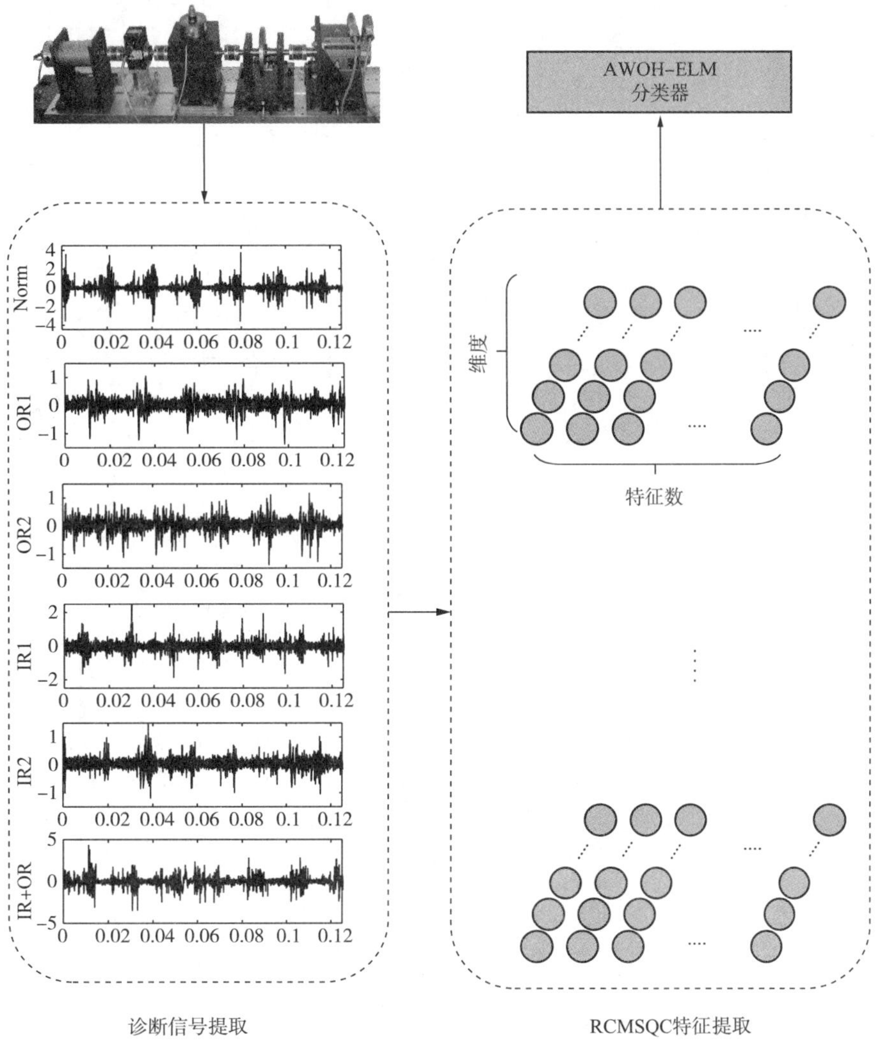

图4 振动信号特征提取过程

为了进一步挖掘RCMSQC的特征提取能力，通过构建AWOA-ELM智能分类器实现智能故障诊断。首先，根据本文提出的方法，使用每个类别的200个样本，总共获得1200个样本。每个样本都有20个时间尺度因子作为基于AWOA-ELM的多分类器的故障特征。为了简化分析过程，Norm、OR1、OR2、IR1、IR2和IR2+OR2分别标记为1到6类。然后，使用六种预处理类型的样本(表2)作为基于AWOA-ELM的智能分类器的功能集。

激活函数和隐藏层节点的数量对于ELM的性能非常重要。本节进行了详细的研究，其结果如图7所示。

图7(a)所示不同激活函数对ELM分类精度的影响。从图7(a)可以看出，当隐藏层数保持不变时，sigmoid函数实现了最高的分类精度。同时，随着隐藏层数的增加，不同激活函数对应的精度曲线先呈上升趋势，但随后趋于稳定，这为确定最佳隐藏层数奠定了基础。从图7(b)可以看出，当隐藏层数设置为30层时，可以保证ELM的精度和适当的时间损失。基于上述分析，采用sigmoid函数作为ELM的激活函数，并将隐藏层数设置为30层。

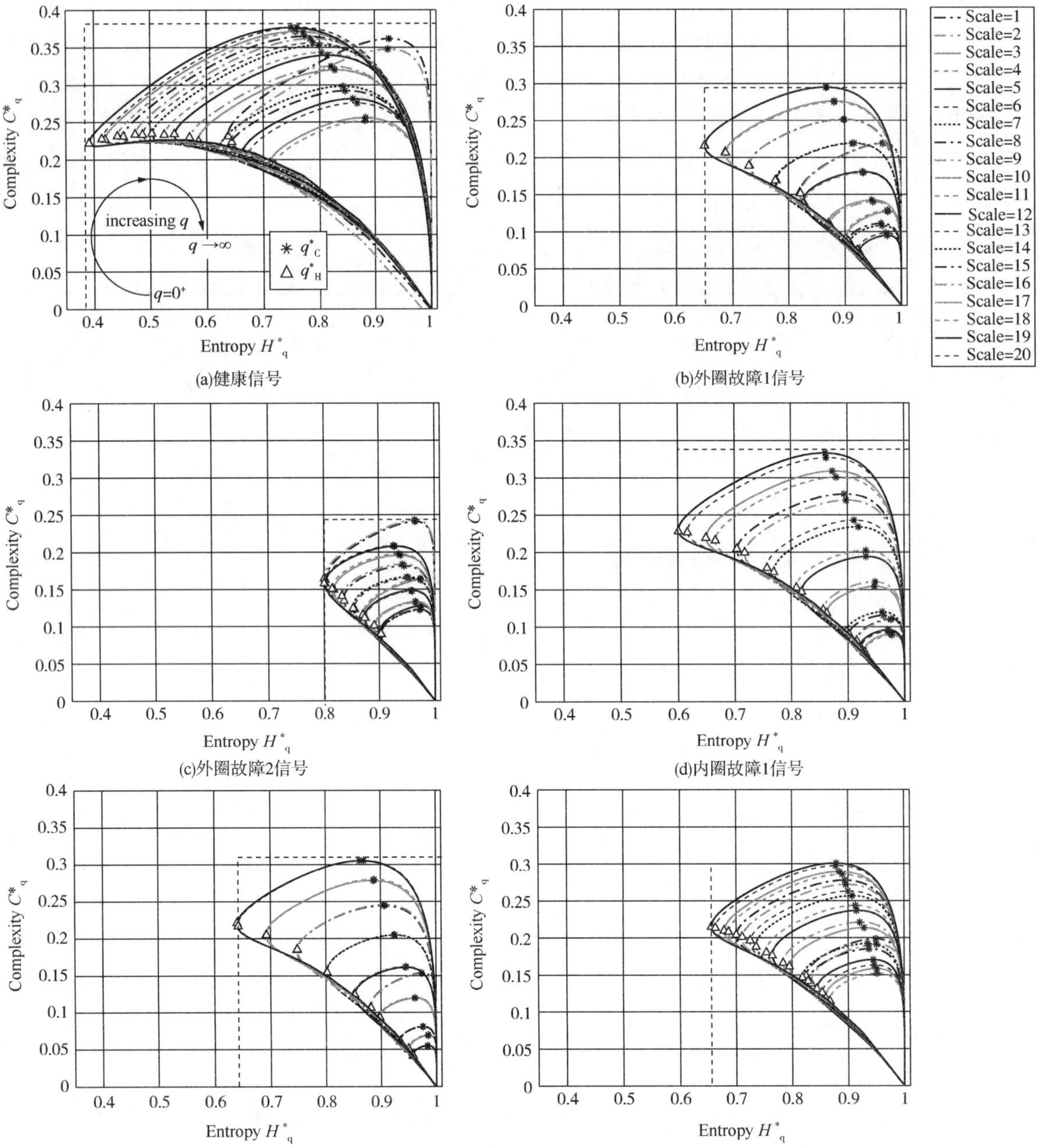

(a)健康信号　(b)外圈故障1信号

(c)外圈故障2信号　(d)内圈故障1信号

(e)外圈故障2信号　(f)外圈故障2和内圈故障2信号

图5　RCMSQC 曲线

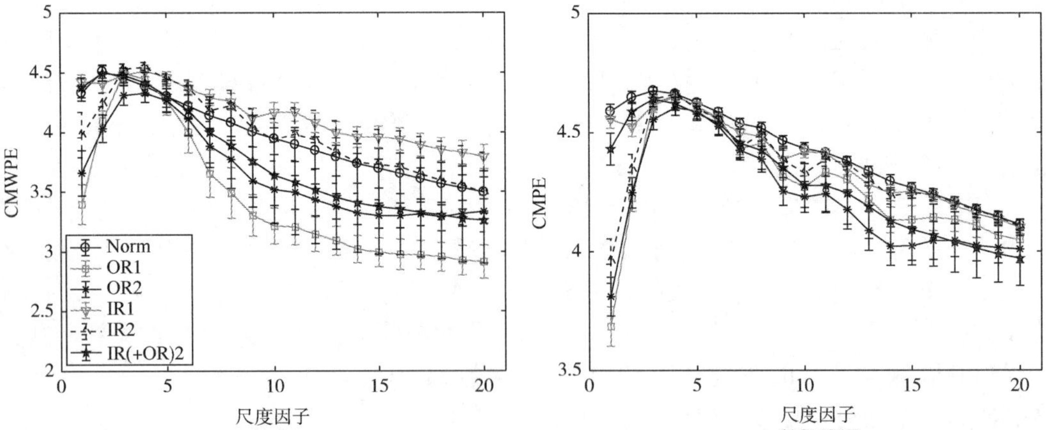

(a)CMSWPE　(b)CMSPE

图6　六种轴承信号误差条形图

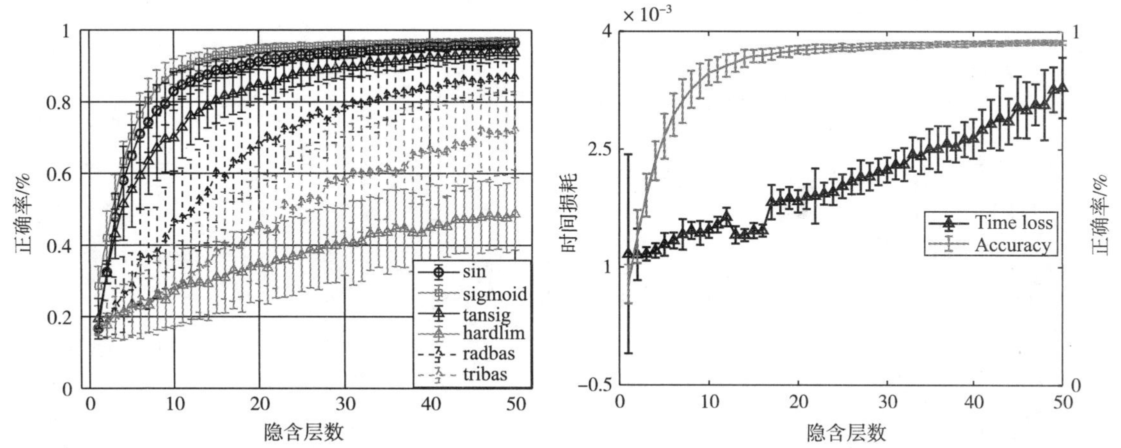

(a)激活函数的选择　(b)隐藏层数的选择

图7　ELM参数

AWOA-ELM智能分类器的混淆矩阵如图8所示。采用十折交叉验证方法减少数据过拟合。如图8所示，测试样本的分类与实际样本基本一致，整体识别准确率达到99.1%。只有故障2的正确识别率低于99%。随后，用CMSPE和CMSWPE代替RCMSQC方法，然后计算了6个轴承振动信号的CMSPE和CMSWPE。最后，将得到的CMSPE和MWPE作为基于AWOA-ELM的多故障分类器的功能集。AWOA-ELM智能分类器的参数与之前相同。使用CMSWPE和CMSPE方法的分类混淆矩阵如图9所示。从图9可以看出，使用CMSWPE和CMSPE故障特征的识别准确率分别为97.1%和96.3%，而故障1的识别准确率仅为90.5%。结果表明，与CMSWPE和CMSPE相比，采用RCMSQC的故障诊断方法能够有效识别故障位置和严重程度，并实现更高的识别率。因此，所提出的RCMSQC特征提取方法能够有效地表征滚动轴承的运行状态和故障信息。

为验证所提出的AWOA-ELM智能分类器的优越性，将AWOA-ELM与ELM、WOA-ELM、PSO-ELM和GA-ELM进行了比较。在仿真实验中，激活函数为sigmoid(sig)，隐藏节点数和迭代次数分别为30和100。所采用算法的其他主要参数如表2所示，使用的数据是1200个样本，考虑了六个轴承状态。在实验中，所有智能分类器均采用十折交叉验证方法进行特征集训练过程。

如图10所示了优化后ELM算法的收敛曲线。从图中可以看出，经AWOA优化的ELM具有最快的收敛速度和最高的精度。此外，见表3

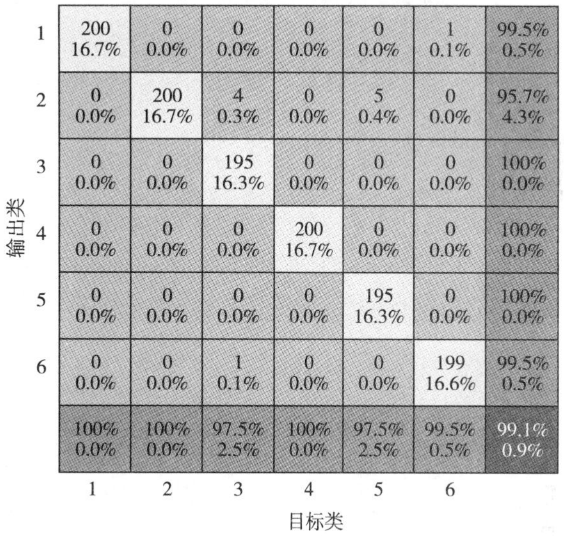

图8　RCMSQC特征下AWOA-ELM的混淆矩阵

和表4中可以得出结论，与本节研究的其他分类器相比，AWOA-ELM分类器在识别准确性和稳定性方面优于其他分类器。

4　结论

本文介绍了一种基于精细复合多尺度q复杂度和自适应鲸鱼优化算法改进极限学习机(RCMSQC&AWOA-ELM)的新型滚动轴承智能故障诊断方法。RCMSQC用来测量时间序列的复杂度并提取其非线性动力学特征。通过对滚动轴承进行特征提取实验并将RCMSQC与CMSWPE和CMSPE的特征提取能力进行对比，实验结果表明，本文的RCMSQC具有更好的特征提取能力和稳定性。设计的AWOA-ELM智能分类器用来实现故障识别，在对比试验中，采用AWOA-ELM算法的智能分类器准确率为99.1%，取得了最高的识别精度。上述实验证明了本文提出的RCMSQC&AWOA-ELM的智能分类器适用于滚动轴承的故障分类，可以对旋转设备进行全面监测和诊断，通过实时监测设备的状态，可以采取及时的维护和修复措施，提高石化行业设备的可靠性和生产效率。

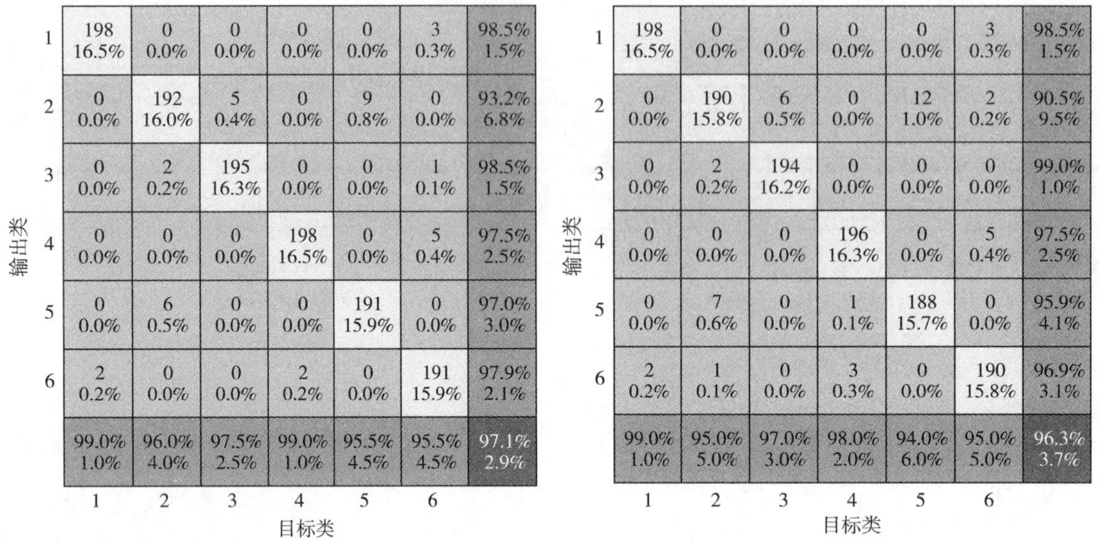

(a)CMSWPE特征下AWOA-ELM分类结果　(b)CMSPE特征下AWOA-ELM分类结果

图9　混淆矩阵

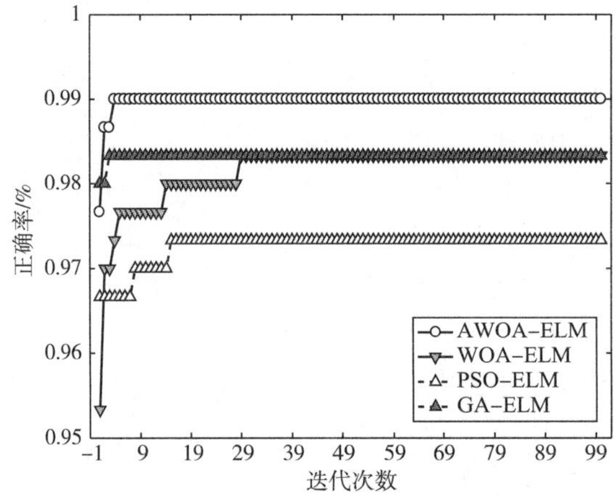

图10　各个算法的正确率收敛曲线

表3　不同特征下各个智能分类器的分类正确率

通过十折交叉验证处理的特征集							
算法	轴承故障状态等级及其正确识别率/%						总体精度
	1	2	3	4	5	6	
AWOA-ELM	99.5	95.7	100	100	100	99.5	99.1
WOA-ELM	99	92	98	95.7	98.9	98.4	96.9
PSO-ELM	98.5	89.8	97.5	97.9	97.4	97.9	96.5
GA-ELM	99	93.3	99.5	97.1	97.9	99	97.6
ELM	98	90.6	99	96.1	95.4	97.9	96.1

表4 实验数据集的均值和标准差

算法	训练集		测试集		训练时间/s	
	均值	标准差	均值	标准差	均值	标准差
AWOA-ELM	98.9%	0.011	99.1%	0.004	3.91	0.078
WOA-ELM	97.1%	0.012	96.9%	0.009	4.12	0.073
PSO-ELM	96.9%	0.011	96.5%	0.010	4.10	0.079
GA-ELM	97.7%	0.009	97.6%	0.007	4.79	0.107
ELM	96.5%	0.015	96.1%	0.008	8.92×10^{-2}	6.1×10^{-3}

参考文献

[1] Jiao J, Zhao M, Lin J, et al. Hierarchical discriminating sparse coding for weak fault feature extraction of rolling bearings[J]. Reliability Engineering & System Safety, 2019, 184: 41-54.

[2] Shao H, Jiang H, Lin Y, et al. A novel method for intelligent fault diagnosis of rolling bearings using ensemble deep auto-encoders[J]. Mechanical Systems and Signal Processing, 2018, 102: 278-297.

[3] Song L, Wang H, Chen P. Step-by-step fuzzy diagnosis method for equipment based on symptom extraction and trivalent logic fuzzy diagnosis theory[J]. IEEE Transactions on Fuzzy Systems, 2018, 26(6): 3467-3478.

[4] Zheng J, Pan H, Yang S, et al. Adaptive parameterless empirical wavelet transform based time-frequency analysis method and its application to rotor rubbing fault diagnosis[J]. Signal Processing, 2017, 130: 305-314.

[5] Si L, Wang Z, Tan C, et al. A Feature Extraction Method Based on Composite Multi-scale Permutation Entropy and Laplacian Score for Shearer Cutting State Recognition[J]. Measurement, 2019, 145, 84-93.

[6] Wu S D, Wu C W, Lin S G, et al. Analysis of complex time series using refined composite multiscale entropy[J]. Physics Letters A, 2014, 378(20): 1369-1374.

[7] Yeh C H, Fang Y, Shi W, et al. A novel method of visualizing q-complexity-entropy curve in the multiscale fashion[J]. Nonlinear Dynamics, 2019, 97(4): 2813-2828.

[8] Singh P, Dwivedi P. Integration of new evolutionary approach with artificial neural network for solving short term load forecast problem[J]. Applied energy, 2018, 217: 537-549.

[9] Mehne H H, Mirjalili S. A parallel numerical method for solving optimal control problems based on whale optimization algorithm[J]. Knowledge-Based Systems, 2018, 151: 114-123.

[10] Li L L, Sun J, Tseng M L, et al. Extreme learning machine optimized by whale optimization algorithm using insulated gate bipolar transistor module aging degree evaluation[J]. Expert Systems with Applications, 2019, 127: 58-67.

[11] Mirjalili S, Lewis A. The whale optimization algorithm[J]. Advances in engineering software, 2016, 95: 51-67.

[12] Lessmeier C, Kimotho J K, Zimmer D, et al. Condition monitoring of bearing damage in electromechanical drive systems by using motor current signals of electric motors: A benchmark data set for data-driven classification[C]//Proceedings of the European conference of the prognostics and health management society. 2016: 05-08.

输气站自动分输技术探讨

吴有更

（国家石油天然气管网集团有限公司山东分公司德州作业区）

摘　要　随着天然气行业的快速发展，国内管道企业逐步实现区域化管理和无人值守的智能站建设，自动分输技术做为智能站建设的关键一环，将逐步取代传统的人工输气模式。为全面推进输气场站自动分输进程，为无人值守的智能站的建设打下坚实基础，以某输气场站自动分输改造为例，对自动分输系统的原理进行阐述，分析恒压控制法、剩余平均法、不均匀系数法、到量停输等控制逻辑的适用范围；结合该输气场站自动分输系统的运行实践，识别运行过程中常见的故障及问题，从老旧管道升级改造、设备维保、PID程序优化、建立用户沟通协调机制、冰堵防范等方面提出了优化控制措施：①针对老旧管道应及时进行必要的升级改造，以适应自动分输要求；②在调压阀选型时注重设备稳定性，加强调节阀等关键设备的维护保养，对PID控制程序进行优化，设置调节阀步长及最大开度，避免出现超压、超流现象；引入剩余平均时间、剩余平均百分比逻辑，提高设备可靠性。③建立用户沟通协调机制，用户方采取错峰启压缩机、缓冲罐等措施；输气站提前采取压力、流量的超前控制，优化设置安全切断阀、监控调压阀、压力超限控制值，确保自动分输系统的稳定性；④做好极寒天气防冰堵措施，引入低温保护逻辑，杜绝异常工况导致自动分输失效；⑤设置两级调压或将上一级电动球阀纳入分输逻辑，应对压差过大导致电动球阀无法开启问题。

关键词　天然气；无人值守；智能站；自动分输；控制逻辑

随着国家大力推进清洁能源战略，天然气行业得到了迅速发展，天然气管网日趋庞大，输气量日益增多，天然气站场管理难度增大，用工成本增加。手动为用户分输需要耗费大量人力且分输控制准确性不高，采用自动分输技术，可提升精细化管理水平、降本增效，使管道安全高效运行，提高能源的利用率，因此推广自动分输技术已迫在眉睫。

1　自动分输系统概述

1.1　自动分输原理

自动分输主要是根据分输用户的供气特点，制定不同的自动分输控制逻辑，自动完成用户分输的各项操作。通过自动分输系统可减少现场操作人员工作负荷，提高气量分输的准确性，为无人值守的智能站建设打下坚实基础。自动分输系统的实现主要由站控系统接受调控中心下发的日指定量设定值，并根预先设置的压力限值、流量限值，按照既定的控制逻辑，对分输调节阀进行PID调节，以实现安全高效的日指定分输精准控制的目的。一套完善的自动分输系统应具备较高的自动分输控制功能及故障保护功能。目前比较常见的分输控制逻辑主要包括：恒压控制法、剩余平均法、不均匀系数法、到量停输控制逻辑以及辅助控制逻辑。

（1）恒压控制法，即压力PID控制，适用于稳定供气的不可中断用户。恒压控制法中控制阀门均保持常开，当在用支路故障关断，出口压力低于控制压力低限值时，备用支路启输，保持控制压力低限恒压输气，以满足用户供气的连续性和最低压力要求。恒压控制法压力设定值采用分输压力设定值，正常输气时采用设定值恒压供气，考虑到超声波流量计最小流量的要求，应设定低流量保护功能。

（2）不均匀系数法采用流量控制为主、压力控制为辅方式，适用于不可中断且有配气压力需求用户。由系统采集用户过去7天每个时段的用气量，计算各时段所占日总输量的比值做为不均匀系数，则设定当前时段的输气量为“日指定分输量×当前时段的不均匀系数”，从而得出该时段瞬时流量设定值。每一时段输送完毕后重新计算剩余供气量及下一时段瞬时流量设定值，直至完成当日分输后，保持当前输气状况不变，等待第二天的自动分输。考虑到用户安全压力、是否允许停输、最低流量、实际用气与日指定偏差较大等情况，需要采取相应的压力超限控制、到量停输、低流量保护、偏差调校等辅助控制。

（3）剩余平均法适用于用户各时段用气分布比较均匀，且无压力限制的用户。剩余平均法即剩余供气量按照剩余小时平均分配，计算每个时段的流量设定值。剩余平均法属于不均匀系数法中的一个特例，其辅助控制逻辑与不均匀系数法相一致。

（4）到量停输法适用于可中断分输用户。正常情况下采用恒压供气，当瞬时流量连续小于流量低限时，自动关闭电动球阀及调节阀，当用户压力低于设置的压力低限且未到日指定量时，重新打开电动球阀及调节阀，继续进行供气。当完成日指定量的100%时，发出输气完成报警，并根据“允许停输”标志位，确定是否停输。

1.2　常见用户类型

自动分输系统的可靠性，受用户供气需求的影响。根据我国用气性质及用户的用气习惯，主要将用户分为以下六类：

（1）一般居民用户：受冬季采暖、居民做饭、洗漱等因素影响，用气量不高但波动较大；

（2）一般工业用户：用气量相对稳定；

（3）综合用户（民用+工业），有一定的基础用气，同样受居民用气习惯的影响。

（4）不可中断工业用户：用气压力要求较高，产生压力波动可能会造成严重后果，如炼化厂、电厂、玻璃厂等；

（5）间断性供气用户：管存容量大，或有他方气源，以间断方式进行供气；

（6）CNG用户，无可利用管存，压力要求平稳，用气波动范围较大，受客户需求影响。

根据用户的用气规律及供气要求，针对不同的用户应选择相适配的分输逻辑。针对一般居民用户、CNG用户为可中断用户，可采用到量停输的控制逻辑；一般工业用户、综合用户、不可中断工业用户，做为不可中断用户，可根据其用气否平稳采用不均匀系数法、剩余平均法其中的一种；对压力有严格要求工业用户可采用恒压控制法，确保用户压力的稳定性。考虑到用户的多样性、用户用气规律受季节变化影响、调压阀的稳定性等因素，输气场站应结合自身实际，选用合适的自动分输逻辑，在保障给用户安全供气的前提下，确保日指定计划完成率。

2　自动分输改造实践

齐河输气站为榆济输气管道末站于2010年投产，设计年输气量18.5×$10^8$$m^3$，干线进站管线设计压力8.0MPa，可接收济青二线、榆济线来气，经分离、过滤、计量、调压后外输至济华港润、昆仑燃气、中石化宣章站三家用户。该输气场站由于建设时间较早，采用手动分输控制，为实现国家管网集团油气调控中心对站场远控控制和分输用户日指定自动分输等功能，2023年对该输气场站通过设备改造、控制逻辑优化和优化数据上传方式等手段，进行齐河输气站自动分输改造。

2.1　输气站用户概况

齐河输气站共有三家用户济华港润、昆仑燃气、中石化宣章站，三家用户具体情况如下：

济华用户全称为山东济华港润燃气有限公司，由山东济华燃气有限公司、中石油昆仑燃气有限公司和齐河县城市经营建设投资有限公司共同投资设立，全年累计输送气量约800万标方，其中90%为居民用气，以居民用气习惯为主导，是可间断分输用户。

昆仑燃气全称为齐河中石油昆仑燃气有限公司，隶属中石油昆仑能源有限公司，全年累计输送气量约8000万标方，为永锋钢铁集团、旺旺集团、和乐门业等80余家工商用户及3万居民用户进行供气，为不可中断的工业用户。

中石化宣章站隶属于为中石化榆济管道分公司，汇聚安济线、榆济线、中济线、宣宁线多方气源，为中石化的枢纽站，为不可中断的用户。

2.2　输气站设备概况

齐河输气站分输支路均通过计量、调压后向下游进行供气，济华支路、昆仑支路满足自动分输改造条件，中石化宣章站由安济支路供气，无可远控调节压力、流量的调节阀，在不进行工艺改造的前提下，不满足自动分输改造条件，具体设备情况如下：

（1）济华支路计量调压撬给下游用户供气，计量调压撬具有SSV（安全切断阀）+PCV（监控调压阀）+PV（工作调压阀）调压装置，计量调压撬上游设有电动球阀，下游设有手动球阀，可通过调压控制器远程控制PV电动调节阀开度，但调压控制器没有实现流量/压力PID调节，需进行改造以实现压力、流量的远程控制，达到自动

分输的要求。

（2）昆仑支路采用计量撬、SSV（安全切断阀）+PCV（监控调压阀）+PV（工作调压阀）调压撬串联给下游用户供气，计量撬上游设有手动球阀，下游设有电动球阀；调压撬上游设有电动球阀，下游设有手动球阀，可通过调压控制器远程控制PV电动调节阀开度，但调压控制器没有实现流量/压力PID调节，需进行改造以实现压力、流量的远程控制，达到自动分输的要求。

（3）安济支路采用计量撬、SSV（安全切断阀）+PCV（监控调压阀）调压撬串联给下游用户供气。计量撬上游设有手动球阀，下游设有电动球阀；调压撬上游设有电动球阀，下游设有手动球阀，但无可远控调节压力、流量的调节阀，再不增加调节阀的前提下，不满足自动分输的要求，无法实现自动分输功能。

2.3　自动分输改造实践

经现场调研，在不进行工艺调整的情况下，济华、昆仑用户满足自动分输改造条件，可进行以下改造：

（1）将济华、昆仑用户流量计算机信号接入到站控PLC，实现流量信号数据的采集，以实现流量数据的PID控制、调节；

（2）针对现有调压控制器没有实现流量/压力PID调节问题，将独立调压控制器拆除，将调节阀信号调整为接入站控PLC系统，由站控PLC实现原有调压控制器的功能，由站控PLC检测压力信号，通过PID控制程序实现对压力信号的控制、调节；

（3）增加自动分输逻辑，为满足用户用气规律变化的要求，两家用户均设定了恒压控制法、剩余平均法、不均匀系数法、到量停输控制逻辑供输气站选用，为确保安全供气，均设置了压力超限控制、低流量保护、偏差调校等辅助控制逻辑。考虑到计划完成率的要求、恒压空控制法的稳定性及用户压力限值要求，引入了剩余平均时间、剩余平均百分比控制逻辑。剩余平均时间是指在设定时间前执行恒压控制法，达到设定时间后执行剩余平均法；剩余平均百分比是指当完成“日指定分输量”的百分比达到设定值之前执行恒压控制法，在达到后执行剩余平均法。

（4）考虑目前用户的需求，针对济华用户目前选用恒压控制法、到量停输法相结合的控制逻辑，昆仑用户选用不均匀系数法控制逻辑，同时为保障设备运行中的安全，均采用了压力超限控制、低流量保护、偏差调校等辅助控制逻辑。

自动分输改造完成后，齐河输气站输气工由最初的11人降为5人，极大的提高了工作效率，用户日指定量完成率更加精准。

3　存在问题及改进措施

随着自动分输系统的投入应用，对自动分输改造及应用中，仍存在一些问题，针对存在的问题制定优化控制措施：

（1）部分老旧场站不满足自动分输改造要求。进行自动分输改造，输气站场需具备远传功能的流量计，可远程控制调节开度的调节阀，且调节阀前端应设置可远程控制的电动球阀。针对部分老旧站场工艺和控制系统不具备条件的，应进行相应的升级改造，确保设备满足自动分输要求。

（2）站场调节阀稳定性有待提高。自动分输系统中的调节阀是核心设备，调节阀的控制水平将直接影响分输系统稳定性，天然气在输送过程中随着压力、流量变化，会导致阀门出现非线性特性，影响调压阀的稳定性；在PID控制调节阀开度程序中，因存在超调和回调现象，会导致压力、流量的大幅变化；输气站采用剩余平均法、不均匀系数法调节时，调节阀开关频繁，压力波动较大，稳定性较差；同时调压阀失灵也会导致下游压力的急剧变化。因此输气场站在调节阀选型时应考虑调节阀的稳定性，运行中应加强调节阀的维护保养，确保阀门的可靠性；对PID控制程序进行优化，设置调节阀步长及最大开度，确保调压阀缓开、缓关，避免出现超压、超流现象；优化控制逻辑，采用恒压控制法和剩余平均法相结合的剩余平均时间或剩余平均百分比逻辑，在保证自动分输系统稳定的前提下，完成日指定计划。

（3）下游用户压力波动大，导致无法自动分输。受下游用户用气量的影响，如CNG用户压缩机组启停，下游用户流程操作、误操作等原因，会导致压力、流量大幅波动，严重也会导致安全切断阀切断。针对此现象，输气场站应与下游用户建立沟通协调机制，当用户压力出现异常变化时及时与输气站进行沟通，输气站提前做好应对措施，如切换控制逻辑、手动控制等措施；当用户启用多台压缩机组时，应尽量采用错峰启用，避免同时启用，有条件的用户可建立具备缓存功能的储气罐；优化设置安全切断阀、监控调压阀、自动分输系统压力超限控制值，避免较小的压力波动导致安全切断阀切断。

（4）冰堵现象导致无法自动分输。由于大部分分输用户用气压力较干线压力低，在调压撬处会产生大的压降，在冬季极寒天气，当调压后的天然气温度低于水露点时，监控调压阀容易产生冰堵现象，导致调压失灵，甚至引起安全切断阀切断，自动分输检测到小流量信号，从而关闭自动分输系统，导致自动分输无法正常运行。针对此现象，输气站应密切关注天然气水露点，当出现极寒天气天然气温度接近水露点时，应及时调整运行工况，采取降低压差、添加甲醇等抑制剂、打开电伴热等措施；在自动分输系统中增设低温保护逻辑，当调压后天然气温度不高于水露点5℃时，执行低温保护逻辑，控制调压阀前后压差，严防冰堵现象发生。

（5）上游电动阀门开关异常导致无法自动分输。自动分输的实现还依靠上游的电动球阀的可靠性，若阀门开关异常，将导致无法自动分输。因此应加强此电动球阀的保养，设置合理的限位、力矩值，确保阀门开关灵活；同时若上下游压差过大导致阀门无法开启，此情况主要见于干线压力与分输压力压差过大的情况，可考虑设置两级调压或通过改变分输逻辑，将此电动阀的上一道电动阀纳入分输逻辑，关阀时首先关闭此阀门，解决因压差过大导致阀门无法开启的问题。

4　结论

通过对自动分输控制系统原理进行分析，结合齐河输气站自动分输改造实践，提出了各类型用户适配的分输逻辑。结合自动分输运行实践中存在的问题，提出了优化控制措施：针对老旧管道应及时进行必要的升级改造，以适应自动分输要求，精简现场操作，提高用户分输控制水平；优化设备选型，加强调节阀、电动球阀等关键设备的保养，优化PID控制程序，提高设备可靠性；建立用户沟通协调机制，提前采取压力、流量的超前控制，合理设置压力超限控制值，确保自动分输系统的稳定性；做好极寒天气防冰堵措施，引入低温保护逻辑，杜绝异常工况导致自动分输失效；设置两级调压或将上一级电动球阀纳入分输逻辑，应对压差过大导致电动球阀无法开启问题。

为进一步提高自动分输的可靠性，可探索对压力、流量进行综合控制的控制逻辑，满足对压力、流量均有较高要求的分输用户，自动分输系统的建立是无人化智能站建设的先决条件，随着天然气行业的快速发展，无人值守的智能站建设将成为新的发展趋势。

参 考 文 献

[1] 姜子昂，杨再勇，邹晓琴，等．对加快建设我国现代化天然气市场体系的战略思考[J]．天然气工业，2018，38(10)：120-127.

[2] 王小强，王保群，王博，等．我国长输天然气管道现状及发展趋势[J]．石油规划设计，2018.

[3] 祝悫智，吴超，李秋扬，等．全球油气管道发展现状及未来趋势[J]．油气储运，2017，36(4)：375-380.

[4] 刘勇，赵忠德，周淑慧，等．中国燃气行业天然气利用状况及发展趋势[J]．国际石油经济，2016，24(6)：52-60.

[5] 张伟．天然气产业链的协调发展及升级研究[D]．北京：中国地质大学，2013.

[6] 孔江浩．采用GPS同步的油气管道检测及安全评估系统设计[D]．天津：河北工业大学，2018.

[6] 梁怿，彭太翀，李明耀．输气站场无人化自动分输技术在西气东输工程的实现[J]．天然气工业，2019，39(11)：112-116.

[7] 葛云鹏，闫楠，寇睫敏，等．天然气长输管道自动分输技术现状及发展方向探讨[J]．当代化工研究，2023，(10)：6-8.

[8] 孙晓波．天然气管道自动分输模式及应用[J]．天然气技术与经济，2019，13(04)：69-73.

[9] 牛化昶，李彦苹，于洋，等．基于异常工况识别的天然气自动分输逻辑[J]．化工自动化及仪表，2023，50(03)：323-330.

[10] 彭宁．天然气管道工程自动分输控制技术应用[J]．中国仪器仪表，2022，(10)：50-53+63.

[11] 艾力群，张鹏，艾威，等．天然气省级管网自动分输技术改造研究[J]．石油工程建设，2023，49(03)：76-81.

[12] 翟家方．天然气管道自动分输系统的控制与应用研究[D]．沈阳化工大学，2021.

数字化技术及其在油气管道行业应用研究进展

贾殿宇　温纪宏　李飞超　王广巍　张学锋

（国家石油天然气管网集团有限公司山东分公司）

摘　要　管道是原油、天然气和成品油最安全、最具成本效益的运输方式。作为当代能源基础设施的重要组成部分，数千公里的管道遍布全球，为不断发展的能源市场提供供应。随着工业4.0出现，石油和天然气行业正在发展一系列数字化技术，旨在提高其作业的生产率、效率和安全性的同时，最大限度地降低运营成本、健康和环境风险，以及管道项目生命周期的可变性。油气管道行业从早期开始采用基于性能的完整性管理，逐步向自动化、数据驱动和数字化方向发展，该领域的学术研究也通过转向数据驱动的方法和整合工业数据来适应行业需求。本文通过调研国内外数据库与油气钻完井装备、生产设施、加工设施或储存设施等石油和天然气领域新兴的数字化技术，如智能传感器、可穿戴或移动设备、大数据分析、云计算、扩展现实技术、机器人系统和无人机等，结合油气管道行业特点，分析数字化转型对企业影响，总结数字化技术在数据管理、设备运行及预防性维护、管道完整性管理方面的应用进展，并针对输气站及油气管道数字化发展提出相应举措，为创建数字管网提供思路：①提高数据直采率及准确率，重构数据资产价值；②依托数据管理，通过数字孪生技术为设备运维、管道完整性管理提供智能指导；③加强数字化转型顶层设计，明确实施计划，重视培养复合型数字化人才。

关键词　数字化；输气站；管道

油气管道是石油、天然气和成品油最安全、高效的运输方式。作为当代能源基础设施的重要组成部分，数千公里的管道遍布全球，为不断发展的能源市场提供供应。随着工业4.0出现，石油和天然气行业正在发展一系列数字化技术，旨在提高其作业的生产率、效率和安全性的同时，最大限度地降低运营成本、健康和环境风险，以及管道项目生命周期的可变性。随着科技的迅速发展，数字化技术已成为各行业创新发展的关键驱动力。特别是在油气管道行业，由于其运输的特性，对安全、效率和管理提出了更高的要求。

管理咨询公司埃森哲2017年发布的《数字化转型倡议：油气行业白皮书》指出，“早在20世纪80—90年代，数字技术就开始在油田得到应用，90年代以后，数字化油田技术更是几乎席卷了整个油气行业，只是绩效提升非常有限”。埃森哲分析师多次强调，“在数字化方面，油气行业非常不成熟”。2021年，国务院发布的《“十四五”数字经济发展规划》明确了数字化转型的总体要求、重点领域和保障措施，数字化转型上升至国家战略层面。数字化转型成为企业适应新环境、应对新挑战、抓住新机遇的必然选择，企业如何实现数字化转型的价值成为当前亟待解决的问题。《“十四五”信息化和工业化深度融合发展规划》对企业数字化提出目标：“到2025年，实现新模式新业态的广泛普及，企业经营管理数字化普及率达80%，企业形态加速向扁平化、平台化和生态化转变”。

目前，国内外企业都在采用数字化技术完善企业自身发展需求所需的管理技术。数据管理方面，中海油建立了覆盖整个油田开发阶段的知识数据库和分析决策模型可达到全面感知、自动操控和预测趋势的生产管理模式，实现了油气井工程数字化与智能化。以BP、Shell为代表的国外油公司，经过近20年的智能油气田研究与实践，基本形成了设计、作业和生产为一体的油气井工程数字化和智能化，增加了产能，降低了操作成本，提高了HSE管理水平。

智能运维方面，任何气体输送系统的主要动力单元都是气体压缩机组，在紧急情况下，维护人员可根据安全控制设备的命令自动停止运行。Kuzyakov采用智力决策支持系统（IDSS）对站内物体的现状进行估计和预测，并对维修人员的有效操作进行决策，以进行应急响应，以减少计划外停机次数和持续时间。该系统包括通过对维修人员的建议或指示来识别情况和决策，基于案例数据库推理的智能决策手段，目前已广泛应用于复杂生产过程的自动化领域，包括石油工业。物联网技术的应用提高了管网运营管理中数据采集的统一性，促进了数据的共享，避免了多次数据转换。可以将各种传感手段、方法和仪器的检测结果进行整合，保证风险评估和完整性评估的可靠性，实现有限的人力资源和设备的科学合理配置。

本文通过调研国内外数据库与油气钻完井装备、生产设施、加工设施或储存设施等石油和天然气领域新兴的数字化技术，结合油气管道行业特点，分析数字化转型对企业影响，总结数字化技术在数据管理、设备运行及预防性维护、管道完整性管理方面的应用进展，并针对输气站及油气管道数字化发展提出相应举措，为创建数字管网提供思路。

1　数字化技术

1.1　工业 4.0 与数字化技术

在两百多年的工业史中，先后经历了机械化、电气化、自动化是三个阶段，对应三次工业革命，现在正在朝着工业 4.0 智能化方向前进，而这整个过程，制造企业不变的本质追求是：高生产效率、高产品质量、低生产成本和客户高满意度，其演变过程如图 1 所示。工业 4.0 的核心理念在于实现智能化生产，通过物联网、大数据分析、人工智能等先进技术的应用，实现设备之间的互联互通，实现生产过程的自动化和智能化。这种高度数字化的生产模式不仅提高了生产效率，还能够更好地满足消费者个性化需求，实现定制化生产，提升产品质量和创新能力。

数字化技术作为工业 4.0 的重要支撑，是指在计算机、互联网、大数据等技术支持下，将现实世界的信息转化为二进制代码，进行存储、处理和传输的过程。在油气管道行业中，数字化技术主要包括：地理信息系统（GIS）、遥感技术、全球定位系统（GPS）、数据采集与监视控制系统（SCADA）等。国际能源署（IEA）发布的《数字化与能源》显示，到 2025 年，油气+数字化技术市场规模将增至每年 300 亿美元。庞大的市场规模将势必推动油气资源产业的数字化进程，加速新生产技术的智能化发展，打造绿色环保的油气生产利用过程，推动我国能源产业结构优化升级。

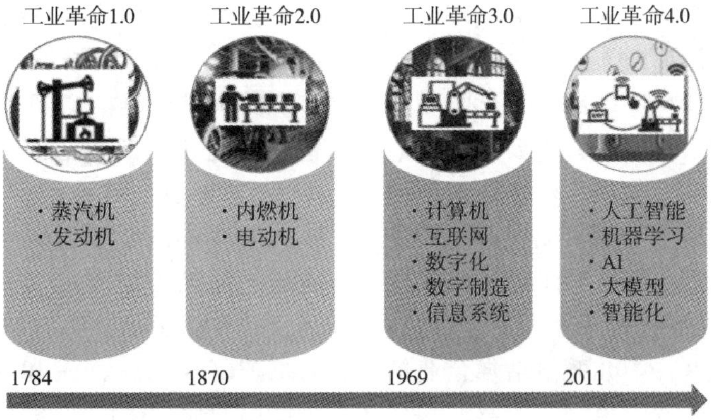

图 1　人工智能技术发展历程

1.2　数字化转型挑战

对于油气管道行业领域来讲，进入工业 4.0 时代，数字化转型对技术和工作实践都提出了挑战。

（1）行业经历数据量和种类的爆炸式增长。数据应用程序和模型之间缺失链接，缺乏互操作性，即设备和数据源之间的大规模通信需要建立。

（2）数据和接口的激增也增加了网络攻击的攻击面。系统和数据源的开放必须伴随着解决这些风险的网络安全措施。安全方面是数字化转型的重点，油气管道行业需要加强数据安全和网络安全，建立完善的安全管理体系，防范和化解各类安全风险。

（3）数字化转型不是对工业 3.0 完全否定。数字化转型是进一步改进我们现有的工作，进一步实现核心流程的自动化，设备设施建立需纳入数字生态系统，同时杜绝在将要被淘汰的设备上浪费资金。

（4）数字化转型仍处于验证阶段，单台套设备的数字化，需扩大到整个系统、场站、项目，才能取得成功，扩展实现存在挑战。

（5）数字化转型执行的最大障碍是人力和组织架构。从分层技术向网络化技术的转变，需要反映在企业技能和业务实践的变化上。先进的技术，如果不能支持员工的感知和实际生产力，将不会成功。数字化需要平衡地关注人、组织和技术。

1.3　数字化转型对企业影响

随着工业4.0的出现，数字化已被确定为解决这些挑战的可行工具。几乎所有的油气公司（运营商、油田服务公司、油田设备制造商和其业务相关者）都已制定了数字化转型技术路线，并开启数字化之旅。处于这些数字化转型举措前沿的数字技术包括大数据分析、物联网、移动设备、云和边缘计算、机器人和无人机、人工智能、可穿戴技术、区域链技术、扩展现实技术（虚拟现实、增强现实、混合现实）、数字孪生以及协作和社交工具。壳牌的智能油田、挪威国家石油公司的数字卓越中心、雪佛龙的iFields、英国石油公司的未来油田、巴西国家石油公司的GeDig、挪威国家石油公司的eOperations、哈里伯顿的实时作业和斯伦贝谢的智能井项目是目前油气行业数字化转型的典型实例。

数字技术对企业的商业模式和业务流程带来了颠覆性改变。根据咨询机构DNV-GL统计，落后的组织文化、制度和程序限制、文化限制等是影响很多石油企业数字化发展的重要因素。数字化转型影响从时间维度上来讲，对企业价值创造的正向显著影响主要集中于成长期企业，对于成熟期企业的影响作用不显著；对于处于成长期的企业而言，数字化转型有助于形成差异化战略，并通过差异化战略这一中介变量增强企业价值创造。数字化转型对企业价值创造的影响在规模较小的企业更强，并且随着时间推移，数字化转型对企业价值创造的影响逐渐减弱。

2　数字化在油气行业应用

2.1　数据管理

数据是公司的一项资产。有效的数据收集和处理是一个问题。需要求助于数据架构构造。数字采集传输技术推动运营能力提升，数字集成分析技术提高工程决策质量，数字控制技术提升运维自动化程度。数据体系结构允许组织收集和处理信息的过程，使经过处理和筛选的数据与企业现有的IT系统正确集成，成为企业生产管理决策的有效依据。常见的大数据分析是油气行业数字化的关键组成部分之一，其重点是管理和处理大量数据，以提高运营效率，增强决策能力，降低工作场所的风险。然而，大数据分析技术采用的缓慢速度可归因于各种原因，从与现有系统集成的障碍，到保护数据库系统免受网络攻击的网络安全。在一些使用可穿戴设备的应用中，生理和位置跟踪数据也引起了与工作场所隐私相关的担忧，这些缺点给在油气活动中应用钻井技术的实际效益和有效性带来了不确定性。

中海油基于数据湖海量数据（6000余口井、数据量超过500TB），开发了钻井数据分析与挖掘系统和深水钻井大数据在线分析软件，形成了钻井参数大数据分析系统，打破了静态数据与动态数据的壁垒，并可利用AI算法实现钻井参数优化推荐。数字时代的决策不再依赖于经验、直觉，而是以实时数据为基础。实时数据多角度、多层次的交叉复现，通过对更广泛的数据源展开更复杂的分析、可视化和数据挖掘，提供更深入的洞察，科学决策，支撑更高质量的发展。

2.2　设备运行及预防性维护

数字化及工业4.0的发展，催生了新一代的维护方法，将传统的预防性维保转变为智能预测性维护。智能预测性维护以三种不同的方式超越传统的预测性维护，例如：（1）能够监控连接设备资产的相关系统；（2）能够自动执行维护任务；（3）能够与其他维护管理系统协调。维保方式的演变如图2所示。Naranjo对工业4.0中智能预测性维护模型的方法和应用工具进行了综述，并介绍了与此类维护相关的模型：基于状态的维护（CBM）、预测和健康管理（PHM）以及剩余使用寿命（RUL），提出了一种新的预测性维护应用工业工作流程，其中包括决策支持阶段。

预测性维护是一种利用工具和状态监测技术以可持续的方式监测结构或设备在运行过程中的性能和健康状态的技术。然而，预测性维护应用大多集中在特定的机器或工业设备上。Achouch创建一个对用户友好的多功能平台，该平台集成不同类型的传感器，并能够实时在不同类型的设备上进行原位PdM，该平台基于获取的数据和开发的PdM模型，给出维护管理和决策支持，允许用户和维护团队，根据对平台的预定义访问级别，在维护计划过程的任何步骤随时操纵和修改建议的决策。该平台通过VPN（专用虚拟网络)保护的用户身份验证提供远程访问。因此，提供了一个云基础设施，允许移动和网络连接，以便接收警报接收到的通知。除了远程连接外，该平台还将以仪表板的形式提供机器和设备收集的实时现场数据监控，该仪表板计算关键性能指标，并支持API(应用程序编程接口)协议，用于数据定制和警报通知。这提供了从任何浏览器的远程工厂监控，并通过保持信息的完整性和机密性来确保高安全性，防止攻击。

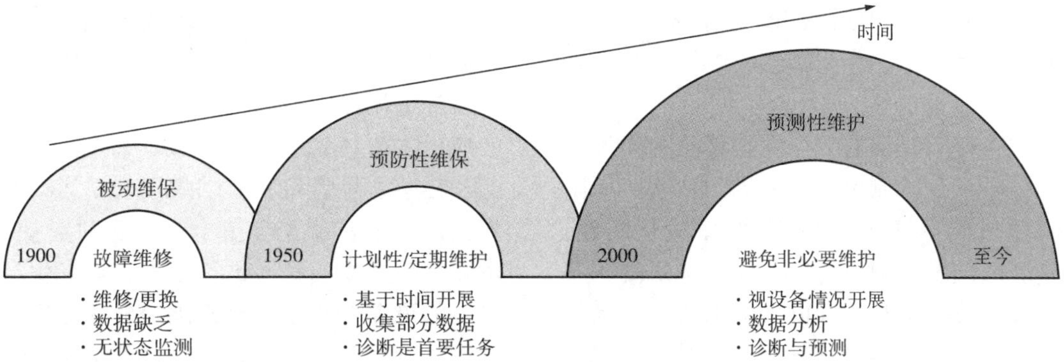

图2　维保方式方法演变图

天然气长距离输送需要压缩机设备连续运行，压缩机非计划停机将改变输气管道的运行状态，将对管输经济产生影响。Pillon 给出了获取机器故障概率分布的方法，并建立了压缩机运行故障预测模型，该模型允许研究对规划、维护管理的影响，并评估不同的运行状态。王金江通过融合数字孪生理念，基于风险的检验技术和以可靠性为中心的维修方法，采用现代化数字测量技术建立压气站场数字化模型，以传感通信技术为纽带构建实时信息的数字孪生体，研发了适用于压气站场设备设施的可视化风险分析系统，其架构如图3所示，该架构与现场实际更加匹配。

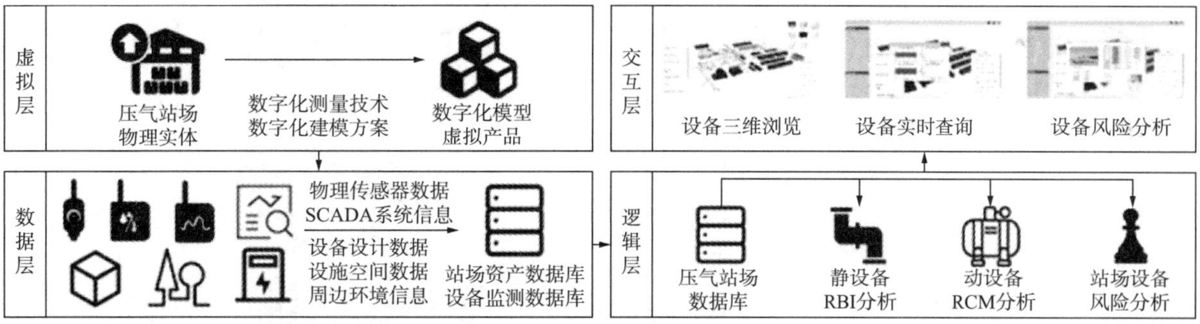

图3　设备风险决策系统架构图

2.3　管道及场站完整性管理

管道在国内和国际天然气、石油产品和其他能源的运输中起着重要作用。ASME B31.8S、API 1160 和 DNVGL RP 116 等国际管道标准分别为天然气、液体和海上管道的管道完整性管理系统(PIMS)的组成要素提供了进行了描述，其关键要素包括：数据收集、验证和集成；风险评估；检查、监测和测试；完整性评估；缓解抑制和/或补救；完整性管理规划。

管道设置在不同的环境中，因此面临着各种各样的损伤挑战，如环境电化学反应、焊接缺陷、外力损伤等。金属损伤、点蚀和裂纹等缺陷破坏管道的完整性，造成严重的安全问题，这种情况应在发生之前加以预防，以保证管道的安全运行。近年来，各种无损检测(NDT)方法被开发用于管道在线检测，如漏磁检测(MFL)，超声波检测(UT)，电磁声学技术(EMAT)，涡流检测(EC)。单模态或不同类型的综合无损检测系统被称为管道检测仪或机器人检测系统。此外，数据管理与基于管道状态的维护的历史数据也变得非常重要。油气管道行业从早期就开始采用基于性能的完整性管理，并逐步向自动化、数据驱动方法和数字化方向发展。该领域的学术研究也通过转向数据驱动的方法和整合工业数据来适应行业需求。这意味着该研究正在不断发展，以适应必要的变化，将数据驱动的方法整合到其框架中，并采用工业4.0概念，以实现更高的安全水平。地理信息系统应用于分区和土地利用的管道风险分析和后果评估，其他应用包括使用机器学习方法处理数据、在线泄漏检测、减少仪器误差和持续可靠性评估。

场站完整性管理滞后的一个方面是基于风险的检查和维护计划的制定。众所周知，基于风险的检维问题归结为复杂的多变量数学优化问题，影响其发展的问题是缺乏进行优化问题所需的基本参数，可通过行业目标导向的数据收集政策来改善。压气站的完整性管理就是用科学的方法对压气站的风险进行识别和评价，采取有效措施消除或降低风险的影响，使风险控制在可接受的范围内。最后减少事故的发生，以经济合理的方式保证压气站的安全运行。RBI是解决气体压气站压力容器和管道完整性问题的有效途径。通过对压力容器或管道的风险分析，可以确定压力容器或管道的失效机理和检测技术。进而优化检验计划和备件计划。为延长使用寿命、缩短维修周期提供科学决策支持。

3　数字化应用对场站及管道发展启示

数字化发展没有通用解决方案，应考虑自有资源和限制，以业务为导向，以解决问题为核心来设计适用的发展模式。数字化技术在压气站中的应用主要体现在数据采集、监控和分析方面。通过传感器等设备实时采集压气站运行的各项数据，再通过云计算等技术进行实时监控和分析，可以及时发现问题并进行处理，提高生产效率和设备的可靠性。通过分析国内外数据库在石油天然气领域数字化技术，结合目前基层输气站运维现状，通过采用整体规划模式，制定整体输气站数字化战略，针对现有运维流程，采用突击模式，有计划的利用数字化技术优化工作流程，提升智能化报表填报及同步程度，推动业务数字化转型，主要目标及流程如图4所示。

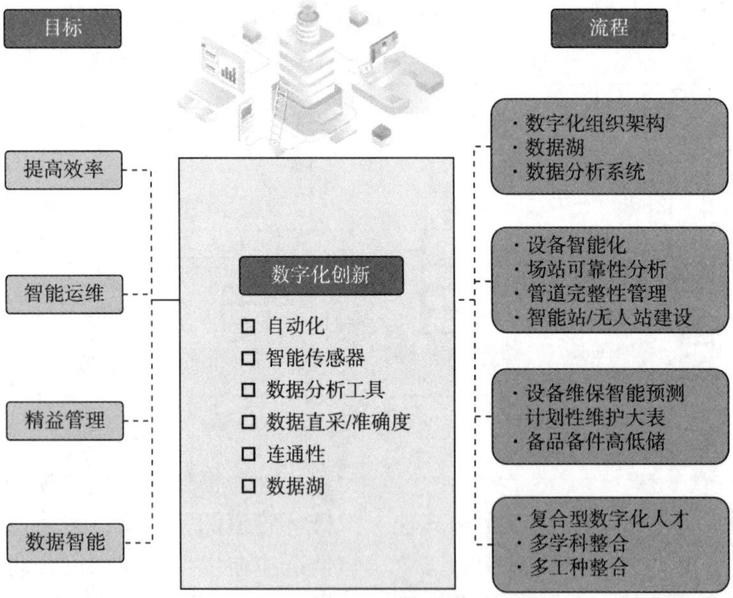

图4　数字化转型目标及流程

（1）数据管理

数据是企业的资产，该资产产值决定于数据的价值。作为油气管道场站及管道，通过数字化技术，可以实现对压气站各个环节的数据采集和分析，提高数据直采率及准确率，同时随着大量数据的采集、传输与存储，需加强数据管理，保障数据安全与隐私，重构数据资产价值。

（2）设备运行及预防性维护

依托数据管理，通过数字孪生技术为设备运行提供智能决策。对于智能场站及无人站建设，需针对设备运行及预防性维保制定相应数字化建设方案。数字化技术可以实现远程监控和智能化运行，通过远程监控系统，工程师可以随时随地对压气站进行监控和调整，大大提高工作的便利性和效率。智能化运行则可以通过算法优化设备的运行参数，实现更加节能和高效的生产。数字化技术还可以实现对压气站生产过程的精细化控制。比如，通过智能控制系统实现对压气站的自动调节，可以更加精准地控制设备运行参数，提高生产效率，降低能耗。

（3）管道完整性管理

数字化技术可实现对管道的远程监控和管理。通过云平台实时查看管道运行状态，及时响应异常情况，提高管理效率和安全性。依托数据管理，通过数字孪生技术为管道完整性管理提供智能指导。

（4）加强数字化转型顶层设计，明确实施计划

从公司整体战略、产业链发展、竞争格局、商业模式等多视角，进行数字化转型顶层设计、技术选择、领优化，避免"一窝蜂"盲目上线系统，尝试新技术，防止出现新的"数字化孤岛"。此外，数字化转型并不是一次性过程，而是需要定期对已实施的数字化项目进行全面评估，并根据评估结果进行持续的优化与改进。

（5）培养复合型数字化人才

引入多专业融合组织模式，重视培养复合型数字化人才。在数字化转型过程中，跨学科整合与创新，即将地理信息科学、遥感科学、计算机科学与工程进行深度整合；采用多专业融合的组织模式，即将人工智能、数学、软件工程师与油气专业工程密切组合，建立多专业协同工作组，使数字化技术与油田业务无缝对接。同时，广泛组织数字化技术培训，打造既精通油气业务又懂数字化技术的复合型人才队伍。

4　总结与展望

通过调研国内外数据库在石油天然气领域数字化技术，分析数字化技术在数据管理、设备运行及预防性维护、管道完整性管理方面的应用进展，针对输气站及油气管道数字化发展提出相应举措，为创建数字管网提供思路。(1)对基础设备设施进行升级改造，实现关键设备运行信息直采，提高数据直采率及准确率，重构数据资产价值。(2)依托数据管理，加强数据安全维护，通过大数据分析、数字孪生技术为设备运维、管道完整性管理提供智能指导。(3)加强数字化转型顶层设计建设，明确实施计划，重视培养既精通油气业务又懂数字化技术的复合型人才。

参考文献

[1] 郭长娥，王强，苏中锋．企业数字化转型的价值实现：国际研究进展与展望[J]．科学学与科学技术管理，2023，44(6)：32-49.

[2] 李中．中国海油油气井工程数字化和智能化新进展与展望[J]．石油钻探技术，2022，50(2)：1-8.

[3] 牛华伟，郑军，曾广东．深水油气勘探开发-进展及启示[J]．海洋石油，2012，32(4)：1-6.

[4] 闻林，周金应．世界深水油气勘探新进展与南海北部深水油气勘探[J]．石油勘探，2009，48(6)：601-605.

[5] 白云程，周晓惠，万群，等．世界深水油气勘探现状及面临的挑战[J]．特种油气藏，2008，15(2)：7-10.

[6] KUZYAKOV O N，GLUHIH I N，ANDREEVA M A. Case-Based Reasoning Approach for Automating Control of Gas-Compressor Unit Within Gas-Compressor Station [J]. IOP Conf Series：Journal of Physics：Conf Series，2018，1059：012023.

[7] SHAOHUA D，ZHONGCHEN H，YI Y. The application of Internet of Things technology in the integrity management of pipeline [J]. Oil & Gas Storage and Transportation，2012.

[8] 崔奕，汪海阁，丁燕，等．碳中和愿景下油气钻井的数字化，智能化转型之路[J]．石油钻采工艺，2022，44(6)：769-776.

[9] WANASINGHE T R，TRINH T，NGUYEN T，et al. Human centric digital transformation and operator 4.0 for the oil and gas industry[J]. Ieee Access，2021，9：113270-113291.

[10] MADAHAR A，MCINTOCH A，MUSTAFIN I. Shell's Smart Fields—Sustaining and Accelerating Benefits From Intelligent Fields[C]. SPE Intelligent Energy International，Utrecht，The Netherlands. 2012，SPE-150424-MS.

[11] REDDICK C E. Field Of The Future：Making BPs Vision A Reality[C]. Intelligent Energy Conference and Exhibition，Amsterdam，The Netherlands. 2006，SPE-99777-MS.

[12] MOISES G V L，ROLIM T A，FORMIGLI J M. Gedig：Petrobras corporate program for digital integrated field management [C]. Intelligent energy conference and exhibition，Amsterdam，The Netherlands. 2008，SPE-112153-MS.

[13] RYDZAK F，BREISTRAND L S，SVEEN F O，et al. Exploring resilience towards risks in eOperations in

the oil and gas industry[C]. Computer Safety, Reliability, and Security, 2006, 57-70.

[14] GARCIA A, SANKARAN S, MIJARES G, et al. Real time operations in asset performance workflows [C]. Intelligent Energy International Conference and Exhibition, Amsterdam, The Netherlands. 2008, SPE-111990-MS.

[15] HUSSAIN A, VEGA J C, HASSANE M A, et al. Enhancing smart completion capabilities by integration with digital oil field real time monitoring system in a green field of ADMA - OPCO [C]. International Petroleum Exhibition and Conference, Abu Dhabi, UAE. 2016, SPE-183240-MS.

[16] 闫娜. 石油工程数字化发展现状与策略分析[J]. 石油科技论坛, 2019, 38(2): 64-70.

[17] NARANJO J E, CAIZA G, VELASTEGUI R, et al. A scoping review of pipeline maintenance methodologies based on industry 4.0[J]. Sustainability, 2022, 14(24): 16723.

[18] ACHOUCH M, DIMITROVA M, ZIANE K, et al. On predictive maintenance in industry 4.0: Overview, models, and challenges[J]. Applied Sciences, 2022, 12(16): 8081.

[19] PILLON F J, ROMANO C D, COCCO F H. Natural Gas Compression Stations-Compressors Out of Service Distribution Function. Analysis And Evaluation [C]. PSIG Annual Meeting, San Antonio, Texas. 2005, PSIG-0506.

[20] 王金江, 王舒辉, 张来斌, 等. 基于数字孪生的压气站场设备风险智能决策系统[J]. 天然气工业, 2021, 41(7): 115-123.

[21] 马伟平, 刘海鹏, 赵炜, 等. 美国输气管道完整性管理标准 ASME B31.8S-2016 技术性变更解析[J]. 石油规划设计, 2020, 31(6): 48-51.

[22] 赵磊, 茹克建, 李光照, 等. 美国液体管道完整性标准 API Std 1160-2013 变更简析[J]. 油气田地面工程, 2019, 38(2): 91-95.

[23] LICHTENSTEIN L. DNV GL Standard Harmonization Recommended Practice on Corrosion Protection of Offshore Wind Farms[C]. ISOPE International Ocean and Polar Engineering Conference, Kona, Hawaii, USA. 2015, ISOPE-I-15-414.

[24] KHAN F, YARVEISY R, ABBASSI R. Risk-based pipeline integrity management: A road map for the resilient pipelines[J]. Journal of Pipeline Science and Engineering, 2021: 74-87.

[25] ZHANG M, LIANG W, QIU Z, et al. Application of Risk-Based Inspection method for gas compressor station[C]. 12th International Conference on Damage Assessment of Structures Kitakyushu, Japan. 2017, 012064.

天然气压缩机组负荷分配技术及能耗优化控制研究

温纪宏　马传孟　让淑坤　李飞超　贾殿宇

（国家石油天然气管网集团有限公司山东分公司）

摘　要　天然气压缩机组作为天然气输送系统的关键设备，在天然气网络中发挥着至关重要的作用。压缩机组为天然气输送提供动力，用于保持输送天然气所需的压力水平，因此，压缩机系统的高效稳定运行是提高管网性能的必要条件。压气站通常由多台互通的压缩机单元组成，以确保所需的操作灵活性。负荷分配优化的目的是在满足不同需求的同时，以一种节能的方式运行多台压缩机组。目前，国内外针对压缩机负荷分配进行了系列研究，并提出了多种控制算法，但对于基层理解较为困难，且未针对不同功率机组及工况节能角度出发去分析。本文首先从喘振控制、性能控制与启停机连锁保护三个方面研究压缩机负荷分配技术，采用两步法，首先确定单台压缩机组的性能，然后在给定最新性能模型的情况下优化运行机组之间的负载分配，分析相同机组（中俄东线17MW陕鼓压缩机组）、不同机组（中俄东线17MW陕鼓压缩机组，冀宁线7.1MW西门子压缩机组）间复合分配方案。进一步，以泰安压气站为例，在四台压缩机负荷分配基础上，基于电能对机组运行组合优化，建立不同负荷下的运行方案，实现节能目的。结果表明：负荷分配技术能够自动实现压缩机组之间的性能优化运行，提高机组间并网操作的可靠性，基于电能的机组运行优化，能够实现节能目的。

关键词　压缩机；负荷分配；能耗优化；喘振控制

天然气通常以长输管道运输为主，运输中所需的能量主要通过压气站中的压缩机组提供。压气站是天然气长输管道构成中投资较大、配套系统最复杂、配置方案设计难度最大的部分，是长输管道的核心和灵魂。良好的压气站设计不仅可以降低管道的投资，更可以降低运行阶段的能耗水平，创造长期的经济效益。压气站主要目的是增加管道之间的天然气压力，以满足特定的天然气要求。根据工艺要求，通过并联、串联或混合配置的压缩机组来实现气体增压。

作为压气站最关键的设备，压缩机全生命周期总成本分析表明，其能耗占总成本的70%。为了降低运行成本，机器设计的改进伴随着对机器操作改进的优化，主要是更先进的控制系统和控制方案，同时，负荷分配控制是机器控制体系的一部分，仍存有很大的提升优化空间。早在19世纪中后期的文献中就可以找到各种优化并行压缩网络的方法，Nguyen考虑了天然气管道运行中主动压缩机的选择问题，Abbaspour导出了压缩机网络的详细数学模型，以压缩机稳态速度作为决策变量来定义和解决非线性规划（NLP）问题。Cortinovis提出了一种利用热力学模型和历史运行数据跟踪气体压缩机性能特征的新方法，给出了该算法的具体实现，并以某电站10台燃气轮机驱动压缩机组为例进行了分析。马亮提出一种以可编程逻辑控制器PLC（Programmable Logic Controller）为核心的负荷分配控制系统。分析了负荷分配控制原理，完成了控制系统构成及实现方式的设计，编制了工作点与喘振区距离的算法逻辑、防喘解耦逻辑和主控制逻辑。已有研究大都针对同类型机组进行负荷分配，且未考虑电能效益。

本文首先从喘振控制、性能控制与启停机连锁保护三个方面研究压缩机负荷分配技术，采用两步法，首先确定单台压缩机组的性能，然后在给定最新性能模型的情况下优化运行机组之间的负载分配，分析相同机组（中俄东线17MW陕鼓压缩机组）、不同机组（中俄东线17MW陕鼓压缩机组，冀宁线7.1MW西门子压缩机组）间复合分配方案。进一步，以泰安压气站为例，在四台压缩机负荷分配基础上，基于电能对机组运行组合优化，建立不同负荷下的运行方案。结果表明：负荷分配技术能够自动实现压缩机组之间的性能优化运行，提高机组间并网操作的可靠性，基于电能的机组运行优化，能够实现节能目的。

1　压缩机及其性能曲线

离心压缩机性能曲线是以入口流量为横坐标、性能参数为纵坐标绘制的曲线簇，其中性能参数包括出口压力、压比、出口温度、轴功率。性能曲线生成的方法有很多，如最小二乘法、BP 神经网络算法、相似变换法、深度学习网络算法、CFD 等商业软件仿真方法，基于 ANFIS 的自适应性能曲线生成方法等，所以不同压缩机厂家给出的压缩机性能曲线形式不同。不同的压缩机有不同的机械性能曲线，即使同一台压缩机，在经过解体检修后，它的机械特性也会改变。因此，一台压缩机的性能曲线的校验和正常操作点的确定必须在现场设备安装结束，具备条件后实际在线测试。泰安压气站陕鼓压缩机性能曲线如图 1 所示。

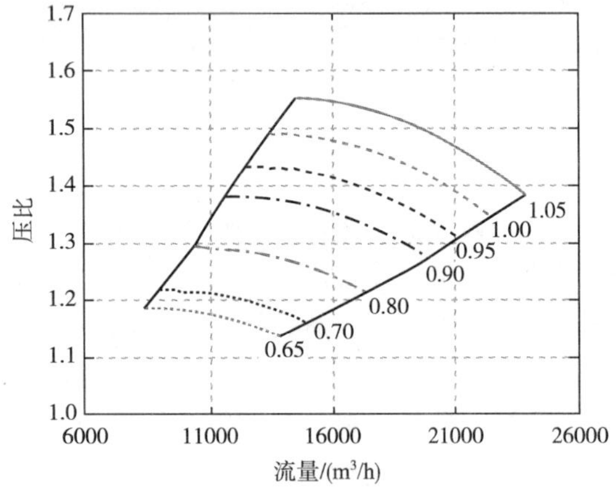

图 1　压缩机性能曲线

输气管道系统的运行是一个动态变化的过程，压缩机的运行工况会随管道输气量、压力及输气方向的变化而改变，且压缩机性能会随着运行时间的增加而劣化，或因不定时的维修而改善。因此，压缩机性能曲线具有时变性，基于此，压缩机性能控制方式包括出口压力调节、入口压力调节及出口流量调节三种。

2　压缩机负荷分配控制研究

离心式气体压缩机是压缩机站中最关键、耗能最大的部件。多台设备通常以并联，串联或混合方式连接，以满足压气站的要求（流量、压力）。电驱离心压缩机增加了压缩机调控的的灵活性和能源效率，但也需要更先进的控制和优化方案来实现。负荷分配优化解决的是在压气站的可用机器之间分配给定负荷需求的问题。负荷分配控制是根据工况目标，将负荷分配到一起运行的压缩机上，高效运行，最常见的做法是基于等操作模式，如相同的流量，相同的速度或与防喘保护线的相同距离，上述模式虽然能有效进行负荷分配，但没有考虑压气站的整体性能，了解每台机器的实际性能特征可以用于负荷共享控制，根据一些特定的目标来调整负载平衡，例如找到使机器组效率最大化的重新分区。压缩机性能曲线在工厂和现场调试结束时进行测试，新的性能测试通常在工作期间每 5~10 年执行一次。由于测试的不频繁性，通过压缩机性能曲线获取信息存在不准确的可能。同时，压缩机的性能曲线会受到外部未知因素的影响而发生较大的变化。由于原厂家提供的性能曲线可靠度较低，往往与机器的操作条件相差甚远，更先进的负荷分配方法的发展受到了限制，这种信息的缺乏使得优化负载共享的压缩系统变得特别困难。

2.1　喘振控制

喘振为离心式压缩机不能输出足够压力克服下游阻力时发生的流量不稳定的现象，即压缩机出口压力小于下游系统压力，这会导致工艺气从压缩机出口反向流入压缩机，具有较大的危害，当压缩机的工作流量大于该工况下最小流量就不会发生喘振。离心式压缩机组在进行增压外输期间，当多台机组联合运行时，需要对机组的处理气量进行分配，在气量分配中，经常会遇到压缩机的工作点向喘振点移动，当机组的进口流量降低，工况点会进入压缩机喘振区域，压缩机就会出现喘振现象。

防喘振控制系统在保障压缩机安全运行中发挥着重要作用。当喘振发生，进入喘振状态时，出口压力会下降，入口流量也会下降；控制器内设置了流量和出口压力变化的限制值；当流量和压力变化率超过限制值时（如快速的流量下降、快速的压力下降、快速的温度上升、快速的流量和压力下降），控制器就判定喘振发生。防喘振控制是离心式压缩机控制技术中的核心，防喘振控制程序是控制系统厂家根据机组厂家提供的实验数据开发的具有防喘振控制功能的标准功能模块，它能够确保压缩机安全运行并提高机组运行效率，但是如果应用不当将导致使机组发生喘振、损坏设备甚至造成停产等事故。压缩机喘振控制曲线如图 2 所示。

如图 2 所示，喘振曲线共有四条控制线。其

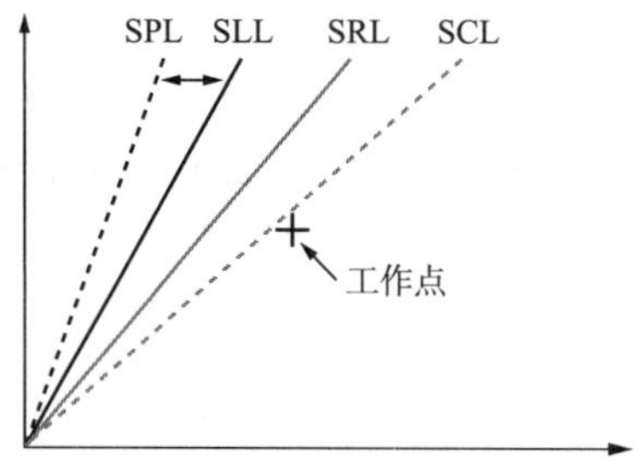

图 2　压缩机喘振曲线

备注：喘振线-SLL(Surge Limit Line)；
阶跃响应线-SRL(Surge Recycle Line)；
喘振控制线-SCL(Surge Control Line)；
喘振保护线-SPL(Surge Protect Line)

中喘振线 SLL 是防喘振控制计算的基准线其附近是不稳定区域，运行在喘振极限线 SLL 上将引发喘振。将喘振极限线 SLL 右移一定的安全距离，作为喘振控制线 SCL，运行点越过喘振控制线 SCL 左侧，防喘振阀自动缓慢打开。阶跃线 SRL 由喘振控制线 SCL 左移一定的距离，运行点碰触阶跃线 SRL，阀门阶梯快开一个阶跃开度，阀门阶跃响应 SR 用于快速保护机组远离喘振。喘振极限线 SPL 在喘振线 SLL 左边一定的距离，运行点碰触喘振极限线 SPL，阀门阶跃开，同时使得喘振控制线 SCL 增加右移的一个安全偏置量。

2.2　负荷分配

多机并联运行负荷分配控制由两部分组成：负荷控制和平衡控制。负荷控制是以调节每台压缩机组负荷的方式确保压气站进出站压力和流量满足设定要求。平衡控制是指对每台压缩机组能力进行平衡分配。目前已有的负荷分配方案有：(1)基本负荷分配方案，是将运行机组分为基本负荷机组和调节机组。根据压气站负荷的变化规律将 1 台或多台机组完全加载至无回流运行，使机组工作点远离喘振控制线，并固定机组负荷，将其作为基本负荷机组；压气站负荷变化时通过调节机组的负荷变化来满足站场的供气要求。该方案虽然可以满足站场负荷要求，但由于调节机组独自承担了整个管网的扰动，容易经常在靠近喘振线的工况下运行，增加了机组喘振的风险能耗。(2)等流量负荷分配方案，是通过控制并联运行机组的流量相等以实现负荷分配的目的。该方案仅要求各机组的出口流量相同，但由于各机组型号差异导致其性能曲线不同，往往较低流量的机组会首先触发防喘振的控制响应，造成该机组进入到回流状态。此外，各机组还需在出口管路上安装流量计装置，导致机组出口压力的永久损失，增加了不必要的能耗。针对以上负荷分配弊端，以泰安压气站四台不同的压缩机组为例，中俄东线 17MW 陕鼓压缩机组两台，冀宁线 7.1MW 西门子压缩机组两台，使用通过设立统一的防喘裕度(DEV)进行负荷分配的控制方案。如图 3 所示，该控制方案的负荷分配控制可以将并联的每台压缩机工作点自动控制在与 SCL 线近似等距的位置上，实现出口流量系数相同，喘振控制器的偏差相等。通过负荷分配，回流只在不同压缩机组都到喘振控制线时发生；不同压缩机组都运行在相等负荷百分比下，效率更高；多台机组都参与调节气量，响应更快。

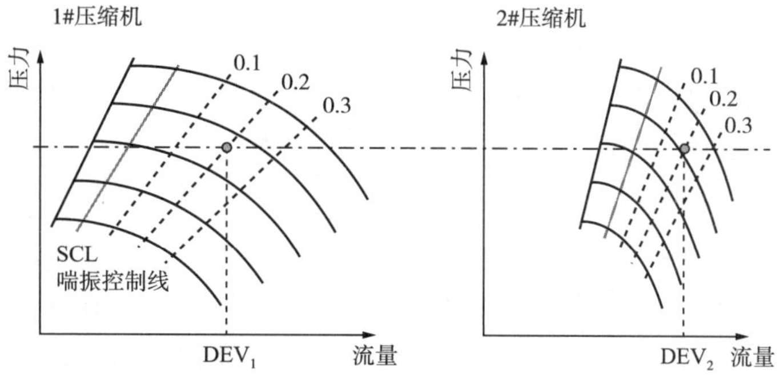

图 3　并联压缩机负荷分配控制示意图

2.3　压缩机一键启停机

为实现天然气场站一键启停站功能，从软件功能上分为一键启站和一键停站两部分，一键启站由状态反馈与报警检测、站内工艺流程自动导通、压缩空气系统自动启停、压缩机厂房风机自动分配、压缩机组一键启动、防喘控制与负荷分配的自动投用与退出6个部分组成；结合压缩机组的3种停机模式及其工艺需求，一键停站包括正常停站、多机停止、多机保压停机、全站ESD、多机泄压停机5种自动停站方式。为实现上述功能，以泰安压气站中俄陕鼓压缩机控制为例，需具备如下自动控制功能。

（1）一键加卸载功能

压缩机启机到达最小控制转速(3120r/m)后，并达到表1、2加载条件后，则喘振控制自动投入自动，出口压力控制器投入自动。防喘振阀按一定斜率自动关闭，同时性能控制器根据设置速度提升压缩机转速，直到出口压力能够克服管网阻力，单向阀打开，压缩机并入管网。或者是压缩机运行点到达喘振控制线，此时防喘阀由喘振控制器控制调节，使运行点保持在喘振控制线上，直到出口压力足以克服管网阻力打开单向阀，压缩气体进入管网。当机组并网结束后，性能控制器指挥变频电机继续升速至进出口(站)压力达到设定值要求。

（2）转速自动调节

当单台压缩机运行时，1#(或2#)压缩机可根据压缩机压力，也可根据进出站压力负荷控制自动调节压缩机转速，直接进入控制界面可直接选择单机进出口压力模式或进出站压力模式，同时可直接设定压力参数，实现单台压缩机转速自动调节。

（3）多机自动并网和负荷分配调试功能

启动未运行机组，已运行机组保持转速出站压力自动调节模式不变，备用机组一键启机加载、并网后与在运行机组进行等距负荷分配控制。并联压缩机组的负荷分配控制过程分为2部分：负荷分配控制，即调节各台压缩机组的总负荷，满足站场进出口压力或流量满足设置要求；平衡控制，即在满足出口压力的基础上，根据各台机组的能力进行平衡分配。这2部分控制进行叠加，将并联运行的压缩机组的运行点自动控制在与喘振控制线SCL等距的位置上，使各机组的喘振控制器的偏差DEV相等。

（4）一键启停机

压缩机一键启停系统包括一键启停单元、正压通风及火气系统自检单元、外部辅助系统自检单元、机组内部电仪系统自检单元、保护层状态自检及确认单元、压缩机启动单元、压缩机负荷调整单元共七个单元(如图1)，每个单元之间将控制参数及判决调节写入控制程序内，根据顺控逻辑完成启机操作。

3　压缩机节能运行控制方案研究

压缩机作为天然气输送管道的动力设备，其运行方案直接影响管道的整体调控与运营效率。随着天然气输送量的增加，输气管道运营成本也迅速增加，而管道运营成本的主要组成部分为压缩机运行能耗，压缩机运行能耗的高低取决于运行方案，运行方案的制定则主要依据压缩机性能曲线。在长输天然气管道能耗中，天然气压缩机组能耗占比超过95%，其能耗高低对天然气企业运行成本影响最大。

3.1　案例介绍

泰安压气站于2011年3月投产运行，作为山东省内唯一一座压气站，是环渤海地区天然气枢纽站，肩负着保障北京、上海、南京以及山东境内天然气供应的艰巨使命。泰安压气站具有1座110kV变电所、2台17MW陕鼓压缩机组，2台7.1MW西门子电驱压缩机组，均配套4台上海电机，2套能科变频装置，2套荣信变频装置，4套干式变压器。泰安压气站采用双回路供电方式，上游均接五凤变电所，经凤气Ⅰ线和凤气Ⅱ线到泰安压气站变电所，110kV经2台4000kVA主变压器变压为10kV。凤气Ⅰ线带中俄东线2#压缩机组(B)以及冀宁线2#压缩机组(D)，凤气Ⅱ线带中俄东线1#压缩机组(A)以及冀宁线1#压缩机组(C)。泰安压气站压缩机组运行组合方式如表1所示。

表1　泰安压气站压缩机组运行组合方式

编号	1	2	3	4
压缩机组运行组合	A/B	A/B+C/D	A+B	A/B+C+D

3.2　基于电能的机组运行组合优化

泰安压气站每月电费由上网电费、输配电量电费、输配容(需)量电费、目录电费、功率因数调整电费、政府性基金及附加、上网环节线损费用、系统运行费及其它组成，由于每条线用电费用单独统计，可通过合理搭配压缩机运行机组和制定适宜的暖机计划有效降低各线最大需量电费，有效节省用电费用。详细暖机计划如图4所示。

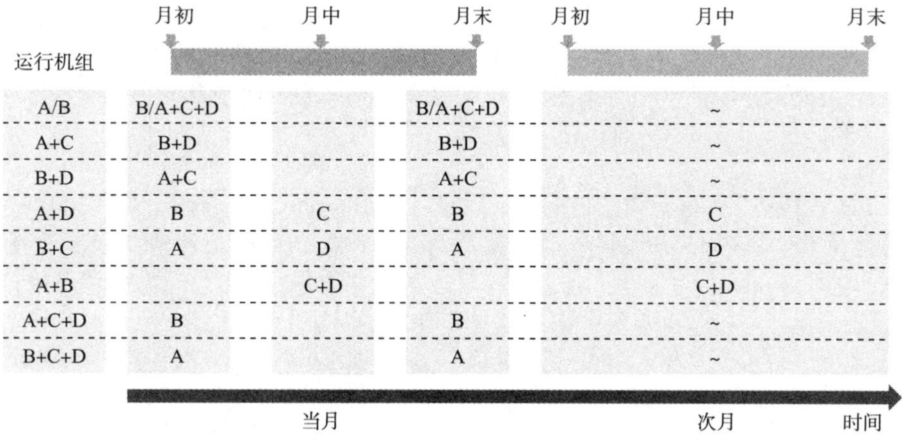

图 4　压缩机暖机计划

备注：(1)A-中俄东线 1#压缩机组；B-中俄东线 2#压缩机组；C-冀宁线 1#压缩机组；D-冀宁线 2#压缩机组；
(2)红色字体表示暖机计划不受时间限制，依据每 30 天暖机计划执行。

3.3　实施效果

根据天然气调峰情况及机组负荷变化情况，积极与国家管网油气调控中心协调，及时优化机组运行方式，将中俄东线陕鼓压缩机组由原来单一追求机组性能的自动控制模式变为性能调控与能耗控制相结合的手动运行方式，根据工况需求合理升、降转速，在保质保量完成输气增压任务的同时，大大降低了日耗电量，使能耗管理更加精细。经近几个月的测算，此举每月可节约电费 30~100 万元不等。

4　结论与展望

本文首先从喘振控制、性能控制与启停机连锁保护三个方面研究压缩机负荷分配技术，并基于电能对机组运行组合优化，实现节能目的。

(1) 采用两步法，首先确定单台压缩机组的性能，然后在给定最新性能模型的情况下优化运行机组之间的负载分配，分析相同机组(中俄东线 17MW 陕鼓压缩机组)、不同机组(中俄东线 17MW 陕鼓压缩机组，冀宁线 7.1MW 西门子压缩机组)间复合分配方案。

(2) 以泰安压气站为例，在四台压缩机负荷分配基础上，基于电能对机组运行组合优化，建立不同负荷下的运行方案，实现节能目的。结果表明：负荷分配技术能够自动实现压缩机组之间的性能优化运行，提高机组间并网操作的可靠性，基于电能的机组运行优化，能够实现节能目的。

参　考　文　献

[1] 李广群，孙立刚，毛平平，等．天然气长输管道压缩机站设计新技术[J]．油气储运，2012，31(12)：884-886+894+967.

[2] KURZ R，LUBOMIRSKY M，BRUN K. Gas compressor station economic optimization[J]. International Journal of Rotating Machinery，2012：715017.

[3] PAPARELLA F，DOMíNGUEZ L，CORTINOVIS A，et al. Load sharing optimization of parallel compressors [C]. 2013 European Control Conference (ECC)，Zurich，Switzerland. 2013，4059.

[4] KUMAR S，CORTINOVIS A. Load sharing optimization for parallel and serial compressor stations[C]. 2017 IEEE Conference on Control Technology and Applications(CCTA)，Kohala Coast，Hawaiʻi，USA. 2017，499.

[5] NGUYEN H H，URAIKUL V，CHAN C W，et al. A comparison of automation techniques for optimization of compressor scheduling [J]. Advances in Engineering Software，2008，39(3)：178-188.

[6] ABBASPOUR M，CHAPMAN K，KRISHNASWAMI P. Nonisothermal compressor station optimization [J]. Journal of energy resources technology，2005，127(2)：131-141.

[7] CORTINOVIS A，MERCANGöZ M，ZOVADELLI M，et al. Online performance tracking and load sharing optimization for parallel operation of gas compressors [J]. Computers & Chemical Engineering，2016，88：145-156.

[8] 马亮，张嘉，许铁岩，等．首台国产天然气长输管线压缩机组负荷分配控制系统研究[J]．热能动力工程，2021，36(3)：130-137.

[9] 熊浩云，吴长春，玉德俊．适用于输气管道运行方案优化的压缩机功率拟合函数[J]．油气储运，2017，36(6)：734-738.

[10] 张轩，姜进田，王华青，等．基于回归分析法的离心式压缩机性能模型[J]．油气储运，2018，37(2)：197-203.

[11] 刘航铭，易先中，刘欢，等．基于BP神经网络算法的压缩机组运行优化模型[J]．油气储运，2017，36(9)：1053-1058.

[12] 谢英，麻秀芬，谢婷，等．基于相似原理的长输管道压缩机能耗分析[J]．油气储运，2018，37(4)：421-427.

[13] JOMDE A，ANDERSON A，BHOJWANI V，et al. Performance predictions and parametric analysis of a valved linear compressor using a mathematical model[J]. International Journal of Ambient Energy，2018，39(5)：456-461.

[14] 王茀玺，李晓平，陈新果，等．压缩机实际能头特性的深度学习网络预测方法[J]．油气储运，2020，39(4)：459-466.

[15] 郝开元，王维民．基于CFD的离心压缩机整级性能优化设计[J]．风机技术，2012，(2)：36-41.

[16] 陈利琼，高茂萍，田龙，等．离心式天然气压缩机自适应性能曲线生成方法[J]．油气储运，2023，42(4)：430-437.

[17] SAXENA M. Optimize gas turbine-driven centrifugal compressors[J]. Hydrocarbon processing，2000，79(11)：61-63.

[18] PARESCHI D，CORTINOVIS A，MERCANGOEZ M，et al. Production Optimization and Emissions Reduction by Adaptive Load Sharing of Turbo-Compressors[C]. Offshore Mediterranean Conference and Exhibition，Ravenna，Italy. 2015，OMC-2015-485.

[19] 蒲斌，李星星，杨福超，等．变频器低电压穿越引起压缩机喘振分析及改进措施[J]．油气储运，2024：1-13.

[20] 蒋安荔，甘捷，朱治鹏，等．离心式压缩机防喘振控制系统的研究与稳定性分析[J]．压缩机技术，2023，(03)：32-35.

[21] 曹开华，邢通．压气站压缩机组负荷分配方案分析与实现[J]．仪器仪表用户，2019，26(5)：44-47.

[22] 杨明成，程宝清，张汝峰，等．管线压缩机组负荷分配控制方案的仿真与实现[J]. Journal of Engineering for Thermal Energy & Power/Reneng Dongli Gongcheng，2023，38(1)：191-201.

[23] 王振声，董红军，张世斌，等．天然气管道压气站一键启停站控制技术[J]．油气储运，2019，38(9)：1029-1034.

[24] 刘国豪，侯磊，潘腾，等．天然气压缩机组现场性能测试计算方法对标研究[J]．石油科学通报，2021，6(4)：657-664.

偏远单井数字化建设工业互联网通讯保障与网络安全技术浅谈

高昌保[1]　于雪飞[1]　范玉涛[2]　汪邦杰[3]　何宇頔[4]　杨　洋[5]　肖　燕[5]　石　鑫[1]　李建江[1]　柳俊文[6]

（1. 中国石油塔里木油田公司东河采油气管理区；2. 中国石油塔里木油田公司迪那采油气管理区；
3. 中国石油昆仑物流有限公司；4. 中国石油塔里木油田公司克拉采油气管理区；
5. 中国石油塔里木油田公司地面工程部；6. 中国石油塔里木油田公司轮南采油气管理区）

摘　要　由于塔里木油田大部分井场地处偏远地域，距离主力油区较远的井场无法实现网络通信。需通过对现有的通信技术方式，本文通过对光缆、无线网桥、4G、Lora 等众多通信方式的研究对比，选择一种传输距离远、传输效果稳定、覆盖范围大、运营成本低的方式。

关键词　物联网；偏远单井；PLC 云网关；4G/5G

塔里木油田油气生产物联网于 2015 年开始建设，伴随着油田工业数字化的建设的不断完善，建设中存在的问题也逐渐突显出来，比如偏远地区单井无法实现网络覆盖，实现偏远单井实现数字化成本高昂，以目前的油价，投资与挂钩，效益优先度前题的话，投资回报率几乎为负，产量低的单井是无法进行投资进行数字化改造，实现数字化覆盖，但是如何实现偏远单井数字化建设，减少人员成本和生产管理成本，是摆在塔里木油田数字化建设的一个难题。

1　数字化建设在塔里木油田田边远井场中的效果分析

1.1　边远井场存在主要矛盾

1.1.1　生产区域分散、管理难度大

塔里木油田位于西部新疆维吾尔自治区境内的塔克拉玛干大沙漠中，石油和天然气储量丰富。是我国最大的含油气盆地，总面积 56 万平方公里，盆地周边被天山、昆仑山和阿尔金山所环绕，中部是有着“死亡之海”之称的塔克拉玛干沙漠，面积 33.7 万平方公里，是世界上最大的流动性沙漠。井站分布广而散，多在偏僻戈壁、大漠荒原地区，交通极其不方便。安全风险管控难度大，范围广。而且流程工艺复杂，设计层面较多，获取信息量大且难度高，生产管理难度大。

1.1.2　安全环保风险高

边远井场大多存在临时储油装置，是极易发生泄漏和爆炸的危险源，油气分离出有毒有害的硫化氢气体、同时还存在盗抢、破坏、自然灾害等高风险情况，安全风险不能有效防控。

1.1.3　开发投入与成本压力

低渗透油田勘探开发成本较高，而其中经营成本管理更具针对性。经营成本中人工成本占到 25%以上，而未进行数字化建设生产监控的边远井场管理成本更高。最有效的控制经营成本增长的手段就是控制用工总量的增长。然而，大规模的产能滚动开发所需投入的生产动能与用工数量的增长形成矛盾。必须通过进一步优化员工劳动架构，更多自控设备的投入使用替代人力，用工总量的控制才能得以实现。

1.1.4　先进的数字化技术与落后生产组织方式矛盾

随着数字化技术、信息化技术的发展，越来越多在生产，制造，研发等行业凸显着重要作用，在数字化与信息化技术影响下全球产业分工，越来越细分的工业生产行业正朝着工业 4.0 时代迈进，经济结构面临重大深化改革，世界经济与政治环境不断升级。各大国际石油公司都开始高度重视数字化与信息化技术的建设。作为提高生产经营效益，提升管理水平的重要方式，原有的人工巡井、人工报表、人工计量的生产运行模式与日新月异的数字化信息化时代无法相容。

2 塔里木油田边远井站传输方式选择

2.1 偏远单井数字化建设规划

2.1.1 建设思路

由于塔里木油田大部分井场地处偏远地域，距离主力油区较远的井场无法实现网络通信．需通过对现有的通信技术方式，如光缆、无线网桥、4G、Lora等众多通信方式的研究对比，选择一种传输距离远、传输效果稳定、覆盖范围大、运营成本低的方式，同时符合中石油A11物联网建设标准下的通讯协议及数据兼容性，兼具井场数据远程传输和本地存储的办法，实现对监控盲区井场的安全风险监控管理。

2.1.2 建设内容

将井场功图、抽油机电参、液位、压力等生产数据通过Zigbee和RS 485传输方式，汇聚到井场主RTU中，再通过网关设备中植入的4G/5G网卡数据传入到云服务器中，最终通过防火墙或接收器设备以SCADA数据协议方式进行采集，数据以数据库表格方式存入工业数据库中，组态软件开发应用功能界面，达到数据监控的作用。

（1）目标边远井场统计，见表1。

表1　边远拉油井场统计

序号	井号	中心站点	距离	原因
1	HA9-6	HA601转油站	5km	有树木遮挡
2	HA9-4	HA601转油站	4.5km	有树木遮挡
3	HA601-3C2	HA601转油站	2km	有树木遮挡
4	HA601-13	HA601转油站	7km	有树木遮挡
5	HA10-10	HA601转油站	9km	有树木遮挡
6	HA12-12	HA15转油站	18km	有树木遮挡
7	HA802-2	HA15转油站	18km	有树木遮挡
8	HA802	HA15转油站	15km	有树木遮挡
9	HA803	HA15转油站	14km	有树木遮挡
10	HA16-2	HA15转油站	8km	有树木遮挡

（2）边远井场选择。

由于边远井场的通讯建设方式无法利用现有的数字化标准，覆盖光缆成本较高，网桥传输距离不够。所以在综合考虑和实地因素调研的情况下，准备通过运营商4G网络或低功耗无线传输的Lora传输技术实现，由于建设费用有限，在井场选择的条件上遵循以下点：

根据常见几种常见数据方式的特点对比，根据通讯距离，传输带宽，绕障能力，建设成本，运营成本五个方面进行了通讯方式的优选。最终优选传输距离原，传输信号稳定且与运行维护成本较低的4G和Lora进行对比，见表2。

表2　数据传输模式对比表

序号	项目名称	有线通讯		无线通讯					
		光纤	网线	蓝牙	WIFI	无线网桥	卫星	4G	Lora
1	通讯距离	不限	<100m	<50m	<100m	<5km	不限	具备网络信号	1~2km
2	传输带宽	千兆	千兆	一兆	百兆	几十兆	1~2兆	几十兆	几十KB
3	绕障能力	无限制	无限制	弱	一般	无	很强	较强	一般
4	建设成本	高	低	中	中	高	很高	低	高
5	运营成本	高	低	低	中	低	很高	中	低

注：哈拉哈塘片区单井大部分都在村庄附近，运营商网络信号已实现大部分覆盖。

（3）4G、网桥、Lora等通信方式对比。

根据三种通讯方式的特性有着不同的效果、差异比较大。

① Lora设备传输测试。

距离测试：Lora传输在1km可视范图内通讯正常，超出1km公里或在不可视的范围内数据出现丢包，信传中断情况。

带宽测试：Lora传输协议为低功耗低速传输信号，单包传输最大字节为200字节，而功图单包数据大于2字节，单菜功图无法有效输，存在数差包，弃包情况无法绘制完整功图图形。

② 4G设备传输测试。

距离测试：4G倍号传输距离觉运首遵讯基站影响，并场数据传输不受阻碍和距离限制，测试效果良好。

带宽测试：根据移动信号接收终端及手机信号测试，在实验并场测取得数据4c带宽可达到10M左右，满足现场果集点所有数据传输条件。

通过对比和评估发现，Lora、网桥无线通讯方式存在如下弊端。

① 建设成本高，不能满足现场应用要求

② 数据传输速率慢等问题

③ 实际通讯丢包严重

④ 受限于低发射功率，信号强度，绕障能力差。

根据比较可知、无线网桥及 Lora 方案不适合该环境下的数据传输，4G 方案优点相对比较突出。

(4) 边缘井场采集点选择。

参照现有数字化技术标准，结合边远井场的特点，优选出一套适用的数据采体系。对边远井场主要采集功图，油罐液位曲线，井口压力，抽油机三项电参，井全貌图片数据，报警视频等数据。其中需要对抽油机实现远程启停，视频实现程抓取截图，自动录像本地存储，压力、液位曲线实时预警等功能，见表 3。

表 3　边远拉油井场采集点统计

主要集采点	集采内容	集采频次	备注
抽油机运行参数	启停状态、三项电压、三项电流	10 分钟/次	
油井数据	功图、载荷	10 分钟/次	
注水井数据	瞬时流量、累计流量	1 分钟/次	
压力数据	油管压力、注水管压力	1 分钟/次	
液位数据	投产作业箱液位	1 分钟/次	
曲线数据	压力、液位	1 分钟/次	
图片数据	抓拍截图	1 分钟/次	
报警数据	差压报警、液位超限报警、抽油机启停报警	报警触发	
控制数据	远程启停控制	手动触发	
视频数据	闯入时触发录像	报警触发	

① 抽油机运行参数

启停状态：通过对抽油机启停状态的采集，远程监控抽油机运行状态。

三项电参：通过对抽油机 A、B、C 三项电压、电流的的数值采集，监测判定抽油机电机的运行稳定性及控制柜内元器件的运行状态。

② 油井功图

通过对抽油机功图数据的采集，查看功图图形来判断深井泵的工作状态，为下一步制定单井措施提供有效依据。

③ 压力数据

包含对井口汇管压力的采集和注水井阀组注水井口管线压力采集，掌握管线运行状态，防止漏油、管线破裂等安全事故发生，保障运行平稳。

④ 液位数据

采集投产作业箱液位数据，及时掌握边远井场出液情况，提早组织安排拉运车辆降低库存，保障生产平稳运行。

⑤ 曲线数据

对井口汇管压力，注水流量、压力，罐液位的持续性数据采集，形成数据变化曲线，通过对变化曲线的监测，提早防范安全事故发生。

⑥ 图片数据

图片监控为此次边远拉油井厂主要监控模式，因视频传输所需流量较大，成本较高，故选用 10 分钟/张井场监控图片进行远程监控。

⑦ 报警数据

超压报警、超液位报警、启停报警，通过远程全自动监控，当油管压力超过设定值，液位超过设定值，抽油机停运等现象，进行全自动报警。

⑧ 视频数据

由于利用 4G 网络传输，对流量和带宽的要求极高，为了避免不必要的消耗，采用红外探测闯入报警自动录像功能，将视频实现本地存储。方便事件回溯查看，历史追责。

(5) 硬件设备安装及测试及费用预估。

通过对油井开展挖沟布线，摄像机、载荷传感器、RTU、4G 工业路由器、磁致伸缩液位计等关键硬件设备的安装及调试，实现油井生产数据采集、远程管理及视频传输。通过对主要参数的流量预估为 3150.9M 左右，目前各运营商流量套餐基本都在 100 元/月内，见表 4。

表4　边远拉油井场数据传输流量统计

边远拉油井场数据传输流量研究(估算)		
采集内容	采集频次	所需流量计算(MB/月)
三项电压	1分钟/次	86.4
三项电流	1分钟/次	86.4
功图	10分钟/次	97.2
瞬时流量	1分钟/次	172.8
油管压力曲线	1分钟/次	129.6
水管压力曲线	1分钟/次	129.6
液位曲线	1分钟/次	129.6
监控图片	10分钟/次	928.8
报警视频	实时(30次/月)	315.5
硬盘录像	实时(30次/月)	1075
合计		3150.9

3　偏远单井网络搭建方案

3.1　传输链路搭建

井场主RTU通过4G无线云网关建立通信，当4G云网关和云服务器链完成数据穿透、通过及手段设备完成数据读回通过特定网闸完成数据读取到数据服务器，从而完成整个数据链的达成，如图1所示。

3.2　网络原理图

网络原理图，如图2所示。

3.3　主要设备及功能特点

3.3.1　云网关

云网管：是使用运行商已建4G/5G网络组建基于网关设备的穿透网络。其特点如下：

(1) 云网关组建架构具有四大决定性优势，开放性、灵活性、高效率和高性能；支持RS232/485/422接口，支持以太网、4G、Wi-Fi等联网方式，数据传输速率高。

(2) 无法实现硬件方面的组态和工业网络隔离；

(3) 支持网口PLC、串口PLC的远程组网，程序上下载和更新，最大支持500个数据点采集。

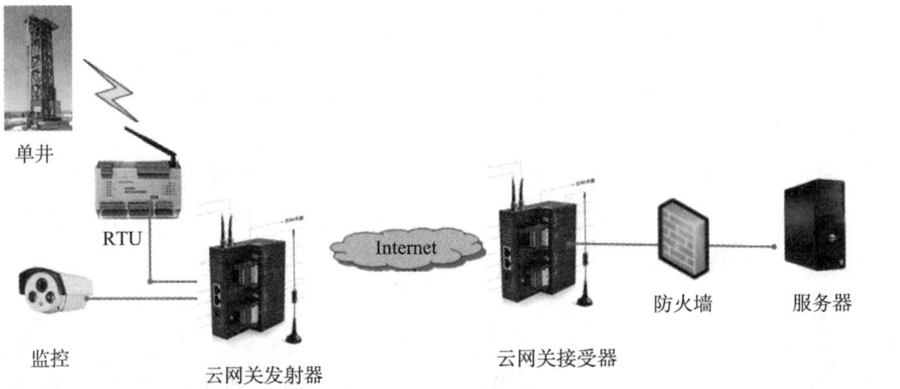

图1　传输链路搭建

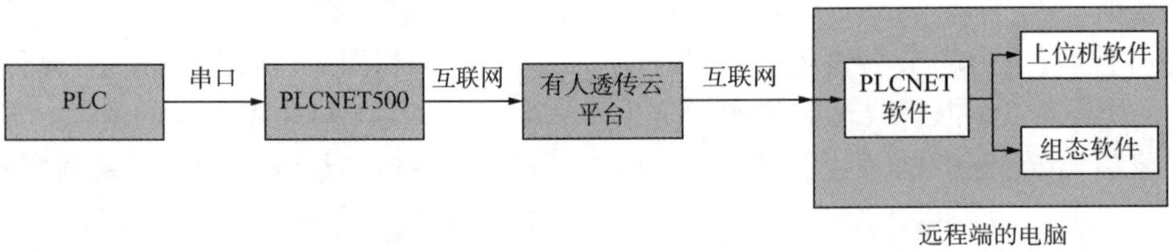

图2　网络原理图

3.3.2　防火墙

(1) 支持丰富的攻击防范功能。包括：Land、Smurf、Fraggle、Ping of Death、Tear Drop、IP Spoofing、IP分片报文、ARP欺骗、ARP主动反向查询、TCP报文标志位不合法、超大ICMP报文、地址扫描、端口扫描等攻击防范，还包括针对SYN Flood、UPD Flood、ICMP Flood、DNS Flood等常见DDoS攻击的检测防御。

(2) 最新支持SOP1：N完全虚拟化．可在设备上划分多个逻辑的虚拟防火墙，基于容器化的虚拟化技术使得虚拟系统与实际物理系统特性一致，并且可以基于虚拟系统进行吞吐、并发、新建、策略等性能分配。

(3) 支持安全区域管理。可基于接口、VLAN 划分安全区域。

(4) 支持包过滤。通过在安全区域间使用标准或扩展访问控制规则，借助报文中 UDP 或 TCP 端口等信息实现对数据包的过滤。此外，还可以按照时间段进行过滤。

(5) 支持基于应用、用户的访问控制，将应用与用户作为安全策略的基本元素，并结合深度防御实现下一代的访问控制功能。

(6) 支持应用层状态包过滤(ASPF)功能。通过检查应用层协议信息(如 FTP、HTTP、SMTP、RTSP 及其它基于 TCP/UDP 协议的应用层协议)，并监控基于连接的应用层协议状态，动态的决定数据包是被允许通过防火墙或者是被丢弃。

(7) 支持验证、授权和计账(AAA)服务。包括：基于 RADIUS/HWTACACS +、CHAP、PAP 等的认证。

(8) 支持静态和动态黑名单。

(9) 支持 NAT 和 NAT 多实例。

(10) 支持 VPN 功能。包括：支持 L2TP、IPSec/IKE、GRE、SSL 等，并实现与智能终端对接。

(11) 支持丰富的路由协议。支持静态路由、策略路由，以及 RIP、OSPF 等动态路由协议。

(12) 支持安全日志。

(13) 支持流量监控统计、管理。

3.3 主要步骤

通过云网管组网简单，灵活。具体使用流程如下：

(1) 通过云平根据云网管独有的 SN 码进行添加设备绑定、该操作初次使用绑定一次即可，如图 3 所示。

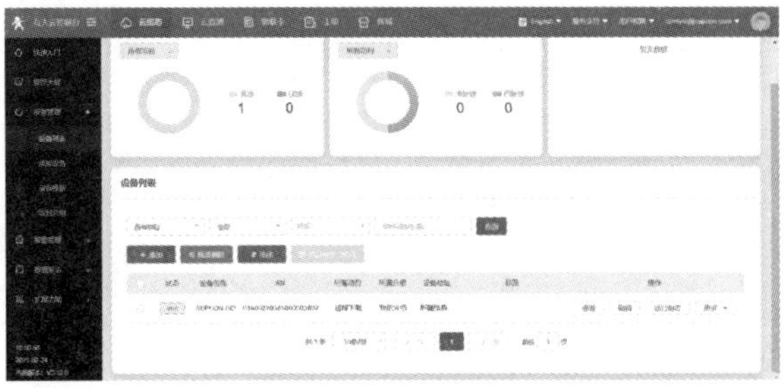

图 3 设备绑定

(2) 打开 PLCnet 软件，登录账号后选择相应的网关设备 ID，如图 4 所示。

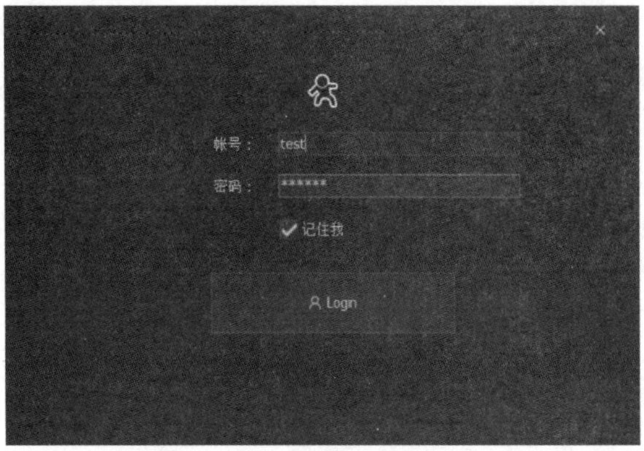

图 4 登录账号

(3) 选择绑定设备、网口 PLC 通讯一栏中的“启用网口通讯”即可，如图 5 所示。

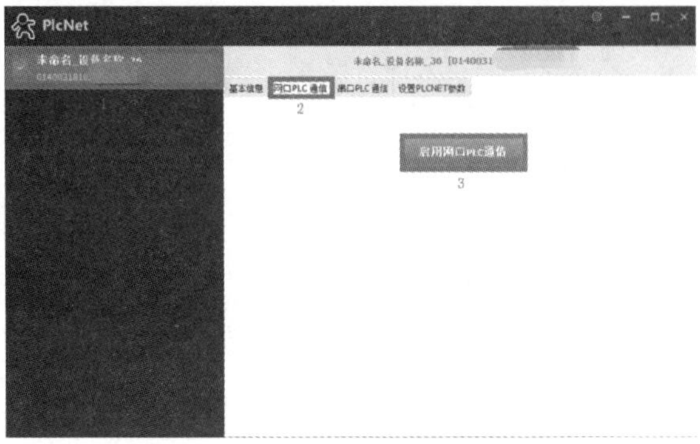

图 5 启用网口通讯

(4) 通过组态软件完成各个数据组态后、使用监控软件完成数据展示，如图 6 所示。

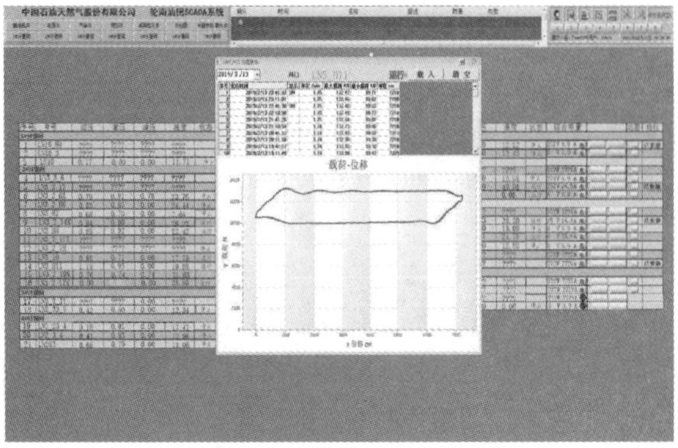

图 6 数据展示

4 结论

4G 云网关的运用既减少了单井数字化建设成本，又能快速组网，减少维护工作量，同时也为碳酸盐岩单井提供了数字化建设的新思路、新模式。

参　考　文　献

[1] 兰祝刚，谭伟基，王勿英，等．基于短消息的嵌入式微波设备远程监控系统[J]．广东通信技术．2007(10)．

[2] 温熙民．水利工程自动化遥测系统中应用GPRS通讯方式的具体实践探析[J]．科技致富向导．2014(26)．

[3] 刘志强．物联网技术与LTE无线通信技术研究[J]．科学技术创新．2019(32)．

高含硫气田集输管道分布式光纤声波法泄漏监测预警技术

黄雪松　张　丽

（中石化中原油田分公司石油工程技术研究院）

摘　要　针对天然气集输管道泄漏初期的微小泄漏，建立高效稳定的泄漏监测系统是保障气田集输管道安全运行的关键环节，对于减小泄漏事故造成的人员伤亡和经济损失意义重大。本文基于分布式光纤声波传感技术，利用集输管道同沟铺设的通信光纤作为传感光缆，设计了一种新的天然气管道泄漏监测系统。经过对通讯光纤链路的整理及连通，融合GPS地图，标定管线各节点位置，利用深度学习模型对第三方振动及泄漏样本进行训练，提高现场测试风险监测符合率。通过多组验证测试，表明：研发的分布式光纤声波泄漏监测系统对泄露点可实现快速准确地定位，虚警率≤5%，泄漏事件响应时间≤1s，定位精度±5m。该系统目前已成功应用于国内某高含硫气田部分集输管道，保障了无人值守站场及集输管道的安全运行。

关键词　集输管道；泄漏监测；泄漏预警；分布式光纤声波；

目前，我国大部分油气管道都处于服役的中后期阶段，故障率不断增加，故障发生的波动性增加。尤其对于高含硫天然气集输管道系统，由于自然或人为破坏等因素使管道遭到破坏而导致天然气泄漏，会严重威胁人民的生命财产安全，给高含硫气田的安全平稳运行造成了极大的挑战。现有泄漏监测存在问题有：管道的监测覆盖率和监测技术的可靠性不足，对泄漏位置的实时定位，特别是对于早期微小泄漏，尚无监测预警的能力。对于高含硫气田，现有检测设备难以发现设备密封的硫化氢逸散式泄漏，尤其是在泄漏初期的微小泄漏。目前红外对射式可燃气体探测器故障率较高，达到90.9%，不能完全确保对隧道内集输管道实时监测，及时提供生产预警。点式监测技术受限于传感器布设数量的限制，难以全面覆盖整个集输管网。阀室ESD紧急切断系统主要用于突发泄漏事故的控制与处置，不易发现管道可能存在的微小泄漏，同时无法对已经发生的泄漏进行定位。深化高含硫集输管道泄漏监测与定位技术研究，对于提升高含硫气田集输系统安全水平，优化泄漏风险控制及安全保障方案，促进高含硫气田的长期安全稳定运行具有重要意义。在传统方案中，信号分析人员对泄漏信号特征的提取受个人认知水平限制、行业知识欠缺或已有经验知识的制约和干扰，难以对泄漏信号进行不加预设条件、全方位的分析处理，很难保证对泄漏信号特征提取的够客观性和真实性，导致最终的分类模型出现识别率不理想、环境适应性差等问题。

本文以分布式光纤声波传感技术为核心，设计了一种新的天然气管道泄漏监测系统。利用集输管道同沟铺设的通信光纤作为传感光缆，基于深度学习模型对泄漏样本进行训练，提高现场测试风险预警符合率。

1　分布式光纤声波监测系统

1.1　传感原理

基于φ-OTDR原理的射技术研制天然气泄漏监测的分布式光纤声波传感器，利用光纤中的后向散射瑞利信号来进行探测的，它提供了与光纤长度有关的衰减细节。原理框图如图1所示，由光发射模块重复发射出一定宽度光脉冲，并注入待测光纤，在光注入端监测光纤链路中各点产生的后向瑞利散射光以及在断点或者端面处产生的后向菲涅尔反射信号光，光电探测器将光信号转换为电信号，电信号放大后经AD转换器转换为数字信号，该信号再经过数字滤波、累加平均等处理后在屏幕上显示出来，就可以得到光纤链路上后向散射瑞利光信号强度沿时间轴的分布曲线，最后把时间轴上的时间标度转换成相应的光纤长度就得到了一条测试曲线。

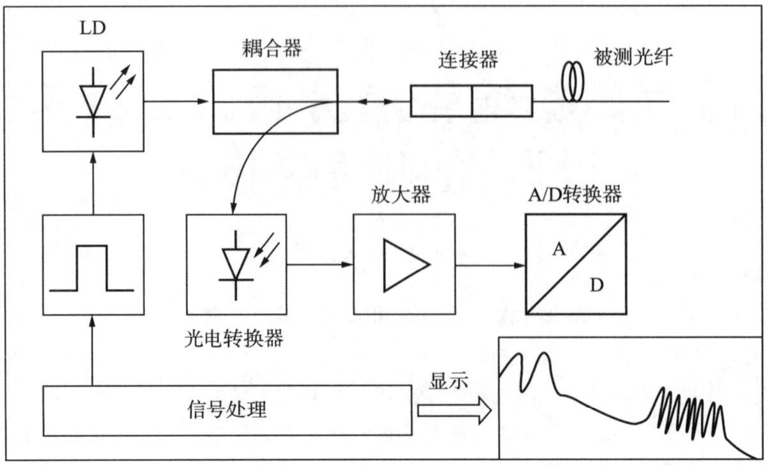

图1　分布式光纤声波传感器原理框图

1.2　定位原理

选用集输管道现有伴随通信光纤作为分布式光纤振动传感系统的感应部件为传感光缆。通信光缆既可以感应泄漏产生的声波信号又可以把声波信号传输回分布式光纤声波传感器主机。

当土壤中发生扰动时，扰动作用于通信光缆，形成光信号输送进光纤。当系统软件探测器接收到的光信号的相位时，光信号的传输模式就会发生变化。光纤中传输的光正常状态及受扰动状态传播方式的图形比较如图2所示。当天然气发生泄漏时，高压气体会冲击管道周围的土壤，产生声波信号，通过计算光信号在光纤中的传播时间间接识别出天然气泄漏的位置，同时要考虑到实际测量光纤的折射率，若光纤折射率为 n，从光脉冲注入光纤到接收到事件位置反射回来的瑞利信号之间的时间间隔为 t，那么事件所在位置到光纤始端的距离 L 可以表示为：

$$L=\frac{ct}{2n} \tag{1}$$

式中，c 为真空中的光速。

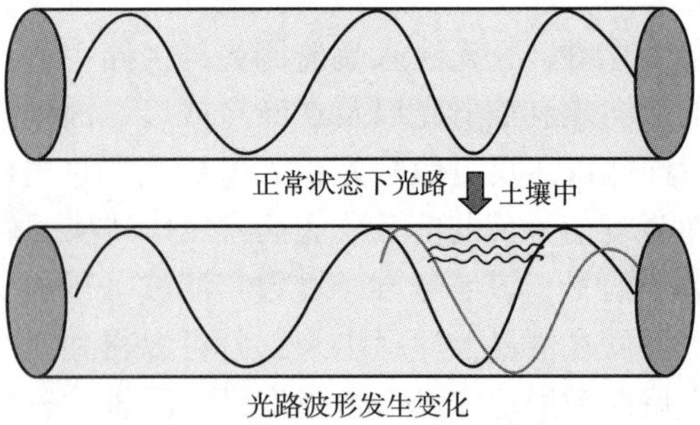

图2　正常状态光路波形与干扰下光路波形偏移比较

2　现场测试

2.1　光纤链路接通方案

针对现场原有的通信光缆在每个集气站和阀室中断开并留有FC/PC接头，采用光接口适用于FC/SC/ST等类型的红光笔用来检测通信光缆的通断情况，1310nm和1550nm两个波长的光时域反射仪用来测量光纤衰减、接头损耗、光纤故障点定位以及光缆的损耗分布情况，选取各集气站和阀室传感信号的信号质量的光纤，如表1所示。

表1　集气站和阀室可用光纤编号

集气站/阀室	光纤编号
404集气站	505号、510号
403集气站	309号光纤和310号
18号阀室	120
17号阀室	90
16号阀室	60
15号阀室	60

根据测试结果，通过光纤跳线把404集气站至402集气站之间择优把在集气站和阀室中断开的通信光缆依次接通成一条完整的光纤链路，作为传感光缆用于分布式光纤声波泄漏预警系统，如图3所示。

2.2　通信光缆位置标定

为更直观实现泄漏定位预警，在通信光缆铺设路径上，沿途触发振动信号，每间隔10m记录一次分布式光纤振动传感器探测到的位置信息和相应的 GPS 经纬度坐标信息，在软件系统中把两组位置信息一一对应起来，完成通信光缆位置标定。生成集输管道泄漏预警监控区域的监控地图，如图 4 所示。

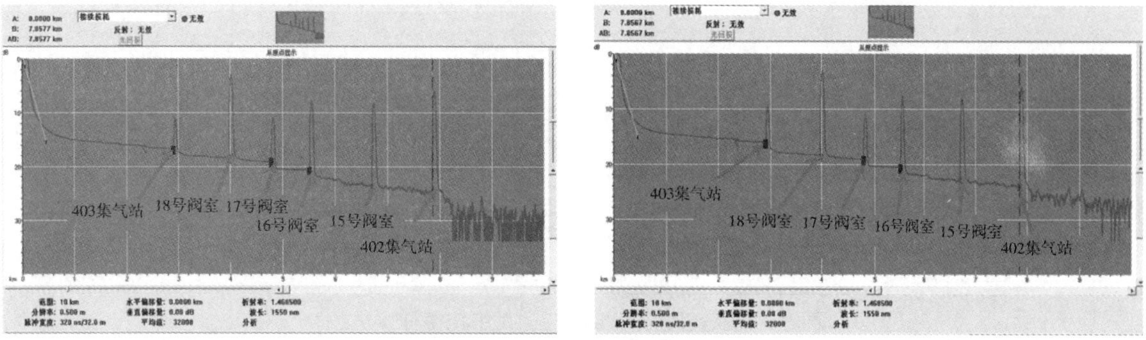

图 3　用跳线连接的通信光缆图

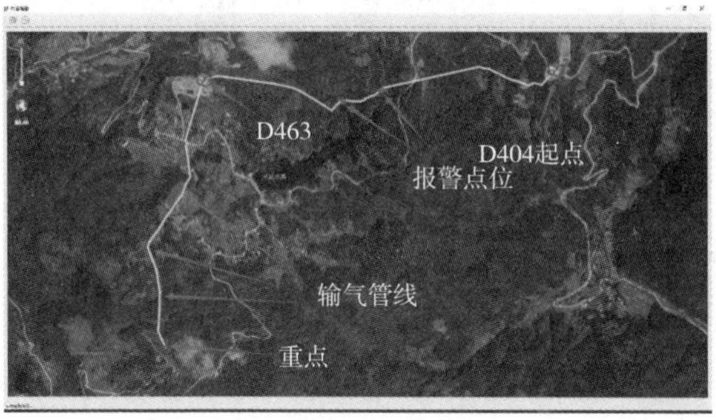

图 4　集输管道监控地图

2.3　分布式光纤泄漏监测系统安装及调试

通过前期施工，已经完成光纤链路整理工作，将分布式光纤泄漏监测系统安装在 404 集气站机房，如图 5 所示。并安装高硫气体泄漏监控系统客户端软件，并调试至可以到监测正常的原始信号、扰动信号和频谱信号。

图 5　分布式光纤声波传感器主机

2.4　泄漏监测系统的数据学习

由于现场工况复杂，除了泄漏导致声波变化外，还可能存在第三方破坏、地质灾害滑坡等引起声波干扰信号，导致监测系统发出虚警。本文对其它常见干扰环境样本采集，采用基于 CNN 的分布式光纤声波泄漏信号处理软件对采集到的几种样本数据进行训练，降低虚警率，提高泄漏警报准确率。

开展车辆从管道附近经过、模拟落石、人工挖掘等常见的干扰信号现场测试，并采集测试样本，测试结果及样本如图 6 所示：

用基于卷积神经网络(CNN)的分布式光纤声波泄漏预警信号处理软件对前期采集到的几种样本数据进行训练，信号处理流程如图 7 所示。

训练模型进行多次迭代对应的训练损失的变化情况如图 8 所示。从图 8 所示的训练结果可知当迭代次数达到 6019 次时，损失值减小到 0.0524，认为训练达到目的，完成一次训练。

用训练好的模型对常见的干扰信号在测试集进行验证测试，分别用车辆信号，人工挖掘信号、模拟落石信号、背景噪声信号与泄漏信号混合后进行分类测试，测试结果如图 9、图 10 所示。从泄漏信号与常见的几种干扰信号的分类结果来看，项目设计的分类算法模型在二维空间辨识度十分明显，可以把泄漏信号从干扰信号中有效地提取出来。

2.5　模拟泄漏验证测试

把深度学习模型训练的参数配置到信号处理服务器中，在管道标记 10000m 处设置模拟不同泄漏点，再次进行泄漏信号测试，同时在集输管线其他位置模拟产生车辆经过、模拟落石、人工挖掘等干扰信号，验证泄漏监测系统的告警情况，如图 11、图 12 和表 2 所示。

图 6　车辆经过、模拟落石、人工挖掘样本数据

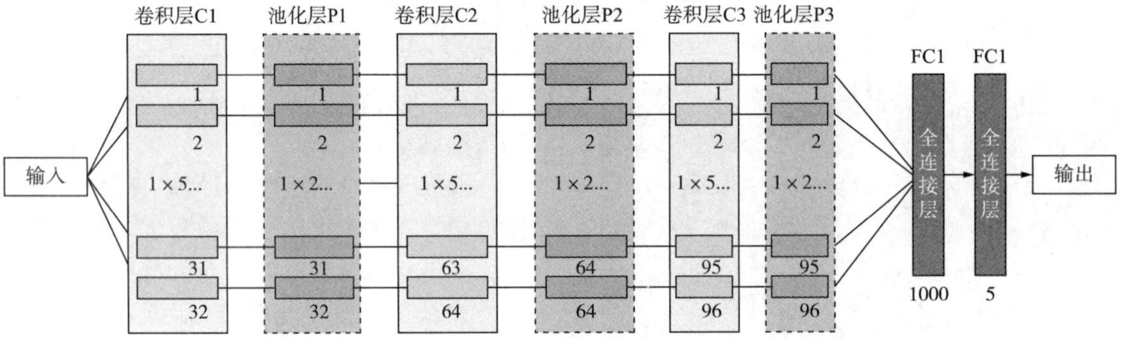

图 7　处理分布式光纤传感信号的 CNN 结构图

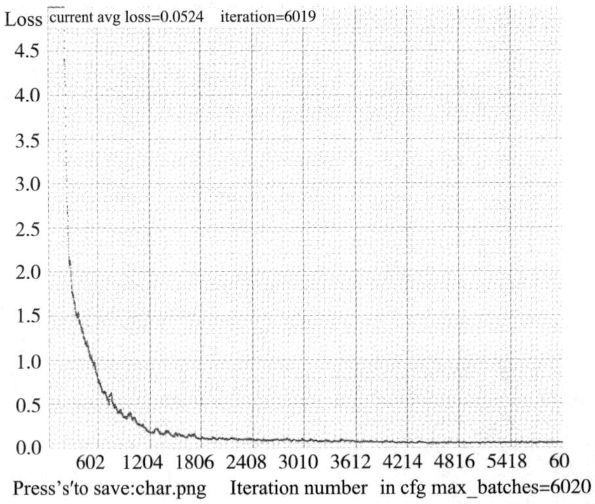

图 8　训练模型进行迭代训练时的损失变化情况

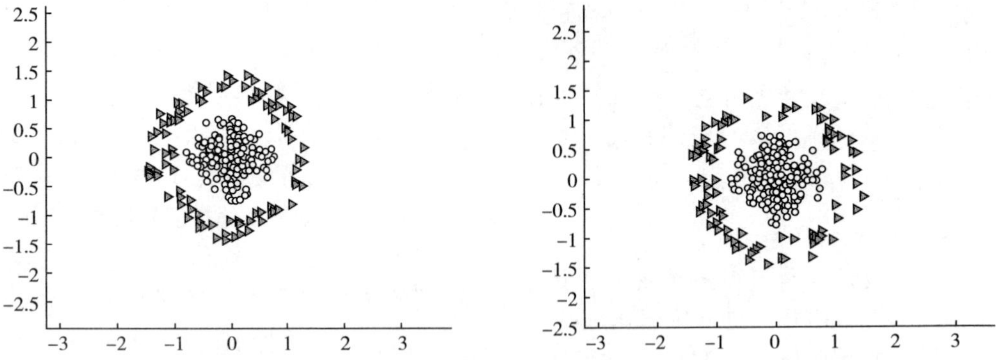

图 9　泄漏信号和车辆行驶/人工挖掘信号的分类结果(圆点为泄漏信号)

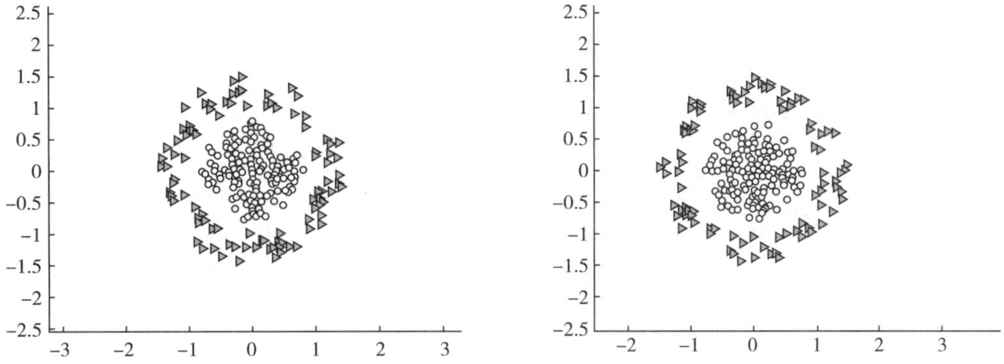

图 10 泄漏信号和模拟落石/背景噪声信号的分类结果(圆点为泄漏信号)

图 11 泄漏点告警界面

图 12 天然气泄漏预警告警日志记录

表 2 10000m 处进行多次测量位置信息

振动点位置/m	测量次数	测量位置/m	定位误差/m
10000	1	9996	4
	2	10005	5
	3	10002	2
	4	10004	4
	5	9997	3
	6	9996	4
	7	10001	1
	8	9999	1
	9	9995	5
	10	10001	1

验证实验结果表明，通过基于深度学习的人工智能分类技术，分布式光纤声波泄漏预警系统可以从常见的干扰信号中识别出泄漏信号，重复进行 100 次泄漏测试，预警系统正确识别出了 97 次，虚警率≤5%，响应时间 2s，定位精度 ±5m。

3 结论

本文提出了一种利用天然气集输管道伴行通信光纤作为分布式光纤，基于声波传感技术，研究了泄漏在线监测系统，并开展了现场模拟泄漏实验监测。研究结果如下：

（1）集输管道伴行通信光纤可通过跳线连接为分布式光纤，作为声波信号的采集和传感光纤；

（2）本次试验所研制的分布式光纤声波泄漏监测系统天然气泄漏事件的响应时间≤2 秒，并可对天然气泄漏位置进行可视化准确定位和告警，定位精度≤±5m，泄漏风险识别率≥95%；

（3）本文开发设计的分布式光纤传感安全监测系统已成功应用于 A 高含硫气田某集输管线，共计 12.6km，能够实时在线监测高含硫湿气集输管道运行情况，可以第一时间判断泄漏位置，为高含硫气田安全生产和环境保护提供了有力保障。

参 考 文 献

[1] 伍从广．高含硫天然气埋地集输管道的安全管理研究[J]．油气田地面工程，2020，39(1)：67-70.
[2] 刘朋．天然气长输管道隧道激光泄漏监测系统[J]．油气田地面工程，2016，35(10)：64-66.
[3] 纪健，李玉星，纪杰，等．基于光纤传感的管道泄漏检测技术对比[J]．油气储运，2018，37(4)：368-377.

[4] 田野．基于次声波的输气管道泄漏监测系统[J]．油气田地面工程，2016，35(10)：67-70.

[5] 庄须叶，黄涛，邓勇刚，等．光纤传感技术在油田开发中的应用进展[J]．西南石油大学学报(自然科学版)，2012，34(02)：161-172.

[6] 何存富，郑兴强，骆建伟，等．消偏型 Sagnac 光纤管道泄漏检测系统及其稳定性研究[J]．中国激光，2012，39(2)：148-152.

[7] 甘露．光纤干涉环的研究与应用[D]．北京交通大学，2015.

[8] 沙洲，杨洋，封皓，等．基于 Φ-OTDR 技术的城市地下供水管网主干线泄漏检测与定位[J]．中国仪器仪表，2016，(11)：72-76.

[9] 段苛苛，时书丽．一种对偏振敏感的光频域反射光纤布拉格光栅传感系统解调方案[J]．传感技术学报，2017，(30)：1011-1016.

[10] 夏岚，张旭苹，李密，等．基于 BOTDR 的声屏障受损监测系统报警阈值研究[J]．光电子技术，2013，(33)：208-212.

[11] 沈隆翔，封皓，沙洲，等．基于下变频和 IQ 解调的外差型相位敏感光时域反射技术的模式识别[J]．光学学报，2017，37(8)：88-97.

[12] 张星．光纤光栅振动传感技术研究[D]．西安石油大学，2019.

[13] 吴静红，叶少敏，张继清，等．基于光纤光栅监测技术的京雄高铁大断面隧道结构健康监测研究[J/OL]．激光与光电子学进展：1-11[2020-0626].

[14] 江毅，严云，Christopher K Y L. 光纤光栅腐蚀传感器[J]．光子学报，2006，35(1)：96-99.

[15] Barnoski M K，Jensen S M. Fiber waveguides：a novel technique for investigating attenuation characteristics [J]. Applied Optics，1976，15(9)：2112-2115.

[16] 蔡海文，叶青，王照勇，等．分布式光纤声波传感技术研究进展[J]．应用科学学报，2018，36(1)：41-58.

[17] 柏贞磲．基于合成光学相干函数的分布式光纤传感系统的研究[D]．浙江大学，2013.

[18] 宋成立，高秋英，付安庆，等．泄漏报警技术在油气田地面管道中的应用[J]．化工自动化及仪表，2016，43(12)：1262-1265.

[19] 蒋鹏．基于瑞利散射的分布式光纤振动传感技术研究[D]．国防科学技术大学，2012.

[20] 于海良．供水管道漏损所引起的振动特性研究[D]．哈尔滨工业大学，2017.

基于 DGPS、IMU 和激光 SLAM 多维融合导航在长输管道无人值守站场上的研究与应用

张钊干　王　力　闫旭青

（中石化中原石油工程设计有限公司）

摘　要　长输管道站场内设备密度高、道路环境复杂，相比园区和封闭场馆，对巡检机器人自主导航系统的识别定位和运动控制有着更高的精度要求，而传统的单模导航系统存在实时性不足、信号差、精度低和鲁棒性差等问题，为实现长输管道站场巡检机器人自主导航的实时、精准和稳定，对技术标准满足长输管道无人值守站场应用的多个导航定位系统和传感器设备进行适配性筛选和自洽性验证，选取差分全球定位系统 DGPS（Differential Global Position System）、惯性测量单元 IMU（Inertial measurement unit）和激光 SLAM（simultaneous localization and mapping）多维融合导航的技术方案。本方案以 DGPS 时间戳为时间基准，确保算法各部分之间具有一致时间参考；使用 32 束激光雷达（Lidar）感知自身周围环境来构建 3D 增量式地图，并将 DGPS 与激光 SLAM 相结合，以 DGPS 提供的绝对定位作为 SLAM 算法的初始位置估计，以激光 SLAM 点云信息推断当前所处位置；融合 IMU 相对定位与 DGPS 绝对定位，通过 IMU 输出数据验证 DGPS 结果自洽性，同时通过先验技术，利用 DGPS-IMU 惯导系统，在激光 SLAM 构建的地图上通过已知地图数据和当前位姿信息进行导航。通过对这三种技术的优缺点进行深入分析和融合策略的设计，本研究实现了对无人值守站场环境中的高精度、多维度定位。结果表明，基于 DGPS、IMU 和激光 SLAM 多维融合导航提升了巡检机器人自主导航的精准度和鲁棒性，实现在设备密度高、道路环境复杂的长输管道站场环境中巡检机器人的精确定位和自主导航。

关键词　无人值守；DGPS；IMU；SLAM；精确定位；多维融合导航；先验技术

1　引言

长输管道无人值守站场通常位于偏远的地理位置，传统的人工巡检难以实施。为满足对天然气输气站场的高危作业区巡检质量全面提升和未来面临的无人值守管理模式等方面的需求，引入智慧巡检机器人对现场进行全面、准确、及时的巡检管理，显得迫在眉睫。

现有技术中，DGPS、IMU 和激光 SLAM 各有优劣，单一技术难以满足巡检机器人在复杂环境下的导航需求。为此，本文提出一种基于 DGPS、IMU 和激光 SLAM 多维融合导航技术方案。通过对 GPS 信号接收器、IMU（陀螺仪、加速度计、磁力计）和 Lidar 等多传感器信息的有效利用，克服单一传感器的局限性，实现巡检机器人的精确定位和自主导航。

2　技术思路和研究方法

2.1　基于 DGPS 的绝对定位

现实中 GPS 定位存在卫星时钟与接收器时钟不同步、GPS 卫星和接收器和之间存在云层等情况，削弱或干扰卫星的信号，难以实现可靠、准确的定位。为获得高质量、高精度的定位，通常使用 DGPS 进行绝对定位。

2.1.1　DGPS 的优势

基于 DGPS 定位原理，可以消除接收机公有的误差，如卫星原子钟误差、星历误差等，减少大部分的传播延迟误差，如电离层误差、对流层误差等，获得更加精确的导航定位。通过 DGPS，可以实现无人值守站场巡检机器人在导航路径初始位置的定位以及各传感器间的时间戳同步，并在在较为空旷条件下，可以通过 DGPS 单独完成定位工作。

2.1.2　单 DGPS 的不足

DGPS 作为 GPS 技术的升级版，可以提供亚米级的绝对定位。然而，并非有所的站场在所有的时间段都可以得到良好的 GPS 信号，受累于 GPS 信号容易受到环境的遮挡和干扰的特点，在多云暴雨天气或者周围环境有强磁场和金属物时，会造成 GPS 信号衰弱甚至丢失，导

致定位不准确。并且，DGPS 数据的接收和校正需要一定的时间，特别是在基站信号传输延迟或中断的情况下，导致实时性不够，影响巡检机器人的导航性能。最后，单 DGPS 系统存在单点故障问题，一旦接收设备或基准站出问题，整个导航系统的可靠性会受到影响。因此，无法单独依赖于单一 DGPS 进行高安全性和高可靠性的定位任务和自主导航，需要以 IMU 输出数据或者 SLAM 数据为主，DGPS 为辅，作为数据冗余和补正。

表 1　多维导航系统融合 DGPS 的优点

Basis for Comparision	无 GPS	GPS	DGPS
绝对定位(初始定位)	无	有	有
辅助定位	无	有	有
定位精度	无	10 米	亚米
影响因素	无	接收机公有的误差、传播延迟误差、用户接收机所固有的误差	少部分传播延迟误差、用户接收机所固有的误差
时间戳	计算机时间	卫星原子钟	卫星原子钟

2.2　基于 IMU 的相对定位

IMU 是测量物体三轴姿态角以及加速度的装置。通常包含三个单轴的加速度计(Accelermeters)和三个单轴的陀螺仪(Gyroscope)，有的还包含磁力计(Magnetometers)。加速度计检测机器人在载体坐标系统独立三轴的加速度信号，而陀螺仪检测载体相对于导航坐标系的角速度信号，对这些信号进行处理之后，便可得到机器人的运动状态，进而得出机器人的相对位置信息。

2.2.1　IMU 的优势

IMU 提供的机器人加速度和角速度可以对无法自洽的 DGPS 绝对定位数据进行滤波和修正：采用卡尔曼滤波，首先建立起以 IMU 系统误差方程为基础的组合导航系统的状态方程，并以 GPS 测量结果为基础建立组合系统的观测方程。采用线性卡尔曼滤波器为 IMU 系统误差提供最小方差估计，然后利用这些误差的估计值去修正 IMU 系统，以减少导航误差。另一方面，经过校正后的 IMU 系统又可以提供导航信息，以辅助 GPS 系统提高其性能和可靠性。

基于 IMU 的技术原理，IMU 对相对位置的推演不存在任何外部依赖，是一个完备的系统，可作为巡检机器人自动导航的最后一道防线。相比之下，DGPS 依赖于卫星的覆盖，Lidar，Camera 则依赖于对外部的感知，存在一定的不稳定性。利用先验技术，在特殊天气、电磁干扰和强光等环境下，其他传感器无法提供有效的定位数据时，通过信号丢失前一刻已知位置信息和 IMU 输出的位姿信息可以实现巡检机器提供持续若干秒的亚米级绝对定位，辅助导航。如图 1 所示

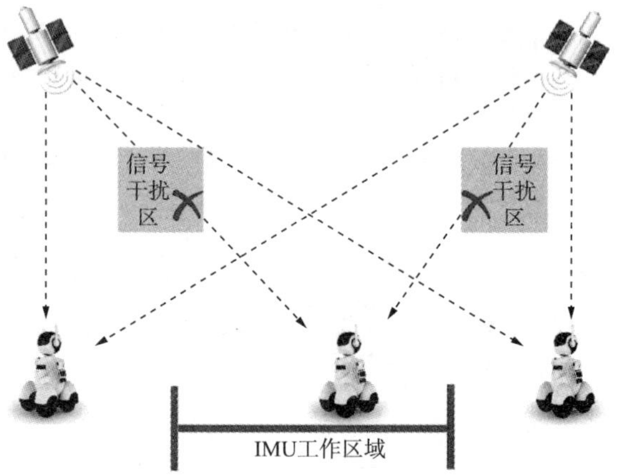

图 1　IMU 在绝对定位中的作用

2.2.2　单 IMU 的不足

IMU 只能提供相对位置和姿态的推演，但却无法从全局角度提供绝对位置信息。在使用过程中，IMU 一般需要对陀螺仪、加速度计的输出对时间积分才能得到位姿信息，而在积分的过程中，随着时间积累，误差也会持续累积，最终使得朝向发生较大的偏移(Drift)。如不能由外部引入 DGPS、Lidar 等对位置信息加以校正，漂移会越来越大，输出结果与真实值的差距越来越大，从而失去使用价值。因此，单 IMU 不适用设备精密且质量要求高的站场，应引入拥有绝对定位功能的 DGPS 或激光 SLAM 进行偏移纠正或融合应用。

2.3　基于激光 SLAM 的地图构建和路径规划

SLAM 技术被广泛运用于机器人、无人机、无人驾驶、AR、VR 等领域，依靠传感器可实现机器的自主定位、建图、路径规划等功能。由于

传感器不同，SLAM的实现方式也有所不同，按传感器来分，SLAM主要包括激光SLAM和视觉SLAM两大类，目前最稳定、最主流的是激光SLAM。视觉SLAM算法由于在室外环境下特征提取和匹配上有很多不确定性，影响定位和导航的精度和鲁棒性，而三维激光SLAM通过Lidar进行的点云扫描和地图构建的精度和鲁棒性较高，更适用于站场巡检机器人。

激光SLAM通过Lidar发出脉冲激光，打在巡检机器人周围设备物体表面，产生散射。其中一部分激光反射回到传感器检测端，生成点云数据。通过迭代最近点（ICP）算法、GICP（广义ICP）或正常分布变换（NDT）等算法优化当前扫描与地图中的点云的对齐，即点云配准过程。在点云配准的基础上，将当前点云与已有地图中的特征进行匹配，并根据匹配结果，将当前点云的数据更新到已有地图中进行地图更新，最后使用特征匹配或图像识别技术进行回环检测和闭环修正，识别和修正机器人巡检路线。机器人也可以通过Lidar实现对环境变化的实时监测，如设备位置移动或新出现的障碍物，再利用避障算法和IMU设备及时规避。

2.3.1　激光SLAM的优势

与视觉SLAM一样，激光SLAM通过实时处理传感器数据可以生成环境的地图并估计机器人的当前位置。通过生成的环境地图，机器人可以进行路径规划，计算从当前位置到目标位置的最优路径。二者也都可使用优化算法（卡尔曼滤波、粒子滤波和图优化等）来提升定位和地图构建的精度。除此之外，激光SLAM生成的点云地图有着更高的精度；Lidar的运行不依赖于环境的纹理信息，有着更强的环境适应性；Lidar对环境中的透明物体（如玻璃）和反射物体（如镜面）具有较好的抗干扰能力，有着更强的鲁棒性。

2.3.2　单激光SLAM的不足

激光点云扫描到一些特殊的目标物表面时，由于目标物反射回来的点云能量过高（高反射率）而造成了一些噪点，会出现高反"鬼影"和高反"膨胀"的现象，迫使车辆采取本来毫无必要的避障措施。如图2、图3所示

另外，单个激光雷达的系统如果出现故障（如硬件损坏或传感器失灵），整个导航系统将失去环境感知能力，极大影响机器人或车辆的安全性和可靠性。

图2　高反"鬼影"

图3　高反"膨胀"

3　DGPS、IMU和激光SLAM在巡检机器人的应用与分析

3.1　DGPS技术在巡检机器人的应用与分析

DGPS技术通过引入卫星导航定位基准站，在巡检机器人（漫游GPS接收器）和精度已知的基准站相对靠近的前提下，通过基准站GPS接收器根据卫星信号计算其位置，并将此位置与已知位置进行比较，生成差分改正数据，差分改正数据跟随星历（ephemeris data）发射，供服务器内差分用户使用。巡检机器人接收信号后，通过自身星历接受差分改正数据，应用到定位过程中输出差分定位结果，实现亚米级的绝对定位。如图4所示

基于DGPS的原理，其定位精度具体取决于基准站和巡检机器人的距离、巡检机器人GPS接收器自身误差等因素，针对长输管道"点多、线长、面广"的特点，为获取更加准确的坐标数据，应对单个站场配对直线距离最近的基准站，最大程度上减少误差。

3.2　IMU在巡检机器人的应用与分析

IMU通过对载体的加速度和角速度的测量，获取载体三维空间中的运动状态，可用于巡检机器人的位姿估计和短时间内的定位与导航。市面

上常用的加速度计种类有电容式、压电式、MEMS(微机电系统)，陀螺仪种类有机械陀螺仪、光纤陀螺仪、MEMS陀螺仪等，考虑到长输管道巡检道路宽度多在1.5米以内，转角宽度多在2.5米×2.5米以内，对机器人的大小有限制要求，采用技术成熟且体积更小的的MEMS IMU为机器人提供高度精确的方向检测能力。

巡检机器人的IMU设备都安装在防爆体内，工作时不依赖外界信息，也不向外界辐射能量，不易受到干扰，是一种自主式导航系统。通过对陀螺仪和加速度计的输出积分，可以获取巡检机器人运动的相对位置信息，加上机器人车轮计提供的冗余信息，让IMU输出的“短时间内的相对位置变化”拥有极高的置信度。如图5所示。

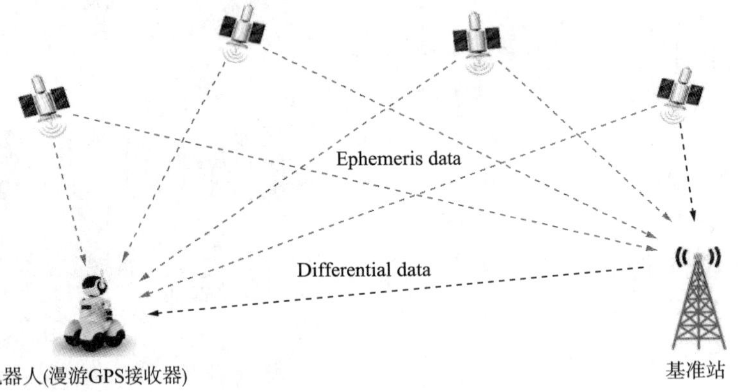

图4　DGPS在巡检机器人的应用

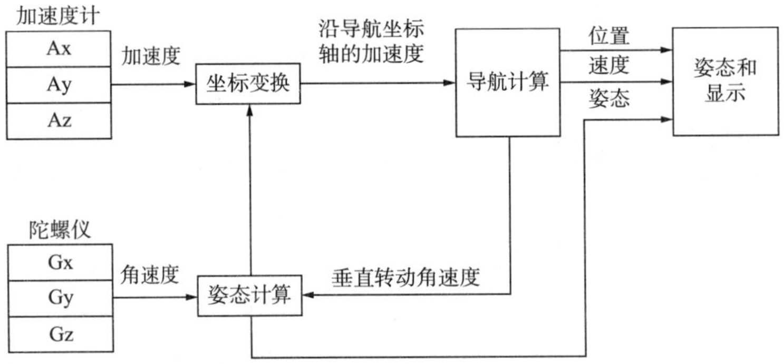

图5　机器人IMU内部算法

3.3　激光SLAM在巡检机器人的应用与分析

激光SLAM在巡检机器人中的应用极大地提高了巡检任务的效率和精度，主要体现在：巡检机器人可以通过生成的地图进行路径规划，并通过Lidar实时构建和更新环境地图，避免障碍物并选择最优路线完成巡检任务，如图6所示同时。基于先验定位，通过点云匹配可以实时计算机器人自身的位置和姿态。上述技术使得机器人能够在Lidar正常运转的前提下，处于未知或动态的环境中仍能进行自主定位，而无需依赖外部定位系统。

针对激光SLAM存在的高反“鬼影”和高反“膨胀”问题，可以通过加强激光雷达产品的出厂测试环节，从而提升激光雷达对高反射率物体和低反射率物体的分辨能力，也可以在算法层面，靠滤波算法进行处理；针对点云过少的问题，可以靠增加巡检机器人的Lidar线束解决。在安装巡检机器人的Lidar时，安装高度不易过低，避免激光束与地面的夹角会减小，导致点云反射回来的能量较弱，不利于实际的探测。同时，考虑到无人值守站场机器人智能充电场景，应保证机器人的水平FOV(视场角)达到360°，这就要求最少有1颗前向主Lidar、2颗侧向补盲Lidar和1颗后向补盲Lidar。在设计多激光雷达部署方案时，多个激光雷达之间的水平FOV需要有重叠区域，而不是完美地无缝拼接在一起，重叠区域可以让点云更密、信息冗余安全更高。经过多次实验，在数据计算时延可接受的范围内，水平FOV应尽量大于30%到50%，垂直FOV的重叠度也应大于20%到30%。

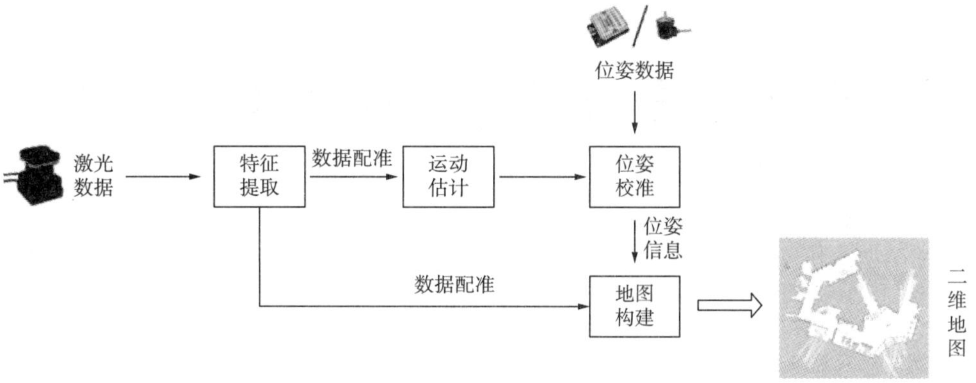

图6　激光SLAM在巡检机器人的应用

3.4　DGPS、IMU和SLAM的融合应用与分析

上述我们知道，在长输管道站场巡检机器人中，DGPS提供高精度的定位信息，IMU用于测量和补偿机器人的姿态变化，而SLAM则帮助机器人在未知环境中创建地图并定位。结合这些技术，机器人可以精确导航并有效执行巡检任务。无论是单个的DGPS、IMU还是SLAM，都无法实现站场巡检机器人实时、精准和稳定的导航，但对三者进行融合应用，就可以获得想要的结果。

激光SLAM在建图过程中，机器人地抖动会影响对地面点云的提取。融合IMU后，以LeGO-LOAM算法为基础，通过对地面点提取环节引入IMU数据，将点云映射到世界坐标系下，可消除点云由于载体运动产生的畸变，增强算法的鲁棒性。

DGPS与IMU融合后，组成的DGPS-IMU惯导系统可以提供高精度和高鲁棒性的定位与运动控制。GPS和IMU的组合有两种形式，一种为松组合模式，使用GPS输出的位置和速度信息直接调整IMU的漂移误差，得到精确的位置、速度和姿态信息，当GPS正常工作时，系统输出为GPS信息；而当GPS中断时，IMU以GPS停止工作的瞬时值为初始值继续工作，系统输出为IMU信息，直到下一个GPS工作历元出现为止。另一种为紧组合模式，利用IMU输出的位置和速度信息来估计GPS的伪距和伪距率，且与GPS输出的伪距和伪距率进行比较，将差值构筑系统的观测方程，经Kalman滤波，可得到精确GPS和IMU输出信息。考虑到更强的抗干扰能力和跟高的导航精度，使用紧组合模式应用于巡检机器人的DGPS-IMU惯导系统，在激光SLAM生成的地图进行定位和导航。同时，激光SLAM产生的与物体设备距离的冗余数据可作为辅助数据，对惯导系统定位导航数据进行自洽性验证和自动导航的备用。

4　结论

本文提出并实现了一种基于DGPS、IMU和激光SLAM的多维融合导航系统，专门用于长输管道无人值守站场的自动巡检任务。通过对这三种技术的优缺点进行深入分析和融合策略的设计，将DGPS的绝对定位、IMU的姿态信息和激光SLAM的环境建图能力相结合，系统在复杂环境中表现出显著的高精度定位、精确环境建图、增强的导航稳定性、较高的鲁棒性和实时数据处理优势。通过进一步的研究和优化，该系统有望在无人值守巡检和自动导航领域发挥更大的作用，为长输管道的安全运行和管理提供更可靠的技术支持。

参　考　文　献

[1] 韩庆．基于差分GPS技术的舰船定位系统设计．北京大学．

[2] 索春宝．石波．杨东清．船载岛礁综合测量系统多传感器时间同步．全球定位系统[J].2014(6)：3-39.

[3] 郭杭．刘经南．GPS/INS组合系统数据处理方法[J]．测绘通报．2002.(2)：21-23.

[4] 丛明，温旭，王明昊，等．基于迭代卡尔曼滤波器的GPS-激光-IMU融合建图算法．华南理工大学学报(自然科学版)[N].2024(3)：3-52.

[5] Jesse Levinson. Michael Montemerlo. Map - Based Precision Vehicle Localization. Sebastian Thrun Stanford Artificial Intelligence Laboratory.

[6] 胡林权．ADI推出MEMS IMU实现高度精确定位．微型机与应用[J]. 2012，14-31.

[7] 张明．章国宝．朱宏伟．融合IMU信息的三维激光SLAM方法[J]．电子科技，2023，6：6.

稠油单井无人值守模式下的远程计量研究及应用

乔龙巴特　兰明菊　宁晓波　单雪薇　韩　菲

（中国石油新疆油田公司作业区）

摘　要　油井采出液计量是生产动态分析、措施制定调整的重要依据。采油站目前采用就地计量方式，存在占用岗位人员多、工作效率低、管理难度大，计量设备设施故障状态无法直观暴露等问题，投用稠油单井计量远程调控，由厂级监控中心远程下发计量指令，有效提高工作效率，通过计量设备设施远程故障诊断，快速定位故障管汇，提供准确单井采出液计量数据。

关键词　稠油油田；单井计量；计量指令；远程调控；无人值守

1　前言

油井计量是油田开发生产中的一项重要工作，通过计量掌控油藏动态变化和油井的生产动态变化规律，以做好油田生产管理；掌握各生产区块的生产动态，分析油藏的采出程度和剩余油分布，可指导油田开发方案调整和工艺技术措施的制定和实施，推进油田生产精细化管理；也有助于开展油田经营管理量化绩效考核，做好成本核算，提升经济效益。

稠油单井具有高温、高压、含汽量大等生产特点，稠油生产开发工艺复杂，全流程高温、高压，携汽量大，单井产量效益低，多相流量计受温压、汽量等影响，计量精度低；功图量液对工况稳定性要求高，均不适用于稠油油田推广应用。

在稠油油田单井自动计量、多通阀选井技术已经成功应用，伴随着油田开发油井总数大幅增加，计量站增长也与日俱增。计量人员每日来往接转站通过触摸屏人工设定计量顺序、时间、次数等参数完成计量任务。稠油就地计量工作量大、占用岗位人员多，计量工作受限于班组人员操作，计量数据依靠人工抄录，灵活性、及时性差，无法为生产调控提供及时可靠的数据支持。计量故障依靠巡检排查，计量设备设施问题无法直观暴露，管理难度大，是当前制约稠油油田数字化转型升级发展的一项重要难题。

2　稠油单井计量远程调控系统简述

集团公司推进数字化转型，旨在通过油气生产物联网提高劳动组织效率，减少劳动用工需求，油井计量是稠油油田生产开发的主要用工环节之一，远程计量的实施将为稠油油田实现“故障巡检、无人值守”提供有力支持，为推动油田劳动组织机构和用工模式的变革打下基础。

为了降低员工的劳动强度，提高工作效率，解决计量故障不及时排查问题，需要开发一套稠油单井计量远程调控系统，实现所辖接转站统一集中监控、计量设定和指令下发。作业区将稠油单井计量远程调控作为一项关键技术研究，突破稠油远程计量技术难题，实现计量系统的全面自动化，厂级监控中心1人即可完成常规油井计量工作，减少一线操作员工工作量，大幅提高工作效率，对分析油田生产动态、制定油田开发方案，检验开发措施实施效果、量化经营绩效考核等有重要意义，有助于促进油田高效开发、精细管理，为稠油生产单井动态分析、措施制定、优化调整提供准确数据依据。

3　稠油单井计量远程调控系统建设

3.1　总体设计思路

常见远程计量系统能够实现单管汇指令下发，上位机单独对一个现场管汇计量控制器建立通讯连接进行远程指令下发，无法实现多站指令批量下发功能。稠油单井计量远程调控系统需要同时完成对多个管汇计量控制器批量指令下发。同时需要能够提取现场计量控制器启停状态，判断计量设备是否存在故障。

针对稠油油田就地“多通阀+称重仪”分散式计量工艺，以实现“终端集成控制、数据无线传输、系统远程调控”为目标，稠油单井计量远程调控系统从以下3方面的进行设计，如图1所示。

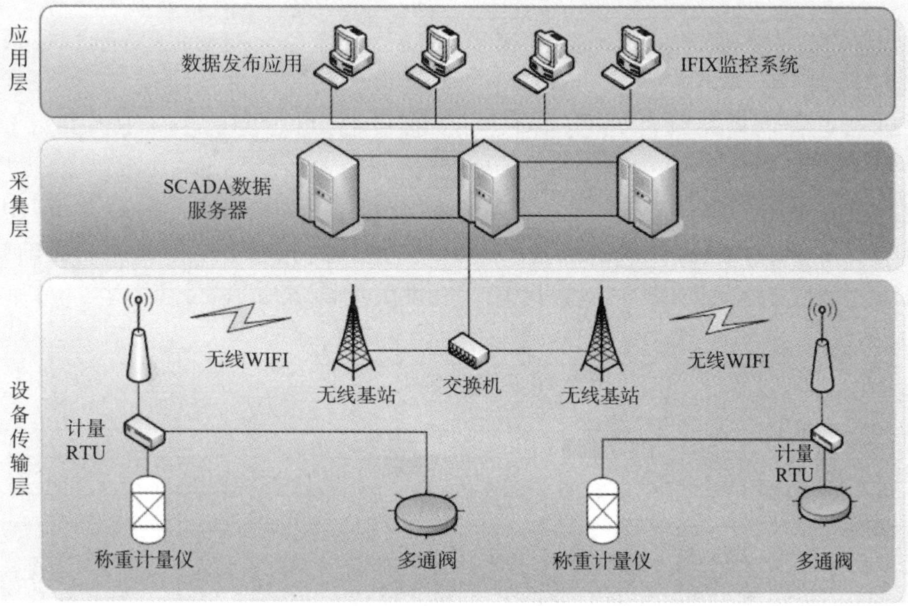

图 1　稠油单井计量调控系统

① 数据采集层完成稠油单井计量管汇集成控制。针对选井计量控制需求，创新开发多通阀与称重仪集成控制程序，预留远程通讯接口，收远程指令、自动执行计量计划；同时研究断点续传技术，实现网络异常恢复后计量数据自动补发上传。

② 设备传输层完成稠油远程计量无线传输网络架构建设。针对稠油油田井场设备设施分布密集，有线网络面临建设费用高、实施和后期维护难度大的问题，分析稠油计量管汇分布情况，研究确立了 WLAN 无线通讯网络架构结合现有有线光纤结合实施方案，实现稠油计量无线通讯。

③ 用户应用层完成稠油单井计量远程调控系统功能部署。针对计量指令远程批量下发应用需求，开发了集"计量指令批量导入、通讯诊断、数据比对、应急处置及启停控制"等功能于一体的稠油单井计量远程调控系统，指令下发批量执行、闭环验证，计量过程远程启停，为稠油单井远程计量调控提供安全可靠的技术平台，如图 2 所示。

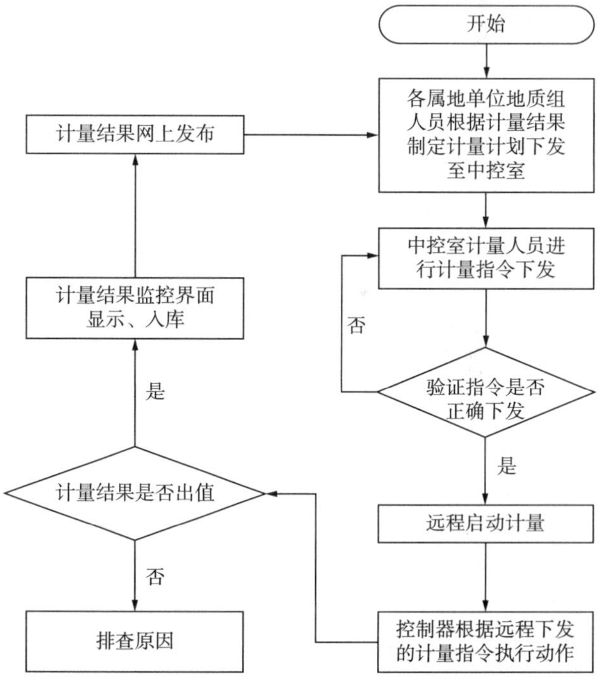

图 2　针对计量指令远程批量下发应用需求

3.2　系统设计要求

稠油单井计量远程调控系统上位机远程调控下达指令，现场称重计量控制器接受到指令后自动执行计量任务，计量结果及现场控制器故障码反馈至服务器，以图表等多种形式展示给用户。

① 计量指令远程下发成功率≥90%，指令执行率≥98%；

② 批量导入指令平均 2000 条/秒，通讯检测平均 10~20 条/秒，批量计量指令下发平均 20 条/秒，下发结果验证比对平均 20 条/秒；

③ 计量数据读取平均 50 条/秒；

④ 计量数据有效率≥92%；

⑤ 计量故障解析及自动统计准确率≥95%。

3.3　系统功能设计

稠油单井计量远程调控系统需要满足稠油油田 3000 余口稠油单井，实现稠油单井大规模远程计量，提升计量工作效率；改进了稠油现场计量模式，推动稠油油田无人值守、故障巡检生产管理模式的变革。

稠油单井计量远程调控系统首先通过构建“终端集成控制、数据无线传输、系统远程调控”的稠油单井单井计量远程调控功能，实现计量指令一次导入、多站分发、闭环管理，为稠油单井计量工作模式转变提供了技术路线。再通过运用 RTU 逻辑控制集成，实现远程下发的计量指令、控制程序自动执行计量计划，实现多通阀和称重仪集成控制。最终研发一套具有自主知识产权的稠油单井计量远程调控系统，构建计量信息“批量导入、指令比对、多站分发、故障解析、报表发布”闭环运行机制，保障稠油单井开发井远程计量的安全性和可靠性，如图 3 所示。

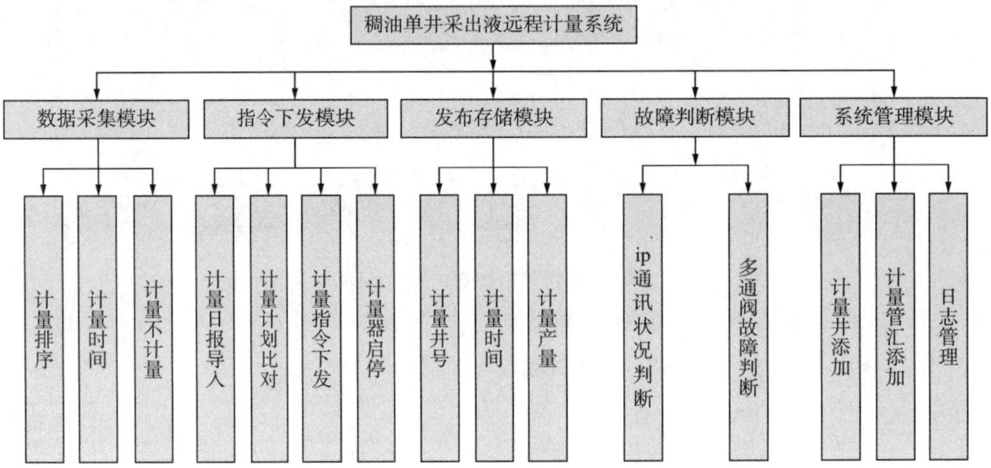

图 3　远程控制系统

3.4　系统功能

稠油单井计量远程调控系统，分为数据采集、指令下发、发布存储、故障判断、系统管理五类，通过网络将计量数据回传作业区发布，辅助相关科室生产动态分析，迅速制定有效措施，提高油井产量。

（1）数据采集模块：支持 Modbus 等协议的分布式采集，充分利用 C#语言并发特性，即每个 RTU 使用一个单独的进程根据 RTU 点表规则去采集数据，每个进程之间无共享数据，每个进程都是一个单独的个体，一个 RTU 出现问题，并不影响其他 RTU 的数据采集。充分利用分布式采集，保证读取数据的高效性、稳定性、容错性。稠油单井计量远程调控系统实现批量提取现场管汇计量指令是按所属采油站、接转站、管汇提取当前时间的实时计量数据，包含计量排序、计量时间、计量干预设定，用于采油站提交的计量计划进行比对。

（2）指令下发模块：使用 c#语言自主实现 Modbus 通讯协议，不仅能够满足传统 Modbus 等协议对寄存器的读写操作，并且突破传统采集器单次采集地址长度最大 120 的限制，并能够支持列表类型的数据采集。内置多种 RTU、PLC 通讯协议，兼容目前在用多种类型控制器传输协议，可与 RTU 直接配置连接，可轻松接入自动化数据、设备管理信息。稠油单井计量远程调控系统实现将采油站提交的计量计划导入系统，将提取到的计量指令与采油站每日的计量计划进行比对，剔除与现场一致的计量指令，避免重复下发无效指令，减少了 90%以上的无效指令下发时间，将不一致的部分逐站逐条下发指令，下发结束后弹出提示框，显示指令下发成功数目及失败数目，最后验证下发结果，通过再次提取指令下发的管汇计量信息，与下发指令进行验证，确认指令是否正确下发至现场控制器。计量指令下发完成后提取现场计量器的启停状态，下发计量器启停指令，重复获取启停状态即可将现场当前时间的计量状态信息提取出来，验证管汇启动指令是否下达成功。

（3）发布存储模块：RTU 直接采集的数据需要经过预处理才能够使用，采集器开发了预处理表达式的解析模块，支持四则运算法则及精度处理，并可不同操作系统使用，可供用户灵活配置。稠油单井计量远程调控系统实现计量数据通过 PLC 控制器间的通信协议将数据自动采集到服务器中，可及时获取计量装置号、通道号，计量开始时间、计量结束时间、产液量等信息在系统界面上进行显示。系统是建立在自动化专网中，只能在专网中进行查看，为了能使计量数据在办公网上实现数据发布，需要将计量数据上传到自动化 Oracle 数据库。在服务器中通过 SQT、SQD 对语句进行触发实现计量结果数据及时转存。

（4）故障判断模块：通过采集每个管汇 IP 地址与设备 ID，通过测试每一个管汇和上位机之间的网络通讯情况判断通讯故障，测试结果异常的显示为红色中断，生成网络通讯状态表，快速定位通讯故障管汇。稠油单井计量远程调控系统通过采集每个管汇多通阀左右位故障监测点跨平台读取、解析现场 RTU 故障代码进行诊断，准确定位故障设备，快速定位计量器故障管汇，实现自动统计，为故障快速解决提供信息依据。

（5）系统管理模块：由于稠油单井计量远程调控系统可同时进行多站多井的计量指令下发，服务器也可以一次性获取多套计量装置、多个通道的计量信息，方便及时获取计量信息，提高劳动效率；通过配置通讯中断检测（GHIP. Json）、井地址管理（Well. Json）、启停控制管理（Station. Json）三方面内容，可用于新增管汇、井的添加，日志自动生成在制定文件夹下。

稠油单井计量远程调控系统，建立“通讯测试-计划比对-执行验证”指令下发机制，实现通讯异常自动甄别、计量计划差异比对、执行结果安全验证等功能。计量指令远程批量下发成功执行，跨平台读取、提取计量器故障码，准确定位故障设备属地，自动统计计量故障，为及时掌握计量设备问题、故障处理提供信息依据。

3.5 应用效果

稠油单井计量远程调控系统投用后，在厂级监控中心设置计量岗 1 名，实现油区 309 座计量管汇 3000 余口稠油单井远程计量。

远程计量应用情况：厂级监控中心平均每天通过远程计量系统下发计量指令约 200 条，每天 2 小时内完成所有计量指令下发工作，计量工作效率大幅提升。

计量数据应用情况：计量数据有效率 ≥ 92%，计量平均误差在 15%以内，为稠油生产单井动态分析、措施调整、生产评价提供可靠的数据支持，有力推动了采油厂地质调控工作精细化管理，近两年产量持续稳产，圆满完成年度产量计划任务。

故障排查应用情况：计量故障自动统计功能上线后，年均统计计量故障 300 余次，辅助技术管理人员及时掌握并排查计量故障问题，计量设备完好率保持在 90%以上，为保障远程计量工作有序开展，推动计量工作精细化管理提供大力支持。

4 结论及认识

稠油单井远程计量模式改变了“稠油单井就地计量”的现状，减少一线操作员工工作量及运行成本，有利于集中精细化管理计量工作，提高单井动态分析的准确性，为“接转站无人值守、工艺参数自动采集、计量过程远程控制”提供了技术支撑。

稠油单井远程计量模式根据生产需要，每天对油井可多次远程下发计量指令，提高了工作效率，地质人员可根据发布的计量结果跟踪油井任意时间段的液量，及时反应现场单井采出液产量真实情况，在分析油田生产动态、制定开发方案，检验开发措施效果方面发挥重要作用，促进油田高效开发、精细管理，辅助区块产量标定，为油田生产动态分析和措施制定调整提供准确数据支持。

稠油单井远程计量模式加强了远程计量过程监督，快速定位计量设备故障管汇，自动甄别网络状态、通讯中断异常报警、设备故障，便于技术人员及时掌控现场计量设备运行情况，辅助提高计量设备设施故障恢复效率，保障现场设备完好率，避免因多通阀外漏、阀卡等故障引发原油外泄造成环境污染的问题，保护油田生态环境。

参 考 文 献

[1] 檀朝东，罗晓明，檀朝銮．油水井远程监控液量自动计量及分析系统［J］．石油矿场机械，2007，36（1）：49-52.

[2] 田锋，王权．数字油田研究与建设的现状和发展趋势［J］．油气田地面工程，2004，23（11）：52-53.

[3] 姬蕊，冯宇，张巧生，等．单井计量技术在长庆油田的应用［J］．石油规划设计，2014，25（2）：41-43.

基于无人自动机场AI识别技术的石油管线巡检应用研究

邹　明

（华北油田数智技术公司）

摘　要　通过建立AI无人机自动机场管理系统，可以使得前端无人机的作业彻底无人化，无人机自动航线飞行，节省了大量的人力，使得巡检人员能从体力劳动中解放出来，投入到更高阶的数据分析处理中去。而具有高性能计算平台的自动数据处理系统，基于AI技术进行图片和视频的自动识别处理，可以有效提高现场作业时发现问题的效率，实时处理；并将问题分析输出。而在线管理控制平台的加入，则全面地提升了无人机运维的自动化水平。无人机综合数据处理平台及自动化精细巡检的结合，也是一种环保快捷的巡检作业方式，有效地推进了环保、绿色巡检的进程。

关键词

1　背景

中国石油天然气股份有限公司华北油田分公司，主要从事石油天然气勘探和生产、石油天然气集输及储运、石油天然气勘探开发工艺研究及规划研究等石油勘探开发核心业务。油气勘探区域，主要集中在冀中地区，内蒙古中部地区和冀南-南华北地区等三大探区、山西沁水盆地。油气生产能力，在冀中和内蒙古两大油气生产基地共拥有53个油气田，油气集输管线3000多公里。

随着管道数量的逐年增加，地下管道错综复杂，管道的位置和走向都不是十分清楚，部分华北地区地形环境复杂，给管道的巡线工作造成了很大困难。同时，随着管道使用年限的增加，一些老管道常年受土壤的腐蚀以及其它自然因素的破坏，正逐渐出现穿孔漏油情况，给油气集输的正常运转造成一定影响。更为严重的是，近年来，在利益的驱使下，许多不法分子长期从事管道偷油破坏活动，其偷油手法多种多样，令人防不胜防。这些问题都给华北油田每年造成高达亿元的直接和间接经济损失。

针对上述问题和华北油田埋地管道的实际情况，以及偷油的新特点，华北油田公司结合自身业务需求和未来管线巡检智能化趋势需求，采用以航空遥感（有人机摄影、无人机摄影）技术为手段，通过对热红外、可见光组合的遥感影像的信息提取，结合业务运营管理需求进行疑似地点的巡检，实现对华北油田航空遥感监测的智能化管理，打造高效的业务运营和航空数据应用信息化服务平台。

目前无人机在油田的有着大量的应用，但是应用起来存在着以下的不足之处：一是无人机需要专业飞手来操控，这与采油、气厂操作员工紧缺相矛盾，同时，当飞机出现故障时，容易出现推诿扯皮现象；二是无人机巡检图像处理系统不够成熟，无法实现异常目标的自动监测与定位；三是无人机造价相对较高，无法批量化应用。虽然无人机的使用在一定程度上更加便捷了管道的巡护，但是由于成本以及人力上的需求制约了其大范围的发展，也使得管道巡护无水平法得到明显的提升。

2　现阶段技术优势

随着无人机技术的日趋成熟和航空摄影技术的进一步拓展，我国民用无人机应用领域日益广泛。近几年来，无人机已经较大范围的应用在油气井巡检，管道巡护，夜间安防等场景中。国内各大油田和管道公司均展开了无人机的应用技术研究与试点。而华北油田通信公司通过深入了解油田基层生产一线，通过了解现有无人机的应用问题，通过本项目期望建立一套无人机自主巡航机场系统，实现一键启动、自主巡航、智能检索等功能。彻底解决“飞手少、发现问题难”的痛点。

（1）实现无人机操作的彻底自动化，无人机完成自动起降和换电操作，降低操作人员的复杂度，并彻底消除飞手的需求。

利用自动机场解决飞机的日常存储，起飞和降落的无人自动化，并设计充电或者换电系统能够自动为无人机进行能量补给，使其在无人干预情况下能够自动完成各种操作。

自动机场为无人机远程控制和野外部署提供了可靠的收纳场所，精心设计的结构以及烤漆外壳使得自动机场可以在多种天气状况（包括暴雨、台风等恶劣天气）下保护无人机的安全。在无人机降落在自动机场后，自动下载无人机拍摄的原始数据，并自动上传至云端。机场内配置红外引导装置，与无人机的视觉识别模块相配合，使得无人机可以精准地降落在机场内。机场独特的下沉式对开门为整个设备增加了运动科技感。

（2）解决远程控制以及自动驾驶等操作问题，不再需要飞手进行手动操作，可根据要求自动按轨迹飞行和采集数据。

随着通信技术逐步朝着更快和带宽更高的方向前进，5G一旦部署应用，基于通信技术的远程控制会更加普及。控制链路具有远程发送飞机的控制指令功能，实现无人机的自动起飞，巡飞和着陆。并实时查看无人机获取的视频信息。无人机采集到的数据会自动发送至后台，用于进行数据分析与故障检测。

为了保证工业无人机远距离飞行过程中的图传以及4G信号传输的稳定性，设计了专门的通信气象监控塔，最大高度可达6m。通信气象监控塔还包括气象模块，可以测量当地实时风速和风向，以准确判断无人机飞行的条件。塔上还配置有高清摄像头，可以实时观测自动机场的工作环境以及运行状况。

自主设计开发的云端管理系统，支持多无人机、多自动机场的统一管理。可以在基于WEB的云端管理系统内上传、下载飞行任务，人工或定时控制无人机执行任务，并在系统中实时查看无人机图传画面、自动机场监控画面。云端管理系统开放API，提供二次开发接口，方便定制开发整合。如有需求，可在图传视频显示客户想要标注的目标信息，更直观地表现巡检内容。

（3）根据所采集的影像数据，实现对于数据的空间和时间重构，快速生成具有高程的全局正射地图，并通过深度学习技术进行故障的辅助检测与精准定位。

通过以上目标的攻关实现，构建出全自动的作业区影像数据采集以及自动分析判别系统，实现油气井和管道区域的数字化影像系统，如图1所示。

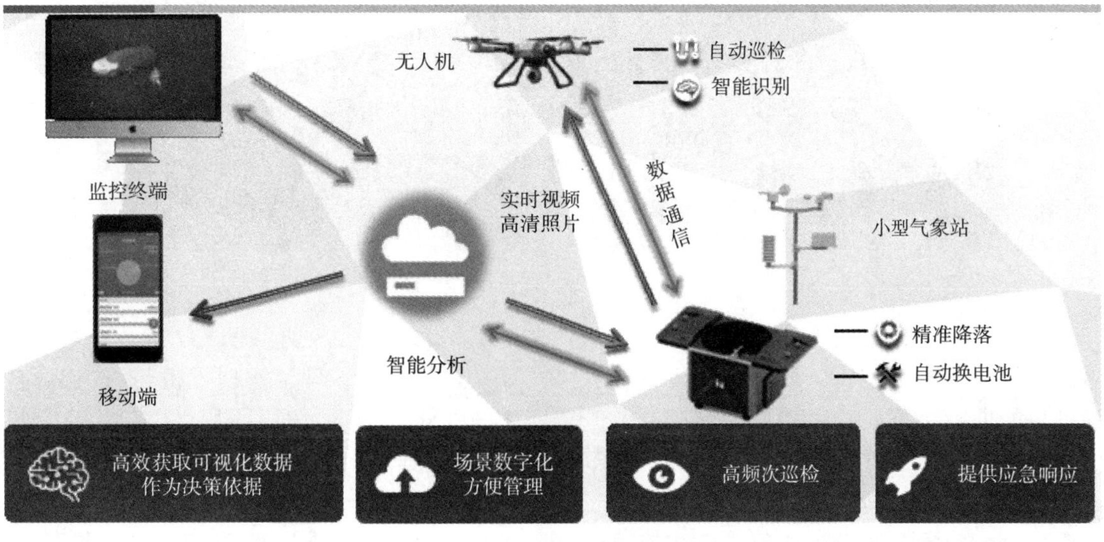

图1　云端管理系统

3　采取措施

采用轴距600～800的工业无人机，可搭载可见光摄像头、红外热成像摄像头或双光摄像头。碳纤维机架机身，封闭式外壳防水防尘，并搭载功能强大支持定制开发的机载平台。无人机默认搭载高精度定位RTK，使得无人机在巡检过程中达到厘米级的定位，为精细化巡检提供坚实的技术基础。装备视觉识别模块，与自动机场的红外引导装置相配合，实现无人机的厘米级精准降落。有单节点和多节点两种工作模式，如图2所示。

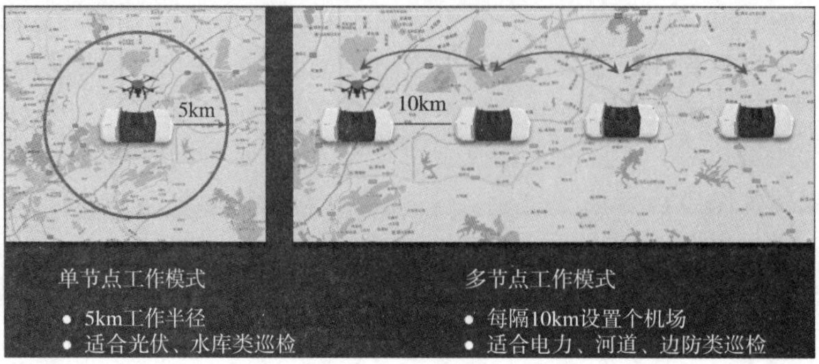

图2　单节点和多节点两种工作模式

（1）自动化智能数据采集

以往的户外巡检，都要靠人力行走、攀爬，人力占用量非常大，且整体效率不高。无人机的出现，能极大地解决这个问题。现阶段的自动巡检，主要采用航线飞行模式，辅助以过程闭环，保证巡检精度。基于能够自动起降的自动化机场，可以省去现场人力操作，并且就远程的自动调度实现数据的自动采集。

（2）数据处理自动化

日常巡视过程中，重点是要能迅速发现管道以及井设备的故障隐患等问题，但现场作业时，常常发生外力对无人机巡检精度产生消极影响的情况，这些外力包括：大风、强光、信号干扰。因此，在巡检过程中引入图像识别技术，无人机能够准确识别拍摄区域，并自动提取故障类型。

常见的应用，是利用无人机搭载的高性能计算平台或者将数据传输到后台的处理单元，实时分析拍摄图片和视频，通过深度学习技术处理各类故障，并上报至生产系统。

此外，也可利用地面平台的计算能力，对图像数据精细深度分析，进一步挖掘细节，保证运维安全，如图3所示。

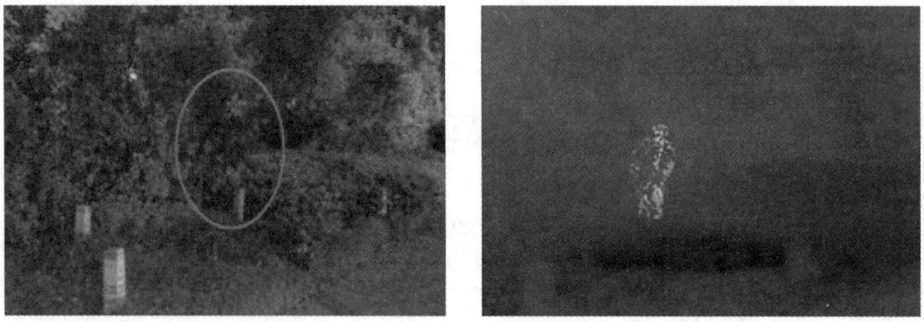

图3　实时拍摄图片

（3）远程控制与信息管理系统

巡检作业流程中的重要一环，是如何有效管理现场采集的所有数据，并将数据提炼成有效的信息。在当前的技术条件下，大尺寸的数据样本通过无线链路实时传输，尚不成熟。因此针对飞行任务、数据积累、资源管理、集成融合等方面组建一套无人机综合数据管理和控制平台，是能有效保证管道及其设备安全的一项基础工作。

通过飞行任务管理，解决信息流末端到前端的贯通，通过数据积累功能，把飞行日志数据存储于平台，一边进行统计分析，一边查询跟踪等；通过资源管理，实现飞机与组织架构、人员之间的对应关系，对不同角色权限清楚划分；通过集成融合，使用无人机作业，并与现有信息系统结合，将系统数据上传到上一级平台，发挥网络协同效应。利用该平台，运维人员可以远程实时控制飞机的起降时间，并掌握飞机的动态，便于其更好的采集运维人员关注的数据，不再需要现场由飞手手动作业，而且数据的实时性非常好，如图4所示。

图4　飞行巡检系统

综上所述，通过建立AI无人机自动机场管理系统，可以使得前端无人机的作业彻底无人化，无人机自动航线飞行，节省了大量的人力，使得巡检人员能从体力劳动中解放出来，投入到更高阶的数据分析处理中去。而具有高性能计算平台的自动数据处理系统，基于AI技术进行图片和视频的自动识别处理，可以有效提高现场作业时发现问题的效率，实时处理；并将问题分析输出。而在线管理控制平台的加入，则全面地提升了无人机运维的自动化水平。无人机综合数据处理平台及自动化精细巡检的结合，也是一种环保快捷的巡检作业方式，有效地推进了环保、绿色巡检的进程。

随着巡检流程自动化、数据处理自动化、信息反馈自动化的不断发展，我们已经可以看到整个流程的自动化运行，其效率，自动化水平都是会彻底改变现有的运行模式，这是未来管道巡护的发展趋势。

4　计划达到的目的和效果

针对华北油田地下管道、地形环境复杂，管道巡线工作困难大，穿孔漏油情况时常发生，管道偷油破坏活动日益严重造成巨大经济损失等难以解决的问题，采用无人值守飞行巡检数字化平台可以极大地减轻管道巡检工作的难度，遏制甚至杜绝管道偷油破坏活动。

该平台通过智能无人机、自动机场、云端管理系统、AI识别系统的有机结合，可以高效获取可视化数据作为决策依据，将场景数字化方便资产管理，协助工作人员进行安全巡查，并在关键时刻提供应急响应。从而实现对华北油田航空遥感监测的智能化管理，打造高效的业务运营和航空数据应用信息化服务平台。为油田安全生产保驾护航，具有巨大的社会效益和经济效益。

基于模运算的优先级自动切换技术在无人站场中的应用

张志乾　李永明　武玉宪　谷建平　许　静

（廊坊中油龙慧科技有限公司）

摘　要　目的：为满足无人值守站场控制需求，自动切换技术成为关键。本文针对站场中长时间运行的电机驱动设备切换问题展开研究，以压缩机厂房通风机为对象，旨在提高系统可靠性，保障作业安全，解决因设备长时间运行导致的过度磨损、过热、疲劳等故障风险及备用设备潜在问题无法及时发现的难题。方法：分析基于运行时间定时切换风机的方法，针对该方法存在的弊端，引入模运算技术，对优先级进行模运算处理，形成无限循环的优先级环形架构以优化风机自动定时切换逻辑。结果：基于运行时间的切换方式虽能完成自动切换任务，但存在计时器占用多增大控制系统负荷、有上限隐患、离线下载工程后被清零等问题。而优化后的算法利用模运算技术，在处理风机循环切换问题上具有显著优势，实现了更高效、可靠的风机切换逻辑，与传统方法相比有新的突破。结论：本文研究成果为无人值守站场中电机驱动设备的自动切换提供了新的思路和方法。模运算技术的应用不仅提高了系统的可靠性和稳定性，还为未来智能站场的自动切换控制思路的发展提供了参考和借鉴。在石油天然气行业中，可推广该技术以优化设备管理，降低故障风险，提高生产效率。同时，也为其他类似行业的设备自动切换问题提供了导向作用，具有重要的实际应用价值。

关键词　模运算；自动切换；优先级；无人值守

随着管道自动化智能化技术的不断发展，无人值守、智能站场概念在石油天然气行业开始发展施行。无人值守要求站内的生产控制系统达到一定的自动化、智能化水平，因此自动切换技术成为满足无人值守站场控制需求的必要条件。

在站场的生产控制中，存在泵、压缩机厂房风机、循环降温区空冷器、冷却水塔、多路调压撬等长时间运行的电机驱动设备，需要定期对其切换，用以防止长时间的设备运行导致设备部件过度磨损和过热、疲劳等问题引发的故障风险，同时可及时发现备用设备的潜在问题，提高系统的可靠性。

在天然气压气站的核心区域压缩机机房内，鉴于压缩机运作过程中伴随的高温环境与微量天然气泄漏现象，为有效遏制室内温度上升及避免天然气积聚至危险浓度，确保作业安全，持续运行的风机系统成为了必不可少的安全保障措施。本文特以压缩机机房的风机为研究对象，深入剖析其自动化切换的控制逻辑，揭示一种巧妙设计的逻辑执行策略，可扩展应用于其他设备的自动切换控制中。

1　技术思路

1.1　基于运行时间定时切换风机

在中俄东线某压气站，压缩机厂房内有9台排风机，控制器初始化阶段按照风机编号赋予0至8的优先级编号，其中0为最高优先级，优先级依次降低，8为最低优先级。当厂房风机连锁控制切换到自动模式后，风机采用“6用3备”模式，即平时6台排风机处于运行状态，3台处于备用状态。每台风机都在逻辑中与计时器连接，运行时计算该风机的总运行时间。自动切换逻辑采用两小时间隔定时切换，当控制器中的定时器两小时触发后，控制器寻找总运行时间最短的风机开启。如果出现多台风机总运行时间相同，则优先开启优先级更高的风机，此时运行风机数量变为7台。控制器寻找总运行时间最长的风机停止。如果出现多台风机总运行时间相同，则优先停止优先级更高的风机，此时风机数量为6台，满足“6用3备”，风机切换成功。

该切换方式很好的完成了风机的自动切换任务，无需人工干预，但仍然存在弊端。首先风机基于运行时间的方式，很消耗控制器中的计时器，计时器数量的增多会增大控制系统的负荷，并且用于存放总运行时间的寄存器是有上限的，计数器存在爆满的风险，成为系统隐患。同时总运行时间到达高数值后增大处理器的计算负荷。其次该切换系统中使用了以时长为判断依据的优先级的同时还采用了整数型赋值的优先级，浪费了控制器的计算资源。最后，当我们维护工程或重启控制器后，计时器又会被清零，自动切换系统不稳定。

1.2　基于模运算的优先级定时切换风机

基于运行时间的切换方式存在编程复杂、处理器负荷增大以及下载工程和计数器超出上限后带来的程序执行隐患等问题。鉴于此，本文设计了一种基于模运算的优先级定时切换算法。

1.2.1　模运算技术应用

模运算作为一种基本的算术操作，主要用于确定一个整数除以另一个非零整数之后的余数。该运算在数学以及计算机科学领域具有广泛的应用，尤其在处理周期性问题、数据分布、密码学以及编程中的边界条件等方面表现突出。例如，数学算是中表达式的余数，在数组循环索引、时间计算以及数据完整性检查等场景中发挥着极为重要的作用。

单纯的基于优先级的自动切换无法有效处理风机的循环切换问题，而模运算技术在处理周期循环问题方面具有显著优势。本技术通过对优先级进行模运算处理，使第1台风机与最后第 n 台风机形成环形架构，从而实现 $n-1$ 号风机优先级大于 n 号风机优先级且大于1号风机优先级的效果。在本节中，我们介绍一条用于更新优先级的数学公式(1)，该公式确保了优先级在每一步更新时递减1，并且结果在0到($n-1$)之间循环变化。

$$P_m=(P_{m-1}-1)\,mod n \tag{1}$$

式中，P_m 为当前进程下某风机的优先级的等级数值；P_{m-1} 为上一进程下某风机的优先级等级数值；n 为参与自动切换系统的风机总数量；式中的优先级和风机数量均为INT类型数据。以“6用3备”模式为具体实例，见表1可直观表示出每次风机切换，每台风机的优先级变化情况：

表1

优先级P	1#风机	2#风机	3#风机	4#风机	5#风机	6#风机	7#风机	8#风机	9#风机
初始状态P	0	1	2	3	4	5	6	7	8
第1次切换P1	8	0	1	2	3	4	5	6	7
第2次切换P2	7	8	0	1	2	3	4	5	6
第3次切换P3	6	7	8	0	1	2	3	4	5
……	……	……	……	……	……	……	……	……	……
第m-1次切换	P_{m-1}								
第m次切换	$(P_{m-1}-1)\,mod9$								

1.2.2　程序设计

在一套由 n 台设备组成的切换系统中，其设计通常规定为“i 用 j 备”，即系统处于自动切换状态时，有 i 台设备正常运行，j 台设备处于备用状态，且 i 与 j 之和等于 n。一套完整的自动切换控制逻辑由多个触发条件和执行过程构成(图1)：

(a) 逻辑的使能与屏蔽命令。当逻辑切换至使能状态后，自动切换系统中的设备将依据优先级逐步开启，直至设备运行数量满足系统要求。后续将按照固定周期进行设备的轮休保养。在出现紧急情况或操作人员按照操作规程主动停止设备时，逻辑应切换至屏蔽状态，后续通过远程控制或者紧急停止等方式完成设备的动作。

(b) 故障切换。故障切换作为相较于定时切换更为重要的安全功能，在出现故障时应及时产生报警信息，同时备用设备迅速投入工作，以保证无人站场的安全生产。当运行设备突发故障后，应自动停止，自动切换系统识别到运行数量不满足i时，执行自动启动备用设备的操作，直至满足i台设备处于运行状态。

(c) 停止且无故障的设备中拥有最高的优先级的设备。由于设备的优先级会定期进行循环变化，每台设备都有均等的机会成为最高优先级，这也意味着周期触发后启动优先级最高的设备可使每台设备都有均等的运行时间。在我们的程序中对处于停止状态且无故障设备的优先级进行确认，从众多满足条件的设备中挑选出最高优先级的设备并对其执行启动命令。

（d）运行的设备中拥有最高的优先级的设备。同样，由于设备的优先级会定期进行循环变化，每台设备都有均等的机会成为最高优先级，这意味着周期触发后停止优先级最高的设备可使每台设备都有均等的轮休时间。在我们的程序对运行的 i 台设备的优先级进行确认，从众多设备中挑选出最高优先级的设备并对其执行停止命令。

（e）基于模运算的优先级变化。切换时间 T 可由操作人员通过远程控制设定到控制器的自动切换功能块中，当切换周期达触发条件后，产生上升沿命令，开启一台最高优先级备用设备，同时触发所有设备执行一次公式（1）操作，实现优先级的循环变化，用来成为下一周期自动切换的优先级判定条件。

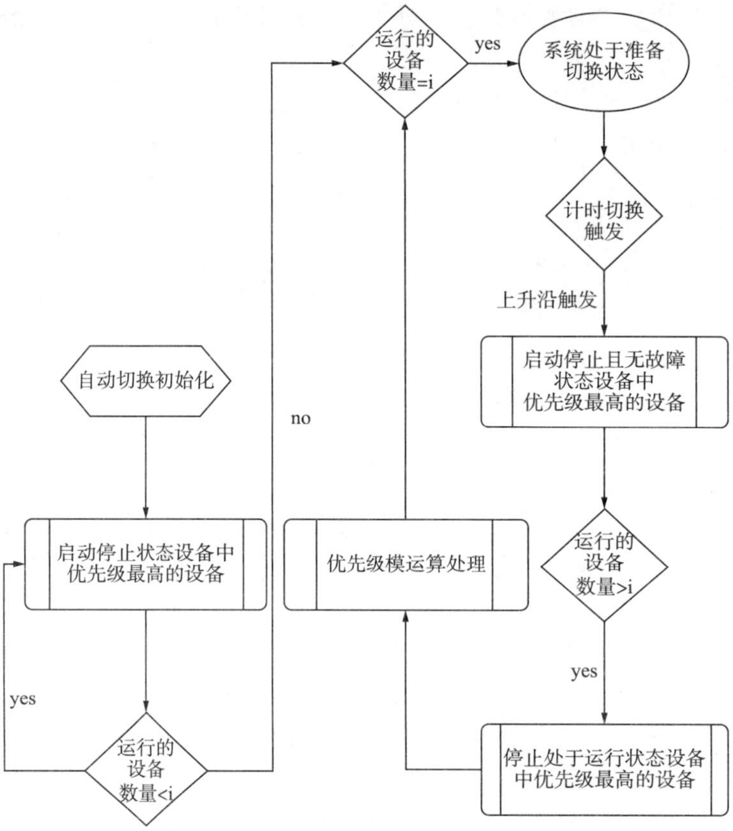

图 1　基于模运算的优先级自动切换逻辑设计

2　结果及效果

依据模运算优先级定时切换的逻辑设计思路，基于 CODESYS 编程软件的标准编程语言，采用自定义功能块技术对逻辑进行封装，完成了某站压缩机厂房风机“6 用 3 备”连锁控制逻辑的程序编制工作，并进行了测试运行。（图 2）展示了程序周期切换过程中风机的优先级和运行状态，（图 3）为第 1 次周期切换时在线程序的运行状态。

在 n 台设备的 i 用 j 备，切换时间为 T 的自动切换系统中，在无故障前提下，单体设备的切换周期为 $T\times n$，在单切换周期内，设备的运行时间为 $T\times i$。（图 3）中横向观察可以直观的看出风机的切换规律和运行分布，纵向观测可以直观看出单台风机的轮休周期和轮休时间。

本文针对天然气压气站压缩机机房通风换气风机的自动切换控制进行了深入研究，提出了基于模运算的优先级定时切换算法，取得了显著的结果与良好的效果。

在传统基于运行时间的切换方式中，存在计时器资源消耗大、易达上限、离线下载工程后计时器清零以及增大处理器负荷等问题。而新提出的基于模运算的优先级定时切换算法有效地解决了这些弊端。通过对优先级进行模运算处理，实现了风机优先级的循环更新，确保每台风机都有均等的运行和轮休时间，极大地提高了现场设备的使用寿命和系统的可靠性。同时采用了模块化编程、代码优化、优化算法的编程策略，降低了控制器计算负荷。程序设计中的逻辑使能与屏蔽命令、故障切换等功能，确保了压缩机机房的通风换气需求不受影响，大大提高了系统的稳定性和可靠性，为无人站场的安全生产提供了重要保障。

风机状态	1#风机	2#风机	3#风机	4#风机	5#风机	6#风机	7#风机	8#风机	9#风机
第0次切换	0	1	2	3	4	5	6	7	8
第1次切换	1	2	3	4	5	6	7	8	0
第2次切换	2	3	4	5	6	7	8	0	1
第3次切换	3	4	5	6	7	8	0	1	2
第4次切换	4	5	6	7	8	0	1	2	3
第5次切换	5	6	7	8	0	1	2	3	4
第6次切换	6	7	8	0	1	2	3	4	5
第7次切换	7	8	0	1	2	3	4	5	6
第8次切换	8	0	1	2	3	4	5	6	7
第9次切换	0	1	2	3	4	5	6	7	8
第10次切换	1	2	3	4	5	6	7	8	0

图 2　风机切换效果图

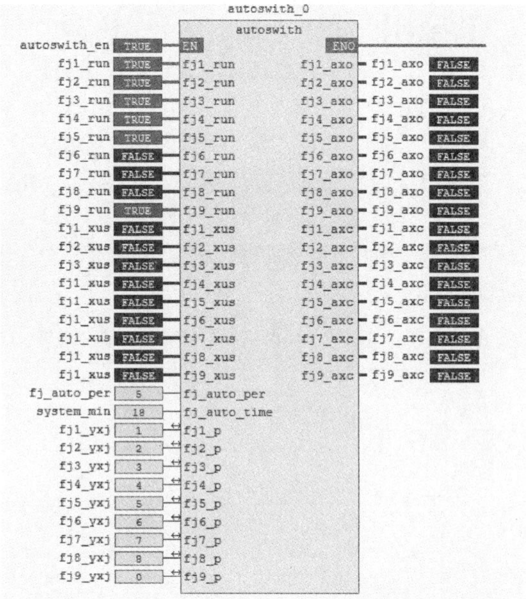

图 3　模运算优先级自动切换在线程序图

在实际应用中，基于模运算的优先级定时切换算法不仅适用于天然气压气站压缩机机房通风换气风机，还可以扩展应用到其他类似的设备自动切换控制中。其具有通用性强、稳定性高、系统资源消耗低等优点，为无人值守、智能站场的发展提供了有力的技术支持。

3　结论

本文以天然气压气站压缩机机房通风换气风机为研究对象，深入分析了传统风机自动切换方式的不足，并提出了基于模运算的优先级定时切换算法。通过理论分析和实际应用验证，该算法具有以下几个重要特点：

首先，该算法有效地解决了传统基于运行时间切换方式的弊端。不再依赖大量的计时器资源，降低了控制系统的负荷，避免了计时器上限和清零等问题，提高了系统的稳定性和可靠性。

其次，模运算技术的应用实现了风机优先级的循环更新，保证了每台风机都有均等的运行和轮休时间，提高了设备的使用寿命和系统的整体性能。

再者，程序设计中的多种功能，如逻辑使能与屏蔽命令、故障切换以及优先级确定等，为系统的安全运行和灵活操作提供了保障。

总之，基于模运算的优先级定时切换算法为天然气压气站压缩机机房通风换气风机的自动切换控制提供了一种高效、可靠的解决方案。该算法具有广泛的应用前景，可推广至其他类似的设备自动切换控制领域，为无人值守、智能站场的发展做出贡献。

参　考　文　献

[1] 唐立君，彭知军．城镇燃气无人值守场站的研究[C]//中国城市燃气协会标准工作委员会．2024 年中国城市燃气协会标准工作委员会年会暨燃气安全运营和智慧建设研讨会论文集．中国燃气控股有限公司；华润集团有限公司．

[2] 牟文昌加，孟帅，张天航．天然气站场无人化技术发展现状及优化分析[J]．石化技术，2021，28(07)：82-83.

[3] 段学宏．基于站库 PLC 控制装置在油田无人值守系统的应用分析[J]．中国设备工程，2024，(15)：125-127.

[4] 梁骁男．输气管道站场无人值守建设与展望[J]．石化技术，2024，31(06)：206-208.

[5] 贾春桦，邹峰，赵海龙，等. 油气长输管道管式加热炉无人值守智能运行关键技术[J]. 油气储运，2022，41(12)：1404-1411.
[6] 姚妍彬，庞传龙，卢成伟，等. 无人值守泵站的工艺逻辑设计及应用[J]. 中国给水排水，2016，32(11)：55-57.
[7] 赵立前，李京，刘跃. 输气管道压缩机厂房通风设计研究[J]. 天然气与石油，2017，35(05)：93-98.
[8] 张俊，兰宇剑. 天然气长输管道站场压缩机厂房的设置[J]. 化学工程与装备，2023，(01)：92-95.
[9] 杨丹，沙帅，耿页，等. 中缅线某压缩机厂房通风系统设计[J]. 暖通空调，2022，52(S1)：336-339.
[10] 付浩，雷文贤，张璐，等. 燃气驱动天然气压缩机厂房通风设计要点[J]. 油气田地面工程，2023，42(02)：92-96.
[11] 刘少山，李广群，仝雷，等. 压气站场的空冷器设置方案[J]. 油气储运，2019，38(02)：228-234.
[12] 贾进林. 站场调压回路切换控制功能的管理实践[J]. 化工管理，2019，(24)：96-97.
[13] 朱文杰，易本顺，甘良才，等. 一种基于模运算和扩展欧几里得定理的喷泉码[J]. 电子学报，2017，45(04)：855-862.
[14] 谢铁顿. 关于公钥密码RSA体制幂运算序列的周期问题[J]. 通信保密，1989，(04)：1-4.
[15] 高厚传，王琦，杨磊，等. 自动化生产线中的PLC编程技巧与应用[J]. 科技资讯，2024，22(10)：46-48.

长输管线天然气分输站防爆巡检机器人设计及应用

蔡永锋[1]　王士兴[2]

（1. 杭州安森智能信息技术有限公司；2. 西安安森智能仪器股份有限公司）

摘　要　随着国内外人工智能技术的不断发展，天然气行业进入智能化、数字化发展新时期。利用机器人和5G通信技术为现代天然气企业发展提供技术保障，是新时代能源企业发展的必由之路。本文主要探讨防爆巡检机器人在长输管线天然气场站设计和应用。

关键词　防爆巡检机器人；人工智能；5G通信；天然气场站

天然气分输站是长输管线当中一个非常重要的中转站，担负着承接上游来气和向下游城市门站输气的责任，关系到国家的能源安全和民生稳定。为了加强分输站的安全管理，要求分输站人员定期对其进行巡检，这种重复性的工作需要耗费大量人力，由于人工巡检效率低，难以确保巡检质量，分输站的生产安全无法得到有效保证。

为了更加高效地实现天然气场站的巡检工作，现使用一种具备在天然气场站的易燃易爆环境下，具备防爆能力的巡检机器人，替代人工巡检，提升天然气场站巡检的工作效率，确保天然气场站的安全性，并且防爆巡检机器人可以替代人工进入危险地带进行巡检，并且可以精确地采集数据，同时判断天然气场站各设施的运行状况，并及时作出判断。实现了天然气场站的自动化、智能化管理，具有良好的发展前景与市场空间。

1　防爆巡检机器人系统设计

该系统以防爆巡检机器人（以下简称机器人）为核心，机器人防爆等级：Exd Ⅱ BT4 Gb，同时结合人工智能巡检管理平台，实现机器人对场站设备的全方位巡检。巡检机器人通过搭载高清摄像机、激光甲烷遥测仪、红外热成像仪、声波检测模块等设备，实现仪表识别、可然气体遥测、红外测温、异常声波检测等功能，实现对天然气场站360°全方位智能诊断。

机器人搭载5G通信模块，利用5G通信高带宽，低时延的技术特点，可以做到巡检采集的音视频数据实时回传总监控中心，异常状态实时报警。工作人员实时掌握作业现场信息，并通过人工智能巡检管理平台实现对前端机器人的控制、数据接入、存储、统计，为使用者提供最直观立体的展示。机器人配备毫米波避障传感器，使机器人在定时巡检过程中轻松避开运行中的阻碍，不受障碍物的影响，准确采集被检数据。机器人还采用无线充电技术，充电设备符合防爆要求，可以将充电设备部署在现场防爆区域。巡检机器人系统由以下几部分组成：防爆巡检机器人系统、智能充电系统、人工智能巡检管理平台组成，如图1所示。

图1　巡检机器人各组成部分

1.1　激光甲烷遥测系统

激光甲烷遥测系统基于可调谐半导体激光吸收光谱气体检测技术进行甲烷检测。具体来说，通过控制电路对激光器进行电流调制，使激光器发出特定波长的激光穿过气体监测区域后，被反射面反射并被激光探测器接收，若激光穿过的气体监测区域中存在被检测的特征气体，激光将被该特征气体吸收，特征气体浓度越高，吸收量越大，激光探测器监测到激光数据的变化并进行处理，最终将浓度结果显示出来，如图 2 所示。

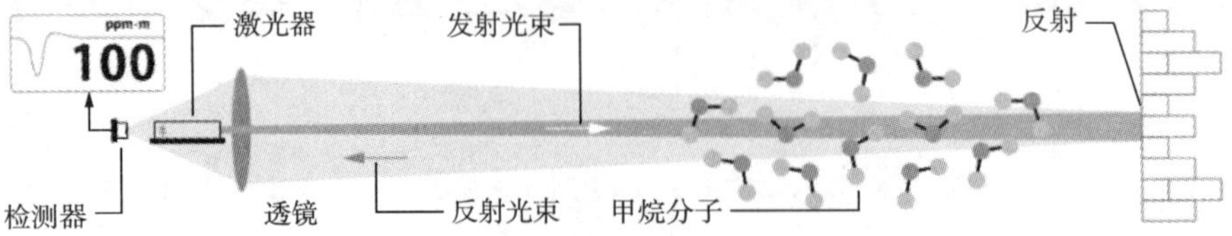

图 2　激光测甲烷示意图

利用 3D 激光扫描遥测模块，结合云台运动机构，可以对天然气场站可疑泄漏点进行全方位扫描检测，最远检测半径达 200m，检测灵敏度 5ppm · m，相比人工用肥皂水或手持便携式设备对生产设备的每处易漏点进行巡检检测，极大提高检测的效率和准确度，并且让现场人员远离有毒有害的风险区域，确保人员操作安全。

1.2　图像采集识别系统

图像采集识别系统搭载人工智能防爆云台，集成高清摄像仪与热成像仪，并配置夜间补光灯，可实现全天 24h 清晰成像。由于天然气场站属于易燃易爆场所，巡检机器人搭载的防爆云台首先要满足现场防爆要求，可以实现机器人对现场设备 360°全方位的立体巡检，减弱巡检死角；同时搭载高清可见光摄像仪，实现机器人在巡检过程中各类仪表、阀门识别功能，并且与现场的数据平台的数据进行比对提供保证。可见光摄像仪和夜间补光灯配合工作，可以使巡检机器人满足全天候的工作要求。红外热成像仪的配置可以使巡检机器人在巡检过程中，实现实时对现场设备温度采集功能，能够第一时间发现监控范围内的极限温度及平均温度，当发现温度异常时，及时报警，使监控更加全面、智能。图像采集识别系统集成指针表、数字表、阀门识别、红外热成像测温等各类人工智能算法，完全满足天然气场站设备识别需要，让“机器眼”代替了“人工眼”。

1.3　异常声波采集识别系统

机器人搭载高灵敏度全向麦克风，配合声波识别算法，可以对场站内压缩机、电机、天然气泄漏等异常声音进行实时监测，如有声音异常进行实时预警。

1.4　激光导航系统

机器人采用三维激光定位导航技术，通过激光雷达扫描周围景物，自动构建地图及规划巡检路线，按既定路径巡视，实时纠正运行轨迹，确保机器人稳定运行，遇障时主动告警，并自主绕障。

1.5　AGV 运动控制系统

机器人采用四轮驱动平台，可在地面上自由行走，行进速度 1m/s，可进行原地转弯，转弯半径小，适应窄道通行。机器人还有具有 20°爬坡能力，可以在坡道平稳运行。

1.6　智能防撞与避障系统

机器人具有智能防撞、自主避障功能，对巡检机器人运行前方存在的障碍物和工作人员进行探测，若遇到障碍则自动停车。同时设定最佳的行走路线避过障碍物，同时加装安全触条，防止碰撞造成人员及设备损伤。

1.7　人工智能巡检管理平台

利用人工智能巡检管理平台对巡检机器人进行远程控制，可以远程设置巡检任务，展示巡检数据，对巡检异常进行在线报警，并出具巡检报告。人工智能巡检管理平台的显示界面如图 3 所示。

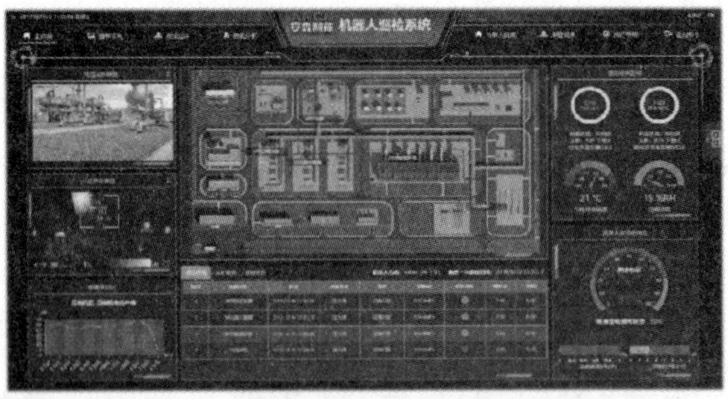

图 3　人工智能巡检管理平台显示界面

1.8　无线充电系统

机器人系统采用磷酸铁锂电池供电，为实现巡检机器人 24h 无间断巡检，本系统设计了无线充电系统，满足防爆要求，可以将充电房部署在场站防爆区域。当机器人电量低于某一数值时，机器人可自动行走至充电房处完成自动充电。

1.9 5G 通信系统

机器人支持5G通信传输技术，场站内部署5G通信网络，机器人通过5G通信网络进行音视频数据的传输，利用5G通信高带宽，低时延的技术特点，可以实时上报巡检结果。相比WIFI通信，5G通信有明显的优势，尤其对视频信号传输时延可以降到最低，可以实时再现现场巡检状况。

2　防爆巡检系统功能和特点

该防爆巡检机器人系统已在国家管网某分输站应用，如图4所示。完成了对场站收发球区、进站区、过滤分离区、计量区、加热区、调压区、出站区、自用气区、放空区、排污区等区域设备的巡检工作，数据采集准确，图像清晰，故障报警及时。该巡检机器人具有如下功能及特点。

（1）机器人具有自主巡检功能，在不用人工干预的条件下能自动完成场站规定路线及区域的巡检工作，提升了天然气行业巡检领域的自动化、智能化水平。同时，巡检机器人的防护等级及配套相关设备为巡检机器人全天候运行提供了保障。

（2）由于机器人采用轮式设计体积小，便于在场站管道内穿行，在巡检过程中搭载的激光甲烷遥测仪可以实时监测场站微小泄漏，相比人工巡检更加高效、精准。

（3）机器人搭载高清摄像仪及红外热成像仪，既满足白天、黑夜的室外巡检要求，又能在巡检过程中不间断的对现场的环境、设备进行测温，如发现温度异常，立即报警，比人工巡检更专业、可靠。

（4）巡检机器人采用5G通信、精光导航、自主避障，配备高精度的算法，可以高质量完成自主巡检工作。

（5）机器人具有自主充电功能，能够与充电设备配合完成自主充电，电池电量不足时能够自动返回充电，可以反复使用。

（6）代替巡检工，节省大量的人力，同时完成巡检工应完成的所有工作，避免人为原因造成的漏检、错检，比人工巡检更加“敬业”。

（7）巡检机器人具备智能“抄表”功能，通过和S平台数据对比，及时发现监控设备故障，确保安全生产。

（8）能够对现场施工人员进行监护，使监控更全面。

图4　防爆巡检机器人在国家管网某分输站使用

3　结束语

本文介绍的防爆巡检机器人系统对于靠人工巡检的天然气领域来说，降低了巡检工的劳动强度，通过监护现场工作人员，保证作业的安全性，不但提升了生产设备的安全指数，同时符合国家安全生产的要求。本系统投入实际运行后，既提高了天然气场站的可靠性，降低了事故率，又减少了故障处理时间，使天然气场站系统更加安全可靠，对确保天然气输送企业的安全生产，提供了可靠的保证，同时也促进了天然气产业巡检领域的自动化、智能化水平的提高，符合当前国家科技战略。

管道泄漏监测技术在油田的研究与应用

刘成龙　张俊杰　杨永波

（中国石油长庆油田分公司）

摘　要　及时发现泄漏，采取及时有效的操作和措施，减小管道泄漏造成的损失和危害。探索研究一套适用于集中管理、适用范围广、可靠性高、投资适中的管道泄漏监测系统，实现对增压站管道的监测覆盖。

关键词　泄漏监测；管道

1　油田管网现状

长庆油田矿区地形复杂多变，涉及多个水系、水库敏感区，沟壑水系纵横交错，管道沿河、跨河较多、与周边环境关系极为敏感；另"新两法"的颁布实施，导致管道安全管理形式非常严峻，如何实现对集输油管道更可高靠性、更高覆盖度的泄漏监测是当前亟待解决的问题。单机版监测投资高、技术单一、单站点监控、适用工况范围受限等问题突出，无法满足增压站管道泄漏监控的需求，如图1、表1所示。

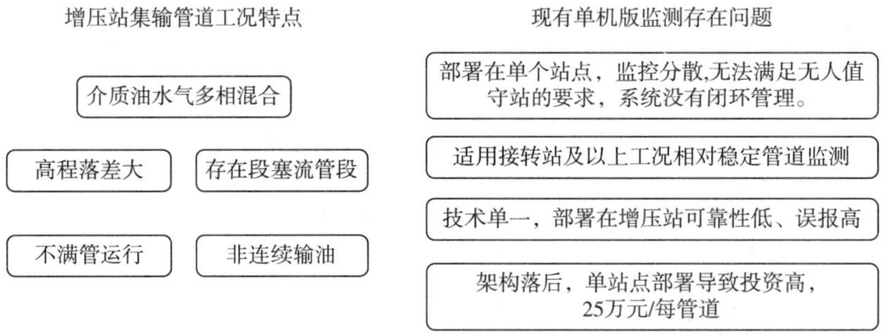

图1　单机版问题

表1　不同监测方法的原理、特点、适用范围

序号	技术分类	基本原理	适用范理	工作特点	缺　点
1	负压波法+流量平衡法	监测和分析管线首、末站压力和流量变化，判断是否泄漏。	接转站及以上级别工况稳定、纯液体介质管道，质性价比高，效果相对较好，应用普遍	事后检测在满管纯液体管线应用效果较好	监测判断条件单一，管存因素影响监测精度较大；要求输送介质含气量较低；高程落差大管线影响监测精度较大
2	分布式光纤监测	光缆沿管道敷设，感知管道周围振动，局部瞬间温度变化情况	适用于任何工况的管道；监测精度最高	第三方施工、破坏等前期震动信号预警；原油泄漏后局部温度变化预警	施工难度和施工成本高；适用于长输管道、新建管道同步施工
3	外部环境传感器监测	设置多种传感器：视频红外测温、原油嗅觉传感器等	高后果区、河流穿跨越	适用于局部高后果区	对管道局部重点管段进行监测
4	利用SCADA系统数据辅助判断	基于压力、流量数据变化，职工根据经验设定报警阈值，自行判断	各作业区用于辅助判断	事后监测，充分利用已建SCADA系统，无需再投资	信号未经过滤波预处理，无检测算法支撑，报警参数凭经验设置，只能发现明显的大泄漏

2　安全生产需求

2.1　集群化分析技术

集群化管道泄漏监测系统是采用“模式识别+智能流量平衡+负压波+机器学习”多技术为一体的综合监测预警系统，采用机器学习不断优化监测模型，多算法融合提升监测精度，解决了传统的负压波、流量平衡应用于增压站管道监测误报率高、适用范围受限等问题。

该系统针对每一条管道进行数学建模，同时基于机器学习的能力，在实际运行中不断地优化算法，持续的提高监测精度和可靠性，对管道泄漏事件及时发现、控制，损失降低到最小化。

2.2　泄漏定位功能需求

部署在单个站点，监控分散，无法满足无人值守站的要求，系统没有闭环管理。适用接转站及以上工况相对稳定管道监测。技术单一，部署在增压站可靠性低、误报高。架构落后，单站点部署导致投资高，25万元/每管道。亟待探索研究一套适用于集中管理、适用范围广、可靠性高、投资适中的管道泄漏监测系统，实现对增压站管道的监测覆盖。为管道泄漏监测提供高效可靠的技术解决方案，全面加快油田管道管理的信息化、智能化进程，为智能化油田建设奠定基础。

3　系统解决方案

集群化管道泄漏监测系统是采用“模式识别+智能流量平衡+负压波+机器学习”多技术为一体的综合监测预警系统，采用机器学习不断优化监测模型，多算法融合提升监测精度，解决了传统的负压波、流量平衡应用于增压站管道监测误报率高、适用范围受限等问题。

该系统针对每一条管道进行数学建模，同时基于机器学习的能力，在实际运行中不断地优化算法，持续的提高监测精度和可靠性，对管道泄漏事件及时发现、控制，损失降低到最小化。

多算法融合、机器学习、持续优化模型、数据预处理、单管道建模。研发独立的管道运行数据实时采集模块与数据采集与预处理软件，在作业区搭建数据采集与处理监测单元服务器，通过Modbus/OPC网络通信协议对接管道始末站PLC，采集高密度的管道压力、排量等运行数据。

4　集群化管道泄漏监测优势特点

4.1　覆盖范围更广

可适用于增压点及以上级别的管道。

4.2　可靠性更高

融合了负压波、流量平衡、水体力学、机器学习等多种算法为一体，可靠性更高，降低误报率。

4.3　实现集中监控

改变了单点监控模式，实现集中监控管理。

4.4　报警分层级推送

闭环管理。报警信息多层级推送，处置环节闭

合管理。

4.5　关键指标

（1）灵敏度，报警时间：1~3分钟、当泄漏量≥5%时，反应时间≤1分钟。当泄漏量<3%时，反应时间≤3分钟。

（2）准确性，最小可检测到的泄漏量0.5%，接转站及以上级别管道采用质量流量计，泄漏监测量0.5%~1%。

4.6　关键技术路线

泄漏监测系统是集前端数据采集、数据预处理、多层级泄漏分析、泄漏报警、机器学习技术为一体的综合监测预警系统，其核心是建立了系统的机器学习能力，融合了神经网络、模糊逻辑、专家系统、粗糙集理论等人工智能技术，基于管道流量、压力、泵频率运行参数、泄漏数据、3D流体力学分析等数据，建立管道泄漏识别模型，通过运行中的持续比对、算法优化，实现更趋于准确的管道泄漏监测预警。

4.7　关键技术路线图

关键技术路线图，如图2所示。

4.8　数据采集与传输

开发独立的管道运行数据实时采集模块与数据采集与预处理软件，在中心站搭建数据采集与处理服务器，通过Modbus/OPC网络通信协议对接管道始末站PLC，采集高密度的管道压力、排量、泵频率等运行数据，如图3所示。

4.9　数据预处理

现场采集的压力、排量等信号原始数据，存在电磁波、输油泵振动等干扰，采用小波去噪、缺失值处理、正态性检验等算法对原始数据进行修正与降噪处理，提升泄漏信号的细节表现。

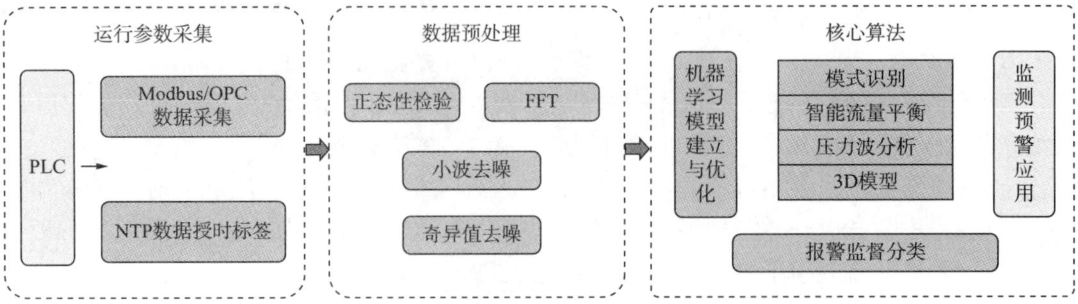

图2　数据流程图

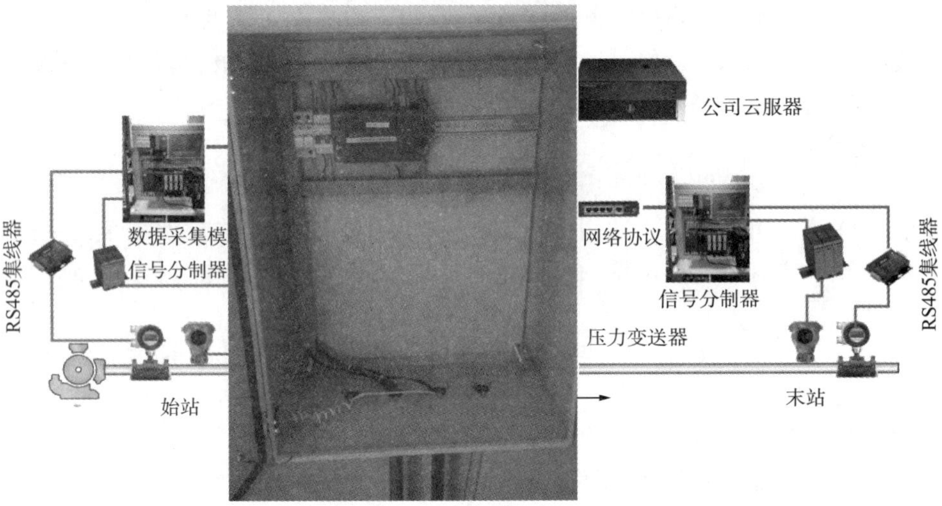

图3　现场采集设备

4.9.1　噪音的产生来源

（1）仪表的安装及运行，对流体的影响等；

（2）管道运行中流体的状态；

（3）管件，如阀门，减压阀，甚至粗糙管壁的影响；

（4）外界环境的干扰等。

4.9.2　进行数据预处理

（1）FFT去噪：去掉非平稳信号的时变信息；

（2）奇异值去噪：过滤异常数据；

（3）小波去噪：时变信号分析，主要的去噪模块；

（4）正态性检验：去由仪表故障等引起的突变值，监测仪表是否正常运行。

5　关键技术算法

5.1　多泄漏检测算法

管道路由高程变化大，存在油气混输，非连续输油、不满管运行等复杂现状，采用单一算法的泄漏监测局限性大，本项目基于多泄漏检测算法融合理念，实现各类算法之间的互补，实现精准监测。

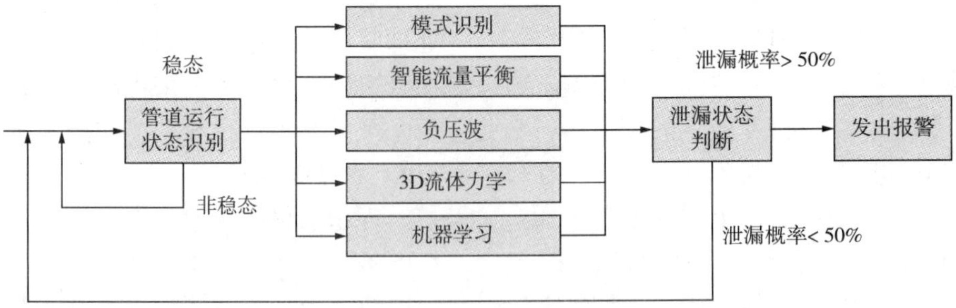

图4　核心算法图

5.2 模式识别

模式识别方法实质是一种分类的方法，主要提取泄漏发生时管道运行各参数的特征来进行识别判断，如图5、图6所示。

5.3 机器学习

通过神经网络自我学习技术，基于管道基础资料、路由高程、流量、压力、泵频率运行参数、泄漏数据、3D流体力学分析数据做为训练样本，通过管道运行中的工况比对，与模式识别模糊逻辑相融合，持续的进行泄漏模型和算法优化，构建单条管道更趋于精确的管道泄漏模型。大量的监测数据通过自组织神经网络进行机器学习训练，不断优化各特征参数的评价系数，有效的降低了监测模型的数据维度。

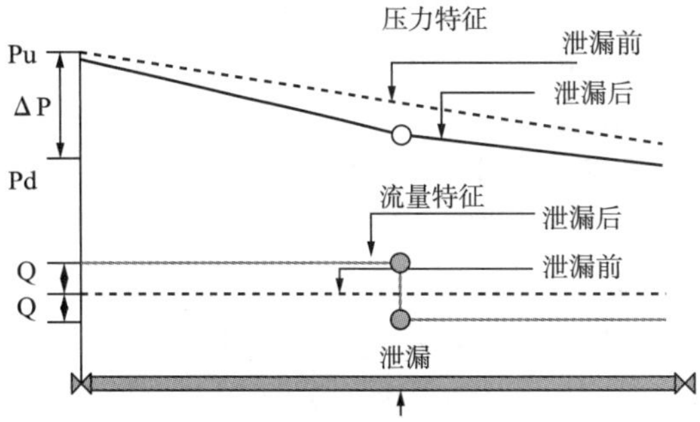

图5　特征判断图

管道状态	入口压力	出口压力	入口流量	出口流量
流量增加	⬆	⬆	⬆	⬆
流量减少	⇩	⇩	⇩	⇩
开泵	⬆	⬆	⬆	⬆
停泵	⇩	⇩	⇩	⇩
正常工况	较小波动	较小波动	较小波动	较小波动
泄漏	⇩	⇩	⇧	⇩

图6　条件判断图

5.4 负压波监测

管道发生泄漏时，泄漏点因流体介质损失而引起的局部液体密度减小，导致瞬间压力降低，作为负压波源通过流体介质向泄漏点的上、下游传播，相当于在泄漏点处产生了以一定波速传播的负压波，在水力学上成为负压波，又称为减压波。当负压波传播到管道端点时，引起上游站出站压力和下游站进站压力降低，可以通过设置在管道两端的动态压力传感器捕捉到负压波，从而进行泄漏报警，如图7所示。

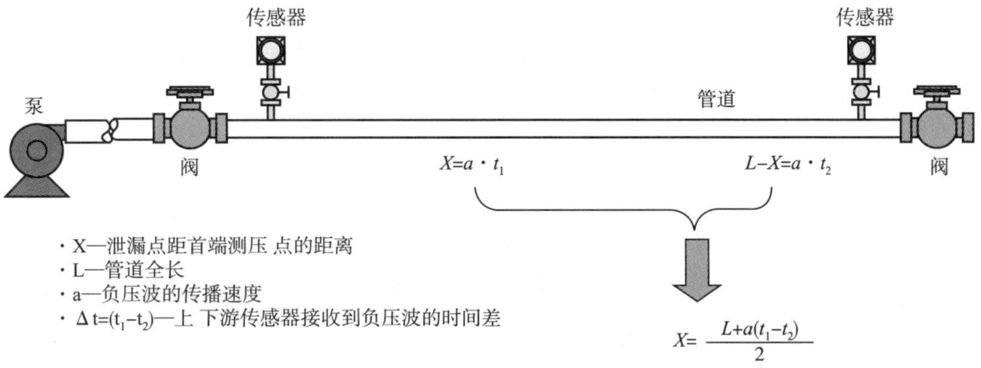

图7　负压波技术图

5.5 智能流量平衡

当管道正常运行时上、下游站点的流量差在某一定值浮动，理想状态下管道发生泄漏，上游站的流量上升，下游站的流量下降，流量差增大，流量差超过某阈值即判断管道泄漏。

由于管道存在多相流、工况不稳定、管道路由地势多变、含气量不稳定等现状，管道实际运行管存变化大，泄漏流量差阈值区间非常大，常规流量平衡算法无法满足高精度的泄漏监测需求。

本系统建立基于时间补偿模型的智能流量平衡算法，实现管道瞬时输差、累计输差的精确监测，建议采用质量流量计解决输送介质因含气不稳定，温度、压力变化产生的密度变化对排量计量的影响。流量平衡的监测阈值不是一成不变的，采集每条管道的长期运行数据建立动态的输差变化模型，针对不同输送状态的管道自动匹配对应的阈值参数。

5.6 多算法融合

在实际生产中，管道铺设高低起伏较大，并且存在油气混输现象，加之实际泄漏量有大有小，因此用单一算法的泄漏检测判断方法，必然存在一定的局限性，因此采用多算法融合泄漏检测算法，实现各类算法之间的互补，达到快速发现泄漏的目的。

在实际应用中，一般需要根据管道以及算法设计成熟度等特性，对多种算法建立报警概率矩阵计算模型，具体计算如下：

$$P=[a_1, a_2, \cdots, a_n]\begin{bmatrix} b_1 \\ b_2 \\ \cdots \\ b_n \end{bmatrix}=a_1b_1+a_2b_2+\cdots+a_nb_n$$

式中，a_1，a_2，a_n 分别为算法的报警状态，检测到泄漏为1，未检测到泄漏为0；b_1，b_2，b_n 分别为算法的报警权重，机器学习算法会根据报警记录不断优化调整报警权重。

6 系统实施

监测系统的实施主要分为：前端仪表接入、数据采集与监测软件部署、接口程序安装、应用系统安装、管道监测建模等五个部分，如图8所示。

6.1 数据准备实施步骤

数据准备实施步骤，如图9所示。

6.2 关键功能设计

集群化管道泄漏监测系统基于网页浏览，建立泄漏报警、联锁控制、分级推送、闭环处置的管道泄漏管理流程，同时集成了管道档案、管道地图、高后果区识别、管道特征点、应急预案等功能，实现对泄漏事件及时发现、风险综合评估、快速控制，将风险损失降低到最小化，如图10所示。

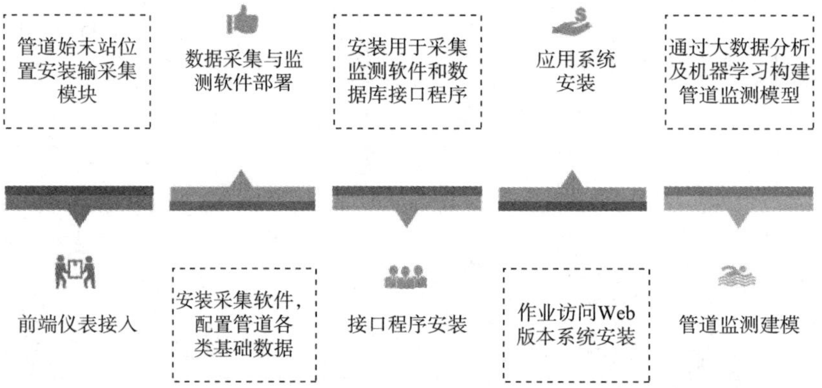

图8　结构图

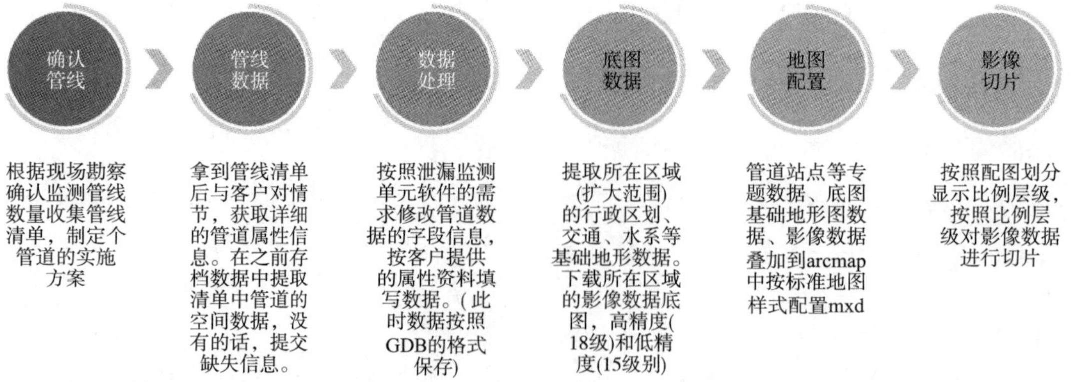

图9　实施步骤图

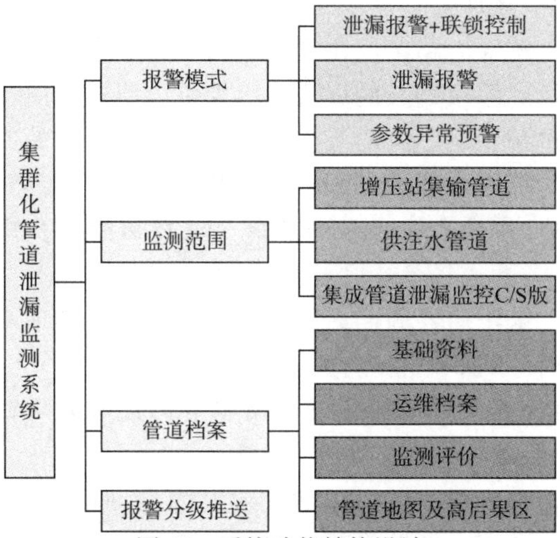

图 10　系统功能结构设计

6.3 系统架构设计

系统采用分布式设计原理，在中心站设立前端泄漏监测单元，承担数据采集、预处理、数据分析和存储功能，分析结果推送至厂级服务器（云服务），实现系统机器学习、大数据分析，综合应用功能的实现，如图 11 所示。

6.4 泄漏预警模块

6.4.1 泄漏监测报警

多算法融合监测将判断结果按概率比等级划分为泄漏报警、报警联控两类。

6.4.2 联锁控制

建立与 PLC 的双向通讯协议，报警特征较为明显时，实现远程停泵，及时控制。

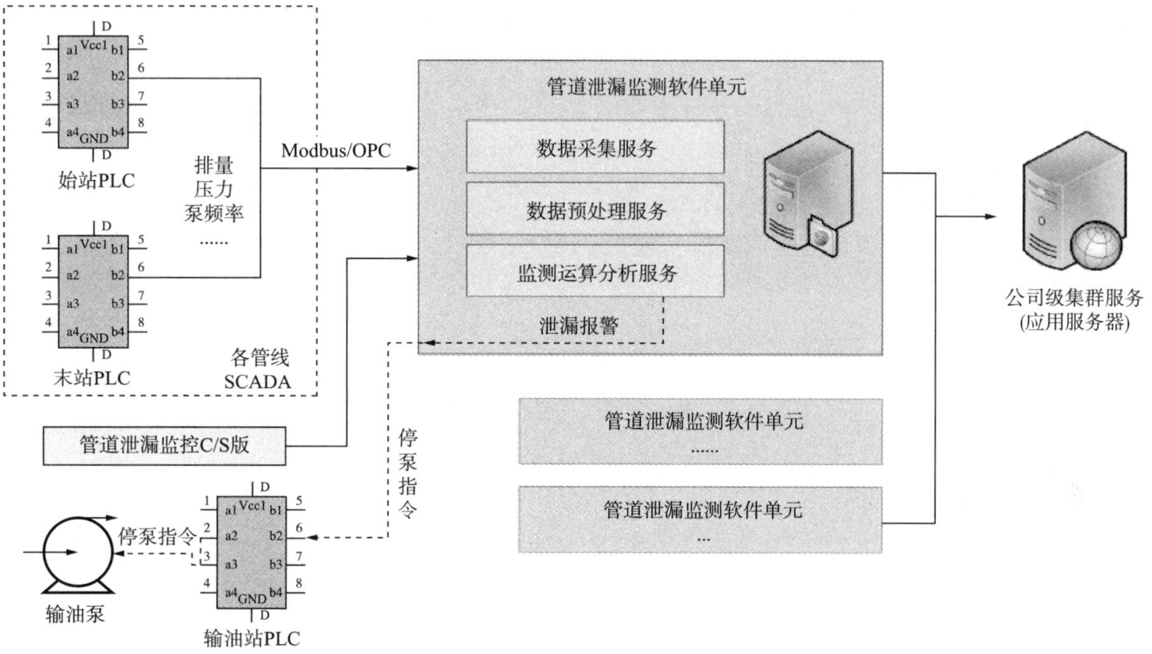

图 11　采集控制图

6.4.3 报警日志

系统对发生报警的信息自动记录，形成报警日志。包含基于条件查询浏览、单条管线报警日志查阅、历史曲线追溯的功能。

6.4.4 分级推送

根据自设定的时间间隔和用户级别自动进行报警消息分级推送。值班人员填报处理情况，结束报警，形成闭环处置。

6.5 管线档案管理

管道基础资料，管道档案综合检索查询、分类分级统计；报表自定义生成；根据管线类别、所属单位、投产时间、规格检测、试压等多条件进行管线统计分析，报表生成、Excel 报表导出、导入等功能。

6.6 破漏档案

建立管道破漏档案，采用地图可视化管理，在图中显示管线破漏点的地理

位置，鼠标点击显示破漏现场相片、破漏原因、描述等信息。

6.7 管道腐蚀评价

实现对管线检测数据的管理、展示与分析，对管线剩余年限评估并预警，实现主动安全；同时对高腐蚀速率管线进行预警，为管线的工艺管理提供支撑。

6.8 管道高后果区

基于环境敏感要素数据库（居民地、湿地、

林地、水系等水源保护区、交通道路等要素）及管道空间数据，通过管线的周边环境分析，生成高后果区数据，展示管道后果区分布。

6.9　主要系统界面

主要系统界面，如图12所示。

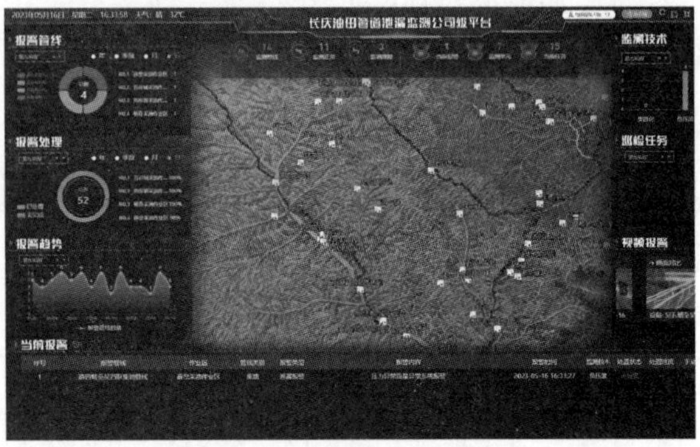

图12　系统智能图

7　存在问题及解决方案

7.1　数据采集偶发性掉线、卡死问题

解决思路，由于信号分线器与现有SCADA系统相互干扰，解决方案更换信号隔离器，或更新信号隔离器固件。

7.2　启停泵，降库等操作产生的误报警现象

解决思路，优化现有的泵状态结合外输排量进行启停泵判断的算法。增加泵电流、电压，根据每条管道不同的泵参数与外输排量变化的匹配度，选用合适的参数进行判断。

7.3　启停泵过于频繁非满管运行的管道，容易产生误报的问题

采用启停周期累计排量计算方法，实现对频繁启停的非满管运行的管道监测。

7.4　连续常规输差变化对报警阈值的影响判断问题

解决思路，提高常规输差的自动计算频率；提升数据有效性判断，剔除启停泵期间的数据及问题数据。

7.5　针对插输、混输、含气量大、微小泄漏优化算法，针对部分管道订制个性化算法

解决思路，根据管道具体的输油曲线特征建立独立适用算法。

油田场站无人值守升级改造建设实践

安　然　杜　旻　段金奎

（中国石油长庆油田分公司）

摘　要　当前，信息技术引领的新一轮科技革命正以前所未有的方式对社会变革的方向起着决定性作用。要坚持以用促建、经济可靠理念，推行可视化、自动化、数字化、智能化管理，要求积极应用物联网技术，加大“无人化、少人化”建设和运营，大力推进低成本油气生产物联系统建设工作，形成“集中监测、无（少）人值守、组织运维”的新型生产模式，逐步实现经营决策分析智能化、生产组织扁平化和运行实时优化，大幅度提高劳动生产率。本文介绍了长庆油田通过进行无人值守站升级改造，实现减少岗位设置，降低生产运行成本和员工劳动强度，提高数字化水平和生产安全性、可靠性，成功地实现了“井场、中小型站场无人值守，大型站场少人集中监控”的新模式，推动油田持续稳产，长远、高质量发展。

关键词　无人值守；数字化；智能化管理；升级改造；新模式

1　引言

中国石油集团公司在2019年信息化工作视频会上明确提出要在2020年实现“共享中国石油”的目标。目前长庆油田各单位正在积极开展数字化转型、智能化建设发展建设。对现有机构和业务进行整合，建立起新的组织机构模式和新的油田管理及运行模式。生产运行方式由“劳动密集、驻点值守、定时巡检”转变为“少人或无人值守、集中监控、定时巡检、按需巡检”的新模式；制定“油公司”模式改革方案，以“四优化”作为改革驱动，大力推广“中心站-无人值守站”扁平模式劳动架构，持续优化生产组织方式和劳动组织模式为改革驱动，有序推进“油公司”改革。劳动组织结构实现高度减量化、扁平化，深度盘活一线人力资源，提升本质安全与管理效率。在无人值守的新理念下，有效助推企业管理和技术创新，实现油田精细化管理。

2　无人值守改造思路

2.1　联合站（脱水站）

联合站（脱水站）是对油田生产的原油、采出水进行集中处理的大型站场。功能包括：气液分离、原油处理、原油储存及外输、油田采出水处理与利用，以及供热、给排水、消防、供配电、通信、自动控制等生产辅助功能。联合站类型主要为三相+沉降罐脱水开式输油模式的联合站。

改造思路：缓冲罐出口安装电动三通阀，实现事故状态下流程切换；加药装置液位监测、远传；污油回收装置实现液位高限报警；沉降罐、净化罐液位监测，高低限报警；外输泵出口安装电动阀，实现紧急截断；加热炉、循环泵及热网改进；伴生气分液器排污管线配套智能排液疏水装置；三相分离器进口安装流量计和电动调节阀，以流量来控制三相分离器进口开度；实现三相分离器进液均衡；三相分离器出口安装含水分析仪，在两路出口分别安装1个电动球阀（合格油直接去缓冲罐外输，不合格油切换至沉降罐进行二级脱水，净化罐外输）。

事故状态下用于流程切换电动三通阀的设置位置：缓冲罐出口增加三通阀，站场事故状态时，来液经过缓冲罐后，可减轻油气直接去事故罐的压力冲击及油气积聚的风险。

新增自动化控制药品提升加注系统1套，由DBY-25电动隔膜泵、控制柜、电动阀、站控部分组成；加药罐新增防爆电热液位计，实现液位远传并报警；加药数字化流程：加药开始时，控制PLC对电磁阀发出信号，打开电磁阀1，给药泵开始运转，当给药箱液位到达预定液位，PLC停止给药泵并关闭电磁阀，当破乳灌液位低于预定高度，PLC控制电磁阀2打开，给破乳灌加药。加药完成后电磁阀2关闭，电磁阀1打开，开始新一轮加药，周而复始的运作。

智能排液疏水装置出口管线插输位置：伴生

气分液器排污管线出口经过智能排液疏水装置后若重回流程轻烃类物质就会一直在站内循环，因此考虑插输至外输泵后，输往下游站处理。

伴生气分液器设置远传液位计：将原机械液位计改成可远传液位计，该装置采用磁敏原理，将机械运动转换为电子信号，通过液位远传装置实现就地显示当前数值与数据远传。数据远传采取 RS485 数字信号传输。也可实现无线传输。

三相分离器 PID 智能控制：针对三相分离器进液不平稳导致一次脱水不合格的现状，攻关研究 PID 智能控制技术，实现三相分离器流量自动调节。

外输泵在线状态监控：对外输泵加装状态监测系统，主要由传感器(安装电池)、信号接收器、无线通讯控制器组成。通过对电机和动力端皮带轮端垂直、水平共4个传感器的振动和温度数据进行监测，实现对设备运行状态的实时、准确监测。

供注系统：采出水回注系统：脱水站及联合站内采出水回注系统规模有 $100m^3/d \sim 1000m^3/d$。站内采出水回注系统主要设备包括喂水泵、注水泵、高压配水阀组。根据注水站数字化建设规定以及现场调研情况，本方案升级措施主要包括：在注水泵房高压区域加装摄像头，降低泵房巡检频次，同时降低安全风险；针对部分注水站未实现分水器压力与注水泵变频装置联动控制，升级 PLC 软件实现恒压注水。

清、污分注系统：脱水站及联合站内清、污分注系统规模有 $1000m^3/d$、$1500m^3/d$、$2000m^3/d$、$2500m^3/d$。站内注水系统主要设备包括：清水罐、喂水泵、注水泵、高压配水阀组。根据注水站数字化建设规定以及现场调研情况，本次方案升级措施主要包括：注水泵房高压区域加装摄像头，降低泵房巡检频次，同时降低安全风险；针对部分注水站未实现分水器压力与注水泵变频装置联动控制，升级 PLC 软件实现恒压注水；清水罐高液位远程停加压泵，低液位泵远程停注水泵、喂水泵。

注水泵在线状态监控：对注水泵加装状态监测系统，主要由传感器(安装电池)、信号接收器、无线通讯控制器组成。通过对电机和动力端皮带轮端垂直、水平共4个传感器的振动和温度数据进行监测，实现对设备运行状态的实时、准确监测。

自控流程改造。沉降除油罐：排泥管线进、出口设置电动阀，巡检人员进行人员排泥，减少劳动强度；过滤装置：根据进出口压差或时间，与反洗泵连锁，进行自动反洗；污泥池：污泥泵出口设置电动阀，巡检人员进行污泥提升或污泥减量化；污油回收装置：实现液位高限报警；缓冲水罐、净化水罐：高低液位与进水泵、喂水泵连锁，实现自动启停。

加热炉、循环泵及热网：改造后加热炉及循环水系统均实现远程监控及操作，加热炉实现启炉后全自动运行，循环水系统远程监控、远程操作。

自动控制改造：配备具有检漏功能的全自动燃烧器，燃气阀组由操作阀、安全阀、最小压力开关、过滤器、调压器组及双电磁阀成。可实现自动点火、熄火保护、水温自动控制、运行参数上传、报警和远程紧急停炉等功能。目前燃烧器及加热炉参数上传至站控系统，控制室可实现远程监控及远程停炉。增加一路硬接线后，所有配置全自动燃烧器的加热炉均可实现远程启停。

2.2 常规增压点

常规增压点具有集油、收球、加药、加热、增压、计量等功能，站内设备包括总机关、收球装置、加热炉、缓冲罐、输油泵、事故油箱、伴生气分液器、加药装置、污油回收装置等。增压点包括 $120m^3/d$、$240m^3/d$、$360m^3/d$ 三种规模。目前常规增压点站内收球装置、加药装置、加热炉、伴生气排污、外输泵等主要设备均采用手动操作，重点设备缺少数据采集录取。

(1) 改造思路

工艺自控：主流程连续运行、远程操控，事故状态在线诊断、站内外安全保障。

收球筒：超压报警、温度控制；密闭分离装置：伴生气出口压力远传；外输泵：压力远传、超限报警停泵、2台泵远程切换，紧急关断；事故油箱：液位监测上传、超限报警；气液分离器：增加疏水阀，实现自动排液；水套加热炉：自动熄火保护、负荷自动调节(温控)、液位远传，低限报警；污油回收装置：液位远传、高低限报警、远程启停；加药装置：液位连续监测、远程启停；根据需要新增1-2台高清视频监控，实现区域和泵房的实时监控。

管理模式：场站无人值守，上传中心站统一管理，应急班听从中心站指令实行应急操作、排除故障、定期巡检。

2.3 橇装增压点

橇装增压点为一体化高度集成的增压装置，主要分为 120m³/d、240m³/d、360m³/d 三种规模，与常规增压点无人值守改造思路对比，增压橇本体已实现无人值守功能，仅需增加进事故油箱流程切换三通阀即可。

改造思路：在增压橇和事故油箱进口增加电动三通阀，实现主流程和事故流程切换；外输阀组出口安装电动阀，实现出站总截断；新增 1 台高清视频监控，实现设备区监控。

2.4 注水站

目前清水注水站规模有 1500m³/d、2000m³/d、2500m³/d。站内主要设备包括原水罐、清水罐、反冲洗水罐、喂水泵、注水泵、高压配水阀组、加压泵、反洗泵、纤维球过滤器、烧结管过滤器、空压机、再生机。

改造思路：根据注水站数字化建设规定升级改造思路主要包括：在过滤器进、出口设置压差计，报警提示巡检人员及时进行过滤器反洗。水处理间、注水泵房高压区域加装摄像头，降低泵房巡检频次，同时降低安全风险。针对部分注水站未实现分水器压力与注水泵变频装置联动控制，升级 PLC 软件实现恒压注水。

2.5 供水站

目前供水站规模有 1000m³/d、2000m³/d、3000m³/d，站内主要设备包括清水罐、供水泵、低压配电室、值班室、休息室等。从水源井、原水罐到供水系统，主要设备均采用手动切换。

改造思路：按照供水站、水源井数字化管理建设要求，配套完善已建数字化水平；供水泵房加装高清摄像头，替代员工日常巡检；解决水源井不能实现远程启停的软硬件问题。优化供水站、水源井、注水站的监控数据的协同作用。供水泵进、出口设置压力远传、出口设置电动阀门，实现高低限停泵，2 台泵远程切换。

2.6 中心站建设方案

按照无人值守站“远程监控、定期巡检、应急联动”的思路，无人值守站的运行采用中心站集中管理的模式。中心站负责管理本站和区域内油水井、归属无人值守站点的集中监控，应急班负责油水井及站点设备维护、应急抢险(图 1)。

中心站按照办公需求配套桌椅、UPS、电脑等硬件设备，部署已开发的 SCADA 系统，便于所辖井站的数据采集和监控。

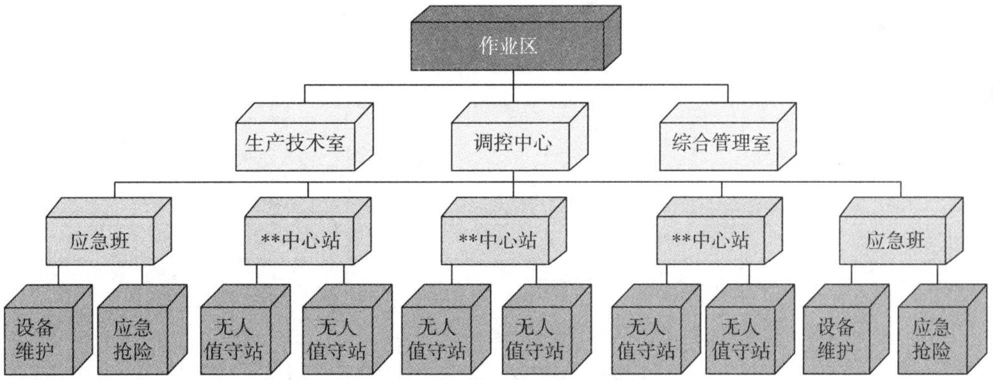

图 1 中心站组织架构

建设内容：作业区 SCADA 系统架构作适当调整。取消原设置在无人值守站控制值班室的 SCADA 监控终端、视频工作站。将流程界面、报表、声光报警及视频监控移至中心站进行集中监控、操作；同时完善中心站控制室的操作台、UPS 电源配置。

无人值守站网络优化。中心站配置各项业务对口接入的交换机，实现各类数据的汇聚。中心站办公与生产网：采用“光缆(新建、附挂)+光纤收发器+交换机”或“交换机+波分复用”的方式扩容链路，在中心站新增办公交换设备连至作业区办公核心，实现中心层面生产网与办公网的优化升级。

视频监控。作业区新增网络视频数据服务器，对口接收、存储各无人值守站新增的高清监控信号；中心站新装高清视频操作站，经网络调用作业区网络视频服务器监控信号；在中心站值班室新装液晶显示单元，实现数据、视频的集中显示；中心站原模拟视频操作站继续使用，对口接收井站模拟视频监控信号。

2.7 井场数字化完善

按照井场数字化建设标准，对作业区井场进行升级完善。

（1）视频升级：对重点井场的普通摄像机升级为高清摄像机，提高视频监控质量。

（2）井场数字化配套设备改造升级：油田主RTU、配水间RTU使用年限超过8年，部分RTU柜门脱落，柜体腐蚀严重，日常采集传输容易出现电器元件故障、上线不稳定等问题，因此对部分井场损坏严重的RTU进行升级更换；

（3）水源井数字化建设：对水源井配套远程控制柜，完善水源井远程控制保护功能。

3 无人值守场站的应用效果

3.1 优化人员数益

3.1.1 劳动组织架构扁平化，盘活劳动用工，降低生产一线用工成本

依据集团公司“三项制度”改革要求，无人值守改造完成后，配套对生产组织架构及劳动用工方式进行调整优化。组织架构由“作业区—应急班—场站”三级变为“作业区—中心站”两级，其中采油作业区中心站与作业区调控中心合并，实现作业区直管场站，生产组织更加高效。

某站点定员有过去的2454人减少为1319人，各岗位调减人员共计1151人，这些人员将调配到新建产能岗位或新增岗位。

按照油田公司一线员工人均年费用15万元/人测算，生产一线组织机构调整后减少人员支出费用17265万元/年。

3.1.2 降低劳动强度，提升劳动效率

中心站运行模式下，将分散驻站转变为集中巡护，利用智能化技术降低各类繁琐、重复性工作，运行管理过程更加便捷、高效。液位计代替人工2小时上罐量油、设备远程启停代替人工操作、流程远程切换代替人工开关阀门、生产数据、视频实时采集代替人工2小时巡检（图2）。

3.1.3 人员远离风险区域，安全环保受控

无人值守站1人看护，由中心站集中监控，流程远程切换、设备自动运行、运行状态实时监控、趋势自动分析、超限预警报警，操作人员更安全。视频全面覆盖，对人员操作、管线监控、环保巡查、设备状态、安全教育实时监控，安全、环保风险全面受控（图3）。

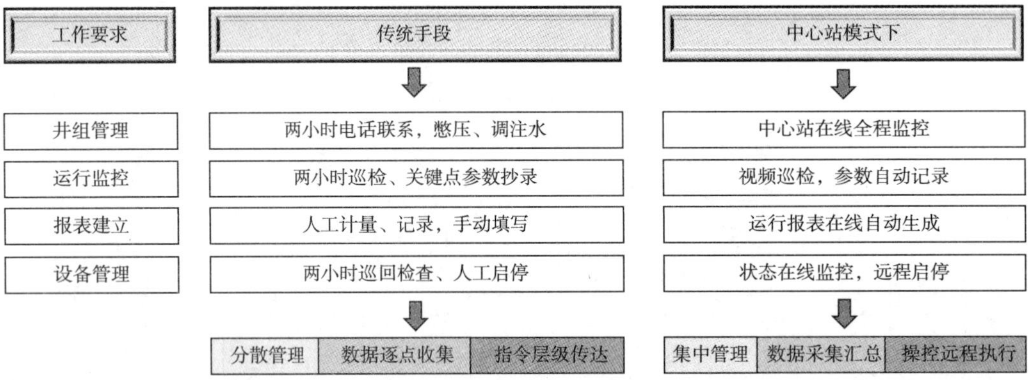

图2　中心站与传统手段运行模式对比图

图3　井站无人值守改造前后运行情况对比示意图

3.1.4　报表自动生成，消除重复录入

通过对全区各类资料摸排梳理，消减、整合、生产数据自动生成等措施，重新优化各项资料报表，并将部分资料收归上移至机关组室，同时使用资料共享平台实现资源共享，为员工日常工作“减负”(图4)。

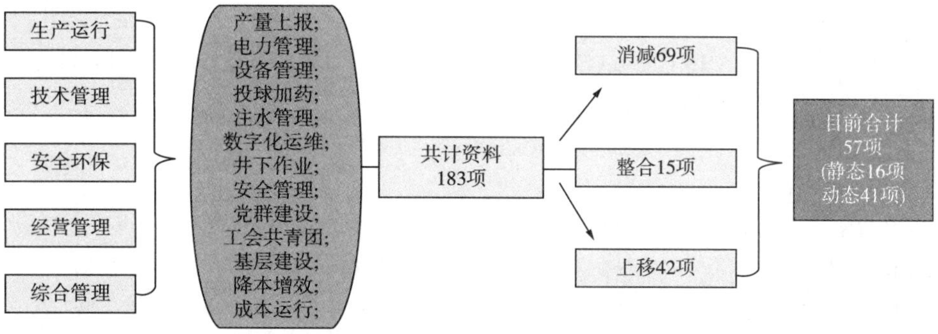

图4　报表自动生成及消减整合情况

3.1.5　优化资源配置，管理提升更显著

运行监控岗由“操作层”升级为“白领”，工作更专一，现场受控程度提升；运维大班由“单兵作战”转变为“群体合作”，人员集中，工作更主动，现场管理标准提升(图5)。

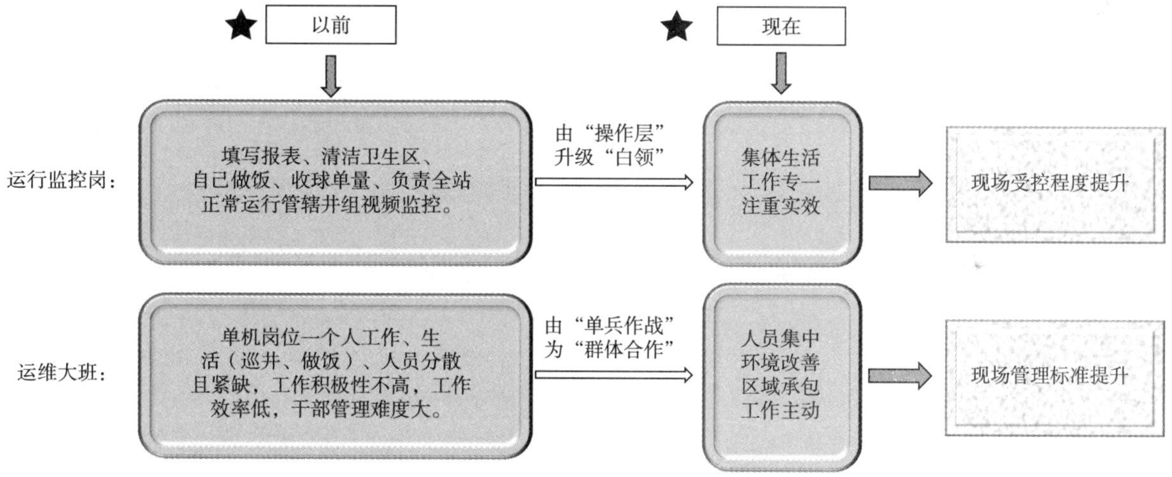

图5　改造前后管理情况对比

3.1.6　增强团队凝聚力，提升员工幸福指数

分散驻站员工集中后，依托中心站配套生活设施，改善了工作生活条件，增加了基层员工得到正常轮休，丰富了集体生活，增强了团队凝聚力。

提升团队凝聚力：员工与干部在一起“同吃、同住、同劳动”，各自困难大家都能做到心中有数，牢骚少了，关心多了，互相理解、相互信任，进一步增进了干群关系，队伍凝聚力、向心力显著提升。

生产生活人性化：员工回归集体生活，在岗期间生活有了保障和便利，工作期间生活质量得到提高，轮休时间得到保障。

业余生活更加丰富：节假日开展集体活动，过生日送上美好祝福，有人谈心、交流，有人排忧、解惑，集体生活让大家找到了家的感觉。

3.2　减少维护作业和日常巡查费用

有效延长检泵周期，无人值守所辖区域油井检泵周期由120天提升为752天，采油某厂的所辖区域建成中心站56座，辖井2800口，减少维护性作业费用(365/120～365/752)×2800口油井天×0.05万/井次=357.88万/年。

无人值守改造前，所辖区域油井低压测试为每个月测试每口井1次，测试费用(测试、车辆燃油费用等)0.03万元/(井次)。无人值守改造实施后，年节约费用=所辖井数×单次费用×12=2800口×0.03×12=1008万元/年。

4　结论

数字化转型是“以价值创新为目标，用数字技术驱动业务变革的企业发展战略”。以“提质增效、风险防控”为核心，打通全流程、全生命周期、全产业链的数据采集、传输、共享和利用，实现生产、运营、管理、营销和服务全面数字化，推动业务模式重构、管理模式变革、商业模式创新、核心能力提升。

解放思想、实事求是，在实践中不断创新是数字化转型成功的关键。数字化、智能化是新生事物，首先思想观念要跟上时代和技术发展的步伐。因循守旧、固步自封、惯性思维、路径依赖是信息化发展的主要障碍，坚持“一把手工程”，才能有力推动数字化转型智能化发展。

综上所述，无人值守改造在长庆油田的应用，持续推进劳动组织架构和生产管理方式变革，注重过程控制，有效解决了用工紧张和生产任务提升的矛盾，提升了劳动效率，降低了现场生产的安全风险，优化了劳动架构和生产组织模式，是长庆油田建设和管理向数字化迈进的重要一步。

参　考　文　献

[1] 王辉，何宇颉，张予杰，等．塔里木油田某天然气处理站智能化无人值守建设实践无人值守站建设技术交流会论文集[C].2022，93.

[2] 杨志彤，刘海鹏．浅析有人值守站场技术改造实现无人值守的应用．践无人值守站建设技术交流会论文集[C].2022，106.

长庆油田管道完整性管理平台建设及应用

王军锋 李益民 李 楠 胡博瑞 石 琳 周红霞 王 楠 马晓娟 张小妹 张玉萍 赵翠华

（中国石油长庆油田分公司）

摘 要 长庆油田矿区地形复杂多变，沟壑水系纵横交错，管线沿河、跨河多、与周边环境关系极为敏感，亟待探索一套适用于长庆油田矿区地形特点和管道现状的完整性管理体系，加快推行管道的完整性管理实施，提升管道的安全管理水平。本文通过长庆油田管道完整性管理平台的建设实践，论述了如何将完整性管理规范与长庆油田管道实际相结合，建立动态分析算法体系，实现管道完整性数字化、智能化管理。

关键词 油气管道；管道完整性管理；风险管控；智能化；平台

长庆油田管道完整性平台的建设和运行，从管理和运行两个方面确保管道运行管理风险得到有效管控。一是通过对存在风险的科学动态识别，提高了风险治理的针对性，避免了全面治理导致的工作量大、费用高的问题，降低了运行维护和治理费用；二是通过对识别高等级风险进行及时有效管控，降低了运行风险，从而实现了降低管道失效率、延长管道使用寿命的目的。

1 管道完整性管理现状

1.1 管道完整性管理定义

对管道面临的风险因素不断进行识别和评价，持续消减识别到的不利影响因素，采取各种风险消减措施，将风险控制在合理、可接受范围内，最终实现安全、可靠、经济地运行管道的目的。

管道完整性管理已经成为当前国际上广泛认可的最佳管道安全管理模式，实施完整性管理是当前国内外各大管道公司的主要安全管理内容。

1.2 国内外发展历程

国外油气管道安全评价与完整性管理始于20世纪70年代的美国，至90年代期，美国的许多油气管道都已应用了完整性评价与完整性管理技术来指导管道的维护作用，随后加拿大、墨西哥等国家也先后于90年代加入了管道风险管理技术的开发和应用行列；欧洲管道工业发达国家从80年代开始制定和完善管道风险评价的标准，建立油气管道风险评价的信息数据库，深入研究各种故障因素的全概率模型，研制开发实用的评价软件程序，使管道的风险评价技术向着定量化、精确化和智能化的方向发展，至今为止均取得了丰硕的成果，出台了如ASME B31.8 S《输气管道系统完整性管理》、API 579《适应性评价推荐做法》、API RP1129:《保证危险液体输送管道完整性的推荐做法》、API RP1160《管理危险液体输送管道完整性管理推荐做法》等相关技术标准。

我国管道完整性管理这块起步较晚，2016年颁布GB32167-2015《油气输送管道完整性管理规范》，国家及中国石油股份公司出台了一系列加强管道完整性管理的相关规定，2016年五部委联合发布《关于贯彻落实国务院安委会工作要求全面推行油气输送管道完整性管理的通知》，2017年国家能源局发布《关于开展油气输送管道完整性管理先进企业建设推广工作的通知》(国能综通综合〔2017〕66号)八部委联合发布《关于加强油气输送管道途径人员密集场所高后果区安全管理工作的通知》(安监总管三〔2017〕138号)，2018年《石油天然气管道保护法》启动修订，中国石油股份公司发布了《中国石油天然气股份有限公司油田管道完整性管理手册》，管道完整性管理实施迫在眉睫。

1.3 长庆油田管道完整性管理现状

长庆油田以黄土高原、丘陵沟壑为主，土壤呈湿陷性，自然环境复杂，地质灾害频发，生态环境脆弱。油田地处黄河流域生态环境保护区域，区域内42条主要河流，52个水源保护区、16个水库、6个自然保护区，管道泄漏后易造成环保事件。

2015年长庆油田启动“风险管控”为核心的

完整性试点工程。2022年基本实现油田管道类别全覆盖。建成股份级无泄漏示范区1个、在建2个；建成公司级15个，在建16个。逐步形成完成性管理6大类39项关键技术体系，如图1所示。

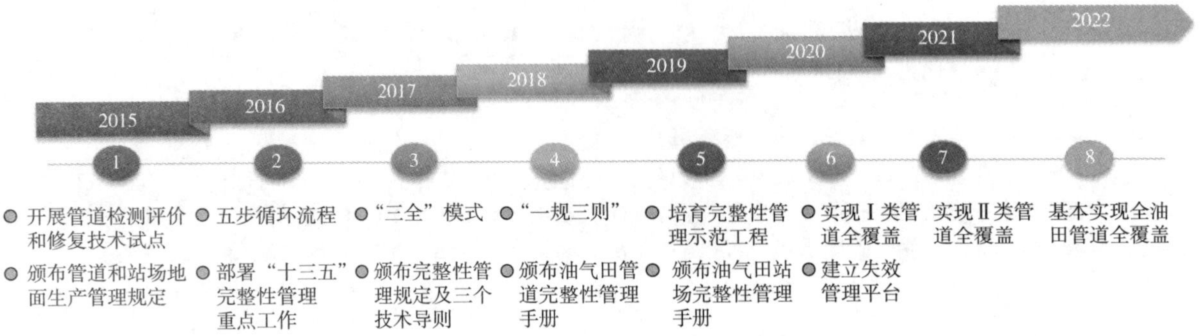

图1　2015年—2022年基本实现全油田管道全覆盖

实施管道完整性管理需要强大的信息系统的支撑。管道建设同时，涉及建设标准、技术规范、法律规范多，精准掌握难度大；管道建设的路由选择、数据采集、高后果区识别、风险评价等核心内容，人工操作工作量大、准确性受限、辨识难度大，亟需开展平台化建设，如图2所示。

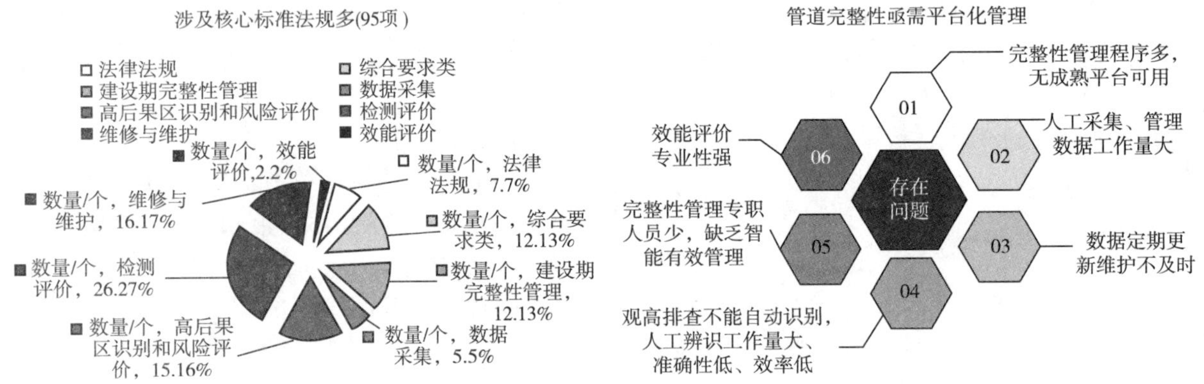

图2　管道完整性管理信息系统

因此急需建设符合长庆油田生产现场特点及运行管理需求的完整性管理平台，加快推行管道的完整性管理实施，提升管道的安全管理水平。并结合数字化油田建设，进一步扩展静态、动态、综合数据集成应用，逐步实现完整性管理业务流清晰、数据流规范、集成应用可行，可视化效果佳的美好愿景。

2　长庆油田管道完整性管理平台体系架构

以“数据统一规范、算法精准可靠、数据共建共享、运行智能高效”为目标，基于管道全生命周期数据，通过综合技术手段及核心算法，实现高后果区自动识别、失效分析、失效后果评估、风险评价、完整性评价、运维管理、效能评价等功能，为各层级管理者提供可靠的技术支撑。

2.1　技术体系构成

2.1.1　建立标准数据体系

建立管道完整性标准数据体系，数据字典统一规范与标准、统一编码与设计，各生产单位已建系统的数据调用接口、数据推送标准制定，整合已有数据资源，建立“集中、统一、规范、标准、开放”的完整性数据管理系统，“一套标准、一套数据、一个平台”，实现数据的共建、共享。

2.1.2　建立完整性算法体系

建立完整性算法体系，针对长庆油田的自然环境、工况特点建立适用于区域性特点的完整性系统，建立管道风险评估算法体系，高效支撑管道完整性管理工作，如图3所示。

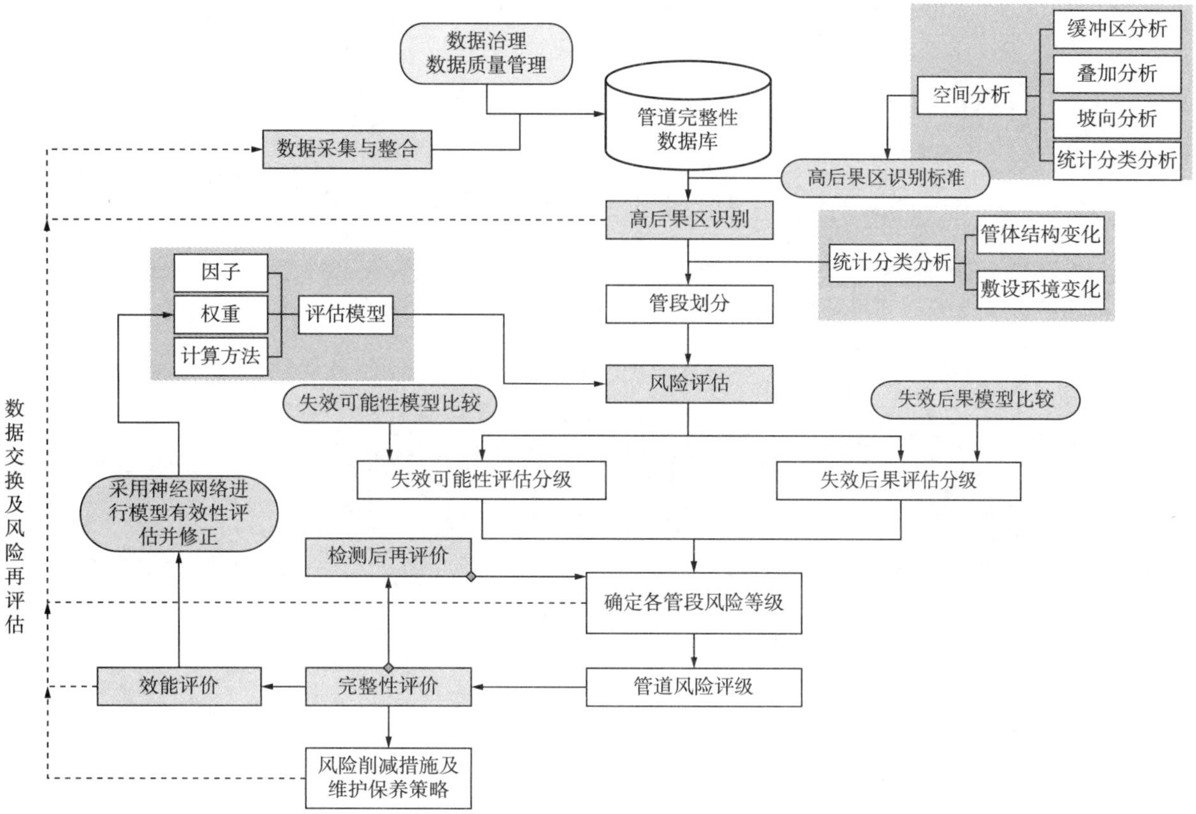

图 3　数据交换及风险的评估

2.1.3　建立机器学习系统

开发管道风险评价模型机器学习功能，基于管道检测评价数据及结论不断优化管道风险评估模型，完整性是一个动态的循环闭合过程，伴随着完整性管理工作的运行，系统自动对各类评价因子筛选、分类、赋值、评价系数等的修正，通过机器学习实现评价模型的持续优化。

2.1.4　建立完整性管理信息平台

建设“端+云+大数据”架构的公司级管道完整性管理系统，满足油田公司、厂级、作业区不同层级用户的需求，以“数据统一规范、算法精准可靠、数据共建共享、运行智能高效”为目标，基于管道全生命周期数据，通过综合技术手段及核心算法，实现高后果区自动识别、失效分析、失效后果评估、风险评价、完整性评价、运维管理、效能评价等功能，为各层级管理者提供可靠的技术支撑。

2.2　系统架构设计

遵循智能油气田建设思路，依托公司云平台及勘探开发梦想云等基础设施。采用微服务+容器化的方式构建云端开发和部署方案，实现业务应用全面上云。采用中台化设计思路，实现新增业务需求便捷扩展、独立运行、无缝接入。采用标准化建设思路，实现开发、交付、运维、发布流程化管理，如图 4 所示。

2.3　技术优势

（1）完整性数据中台：建立公司级完整性数据中台，标准化接口服务，打通数据链，实现多源、全要素的数据汇聚与应用。

（2）高效的数据存储计算：采用分布式存储模式，建立数据分析引擎，满足多源数据融合，高性能查询与长期大数据量的存储需求。

（3）微服务+容器化设计：满足后期系统跨平台应用和多系统融合。

（4）机器学习：建立管道风险评估算法体系，自动对各类评价因子筛选、分类、赋值、评价系数等的修正，通过机器学习实现评价模型的持续优化。

（5）可视化智能应用：深度融合 GIS、IOT（物联网）、大数据等先进技术，构建可视化智慧应用，实现对管道风险的全面感知与监测预警。

3　长庆油田管道完整性管理平台主要功能

3.1　完整性管理数据中台

依托数据添加、数据维护、数据审核等环

节，实现基础信息、空间信息、风险评价、检验检测、维修维护等流程数据标准化采集与完整入库，同时通过数据同步接口满足不同平台系统数据需求，如图5所示。

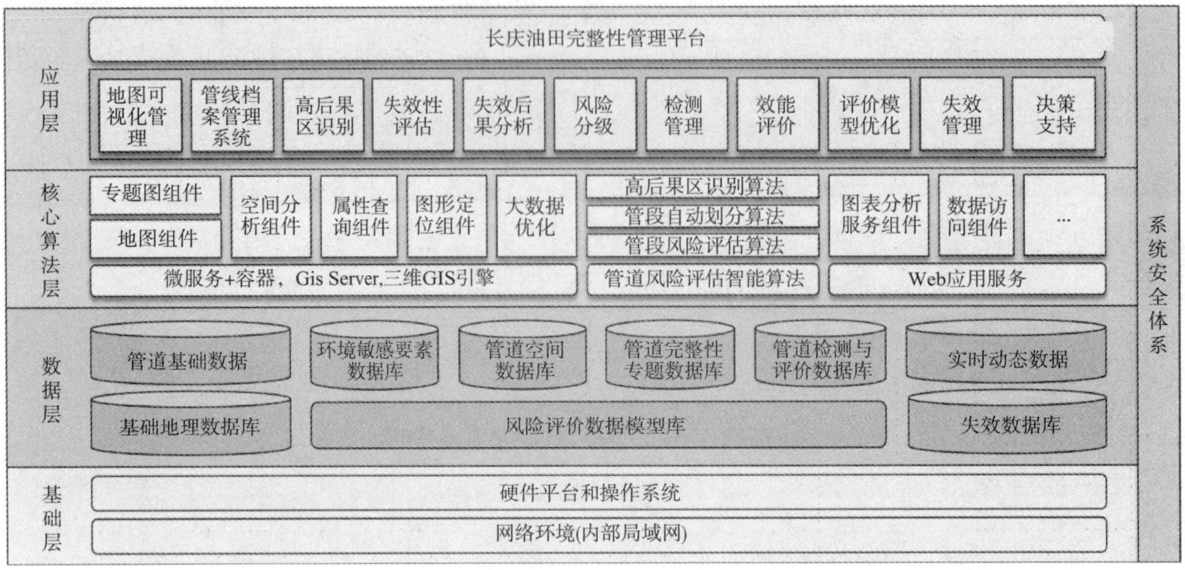

图4　管道完整性管理平台架构设计图

图5　管理数据平台

3.2　管理驾驶舱

三维地图综合展示管道路由走向、高后果区、高风险管道分布，可视化图表显示管线数量类型、不同运行年限的管道分布等，方便各管理层级掌握管道运行状况，如图6所示。

3.3　全生命周期可视化

三维地图综合管道各类动静态运行监测数据为支撑的可视化应用，实现对管道从规划设计、工程建设、生产运营、退役报废的整个过程的可视化展示和监控，以提高管道的安全性能、运行效率、管理水平，如图7所示。

3.4　高后果区智能识别

基于管道空间数据及环境敏感区要素(居民地、湿地、林地、水系、水源保护区、道路等)，依据高后果区分级规则和评价模型，结合生产运行监控数据、季节变化、特殊敏感时期等因素，实现高后果区智能自动识别，如图8所示。

3.5　动态风险评价

基于管道空间分布、地质工程、集输工艺等静态数据，结合生产管理、季节变化等动态数据建立动态分析算法模型，实现动态风险评价，全面掌握管道风险高低和分布情况，有效指导管道缺陷修复、腐蚀防护等，保障管道安全运行，如图9所示。

3.6　检测评价

对各类内、外检测评价、试压及开挖检测等评价结果数据统一存储与管理应用，为管道安全态势分析和运行维护提供科学指导，保障管道本质安全，如图10所示。

3.7 维修维护

根据风险评价与检测评价结果制定运行维护计划，系统建立以厂(处)为单位，建立作业区—厂(处)级的管理模式，作业区管理员负责上报管线运维信息，其中包括管线改线、清管信息、维修维护、管道修复的记录，如图11所示。

图6　油田管道完整性管理平台

图7　三维地图动静态运行监测

图8　高后果区智能自动识别

图9　风险评价

图10　检测点测评

图11　维护记录

4　长庆油田管道完整性管理平台应用效果

4.1　动态结合静态，实现监控实时化

基于空间信息、地质工程、管道分布、集输工艺以及历史资料等静态数据，结合生产管理、季节变化等动态数据建立分析算法模型，实现对管道场站状态进行实时性监控与跟踪评价，做到风险提前预控，如图12所示。

4.2　平台代替人工，实现评判智能化

与油田自然环境、工况特点结合，建立管道风险评价、高后果区自动识别和风险评价等智能算法体系，实现了系统自动识别与评价。与人工识别相比，效率性提高 30 倍以上，如图 13 所示。

4.3　数据服务生产，实现管理高效化

依托完整性管理平台，在设计上基于 GIS 三维地图实现线上路由选择；在管理上实现全生命周期管理及完整性闭环管理，极大减轻技术人员工作量；在生产运行上，充分与集群泄漏滥测平台及 SCADA 平台结合，实现风险的动态实时管控。

4.4　数据驱动业务，实现数据标准化

根据《中国石油天然气股份有限公司油田管道完整性管理手册》、《油气集输管道和场站完整性管理规范》，结合管道场站现状及区域特点，建立了长庆油田 32 位编码规则及数据采集标准，实现数据标准化，为平台间数据互通共享提供基础依据。

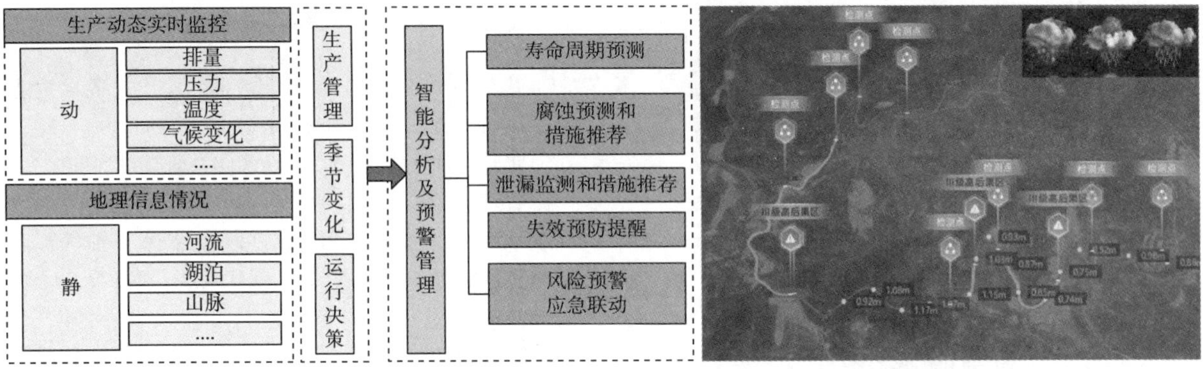

图 12　动、静态监控

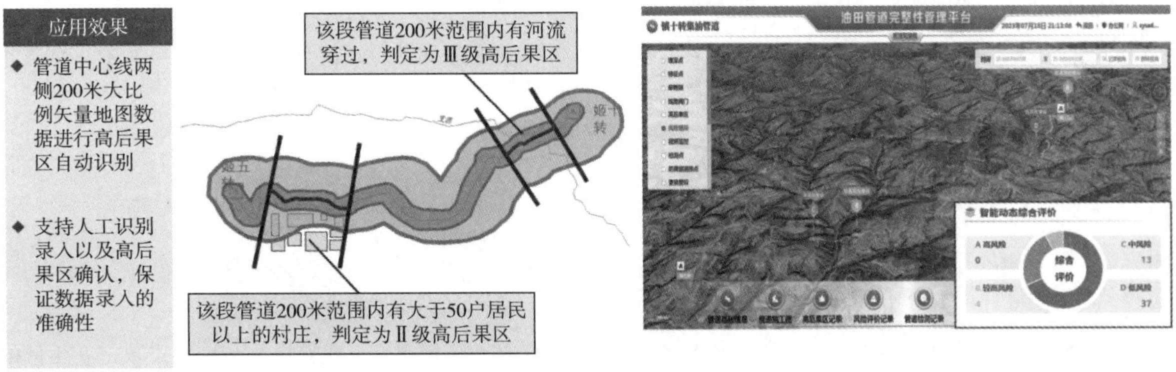

图 13　评判风险

4.5　应用区配需求，实现服务定制化

整合公司已建系统，开发近百个功能模块，促进系统平台与油田生产协同，满足各层级用户一站式及定制化服务需求。

4.6　技术支撑业务，实现管理一体化

以油气田管道完整性业务为主线，依托长庆油田数字化建设成果，通过梳理地面系统各类源头数据，建立数据中台，利用风险评估等分析模型，通过数据流服务业务流、业务流支撑管理流，达到业务流、管理流、数据流充分融合，实现管理一体化，如图 14 所示。

4.7　风险动态评价，实现决策智能化

对管道空间分布、地质工程、集输工艺、生产管理、季节变化等数据进行融合、挖掘、分析和应用，实现动态风险评价，构建决策支持应用，提供针对不同级别风险情景的决策指导和优化方案，如图 15 所示。

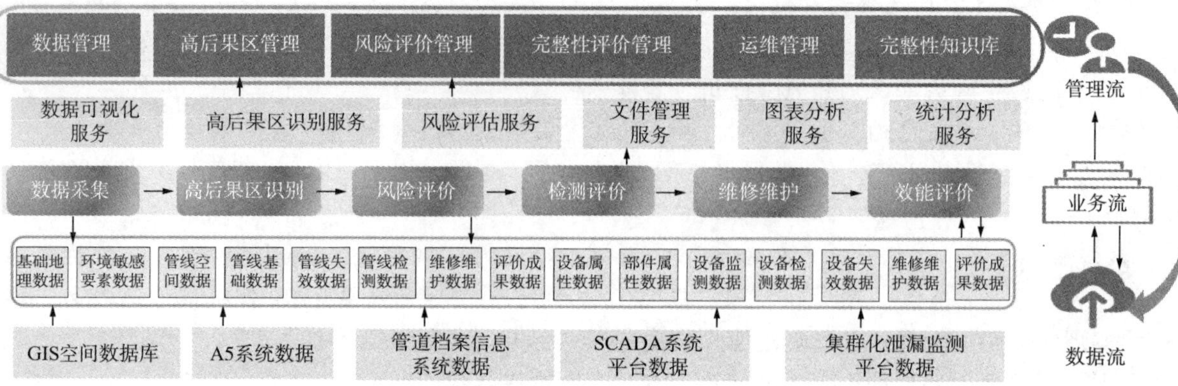

图14　管理一体化平台

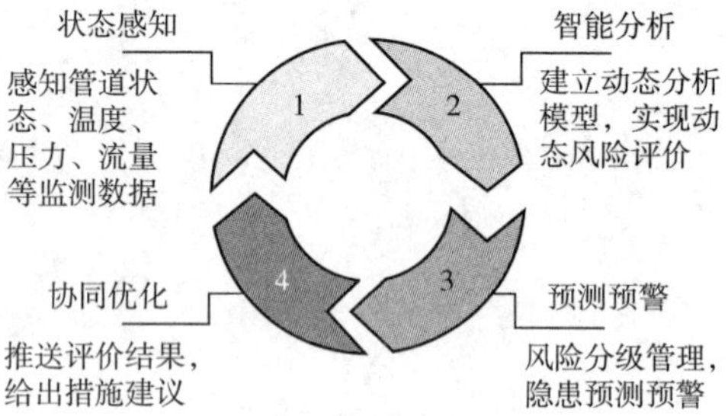

图15　不同级别风险情景决策指导和优化方案

5　认识及下一步发展方向

数字化转型、智能化发展作为油田公司的“企之大者”、高质量发展的重要手段，长庆油田数字化转型2.0蓝图通过新一代信息技术创新应用，建成油田数字神经与智慧大脑系统。

以“完整性管理智能化”为目标，进一步深化数智融合，与工艺运行决策支持和风险管控系统深度融合，拓展完整性智能化应用场景，提升智能感知、智能管控、智能预判能力，建立管道站场数字关联、实现高精度虚拟仿真，推进完整性管理智能化。

参考文献

[1] 董绍华，张河苇．基于大数据的全生命周期智能管网解决方案[J]．油气储运，2017，36(01)：28-36.
[2] 张鹏．油气管道完整性管理体系研究进展[J]．化工管理，2017(15)：9+11.
[3] 欧新伟，周利剑，李洋．可视化技术在油气管道完整性管理中的应用[J]．现代化工，2017，37(08)：214-216.
[4] 帅义，帅健，苏丹丹．企业级管道完整性管理体系构建模式[J]．中国安全科学学报，2016，26(07)：147-151.
[5] 狄彦．在役管道完整性管理研究[D]．中国石油大学(北京)，2016.
[6] 温庆，张文娟，张大双，等．管道完整性管理智能分析辅助决策模型及应用[J]．天然气勘探与开发，2022，45(02)：63-70.
[7] 张川，李文忠，李宝军．智能化技术在管道完整性管理中的研究与应用[J]．化工安全与环境，2022，35(28)：5-9.
[8] 张浩．基于管道完整性管理的数据融合[J]．煤气与热力，2022，42(07)：40-42.
[9] 陈渝，胡耀义，曹宏艳．一种基于数字孪生体的油气输送管道完整性管理方法[J]．油气与新能源，2022，34(05)：84-88.

新形势下油田工控网络安全体系的建设与应用

郑　博　宋养齐　王　旭　张　熳　宋一琦

（中国石油长庆油田公司）

摘　要　随着信息技术的快速发展，油田工控网络安全问题日益凸显，成为保障油田生产安全稳定和企业经济利益的关键所在。油田工控网络体系涵盖厂级信息网、生产网、作业区以及井口、场站等多个层级，其结构和功能的复杂性使得安全威胁呈现多样化特点。面对误操作、数据篡改、恶意代码和未经授权访问等安全风险，加强油田工控网络安全体系建设显得尤为重要。网络安全体系的建设不仅是技术层面的需求，更是管理和制度层面的挑战。在技术上，我们需要加强工控网络安全防护技术的研发和应用，针对油田工控系统的特点和安全威胁，采取针对性的防护措施。在人员上，提升网络安全专业人才的培养和引进力度，提高技术人员的网络安全意识和技能水平，确保网络安全防护工作的有效实施。在管理上，完善网络安全管理制度，明确责任分工，强化应急响应和处置能力，形成网络安全管理的长效机制。为了实现油田工控网络安全体系的高效建设，本文提出了工控网络分区分域的原则和防护架构，以及生产网与信息网隔离安全防护设计的技术方案。这些措施旨在构建一个安全、稳定、高效的油田工控网络安全体系，为油田生产的持续发展和企业的长远利益提供坚实保障。油田工控网络安全体系建设是一项系统工程，需要政府、企业和社会各界的共同努力和协同配合。通过加强技术研发、人才培养和制度建设，我们能够有效应对网络安全挑战，确保油田工控系统的安全稳定运行。

关键词　油田工控安全；网络防护体系；防护架构

油田工控系统作为油田生产的核心组成部分，其安全性和稳定性直接关系到油田的正常运营和经济效益。然而，随着信息技术的广泛应用和网络环境的日益复杂，油田工控系统面临着越来越多的网络安全威胁。这些威胁不仅可能导致油田生产设备的故障和生产中断，还可能造成生产数据的泄露和企业的经济损失。因此，加强油田工控网络安全体系建设，提高网络安全防护能力，对于保障油田工控系统的安全运行具有重要意义。

1　油田工控网络体系结构现状

油田工业控制系统网络结构如下：

采油厂信息网：该层级作为油田的信息化网络，收集掌握厂级的生产任务信息，实现油田生产效益的管理，是整个油田生产的指挥中心。

采油厂生产网：该层级是用于监测下属各作业区的生产任务状态，对生产任务进行调配，完成生产进行报告，传输至厂纪管理系统。

作业区：该层级主要为 SCADA 系统平台，负责下属各井口、场站的生产过程的监控与控制，对生产设备 PLC 及 RTU 参数进行收集分析，实现对下属采油现场井口、场站进行数据监测及远程指令控制的管理，同时将数据传输至厂纪生产指挥中心等。

井口、场站：该层级为现场层级，是油田采油生产任务的基础，将生产过程中的视频数据、实时生产数据及采油功图数据实时的传输至油田作业区进行统一监测管理，同时接受来自作业区的操作控制指令，实现生产的控制过程，如图 1 所示。

2　油田工控网络现存安全风险分析

2.1　L0 级设备

L0 级设备，如图 2 所示。

设备类型：传感器(一次表)、智能仪表(二次表)、继电器、风机等。

传输介质：RS232、RS485、硬接线（4～20mA）等。

传输协议：Modbus RTU、Modbus ASCII、DLT/645 97、DLT/645 07、4～20mA 等。

主要风险：

误操作：由控制器下发错误指令，导致 L0 级设备超载。

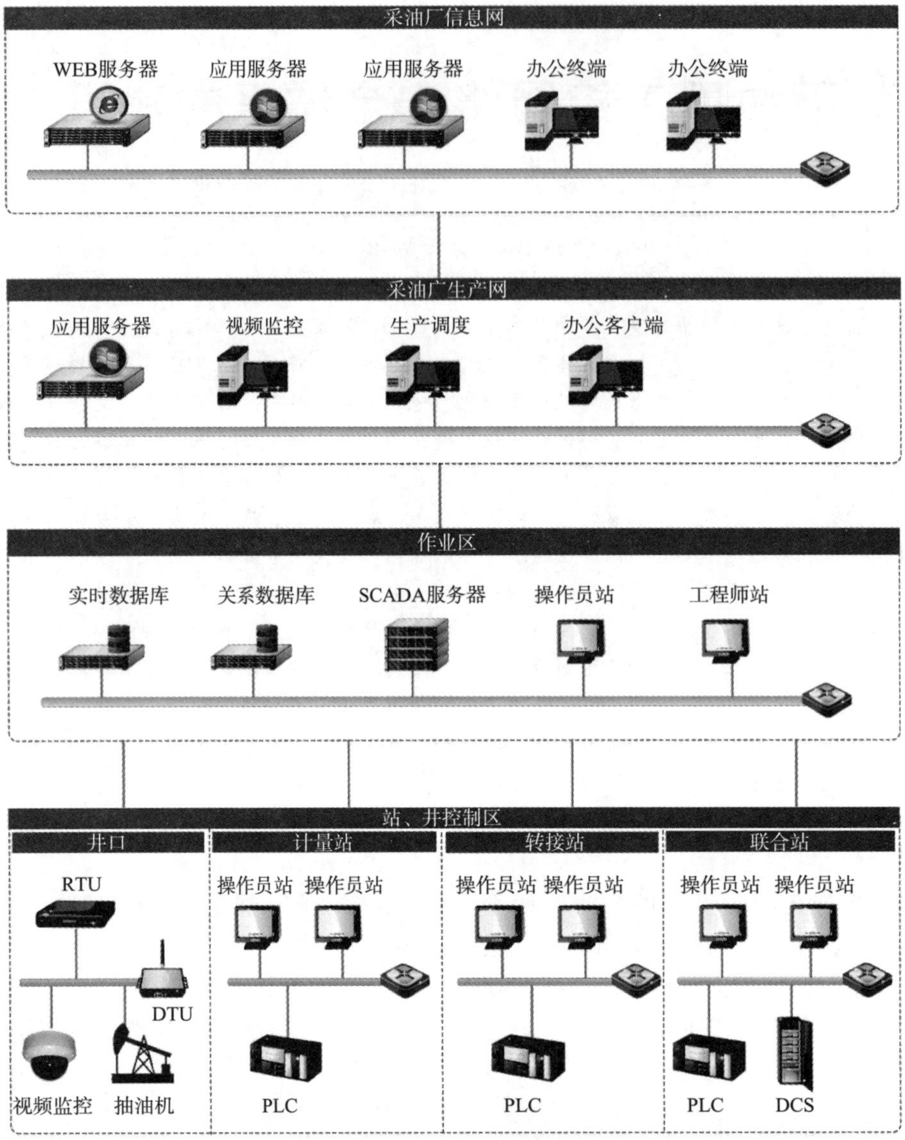

图1　油田工业控制系统网络结构

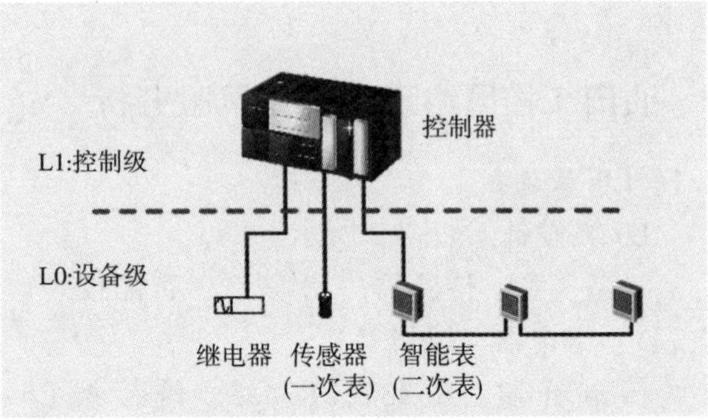

图2　L0设备级

数据篡改：恶意篡改L0级设备数据，导致控制器对生产场景判断错误，执行错误操作。(例如：修改温度记录仪温度，导致逻辑判断燃烧不足，增大喷嘴开度，造成实际温度过高，引发事故)

2.2　L1控制级

L1控制级，如图3所示。

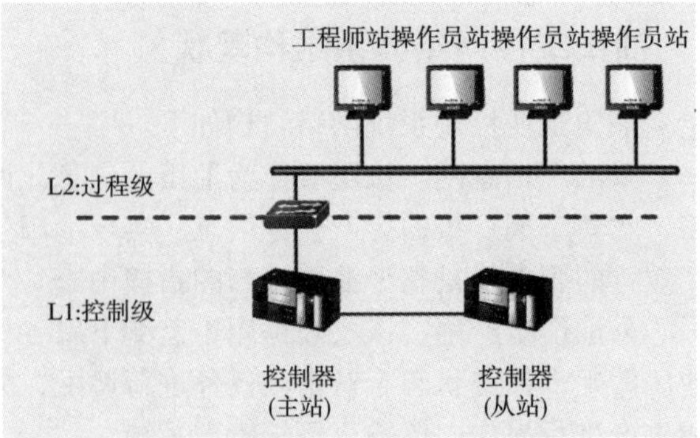

图3　L1控制级

设备类型：PLC、DCS等

传输介质：以太网、DP(SIEMENS)、MPI

(SIEMENS)、RS485 等。

传输协议：Modbus TCP、CIP、Profibus - DP、Profinet 等。

主要风险：

误操作：由工程师站下发错误指令，经过逻辑运算输出至 L0 及设备，导致 L0 级设备超载。

未经授权访问：网络可达任意节点，均可对控制器进行访问，可能造成控制器存在误操作风险、核心数据泄露风险、访问资源不足风险等。

恶意代码风险：当前存在针对控制器的恶意代码，可在控制器间进行传播，造成恶意代码脚本的大范围执行，从而产生生产事故。

拒绝攻击风险：控制器并发访问处理能力相对较低，大量无效报文访问概率造成控制器无法识别和过滤，影响正常生产过程通讯甚至造成控制器无法热恢复。

2.3 L2 过程级

L2 过程级，如图 4 所示。

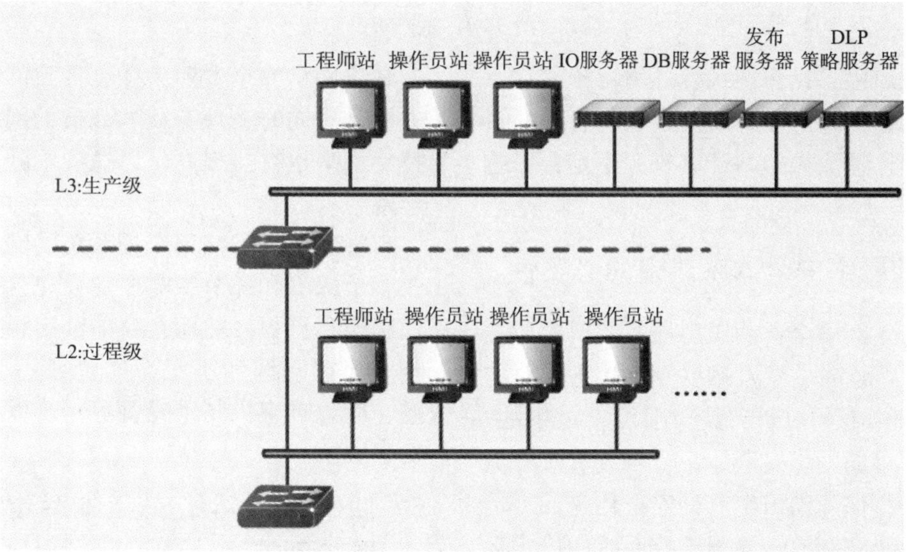

图 4　L2 过程级

设备类型：工控机、触摸屏、超融合(国外技术趋势)等。

传输介质：以太网

传输协议：Modbus TCP、OPC DA、API 私有协议等。

主要风险：

误操作：由工程师站对 L1 层控制器下发错误指令，包括错误数值，或错误寄存器。

恶意代码风险：工控机、触摸屏等均采用商用操作系统，存在被感染恶意代码风险，部分针对工控 SCADA 漏洞的专业恶意代码可针对其实时数据库修改数值，造成恶意操作行为，从而影响生产进程。

外联管控风险：L2 层设备分布于生产厂区，无法实行有效的物理访问管控。针对工控机、触摸屏的外联接口(USB、以太网)缺乏必要的管控，造成恶意代码的植入或数据的泄露。

进程管控风险：操作站计算环境由于其计算性能相对较低，需要对非必要进程进行管控，过多第三方进程，造成操作站计算资源不足，影响正常生产过程。

2.4 L3 生产级

L3 生产级，如图 5 所示。

设备类型：工控机、服务器、超融合(国外技术趋势)等

传输介质：以太网

传输协议：Modbus TCP、OPC DA、API 私有协议等。

主要风险：

恶意代码风险：工控机、触摸屏等均采用商用操作系统，存在被感染恶意代码风险，部分针对工控 SCADA 漏洞的专业恶意代码可针对其实时数据库修改数值，造成恶意操作行为，从而影响生产进程。

外联管控风险：L2 层设备分布于生产厂区，无法实行有效的物理访问管控。针对工控机、触摸屏的外联接口(USB、以太网)缺乏必要的管控，造成恶意代码的植入或数据的泄露。

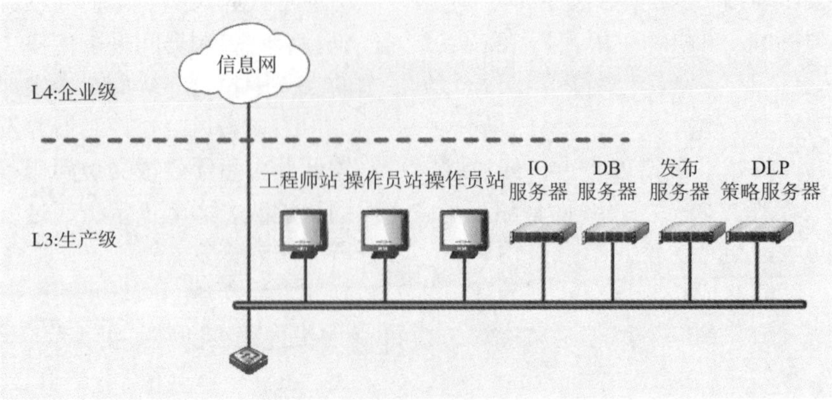

图5　L3生产级

进程管控风险：操作站计算环境由于其计算性能相对较低，需要对非必要进程进行管控，过多第三方进程，造成操作站计算资源不足，影响正常生产过程。

3　油田工控网络安全体系建设的必要性

保障油田生产安全：油田工控系统负责监控和控制油田生产设备，一旦遭受网络攻击，可能导致设备故障、生产中断，甚至引发安全事故。因此，建设完善的网络安全体系，可以有效降低网络安全风险，保障油田生产的安全稳定。

维护企业经济利益：油田工控系统的稳定运行对于企业的经济效益至关重要。网络安全事件的发生可能导致生产数据泄露、经济损失等问题。通过加强网络安全体系建设，可以保护企业的核心资产，维护企业的经济利益。

符合国家法律法规要求：随着网络安全法律法规的不断完善，对于关键信息基础设施的网络安全防护提出了明确要求。油田工控系统作为关键信息基础设施之一，必须符合国家法律法规的要求，加强网络安全体系建设。

4　油田工控网络安全面临的挑战

技术挑战：油田工控系统涉及多种技术和设备，网络安全防护技术需要与之相适应。然而，目前油田工控网络安全技术相对滞后，缺乏针对性的安全防护措施。此外，随着物联网、云计算等新技术在油田工控系统中的应用，网络安全威胁也变得更加复杂和多样化，对技术防范提出了更高的要求。

人员挑战：油田工控网络安全需要专业的技术人员进行管理和维护。然而，目前油田企业普遍缺乏网络安全专业人才，导致网络安全防护能力不足。同时，现有技术人员的网络安全意识和技能水平也有待提高，以适应不断变化的网络安全威胁。

管理挑战：油田工控系统的网络安全管理涉及多个部门和环节，需要建立完善的网络安全管理制度和流程。然而，目前油田企业的网络安全管理存在漏洞和不足，如责任不明确、沟通不畅、应急响应机制不完善等，难以有效应对网络安全威胁。

5　油田工控网络安全体系建设的原则和防护架构

油田工控网络安全体系建设的原则和防护架构，如图6所示。

5.1　工控网络分区分域遵循原则

油田网络安全域划分应当按照油田网络结构特点，对不同区域的职能进行划分，同时在厂级网络新增运维管理区。油田网络安全域划分遵照原有生产网络架构，原则上不同生产区域间禁止非授权访问；在原有网络架构基础上，新增IDMZ运维管理区域，作为生产网的运维管理区、远程运维操作等一律在该区域进行。区域划分后结果如图7所示。

基于业务类型进行安全域划分，保证业务的可靠性、连续性；充分认知业务对象，严谨定位业务范围；结合业务自身特性，准确识别业务数据流；充分识别业务风险，明确业务防护需求。

5.2　油田网络生产网与信息网隔离安全防护设计

技术方案：在采油厂边界处部署应用工控隔离网站，实现与油田公司进行数据交互的单向安全传输隔离机制。

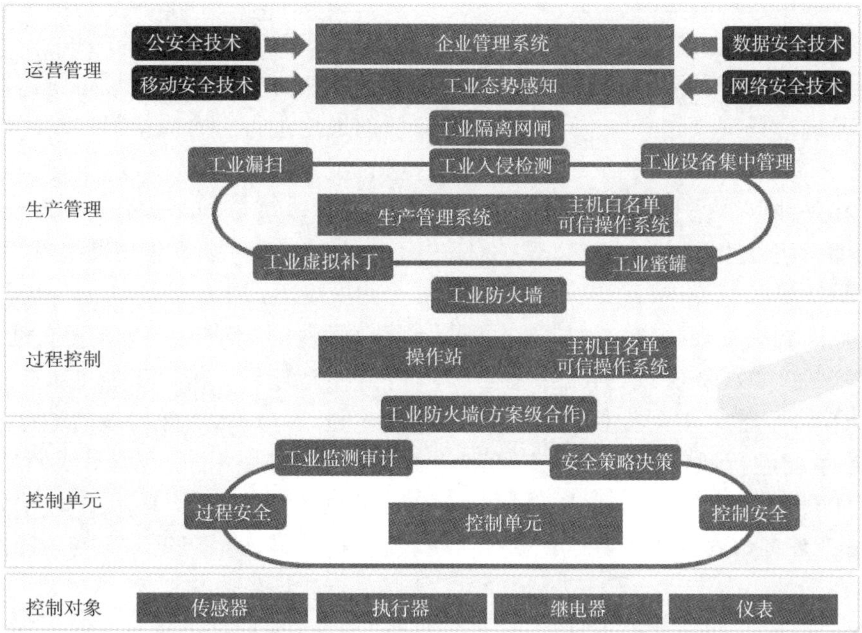

图 6　层次化的工业信息安全体系建设思路

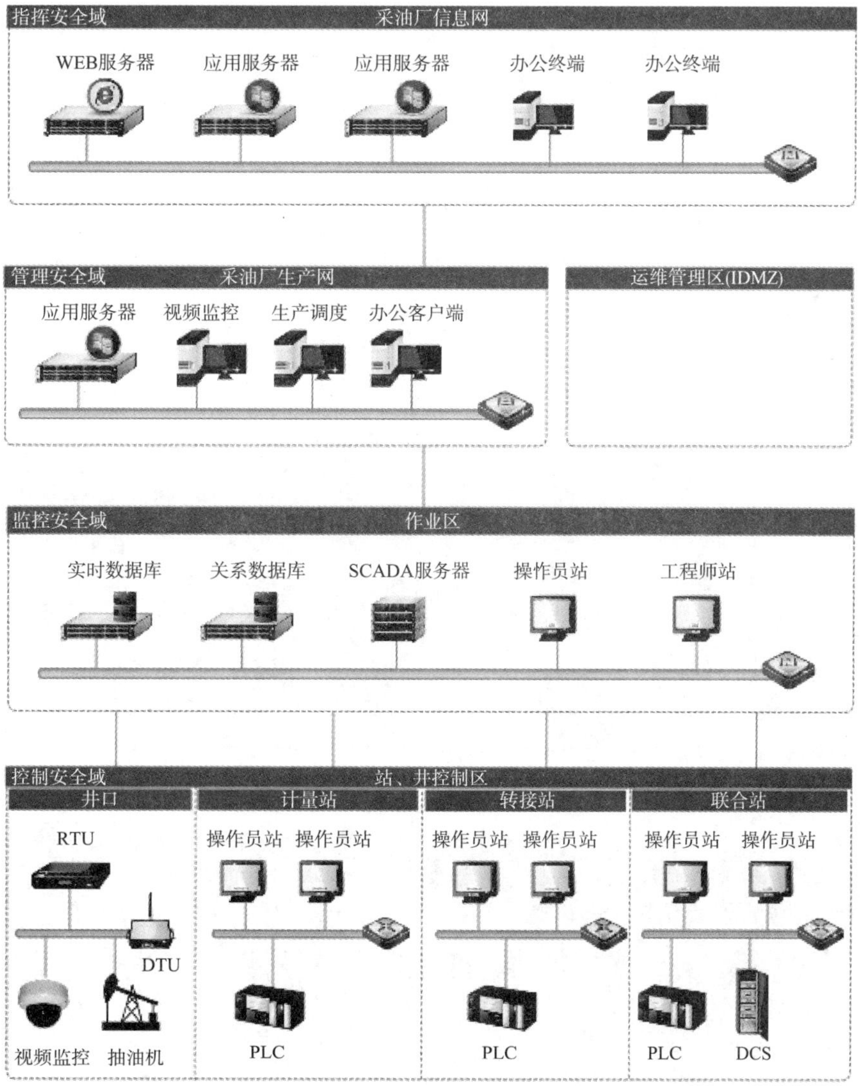

图 7　油田工控网络安全区域划分

实施效果：对油田公司的访问行为进行定向控制；实现对油田公司的边界流量进行单向隔离，隔离为应用层单向即公司网络对访问控制策略允许的目标设备进行只读操作。

5.3　油田网络各业务区域间的安全防护设计

技术方案：在采油厂、作业区、各场站和界处部署工控防火墙，明确当前各安全域边界，对非授权或越权跨越边界的行为进行阻断并报警。

实施效果：场站之间实现隔离访问控制，同时对通信协议进行粒度解析，实现寄存器级别的管控。作业区、采油厂进行访问控制的隔离防护，针对SCADA系统进行通信内容解析，保证数据及控制过程的安全性。

5.4　油田网络生产外部攻击监测安全防护设计

技术方案：在采油厂生产、部署工控入侵检测与审计系统，记录访问流量、恶意行为、攻击检测以及构建网络白名单体系。

实施效果：针对油田网络边界采取攻击防护检测，能够有效防护内部和外部网络恶意代码、病毒木马等攻击威胁，并结合行为审计实现异常行为事件的关联分析。

5.5　油田网络生产内部控制行为安全监测防护设计

技术方案：在采油厂、作业区及下属场站部署应用工控行为监测审计，记录操作行为、访问流量以及构建网络白名单体系。

实施效果：针对工程师站对控制器的操作行为进行审计，对操作的时间、协议、寄存器地址、数值进行监测并与设定阈值及通过自学习新增的策略进行组合分析，对超出阈值范围的操作进行报警。

5.6　油田网络工业主机安全防护设计

技术方案：针对油田网络内的工业主机进行安全防护应用，在现场场站上位机、作业区SCADA工程师站及服务器中安装工业主机安全防护软件。

实施效果：构建工控主机应用进程白名单机制，阻断非现场业务程序的恶意启动运行。加强SCADA系统的病毒及恶意代码感染风险，拒绝无关服务自启运行。对操作员、工程师站及服务器使用的移动存储介质管控，禁止个人及非业务存在介质设备私接滥用。

5.7　油田网络安全预警与集中管控安全防护设计

部署方案：按照区域划分，建立运维管理区，部署工控安全态势感知系统、工控漏扫、工控主机防护软件服务端，实现正常安全集中管理。

技术效果：实现下属场站及作业区的安全设备、安全事件、安全策略进行统一集中的监控、调度、预警和管理。

5.8　油田工控网安全态势监控–安全运营分析体系

油田工控网安全态势监控–安全运营分析体系，如图8所示。

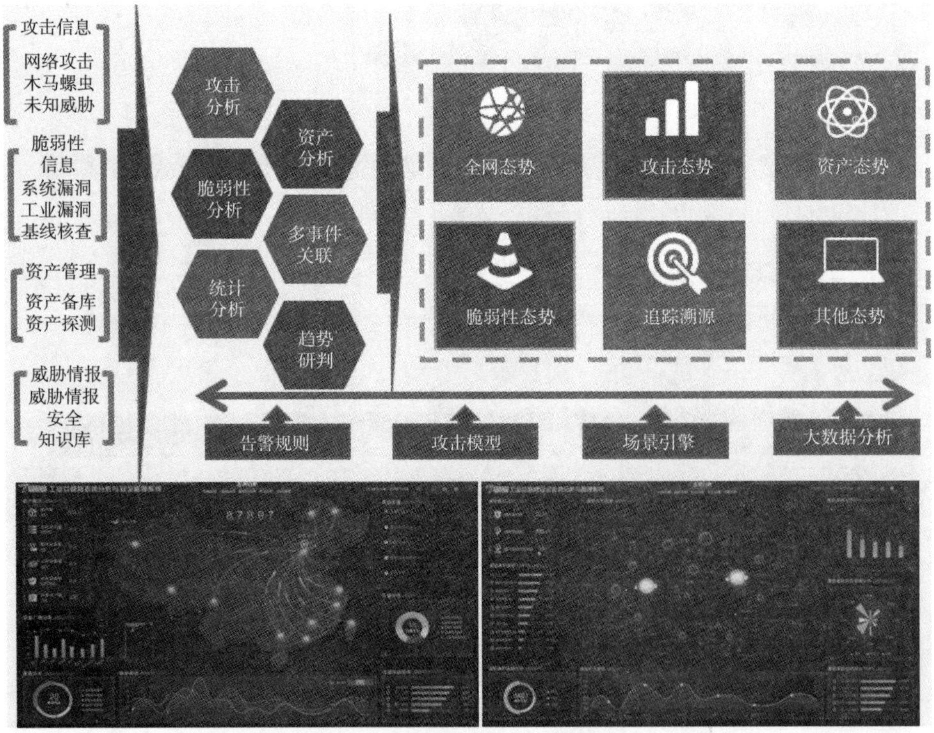

图8　工控网络安全态势感知平台

工业风险态势对全网资产面临的脆弱性、攻击事件、通报处置情况进行多维度分析综合展示。工业威胁态势可以对攻击威胁源头进行多维度分析综合展示。工业安全底图主要对要保护的资产、保护设备、保护人力进行多维度分析综合展示。工业通报态势能够对告警处置情况进行多维度分析综合展示。

6 结论

油田工控网络安全体系建设是一项至关重要的任务，它直接关系到油田生产的安全稳定以及企业的经济利益。当前，我们面临着技术快速更新、网络安全人才匮乏以及管理制度不健全等多重挑战。为了应对这些挑战，我们必须加强技术研发和应用，不断提升网络安全防护水平。同时，培养和引进网络安全专业人才，提升整个团队的安全意识和技能水平，也是至关重要的。此外，完善网络安全管理制度，明确各部门职责，强化应急响应和处置能力，也是确保网络安全体系有效运行的关键。这是一个系统工程，需要政府、企业和社会各界的共同努力和协同配合。只有这样，我们才能构建起一个安全、稳定、高效的油田工控网络安全体系，为油田生产的持续发展和企业的长远利益提供坚实保障。

参 考 文 献

[1] 邓学敏，尚佳，顾振涛．浅谈油田内部网络建设的安全与维护[J]．中国石油和化工标准与质量，2022(03)．
[2] 汪群．油田企业内部网络系统的安全与防御[J]．中国石油和化工标准与质量，2012(14)．
[3] 杨国栋．油田网络安全管理和防护建设浅析[J]．信息系统工程，2021(8)．